追光 II

激光与太赫兹技术新进展

姚建铨 编著

天津大学出版社
TIANJIN UNIVERSITY PRESS

图书在版编目(CIP)数据

追光. II, 激光与太赫兹技术新进展 / 姚建铨编著.
天津 : 天津大学出版社, 2025.1. -- ISBN 978-7
-5618-7841-5

Ⅰ. TN24

中国国家版本馆CIP数据核字第20242FJ647号

ZHUIGUANG Ⅱ JIGUANG YU TAIHEZI JISHU XIN JINZHAN

策划编辑　李　源
责任编辑　黄　河
装帧设计　谷英卉

出版发行　天津大学出版社
地　　址　天津市卫津路92号天津大学内（邮编：300072）
电　　话　发行部：022-27403647
网　　址　www.tjupress.com.cn
印　　刷　北京盛通印刷股份有限公司
经　　销　全国各地新华书店
开　　本　185mm×260mm
印　　张　43.5
字　　数　1197千
版　　次　2025年1月第1版
印　　次　2025年1月第1次
定　　价　298.00元

目录

第1章

非线性光学频率变换及激光调谐技术新进展

1.1 高功率、宽调谐激光技术

如果激光器输出的激光波长可在一定波长范围内连续改变，则称这类波长连续可变的激光器为可调谐激光器；如果在其激光输出中有多个波长可连续调谐，则称为多波长可调谐激光器。

可调谐激光器相对于固定波长激光器的优势不言自明，它可以在一套激光系统中实现波长调谐输出，这就增加了激光光源的实用性，降低了使用成本，提高了设备的紧凑性。可调谐宽带光源在光通信、光动力学、光计算、环境监测、光学相干层析成像、激光遥感、激光雷达以及光谱学研究等许多重要领域都有着非常广泛的应用。

可调谐激光器可统分为两大类：一类是基于介质的宽带发射光谱加上波长选择技术，实现波长连续可变的可调谐激光器，如染料激光器、可调谐准分子激光器、高压气体激光器、固体过渡金属离子激光器、色心激光器、可调谐半导体激光器和自由电子激光器等；另一类是对某一固定波长激光（也可以是一个可调谐激光的波长），通过非线性光学的参量过程，而得到波长连续可调的光参量激光技术，如光参量振荡技术、光参量放大技术，以及其他包括可调谐激光器的倍频、和频、差频等非线性频率变化。

1.1.1 可调谐激光器

（1）可调谐激光增益介质

自激光器诞生以来，对可调谐激光器的研究就一直是一个热门，起初是染料可调谐激光器，但大多数染料都有毒，而且存在消耗的问题，需要定期更换，所以研究者开始探寻固体可调谐激光材料。1963 年，贝尔实验室的约翰逊（L. F. Johnson）对掺过渡金属（Transition-metal，Tm）离子晶体进行了光谱理论和实验研究；1970 年，苏哥诺（S. Sugono）等提出了著名的“Tanalte-Sugono 能级图”，为研究掺 Tm 离子激光晶体的光谱特性奠定了理论基础。

固体激光增益介质（激光介质）实现调谐输出的原理如下：在固体激光介质中存在晶格振动，晶格振动的能量量子称为声子（phonon）；在某些固体增益介质中，声子与电子系统间存在耦合（指掺杂元素掺杂进母体介质后，声子与电子间产生的强烈交互作用），使电子振动能级分裂成多重态；电子振动能级分裂成多重态会造成吸收及辐射光谱变宽，当低能级的电子受激发而提升至高能级时，其寿命很短，会迅速回落到低能级；这些低能级的电子处在振动的条件下（因此又称为振动声子激光器），其基能级很宽，因此放出的光子的波长各不相同；当形成激光输出时，光子波长分布很广，可以通过一些调谐技术输出所需波长的激光。1979 年，在掺 Tm 离子激光晶体研究走过 16 年的探索后，沃林（J. C. Walling）等发明了第一个在室温条件下工作的掺 Tm 离子激光器——翠绿宝石（Cr^{3+}:$BeAl_2O_4$）激光器，该激光介质在室温下工作时，可调谐范围为 690~820 nm[1]。1982 年，莫尔顿（P. F. Moulton）发明了掺钛蓝宝石（Ti^{3+}: Al_2O_3）激光器，其波长调谐范围进一步扩展到 650~1 200 nm[2]。1988 年，佩特里塞维克（V. Petricevic）等实现了掺铬镁橄榄石（Cr^{4+}: Mg_2SiO_4）的可调谐激光输出，其可调谐范围为 1 130~1 367 nm[3]。经过不断发展，掺 Tm 离子激光器的输出波长基本覆盖了 650~2 300 nm 的宽阔光谱区域。

在众多的可调谐输出的激光介质中，Ti^{3+}: Al_2O_3（又称 Ti: Sapphire）以其良好的热学、物理和光学特性，特别是超宽的调谐范围（650~1 200 nm）为人所关注，成为目前应用最广泛的可调谐固体激光介质（简称晶体）。

Ⅰ. 掺钛蓝宝石晶体的结构

Ti^{3+}：Al_2O_3 晶体属六角晶系，Ti^{3+} 在 α-Al_2O_3 晶体中置换具有三角对称的 C 位上的 Al^{3+}，即位于一个正八面体的中心，如图 1-1 所示。其物化性质与红宝石类似，稳定性好、热导率高（约为 Nd：YAG 晶体的 3 倍）、熔点高（2 050 ℃）、硬度大（莫氏硬度 9）、折射率为 1.76。

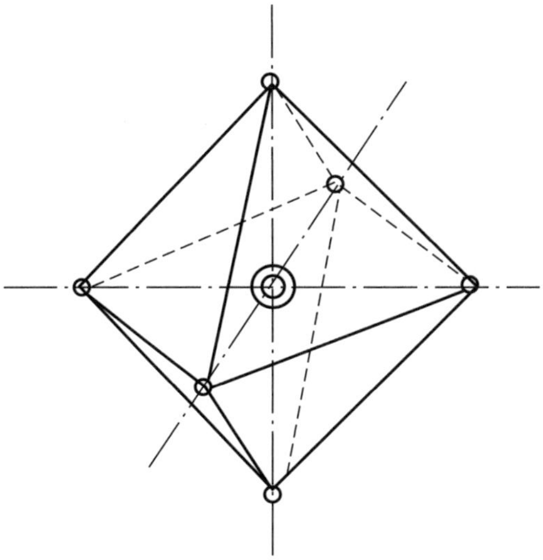

图 1-1 掺钛蓝宝石晶体的结构

Ti^{3+}：Al_2O_3 晶体的生长方法主要有两种：柴可拉斯基法（Czochralski method，又称提拉法）和热交换法（heat-exchange method）。前者可拉出直径大、长度长的大晶体，用后者生长的晶体虽然尺寸较小，但往往能获得较好的光学质量。此外，对于细而长的光纤晶体，通常采用激光加热基座法（laser-heated pedestal growth method）制备。一般应用的晶体大都采用提拉法制备，相对来说，采用这种方法制备晶体时，晶体的生长效率高、成本低，便于获得大批量晶体产品和大尺寸晶体。

Ⅱ. 掺钛蓝宝石晶体的能级

Ti^{3+} 电子能级与周围蓝宝石晶格的振动能级之间的耦合是钛宝石晶体产生激光的关键。由于其电子 - 声子的耦合作用异常强烈，使基态和激发态能级分布范围很宽，如图 1-2（a）所示。因而，Ti^{3+} 的吸收跃迁谱带及荧光跃迁谱带都较宽。分布较宽的基态能级是钛宝石激光器可调谐运转的关键。被泵浦到激发态各振动能级上的粒子，通过快速弛豫过程（亚皮秒量级）跃迁到最低激发态能级。粒子在最低激发态能级、室温条件下的寿命为 3.2 μs，因此最低激发态能级具有存储作用，造成了与基态各振动能级间的粒子数反转，形成激光跃迁，受激辐射截面面积为 3×10^{-19}~4×10^{-19} cm^2。在激光的上能级之上无能级存在，因而不存在激发态吸收，有益于激光运转。

图 1-2（b）为钛宝石晶体的吸收与发射光子示意图，其中横轴表示 Ti^{3+} 的位移，抛物线为 t_{2g} 和 ^2e 能态的绝热势曲线。当 Ti^{3+} 吸收或发射一个光子时，其 3D 电子轨道会重新组合，这个过程远比 Ti^{3+} 核的移动速度要快。*A* 和 *C* 处的高斯曲线表示 *T* 分别在 t 及 e 态的最低振动态的分布；*B* 和 *D* 处的高斯曲线表示电子跃迁到对应能量处的概率；*B* 到 *C* 或 *D* 到 *A* 的过程是通过释放声子实现的。

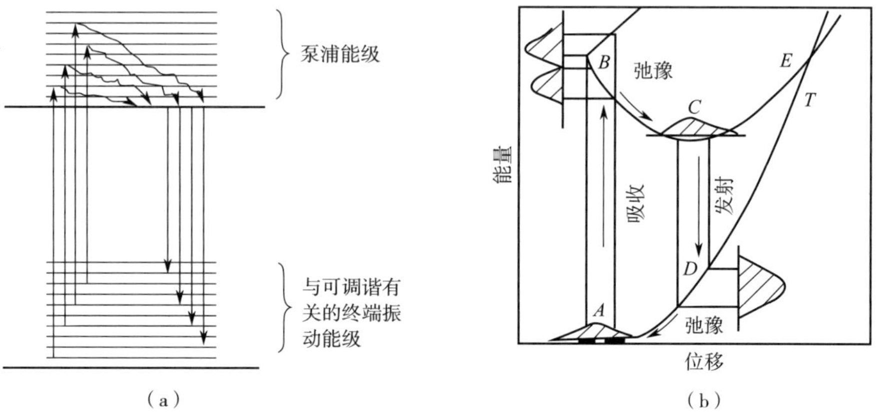

图 1-2 掺钛蓝宝石晶体的能级分布范围及吸收与发射光子示意

(a) 能级分布范围；(b) 吸收与发射光子示意

Ⅲ. 掺钛蓝宝石晶体的吸收光谱和荧光光谱

Ti^{3+}: Al_2O_3 的蓝绿吸收光谱为主吸收光谱，如图 1-3(a)所示。其吸收光谱有较强的偏振特性，π 表示光偏振方向与晶体 C 轴平行，σ 表示光偏振方向与 C 轴垂直。钛宝石晶体的主吸收带较宽，为 400~650 nm。其中，晶体对 π 分量的吸收远大于 σ 分量，在峰值 490 nm 处，泵浦光的波矢 $\boldsymbol{k}$ 垂直于 C 轴，电矢量 $\boldsymbol{E}$ 平行于 C 轴，以实现高效泵浦。

钛宝石晶体在温度为 300 K 时的荧光光谱如图 1-3(b)所示，荧光范围宽，为 600~1 200 nm，峰值出现在波长 790 nm 附近。730~740 nm 波段偏离钛宝石晶体的荧光发射峰，其受激发射截面相较于染料小接近一个量级，因此增益比染料小得多。由于强烈的电子 - 声子耦合，激光振荡的增益最大波长稍有红移，在 800 nm 附近。由图 1-3 可以看出，荧光光谱也有很强的偏振特性，π 分量大于 σ 分量。因此，以布儒斯特角切割晶体端面，即可获得线偏振的激光输出。

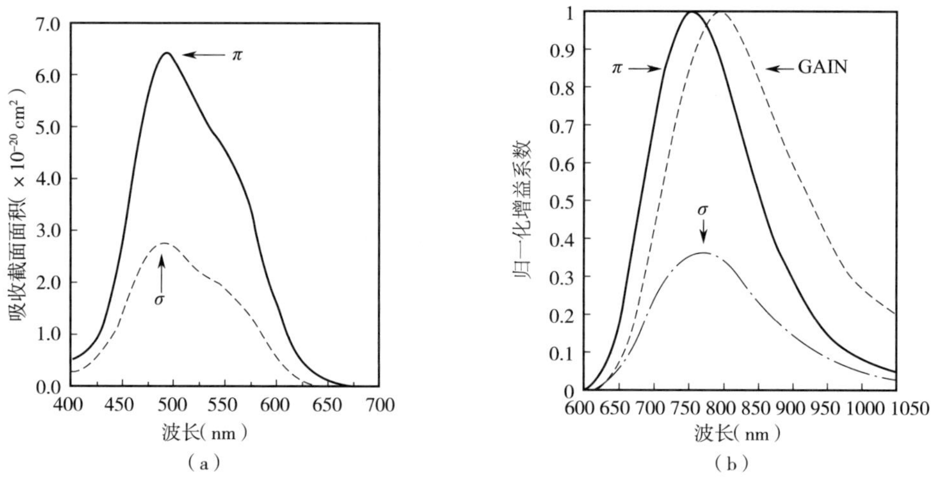

图 1-3 掺钛蓝宝石晶体的蓝绿吸收光谱和荧光光谱

(a) 蓝绿吸收光谱；(b) 荧光光谱

（2）可调谐激光器的波长调谐和线宽压窄技术

波长调谐和线宽压窄主要基于两个原理：色散原理和干涉原理。基于色散原理的光学元件有棱镜、光栅等；基于干涉原理的元件有干涉仪、法 - 珀标准具和双折射滤光片等。

Ⅰ. 棱镜调谐与线宽压窄

棱镜作为色散元件，基于对介质激射光束的一维角色散特性，获得波长（频率）宽度被压窄的激光及实现不同波长激光的连续调谐。这种元件与常用的其他具有同类功能的元件相比，具有光谱区无限制（仅受材料透明度制约）、抗激光损伤、在布儒斯特角（Brewster's angle，又称布氏角）入射状态下工作时插入损耗很小，以及制造容易、价格便宜、安装使用方便等优点。

对于棱镜，尽管其材料在可见光到近红外波段的色散率呈非线性，为了减小插入损耗，棱镜只能在布氏角入射状态下工作，这样产生的角色散一般都不太大。但对于某些光束直径大（几到十几毫米）、脉冲能量高（几十到几千毫焦）、可调谐激光波长范围很宽（几十到几百纳米）的激光器（如Ti：S激光器等），在腔内不适于使用如光栅等其他元件的情况下，为了实现激光的宽范围调谐，使用棱镜也可满足一定的需求。

如图1-4所示，当光经过棱镜时，由于棱镜顶角 A 的作用，出射光线相对于入射光线将折转角 θ。通常使棱镜置于最小偏向角 θ_{min} 状态工作，这时光线在棱镜中平行于底边 BC，并形成对称的光路，出射角等于入射角，即有 $\varphi_2=\varphi_1=\varphi$。在这种情况下，有方程式

$$\sin\left(\frac{\theta+A}{2}\right)=n\sin\left(\frac{A}{2}\right) \tag{1-1}$$

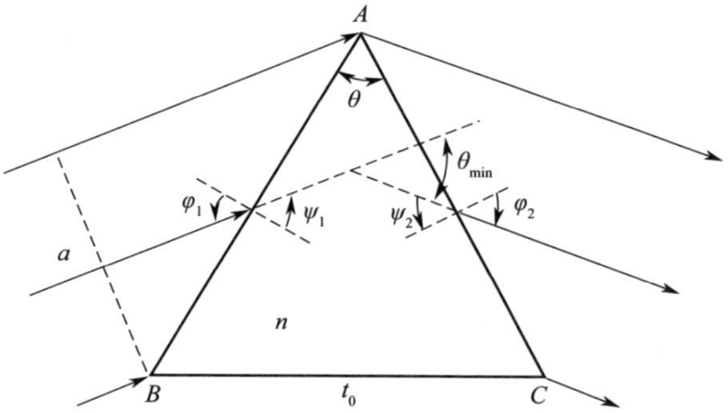

图1-4　棱镜分光

对式（1-1）求波长的微分，得到的角色散公式为

$$\frac{d\theta}{d\lambda}=\frac{2\sin(A/2)}{\sqrt{1-n^2\sin^2(A/2)}}\frac{dn}{d\lambda} \tag{1-2}$$

式中：θ 为偏向角；λ 为波长；$dn/d\lambda$ 为棱镜材料的色散率。

由式（1-2）可以看出，棱镜的角色散随棱镜顶角 A 和折射率 n 的增大而增大，与材料的色散率成正比，但与棱镜尺寸无关。棱镜顶角 A 一般为 58°~63°，如 $A=60°$，则 $\sin(A/2)=1/2$，式（1-2）简化为

$$\frac{d\theta}{d\lambda}=\frac{1}{\sqrt{1-(n/2)^2}}\frac{dn}{d\lambda} \tag{1-3}$$

在式(1-3)中，$n(\lambda)$和 $dn/d\lambda$ 都是波长 λ 的函数。表 1-1 给出了部分光学材料的 $n(\lambda)$和 $dn/d\lambda$ 值。由式(1-3)可以看出，为了得到较大的角色散，应尽量用色散率和折射率都较大的材料，同时也要考虑材料的光谱透过性能。例如，对于棱镜顶角为 60° 的色散棱镜，在 λ= 400 nm 处，若用石英玻璃，其角色散 $d\theta/d\lambda = 1.6 \times 10^{-4}$ rad/nm，若用火石玻璃，其角色散就可提高 5 倍多。

表 1-1　部分光学材料的折射率和色散率

材料	透过波段(μm)	折射率 $n(\lambda)$	色散率 $dn/d\lambda$
冕牌玻璃	0.35~3.00	1.516(λ = 589 nm)	4.6×10^{-5}(λ = 589 nm)
		1.530(λ = 400 nm)	1.1×10^{-4}(λ = 400 nm)
火石玻璃	0.33~2.50	1.755(λ = 589 nm)	1.4×10^{-4}(λ = 589 nm)
		1.810(λ = 400 nm)	4.4×10^{-4}(λ = 400 nm)
石英玻璃	0.15~4.50	1.458(λ = 589 nm)	3.4×10^{-5}(λ = 589 nm)
		1.470(λ = 400 nm)	1.1×10^{-4}(λ = 400 nm)
氯化钠晶体	0.18~24.00	1.790(λ = 200 nm)	6.3×10^{-3}(λ = 200 nm)
		1.380(λ = 20 μm)	1.7×10^{-5}(λ = 20 μm)
氟化锂晶体	0.12~9.00	1.440(λ = 200 nm)	6.6×10^{-4}(λ = 200 nm)
		1.090(λ = 10 μm)	8.6×10^{-5}(λ = 10 μm)

在激光器中应用棱镜时，首先应根据激光介质的发射波长范围确定棱镜的工作谱区 λ_1(短波)~λ_2(长波)，然后根据所选棱镜材料，选取入射角 φ_1、棱镜顶角 A。当 A 确定后，φ_1 的取值范围就被限定了，φ_1 不应使 $\varphi_2 \geqslant \arcsin[1/n(\lambda_1)]$，否则将发生内全反射。设计 A 时，应考虑不使 $\varphi_2(\lambda_1)$和 $\varphi_2(\lambda_2)$偏离其布氏角过多，否则在一定泵浦条件下，将因激光能量在棱镜表面的反射损失过大而造成可调谐激光波长范围的减小。也就是说，尽管理论上可由大的 φ_1 获得大的角色散，但是当要求棱镜的工作谱区较宽，即跨越可见光—近红外波段，且材料的折射率大时，φ_1 和 A 的取值并不是随意的。两者的实际取值总是不使工作谱区中的光波在棱镜上的入射角、出射角偏离布氏角过大。

Ⅱ. 双折射滤光片的波长调谐与线宽压窄原理

双折射滤光器(Birefringent Filter, BF 或 BRF)，又称双折射滤波器、奥特滤波器(Lyot filter)，最初用在天文学中，发明者是法国天文学家奥特(Lyot)。其是几片 BF 与偏振片的组合，能在很宽的波段范围内只允许透过一个窄带的光，这样有利于去除背景光，提取希望得到的光谱线，这在天文学上很有应用价值。1947 年，比林斯(Billings)制作出了可调的窄带光学滤光片，即改变 BF 的光轴方向，他将 BF 以布氏角斜置于激光谐振腔内，以 BF 的面法线为轴转动 BF，实现了对染料激光的波长调谐。

由于 BF 具有插入损耗小(以布氏角放置)、抗破坏阈值高(相比于未镀膜的石英晶体)、调谐范围大(在石英晶体透光范围内都能调谐)、操作方便等优点，而成为连续可调谐激光器最理想的波长调谐元件之一。

实际的 BF 一般由一片或多片天然或人工石英晶体制成，每片 BF 加工成两表面相互平行且光轴与表面成一定角度的形式。在 BF 中，由入射光线和法线构成的平面称为入射面，入射面与偏振面重合，包含光轴且垂直于 BF 表面的平面称为初始面。初始面和入射面之间的夹角称为调谐角，用 A 表示，如图 1-5(a)所示。

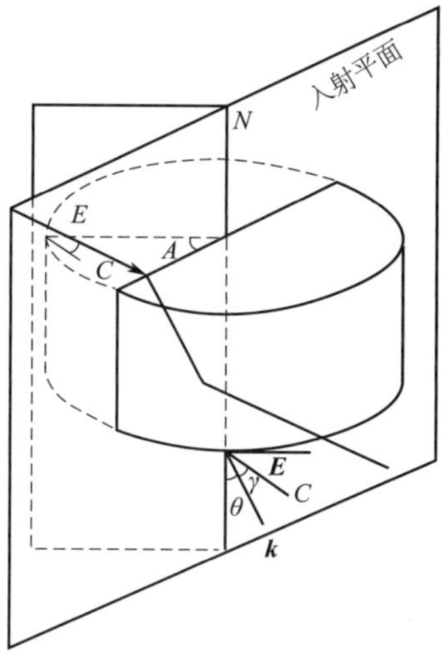

（a）

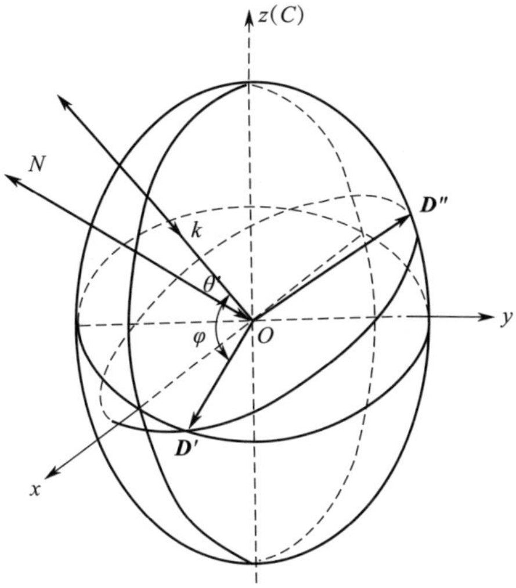

（b）

图 1-5 一束线偏振光入射到 BF 上的情况及 BF 的折射率椭球

（a）一束线偏振光入射的情况；（b）折射率椭球

一束线偏振光(偏振方向平行于入射面)入射到 BF 上时,由于石英的双折射效应,线偏振光折射后分解成 o 光(ordinary light,又称寻常光)和 e 光(extraordinary light,又称非寻常光),它们透过 BF 时的位相延迟 δ 可以表示为

$$\delta=\frac{2\pi d(n_{\mathrm{o}}-n_{\mathrm{e}})\sin^2\gamma}{\lambda\sin\theta} \tag{1-4}$$

式中:$n_{\mathrm{o}}-n_{\mathrm{e}}$ 为 o、e 光的折射率差;d 为 BF 的厚度;γ 为折射光的波矢量 $\boldsymbol{k}$ 与石英晶体光轴 C 的夹角;λ 为入射光波长;θ 为入射角(布氏角)。

在 BF 表面内转动 BF,γ 随之改变,亦即相位延迟量 δ 发生相应改变,出射的 o、e 光若经过一个偏振片,该偏振片的偏振方向与 BF 入射面平行,则 o 光和 e 光将产生干涉,出射光强可表示为

$$I=I_0\left(1-\sin^2 2\varphi\sin^2\frac{\delta}{2}\right) \tag{1-5}$$

式中:I_0 为入射光的光强;φ 为偏振面(即入射面)与电位移矢量 $\boldsymbol{D}'$ 或 $\boldsymbol{D}''$ 的夹角[图 1-5(b)]。

利用单轴晶体的性质和空间解析几何原理,可以得到

$$\sin\varphi=\cot\gamma\frac{\left|\dfrac{\sin\theta}{\cos E}-\tan E\cos\gamma\right|}{\sqrt{1-\left(\dfrac{\sin\theta}{\cos E}-\tan E\cos\gamma\right)^2}} \tag{1-6}$$

式中:E 为 BF 的表面与晶体光轴 C 的夹角[图 1-5(a)]。

将式(1-6)代入式(1-5),得到 BF 的单程透射率 T:

$$T = I / I_0 = 1 - 4\sin^2\varphi(1-\sin^2\varphi)\sin^2\frac{\delta}{2}$$

$$= 1 - 4\cot^2\gamma \frac{\left(\dfrac{\sin\theta}{\cos E} - \tan E\cos\gamma\right)^2}{1-\left(\dfrac{\sin\theta}{\cos E} - \tan E\cos\gamma\right)^2} \times \left[1 - \cot^2\gamma \frac{\left(\dfrac{\sin\theta}{\cos E} - \tan E\cos\gamma\right)^2}{1-\left(\dfrac{\sin\theta}{\cos E} - \tan E\cos\gamma\right)^2}\right] \times \sin^2\frac{\delta}{2} \quad (1\text{-}7)$$

式中:I 为透射光强度;I_0 为入射光强度。

当 $E = 0°$ 时,式(1-6)可简化为

$$\sin\varphi = \cot\gamma \cdot \tan\theta \quad (1\text{-}8)$$

此时,式(1-7)变为

$$T = 1 - 4\cot^2\gamma\tan^2\theta(1-\cot^2\gamma\tan^2\theta)\sin^2\frac{\delta}{2} \quad (1\text{-}9)$$

式(1-7)为 BF 的单程透射公式,当 $E = 0°$,即 BF 的光轴 C 平行于其表面时,单程透射公式可简化为式(1-9)。

在以上推导过程中,已经假设在 BF 的前后各有一个偏振片,且这两个偏振片的偏振方向相同,都平行于 BF 的入射面。在实际光路中,一般没有偏振器存在, BF 以布氏角放置时,两个表面就能起到偏振器的作用。加之谐振腔中增益介质及其他以布氏角放置的光学元件的共同作用,输出光的偏振度往往超过 99%,所以上述假设是完全合理的。

总结上述推导过程可知, BF 是基于线偏振光透过 BF 及偏振片时产生干涉,进而引起透射率随波长变化这个基本原理实现激光波长调谐的。

透射率 $T = 100\%$ 时,对应的波长称为最大透射率点。由式(1-5),有

$$\sin 2\varphi \sin\frac{\delta}{2} = 0 \quad (1\text{-}10)$$

式(1-10)成立的条件有两个:① $\sin 2\varphi=0$,即 $\varphi=j\pi/2$, $j=0,\pm 1,\pm 2, \cdots$,即电位移矢量 $\boldsymbol{D}'$ 或 $\boldsymbol{D}''$ 必须与偏振面(入射面)平行或垂直,这时无论波长如何, BF 在整个透光范围内的透射率都为 1;② $\sin(\delta/2) = 0$,即 $\delta = 2j\pi, j = 0,\pm 1,\pm 2, \cdots$,即当入射光通过 BF 时,o、e 光的位相延迟为 2π 的整数倍,透射率为 1(最大)。显然,条件②才是有实际意义的。

将 $\delta = 2j\pi$ 代入式(1-4),得到

$$\lambda = \frac{d(n_o - n_e)\sin^2\gamma}{j\sin\theta} \quad (1\text{-}11)$$

对于石英晶体材料制成的 BF,$j = -1$ 使波长有最大值 λ_{max},则有

$$\lambda_{max} = \frac{d(n_e - n_o)\sin^2\gamma}{\sin\theta} \quad (1\text{-}12)$$

取一组值:$d = 0.1$ mm、$\gamma = 60°$ 、$\theta = 57°$,得 $\lambda_{max} = 0.79$ μm。λ_{max} 称为 BF 能够调谐的最大波长。

单片 BF 往往不能将被调谐的激光线宽压缩得很窄。另外,理论和实验都证明,在增益比较高的准连续激光系统中,单片 BF 几乎完全失去了调谐波长和压缩线宽的功能。由两片或两片以上的 BF 以一定规律组合起来的组合体,称为组合 BF 或多片 BF。在组合 BF 中,各片 BF 的光轴方向一致,每片表面要严格平行,且较厚 BF 的厚度严格等于最薄片 BF 厚度的整数倍。因此,组合 BF 的

加工及装配较为困难。组合 BF 的单程透射率等于其各片 BF 的单程透射率的乘积。

图 1-6 所示为 2 片、3 片、4 片式组合 BF 在可见光波段的透射曲线。其中，ξ 和 d 分别为组合 BF 的厚度比和厚度最小的 BF 片的厚度。

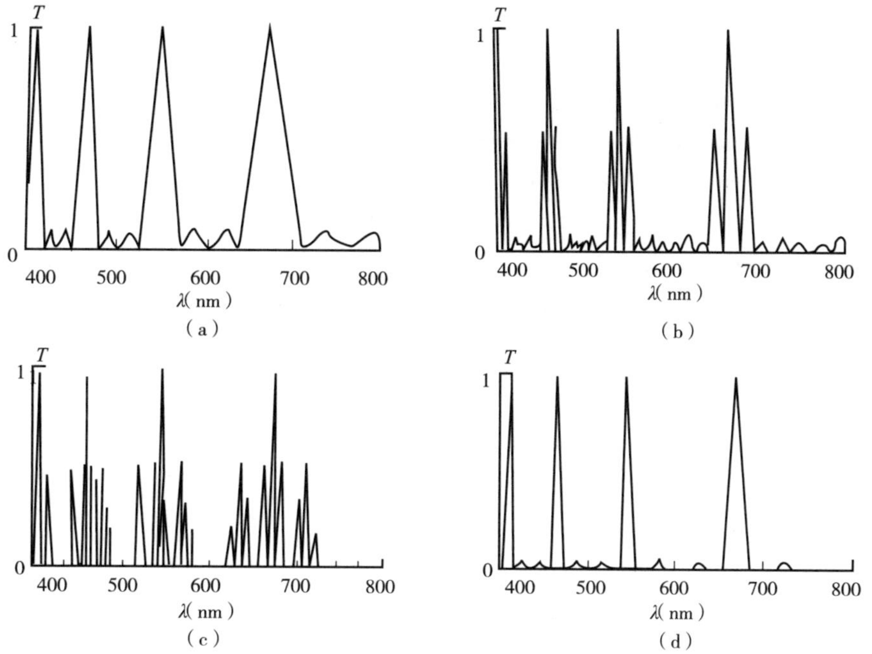

图 1-6　4 种组合 BF 在可见光波段的透射曲线（d = 0.5 mm，A = 52.4°）

（a）1片BF（ξ=1：2）；（b）3片BF（ξ=1：2：9）；（c）3片BF（ξ=1：4：16）；（d）4片BF（ξ=1：2：3：4）

分析图 1-6 可知，组合 BF 除具有前述单片 BF 的透射特性外，还具有下述特征：

1）组合 BF 的透射主峰的间隔由最薄的那片 BF 的厚度确定；

2）组合 BF 的透射主峰的半宽度由最厚的那片 BF 的厚度确定。

透射率小于 1 的透射峰称为边峰，边峰数量的多少与高低决定于组合 BF 的厚度比 ξ。

实际上，通常希望某一激光介质在其荧光光谱内同时只有一个波长振荡，或者说希望组合 BF 中的两个透射主峰之间的间隔大于激光截止的增益谱宽。这就要求最薄的那片 BF 的厚度 d 要小。另一方面，为了使振荡激光的线宽尽量窄，则最厚的那片 BF 的厚度越大越好。但若组合 BF 的最薄片与最厚片之间的厚度相差太大，可能会使边峰高度增大甚至使边峰与主峰的透射率相差无几，从而出现多峰振荡。因此，组合 BF 的厚度比必须合理。

综合上述诸多因素，研究者找到了几种比例的组合 BF，能较好地解决上述矛盾。最常见的三片式组合 BF 的厚度比为 1：2：9 及 1：4：16，它们的透射边峰低于 60%，是无法振荡的。实际上，在连续激光系统中，损耗（包括输出）大于 10% 就很难起振了。

Ⅲ. 光栅调谐与线宽压窄

光栅是一种高分辨率色散元件，属于光相干衍射元件。光栅对不同波长的光的衍射角度不同，从而使激光腔中引入了与波长相关的反馈，这即是色散元件光栅进行调谐的原理。

色散元件中的光栅都采用反射光栅，它是由许多平行刻线槽组成的，刻线密度很高，一般在 1 mm 宽度上有几百上千条刻线，多的可达 2 400 条，甚至更多。当一束平行光束以入射角 α（与光

栅法线夹角）入射到光栅上时，满足相长干涉的条件为

$$m\lambda = d(\sin\alpha \pm \sin\beta) \tag{1-13}$$

式中：d 为光栅常数；β 为衍射角（衍射光与光栅法线夹角）；m 为衍射级，$m = \pm 1, \pm 2, \cdots$。

式（1-13）称为光栅方程，对其求波长 λ 的微分，对于 $\mathrm{d}\alpha/\mathrm{d}\lambda = 0$，有 $m\mathrm{d}\lambda = d\cos\beta\mathrm{d}\beta$，由此光栅的角色散公式为

$$\frac{\mathrm{d}\beta}{\mathrm{d}\lambda} = \frac{m}{d\cos\beta} = \frac{\sin\alpha \pm \sin\beta}{\lambda\cos\beta} \tag{1-14}$$

由式（1-14）可以看出，衍射级 m 越高（对应的衍射角 β 越大，则 $\cos\beta$ 越小），角色散越大；光栅常数 d 越小（刻线密度越高），角色散越大；光栅角色散近似与波长 λ 成反比。

在谐振腔中，光栅通常以自准直状态工作，又被称为利特罗（Littrow）装置，其原理如图 1-7 所示。在自准直状态下，衍射角等于入射角，即 $\alpha = \beta = \varphi_L$，式（1-14）可写为

$$m\lambda = 2d\sin\varphi_L \text{或} \lambda = \frac{2d}{m}\sin\varphi_L \tag{1-15}$$

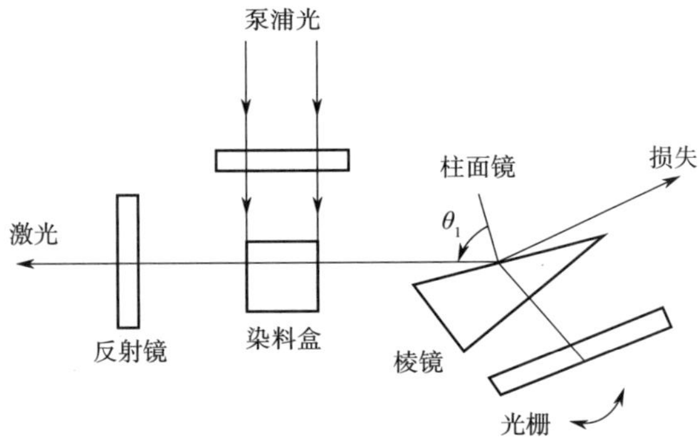

图 1-7　光栅调谐原理图

式（1-15）称为光栅调谐方程。当光栅常数 d 和衍射级 m 确定时，被调谐激光的波长 λ 将是角 φ_L 的正弦函数。当旋转光栅时，光的入射角和衍射角发生连续改变，这时满足 Littrow 条件的波长，即实现按正弦变化的调谐。

（3）准连续运转钛宝石激光器的相关理论

目前，钛宝石激光器已经实现了连续、准连续、脉冲和锁模运转，其中准连续钛宝石激光器兼有高平均功率、高重频、高峰值功率的特点，在生物医学、原子物理、军事国防等领域应用广泛。

Ⅰ. 准连续运转钛宝石激光器的速率方程

钛宝石激光器的能级跃迁情况如图 1-8 所示。该激光器属于四能级结构，其中下标 1~4 代表不同能级 E_n（n=1~4）；W_{14} 为能级 E_1 向能级 E_4 发生受激辐射跃迁的概率；A_{32} 为能级 E_3 向能级 E_2 发生自发辐射跃迁的概率；S_{21} 为能级 E_2 向能级 E_1 发生无辐射跃迁的速率。对于该激光器，激光的下能级为激发态能级 E_2 而非基态能级 E_1，前者向后者的无辐射跃迁速率 S_{21} 很大，因此 E_2 能级上的粒子数极少，接近于零。

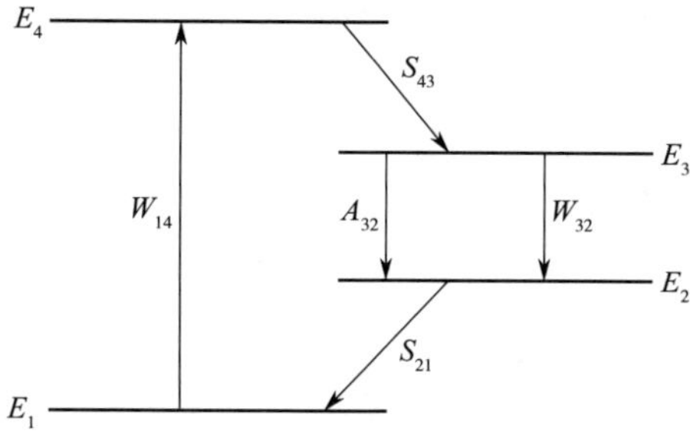

图 1-8 钛宝石激光器的能级跃迁情况

根据钛宝石激光器的能级跃迁情况，可得到其速率方程为

$$\frac{d\Delta n}{dt} = W_p(t) - \sigma_{32} vN\Delta n - \frac{\Delta n}{\tau_{32}} \tag{1-16}$$

$$\frac{dN}{dt} = \frac{V_1}{V_R}\sigma_{32} v\Delta nN - \frac{N}{\tau_R} + \frac{V_1}{V_R}\beta\frac{\Delta n}{\tau_{32}} \tag{1-17}$$

式中：Δn 为钛宝石晶体内的反转粒子数密度；N 为谐振腔内光子数密度；σ_{32} 为晶体的受激辐射截面面积；τ_{32} 为激光上能级的寿命；v 为晶体中的光速；V_R 为谐振腔内的模体积；V_1 为钛宝石棒内的模体积；τ_R 为谐振腔内光子的寿命；β 为进入激光模式的自发辐射分量；$W_p(t)$为泵浦速率。

式(1-16)的含义是反转粒子数密度增加的速率 $d\Delta n/dt$ 等于泵浦速率 $W_p(t)$减去反转粒子数密度因受激辐射而减少的速率 $\sigma_{32}vN\Delta n$ 和因自发辐射而减少的速率 $\Delta n/\tau_{32}$。式(1-17)的含义是谐振腔内光子数密度增加的速率 dN/dt 等于光子数密度因受激辐射而产生的速率 $\sigma_{32}v\Delta nNV_1/V_R$ 减去因谐振腔内损耗而减少的速率 N/τ_R，再加上因自发辐射进入激光模式的速率 $V_1\beta\Delta n/(V_R\tau_{32})$。

若泵浦光的平均功率为 P_0，脉冲重复频率为 k_0，则单脉冲能量 E_0 为

$$E_0 = \frac{P_0}{k_0} \tag{1-18}$$

设泵浦光的时间波形为高斯型，脉冲宽度为 T_0，则 t 时刻的瞬时泵浦功率 $P(t)$为

$$P(t) = \frac{P_0}{k_0T_0}\frac{2\sqrt{\ln 2}}{\sqrt{\pi}}\exp\left(-\frac{2\sqrt{\ln 2}}{T_0}t\right)^2 \tag{1-19}$$

可以验证

$$P_{max} = P(0) \tag{1-20}$$

$$P\left(\pm\frac{T_0}{2}\right) = \frac{1}{2}P_{max} \tag{1-21}$$

$$\int_{-\infty}^{+\infty} P(t)dt = \frac{P_0}{k_0} = E_0 \tag{1-22}$$

对于纵向泵浦方式，设泵浦光的光斑尺寸在整个钛宝石棒内保持不变，且在光束截面内光强均匀分布，若泵浦光的光斑半径为 w_p，则泵浦体积 V_p 为

$$V_p = \pi w_p^2 l \tag{1-23}$$

若钛宝石晶体对泵浦光的吸收系数为 α_p，从泵浦高能级 E_4 向激光上能级 E_3 非辐射跃迁的量子效率为 η，则 t 时刻单位时间内通过 E_4 能级泵浦到 E_3 能级上的粒子数（即泵浦速率）为

$$W_p(t)=\frac{\eta P(t)}{h\nu_p V_p}[1-\exp(-\alpha_p l)]$$

$$=\frac{2\sqrt{\ln 2}P_0\eta}{\pi\sqrt{\pi}k_0T_0h\nu_p w_p^2 l}[1-\exp(-\alpha_p l)]\exp\left(-\frac{2\sqrt{\ln 2}}{T_0}t\right)^2 \quad (1\text{-}24)$$

式中：h 为普朗克常数；ν_p 为泵浦光的频率。

令

$$K_p=\frac{2\sqrt{\ln 2}P_0\eta}{\pi\sqrt{\pi}k_0T_0h\nu_p w_p^2 l}[1-\exp(-\alpha_p l)] \quad (1\text{-}25)$$

则

$$W_p(t)=K_p\exp\left(-\frac{2\sqrt{\ln 2}}{T_0}t\right)^2 \quad (1\text{-}26)$$

设谐振腔输出镜的透射率为 T，钛宝石晶体对振荡激光的吸收系数为 α_c，谐振腔内其他损耗（全反射镜镀膜不完善导致的损耗、衍射损耗、散射损耗等）为 η_0，则谐振腔的单程损耗因子为

$$\delta=-\frac{1}{2}\ln[1-(T+2\alpha_c l+\eta_0)] \quad (1\text{-}27)$$

谐振腔内光子的寿命为

$$\tau_R=\frac{L'}{\delta c} \quad (1\text{-}28)$$

式中：L' 为谐振腔的光学长度；c 为真空中的光速。

为了计算方便，需要对速率方程中的变量进行归一化处理。先将式（1-26）代入式（1-16），再将式（1-16）和式（1-17）两边同乘以 $\sigma_{32}\nu\tau_{32}\tau_R$，使反转粒子数密度 Δn 对 $1/\sigma_{32}\nu\tau_{32}\tau_R$ 归一化，光子数密度 N 对 $1/\sigma_{32}\nu\tau_{32}\tau_R$ 归一化，时间 t 对 τ_{32} 归一化，并令

$$K_p'=K_p\sigma_{32}\nu\tau_{32}\tau_R \quad (1\text{-}29)$$

再假设振荡光的光束直径沿腔长均匀分布，即

$$\frac{V_1}{V_R}=\frac{l}{L} \quad (1\text{-}30)$$

式中：l 为钛宝石棒的长度；L 为谐振腔的长度。

将式（1-30）代入式（1-16）和式（1-17），则归一化后的速率方程为

$$\frac{d\Delta n}{dt'}=K_p'\exp\left[-\left(\frac{2\sqrt{\ln 2}\tau_{32}}{T_0}t'\right)\right]-N\Delta n-\Delta n \quad (1\text{-}31)$$

$$\frac{dN}{dt'}=\frac{\tau_{32}}{\tau_R}\left[\frac{l}{L}N\Delta n-N+\frac{l}{L}\beta\Delta n\right] \quad (1\text{-}32)$$

式中

$$t' = t/\tau_{32} \tag{1-33}$$

采用四阶龙格 - 库塔法求解式(1-31)、式(1-32)和式(1-33)组成的微分方程组，对不同实验条件下激光振荡过程中的增益开关特性进行理论模拟。图 1-9(a)反映了泵浦速率、反转粒子数密度及谐振腔内光子数密度随时间的变化关系；图 1-9(b)所示为三者显示在一张图内的情况，反映了输出脉冲的形成过程。当钛宝石中心波长为 750 nm、泵浦功率为 28 W、脉冲宽度为 70 ns、重复频率为 10 kHz 时，数值模拟得到的钛宝石激光器的输出光脉冲宽度约为 16 ns。

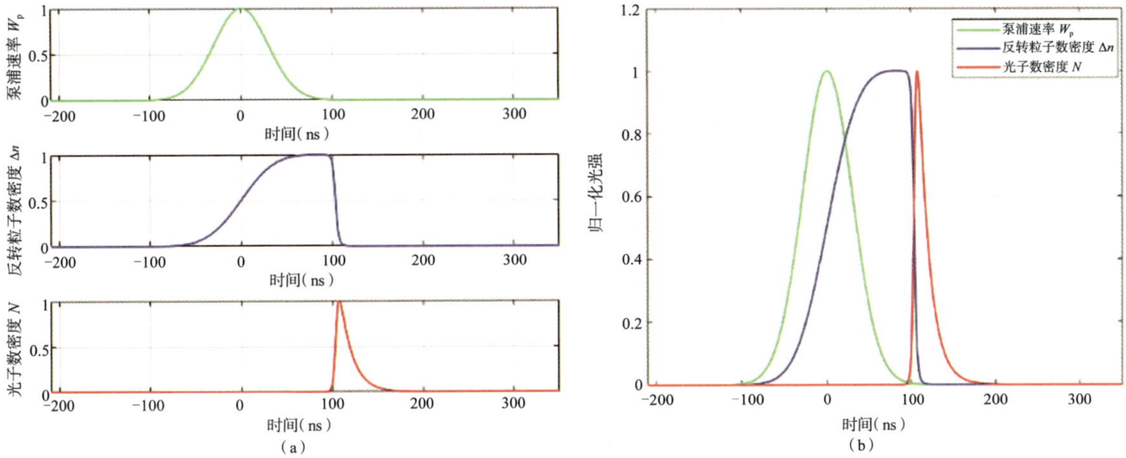

图 1-9　泵浦速率、反转粒子数密度及谐振腔内光子数密度随时间的变化关系及脉冲形成过程

(a)随时间的变化关系；(b)脉冲形成过程

以上对于钛宝石激光器脉冲形成过程的模拟是在不考虑选频元件的作用、使其自由运转的情况下得到的，当谐振腔内插入棱镜和 BF 时，谐振腔内损耗增大，脉冲宽度将会有一定程度的展宽。因此，为获得窄脉冲宽度的激光输出，需要在实验中较为精确地平衡激光器的增益与损耗。

Ⅱ. 准连续钛宝石激光器的增益开关特性

大多数可调谐激光介质的室温荧光寿命比其他激光介质短得多。激光染料的室温荧光寿命仅为纳秒量级，过渡金属离子的室温荧光寿命也仅为几微秒或几十微秒量级，如掺 Ti^{3+}、掺 Cr^{4+} 晶体的室温荧光寿命仅为 3.2~4.3 μs。掺 Cr^{3+} 晶体的荧光寿命为 67~260 μs，与 Nd：YAG 不可调谐晶体的室温荧光寿命 240 μs 相当。对于荧光寿命短的激光介质，其激光动力学特性与普通激光介质有所不同。短荧光寿命激光介质能通过增益开关技术获得巨脉冲。

最常见的获得激光巨脉冲的方法是调 Q 技术，又称为 Q 开关技术。该技术的原理是通过控制谐振腔损耗突变，实现谐振腔品质因数 Q 发生突变，导致谐振腔内光子雪崩似的提取储能，迅速建立强激光振荡，从而形成激光巨脉冲输出。因此，调 Q 技术也称为损耗开关技术。在激光器运转过程中，增益开关技术所控制的是谐振腔内增益，而谐振腔内 Q 值保持不变。

当将高重复频率调 Q 巨脉冲激光器作为可调谐激光器泵浦源时，如用调 Q 的 Nd：YAG 激光器作为 Ti^{3+}：Al_2O_3 激光器的泵浦源，这时谐振腔就可能是增益开关腔。这种调 Q 脉冲的宽度一般在 10~50 ns 范围内，远小于过渡金属离子晶体荧光寿命(微秒量级)。如果泵浦速率足够高，在泵浦脉冲持续时间内，能迅速实现粒子数 N_1 反转。在激光器运转过程中，使谐振腔损耗、阈值 N_{th} 保持不变，当粒子数反转，超过阈值并获得高增益时，将能有效建立起激光振荡，出现光子雪崩似的提取储能，而获得激光巨脉冲。上述是增益开关技术（gain switching）获得巨脉冲激光的物理过程。

增益开关技术与调 Q 技术的区别如下。调 Q 技术是在高损耗、低 Q 值条件下实现的，有一定时间的粒子积累过程，当储能达到足够高时，突然改变谐振腔的 Q 值，实现巨脉冲输出。增益开关技术无须高损耗条件下的粒子积累过程，而是在纳秒量级的泵浦持续时间内获得很高的泵浦速率；在谐振腔内建立起激光振荡之前，反转粒子数和增益以该速率达到远远超过阈值的量；辐射随着时间的推移而增加，在很短的时间内排空上能级的反转粒子数。在增益开关激光器中，谐振腔损耗不变，通过快速获得高增益，建立激光巨脉冲，其激光动力学特性，既不同于调 Q 脉冲固体激光器，也不同于脉冲染料激光器。

下面根据钛宝石激光器的速率方程，从理论上分析钛宝石激光器的增益开关特性，推导脉冲建立时间及脉冲宽度的表达式。

钛宝石激光器的泵浦脉冲宽度为几十纳秒量级，钛宝石激光上能级寿命虽然只有 3.2 μs，但远远大于泵浦脉冲宽度。这里使用两个更简单的非线性微分方程：

$$\frac{\mathrm{d}\Delta n}{\mathrm{d}t}=W_{\mathrm{p}}(t)\Delta n_0-\frac{\Delta n}{\tau_{32}}-v\sigma_{32}N\Delta n \tag{1-34}$$

$$\frac{\mathrm{d}N}{\mathrm{d}t}=v\sigma_{32}N\Delta n-\frac{N}{\tau_{\mathrm{R}}} \tag{1-35}$$

如前所述，$\Delta n(t)$为激光介质的反转粒子数密度；$N(t)$为谐振腔内光子数密度；$W_{\mathrm{p}}(t)$为泵浦速率；Δn_0 为下能级粒子数密度；τ_{32} 为激光上能级的寿命；v 为激光介质中的光速；σ_{32} 为晶体的受激辐射截面面积；τ_{R} 为谐振腔内光子寿命，$\tau_{\mathrm{R}}=2L/(v\delta_{\mathrm{R}})$，$L$ 为谐振腔的长度，δ_{R} 为谐振腔损耗。

在输出脉冲建立的开始，忽略自发辐射和受激辐射，有 $\Delta n_{\mathrm{i}}\approx\Delta n_{\max}$，由式（1-34）可得到如下结果：

$$\Delta n_{\max}=\Delta n_{\mathrm{T}}[1-\exp(-Wt_{\mathrm{p}})] \tag{1-36}$$

式中：$\Delta n_{\max}$ 为反转粒子数密度最大值；Δn_{T} 为激活离子的掺杂浓度[①]；Wt_{p} 可定义为

$$Wt_{\mathrm{p}}=\sigma_{\mathrm{a}}(v_{\mathrm{p}})E_{\mathrm{p}}/(Ahc_{\mathrm{p}}) \tag{1-37}$$

式中：$\sigma_{\mathrm{a}}(v_{\mathrm{p}})$ 为受激吸收截面面积；hc_{p} 为泵浦光子能量；A 为泵浦光斑的面积；E_{p} 为泵浦光的单脉冲能量。

当 $\mathrm{d}N/\mathrm{d}t=0$，即光子数密度最大时，对应的 Δn 为阈值反转粒子数 Δn_{th}，其表达式为

$$\Delta n_{\mathrm{th}}=\frac{1}{v\sigma_{32}\tau_{\mathrm{R}}}=\frac{\delta_{\mathrm{R}}}{2\sigma_{32}L} \tag{1-38}$$

由于泵浦脉冲很窄，可以近似认为当激光脉冲建立时，泵浦已结束，即 $W(t)=0$，忽略自发辐射项 $\Delta n/\tau_{32}$，定义参数 $r=\Delta n_{\mathrm{i}}/\Delta n_{\mathrm{th}}$ 用于表征泵浦水平，其中 Δn_{i} 为初始反转粒子数密度，则可得到光子数密度的最大值为

$$N_{\max}=[(r-1-\ln r)/r]\Delta n_{\mathrm{i}} \tag{1-39}$$

① 激光晶体的掺杂浓度指激活离子掺杂在基质中的数量，单位为原子百分数。

定义新变量 $\varphi(r)=(r-1-\ln r)/r=N_{max}/\Delta n_i$，其中 $\varphi(r)$ 的物理意义是初始反转粒子转化为峰值处的光子的比率。很明显，$\varphi(r)$ 越大，则峰值处消耗的反转粒子越多，输出激光的脉冲宽度越窄。输出脉冲宽度 Δt 的表达式为

$$\Delta t=E/P_p \tag{1-40}$$

式中：P_p 为输出的峰值功率，其表达式为

$$P_p=\frac{N_{max}Vh\nu}{\tau_R} \tag{1-41}$$

式中：V 为模体积；ν 为振荡激光的频率。

因此，输出能量可表示为

$$E=a(\Delta n_i-\Delta n_f)Vh\nu \tag{1-42}$$

式中：$1<a<2$；Δn_f 为剩余的反转粒子数。

由式（1-40）、式（1-41）和式（1-42）可得

$$\Delta t=\frac{a(\Delta n_i-\Delta n_f)}{\Delta n_i}\cdot\frac{\Delta n_i}{N_{max}}\cdot\tau_R=a\cdot\tau_R\cdot\eta/\varphi(r) \tag{1-43}$$

式中：$\eta=(\Delta n_i-\Delta n_f)/\Delta n_i$ 可认为是储能的提取效率。

当 $N=0$，$\Delta n=\Delta n_f$ 时，可得到 r 与 η 的关系式为

$$r=-\ln(1-\eta)/\eta \tag{1-44}$$

定义 $F(r)=\eta/\varphi(r)$，则式（1-43）可变为

$$\Delta t=\frac{2aF(r)L}{\nu\delta_R} \tag{1-45}$$

由式（1-45）可以看出，如果其他参数保持不变，则 Δt 随着 r 呈现出与 $F(r)$ 类似的变化趋势。由于 L 的变化会引起阈值反转粒子数 Δn_{th} 的变化，从而引起 r 的变化，所以不能简单地认为 Δt 的变化与 L 成正比。由式（1-38）可得

$$L=\delta_R r/2\sigma_{32}\Delta n_i \tag{1-46}$$

由式（1-46）可知，如果 Δn_i 及其他参数都保持不变，则谐振腔长度 L 的变化与 r 成正比。定义 $F'(r)=\eta r/\varphi(r)$，则式（1-45）可改写为

$$\Delta t=\frac{aF'(r)}{\nu\sigma_{32}\Delta n_i} \tag{1-47}$$

图 1-10 所示为 $F(r)$、$F'(r)$ 和 $\varphi(r)$ 随 r 的变化曲线 [4]。由 $F(r)$ 的变化曲线可以看出，谐振腔的参数保持不变时，输出的脉冲宽度随 r 的增大而变窄。所以，通过增大泵浦速率增大 r，可以进一步压窄输出脉冲的宽度。由 $F'(r)$ 的变化曲线可以看出，根据式（1-46）和式（1-47），如果 Δn_i 保持不变，并且有 $r>3$，则输出的脉冲宽度将与 L 或 $1/\delta_R$ 成正比。因此，减小谐振腔长度或增大输出镜的透射率可以压窄输出脉冲的宽度。当然，谐振腔长度的变化必须保证 Nd: YAG 泵浦激光（532 nm）与钛宝石激光的模式匹配，并且保证钛宝石激光器运行在稳功率点。

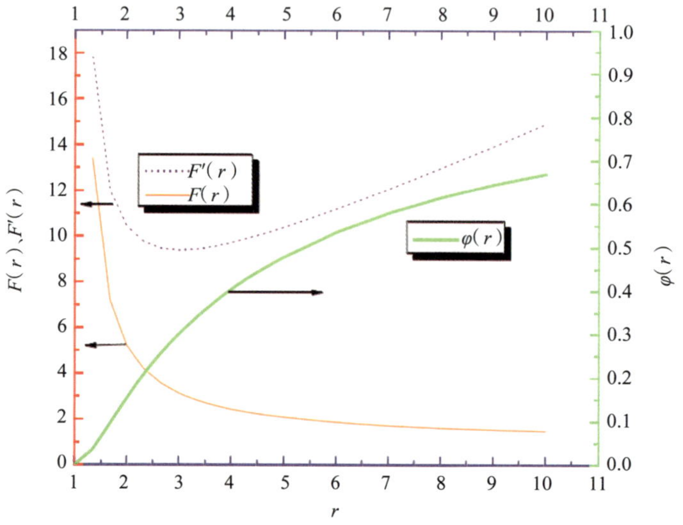

图 1-10　$F(r)$、$F'(r)$和 $\varphi(r)$随 r 的变化曲线

（4）准连续运转钛宝石激光器的研究进展

以泵浦光源为声光 Q 开关内腔倍频 Nd：YAG 激光器为例。其输出波长为 532 nm，最高输出功率分别为 40 W 及 28 W，多横模运转。声光 Q 开关的调制频率在 1~25 kHz 范围内可调，输出光束的偏振方向可通过转动磷酸钛氧钾（$KTiOPO_4$，KTP）倍频晶体来改变，光束发散角约为 7 mrad，脉冲宽度约为 80 ns。

Ⅰ. 平平腔自由运转钛宝石激光器

平平腔自由运转钛宝石激光器的 Ti^{3+}：Al_2O_3 晶体由中国科学院上海光学精密机械研究所提供，晶体通光方向的长度为 16 mm，截面尺寸为 5 mm × 5 mm，晶体端面按照布氏角切割，晶体的 C 轴在入射面内并且垂直于光的传播方向，晶体对 514.5 nm 光的吸收系数为 0.95 cm^{-1}，品质因子（Figure cf Merit，FOM）大于 325。实验中将晶体固定在水冷装置上，冷却水的温度为 9 ℃。在晶体与晶体夹之间有一层厚度约为 0.3 mm 的铟片，铟片很软且导热性能很好。在晶体外面裹上一层钢片再装入晶体夹，使晶体上的热量能迅速通过铟片传给晶体夹。此外，在这种装夹方式下，由于与晶体之间的接触极好，铟片还能起到防止晶体夹得过紧而破裂或夹得过松而滑出的作用。整个水冷装置固定在一个二维调整架上，这样可以方便地调整晶体的位置和姿态，以便使晶体严格按照布氏角入射及以水平偏振方式（e 光泵浦）布置在谐振腔内。

选用 750~850 nm 的膜片组，在透射率 T = 15%、泵浦功率为 27 W 时，平平腔得到钛宝石激光器的最高输出功率为 6 W，转换效率为 22.2%，此时的泵浦阈值为 4 W[5]。准连续运转钛宝石激光器实验装置如图 1-11 所示。

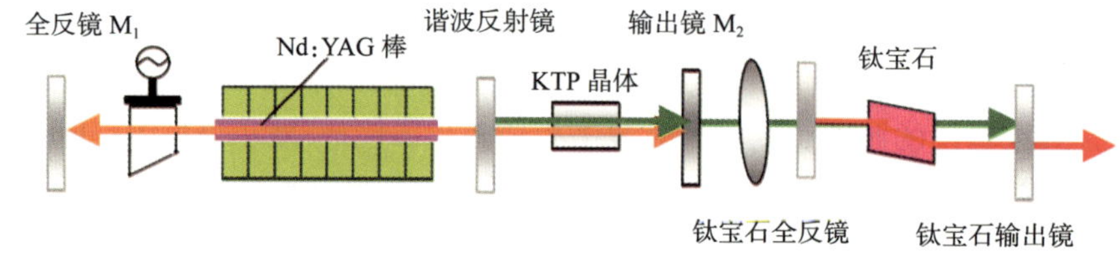

图 1-11　准连续运转钛宝石激光器实验装置

使用 Molectron EPM 1000 型功率计和 Agilent 光谱仪测量光谱图，钛宝石激光器的输出光谱和输出脉冲宽度如图 1-12 所示，利用示波器测得钛宝石激光器输出功率为 6 W 时的脉冲宽度为 38.4 ns。

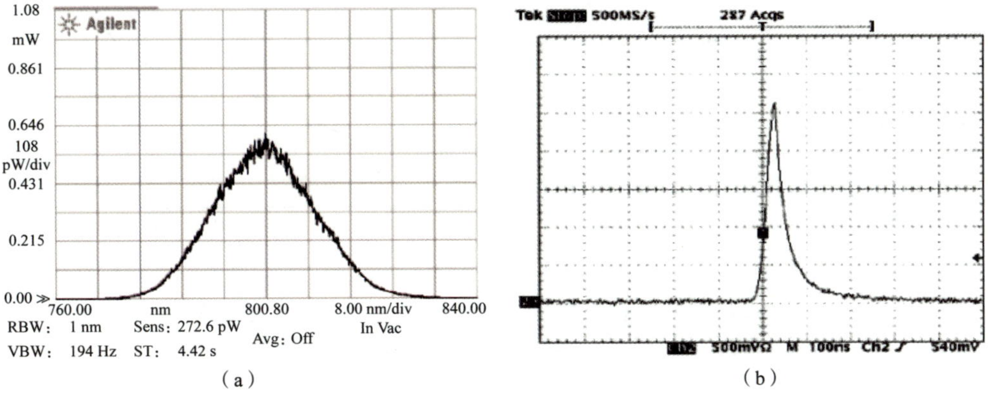

图 1-12　平平腔自由运转钛宝石激光器的输出光谱和输出脉冲宽度曲线

（a）输出光谱；（b）输出脉冲宽度

Ⅱ. 棱镜作为选频元件的钛宝石激光器

研究者用棱镜作为选频元件构成了可调谐的钛宝石激光器，单棱镜作为选频元件的钛宝石激光器实验装置如图 1-13 所示 [6]。

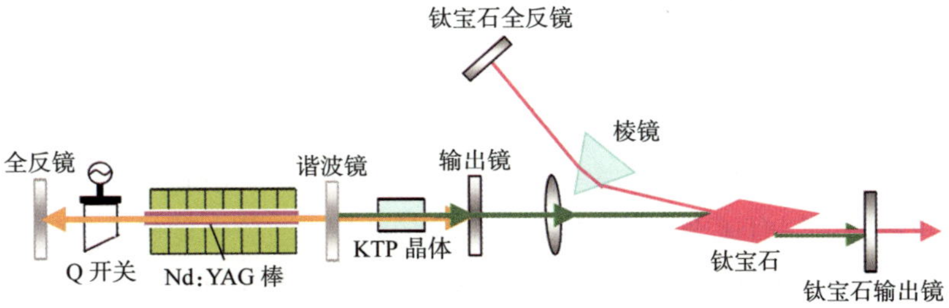

图 1-13　单棱镜作为选频元件的钛宝石激光器实验装置

当泵浦电流为 23 A、重复频率为 5 kHz 时，532 nm 泵浦的输出功率为 22 W，脉冲宽度为 70 ns 时，在 795.2 nm 处该激光器获得最高输出功率（5.6 W），光 - 光转换效率达 25.4%，线宽约为 2 nm，脉冲宽度为 17.2 ns。同时，通过调节全反射镜，获得了 681~950 nm 的宽调谐输出。在整个输出范围内的平均调谐功率为 3.03 W。

使用 Molectron EPM 1000 型功率计得到了该激光器在 681~950 nm 输出范围内的功率曲线，使用 Tektronix TDS620B 型示波器得到了 795.2 nm 处的脉冲宽度，如图 1-14 所示。

从输出曲线可以看出，该激光器的输出波长的线宽约为 2 nm。如果需要进一步压窄线宽，可以通过增加棱镜的个数来实现。

为了进一步压窄线宽，研究者在单棱镜钛宝石激光器的研究工作基础上，在钛宝石谐振腔中加入 2 块 ZF3 重火石玻璃棱镜，设计出窄线宽输出的双棱镜全固态准连续钛宝石激光器，如图 1-15 所示 [6]。

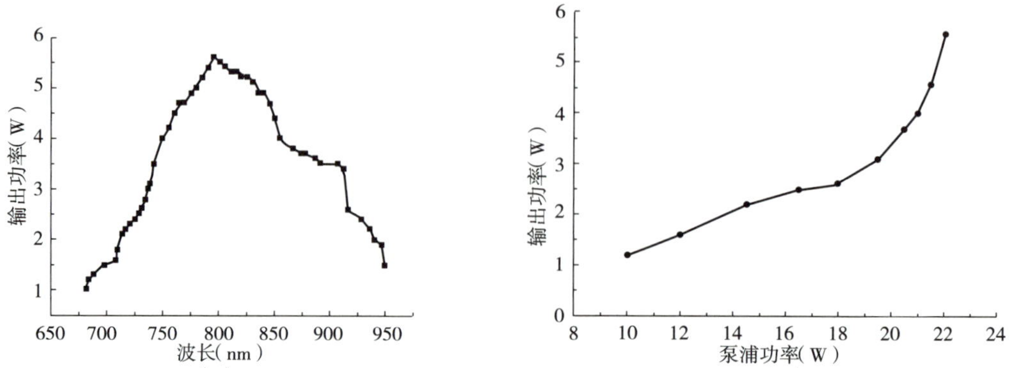

图 1-14　单棱镜作为选频元件的钛宝石激光器的输出曲线

（a）不同波长下的输出功率曲线；（b）795.2 nm波长处的输出功率曲线

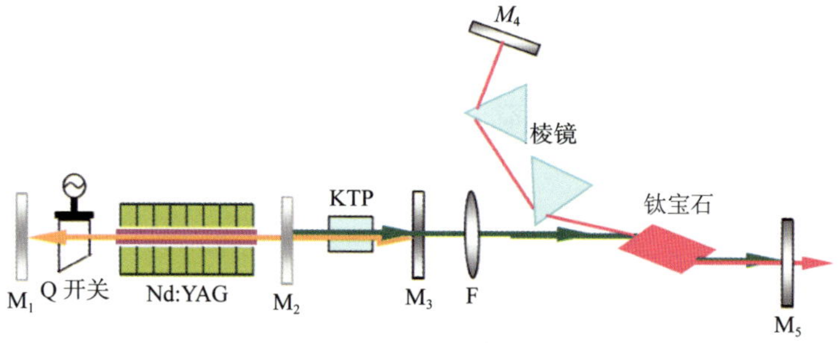

图 1-15　双棱镜全固态准连续钛宝石激光器实验装置

在该激光器中，2 块重火石玻璃棱镜完全相同，顶角均为 60°，相对于钛宝石振荡光均采用布氏角放置（形成布氏棱镜），同时适当拉长钛宝石谐振腔的腔长。实验中发现，与单棱镜钛宝石激光器相比，当谐振腔内再加入 1 块重火石布氏棱镜时，输出功率略有减小，但由于 2 块棱镜的强色散和谐振腔腔长变长的作用，输出激光的谱线明显变窄。当 532 nm 泵浦激光的功率为 22 W、重复频率为 5 kHz 时，该激光器在 795.6 nm 处获得了 5.2 W 的最高功率激光输出，光 - 光转换效率为 23.6%，脉冲宽度为 3.2 ns，最窄输出激光线宽可达 0.2 nm，输出曲线如图 1-16 所示。

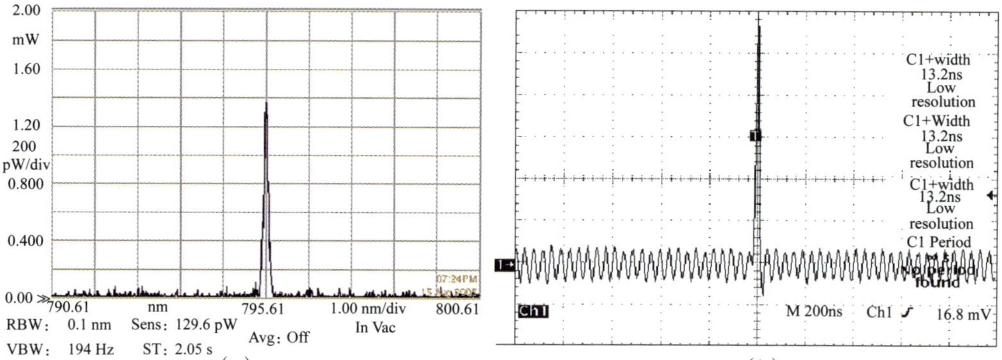

图 1-16　双棱镜全固态准连续钛宝石激光器在 795.6 nm 处的输出曲线

（a）激光光谱；（b）脉冲宽度

Ⅲ. 双折射滤波片作为选频元件的钛宝石激光器

与棱镜作为选频元件的钛宝石激光器相对应，研究者又设计了 BF 作为选频元件的钛宝石激光器[6]，其实验装置如图 1-17 所示。

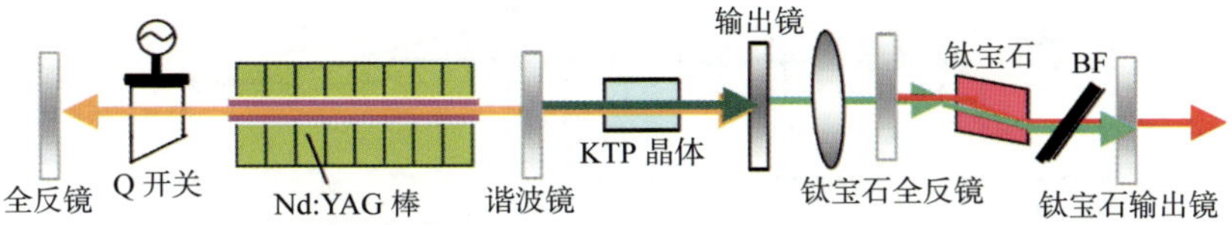

图 1-17　双折射滤波片作为选频元件的钛宝石激光器实验装置

在钛宝石谐振腔内以布氏角插入 BF 后，固定钛宝石宽带输出功率为 5 W，旋转 BF 的光轴，用功率计测量调谐后的输出功率，用光谱仪测量输出波长，得到的钛宝石激光器的输出波长与功率的关系曲线如图 1-18 所示。最终得到最大调谐输出功率为 4.2 W（797 nm），在 750~850 nm 区间连续调谐的平均功率为 3.7 W。

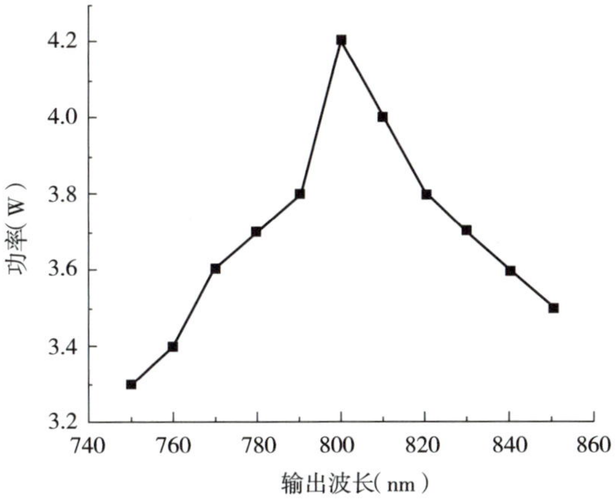

图 1-18　双折射滤波片调谐钛宝石激光器的输出波长与功率的关系曲线

在将钛宝石谐振腔的全反射镜换成曲率半径为 200 mm 的反射镜，同时确定腔长为 150 mm、泵浦功率为 20 W 的情况下，得到了 4.5 W 的输出功率。与平平腔结构的钛宝石激光器相比，平凹腔结构的钛宝石激光器的灵敏度更低、稳定性更好。但由于凹镜的扩散作用，平凹腔结构会导致输出光斑较大，不适合作为倍频和 OPO 的泵浦光源。

Ⅳ. 棱镜调谐的双波长钛宝石激光器

棱镜调谐的双波长钛宝石激光器实验装置如图 1-19 所示[6]。该装置使用的泵浦光源 P 仍然是前文介绍的声光 Q 开关内腔倍频 Nd：YAG 激光器；耦合透镜 M_7 的焦距为 150 mm，以增加泵浦光的功率密度。其调谐元件为 2 块重火石玻璃材料的棱镜，分别放置在由 M_3 和 M_5、M_4 和 M_5 构成的两个谐振腔中。M_3 和 M_4 在 750~950 nm 范围内高反射；M_5 作为该双波长钛宝石激光器的输出镜，在 800 nm 处的透射率为 15%。钛宝石晶体仍然固定在水冷装置中。如图 1-20 所示，当 532 nm 泵浦激光的功率为 23 W、声光 Q 开关的重复频率为 8 kHz 时，分别调节全反射镜 M_3 和 M_4，得到了 774.2 nm 和 859.4 nm、785.3 nm 和 812.1 nm、800.3 nm 和 801.3 nm 的双波长对，双波长对的最高输出功率为 3.2 W，在整个调谐范围内平均功率为 2.89 W。

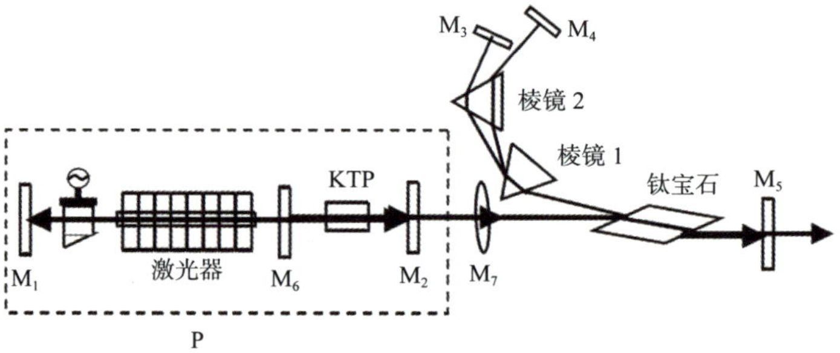

图 1-19　棱镜调谐的双波长钛宝石激光器实验装置

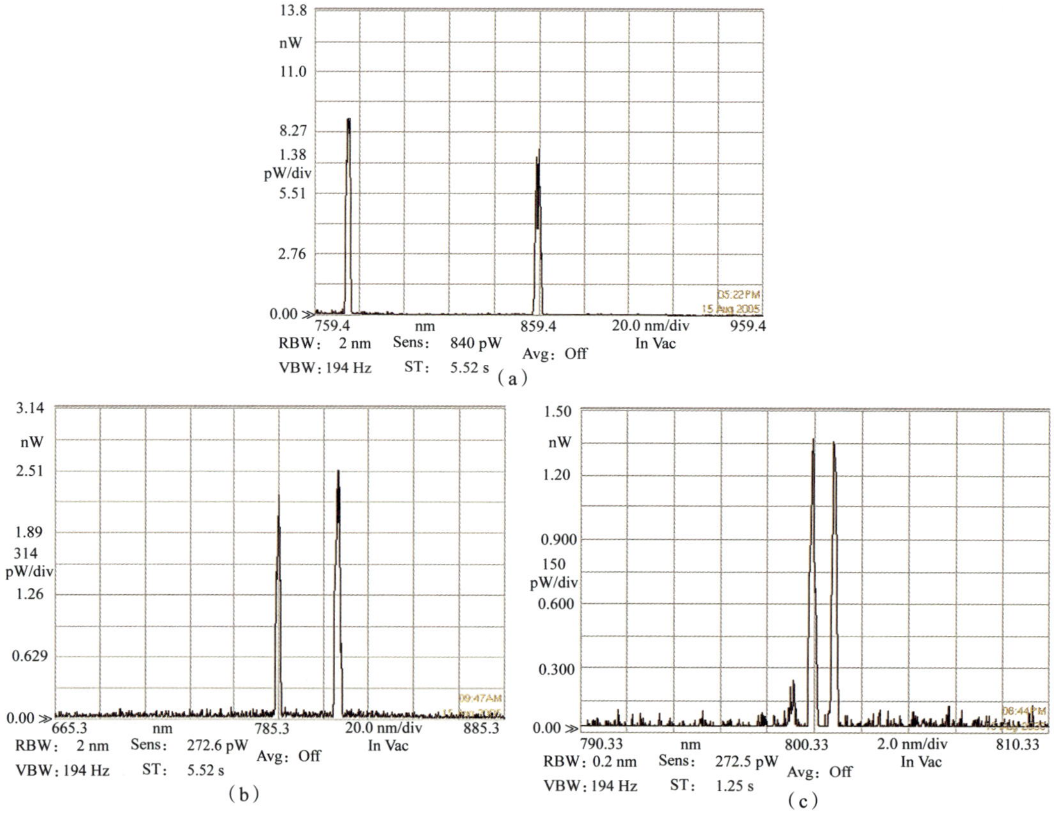

图 1-20　棱镜调谐的双波长钛宝石激光器输出的双波长对

(a) 774.2 nm和859.4 nm；(b) 785.3 nm和812.1 nm；(c) 800.3 nm和801.3 nm

可以注意到，在某些波长位置出现了比较明显的双波竞争和关联效应。通过分别调谐 M_3 和 M_4，可以获得图 1-21(a)所示的双波长对，其中 776.5 nm 处的功率略高。当仅细微调谐 776.5 nm 处的短波全反射镜 M_3 的水平方向时，776.5 nm 的输出功率下降，而同时 828.6 nm 处的输出功率上升，如图 1-21(b)所示。在波长调谐过程中，随着两束激光波长间隔的减小，双波竞争越来越明显，甚至在两个波长之间又多出现一个波长，形成不稳定的三波振荡情况，如图 1-21(c)所示。

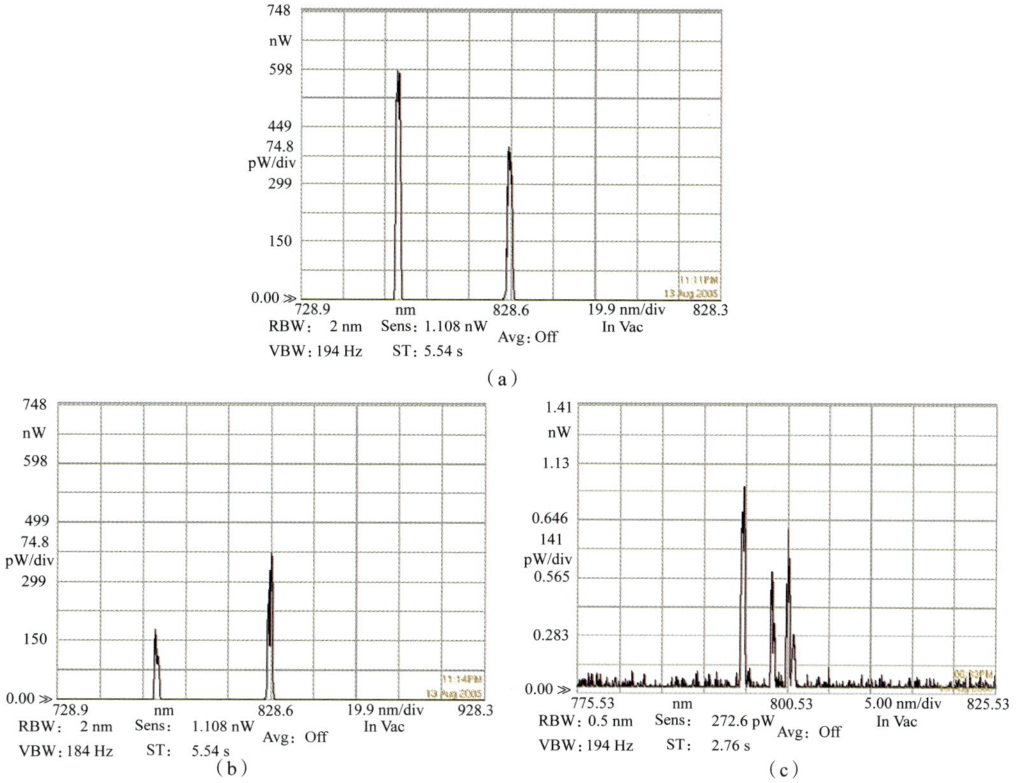

图 1-21　双波长对的双波竞争和关联效应

（a）776.5 nm和828.6 nm；（b）调谐后的776.5 nm和828.6 nm；（c）795.0 nm、798.0 nm和800.5 nm

在实验中，如果固定一个波长而只调谐另一个波长对应的全反射镜，也可以使另一个波长在很宽的范围内变化。例如，固定波长 800.1 nm，调谐另一个波长的结果，如图 1-22 所示。

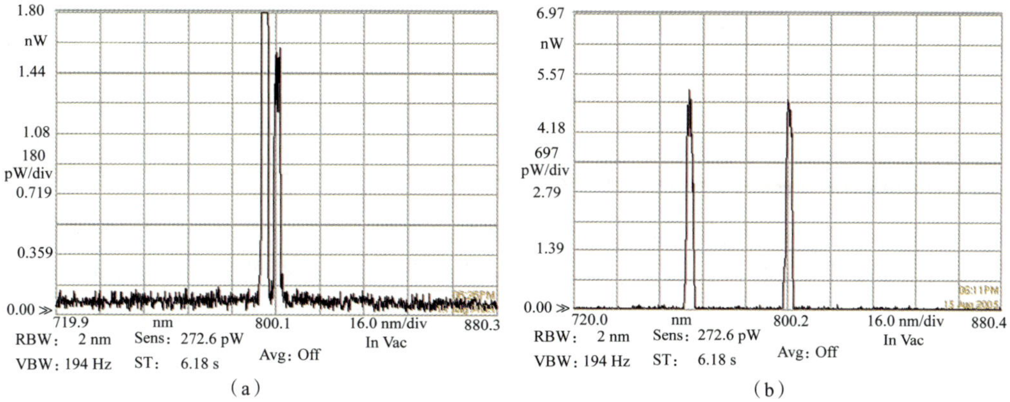

图 1-22　固定一个波长而只调谐另一个波长的双波长对输出情况

（a）800.1 nm和795.0 nm；（b）800.2 nm和763.7 nm

由实验结果可知，可在 774.2~859.4 nm 范围内灵活地调谐钛宝石激光器输出的双波长，这可以为太赫兹（THz）波和双波长同时泵浦 OPO 的实验提供良好的光源基础[7]。

Ⅴ. 双折射滤波片调谐的双波长钛宝石激光器

双折射滤波片调谐的双波长钛宝石激光器实验装置如图 1-23 所示。通过轻微旋转 BF，当

532 nm 泵浦激光的功率为 23 W、重复频率为 6.3 kHz、脉冲宽度为 61.2 ns 时，在波长为 744.8 nm 和 860.9 nm 处，激光器的双波长输出的总输出功率可达 4.8 W，脉冲宽度为 29.2 ns，如图 1-24 所示。

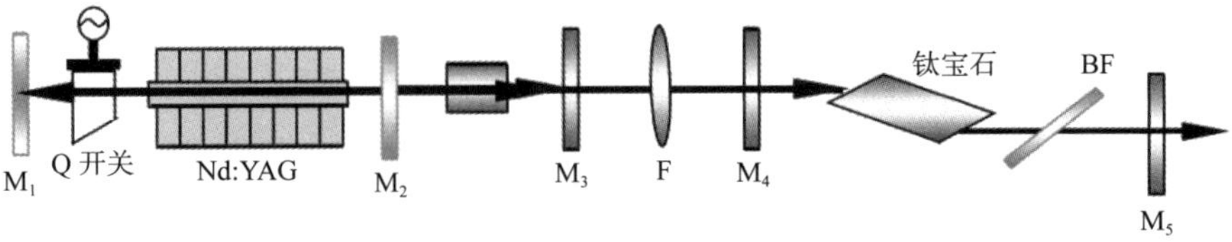

图 1-23　双折射滤波片调谐的双波长钛宝石激光器实验装置[6]

由图 1-24（a）可以看出，两种波长的光几乎有相同的功率、脉冲宽度、波形，这是因为它们具有相同的净增益。同时，输出的双波长光还具有相对于泵浦脉冲相同的延迟时间。图 1-24（b）是双波长钛宝石输出光的脉冲宽度图。由于增益开关的作用，它比 532 nm 的泵浦光要窄，并且可注意到，虽然该激光器是以双波长模式运转的，但它的波形与单波长模式没有任何不同。

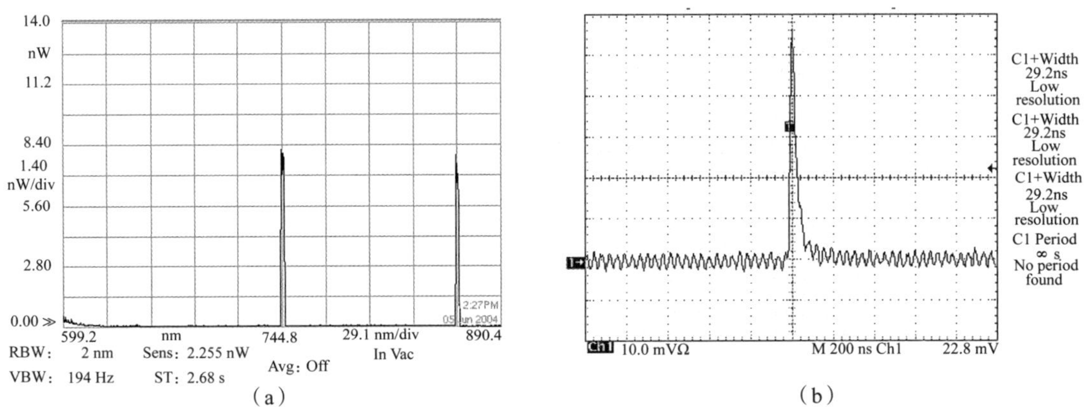

（a）　　　　　　　　　　（b）

图 1-24　双折射滤波片调谐的双波长钛宝石激光器的输出曲线

（a）744.8 nm和860.9 nm；（b）输出光的脉冲宽度

当连续旋转 BF 一定角度时，两种波长会移动几个纳米：短波长的变化范围为 3.743~6.746 nm，长波长的变化范围为 1.859~2.862 nm。同时，在这个范围内总的输出功率几乎是相等的。正如前文中提到的，BF 可提供更高的功率，并且能确保两种波长共线输出。但很明显，这种方法限制了两种波长的间隔，在 BF 的参数固定后，两种波长的间隔不能改变，双波长运转的范围受到限制。并且，当连续旋转 BF 时，两个波长可合并为一个波长，这是由于当其中一个波长的净增益远大于另一个波长时，增益小的波长就不能起振。与棱镜调谐的双波长钛宝石激光器相比，BF 调谐的双波长钛宝石激光器不能在很宽的光谱范围内进行波长调谐，其提供了更高的输出功率，这为许多应用提供了必需的基础。

Ⅵ. 光栅作为选频元件的窄线宽钛宝石激光器

光栅作为选频元件的窄线宽钛宝石激光器实验装置如图 1-25 所示。该激光器在 532 nm 泵浦激光的最高输出功率为 49.6 W。其中，M_1、M_2 上镀有 45°、532 nm 高反膜，用于细调泵浦光的出射方向，采用半波片配合偏振分束器（Polarizing Beam Splitter，PBS）分光的方式控制绿光泵浦的功率，再通过另一组半波片和 PBS 控制两个偏振方向的 532 nm 偏振光的出射功率比为 1∶1。两个方向的 532 nm 偏振光分别经过半波片调整偏振、聚焦透镜聚焦后，泵浦钛宝石晶体。M_3、M_8 均为平镜，

其中 M_3 镀有 532 nm 高透膜、650 nm 和 750 nm 高反膜，M_8 镀有 532 nm 高透膜、650~750 nm 5% 透射率膜；M_7 镀有 45°、532 nm 高反膜和 650~750 nm 高透膜；M_4、M_6 镀有 45°、532 nm 高反膜。该激光器的激光介质为钛宝石晶体，按布氏角进行切割，晶体尺寸为 4 mm × 4 mm × 12.7 mm。光栅长度为 100 mm，光栅密度为每毫米 2 600 线，镀有 500~800 nm 膜。为避免钛宝石晶体处的光斑过小导致晶体损伤，同时控制入射到光栅上的光斑尺寸，并使两侧面泵浦激光在钛宝石晶体内重合，在晶体两侧均布置焦距为 200 mm 的聚焦透镜，对出射绿光准直并聚焦后泵浦钛宝石晶体。钛宝石晶体处的光斑半径约为 250 μm。在综合考虑晶体损伤阈值及模式匹配条件后，采用 **ABCD** 矩阵设计谐振腔，谐振腔的具体参数如下：钛宝石晶体到左端平面镜的距离 L_1 为 120 mm，到右端输出镜的距离 L_2 为 120 mm，谐振腔总长度为 260 mm。

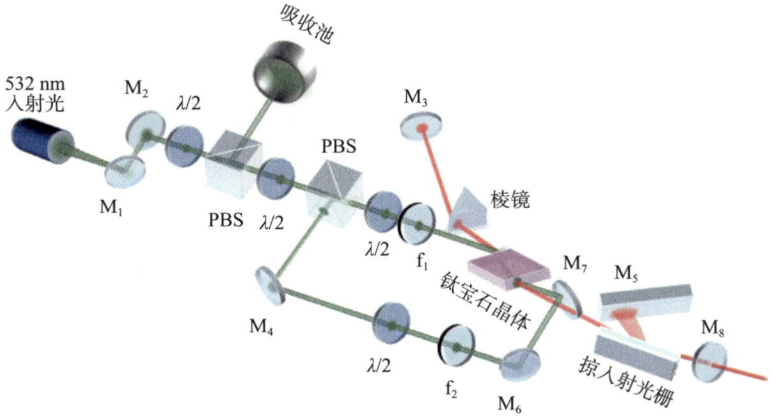

图 1-25　光栅作为选频元件的窄线宽钛宝石激光器实验装置

完成长腔钛宝石激光器的搭建后，将光栅以掠入射形式插入系统，通过转动 M_3 镜对输出波长进行粗调谐，光栅配合 M_5 反射镜一起转动，进行输出波长的细调谐，同时控制输出线宽。

图 1-26 所示为该激光器在不同输出镜透射率条件下，730 nm 激光的输出功率曲线。可以看出，红光（730 nm）的输出功率基本随着泵浦功率的增加而增加，在 42 W 泵浦功率下，当输出镜透射率为 2% 时，该激光器可以获得最高 460 mW 的输出，转换效率为 1.1%；当输出镜透射率为 5% 时，其可以获得最高 1.22 W 的输出，转换效率为 2.9%。

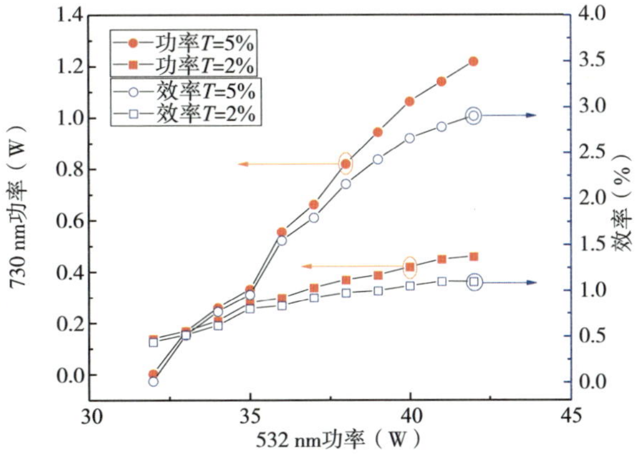

图 1-26　光栅作为选频元件的窄线宽钛宝石激光器在 730 nm 处的输出功率变化曲线

值得说明的是，相比于单端面泵浦，双端面泵浦由于大大提高了泵浦功率（42 W），在相同输出镜透射率下（$T = 2\%$）能够获得更高的激光输出。同时，由于泵浦增益的提升，当将输出镜透射率 T 提高至 5% 时，该装置能够获得最高 1.2 W 的窄线宽 730 nm 激光输出，其转换效率、功率稳定性及线宽稳定性均得到了较大程度的提升。

Ⅰ）窄线宽钛宝石激光器的线宽

使用波长计对 T 为 2% 和 5% 时 730 nm 激光输出的线宽进行测量，结果如图 1-27 所示。$T = 2\%$ 时，输出线宽为 950 MHz；$T = 5\%$ 时，输出线宽为 800 MHz。在不同透射率条件下，输出线宽均满足指标要求（1 GHz 左右）。

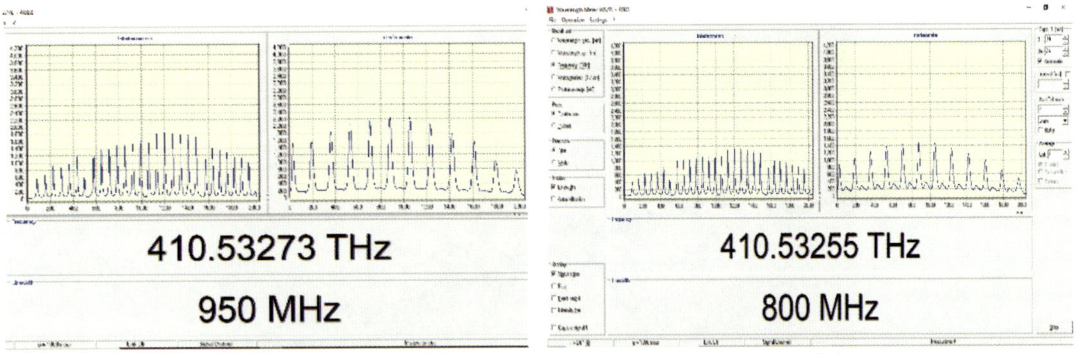

（a） （b）

图 1-27 窄线宽钛宝石激光器线宽测量结果

（a）T=2%；（b）T=5%

双端面泵浦缓解了钛宝石晶体的热效应，提高了窄线宽钛宝石激光器的稳定性，进一步压窄了线宽。此外，双端面泵浦可采用 5% 透射率的输出镜，从而进一步释放谐振腔内振荡光，提升窄线宽钛宝石激光器的线宽稳定性。

Ⅱ）窄线宽钛宝石激光器的脉冲宽度

使用 Newport 818-BB-21 型光电探测器及 Tektronix MDO3054 型示波器对 730 nm 的红光输出光的波形进行测量，结果如图 1-28 所示。

由图 1-28 可知，当波长为 730 nm，输出透射率分别为 2% 和 5% 时，脉冲宽度分别为 38.80 ns 和 38.79 ns，脉冲重复频率为 9.9 kHz，均满足指标要求。相比于单端面泵浦在最高 28 W 泵浦功率时的脉冲宽度，双端面泵浦在 42 W 泵浦功率下的脉冲宽度得到了有效压窄，故提高谐振腔内增益可有效压窄钛宝石激光器脉冲宽度。

Ⅲ）窄线宽钛宝石激光器的光束质量

使用光束质量分析仪对输出功率为 400 mW 的 730 nm 红光的光束质量 M^2 进行测量，结果如图 1-29 所示。可见，730 nm 红光在 x 方向上的光束质量 M^2=1.972 2，在 y 方向上的光束质量 M^2=1.961 6，均满足指标要求。

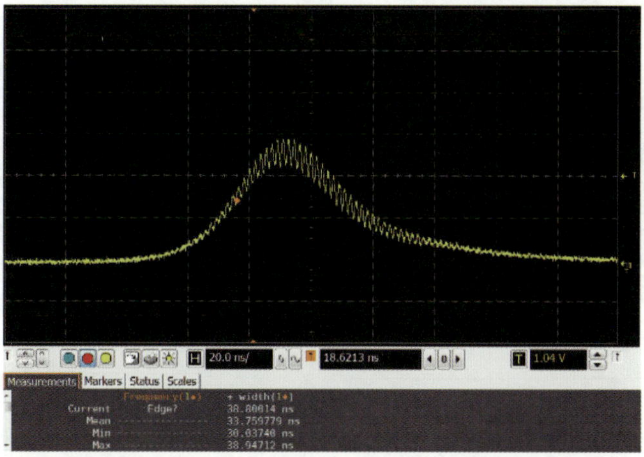

（a）

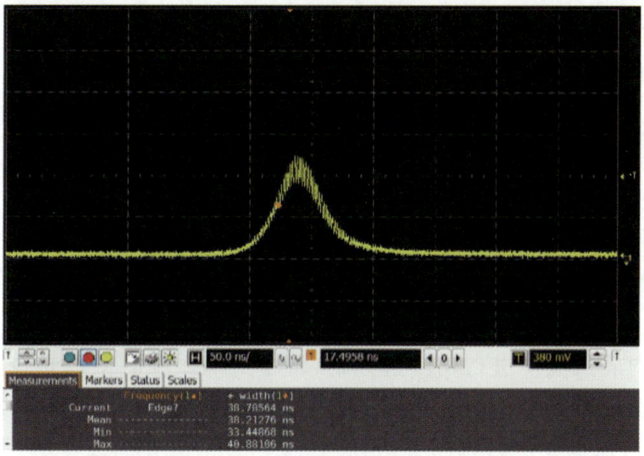

（b）

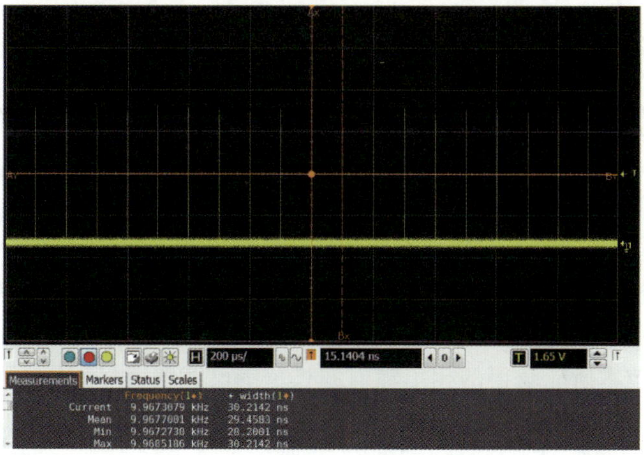

（c）

图 1-28　窄线宽钛宝石激光器脉冲宽度及重复频率测量结果

（a）730 nm红光（T=2%）；（b）730 nm红光（T=5%）；（c）重复频率

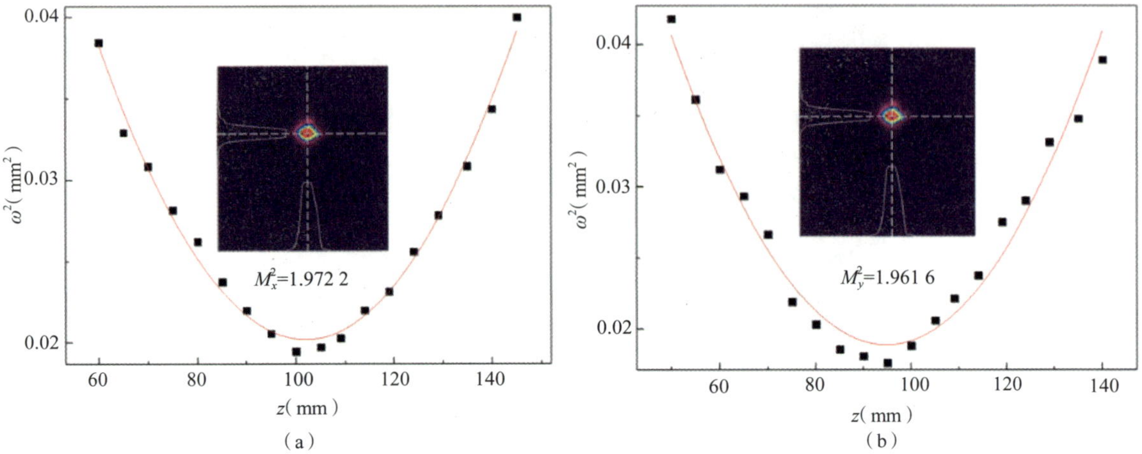

图 1-29　730 nm 红光在 x 方向和 y 方向上的光束质量

(a) x方向；(b) y方向

该实验采用基于掠入射光栅的种子自注入的复合腔结构，色散腔用于提供窄线宽种子，增益腔用于激光放大，在一定程度上弥补了光栅插入较高的损耗。通过在光栅 0 级衍射方向上设置输出耦合镜，其可以与输入镜一起构成增益反馈腔结构，提高谐振腔内振荡光的增益，实现钛宝石激光器在 730 nm 波段的窄线宽激光输出。

该实验对钛宝石激光器实现了有效的热管理，设计了双端面泵浦的泵浦模式，为钛宝石激光器提供了更高的泵浦功率，提高了谐振腔内增益，并提升了钛宝石激光器的稳定性；设计了对称式的增益反馈腔结构，极大地降低了钛宝石晶体热效应对激光器稳定性的影响。

该实验在谐振腔内插入棱镜进行初步选频，实现了对谐振腔内振荡光线宽的预压缩，为后续的光栅位置调整以及波长调谐提供了更为便利的条件。钛宝石激光器自由运转条件下的输出光线宽约为 15 nm，采用棱镜对振荡光进行预压缩，可将钛宝石宽谱激光的线宽由 15 nm 压窄至 0.5 nm 左右，预先对大量多余纵模进行了有效的筛选。

1.1.2　可调谐光学参量振荡器

(1)光学参量振荡技术

光学参量振荡器(Optical Parametric Oscillator，OPO)技术是拓展激光辐射波长范围，获得可调谐相干辐射的重要非线性光学频率变换手段之一。在光学差频过程中，每湮灭一个高频光子的同时会产生两个低频光子，在此过程中两低频光波获得增益；如将非线性介质置于对两低频光波中的一个或两个提供反馈的谐振腔中，在强泵浦光的作用下，当增益大于损耗时，两低频光波中的一个或两个就会在谐振腔内建立起振荡，这就是 OPO 的基本工作原理。目前，通过 OPO 技术以及结合其他非线性光学频率变换技术所能获得的相干辐射波长范围已能覆盖“紫外—可见光—近红外—中红外—远红外—太赫兹(THz)”波段。特别是，利用最容易获得的 1 μm 附近的激光作为泵浦光的 OPO 技术可以同时获得 1.5 μm 附近对人眼安全波段的信号光和 3~5 μm 中红外闲频光输出，具有重要的应用价值。

从参量光的谐振方式来看，OPO 可分为单谐振光学参量振荡器(SROPO)、双谐振光学参量振荡器(DROPO)和三谐振光学参量振荡器(TROPO)，其中 TROPO 实际上是泵浦光外腔谐振增强的双谐振光学参量振荡器(Pump Enhanced DROPO，PE-DROPO)。图 1-30 所示为易卜拉欣扎代(M. Ebrahimzadeh)给出的具体分类 [8]。SROPO 中仅有信号光或闲频光之一起振，在功率以及光谱稳定性方面相对于 DROPO 有非常明显的优势，而缺点在于阈值较高；DROPO 中信号光和闲频光均振荡，其阈值比 SROPO 低两个数量级，但其很差的功率和光谱稳定性使之难以实用化，如图 1-31 所示。因此，早期的 SROPO 多以脉冲方式工作，依靠高峰值功率克服阈值；而在为了获得连续波输出而必须采用 DROPO 时，需要在泵浦源、谐振腔及控制回路等诸多方面进行优化，才能实现 DROPO 的稳定运转，从而造成其结构非常复杂，在应用中十分不便，而且对其输出波长的调谐仍然是一个难以解决的问题；而泵浦光外腔谐振增强的方式也存在与 DROPO 类似的、对谐振腔要求过于精细的问题。在图 1-30 中，IC-SROPO 表示内腔单谐振光学参量振荡器(Intracavity SROPO)，将在后文中详细介绍。

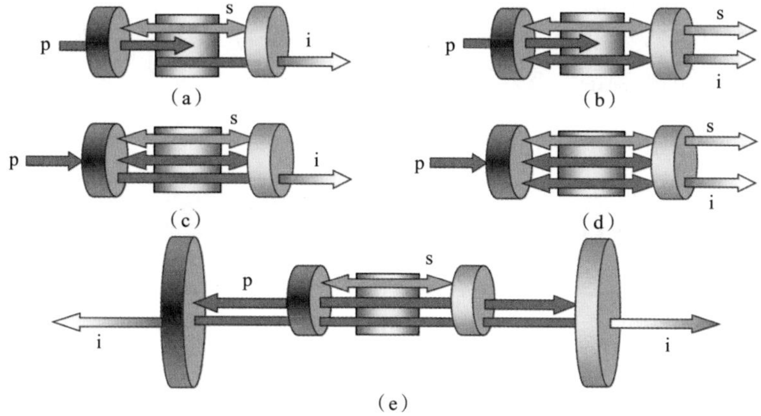

注：p、s、i 分别代表泵浦光、信号光、闲频光

图 1-30　OPO 按谐振方式的分类 [8]

(a) SROPO；(b) DROPO；(c) PE-SROPO；(d) TROPO；(e) IC-SROPO

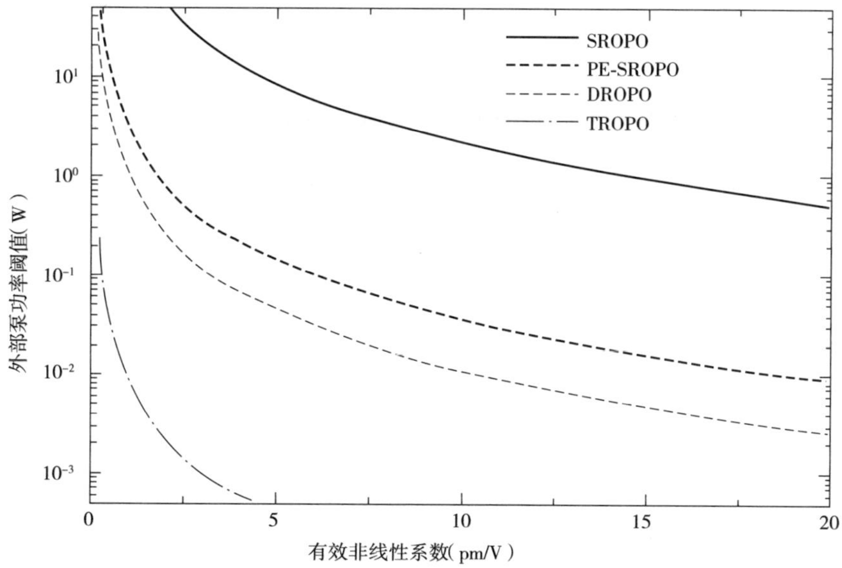

图 1-31　各谐振方式 OPO 的理论最低阈值

Ⅰ. 连续波外腔 SROPO 的理论研究

三波相互作用的耦合波方程为 [9-10]

$$\begin{cases}\dfrac{\mathrm{d}A_s}{\mathrm{d}z}+(\alpha_s+T_s)A_s=\dfrac{\mathrm{i}\omega_s\chi_{\mathrm{eff}}}{cn_s}A_pA_i^*\mathrm{e}^{\mathrm{i}\Delta kz}\\ \dfrac{\mathrm{d}A_i}{\mathrm{d}z}+(\alpha_i+T_i)A_i=\dfrac{\mathrm{i}\omega_i\chi_{\mathrm{eff}}}{cn_i}A_pA_s^*\mathrm{e}^{\mathrm{i}\Delta kz}\\ \dfrac{\mathrm{d}A_p}{\mathrm{d}z}+\alpha_pA_p=\dfrac{\mathrm{i}\omega_p\chi_{\mathrm{eff}}}{cn_p}A_sA_i\mathrm{e}^{-\mathrm{i}\Delta kz}\end{cases} \tag{1-48}$$

式中：A 为光波振幅；χ_{eff} 为有效非线性系数；n 为折射率；Δk 为相位失配量；α 为损耗系数，主要包括 OPO 的谐振腔单程线性损耗及腔镜耦合输出损耗；ω 为光波频率；z 为晶体内传输距离；下标 s、i、p 分别代表信号光、闲频光及泵浦光。

这里我们假定仅信号光在谐振腔内振荡，因此稳态下信号光的振幅应为一个固定值 $A_s(0)$，此时闲频光与泵浦光电场的振幅耦合波方程可表示为

$$\begin{cases}\dfrac{\mathrm{d}A_i}{\mathrm{d}z}=\mathrm{i}\dfrac{\omega_i\chi_{\mathrm{eff}}}{cn_i}A_pA_s^*(0)\exp(\mathrm{i}\Delta kz)\\ \dfrac{\mathrm{d}A_p}{\mathrm{d}z}=\mathrm{i}\dfrac{\omega_p\chi_{\mathrm{eff}}}{cn_p}A_s(0)A_i\exp(-\mathrm{i}\Delta kz)\end{cases} \tag{1-49}$$

对式（1-49）求解可以得到

$$A_i(z)=\mathrm{i}\frac{\sigma_iA_s^*(0)A_p(0)}{\beta}\sin(\beta z)\exp(\mathrm{i}\Delta kz/2) \tag{1-50}$$

$$A_p(z)=A_p(0)\left[\cos(\beta z)+\mathrm{i}\left(\frac{\Delta k}{2\beta}\right)\sin(\beta z)\right]\exp(-\mathrm{i}\Delta kz/2) \tag{1-51}$$

$$\beta=\left[\sigma_i\sigma_pA_s(0)A_s^*(0)+\left(\frac{\Delta k}{2}\right)^2\right]^{\frac{1}{2}} \tag{1-52}$$

其中，$\sigma_{i,p}=\dfrac{\omega_{i,p}\chi_{\mathrm{eff}}}{cn_{i,p}}$，在输出端处，泵浦光与闲频光的光强可分别表示为

$$I_p(L)=\frac{2n_p}{\mu_0c}A_p(L)A_p^*(L)=\left[\cos^2(\beta L)+\left(\frac{\Delta k}{2\beta}\right)^2\sin^2(\beta L)\right]I_p(0) \tag{1-53}$$

$$I_i(L)=\frac{2n_i}{\mu_0c}A_i(L)A_i^*(L)=\frac{\omega_i}{\omega_p}\frac{\beta^2-\left(\dfrac{\Delta k}{2}\right)^2}{\beta^2}I_p(0)\sin^2(\beta L) \tag{1-54}$$

在输出端（$z=L$）处，输出镜对闲频光及泵浦光为高透，故可近似认为 I_i 即为输出的闲频光光强，I_p 即为未被利用的透过的泵浦光光强，根据门雷 - 罗威关系可知，信号光与闲频光增加的光子数应该相同，即

$$\Delta I_s=\frac{\omega_s}{\omega_i}I_i(L) \tag{1-55}$$

将式(1-54)代入式(1-55),整理后得到

$$\Delta I_s = \frac{\omega_s}{\omega_p}\left[1-\left(\frac{\Delta k}{2\beta}\right)^2\right] I_p(0)\sin^2(\beta L) \tag{1-56}$$

由于 SROPO 已达稳定振荡状态,信号光变化光强即为输出光强,即 $I_s = \Delta I_s$。

根据 SROPO 转换效率定义 $\eta = (P_s + P_i)/P_p(0)$,当近似认为信号光、闲频光和泵浦光的光斑尺寸相同时,总光强转换效率为

$$\eta = \frac{I_s(L) + \Delta I_s}{I_p(0)} \tag{1-57}$$

将式(1-53)和(1-56)代入式(1-57),整理后得到

$$\eta = \frac{\left[\beta^2 - \left(\frac{\Delta k}{2}\right)^2\right]}{\beta^2}\sin^2(\beta L) \tag{1-58}$$

由式(1-58)可知,当完全满足相位匹配条件,即 $\Delta k = 0$ 时,可获得最大转换效率为

$$\eta = \sin^2(\beta L) \tag{1-59}$$

由腔镜耦合输出的信号光光强为

$$\Delta I_s = I_s(0)(1 - R_1 R_2) \tag{1-60}$$

将式(1-56)代入式(1-60),并取 $R_1 = 1, \Delta k = 0$,可以得到

$$I_p(0) = \frac{\omega_p}{\omega_s}\frac{(1 - R_2)}{\sin^2(\beta L)} I_s(0) \tag{1-61}$$

再将式(1-52)代入式(1-61),并取 $\Delta k = 0$,可以得到

$$I_p(0) = \frac{2n_s n_i n_p c(1 - R_2)}{\mu_0 \omega_s \omega_i L^2 {\chi_{\text{eff}}}^2}\frac{(\beta L)^2}{\sin^2(\beta L)} \tag{1-62}$$

根据 OPO 阈值,可得

$$I_{\text{th}}^{s} = \frac{4n_p(1-\sqrt{R_2})}{\mu_0 c \sigma_s \sigma_i L^2\sqrt{R_2}} = \frac{4n_s n_i n_p c(1-\sqrt{R_2})}{\mu_0 \omega_s \omega_i \chi_{\text{eff}}^2 L^2 \sqrt{R_2}} \tag{1-63}$$

由式(1-63)和式(1-62),可以得到

$$\frac{I_p(0)}{I_{\text{th}}^{s}} = \frac{(\beta L)^2}{\sin^2(\beta L)}\frac{\sqrt{R_2}+R_2}{2} \tag{1-64}$$

再将式(1-59)代入式(1-64),可得到泵浦光光强与阈值光强的比值(Pump Ratio, PR)与转换效率的关系[11]:

$$\frac{I_p(0)}{I_p^{s}} = \frac{(\arcsin\eta)^2}{\eta}\frac{\sqrt{R_2}+R_2}{2} \tag{1-65}$$

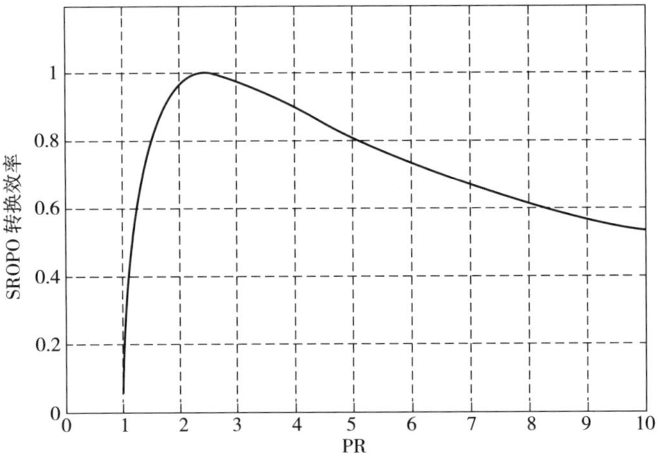

图 1-32　SROPO 转换效率与 PR 的关系曲线

图 1-32 所示为 PR 和 SROPO 转换效率的关系曲线。为了方便讨论，取 R_2=0.99。从图 1-32 可以看出，存在一个最佳 PR（约为 2.47），使 SROPO 的转换效率在理论上可达 100%。当 PR 过高或过低时，SROPO 的转换效率将显著降低。因此，对于 SROPO，过低的阈值光强可能会导致 SROPO 过早达到饱和光强（效率最大时的泵浦光光强），从而使其在高泵浦光光强下的转换效率降低。因此，为了获得最大的参量光功率，需要充分考虑泵浦光光强与阈值光强的关系，可以通过适当提高 SROPO 的阈值来提高 SROPO 的饱和光强，从而实现高泵浦功率下的 SROPO 高效率输出。

Ⅱ. 连续波内腔 SROPO（IC-SROPO）的理论研究 [12]

图 1-33 所示为连续波 IC-SROPO 的模型，其工作原理如下：外界泵浦源（external pumping）泵浦激光晶体（laser crystal），产生激光，即 SROPO 的泵浦光（parent laser）；泵浦光在腔镜 M_1 和 M_2 构成的激光谐振腔内振荡；非线性晶体（nonlinear medium）置于泵浦光的谐振腔内，腔内循环的激光经过非线性晶体时，参量光得到增益，其中信号光在腔镜 M_2、分束镜（beam splitter）和腔镜 M_3 构成的 SRO 谐振腔内振荡；闲频光不振荡，经腔镜输出或被各元件吸收。在连续波 IC-SROPO 的理论和实验研究方面，英国圣安德鲁斯大学的邓恩（M. H. Dunn）教授的课题组，包括斯托哈德（D.J.M. Stothard）和特恩布尔（G.A. Turnbull）等进行了大量研究。1998—1999 年，Turnbull 等从 IC-SROPO 的速率方程和耦合波方程出发，对其功率特性进行了详细的分析，下面主要参考该课题组的相关工作，讨论 IC-SROPO 的输出功率和转换效率等特性。

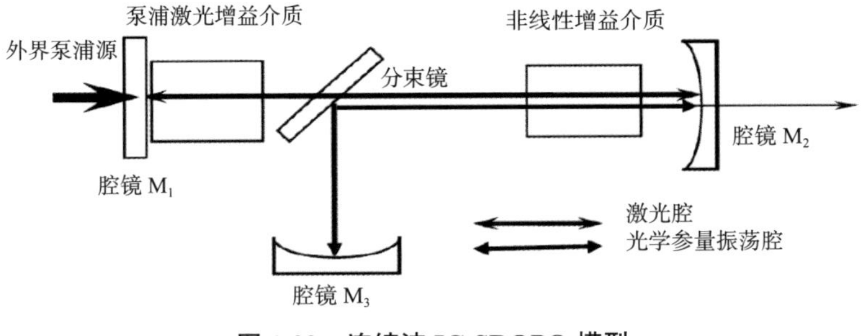

图 1-33　连续波 IC-SROPO 模型

用光子流（光子数 / 秒）表示功率，连续波和脉冲运转的 IC-SROPO 的动力学特性可用如下耦合波方程描述：

$$\left.\begin{aligned}\tau_s \dot{P}_s &= P_s(P_p - 1)\\ \tau_p \dot{P}_p &= P_p(N - 1 - F'P_s)\\ \tau_u \dot{N} &= \sigma - N(1 + xP_p)\end{aligned}\right\} \tag{1-66}$$

式中：τ_s、τ_p 和 τ_u 分别表示 IC-SROPO 的信号光谐振腔和泵浦光谐振腔内光子的寿命；P_s 和 P_p 分别为信号光和泵浦光的光子流，相对于 SROPO 阈值泵浦光的光子流归一化；N 为反转粒子数，相对于泵浦激光阈值的反转粒子数归一化；F' 为激光谐振腔与信号光谐振腔精细度的比值；σ 为外界泵浦功率相对于泵浦激光阈值的比值；x 为 SROPO 阈值时的泵浦光光子流与泵浦激光饱和光子流的比值，即 $x=F_p/F_{sat}$。

泵浦光与信号光的光子寿命表达式分别为

$$\left.\begin{aligned}\tau_p &= \frac{2n_pL_p}{c}\frac{1}{1-r_p}\\ \tau_s &= \frac{2n_sL_s}{c}\frac{1}{1-r_s}\end{aligned}\right\} \tag{1-67}$$

式中：L 为谐振腔长度；n 为平均折射率；r 为腔镜的反射率；c 为真空中的光速；下标 s 和 p 分别表示 IC-SROPO 的信号光和泵浦光。

泵浦光和信号光的光子流表达式为

$$\left.\begin{aligned}F_p &= n_p c\varepsilon_0 E_p^2 \pi w_p^2 / 4\hbar\omega_p\\ F_s &= n_s c\varepsilon_0 E_s^2 \pi w_s^2 / 4\hbar\omega_s\end{aligned}\right\} \tag{1-68}$$

式中：E 为光场；w 为光束半径；ω 为角频率。

泵浦激光的饱和光子流量 F_{sat} 用来表征激光介质和泵浦聚焦的特性，其表达式为

$$F_{sat} = \frac{1}{2\sigma_e\tau_u}\frac{\pi w_p^2}{2} \tag{1-69}$$

式中：σ_e 为激光介质的受激发射截面面积，其系数为 2 的含义是 2 个相反方向传播的泵浦光相叠加引起饱和。

系统稳态运转时，激光功率、信号光功率和归一化增益均不随时间变化，即这三个参数关于时间的导数为 0，则式（1-66）可写为

$$\left.\begin{aligned}P_s(P_p - 1) &= 0\\ P_p(N - 1 - F'P_s) &= 0\\ \sigma - N(1 + xP_p) &= 0\end{aligned}\right\} \tag{1-70}$$

系统运转在阈值之上时有信号光功率 $P_s>0$，根据方程组式（1-66）要求满足 $\sigma>1+x$，则 OPO 阈值为 $\sigma_{th\text{-}OPO}=1+x$，即需满足 $\sigma \geqslant \sigma_{th\text{-}OPO}=1+x$，此时式（1-70）的方程组在 OPO 阈值以上运转的稳态解为

$$\left.\begin{aligned}P_p^0 &= 1\\ N^0 &= \sigma/(1+x)\\ P_s^0 &= (N^0 - 1)/F'\end{aligned}\right\} \tag{1-71}$$

如图 1-34 所示，可用图形描述 IC-SROPO 的运转特性，共分为 3 个阶段。

阶段Ⅰ：外界泵浦功率低于泵浦激光阈值，即 $\sigma < \sigma_{th\text{-}L}$，激光不能起振，腔内没有泵浦激光，因而也不能产生 SROPO 信号光，对应图中此阶段腔内泵浦激光功率 P_p 和信号光功率 P_s 均为 0，泵浦激光的增益随外界泵浦功率的增大而线性上升。

阶段Ⅱ：外界泵浦功率超过泵浦激光阈值，但仍低于 SROPO 阈值，即 $\sigma_{th\text{-}L} < \sigma < \sigma_{th\text{-}SROPO}$，腔内泵浦激光开始振荡且功率随外界泵浦功率的增大而线性增长，激光器的增益饱和；由于腔内泵浦激光功率仍未达 SROPO 阈值，SROPO 不能起振，信号光功率 P_s 为 0。在阶段Ⅰ和Ⅱ中，IC-SROPO 的运转特性与普通激光器相同。

阶段Ⅲ：外界泵浦功率超过 SROPO 振荡阈值，即 $\sigma > \sigma_{th\text{-}POOPO}$，超过 SROPO 阈值的泵浦激光功率全部转化为信号光和闲频光输出，信号光功率随外界泵浦功率的增大而线性增长，此时腔内的激光功率被钳制在 SROPO 阈值水平，因而其增益也随外界泵浦功率的增大而线性增长。

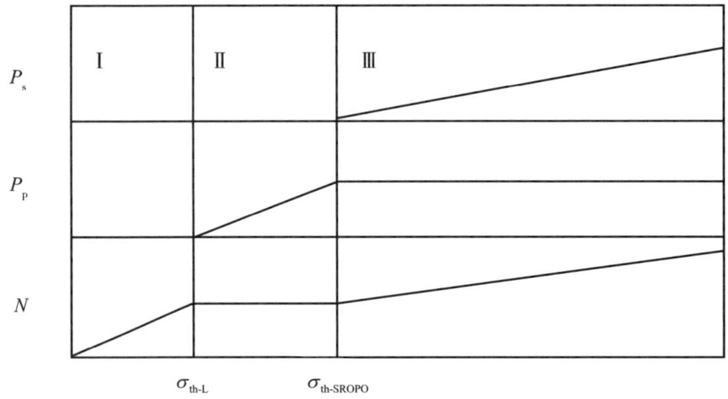

图 1-34　IC-SROPO 稳态运转下的信号光功率、泵浦功率和饱和增益曲线

将式（1-71）中各项的定义式代入式（1-66），即可解出连续波 IC-SROPO 腔内的信号光光子流的表达式为

$$F_s = \frac{F_{sat}}{\alpha_s}\left(\frac{\sigma}{\sigma_{th\text{-}OPO}} - 1\right)\alpha_p\left(\sigma_{th\text{-}OPO} - \sigma_{th\text{-}L}\right) \tag{1-72}$$

式中：F_{sat} 为泵浦激光的饱和流量；σ 为泵浦功率；$\sigma_{th\text{-}L}$ 和 $\sigma_{th\text{-}OPO}$ 分别为泵浦激光阈值和 SROPO 阈值；α_s 和 α_p 分别为信号光和泵浦光腔内全程光子损耗；$\sigma_p\sigma_{th\text{-}L}$ 和 $\sigma_p\sigma_{th\text{-}OPO}$ 是达到泵浦激光阈值和 SROPO 阈值所需的全程增益。

稳态时，信号光和闲频光的光子流都不随时间变化，因此产生的闲频光光子流与损耗掉的信号光光子流是相等的，若闲频光全部输出，其输出光子流可表示为

$$\left(F_i\right)_{out} = \alpha_s F_s = F_{sat}\left(\frac{\sigma}{\sigma_{th\text{-}OPO}} - 1\right)\alpha_p\left(\sigma_{th\text{-}OPO} - \sigma_{th\text{-}L}\right) \tag{1-73}$$

根据以上关系，可以对 IC-SROPO 的功率进行优化：在给定的泵浦功率 σ 下，泵浦激光的饱和流量 F_{sat} 为定值；对于激光阈值 $\sigma_{th\text{-}L}$，也是要求尽量减小损耗以降低阈值；因此，式（1-73）中能够人为控制的参数只有 IC-SROPO 的 SROPO 阈值 $\sigma_{th\text{-}OPO}$。为获得最大的闲频光输出，可求解微分方程：

$$\frac{\partial (F_{\mathrm{i}})_{\mathrm{out}}}{\partial \sigma_{\text{th-OPO}}} = 0 \tag{1-74}$$

可得到最优的 SROPO 阈值为

$$\sigma_{\text{th-OPO}} = \sqrt{\sigma_{\text{th-L}}\sigma} \tag{1-75}$$

式(1-75)的含义是 SROPO 阈值等于泵浦激光的阈值 $\sigma_{\text{th-L}}$ 和外界泵浦功率 σ 的几何平均值时,闲频光输出的光子流达最大。

将式(1-75)代入式(1-73),可以得到

$$(F_{\mathrm{i}})_{\mathrm{out}}^{\max} = F_{\mathrm{sat}}\alpha_{\mathrm{p}}\left(\sqrt{\sigma} - \sqrt{\sigma_{\text{th-L}}}\right)^2 \equiv (F_{\mathrm{p}})_{\mathrm{out}} \tag{1-76}$$

闲频光的最高输出光子流与激光器在最佳输出耦合透射率下得到的最大激光输出光子流是相等的。也就是说,根据给定的泵浦功率,可以通过控制非线性增益及振荡光透射率等手段优化 IC-SROPO 的 SROPO 阈值使之满足式(1-75),则在此泵浦功率下所能获得的最大激光输出功率可以 100% 发生参量下转换。当需要对信号光的输出功率进行优化时,可将信号光的全程损耗分为振荡损耗 α_{sp} 和输出耦合损耗 α_{so},则输出的信号光的光子流的表达式为

$$(F_{\mathrm{s}})_{\mathrm{out}} = \alpha_{\mathrm{so}}F_{\mathrm{s}} = \alpha_{\mathrm{so}}\alpha_{\mathrm{p}}K\left[\frac{\sigma}{1+(\alpha_{\mathrm{so}}+\alpha_{\mathrm{sp}})K/F_{\mathrm{sat}}} - 1\right] \tag{1-77}$$

式中:$K = (F_{\mathrm{p}})_{\mathrm{th}} / \alpha_{\mathrm{s}}$。

求解微分方程

$$\frac{\partial (F_{\mathrm{s}})_{\mathrm{out}}}{\partial \alpha_{\mathrm{so}}} = 0 \tag{1-78}$$

得到

$$\sigma_{\text{th-OPO}} = \sqrt{(\sigma_{\text{th-OPO}})_{\min}\sigma} \tag{1-79}$$

由式(1-79)可知,当 SROPO 阈值等于最低 SRO 阈值和给定泵浦功率的几何平均值时,该 OPO 的信号光输出有最大值。在 IC-SROPO 中,从外界泵浦源到最终的参量光输出,整个过程先后经过了激光产生和参量下转换两个过程,因此其光 - 光转换效率并不能准确地反映参量下转换过程的效率。因此,需要引入下转换效率(down-conversion efficiency)这个参数来对其进行描述。下转换效率 η_{DC} 定义为发生了参量下转换,转换为信号光和闲频光的泵浦激光功率占泵浦激光器在最佳输出耦合透射率下得到的最大激光功率的比例,即

$$\eta_{\mathrm{DC}} = \frac{P_{\mathrm{DC}}}{P_{\mathrm{out}}^{\max}} \tag{1-80}$$

对于上面描述的 IC-SROPO 模型,$(F_{\mathrm{t}})_{\mathrm{out}}$ 是产生的全部闲频光光子流,由于参量过程满足曼利 - 罗(Manley-Rowe)关系,$(F_{\mathrm{t}})_{\mathrm{out}}$ 也是发生下转换的泵浦激光光子流。因此,$(F_{\mathrm{t}})_{\mathrm{out}}$ 与 $(F_{\mathrm{t}})_{\mathrm{out}}^{\max}$ 即 $(F_{\mathrm{p}})_{\mathrm{out}}$ 相比,即可得到 IC-SROPO 的下转换效率。图 1-35 所示为固定 $\sigma_{\text{th-L}}$、不同 $\sigma_{\text{th-OPO}}$ 下,下转换效率的理论值随外界泵浦功率的变化曲线。

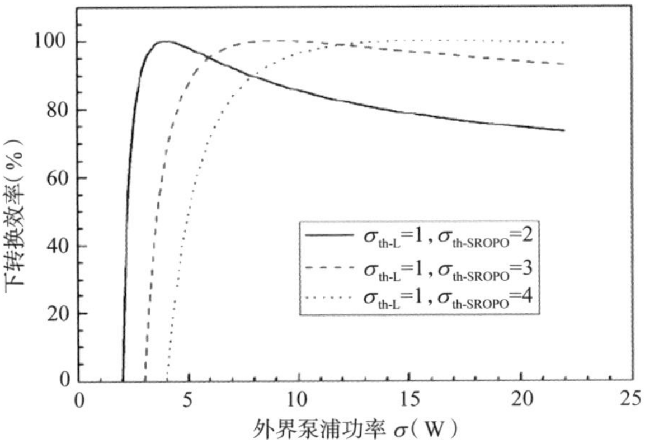

图 1-35　IC-SROPO 的下转换效率理论值随外界泵浦功率的变化曲线

由图 1-35 可以看出，IC-SROPO 的理论下转换效率在外界泵浦功率超过阈值后迅速上升，在满足式（1-75）时达到 100%，随后由于逆转换过程的作用，能量由参量光场耦合回泵浦激光光场，使 IC-SROPO 的下转换效率逐渐下降。特别是在外界泵浦功率较高的情况下，如 SROPO 阈值过低，会严重影响系统的下转换效率。因此，为获得高效率的参量光输出，对于给定的外部泵浦功率，对 IC-SROPO 的 SROPO 阈值进行优化是非常必要的。在实际工作中，可通过调整泵浦激光和振荡信号光的聚焦、非线性晶体的作用长度以及振荡信号光的耦合输出等方式实现对 SROPO 阈值的控制。在早期针对连续波 SROPO 的研究中，研究者的注意力常集中于如何降低振荡阈值以实现连续波运转，然而通过前文的分析可知，在较高泵浦功率下，低阈值反而不利于高下转换效率的实现，这对实际工作有两方面的指导意义：一是无须对泵浦激光采取紧聚焦，可以减小晶体损坏的风险；二是不必使用长度很长的晶体，使用较短的晶体能够大幅降低成本。下面对 IC-SROPO 在不同信号光耦合输出透射率下的信号光和闲频光的输出功率和转换效率进行模拟，以便为实验中优化 IC-SROPO 的功率提供指导。根据图 1-33 所示模型，IC-SROPO 仅有一个方向传播的闲频光输出，考虑闲频光有近 95% 的耦合输出效率，表 1-2 列出了所用的其他参数。

表 1-2　IC-SROPO 输出功率模拟所用参数

参数	符号	数值	说明
泵浦激光波长	λ_p	1.06 μm	Nd:YVO_4 激光器
信号光波长	λ_s	1.50 μm	PPLN Λ=29 μm，T=140 ℃
闲频光波长	λ_i	3.66 μm	PPLN Λ=29 μm，T=140 ℃
泵浦激光阈值	$P_{th\text{-}L}$	0.34 W	实验测得
最低 SROPO 阈值	$(P_{th\text{-}OPO})_{min}$	0.95 W	无信号光耦合输出时测得
SROPO 腔损	α_{sp}	4%	实验值估算

图 1-36 所示为不同振荡信号光耦合输出透射率（T=5%、T=10%、T=15%）条件下，3.66 μm 闲频光的理论输出功率和转换效率。信号光耦合输出透射率会影响 SROPO 阈值，从而影响系统的下转换效率，对闲频光输出功率产生影响。由图 1-36 可以看出，没有信号光耦合输出且 IC-SROPO 的 SROPO 阈值为 0.95 W 时，闲频光功率增长较慢，其相对外界泵浦功率的光 - 光转换效率也很快就

由于逆转换过程而出现饱和；而使用耦合输出镜时，尽管 SROPO 阈值较高，但由于对逆转换过程的影响较小，闲频光的斜率效率较高，最终在 22 W 外界泵浦功率下的输出功率也高于无耦合输出时的功率，其中 T=10% 和 T=15% 下的闲频光输出功率略高于使用 T=5% 输出镜时的输出功率。

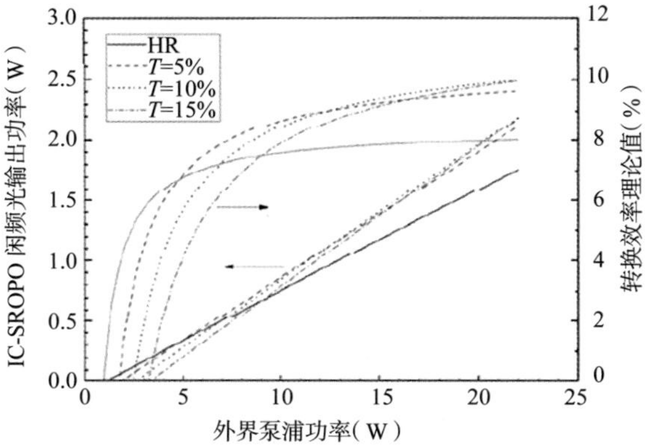

图 1-36　IC-SROPO 闲频光（3.66 μm）输出功率和转换效率理论值随外界泵浦功率的变化曲线

图 1-37 所示为不同振荡信号光耦合输出透射率（T=5%、T=10%、T=15%）条件下，1.5 μm 闲频光的理论输出功率和转换效率。外界泵浦功率为 22 W，信号光耦合输出透射率 T=5%、T=10%、T=15% 时的信号光理论输出功率分别为 6.4 W、8.5 W 和 9.3 W，较高的输出透射率有利于将参量下转换产生的信号光功率转化为有用的输出。优化 IC-SROPO 振荡信号光的输出透射率有如下优势：一是抑制 SROPO 的逆转换过程，使 IC-SROPO 在高外界泵浦功率下也能够保持较高的下转换效率；二是可以提高振荡信号光输出功率和总提取效率，充分利用高泵浦功率；三是可以降低腔内循环的信号光功率密度，从而减轻非线性晶体对信号光吸收导致的热效应，有利于 IC-SROPO 稳定运转。因此，对 IC-SROPO 的振荡光耦合输出进行优化是非常重要的。

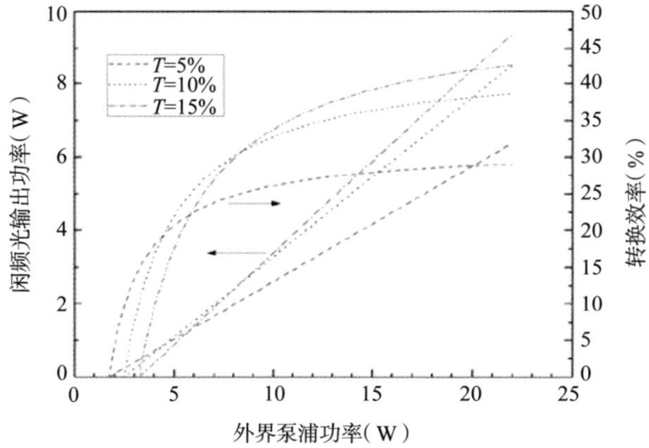

图 1-37　IC-SROPO 闲频光（1.5 μm）输出功率和转换效率理论值随外界泵浦功率的变化曲线

Ⅲ. 准连续外腔 SROPO 的理论研究[13]

前文通过求解稳态下泵浦光与闲频光电场的振幅耦合波方程，近似得到了 SROPO 的转换效率的解析解，并分析了 SROPO 转换效率及其与阈值的关系。但上述讨论仅针对稳态条件，对于脉冲泵浦 OPO，需要建立瞬态耦合波方程。下面建立并求解瞬态 SROPO 耦合波方程，通过调整输出镜透射率等可变参数，探究影响 OPO 转换效率的主要因素，为后续实验提供理论指导。

考虑无限平面波情形下，含腔镜耦合输出损耗的瞬态 SROPO 的耦合波方程组为

$$\left.\begin{aligned}\frac{\partial A_{\mathrm{s}}}{\partial z}+\frac{1}{v_{\mathrm{gs}}}\frac{\partial A_{\mathrm{s}}}{\partial t}&=\frac{\mathrm{i}\omega_{\mathrm{s}}d_{\mathrm{eff}}}{cn_{\mathrm{s}}}A_{\mathrm{p}}A_{\mathrm{i}}^{*}\mathrm{e}^{\mathrm{i}\Delta kz}\\\frac{\partial A_{\mathrm{i}}}{\partial z}+\frac{1}{v_{\mathrm{gi}}}\frac{\partial A_{\mathrm{i}}}{\partial t}+\gamma A_{\mathrm{i}}&=\frac{\mathrm{i}\omega_{\mathrm{i}}d_{\mathrm{eff}}}{cn_{\mathrm{i}}}A_{\mathrm{p}}A_{\mathrm{s}}^{*}\mathrm{e}^{\mathrm{i}\Delta kz}\\\frac{\partial A_{\mathrm{p}}}{\partial z}+\frac{1}{v_{\mathrm{gp}}}\frac{\partial A_{\mathrm{p}}}{\partial t}&=\frac{\mathrm{i}\omega_{\mathrm{p}}d_{\mathrm{eff}}}{cn_{\mathrm{p}}}A_{\mathrm{s}}A_{\mathrm{i}}\mathrm{e}^{-\mathrm{i}\Delta kz}\end{aligned}\right\}\tag{1-81}$$

式中：d_{eff} 为有效倍频系数；n 为折射率；Δk 为相位失配量；v_{g} 为各光波的群速度；α 为损耗系数，主要涉及 OPO 的谐振腔单程线性损耗及腔镜耦合输出损耗；ω 为光波频率。

为了方便计算，式（1-81）忽略了谐振腔单程线性损耗。此处假定闲频光在谐振腔内进行往返振荡，因此仅考虑闲频光的腔镜耦合输出损耗 γ。

一般情况下，对式（1-81）需要采用有限差分法进行求解。但是由于准连续泵浦光的脉冲持续时间一般远大于振荡光在腔内一次往返所需的时间，因此可以近似认为泵浦光强度在每次振荡光往返过程中的强度近似保持不变。在这种前提下，可以将上述含时耦合波方程退化为非含时耦合波方程，采用四阶龙格 - 库塔（Runge-Kutta）方法即可进行求解计算，从而大大简化了计算难度。计算基本思路如下：将泵浦时间按照振荡光一次往返时间分为若干段；在每次振荡时，利用四阶 Runge-Kutta 方法，对耦合波方程进行计算；再将部分计算所得值作为下一次计算的初始值，经过多次运算后，可以得到信号光、闲频光及剩余泵浦光的振幅随时间的变化关系；再根据光强公式（1-56），得到信号光、闲频光的输出光强；最后将输出光强在一个泵浦脉冲时间内进行积分，即可得到输出的单脉冲能量。单脉冲能量的表达式为

$$I=2nc\varepsilon_0\,|A|^2\tag{1-82}$$

由于信号光与闲频光均来源于自然噪声，因此其振幅初始值 $E_{\mathrm{s}}(0)$、$E_{\mathrm{i}}(0)$ 均为一个较小值，可通过公式进行估算。计算中选择 KTP 晶体作为 OPO 晶体，其他参数见表 1-3。

表 1-3　耦合波方程模拟的具体参数

物理量	参数	单位
c	3×10^{8}	m/s
ε_0	8.854×10^{-12}	F/m
λ_{p}	532	nm
λ_{i}	1 150	nm
λ_{s}	990	nm
d_{eff}	3.78	pm/V
n_{p}	1.880 9	—
n_{s}	1.750 4	—
n_{i}	1.745 6	—
L	25	mm

在模拟过程中，给定泵浦光的脉冲宽度为 84 ns，重复频率为 10 kHz，平均泵浦功率为 20 W，泵浦光斑的半径为 0.35 mm，输出镜透射率为 5%。取 $\Delta k=0$，并将其他参数代入耦合波方程进行计算，得到输入泵浦光、剩余泵浦光、闲频光及信号光的光强随时间变化的关系曲线，如图 1-38 所示。可以看出，由于 OPO 存在阈值特性，只有当泵浦光强度高于阈值光强时，闲频光才能开始振荡，因此其脉冲前沿相对于初始泵浦光具有一定延迟，导致其脉冲宽度（37 ns）略小于初始泵浦光的脉冲宽度。闲频光振荡的同时，信号光也随之产生，但是由于只有闲频光在腔内进行振荡，因此信号光的脉冲宽度（30 ns）略小于闲频光。信号光及闲频光脉冲产生的同时，泵浦光开始不断被消耗，剩余泵浦光的脉冲宽度为 61 ns。根据计算结果可以发现，当剩余泵浦光强度最小时，即泵浦光被最大程度消耗时，输出信号光的光强可达到最大值。此外，可以看出剩余泵浦光后有一定的拖尾，说明在这种条件下，OPO 已经发生轻微的逆转换，即由于腔内参量光的功率密度过高，导致参量光在晶体内部进行了二次和频，使部分输出功率重新回流至泵浦光。为了实现 OPO 的高功率输出，应避免逆转换的发生，通过对 OPO 的谐振腔参数进行合理优化（如削减晶体长度），可以保证 OPO 能够在较高泵浦功率下实现高效运转。

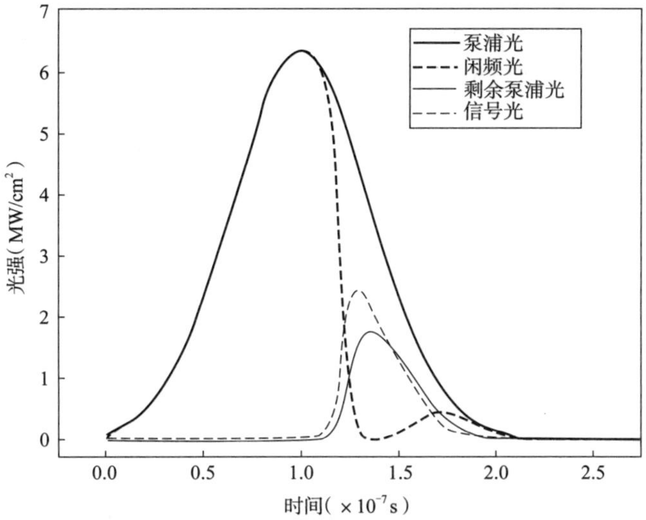

图 1-38　模拟得到的泵浦光、信号光、闲频光及剩余泵浦光的脉冲波形

图 1-39 所示为在晶体长度确定条件下（L=25 mm），不同腔镜透射率下闲频光的输出功率及转换效率随泵浦功率的变化曲线。可以直观地发现，不同输出镜透射率下的 SROPO 均存在阈值，且阈值泵浦功率随着输出镜透射率的增大而增大，这是由于高透射率输出镜引入了较大的输出损耗。当泵浦功率大于阈值时，闲频光开始输出；随着泵浦功率的增大，闲频光的输出功率及转换效率开始快速增大。但当泵浦功率增大到一定程度时，闲频光的转换效率开始出现饱和甚至有一定幅度的降低，对应的输出功率也随着泵浦功率的提升而缓慢增大。同时，闲频光转换效率的饱和点会随着输出镜透射率的增大逐渐向后平移。对于某一特定泵浦功率，存在一个最佳的输出镜透射率，使闲频光的输出功率及转换效率最大。在模拟结果中，闲频光的最大转换效率约为 22.8%。在实际实验中，闲频光的转换效率会低于该值，这是由于在使用耦合波方程进行数值模拟的过程中，忽略了光束走离、光束质量及模式失配等因素造成的相位失配以及谐振腔的其他损耗。因此，在实际应用中还需要通过具体实验最终确定最佳透射率，以获得最高闲频光输出。

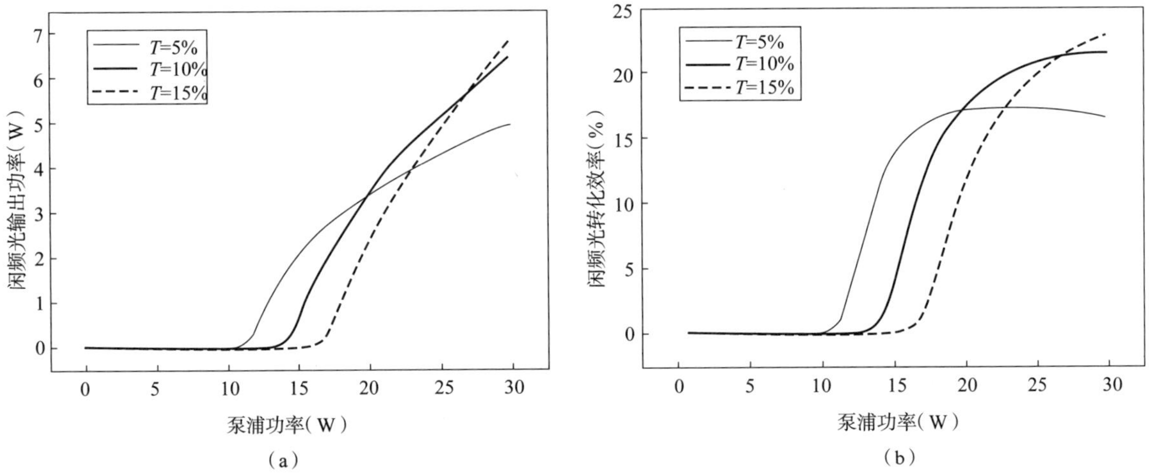

图 1-39　不同腔镜透射率下闲频光的输出功率和转换效率随泵浦功率的变化曲线(L=25 mm)

(a) 输出功率；(b) 转换效率

(2)多波段光学参量振荡器的研究进展

SROPO 在光谱、输出稳定性及结构方面,相比于其他谐振方式的 OPO 具有明显优势。在配合 1 064 nm、532 nm 等波长的高成熟的激光器进行泵浦时,SROPO 可实现波长覆盖可见光乃至红外光波段的可调谐激光输出,再适当结合其他非线性频率变化技术 [如二次谐波(SHG)、和频(SFG)],成为目前实现高功率、可调谐多波段光源的最优方案。

Ⅰ. 3~5 μm 中红外波段准连续 PPLN-OPO 研究

图 1-40 所示为 3~5 μm 中红外周期极化铌酸锂 OPO(PPLN-OPO)实验装置,其以波长锁定 878.6 nm 的半导体激光器作为泵浦源,激光介质为两块串接在一起的 Nd: YVO_4 晶体。在 40 W 的泵浦功率下,该 PPLN-OPO 实现了 28.2 W 的 1 064 nm 光输出,光 - 光转换效率达 70.5%,克服了共振泵浦中晶体对泵浦光吸收较差的缺点,同时具有非常好的温度稳定性。其还对外腔 OPO 的谐振腔进行了优化,在此基础上,使用两镜平凹腔进行了准相位匹配光学参量振荡实验。PPLN 晶体的工作温度为 140 ℃,在晶体极化周期为 27.5 μm 时,实现了 3.55 W 的 1 422 nm 信号光最高输出功率,相应的转换效率为 28.4%;在晶体极化周期为 29 μm 时,实现了 1.62 W 的 3 664 nm 闲频光最高输出功率,相应的转换效率为 13.2%,如图 1-41 所示。

图 1-42 所示为使用 1 064 nm 泵浦光源在不同泵浦功率下,极化周期为 27.5 μm 的 PPLN 晶体的信号光输出功率曲线。图 1-43 所示为使用 1 064 nm 泵浦光源在不同泵浦功率下,该 PPLN 晶体的信号光转换效率曲线。

Ⅱ. 共振泵浦连续波 1.5 μm 人眼安全波段内腔 PPLN-OPO 研究

图 1-44 所示为共振泵浦连续波 Nd: YVO_4 PPLN IC-SROPO 实验装置。IC-SROPO 的外界泵浦源为中心波长为 880 nm 的半导体激光阵列,最高输出功率为 50 W,尾纤直径为 400 μm,经 1 : 1 耦合器聚焦后泵浦 Nd:YVO_4 晶体。选定使用掺杂浓度为 0.5%、长度为 10 mm 的 Nd:YVO_4 晶体作为激光介质,此晶体既能保证对入射的 880 nm 非偏振泵浦光有较高的吸收(约 85%),又可承受较高的泵浦功率;晶体入射端面镀 880 nm 增透、1 064 nm 高反膜,出射端面镀 1 064 nm 增透膜;透镜 L 焦距为 100 mm,双面镀 1 064 nm 增透膜;M_1 镜为曲率半径为 100 mm 的 CaF_2 基片,镀 1 064 nm 和 1.40~1.55 μm 信号光波段高反、3.6~4.5 μm 闲频光波段增透膜,与 Nd: YVO_4 晶体的入射面 S_0 组成

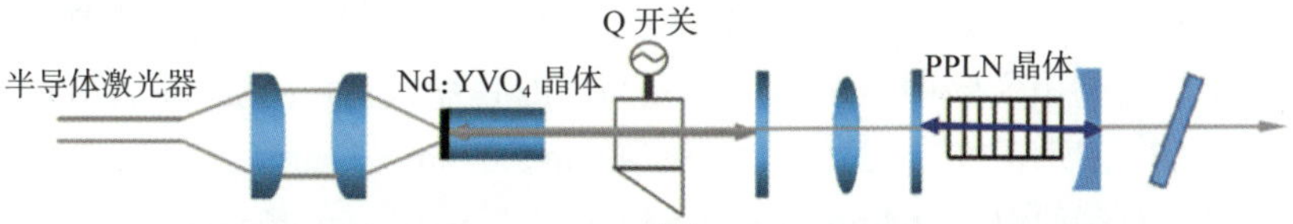

（a）

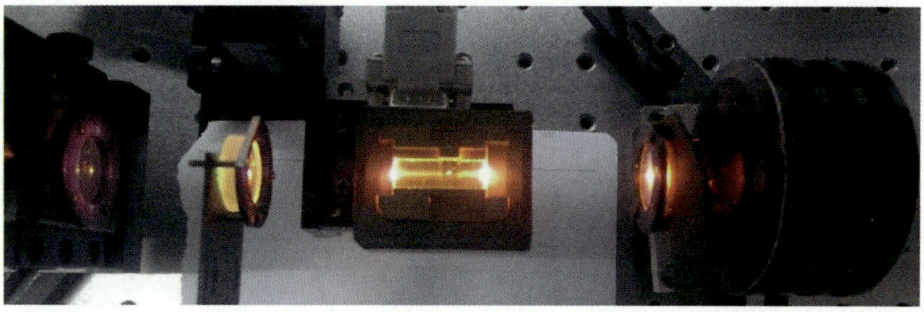

（b）

图 1-40　3~5 μm 中红外 PPLN-OPO 实验装置

（a）原理图[14]；（b）实物图

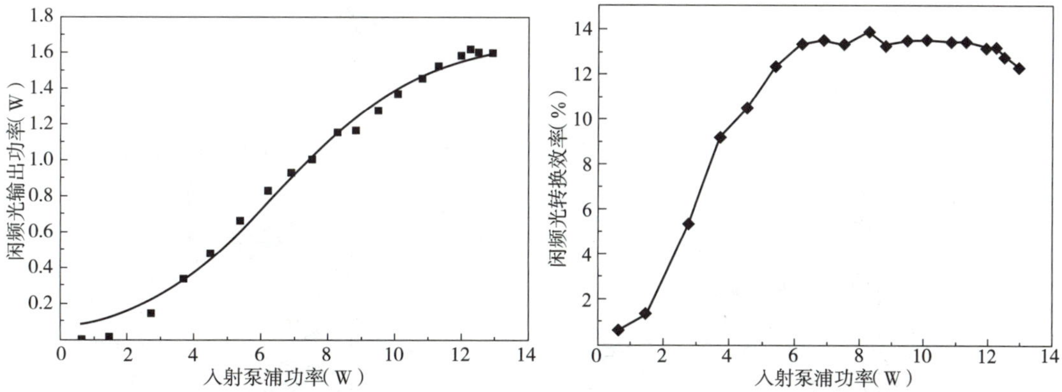

（a）　　（b）

图 1-41　3 664 nm 闲频光输出功率和转换效率随入射泵浦功率的变化曲线

（a）输出功率；（b）转换效率

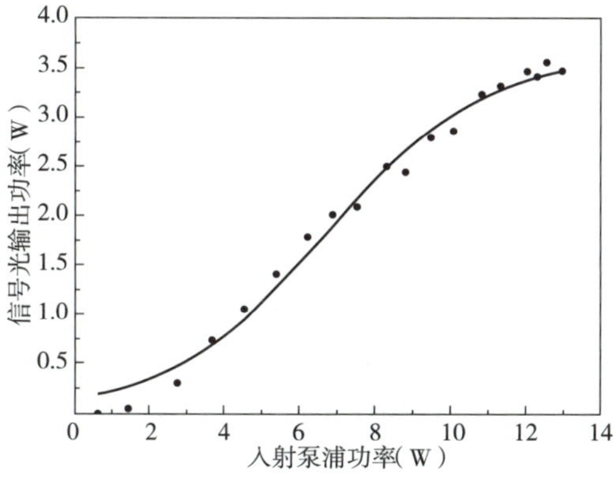

图 1-42　信号光输出功率与入射泵浦功率的关系曲线

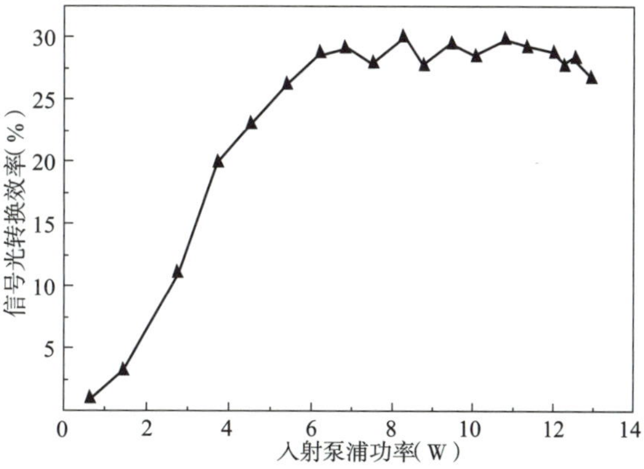

图 1-43　信号光转换效率与入射泵浦功率的关系曲线

1 064 nm 激光谐振腔；平 - 平分束镜 BS 双面镀 1 064 nm 增透膜，单面镀信号光高反膜；M_2 镜的曲率半径为 90 mm，闲频光输出实验中使用对信号光高反的膜片，信号光输出实验中使用对 1.5 μm 信号光透射率 T=5% 的膜片；所用 PPLN 晶体尺寸为 24 mm × 8 mm × 1 mm，包含 26~29 μm、间隔 0.5 μm 的 7 个不同极化周期，双端面镀 1 064 nm、1.4~1.55 μm 和 3.6~4.5 μm 增透膜。

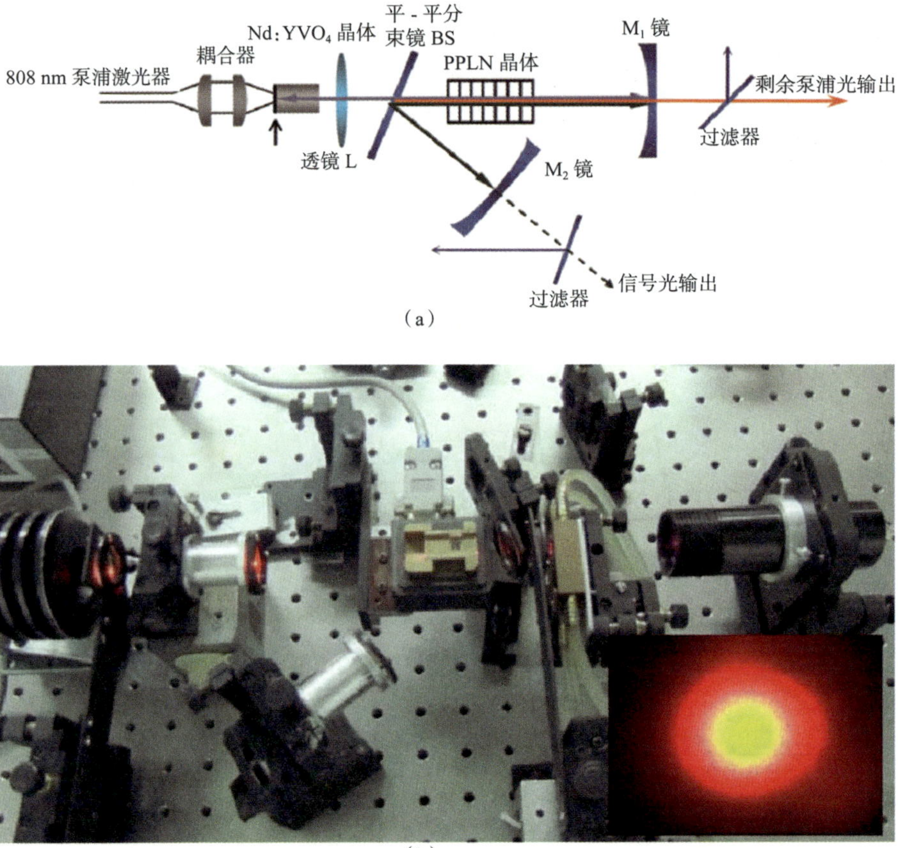

（a）

（b）

图 1-44　共振泵浦连续波 Nd:YVO_4-PPLN IC-SROPO 实验装置

（a）原理图[15]；（b）实物图

实验中，将 Nd: YVO_4 晶体用铟箔包裹后放置在 10 ℃的水冷铝制夹具中，PPLN 晶体放置在精度为 0.1 ℃的控温炉中并加温至 140 ℃。闲频光输出镜 M_1 后用 1 片镀膜相同的镜片滤除漏出的少量泵浦激光和信号光，信号光输出镜 M_2 后用 1 片 1 064 nm 高反、1.5 μm 高透的镜片滤除漏出的 1 064 nm 激光。比较 880 nm 共振泵浦和 808 nm 传统泵浦的 IC-SROPO 的输出效果，分别使用 808 nm 的激光二极管（Laser Diode，LD）和掺杂浓度为 0.3%、尺寸为 3 mm × 3 mm × 10 mm 的 Nd: YVO_4 晶体作为泵浦源和激光介质，此晶体对 808 nm 非偏振泵浦光的吸收率约为 97%。

图 1-45（a）所示为 IC-SROPO 在 21.9 W 吸收泵浦功率下，利用 Agilent 86142B 型光谱仪（检测范围为 600~1700 nm）测得的信号光波长以及根据信号光波长计算得到的闲频光波长。PPLN 工作温度为 140 ℃时，极化周期从 27.5 μm 变化至 29 μm，得到信号光波长调谐范围为 1.42~1.5 μm，对应闲频光波长调谐范围为 3.66~4.22 μm。

图 1-45（b）所示为在吸收泵浦功率为 21.9 W、不同极化周期下的闲频光波长与最高输出功率的关系曲线。由图可见，最高闲频光输出功率 1.54 W 出现在晶体极化周期为 29 μm、闲频光波长为

3.66 μm 时；当闲频光波长增大时，其输出功率明显下降，原因是闲频光的单光子能量及其在 PPLN 晶体中透射率的降低。

图 1-46 所示为不同吸收泵浦功率下的 880 nm 共振泵浦和 808 nm 传统泵浦下 3.66 μm 闲频光输出功率及转换效率曲线，极化周期 Λ=29 μm，晶体工作温度 T=140 ℃。使用 880 nm 共振泵浦时，系统的 SROPO 阈值为 1.22 W（LD 功率），在 21.9 W 最大泵浦功率下得到 1.54 W 的闲频光输出功率，光 - 光转换效率为 7.0%，斜率效率为 7.6%；闲频光输出功率为 1.5 W 时，用刀口法测得 3.66 μm 闲频光输出在水平和竖直方向上的光束质量因子 M^2 分别为 1.92 和 2.80。使用 808 nm 传统泵浦时，SROPO 阈值增至 1.39 W（LD 功率），在 17.1 W 泵浦功率下得到最高 1.15 W 的闲频光输出功率，光 - 光转换效率为 6.7%，斜率效率为 7.0%，但限于严重的热效应，不能应用更高的泵浦功率。与共振泵浦的激光器类似，880 nm 共振泵浦的 IC-SROPO 在阈值、输出功率和转换效率等方面相比于 808 nm 传统泵浦具有明显优势。

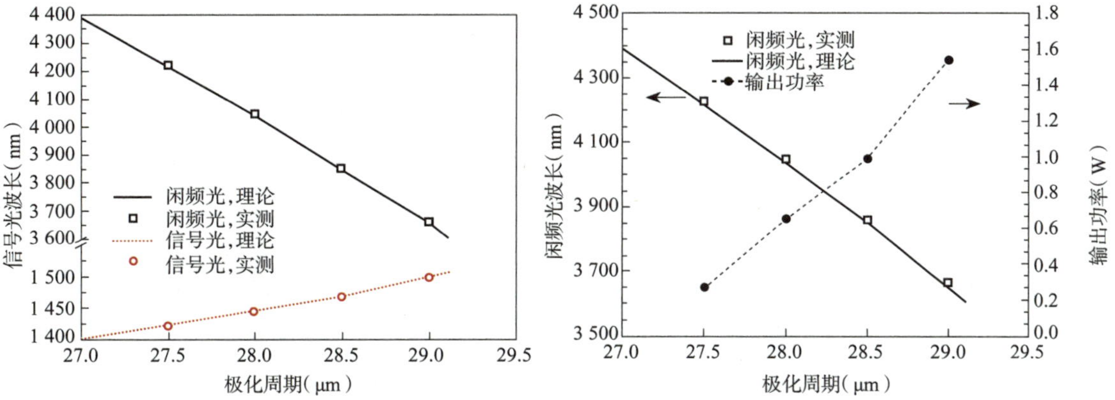

图 1-45　信号光、闲频光随极化周期的变化曲线

为获得 1.5 μm 人眼安全波段的信号光输出，将 M_2 镜换为对 1.5 μm 透射率为 5%、曲率半径仍为 90 mm 的镜片，其他实验条件保持不变（880 nm 共振泵浦、Λ=29 μm、T=140 ℃）。如图 1-47 所示，输出 1.5 μm 信号光时，系统的 SROPO 阈值上升至 1.82 W，在 23.2 W 泵浦功率下的最高信号光输出功率为 3.62 W，转换效率为 15.6%。

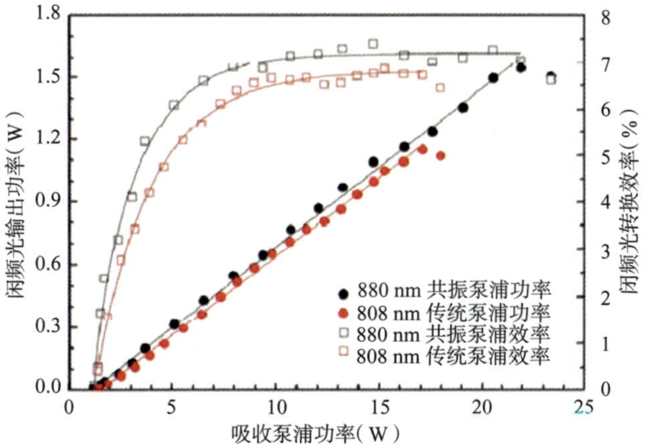

图 1-46　不同吸收泵浦功率下两种泵浦的 3.66 μm 闲频光输出功率及转换效率曲线

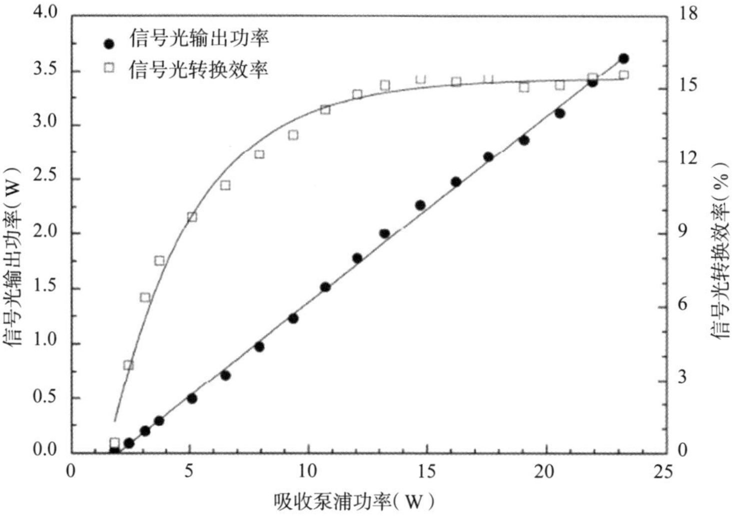

图 1-47　不同吸收泵浦功率下 880 nm 共振泵浦系统的 1.5 μm 信号光输出功率及转换效率曲线

Ⅲ. 1 μm 波段脉冲泵浦 KTP-OPO 及和频产生 570~590 nm 可调谐黄光研究

图 1-48 所示为 1 μm 波段脉冲泵浦 KTP-OPO 实验装置[16]，其采用平平腔结构的电光调 Q 的 Nd:YAG 激光器、高斯型变反射率输出耦合镜，以获得较高的光束质量。Nd:YAG 激光经 KTP 晶体倍频产生 532 nm 波长的二次谐波，脉冲宽度约为 15 ns；532 nm 二次谐波输出经滤除基波后，用一个 f=2 m 的透镜聚焦，焦点位于 OPO 晶体中心，光斑直径约为 2 mm；OPO 所用 KTP 晶体尺寸为 7 mm × 7 mm × 8 mm，两通光端面镀 532 nm 增透膜。光学谐振腔为平平腔结构，输出镜对谐振光的透射率约为 25%，对泵浦光的透射率大于 90%，谐振腔长度为 40 mm。

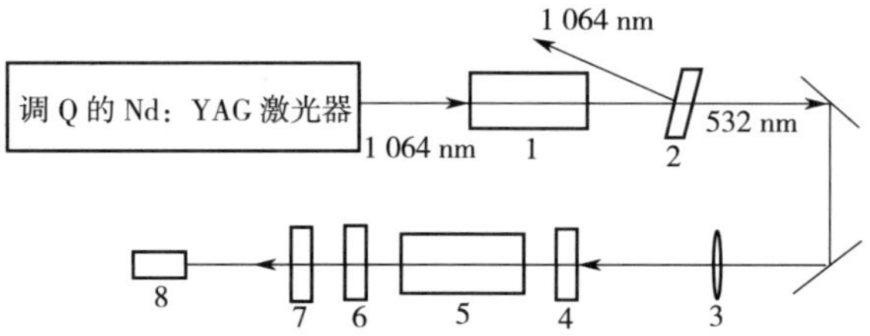

1—倍频晶体；2—滤光片；3—聚焦透镜；4—全反射镜；5—OPO 晶体；6—输出镜；7—滤光片；8—单色仪或能量计

图 1-48　1 μm 波段脉冲泵浦 KTP-OPO 实验装置

调节晶体相对于泵浦光的角度，并将其转换为晶体内与 z 轴的夹角，得到的信号光波长调谐范围为 1 203~1 399 nm，相应的闲频光波长调谐范围为 858~954 nm，如图 1-49（a）所示，其中数据点为实测值，可见其与理论计算吻合得很好。图 1-49（b）所示为泵浦光相对于晶体正入射时，能量转换效率与泵浦能量的关系曲线，泵浦阈值约为 4 mJ，最大转换效率为 36%。由图 1-49（b）可以看出，当泵浦能量超过 5 倍阈值时，转换效率趋于饱和。另外，分别采用透射率为 5% 和 12% 的输出耦合镜进行实验，得到的泵浦阈值分别为 2.2 mJ 和 3.0 mJ，最大转换效率分别为 24% 和 29%。如果采用透射率更高的输出耦合镜，在继续提高泵浦能量的条件下，有可能进一步提高转换效率。当泵浦能量为 16 mJ 时，调谐过程中参量光的能量变化如图 1-51 所示。

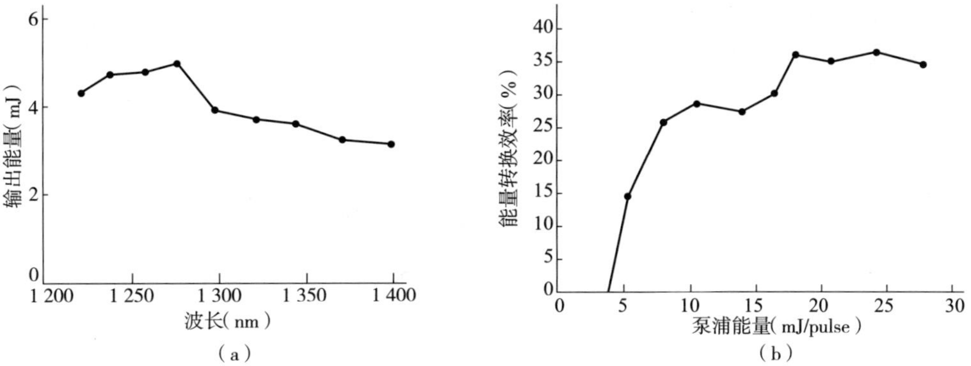

图 1-49　KTP-OPO 实验装置的输出曲线

（a）调谐范围与输出能量；（b）泵浦能量与能量转换效率

图 1-50 所示为用一块 θ= 80°，φ= 0° 切割的 KTP 晶体实现参量光与 1 064 nm 激光的腔内和腔外和频的实验装置。图 1-50（a）所示为腔外和频结构，其在图 1-48 所示装置的基础上，去掉了 2（1 064 nm 滤波片），使 1 064 nm 激光透过，并与参量光在和频晶体中相互作用，从而得到了 580 nm 附近的可调谐和频输出。图 1-50（b）所示为腔内和频结构，其中 OPO 晶体和和频晶体位于同一个谐振腔内，两腔镜均对 OPO 信号光全反射，而对 580 nm 附近的和频光高透（T>80%），腔内振荡的信号光向和频光转化的部分相当于输出耦合。由于腔内信号光的光功率密度远大于腔外，且信号光在腔内的每次振荡均有和频作用，因此和频效率大大提高。腔内和频的能量转换效率约为 5.6%，与腔外和频相比，效率提高近一个数量级，调谐范围为 568~592 nm。

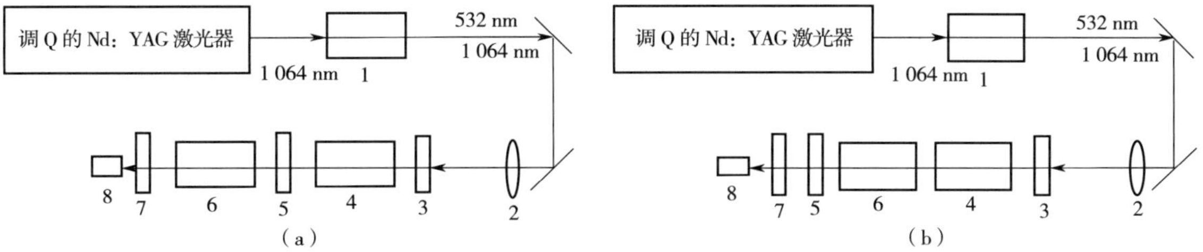

图 1-50　OPO 和频实验装置

（a）腔外和频；（b）腔内和频

Ⅳ. 基于连续波内腔和频 PPLN-OPO 的 600~630 nm 可调谐红橙光输出研究

图 1-51 所示为基于连续波内腔和频 PPLN-OPO 实验装置。其中，泵浦光源为单光纤耦合输出的半导体激光器阵列，尾纤直径为 400 μm，最高输出功率为 10.9 W；耦合透镜的耦合比例为 1∶1，数值孔径为 0.22；Nd:YVO_4 晶体掺杂浓度为 0.4%，沿 a 轴切割，尺寸为 3 mm ×3 mm ×8 mm，晶体前端面镀 808 nm 增透膜和 1 064 nm 高反膜，后端面镀 1 064 nm 增透膜；PPLN 晶体尺寸为 24 mm×8 mm×1 mm，包含 26~29 μm 的 7 个极化周期，表面未镀膜；L 为焦距为 100 mm 的聚焦透镜，双面镀 1 064 nm 增透膜；BS 为平分束镜，前端面镀 1 064 nm 高透膜，后端面镀 1 064 nm 高透膜和 1.4~1.55 μm 高反膜；M_1 为凹面反射镜，曲率半径为 100 mm，镀 1.40~1.55 μm 和 1 064 nm 高反膜（R>99%）；M_2 为信号光输出镜，曲率半径为 90 mm，对 1.4~1.55 μm 反射率为 95%。Nd:YVO_4 晶体左端面和 M_1 镜构成 1 064 nm 激光的谐振腔，OPO 信号光经 BS 折叠后在 M_1 和 M_2 间振荡。紧贴 PPLN 晶体放置的偏硼酸钡 [Ba(BO_2)$_2$，简称 BBO] 晶体用于和频并产生橙红波段输出，BBO 的尺

寸为 3 mm × 3 mm × 5 mm，两端面镀 1.4~1.55 μm 和 1 064 nm 高透膜，一端镀 590~630 nm 高反膜，采用 $\theta = 20.8°$ 、$\varphi = 0°$ 的 I 类相位匹配方式切割（d_{eff}= 2 pm/V）。

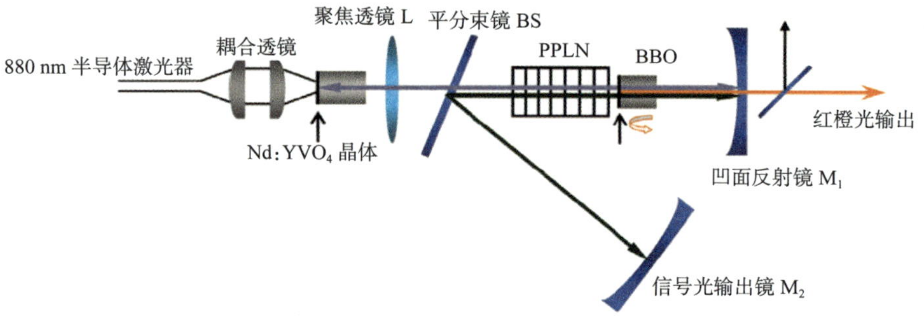

图 1-51　基于连续波内腔和频 PPLN-OPO 实验装置 [17]

图 1-52 所示为在 140 ℃温度、不同极化周期下实测得到的红橙光波长和输出功率。随着信号光波长的变化，BBO 晶体方向的调整量需要控制在 0.5° 以内，以满足相位匹配条件，从而获得 605~623 nm 的可调谐输出。在没有插入任何色散元件的情况下，红橙光的谱宽约为 0.1 nm。可见，在 622.8 nm 处的最高输出功率为 370 mW，当 LD 泵浦功率为 17.1 W 时，整个调谐范围的输出功率均高于 340 mW。由于此时 BBO 晶体的表面刚好垂直于光路，因此在 622.8 nm 处获得了最高输出功率。

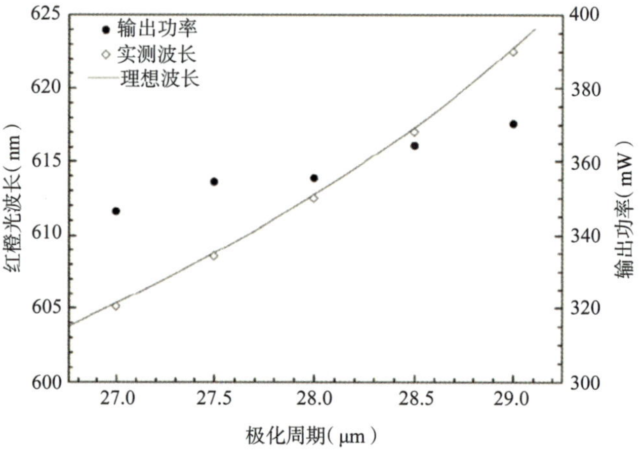

图 1-52　不同极化周期下的红橙光波长和输出功率（T=140 ℃）

V. 基于内腔倍频 KTP-OPO 的高功率、准连续可调谐黄红及蓝绿波段光源

图 1-53 所示为基于 532 nm 泵浦的内腔倍频 SROPO 黄光光源实验装置。该装置的泵浦源采用重复频率为 10 kHz、输出线宽为 0.1 nm 的 532 nm 纳秒激光器，输出的绿光经由透镜 f_1（200 mm）、45° 平面反射镜 M_1（532 nm）、透镜 f_2（300 mm）组成的光学系统，完成准直聚焦、半波片调整偏振方向后，入射到 KTP_1（OPO 晶体）中，KTP_1 采用（φ）=（77°，0°）的 II 类相位匹配进行切割，该晶体尺寸为 7 mm × 7 mm × 25 mm，其前后表面均镀 1 120~1 200 nm、950~1 020 nm 和 532 nm 增透膜，适当转动其角度（$\Delta\theta = \pm 0.4°$），可以实现 1 146~1 156 nm 范围内的波长调谐。考虑到 KTP 晶体的抗损伤阈值及走离效应，KTP_1 处的 532 nm 光的光斑半径被控制在 300 μm 左右。SROPO 谐振腔由 M_2-KTP_1-M_3-M_5 组成，其中 M_2 为平面反射镜，镀有 532 nm 高透（T>98%）、1 120~1 200 nm 高反

（R>98%）膜；折叠镜 M_3 的曲率半径为 100 mm，镀有 532 nm 高透（T>98%）、1 120~1 310 nm 高反（R>98%）膜，为减小像散等因素的影响，折叠角应控制得尽量小，约为 20°（半角）；M_5 为黄光输出镜，镀有 1 120~1 200 nm 高反（R>98%）、560~600 nm 高透（T>98%）膜。KTP_2 晶体采用（θ，φ）=（71.1°，0°）的Ⅱ类相位匹配进行切割，该晶体尺寸为 5 mm × 5 mm × 15 mm，其前后表面均镀 1 120~1 200 nm 和 560~600 nm 增透膜。两块 KTP 晶体均用铟箔包裹，置于铝制热池中通循环水冷却，水温控制在 18 ℃。M_4 为黄光谐波镜，镀有 1 120~1 200 nm 高透（T>98%）、560~600 nm 高反（R>98%）膜。

在 KTP-SROPO 腔内另一臂再加入 KTP_2 晶体，可以通过对闲频光的内腔倍频实现黄光输出。同时，利用镀有 1 120~1 200 nm 高透、560~600 nm 高反膜的黄光谐波镜 M_4 对后向传输的黄光进行收集，可以进一步提升黄光的输出功率，如图 1-53 所示。黄光的阈值为 9.5 W，输出功率及转换效率随泵浦功率的增加而增加，当泵浦功率增加至 19.5 W 左右时，转换效率趋于饱和，当泵浦功率增加至 21.1 W 时，黄光的最高输出功率为 2.37 W，转换效率为 11.2%，如图 1-54 所示。在 M_5 输出镜后利用光谱仪 Ocean Optics HR4000（分辨率小于 0.5 nm）测得黄光中心波长为 575.6 nm，线宽为 0.5 nm。

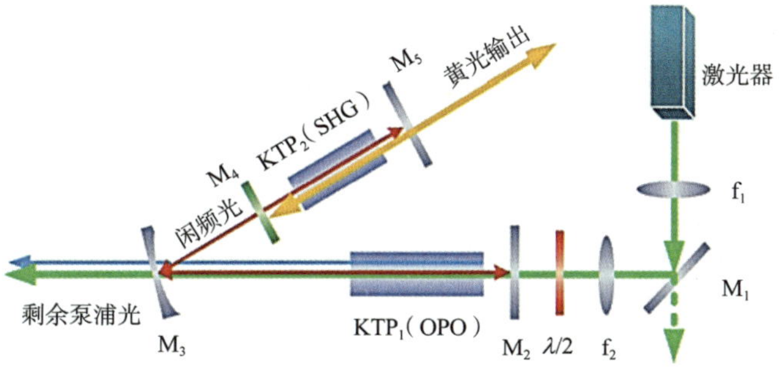

图 1-53　基于 532 nm 泵浦的内腔倍频 SROPO 黄光光源实验装置 [18]

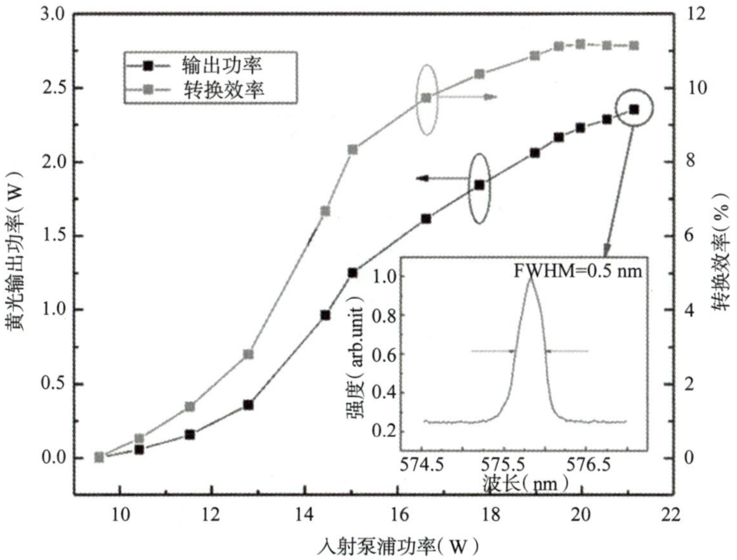

图 1-54　不同泵浦功率下 575.6 nm 黄光输出功率和转换效率曲线

图 1-55 所示为 575.6 nm 黄光在 30 min 内的功率波动,测得的黄光平均功率为 2.35 W,功率不稳定性为 1.6%(均方根值)。同时,采用刀口法测量黄光的光束质量,x 方向的光束质量为 $M_x^2=2.98$,y 方向的光束质量为 $M_y^2=3.18$,如图 1-56 所示。

适当转动 KTP_1 及 KTP_2 的角度,可以获得一定调谐范围的黄光输出。图 1-57 所示为泵浦功率固定在 21.1 W 时,黄光在 573~578 nm 范围内最高输出功率的变化曲线。可以看出, 575.6 nm 处黄光的输出功率最高,可达 2.37 W(未转动两块晶体),同时在 574.1~577.1 nm 范围内可实现大于 1 W 的黄光输出,但是以牺牲一定转换效率为代价的。需要说明的是,在角度调谐过程中,当只转动两块 KTP 晶体,但没有调整各腔镜时, V 形折叠腔中由于光路偏折产生的损耗会随着晶体的转动显著增加,同时伴随着转动晶体所造成的 OPO 及倍频过程的相位失配,导致黄光的转换效率随着调谐范围的增大而下降明显。通过更换不同切割角度的 KTP 晶体,可以使 SROPO 的输出波长覆盖整个黄橙波段。同时,通过调整腔镜镀膜并更换倍频晶体,可对 SROPO 的信号光进行倍频,使该装置也具备输出高重频、高功率可调谐蓝绿光的能力。

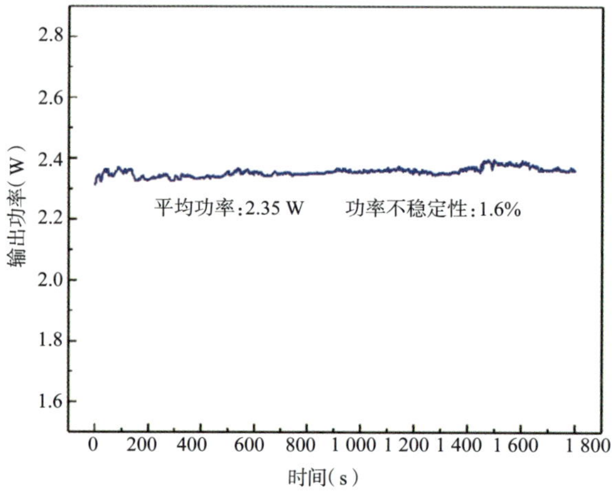

图 1-55　575.6 nm 黄光输出功率的稳定性

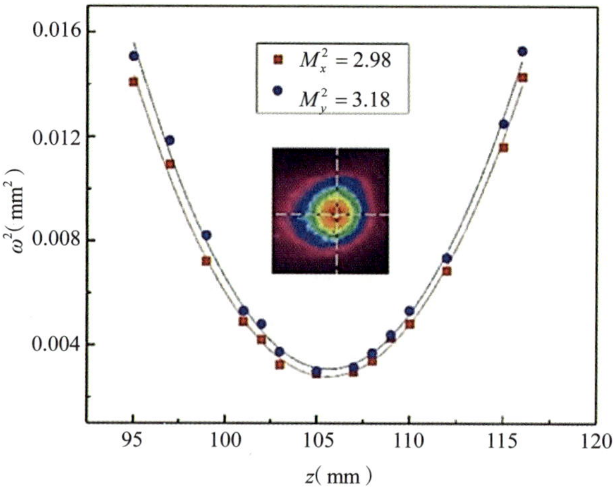

图 1-56　575.6 nm 黄光的光束质量(输出功率 2.37 W)

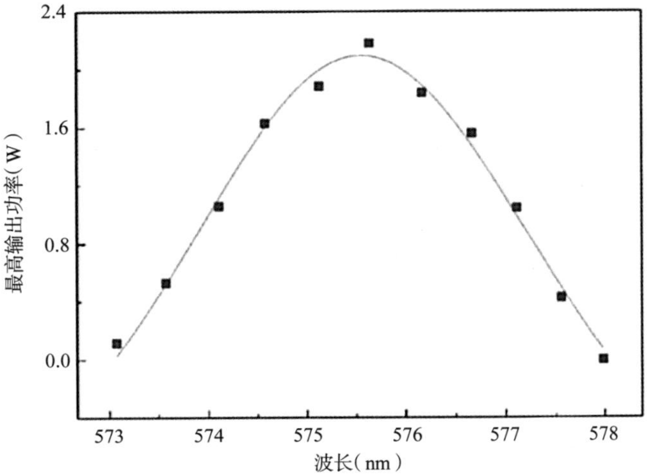

图 1-57　黄光在 573~578 nm 范围内最高输出功率的变化曲线

1.2　基于共振泵浦及综合泵浦的可控热管理技术

共振泵浦(in-band pumping),又称同带泵浦,是采用特定波长的泵浦光将基态粒子直接泵浦到激光上能级(Nd^{3+}: $^4I_{9/2} \rightarrow {}^4F_{3/2}$)的泵浦方式。共振泵浦方式消除了由激发态至激光上能级的无辐射跃迁过程,能够有效降低泵浦光和振荡光之间的量子亏损并大幅提高量子效率,可从根本上减少进入工作介质的无用热,从而缓解工作介质中的热效应。自 20 世纪 90 年代末以来,共振泵浦技术迅速成为固体激光技术领域的研究热点,已广泛应用于多种固体激光器,并取得了令人瞩目的成果。

在四能级激光系统的传统泵浦方式中,粒子吸收泵浦光子后跃迁至激发态(Nd^{3+}: $^4I_{9/2} \rightarrow {}^4F_{5/2}$),随后弛豫到亚稳态也即激光上能级($Nd^{3+}$: $^4F_{5/2} \rightarrow {}^4F_{3/2}$),形成粒子数反转;而共振泵浦方式则是采用特定波长的泵浦光将基态粒子直接泵浦到激光上能级(Nd^{3+}: $^4I_{9/2} \rightarrow {}^4F_{3/2}$)。根据吸收泵浦光的基态粒子所在能级的不同,共振泵浦可进一步细分为直接泵浦(Direct Pumping, DP)和热助推泵浦(Thermally Boosted Pumping,TBP)。直接泵浦是指将基态最低斯塔克能级 Z_1 上的粒子直接泵浦到激光上能级,如 880 nm 泵浦的 Nd: YVO_4 激光器和 869 nm 泵浦的 Nd: YAG 激光器等;而热助推泵浦则是指将基态较高斯塔克能级上的粒子直接泵浦到激光上能级,如 884.3 nm($Z_3 \rightarrow R_2$)、885.7 nm($Z_2 \rightarrow R_1$)、938 nm($Z_5 \rightarrow R_2$)、946 nm($Z_5 \rightarrow R_1$)泵浦的 Nd: YAG 激光器和 888 nm($Z_2 \rightarrow R_1$)、914 nm($Z_5 \rightarrow R_1$)泵浦的 Nd: YVO_4 激光器等。从其发展历程来看,共振泵浦技术经历了基态低斯塔克能级泵浦和基态高斯塔克能级泵浦两个阶段。

1.2.1　共振泵浦全固态激光器的理论模型

(1)共振泵浦全固态激光器的速率方程

图 1-58 所示为四能级激光系统共振泵浦方式简化能级。由于激光下能级 $^4I_{11/2}$ 向基态能级 $^4I_{9/2}$ 的无辐射跃迁速率 S_{21} 很大,故可以近似认为 $^4I_{11/2}$ 能级为空,则系统的速率方程为

$$\frac{\mathrm{d}\Delta n}{\mathrm{d}t} = W_{\mathrm{p}}(t) - \sigma_{32} vN\Delta n - \frac{\Delta n}{\tau_{32}} \tag{1-83}$$

$$\frac{\mathrm{d}N}{\mathrm{d}t}=\frac{V_1}{V_R}\sigma_{32}v\,\Delta nN-\frac{N}{\tau_R}+\frac{V_1}{V_R}\beta\frac{\Delta n}{\tau_{32}} \tag{1-84}$$

式中：Δn 为晶体内的反转粒子数密度；$W_p(t)$ 为泵浦速率；σ_{32} 为晶体的受激发射截面面积；$v=c/n$ 为晶体中的光速；N 为谐振腔内光子数密度；τ_{32} 为激光上能级寿命；τ_R 为谐振腔内光子寿命；V_R 和 V_1 分别为谐振腔内和晶体内的模体积；β 为进入激光模式的自发辐射分量。

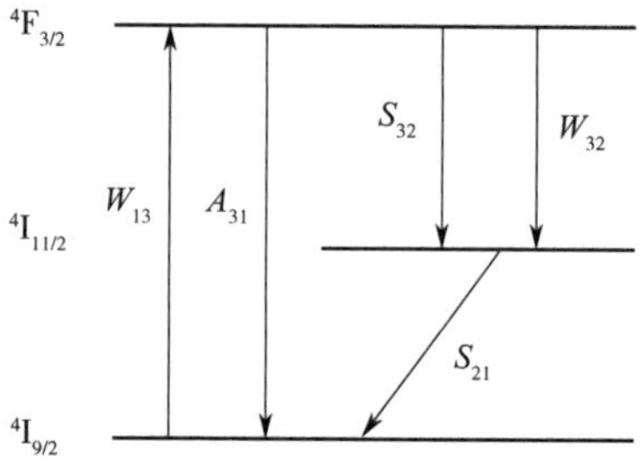

图 1-58　四能级激光系统共振泵浦方式简化能级

设晶体对振荡光的吸收系数为 α_c，输出镜对振荡光的透射率为 T，谐振腔内其他损耗为 η_0，那么腔内单程损耗因子可表示为

$$\delta=-\frac{1}{2}\ln\left[1-(T+2\alpha_c l-\eta_0)\right]$$

谐振腔内光子寿命为 $\tau_R=L/\delta c$，其中 L 为谐振腔腔长，c 为真空中的光速。分别将时间 t、反转粒子数密度 Δn 和光子数密度 N 对 τ_{32}、$1/\sigma_{32}v\tau_R$ 以及 $1/\sigma_{32}v\tau_{32}$ 归一化，令 $K_p=\sigma_{32}v\tau_{32}\tau_R$，设振荡光的光斑半径沿纵向均匀分布，即 $V_1/V_R=l/L$，其中 l 为晶体长度，L 为谐振腔腔长，得到归一化速率方程：

$$\frac{\mathrm{d}\,\Delta n}{\mathrm{d}t'}=K_p\mathrm{e}^{-\left(\frac{2\sqrt{\ln 2}\tau_{32}}{T_0}t'\right)}-N\,\Delta n-\Delta n \tag{1-85}$$

$$\frac{\mathrm{d}N}{\mathrm{d}t'}=\frac{\tau_{32}}{\tau_R}\left[\frac{l}{L}N\,\Delta n-N+\frac{l}{L}\beta\,\Delta n\right] \tag{1-86}$$

式中：$t'=t/\tau_{32}$。

求解可得激光器输出功率为

$$P_{\mathrm{out}}=\frac{1-R}{1+R}AI_s\left[\frac{2\eta_\alpha\eta_\mu\eta_B P_{\mathrm{in}}}{(\delta-\ln R)AI_s}-1\right] \tag{1-87}$$

式中：R 为输出镜的反射率，$R=1-T$；A 为有效光束截面面积，$A=\pi\omega L^2$；I_s 为饱和光强，$I_s=hv/\sigma_{32}\tau_{32}$；$\eta_\mu$ 为总量子效率与斯托克斯(Stokes)因子的乘积，$\eta_\mu=\eta_Q\eta_S$；η_α 为晶体对泵浦光的吸收效率，$\eta_\alpha=1-\mathrm{e}^{-\alpha l}$，其中 α 为晶体的吸收系数；η_B 为泵浦光束与振荡光束的交叠效率，可表示为

$$\left.\begin{aligned}&\eta_B=\frac{2\omega_L^2}{\omega_L^2+\omega_p^2},\ \omega_L^2<\omega_p^2\\&\eta_B=1,\ \omega_L^2\geqslant\omega_p^2\end{aligned}\right\} \tag{1-88}$$

输出功率 P_{out} 的表达式为

$$P_{out} = \sigma_s(P_{in} - P_{th}) \tag{1-89}$$

斜率效率 σ_s 的表达式为

$$\sigma_s = \frac{2(1-R)}{(1+R)(\delta - \ln R)}\eta_\alpha \eta_\mu \eta_B \tag{1-90}$$

相对于吸收泵浦功率的斜率效率 σ_{SA} 的表达式为

$$\sigma_{SA} = \frac{2(1-R)}{(1+R)(\delta - \ln R)}\eta_\mu \eta_B \tag{1-91}$$

输入功率阈值 P_{th}（端面泵浦条件下）的表达式为

$$P_{th} = \frac{(\delta - \ln R)\pi\omega_L^2 I_s}{2\eta_\alpha\eta_\mu\eta_B} = \frac{\pi hc(\delta - \ln R)\left(\omega_L^2 + \omega_p^2\right)}{4\sigma_{32}\tau_{32}\lambda_p\eta_\alpha\eta_B} \tag{1-92}$$

（2）共振泵浦方式下热量分析计算

对于激光器内产生的热量，可进行以下推导：激光介质中的激活离子吸收泵浦光子能量，跃迁到激发态后以无辐射（Non-Radiative，NR）跃迁和辐射（Radiative，RAD）跃迁两种形式回到基态。辐射跃迁过程产生光子，而无辐射跃迁过程不产生光子，两种过程都产生热量。

产生的热量总量 P_H 的表达式为

$$P_H = P_H(NR) + P_H(RAD) \tag{1-93}$$

无辐射跃迁效率 η_{NR} 和辐射跃迁效率 η_{RAD} 的关系为 $\eta_{NR} + \eta_{RAD} = 1$，并且量子效率 $\eta_{QE} = \eta_{RAD} = 1 - \eta_{NR}$。没有经过激光上能级的反转粒子所吸收的泵浦能量全都转变成了热量，因此有

$$P_H(NR) = (1 - \eta_{QE})P_{abs} \tag{1-94}$$

式中：P_{abs} 为全部反转粒子吸收的泵浦能量总和。

对到达激光上能级的反转粒子来说，其中的大部分以受激辐射的形式返回基态，激光与泵浦光之间的斯托克斯频移转换为热量；也会有一小部分以无辐射跃迁的形式［俄歇（Auger）上转换过程（up-conversion process）、交叉弛豫（cross relaxation）等］返回激光下能级而产生热量 $P_H(QU)$，因此有

$$P_H(RAD) = P_H(Stokes) + P_H(QU) \tag{1-95}$$

斯托克斯频移产生的热量 $P_H(Stokes)$ 的表达式为

$$P_H(Stokes) = \eta_{QE}\eta_{QU}(1 - \lambda_p / \lambda_L)P_{abs} \tag{1-96}$$

从激光上能级以无辐射跃迁形式产生的热量是离子密度的函数，其计算公式为

$$P_H(QU) = \eta_{QE}(1 - \eta_{QU})P_{abs} \tag{1-97}$$

综合以上公式，可得产生的热量为

$$P_H = \left(1 - \eta_{QE}\eta_{QU}\frac{\lambda_p}{\lambda_L}\right)P_{abs} \tag{1-98}$$

（3）掺杂浓度对上转换过程和激光器效率的影响

对于一般的固体激光器，随着晶体掺杂浓度的增大，激光器运转过程中的非辐射过程（如 Auger 上转换过程和交叉弛豫等）对激光器输出的影响会越来越大。这些非辐射过程会消耗反转粒子数，导致激光上能级寿命缩短并产生无用热，这类由于掺杂浓度引起的非辐射过程也统称为浓度猝灭。上转换过程包含激光上能级上的两个相邻粒子的相互作用，如图 1-59 所示。一个处于激光上能级 $^4F_{3/2}$ 的粒子在返回基态的过程中并不辐射光子，而是将能量转移到与其相邻的另一个粒子上，该粒子获得能量后跃迁到更高的激发态 $^2G_{9/2}$ 上，然后再返回到 $^4F_{3/2}$。在此过程中，能量通过声子振动的形式转化为热量释放出来。所以，上转换过程是一个消耗反转粒子数，并且增加激光系统无用热的有害机制。

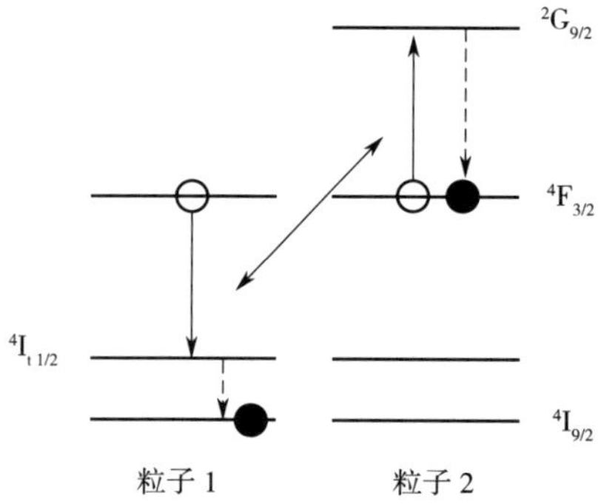

图 1-59　上转换过程示意

考虑上转换效应对激光器输出的影响，对四能级系统的速率方程进行修正，表达式为

$$\frac{\mathrm{d}n}{\mathrm{d}t}=R(r,z)-\frac{n}{\tau}-\gamma n^2 \tag{1-99}$$

式中：n 为反转粒子数密度；$R(r,z)$ 为在任意径向位置 r 和轴向位置 z 处的泵浦速率强度；τ 为激光上能级寿命；γ 为上转换速率。

国际上通常用因子 γn^2 表示上转换过程对反转粒子数的消耗。令 $\mathrm{d}n/\mathrm{d}t=0$，得到反转粒子数密度表达式

$$n(r,z)=\frac{\sqrt{1+4\tau^2\gamma R(r,z)}-1}{2\tau\gamma} \tag{1-100}$$

对于泵浦光强为 top-hat 分布的端面泵浦激光器，由上转换导致的反转粒子数减少率可表示为

$$F_{\mathrm{uc}}=1-\frac{2}{\rho\left(1-\mathrm{e}^{-\alpha l}\right)}\left\{2\left(\sqrt{1+\rho}-\sqrt{1+\rho\mathrm{e}^{-\alpha l}}\right)+\ln\left[\frac{\mathrm{e}^{-\alpha l}\left(2+\rho-2\sqrt{1+\rho}\right)}{2+\rho\mathrm{e}^{-\alpha l}-2\sqrt{1+\rho\mathrm{e}^{-\alpha l}}}\right]-\alpha l\right\} \tag{1-101}$$

式中：α 为增益介质对泵浦光的吸收系数；l 为增益介质长度；ρ 的表达式为

$$\rho=\frac{4\gamma\tau^2\alpha}{\pi\omega_{\mathrm{p}}^2}\frac{P_{\mathrm{in}}}{h\nu_{\mathrm{p}}}$$

式中：P_{in} 为输入功率；h 为普朗克常数；ω_{p} 为泵浦光束腰半径。

根据以上分析，考虑上转换过程的影响，量子效率的表达式可以为

$$\eta_{\mathrm{Q}}(\rho)=\eta_{\mathrm{Q}}^{0}\left[1-F_{\mathrm{uc}}(\rho)\right] \tag{1-102}$$

式中：η_{Q}^{0} 为不考虑上转换过程时的理想量子效率。

忽略其他浓度猝灭机制，则 η_{Q}^{0} 接近于 1，这里取 $\eta_{\mathrm{Q}}^{0}=0.98$。另外，上转换速率随反转粒子数密度的上升而增加，考虑对于高于阈值运转的连续激光器，反转粒子数始终保持在阈值水平，故在输入功率超过阈值功率后，上转换速率保持恒定。

根据前述激光器的输出表达式，相对吸收泵浦光的斜率效率可以简单地表示为

$$S_{\mathrm{e}}=\frac{T}{T+L}\eta_{\mathrm{Q}}(\rho_{\mathrm{th}})\frac{\lambda_{\mathrm{p}}}{\lambda_{\mathrm{l}}}\eta_{\mathrm{B}} \tag{1-103}$$

则相应的光 - 光斜率效率（光 - 光转换效率）表达式为

$$S_{\mathrm{o\text{-}o}}=S_{\mathrm{e}}\left(1-\mathrm{e}^{-\alpha l}\right) \tag{1-104}$$

考虑 Nd: YVO_4 晶体对 808 nm 和 880 nm 泵浦光有不同的吸收系数，模拟得到 808 nm 和 880 nm 泵浦下 1 064 nm 激光光 - 光转换效率随晶体掺杂浓度的变化关系（晶体长度为 4 mm），如图 1-60 所示。图 1-61 所示为 880 nm 泵浦下 1 064 nm 和 1 342 nm 输出时，光 - 光转换效率随晶体掺杂浓度的变化曲线（晶体长度为 10 mm）。

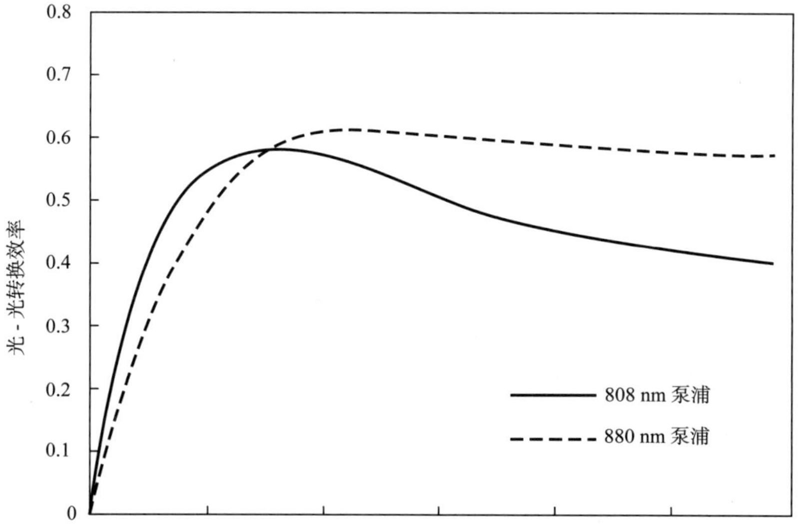

图 1-60　不同掺杂浓度下 808 nm 和 880 nm 泵浦输出 1 064 nm 激光的光 - 光转换效率

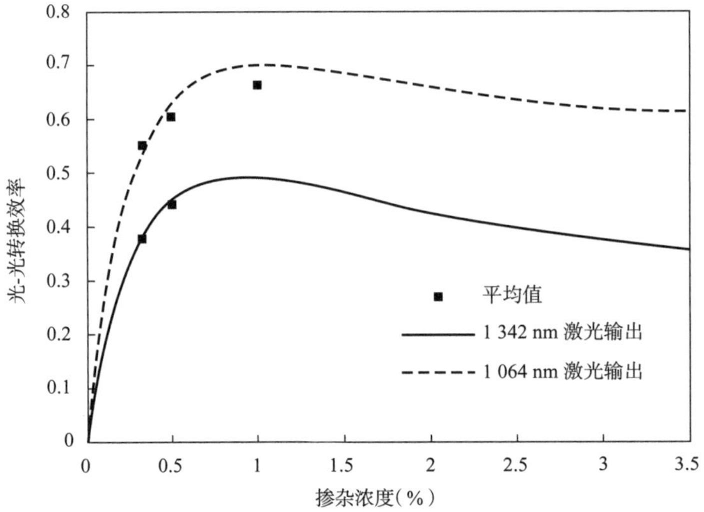

图 1-61　不同掺杂浓度下 880 nm 泵浦输出 1 064 nm 和 1 342 nm 激光的光 - 光转换效率

由图 1-61 可以看出，光 - 光转换效率随晶体的掺杂浓度（原子分数）的变化关系存在极值，这是由于掺杂浓度升高对激光输出同时起到改善泵浦吸收的正作用和缩短上能级寿命的负作用，当这两项作用平衡时，即达到转换效率的极值；继续增大掺杂浓度，则转换效率下降。对比图 1-60 和图 1-61 可以看出，对于 10 mm 长的晶体，其转换效率极值对应的掺杂浓度较低，而且转换效率极值较大，这是由于较长的晶体能够在较低的掺杂浓度下既保证泵浦吸收，又减少上转换对上能级寿命的负作用。因此，对于共振泵浦全固态激光器，为实现高光 - 光转换效率，应选择适当的掺杂浓度并增加泵浦总程长，这是经实验研究验证的结果。

1.2.2　基于共振泵浦技术的激光器可控热管理实验研究

（1）基于直接泵浦技术的激光器可控热管理实验研究

Ⅰ. 880 nm 钛宝石激光共振泵浦的 1 064 nm Nd:YVO_4 激光器 [19]

图 1-62 所示为直接泵浦 Nd：YVO_4 激光器的实验装置。泵浦源全固态准连续可调谐钛宝石激光器的调制频率为 7 kHz，可调谐波长范围为 700~950 nm。

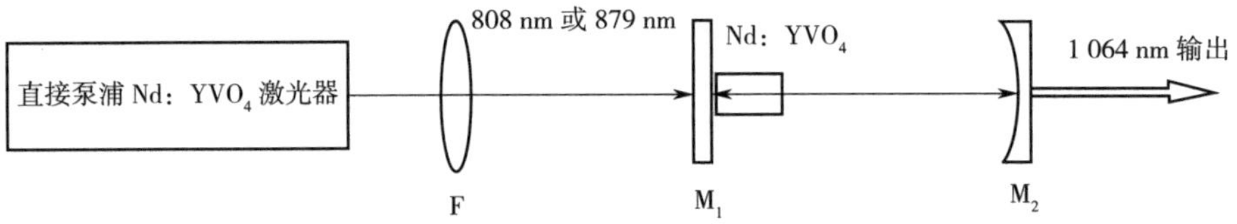

图 1-62　直接泵浦 Nd:YVO_4 激光器实验装置

在传统 808 nm 泵浦方式和 880 nm（实际为 879 nm）直接泵浦方式下，用 Molectron EPM 1000 功率计测得不同掺杂浓度的 Nd：YVO_4 晶体的 1 064 nm 输出光功率与吸收泵浦功率的关系曲线如图 1-63 所示。

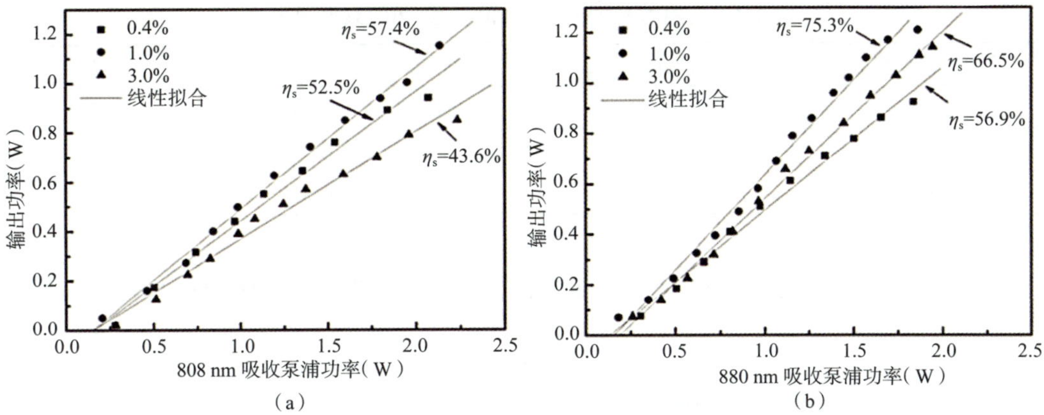

图 1-63　不同泵浦方式下钛宝石激光共振泵浦 Nd:YVO$_4$ 激光器的 1 064 nm 输出曲线

(a) 808 nm泵浦方式；(b) 880 nm直接泵浦

使用 880 nm 直接泵浦方式时，系统输出的斜率效率比使用 808 nm 泵浦方式时提升了约 17.9%，如此高的效率提升主要是由于在直接泵浦方式下，量子效率($n_{qe}=\lambda_p/\lambda_c$，下标 p 和 c 分别代表泵浦光和振荡光)提高了约 8.8%。另外，平凹腔的优化设计也是另一个重要的影响因素。在实验中，由于激光振荡模式和泵浦光模式较好地匹配，使衍射损耗大为降低，同时激光效率得以提高。当激光器运转在 U 形曲线的稳功率点时，热效应对激光输出的影响也降低。而且直接泵浦方式比传统泵浦方式的量子缺陷小 33.6%，这也导致直接泵浦方式产生的热量大为降低，从而有利于提高激光器的输出性能。

同理，对于 808 nm 和 880 nm 钛宝石激光共振泵浦在 1 342 nm 下的 Nd: YVO$_4$ 激光器，由于本书篇幅原因，不做赘述。

Ⅱ. 880 nm LD 共振泵浦的 1 064 nm/914 nm Nd:YVO$_4$ 激光器

Ⅰ)1 064 nm 激光输出

图 1-64 所示为 880 nm LD 共振泵浦的 1 064 nm Nd: YVO$_4$ 激光器实验装置。LD 经 1∶1 耦合器聚焦后泵浦 Nd:YVO$_4$ 晶体；晶体两面镀 1 064 mm 和 1 342 nm 增透膜，为保证泵浦吸收测量的准确性，两面也镀了 808 nm 和 880 nm 增透膜；谐振腔为平 - 平腔，腔长为 20 mm，输出镜的透射率为 10%；晶体水冷至 20 ℃。表 1-4 给出了该激光器所用 Nd: YVO$_4$ 晶体的参数。实验测定了不同掺杂浓度的晶体对非偏振 LD 泵浦光的吸收，以研究不同 Nd: YVO$_4$ 晶体在共振泵浦下的激光性能和热沉积。

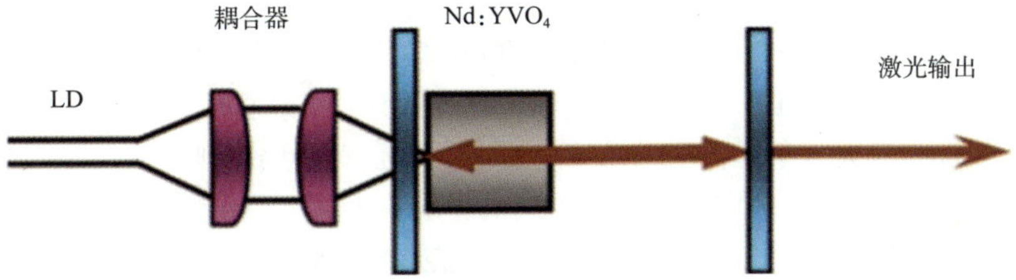

图 1-64　880 nm LD 共振泵浦的 1 064 nm Nd:YVO$_4$ 激光器实验装置

表 1-4 所用 $Nd:YVO_4$ 晶体的参数(20 ℃、无激光)

晶体	掺杂浓度	尺寸	泵浦吸收
#1	0.3%	3 mm × 3 mm × 10 mm	77.0%
#2	0.5%	3 mm × 3 mm × 10 mm	85.2%
#3	1.0%	3 mm × 3 mm × 10 mm	91.2%

当研究不同掺杂浓度的 $Nd:YVO_4$ 激光的输出功率和转换效率与入射泵浦功率的关系时，掺杂浓度为 1.0% 的晶体的泵浦吸收较好且光 - 光转换效率最高，但在入射泵浦功率超过 19 W 时发生了热破裂。尽管共振泵浦能够有效降低产热量，但较高掺杂浓度导致的高泵浦吸收和不均匀性使该晶体仍难以承受高泵浦功率。使用掺杂浓度为 0.5% 的晶体时，880 nm 共振泵浦系统在 27.3 W 的入射泵浦功率下获得了 15.6 W 的 1 064 nm 激光输出，光 - 光转换效率为 57.1%，高于 808 nm 传统泵浦的光 - 光转换效率 [图 1-65(a)]；当激光输出功率相同时，该系统的产热量降低了 41%(图 1-68)，与前文中的分析基本一致。880 nm 共振泵浦 $Nd:YVO_4$ 激光器在光 - 光转换效率和产热量等方面具有明显优势，说明其在实际应用方面已可以替代 808 nm 传统泵浦方式。

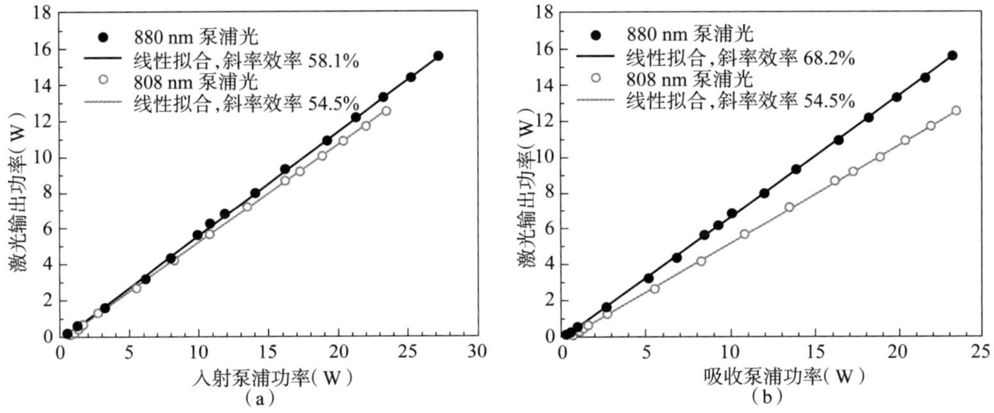

图 1-65 掺杂浓度为 0.5% 的 10 mm 长的 $Nd:YVO_4$ 晶体的 1 064 nm 激光输出曲线

(a) 激光输出功率和入射泵浦功率；(b) 激光输出功率和吸收泵浦功率

Ⅱ)914 nm 激光输出

在 880 nm LD 共振泵浦的 914 nm $Nd:YVO_4$ 激光器中，880 nm 高透、914 nm 高反膜片的加工难度非常大，因此转而采用图 1-67 所示的结构。激光介质($Nd:YVO_4$ 晶体)的尺寸为 3 mm × 3 mm × 5 mm，掺杂浓度为 0.15%，沿 a 轴以布氏角切割；晶体两面镀 808 nm、880 nm、914 nm、1 064 nm 和 1 342 nm 增透膜。LD 泵浦光经 1∶1 耦合器聚焦，再经直角棱镜反射后泵浦 $Nd:YVO_4$ 晶体。尽管泵浦光和振荡光入射晶体时的角度略有差异，但晶体色散对此起到了一定补偿作用。同时，晶体长度仅为 5 mm，此长度范围内两束光走离的影响不大。

平镜 M_1 和 M_2 构成 70 mm 长的 914 nm 激光谐振腔，其中 M_1 为全反射镜，M_2 为输出镜，M_2 对 914 nm 激光的透射率为 5%。晶体的水冷温度为 10℃，此时测得此晶体对入射 808 nm 泵浦光的吸收效率约为 53%，对 880 nm 泵浦光的吸收效率约为 29%。

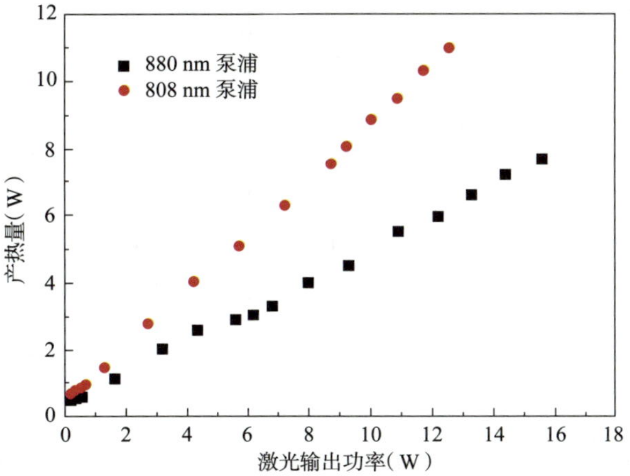

图 1-66　掺杂浓度为 0.5% 的 10 mm 长的 Nd:YVO_4 晶体的 1 064 nm 激光输出产热量

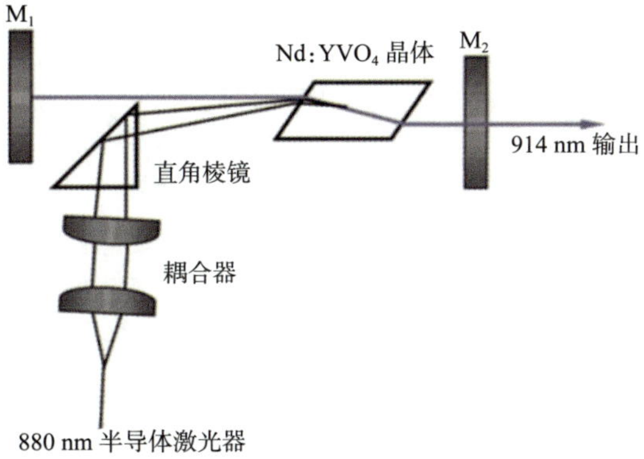

图 1-67　880 nm LD 共振泵浦的 914 nm Nd:YVO_4 激光器结构示意

在 808 nm 传统泵浦和 880 nm 直接泵浦方式下，系统的 914 nm 激光阈值分别为 3.8 W 和 3.2 W；在最大吸收泵浦功率 13.5 W 和 14.3 W 下，二者分别获得了 6.7 W 和 7.9 W 的输出功率 [图 1-68 (a)]，吸收效率分别为 49.6% 和 55.2%[图 1-68(b)]。

尽管在相同的吸收泵浦功率下，880 nm 共振泵浦方式的转换效率比 808 nm 传统泵浦方式高，但由于晶体掺杂浓度很低导致泵浦吸收很差，880 nm 直接泵浦下的光 - 光转换效率明显低于 808 nm 传统泵浦方式，如图 1-69 所示。由于 Nd:YVO_4 晶体对 914 nm 激光的再吸收比较明显，难以通过提高晶体掺杂浓度和长度等方式改善其对 880 nm 泵浦光的吸收。因此，尽管 880 nm 共振泵浦方式在相对吸收泵浦功率的阈值和转换效率方面都优于 808 nm 传统泵浦方式，但这种泵浦方式并不适于高光 - 光转换效率的 914 nm Nd: YVO_4 激光器。在入射 808 nm 泵浦光的功率为 25.5 W 时，914 nm 激光输出功率仅为 6.7 W，其原因有两方面：一方面是在此泵浦方式下泵浦光和振荡光并不完全共线，模体积匹配较差；另一方面是此时激光谐振腔较长。

同理，1 342 nm/885 nm/1 319 nm 共振泵浦也能够实现本实验，由于篇幅有限，故不再多做赘述。

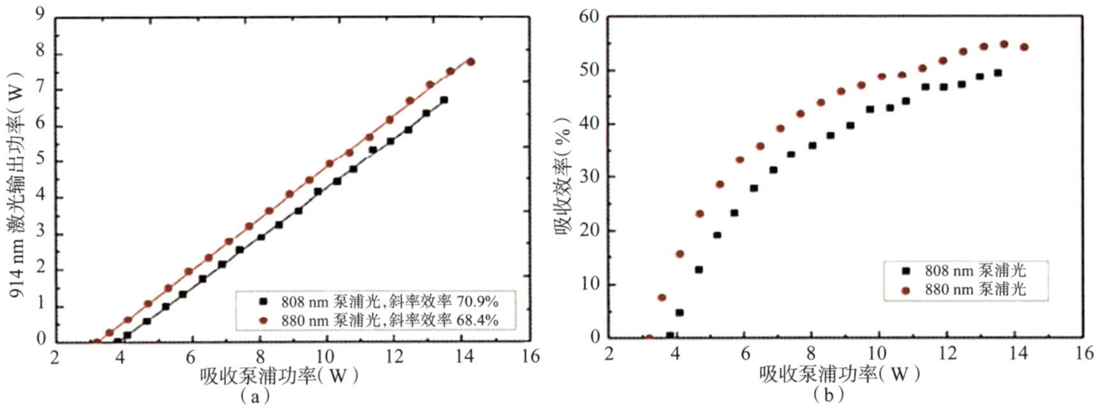

图 1-68　不同吸收泵浦功率下 880 nm 共振泵浦的 914 nm Nd:YVO_4 激光器的输出功率和吸收效率

(a) 激光输出功率和吸收泵浦功率；(b) 吸收效率和吸收泵浦功率

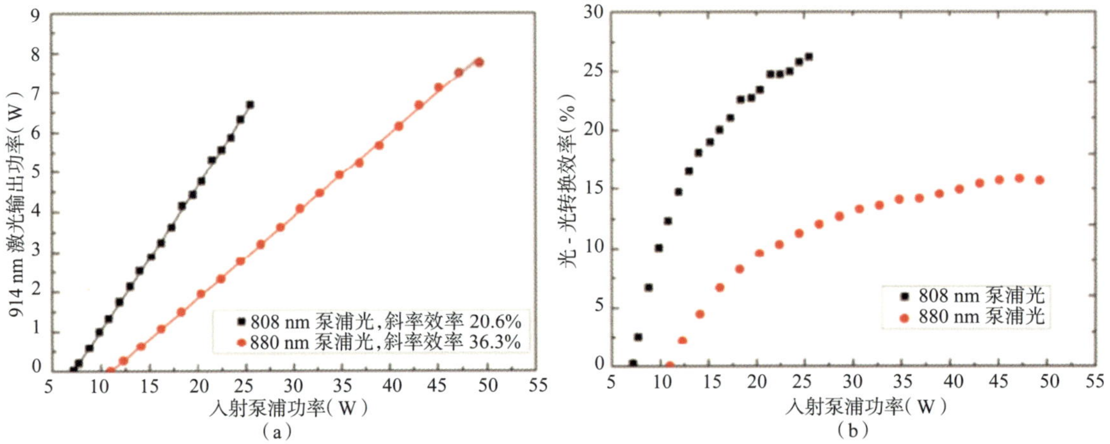

图 1-69　880 nm 和 808 nm 泵浦方式下 914 nm Nd:YVO_4 激光输出功率和光 - 光转换效率

(a) 激光输出功率和入射泵浦功率；(b) 光-光转换效率和入射泵浦功率

(2)基于热助推泵浦技术的激光器可控热管理实验研究

掺 Nd^{3+} 激光器的共振泵浦技术逐渐发展至基态高斯塔克能级热助推泵浦，利用前文中所述的 914 nm 输出 Nd: YVO_4 激光器作为泵浦源，研究 914 nm 基态高斯塔克能级热助推泵浦 Nd: YVO_4 激光器。该激光器可在 1 064、1 342 nm 下实现高效率激光运转。下面分析晶体掺杂浓度、长度和温度对泵浦吸收和激光效率的影响，通过优化晶体参数，实现 914 nm 泵浦下 Nd: YVO_4 激光器的高光 - 光转换效率运转。

图 1-70 所示为 914 nm 共振泵浦的 1 064 nm Nd: YVO_4 激光器实验装置。914 nm 激光经透镜聚焦后泵浦 Nd:YVO_4 晶体；晶体入射端镀 1 064 nm 高反膜，为保证泵浦吸收测量的准确性，双端镀 914 nm 增透膜；1 064 nm 激光谐振腔为平 - 平腔结构，腔长为 15 mm；输出镜的透射率为 10%。表 1-5 给出了所用 Nd:YVO_4 晶体参数。

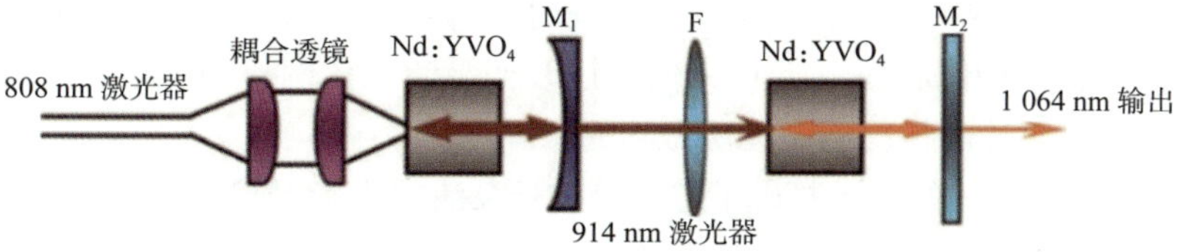

图 1-70　914 nm 共振泵浦的 1 064 nm Nd:YVO_4 激光器实验装置

表 1-5　所用 Nd:YVO_4 晶体参数

晶体	掺杂浓度	尺寸	泵浦吸收	
			20 ℃	50 ℃
#1	0.3%	3 mm × 3 mm × 5 mm	12.2% / 0.26 cm^{-1}	13.5% / 0.29 cm^{-1}
#2	0.5%	3 mm × 3 mm × 4 mm	16.9% / 0.46 cm^{-1}	19.2% / 0.53 cm^{-1}
#3	1.0%	3 mm × 3 mm × 10 mm	36.8% / 0.26 cm^{-1}	41.1% / 0.53 cm^{-1}
#4	3.0%	3 mm × 3 mm × 4 mm	51.3% / 1.80 cm^{-1}	54.4% / 1.96 cm^{-1}

1.2.3　综合泵浦技术

对于共振泵浦激光系统，对泵浦光的低吸收使其整体光 - 光转换效率低于传统 LD 泵浦方式。通常来说，提高工作介质（晶体）的掺杂浓度和长度可以有效增加其对泵浦光的吸收。但提高晶体的掺杂浓度有两方面影响：一方面上能级寿命会缩短；另一方面粒子数密度增加会加重上转换过程、交叉弛豫等上能级损耗机制。这两种影响都会减少反转粒子数，从而降低激光器的效率，增加热沉积；而工作介质过长则很难使泵浦光和振荡光在晶体内实现最佳匹配，且价格昂贵。这些因素都造成共振泵浦技术在实用上的困难。鉴于共振泵浦方式和传统 LD 泵浦方式均存在优势和不足，可采用传统泵浦（808 nm）和共振泵浦（880 nm、885 nm、914 nm、938 nm 等）共同作用于激光介质的方式，综合传统泵浦方式的泵浦光吸收系数大、整体光 - 光转换效率高，以及共振泵浦方式的产生热量少、量子效率高的优点，这就是双波长综合泵浦方式。通过调整两种泵浦光的输入功率比例，双波长综合泵浦方式有两方面的优点：一方面，该方式对激光系统产生的无用热进行控制，实现激光器的可控热管理；另一方面，该方式使系统产生的热沉积和输出功率可处于一个最佳平衡点（或区域），在普通掺杂浓度和长度的增益介质中实现二极管泵浦固体激光器（Diode Pump Solid State Laser，DPSSL）的大功率、高效率、低热量和高光束质量的运转。相比于以往的单波长 LD 泵浦，综合泵浦的优势主要体现在以下两方面。

一方面，对于普通单波长泵浦，无论采用传统泵浦还是共振泵浦方式，一旦输入功率确定，系统所产生的热量也相应确定，对于已产生的无用热及其引起的热效应，只能通过其他措施进行消除和补偿。而在综合泵浦系统中，双波长泵浦同时作用于增益介质，可以在不改变总输入功率的条件下，通过调整两种泵浦光的比例，在一定范围内实现对系统产生的热量进行有效的控制和管理。

另一方面，综合泵浦中的两束泵浦光的比例是可变的，所以系统的输出功率和输出热量的关系是介于传统泵浦和共振泵浦方式之间的中间状态，而这些中间状态可以理解为以输入功率、泵浦光比例为自变量的 LD 泵浦激光系统输出的通解形式（普遍情况）。相应地，可将传统泵浦和共振泵浦这两种单波长泵浦方式视为泵浦比例取极端情况时的特解形式(特殊情况)。综合泵浦产生的在极端情况下无法出现的“中间状态”,允许人们通过改变泵浦光比例找到满足实际需求的最佳工作点(区域),这在单波长泵浦的情况下是无法做到的。

综上所示,综合泵浦方式的提出打破了传统单波长泵浦的概念,强调对系统输出功率、效率和产热情况进行综合评价,并依此改善固体激光系统的输出性能。这使双波长综合泵浦成为相比于其他泵浦方式更理想的固体激光器泵浦方式,拥有广阔的应用前景。

(1)综合泵浦方式的速率方程及输出特性

图 1-71 所示为对于双波长 λ_1(传统泵浦)和 λ_2(共振泵浦)综合泵浦方式的能级结构。

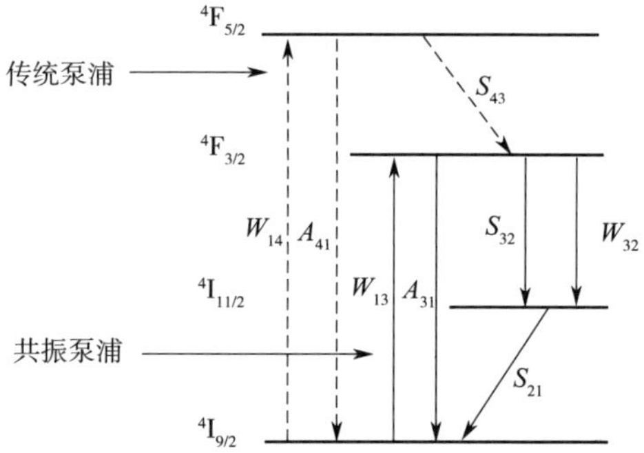

图 1-71　传统泵浦和共振泵浦方式综合的能级结构

在综合泵浦方式中,设泵浦光的时间波形均为高斯型,脉冲重复频率均为 k_0,平均功率分别为 $P_0^{(1)}$ 和 $P_0^{(2)}$,脉冲宽度均为 T_0,则可得 t 时刻的瞬时泵浦功率分别为

$$P_1(t)=\frac{P_0^{(1)}}{k_0T_0}\frac{2\sqrt{\ln 2}}{\sqrt{\pi}}\mathrm{e}^{-\left(\frac{2\sqrt{\ln 2}}{T_0}t\right)^2} \tag{1-105}$$

$$P_1(t)=\frac{P_0^{(2)}}{k_0T_0}\frac{2\sqrt{\ln 2}}{\sqrt{\pi}}\mathrm{e}^{-\left(\frac{2\sqrt{\ln 2}}{T_0}t\right)^2} \tag{1-106}$$

设晶体对泵浦光的吸收系数分别为 $\alpha_{\mathrm{p}}^{(1)}$ 和 $\alpha_{\mathrm{p}}^{(2)}$,粒子通过热弛豫从泵浦能级跃迁到激光上能级的效率为 η,则在 t 时刻,单位时间内由传统泵浦方式(λ_1)和共振泵浦方式(λ_2)从基态通过不同途径最终到达激光上能级的总粒子数密度或者所谓的总泵浦速率的表达式为

$$W_{\mathrm{p}}(t)=\frac{\eta P_1(t)}{h\nu_{\mathrm{p}}^{(1)}V_{\mathrm{p}}^{(1)}}\left(1-\mathrm{e}^{-\alpha_{\mathrm{p}}^{(1)}l}\right)+\frac{P_2(t)}{h\nu_{\mathrm{p}}^{(2)}V_{\mathrm{p}}^{(2)}}\left(1-\mathrm{e}^{-\alpha_{\mathrm{p}}^{(2)}l}\right) \tag{1-107}$$

将式(1-105)和式(1-106)代入式(1-107)整理得到

$$W_{\mathrm{p}}(t)=\frac{2\sqrt{\ln 2}}{\pi\sqrt{\pi}k_0T_0h\omega_{\mathrm{p}}^2l}\left[\frac{\eta P_0^{(1)}}{\nu_{\mathrm{p}}^{(1)}}\left(1-\mathrm{e}^{-\alpha_{\mathrm{p}}^{(1)}l}\right)+\frac{P_0^{(2)}}{\nu_{\mathrm{p}}^{(2)}}\left(1-\mathrm{e}^{-\alpha_{\mathrm{p}}^{(2)}l}\right)\right]\mathrm{e}^{-\left(\frac{2\sqrt{\ln 2}}{T_0}t\right)^2} \tag{1-108}$$

令

$$K_p = \frac{2\sqrt{\ln 2}}{\pi\sqrt{\pi}k_0 T_0 h\omega_p^2 l}\left[\frac{\eta P_0^{(1)}}{\nu_p^{(1)}}\left(1-e^{-\alpha_p^{(1)}l}\right)+\frac{P_0^{(2)}}{\nu_p^{(2)}}\left(1-e^{-\alpha_p^{(2)}l}\right)\right] \tag{1-109}$$

将式(1-109)代入式(1-108),并且对速率方程求解,可以得到综合泵浦下输入输出关系表达式:

$$P_{out} = \frac{1-R}{1+R}\pi\omega_L^2 I_s\left[\frac{2\eta_B(\eta_{\alpha1}\eta_{\mu1}P_0^{(1)}+\eta_{\alpha2}\eta_{\mu2}P_0^{(2)})}{(\delta-\ln R)\pi\omega_p^2 I_s}\right] \tag{1-110}$$

也可将输出功率表示为

$$P_{out} = \sigma_S\left[(P_0^{(1)}+P_0^{(2)})-P_{th}\right] \tag{1-111}$$

式中:σ_S 为整体转换效率,其表达式为

$$\sigma_S = \frac{2(1-R)}{(1+R)(\delta-\ln R)}\eta_B\left(\frac{\eta_{\alpha1}\eta_{\mu1}P_0^{(1)}}{P_0^{(1)}+P_0^{(2)}}+\frac{\eta_{\alpha2}\eta_{\mu2}P_0^{(2)}}{P_0^{(1)}+P_0^{(2)}}\right) \tag{1-112}$$

P_{th} 为输入功率阈值,其表达式为

$$P_{th} = \frac{\pi hc(\delta-\ln R)(\omega_L^2+\omega_p^2)}{4\sigma_{32}\tau_{32}\lambda_L\eta_B}\left(\frac{\eta_{\alpha1}\eta_{\mu1}P_0^{(1)}}{P_0^{(1)}+P_0^{(2)}}+\frac{\eta_{\alpha2}\eta_{\mu2}P_0^{(2)}}{P_0^{(1)}+P_0^{(2)}}\right)^{-1} \tag{1-113}$$

(2)综合泵浦方式下热量分析与计算

激光器运转过程中产生的热负载 η_h 的表达式为

$$\eta_h = 1-\eta_p\left[(1-\eta_l)\eta_{qe}\eta_{qd}^f+\eta_l\eta_{qd}^l\right] \tag{1-114}$$

式中:η_p 为到达激光泵浦能级的离子数占总反转离子数的比例,称为泵浦效率,大部分激光介质的泵浦效率为 1;η_{qe} 为激光器量子效率;η_l 为激光提取效率;η_{qd} 为量子损耗比;上标 f 和 l 分别表示荧光辐射和激光辐射。

对于一般情况下的有效辐射($\eta_l \approx 1$)来说,产热效率 η_h 主要取决于激光量子损耗比 $\eta_{qd}^l = \lambda_p/\lambda_l$,以 1 064 nm 的辐射光为例,在 808 nm 和 880 nm 泵浦下,其 η_h 分别为 0.241 和 0.174。由此可以看出,880 nm 共振泵浦方式比 808 nm 传统泵浦方式能够减小约 28% 的热量产生。

利用式(1-107)还可以推导得出,当用两种不同波长 λ_1 和 λ_2 的泵浦光泵浦激光介质时,在吸收相同泵浦能量 P_{abs} 的情况下,传统泵浦和共振泵浦方式产生的热量比率为

$$\frac{P_{H1}}{P_{H2}} = \frac{\lambda_L-\eta_{qe}^{(1)}\eta_{qu}^{(1)}\lambda_1}{\lambda_L-\eta_{qe}^{(2)}\eta_{qu}^{(2)}\lambda_2} \tag{1-115}$$

式中:P_H 为热功率;λ_L 为振荡光波长。

然后可以根据不同的激光介质将不同的参数值代入以上各式,即可得到相应数值。如 λ_1 取 880 nm,λ_2 取 808 nm,$\eta_{qe}^{(1)}$ 和 $\eta_{qe}^{(2)}$ 分别取 1 和 0.95,$\eta_{qu}^{(1)}$ 和 $\eta_{qu}^{(2)}$ 均取 0.95,则在 1 064 nm 激光输出过程中,相同泵浦功率下两种泵浦方式的晶体内产热量之比约为 0.68 : 1,而在相同激光输出功率时产热量之比约为 0.59 : 1;在 1 342 nm 激光输出过程中,上述这两个比值分别为 0.82 : 1 和 0.71 : 1。

(3)综合泵浦方式下最佳泵浦功率配比的确定

基于 808 nm(λ_1)传统泵浦和 880 nm(λ_2)共振泵浦方式,代入具体参数可以得到综合泵浦的

光 - 光转换效率、相对吸收泵浦光的转换效率以及产热效率,表达式为

$$\left.\begin{aligned}\eta_{\text{o-o}} &= 0.436 + 0.151x \\ \eta_{\text{abs}} &= (0.436 + 0.151x)/(0.537 + 0.34x) \\ \eta_{\text{h}} &= 0.101 + 0.188x\end{aligned}\right\} \tag{1-116}$$

式中:x 为 808 nm 泵浦光所占比例。

根据以上结果可以得到泵浦功率配比连续变化时的输出 - 产热曲线 AB(晶体的掺杂浓度相同、固定输入功率为 10 W),如图 1-72 所示。

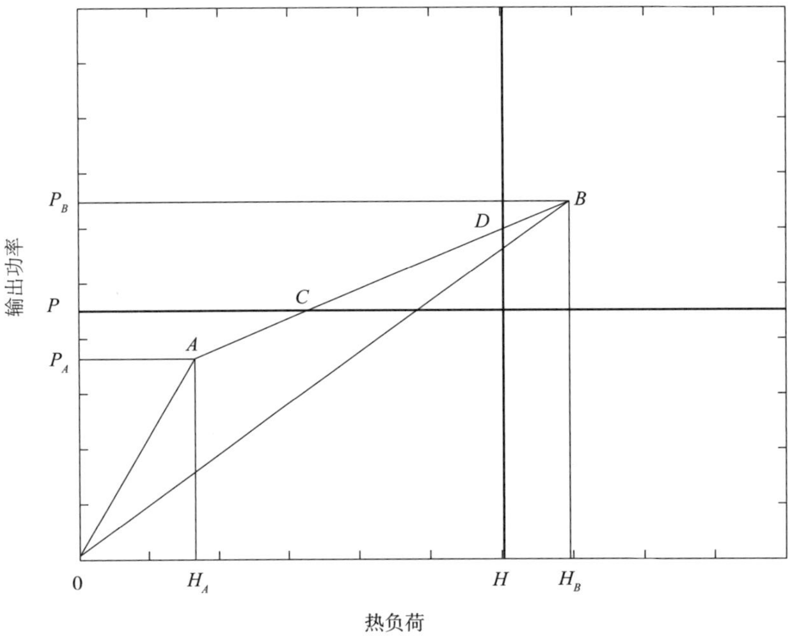

图 1-72　掺杂浓度相同的晶体在固定输入功率下泵浦功率配比连续变化时的输出 - 产热曲线

假设对综合泵浦的激光器有如下要求:①输入功率不得超过最大输入功率 P_{inm};②产生热量不得超过最大热功率 H;③输出功率不得低于最小输出功率 P。

根据以上条件,可以解出最佳泵浦功率配比 x(808 nm 泵浦功率所占比例)的取值范围。给出直线 AB 的方程:

$$P_{\text{L}} = \frac{P_B - P_A}{H_B - H_A} P_{\text{H}} + \frac{P_A H_B - P_B H_A}{H_B - H_A} = \Gamma(P_{\text{H}}) \tag{1-117}$$

式中: P_{L} 和 P_{H} 分别为振荡光输出功率和热功率; P_A 和 P_B 分别为 A 点和 B 点的输出功率; H_A 和 H_B 分别为 A 点和 B 点的产热。

根据图 1-72,可知有解条件为

$$\left.\begin{aligned}H &\geqslant \Gamma^{-1}(P_{\text{L}}) \\ P &\leqslant P_B\end{aligned}\right\} \tag{1-118}$$

根据限定条件的范围,解得 x 的最佳取值区间为

$$\left.\begin{array}{ll} x=0 & 当P\leqslant P_A,\ \Gamma^{-1}(P_{\mathrm{L}})\leqslant H\leqslant H_A时 \\ 0\leqslant x\leqslant \dfrac{H-H_A}{H_B-H_A} & 当P\leqslant P_A,\ H_A\leqslant H\leqslant H_B时 \\ 0\leqslant x\leqslant 1 & 当P\leqslant P_A,\ H\geqslant H_B时 \\ \dfrac{P-P_A}{P_B-P_A}\leqslant x\leqslant \dfrac{H-H_A}{H_B-H_A} & 当P_A\leqslant P\leqslant P_B,\ \Gamma^{-1}(P_{\mathrm{L}})\leqslant H\leqslant H_B时 \\ \dfrac{P-P_A}{P_B-P_A}\leqslant x\leqslant 1 & 当P_A\leqslant P\leqslant P_B,\ H\geqslant H_B时 \end{array}\right\} \tag{1-119}$$

由于已知的按照光 - 光转换效率、相对吸收泵浦功率的斜率效率和产热效率等的评价方式都只考虑了输出功率和产热等单一参量，且随泵浦功率配比 x 呈线性关系，所以在综合考虑输出功率与产热的情况下无法合理评价双波长综合泵浦激光器的输出效果。为了在 $0<x<1$ 范围内找到最佳工作条件，可以在不同的泵浦功率配比（即不同的 x 值）下综合采用不同的参量评价激光器的输出特性。定义激光器对泵浦光的综合有效利用率的表达式为

$$\eta_{\mathrm{eff}}=k_2\sigma_{\mathrm{s}}+k_1\Delta\sigma \tag{1-120}$$

式中：$k_1=1-A_x$；$k_2=A_x$。

取 $A_x=0.6$ 时的 η_{eff} 模拟曲线，如图 1-73 所示。

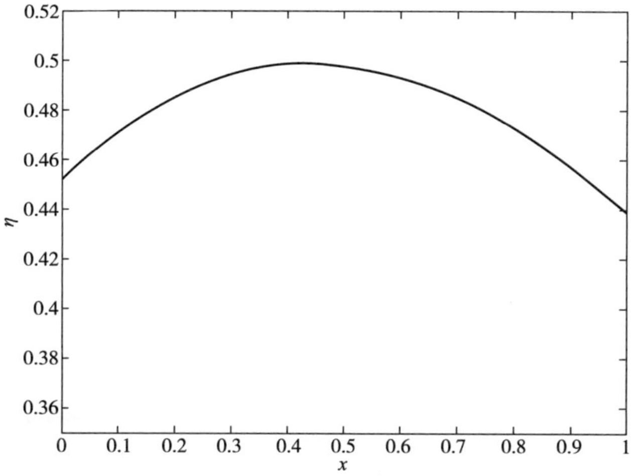

图 1-73 理论模拟的 η_{eff} 随泵浦功率配比的变化关系

1.2.4 基于综合泵浦技术的激光器可控热管理实验研究

下面介绍 808 nm+880 nm 双波长综合泵浦 Nd：YVO_4 激光器的实验研究[20]。图 1-74 所示为 1 064 nm 输出的 808 nm+880 nm 双波长综合泵浦激光器的实验装置。泵浦源为两台半导体激光器，光纤耦合输出的泵浦光分别经过两个 1∶1 耦合透镜组聚焦，再经合束镜 M_1 合束后泵浦 Nd：YVO_4 晶体。M_1 的双面镀 880 nm、45° 增透膜，右侧面镀 808 nm、45° 高反膜。Nd:YVO_4 晶体沿 a 轴切割，掺杂浓度为 0.5%，尺寸为 3 mm × 3 mm × 4 mm，两端镀 808 nm、880 nm 和 1 064 nm 增透膜。此晶

体对 808 nm 泵浦光的吸收效率约为 87.68%，对 880 nm 泵浦光的吸收效率约为 53.7%。全反射镜 M_2 双面镀 808 nm、880 nm 增透膜，单面镀 1 064 nm 高反膜；输出镜 M_3 对 1 064 nm 光的透射率为 30%，平 - 平激光谐振腔的长度为 15 mm。用水冷方式将晶体温度控制在 20 ℃。

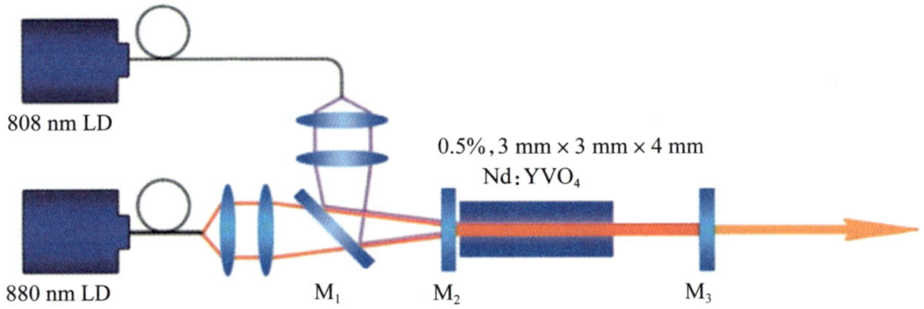

图 1-74　808 nm+880 nm 双波长综合泵浦的 1 064 nm Nd:YVO_4 激光器实验装置

图 1-75（a）和（b）所示分别为激光器整体光 - 光转换效率和产热效率随入射泵浦功率配比的变化曲线。可见，随着 808 nm 泵浦光比例的增加，晶体对泵浦光的整体吸收效率增加，即光 - 光转换效率随 x 线性增加，实验与理论值基本相符；而激光器产生热量从 880 nm 单波长泵浦到 808 nm 单波长泵浦过程中，从约 10% 增至 30% 以上，远大于光 - 光转换效率的变化，说明泵浦功率配比的变化对激光器产热的影响相对于对输出功率的影响更明显。

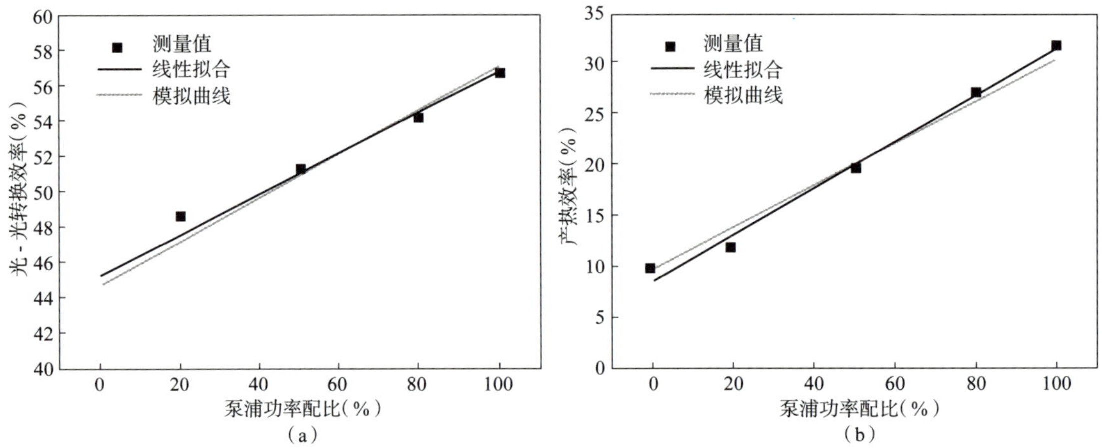

图 1-75　综合泵浦的光 - 光转换效率和产热效率随泵浦功率配比的变化曲线

（a）光-光转换效率；（b）产热效率

图 1-76 所示为总输入功率分别为 5 W、10 W、15 W 和 20 W 时，不同泵浦功率配比下激光器的产热相对输出功率的变化关系的实验值和模拟图线。可以看出，产热相对输出功率变化的斜率非常大，也就是说，泵浦功率配比对于产热的影响较大，而对于输出功率的影响相对较小；泵浦功率配比的变化对输出功率的调节能力较弱，而对系统产热的调节能力较强；通过改变泵浦功率配比，可以在尽量减小对输出功率（也即转换效率）的影响情况下，在较大范围内控制系统的产热。综上所述，在固体激光器的运转中，可以根据具体的限制条件调节泵浦功率配比，有望实现固体激光器主动的、可控的热管理。

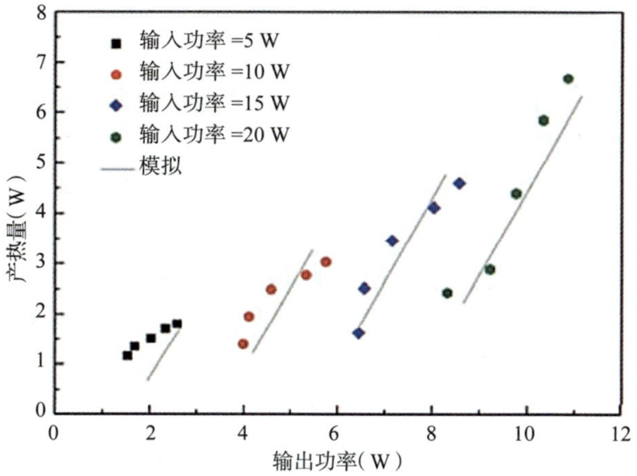

图 1-76　不同输入功率和泵浦功率配比下激光器产热相对输出功率的变化

图 1-77 所示为根据各斜率效率值整合而成的 η_{eff} 拟合曲线与模拟曲线对比。可以看出，整体上实验结果与模拟结果的一致性较好。泵浦功率配比的变化对 η 的影响不仅符合模拟预期，也同样符合直观认识；η 曲线不仅可以对最佳配比的确定有指导作用，其值本身的大小在判断系统输出效果优劣方面也有意义。以上理论推导和实验结果对将 η_{eff} 作为双波长综合泵浦激光器的评价指标的合理性进行了验证。

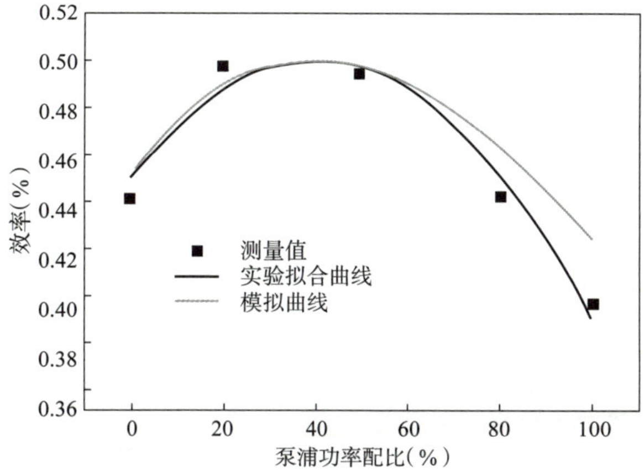

图 1-77　η 相对泵浦功率配比变化关系的实验拟合曲线与模拟曲线

1.3　高功率拉曼激光器

拉曼散射是一种分子和晶格振动引起的非弹性散射，散射光频率与入射光频率之差等于分子内部振动或转动频率。受激拉曼散射具有多种优良特性，如散射光为相干光、转换效率高、散射光束空间分布质量好，且亮度高、散射光脉冲窄，甚至可达到比泵浦脉冲更高的峰值功率等。受激拉曼散射光的频率是由入射激光频率和拉曼介质的拉曼振动模频率决定的，因此利用现有拉曼介质的丰富振动频率及已有的激光频率，散射光的光谱可覆盖紫外到近红外波段范围。拉曼散射光带有分子结构的信息，在光谱学方面有广泛的应用，是研究物质结构的重要手段。

如今，固体拉曼激光已成为非线性光学和固体激光器领域的研究热点。以晶体作为拉曼介质的固体拉曼激光器具有结构紧凑、效率高、稳定性好等特点，在信息、交通、测量、医疗、国防和工农业等领域都有广泛的应用。目前，已问世的全固态拉曼激光器主要分为端面泵浦和侧面泵浦全固态拉曼激光器两种。采用端面泵浦结构容易获得高效的、高光束质量光源，然而受结构本身特点的限制，激光器的平均输出功率往往偏低；但端面泵浦的结构简单、输出光束质量好，便于小型化，使其具有广阔的应用前景。尤其是基于 Nd: YVO_4、Nd: $GdVO_4$ 等晶体的自拉曼激光器，凭借其体积小、成本低等优势近年来逐渐引起研究者的重视。目前，文献报道的端面泵浦拉曼激光器的最高输出功率为 13.7 W。相较于端面泵浦方式，侧面泵浦方式虽然在本身结构上不占优势，但由于其可以实现高功率激光输出，成为其无法被端面泵浦替代的原因之一。

实现更高功率的拉曼激光器输出的条件如下：首先，优质的拉曼晶体不可或缺，性能优良的拉曼晶体可以显著提高激光器的输出功率；其次，拉曼激光器中的有限可控热管理也是提高激光输出的一个重要因素，因为晶体的热效应在激光器中不可避免，如何降低晶体的热效应是提高激光器输出功率的一个重要手段；最后，优化拉曼激光器中基频光和斯托克斯光的模式匹配也可以提高激光器的输出功率。因此，如何实现高功率拉曼激光输出及相应的高功率拉曼激光器成为当今的研究热点。

1.3.1 常用拉曼晶体

在全固态拉曼激光器的不同发展阶段，分别有不同的拉曼晶体扮演主角。早期的拉曼晶体主要是方解石、α- 硫、金刚石、碘酸锂、硝酸钡晶体，但由于这些晶体本身特性的限制，相关拉曼激光器的性能并不理想，且发展缓慢。随着钨酸盐晶体和钒酸盐晶体的出现及应用，全固态拉曼激光器迎来爆发式发展，激光器性能大幅度提升。尽管金刚石晶体和诸如 $KGd(WO_4)_2$，$BaWO_4$，$SrWO_4$、$PbWO_4$ 等性能优良的钨酸盐晶体近些年已经被多次报道，但目前国内能够生长制备该两类晶体的厂家仍很少，尤其是金刚石晶体，我国主要依赖于进口。相较于以上提到的拉曼晶体，以 YVO_4 和 $GdVO_4$ 晶体为代表的钒酸盐晶体的生长技术成熟，其性能较为优良且价格较低，是目前中小功率拉曼激光器系统中最常用的一种拉曼介质。目前，常用的固体拉曼介质的相关参数见表 1-6[21]。

表 1-6 常见拉曼晶体的相关参数

拉曼晶体	损伤阈值（GW/cm^2）	拉曼频移（cm^{-1}）	1 064 nm 拉曼增益（cm/GW）	拉曼线宽（cm^{-1}）
$LiIO_3$	约 0.1	822	4.8	5.0
$Ba(NO_3)_2$	约 0.4	1 047	11.0	0.4
$CaWO_4$	约 0.5	908	3.0	4.8
$KGd(WO_4)_2$	约 10	768	4.4	6.4
		901	3.5	5.4
$BaWO_4$	约 5	924	8.5	1.6
$PbWO_4$	约 1	904	3.1	4.7
$SrWO_4$	约 5	922	5.0	2.7
$GdVO_4$	约 1	885	>4.5	3.0
金刚石	约 5	1 332	~10	2.0
YVO_4	约 1	890	>4.5	2.6

下面对几种常用的拉曼晶体进行简单介绍。

(1)KGd(WO_4)$_2$

钨酸钆钾 [KGd(WO_4)$_2$,简称 KGW] 晶体是一种钨酸盐,衍生于 $CaWO_4$ 结构, K^+ 和 Gd^{3+} 以相等的概率取代 Ca^{2+}。KGW 属于单斜晶系,空间群为 C2/c,晶胞参数为 a=0.809 5 nm, b=1.043 nm, c=0.758 8 nm,β=94.370,z=4。KGW 是一种优秀的激光基质材料,当掺入 Nd^{3+} 后,Nd^{3+} 将取代 Gd^{3+},形成 Nd∶KGd(WO_4)$_2$(Nd∶KGW)晶体,由于减少了离子半径失配,可以实现高浓度掺杂,掺杂浓度可高达 3%~10%,从而获得较大的发射截面 [22]。

钨酸钆钾晶体的结构如图 1-78 所示,折射率主轴取法采用常规取法,Np 轴即为二重轴(与 b 轴重合),Nm 轴即为图 1-78 中的 N_2 轴, Ng 轴即为图 1-78 中的 N_1 轴,两者相互垂直 [23]。表 1-7 给出了 KGW 晶体的一些重要参数 [24]。

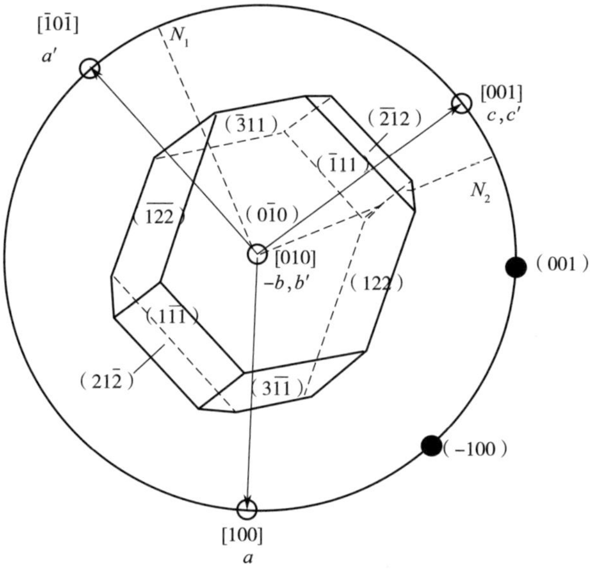

图 1-78　钨酸钆钾晶体的结构

表 1-7　KGW 晶体参数

材料特性	KGd(WO_4)$_2$
峰值发射波长(nm)	1 067.2
峰值发射截面(10^{-19})	3.8
荧光寿命(μs)	110
强拉曼位移(cm^{-1})	901.768
泵浦峰值拉曼增益(cm/GW),1 064 nm	3.3(901 cm^{-1})、4.4(768 cm^{-1})
光学损伤阈值(GW/cm^2)	>10
热导率(W/mK),300 K	2.6(1 0 0)、3.8(0 1 0)、3.4(0 0 1)
热膨胀系数(1×10^{-6} K^{-1})	4(1 0 0)、1.6(0 1 0)、8.5(0 0 1)
dn/dT(1×10^{-6} K^{-1})	−0.8(p[mm]p)、−5.5(p[gg]p)

（2）YVO_4

钒酸钇（YVO_4）晶体具有锆英石型 D_{4h} 空间点群结构，属正单轴的四方晶系。因其 VO_4^{3-} 离子基团中的 A_{1g} 振动模对应较强拉曼增益和较窄拉曼谱线宽度，在 2001 年被作为优良的拉曼晶体而被发现。YVO_4 为 $ZrSiO_4$ 结构，属于四方晶系，空间群为 $I4_1/amd$，结构特征是由 $[VO_4]$ 构成的孤立四面体簇群。YVO_4 最强的拉曼频移为 890 cm^{-1}，属于 $[VO_4]$ 四面体 A_{1g} 光学振动模。通过分析 YVO_4 的稳态受激拉曼散射过程，得到其稳态拉曼增益系数约为 4.5 cm/GW（1 064 nm 光泵浦）。YVO_4 的价值还在于其是优良的激光晶体，稀土掺杂的 YVO_4 可以同时作为激光晶体和拉曼晶体，实现自拉曼受激振荡，这样的拉曼激光器结构简单、转换效率高。YVO_4 晶体的基本参数见表 1-8。

表 1-8　YVO_4 晶体的基本参数

透光范围	高透光率 0.4~5 μm
晶体匀称性	四方锆石，空间群 D_{4h}
晶格参数	$a = b = 7.12$ Å；$c = 6.29$ Å
密度	4.22 g/cm^3
莫氏（Mohs）硬度	5，近似玻璃
潮解性	不潮解
热膨胀系数	$\alpha_a=4.43\times10^{-6}K^{-1}$；$\alpha_c=11.37\times10^{-6}K^{-1}$
热传导系数	//C：5.23 W/（m·K）；⊥ C：5.10 W/（m·K）
晶系	正单轴晶体 $n_o=n_a=n_b$，$n_e=n_c$
热光系数	$dn_a/dT=8.5\times10^{-6}K^{-1}$；$dn_c/dT=3.0\times10^{-6}K^{-1}$

（3）金刚石（diamond）

金刚石晶体以优异的光学和热物性，在非线性光学、热传导、光学窗口等领域成为炙手可热的晶体材料。图 1-79 所示为金刚石与其他常见晶体材料的热导率和透射光谱范围对比。可以看出，金刚石的热导率远高于目前已知的其他晶体材料，金刚石的热导率是常用 YVO_4 晶体的 380 多倍、YAG 晶体的 140 多倍。此外，相比于常见的拉曼晶体 YVO_4 以及光学材料，金刚石的光谱透过范围更宽，在紫外、可见光、近红外及长波红外波段均具有极高的透射率。表 1-8 列出了金刚石与常见拉曼晶体的特性参数，可以看出金刚石晶体的拉曼增益和拉曼频移均高于其他拉曼晶体，其热导率也是其他常见拉曼晶体的几百倍甚至上千倍。基于以上的优良特性，相比于传统晶体拉曼激光器，金刚石拉曼激光器可以承受更高的泵浦功率，可泵浦和发射的波长范围更广，且在相同的泵浦波长情况下只需要更少的阶次就可得到期望波长。除此之外，极高的热稳定性也使得金刚石能够在高温、高强度的严苛工作条件下呈现出良好的性能[25-28]。

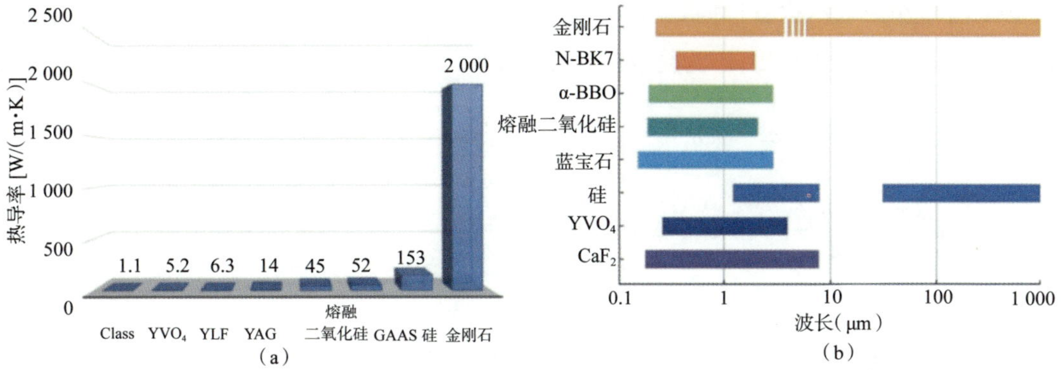

图 1-79　金刚石和常见晶体材料的热导率和透射光谱范围对比

（a）热导率；（b）透射光谱范围

表 1-8　YVO_4 晶体的基本参数

材料	钻石	YVO_4	KGW	$Ba(NO_3)_2$	$LiIO_3$
拉曼位移(cm^{-1})	1 332	890	901	1 047	822
拉曼增益(cm/GW)	~15	5	~4	11	4.8
热导率(W/(m·K))	2 000	5.2	~3	1.2	4

1.3.2　受激拉曼散射理论研究

(1)受激拉曼散射基本原理

赫尔沃思(Hellwarth)最早提出了受激拉曼散射的理论描述[29]，基于量子力学通过把受激拉曼散射视为一个双光子过程进行计算处理。后来，加迈尔(Garmire)等和布隆伯根(Bloembergen)等采用耦合波方法描述受激拉曼散射过程，很好地解释了受激拉曼这种非线性效应。

假设角频率分别为 ω_1 和 ω_2 的两束光束在拉曼介质内传播，因为存在拉曼跃迁过程，导致角频率为 ω_1 的光束被吸收，角频率为 ω_2 的光束被放大，物质从初态 i 跃迁到末态 f，如图 1-80 所示。

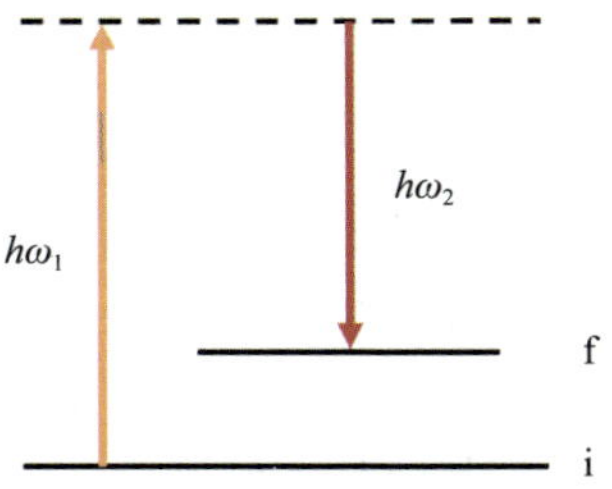

图 1-80　拉曼跃迁示意

根据简单的物理考虑，处于 ω_2 的单模中的拉曼光子的平均数在每单位传播长度内变化的表达式为

$$\frac{\mathrm{d}n_2}{\mathrm{d}z}=\left[\frac{\mathrm{d}W_{\mathrm{fi}}}{\mathrm{d}\omega_2}\rho_{\mathrm{i}}-\frac{\mathrm{d}W_{\mathrm{if}}}{\mathrm{d}\omega_2}\rho_{\mathrm{f}}\right]\sqrt{\varepsilon_2}/c-\alpha_2\bar{n}_2=(G_{\mathrm{R}}-\alpha_2)\bar{n}_2 \tag{1-121}$$

式中:下标 i 和 f 分别表示状态 i 和状态 f;ρ 为相应状态粒子数密度;ε 为介电常数;α_2 为 ω_2 处的衰减系数;$\bar{n}_2$ 为 ω_2 处的光子平均数;W 为受激辐射跃迁概率,由平衡关系可知 $W_{\mathrm{fi}}=W_{\mathrm{if}}$;$G_{\mathrm{R}}$ 的表达式为

$$\begin{aligned}G_{\mathrm{R}}&=\frac{\mathrm{d}W_{\mathrm{fi}}}{\mathrm{d}\omega_2}(\rho_{\mathrm{i}}-\rho_{\mathrm{f}})\varepsilon_2^{1/2}/(c\bar{n}_2)\\&\cong\frac{8\pi^3N\omega_1\omega_2\hbar}{\varepsilon_1\varepsilon_2^{1/2}c}\left|M_{\mathrm{fi}}\right|^2\bar{n}_1g(\hbar\Delta\omega)(\rho_{\mathrm{i}}-\rho_{\mathrm{f}})\end{aligned}\tag{1-122}$$

式中:$\hbar=h/2\pi$。

为简化起见,忽略角频率为 ω_1 的泵浦光束的损耗,因此可以把 $\bar{n}_1$ 视为常数,故 G_{R} 也为一个常数,由式(1-122)可知,G_{R} 起到增益系数的作用,称之为拉曼增益系数。

从波的相互作用的观点来看,双光子跃迁是一个三阶非线性过程。在双光子跃迁过程中,净跃迁速率等于角频率为 ω_1 和 ω_2 的光子的产生或衰减速率,这个关系也表明该过程是一个三次过程,表达式为

$$\frac{\mathrm{d}W_{\mathrm{fi}}}{\mathrm{d}\omega}(\rho_{\mathrm{i}}-\rho_{\mathrm{f}})=\frac{2\left|\mathrm{Re}\left[\frac{\partial}{\partial t}P^{(3)*}(\omega_1)\cdot E_1\right]\right|}{\hbar\omega_1}=\frac{2\left|\mathrm{Re}\left[\frac{\partial}{\partial t}P^{(3)*}(\omega_2)\cdot E_1\right]\right|}{\hbar\omega_2}\tag{1-123}$$

由于 $\mathrm{d}W_{\mathrm{fi}}/\mathrm{d}\omega\propto\left|E_1\right|^2\left|E_2\right|^2$,联系式(1-123)可知,$P^{(3)}(\omega_1)\propto\left|E_1\right|^2E_2$ 及 $P^{(3)}(\omega_2)\propto\left|E_1\right|^2E_2$,所以说式(1-123)中的 $P^{(3)}(\omega_1)$ 和 $P^{(3)}(\omega_2)$ 均为三阶非线性极化强度。所以,可以把受激拉曼散射过程描述为泵浦光波和斯托克斯光波之间的三阶波耦合过程,相应的波动方程可以写为

$$\nabla\times(\nabla\times E_1)-\frac{\omega_1^2}{c^2}\varepsilon_1E_1=\frac{4\pi\omega_1^2}{c^2}P^{(3)}(\omega_1)\tag{1-124}$$

$$\nabla\times(\nabla\times E_1)-\frac{\omega_2^2}{c^2}\varepsilon_2E_2=\frac{4\pi\omega_2^2}{c^2}P^{(3)}(\omega_2)\tag{1-125}$$

为了便于分析,假设与光波发生相互作用的介质是非铁磁性、各向同性的,并且 E_1 与 E_2 的偏振特性相同,非线性极化强度可表示为

$$P^{(3)}(\omega_1)=(\chi_1^{(3)}\left|E_1\right|^2+\chi_{\mathrm{R1}}^{(3)}\left|E_2\right|^2)E_1\tag{1-126}$$

$$P^{(3)}(\omega_2)=(\chi_{\mathrm{R2}}^{(3)}\left|E_1\right|^2+\chi_2^{(3)}\left|E_2\right|^2)E_2\tag{1-127}$$

由方程可以看出,$P^{(3)}$ 中 $\chi_1^{(3)}$ 和 $\chi_2^{(3)}$ 的作用只是改变了介电常数 ε_1 和 ε_2,所以说它们能够导致光场感应双折射等效应,但对受激拉曼散射没有直接影响。为了简单起见,在后面的分析中将不考虑 $\chi_1^{(3)}$ 和 $\chi_2^{(3)}$。由式(1-126)和式(1-127)还可知,$P^{(3)}$ 可以使光场 E_1 和 E_2 有效耦合,从而引起这两个场之间的能量转移,因此它们为产生受激拉曼散射效应做主要贡献,称 $\chi_{\mathrm{R}}^{(3)}$ 为拉曼极化率。有关 $\chi_{\mathrm{R}}^{(3)}$ 的表达式为

$$\frac{\mathrm{d}W_{\mathrm{fi}}}{\mathrm{d}\omega_2}(\rho_{\mathrm{i}}-\rho_{\mathrm{f}})=\frac{2\,\mathrm{Im}(\chi_{\mathrm{R1}}^{(3)}\left|E_1\right|^2\left|E_2\right|^2)}{\hbar}=\frac{-2\,\mathrm{Im}(\chi_{\mathrm{R2}}^{(3)}\left|E_1\right|^2\left|E_2\right|^2)}{\hbar}\tag{1-128}$$

利用式(1-128)和下式

$$\frac{|E|^2\varepsilon}{2\pi}=\hbar\omega\bar{n} \tag{1-129}$$

可以得到相应的 G_R 及 $\chi_R^{(3)}$ 的表达式为

$$G_R=-(4\pi\omega_2^2/c^2k_2)(\mathrm{Im}\,\chi_{R2}^{(3)})|E_1|^2 \tag{1-130}$$

$$\begin{aligned}\mathrm{Im}\,\chi_{R2}^{(3)}&=-\mathrm{Im}\,\chi_{R1}^{(3)}\\&=-N\frac{c^4\varepsilon_1(\rho_i-\rho_f)}{\omega_1\omega_2^3\varepsilon_2^{1/2}\rho_i}\frac{\mathrm{d}\sigma}{\mathrm{d}\Omega}\pi g(\hbar\Delta\omega)\\&=-N|M_{fi}|^2(\rho_i-\rho_f)\pi g(\hbar\Delta\omega)\end{aligned} \tag{1-131}$$

式中：$g(\hbar\Delta\omega)$ 为拉曼跃迁的联合态密度，假设其是洛仑兹型的，则表达式为

$$g(\hbar\Delta\omega)=\frac{\hbar\Gamma/\pi}{\hbar^2(\Delta\omega)^2+\hbar^2\Gamma^2} \tag{1-132}$$

式中：$\hbar\Gamma$为半宽度。

$\chi_R^{(3)}$ 具有能量单位，根据克拉莫 - 克若尼（Kramers-Kronig）关系，推导出的表达式为

$$\left.\begin{aligned}&\chi_{R2}^{(3)}=\left[\chi_{R2}^{(3)}\right]_{NR}+\left[\chi_{R2}^{(3)}\right]_R\\&\left[\chi_{R2}^{(3)}\right]_R=-\frac{N|M_{fi}|^2(\rho_i-\rho_f)}{\left[h(\omega_1-\omega_2-\omega_{fi})-i\Gamma\right]}\\&\chi_{R1}^{(3)}=\chi_{R2}^{(3)*}\end{aligned}\right\} \tag{1-133}$$

将式（1-126）和式（1-127）分别代入式（1-124）和式（1-125）中，并假设为沿 z 方向传播的平面波，且取慢变振幅近似，可得简化的波动方程为

$$\left(\frac{\partial}{\partial z}+\alpha_1\right)|E_1|^2=-\frac{4\pi\omega_1^2}{c^2k_1}\mathrm{Im}\,\chi_{R1}^{(3)}|E_1|^2|E_2|^2 \tag{1-134}$$

$$\left(\frac{\partial}{\partial z}+\alpha_2\right)|E_2|^2=-\frac{4\pi\omega_2^2}{c^2k_2}\mathrm{Im}\,\chi_{R2}^{(3)}|E_1|^2|E_2|^2 \tag{1-135}$$

（2）受激拉曼散射的增益与阈值

受激拉曼散射是一种非弹性散射，当光通过介质时，大部分光将沿直线透射过去，不发生改变；而少量光则会偏离入射时的方向，发生散射。根据量子理论，发生拉曼散射的原因是光在通过介质时，光子与介质分子之间发生了非弹性作用，从而改变了拉曼分子的能级，表现为拉曼光发生一定的频移。

受激拉曼散射具有阈值性，只有泵浦光的强度超过阈值后才会产生受激拉曼散射，同时其转换效率很高，散射光的强度可与泵浦光为同一量级。此外，受激拉曼散射的方向性也很好，其发射角很小，接近于激光的发散角，这是其区别于自发拉曼散射的重要标志。

非线性光学中角频率为 ω_s 的光波满足的耦合波方程为

$$\frac{\mathrm{d}E_s(\omega_s,z)}{\mathrm{d}z}=\frac{i\omega_s}{2n_sc\varepsilon_0}P(\omega_s,z) \tag{1-136}$$

设 $E_p(\omega_p)$、$E_s(\omega_s)$、$E_{as}(\omega_{as})$ 分别为入射光、斯托克斯光和反斯托克斯光。

在受激拉曼散射过程中，散射场对应的三阶非线性极化强度的表达式为

$$P^{(3)}(\omega_s)=6\varepsilon_0\chi^{(3)}(-\omega_s;\omega_p,-\omega_p,\omega_s)E_pE_p^*E_s \tag{1-137}$$

将式(1-137)代入式(1-136)，得到受激拉曼散射的耦合波方程为

$$\frac{dE(\omega_p,z)}{dz}=\frac{3i\omega_p}{n_pc}\chi^{(3)}(-\omega_p;\omega_s,-\omega_s,\omega_p)\left|E(\omega_s,z)\right|^2E(\omega_p,z) \tag{1-138}$$

$$\frac{dE(\omega_s,z)}{dz}=\frac{3i\omega_s}{n_sc}\chi^{(3)}(-\omega_s;\omega_p,-\omega_p,\omega_s)\left|E(\omega_p,z)\right|^2E(\omega_s,z) \tag{1-139}$$

注意，将受激拉曼散射的耦合波方程与二阶非线性效应的耦合波方程进行对比发现，方程右边没有 $\exp(i\Delta kz)$ 项，因此相位匹配条件自动满足，区别于 OPO 等二阶非线性效应，受激拉曼散射不需要采用其他方法便可自动实现相位匹配过程，这也是受激拉曼散射的一大特点。

求解式(1-139)，有

$$E(\omega_s,z)=E_{s0}\exp\left[\frac{3i\omega_s}{cn_s}\chi^{(3)}(\omega_s)\left|E(\omega_p,0)\right|^2z\right] \tag{1-140}$$

式(1-140)中的三阶非线性极化率 $\chi^{(3)}(\omega_s)$ 可分为实部和虚部两部分，即

$$\chi^{(3)}(\omega_s)=\chi'(\omega_s)+i\chi''(\omega_s) \tag{1-141}$$

式中：实部 $\chi'(\omega_s)$ 为相位项；虚部 $\chi''(\omega_s)$ 为强度项，表示增益($\chi''(\omega_s)<0$)或吸收($\chi''(\omega_s)>0$)。

为了讨论拉曼散射过程中光与介质的能量交换，下面仅考虑强度的变化，则式(1-140)可写为

$$E(z)=E_{s0}\exp\left[-\frac{3\omega_s}{cn_s}\chi''(\omega_s)\left|E(\omega_p,0)\right|^2z\right] \tag{1-142}$$

考虑到

$$I=\frac{1}{2}\varepsilon_0cn_0\left|E_p\right|^2 \tag{1-143}$$

则有

$$E_s(z)=E_{s0}\exp\left[-\frac{6\omega_s}{\varepsilon_0c^2n_pn_s}\chi''(\omega_s)\left|E(\omega_p,0)\right|I_pz\right] \tag{1-144}$$

定义拉曼增益因子为

$$g=-\frac{12\omega_s}{\varepsilon_0c^2n_pn_s}\chi''(\omega_s) \tag{1-145}$$

式中：极化率 $\chi''(\omega_s)$ 的表达式为

$$\chi''(\omega_s)=-\frac{(4\pi)^2n_Lc^4\varepsilon_0N\left(\dfrac{d\sigma}{d\Omega}\right)}{3n_s\omega_L\omega_s^3h\Delta\omega_R} \tag{1-146}$$

式中：$\Delta\omega_R$ 为拉曼增益线宽；N 为基态粒子数密度；$d\sigma/d\Omega$ 为晶体的微分拉曼散射截面；$\hbar = h/2\pi$。

由于 $\chi''(\omega_s)<0$，因此有 $g>0$，则斯托克斯光场在介质中的传播规律可表示为

$$E_s(z)=E_{s0}\exp\left[\frac{1}{2}gI_p z\right] \tag{1-147}$$

式(1-147)表明斯托克斯光要在拉曼介质中存在必然需要有一个初始光场，但是在实际受激拉曼散射过程中，由于量子噪声的存在，这个初始光场并不是必需的。

在单程损耗系数为 α，腔镜反射率分别为 R_1 和 R_2 的谐振腔中，拉曼散射振荡阈值条件为

$$R_1R_2\exp\left[2\left(gI_p-\alpha\right)L\right]\geqslant 1 \tag{1-148}$$

由此，可计算出相应的阈值泵浦光强。

(3)主动调 Q 拉曼激光器的速率方程

拉曼激光器一般阈值较高，LD 端的泵浦效率较低，所以 LD 端面泵浦 Nd: YVO_4 采用内腔调 Q 方式，这是因为腔内有较高的功率密度可以很好地降低阈值。一般认为，速率方程是考察调 Q 激光器运行过程十分有效的理论工具。下面介绍通过化简解答该方程进行拉曼激光器设计的方法。

2006 年，有研究者详细叙述了 LD 泵浦方式下被动调 Q 固体激光器的速率方程[30]，之后又建立了 LD 泵浦的主动调 Q 拉曼激光器的理论模型，可用于对 LD 泵浦方式下的调 Q 激光器运转进行理论分析。

根据激光物理学，四能级系统的激光器的方程可以表示为

$$\frac{d\varphi}{dt}=\Delta n\frac{A}{g}\varphi-\delta\varphi \tag{1-149}$$

$$\frac{d\Delta n}{dt}=n_1W_{14}-\Delta n\frac{A}{g}\varphi-\Delta n_3A \tag{1-150}$$

式中：Δn 为粒子反转数密度；φ 为腔内光子数密度；g 为腔内自发辐射波型数；W_{14} 为受激跃迁概率；A 为自发辐射概率；δ 为腔内损耗；Δn_3 为四能级系统的上能级粒子数密度。

粒子受到外界激励并在能级之间跃迁，关键在于能否在能级之间完成粒子数反转。因此，为了方便，用二能级系统模型代替实际的三、四能级系统模型。调 Q 又可以视为激光器速率方程中的一个特殊情况。在 Q 开关开启与关闭时，激光器处在快速变化的瞬态过程中，因此能够无视泵浦激励和自发辐射对该过程的影响。假设 Q 值是阶跃式突变的，则式(1-149)和式(1-150)可简化为

$$\frac{d\varphi}{dt}=\Delta n\frac{A}{g}\varphi-\delta\varphi \tag{1-151}$$

$$\frac{d\Delta n}{dt}=-2\Delta n\frac{A}{g}\varphi \tag{1-152}$$

式(1-151)中，由谐振腔的增益等于损耗的阈值要求 $d\varphi/dt=0$，从而能够得到稳态振荡时的阈值反转粒子数 Δn_t，即 $\Delta n_t=(\delta/A)g$。

将 $\Delta n_t=(\delta/A)g$ 代入式(1-151)和(1-152)中，得到调 Q 激光振荡的速率方程为

$$\frac{\mathrm{d}\varphi}{\mathrm{d}t}=\left(\frac{\Delta n}{\Delta n_{\mathrm{t}}}-1\right)\delta\varphi \tag{1-153}$$

$$\frac{\mathrm{d}\Delta n}{\mathrm{d}t}=-2\Delta n\frac{\Delta n}{\Delta n_{\mathrm{t}}}\delta\varphi \tag{1-154}$$

目前，主动调 Q 拉曼激光器产生的一阶斯托克斯光输出最重要，因此在速率方程中只需考察一阶斯托克斯光，忽略高阶斯托克斯光。设定拉曼激光器的基频光与拉曼光均以 TEM_{00} 模运转，满足高斯分布，那么腔内的基频光子数密度 $\varphi_{\mathrm{L}}(r,t)$ 和拉曼光子数密度 $\varphi_{\mathrm{R}}(r,t)$ 可以表示为

$$\varphi_{\mathrm{L,R}}(r,t)=\varphi_{\mathrm{L,R}}(0,t)\exp\left(-\frac{2r^2}{\omega_{\mathrm{L,R}}^2}\right) \tag{1-155}$$

式中：$\omega_{\mathrm{L,R}}$ 为基频光束、拉曼光束束腰半径，可由谐振腔的构造参数算得（下标 L 和 R 分别对应基频和拉曼）；r 为纵轴坐标；$\varphi_{\mathrm{L,R}}(0,t)$ 为激光器轴向上的基频光子数密度、拉曼光子数密度。

X. Y. Zhang 等在速率方程中添加了反映拉曼散射项与一阶斯托克斯微分项，从而有了受激拉曼散射的速率方程。

观察速率方程，不仅要想到腔内光子数密度和反转粒子数密度在空间的分布，还要想到激光腔内的光束尺寸会沿光轴改变的情况。在横截面上对光子密度微分方程进行积分，那么考虑了空间分布的主动调 Q 拉曼激光器的速率方程可以表示为

$$\int_0^\infty \frac{\mathrm{d}\varphi_{\mathrm{L}}(r,t)}{\mathrm{d}t}2\,\pi\, r\mathrm{d}r=$$
$$\int_0^\infty \frac{\varphi_{\mathrm{L}}(r,t)}{t_{\mathrm{RT}}}[2\sigma n(r,t)l-2gh\nu_{\mathrm{R}}c\varphi_{\mathrm{R}}(r,t)l-\ln(1/R_{\mathrm{L}})-L_{\mathrm{a}}-\delta_{\mathrm{L}}]2\,\pi\, r\mathrm{d}r \tag{1-156}$$

$$\int_0^\infty \frac{\mathrm{d}\varphi_{\mathrm{R}}(r,t)}{\mathrm{d}t}2\,\pi\, r\mathrm{d}r=$$
$$\int_0^\infty \frac{\varphi_{\mathrm{R}}(r,t)}{t_{\mathrm{RT}}}[2gh\nu_{\mathrm{R}}c\varphi_{\mathrm{L}}(r,t)l-\ln(1/R_{\mathrm{R}})-L_{\mathrm{a}}-\delta_{\mathrm{R}}]2\,\pi\, r\mathrm{d}r+k_{\mathrm{sp}}\int_0^\infty \varphi_{\mathrm{L}}(r,t)2\,\pi\, r\mathrm{d}r \tag{1-157}$$

$$\frac{\mathrm{d}n(r,t)}{\mathrm{d}t}=-\gamma\sigma c\varphi_{\mathrm{L}}(r,t)n(r,t)-\frac{n(r,t)}{t_{\mathrm{sp}}} \tag{1-158}$$

式中：σ 为激光的受激发射截面；$n(r,t)$ 为反转粒子数沿激光晶体的平均值；δ_{L} 和 δ_{R} 分别为基频光与拉曼光的衍射损耗；c 为真空中的光速，L_{a} 为光波往返损耗，为了使方程更简单，在这里假设基频光与斯托克斯光的损耗 L_{a} 是相同的；R_{L} 和 R_{R} 分别为输出耦合器对基频光与斯托克斯光的反射率；g 为拉曼晶体的拉曼增益系数；$h\nu_{\mathrm{R}}$ 为拉曼激光的光子能量；l 为增益介质的长度；k_{sp} 为自发拉曼散射；γ 为转换衰减因子；t_{sp} 为激光介质的自发辐射寿命。

$n(r,0)$ 表示初始反转粒子数密度，其表达式为

$$n(r,0)=n(0,0)\exp\left(-\frac{2r^2}{\omega_{\mathrm{p}}^2}\right) \tag{1-159}$$

式中：$n(0,0)$ 为激光器光轴处开始的反转粒子数密度。

可计算出激光器光轴处的阈值初始反转粒子数密度为

$$n_{\mathrm{th}}=\frac{\ln(1/R_{\mathrm{L}})+L_{\mathrm{a}}+\delta_{\mathrm{L}}}{2\sigma l}\left(1+\frac{\omega_{\mathrm{L}}^{2}}{\omega_{\mathrm{p}}^{2}}\right) \tag{1-160}$$

将式(1-155)、式(1-159)和式(1-160)代入式(1-156)和式(1-157),再根据式(1-158),可得

$$\frac{\mathrm{d}\varphi_{\mathrm{L}}(0,t)}{\mathrm{d}t}=\frac{4\sigma l\varphi_{\mathrm{L}}(0,t)n(0,0)}{\omega_{\mathrm{L}}^{2}t_{\mathrm{RT}}}\times$$
$$\int_{0}^{\infty}\exp\left[-\gamma c\sigma\int_{0}^{t}\varphi_{\mathrm{L}}(0,t)\mathrm{d}t\cdot\exp\left(-\frac{2r^{2}}{\omega_{\mathrm{L}}^{2}}\right)\right]\cdot\exp\left[-2r^{2}\left(\frac{1}{\omega_{\mathrm{p}}^{2}}+\frac{1}{\omega_{\mathrm{L}}^{2}}\right)\right]2r\mathrm{d}r-$$
$$\frac{2gh\nu_{\mathrm{R}}cl\beta}{t_{\mathrm{RT}}(1+\beta)}\varphi_{\mathrm{L}}(0,t)\varphi_{\mathrm{R}}(0,t)-\frac{\varphi_{\mathrm{L}}(0,t)}{t_{\mathrm{L}}} \tag{1-161}$$

$$\frac{\mathrm{d}\varphi_{\mathrm{R}}(0,t)}{\mathrm{d}t}=\frac{2gh\nu_{\mathrm{R}}cl\beta}{t_{\mathrm{RT}}(1+\beta)}\varphi_{\mathrm{L}}(0,t)\varphi_{\mathrm{R}}(0,t)-\frac{\varphi_{\mathrm{R}}(0,t)}{t_{\mathrm{R}}}+k_{\mathrm{sp}}\varphi_{\mathrm{L}}(0,t)\beta \tag{1-162}$$

式中:t_{L} 和 t_{R} 分别为腔内基频光的光子寿命与拉曼光或斯托克斯光子寿命,二者的通用表达式为 $t_{\mathrm{L}(R)}=t_{\mathrm{RT}}/[L_{\alpha}+\delta_{\mathrm{L(R)}}-\ln(R_{\mathrm{L(R)}})]$;$\beta=\omega_{\mathrm{L}}^{2}/\omega_{\mathrm{R}}^{2}$ 为增益介质中基频光与拉曼光光束面积之比。

数值求解式(1-161)与式(1-162),可得 $\varphi_{\mathrm{L}}(r,t)$ 与 $\varphi_{\mathrm{R}}(r,t)$ 对时间 t 的曲线,拉曼激光器单个脉冲能量与峰值功率的表达式分别为

$$E=\frac{h\nu_{\mathrm{R}}}{t_{\mathrm{RT}}}\ln(1/R_{\mathrm{R}})\int\int\varphi_{\mathrm{R}}(r,t)\mathrm{d}V\mathrm{d}t=\frac{\pi\omega_{\mathrm{R}}^{2}(P)h\nu_{\mathrm{R}}c}{4}\ln(1/R_{\mathrm{R}})\int_{0}^{\infty}\varphi_{\mathrm{R}}(0,t)\mathrm{d}t \tag{1-163}$$

$$P_{\mathrm{L,Rmax}}=\frac{\pi\,\omega_{\mathrm{L,R}}^{2}ch\nu_{\mathrm{L,R}}\ln(1/R_{\mathrm{L,R}})}{4}\varphi_{\mathrm{L,Rmax}}(0,t'') \tag{1-164}$$

式中:$\omega_{\mathrm{R}}(P)$ 为激光介质中的拉曼光束半径,其是泵浦功率 P 的函数;$\varphi_{\mathrm{L,R\,max}}(0,t)$ 为光子数密度的最大值。

1.3.3 共振泵浦高功率自拉曼激光器相关研究

由于受激拉曼散射过程是三阶非线性效应,其非线性增益较低,为了获得较高的转换效率,往往需要较高的泵浦功率密度。因此,在高重频及连续运转的拉曼激光器中,多采用内腔设计,即将拉曼晶体置于泵浦激光器的谐振腔内,利用腔内循环的高功率密度实现较高的转换效率。在内腔拉曼激光器的研究过程中,诸如 KGW、YVO_4 等晶体不仅是良好的拉曼介质,同时也是性能优秀的激光介质。在这些晶体中,掺杂激光稀土离子后,可以在同一晶体中实现激光发射及受激拉曼散射过程,这种自拉曼激光器减少了腔内的元件数量,从而降低了腔内损耗,并使激光器的结构更加简单、紧凑。

但是,自拉曼激光器中的热效应远比相同条件下基频泵浦光单独运转时严重。晶体的拉曼增益是温度的减函数,热效应严重对自拉曼激光器的转换效率也带来了不利的影响,而利用共振泵浦方式的低热特性,正好能够克服自拉曼激光器这一主要缺点,有望实现提升其功率和转换效率的有益效果。因此,将共振泵浦技术应用于拉曼激光器进行泵浦,实验结果表明,共振泵浦下自拉曼激光器的平均输出功率和转换效率均得到了明显提高。下面介绍几种自拉曼激光器。

(1)880 nm 共振泵浦的 1 176 nm 主动调 Q Nd:YVO_4 自拉曼激光器

图 1-81 所示为 880nm 共振泵浦的 1 176 nm 主动调 Q Nd:YVO_4 自拉曼激光器实验装置。共振泵浦所用的泵浦源是中心波长为 880 nm 的光纤耦合输出 LD 阵列,输出光经过 1∶1 耦合器聚焦后,泵浦 Nd: YVO_4 晶体,该晶体同时作为激光介质和拉曼介质。考虑到自拉曼激光器中热负载非常严重,该激光器使用了掺杂浓度较低(0.3%)的 Nd:YVO_4 晶体,以减小热效应的影响,避免晶体损坏。其谐振腔内另外插入一块掺杂浓度为 0.5%、尺寸为 3 mm × 3 mm × 10 mm、沿 *a* 轴切割的 Nd: YVO_4 晶体,以提高拉曼增益。两块 Nd: YVO_4 晶体之间的距离约为 7 mm,因而此晶体对于泵浦光吸收和激光增益的作用很小,可以认为其仅起到提高拉曼增益的作用。该结构的缺点在于增加了 2 个面的插入损耗。输出镜对 1 176 nm 斯托克斯光的透射率 T=9.8%。

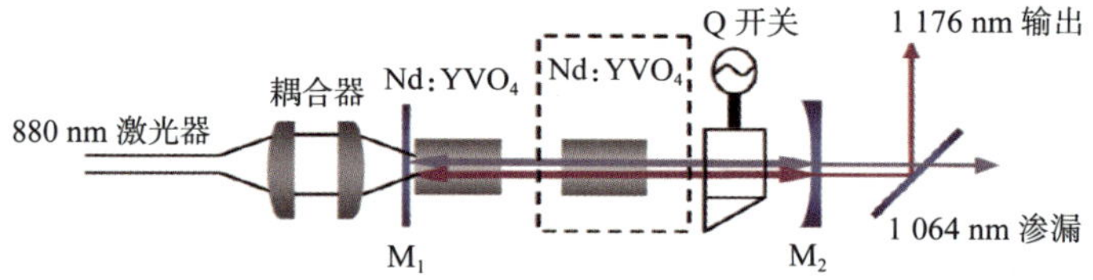

图 1-81　880 nm 共振泵浦的 1 176 nm 主动调 Q Nd:YVO_4 自拉曼激光器实验装置

图 1-82 所示为不同脉冲重复频率下 1 176 nm 斯托克斯光的平均输出功率随入射泵浦功率的变化曲线。在入射波长为 880 nm、泵浦功率为 26.8 W、脉冲重复频率为 190 kHz、最佳 Q 开关打开时间为 190 ns(调 Q 占空比为 3.8%)条件下,实验装置获得的 1 176 nm 斯托克斯光的平均输出功率的最大值为 6.11 W,光 - 光转换效率为 22.8%。考虑掺杂浓度为 0.3%、10 mm 长的 Nd: YVO_4 晶体对入射的非偏振 880 nm 泵浦光的吸收率约为 77%,此时的吸收泵浦功率的转换效率达 29.6%。通过 90/10 刀口法测得最高平均输出功率为 6.11 W 时,其水平方向的光束质量因子 M^2=6.37。当脉冲重复频率分别为 50 kHz 和 100 kHz 时,最佳 Q 开关打开时间分别为 290 ns 和 310 ns,与之对应的调 Q 占空比分别为 1.4% 和 3.1%,入射泵浦功率为 26.8 W 下的斯托克斯光的平均输出功率的最大值分别为 5.06 W 和 5.83 W,入射泵浦功率的拉曼阈值分别为 3.28 W 和 5.2 W。高重复频率下单脉冲能量较低,因此拉曼阈值较高。

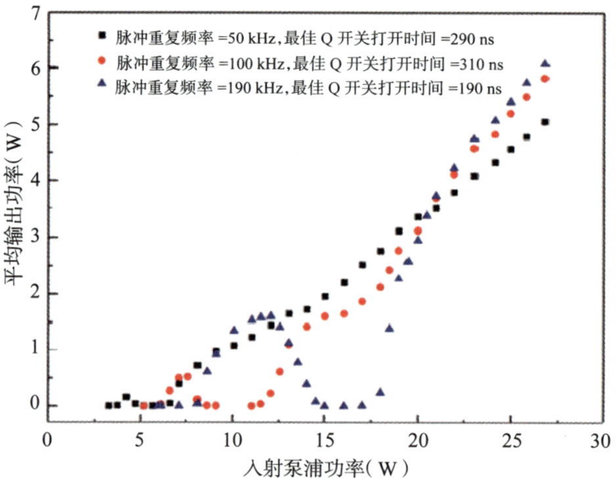

图 1-82　不同脉冲重复频率下 1 176 nm 斯托克斯光的平均输出功率随入射泵浦功率的变化曲线

在 880 nm 泵浦下，通过改变脉冲重复频率，对 1 176 nm 斯托克斯光输出的单脉冲能量随入射泵浦功率的变化进行研究，发现重复频率为 50 kHz 时的斯托克斯光的单脉冲能量最高，为 101 μJ；重复频率为 100 kHz 和 190 kHz 时，最高单脉冲能量分别为 58 μJ 和 32 μJ。

1 176 nm 斯托克斯光的脉冲宽度随激光输出功率的变化曲线如图 1-83 所示。可以看出，脉冲宽度随泵浦功率的增大而变窄，随重复频率的增加而变宽。当重复频率为 190 kHz、斯托克斯光输出功率为 6.11 W 时，斯托克斯光的脉冲宽度为 16.8 ns，其比 1 064 nm 基频光 26.9 ns 的脉冲宽度要窄得多；当重复频率为 50 kHz、斯托克斯光的平均输出功率为 5.06 W 时，脉冲宽度缩短至 7.8 ns。由于基频光功率超过拉曼阈值后其能量向斯托克斯光转换，基频光脉冲前沿明显变缓。

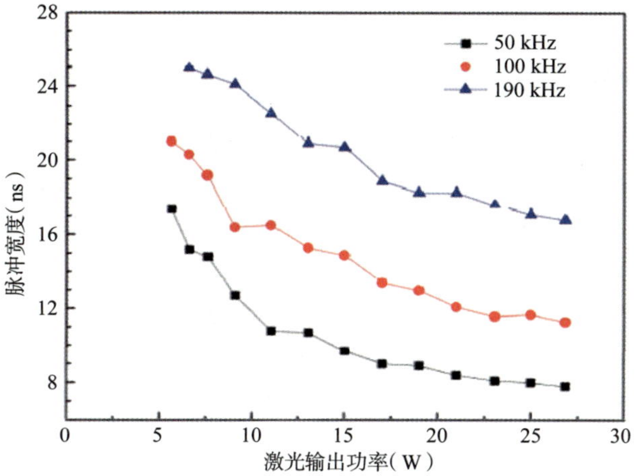

图 1-83　不同脉冲重复频率下 1 176 nm 斯托克斯光脉冲宽度随激光输出功率的变化曲线

在 808 nm 传统泵浦方式下，使用两块 Nd：YVO_4 晶体作为增益介质，谐振腔长度为 72 mm 时，实验装置在 19.8 W 的泵浦功率下的最高斯托克斯光的平均输出功率为 4.4 W，转换效率为 22.2%，继续增加泵浦功率，其输出功率开始下降。图 1-84 所示为 880 nm 共振泵浦和 808 nm 传统泵浦条件下，1 176 nm 斯托克斯光的平均输出功率相对于吸收泵浦功率的变化。可以看出，880 nm 共振泵浦方式下，吸收泵浦功率的转换效率为 29.6%，该值为 808nm 传统泵浦方式下 22.2% 转换效率的约 1.33 倍。

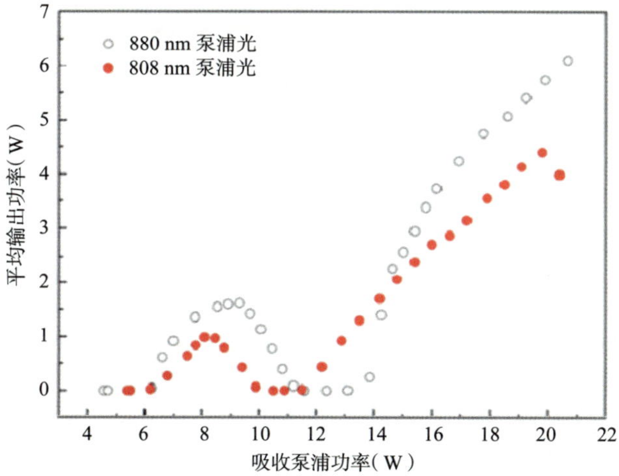

图 1-84　脉冲重复频率为 190 kHz、不同泵浦方式下 1 176nm 斯托克斯光的平均输出功率与吸收泵浦功率的关系

(2)588 nm 内腔 LBO 倍频声光调 Q Nd:YVO_4 自拉曼激光器

在上述 880 nm 共振泵浦的 1 176 nm 主动调 Q Nd:YVO_4 自拉曼激光器实验装置的基础上搭建 588 nm 内腔 LBO 倍频声光调 Q Nd:YVO_4 自拉曼激光器实验装置，如图 1-85 所示。

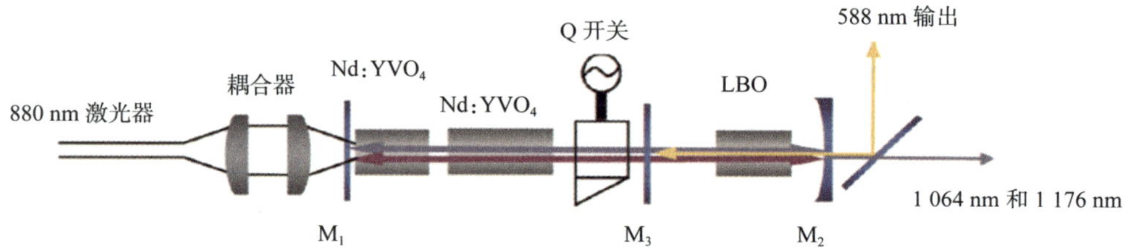

图 1-85　588 nm 内腔 LBO 倍频声光调 Q Nd:YVO_4 自拉曼激光器实验装置

图 1-86 所示为 880 nm 泵浦、不同脉冲重复频率下，该激光器输出的 588 nm 黄光的平均输出功率随入射泵浦功率的变化。可以看出，曲线同样是在最高入射泵浦功率下逐渐降低泵浦功率得到的，相应的 Q 开关打开时间也是在最高泵浦功率下进行优化的。在最高泵浦功率为 19.05 W 条件下，重复频率为 100 kHz、120 kHz、150 kHz 和 190 kHz 时，588 nm 黄光的最高平均输出功率分别为 1.8 W、2.03 W、1.65 W 和 1.44 W，相应的光 - 光转换效率分别为 9.4%、10.7%、8.7% 和 7.6%。通过 90/10 刀口法测得 588 nm 黄光的输出功率为 2.03 W 时，其水平方向的光束质量因子 M^2=4.87。588 nm 黄光输出实验中同样出现了 1 176 nm 斯托克斯光输出实验中观察到的输出功率在泵浦功率刚超过阈值后即发生下降，以及在泵浦功率继续增加后又出现平缓区甚至凹陷的现象。

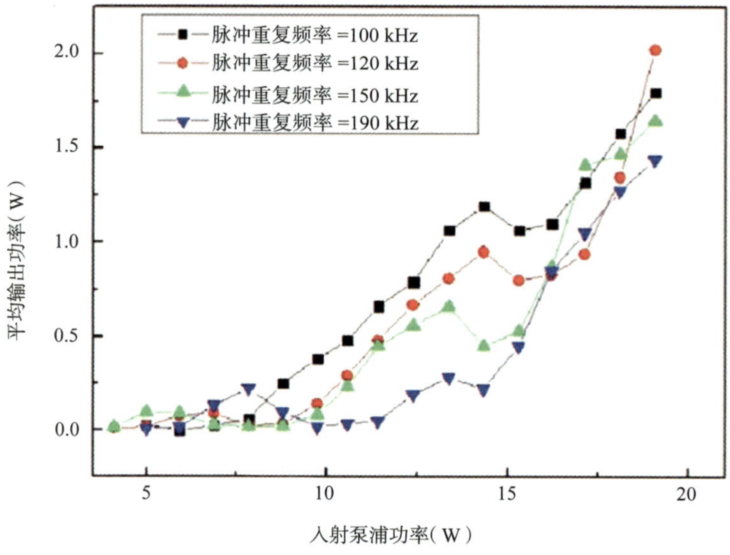

图 1-86　880 nm 泵浦、不同脉冲重复频率下 588 nm 黄光的平均输出功率随入射泵浦功率的变化曲线

图 1-87 所示为在脉冲重复频率为 120 kHz 下，588 nm 黄光的平均输出功率和光 - 光转换效率随入射泵浦功率的变化曲线。图 1-88 所示为在 4 种脉冲重复频率下，588 nm 黄光的单脉冲能量随入射泵浦功率的变化曲线。在脉冲重复频率为 100 kHz 时，588 nm 黄光的最高单脉冲能量为 18 μJ。

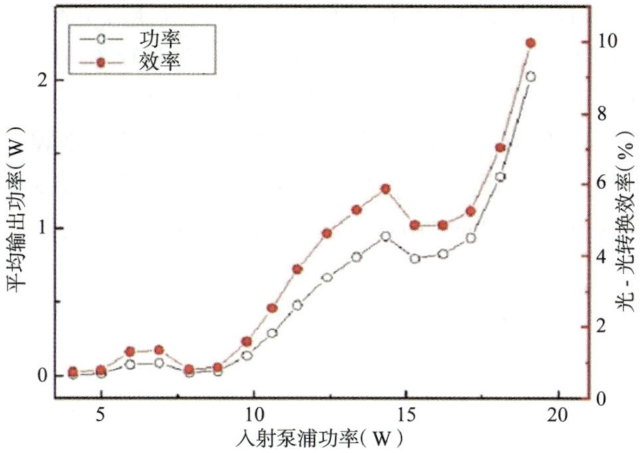

图 1-87　在 120 kHz 脉冲重复频率下，588 nm 黄光的平均输出功率和光-光转换效率随入射泵浦功率的变化曲线

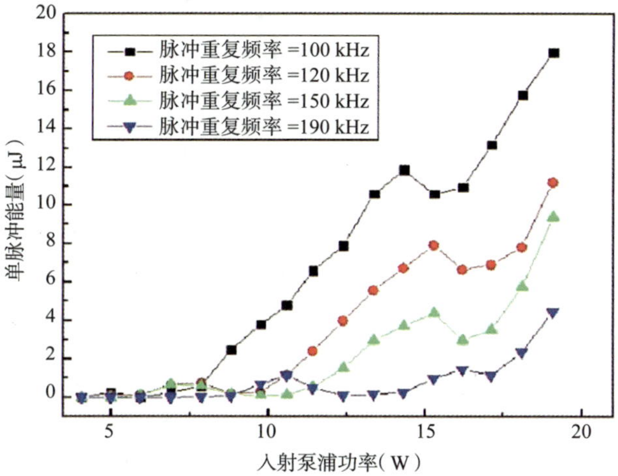

图 1-88　不同脉冲重复频率下 588 nm 黄光的单脉冲能量随入射泵浦功率的变化曲线

(3)880 nm 共振泵浦的 1 525 nm 主动调 Q 开关 Nd:YVO_4 自拉曼激光器

880 nm 共振泵浦的 1 525 nm 主动调 Q 开关 Nd:YVO_4 自拉曼激光器实验装置如图 1-89 所示。

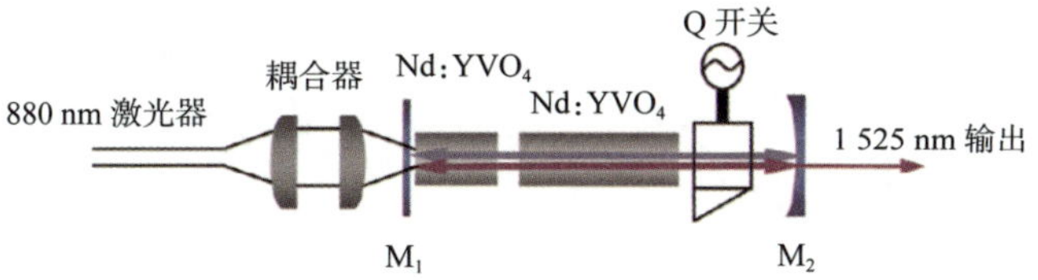

图 1-89　880 nm 共振泵浦的 1 525 nm 主动调 Q 开关 Nd:YVO_4 自拉曼激光器实验装置

该激光器与前文介绍的同类型的 1 176 nm 斯托克斯光输出实验装置类似，不同之处在于插入了一块尺寸为 3 mm × 3 mm × 20 mm、沿 *a* 轴切割的纯 YVO_4 晶体，以提高拉曼增益。该装置的谐振腔长度为 83 mm。

图 1-90 所示为不同脉冲重复频率下 1 525 nm 斯托克斯光的平均输出功率随入射泵浦功率的

变化曲线。该激光器在 50 kHz 和 70 kHz 脉冲重复频率下的最佳占空比均为 2%，而在 90 kHz 脉冲重复频率下的最佳占空比为 3%；脉冲重复频率为 50 kHz、70 kHz 和 90 kHz，最高入射泵浦功率为 26.8 W 条件下，1 525 nm 斯托克斯光的平均输出功率分别为 2.43 W、2.96 W 和 2.77 W，对应光 - 光转换效率分别为 9.1%、11.0% 和 10.3%，阈值分别为 4.7 W、5.2 W 和 6.2 W。通过刀口法测得平均输出功率为 2.96 W 时，水平方向上的光束质量因子 M^2=7.36。脉冲重复频率为 50 kHz 时，单脉冲的能量最高，达 48.5μJ，此时斯托克斯光的脉冲宽度为 5.8 ns，对应的脉冲峰值功率为 8.4 kW。

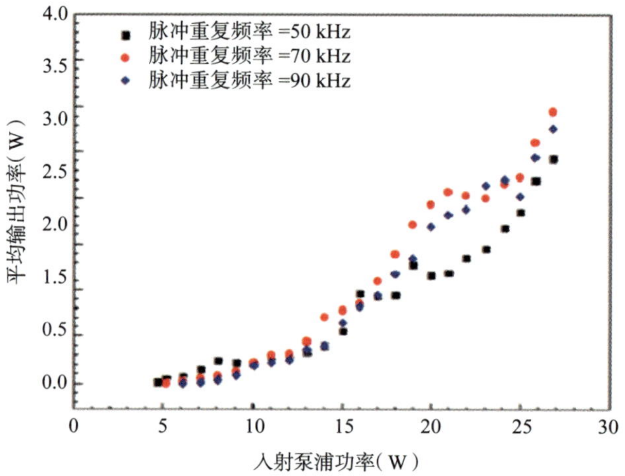

图 1-90　880 nm 泵浦、不同脉冲重复频率条件下 1 525 nm 斯托克斯光的平均输出功率随入射泵浦功率的变化曲线

图 1-91 所示为 808 nm 传统泵浦和 880 nm 共振泵浦下，脉冲重复频率为 70 kHz 时，内腔倍频自拉曼激光器的 1 525 nm 斯托克斯光的平均输出功率随吸收泵浦功率的变化曲线。在 808 nm 传统泵浦方式下，实验装置的吸收泵浦功率为 18.6W 时的平均输出功率为 1.85 W，对应的转换效率为 9.9%，但继续增加泵浦功率后，平均输出功率发生下降；在 880 nm 共振泵浦方式下，实验装置吸收泵浦功率为 2.96 W 时的平均输出功率为 22.8 W，对应的转换效率为 13.0%。

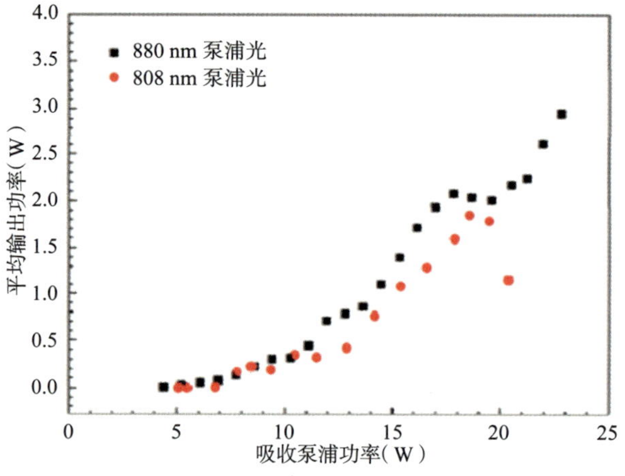

图 1-91　脉冲重复频率为 70 kHz 时的 1 525 nm 斯托克斯光的平均输出功率随吸收泵浦功率的变化曲线

将共振泵浦方式应用于 Nd: YVO_4 自拉曼激光器，依靠共振泵浦方式的低热特性克服自拉曼激光器中热效应严重、介质的拉曼增益随温度升高而下降问题。880 nm LD 端面泵浦将普通 Nd: YVO_4 晶体作为增益介质，构成声光调 Q 自拉曼激光器，其 1 176 nm 和 1 525 nm 斯托克斯光的平均输出功率分别为 6.11 W 和 2.96 W，相应的光 - 光转换效率分别为 22.8% 和 11.0%。与 808 nm 传统泵浦方式相比，在共振泵浦方式下，自拉曼激光器的输出功率和转换效率均得到了明显提升。若优化器件，如采用键合晶体作为增益介质，输出功率和转换效率仍有上升空间。

(4) 914 nm 热助推泵浦的 1 176 nm 全固态自拉曼激光器

Nd: YVO_4 晶体在 914 nm 处的吸收谱宽度大约为 3 nm，如果使用 914 nm 泵浦光将 Nd^{3+} 从基态高斯塔克能级 Z5 直接泵浦至激光上能级 R1，则可以进一步降低由量子亏损引起的热负载，更有利于自拉曼激光器的运转，从而获得高性能拉曼光输出。然而，与 808 nm 传统泵浦方式和 880 nm 共振泵浦方式相比，Nd: YVO_4 晶体在 914 nm 处的吸收系数小得多，因此如何提高泵浦吸收是使用 914 nm 激光泵浦 Nd: YVO_4 晶体时需要注意的问题。由于基态斯塔克能级上的粒子分布遵从玻尔兹曼分布，加热晶体可以使低斯塔克能级上的粒子跃迁至高斯塔克能级，从而改善晶体对泵浦光的吸收。

图 1-92 所示为 914 nm 热助推泵浦的 1 176 nm 主动调 Q Nd: YVO_4 自拉曼激光器实验装置。该装置使用 808 nm LD 端面泵浦 Nd:YVO_4 晶体并输出 914 nm 激光，作为后续 Nd:YVO_4 自拉曼激光器的泵浦源，当入射泵浦功率为 22.5 W 时，能够提供最大 7.9 W 的输出功率。

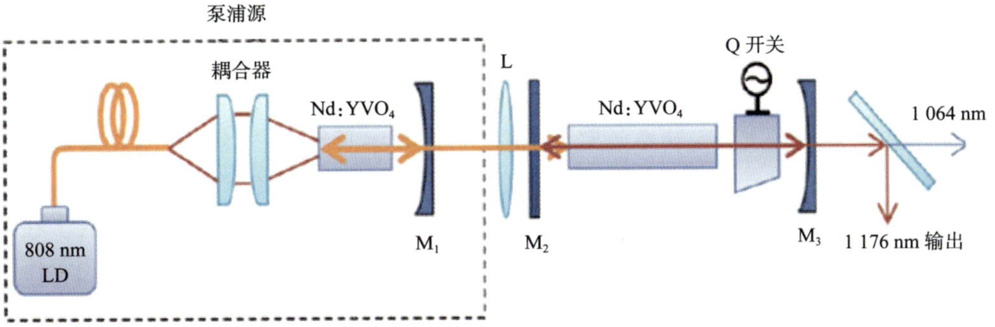

图 1-92　914 nm 热助推泵浦的 1 176 nm 主动调 Q Nd: YVO_4 自拉曼激光器实验装置

该装置在输出镜 M_1 后放置了一个焦距为 50 mm 的凸透镜 L，它将 914 nm 泵浦光聚焦到自拉曼激光介质中。自拉曼激光介质为一块掺杂浓度为 1.0% 的 Nd: YVO_4 晶体。考虑到较长的晶体可以有效提高对泵浦光的吸收，也能增加拉曼作用长度，因此确定该晶体的长度为 20 mm。声光 Q 开关由方形脉冲控制，脉冲重复频率设置为 135 kHz，占空比为 3%。输出耦合镜 M_3 是曲率半径为 100 mm 的平凹镜，其对 1 176 nm 光的透射率 T=6.5%。自拉曼激光器的谐振腔中各器件均紧凑摆放，总腔长为 60 mm。

使用 Agilent 86142B 型光谱仪观察 M_3 后输出光的整体光谱图（设备截图），如图 1-93 所示。914 nm 热助推泵浦的 Nd: YVO_4 自拉曼激光器的基频光在 1 064 nm 处，一阶斯托克斯光在 1 176 nm 处，其拉曼频移为 890 cm^{-1}。

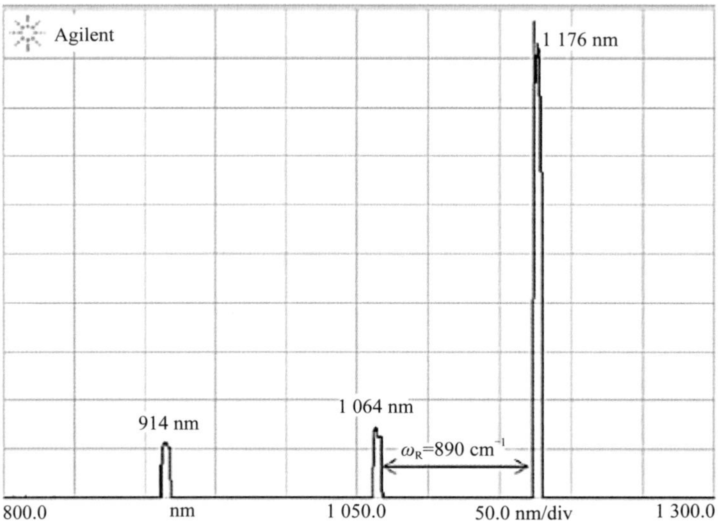

图 1-93　914 nm 热助推泵浦的 1 176 nm 主动调 Q Nd:YVO_4 自拉曼激光器输出光谱图

随后，采用双端偏振泵浦的方式对 914 nm 泵浦源进行了优化，这不仅可以提高 Nd: YVO_4 晶体对泵浦光的吸收，还可以减轻晶体内的热效应，获得了高效稳定的 914 nm 泵浦光。在 135 kHz 重复频率下，当入射泵浦功率为 5.2 W 时，该装置在 40 ℃时获得了最高 1.612 W 的 1 176 nm 斯托克斯光的平均输出功率，对应的光 - 光转换效率为 31.1%；在 20 ℃时获得的 1 176 nm 拉曼光的平均输出功率为 1.513 W，对应的光 - 光转换效率为 42.7%。

当入射泵浦功率为 16.8 W、重复频率为 100 kHz 时，该装置获得了 5.1 W 的 1 176 nm 斯托克斯光的平均输出功率，相应的光 - 光转换效率为 30.32%，此效率明显高于 880 nm 直接泵浦方式下的光 - 光转换效率。

另外，将 914 nm 泵浦源替换成 880 nm LD，再比较两种共振泵浦方式下的输出特性。在这两种泵浦方式下，1 176 nm 的平均输出功率随入射泵浦功率的变化曲线如图 1-94 所示。当工作温度为 20 ℃时，在入射泵浦功率为 5.38 W 下，采用 880 nm LD 泵浦的 1 176 nm 最高平均输出功率为 1.11 W，相应的光 - 光转换效率为 20.6%，该值低于 914 nm 热助推泵浦在 5.3 W 入射泵浦功率下的光 - 光转换效率 28.5%。但是 880 nm 和 914 nm 这两种共振泵浦在光 - 光转换效率上的差距比二者在量子亏损方面的差距更大，这可能是由于两种泵浦方式的热负载差距较大导致的。高掺杂浓度的晶体可以提高泵浦吸收，但同时会造成更严重的热负载，而工作温度的升高又会影响自拉曼激光器的光 - 光转换效率。在实验中，掺杂浓度为 1.0% 的晶体对 880 nm 泵浦光的吸收率非常高（超过 99%），因此会产生严重的热效应，从而抑制受激拉曼散射的效率。914 nm 共振泵浦方式的泵浦阈值为 0.75 W，低于 880 nm 共振泵浦方式的 1.3 W。在 914 nm 热助推泵浦的激光器中，热效应大幅减小的主要原因是拉曼光输出特性得到改善。

（5）914 nm 热助推泵浦的 1 525 nm 全固态自拉曼激光器

在 914 nm 热助推泵浦的 1 176 nm 全固态自拉曼激光器实验装置基础上设计并搭建 914 nm 热助推泵浦的 1 525 nm 主动调 Q Nd: YVO_4 自拉曼激光器实验装置，如图 1-95 所示。该激光器的整体腔长为 40 mm。914 nm 激光的输出功率与 808 nm LD 入射泵浦功率的关系如图 1-96 所示。当 LD 泵浦功率为 53 W 时，该激光器可以获得的最高输出功率为 17.0 W。

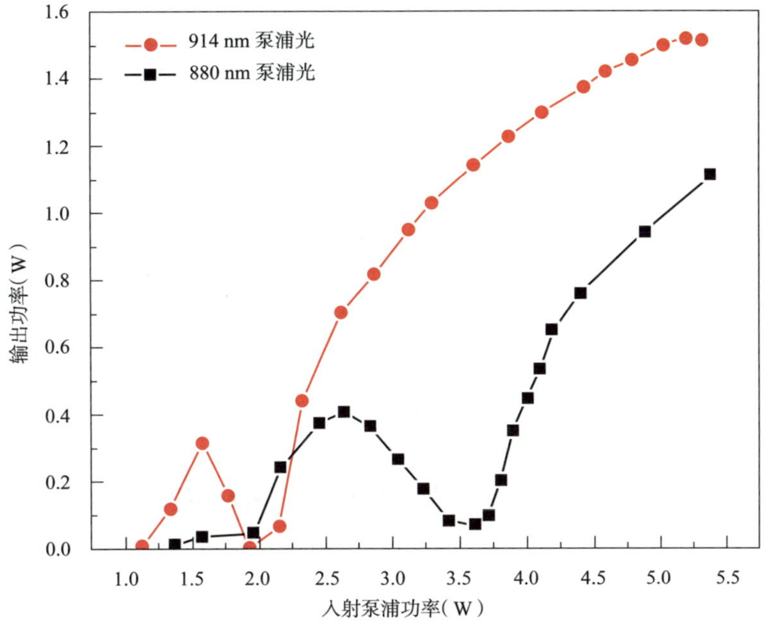

图 1-94　两种共振泵浦方式下，1 176 nm 的平均输出功率随入射泵浦功率的变化曲线(T=20℃，k_0=135 kHz)

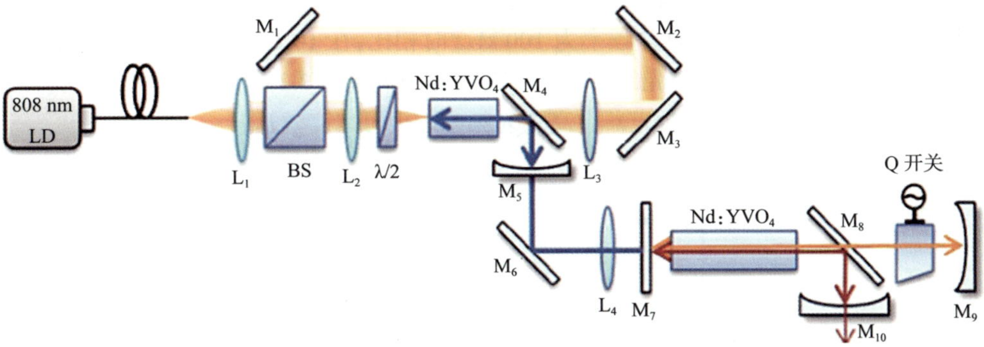

图 1-95　914 nm 热助推泵浦的 1 525 nm 主动调 Q Nd:YVO_4 自拉曼激光器实验装置

实验所采用的 Nd: YVO_4 晶体的掺杂浓度分别为 1.0%，1.5% 和 2.0%。泵浦光的偏振方向以平行于自拉曼晶体的 c 轴入射。考虑到长晶体既可以提高泵浦吸收，又能够增加拉曼作用长度，因此选择 20 mm 长的 Nd:YVO_4 晶体。

实验中没有选择自拉曼激光器中常用的线形腔结构，而采用复合腔结构，可以分别确定两谐振腔的长度，以保证泵浦光、基频光与一阶斯托克斯光之间有更好的模式匹配，而且使用复合腔结构可以同时实现两谐振腔的优化调节。镜 M_7、镜 M_8 与镜 M_{10} 共同组成了斯托克斯光谐振腔。镜 M_9 与镜 M_{10} 均在 914 nm 波段高透，避免了 914 nm 激光在泵浦源激光器和自拉曼激光器之间发生耦合，确保对晶体吸收泵浦功率的测量是准确的。平凹镜 M_{10} 的曲率半径为 200 mm，对 1 525 nm 波长的透射率 T=6.5%。

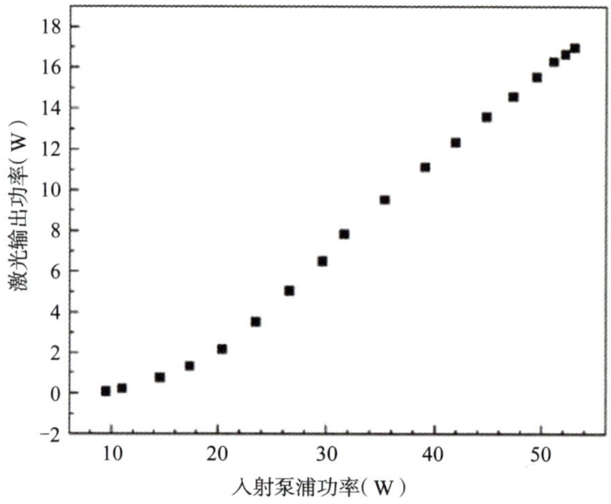

图 1-96　914 nm 输出功率与 808 nm LD 入射泵浦功率的关系曲线

图 1-97 所示为以掺杂浓度为 1.0% 的 Nd：YVO_4 晶体作为自拉曼介质，在工作温度为 10 ℃时，不同重复频率下的 1 525 nm 斯托克斯光的平均输出功率随 914 nm 吸收泵浦功率的变化曲线。其中，重复频率分别为 80 kHz、100 kHz 和 120 kHz，占空比为 5%。当重复频率为 100 kHz 时，在最大吸收泵浦功率 10.2 W 下，斯托克斯光的平均输出功率为 2.58 W，转换效率为 25.3%。同时，相对于 15.7 W 的入射泵浦功率，其光 - 光转换效率也达 16.4%。914 nm 热助推泵浦对于量子亏损的减少是转换效率提高的主要原因。与重复频率为 100 kHz 时相比，在 10.2 W 吸收泵浦功率下，重复频率为 120 kHz 和 80 kHz 时，斯托克斯光的平均输出功率分别下降至 2.29 W 和 2.09 W。实验结果表明，输出 1.5 μm 人眼安全波段的拉曼激光器在高重复频率下也可以高效运转。

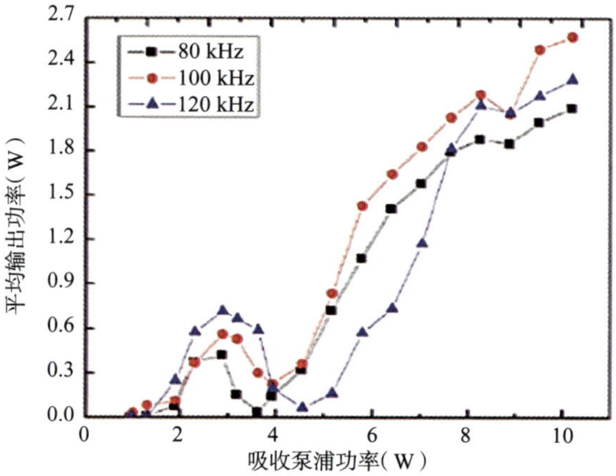

图 1-97　掺杂浓度为 1.0% 的 Nd:YVO_4 晶体在不同重复频率下 1 525 nm 斯托克斯光的平均输出功率随 914 nm 吸收泵浦功率的变化曲线(*T*=10 ℃)

图 1-98 所示为重复频率为 100 kHz、晶体在不同温度下，1 525 nm 斯托克斯光的平均输出功率随吸收泵浦功率的变化曲线。在 15.7 W 的入射泵浦功率下，由于不同温度对应的吸收系数不同，工作温度从 10 ℃上升到 50 ℃时，最大吸收泵浦功率由 10.2 W 增加到 11.7 W。虽然温度的升高有助于促进泵浦功率的吸收，但最大入射泵浦功率处的斯托克斯光的输出功率却表现出下降的趋势，当

温度由 10 ℃上升到 50 ℃时，对应的输出功率从 2.58 W 降至 2.38 W。一方面，这是因为受激拉曼散射截面和激光发射截面都是工作温度的减函数；另一方面，由于晶体尺寸较长且掺杂浓度较高，对泵浦的吸收已经较好，因此温度的升高对泵浦吸收的促进作用有限，反而对发射截面的衰减作用更加显著，从而造成输出功率的下降。图 1-98 的插图是在最高输出功率 2.58 W 时采集的 1 525 nm 拉曼光斑图，在水平方向测得光束质量因子 M^2=1.92。斯托克斯光的脉冲宽度在阈值附近时约为 40 ns，该值在最大吸收泵浦功率处缩短至 18 ns。

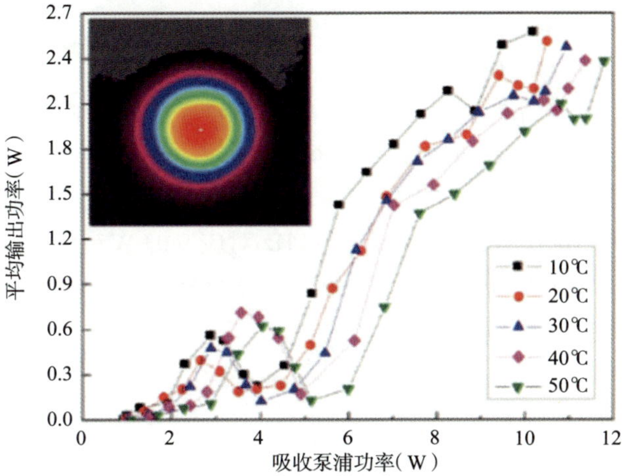

图 1-98　掺杂浓度为 1.0% 的 Nd:YVO$_4$ 晶体在不同温度下 1 525 nm 斯托克斯光的平均输出功率随 914 nm 吸收泵浦功率的变化曲线(重复频率 =100 kHz)

由上述实验结果可以看出，利用共振泵浦技术泵浦自拉曼激光器，对激光器的输出功率和转换效率有很显著的提高，克服了自拉曼激光器中因为热效应而导致激光输出功率降低这一缺点，为实现高功率激光器提供了方法和思路。

1.3.4　基于复合腔的高功率拉曼激光器相关研究

上一小节提到，自拉曼激光器具有结构紧凑、腔损较小等优点，但是激光产生和受激拉曼散射转换过程均会向晶体释放热量，使自拉曼激光器的热负载比较严重。如果使用分离的激光介质和拉曼介质，产生的热量就可以被分散开来，而且也可以分别优化设计激光晶体与拉曼晶体上的光斑模式尺寸。与自拉曼激光器相比，由于腔内元件数目的增多及谐振腔长度的变大，这种具有独立激光介质和拉曼介质的内腔拉曼激光器的往返损耗会更大。因此，可以采用复合腔的结构将斯托克斯光谐振腔与基频光谐振腔分开，以消除激光晶体和其他元件对拉曼光的损耗，如将一片镀基频光高透膜及拉曼光高反膜的镜片插入激光晶体与拉曼晶体之间。但是，在这种腔型结构下，拉曼光谐振腔的可调节长度比较受限，尤其对端面泵浦内腔拉曼激光器而言，很难实现基频光与斯托克斯光之间良好的模式匹配。

下面以一种折叠式复合腔激光器为例，介绍相关研究。该激光器分别使用 Nd: YVO$_4$ 键合晶体和纯 YVO$_4$ 晶体作为激光介质和拉曼介质，通过对谐振腔的优化设计，使拉曼晶体上的基频光的光斑半径约为 100 μm(小于通常拉曼激光器中典型的 200 μm 泵浦光斑)，利用较强的泵浦功率密度促进受激拉曼散射转换过程，同时通过调节折叠臂的长度使拉曼光与基频光实现模式匹配。在 160

kHz 重复频率下，当 880 nm LD 入射泵浦功率为 39 W 时，1 176 nm 一阶斯托克斯光的输出功率达 10.32 W，对应的光 - 光转换效率为 26.4%。

与其他非线性光学频率变换技术不同，受激拉曼散射具有级联特性，当泵浦功率密度足够高时，可以激发出高阶斯托克斯光。基于折叠复合腔 Nd：YVO_4/YVO_4 内腔拉曼激光器，进一步研究了其 1 313 nm 二阶斯托克斯光的输出特性。在 1 313 nm 透射率 T=82% 的耦合输出下，其在 80 kHz 重复频率和 36.7 W 入射泵浦功率下获得了 5.16 W 的二阶斯托克斯光输出，优于目前已报道的 1.3 μm 二阶斯托克斯光内腔拉曼激光器。下面分别介绍利用端面泵浦和侧面泵浦两种方式的复合腔拉曼激光器。

（1）端面泵浦的复合腔拉曼激光器

端面泵浦的复合腔拉曼激光器的实验装置在不同脉冲重复频率下的 1 176 nm 斯托克斯光的平均输出功率随入射泵浦功率的变化曲线如图 1-99 所示。当重复频率为 150~170 kHz 时，1 176 nm 一阶拉曼散射光的阈值约为 5.5 W。当入射泵浦功率为 39 W 时，在重复频率 160 kHz 下获得了斯托克斯光的最大输出功率 10.32 W，重复频率 170 kHz 对应 9.03 W，150 kHz 对应 8.63 W。在重复频率为 150 kHz、160 kHz 和 170 kHz 下，光 - 光转换效率分别为 22.1%、26.4% 和 23.1%。在重复频率为 160 kHz 下获得的平均输出功率及光 - 光转换效率均优于当时已报道的 1 176 nm 端面泵浦内腔拉曼激光器。当入射泵浦功率为 34.4 W 时，可以获得更高的光 - 光转换效率 27.8%，此时 1 176 nm 拉曼光的平均输出功率为 9.6 W。拉曼激光器通常都工作在较低脉冲重复频率下，以利用更高的基频光峰值功率促进受激拉曼散射转换过程。但是 Nd：YVO_4/YVO_4 拉曼激光器采用的折叠式复合腔结构使其能够在高于 150 kHz 的重复频率下高效运转。

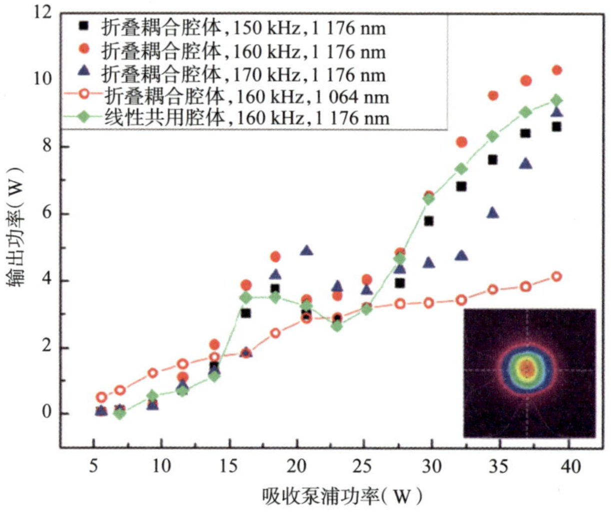

图 1-99　1 176 nm 斯托克斯光的输出功率及 M_3 上侧剩余的 1 064 nm 基频光的输出功率随入射泵浦功率的变化曲线

然后，在上述基础上搭建了 1 313 nm 二阶斯托克斯光 Nd：YVO_4/YVO_4 复合腔拉曼激光器，相关实验装置如图 1-100 所示。实验中，利用对 1 313 nm 具有较大透射率（82%）的输出耦合镜，实现了在入射泵浦功率为 36.7 W、脉冲重复频率为 80 kHz 时，1 313 nm 二阶斯托克斯光的 5.16 W 输出功率。

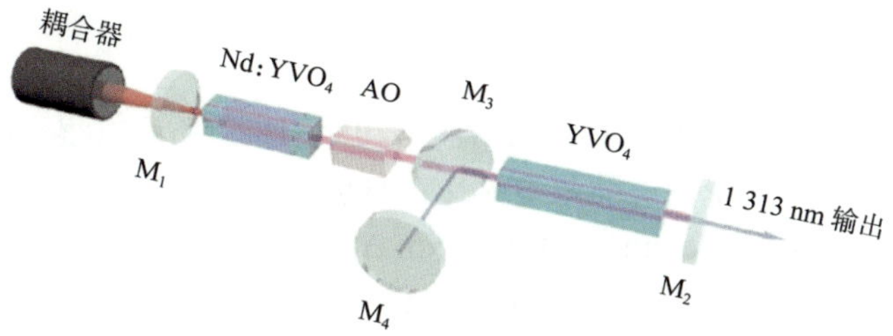

图 1-100　1 313 nm 二阶斯托克斯光 Nd: YVO_4/YVO_4 复合腔拉曼激光器实验装置

图 1-101 所示为不同脉冲重复频率下，1 313 nm 二阶斯托克斯光的平均输出功率随入射泵浦功率的变化曲线。在较低入射泵浦功率下，随着脉冲重复频率从 80 kHz 增加到 100 kHz，二阶斯托克斯光的平均输出功率呈下降趋势，这是因为拉曼增益与泵浦功率强度成正比，而在较低的脉冲重复频率下，泵浦功率强度更大。然而，受激拉曼散射转换过程是泵浦功率强度和热负载等多种因素综合作用的结果，由于其在较低的脉冲重复频率下具有更强的热效应，因此随着泵浦功率的增大，较低脉冲重复频率下的输出性能可能会变差。在入射泵浦功率较低（22.07 W）时，该激光器可以获得较高的转换效率，在脉冲重复频率为 80 kHz 和 100 kHz 时的最大光 - 光转换效率分别为 16.5% 和 16.3%。泵浦功率超过 22.07 W 后，光 - 光转换效率开始降低，这是 YVO_4 拉曼晶体中热效应的影响。一方面，拉曼增益是关于工作温度的递减函数，而较高泵浦功率下晶体的工作温度也会上升；另一方面，随着泵浦功率的增大，拉曼晶体中的热透镜焦距缩短，使激光介质中的基频光的光斑半径变小，从而影响了 LD 泵浦光与基频光之间的模式匹配，进而影响光 - 光转换效率。在入射泵浦功率为 36.7 W 时，1 313 nm 二阶斯托克斯光的平均输出功率在脉冲重复频率为 80 kHz 时最大，达 5.16 W，在脉冲重复频率为 100 kHz 时降至 4.95 W，在更高脉冲重复频率 120 kHz 时反而小幅度上升至 5.07 W。脉冲重复频率为 80 kHz、100 kHz 和 120 kHz 下相应的转换效率分别为 14.1%、13.5% 和 13.8%。

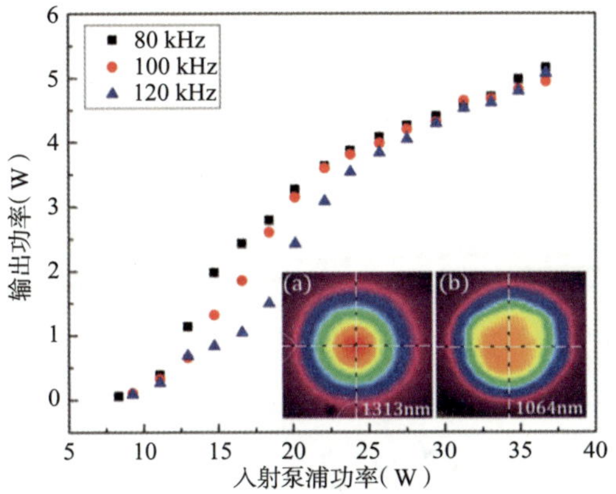

图 1-101　不同脉冲重复频率下 1 313 nm 二阶斯托克斯光的平均输出功率随入射泵浦功率的变化曲线

（a）1 313 nm二阶斯托克斯光的光斑；（b）1 064 nm基频光的光斑

通过采用折叠复合腔的结构，可以分别优化和准直基频光和拉曼光的谐振腔，同时也更容易实现级联拉曼光束之间的模式匹配。值得说明的是，在最大泵浦功率下没有观察到输出功率的饱和现象，因此如果使用 878.7 nm 锁波长 LD 提高共振泵浦的吸收效率，可以获得更高的光 - 光转换效率。如图 1-101（a）和（b）所示，相比于基频光的光束质量（M_x^2=4.67，M_y^2=4.36），二阶斯托克斯光的光束质量（M_x^2=1.59，M_y^2=1.50）明显更优。

（2）侧面泵浦的复合腔拉曼激光器

在实验中发现，拉曼激光器的腔型对激光的输出功率和光束质量有很大影响，因此利用共振泵浦技术搭建了 885 nm 侧面共振泵浦主动调 Q Nd:YAG 激光器和 Nd:YAG/YVO_4 拉曼激光器。

不同泵浦构型、808 nm 和 885 nm 侧面泵浦 Nd：YAG 激光器的平均输出功率随入射泵浦功率的变化曲线如图 1-102 所示。1 176 nm 斯托克斯光的平均输出功率随吸收泵浦功率的变化曲线如图 1-103 所示。

从图 1-102 可以看出，Z 形腔结构及 885 nm 共振泵浦技术的运用不仅提高了谐振腔的稳定性，保证了腔内基频光较高的功率，还减轻了激光器的热负载，改善了基频光的光束质量，从而实现了较高功率的斯托克斯光输出。因此，腔型的设计对斯托克斯光输出有重要影响。

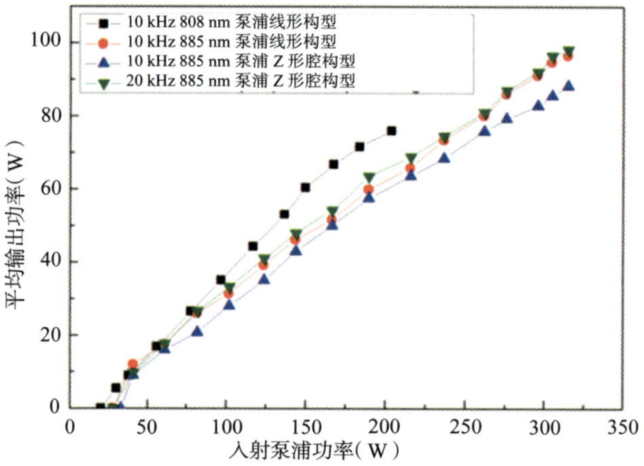

图 1-102　808 nm 和 885 nm 侧面泵浦 Nd:YAG 激光器的平均输出功率随入射泵浦功率的变化曲线

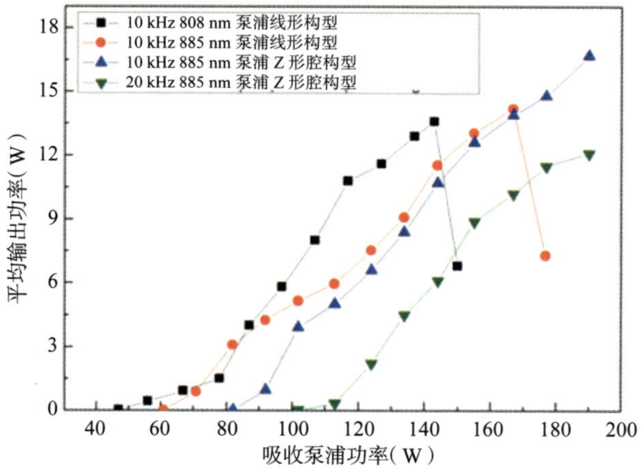

图 1-103　1 176 nm 斯托克斯光的平均输出功率随吸收泵浦功率的变化曲线

下面介绍侧面泵浦拉曼黄光激光器，其实验装置如图 1-104 所示。图 1-104（a）所示为基频光为 Z 形、拉曼腔为线形的耦合腔结构 588 nm 黄光拉曼激光器。实验中将 M_1 镜到 Nd：YAG 晶体棒左侧端面的距离设为 100 mm，Nd：YAG 晶体棒右侧端面到 M_4 的距离设为 150 mm，M_4 到 M_5 的间距为 250 mm，M_5 到 YVO_4 晶体入射端面的间距为 100 mm，YVO_4 晶体右端面与 KTP 晶体左端面的距离为 40 mm，M_2 和 M_3 均紧贴晶体放置，激光器谐振腔全长约为 785 mm。当入射泵浦功率约为 190.0 W 时，YVO_4 晶体中基频光的光斑半径约为 235 μm、斯托克斯光的光斑半径约为 217 μm，基频光和斯托克斯光可以实现较好的模式匹配。KTP 倍频晶体中的斯托克斯光的光斑半径约为 168 μm。

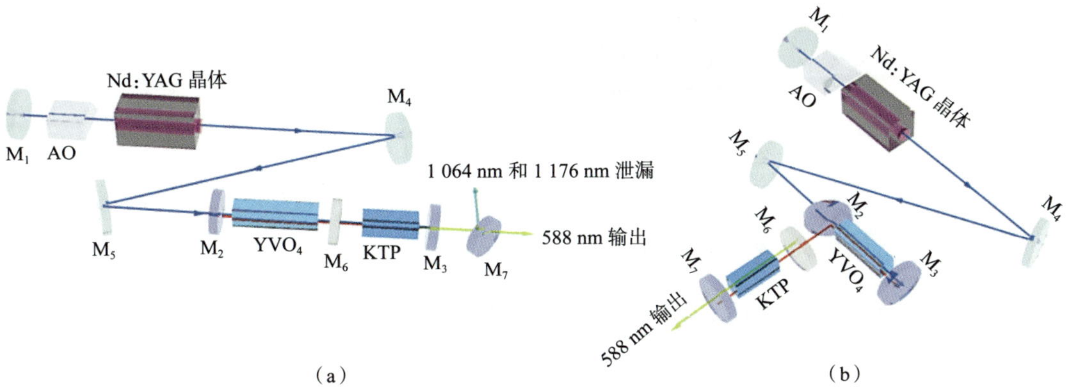

图 1-104　885 nm 侧面共振泵浦 Nd:YAG/YVO_4/KTP 拉曼激光器实验装置

（a）线形腔型；（b）L形腔型

在不同重复频率下，该激光器输出的 588 nm 黄光的平均输出功率随入射泵浦功率的变化曲线如图 1-105 所示。588 nm 黄光的起振阈值为 82.0 W，最高输出功率为 10.1 W，对应的泵浦功率为 190 W，转换效率为 5.31%。由图 1-105 可以看出，重复频率为 10 kHz、平均输出功率为 10.1 W 时，实验装置的平均输出功率并未出现饱和或下降的趋势，表明黄光输出仍存在提升空间。当继续增大入射泵浦功率时，588 nm 黄光的平均输出功率如预想的一样随之增大。但随着入射泵浦功率的逐渐增大，腔内基频光功率密度明显提高，镀有多层膜的谐波镜 M_6 出现镀膜受损的情况，从而导致无法获得更高的黄光输出。

为解决上述问题，搭建了基频光为 Z 形、拉曼腔为 L 形的耦合腔结构黄光拉曼激光器，如图 1-104（b）所示。图 1-104（b）所示的 L 形拉曼腔腔长与图 1-104（a）所示的线形拉曼腔腔长相同。在此结构中，M_6 单独存在于拉曼腔，由于没有基频光通过 M_6，作用在 M_6 上的功率较图 1-104（a）结构中降低很多，从而有效缓解了镜片镀膜损坏的问题。当入射泵浦功率约为 233.0 W 时，测量的 Nd: YAG 热透镜焦距约为 750 mm，此时 YVO_4 晶体中基频光的光斑半径约为 240 μm、斯托克斯光的光斑半径约为 210 μm，基频光和斯托克斯光仍可以实现较好的模式匹配。在 KTP 倍频晶体中，斯托克斯光的光斑半径约为 170 μm。如图 1-105 所示，重复频率为 10 kHz 和 20 kHz 时，该激光器的阈值分别约为 91.0 W 和 99.0 W。当入射泵浦功率约为 233.0 W 时，该激光器在 10 kHz 和 20 kHz 重复频率下分别获得了平均输出功率约为 13.7 W 和 9.45 W 的黄光输出。当激光器在此输出功率下运转时，并未出现镀膜损伤的情况。此外，利用刀口法测量平均输出功率约为 13.7 W 时的 x、y 方向黄光的光束质量分别为 M_x^2=7.7 和 M_y^2=7.9；利用 Ophir Pyrocam Ⅲ 采集到的此时的光斑如图 1-105 中的插图所示。

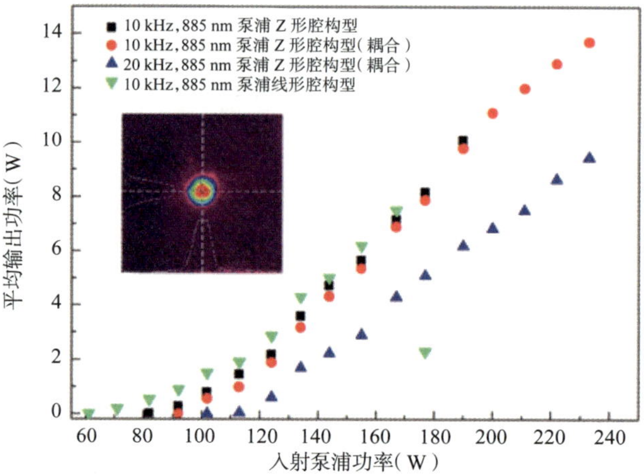

图 1-105　588 nm 黄光的平均输出功率随入射泵浦功率的变化曲线

为验证本实验中 Z 形腔的优势,同时搭建了线形腔内腔倍频 588 nm 黄光激光器,其所用光学元件与 Z 形腔中的元件完全相同。如图 1-105 所示,在 10 kHz 重复频率下,线形腔黄光激光器的平均输出功率随入射泵浦功率变化与 Z 形腔黄光激光器相似;但当入射泵浦功率增大到约 177.0 W 时,出现输出功率陡降、黄光激光亮度明显变弱的现象;随后,继续增大入射泵浦功率,黄光激光的亮度逐渐变弱直至消失。这是由于随着拉曼晶体中的热效应增强,1 064 nm 基频光在高泵浦功率下无法工作在稳区内,使基频光变差甚至无法起振,导致无法实现斯托克斯光的有效转换,以致输出功率随之下降甚至归零。相较于线形腔结构, Z 形腔结构允许的拉曼晶体热透镜变化范围更大,且允许的热透镜焦距更短,能够保证基频光具有较大的稳区,从而激光器在高泵浦功率下仍可高效运转,实现高功率黄光输出。因此,采用 Z 形腔 885 nm 侧面共振泵浦的全固态倍频拉曼激光器是实现高功率黄光输出的一种有效方案。

从上述实验可以看出,采用复合腔结构可以使拉曼激光器中基频光和拉曼光实现更良好的匹配,并且可以提高拉曼光的光 - 光转换效率,有助于拉曼激光器的高功率输出。

1.3.5　拉曼激光器中光束自清洁效应研究

拉曼光束清理(Raman beam cleanup)效应可以直观地描述如下。斯托克斯光通常是在噪声中建立的,进而由受激拉曼散射过程放大。在基频光傍轴分布的情况下,初始的弱斯托克斯光信号会以最低阶传输模式建立,即使基频光的光束质量较差或呈现多模分布,在放大过程中泵浦光的像差也不会转移到斯托克斯光上。

根据这一特点,受激拉曼散射效应被广泛用于高度畸变激光的光束清洁中。拉曼光束清理效应早期常被用在高功率气体拉曼激光器中,近年来在固体拉曼激光器中也观察到了拉曼光束清理现象。与气体介质相比,固体拉曼介质具有较好的热传导性,因此其功率处理能力可以得到极大提升。同时,受激拉曼散射效应具有转换效率高、结构简单、成本较低等优点,目前已经成为获得高功率、高光束质量激光的一种重要手段。由于拉曼介质能够将多模泵浦光转换成单模拉曼光输出,拉曼光束清理效应也可用于提升近衍射极限激光器的电光效率。

下面从理论层面分析拉曼光束清理效应的产生机理,并使用 Nd: YVO_4 自拉曼激光器研究 1 064 nm 基频光和 1 176 nm 拉曼光的光束质量及其在提高泵浦功率过程中的变化情况;又基于

Nd: YVO_4/YVO_4 复合腔拉曼激光器，观察不同泵浦功率下 1 064 nm 基频光在拉曼转换发生前后光束质量的变化，及其相应 1 176 nm 拉曼光的光束质量。

拉曼激光器是基于端面泵浦而非侧面泵浦，因此可以将泵浦光限制在包含最低阶模式的区域中。一般来说，拉曼光是由增益引导的，因此最低阶模式分布随增益区域的尺寸而变化。当增益较高时，腔模边界由衍射造成的散焦与拉曼增益造成的聚焦共同决定。因此，拉曼激光器中的增益引导与拉曼光束清理的共同作用使多模泵浦光束转换成具有较大模体积的单模斯托克斯光。

（1）受激拉曼散射及其光束清理效应

拉曼光束清理效应的产生机理可以通过受激拉曼散射的极化过程来解释[31]。受激拉曼散射的三阶非线性极化强度表达式为

$$\begin{aligned}P^{(3)}(\omega_p) &= 6\varepsilon_0\chi^{(3)}(-\omega_p;\omega_s,-\omega_s,\omega_p)E_sE_s^*E_p \\ &= 6\varepsilon_0\chi^{(3)}(-\omega_p;\omega_s,-\omega_s,\omega_p)\left|E_s\right|^2E_p\end{aligned} \quad (1\text{-}165)$$

$$\begin{aligned}P^{(3)}(\omega_s) &= 6\varepsilon_0\chi^{(3)}(-\omega_s;\omega_p,-\omega_p,\omega_s)E_pE_p^*E_s \\ &= 6\varepsilon_0\chi^{(3)}(-\omega_s;\omega_p,-\omega_p,\omega_s)\left|E_p\right|^2E_s\end{aligned} \quad (1\text{-}166)$$

将场强 E 与极化强度 P 写成复数形式，可以得到

$$\left.\begin{aligned}E_j &= A_j(r_\perp,z)e^{-ik_jz} \\ P_j &= B_j(r_\perp,z)e^{-ik_jz}\end{aligned}\right\} \quad (1\text{-}167)$$

式中：j 为 s 或 p；$r_\perp$ 与 z 分别表示横向及纵向场分布。

将式（1-167）代入式（1-165）和式（1-166），等式两边消去 e^{-ik_jz}，可以得到

$$\left.\begin{aligned}B_p(r_\perp,z) &= 6\varepsilon_0\chi^{(3)}(-\omega_p;\omega_s,-\omega_s,\omega_p)\left|A_s(r_\perp,z)\right|^2A_p(r_\perp,z) \\ B_s(r_\perp,z) &= 6\varepsilon_0\chi^{(3)}(-\omega_s;\omega_p,-\omega_p,\omega_s)\left|A_p(r_\perp,z)\right|^2A_s(r_\perp,z)\end{aligned}\right\} \quad (1\text{-}168)$$

从式（1-168）可以发现，方程两边的相位因子相互抵消，因此受激拉曼散射可以自动满足相位匹配条件，产生的受激场仅与泵浦场强度及斯托克斯场强度有关。由于失去了相位匹配条件的限制，泵浦光和拉曼光的各个模式能够相互作用，它们之间的转换不再受激光横模的限制，而分布相对分散的高阶模无法与分布相对集中的基模竞争，从而导致拉曼光的基模增益远高于高阶模增益。因此，即使泵浦光以多横模运转，受激拉曼光也基本接近单横模输出，实现了光束清理过程。

另外，还可以从卷积的角度理解拉曼光束清理效应的产生。对式（1-168）等号两边同时做傅里叶变换再做逆变换[32]，可以得到

$$\left.\begin{aligned}B_p(r_\perp,z) &= 6\varepsilon_0\chi^{(3)}\int[A_s(\vec{k},z)**A_s^*(\vec{k},z)**A_p(\vec{k},z)]e^{-i\vec{k}\cdot\vec{r}}\,d\vec{k} \\ B_s(r_\perp,z) &= 6\varepsilon_0\chi^{(3)}\int[A_p(\vec{k},z)**A_p^*(\vec{k},z)**A_s(\vec{k},z)]e^{-i\vec{k}\cdot\vec{r}}\,d\vec{k}\end{aligned}\right\} \quad (1\text{-}169)$$

式中：$\vec{k}=2\pi\rho_\perp=2\pi\xi\hat{e}_x+2\pi\eta\hat{e}_y$；$A_s(\vec{k},z)$ 和 $A_p(\vec{k},z)$ 分别为斯托克斯光与泵浦光的平面波频谱；** 表示二维卷积运算。

由式（1-169）可以看出，在产生受激斯托克斯场时，泵浦光场的每个平面波分量都会通过自卷积与其他各泵浦平面波分量相互作用，形成泵浦光强度谱。该泵浦光强度谱进而会与初始斯托克斯

种子光的所有可能平面波分量通过卷积进行作用。卷积可以看作一种加权平均运算,如果泵浦光和斯托克斯光满足光学中的近轴条件,那么经过卷积运算后的受激斯托克斯场可以看作斯托克斯种子光场平滑化的结果。在线形拉曼激光谐振腔中,这种平滑操作在每次往返过程中能够进行两次。根据概率论,可以证明两个随机变量和的分布是其各自概率分布的卷积,而根据中心极限定理可知,随机变量的个数越多($n \geqslant 3$),卷积后得到的数学分布越接近于高斯分布[33]。因此,受激斯托克斯场分布不仅较种子光场更为平滑,而且随着通过谐振腔往返次数的增加,其场分布逐渐向高斯分布收敛。于是,由多模泵浦光产生的受激拉曼增益分布可以呈现为平滑的准高斯增益分布。事实上,拉曼增益可以认为是一种增益孔径,在每次通过拉曼介质时会对振荡的斯托克斯场进行空间滤波,从而使产生的受激拉曼散射光更加符合单横模运转。

(2)四波混频对拉曼光束清理的影响

基于四波混频相互作用也可以对拉曼光束清理效应进行描述[31, 33]。在式(1-169)中包含四波混频作用,但由于卷积过程中相位匹配项的消失,四波混频相互作用过程最终没有体现出来。

为了解四波混频作用如何清理具有像散的泵浦光分布的过程,考虑仅包含两个平面波成分的泵浦光谱分布与单一受激斯托克斯光谱成分的相互作用:

$$\left.\begin{aligned} A_{\rm p}(\vec{k},z) &= A_{\rm p1}\delta(\vec{k}-\vec{k}_{\rm p1}) + A_{\rm p2}\delta(\vec{k}-\vec{k}_{\rm p2}) \\ A_{\rm s}(\vec{k},z) &= A_{\rm s1}\delta(\vec{k}-\vec{k}_{\rm s1}) \end{aligned}\right\} \tag{1-170}$$

式中:$A_{\rm p1}$ 与 $A_{\rm p2}$ 为两个泵浦光成分的振幅;$\vec{k}_{\rm p1}$ 与 $\vec{k}_{\rm p2}$ 为两个泵浦光成分的波矢;$A_{\rm s1}$ 为受激斯托克斯光场振幅;$\vec{k}_{\rm s1}$ 为受激斯托克斯光波矢。

受激斯托克斯光谱的分布如下:

$$\begin{aligned} &B_{\rm s}(z) = \\ &6\varepsilon_0\chi_{\rm s2}^{(3)}\int\left\{\left[A_{\rm p1}\delta(\vec{k}-\vec{k}_{\rm p1})+A_{\rm p2}\delta(\vec{k}-\vec{k}_{\rm p2})\right]**\left[A_{\rm p1}^*\delta(\vec{k}+\vec{k}_{\rm p1})+A_{\rm p2}^*\delta(\vec{k}+\vec{k}_{\rm p2})\right]**A_{\rm s1}\delta(\vec{k}-\vec{k}_{\rm s1})\right\}{\rm e}^{-{\rm i}\vec{k}\cdot\vec{z}}\,{\rm d}\vec{k} \end{aligned} \tag{1-171}$$

对式(1-171)积分后得到

$$B_{\rm s}(z) = 6\varepsilon_0\chi_{\rm s2}^{(3)}\left\{\left[\left|A_{\rm p1}\right|^2 A_{\rm s1}+\left|A_{\rm p2}\right|^2 A_{\rm s1}\right]{\rm e}^{{\rm i}\vec{k}_{\rm s1}\cdot\vec{z}} + A_{\rm p1}A_{\rm p2}^*A_{\rm s1}{\rm e}^{{\rm i}\left(\vec{k}_{\rm p1}-\vec{k}_{\rm p2}+\vec{k}_{\rm s1}\right)\cdot\vec{z}} + A_{\rm p2}A_{\rm p1}^*A_{\rm s1}{\rm e}^{{\rm i}\left(\vec{k}_{\rm p2}-\vec{k}_{\rm p1}+\vec{k}_{\rm s1}\right)\cdot\vec{z}}\right\} \tag{1-172}$$

式(1-172)中等号右边的前两项为平面波近似下的标准受激拉曼散射表达式[34],这一过程是无须相位匹配的,即泵浦场中各平面波成分产生的斯托克斯场均分布在以初始受激斯托克斯场 S_1 为中心的方向上,其受激拉曼散射的强度随各泵浦成分强度的增大而变大。

式(1-172)中等号右边的后两项为需要满足相位匹配的四波混频项,这个过程中产生的斯托克斯场与初始场 S_1 不共线,其方向由动量守恒条件决定。由于一系列方向均能部分满足相位匹配条件,用“非线性传递函数”来描述在某一互作用方向上的能量传递能力。它是相位失配量的函数,当相位失配量为零(即满足相位匹配条件时),其达最大值时,其中心峰宽度即为允许带宽。

下面考虑沿特定方向 $\vec{k}_{\rm s2}$ 传播的斯托克斯场的受激拉曼散射能力。在慢变包络近似下,傍轴波动方程的表达式为

$$\frac{\partial A_j(r_\perp,z)}{\partial z}=-\frac{\mathrm{i}}{2k_j}\nabla_\perp^2 A_j(r_\perp,z)-\frac{\mathrm{i}\mu_0\omega_j^2}{2k_j}B_j(r_\perp,z), j=\mathrm{s},\mathrm{p} \tag{1-173}$$

将式(1-172)中的斯托克斯场极化强度代入式(1-173)中,可以得到

$$\frac{\mathrm{d}A_{s2}(z)}{\mathrm{d}z}=\frac{\varepsilon_0 c n_\mathrm{p} g}{4}\left\{\left[\left|A_{\mathrm{p1}}\right|^2 A_{\mathrm{s1}}+\left|A_{\mathrm{p2}}\right|^2 A_{\mathrm{s1}}\right]\mathrm{e}^{\mathrm{i}\Delta\vec{k}_{\mathrm{s12}}\cdot\vec{z}}+A_{\mathrm{p1}}A_{\mathrm{p2}}^* A_{\mathrm{s1}}\mathrm{e}^{\mathrm{i}\Delta\vec{k}_{+}\cdot\vec{z}}+A_{\mathrm{p2}}A_{\mathrm{p1}}^* A_{\mathrm{s1}}\mathrm{e}^{\mathrm{i}\Delta\vec{k}_{-}\cdot\vec{z}}\right\} \tag{1-174}$$

其中,各相互作用间的相位失配量表示为

$$\begin{cases}\Delta\vec{k}_{\mathrm{s12}}=\vec{k}_{\mathrm{s1}}-\vec{k}_{\mathrm{s2}}\\ \Delta\vec{k}_{\mathrm{p12}}=\vec{k}_{\mathrm{p1}}-\vec{k}_{\mathrm{p2}}\\ \Delta\vec{k}_{\pm}=\Delta\vec{k}_{\mathrm{s12}}\pm\Delta\vec{k}_{\mathrm{p12}}\end{cases} \tag{1-175}$$

矢量和 $\Delta\vec{k}_+$ 与 $\Delta\vec{k}_-$ 分别对应前向受激拉曼散射与后向受激拉曼散射(非简并四波混频),其波矢间的相位匹配关系如图 1-106 所示。其中,$\vec{k}_{\mathrm{p1}}$ 与 $\vec{k}_{\mathrm{p2}}$ 分别为两个泵浦光成分,$\vec{k}_{\mathrm{s1}}$ 为初始受激斯托克斯光,$\vec{k}_{\mathrm{s2}}$ 为由相位匹配条件决定的斯托克斯光,$\vec{k}_\Lambda$ 为在拉曼介质中引起的光栅矢量。

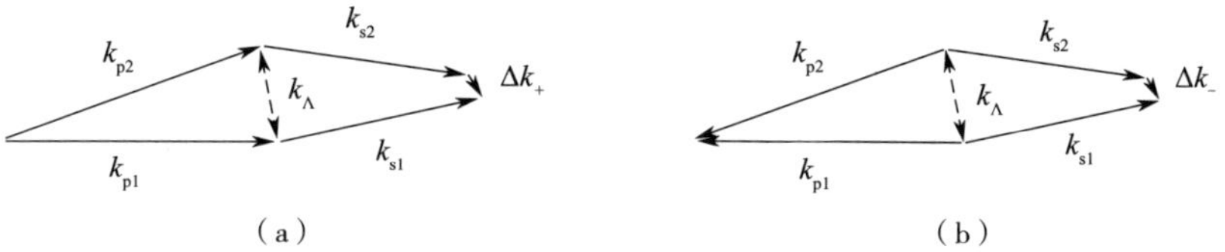

图 1-106 基于四波混频产生前向与后向受激拉曼散射的相位匹配示意

(a)前向;(b)后向

令 $\Delta\vec{k}_{\mathrm{s12}}=0$,且 $A_{\mathrm{s2}}=A_{\mathrm{s1}}$ 时,其结果表示非泵浦消耗极限下(即假设 I_{p1} 与 I_{p2} 保持不变)无须相位匹配的基本受激拉曼散射过程。在拉曼介质后端面 L 处的场强为

$$I_{\mathrm{s1}}(L)=I_{\mathrm{s1}}(0)\mathrm{e}^{\xi_{12}G} \tag{1-176}$$

式中:$G=gI_\mathrm{p}L$ 为小信号拉曼增益因子;ξ_{12} 为双波增益衰减因子,表达式为

$$\xi_{12}=\frac{1+\gamma_{12}\cos\left(\frac{1}{2}\Delta\vec{k}_{\mathrm{p12}}L\right)\mathrm{sinc}\left(\frac{1}{2}\Delta\vec{k}_{\mathrm{p12}}L\right)}{1+\gamma_{12}} \tag{1-177}$$

式中:γ_{12} 为泵浦强度互相关因子,表达式为

$$\gamma_{12}=\frac{2\sqrt{I_{\mathrm{p1}}I_{\mathrm{p2}}}}{I_{\mathrm{p1}}+I_{\mathrm{p2}}} \tag{1-178}$$

图 1-107 和图 1-108 所示分别为泵浦强度互相关因子 γ_{12} 随两泵浦光强度比值 $I_{\mathrm{p2}}/I_{\mathrm{p1}}$ 的变化曲线以及当 γ_{12} 取值为 0 到 1 时,双波增益衰减因子 ξ_{12} 随 $\Delta\vec{k}_{\mathrm{p12}}L/2$ 的变化曲线。从图 1-108 可以看出,当 $\Delta\vec{k}_{\mathrm{p12}}\neq 0$,即 $\vec{k}_{\mathrm{p1}}$ 与 $\vec{k}_{\mathrm{p2}}$ 非共线时,双波增益衰减因子 ξ_{12} 的值均小于 1。由此可见,泵浦光的像差会导致非相位匹配受激拉曼散射增益减小。可以将泵浦成分 $\vec{k}_{\mathrm{p2}}$ 视为原泵浦场 $\vec{k}_{\mathrm{p1}}$ 的像差,当像差的程度较小(即 $I_{\mathrm{p2}}/I_{\mathrm{p1}}\approx 0$)时,泵浦强度互相关因子 ξ_{12} 减小,在不同 $\Delta\vec{k}_{\mathrm{p12}}$ 的取值下双波增益衰减因

子 ξ_{12} 均接近于 1；当像差较为显著（即 $I_{p2}/I_{p1} \leqslant 0$）时，$\gamma_{12}$ 的增大使在 $\Delta\vec{k}_{p12} \neq 0$ 的情况下，非相位匹配受激拉曼散射的有效增益迅速减小。当 $\gamma_{12}=1$ 时，$\Delta\vec{k}_{p12}L/2$ 取值 0.75π 时 ξ_{12} 有最小值为 0.39，$\Delta\vec{k}_{p12}$ 取值较大时 ξ_{12} 趋近于 0.5。定义泵浦光谱的允许角为 $\Delta\theta_{p12}$，将 $\Delta\vec{k}_{p12}=2\vec{k}_p\sin\Delta\theta_{p12}$ 代入式（1-177），求解 $\Delta\theta_{p12}$ 使 ξ_{12} 达最小值，可以得到 $\Delta\theta_{p12} \simeq 0.38\lambda_p/(n_pL)$，其值与泵浦波长 λ_p 成正比，与光程 n_pL 成反比。在典型的固体拉曼激光器中，$\Delta\theta_{p12}$ 约为 10 μrad，远小于一般泵浦光束的发散角。因此，对于非相位匹配受激拉曼散射过程，基于非理想泵浦光的小信号拉曼增益 $\xi_{12}G$ 总小于标准平面波的拉曼增益 G。

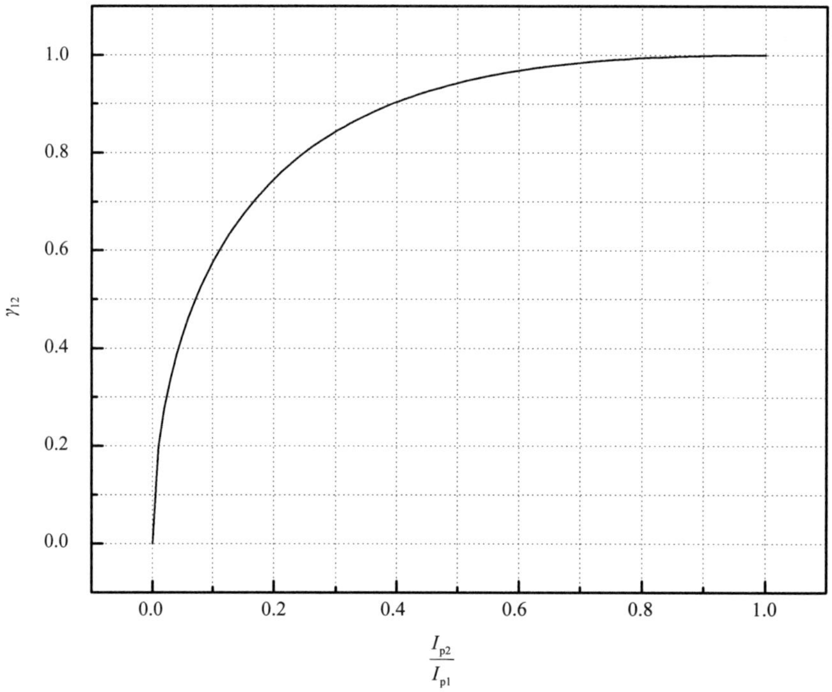

图 1-107　泵浦强度互相关因子 γ_{12} 随泵浦光强度比值 I_{p2}/I_{p1} 的变化曲线

为专门研究基于四波混频的受激拉曼散射过程，在下面的分析中仅保留式（1-174）中等号右边的后两项。假设泵浦光及非相位匹配受激斯托克斯光在四波混频过程中未被充分耗尽，对式（1-174）中的微分方程进行积分后可以得到其小信号解为

$$A_{s2}(L)=\frac{\varepsilon_0 c n_p g L}{4}A_{s1}\left\{A_{p1}A_{p2}^{*}e^{i\frac{\Delta\vec{k}_+L}{2}}\operatorname{sinc}\left(\frac{\Delta\vec{k}_+L}{2}\right)+A_{p2}A_{p1}^{*}e^{i\frac{\Delta\vec{k}_-L}{2}}\operatorname{sinc}\left(\frac{\Delta\vec{k}_-L}{2}\right)\right\} \tag{1-179}$$

式中：L 为相互作用长度，且假设初始条件为 $A_{s2}(0)=0$。

根据国际单位制中对强度的定义 $I_i=n_i c\varepsilon_0|A_i|^2/2$，得到

$$I_{s2}(L)=\left[\frac{\gamma_{12}G}{2(1+\gamma_{12})}\right]^2 I_{s1}T_s(\Delta\vec{k}_{p12},\Delta\vec{k}_{\pm}) \tag{1-180}$$

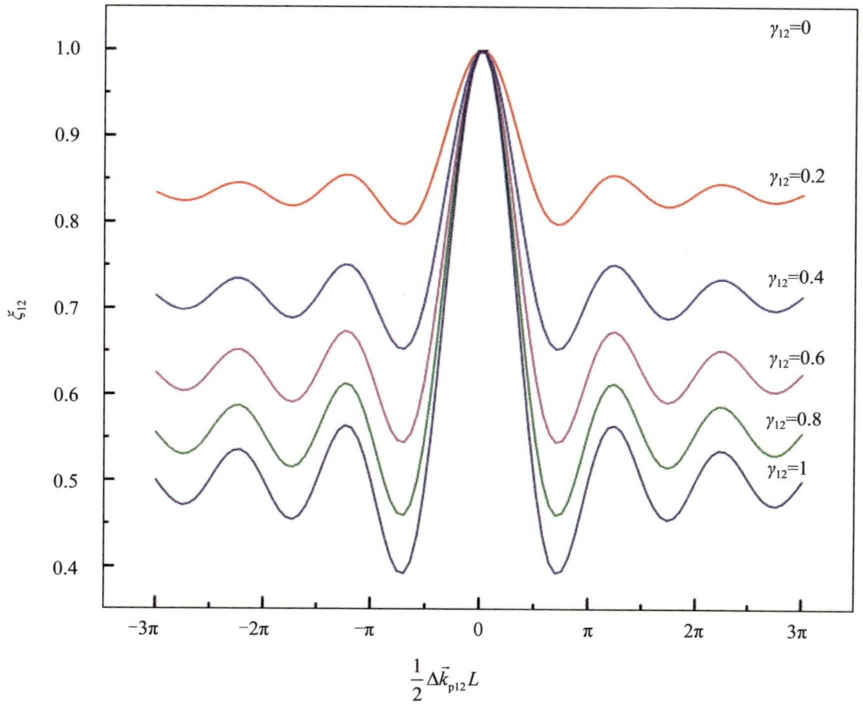

图 1-108　双波增益衰减因子 ξ_{12} 随 $\Delta\vec{k}_{p12}L/2$ 的变化曲线

定义基于四波混频的受激拉曼散射非线性传递函数为

$$T_s(\Delta\alpha_{p12},\Delta\alpha_\pm)=\text{sinc}^2(\Delta\alpha_+)+\text{sinc}^2(\Delta\alpha_-)+2\cos(2\Delta\alpha_{p12})\text{sinc}(\Delta\alpha_+)\text{sinc}(\Delta\alpha_-) \tag{1-181}$$

式中：$\Delta\alpha_i=\Delta k_iL/2$。

基于四波混频产生受激拉曼散射可以看作泵浦光具有像差的结果。假设 A_{p2} 是泵浦场 A_{p1} 的像差，当像差较小时，泵浦强度互相关因子 γ_{12} 也较小，因此 I_{s2} 接近于 0。由于基于四波混频的受激拉曼散射强度与 γ_{12} 的二次方有关，其散射能力随泵浦像差的增大而非线性增长，该过程强烈依赖于相位匹配关系。图 1-109 所示为当 $\Delta\alpha_{s12}$ 取值为 0 到 2π 时，基于四波混频的受激拉曼散射非线性传递函数 $T_s(\Delta\alpha_{p12},\Delta\alpha_\pm)$ 随 $\Delta\alpha_{p12}$ 的变化曲线。当 $\Delta\alpha_{p12}\neq0$（即 $\Delta k_{p12}\neq0$）时，非线性传递函数 $T_s(\Delta\alpha_{p12},\Delta\alpha_\pm)$ 出现旁瓣，其对应正向及后向非共线相位匹配斯托克斯光的产生。当 $\Delta\alpha_{s12}\neq0$ 时，$T_s(\Delta\alpha_{p12},\Delta\alpha_\pm)$ 的峰值迅速减小，随 $\Delta\alpha_{s12}$ 的增大，峰值越来越接近 $\Delta\alpha_{s12}$=0 时的 1/4。

通过以上分析发现，由于非相位匹配的受激斯托克斯光是沿各泵浦光成分的方向产生的，因此其斯托克斯场分布会与泵浦场分布保持一致。由此可见，如果仅发生非相位匹配受激拉曼散射，将不会观察到拉曼光束清理现象，产生的斯托克斯光会复制泵浦光的像散。与之不同的是，基于四波混频斯托克斯光的散射方向会遵循由相位匹配条件决定的概率分布，因此泵浦光分布中的空隙能够被这一过程中产生的斯托克斯场填补，从而实现光束清理。

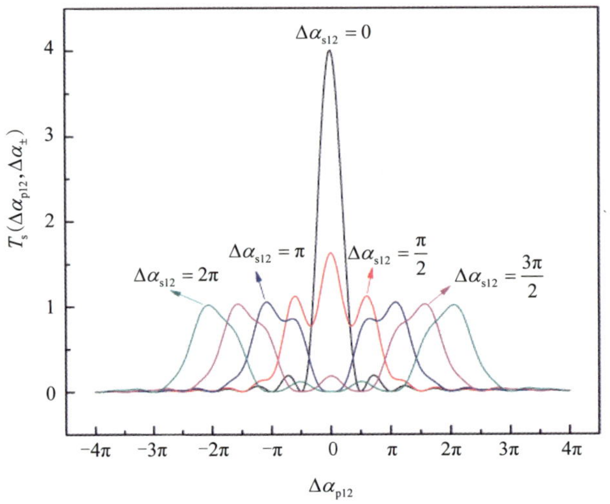

图 1-109　当 $\Delta\alpha_{s12}$ 取值为 0 到 2π 时，基于四波混频的受激拉曼散射非线性传递函数 $T_s(\Delta\alpha_{p12},\Delta\alpha_{\pm})$ 随 $\Delta\alpha_{p12}$ 的变化曲线

当考虑整体泵浦光场时，需要分别考虑每组可能的泵浦光成分及受激斯托克斯光成分的组合，以合成最终的斯托克斯光场分布。这个过程实际上与式(1-169)中进行的三方卷积运算是一致的，在极化强度中自动包含造成光束清理作用的四波混频受激拉曼散射项。

以上讨论了当泵浦光成分在拉曼介质中相互交叉时能够产生基于四波混频作用的受激斯托克斯光，接下来考虑这一过程对拉曼介质的影响。当强泵浦场中的成分在拉曼介质中交叉通过时，介质中会形成一个满足正弦波分布的折射率光栅（图 1-106）。受激斯托克斯场成分被折射率光栅衍射到不同衍射级上，其方向由光栅矢量与受激斯托克斯场之间的相位匹配条件决定。由于折射率光栅是由相互交叉的泵浦成分造成的，衍射级的方向与之前讨论的四波混频方向一致。拉曼散射强度与折射率光栅的调制深度有关，而调制深度是由两泵浦光成分的相对强度决定的。于是，从光束像差的角度来看，高度畸变的泵浦光所在区域具有较大的光栅调制深度，无像差的泵浦光所在区域调制深度为 0。可以说，只有在泵浦光具有高度像差的区域，受激斯托克斯光才会被散射。另一方面，在相长干涉的作用下，具有高度像差的泵浦光区域的场强更大，增大的泵浦强度使非相位匹配的受激拉曼散射强度变大。由像差形成的光栅导致的散射损耗抵消了相长干涉造成的增益的增加，这个相反的相互作用在产生斯托克斯光的过程中消除了泵浦光的像差。因此，泵浦像差实际上是转移到了拉曼介质中，而没有转移到产生的斯托克斯光上。

1.4　新型光学参量振荡与产生技术

非线性频率变换技术在拓展激光波长领域一直以来都发挥着重要作用，其中基于二阶非线性效应的 OPO 具有多种调谐方式，可以实现不同波段激光输出，一直受到人们的广泛关注。OPO 输出性能受到泵浦源影响，高质量泵浦源对于高性能 OPO 十分重要。受激拉曼散射具有脉冲宽度压缩、光束自清理、级联特性等独特性质，可以在不借助任何外部光束整形器件的情况下，得到高功率、高光束质量的一阶和高阶拉曼光。将拉曼激光器作为 OPO 的泵浦源，不仅可以得到性能优良的 OPO，而且可以实现受激拉曼散射与 OPO 两种非线性频率变换技术的良好结合，为进一步拓展激光波长提供了可靠手段，具有重要研究价值。利用拉曼激光器的级联特性和光束清理效应，将一阶、二阶拉曼激光器作为泵浦源，搭建单谐振 MgO：PPLN-OPO，获得了具有重要应用价值的近红外波段可调谐输出激光器。

此外，双波长激光在全息干涉测量、差分吸收雷达、差频太赫兹源等领域发挥着重要作用。目前，全固态双波长激光器主要通过两台激光器合束、同一增益介质的不同谱线跃迁、两个增益介质共腔或复合腔及光学参量振荡等方式实现。波长间隔较大的双波长激光器在精密测量等领域发挥着重要作用，而波长间隔较小的双波长激光器可用于差频产生太赫兹波。所以，波长间隔可调的双波长全固态激光器的重要性越发凸显。由于受激拉曼散射具有级联特性及光束清理特性，使用级联双波长拉曼激光器泵浦 MgO：PPLN-OPO 能够实现可调谐双波长信号光输出。对拉曼激光器腔型结构进行设计，提高腔内功率密度，实现良好模式匹配，并对其级联特性进行研究，以及验证其光束清理效应。而 OPO 输出性能受到泵浦源影响，高质量泵浦源直接决定高性能 OPO 的性能；用拉曼激光器对 MgO：PPLN 进行泵浦，可以获得高性能信号光输出。

1.4.1　准相位匹配技术

OPO 是一种二阶非线性光学频率变换技术，属于三波混频过程[35]。已知得到的三波相互作用的稳态耦合波方程为

$$\begin{cases}\dfrac{\partial E_1}{\partial z}=\dfrac{\mathrm{i}\omega_1 d_{\mathrm{Q}}}{2cn_1}E_2^*E_3\exp\left[\mathrm{i}\left(k_3-k_2-k_1-k_{\mathrm{m}}\right)z\right]\\ \dfrac{\partial E_2}{\partial z}=\dfrac{\mathrm{i}\omega_2 d_{\mathrm{Q}}}{2cn_2}E_1^*E_3\exp\left[\mathrm{i}\left(k_3-k_2-k_1-k_{\mathrm{m}}\right)z\right]\\ \dfrac{\partial E_3}{\partial z}=\dfrac{\mathrm{i}\omega_3 d_{\mathrm{Q}}}{2cn_3}E_1E_2\exp\left[\mathrm{i}\left(k_3-k_2-k_1-k_{\mathrm{m}}\right)z\right]\end{cases} \tag{1-182}$$

式中：$d_{\mathrm{Q}}=(2/m\,\pi)d_{\mathrm{eff}}$ 为准相位匹配有效非线性系数。

因此，对于准相位匹配，相位失配量为

$$\Delta k=k_3-k_2-k_1-k_{\mathrm{m}}=k_3-k_2-k_1-\frac{2\,\pi\,m}{\Lambda} \tag{1-183}$$

要满足相位匹配条件 $\Delta k=0$，有

$$\Lambda=\frac{2\,\pi\,m}{k_3-k_1-k_2} \tag{1-184}$$

在三波相互作用的参量振荡过程中，泵浦光、信号光与闲频光应始终满足动量守恒与能量守恒条件，其标量形式为

$$\begin{cases}\dfrac{1}{\lambda_{\mathrm{p}}}=\dfrac{1}{\lambda_{\mathrm{i}}}+\dfrac{1}{\lambda_{\mathrm{s}}}\\ \dfrac{n_{\mathrm{p}}}{\lambda_{\mathrm{p}}}=\dfrac{n_{\mathrm{i}}}{\lambda_{\mathrm{i}}}+\dfrac{n_{\mathrm{s}}}{\lambda_{\mathrm{s}}}+\dfrac{m}{\Lambda}\end{cases} \tag{1-185}$$

式中：下标 p 表示泵浦光，s 表示信号光，i 表示闲频光。

下面的讨论仅对一阶准相位匹配进行分析，即 $m=1$ 的情况，则式（1-185）可整理为

$$\frac{n_p - n_i}{\lambda_p} - \frac{n_s - n_i}{\lambda_s} - \frac{1}{\Lambda} = 0 \tag{1-186}$$

PPLN 晶体是周期极化的铌酸锂晶体（$LiNbO_3$），具有较大非线性系数及较宽透射光谱范围。在 PPLN 晶体中掺杂 5% 的 MgO 能够将 PPLN 晶体的抗光折变损伤能力提高 100 倍，因此 MgO：PPLN 晶体在准相位匹配技术中被广泛应用。为利用 MgO：PPLN 晶体的最大非线性系数 d_{33}，一般使晶体的极化方向和参与相互作用的三波的偏振方向都沿晶体的 z 轴，此时所用泵浦光、信号光和闲频光均为 e 光偏振方向。式（1-186）中的折射率 $n_x(x = \mathrm{p,s,i})$ 由 PPLN 晶体的 e 光色散方程给出：

$$n_e^2 = a_1 + b_1 f + \frac{a_2 + b_2 f}{\lambda^2 - (a_3 + b_3 f)} + \frac{a_4 + b_4 f}{\lambda^2 - a_5^2} - a_6 \lambda^2 \tag{1-187}$$

其中

$$f = (T - 297.65)(T + 297.67) \tag{1-188}$$

式中：T 为温度（K）；其他参数见表 1-9。

表 1-9　PPLN 晶体的 e 光色散方程参数表

参数	取值	参数	取值
a_1	5.756	a_6	1.320×10^{-2}
a_2	0.098	b_1	2.860×10^{-6}
a_3	0.202	b_2	4.700×10^{-8}
a_4	189.320	b_3	6.113×10^{-8}
a_5	12.520	b_4	1.516×10^{-4}

由式（1-187）与式（1-188）可见，折射率 n 由真空波长 λ 和温度 T 共同决定，为了使泵浦波长和信号波长之间的关系更加清晰直观，下面忽略温度对极化周期 Λ 的影响，式（1-186）可写为

$$\frac{n_p(T,\lambda_p) - n_i\left[T, \frac{\lambda_s\lambda_p}{\lambda_s - \lambda_p}\right]}{\lambda_p} - \frac{n_s(T,\lambda_s) - n_i\left[T, \frac{\lambda_s\lambda_p}{\lambda_s - \lambda_p}\right]}{\lambda_s} - \frac{1}{\Lambda} = 0 \tag{1-189}$$

由式（1-189）可见，极化周期 Λ、工作温度 T 共同决定 λ_s 与 λ_p 的关系，因此可通过调节极化周期 Λ、工作温度 T 及泵浦光波长 λ_p，实现对信号光波长 λ_s 的调谐。

图 1-110 所示为当 MgO：PPLN 晶体的工作温度为 100 ℃时，使用 1 064 nm 基频光作为泵浦源的波长 - 极化周期调谐曲线。可以看出，通过改变晶体的极化周期，可以大幅调谐 PPLN-OPO 的信号光和闲频光波长，而改变温度所能实现的波长调谐范围相对较小。根据 MgO：PPLN 的周期调谐曲线，选择对应的周期为 21~31 μm，可以通过周期调谐的方式实现调谐范围为 1 280~1 600 nm 的信号光输出，同时还可以在固定周期情况下使用温度调谐的方式，以提高调谐精度。

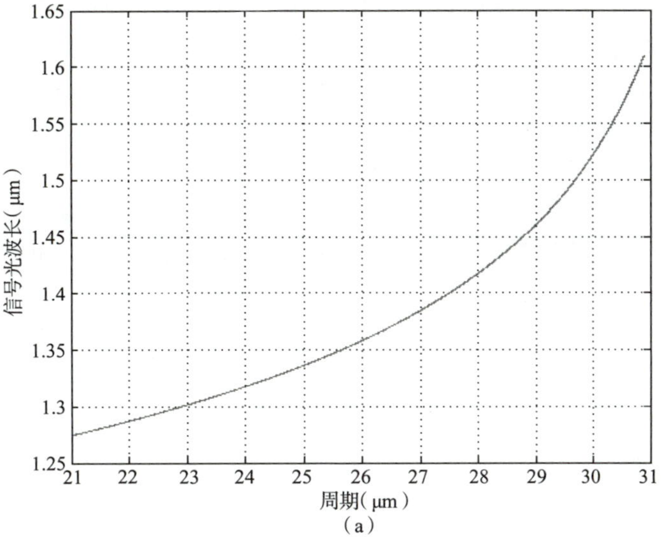

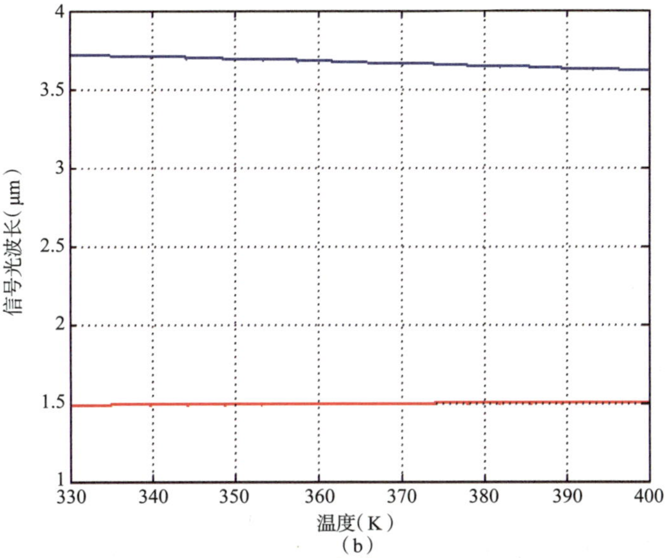

图 1-110　1 064 nm 基频光泵浦的 PPLN-OPO 的调谐曲线

(a) 周期 (T=100 ℃) ; (b) 温度 (Λ=30 μm)

1.4.2　拉曼激光器泵浦的高性能 OPO 及 OPG 研究

(1)一阶拉曼泵浦的 OPO

Ⅰ. 1 064 nm/1 176 nm 自拉曼激光器泵浦的 MgO:PPLN-OPO

图 1-111 所示为 1 064 nm/1 176 nm 自拉曼激光器泵浦 MgO: PPLN-OPO 的实验装置[36]。其分别使用 1 064 nm 与 1 176 nm 主动调 Q Nd:YVO_4 泵浦 MgO:PPLN 构成两种自拉曼激光器,其 OPO 信号光输出功率及转换效率与入射泵浦功率的关系曲线如图 1-112 所示。MgO: PPLN 晶体的工作温度由温控炉控制在 100 ℃。当入射 MgO: PPLN 晶体的 1 176 nm 拉曼光达到最大泵浦功率 3.64 W 时,1 576 nm 信号光的输出功率为 1.43 W,转换效率为 39.3%;最佳转换效率 44.9% 在 1 176 nm 入

射泵浦功率为 1.48 W 时获得。当入射 MgO：PPLN 晶体的 1 064 nm 拉曼光达到最大泵浦功率 3.73 W 时，1 431 nm 信号光的输出功率为 1.04 W，转换效率为 27.8%；最佳转换效率 35.8% 在 1 064 nm 入射泵浦功率为 1.78 W 时获得。可见，1 176 nm 拉曼光泵浦的 OPO 整体上比 1 064 nm 基频光泵浦的 OPO 的输出功率和转换效率高，主要原因如下：一方面，拉曼光具有脉冲宽度压窄的特性，在相同平均功率下，1 176 nm 拉曼光比 1 064 nm 基频光的峰值功率高，使 OPO 具有更高的增益，而获得更高输出功率；另一方面，由于 1 176 nm 拉曼光的光束质量更好，在相同的聚焦泵浦光斑半径下，晶体上的光斑发散角小，泵浦能量分布更均匀，与谐振腔中的信号光能够实现更好的匹配，从而提高了 OPO 过程的转换效率。

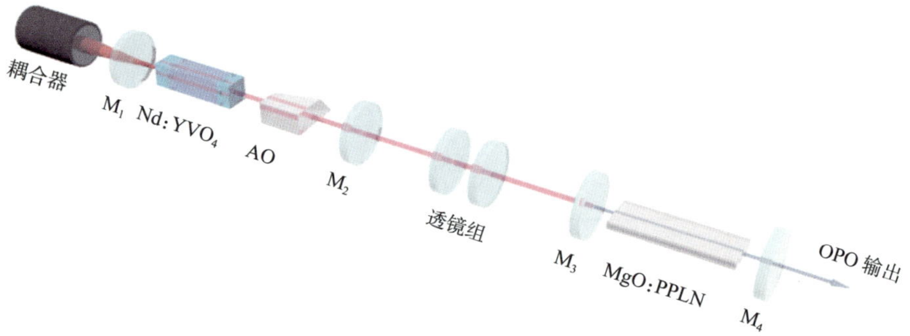

图 1-111　1 064 nm/1 176 nm 主动调 Q $Nd:YVO_4$ 激光器泵浦 MgO:PPLN-OPO 实验装置

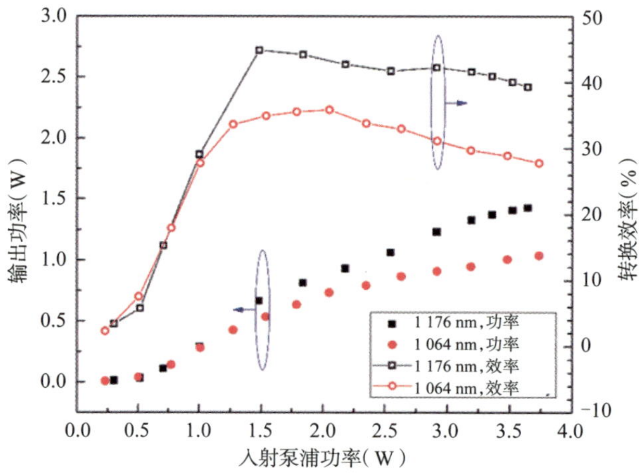

图 1-112　不同泵浦波长下，信号光输出功率与转换效率随入射泵浦功率的变化曲线（Λ=28.28 μm，T=100 ℃）

图 1-113 所示为不同 LD 入射功率下，使用刀口法测量的 1 431 nm 及 1 576 nm 信号光在水平方向上的光束质量 M^2 及光斑图。当 LD 泵浦功率为 17.56 W 时，入射 MgO：PPLN 晶体的 1 064 nm 基频光的功率为 2.34 W，可以得到输出功率为 0.79 W 的 1 431 nm 信号光，这时 1 064 nm 泵浦光 M^2=1.92，获得的 1 431 nm 信号光 M^2=2.8。在相同功率下，1 176 nm 拉曼光的入射功率为 2.55 W，M^2=1.52，能够得到 1.06 W 的 1 576 nm 信号光，测得 M^2=2.15[图 1-113（c）]。当 LD 泵浦功率为 25.98 W 时，入射 OPO 的 1 064 nm 基频光和 1 176 nm 拉曼光的功率分别为 3.73 W 和 3.64 W，其 M^2 分别为 2.23 和 1.78，可获得 1 431 nm 和 1 576 nm 信号光的输出功率分别为 1.04 W 和 1.43 W，

对应的 M^2 分别为 3.53 和 2.62[图 1-113（ b ）和（ d ）]。可以看出，无论是基频光还是拉曼光，泵浦得到的信号光的光束质量都比泵浦光的差，但由 1 176 nm 拉曼光泵浦 OPO 的光束质量劣化程度要低于由 1 064 nm 基频光泵浦 OPO 的光束。当 LD 功率为 17.56 W 时，基频光泵浦 OPO 的信号光与泵浦光 M^2 的比值为 1.46，而拉曼光泵浦 OPO 的信号光与泵浦光 M^2 的比值为 1.41；当 LD 功率为 25.98 W 时，基频光泵浦 OPO 的信号光与泵浦光 M^2 的比值为 1.58，高于由拉曼光泵浦 OPO 的信号光与泵浦光 M^2 的比值 1.47。

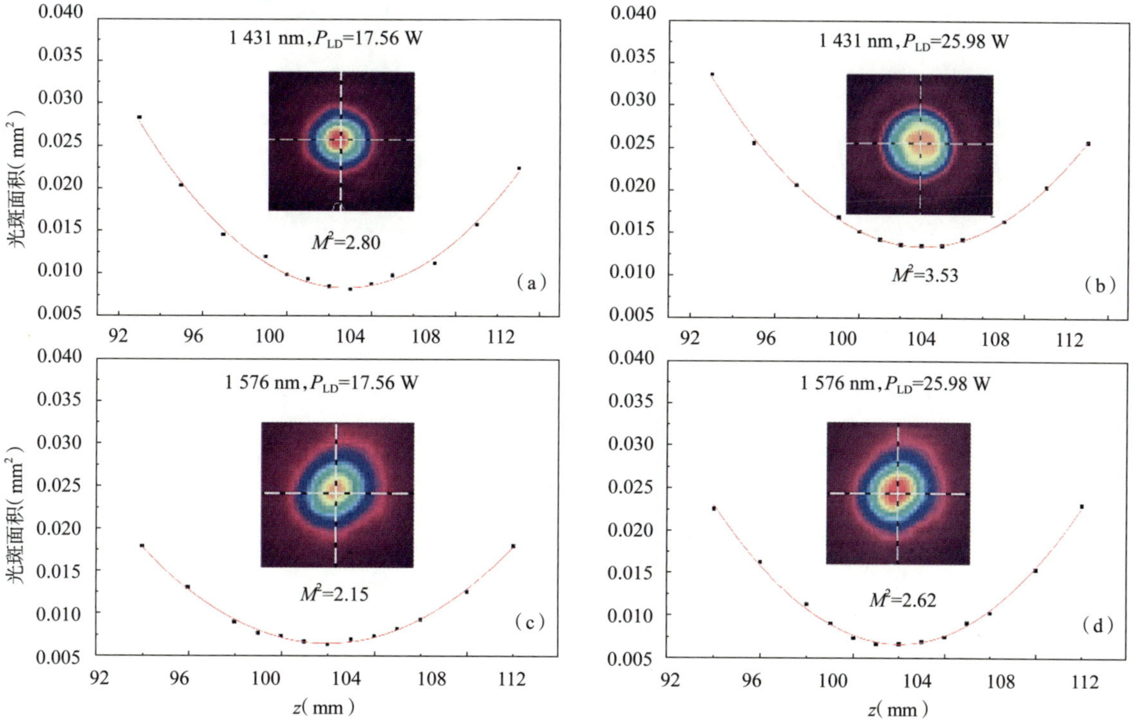

图 1-113　不同 LD 入射功率下，1 431 nm 及 1 576 nm 信号光的光束质量及光斑图

用 Yokogawa AQ6370D 型光谱仪采集最大 LD 功率为 25.98 W 时，1 064 nm 基频光、1 176 nm 拉曼光、1 431 nm 及 1 576 nm 信号光的精细光谱，如图 1-114 所示，分辨率为 0.02 nm。在图 1-114（ a ）和（ b ）中，1 064 nm 基频光与 1 176 nm 拉曼光的线宽近似，在半高全宽处为 0.1 nm。通过 OPO 过程产生的信号光线宽均有所展宽，如图 1-114（ c ）和（ d ）所示，但 1 431 nm 信号光的线宽约为 0.4 nm，大于 1 576 nm 信号光的线宽（ 约 0.3 nm ），这是由于 1 064 nm 基频光的光束质量比 1 176 nm 拉曼光差，从而会产生更大的相位失配量。

在最大 LD 功率下，使用 Thorlabs DET08C 型快速光电管和 Tektronix DPO2024B 型数字示波器采集 1 431 nm 与 1 576 nm 信号光的典型脉冲波形，如图 1-116 所示，二者的脉冲宽度分别为 6.36 ns 及 3.13 ns。在 1 176 nm 拉曼光泵浦下，通过调节温控炉改变 MgO：PPLN 晶体的工作温度，可以实现波长可调谐的信号光，其输出波长与温度的关系曲线如图 1-116 所示。随着温度从 60 ℃升高到 140 ℃，信号光波长由 1 572.6 nm 调谐至 1 580.3 nm。

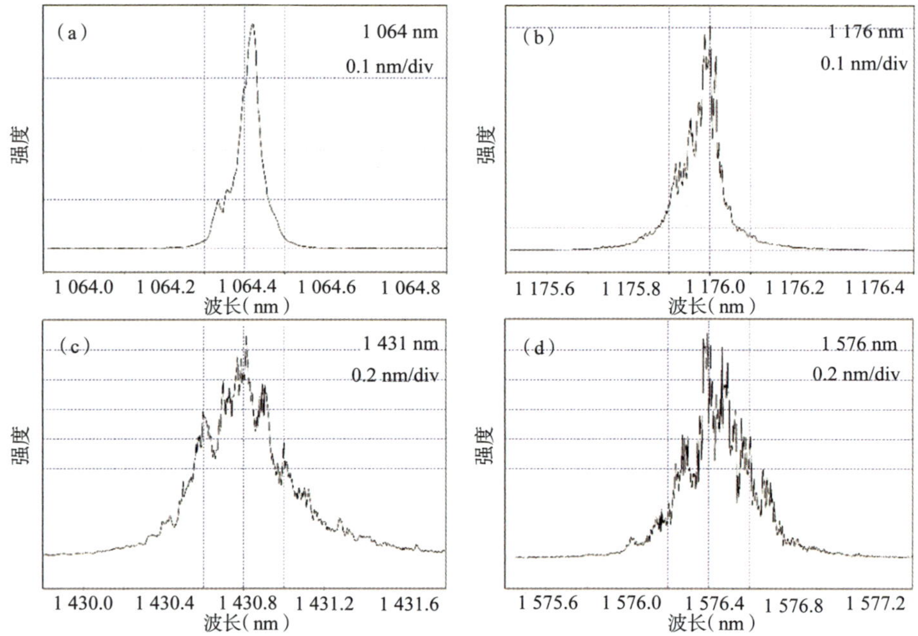

图 1-114　LD 功率为 25.98 W 时，基频光、拉曼光和 2 种信号光的精细光谱图

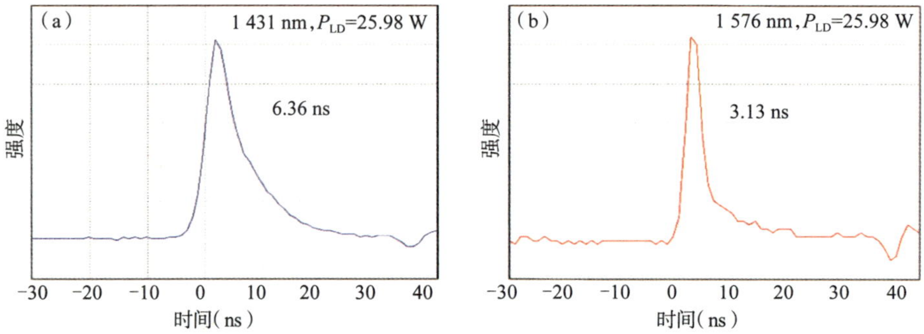

图 1-115　LD 功率为 25.98 W 时，1 431 nm 与 1 576 nm 信号光的典型脉冲波形

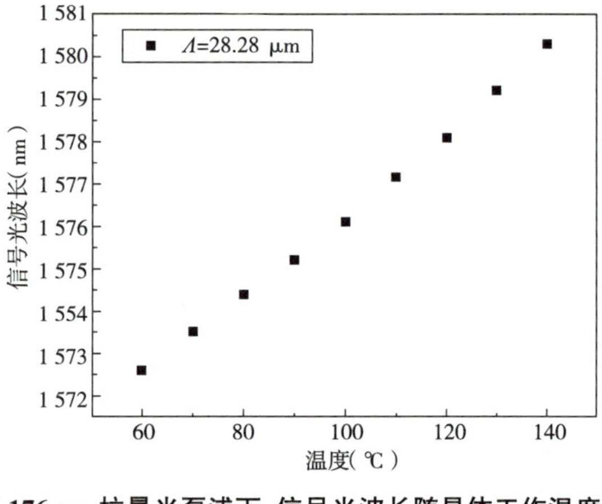

图 1-116　1 176 nm 拉曼光泵浦下，信号光波长随晶体工作温度的变化曲线

Ⅱ. 1 176 nm 复合腔拉曼光激光器泵浦 MgO:PPLN OPO

1 176 nm 复合腔拉曼光激光器泵浦 MgO: PPLN OPO 实验装置如图 1-117 所示[36]。首先测量不同极化周期下 MgO: PPLN OPO 在晶体工作温度为 100 ℃时的输出功率。图 1-118 所示为晶体极化周期分别为 29.08 μm、29.52 μm、29.98 μm 及 30.49 μm 时，信号光输出功率及其转换效率随 1 176 nm 入射泵浦功率的变化曲线。其中，1 176 nm 泵浦光受到反射镜 M_5 及透镜组的损耗，最大入射 MgO:PPLN 晶体的功率为 4.37 W。由图 1-118（a）可以看出，不同极化周期下信号光的输出功率趋势大体相同，但由于输出镜 M_4 对不同波长的透射率不同，随着泵浦功率的提高，不同波长信号光输出功率的差距开始变大。表 1-10 整理了不同极化周期对应的信号光波长、输出镜透射率以及在 1 176 nm 最大入射泵浦功率 4.44 W 下的信号光输出功率。在极化周期 Λ=30.49 μm 处得到最大信号光输出功率为 1.72 W，信号光波长为 1 663 nm。将极化周期改为 29.98 μm 时，1 639 nm 信号光在最大泵浦功率下的输出功率为 1.57 W；极化周期为 29.52 μm 时，1 620 nm 信号光的最高输出功率为 1.56 W；极化周期为 29.08 μm 时，1 603 nm 信号光的最高输出功率为 1.62 W。晶体极化周期为 30.49 μm、29.98 μm、29.52 μm 及 29.08 μm 时，信号光输出相对入射泵浦功率的转换效率分别为 39.4%、36.0%、35.7% 及 36.9%，如图 1-118（b）所示。

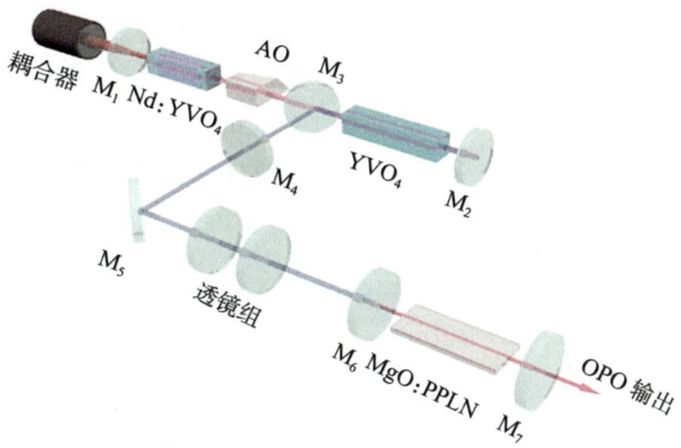

图 1-117　基于 1 176 nm 主动调 Q Nd:YVO$_4$/YVO$_4$ 复合腔拉曼激光器泵浦的 MgO:PPLN OPO 实验装置

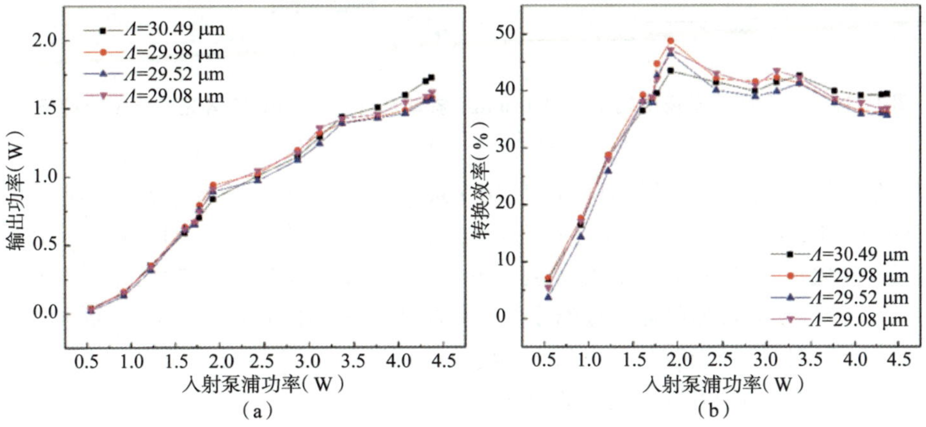

图 1-118　不同晶体极化周期下，信号光输出功率与转换效率随入射泵浦功率的变化曲线（T=100℃）

（a）信号光输出功率；（b）转换效率

表 1-10　不同极化周期对应的信号光波长、输出镜透射率及最高输出功率

极化周期(μm)	29.08	29.52	29.98	30.49
信号光波长(nm)	1 603	1 620	1 639	1 663
输出镜透射率(%)	13.0	11.5	11.5	16.3
最高输出功率(W)	1.62	1.56	1.57	1.72

由表 1-10 可以看出,输出镜透射率越大,则相应波长的信号光输出功率就越高。在实验中,由于泵浦聚焦光斑较小且 OPO 晶体较长,可以提供较大的增益,因此可以选择透射率稍高的输出镜对信号光进行耦合输出。考虑到透射率 T=16.3% 对应的 1 663 nm 信号光的最高输出功率与较低透射率对应的信号光输出功率相比会更大,使用更大透射率的输出镜有可能获得更高的信号光输出功率及转换效率。尽管输出镜对 1 620 nm 和 1 639 nm 信号光的透射率是一致的,但根据不同信号光的增益不同,且可以计算出相同泵浦功率密度下增益随极化周期的变大而增大,因此 Λ=29.98 μm 的信号光(1 639 nm)输出比 Λ=29.52 μm 的信号光(1 620 nm)输出略大一些。信号光输出相对入射泵浦功率的最大转换效率在极化周期 Λ=29.98 μm 下获得,当入射泵浦功率为 1.93 W 时, 1 639 nm 信号光输出功率为 0.94 W,其转换效率为 48.7%。

图 1-119 所示为用快速光电管(Thorlabs DET08C)和数字示波器(Tektronix DPO2024B)采集到的最大信号光输出功率下的 1 176 nm 泵浦光与 1 663 nm 信号光的典型脉冲波形。1 663 nm 信号光的脉冲宽度为 2.85 ns,短于 1 176 nm 泵浦光的脉冲宽度 4.58 ns。图 1-119(b)中的插图为 1 663 nm 信号光在最高输出功率 1.72 W 时的光斑图,其光束质量因子 M^2=2.54。

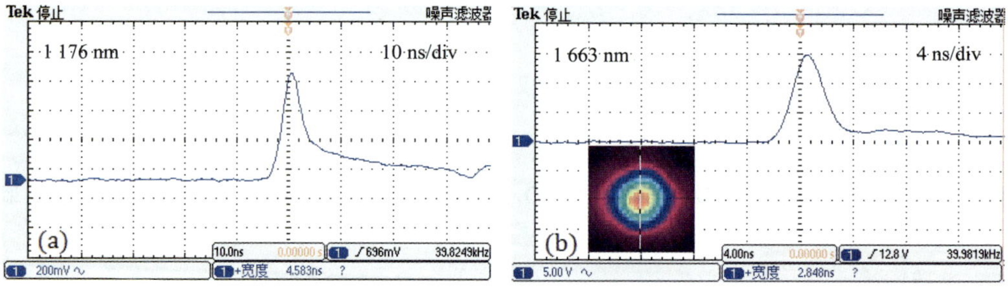

(a)　　　　　　　　(b)

图 1-119　最大信号光输出功率下,1 176 nm 泵浦光与 1 663 nm 信号光的典型脉冲波形

(a) 1 176 nm泵浦光; (b) 1 663 nm信号光

将晶体的工作温度恒定控制在 100 ℃,使用 Yokogawa AQ6375 型光谱分析仪观察 1 176 nm 拉曼光泵浦 MgO: PPLN OPO 在不同极化周期下的输出信号光波长,如图 1-120(a)所示。当极化周期由 28.28 μm 变化到 31.59 μm 时,信号光波长可以从 1 576 nm 调谐至 1 726 nm。当固定极化周期为 30.49 μm 时,信号光波长随晶体工作温度的变化曲线如图 1-120(b)所示。当晶体的工作温度从 60 ℃上升到 140 ℃时,信号光波长可以从 1 656.6 nm 调谐至 1 670.3 nm。可以看出,信号光波长随极化周期的调谐速率要高于其随温度的调谐速率。

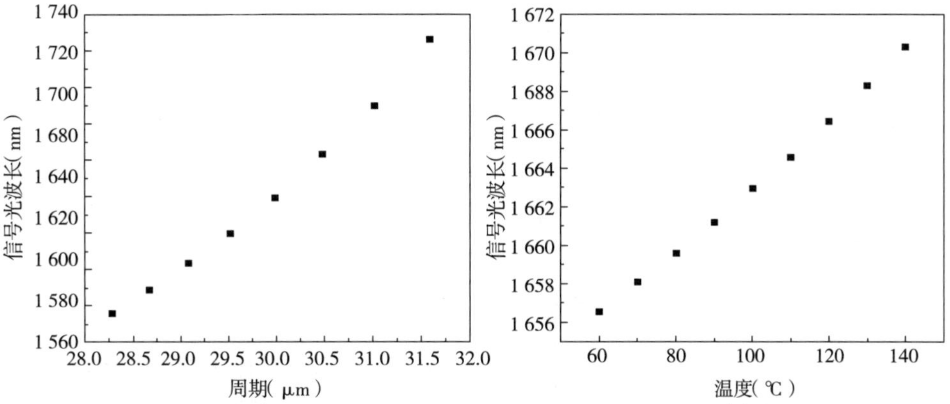

(a)　　　　　　　　　　　　(b)

图 1-120　信号光波长随极化周期和工作温度的变化曲线

（a）随极化周期的变化（T=100 ℃）；（b）随工作温度的变化（Λ=30.49 μm）

在提高泵浦功率的过程中,发现 MgO: PPLN OPO 的信号光的波长会随泵浦功率的升高而向长波方向漂移。于是观察 1 176 nm 泵浦光在不同功率下的输出波长如图 1-121(a)所示。图 1-121(b)和(c)所示分别为 1 576 nm 信号光和 1 663 nm 信号光的波长随 1 176 nm 泵浦光入射功率的变化曲线。当拉曼光功率从 1.22 W 提高到 4.37 W 时, 1 176 nm 泵浦光的中心波长从 1 175.95 nm 移动至 1 176.00 nm, 1 576 nm 信号光的中心波长从 1 576.15 nm 移动至 1 576.66 nm, 1 663 nm 信号光的中心波长从 1 662.94 nm 移动至 1 663.24 nm。尽管 1 176 nm 泵浦光的中心波长随功率的升高会小幅度地向长波方向偏移,但根据 MgO: PPLN 的准相位匹配理论计算得出相应信号光的波长偏移应小于 0.1 nm。因此,可以认为实验中信号光波长偏移的原因是随着泵浦功率的提升,MgO: PPLN 晶体中的热量增多,对信号光波长进行了一定程度的温度调谐。

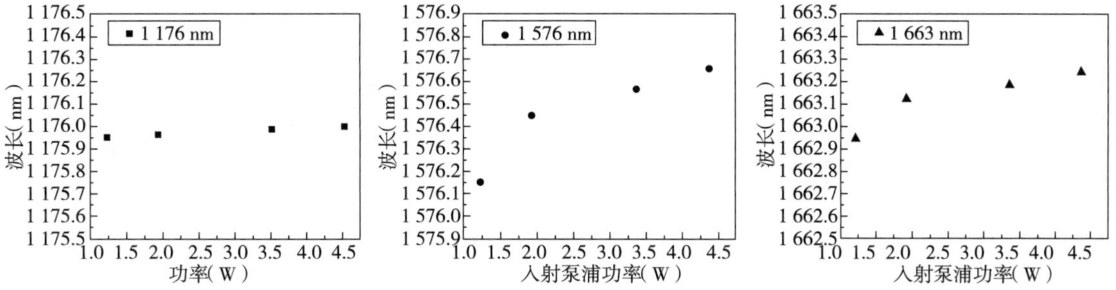

(a)　　　　　　(b)　　　　　　(c)

图 1-121　不同拉曼光功率下的泵浦光和信号光波长的变化

（a）1 176 nm泵浦光波长；（b）1 576 nm信号光波长；（c）1 663 nm信号光波长

(2)二阶拉曼泵浦的 OPO

二阶拉曼泵浦的 OPO 的实验装置如图 1-122 所示[36-37]。

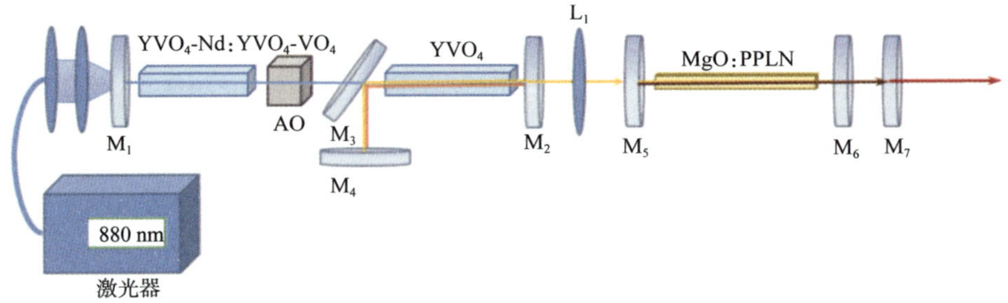

图 1-122 二阶拉曼光泵浦的 MgO:PPLN OPO 实验装置

图 1-123 所示为晶体工作温度为 93 ℃、不同透射率下的信号光输出功率随入射拉曼光功率的变化曲线。当透射率不同时,信号光阈值不同,输出镜透射率越高,阈值相对越高, 10%、15%、20% 的 1 855.5 nm 信号光透射率对应的阈值分别为 130 mW、210 mW 和 280 mW;当透射率不同时,信号光输出功率也不同,输出镜透射率为 10%~20% 时,透射率越高,信号光输出功率越高,在 4.0 W 的 1 313 nm 最高入射泵浦功率下, 10%、15% 和 20% 透射率的输出镜对应的信号光最高输出功率分别为 1.36 W、1.49 W 和 1.57 W,相应的二阶拉曼光到信号光的转换效率分别为 34.4%、37.8% 和 39.7%。图 1-123(b)所示为二阶拉曼光到信号光的转换效率随 1 313 nm 拉曼光入射功率的变化曲线, 1 313 nm 拉曼光入射功率为 0.87 W 时, 10% 和 15% 透射率的输出镜对应的拉曼光到信号光的光 - 光转换效率最高,分别为 48.4% 和 53.4%,此时信号光输出功率分别为 0.42 W 和 0.46 W;由于 20% 透射率的输出镜对应的阈值更高,出现拉曼光到信号光最高转换效率时的 1 313 nm 拉曼光入射功率更高,为 1.16 W,此时信号光输出功率为 0.64 W,相应的转换效率为 54.8%。与一阶拉曼光泵浦的情况对比, 1 313 nm 二阶拉曼光由于具有更高的光束质量,可以提供能量密度分布更加均匀的泵浦光,所以二阶拉曼泵浦时,阈值更低、效率更高,达到最高转换效率时的入射泵浦功率更低。

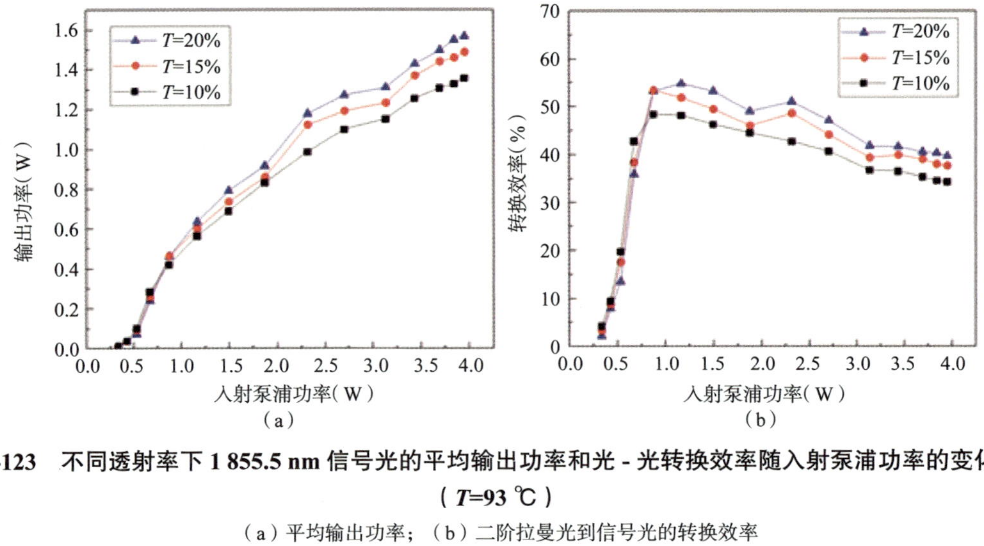

图 1-123 不同透射率下 1 855.5 nm 信号光的平均输出功率和光 - 光转换效率随入射泵浦功率的变化曲线 (T=93 ℃)

(a)平均输出功率; (b)二阶拉曼光到信号光的转换效率

通过上述实验,可以看出受激拉曼散射的光束清理效应在级联过程中依然起作用,高阶拉曼光比低阶拉曼光拥有更好的光束质量,使用光束质量更好的二阶拉曼光作为泵浦源进行 OPO 实验,可以获得更低的阈值和更高的光 - 光转换效率,为受激拉曼散射技术和 OPO 技术的结合提供了更灵活的方式。

(3)双波长泵浦的 OPO

首先,对双波长泵浦的 MgO:PPLN OPO 的周期进行设计。PPLN 晶体的非线性系数大、透光范围宽,在 PPLN 晶体中掺杂 MgO 能够提高其损伤阈值。对掺杂浓度为 5% 的 MgO:PPLN 的折射率进行数值模拟,具体参数见表 1-11。PPLN 晶体的 e 光色散方程为

$$n_e^2 = a_1 + b_1 f + \frac{a_2 + b_2 f}{\lambda^2 - (a_3 + b_3 f)} + \frac{a_4 + b_4 f}{\lambda^2 - a_5^2} - a_6 \lambda^2 \tag{1-190}$$

$$f = (T - 24.5)(T + 570.82) \tag{1-191}$$

式中:T 为热力学温度(K)。

表 1-11 PPLN 晶体的 5%MgO 掺杂浓度 e 光色散方程参数表

参数	取值	参数	取值
a_1	5.756	a_4	189.320
a_2	0.098	a_5	12.520
a_3	0.202	a_6	1.320×10^{-2}
b_1	2.860×10^{-6}	b_3	6.113×10^{-8}
b_2	4.700×10^{-8}	b_4	1.516×10^{-4}

由图 1-124 可以看到,波长越长,PPLN 晶体的折射率越小。由式(1-190)与式(1-191)可知,折射率 n 由 λ 和 T 共同决定,忽略温度对 Λ 的影响,则有

$$\frac{n_p(T,\lambda_p) - n_i\left(T, \frac{\lambda_s \lambda_p}{\lambda_s - \lambda_p}\right)}{\lambda_p} - \frac{n_s(T,\lambda_s) - n_i\left(T, \frac{\lambda_s \lambda_p}{\lambda_s - \lambda_p}\right)}{\lambda_s} - \frac{1}{\Lambda} = 0 \tag{1-192}$$

由式(1-192)可以看到,Λ 和 T 共同决定了 λ_s 和 λ_p 之间的关系,可以通过控制 Λ 和 T 实现 MgO:PPLN-OPO 可调谐输出。

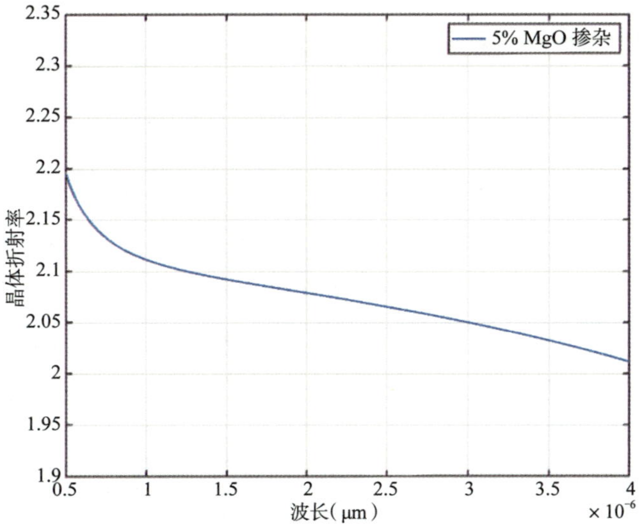

图 1-124 不同波长下的 PPLN 晶体折射率变化

使用 1 176 nm、1 313 nm 级联拉曼激光器泵浦 MgO：PPLN-OPO 能够实现双信号光输出，图 1-125 所示为其周期调谐曲线。当将极化周期固定为 27.6 μm 并改变晶体的工作温度时，PPLN 的温度调谐仿真结果如图 1-126 所示。可以看出，改变晶体工作温度带来的波长调谐幅度并不大，所以需要与周期调谐相结合，实现较快的波长调谐，并拓展调谐范围。

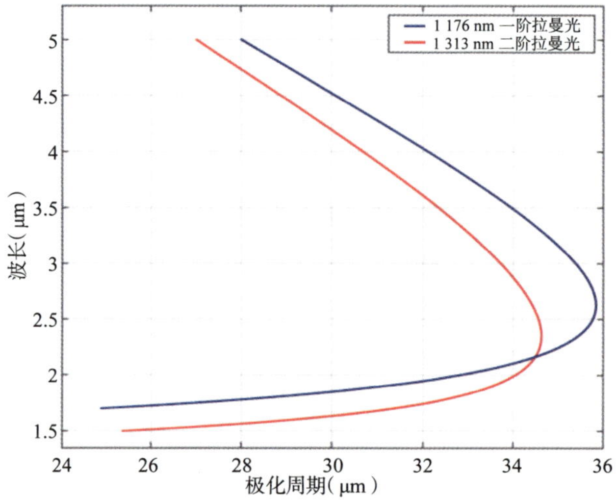

图 1-125　80 ℃时 1 176 nm 一阶拉曼光及 1 313 nm 二阶拉曼光 MgO:PPLN OPO 的周期调谐曲线

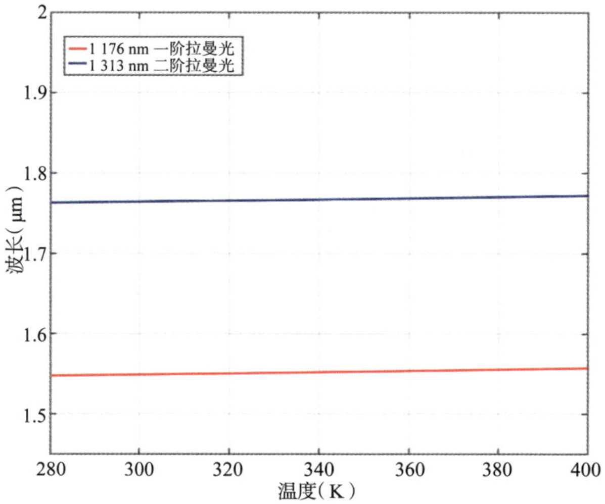

图 1-126　1 176 nm 一阶拉曼光及 1 313 nm 二阶拉曼光泵浦 MgO:PPLN OPO 输出波长 - 温度调谐曲线 (Λ=27.6 μm)

由图 1-125 可知，晶体的极化周期为 34.4 μm 时，1 176 nm 一阶拉曼光及 1 313 nm 二阶拉曼光作为泵浦源的信号光波长相近，在此极化周期下进行温度调谐，可以实现波长差较小且可调的双波长输出，如图 1-127 所示。

利用双波长级联拉曼激光器泵浦 MgO：PPLN 晶体，通过周期及温度调谐达到双信号光输出、波长间隔可调的目的。在极化周期为 27.6 μm、29.1 μm、31.4 μm、32.1 μm 时，实现了大间隔双信号光稳定运转。

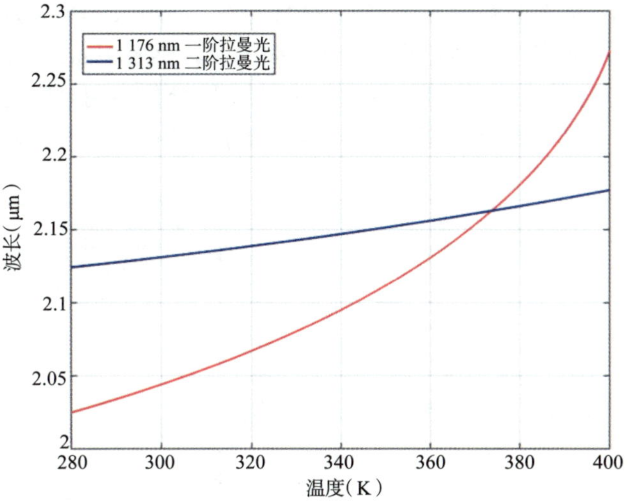

图 1-127　1 176 nm 一阶拉曼光及 1 313 nm 二阶拉曼光泵浦 MgO:PPLN OPO 输出波长 - 温度调谐曲线（Λ=34.4 μm）

在 50~130 ℃的温度范围内，以每 10 ℃为一个梯度测量晶体不同极化周期下的信号光光谱，并绘制信号光波长 - 温度调谐曲线，如图 1-128 所示，27.6 μm、29.1 μm、31.4 μm 和 32.1 μm 晶体极化周期对应的信号调谐范围分别为 1 550.4~1 556.9 nm、1 767.5~1 773.3 nm，1 597.9~1 604.7 nm、1 816.9~1823.0 nm，1 704.4~1 722.8 nm、1 917.2~1 928.6 nm，1 745.1~1 763.9 nm、1 952.3~1 963.7 nm。泵浦源为 1 176 nm 一阶拉曼光时，极化周期改变带来的波长改变约为 43.3 nm/μm，温度变化带来的波长变化约为 1.58 nm/10 ℃。泵浦源为 1 313 nm 二阶拉曼光时，极化周期改变带来的波长改变约为 41.1 nm/μm，温度变化带来的波长变化约为 1.08 nm/10 ℃。可以看到，1 176 nm 泵浦 PPLN OPO 时的波长调谐速率要大于 1 313 nm 泵浦 PPLN OPO 时的波长调谐范围，这和 PPLN 调谐曲线的数值模拟结果是一致的。

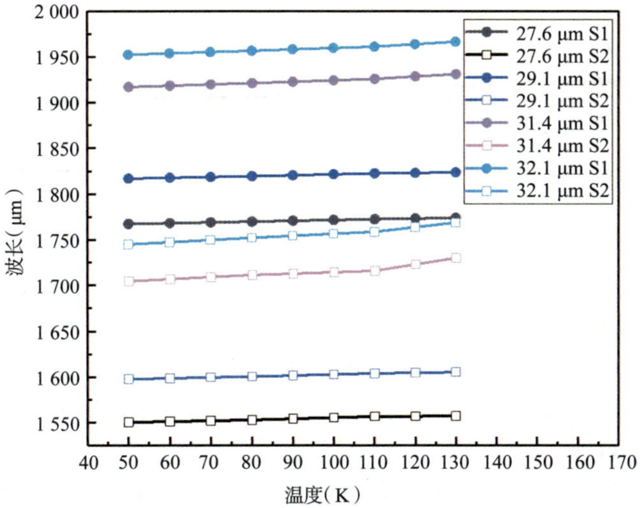

图 1-128　1 176 nm 和 1 313 nm 拉曼光泵浦 MgO:PPLN OPO 的信号光波长 - 温度调谐曲线

晶体的工作温度为 88 ℃时，MgO：PPLN OPO 的输出特性如图 1-129 所示。由于镜片损耗，进入非线性晶体的级联拉曼光的最高功率为 3.33 W。图 1-129（a）所示为极化周期为 27.6 μm、29.1 μm、31.4 μm 和 32.1 μm 时，信号光的输出功率曲线及转化效率曲线。由于输出镜镀膜范围过宽，不同波段时的透射率有所差异，伴随泵浦功率升高，不同极化周期对应的输出功率的差距变大。表 1-12 给出了不同极化周期时，泵浦功率为 3.33 W 时 MgO:PPLN OPO 的输出特性。

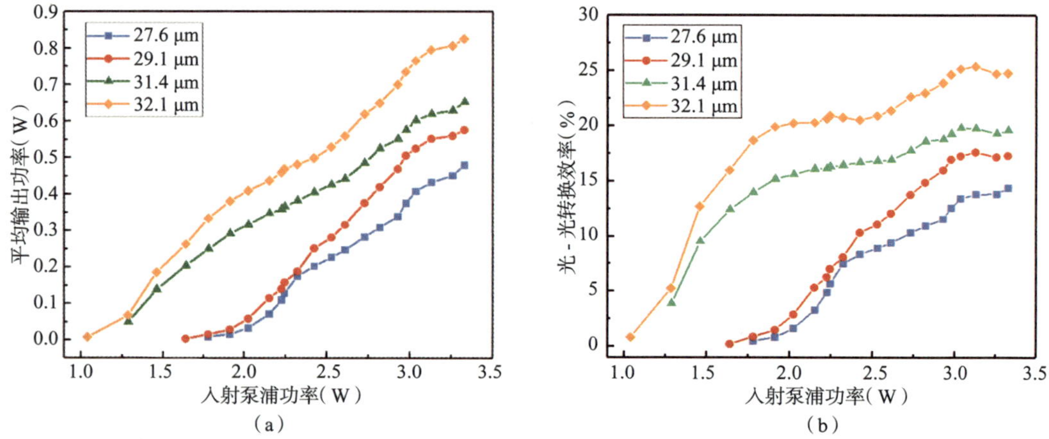

图 1-129 不同极化周期下双波长信号光的平均输出功率和光 - 光转换效率随入射泵浦功率的变化曲线（透射率为 20%，温度为 88 ℃）

（a）平均输出功率曲线；（b）光-光转化效率曲线

表 1-12 极化周期为 27.6 μm、29.1 μm、31.4 μm、32.1 μm 时的 OPO 输出特性

极化周期（μm）	输出镜透射率（%）	信号光波长（nm）	最高输出功率（W）	最大转换效率（%）
27.6	12.0 11.5	1 554.1 1 770.8	0.479	14.4
29.1	11.5 12.3	1 601.8 1 820.4	0.576	17.6
31.4	11.5 12.5	1 712.8 1 922.9	0.652	19.8
32.1	16.3 12.5	1 754.5 1 958.0	0.826	25.4

由表 1-12 可以看出，输出镜透射率增加时，双波长信号光的总输出功率也在增大，进一步提高输出镜透射率有机会实现更高的输出功率和更高的转换效率。当输出镜对信号光的透射率基本相同时，因为不同信号光的增益不同，所以泵浦功率密度相同时，极化周期值越大，增益越高，当 Λ=32.1 μm 时，MgO: PPLN OPO 输出了 0.80 W 的 1 754.5 nm、1 958.0 nm 双波长信号光，最大转换效率为 25.4%，大于泵浦功率同为 3.1 W 时 Λ=31.4 μm 的信号光平均输出功率。

（4）双波长泵浦的 OPG

图 1-130 所示为泵浦光为 1 176 nm 拉曼光时，MgO: PPLN OPO 输出的不同信号光波长对应的最佳信号光与泵浦光的腰斑半径之比，晶体的工作温度设为 100 ℃。可以看出，良好的模式匹配要求信号光的光斑尺寸总是大于泵浦光的光斑尺寸，且其比值随着信号光波长的增加而变大。在

1 064 nm 基频光与 1 176 nm 拉曼光的泵浦下，信号光与泵浦光的腰斑的最佳比值随晶体极化周期的变化曲线如图 1-131 所示。在整个极化周期调谐范围内，1 176 nm 泵浦源对应曲线的斜率均小于 1 064 nm 泵浦源对应曲线的斜率，即周期变化时 1 176 nm 拉曼光泵浦下 w_s/w_p 的变化要小于 1 064 nm 基频光泵浦的情况。这表明在固定的腔型结构下，相比于 1 064 nm 泵浦源，周期调谐的过程对 1 176 nm 拉曼光泵浦的 MgO:PPLN OPO 的模式匹配影响更小。

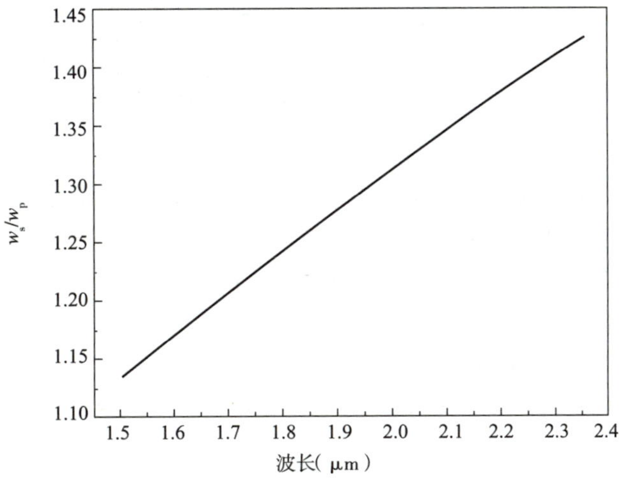

图 1-130　1 176 nm 拉曼光泵浦 MgO:PPLN 晶体时，信号光与泵浦光的最佳腰斑比值随信号光波长的变化曲线（ *T*=100 ℃ ）

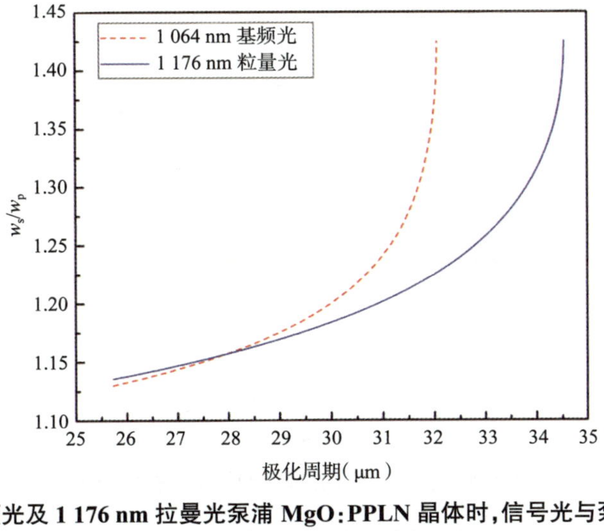

图 1-131　1 064 nm 基频光及 1 176 nm 拉曼光泵浦 MgO:PPLN 晶体时，信号光与泵浦光的最佳腰斑比值随晶体极化周期的变化曲线（ *T*=100 ℃ ）

基于受激拉曼散射的级联特性，使 Nd: YVO_4 自拉曼激光器同时输出 1 064 nm 基频光和 1 176 nm 一阶斯托克斯光，将双波长共同作为 MgO: PPLN 晶体的泵浦光，通过改变晶体的工作温度，在同一极化周期 Λ=31.59 μm 下实现可调谐的相近双波长运转，为产生频率差在太赫兹（THz）波段的双波长输出提供了一种结构简单紧凑、调谐方便、成本低廉的新方法。该实验装置如图 1-132 所示。

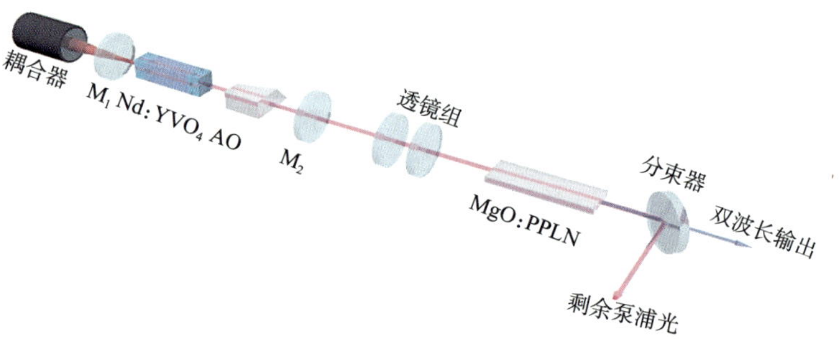

图 1-132　相近双波长输出的 MgO:PPLN OPG 实验装置

双波长泵浦光经过一块焦距为 300 mm 的透镜准直后，通过另一块焦距为 200 mm 的透镜聚焦，利用分光镜可以分别测得 1 064 nm 基频光斑半径约为 100 μm，1 176 nm 拉曼光斑半径约为 90 μm。将 MgO：PPLN 晶体置于泵浦束腰处，形成一个光学参量发生装置（OPG）。MgO：PPLN 晶体的尺寸为 1 mm × 12.3 mm × 35 mm，两端镀 1 064 nm 和 1 176 nm 高透膜（T>99%）以及 1 300~1 800 nm 高透膜（T>98.5%），选择极化周期 Λ=31.59 μm，并由温控炉控制晶体的工作温度。在 OPG 晶体后布置一块镀 1 064 nm 和 1 176 nm 高反膜且对 1.7 μm 波段透射率约为 85% 的分光镜，以便将剩余的泵浦光与 OPG 输出进行分离，该分光镜的材质是 K9 玻璃，对闲频光吸收很大，因此 OPG 输出中仅包含信号光。

分光镜后测得的 1.7 μm 相近双波长信号光的总输出功率随 1 064 nm 及 1 176 nm 总入射泵浦功率的变化曲线如图 1-133 所示。在最大总入射泵浦功率 5.83 W 下，可以获得 1.7 μm 相近双波长信号光的总输出功率为 1.134 W，考虑到分光镜对信号光有接近 15% 的衰减，实际获得的相近双波长信号光的总输出功率更高。

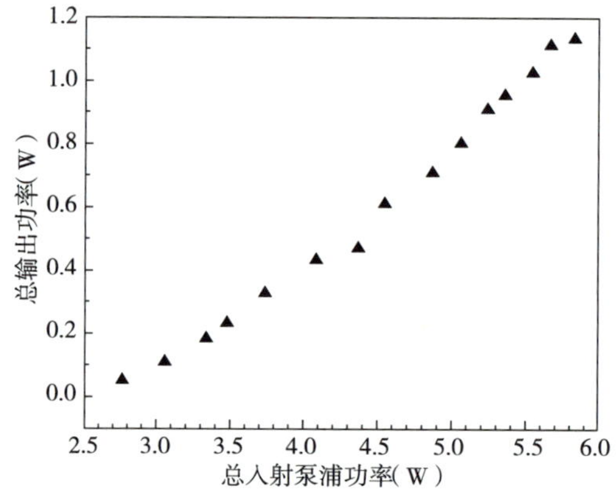

图 1-133　1.7 μm 相近双波长信号光的总输出功率随总入射泵浦功率的变化曲线

使用快速光电管（Thorlabs DET08C）和数字示波器（Tektronix DPO2024B）观察不同总入射泵浦功率下，1.7 μm 相近双波长信号光的波形。两个信号光的脉冲波形始终重叠在一起，说明 1.7 μm 相近双波长信号光是同步输出的。当 LD 泵浦功率为 8.8 W，即双波长总入射泵浦功率为 2.76 W 时，1.7 μm 双波长信号光的脉冲宽度为 13 ns；当 LD 泵浦功率为 21.96 W，即双波长总入射泵浦功率为 5.83 W 时，1.7 μm 双波长信号光的脉冲宽度减小为 4.76 ns。

固定晶体极化周期为 31.59 μm，对 MgO：PPLN OPG 进行温度调谐。图 1-134 所示为不同工作温度下 1.7 μm 相近双波长信号光的中心波长随晶体工作温度的变化曲线。可以看到，1 064 nm 基频光产生的信号光随温度的调谐速率比 1 176 nm 拉曼光产生的信号光的调谐速率快。在 70 ℃附近,两个信号光的中心波长近似相等,随着工作温度的上升或下降,两个信号光的中心波长相互分离。当工作温度为 110 ℃时，1 064 nm 基频光对应的信号光中心波长为 1 777 nm，1 176 nm 拉曼光对应的信号光中心波长为 1 729.5 nm,两个信号光的频率差为 4.64 THz。如果继续升高工作温度，两个信号光之间的频率差可以进一步增大。通过选择合适的晶体极化周期和工作温度,可以实现频率差在 THz 波段的相近双波长的连续调谐。

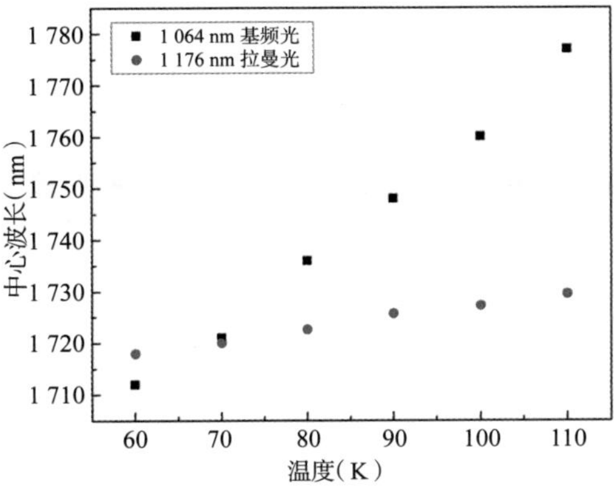

图 1-134　1.7 μm 相近双波长信号光的中心波长随晶体工作温度的变化曲线

图 1-135 所示为泵浦光为 1 176 nm 拉曼光时，MgO：PPLN OPO 输出的不同信号光波长对应的最佳信号光与泵浦光的腰斑半径之比，晶体工作温度为 100 ℃。可以看出，良好的模式匹配要求信号光的光斑尺寸总是大于泵浦光的光斑尺寸，且其比值随信号光波长的增大而变大。在 1 064 nm 基频光与 1 176 nm 拉曼光的泵浦下，信号光与泵浦光的腰斑的最佳比值随晶体极化周期的变化曲线如图 1-136 所示。可见，在整个极化周期调谐范围内，1 176 nm 泵浦源对应曲线的斜率均小于 1 064 nm 泵浦源对应曲线的斜率，即周期变化时 1 176 nm 拉曼光泵浦下 w_s/w_p 的变化小于 1 064 nm 基频光泵浦的情况。这表明在固定的腔型结构下，相比于 1 064 nm 泵浦源，周期调谐的过程对 1 176 nm 拉曼光泵浦的 MgO：PPLN OPO 的模式匹配影响更小。

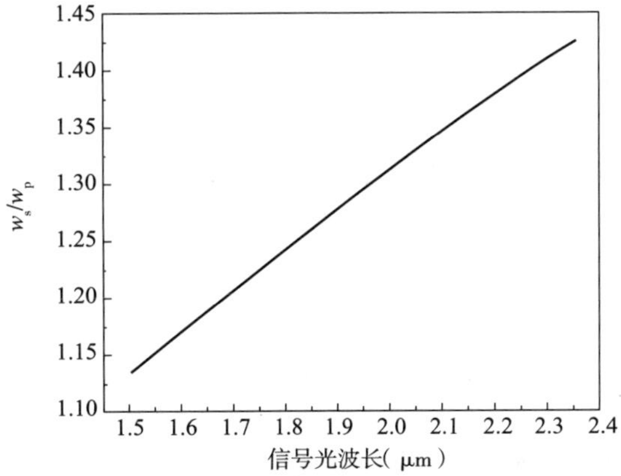

图 1-135　1 176 nm 拉曼光泵浦 MgO：PPLN 晶体时，信号光与泵浦光的最佳腰斑比值随信号光波长的变化曲线（T=100 ℃）

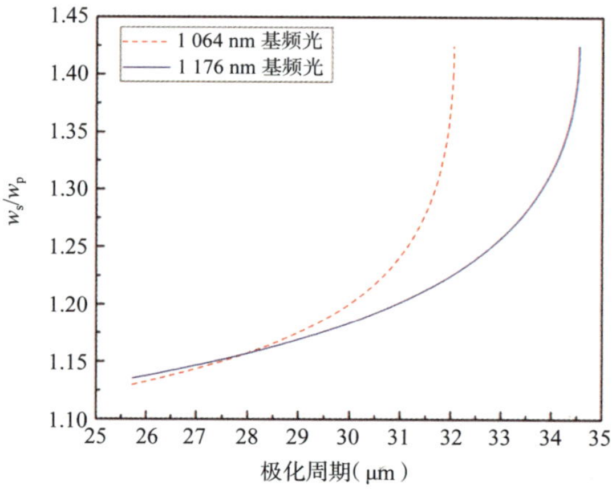

图 1-136 1 064 nm 基频光及 1 176 nm 拉曼光泵浦 MgO:PPLN 晶体时,信号光与泵浦光的最佳腰斑比值随晶体极化周期的变化曲线(T=100 ℃)

基于二阶非线性效应的 OPO 由于多种调谐方式在拓展激光波长方面占据重要地位,一直以来都是非线性频率变换领域的一个重要研究内容,在激光雷达、激光探测、高分辨率光谱分析、环境监测和红外对抗等众多领域发挥作用。OPO 输出性能受到泵浦源功率、光束质量等因素影响,高质量泵浦源对于高性能 OPO 具有重要意义。基于受激拉曼散射三阶非线性效应的拉曼激光器具有脉冲宽度压缩、光束自清理、级联特性等独特性质,不借助任何外部光束整形器件就可以得到高功率、高光束质量的一阶和高阶拉曼光。将拉曼激光器作为 OPO 的泵浦源,不仅可以得到性能优良的 OPO,而且可以实现受激拉曼散射与 OPO 两种非线性频率变换技术的良好结合,为进一步拓展激光波长提供了可靠手段。

双波长级联拉曼激光器只能通过更换输出镜透射率的方式对 1 176 nm 一阶拉曼光和 1 313 nm 二阶拉曼光的功率比例进行调节,可以在拉曼谐振腔内加入腔损元件,对其中一种波长增益进行抑制,以调节其功率比例。1 176 nm 一阶拉曼光泵浦的 OPO 工作在 2 μm 附近时,相对靠近简并点,可采用体光栅作为腔镜或采用种子注入的方式对信号光的线宽进行窄化。目前,实验中所用的 1 064 nm 端面泵浦固体激光器的功率有限,采用侧面泵浦的方式能够获得更高的拉曼光功率;同时,可对 OPO 功率输出特性进行模拟,进一步优化谐振腔参数,以提升其转换效率,从而得到更高的信号光功率。

1.4.3 钛宝石泵浦 OPO

(1)脉冲钛宝石激光器泵浦的连续可调谐 PPLN-OPO

衡量宽带光源性能最主要的两个指标是功率水平和光谱宽度,而全固态准连续波长调谐的钛宝石 PPLN-OPO 不仅具有全固态激光器功率水平高、结构紧凑、价格便宜等优势,还具有准相位匹配 OPO 的宽带可调谐,体积小的优点,在医学成像、环境监测、光纤通信、光谱分析、光电对抗及光传感等领域具有重要的科学研究价值和广阔的应用前景。而作为泵浦源的钛宝石激光器是迄今为止输出光谱在红外和近红外波段调谐范围最宽的固体激光器之一,并且它的转换效率高、运转方便,可用多种不同波长光源泵浦。当采用准连续运转方式时,由于钛宝石的增益开关作用,钛宝石激光的脉冲宽度与泵浦源相比可降低一个数量级,极大地提高峰值功率,它是 PPLN-OPO 的理想泵浦源。

首先,进行钛宝石激光泵浦的 PPLN-OPG 实验,实验装置如图 1-137 所示。PPLN 晶体的极化周期为 27 μm，尺寸为 10 mm × 0.5 mm × 20 mm，采用 HC Photonics 公司的温控炉控制晶体的工作温度。将钛宝石激光器输出波长调谐到 940 nm，使输出光通过焦距为 100 mm 的透镜耦合进 PPLN。

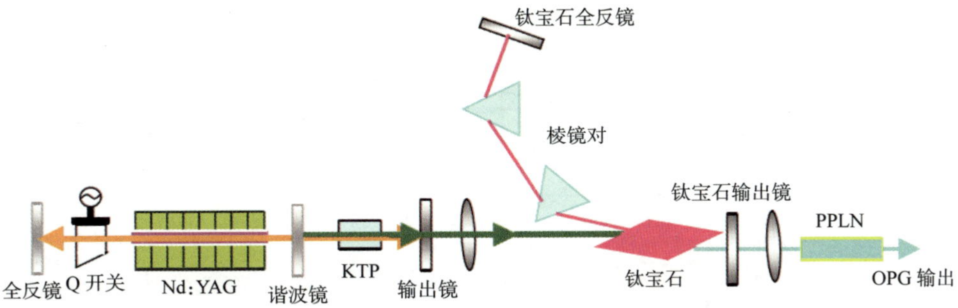

图 1-137　钛宝石激光器外腔泵浦 PPLN-OPG 实验装置

随后，进行钛宝石激光泵浦的 PPLN-OPO 实验，实验装置如图 1-138 所示。OPO 谐振腔采用平 - 平腔，输入镜和输出镜分别镀 1 480~1 540 nm 高反膜及透射率 T=15% 的膜，同时输入镜对 750~850 nm 钛宝石激光高透。

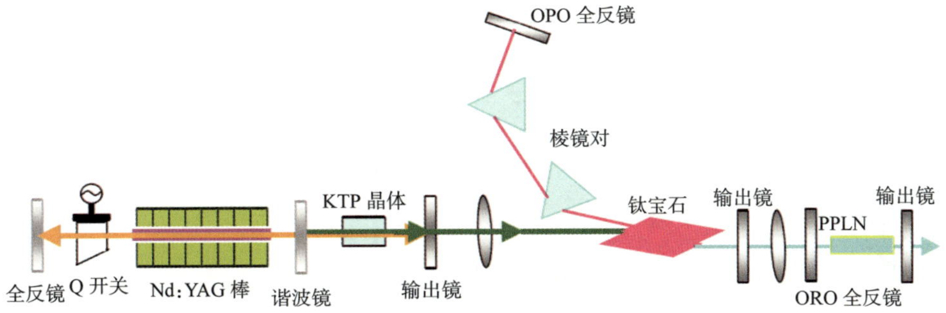

图 1-138　钛宝石激光器外腔泵浦 PPLN-OPO 实验装置

(2) 脉冲钛宝石激光器泵浦的连续可调谐 KTP-OPO

首先，用调 Q Nd: YAG 激光器的二次谐波泵浦钛宝石激光器，通过选择合适的相位匹配角度，可以连接信号光和闲频光的波长范围，在 1.261~2.532 μm 范围内进行连续调谐 [38]。实验使用 5 组不同反射率的输出镜对不同频段的信号光和闲频光进行振荡，在整个调谐范围内 OPO 输出脉冲能量可超过 8.4 mJ。

在理论模拟中，首先寻找光参量过程中信号光与闲频光波长范围连接的 KTP 的Ⅱ类相位匹配角（θ 和 φ）。图 1-139（a）和（b）所示为泵浦波长在 0.7~1 μm 范围内调谐时，对应的信号光和闲频光波长的变化，两组相位匹配角分别对应 θ=62.5°、φ= 0°，θ= 53°、φ= 90°。以图 1-139（a）为例，当基频光波长为 0.7~0.98 μm 时，信号光和闲频光波长可分别覆盖 1.255~1.593 μm 和 1.582~2.546 μm。因此，只需变换基频光波长，即可获得 1.255~2.546 μm 的连续输出光谱。

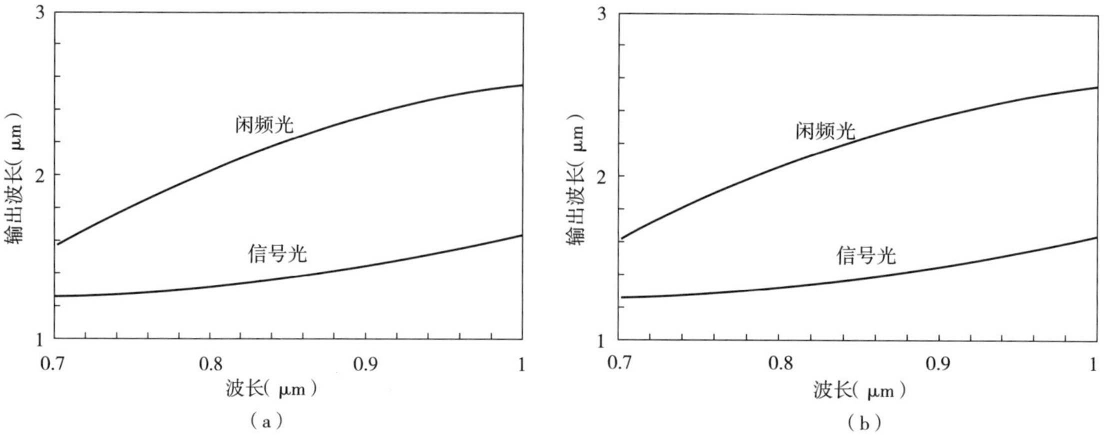

图 1-139　KTP 晶体在不同切割角度下的 OPO 调谐曲线

(a)θ= 62.5°、φ= 0°;(b)θ= 53°、φ= 90°

随后,计算两种切割角度晶体的有效非线性系数 d_{eff},结果如图 1-140(a)和(b)所示,二者分别对应图 1-139(a)和(b)的情况。由图可知,θ= 62.5°、φ= 0° 切割方式对应的有效非线性系数更大,不同泵浦波长对应的 d_{eff} 变化范围在 6.592~6.598 pm/V。

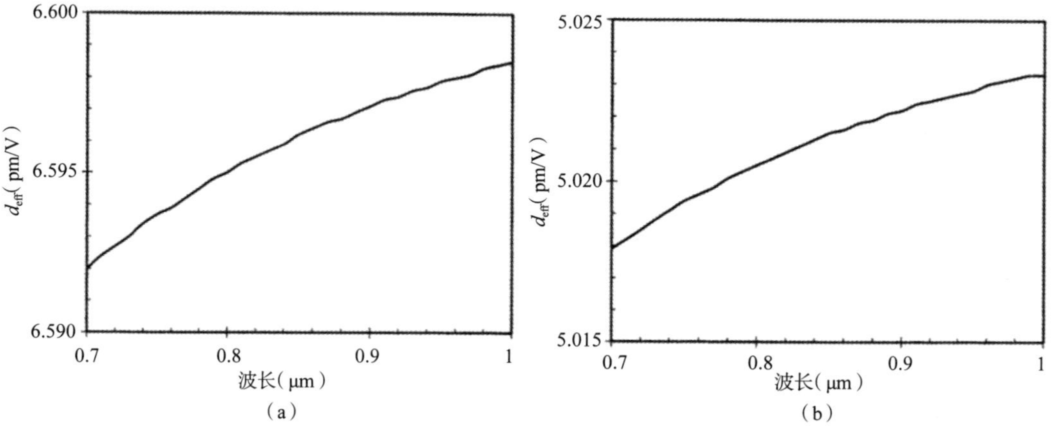

图 1-140　KTP 晶体在不同切割角度下 d_{eff} 随基频光波长的变化

(a)θ= 62.5°、φ= 0°;(b)θ= 53°、φ= 90°

钛宝石激光器泵浦的 KTP-OPO 的实验装置如图 1-141 所示,其中脉冲钛宝石激光器由经过倍频的 Nd:YAG 调 Q 激光器泵浦,可调谐范围为 0.7~0.98 μm。钛宝石激光器的单脉冲能量为 76.2 mJ(795 nm)到 31 mJ(980 nm),线宽约为 1.1 nm,输出发散角约为 1.2 mrad。KTP 晶体的角度参数 θ= 62.5°、φ= 0°,尺寸为 5 mm × 15.7 mm × 8.6 mm。晶体的两个通光端面均未镀膜。OPO 谐振腔采用平平腔结构。为获得足够高的输出脉冲能量的信号光和闲频光,采用了 5 组不同波长范围内的高反射率的反射镜作为谐振腔镜,包括 1.2~1.5 μm、1.49~1.8 μm、1.79~2.1 μm、2.09~2.4 μm 和 2.39~2.6 μm,并且它们对信号光的反射率均高于 99%。输出耦合镜的透射率为 89%~92%。OPO 谐振腔的总长度为 34 mm。钛宝石激光经过焦距为 500 mm 的透镜聚焦后形成直径为 2.3 mm 的光斑,焦点位于 KTP 晶体后方 1.4 mm 处,以避免晶体损坏。

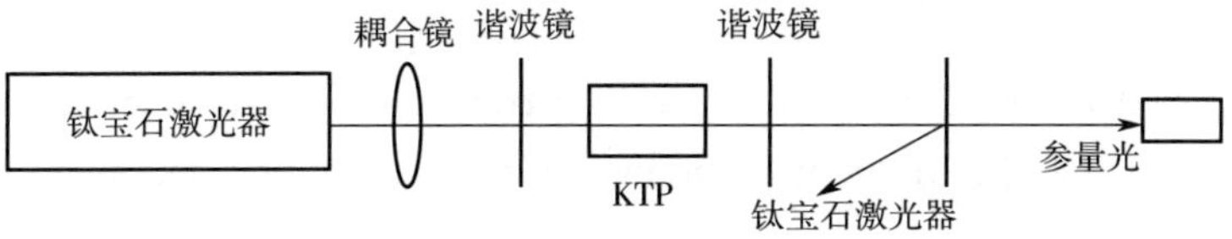

图 1-141　钛宝石激光器泵浦的 KTP-OPO 实验装置

结合 5 组谐振腔镜的实验结果，可得到如图 1-142 所示的调谐曲线。其中的数据点为实验数据，连续曲线为理论计算结果。当泵浦激光的调谐范围为 0.7~0.98 μm 时，获得了 1.261~1.599 μm 范围的信号光输出及 1.576~2.532 μm 范围的闲频光输出，振荡输出线宽度约为 1.7 nm。实验结果与理论计算结果一致，但有 10~14 nm 的差异。这种差异可能源于 KTP 和晶体切割角度的塞尔迈耶尔（Sellmeier）方程的轻微不准确。在 1.261~2.532 μm 的整个调谐过程中，OPO 振荡输出脉冲能量始终超过 8.4 mJ，转换效率在 28%~35.7%。

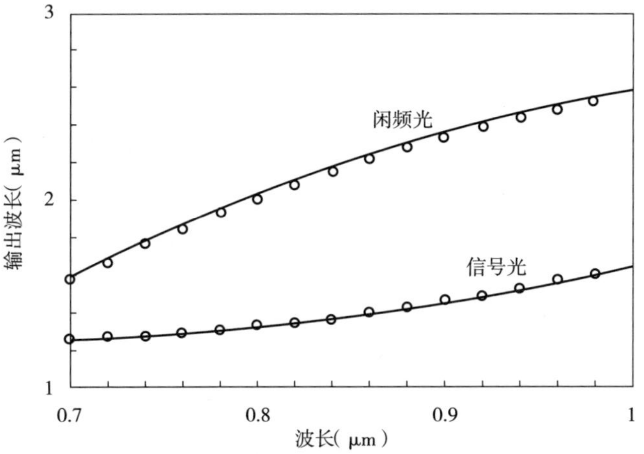

图 1-142　KTP-OPO 的调谐曲线

参考文献

[1] WALLING J C，PETERSON O G，JENSSEN H P，et al. Tunable alex andrite lasers[J]. IEEE journal of quantum electronics，1980，16(12)：1302-1314.

[2] MOULTON P F. Ti-doped sapphire：tunable solid-state laser[J]. Optics news，1982，8(6)：9.

[3] PETRICEVIC V，GAYEN S K，ALFANO R R，et al. Laser action in chromium-doped forsterite[J]. Appllied physics letters，1988，52(13)：1040.

[4] 邹跃 . 固体激光器增益开关特性及 $4I_{9/2} \rightarrow 4F_{3/2}$ 直接泵浦 Nd：YVO_4 激光器的研究 [D]. 天津：天津大学，2007.

[5] 邹雷 . 高功率钛宝石激光器及基于钛宝石激光器的频率变换的研究 [D]. 天津：天津大学，2004.

[6] 邹雷 . 全固态可调谐激光光源的研究 [D]. 天津：天津大学，2007.

[7] 马洪梅 . 全固态准连续双波长可调谐钛宝石激光器及光学差频产生 THz 波的研究 [D]. 天津：

天津大学，2007.
[8] EBRAHIM ZADEH M. Continuous-wave optical parametric oscillators[M]//BASS M，DECUSATIS C，ENOCH J M，et al. Handbook of Optics. 3rd edition. New York：McGraw-Hill，2010：17.1-17.33.
[9] 李港 . 激光频率的变换与扩展：实用非线性光学技术 [M]. 北京：科学出版社，2005.
[10] 钱士雄，王恭明 . 非线性光学：原理与进展 [M]. 上海：复旦大学出版社，2002.
[11] 赵家群 . 基于 MgO：PPLN 的中红外连续波光学参量振荡器技术的研究 [D]. 哈尔滨：哈尔滨工业大学，2011.
[12] 盛泉 . 中近红外连续波可调谐内腔 PPLN 光学参量振荡器研究 [D]. 天津：天津大学，2010.
[13] 孙冰 . 基于非线性频率变换技术的全固态黄光光源研究 [D]. 天津：天津大学，2008.
[14] 张海永 . PPLN 准相位匹配外腔中红外光学参量振荡器研究 [D]. 天津：天津大学，2014.
[15] 盛泉 . 共振泵浦在掺 Nd^{3+} 全固态激光器及非线性光学频率变换技术中的应用 [D]. 天津：天津大学，2013.
[16] 施翔春 . 利用光参量振荡器及和频产生 580 nm 附近可调谐激光的研究 [D]. 天津：天津大学，1996.
[17] 王睿 . 连续波内腔近红外 PPLN 光学参量振荡器及黄橙光源研究 [D]. 天津：天津大学，2008.
[18] SUN B，DING X，BAI Y T，et al. High-power high-repetition-rate tunable yellow light generation by an intracavity-frequency-doubled singly resonant optical parametric oscillator[J]. IEEE photonics journal，2020，12（3）：1502310.
[19] 张衡 . 全固态激光器热激发泵浦和综合泵浦技术研究 [D]. 天津：天津大学,2008.
[20] 殷苏嘉 . 基于双波长综合泵浦的固体激光器可控热管理研究 [D]. 天津：天津大学,2012.
[21] PIPER J A，PASK H M. Crystalline raman lasers[J]. IEEE journal of selected topics in quantum electronics，2007，13（3）：692-704.
[22] 刘树山 . LD 端面泵浦 Nd：KGW 激光器热效应的理论与实验研究 [D]. 济南：山东师范大学，2009.
[23] 吕少珍，杨文琴，郭丽花 . LD 泵浦光入射方向和偏振方向对钨酸钾钆激光晶体荧光性能的影响 [J]. 福建师范大学学报（自然科学版），2006，22（3）:55-58.
[24] OMATSU T，OJIMA Y，PASK H M，et al. Efficient 1181 nm self-stimulating Raman output from transversely diode-pumped Nd^{3+}：$KGd(WO_4)_2$ laser[J]. Optics communications，2003，232（1）：327-331.
[25] MILDREN R P，RABEAU J R. Optical engineering of diamond[M]. Berlin：Wiley-VCH Verlag GmbH & Co. KGaA，2013.
[26] BALMER R S，BRANDON J R，CLEWES S L，et al. Chemical vapourdeposition synthetic diamond：materials，technology and applications[J]. Journal of physics condensed matter，2009，21（36）：364221.
[27] FRIEL I，GEOGHEGAN S L，TWITCHEN D J，et al. Development of high-quality single crystal diamond for novel laser application[J]. Optics and photonics for counter-terrorism and crime fighting Ⅵ and optical materials in defence systems technology Ⅶ，2010，7838：783 819.
[28] 白振旭，杨学宗，陈晖，等 . 高功率金刚石激光技术研究进展 [J]. 红外与激光工程，2020，49

(12): 20 201 076.

[29] WOODBURY E, NG W. Ruby laser operation in near IR[J]. Proceedings of the institute of radio engineers, 1962, 50(11): 2367.

[30] DING S, ZHANG X, WANG Q, et al. Theoretical and experimental study on the self-Raman laser with Nd:YVO_4 crystal[J]. IEEE journal of quantum electronics, 2006, 42(9): 927-933.

[31] MURRAY J T, AUSTIN W L, POWELL R C. Intracavity Raman conversion and Raman beam cleanup[J]. Optical materials, 1999, 11(4): 353-371.

[32] GASKILL J D, BRACEWELL R N. Linear systems, fourier transforms and optics[M]. New York: Wiley, 1978.

[33] REINTJES J, LEHMBERG R H, CHANG R S F, et al. Beam cleanup with stimulated Raman scattering in the intensity-averaging regime[J]. Journal of the optical society of america B, 1986, 3(3): 1408-1427.

[34] LEVENSON M. The principles of nonlinear optics[M]. New York: Wiley, 1984.

[35] 赵家群 . 基于 MgO: PPLN 的中红外连续波光学参量振荡器技术的研究 [D]. 哈尔滨: 哈尔滨工业大学, 2011.

[36] 赵蕾 . 拉曼光泵浦的光学参量振荡器 [D]. 天津: 天津大学, 2020.

[37] LEI P, DING X, BAI Y T, et al. 1.8-μm MgO: PPLN optical parametric oscillator pumped by Nd:YVO_4/YVO_4 2nd-Stokes Raman laser[J]. Results in physics, 2021, 29: 104 703.

[38] YAO J Q, DING X, QIAO J Y, et al. Pump-tuning optical parametric oscillation and sum-frequency mixing with KTP pumped by a Ti: sapphire laser[J]. Optics communications, 2001, 192: 407-416.

第2章

激光应用技术

激光作为20世纪的重大发明之一，具有亮度高、相干性好、单色性好、方向性强的特点。将激光与相关技术相融合，形成了激光检测、激光显示、激光医疗等前沿交叉技术学科。相比于传统的检测技术，激光检测具有分辨率高、长时间相干等众多优点；相比于传统的显示技术，激光显示具有亮度高、色域宽、对比度高等优点；激光医疗作为无接触式诊疗方案，具有有利于伤口快速愈合的优势，因此受到了广泛的关注。针对以上激光应用技术，本章分别对激光测速、激光测量风洞流场、激光监测污染物、激光显示、激光对抗、激光加工等应用领域进行详细介绍，并对激光器的工程化设计进行简述。

2.1　时间和空间同时分辨的多点激光干涉测速技术

在冲击波物理、爆轰物理以及流体动力学等研究中，速度参量是可由实验手段精确、连续测量的物理量。速度不但可用来描述强冲击或爆炸作用下物质的物态方程、应变、剪切或断裂特性等参数，而且还能导出内能与熵变，给动高压物理的研究者与武器设计者提供大量的实验信息。因此，研究与发展先进的测速技术是国内外有关研究者长期以来关注的焦点，并成为影响动高压物理研究水平提高和武器发展的关键因素之一。

20世纪60年代以前，通常使用高速转镜照相或探针技术测量物质在强动载下的速度，由于时间分辨率较差（亚微秒），这些方法只能用于测量物体的平均速度。激光器问世后，激光干涉测速技术迅速发展，无论是时间分辨率还是测量精度都大大提高，使强冲击载荷下的瞬态速度测量成为可能。

2.1.1　时间和空间同时分辨的多点激光干涉测速技术原理

时间和空间同时分辨的多点激光干涉测速系统的结构如图2-1所示，大功率、连续、单频和偏振的氩离子激光器输出的激光经电光快门后输入平衡分光与耦合系统。实验时，系统工作在长脉冲（50~80 μm）状态，避免光电探测器长时间受光辐照。平衡分光与耦合系统（图2-2）根据被测点的状态和测量景深成比例地将入射激光分成多束（当各测点的反射率和测量景深基本相同时，它将入射激光等比例地分成多束；当各测点的反射率或测量景深不同时，它将按不同的比例进行分束）。然后，平衡分光与耦合系统将各激光束耦合到各自对应的输入光纤中。多根输入光纤将激光束传输到实验装置中，再由各激光束的光纤探头将出射激光成像，以辐照靶上的多个被测点或辐照多个不同的物体。来自各测点的漫反射激光由各激光束的光纤探头收集，并耦合到对应的信号光纤中。多根信号光纤将来自不同被测点且包含不同多普勒（Doppler）频移的漫反射激光传输到同一干涉系统进行相干与检测。在干涉系统中，首先平行光产生器将信号光纤输出的激光变成平行光束，然后平行光束经窄带干涉滤光片滤去杂光后进入干涉腔。为了确定因被测点的速度变化过大而引起的条纹数丢失，干涉腔被设计成双灵敏度的形式，如图2-3所示。双灵敏度式的特点是入射激光由分束 / 反射镜分成两束，分别进入左右两边具有不同长度的延迟标准具的干涉腔；测速时，可用左边或右边的单灵敏度干涉腔测量，也可同时用左右两种不同灵敏度的测速挡位进行测量。另外，左右两边的干涉腔都为共腔式立体结构，各测点的光束排列成多层进入同一干涉腔。因此，各测点既相互独立又有联系，可以利用相干理论分析测量的原理。

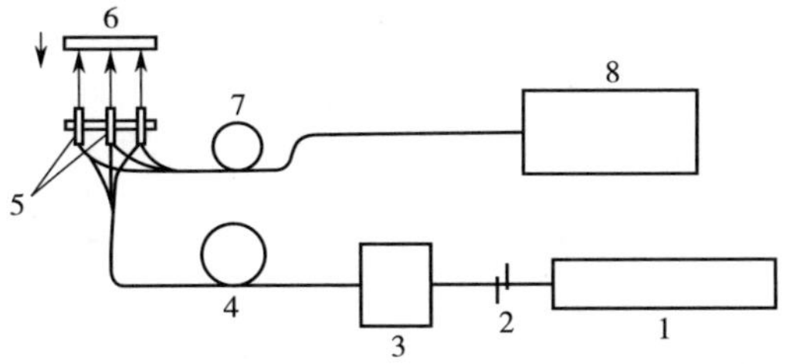

1—激光器；2—电光快门；3—平衡分光与耦合系统；4—输入光纤；5—光纤探头；6—靶板；7—信号光纤；8—多点激光干涉腔

图 2-1　时间和空间同时分辨的多点激光干涉测速系统示意图

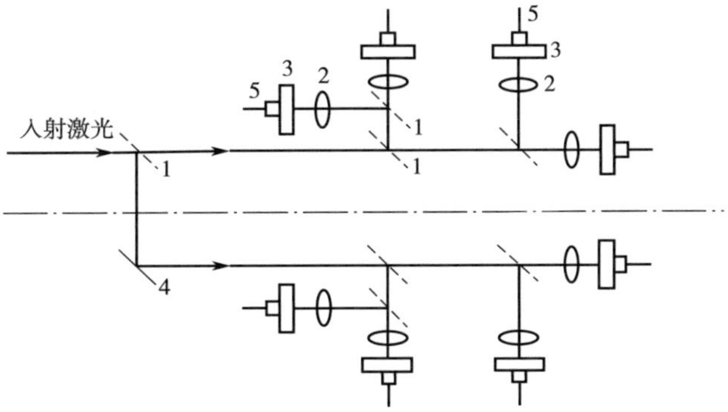

1—变比分束镜；2—透镜；3—光纤微调器；4—反射镜；5—输入光纤

图 2-2　平衡分光与耦合系统示意图

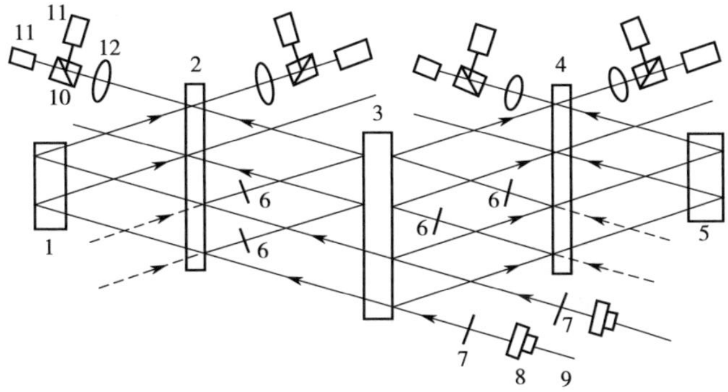

1、5—延迟标准具兼端反射镜；2—主分束器 1；3—公共端反射镜与分束器；4—主分束器 2；6—1/4 波片；7—干涉滤光片；8—平行光产生器；9—信号光纤；10—偏振分束器；11—光电倍增管；12—聚焦透镜

图 2-3　双灵敏度多点激光干涉测速系统的干涉腔俯视图

2.1.2　多点激光干涉测速技术理论研究和数值模拟

多点激光干涉测速技术主要涉及六个关键问题：激光器性能参数的确定；激光能量损耗的影响；信号光纤的模式色散对激光干涉测速的影响；干涉图的对比度及其影响因素；输出信号的信噪比与光电倍增管特性的关系；信号丢失及丢失条纹数的确定。本小节介绍相关的数值模拟方法，研究关键技术参数的变化规律和相关影响因素。

激光器的性能参数主要包括激光器的工作方式、工作波长、谱线宽度、输出功率和稳定性。在强动态加载下，材料的冲击压缩温度急剧上升，会产生非相干热辐射光。因此，激光器的工作波长需要接近光电探测器的阴极灵敏度峰值波长，且需要远离被测材料的热辐射发光的峰值波长，使干涉信号具有较大的输出幅度和信噪比。激光器的热辐射波长 λ_m(nm)与材料冲击压缩温度 T(K)之间的关系为

$$\lambda_m = \frac{2.896 \times 10^6}{T}$$

在黑体辐射定律下，$\lambda_m - T$ 的数值模拟曲线如图 2-4 所示。

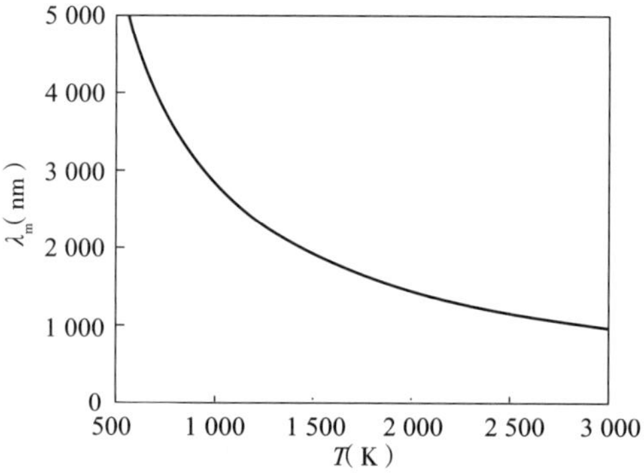

图 2-4　热辐射的峰值波长与温度的关系图

激光干涉测速系统通常使用光电倍增管作为探测器。当使用阴极光谱灵敏度为 300~650 nm、灵敏度峰值为 400 nm 的光电倍增管时，经分析确定，当激光器的工作波长接近 400 nm 时，系统的探测效果最理想。

对于激光的谱线宽度，条纹常数 k_f 与激光谱线宽度 $\Delta\lambda$ 的关系为

$$\Delta\lambda = k_f \lambda_0 / c \tag{2-1}$$

式中：$\Delta\lambda$ 为激光谱线宽度；k_f 为条纹常数；λ_0 为激光的工作波长；c 为光速。

对于多点激光干涉测速系统，额定速度测量范围为 500~6 000 m/s，相应的条纹常数为 300~1 900 m/s，因此激光谱线宽度为 $\Delta\lambda \leqslant 5.15 \times 10^4$ nm。

输入光纤只起传输激光能量的作用，其模式色散对测速没有影响。对于信号光纤，由于它既传输激光能量又传输速度信息，有必要分析模式色散对速度测量的影响。当考虑信号光纤的模式色散时，虽然进入信号光纤的漫反射激光的频率都相同，但不同入射角的激光在光纤中传播时的路程不同，同一时刻从信号光纤出射并进入干涉腔的漫反射激光的频率不同，因此干涉图相位不再相同。对于多点激光干涉测速系统，当系统的响应频率带宽为 300 MHz 时，不丢失信号条纹所允许的速度增量 $\Delta u < 78$ m/s。为了减小信号光纤模式色散的影响，需要尽量缩短光纤的长度，同时使用梯度折射率光纤。

当不考虑信号光纤的色散时，干涉图的对比度可分为静态对比度和动态对比度，其影响因素包括光学元件的波像差、直接支路与延迟支路的光强不平衡、被测靶的热辐射发光等。鉴于本书篇幅有限，对于具体细节，读者可以参阅笔者所在课题组发表的相关文献。

当信号频率大于系统的响应带宽（$v_m > v_s$）时，将引起信号丢失；只有当 $v_s > v_m$ 时，信号才能不失真地被记录下来。导致 $v_m > v_s$ 的原因主要有两个：一是被测速度增量太大，即使选择最大条纹常数挡测量，信号频率也大于系统的响应带宽，信号丢失不可避免，如当用激光干涉测速系统测量金属材料在强动载下的弹塑性变形时，系统往往无法响应；二是被测物体的速度增量不太大，但测量中使用的条纹常数较小，使信号频率太高，引起信号的丢失。

对于多点激光干涉测速系统，其响应频率带宽为 100 MHz（示波器四通道记录信号），可求得允许的速度增量为

$$\Delta u(\tau) = u(t) - u(t-\tau) = \frac{v_s \lambda_0}{2} = 25.73 \text{ m/s}$$

响应周期 T_p（T_p=10 ns）内的速度变化量 $\Delta u(T_p)$ 的表达式为

$$\Delta u(T_p) = \Delta u(\tau)\frac{T_p}{\tau} \tag{2-2}$$

当出现信号丢失时，可以用双精度测速等方法找出丢失信号的条纹数，从而给出完整的速度历史。

2.1.3　多点激光干涉测速技术的数据处理方法

激光干涉测速系统的输出信号是被测速度的余弦或正弦函数。在强动态加载下，被测速度不但变化急剧，而且常常是加速与减速交替变化，使干涉信号位相的变化极为复杂，给数据的判读和求值造成了较大的困难。加之，由于冲击波或爆轰波对靶的冲击压缩不恒定，导致靶对入射激光的反射和靶自身的热辐射光随冲击压力的变化而变化。由于输出信号既是被测速度的函数，又是入射光强的函数，判断和消除激光强度变化的影响也是数据分析与处理的难点。在数字示波器出现以前，被测数据是人工从底片上判读的，十分烦琐，有时甚至因判读量过大而出错。当 20 世纪 90 年代数字示波器出现后，研究者摆脱了人工判读数据的烦琐过程，不仅大大提高了数据处理的效率也提高了精度，使激光干涉测速技术应用更方便、范围更广。在激光干涉测速技术领域，对数据处理及测量误差的研究是伴随激光干涉测速技术的发展而发展的。到目前为止，数据处理与误差分析不但实现了自动化，而且实现了较高的精度。在研究水平方面，国外始终处于领先地位。

在激光干涉测速技术的数据处理方法中，条纹计数处理法是最简单的，其原理是由人工或计算机读出因速度变化而引起的干涉条纹的变化，进而求出被测速度。该方法只需要一条信号曲线，比较简单，且处理速度比较快，但存在两个缺点：①不能判断被测速度是加速还是减速，只能处理纯加速或纯减速的信号曲线；②当信号条纹数较多时，才具有较高的测量精度。在动高压物理研究中，由于被测速度变化极大，必须使用较大的条纹常数，才能使信号频率低于或接近探测器的响应频率，此时最大条纹数 $F_{max} < 10$；加之，被测点的运动往往是加速与减速的交替变化过程，条纹计数法已不适用，否则将引起较大的分析误差。此时，可以应用反正弦和反余弦函数交叉处理法解决变速测量问题，该方法利用 2 个光电倍增管检测具有 $\pi/2$ 相位差的 2 套干涉图样；对于光强的变化，利用第 3 个光电倍增管进行检测。该方法可以有效避免非灵敏区域的检测，因此可以精确地处理获得的数据。20 世纪 80 年代后，激光干涉测速系统的结构已发展至 4 探头正交信号探测结构，该结构充分利用了主分束镜两侧的干涉信号，并取消了光强监测探测器，利用正切函数不存在不灵敏区的特性，将输出信号的幅度和信噪比提升了 100%。

2.2 基于序列脉冲的 O_2 拉曼激发激光感应电子荧光法的风洞流场测量

风洞流场检测方法是空气动力学的重要实验手段之一。由于缺乏可行的实验技术测定瞬时的多点数据,因此很难了解高速非稳流场的基本特性。拉曼激发激光诱导电子荧光(Raman Excitation plus Laser-Induced Electronic Fluorescence, RELIEF)方法是近年来出现的一种较先进的风洞空气流场测量方法,但由于其时序关系存在缺陷,故只能对稳定流场的速度进行测量。本节主要介绍笔者所在课题组在 RELIEF 方法基础上提出并发展出的序列脉冲 RELIEF(YRELIEF)方法。该方法可以实现对非稳流场的瞬态测量,是流场非接触测量方法的一大进展。YRELIEF 方法的创新与独特之处在于采用了 532 nm、580 nm 标记光源为序列脉冲的工作方式。本节列举一些以光学技术作为手段对风洞流场进行测量的传统方法,阐述 RELIEF 方法的原理,进而介绍在 RELIEF 方法基础上发展的 YRELIEF 方法。通过对 YRELIEF 方法工作原理的分析,本节提出了 YRELIEF 方法的时序关系及其主要优点。

2.2.1 RELIEF 和 YRELIEF 方法的工作原理

随着航空航天技术的发展,对飞行器气动性能的设计要求越来越严格,导致对风洞实验中空气流场测量精度的要求越来越高。因此,风洞流场检测方法这一研究方向受到世界各国研究者的普遍重视。目前,我国测量飞机风洞流场速度的方法主要为多孔探针法,它所测量的数据需要利用大量校正曲线进行校准,大大增加了实验时间、实验费用等,更严重的是探针会破坏原来流场的结构,导致测量精度较低。近年来,用光学方法进行风洞流场测量,以提高精度、实现快速数据处理成为研究热点。风洞流场测量的光学方法大致可概括为微小粒子或分子光散射法、原子或分子荧光法、相移法、分子标记法等。其中,微小粒子或分子光散射法包括体视成像示踪法、全息照相法、光片体积成像法、不同颜色光片同步成像法等;相移法包括干涉法、光学层析照相术等;分子标记法根据标记分子的不同,可分为 H_2 泡示踪法、光敏标记法、光离解法。但这些方法存在干扰流场、标记分子与流场不同步、定性不定量、误差大、难以分辨复杂流场或非稳流场等缺点,因此限制了研究者对高速、复杂、非稳空气流场基本特性的进一步了解。

1987 年,美国普林斯顿大学迈尔斯(R. Miles)首先提出了氧(O_2)分子受激拉曼激发与激光诱导荧光(RELIEF)方法,成为分子标记法的最先进代表之一。这种方法是通过在高速流场中的某一位置瞬时标记出标记线,经过一个特定时间延迟之后再现并记录下该标记线运动到的位置,从而测出流场在此处的速度。下面简述该方法的工作原理。

首先,用 2 束频率差恰好为 O_2 分子的振动频率(波数为 1 555 cm^{-1})的高能量脉冲激光同时共线地射入风洞流场,使 O_2 分子产生受激拉曼激发,即实现基态 $X^3\sum_g^-$ 中的 $V''=0$ 到 $V''=1$ 的禁戒跃迁。由于纯氧振动激发态,即 $V''=1(X^3\sum_g^-)$态的寿命高达 27 ms,因此可以准确地“标记”该 O_2 分子。被标记的 O_2 分子在流场中经过一段时间的延迟从标记位置运动到另一位置,这时用一束再现光辐照被标记的 O_2 分子,进一步把该分子从振动激发态 $V''=1(X^3\sum_g^-)$激发到舒曼 - 龙格(Schumann-Runge)能带的 $V'=7(B^3\sum_u^-)$能级,但该能级为非稳态能级,因此分子产生辐射跃迁时会发出荧光,进而实现标记分子的再现。利用增强型感光耦合器件(Intensified Charge Coupled

Device, ICCD）拍摄此荧光，从而得到标记 O_2 分子在某一特定延迟后运动到的位置。用该位移除以延迟时间，即可得到流场内该处的速度。由于标记光源的频率差对应的波数为 1 555 cm^{-1}，一般选取波长分别为 532 nm、580 nm 激光源，这是由于产生 532 nm 激光的技术手段非常成熟，通常由倍频脉冲 Nd：YAG 激光器得到，而 580 nm 激光也可通过由 532 nm 激光泵浦氧气 SRS 产生的一阶斯托克斯（Stokes）光获得；再现光的波长为 193 nm，光源采用 ArF 准分子激光器。

综上所述，RELIEF 方法的优点是不需掺入任何粒子，因而不会破坏流场本身的结构，并且所用的计算方法简单，能实现实时测量。但该方法无法对非稳流场进行记录，同时该方法要求不同的激光器必须严格保持脉冲同步，因此对系统的各部件的要求都极高，大大降低了整套系统的可靠性，同时提高了成本。鉴于以上这些问题，天津大学姚建铨院士于 1992 年在 RELIEF 方法的基础上提出了 YRELIEF 方法。

YRELIEF 方法的工作原理如下：532 nm、580 nm 标记光源采用序列脉冲工作方式，其脉冲间隔为 10~20 μs，脉冲个数为 3~5，时序关系如图 2-5 所示。在 t_1 时刻，共线同时入射的标记光源（532 nm、580 nm 激光）已经把风洞中 O_2 分子标记成几条线，经一段时间的延迟后 193 nm 激光将这几条标记线同时再现，同时 ICCD 开门，拍摄 O_2 分子的荧光图像。由于相邻荧光线的间隔只有十几微秒（μs），因此可以对非稳流场进行速度测量。另外，由于 193 nm 激光几乎是与标记光源的最后一个脉冲同时入射的，因此可以用最后这个脉冲控制 193 nm 激光器的触发以及 ICCD 的开门，因此 YRELIEF 方法对时序的要求不是很严格。

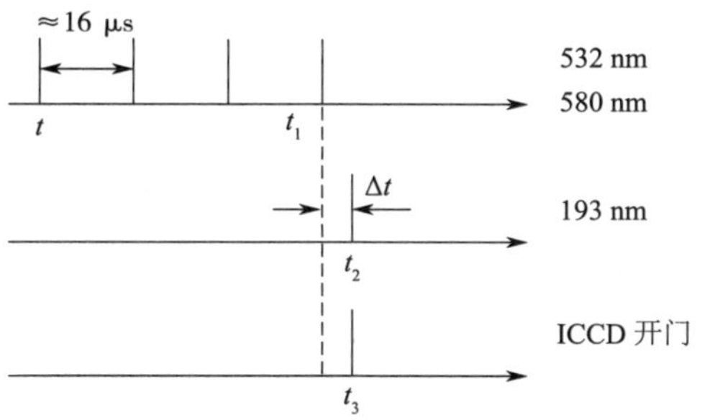

图 2-5　YRELIEF 方法时序关系示意图

2.2.2　基于 O_2 受激拉曼技术的 580 nm 标记光源研究

为了获得序列脉冲，内腔和频光参量振荡器（Optical Parametric Oscillator, OPO）是非常成熟的技术，根据 2.2.1 节的介绍可知，激光的脉冲序列需要保证输出波长与“标记”过程的波长相匹配才能获得高的激发效率。对于参量振荡方案，高激发效率需要有极佳的相位匹配条件，但是在现实中晶体切割角度很难保证绝对精确，因此输出波长通常会偏离标记过程所需的波长。根据笔者所在课题组的实验结果，在泵浦光正入射的情况下，内腔和 OPO 的输出波长为 585 nm，经计算发现，须把 OPO 晶体调偏约 1° 才能得到 580 nm 激光，然而这样一来增加了损耗，导致输出能量降低。在总体实验中发现，此时标记光源的能量已不能满足实验需要。鉴于此，姚建铨院士团队在初步实验中采用了受激拉曼散射（Stimulated Raman Scattering, SRS）的方法，待摸索清楚整个实验的规律和各种参数之后，再采用参量振荡的方案以获得多条标记线，进一步提高整个系统的技术水平与性能指标。

利用液体或气体在高强度激光泵浦下产生 SRS 效应获得新的激光波长的技术已被广泛采用。

氢气和甲烷因具有很高的自发拉曼散射，成为比较常用的 SRS 工作气体。尽管已观察到原子蒸气中电子的 SRS，但由于它们的 SRS 增益通常都很低，因此气相 SRS 通常只发生在具有很长光程的拉曼池或激光谐振腔内。氧气虽然也具有类似的特点，然而由于高压氧气的 SRS 过程存在严重的热效应，从而导致这种方法不能得到完整序列脉冲的 580 nm 激光，而拉曼池的热效应主要来源于拉曼受激分子弛豫过程中产生的热量，同时为了得到足够的标记激光能量，在低转换效率的气相受激拉曼过程中，唯一的办法是增加泵浦能量，而这必然会产生大量的热，反过来又导致更严重的热效应，所以为了减小 SRS 过程中的这种不利因素，必须提高其转换效率。为此，笔者所在课题组设计了用 532 nm 激光泵浦染料获得包括 580 nm 谱线在内的超荧光光谱，并将其作为种子注入受激拉曼过程的初始 Stokes 光中以提高转换效率的方案。

气相 SRS 理论已经在许多研究论文中得到非常详细的论述，本小节仅介绍笔者所在课题组的实验。由于泵浦脉冲的宽度大约为 15 ns，而 O_2 分子的拉曼光子寿命大约只有 100 ps，因此 O_2 分子的拉曼过程可以用稳态方程进行描述。Stokes 光强度可以用 $I_s(0)\exp(G)$ 表示。其中，累计增益系数 G 可以表示为

$$G = \frac{4gP_p \arctan(l/b)}{\lambda_s + \lambda_p} \tag{2-3}$$

式中：$I_s(0)$ 为初始 Stokes 光强；P_p 为泵浦激光功率；l 为增益介质的长度；b 为泵浦光束的共焦参数；λ_s 和 λ_p 分别为介质中 Stokes 光与泵浦光的波长；g 为平面波增益系数，表达式为

$$g = \frac{2\lambda_s^2 \Delta N}{hv_s \, \pi \, \Delta v} \frac{\partial \sigma}{\partial \Omega} \tag{2-4}$$

式中：v_s 为 Stokes 光的频率；Δv 为拉曼光谱的半峰全宽（Full Width at Half Maxima，FWHM）；ΔN 为介质的粒子分布；$\partial\sigma/\partial\Omega$ 为自发拉曼散射的散射截面。

对于 O_2 分子，$\lambda_s = 580$ nm，$\partial\sigma/\partial\Omega = 0.65 \times 10^{-30}$ cm^2/sr，当氧气压力为 34 个大气压（atm，1 atm=101 325 Pa）时，$\Delta v = 75$ GHz。当泵浦光（$\lambda_p = 532$ nm）的能量为 80 mJ 时，$g = 4.53 \times 10^{-11}$ cm/W。因此，$G = 30$。在实验中，假设 Stokes 光初始能量为单个光子的能量，即 $hv_s = 3.4 \times 10^{-16}$ mJ，最终确定单程 Stokes 的能量为 3.6 mJ。

根据笔者所在课题组的实验结果，无种子注入氧气 SRS 实验中所能获得的标记强度非常弱，因此由 ICCD 获得的图像较为模糊。为了改善这种情况，我们提出了染料荧光注入方法，如图 2-6 所示。该方法将基于偏硼酸钡（简称 BBO）的倍频 Nd：YAG 激光输出经反射镜 M_1（对 1 064 nm 高反射，对 532 nm 高透射）将 Nd：YAG 激光的二次谐波与倍频过程中剩余的 1 064 nm 激光分开，剩余的基波通过磷酸钛氧钾（简称 KTP）晶体倍频，然后经 1 个负透镜 L_2 和一个柱透镜 L_3 聚焦成线状，沿横向泵浦染料，产生的染料荧光经全反镜 M_7 反射，获得单程放大后注入拉曼池；而 Nd：YAG 激光的二次谐波仍通过透镜 L_1 聚焦于拉曼池的中心。染料选择若丹明（Rhodamine）6G 和若丹明 B 混合物的甲醇溶液，合理调整两者的配比，使其荧光波段位于 576~588 nm，峰值波长在 580 nm 附近。泵浦受激拉曼的 532 nm 激光脉冲经适当的时间延迟后，与染料荧光脉冲同时注入拉曼池。

在该实验条件下，当 532 nm 的 80 mJ 脉冲泵浦光入射时，SRS 输出脉冲的能量高达 18~20 mJ，其转换效率相比于无燃料超荧光注入情况，且高出近一倍。实验表明，采用染料荧光注入后，SRS 的效率显著提高，从而大大增加了两束标记光源能量的乘积值，并加大了基态 O_2 分子跃迁到第一振动激发态的概率，有利于 O_2 分子的标记和最后拍摄到图像的质量，在 RELIEF 测速系统最后的总调实

验中也证明了这一点。

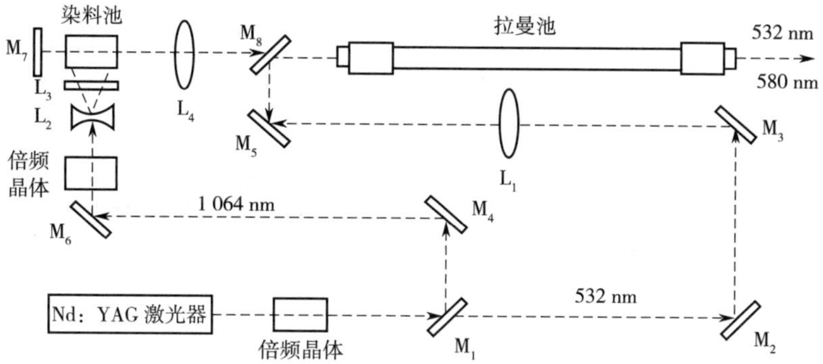

图 2-6　染料荧光注入方案图

基于 YRELIEF 方法的风洞流场测速系统主要由 2 束激光标记光源、再现光源、跨声速小型实验风洞、时序控制系统及图像采集系统等部分组成，该系统的结构如图 2-6 所示。其中，M_1 为 1 064 nm 高反射、532 nm 高透射的 45° 反射镜；M_4、M_6 为 1 064 nm 的 45° 反射镜；M_2、M_3、M_5 为 532 nm 的 45° 反射镜；M_7 为 580 nm 的全反镜；L_1 为 532 nm 泵浦光的聚焦透镜，焦距为 1.5 m；L_2 为负透镜；L_3 为柱透镜；L_4 为 580 nm 的聚焦透镜，焦距为 1 m。当泵浦光单脉冲能量为 80 mJ 时，在无荧光注入的情况下，580 nm 单脉冲激光的能量为 7~8 mJ，脉冲宽度为 15 ns，转换效率约为 10%；泵浦能量不变，在有荧光注入的情况下，580 nm 激光的单脉冲能量约为 20 mJ，脉冲宽度为 15 ns，转换效率提高一倍。

本实验所使用的窄线宽 ArF 准分子激光振荡放大系统由中国科学院安徽光学精密机械研究所和天津大学联合研制。该激光器的振荡级和放大级均采用不锈钢材质的储气仓；激光腔体材料为聚四氟乙烯；窗片材料为氟化镁透深紫外耐氟玻璃；振荡级采用光栅掠入射腔；M_1、M_2 为 193 nm 镀铝膜高反射镜；光栅为紫外利特洛（Littrow）光栅，每毫米 3 600 线，闪耀波长为 240 nm，闪耀角为 25.35°，衍射效率约为 45%，掠入射角约为 82°，光栅以一级光谱工作，通过精密光栅调谐机构调节反射镜 M，进行调谐；放大级为凹凸非稳腔，振荡级输出的激光作为种子从放大级的后反镜中心小孔注入放大级。同一闸流管放电附带放电线路延迟，实现振荡级与放大级的同步工作，使激光器产生高功率的窄线宽激光输出。准分子激光器装置如图 2-7 所示。

实验测得，光栅掠入射腔输出的平均单脉冲能量为 2 mJ，整台激光器输出的单脉冲能量为 40 mJ，线宽约为 0.025 nm，脉冲宽度为 20 ns，激光输出形状为空心矩形光斑，输出激光在使用时需要设计光束整形系统。

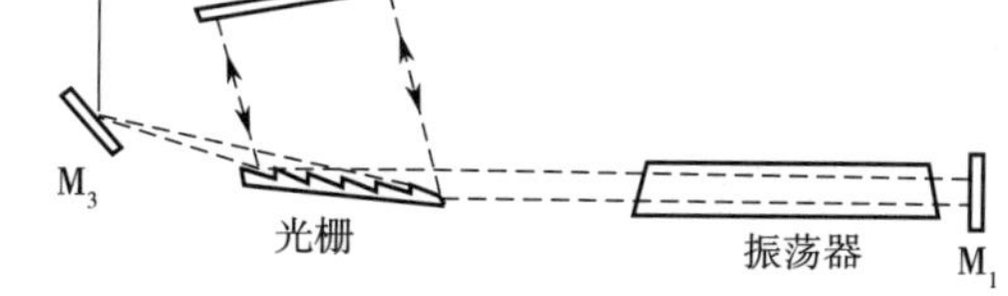

图 2-7　准分子激光器装置图

为了模拟飞机在亚声速和跨声速飞行时的真实情况，笔者所在课题组在实验室内安装了一整套跨声速小型实验风洞。在最初的实验中，将 532 nm、580 nm 标记光与片状 193 nm 激光相交成一点，这样所拍摄到的图像应为 O_2 分子荧光团，但由于实验过程中的灰尘较多（此时没有开启风洞），在荧光图像中无法区分 O_2 分子荧光团和无用的灰尘粒子散射光团，于是暂时使 532 nm、580 nm 标记光与片状 193 nm 激光相交成一条线，以便能轻松地判别有用图像。

在本实验中，可估算能级寿命 O_2 分子的荧光寿命为皮秒量级，在时间上无法通过 ICCD 开门延迟躲过激光脉冲，所以标记的荧光图像存在空气分子对激光的瑞利散射背景干扰，由于在深紫外波段分子的瑞利散射很强，干扰非常严重。同时，实验中还存在空气中气溶胶的散射干扰及器壁的背景散射干扰，所以我们设计了对 <200 nm 光波有良好截止，对 200~500 nm 光波（激发态 O_2 分子的荧光光谱范围为 200~500 nm）有高透过率的滤波池，用来在谱线上抑制这些背景干扰。在滤波池后面是一个大相对孔径弱光紫外镜头，通过它尽可能多地收集 O_2 分子的荧光。532 nm、580 nm 激光经透镜聚焦后，射入实验段；193 nm 激光经过一柱面镜，整形变为激光片后，射入实验段，V/ICCD 布置在实验段的侧面。当 V/ICCD 拍到荧光图像后，计算机中的图像采集卡通过控制盒上的 RS232 通信端口获得图像数据，并将此数据存入计算机的内存，再对图像进行处理。

2.3 基于 DOAS 技术的气体污染物监测系统的研究

差分吸收光谱（Differential Optical Absorption Spectroscopy，DOAS）技术作为新兴的光谱学大气监测技术，刚刚诞生 20 余年。虽然国外相关研究已经非常广泛，但是我国的研究相对较少，因此本节主要对 DOAS 技术在大气监测中的应用进行研究，并设计基于 DOAS 原理的大气质量自动监测系统，对 DOAS 原理在排放连续监测系统（Continuous Emission Monitoring System，CEMS）中的应用进行研究。

2.3.1 分子光谱检测和 DOAS 技术简介

分子光谱按其特征可分为分立谱与连续谱。分立谱由一些线光谱组成，线光谱的光强分布形式为在一些频率上出现极大值分布。从量子的观点来看，原子的束缚能级之间的跃迁产生分立的线光谱。连续谱是在一段光谱区上光强为连续过渡而无法分离的光谱。一般热辐射所产生的光谱是连续谱，当原子或分子在辐射的激发下电离时，能形成连续的吸收光谱。在等离子体中，电子的韧致辐射或电子与离子的复合会产生连续的发射光谱。分子内部存在价电子在键连接的原子间运动、原子相对运动及分子整体转动。这三种运动互有影响，很难严格地加以区分。但是这三种运动的快慢明显不同，价电子的运动比原子间的振动快得多，因此在价电子运动的时候可以认为原子是不动的，在研究原子的振动时常认为分子不转动。因此，一个分子的总能量可以近似地写成上述三种运动能量之和，其表达式为

$$\varepsilon = \varepsilon_e + \varepsilon_v + \varepsilon_j \tag{2-5}$$

式中：ε_e 为分子的电子能量；ε_v 为分子的振动能量；ε_j 为分子的转动能量。

分子的三种运动状态都可能有与之相应的振荡偶极矩，因而产生的分子光谱可分为电子、振动与转动光谱。由于分子的结构比较复杂，其运动自由度的数目比原子多得多，因而与原子光谱相比，

分子光谱要复杂得多。其主要特点是能级的数目和可能跃迁的谱线数目很多,有许多谱线密集地连在一起形成带状光谱。

DOAS 技术是由诺克森(Noxon)于 1975 年、普拉特(Platt)和佩纳(Perner)于 1979 年在实验室发展起来的分子吸收光谱技术。经过多年的发展与完善,该技术已经成为重要的大气监测手段,应用非常广泛。DOAS 技术可监测的基本污染物包括二氧化氮(NO_2)、二氧化硫(SO_2)和臭氧(O_3),也可以监测浓度极低的多种大气痕量气体,如 NO_3、Hg 及 OH、苯系物(BTEX)、甲醛(HCOH)、硝酸蒸气等。从理论上讲,DOAS 技术对在紫外及可见光谱范围内有较明显吸收峰的各类气体及气态物质都可以测量。DOAS 技术因具有远优于点测量的空间分辨能力和时间响应能力,被大量用来测量非标准污染物,还具有易于操作、费用低廉等特点,因此其比点监测系统有更高的优越性,被美国国家环境保护局(EPA)列为标准监测技术。DOAS 技术是基于几百米至几千米范围光路长度上气体的光学吸收实现测量的,因此给出的是相对大尺度区域的污染气体平均浓度,从而避免了点测量方法中所遇到的巨大的小区域扰动问题。在光化学事件中, DOAS 检测系统提供了理想的数据库,用来与中尺度欧拉空气质量模型的计算结果比较,可比较该模型与实测的空间分辨率,同时由于测量时间足够短,也可有效地比较时间分辨率。综上所述, DOAS 技术是预测及评估不同降低空气污染的措施在空气污染事件中作用的最有效的监测工具。

空气质量管理系统(Air Quality Management System, AQMS)是提高空气质量的有效、可靠的措施。AQMS 涉及对气象条件、释放物及污染物浓度的长期持续测量,用来反馈并校验模拟模型,以执行改善空气质量的方案。由于大气现象的复杂性,必须用复杂的计算模型模拟大气污染物在空间范围的动态变化。如果预测值与观测值相符,便可用该模型来描述区域性的空气污染,并据此制定相应的减少污染的政策及行业法规。DOAS 正是这种可靠的大气监测技术,无论是对各种污染物进行实时监测,还是用来对长期变化趋势进行描述,DOAS 都符合计算模型的需要。

典型的长程 DOAS 系统包括光源单元、光接收单元、光谱仪、控制硬件及处理数据的计算机,如图 2-8 所示。其中, Xe 弧光灯(氙灯)发出的光被准直成平行光束,通过大气传输,到达石英角反射镜列阵后,被反射入 1 个望远镜,由双牛顿望远系统中心聚焦到石英光纤中,石英光纤的另一端对应着光栅光谱仪的狭缝输入窗,由光电倍增管阵列接收光谱并存储到 1 台计算机中。另外,作为氙灯和石英光纤入口的望远系统被安装在一个活动底座上,该底座由 2 个步进电机控制,可水平转动和竖直转动。通过旋转,该系统可对准安装在不同位置和高度的各后向反射镜,并由此测量不同的空间区域。一般来说,光源为高压氙灯,由抛物反射镜准直成平行光出射,经过 100 m 甚至 1 000 m 的长光程,由接收端抛物面反射镜将光汇聚耦合进入光纤,通过光纤导入光栅分光系统,在出射狭缝处用不同探测器探测,得到吸收光谱。吸收光谱包含大量来自大气分子、气溶胶的散射,灯光谱起伏、反射镜的光谱选择性等造成的宽光谱结构,通过对吸收光谱进行高阶多项式拟合,用原吸收光谱除以多项式拟合曲线获得吸收分子的特征差分光谱,去除宽带成分影响,将 DOAS 与实验室获得的吸收分子在标准浓度下的参考光谱进行拟合,即可计算出被测物的浓度。由于该系统采用线采样,采样代表性较传统的点采样有较大改善,该方法于 20 世纪 90 年代初开始用于空气质量监测,目前已得到广泛应用。

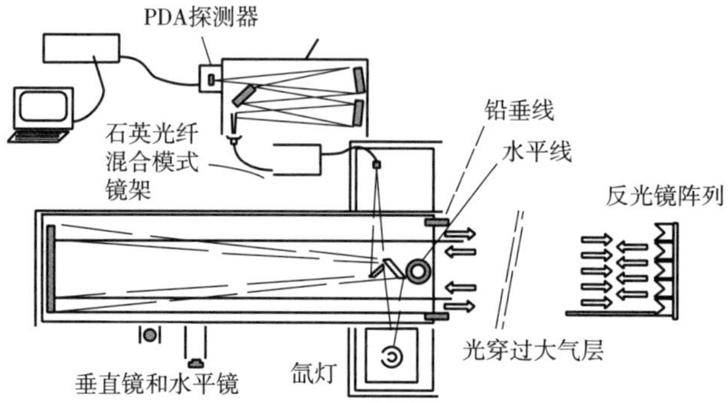

图 2-8　长程 DOAS 系统结构图

2.3.2　DOAS 技术解决污染源排放连续监测

各类工业污染源排放的污染物具有浓度高、成分复杂的特点，如何实现连续采样一直困扰着污染源排放连续监测技术的发展。要实现对空气污染源排放的连续监测，必须建立污染源 CEMS。

基于 DOAS 技术设计的气态污染物监测子系统的结构如图 2-9 所示。

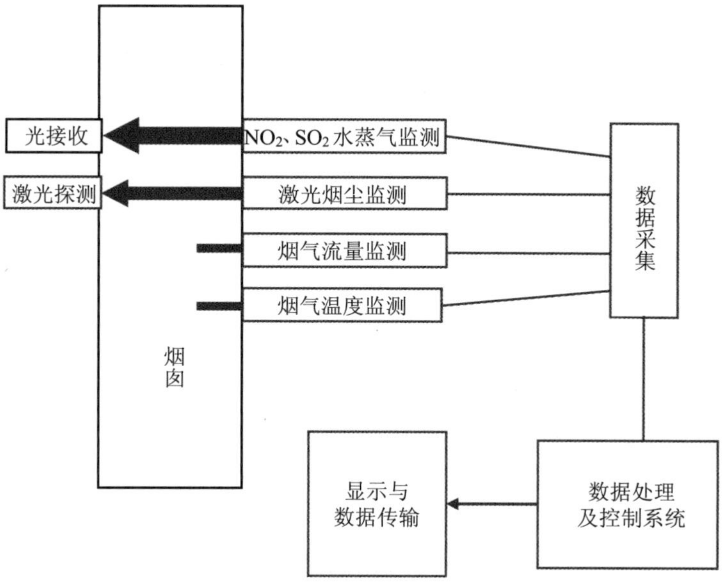

图 2-9　气态污染物监测子系统结构图

基于 DOAS 技术的 SO_2 和 NO_2 浓度连续监测方法可在烟道内直接实现。该方法可以有效地排除气体交叉干扰，提高系统的监测精度。系统的在线标校，采用让转换光路通过 1 个标气池来实现。光源是安放在发射器里的氙灯，其发射的光束穿过烟气到达接收器，再通过光纤传输到光谱分析仪，数据采集卡负责记录光谱仪采集到的光的吸收情况和其他测量数据并一起储存在光谱分析仪里，通过处理软件包进行快速处理和分析。当光束穿过烟囱内部时，每种气体都会发生光吸收并产生不同特征的吸收光谱，通过选取每种气体合适的特征吸收光谱线（合适的窄吸收带，如 SO_2 的中心吸收波长为 300 nm，NO_2 的中心吸收波长为 435 nm)，用 DOAS 方法可精确计算出被测气体在烟气中的浓度。在图 2-10 所示的污染气体直接测量系统中，烟气采样单元由光发射单元、光接收单元、连续监测光路、可转换的密封定标光路等四部分组成，由于篇幅有限，具体的解决方案可以查阅笔者所在课题组发表的相关论文。

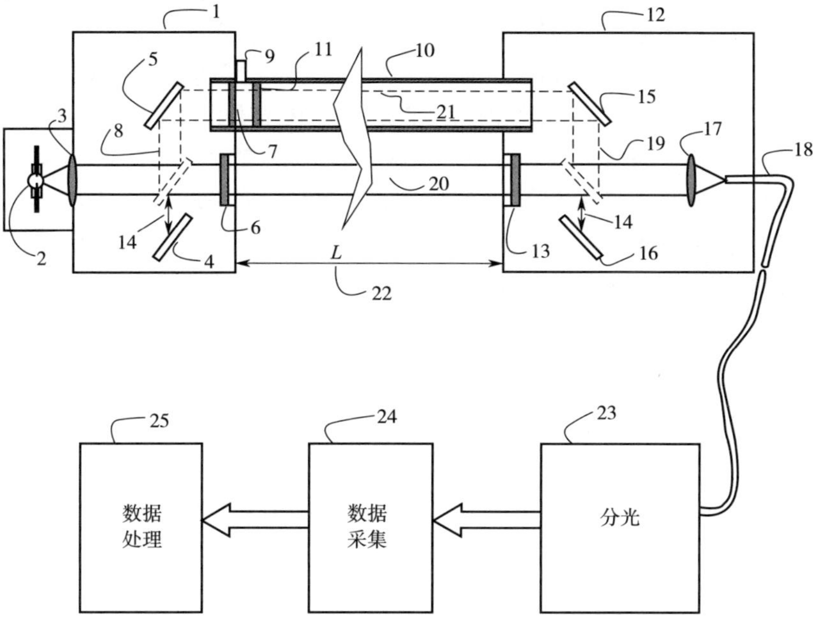

1—光发射密封单元；2—光源；3、17—透镜；4、16—可动发射镜；5、15—反射镜；6—光发射窗口；7、11—标气池窗口；8、19—光路；9—标气入口(接真空转换阀及多个标气瓶)；10—标气池；12—光接收密封单元；13—光接收窗口；14—调节装置；18—光纤；20—测量光路；21—定标光路；22—测量光程；23—分光系统；24—数据采集系统；25—数据处理系统

图 2-10　污染气体直接测量系统

2.4　固体 RGB 激光光源及在显示技术中的应用

随着激光技术的不断发展，尤其是在固体激光晶体生长技术不断成熟的背景下，固体激光光源已经成为激光光源的主力军。其中，可见光光源尤其是作为原色光源的 RGB(Red-Green-Blue)激光在光显示领域占有重要位置。本节主要分析实现固体 RGB 激光光源的非线性频率变换技术、固体 RGB 激光光源的研制过程，分析 RGB 激光光源在激光电视技术方面的应用。

2.4.1　OPO 全固态 RGB 激光光源的设计

RGB 激光光源有巨大的应用前景。产生 RGB 激光的方法有多种，光源包括气体激光器、固体激光器、半导体激光器等，对高功率(大于瓦级)的 RGB 激光光源而言，仅有气体与固体激光器两类。由于气体激光器(如氩离子激光器和氪离子激光器)耗电量大、体积庞大、操作维护困难、寿命较短，目前已有逐渐被固体激光器所取代的趋势。最明显的例子是原来广泛使用的氩离子激光(绿光)泵浦染料锁模激光器，现已被全固态的绿光激光器泵浦的钛宝石锁模激光器所取代。固体激光器的代表是全固态激光器，即激光二极管泵浦的固体激光器(Diode Pump solid-state Laser，DPL)，以效率高、体积小、寿命长、工作稳定、可靠性高等特点被广泛应用。

对于瓦级以上的高功率 RGB 激光器，采用 DPL 再加上非线性频率变换技术是最佳方案。对于产生高功率 RGB 激光的 3 种光源，红蓝激光光源的技术难度较大。目前，国际上红蓝激光的功率已达 3~7 W 量级。红蓝激光的产生一般以纳秒、皮秒级的倍频 Nd：YAG 激光器为基础（输出基波为 1 064 nm、二次谐波为 532 nm），再加上非线性频率变换（OPO、倍频或和频）满足红、蓝光输出要求。

本小节介绍采用大功率激光二极管阵列泵浦的激光系统，该系统以 808 nm 激光二极管阵列泵浦、声光加被动调 Q 开关内腔倍频（KTP 晶体，$\theta = 90°$ $\varphi = 23°$ ①）的高功率 Nd：YAG 激光器（输出波长为 532 nm）为基础，以高功率绿光输出的泵浦源对 KTP 晶体的参量振荡器进行泵浦，再在信号光（920 nm 附近）采用 BBO 晶体进行再倍频实现蓝光输出，对空闲光（1 260 nm 附近）采用 KTP 晶体进行再倍频实现红光输出。该系统采用 KTP 晶体作为参量振荡源，采用Ⅱ类相位匹配，当 KTP-OPO 晶体在 12.1° 范围内转动时，红光及蓝光输出波长的调节范围分别为 $\lambda_{red} = 582\sim698$ nm、$\lambda_{blue} = 430\sim490$ nm，相应地，倍频晶体 KTP 及 BBO 晶体分别需要转动 13.5° 及 2.9°。三块晶体的转动角度可由计算机同步进行控制，笔者所在单位已成功开发出计算机控制的可调谐掺钛蓝宝石激光系统，以此为基础实现可调谐 OPO 完全可行。

2.4.2 RGB 激光光源在显示技术方面的应用

目前，显示技术和显示工业的发展迅速，它一方面以现代社会信息高速发展为背景，另一方面是建立在电子工业和材料工业的基础上。在信息社会中，信息量快速增长和信息交换越发频繁，人们更多、更广泛、更经常地面对各种显示设施、显示装置。显示器和显示技术已经逐渐成为生活中不可缺少的一部分。而电子工业，特别是集成电路、计算机技术的发展，使电光转化、信息处理、器件制造越来越容易。随着材料工业的发展，我们不仅可以较容易地合成出所需要的任何材料，而且新发现的一些功能性材料具有奇异的电光性能，如利用近年来引人关注的有机半导体发光材料制作的有机电致发光显示器不仅能发出红、绿、蓝各色光，而且其亮度可达显像管亮度的近十倍。

本小节介绍三种红、绿、蓝三色激光调制与扫描成像系统。

图 2-11 所示为第一种方案，其为红、绿、蓝三色激光的独立强度调制的 *x-y* 振镜扫描成像系统。该系统对红、绿、蓝三束激光分别利用 2 个振镜，即横向（*x* 轴方向）和纵向（*y* 轴方向）振镜进行扫描，即可得到整幅图像。

图 2-12 所示为第二种方案，该系统利用红、绿、蓝三色激光强度调制、合路、*x-y* 双振镜或旋转多面体与振镜扫描成像系统将 3 束激光合为 1 束，然后利用 *x-y* 双振镜或旋转多面体与振镜进行扫描并获得图像。

图 2-13 所示为第三种方案，其为红、绿、蓝三色激光强度调制及图像信号同步、旋转多面体与振镜扫描成像系统。该系统分别采用三块电光调制晶体将红、绿、蓝 3 束激光调制后合为 1 束，然后采用转镜和振镜实现扫描。振镜及转镜与输入信号的同步问题是实现真彩色激光显示系统的难点，但可以利用计算机对图像进行采集、转存、处理，然后获得与 3 块晶体、转镜及振镜同步的图像信号。图像发生器可以接收来自电视接收机、VCD 或 DVD 影碟机，或经计算机储存的图像等。

① θ 为波矢 K 与 z 轴的夹角，φ 为波矢 K 在 xOy 面上的投影与 x 轴的夹角。

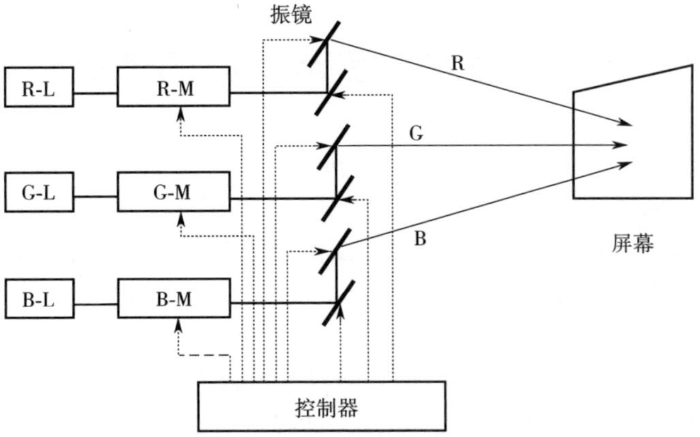

图 2-11　红、绿、蓝 3 色激光调制与扫描成像系统（方案一）

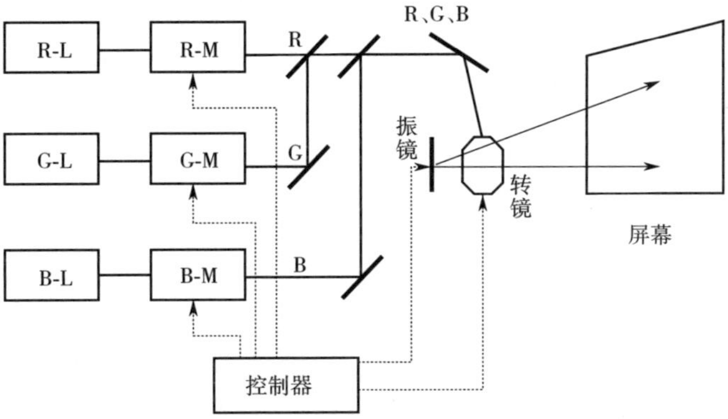

图 2-12　红、绿、蓝 3 色激光调制与扫描成像系统（方案二）

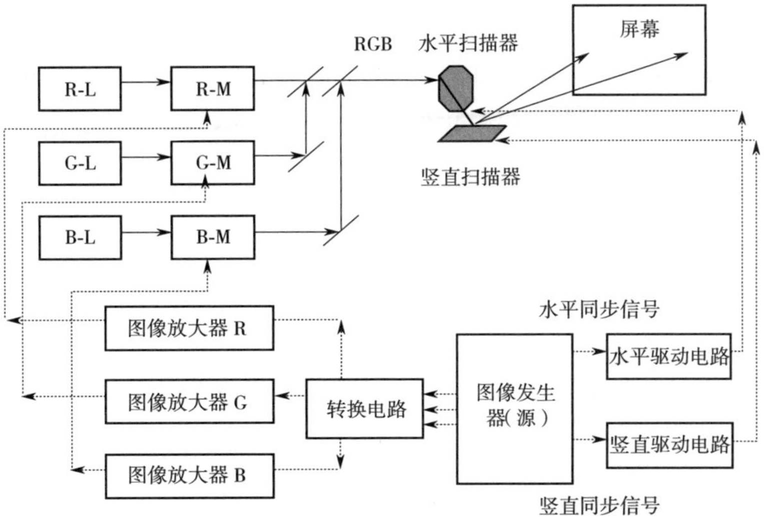

图 2-13　红、绿、蓝 3 色激光调制与扫描成像系统（方案三）

2.5 光学相干层析成像技术与宽带光源的理论和实验研究

光学相干层析成像(Optical Coherent Tomography, OCT)是 20 世纪 90 年代发展起来的非接触无损探测低相干光扫描成像新技术。OCT 通过相干门筛选携带传输介质有用信息的弹道光子和最少散射次数蛇行光子,将这些光子作为成像信号,图像分辨率可达微米级,比目前的通用医学成像技术,如 X 光摄影(X-ray Image)、X-CT(X-ray computer tomography)、超声成像(Ultrasonic Image, USI)和磁共振成像(Magnetic Resonance Image, MRI)等的分辨能力高出至少一个数量级。OCT 利用宽带光源的短时间相关性实现高分辨率,使其能对组织微结构成像,成像深度超过共焦显微镜的检测范围。相关研究已经证实, OCT 对透明组织(如眼睛组织)的探测深度已超过 2 cm,对于皮肤和其他高散射组织也能获得表面以下 1~2 mm 处的血细胞和其他结构图像。由于 OCT 使用生物窗口频段的红外光源,无电离辐射损伤问题,因此更适用于医学成像。此外, OCT 还具有体积小、造价相对低廉、可与光纤内窥镜结合用于人体内腔检查、可对手术危险的关键脏器进行导入探查等优点。医学研究和临床应用的潜在前景使 OCT 迅速成为光学领域的研究热点之一。

2.5.1 OCT 的理论研究

由于生物组织的光学特性尚未完全阐明,给 OCT 克服多次散射等不良影响带来困难。因此,建立数学模型以描述样品对探测光束的作用情况,分析试样组织特性与系统探测结果之间的关系,对明确 OCT 成像机理、噪声信号的产生、影响图像质量的因素等具有重要意义,可对 OCT 系统和成像算法的设计、消除噪声、提高图像质量起到指导作用。本小节在潘(Pan)的线性系统模型和施密特(Schmidt)单次散射模型的基础上,建立一个既可反映传输函数特性,又能反映探测信号与组织结构关系的新单返模型。此外,提出与 Schmidt 单次散射模型不同的多次散射模型,指出多次散射和相关长度内不同深度散射截面引起的相位差是散斑形成的根源。

OCT 相干门与共焦扫描结合的探测机制虽然具有对多次散射光的强抑制效果,但在对高散射组织成像时,实际样本光束中仍包含 2 次以上散射光,样本光 $E_s(t+\tau)$ 中既包含单次散射成分,又包含多次散射成分。多次散射光成分的探测电流的表达式为

$$i_{sm}=k\frac{1}{2}P_0\sum\sqrt{\sigma_b'}\left[1-\exp\left(\mu_s z\right)\right]\alpha'\left(r,z_s\right)\exp\left(i\psi\right)\left|g_c\left(\Delta z_s\right)\right|\cos\left(\bar{k}\Delta z_s\right) \tag{2-6}$$

式中:$1-\exp(\mu_s z)$ 是入射样品的光到达深度 z 之前已被多次散射引起的附加相位 $\exp(i\psi)$ 散射降低光束的相关性,此时的归一化相关函数不能再简化为光源的自相关函数 $g_c(\Delta z_s)$,而是参考臂与样本臂的互相关函数 $g_c(\Delta z_s)=k_{cn}g(\Delta z_s)$, $k_{cn}<1$,且随散射次数的增加而减小。

考虑到 OCT 抑制多次散射光的能力,多次散射的背向散射截面 $\sigma_b' \ll \sigma_b$。不进行空间合成处理的常规 OCT 产生的总探测电流的表达式为

$$i=i_{sm}+\frac{1}{2}kP_0\int\sqrt{\sigma_b}\exp\left(-\mu_s z_s\right)\alpha\left(r,z_s\right)\left|g\left(\Delta z\right)\right|\cos\left(\bar{k}\Delta z\right)dz_s$$

式中:σ_b 为颗粒散射截面;r 为散射颗粒所在位置离开光束轴线的距离;z_s 为光束在组织中传输的距离;$\alpha(r,z_s)$ 为光束修正因子;$\exp(-\mu_s z_s)$ 为入射光进入样本后,无散射地穿过深度 z_s 后被背向散射,

又无散射地返回接收面的概率。

当 2 束由同 1 个采样体积内的不同散射截面返回的散射光由于不同散射次数引起的附加相位差或不同深度 Δz_s，造成的相位差之和为 $(2n+1)\pi$ 时，相遇后在一定条件下会转化为前行光束继续向组织内部传输，这样在返回的散射光中就造成了能量缺失，图像就形成了散斑。散斑是经由不同粒子面元散射的光振动在空间相遇时发生干涉，形成的具有无规则分布颗粒状结构的衍射图样。OCT 信号是经过相干门提取的，相干门把大量杂散光和其他层面的光排除在外，只有与参考光束光程差在相关长度范围内的散射光才能与参考光相干成为 OCT 图像信号，也只有这些符合相干条件的散射光才能形成散斑。根据电动力学理论，背向散射光集合会出现吸收能量或释放能量的过程，从而引起信号幅度起伏，即出现 OCT 图像散斑。图 2-14 所示为不同截面上产生的具有 $(2n+1)\pi$ 光程差的背向散射光变成前向散射光继续传输，在探测电流中造成能量缺失的情形。

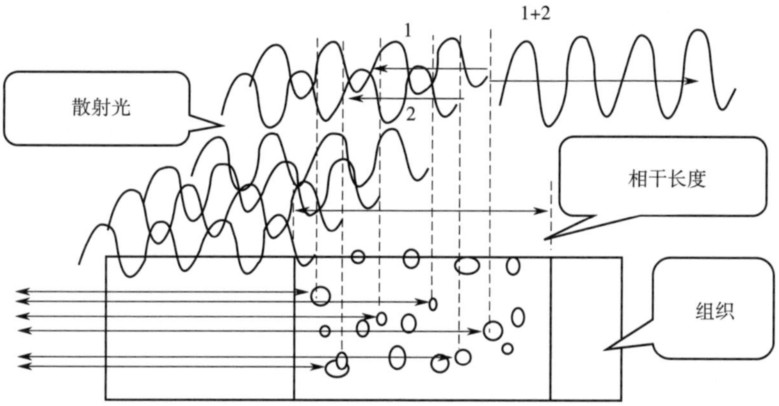

图 2-14　散斑形成示意图（相干体积内不同散射截面上散射光波的叠加）

在 OCT 技术的发展过程中，研究者探索了很多消除散斑的方法，主要有偏振合成法、空域合成法、频域合成法以及各种数字信号处理方法。其中，偏振合成法采用非偏振光照明，由统计光学分析可知，其对无规则的散斑可使信噪比提高 $\sqrt{2}$ 倍。目前，常规 OCT 系统都是采用偏振合成法建立的。空域合成法结构较为复杂，需要组合光电探测器或使用四象限光电探测器，一般较少使用。频域合成法会降低图像分辨率，利弊各半，并不足取。消除 OCT 散斑的数字信号处理方法有很多，如中值滤波、维纳滤波、小波分析、自适应平滑以及复数域处理方法中的 ZAP 方法、CLEAN 算法等。根据文献报道，复数域处理方法和小波分析方法的效果较好。其中，复数域处理方法可利用信号和散斑的不同相位特点消除散斑；小波分析方法把信号按不同频带进行分解，可去除与信号空间频率分布不同的散斑成分，但不能去除与图像信息空域分布相同的散斑。实际上，造成图像亮度信号无规则起伏的噪声来源有两个：一是光学散斑，二是采样数据处理不当造成的伪散斑。

2.5.2　OCT 的实验研究及早期诊断癌症的可行性研究

本小节介绍用 OCT 系统分别对透明薄膜、玻璃和洋葱、血液、皮肤等不同生物组织进行的、采用不同系统参数的层析成像实验，对实验结果进行分辨率估计和噪声分析；介绍 OCT 扫描延迟线扫描速度不稳会造成的一定规律的图像噪声，并介绍了消除方法；使用丙三醇处理皮肤组织，观察了处理方法对 OCT 探测深度和成像清晰度的影响。由于篇幅有限，具体的实验结果可以参考相关论文[①]。

癌症是一种严重威胁和损害人类健康的疾病，致死率很高，是医疗界久攻不破的一大难题。OCT 是一种可用于医学诊断的高分辨率成像技术，若其能在癌症早期诊断方面有所突破，将为其在医学临床中的广泛应用打开一个新局面，也是对人类医学事业发展的一大贡献。光学衍射断层扫描（Optical Diffraction Tomography，ODT）技术是 OCT 技术的一个分支，ODT 技术可对被探测组织的结构和血流情况进行成像，即可同时从组织结构的形态特征和微循环血流特征两方面对肿瘤组织进行综合分析，形成双判据结论，有利于提高早期诊断的准确性和可靠性。

自 1991 年 OCT 技术诞生以来，其很快在青光眼、糖尿病眼部病变和视网膜疾病等的眼科诊断方面得到临床应用，成为具有较普遍临床应用价值的眼科医疗仪器。这与眼睛结构独特的透明光学性质有关，使 OCT 的高分辨率得到了充分发挥。此外，眼睛的整体长度又在 OCT 对透明体探测深度的范围之内，OCT 探测深度浅的弱点没有在眼科检测方面形成应用障碍。所以，眼科是 OCT 特别适用的一个领域。然而，在呼吸、循环、消化等科，OCT 对皮肤、内脏等各种组织的探测应用至今也没能冲出探索阶段走向临床，其原因有高散射组织对成像质量和探测深度的影响，但最主要的是没找到 OCT 对某种疾病的特异性、确定性诊断价值。例如，在癌症诊断方面，与 B 超和 X 线摄影相比，虽然 OCT 比两者的分辨率高，但 OCT 的探测深度浅，关键是它没突破形态判别的性质，没形成独特的功能成像机制，缺乏确定性的诊断意义。ODT 是对速度敏感的 OCT，它可在生成组织结构层析图像的同时，生成血管血流速度分布图或伪彩色血流图，可用于探测组织中小血管的血流信息，此外也有使用 ODT 探测悬浮液中微粒布朗运动信息的报道。肿瘤组织的一大特征是它可以以低分型细胞的形式迅速增殖，而维持这种增殖速度的能量供给是其快速形成的血管分布和高于附近正常组织的血液循环流量。若能利用 ODT 对速度敏感的特点，检测癌症病灶局部血液循环速度与周围正常组织的差异，结合层析图像显示的组织结构形态学改变，形成“形态学判据 + 功能特征性判据”的双判据诊断，则可提高癌症诊断的准确性。另外，ODT 同样具有 OCT 光纤结构特点，易于成为低成本的内窥镜型产品。已有文献报道直径只有 1 mm 的内窥镜型 OCT 在消化道和呼吸道无损探查方面的应用。基于 ODT 的上述优势，其有望在消化道和子宫癌症早期诊断方面实现临床应用的突破。

人体血液循环源源不断地将氧气和各种作为能源的营养物质输送给组织细胞，保证其正常呼吸和维持新陈代谢；同时，血液将细胞产生的二氧化碳和其他代谢废物带走，以清理环境。癌症的血液循环加快不仅包括局部血管内血流速度加快，更涉及肿瘤组织中血管分布较正常组织密度大、总血流量增加。因为血流速度的上限是由人的血管直径、弹性等血管物理参数及血液黏度等血液流变学参数决定的，所以血流速度只能在一定的范围内变化。而肿瘤组织可产生能刺激局部血管增长的蛋白（如血管内皮生长因子），使从肿瘤组织局部周边组织中的大血管发生很多微小血管并形成侧支循环，从而增加局部血流量（图 2-15）。基于这种情况，只探测单个微小血管截面的血流分布很难对肿瘤组织血液循环是否增大做出正确结论，所以必须增加对微小血管分布密度的统计和对组织微循环红细胞移动及基层新陈代谢中大蛋白分子等的迁移运动速度的测量，只有这样才提升癌症诊断的准确性。

对组织内部红细胞及各种高分子颗粒移动速度的探测可基于 2 种不同的概念。一是通常意义下的 ODT 速度探测，将组织本身看作一个不动的坐标系，认为只有各种血细胞、血液和作为营养物质或代谢产物的大分子颗粒。这些大分子颗粒以一定的速度移动，ODT 检测的是这些颗粒的速度。二是将组织看作一个类似悬浮液的热运动场，各种不同大小的颗粒按自身的规律做布朗运动，血细

① 安源 . 光谱 OCT 内窥镜成像系统的研究 [D]. 天津：天津大学，2010.

胞也以类似布朗运动的形式按流体动力学压强梯度规律定向移动，ODT 检测的是这个布朗热运动场的热运动参数。

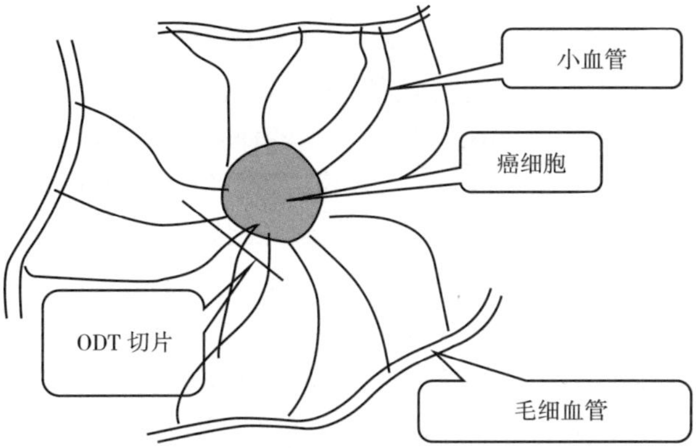

图 2-15　肿瘤组织及周边组织的血管增殖

基于不同概念的探测方案对 ODT 系统提出的要求是不同的，基于通常意义下 ODT 对速度的探测，系统分辨率应高于被探测流体或移动体的尺度，才能准确地测出移动速度。实际上，考虑到人体血管的方向一般都平行于组织表面，为了对血流速度敏感，ODT 的探测光束方向应与组织表面成锐角。

在数据采集过程中，可以利用多普勒频移效应，推导出颗粒的流速。由于癌症病灶区域内微循环的血液流量增加、新陈代谢速度加快，病灶周边区域的小血管分布密度增大，适合利用前述第一种 ODT 探测方案，对病灶周边小血管的血液流速分布进行探测成像；而将第二种基于布朗运动的 ODT 探测方案用于病灶区域内微循环和新陈代谢的测量。若用 ODT 技术精确探测毛细血管内的红细胞移动，需要分辨率达 3~7 μm，系统必须使用超宽带光源（f_0 = 820 nm 时，带宽 >50 nm）。但若用于探测小血管内的血流（血管直径为 10~100 μm），则超辐射发光二极管（Super Luminescent Diode，SLD）光源即可满足要求。可在接近病灶区域的截平面上获得 ODT 图像，再在远离病灶区域做 ODT 图像比较，若小血管分布密度的改变大于统计均方根值，则具有病理诊断意义。由于毛细血管内的红细胞移动速度约为 1 mm/s，换算为多普勒频移为 3 kHz。该值与博阿斯（Boas）等所测的微球布朗运动在 0~100 Hz 频率范围内的均值分布在 1 kHz 处下降 2~3 个数量级的测量结果所展示的颗粒位移速度虽有差距，但相差不大。加之组织代谢加快时会有很多营养物质及代谢废物颗粒不停地被转运传输，均为类似布朗运动的颗粒移动。使用洛伦兹函数拟合方法是有其理论和物质基础的。对比病灶区域内外拟合求出的自发扩散系数，有统计学意义的即可作为癌症诊断判据。因此，综合来看，基于 ODT 技术的癌症早期诊断系统具有可行性。

2.6　激光器工程化设计

作为当代高新科技的重要领域之一，光电子技术的发展受到现代高科技战争的极大影响，相关最新科研成果通常是在军事领域首先获得应用。例如，在 1960 年世界上第一台激光器研制成功后不久，美国便开始了针对激光精确制导武器（如激光炸弹）的研究，并在 1972 年在越南战争中首次使用。1972 年 1—5 月，美国共投放 2 721 枚激光制导炸弹，其中 1 675 枚命中目标。从此光电装备迅速成为各国高新武器装备的热点。特别是 DPL 的研制成功,更加拓宽了光电子设备在武器装备中的应用范围,如光电对抗、导航、通信、雷达、火控制导、侦察、敌我识别等。从越南战争到 1991 年的海湾战争,再到 1999 年的科索沃战争,光电设备及光电制导武器开始在战场的许多环节中获得大规模应用。首先,就侦察来说,现代侦察主要采用光电手段,如太空中的军用侦察卫星、空中的有人和无人侦察机均携带了红外、电视和激光等设备,地面上的侦察兵则携带红外/可见光侦察设备、手持或枪瞄激光测距机等。其次,就武器系统来说,几乎各种光电制导武器都投入了使用,其中激光制导武器以打击精度高、造价低廉等优点得到了大规模应用。据美国军方统计,在海湾战争期间,多国部队的 16 种飞机装备了激光设备,共投下 6 520 t 的激光制导炸弹,命中率达 90% 以上。

光电对抗技术指对抗光电武器系统的技术。激光主动探测指利用激光对敌方的光学系统进行定位和识别,以便防护和攻击。应用光电子技术虽然提高了武器系统的测量精度、打击精度和隐蔽性,但其本身也存在致命的弱点。一是几乎所有光电系统都通过一定口径的光学系统将目标反射回来的光信号汇聚到一个高灵敏度的光电传感器上或是将目标成像到位于光路焦点的 CCD 传感器上,这些传感器又与一高放大倍数的电路相连接组成信息系统。该光学系统在接收光学信号的同时,会将入射的光信号按原路反射回去,并且该系统也极易受到光干扰和强激光的攻击,造成永久性破坏或产生“饱和现象”。二是受大气光学窗口和现有光电技术的限制,当前的光电应用系统只有几个固定的波长,采用一定的技术即可实现识别,并且单兵携带的光电装备几乎都有人眼观瞄装置。根据光电设备的特点,目前采用的主要光电对抗措施包括光电侦察、压制性干扰、欺骗式干扰、无源干扰。本节主要内容如下。

1)从全固体激光器泵浦理论开始,论证二极管激光器端面泵浦固体激光器的泵浦阈值、泵浦光与激光腔模的耦合理论、泵浦热效应及泵浦光模半径 ω_p 与激光腔模半径 ω_0 的参数选择对热效应的影响,通过实验分析 ω_p 与 ω_0 的最佳比值。

2)从稳定性、可靠性、可维修性和可生产性出发,详细论证 DPL 系统的工程化设计方法,并以实际例子论证端面泵浦全固体激光器中光学系统的稳定性与材料和结构应力之间的关系及工程化设计方法;研究泵浦源激光二极管(Laser Diode, LD)的散热及温控器的设计方法,设计 LD 驱动源自动缓升降电路和自动静电防护电路,对系统电路进行综合设计,以增强其抗干扰能力;通过对连续波 LD(CWLD)端面泵浦声光调 Q 激光器的输出特性进行实验分析,论述声光调 Q 激光器的动态输出效率与腔模尺寸之间的关系。

3)论述激光主动探测原理和光学系统对入射激光的后向反射特性,推导针对光学镜头的激光主动探测回波强度方程;通过大气湍流对激光传输的影响和实验分析,论证激光回波信号的检测方法及回波信号的特征,并依据此特征论证激光主动探测目标识别方法;介绍激光主动探测系统的组成,论述探测光源的参数选择方法;采用信号参数预估原理预测信号噪声和回波信号强度,并对回波信号检测单元进行优化设计,以降低目标识别难度。

4)采用系统工程原理对整个设备进行联合设计,降低设备的复杂程度;论述影响激光主动探测概率的主要因素,讨论大气湍流造成的光束漂移的概率密度分布,并由此导出激光主动探测的探测概率分布函数,进而依据目标特性和回波特性,探讨工程应用中的识别和探测方法。

2.6.1 泵浦速率

对于端面泵浦系统,泵浦光和振荡光均为三维空间函数。本章介绍的激光工作物质为 Nd^3:YAG(相应的激光晶体简称 Nd:YAG 晶体)。该激光工作物质属于四能级系统,其速率方程为

$$\frac{\partial \Delta N(x,y,z)}{\partial t}=R(x,y,z)-\frac{\Delta N(x,y,z)}{\tau_{\mathrm{f}}}-\frac{c}{n}\Delta N(x,y,z)\sum_{i=1}^{m}\sigma_i S_i(x,y,z) \tag{2-7}$$

$$\frac{\partial s_i}{\partial t}=\frac{c}{n}\sigma_i\iiint \Delta N(x,y,z)S_i(x,y,z)\mathrm{d}v-\frac{c\delta_i}{2l}S_i \tag{2-8}$$

在式(2-7)和式(2-8)中，假设谐振腔内有 m 个模同时起振，即

$$S(x,y,z)=\sum_{i=1}^{m}S_i(x,y,z) \tag{2-9}$$

则基模的稳态方程为

$$\iiint \frac{r_{\mathrm{p}}(x,y,z)S_0(x,y,z)}{L+\frac{c}{n}\sigma\tau_{\mathrm{f}}S_{\mathrm{s0}}(x,y,z)}\mathrm{d}v=\frac{n\delta}{2L\sigma\tau_{\mathrm{f}}R} \tag{2-10}$$

式(2-7)至式(2-9)各物理量的定义和方程的具体含义未做具体介绍，感兴趣的读者可查阅相关文献。

2.6.2　输入输出特性分析

设在单横模条件下，激光腔模半径 ω_0 为

$$\omega_0(z)=\omega_0\sqrt{1+\left(z\lambda_1 / \pi\,\omega_0^2\right)^2}\approx\omega_0 \tag{2-11}$$

泵浦光半径 ω_{p} 为

$$\omega_{\mathrm{p}}(z)=\omega_{\mathrm{p0}}+\theta_{\mathrm{p}}|z-z_0| \tag{2-12}$$

式中：ω_{p0} 为晶体内部距离晶体表面 z 处的泵浦光斑大小；θ_p 为泵浦光的远场发散角；z 和 z_0 分别为泵浦光束腰位置和 ω_0 对应束腰位置；λ_1 为泵浦光的波长；ω_0 和 ω_{p} 分别为 $z=z_0$ 时激光腔模和泵浦光模半径，进而可以求得泵浦阈值，即

$$P_{\mathrm{ath}}=\frac{\pi h\nu_{\mathrm{p}}}{2\sigma_{\mathrm{e}}\eta_{\mathrm{p}}\pi_{\mathrm{f}}}\left(\omega_0^2+\omega_{\mathrm{p}}^2\right)\left(\frac{\delta_{\mathrm{f}}+T}{2}+\alpha_{\mathrm{i}}L+\alpha_1 L\right) \tag{2-13}$$

式中：$h\nu_{\mathrm{p}}$ 为泵浦源的光子能量；η_{p} 为泵浦效率；π_{f} 为增益介质上能级的荧光寿命；δ_{f} 为输出耦合透过率；T 为谐振腔的输出镜透过率；L 为谐振腔长；α_1 为损耗系数；α_{i} 为工作物质对泵浦光的吸收系数。

从式(2-13)可以看出，泵浦阈值反比于 $\sigma_e\eta_p\pi_{\mathrm{f}}$，而与腔模半径 ω_0、泵浦光模半径 ω_{p}、输出耦合透过率 δ_{f} 和腔内的其他损耗以及工作介质的长度成正比。

通过对速率方程的分析，可得到 DPL 的输出功率 P_{out} 和斜率效率 η_s 的表达式分别为

$$P_{\mathrm{out}}=\frac{T}{\delta}\eta_{\mathrm{p}}\eta_0\left(P_{\mathrm{in}}-\frac{I_{\mathrm{sat}}}{\eta_{\mathrm{pl}}}\cdot\frac{\delta}{2}\cdot V_{\mathrm{eff}}\right) \tag{2-14}$$

$$\eta_{\mathrm{s}}=\frac{T}{2\delta}\eta_{\mathrm{p}}\eta_0 \tag{2-15}$$

式中：δ 为谐振腔的固有损耗；T 为谐振腔的输出镜透过率；η_0 为激光腔模和泵浦光模的重叠率；P_{in}

为输入功率；I_{sat} 为饱和光强；η_{pl} 为对泵浦光的吸收效率；V_{eff} 为有效模体积。

有效模体积 V_{eff}、激光腔模和泵浦光模重叠率 η_0 的表达式分别为

$$V_{eff}=\left[\iiint S_0(x,y,z)r_p(x,y,z)\mathrm{d}v\right]^{-1} \tag{2-16}$$

$$\eta_0=\frac{\left[\iiint S_0(x,y,z)r_p(x,y,z)\mathrm{d}v\right]^2}{\iiint S_0^2(x,y,z)r_p(x,y,z)\mathrm{d}v} \tag{2-17}$$

式中：S_0 为谐振腔内光子数密度函数；r_p 为泵浦速率密度函数；v 为体积。

根据激光腔模公式，可以假定激光腔模在整个激光工作介质内是一个恒定的常数。泵浦光的远场发散角为 θ_p，此处忽略了激光模在整个工作介质中的衍射影响；Z_0 为介质的中心，从几何光学的角度分析，要使泵浦光得到充分利用，泵浦光束必须在激光模的横截面内。

根据光学亮度理论，可得出任一光束束腰半径 ω 与其远场发散角 θ、折射率 η、光速 c、波长 λ 之间的关系为

$$\eta\theta\omega=c\geqslant\lambda/\pi \tag{2-18}$$

从式(2-18)可以看出，光束的束腰半径减小就意味着远场发散角的增大，因为对泵浦光束来说 ω_{p0} 和远场发散角 θ_p 之间的关系为

$$\theta_p=\frac{c}{\eta_0\omega_{p0}} \tag{2-19}$$

要使输出功率大、斜率效率高，就要求泵浦光束与激光腔模有较高的重叠率。从式(2-19)可以看出，泵浦光束束腰半径 ω_{p0} 越小，激光腔模与泵浦光的重叠率越大，相应地泵浦光的远场发散角也会越大。反之，泵浦光束束腰半径 ω_{p0} 越大，激光腔模与泵浦光的重叠率越小，θ_p 也越小。因此，要使泵浦阈值最低、斜率效率 η_s 最大，必须同时考虑泵浦尺寸和发散角的共同影响，取其最佳尺寸。

此外，由于激光工作物质量子缺陷等因素，当 DPL 器件处于工作状态时，约有 24% 的泵浦光将转化为热量从而产生热透镜效应，引起衍射损耗；并且，输入的泵浦功率越高，衍射损耗就越大。为了减小热透镜效应的影响，最大限度地利用泵浦能量，可以设计尽可能大的泵浦半径。但当泵浦功率不变，且 $\omega_0/\omega_p>1$ 时，衍射损耗会迅速增大。当然，适当增大激光腔模半径，增加 ω_0/ω_p，可提高泵浦光模与激光腔模的重叠程度，提高斜率效率。但过大的模体积，不仅会增大泵浦阈值，而且会使热透镜效应增大，引起衍射损耗增加，导致效率下降。因此，在 CWLD 激光器的端面泵浦 Nd: YAG 激光器的设计应用中，要平衡光腔尺寸、ω_0/ω_p、泵浦阈值、热效应等的共同影响，并且不同的泵浦功率要选择不同的 ω_0 和 ω_p 值。

2.6.3 DPL 的工程化设计

工程化设计，即广泛的应用设计，指满足各种环境条件、各种供电体制、不同层次操作使用人员要求的设计。其中，环境变化是多种多样的，有室内、室外、温热、干燥、车载、机载，以及单独使用或与其他设备配套使用等。在工程应用中，不仅要考虑 DPL 器件的输出效率、光学质量、峰值功率等问题，更多地需要关心器件的稳定性、可靠性、可维修性和可生产性。这涉及的问题包括腔型的选择、光学件的设计加工工艺、基础结构的温度应力稳定性、热传导性、电磁兼容性、温度控制、LD 驱动及

过流过压保护、静电防护、辐射干扰防护等。因此,可以说工程化设计是涉及多学科技术的综合设计。影响工程化设计的主要因素包括泵浦源的影响、结构及光学稳定性的影响、供电系统与电磁环境的影响、环境适应性、可靠性和可维修性。

开展工程化设计需要从以下几个方面进行考虑。

1)冗余设计(减额设计):所设计的系统应留有一定的冗余,如工作输出功率要低于额定输出功率,系统的安全系数推荐值为

$$S_p=\frac{\text{工作输出功率}}{\text{额定输出功率}}=0.8$$

2)热设计:主要包括电子元器件的散热及LD温控及散热。

3)应力设计:主要包括材料和结构的应力。其中,材料的参数主要包括材料密度、线膨胀系数、比热容等几个方面。例如,比较黑色金属、有色金属以及非金属材料,黑色金属和非金属材料的线膨胀系数较大,不太适合制造精密光学系统的结构件;有色金属中铜和铝材料的线膨胀系数较小且接近,由于硬铝合金材料密度最小,所以宜用它制造DPL光学系统的结构件。

金属结构形状及其他金属部件在结构基座上的安装位置产生的应力会对结构件的稳定性和精度产生一定的影响。对于常见的DPL结构(图2-16),因结构基座各部分的厚度不同,为克服垂直于光轴方向左右扭曲应力的影响,须将所有元件以光轴为中心线进行对称设计,这样金属热应力膨胀所产生的影响只会沿光轴长度方向产生作用,就本系统来说仅会因谐振腔长度L的变化对激光腔模尺寸产生影响。

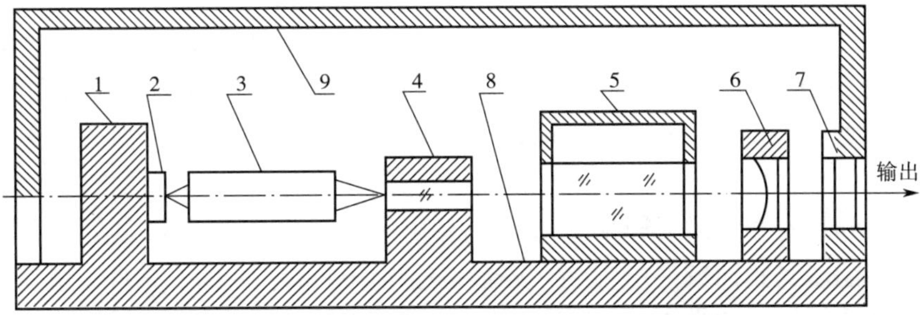

1、2—激光二极管;3—棒;4—耦合系统;5—全反镜;6—输出镜;7—平面镜;8、9—金属基座

图2-16　端面泵浦工程化设计结构模型

设热应力引起的谐振腔长度变化ΔL和温度的最大变化Δt的关系为

$$\Delta L=L\Delta t\Delta\alpha_1 \tag{2-20}$$

式中:α_1为材料的线膨胀系数,对于硬铝材料,$\alpha_1=2.27\times10^{-6}$;材料的最大温差$\Delta t\approx65$,因此$\Delta\omega_0\approx1\ \mu\text{m}$,影响可以忽略不计。

在现代工程应用中,设备从开机到稳定工作的时间要求小于1 min。对DPL激光系统,则要求必须在30 s内,将其上、下限工作温度控制到室温。根据冗余设计要求,选择冷却时间为20 s。紫铜的热传导系数$\lambda=203$ W/(cm·℃),比热容$C=460.5$ J/(kg·℃)。因此,可以认为LD和紫铜同温度。物质吸热后的温度变化ΔT可表示为

$$\Delta T=Q/(CW) \tag{2-21}$$

式中:Q为吸收的热量;C为比热容;W为物质质量。

在热功率为 P_t 条件下，温度变化 ΔT 所需要的时间 $t=Q/P_t$，则热功率 P_t 的表达式为

$$P_t=\frac{\Delta T C\rho V}{t} \tag{2-22}$$

紫铜板的尺寸为 20 mm × 20 mm × 3 mm，且假设其与外界处于隔离状态。在工作温度处于上限情况下，紫铜温度与室温的温差为 60 ℃ − 25 ℃ = 35 ℃，则当 LD 处于工作状态（功率为 P_{LD}）时，在工作温度达上限、制冷时间为 20 s 约束下，制冷器所需的功率 P 为

$$P=P_t+P_{LD}=\frac{35\times 460.5\times 11.68\times 10^{-3}}{20}+6.9=16.3\ \text{W} \tag{2-23}$$

根据可靠性冗余设计要求，半导体制冷器的额定功率应为 20.4 W。同理，在工作温度处于下限 −40 ℃升到 25 ℃时所需的时间为 16.92 s。因绝缘材料和空气的热扩散系数很低，计算中没有考虑这两种因素的影响。因此，用计算的功率控温时，所需时间略长于计算时间。

对于 LD 的驱动源，要求如下：

1）驱动源为恒流源，为保证输出电流稳定，要求驱动源的电压相对较低，且有较大的动态输出阻抗；

2）驱动电流稳定，由于 LD 的内阻很小，工作电流较大，LD 的稳定工作受工作电压、噪声、环境、温度、电网波动的影响较大，因此必须采取措施消除上述影响；

3）体积小，质量轻，可靠性高。

此外，可以通过加入自动静电防护电路来保护 LD。自动静电防护电路是一个并联在 LD 两端的自动开关，作用有两个：一是在 LD 不工作时将 LD 短路，防止静电对 LD 造成损坏；二是在恒流源系统上电和断电过程中将 LD 短路，防止上电和断电过程中的浪涌电流通过 LD。当恒流源控制电路收到 LD 的加电信息后，防护电路会在 LD 加电之前自动断开；当 LD 的电流变为 0 后，防护电路开关也会自动合上。实践证明，采用这种措施后，设备在调试、运输、工作等所有过程中都可以有效地保护 LD。

选择驱动功率时，要考虑激光腔模半径 ω_0。实验发现，用 2 W 的驱动功率可关断灯泵 ϕ5 mm 棒输出 10 W 功率的激光器，但不一定能够关断静态输出 600 mW 的 DPL 器件。这是因为端面泵浦的 YAG 激光器的腔模尺寸约为 500 μm，单位体积内光子数密度远大于灯泵器件，在同样的衍射效率下，由于 DPL 激光系统腔内光子数密度高，腔内增益大于灯泵激光器。当泵浦功率超过一个定值后，随着泵浦功率的增加，输出平均功率增加，这是由于随着泵浦功率的增加，腔内光子数密度增加，腔内增益变高。随着泵浦功率的增加，在低 Q 状态时，腔内增益逐渐大于损耗，形成激光振荡，并且激光振荡强度逐渐增加。因此，平均功率虽然增加，但消耗了能量积累时间内的上能级粒子，上能级粒子数密度下降，输出脉宽变宽，脉冲峰值功率下降。由于在低 Q 状态时，腔内损耗仍然很大，激光振荡相对较弱，上能级粒子数密度虽然下降，但仍有一定积累。当 Q 值突然变大时，仍能在较弱的激光振荡上形成脉冲输出。相当于在直流信号上叠加一个脉冲。根据激光 Q 开关理论，激光输出的峰值功率与单位时间内输出的光子总数成正比。因此，在设计中应尽量增大 ω_0 和 ω_p，这样虽然静态阈值较高，斜率效率下降，但可获得满意的动态输出。

2.7 激光用于光电对抗及材料加工技术

随着激光技术在军事领域中应用的日益广泛和深入，现代战争充斥着激光的威胁。抛开部队已大量装备的激光测距机、激光雷达、激光辐照器等不谈，用于攻击光电传感器的各类战术激光武器已在各军事强国大量装备。激光对人眼、光学系统、光电系统的破坏日益受到重视，光电传感器、光学系统和人眼一样都属于"弱光探测系统"，激光可造成这类系统的损坏。例如，激光辐照人眼可造成人眼的暂时性或永久性失明；激光可造成光电传感器输出饱和甚至损坏；激光可使光学系统熔化或发生龟裂、出现磨砂等现象。可见，在激光武器迅速发展并不断列装的情况下，作为武器系统"眼睛"的光电系统面临着前所未有的巨大威胁，强激光可干扰或破坏光电系统，而光电系统在武器装备上及其作战过程中起着观察、瞄准、测量、跟踪等作用，光电系统能否正常工作直接影响或决定着武器装备的作战效能。强激光对光电系统的干扰、破坏及其防护技术是光电对抗的一个重要研究领域，光电对抗与雷达对抗、通信对抗一起构成的电子战，已成为战争能力的重要组成部分，贯穿于战争全局，渗透到战争的各个方面，成为与制空权、制海权同等重要的"战略要素"。因此，如何对抗敌方激光武器，保护己方人眼、光电传感器和光学系统不被破坏，是各国亟待解决和不断研究的课题。

2.7.1 激光对光学材料的破坏

光学材料作为光学器件的基本材料广泛应用于各种光学零件，激光对光学零件或光学系统的破坏在一定程度上是激光对材料的破坏，因此激光对光学材料的破坏及其破坏机理受到人们的广泛关注。激光对光学材料的破坏是激光与物质相互作用的结果，与激光参数和光学材料等有密切关系。不同的激光参数（如波长、脉宽、偏振状态、模式、光斑尺寸等）对同一种物质会产生不同的损伤结果；同一参数条件下的激光对不同的光学材料的破坏也是不同的，并且激光对光学材料的损伤与材料的缺陷、杂质等因素有关。

强激光对光学材料的破坏机理主要包括热破坏、热应力破坏、雪崩电离击穿破坏、多光子吸收电离破坏和非线性效应破坏等。

（1）热破坏

激光对材料的热破坏主要包括热烧蚀和热爆炸。热烧蚀指材料表面吸收激光而被加热，产生软化、熔融、气化，甚至电离，形成的蒸气向外高速膨胀喷射，冲走熔融的液滴或固态颗粒，在材料表面造成凹坑直至穿孔；热爆炸指在激光的辐照下，材料表层下的温度高于表面温度且以更快的速度气化，或者气化温度低的下层材料先气化，这两种现象都会在材料内部产生很高的压力，从而导致发生爆炸。

热破坏主要可分为本征吸收引起的热破坏和杂质缺陷引起的热破坏。

Ⅰ. 本征吸收引起的热破坏模型

设光学材料的吸收系数为 α，入射激光能量密度为 J_0，通过厚度为 d 的光学材料后，激光能量密度为

$$J=J_0\left(1-R\right)\left(1-\mathrm{e}^{-\alpha d}\right) \tag{2-24}$$

式中：R 为光学材料表面的反射率。

设 C 为光学材料的克分子比热容，ρ 为材料密度，M 为相对分子质量，α 为光学材料的吸收系

数，则吸收激光能量引起的表层温升 ΔT 为

$$\Delta T \approx J_0(1-R)\alpha M/\rho C \tag{2-25}$$

当光学元件的表面温度达到材料的某一阈值温度时，材料发生软化、熔融、气化，甚至电离等损坏。透明体材料由于本征吸收系数很小，通常不易直接发生损坏，而实际上光学材料中包含的杂质缺陷都有相当大的吸收系数，因而在光学元件的辐照破坏中起到了主要作用。

Ⅱ. 杂质缺陷引起的热破坏模型

假设光学材料内有平均尺寸为 q 且平均间隔为 l 的杂质缺陷吸收中心，吸收中心的吸收系数 $\alpha \gg \alpha_0$，α_0 为材料的体吸收系数。由于杂质缺陷吸收光能而使温度升高，当温度升高到阈值温度 T_c 时导致材料破坏。很明显，阈值温度 T_c 依赖于吸收的光功率 P 和热传导过程。

当入射的激光脉冲宽度 $\tau > \tau_x$ 时，需要考虑吸收中心之间的热传输。在点缺陷近似的情况下，可得到破坏阈值功率 P_d 与脉冲宽度 τ 的关系，破坏阈值功率为

$$P_d \approx (T_c - T_0)\left[\frac{\alpha V}{4\pi kq} + \frac{\alpha V}{l^2}\left(\frac{\tau}{c_0\rho_0 k_0}\right)^{1/2}\right]^{-1} \tag{2-26}$$

当入射的激光脉冲宽度 $\tau < \tau_x$ 时，忽略热传导的影响，破坏阈值功率为

$$P_d \approx \frac{C_0\rho_0(T_c - T_0)}{\alpha\tau} \tag{2-27}$$

式中：τ_x 为吸收中心热传导过程建立的平均本征时间，$\tau_x = C\rho q^2 k$，其中 k 为形成吸收中心缺陷的热扩散系数，C 为比热容，ρ 为密度；T_c 为阈值温度；T_0 为基质材料的温度；变量的下标 0 代表基质材料。

根据杂质缺陷破坏的半定量理论，在一定激光参数条件下存在一个最有害的杂质尺寸，使材料最易受到激光损伤。理论计算表明，在纳秒脉宽范围内，亚微米量级是最易产生激光损伤的杂质尺寸。

（2）热应力破坏

热应力破坏是指由于材料中存在非均匀温度场和变形约束的情况下，光学材料中存在热应力且引起材料破坏的现象。

当辐照材料的激光脉冲较短时，由于材料表面局部快速升温且形成温度梯度，进而引起的热应力以波的形式传播，材料在应力波的峰值点处极易造成材料的应力破坏。另外，当足够强的短脉冲激光辐照材料时，气化物及等离子体的高速外喷会在极短时间内对材料产生反冲击作用，从而在材料内部形成应力波，当应力波作用到材料底面时会发生反射，并与未反射部分的应力波相互作用。在材料内部形成的应力波的强度若超过材料的断裂强度，则材料被拉断，而应力波在此断面继续作用，结果形成“层裂”破坏。

对于连续激光辐射，通常认为热力学破坏起主导作用。材料表面吸收激光能量，温度升高。由于材料的热稳定性不同，将出现两种破坏形态：一是在热稳定性好的材料中，材料温度变化产生的热应力不足以使材料产生炸裂或解理，而是使材料温度升高并发生熔融破坏，如 CO_2 激光辐照石英玻璃的初期，石英材料内部产生热应力，但不致产生破坏，随着激光作用时间的加长，石英材料发生熔化并在内部形成穿孔；二是在热稳定性差的材料中，激光在材料中产生的热应力达到一定程度就会使其发生炸裂或解理，而此时材料的温度并未达到软化或熔融温度，如氧碘化学激光辐照热稳定性

差的 MgF_2 晶体时，易使晶体材料发生炸裂或解理。

在激光损伤的理论分析和实验研究中，材料的热破坏和热应力破坏具有一定相似性，且两种破坏通常同时存在。

（3）雪崩电离击穿破坏

雪崩电离击穿（avalanche ionization breakdown）也常被称为碰撞电离击穿（impact ionization breakdown），它是透明超纯固体材料发生破坏的最可能机制之一。

光学材料破坏的雪崩模型是由亚布洛诺维奇（Yablonovitch）和布隆伯格（Bloembergen）从早期的直流电子雪崩击穿概念引出的。该模型可描述如下：位于导带中的电子由于吸收入射光子的能量后动能增加，若吸收光子的能量足够大，该电子就可能与价电子碰撞并使其电离，这样 1 个导带中的电子就变成 2 个。这两个电子重复上述过程，最终使导带电子数急剧增加，直至在样品局部区域形成强烈吸收激光的等离子体，然后通过等离子体与后续激光的相互作用，使材料发生灾难性破坏。

雪崩电离击穿模型首先假设存在少量的自由电子，电介质材料中含有的金属杂质、缺陷、杂质离子或电子缺陷等都能提供自由电子。叶皮凡诺夫（Epifanov）利用半定量处理方法得到宽带隙介质损伤的激光电场强度阈值，其表达式为

$$E_{\mathrm{th}}^2=\frac{6E_{\mathrm{g}}m_{\mathrm{e}}^2c_{\mathrm{s}}}{K_{\mathrm{B}}Te^2}\left(\omega^2+\frac{E_{\mathrm{g}}}{m_{\mathrm{e}}L_{\mathrm{ac}}^2}\right)\frac{1}{\ln(t_{\mathrm{p}}/L\theta)} \tag{2-28}$$

式中：m_e 为电子质量；E_g 为材料带隙能量；c_s 为样品中的声速；L 为再生电子数；K_B 为玻尔兹曼常数；T 为温度；e 为电子电荷；L_{ac} 为电子 - 声子碰撞的平均自由程；t_p 为损伤激光束脉冲宽度（FWHM）；ω 为损伤激光束频率；θ 为与材料特性及电场强度有关的参数。

由式（2-28）可得能量密度的表达式为

$$J_{\mathrm{th}}=0.5\varepsilon E_{\mathrm{th}}^2t_{\mathrm{p}}\propto\frac{t_{\mathrm{p}}}{\ln t_{\mathrm{p}}} \tag{2-29}$$

式中：ε 为电子能量；J_{th} 为发生损伤时的临界激光能量密度，即通常所说的能量破坏阈值。

由式（2-28）和式（2-29）可知，对于宽带隙介质材料，其辐照激光束能量与脉冲宽度及频率有较强的依赖关系，其规律如下：随着激光脉宽的增加，破坏阈值相应增加，而随着激光波长的增加（即随着频率的降低），破坏阈值则单调下降。

（4）多光子吸收电离破坏

多光子吸收电离破坏与雪崩电离击穿破坏具有一定的相似性，都是由导带电子数急剧增加导致材料损伤形成的，只是这种破坏引起的导带电子数增加的原因是价带电子对激光的多光子吸收。

目前，多光子吸收电离过程仅考虑了它对初始自由电子的贡献。如果多光子吸收产生自由电子的速率比碰撞电离产生的还要快，如当激光波长较短时，光子能量增加，吸收截面较大的多光子吸收过程就容易发生，这时的多光子吸收电离就对破坏过程起主要作用。研究表明，当入射激光的光子能量约为材料带隙能量的 1/3 时，多光子吸收会对价带电子的电离过程产生重要作用。由于目前对电介质材料的能带结构缺乏足够了解，研究多光子吸收电离理论具有一定的困难，相关研究大都局限于双光子吸收的过程，而且基本上都是半定量的。

（5）非线性效应破坏

非线性效应破坏的机理主要可分为非线性透镜与非线性吸收两种。

Ⅰ. 非线性透镜

由于强光作用引起的非线性效应，介质折射率 n 不再是常数，而是依赖于光强，其表达式为

$$n=n_0+n_2<E^2> \tag{2-30}$$

或为介质折射率变化的形式：

$$\Delta n=\frac{1}{2}n_2|A|^2 \tag{2-31}$$

式中：n_0 为线性折射率；n_2 为非线性折射率；E 为光场；A 为振幅。

对于大多数材料有 $n_2>0$，光场为

$$\vec{E}=\vec{A}\exp[\mathrm{i}(\vec{k}\vec{r}-\omega t)]+c.c.$$

式中：$\vec{r}$ 为位置矢量；t 为时间；$\vec{k}$ 为波传播方向上的波矢量；ω 为角频率；$\vec{A}$ 为振幅矢量；$c.c.$ 表示复共轭。

如果光场的横向分布不是均匀的，如是高斯分布，则光束中心处的光场最强，它引起的有效折射率要比边缘处大，因此在强光作用下，介质将表现为正透镜效应，即自聚焦现象。光束在传输过程中同时还具有衍射效应。这两个效应的相互抵消在一定条件下会形成光束自陷，即光束直径不再变化，则介质折射率的变化为

$$\Delta n=\frac{1}{2}n_0\left(\frac{0.61\lambda_0}{n_0\cdot 2\alpha}\right)^2$$

激光在介质中传播，光束发生自聚焦时所对应的入射光功率称为自聚焦阈值功率，其表达式为

$$P_{\mathrm{cr}}=\frac{0.61^2}{32}\cdot\frac{\lambda_0^2c_0}{n_2} \tag{2-32}$$

根据式（2-32）可估算出调Q激光器在玻璃材料（$n_2=10^{-11}\sim10^{-12}$）中自聚焦阈值功率 P_{cr} 为 $10^5\sim10^6$ W，这是中等功率的激光器就可实现的。

自聚焦效应本身并不会造成介质的直接破坏，它是一种间接效应。光束发生自聚焦后，中心处功率密度可以很高。局部光强将成数量级的提高，局部的激光场强也极大地升高，而一旦对应的光电场超过固体介质内部的场强（$10^7\sim10^8$ V/cm），对应的光功率密度即光强 $I\approx10^{13}$ W/cm^2，可以将介质价键击穿。在这种丝状光束内，凡是与场强有关的各种过程均得到相应的加强，如多光子吸收破坏过程、受激布里渊散射破坏过程、杂质破坏过程，都更容易发生，从而造成玻璃材料破坏阈值的下降。

Ⅱ. 非线性吸收

非线性吸收破坏的主要物理机制是当高功率激光入射到光学材料体内时，发生非线性吸收，使聚焦点处的材料发生电离，形成等离子体，等离子体膨胀和材料局部升温引起的热膨胀产生局部应力，引起光学材料的炸裂破坏。

激光对光学材料的损伤往往是几种损伤机制共同作用的结果，对于激光参数不同和光学材料的物理化学机制不同的材料，占据主导地位的激光损伤机制可能存在差异。

2.7.2 激光对光学玻璃的破坏

光学玻璃主要是指用于可见光谱区的材料。当辐照材料的激光功率密度较低和辐照时间较长时，受辐照样品中的温度分布和热应力分布可以解耦处理，即可以由导热微分方程求解温度场，将某

一时刻的温度场代入热弹性平衡方程求解应力场。

光学材料的吸收系数与波长有关，同一种材料对不同波长光的吸收系数不同。所谓工作波段外激光，是指光学材料对入射激光的光波具有足够大的吸收系数，光学材料对激光光波不透明，即激光位于光学材料工作波段外。

K9 玻璃是光学系统中常用的光学材料，对可见光、近红外波段的光具有很好的透过特性（如对波长为 1.06 μm 的激光，其吸收系数为 0.01 cm^{-1}），而对中远红外激光具有很强的吸收系数（如对波长为 10.6 μm 的 CO_2 激光，其吸收系数为 1 667 cm^{-1}）。当波长为 10.6 μm 的激光辐照 K9 玻璃时，激光的穿透深度很浅，材料表面吸收激光能量引起材料温度升高并产生热应力。下面以波长为 10.6 μm 的 CO_2 激光辐照 K9 玻璃为例，研究工作波段外激光对光学材料的破坏效应。

（1）激光辐照模型的建立及其分析

Ⅰ. 材料的温升

K9 玻璃的物理参数见表 2-1。材料的结构参量包括：半径 $r = 2$ cm，厚度 $h = 0.2$ cm。CO_2 激光器的基模输出功率 $P = 215$ W，高斯光斑的半高宽（光斑半径）$a = 0.5$ cm，中心光强 $I_0 = 273.89$ W/cm^2，表面反射系数 $\eta = 0.15$。

表 2-1　K9 玻璃的物理参数

密度 ρ（g/cm^3）	热扩散系数 k（W/(cm·℃)）	比热容 C_p（J/(g·℃)）	膨胀系数 α（$℃^{-1}$）	弹性模量 E（Pa）	熔点 T_{melt}（℃）	抗拉强度 σ_{th}（Pa）
2.5	0.012 1	0.71	8.5×10^{-6}	8×10^{10}	1 400	4.9×10^{7}

激光辐照光学材料的温度分布表示为

$$T(r,t)=\frac{2\eta I_0}{b^2 h\rho C_p}\cdot\left\{f_0 t+\sum_{m=0}^{\infty}\frac{f_m J_0(\beta_m r)}{D\beta_m^2 J_0^2(\beta_m b)}\cdot\left[1-\exp\left(-D\beta_m^2 t\right)\right]\right\} \tag{2-33}$$

激光辐照材料会引起 K9 玻璃温度的升高。当激光辐照时间 $t = 6$ s 时，材料表面的温度分布如图 2-17（a）所示；靶材表面的热应力与材料半径的关系曲线如图 2-17（b）所示。

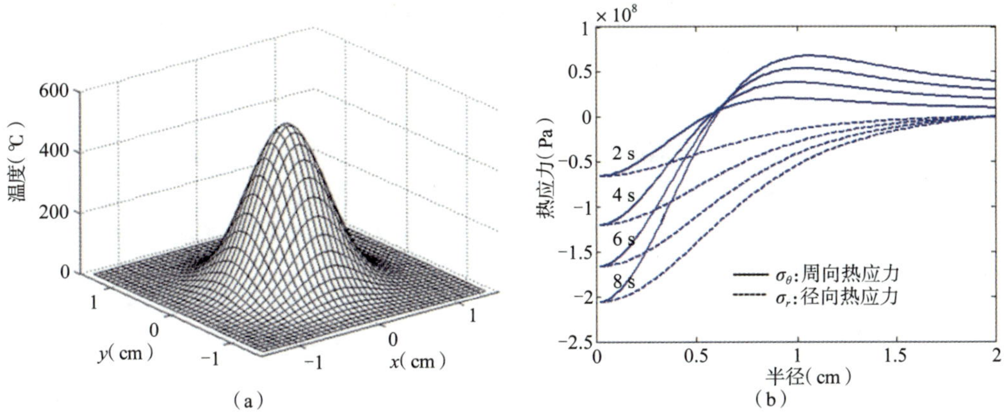

图 2-17　激光辐照产生的温度效应

（a）$t = 6$ s时材料表面的温度分布；（b）热应力与材料半径的关系曲线

Ⅱ. 材料的热应力

二维平面模型的热应力包括周向热应力（σ_θ）和径向热应力（σ_r），分别表示为

$$\left.\begin{aligned}\sigma_r(r,t)&=-\frac{2\alpha EI_0}{b^2\rho C_{\rm p}}\cdot\frac{f_m\left[1-\exp(-D\beta_m^2t)\right]}{D\beta_m^2J_0^2(\beta_m b)}\cdot\sum_{m=1}^{\infty}\frac{J_1(\beta_m r)}{\beta_m r}\\ \sigma_\theta(r,t)&=\frac{2\alpha EI_0}{b^2\rho C_{\rm p}}\cdot\frac{f_m\left[1-\exp(-D\beta_m^2t)\right]}{D\beta_m^2J_0^2(\beta_m b)}\cdot\sum_{m=1}^{\infty}\left[\frac{J_1(\beta_m r)}{\beta_m r}+J_0(\beta_m r)\right]\end{aligned}\right\}\tag{2-34}$$

图 2-18（a）所示为高斯光束辐照 K9 玻璃靶材 6 s 后周向热应力（σ_θ）的二维分布情况。由计算结果可知，在光束中心附近区域，周向热应力 σ_θ 表现为压缩应力，其值为负值，光斑中心（$r=0$）的温度最高，热膨胀最强，所受压缩应力也最大；而随着靶材半径的增加，材料表面的温升逐渐下降，σ_θ 仍为负值，但绝对值减小；而远离辐照中心处的温度基本没有发生变化，与辐照区域相比可以称为“冷区”；“热区”和“冷区”交界处，热应力由负值变为正值，此时 σ_θ 开始表现为拉伸应力，在 $r_{\rm p}(>a)$ 处达到最大值后逐渐下降。图 2-18（b）所示为激光辐照靶材 2、4、6 和 8 s 后材料的热应力随半径的变化关系，虚线表示相应的径向热应力，可见径向热应力始终为负值。对于固体材料来说，材料的抗压强度（K9 玻璃约为 690 MPa）远大于材料的抗拉强度（K9 玻璃约为 49 MPa），所以材料的损伤由周向拉伸应力控制，图 2-18（b）中的实线表示辐照时的周向热应力。

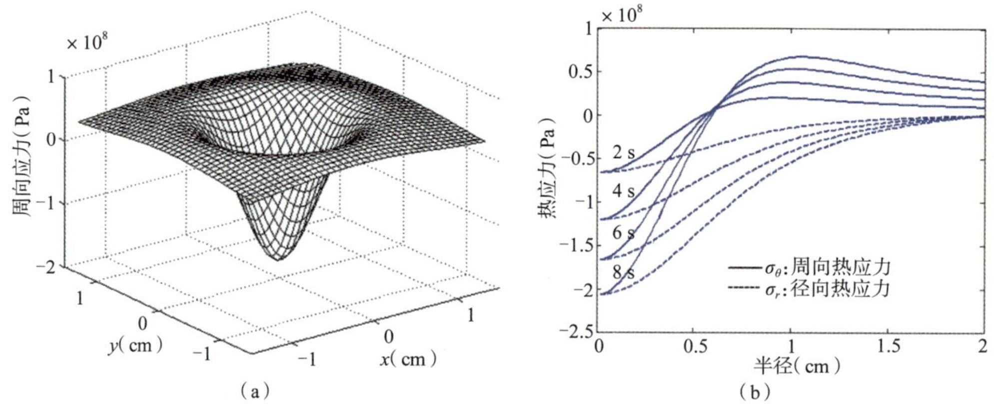

图 2-18　激光辐照产生的应力效应

（a）$t=6$ s时的二维周向热应力；（b）热应力与激光辐照时间的关系曲线

Ⅲ. 激光破坏阈值及损伤形态

激光对材料的损伤主要是激光辐照导致材料表面的温升超过材料的熔融温度（熔点）$T_{\rm melt}$，或是材料的热应力大于抗拉强度 $\sigma_{\rm th}$。根据上面的分析，温度最大值出现在光斑中心（$r=0$）处，热应力最大值出现在 $r_{\rm p}$ 处。如果 $T_{\rm melt}$ 和 $\sigma_{\rm th}$ 已知，就可以求出熔融破坏功率密度阈值 $I_{\rm thm}$ 和应力损伤功率密度阈值 $I_{\rm th\sigma}$，表达式分别为

$$I_{\rm thm}=\frac{b^2h\rho C_{\rm p}T_{\rm melt}}{2\eta}\cdot\left\{f_0t+\sum_{m=0}^{\infty}\frac{f_m}{D\beta_m^2J_0^2(\beta_m b)}\cdot\left[1-\exp(-D\beta_m^2t)\right]\right\}^{-1}\tag{2-35}$$

$$I_{\rm th\sigma}=\frac{b^2\rho C_{\rm p}\sigma_{\rm th}h}{2\alpha E\eta}\cdot\left\{\frac{f_m\left[1-\exp(-D\beta_m^2t)\right]}{D\beta_m^2J_0^2(\beta_m b)}\cdot\sum_{m=1}^{\infty}\left[\frac{J_1(\beta_m r_{\rm p})}{\beta_m r_{\rm p}}-J_0(\beta_m r_{\rm p})\right]\right\}^{-1}\tag{2-36}$$

由式(2-35)可很容易求出材料的熔融破坏阈值;但要由式(2-36)求出材料的应力破坏阈值,就要首先确定 r_p 值。对式(2-36)求导,求 r_p 的解析解是非常困难的。对于均匀光斑,采用热扩散长度($\delta = 2\sqrt{Dt}$)近似方法,即在满足条件 $\delta < b - a$ 时,有 $r_p = a + \delta$,这一条件在绝大部分区域成立,但对于高斯光束入射的情况误差较大。r_p 与 a 和 t 有密切的关系,同时也受到 I_0、b 以及其他参数的影响,所以要得到普遍适用的拟合公式困难非常大。一个方法是利用数值分析方法对应力曲线进行拟合回归,如利用数值分析方法对图 2-19 进行采样,得到特定条件下($a = 0.5$ cm, $b = 2$ cm, $I_0 = 273.89$ W/cm^2)r_p 的拟合公式为

$$r_p = 0.900\,8 + 0.021\,6t - 0.000\,2t^2 \tag{2-37}$$

改变 a、b 和 I_0 的值,可得到相应的 r_p 值。由拟合公式(实线)和热扩散长度概念所确定的 r_p 值(虚线)的差别如图 2-19 所示。r_p 对应周向热应力最大值,由此可以确定某一时刻材料最易损伤的位置。将式(2-37)代入式(2-36),可求得靶材的应力破坏阈值。

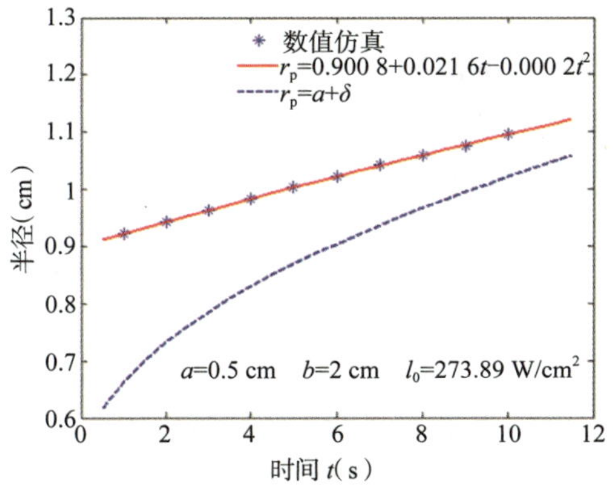

图 2-19　应力最大值位置与激光作用时间的关系

由图 2-20 可知,对于熔融破坏阈值和应力破坏阈值,在激光辐照时间较短时,由于材料表面沉积的能量少,两种破坏阈值功率都非常高,但随着辐照时间的增加而迅速下降,而后逐渐趋于平缓。例如,波长为 10.6 μm 激光辐照 K9 玻璃时,玻璃的应力破坏阈值低于熔融破坏阈值,因此损伤形态为炸裂或解理。

Ⅳ. 实验与结果分析

利用连续 CO_2 激光器辐照 K9 玻璃进行实验研究,激光功率 $P = 215$ W,光斑半径 $a = 0.5$ cm,功率密度 $I_0 = 273.89$ W/cm^2 时,辐照 6 s 时,靶材开始解理。

由图 2-20 可知,当激光功率密度为 273.89 W/cm^2 时,激光对材料造成损伤所需的时间为 5.389 s,与实验观测值的相对误差为 10.183%。误差产生的首要原因是实验不能满足真空条件,也就是边界不满足绝热条件,K9 玻璃通过热传导会散失掉小部分能量,因此实验中达到阈值的时间要长一些。理论分析与实验结果基本符合,说明前述模型的正确性和合理性。

利用热传导和热弹性理论建立激光与光学材料相互作用的模型。通过理论计算得到在高斯光束作用下,光学材料的温升和应力场的瞬态分布。通过拟合确定材料最易损伤的位置,并由此计算出材料的破坏阈值。结果表明, K9 玻璃的损伤形态为炸裂或解理,破坏的原因是周向拉伸应力大于材料的抗拉强度。材料的破坏阈值与辐照时间反向相关,即激光功率密度越高,造成破坏所需的时间越短。

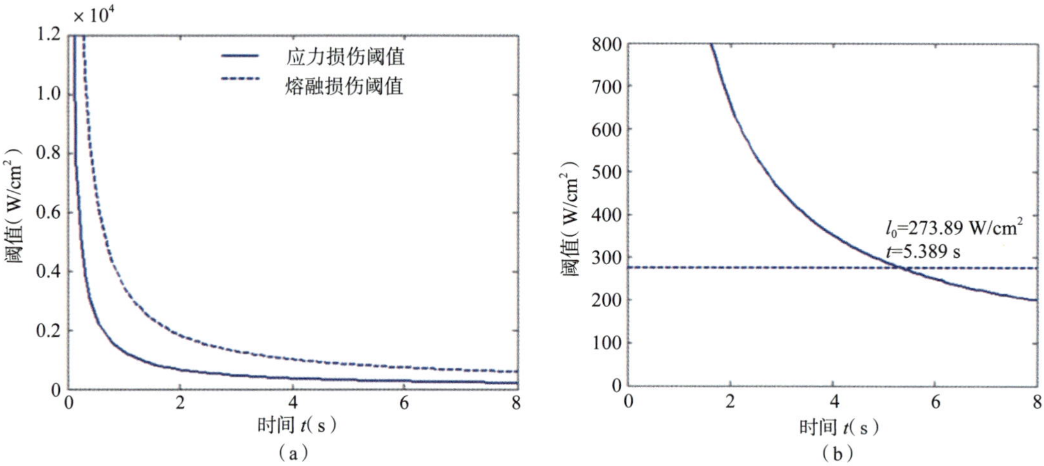

图 2-20　破坏阈值与辐照时间的关系

（a）整体图；（b）局部图

（2）工作波段内激光对光学材料的破坏

所谓工作波段内激光，是指光学材料对入射激光的光波具有足够高的透过系数，光学材料对激光光波透明，即激光位于光学材料工作波段内。

熔融石英是常用的光学窗口材料，其对紫外、可见光、近红外波段的光都具有很高的透过率（大于 80%）。现以波长为 1.315 μm 的氧碘激光辐照熔融石英玻璃为例，研究工作波段内激光对光学材料的损伤破坏。

Ⅰ. 材料的温升

工作波段内的激光对光学材料的损伤破坏与工作波段外的激光不同，工作波段内的激光由于穿透深度很深，研究材料内以及出射面的温度场分布，需建立三维热传导模型。

在柱坐标系下，z 轴对称的三维瞬态温度分布方程为

$$T(r,z,t)=\frac{4P_0(1-\tau)}{kr_0^2 l\,\pi\,\omega_0}\left\{\sum_{m=1}^{\infty}\sum_{p=1}^{\infty}\frac{\alpha J_1(\beta_m\omega_0)[1-e^{-\alpha l}(-1)^p]}{\beta_m J_2^2(\beta_m r_0)(\alpha^2+\eta_p^2)(\beta_m^2+\eta_p^2)}J_0(\beta_m r)cos(\eta_p z)\left[1-e^{-\frac{k}{\rho C}(\beta_m^2+\eta_p^2)t}\right]+\right.$$

$$\left.\sum_{m=1}^{\infty}\frac{J_1(\beta_m\omega_0)(1-e^{-\alpha l})}{2\alpha J_0^2(\beta_m r_0)\beta_m^3}J_0(\beta_m r)\left(1-e^{\frac{k}{\rho C}\beta_m^2 t}\right)+\sum_{p=1}^{\infty}\frac{\alpha\omega_0[1-e^{-\alpha l}(-1)^p]}{2\eta_p^2(\alpha^2+\eta_p^2)}cos(\eta_p z)\left(1-e^{\frac{k}{\rho C}\eta_p^2 t}\right)\right\}+$$

$$\frac{P_0(1-\tau)(1-e^{-\alpha l})}{\pi\,\alpha\rho C r_0^2 l}t+T_0 \tag{2-38}$$

熔融石英材料的物理参数见表 2-2。熔融石英样品的半径 $r=4$ cm，厚度 $h=0.2$ cm；激光光斑半径 $\omega_0=2$ cm，且取 $T_0=20$ ℃。

表 2-2　熔融石英的物理参数

密度	$\rho=2.21$ g/cm³	热扩散系数	$k=1.38$ W/(m·K)
比热容	$C=746$ J/(kg·K)	吸收系数	$\alpha=0.19\times10^{-3}$ cm^{-1}
热膨胀系数	$\beta=0.51\times10^{-6}$ ℃$^{-1}$	弹性模量	$E=7.26\times10^{10}$ Pa
熔点	$T_{melt}=1\,700$ ℃	泊松比	$v=0.16$

激光功率密度可表示为 $I_0 = P_0/\pi\omega_0^2$。当 $I_0 = 2\ 000\ \mathrm{W/cm^2}$、$t = 8\ \mathrm{s}$ 时，由式(2-38)可得靶材的温度场分布，如图 2-21 所示。材料表面沿径向的温度分布如图 2-22(a)所示；靶材中心温度沿厚度方向的变化曲线如图 2-22(b)所示。由数值计算结果可以看出，由于熔融石英对激光吸收系数很小，温度场沿 z 轴方向变化不明显，即靶材的入射面和出射面温度之差较小。

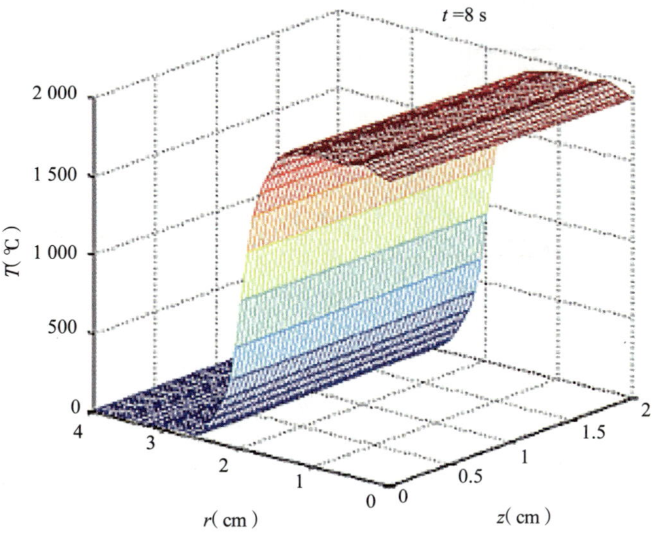

图 2-21　熔融石英的三维温度场分布

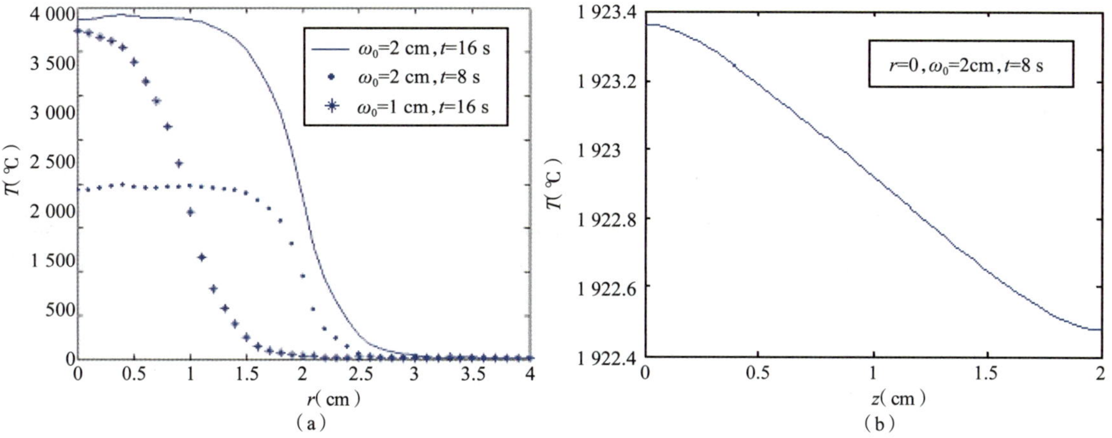

图 2-22　熔融石英表面的温度分布

(a) 径向分布；(b) z轴方向分布

Ⅱ. 材料的热应力

对于圆柱形靶材，温度场轴对称分布，应力分布表示为

$$\sigma_r=-\frac{4\beta EP_0(1-\tau)}{kr_0^2 l\,\pi\,\omega_0(1-\gamma)}\cdot$$

$$\left\{\sum_{m=1}^{\infty}\sum_{p=1}^{\infty}\frac{\alpha J_1(\beta_m\omega_0)[1-\mathrm{e}^{-\alpha l}(-1)^p]}{\beta_m{}^2 J_0^2(\beta_m r_0)(\alpha^2+\eta_p^2)(\beta_m^2+\eta_p^2)}\frac{J_1(\beta_m r)}{r}\cos(\eta_p z)\left[1-\mathrm{e}^{-\frac{k}{\rho C}(\beta_m^2+\eta_p^2)t}\right]+\right.$$

$$\left.\sum_{m=1}^{\infty}\frac{J_1(\beta_m\omega_0)(1-\mathrm{e}^{-\alpha l})}{2\alpha J_0^2(\beta_m r_0)\beta_m^4}\frac{J_1(\beta_m r)}{r}\left(1-\mathrm{e}^{\frac{k}{\rho C}\beta_m^2 t}\right)\right\} \tag{2-39}$$

$$\sigma_\theta=\frac{4\beta EP_0(1-\tau)}{kr_0^2 l\,\pi\,\omega_0(1-\gamma)}\cdot$$

$$\left\{\sum_{m=1}^{\infty}\sum_{p=1}^{\infty}\frac{\alpha J_1(\beta_m\omega_0)[1-\mathrm{e}^{-\alpha l}(-1)^p]}{\beta_m J_0^2(\beta_m r_0)(\alpha^2+\eta_p^2)(\beta_m^2+\eta_p^2)}\left[\frac{J_1(\beta_m r)}{\beta_m r}-J_0(\beta_m r)\right]\cos(\eta_p z)\left[1-\mathrm{e}^{-\frac{k}{\rho C}(\beta_m^2+\eta_p^2)t}\right]+\right.$$

$$\left.\sum_{m=1}^{\infty}\frac{J_1(\beta_m\omega_0)(1-\mathrm{e}^{-\alpha l})}{2\alpha J_0^2(\beta_m r_0)\beta_m^3}\left[\frac{J_1(\beta_m r)}{\beta_m r}-J_0(\beta_m r)\right]\left(1-\mathrm{e}^{\frac{k}{\rho C}\beta_m^2 t}\right)\right\} \tag{2-40}$$

$$\sigma_z=-\frac{4\beta EP_0(1-\tau)}{kr_0^2 l\,\pi\,\omega_0(1-\gamma)}\cdot$$

$$\left\{\sum_{m=1}^{\infty}\sum_{p=1}^{\infty}\frac{\alpha J_1(\beta_m\omega_0)[1-\mathrm{e}^{-\alpha l}(-1)^p]}{\beta_m J_0^2(\beta_m r_0)(\alpha^2+\eta_p^2)(\beta_m^2+\eta_p^2)}J_0(\beta_m r)\cos(\eta_p z)\left[1-\mathrm{e}^{-\frac{k}{\rho C}(\beta_m^2+\eta_p^2)t}\right]+\right.$$

$$\left.\sum_{m=1}^{\infty}\frac{J_1(\beta_m\omega_0)(1-\mathrm{e}^{-\alpha l})}{2\alpha J_0^2(\beta_m r_0)\beta_m^3}J_0(\beta_m r)\left(1-\mathrm{e}^{\frac{k}{\rho C}\beta_m^2 t}\right)\right\} \tag{2-41}$$

Ⅲ. 激光损伤机理分析

根据前面的计算分析可知，当激光的辐照时间 $t=8$ s 时，材料受激光辐照区域入射面与出射面的温度均已超过熔融温度 T_{melt}，这时激光将造成材料发生熔融穿孔。如图 2-23 所示，此时熔融石英的内部沿径向、周向和 z 轴方向的热应力最大值均未超过材料的抗拉强度或抗压强度（熔融石英抗拉强度或抗压强度均大于 10^8 Pa），产生的热应力不足以造成炸裂或解理，氧碘激光对熔融石英的损伤主要是激光辐照导致材料温度超过材料的熔融温度 T_{melt}，从而造成熔融烧蚀甚至穿孔。理论分析及计算结果和相关的实验结果完全符合。

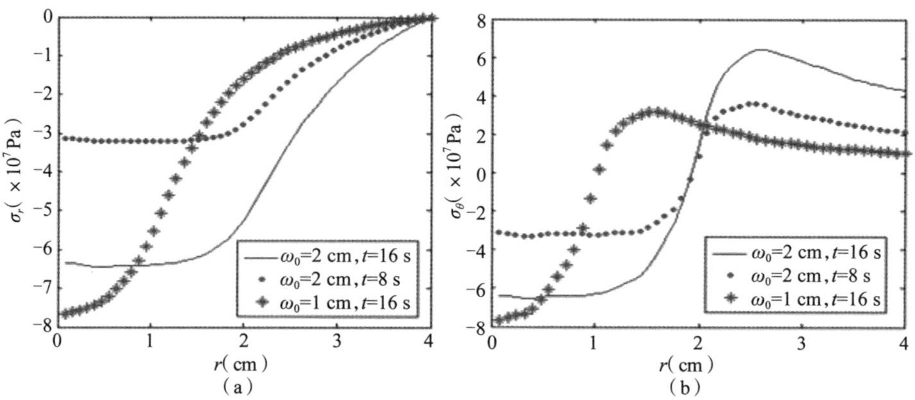

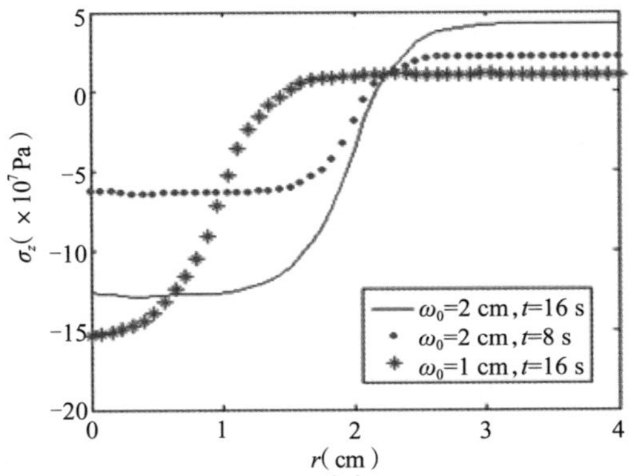

（c）

图 2-23　熔融石英表面应力场分布

（a）径向热应力；（b）周向热应力；（c）z轴方向热应力

当强激光辐照光学材料时，总伴随着等离子体闪光，这说明激光辐照区产生了雪崩电离击穿破坏。从表面形态来看，杂质、缺陷对激光能量的吸收起着作用。实验中，在强激光辐照光学材料造成表面损伤过程中，正是由于杂质吸收产生的热熔融和等离子体喷射造成了材料表面的损伤，其阈值大大低于体破坏阈值。光学材料的表面破坏阈值可降至体破坏阈值的 1/100~1/2。

2.7.3　激光对半导体材料的破坏

当激光辐照半导体材料时，半导体材料吸收激光能量后温度升高，材料的光学、热学和力学性质发生显著变化。当激光的功率达到一定值且辐照时间足够长时，半导体材料就会出现光学击穿、热应力破坏和熔融破坏。在一般情况下，与熔融破坏阈值相比，光学击穿和热应力的破坏阈值较低。

（1）激光辐照半导体材料的物理机制

半导体材料的吸收主要包括本征吸收、杂质吸收、自由载流子吸收、激子吸收和晶格吸收等。对于本征半导体材料且辐照的激光波长较小时，半导体对光的吸收可忽略杂质吸收、激子吸收和晶格吸收等，而只考虑本征吸收和自由载流子吸收。半导体材料的本征吸收包括单光子吸收和双光子吸收，当入射的光子的能量大于半导体材料的禁带宽度时，本征吸收主要是单光子本征吸收。假设单光子本征吸收系数为 α_1，双光子本征吸收系数为 α_2，自由载流子吸收系数为 α_{fc}，那么半导体材料对激光的吸收系数 α 为

$$\alpha = \alpha_1 + \alpha_2 + \alpha_{fc} \tag{2-42}$$

当半导体材料受到光照时，价带中的电子吸收 1 个或 2 个光子的能量而跃迁到导带，在价带上留下一个空穴，产生电子 - 空穴对。这样，导带上比平衡时多出一部分电子，价带上多出一部分空穴，产生的这些光生载流子都是过剩载流子。对于 InSb 材料，单光子的本征吸收系数 α_1（cm^{-1}）为

$$\alpha_1 = \begin{cases} 22.7\exp[164(E'-0.16)] & E' < 0.185\ \text{eV} \\ 2\,050\exp[6.52(E'-0.238)] & 0.185\ \text{eV} \leqslant E' < 0.364\ \text{eV} \\ 4.34\times10^4\exp[2.77(E'-1.17)] & 0.364\ \text{eV} \leqslant E' < 1.550\ \text{eV} \\ 1.51\times10^5\exp[0.824(E'-1.79)] & 1.550\ \text{eV} \leqslant E' < 2.300\ \text{eV} \\ 5.37\times10^5\exp[0.541\,64(E'-4.028)] & E' \geqslant 2.300\ \text{eV} \end{cases} \tag{2-43}$$

式中：$E' = h\nu + E_g(T_0) - E_g(T)$，其中 $E_g(T)$ 为材料的禁带宽度，$h\nu$ 为光子能量。

双光子的本征吸收系数 α_2 依赖于入射光功率，即 $\alpha_2 = \beta I$，其中 β 为双光子吸收系数。对于 InSb 材料，近似取 $\beta = 2.0 \times 10^{-7}$ cm/W。自由载流子的吸收系数为

$$\alpha_{fc} = n_i(T)\sigma_{fc}(T) \tag{2-44}$$

式中：n_i 和 σ_{fc} 分别为自由载流子数密度和微观吸收截面。

对于 InSb 材料，自由载流子数密度和微观吸收截面的表达式分别为

$$n_i(T) = 2.99 \times 10^{18}(T/T_0)^{1.5}\exp(-4.98T_0/T)\ \text{cm}^{-3} \tag{2-45}$$

$$\sigma_{fc}(T) = 7.83 \times 10^{-16}(T/T_0)^{-0.73}\ \text{cm}^2 \tag{2-46}$$

当激光辐照半导体材料时，单位体积中的热产生率 Q 为

$$Q = \alpha_{fc}I + \alpha_1\left\{1 - \frac{\eta_Q E_R}{h\nu}\right\}I + \beta\left\{1 - \frac{E_R}{h\nu}\right\}I^2 + \frac{E_R(n - n_i)}{\tau_B^{NR}} \tag{2-47}$$

式中：右侧第 1 项为自由载流子的吸收引起的热产生率；第 2、3 项分别为单光子本征吸收、双光子本征吸收引起的热产生率；第 4 项为电子 - 空穴对非辐射复合后转换成的晶格热能；τ_B^{NR} 为辐射体复合寿命；η_Q 为单光子吸收产生的自由载流子的量子效率；$h\nu$ 为激光的光子能量。

（2）自由载流子的产生、复合与扩散

光辐照半导体材料时，价带中的电子吸收光子跃迁到导带，产生电子 - 空穴对，即光生载流子。这时，自由载流子的浓度比热平衡时的浓度高，即打破原来的平衡；如果辐照突然停止，载流子浓度因复合而逐渐减小，最后恢复热平衡的浓度值。自由载流子的复合可分为直接复合和间接复合。直接复合指晶格中运动的自由电子直接由导带回到价带与自由空穴复合，释放出多余的能量，消除电子 - 空穴对；间接复合指自由电子和自由空穴通过禁带中的复合中心间接复合，因为半导体材料中出现的缺位、错位或杂质，造成有价键未填满的原子起着施主或受主的作用，从而在禁带中形成能级，这些能级就是自由载流子的复合中心，形成自由载流子的间接复合。

激光辐照半导体材料时，产生的自由载流子速率为 $g = g_1 + g_2$，其中 g_1 和 g_2 分别为单光子本征吸收和双光子本征吸收产生自由载流子的速率，两者的表达式分别为

$$g_1 = \eta_Q(1-R)I_0\alpha_1 e^{-\alpha x}/h\nu \tag{2-48}$$

$$g_2 = (1-R)^2 I_0^2 e^{-2\alpha x}\beta/2h\nu \tag{2-49}$$

体复合寿命为

$$\tau_B^{-1} = \tau_{SR}^{-1} + \tau_R^{-1} + \tau_A^{-1} = \tau_{SR}^{-1} + \gamma_2(n + n_i) + \gamma_3 n(n + n_i) \tag{2-50}$$

式中：τ_{SR}、τ_R 和 τ_A 分别为肖克利 - 里德（Shockley-Read）复合寿命、辐射复合寿命和俄歇复合寿命；γ_2和γ_3 分别为相应的复合系数。

由于 τ_R 和 τ_A 与载流子的密度成反比，所以光生载流子较多时，俄歇复合和辐射复合处于支配地位。在室温附近或高于室温且激光的强度较强时，InSb 材料的载流子寿命主要由俄歇复合决定，复合系数近似表示为

$$\gamma_3(T) = AE_g^2(T)\left(T/T_0\right)^{-3/2}\exp(-E_A/kT) \tag{2-51}$$

式中：E_A 为激活能，其表达式为

$$E_A = E_g(T)\frac{m_e}{m_e + m_h} - \eta_P \quad (E_A \geqslant 0, \eta \geqslant 0) \tag{2-52}$$

式中：η_P 为费米能级。

由于高激发态的复合决定着过剩载流子的寿命，所以在材料表面被抛光时，辐射复合和表面复合可不考虑。而常数可由室温时的实验值拟合确定，则 $\gamma_3(T)$ 可表示为

$$\gamma_3(T) = 0.6 \times 10^{-25}\left[\frac{E_g(T_0)}{E_g(T)}\right]^2\left(\frac{T}{T_0}\right)^{-3/2}\exp\left[\frac{E_A(T_0)}{k_B T_0} - \frac{E_A(T)}{k_B T}\right]\text{cm/s} \tag{2-53}$$

光生载流子在外电场的作用下，电子向正极方向运动，空穴向负极方向运动，这种运动称为漂移；当材料的局部受到辐照时，材料吸收光子产生光生载流子，由于载流子存在浓度梯度，造成电子从浓度低的地方向浓度高的地方运动，从而使载流子重新达到新的分布均匀，这种现象称为扩散。电子和空穴的扩散系数和迁移率一样，都随着材料的光学、热学性质以及材料的掺杂浓度而变化。半导体由于吸收光子产生的非平衡载流子，在材料中载流子一边扩散、一边复合，形成一个由高浓度到低浓度的分布。根据爱因斯坦(Einstein)关系，扩散系数为

$$D = \frac{K_B T}{e}\mu \tag{2-54}$$

式中：μ 为载流子的迁移率，其表达式为

$$\mu = \left[\frac{F_{1/2}(\eta_n)}{F_{-1/2}(\eta_n)} + \frac{F_{1/2}(\eta_p)}{F_{-1/2}(\eta_p)}\right]\frac{\mu_n \mu_p}{\mu_n + \mu_p} \tag{2-55}$$

式中：F 为 k 阶费米积分；μ_n 和 μ_p 分别为电子和空穴的扩散迁移率 $[\text{cm}^2/(\text{V}\cdot\text{s})]$。

对于 InSb 材料，电子和空穴的扩散迁移率分别为

$$\mu_n \approx 10^5 (T/T_0)^{-2.35}\ [\text{cm}^2/(\text{V}\cdot\text{s})] \tag{2-56}$$

$$\mu_p \approx 1\,700 (T/T_0)^{-1.81}\ [\text{cm}^2/(\text{V}\cdot\text{s})] \tag{2-57}$$

(3)温升与热应力场分布

Ⅰ. 半导体材料的温升

设半导体材料的厚度为 h，半径为 b，圆形激光光斑的半径为 a，且有 $h \ll a$。由于 $h \ll a$，连续激光辐照下半导体材料在厚度方向的温度很快趋于均匀，所以系统采用二维平面模型。半径为 a 的圆形激光光斑均匀辐照在半径为 b 的靶材中央，由于整个系统轴向对称，故选用柱坐标系。

下面以 InSb 材料为例，研究激光辐照半导体材料的温升。InSb 材料的物理参数见表 2-3。

表 2-3 InSb 材料的物理参数

密度 ρ (g/cm^3)	热扩散系数 k (W/(cm·K))	比热容 C (J/(g·K))	膨胀系数 α (1/K)	弹性模量 E (Pa)	熔点 T_{melt} (K)	拉伸强度 σ_{th} (Pa)
5.78	0.18	0.18	5.04×10^{-6}	4.12×10^{10}	798	1×10^8

Ⅱ. 热应力场的分布

下面对氧碘激光器（$\lambda = 1.315\ \mu m$）辐照 InSb 材料进行理论研究。设激光功率密度 $I_0 = 1\ 500\ W/cm^2$；InSb 材料的半径 $r = 1.4$ cm，厚度 $h = 0.2$ cm；表面反射系数 $R = 0.375$；均匀光斑的半径 $a = 0.5$ cm。

图 2-24 所示分别为均匀激光光束辐照 InSb 靶材 $t = 0.024\ 5$ s 时温升和周向热应力的二维分布情况。激光辐照的光斑区域温升明显，$T_{max} = 110.7$ K，光斑中心发生热膨胀，导致光斑区域（高温区）产生压应力，在图 2-24 显示负值；在靠近光斑外侧（高温与低温交界区），出现拉应力，最大拉应力 $\sigma_{max} = 8.136 \times 10^6$ Pa。由于材料的抗压强度远大于抗拉强度，所以热应力导致的断裂破坏出现在光斑外侧，距光斑半径的距离 $\delta = 2\sqrt{Dt}$，其中 δ 为热扩散长度。

图 2-25 所示分别为不同光斑半径、辐照时间条件下，温升和周向热应力的分布情况。由图可见，当光斑半径相同时，辐照时间较长引起的温升和热应力最大值较高；当辐照时间相同时，较大的光斑半径引起的温升和热应力最大值较高。

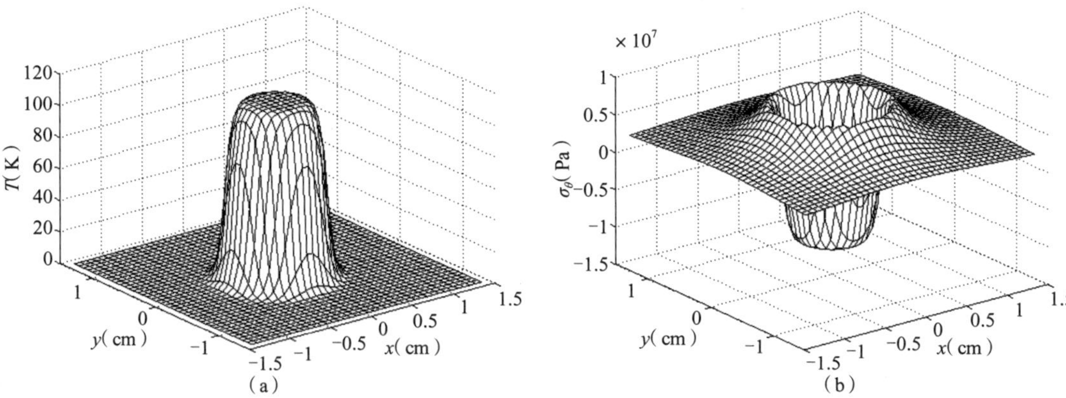

图 2-24　激光辐照时间为 0.024 5 s 时靶材的温升和周向热应力的二维分布

（a）二维温升分布；（b）二维周向热应力分布

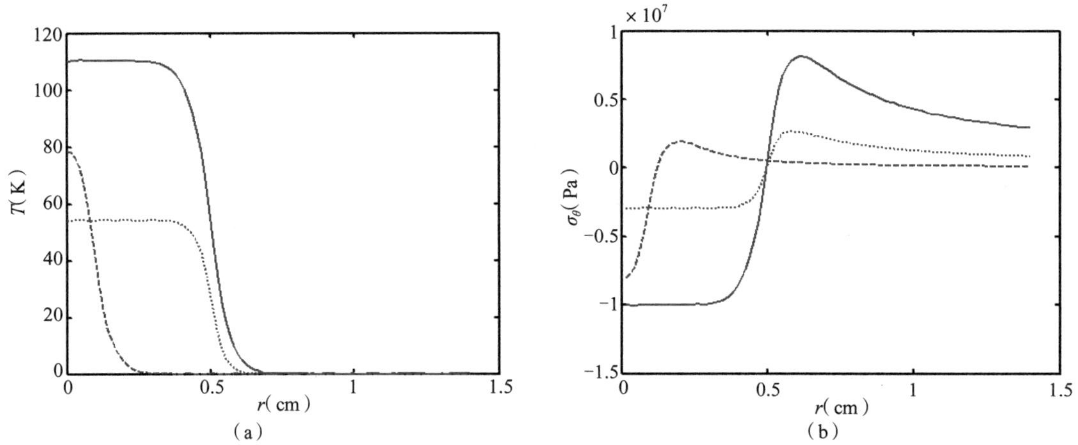

图 2-25　温度和周向热应力分布与 InSb 靶材光斑半径的关系

（a）温升分布；（b）周向热应力分布

(4)激光破坏阈值分析

激光对材料的破坏主要是由于激光辐照而导致材料的温度超过熔点 T_{melt},或是材料的热应力大于抗拉强度 σ_{th}。根据前面的分析,温升最大值出现在光斑中心($r=0$),热应力最大值出现在 $r=a+\delta$ 处,若已知 T_{melt} 和 σ_{th},就可以求出熔融破坏功率密度阈值和应力损伤功率密度阈值分别为

$$I_{melt}(t)=\frac{T_{melt}Khb^2}{\eta}\left(a^2Dt+2a\sum_{m=1}^{\infty}\left(\frac{J_1(\beta_m a)}{\beta_m^3[J_0(\beta_m b)]^2}\left(1-e^{-\beta_m^2 Dt}\right)\right)\right)^{-1} \tag{2-58}$$

$$I_{th}(t)=\frac{\sigma_{th}Khb^2}{2a\alpha E\eta}\sum_{m=1}^{\infty}\left(\left(\frac{J_1(\beta_m(a+\delta))}{\beta_m(a+\delta)}-J_0(\beta_m(a+\delta))\right)\frac{J_1(\beta_m a)}{\beta_m^3[J_0(\beta_m b)]^2}\left(1-e^{-\beta_m^2 Dt}\right)\right)^{-1} \tag{2-59}$$

由图 2-26 可知,熔融破坏阈值和应力破坏阈值在激光辐照时间较短时,由于材料表面沉积的能量少,两种阈值功率都比较高,但随着辐照时间的增加其迅速下降,而后逐渐趋于平缓。由图 2-27 可知, InSb 材料的熔融破坏阈值低于应力破坏阈值,容易发生熔融破坏,这是由其较低的熔点决定的。

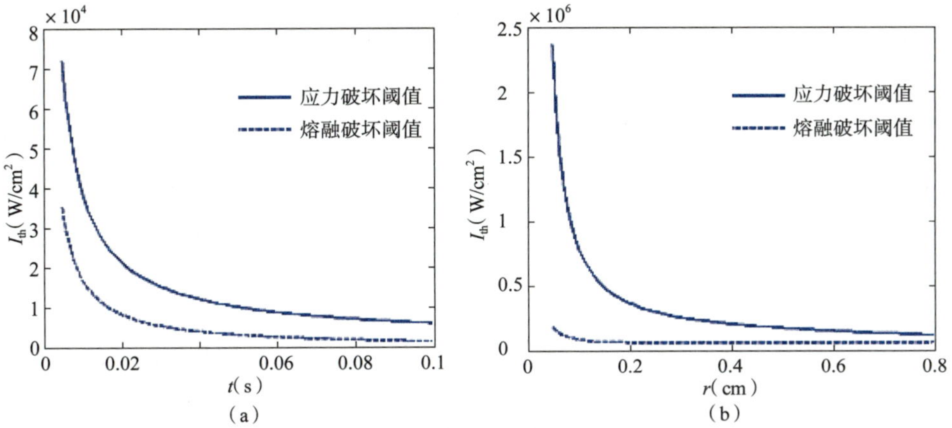

图 2-26　破坏阈值与辐照时间和光斑半径的关系

(a) 与辐照时间的关系; (b) 与光斑半径的关系

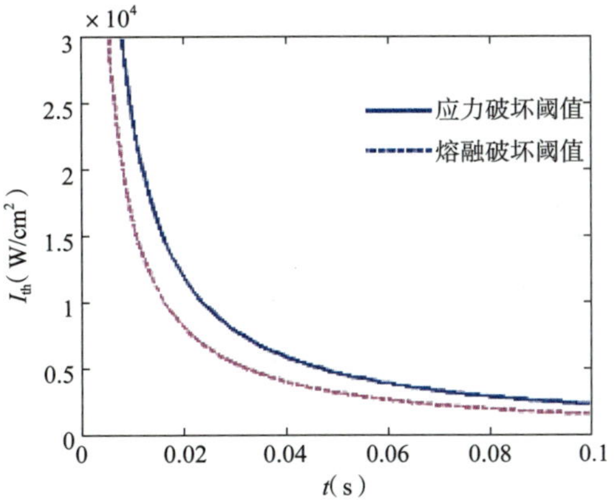

图 2-27　材料非线性参量对破坏阈值的影响

图 2-26 反映了光斑大小对阈值的影响，研究发现光斑大小对熔融破坏阈值影响不大，但光斑较小时的应力破坏阈值非常高。这是由于温升随光斑半径的增大迅速饱和，而热应力基本上呈线性增加。又由于 InSb 材料的熔点低，所以熔融破坏随光斑半径增大迅速达到饱和，且远低于应力破坏阈值。

经过理论分析得到 InSb 材料的激光破坏阈值，并发现其破坏形式为熔融破坏。材料表面首先出现熔融烧蚀，进而出现熔融烧孔。破坏后，材料的物理参数将发生变化，所以一般情况下 InSb 材料不会出现炸裂或解理现象。

（5）非线性效应对破坏阈值的影响

由于激光辐照，材料的温度变化范围很宽，比热容等参量随温度变化，由此表现出来的非线性效应应该加以考虑。

InSb 材料的热扩散系数 $k = 0.18\Gamma - 0.83$ W/（cm · K），比热容 $C = 0.03\Gamma + 0.18$ J/（g · K），其中 $\Gamma = T/T_0$。在室温 $T_0 = 300$ K 下，沿用前面给出的物理参数，可以得到在考虑了非线性效应时的激光破坏阈值曲线（图 2-27 中实线），并可将其与图 2-25 中的熔融破坏阈值曲线（虚线）相对比。随着温度的升高，材料的比热容增大，使材料达到熔点需要更多的热量，因此导致损伤的激光功率密度升高。

如果不考虑非线性效应，则相对误差在 30%~33%，随着时间的增加而降低。因此，在进行激光辐照效应计算和破坏阈值分析时，应该考虑半导体材料的非线性效应。

2.7.4 激光对光学器件和光电器件的破坏

激光对光学系统、光电系统的破坏具体表现在激光对光学零件、光电器件造成的损伤等方面，不同波长、不同能量的激光对系统的破坏部位、破坏程度等不同，如波长为 10.6 μm 的激光辐照普通光学仪器、近红外光电仪器等时，主要造成物镜系统的损坏，而 1.06 μm 的激光主要造成分划板、目镜系统和光电探测系统的损坏。

激光对光学元器件的破坏也是一个复杂的物理和力学过程，与辐照激光的性能参数、器件的材料和结构以及材料的缺陷、杂质等密切相关。

对于光学薄膜，当激光入射到光学薄膜表面时，将发生反射和折射现象，并遵循菲涅尔定律。对于折射率为 n_{f}、厚度为 d_{f} 的单层膜，其反射系数为

$$r_{\mathrm{f}} = \frac{r_1 + r_2 \mathrm{e}^{-\mathrm{i}2\delta}}{1 + r_1 r_2 \mathrm{e}^{-\mathrm{i}2\delta}} \tag{2-60}$$

且有

$$r_1 = \frac{n_0 - n_{\mathrm{f}}}{n_0 + n_{\mathrm{f}}},\ r_2 = \frac{n_{\mathrm{f}} - n_{\mathrm{s}}}{n_{\mathrm{f}} + n_{\mathrm{s}}},\ \delta = \frac{2\pi}{\lambda} n_{\mathrm{f}} d_{\mathrm{f}} \tag{2-61}$$

式中：r_1、r_2 和 δ 分别为入射介质和薄膜表面、薄膜和基体表面的反射系数及薄膜的位相厚度；n_0、n_{s} 和 λ 分别为入射介质折射率、基体折射率和激光的波长。

假设一个由 m 层膜构成的光学薄膜，其第 j 层膜的折射率为 n_j，集合厚度为 d_j，这层薄膜的特征矩阵为

$$A_j = \begin{bmatrix} \cos\delta_j & \mathrm{i}n_j/\sin\delta_j \\ \mathrm{i}n_j \sin\delta_j & \cos\delta_j \end{bmatrix} \tag{2-62}$$

式中：$\delta_j=(2\pi/\lambda)n_jd_j$ 为第 j 层膜的位相厚度。

m 层膜的组合特征矩阵为

$$\begin{bmatrix} m_{11} & m_{12} \\ m_{21} & m_{22} \end{bmatrix}=\prod_{j=0}^{m}\begin{bmatrix} \cos\delta_j & \mathrm{i}n_j/\sin\delta_j \\ \mathrm{i}n_j\sin\delta_j & \cos\delta_j \end{bmatrix} \tag{2-63}$$

对于透明的介质薄膜，m_{12}、m_{21} 是纯虚数。多层膜的反射系数 r 和反射率 R 分别表示为

$$r=\frac{(n_0m_{11}-n_sm_{22})+(n_0n_sm_{12}-m_{21})}{(n_0m_{11}+n_sm_{22})+(n_0n_sm_{12}+m_{21})} \tag{2-64}$$

$$R=\frac{(n_0m_{11}-n_sm_{22})^2+(n_0n_sm_{21})^2}{(n_0m_{11}+n_sm_{22})+(n_0n_sm_{12}+m_{21})} \tag{2-65}$$

（1）激光对光学薄膜的损伤机理

由于光学薄膜材料以及薄膜表面粗糙度的存在，光学薄膜表面存在光的吸收和散射现象。吸收和散射不仅导致光学薄膜性能的下降，甚至引起光学薄膜的损坏。

薄膜的复折射系数为 $\hat{n}_f=n_f-\mathrm{i}k_f$，其中 k_f 为消光系数，对于透明薄膜，有 $n_f\gg k_f$。消光系数有两方面的影响：一是使界面反射系数成为复数；二是使位相厚度成为复数，对激光产生吸收。吸收系数 $a=(2\pi/\lambda)k_f$。

当 k_f 很小时，薄膜对激光的吸收率为

$$A_f=2\Gamma(1-R)(f\delta+g\sin\delta\cos\delta) \tag{2-66}$$

式中：R 为薄膜的反射率；$\Gamma=k_f/n_f$；$f=(n_f^2+n_s^2)/2n_fn_s$；$g=(n_f-n_s)/2n_fn_s(n_f+n_s)$。

对于多层反射膜，高、低复折射系数分别为 $\hat{n}_H=n_H-\mathrm{i}k_H$，$\hat{n}_L=n_L-\mathrm{i}k_L$，则吸收率为

$$A_R=2\pi\frac{n_0}{n_H^2-n_L^2}(k_H-k_L) \tag{2-67}$$

式中：n_0 为入射介质的折射系数。

理想的光学薄膜表面光滑、内部均匀。而在实际情况下，薄膜表面不完全平整，内部也存在密度差异。表面不平整导致薄膜的表面散射，内部密度差异导致薄膜的体散射。薄膜表面的不平整通常用粗糙度的均方根 σ 和相关长度 l 来表示，绝对光滑表面的本征反射率记为 R_0。基于基尔霍夫衍射积分，可导出粗糙界面的反射率 R_s 和散射损耗 S_r 分别为

$$R_s=R_0\exp\left[-\left(\frac{4\pi}{\lambda}\sigma n_0\right)^2\right] \tag{2-68}$$

$$S_r=R_0\left[1-\exp\left(-\frac{4\pi}{\lambda}\sigma n_0\right)^2\right] \tag{2-69}$$

如果考虑相关长度，散射损耗变为

$$S_{rl}=R_0\exp\left\{-\left(\frac{4\pi}{\lambda}\sigma n_0\right)^2\right\}\left\{1-\exp\left[-2\left(\frac{\pi l}{\lambda}\right)^2\right]\right\} \tag{2-70}$$

一般光学薄膜的均方根粗糙度满足 $\sigma\ll\lambda$，相关长度与薄膜的实际制备工艺有关，一般为数十

纳米。假如多层反射膜每个界面的均方根粗糙度均为 σ 且相关，则散射的总损耗为

$$S_{Hf}=32\pi^2 n_0 n_H\left(\frac{n_H-n_L}{n_H+n_L}\right)\left(\frac{\sigma}{\lambda}\right)^2 \tag{2-71}$$

（2）光学薄膜的损伤机理

激光可使光学薄膜发生破坏，人们在大量的理论分析和实验研究的基础上，提出了雪崩电离破坏、多光子电离破坏、杂质诱导破坏等理论模型。近一段时间，美国的劳伦斯·利弗莫尔实验室（Lawrence Livermore National Laboratory，LLNL）的科研人员提出了节瘤缺陷（nodular defect）破坏机制。

Ⅰ. 雪崩电离破坏机制

高强度的激光在介质内产生高频场强，场强 E 与激光的功率密度的平方根成正比。介质膜在高频场的作用下，可产生类似于直流电场击穿的雪崩电离，最后导致薄膜的破坏。

设激光在薄膜中产生的平均场强为 E，则发生雪崩电离破坏的概率 $P(E)$ 为

$$P(E)\propto N(\tau_i\tau_c)\exp(-\varepsilon_i/eEL) \tag{2-72}$$

式中：N 为初电子的数目；τ_c 为单位体积内电子加速到电离能 ε_i 的概率；τ_i 为电子对激光的反韧致辐射的吸收概率；ε_i 为介质材料的电离能；e 为电子电荷；L 为电子的平均自由程。

由式（2-72）可知，薄膜在激光作用下发生雪崩电离击穿的概率随着场强能量的增加而呈指数增加，概率随着电子自由程的减小和介质材料电离能的增大而降低。

Ⅱ. 多光子电离破坏机制

Bloembergen 指出：当入射光子能量约为带宽的 1/3 时，多光子吸收是造成材料破坏的主要原因。多光子吸收激发禁带电子跃迁至导带，导带中的电子通过光电场加速或吸收光子而被激发并跃迁至更高能态，多余能量通过雪崩转移到晶格或产生电子 - 声子效应（即晶格加热），当薄膜被加热至某些临界温度点（如熔点、沸点等），就发生破坏。

Ⅲ. 杂质诱导破坏机制

杂质诱导破坏指光学薄膜在淀积工艺过程中引入的体内杂质或暴露于空气中产生的表面吸附杂质吸收入射激光能量而升温至临界温度，造成薄膜发生热熔融或热应力破坏。

Ⅳ. 节瘤缺陷破坏机制

节瘤缺陷破坏相关理论认为激光对光学薄膜的破坏通常是一种局部现象，主要原因是膜层内存在微米量级的节瘤缺陷。基底表面的瑕疵、残留的抛光物质、溅污的膜材料以及真空室内的污染等，都称为缺陷种子（defect seed），其均为产生节瘤缺陷的原因。

简单的多层膜截留缺陷几何模型如图 2-28 所示，其中缺陷高度 h 和缺陷种子的直径 D 已经被实验证明满足一定关系，其表达式为

$$d=h, D=(8hT)^{1/2} \tag{2-73}$$

萨维茨基（Sawicki）等分别计算了节瘤缺陷对 HfO_2/SiO_2 多层高反射膜驻波场、温度场以及热应力分布的影响，在节瘤缺陷前后驻波场、温度场分别出现 3 个峰值，另外 1 个峰值出现在节瘤中心。

光学薄膜对激光的吸收机制有多种，但所有的光学吸收必然导致薄膜内产生能量的沉积，并进一步转化为薄膜的温升和热应力。当光学薄膜的温升和热应力达到一定阈值时，将导致薄膜破坏。

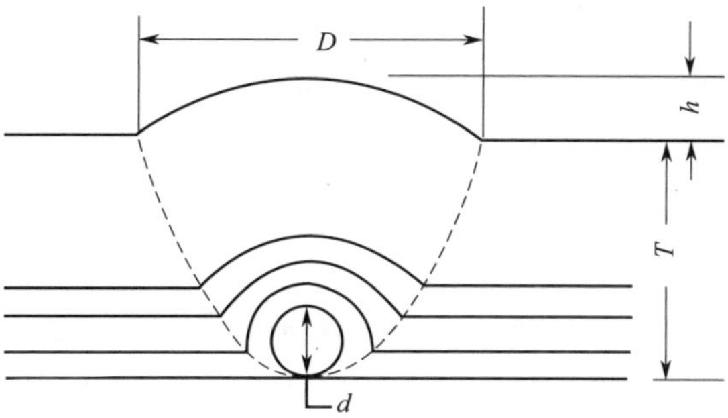

图 2-28　多层膜节瘤缺陷几何模型示意图

(3)激光对类金刚石碳薄膜破坏的理论和实验研究

类金刚石碳(Diamond-Like Carbon, DLC)薄膜是将碳元素用离子束技术、溅射法或碳氢聚合物等离子沉淀法沉淀在各种光学材料衬底上形成的,具有金刚石多晶结构、硬度近似金刚石的薄膜。

DLC 薄膜是一种性能十分优良的红外光学薄膜,广泛应用于红外系统,具有硬度高、化学稳定性好、光透过率高和介电性质良好等特性。DLC 可以沉淀于光学零件的外表面,用于防潮、防腐,以及抗砂石等物的摩擦和冲击,是工作于恶劣环境中的光学零件表面的一种很好的保护膜。另外,DLC 薄膜还可作为红外增透膜。当工作波段外的激光辐照红外系统(如红外跟踪系统、红外成像系统)时,可能导致其表面的 DLC 薄膜发生破坏,从而导致系统损坏。

Ⅰ. 热冲击效应模型的建立

在辐照光学薄膜的激光的功率密度不是很高的情况下,材料吸收激光束的能量引起表面温度的升高并产生热应力;当激光功率密度值足够高时,光学薄膜的温度迅速升高并导致材料熔融或气化,从而造成光学薄膜的破坏;当产生的热应力超过薄膜的应力承受极限时,会发生膜层的开裂和脱落。热冲击效应是激光对光学薄膜破坏的重要因素。

Ⅰ)薄膜的温度场

激光辐照 DLC 薄膜时,由于薄膜对激光能量有吸收作用,会造成激光能量在薄膜表面沉积,因而导致薄膜破坏的直接原因是激光加热引起的温升。研究薄膜的激光破坏可以通过求解有激光光源项的热传导方程实现。单层膜的热传导方程及边界条件可分别表示为

$$\left.\begin{aligned}&\rho C_{\mathrm{p}}\frac{\partial}{\partial t}T(r,z,t)-k\nabla^{2}T(r,z,t)=g(r,z,t)\\&\frac{\partial}{\partial t}T(r,z=0,t)=HT(r,0,t)\end{aligned}\right\}\tag{2-74}$$

$$\left.\begin{aligned}&r\to\infty\ \text{或}\ z\to\infty:\ T\to 0\\&T(r,z,0)=T_0(r,z)\end{aligned}\right\}\tag{2-75}$$

式中:ρ 为材料的密度;C_{p} 为材料的比热容;$g(r,z,t)$为膜内沉积的激光能量;H 为表面热交换常数,它与表面热辐射、热对流的状态有关。

当激光光斑远小于薄膜幅面尺寸且远大于薄膜厚度时,可忽略膜层与衬底的热交换,即 $H=0$,此时薄膜的温度场可表示为

$$T(r,z,t)-T_0=\frac{A_{\mathrm{f}}}{\rho ch}\int_0^t I(r,z,t)\mathrm{d}t\tag{2-76}$$

式中：A_f 为膜的吸收率；h 为膜层厚度；T_0 为薄膜初始温度。

高功率脉冲激光的脉宽较窄（半脉宽一般在 10 ns 以下），因此激光与薄膜相互作用的时间很短，热传导对光学薄膜的温度场的影响很小，光学薄膜温度场的分布主要取决于激光光场的分布。激光在膜层中的光场分布可表示为

$$I(r,z,t)=I_0 f(r)m(z)g(t) \tag{2-77}$$

式中：I_0 为脉冲宽度内光斑区的光强峰值；f、m 和 g 分别为与膜半径、厚度和时间相关的函数。

假设入射的激光光束服从基模高斯分布并在 $t=0$ 时刻正入射到薄膜表面，且薄膜对光能的吸收呈现指数规律，该过程可用 I_0、$f(r)$、$m(z)$ 和 $g(t)$ 表示为

$$I_0=\frac{E_0}{2\Delta t\ \pi\ \omega_0^2} \tag{2-78}$$

$$f(r)=\exp(-2r^2/\omega_0^2) \tag{2-79}$$

$$m(z)=\exp(-\alpha z) \tag{2-80}$$

$$g(t)=\exp\left[\frac{-2(t-\Delta t)^2}{\Delta t^2}\right] \tag{2-81}$$

式中：ω_0 为激光焦斑半径（$1/e^2$）；Δt 为脉宽半宽度（$1/e^2$）；E_0 为脉冲激光能量；α 为膜材料吸收系数。

将式（2-77）代入式（2-76），有

$$T(r,z,t)=T_0+\frac{A_f I_0}{\rho ch}f(r)m(z)\int_0^t g(t)\mathrm{d}t \tag{2-82}$$

对 $g(t)$ 进行积分，有

$$\int_0^t g(t)\mathrm{d}t=\frac{\sqrt{2\ \pi}}{4}\cdot T\cdot\left\{\mathrm{erf}\left[\frac{\sqrt{2}(t-\Delta t)}{\Delta t}\right]+\mathrm{erf}\left(\sqrt{2}\right)\right\} \tag{2-83}$$

将式（2-78）至式（2-80）和式（2-83）代入式（2-82）可得薄膜温度场分布，表示为

$$T(r,z,t)=T_0+\frac{\sqrt{2\ \pi}\ A_f}{8\rho C_p h}\frac{E_0}{\pi\ \omega_0^2}\exp\left[-2\left(\frac{r}{\omega_0}\right)^2\right]e^{-\alpha z}\left\{\mathrm{erf}\left[\frac{\sqrt{2}(t-\Delta t)}{\Delta t}\right]+\mathrm{erf}(\sqrt{2})\right\} \tag{2-84}$$

Ⅱ）薄膜的应力场

对于圆形薄板靶材，温度场轴对称分布，且靶的半径远大于厚度，温度变化引起的热应力属于平面应力问题。根据应力的平衡方程、应力应变的几何方程及应力应变的广义胡克方程，可解出薄膜热应力分布的 3 个表达式：

$$\sigma_r=\frac{\beta E}{1-\gamma}\left(\frac{1}{R^2}\int_0^R \Delta T r\mathrm{d}r+\frac{1}{r^2}\int_0^r \Delta T r\mathrm{d}r\right) \tag{2-85}$$

$$\sigma_\theta=\frac{\beta E}{1-\gamma}\left(\frac{1}{R^2}\int_0^R \Delta T r\mathrm{d}r+\frac{1}{r^2}\int_0^r \Delta T r\mathrm{d}r-\Delta T\right) \tag{2-86}$$

$$\sigma_z = 0 \tag{2-87}$$

式中：σ_r、σ_θ、σ_z 分别为沿径向、周向、z 轴方向的热应力分量；β 为薄膜线膨胀系数；E 为薄膜的弹性模量；γ 为薄膜的泊松比；R 为薄膜样品的半径；ΔT 的表达式为

$$\Delta T(r,z,t) = T(r,z,t) - T_0 = \frac{\sqrt{2\,\pi}\,A_{\mathrm{f}}}{8\rho C_{\mathrm{p}} h}\frac{E_0}{\pi\,\omega_0^2}\exp\left[-2\left(\frac{r}{\omega_0}\right)^2\right]\mathrm{e}^{-\alpha z}\left\{\mathrm{erf}\left[\frac{\sqrt{2}(t-\Delta t)}{\Delta t}\right]+\mathrm{erf}(\sqrt{2})\right\} \tag{2-88}$$

Ⅱ. DLC 薄膜的结构及其性质

Ⅰ)薄膜的结构及其制备

DLC 薄膜材料属于无定形碳，形成的条件不同，其结构也不同，但它们的共同特点是在空间结构上是长程无序的。在特定的条件下，无定形碳中的碳原子可能与另外 1~4 个碳原子通过共价键结合，形成一种复杂结构，这种结构是由共价键在空间形成的三维交叉碳原子环网络，每个原子还因原子间作用力（范德华力）与较远的原子发生作用，DLC 薄膜就是有这种结构的碳原子结构薄膜。膜中的化学键主要是 SP3 键（金刚石键）和 SP2 键（石墨键）。SP3 键的含量越高，膜层就越坚硬致密、电阻率就越高，良好的 DLC 薄膜中的 SP3 键含量可达 85%，相应的质量密度可达 3.0 g/cm^3。

DLC 薄膜的制备可以采用多种方法，如溅射、物理气相沉积（Physical Vapor Deposition，PVD）、化学气相沉积（Chemical Vapor Deposition，CVD）、等离子辅助沉积等。实验中所用的 DLC 薄膜通常是以 Ge 材料为基底，通过 CVD 工艺制备的，这种方法制备的 DLC 薄膜外观呈黑色、有金属光泽。

Ⅱ)DLC 薄膜的热学性质

DLC 薄膜热扩散系数 k 与温度有关，k 的表达式为

$$k = 9.681\,63 - 0.005\,33T + 2.488\,44\times10^{-6}T^2 - 5.826\,65\times10^{-10}T^3 + 4.782\,3\times10^{-14}T^4 \tag{2-89}$$

式中：T 为温度。

DLC 薄膜的比热容 C_{p} 也与温度有关，C_{p} 的表达式为

$$C_{\mathrm{p}} = \begin{cases} \left[16.299 + 5.262\times10^{-3}(T+273) - \dfrac{8.602\times10^3}{(T+273)^2}\right]/12.011 \\ \left[24.943 + 4.892\times10^{-4}(T+273) - \dfrac{71.156}{T+273} - \dfrac{3.649\times10^6}{(T+273)^2}\right]/12.011 \end{cases} \tag{2-90}$$

DLC 薄膜的热扩散系数 k、比热容 C_{p} 与温度 T 的关系如图 2-29 所示。

Ⅲ. 数值计算与分析

Ⅰ)薄膜的温度场

假定激光辐照过程中 DLC 薄膜的热学特性参数不随温度改变，DLC 薄膜的物理参数见表 2-4。脉冲激光的辐照强度为 100 mJ/cm^2，脉宽半宽度为 10 ns。

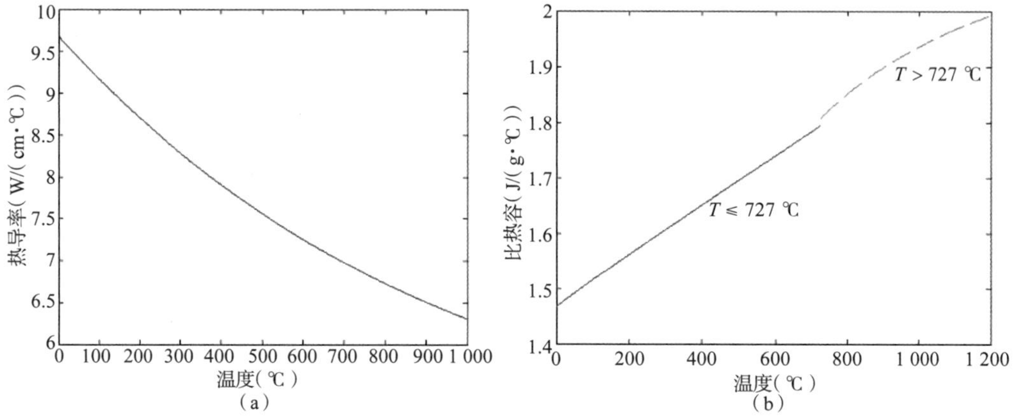

图 2-29　DLC 薄膜热扩散系数、比热容与温度的关系

(a) 热扩散系数与温度的关系；(b) 比热容与温度的关系

表 2-4　DLC 薄膜的物理参数

密度	$\rho = 1.35\ \mathrm{g/cm^3}$	光斑半径($1/e^2$)	$\omega_0 = 50\ \mu m$
比热	$C_p = 1.605\ \mathrm{J/(g \cdot K)}$	薄膜样品半径	$R = 50$ mm
初始温度	$T_0 = 20$ ℃	薄膜厚度	$h = 0.5\ \mu m$
吸收率	$A_f = 0.92$	泊松比	$v = 0.2$
吸收系数($\lambda = 1.06\ \mu m$)	$A = 1.378$ 1/cm	弹性模量	$E = 1\ 000$ GPa
热膨胀系数	$\beta = 7.9 \times 10^{-6}$ 1/K		

当激光辐照薄膜时，光斑中心温度最高。由式(2-88)求得在不同的辐照时间下，光斑中心($r = 0$)处不同深度的温度。由计算结果可知，当激光辐照时间 $t = 30$ ns 时，薄膜的温升基本达到稳定状态。

令 $z = 0$、$t = 30$ ns，求解温度场的空间分布，得到薄膜表面温度场的径向空间分布与激光辐照能量密度关系；在辐照时间 $t = 30$ ns 时，可以得到光斑中心($r = 0$)的纵向空间温度分布。

Ⅱ)薄膜的应力场

根据式(2-85)、式(2-86)和(2-88)以及表 2-4 所给的 DLC 薄膜的参数，计算出激光辐照时间 $t = 30$ ns 时表面的热应力分布情况，如图 2-30 所示。

图 2-30(a)和(b)分别显示了径向和周向热应力分量。由图 2-30(a)可知，径向热应力 σ_r 为负值，表现为压应力，且光斑中心出现最大值；由图 2-30(b)可知，周向热应力 σ_θ 同样为负值，表现为压应力，同样在光斑中心出现最大值。DLC 薄膜的断裂强度通常为 200~400 MPa。当激光的辐照强度 $E_0 = 100\ \mathrm{mJ/cm^2}$ 时，距光斑中心 40 μm 区域内的压应力都已明显超出断裂强度，将造成膜层的剥离和脱落，且辐照能量密度越高，应力峰值越大，应力破坏区域也越大；热应力的周向分量比径向分量高约两个数量级，因此可以确定周向热应力是造成薄膜发生应力破坏的主要因素。

Ⅳ. 实验结果及其分析

实验所用 DLC 薄膜样品是在锗基片上通过化学气相沉积(CVD)法制备而成的，薄膜厚度约为 0.5 μm，基片的尺寸为 10 mm × 10 mm × 1.5 mm。在 600 倍显微镜下，沉淀的薄膜显现出蜂窝状的结构，如图 2-31 所示。实验所用激光光源为 Nd: YAG 脉冲激光器，激光波长为 1.06 μm，脉冲宽度为 20 ns，脉冲能量为 100 mJ，其衰减和准直聚焦可调。

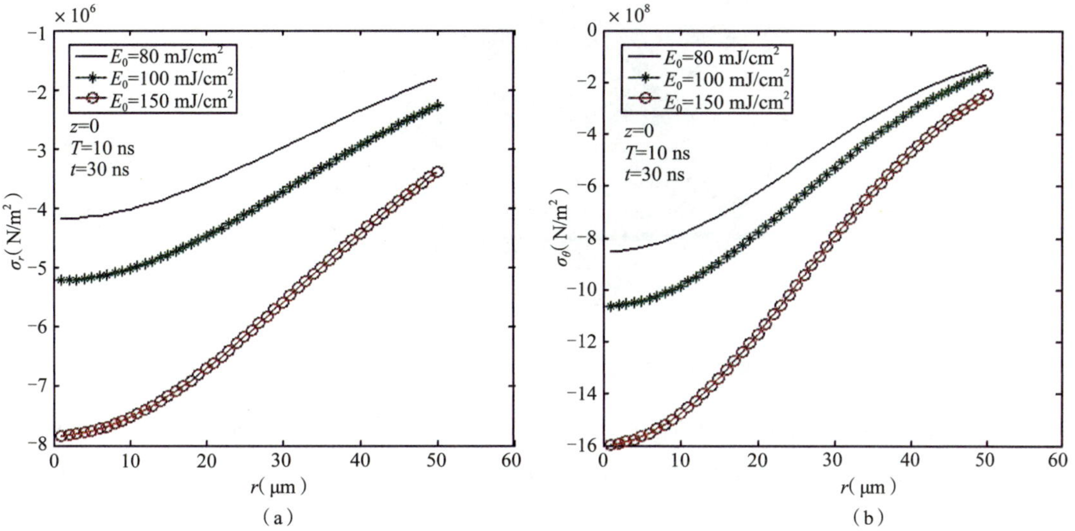

图 2-30 薄膜表面的热应力分布

(a)径向热应力；(b)周向热应力

Ⅰ)薄膜的热应力破坏

当激光光斑半径为 50 μm、激光辐照强度 $E_0 = 150\ \mathrm{mJ/cm^2}$ 时，经理论计算，薄膜表面光斑中心处的最高温度约为 800 ℃，而 DLC 薄膜的熔点通常在 3 000 ℃以上，故 DLC 薄膜不会发生熔融破坏。而此时薄膜中热应力值已超过薄膜的断裂强度，薄膜发生热应力破坏(图 2-32)，说明热应力破坏是导致薄膜热损伤的主要因素。实验验证的结果与理论分析结论相符。实验结果表明，DLC 薄膜热应力破坏阈值约为 60 mJ/cm^2。

图 2-31 DLC 薄膜的微观结构

图 2-32 DLC 薄膜热应力破坏的微观形态

Ⅱ)薄膜的熔融破坏

当激光输出的激光能量为 100 mJ、激光光斑半径为 3 mm 时，激光辐照 DLC 薄膜，并造成薄膜熔融，如图 2-33 所示。实验结果表明，DLC 薄膜的熔融阈值在 350 mJ/cm^2 附近。实验中测量的热应力破坏和熔融破坏阈值比理论计算的破坏阈值低，破坏区域面积比理论计算的面积大，主要是由于在理论分析过程中没有考虑薄膜自身杂质、沉积缺陷等的影响。薄膜中的杂质、沉积缺陷等成为激光能量的强吸收体，造成激光能量的热沉淀，就目前的工艺水平来说，缺陷破坏仍是介质薄膜激光损伤不可忽略的主要原因之一。

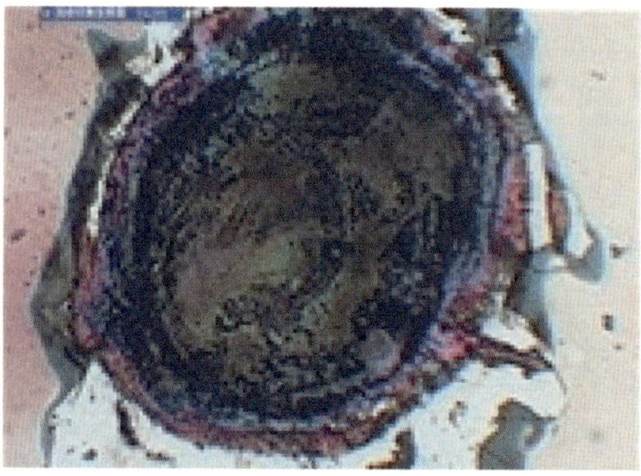

图 2-33　DLC 薄膜熔融破坏的微观形态

建立 DLC 薄膜的激光热冲击效应的模型，对热传导和热应力方程进行数值分析，进而将结果与激光辐照薄膜的实验结果进行对比，可知由温度场不均匀分布导致的热应力破坏是造成 DLC 薄膜激光损伤的主要因素。其中，热应力的周向分量占主导地位，表现为压应力破坏。当激光辐照能量足够强，致使薄膜温升超过其熔点时，就会产生熔融破坏；在含有杂质缺陷的局部区域，杂质吸收会导致热沉积，因而其实际产生的熔融效应要比理论计算结果更加明显。此外，由计算结果分析可以看出，通过改进薄膜制作技术和工艺，减小薄膜的热膨胀系数、增加比热容，增大薄膜的断裂强度等，可以增强 DLC 薄膜的抗激光损伤能力。实验结果与理论分析结果较为一致，证实了所建模型的有效性与应用价值。

（4）激光对光电探测器的破坏

根据工作原理，光电器件可分为光电导器件、光伏器件、电荷耦合器件等；根据结构形式，光电器件又可分为单元器件、多元器件和阵列器件。用激光辐照光电探测器，可造成光电探测器的破坏，对于不同的光电探测器，其破坏机理、形式等有所不同。

Ⅰ. 激光对光电探测器的破坏类型

激光对光电探测器的破坏可分为软破坏和硬破坏。所谓软破坏，就是使光电材料和器件发生功能性退化或暂时性失效，器件仍有信号输出，但信噪比会下降；而硬破坏指永久性破坏，如器件发生热熔融、龟裂、断裂和击穿等，此时器件没有信号输出。

Ⅱ. 光电探测器的辐照破坏模型

激光对光电探测器的破坏机理与光电探测器的类型和激光的性能参数有关，破坏机理有能量吸收及热效应、表面熔化及重新凝固效应、蒸发及力学破坏效应和混沌过程等。用于研究光电探测器激光破坏理论的计算模型包括热模型、载流子密度模型、相变（气化）模型、热应力模型等。

1）热模型：探测器材料吸收激光辐射能而使材料温度升高，当温度达到材料的温度破坏阈值 T_{th} 时，光电探测器发生破坏。温度破坏阈值 T_{th} 与破坏机理有关，不同类型的光电探测器具有不同的温度破坏阈值。

2）载流子密度模型：假设入射激光脉冲足够短，忽略热传导，当激光脉冲功率密度为 P_0 时，表面温升的表达式为

$$\Delta T = \frac{\eta t_p P_0}{\rho C L_H} \tag{2-91}$$

式中：L_H 为热传递深度；t_p 为激光脉冲宽度。

载流子密度模型可计算 Si、Ge、InSb 及 GaAs 的激光光源的温度破坏阈值。

3）相变（气化）模型：在一定的条件下，激光辐照材料可造成材料的气化并发生相变。材料发生相变所需的激光能量为

$$E_{\mathrm{wp}}=\frac{H\left(1-\dfrac{1}{\alpha L}\right)}{\eta\left(1-\mathrm{e}^{-\alpha L}\right)} \tag{2-92}$$

式中：H 为单位体积潜热；L 为薄膜的厚度。

4）热应力模型：激光在辐照探测器的过程中，材料吸收光能后会出现温度梯度，产生应力，造成材料断裂等。

（5）激光对光电探测器破坏的实验研究

Ⅰ. 激光对四象限光电探测器的破坏

四象限光电探测器是一种典型的光电探测器，在激光导引头、激光经纬仪等光电跟踪、定位和准直仪器装备中常有应用。四象限光电探测器是在一个芯片上做成 4 个探测区的器件，各区具有相同的性能参数，并且相对于光轴旋转对称。当目标光束投射到四象限光电探测器上时，如 4 个探测区受到的辐照量相同，表示目标处在四象限光电探测器的光轴线上；若不同，根据 4 个探测区因辐照量不同而产生的电信号输出差异，判断目标偏离轴线的角度和方位。下面以四象限硅光电池为例，研究激光对四象限光电探测器的破坏机理。

Ⅰ）激光对光电探测器的破坏机理

对于四象限光电探测器，应用比较多的有四象限光电二极管、四象限硅光电池等，这些光电器件均为半导体结型光电器件。当激光辐照这些光电探测器时，被照射的半导体材料由于吸热而损伤，同时也伴随出现应力、熔化和气化等现象，造成光电探测器的光敏面产生裂纹、熔化坑和气化坑，飞溅物常附着于坑的周围并发出响亮的炸裂声。根据结型光电器件的工作原理，激光辐照探测器时，半导体材料由于吸收光子而产生光生载流子，在内建电场作用下将光生载流子扫向势垒两侧，从而将光信号转化为电压信号或电流信号。激光对光电探测器的破坏，首先是对所辐照光敏面的破坏，同时半导体吸收光能并导致温度升高，当温度超过熔点时，材料熔化，冷却后又快速结晶，从而在快速运动的固 - 液界面上形成高浓度杂质原子聚集区，这些区域会形成漏电通道，被损伤部位在一定程度上可等效为一并联电阻，如图 2-34 所示。图 2-34 中，ε_D 为光生电动势，R_{sh} 为动态结电阻，并联电阻导致光电探测器的 PN 结宽度变窄、内建电场减弱，造成光电探测器的响应度 R 下降、暗电流上升、反向电阻下降、噪声增大等，甚至造成整个光电探测器的破坏，即失去探测能力。因此，激光辐照光电探测器，导致其破坏或性能下降的原因有两个：一是光敏面面积的减小使响应度 R 降低；二是受激光辐照而破坏的光敏面可等效为一并联电阻，造成光电探测器暗电流上升、反向电阻下降、噪声增大等。

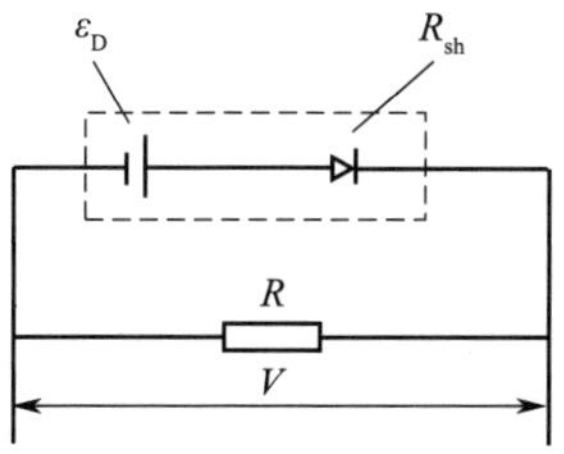

图 2-34　激光对光电探测器破坏的等效模型

Ⅱ）激光光斑形心测量系统

在跟踪、准直和定位等应用中，光信号经光学系统投射到四象限光电探测器的光敏面上形成光斑，通过光斑在 4 个探测区上的分布状况来测量光斑形心位置。实验所用的光电探测器为四象限硅光电池，利用该光电探测器设计的激光光斑测量系统的原理框图如图 2-35 所示。该系统由前置放大器、12 位模/数（A/D）采集板和计算机等组成。激光光斑照射到四象限硅光电池时会产生信号；信号经前置放大器放大并输入计算机；计算机通过 A/D 采集板分别得到 A、B、C、D 探测器的输出电压信号 V_A、V_B、V_C、V_D；系统根据各探测器电压信号的大小，确定光斑中心的位置（X, Y），并在计算机上显示光斑中心在探测器上的位置图形。

为消除光斑自身总能量变化的影响，实验所采用的电路为和差比电路，并且对位置坐标进行归一化处理，所用公式为

$$X=\frac{(V_B+V_C)-(V_A+V_D)}{V_A+V_B+V_C+V_D} \tag{2-93}$$

$$Y=\frac{(V_A+V_B)-(V_C+V_D)}{V_A+V_B+V_C+V_D} \tag{2-94}$$

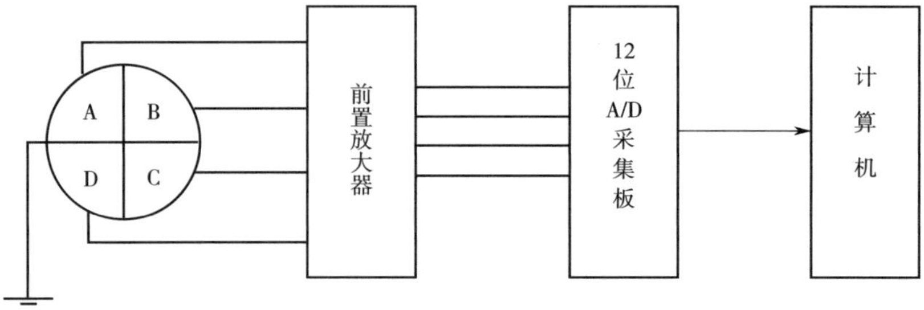

图 2-35　四象限光电探测器系统原理框图

Ⅲ）激光对光电探测器的破坏实验

实验采用 Nd：YAG 脉冲固体激光器，输出激光能量为 420 mJ，脉冲宽度为 10 ns，激光经正透镜聚焦后落在探测器上的面积约为 0.1 mm^2。光电探测器为 2CR61-4 型四象限硅光电池，直径为 17 mm，每个独立的探测区的面积为 56 mm^2。当激光照射在探测器上时，由于半导体材料吸收激光能量升温后熔化、气化，造成辐照部位发生光敏面破坏，每破坏一次，相当于探测区面积减小一次。光敏面的破坏程度，即激光对光电探测器的破坏可分为 3 种情况，即轻度破坏、中度破坏和重度破坏，破坏面积分别约占总面积的 15%、35% 和 55%。

实验表明，激光破坏四象限硅光电池中的一个或几个象限，可造成探测到的光斑形心的变化。实验分为 2 组，序号 1-1 和 2-1 为四象限光电探测器在两组实验中没有受到破坏时光斑形心的基准采样。在第 1 组实验中，探测器 A 和 D 分别经轻度、中度、重度破坏，分别用序号 1-2、1-3、1-4 及 1-5、1-6、1-7 表示。在第 2 组实验中，探测器 B 和 C 分别经轻度、中度、重度破坏，分别用序号 2-2、2-3、2-4 及 2-5、2-6、2-7 表示。激光破坏四象限光电探测器造成光斑形心产生偏差的结果见表 2-5，光斑形心的偏移（归一化）情况如图 2-36 所示。

表 2-5　激光破坏四象限光电探测器导致光斑形心偏离数据

第1组	Order	1-1	1-2	1-3	1-4	1-5	1-6	1-7
	Bias *x*	0.019 7	0.034 0	0.102 7	0.112 1	0.162 6	0.243 1	0.208 2
	Bias *y*	−0.014 4	−0.035 5	−0.107 0	−0.090 5	−0.050 0	0.021 3	0.074 4
第2组	Order	2-1	2-2	2-3	2-4	2-5	2-6	2-7
	Bias *x*	0.006 1	0.019 2	0.245 7	0.225 3	0.203 3	−0.007 0	−0.063 6
	Bias *y*	−0.002 0	−0.011 0	−0.244 6	−0.225 4	−0.203 3	0.008 7	−0.049 1

注：在第 1 组数据中，探测器 A 对应 1-2、1-3 和 1-4；探测器 D 对应 1-5、1-6 和 1-7；在第 2 组数据中，探测器 B 对应 2-2、2-3 和 2-4，探测器 C 对应 2-5、2-6 和 2-7。

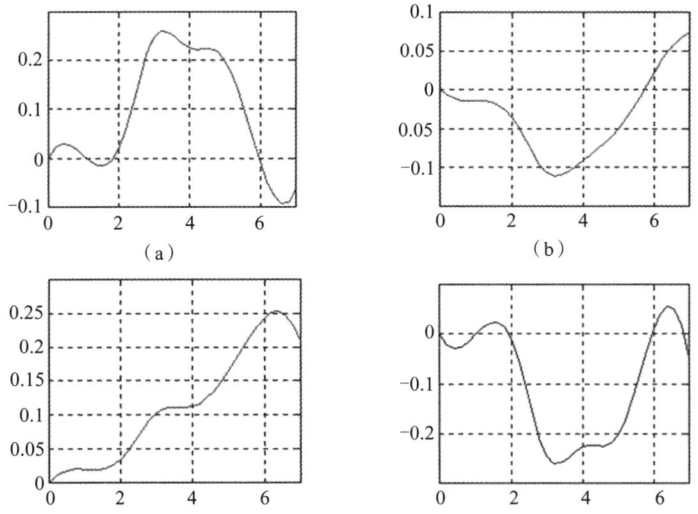

图 2-36　激光破坏导致光斑形心在 *x* 和 *y* 轴方向上偏移的归一化结果

（a）探测区A；（b）探测区D；（c）探测区B；（d）探测区C

由实验结果可知，激光破坏四象限硅光电池中的一个或几个象限，可造成探测到的光斑形心的变化，当探测区 A 被破坏，光斑形心坐标向探测区 C 移动；之后，探测区 D 被破坏时，光斑形心又向探测区 B 移动；在探测区 A 被破坏后，再破坏探测区 C，则光斑形心有回移情况。探测区 A、B、C 和 D 均遭受同样的破坏对光斑形心影响不大。结果表明，探测区 A、B、C、D 中一个或几个受到轻度、中度或重度破坏时，可造成光电探测系统或跟踪系统对目标方位的测量产生一定的系统误差，从而造成整个系统的失灵。

Ⅱ. 激光对红外探测器的破坏

红外探测器在现代武器装备中得到广泛应用并发挥着重要作用。但是，红外探测器属于弱光探测器件，其在强激光辐照下极易发生干扰和破坏，从而造成整个光电系统无法正常工作或彻底损坏。

HgCdTe 光电探测器是一种典型的红外探测器，当工作温度为 77 K 时，工作波长范围为 8~14 μm。当用激光辐照探测器时，HgCdTe 材料由于吸收光能而温度升高，同时材料的禁带宽度（band gap）、光谱特性、电学特性等重要参数都发生改变，导致探测器的探测性能下降，甚至发生探测器失效、熔蚀。

下面以 HgCdTe 光电探测器为例，探讨激光对红外探测器的破坏作用。

Ⅰ）探测器的结构

HgCdTe 光电探测器主要由 HgCdTe 晶体、环氧树脂膜（epoxy）、基底（substrate）3 部分组成，其结构如图 2-37 所示。

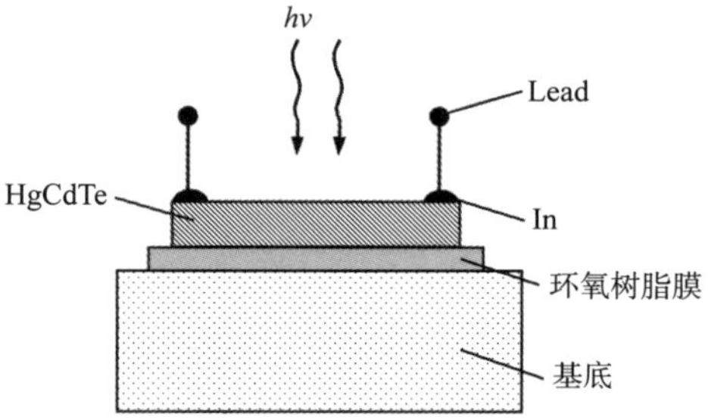

图 2-36　HgCdTe 光电探测器结构

Ⅱ）物理模型的建立

研究探测器的温度场分布是基于传热学的理论进行的。在传热学中，具有内热源和瞬态三维温度场的固体导热方程为

$$\rho C_{\mathrm{p}}\frac{\partial T}{\partial t}-k\nabla^2 T=Q \tag{2-95}$$

式中：T 为物体的瞬态温度；ρ 为材料的密度，作常数处理；C_{p} 为比热容；k 为材料的热扩散系数；Q 为内热源，其表达式为

$$Q=\eta p/V \tag{2-96}$$

式中：η 为吸收率；p 为入射激光功率；V 为光敏元件体积。

HgCdTe 晶体的光敏面面积为 1 mm^2，完全被激光光斑所覆盖，因此设光敏面上的辐照均匀。设与 HgCdTe 晶体的光敏面垂直的激光入射方向为 z 轴方向，光敏面与各侧面满足第一类边界条件，表达式为

$$-k\cdot\left.\frac{\partial T(z,t)}{\partial z}\right|_{z=0}=\eta p \tag{2-97}$$

$$-k\cdot\frac{\partial T}{\partial n}=\alpha(T-T_0) \tag{2-98}$$

式中：α 为换热系数；T_0 为环境温度。

设探测器处在真空中，且侧面满足绝热边界条件，有 $\alpha=0$。底面由液氮制冷，满足第三类边界条件，表达式为

$$T(z,t)\big|_{z=\infty}=77 \tag{2-99}$$

在未受到激光辐照时的初始温度是均匀的，表达式为

$$T(z,t)\big|_{t=0}=77 \tag{2-100}$$

Ⅲ)探测器的温升及热应力

HgCdTe 晶体、环氧树脂膜和衬底的厚度分别为 0.5、0.2 和 2.0 mm。参照表 2-4,分别对 HgCdTe 探测器的 3 个主要部件的相应偏微分方程参数进行设置(表 2-6)。激光光源选择功率为 5 kW 的连续式 CO_2 激光器,激光经衰减后辐照在 HgCdTe 探测器光敏面的激光功率密度为 1.15×10^7 W/m^2,在表面吸收系数为 0.56 时,探测器在辐照 0.1 s 时的温度场分布如图 2-38 所示,瞬态温度场分布如图 2-39 所示。

表 2-6　HgCdTe 探测器的参数

材料	密度 ρ(kg/m^3)	比热容 C_p(J/(kg·K))	热扩散系数 k(W/(m·K))
HgCdTe	7.60×10^3	150	20
epoxy	1.25×10^3	1.53×10^3	0.2
Cu	8.89×10^3	385	386

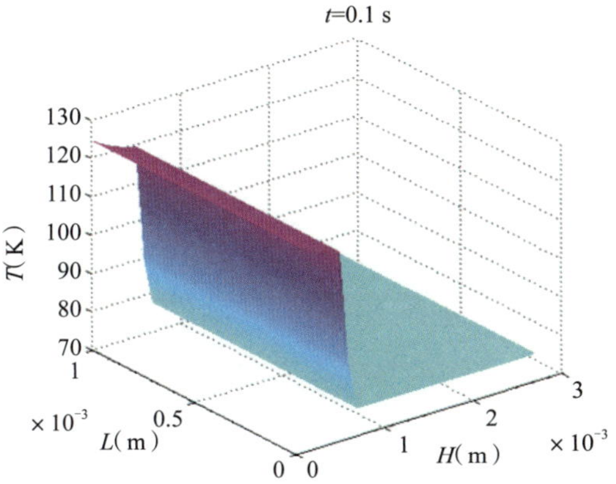

图 2-37　激光辐照 0.1 s 时探测器的温度场分布

因为激光辐照均匀, HgCdTe 探测器的温度场分布图沿 H 轴(z 轴方向)是对称的。图 2-39 表明,探测器的初始温度为 77 K,受激光辐照 0.1 s 后,光敏面温度升高至 125 K。由于环氧树脂层的热扩散系数小,所以激光辐照不能使衬底温度迅速上升。

图 2-39 表明,HgCdTe 探测器的光敏面温度的变化规律是从初始阶段的缓慢上升发展到之后的迅速上升。这为我们进一步分析相关机理奠定了基础。图 2-39 中任意垂直于时间坐标轴的截面代表了相应节点时刻的一维瞬态温度场分布。

温度的改变将导致 HgCdTe 晶体的禁带宽度 E_g、长波限 λ_c、峰值波长 λ_p 以及探测率 D^* 等参数发生相应的变化。施密特(Schmidt)公式表明了 $Hg_{1-x}Cd_xTe$ 中组分 x 和温度 T 与器件长波限的关系为

$$\lambda_c=\left[1.28x-0.20+0.264x^2+4.22\times10^{-4}T\left(1-2.08x\right)\right]^{-1} \tag{2-101}$$

组分一定时,探测器的长波限随温度的升高而向短波方向移动。图 2-40 表明,当 $x=0.2$ 时,瞬态温度场分布的变化对长波限的影响。激光辐照时间为 0~0.07 s 时,探测器长波限的变化幅度很小,对探测结果不产生明显影响。激光辐照时间超过 0.07 s 以后,由于辐照产生的热在 HgCdTe 晶体中

的积累，晶体温度迅速升高，使长波限迅速向短波方向移动。因此，在使用此类探测器进行探测的过程中，应充分考虑此过程。

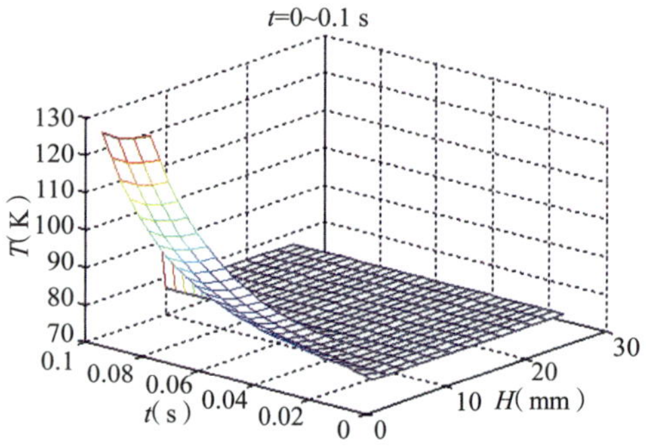

图 2-39　探测器的瞬态温度场分布

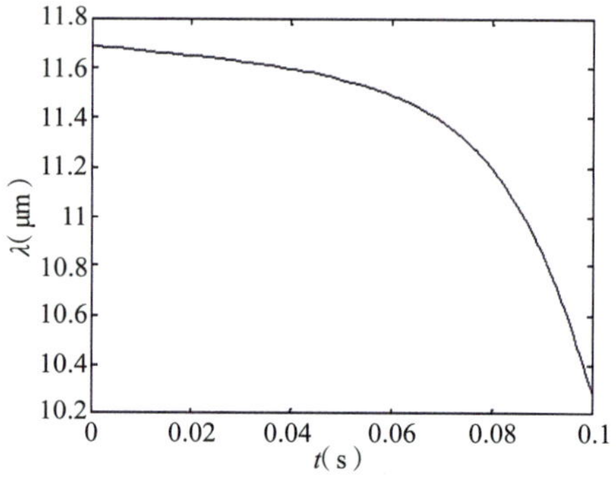

图 2-40　探测器的瞬态温度场分布与长波限的关系

以上分析表明，环氧树脂层由于热扩散系数很低，可有效阻止热向衬底扩散，由此导致激光辐照产生的热量在 HgCdTe 晶体的光敏层积累，最终导致瞬态温度场在器件参数的作用下呈非线性分布。上述研究结果对分析 HgCdTe 探测器的特性提供了有效的理论依据，同时也有助于研究 HgCdTe 探测器的激光防护性能。

第3章

高性能光纤激光器及光子晶体光纤传感器

3.1 高性能光纤激光器

3.1.1 高功率、高亮度光纤放大器

一般而言,光纤激光器(Fiber Optic Laser, FOL)的增益介质为稀土离子掺杂的有源光纤,如应用于光通信的掺铒光纤(Erbium-Doped Fiber, EDF),常用于辐射波段为 1.5 μm 附近;掺镱光纤(Ytterbium-Doped Fiber, YDF),常用于辐射波段为 1 μm 附近;掺铥光纤(Thulium-Doped Fiber, TDF),常用于辐射波段为 2 μm 附近等 [1]。

图 3-1 所示为 YDF 中镱离子(Yb^{3+})的能级结构及吸收、发射谱 [1]。相比于其他稀土离子掺杂光纤, YDF 具有诸多优点,包括:能级结构简单、能级间隔大,可有效抑制浓度猝灭效应,易于实现高浓度掺杂;吸收带与发射带接近,量子效率高;荧光寿命长;吸收带宽较宽,且吸收带与商用砷化镓激光二极管发射带匹配;更易于获得高功率、低成本的激光泵浦源等 [2]。基于上述原因,在使用“枝繁叶茂”的稀土元素的 FOL 大家庭中,目前仅有使用 YDF 作为增益介质的 FOL 可实现超过 2 kW 的高功率输出。因此,本章中的高功率 FOL 特指 YDF 激光器。

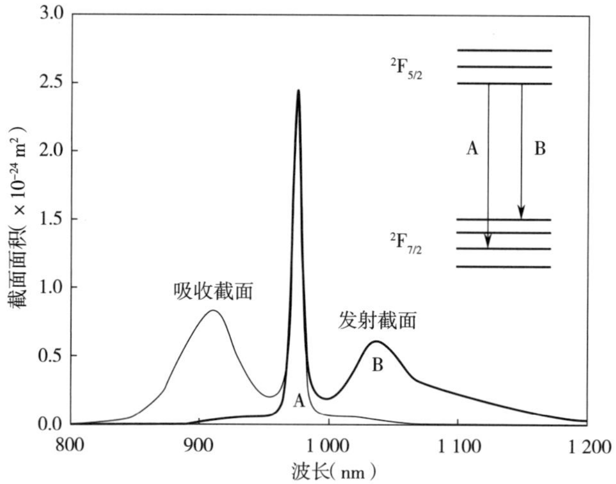

图 3-1 石英光纤中 Yb^{3+} 离子的能级结构和吸收、发射谱

FOL 发展简史如图 3-2 所示。自从 20 世纪 60 年代 FOL 的概念被提出以来 [3],更高的输出功率和更优的光束质量一直都是研究者孜孜不倦追求的目标。然而,在 FOL 的概念被提出后的 20 余年中,高功率、高亮度的 FOL 的发展一直几乎处于停滞状态。直到 1988 年,“双包层光纤泵浦”这一革命性的技术被提出(图 3-3)[4],该技术不仅大大降低了高功率 FOL 对泵浦光亮度的需求,使可用抽运光功率得到数量级的提升,而且能最大限度地保证输出激光的亮度(光束质量好),为高功率、高亮度的 FOL 的发展指明了方向。自此,依托“双包层光纤泵浦”技术,再加上光纤通信行业快速发展的背景,高功率、高亮度 FOL 取得了长足进步。

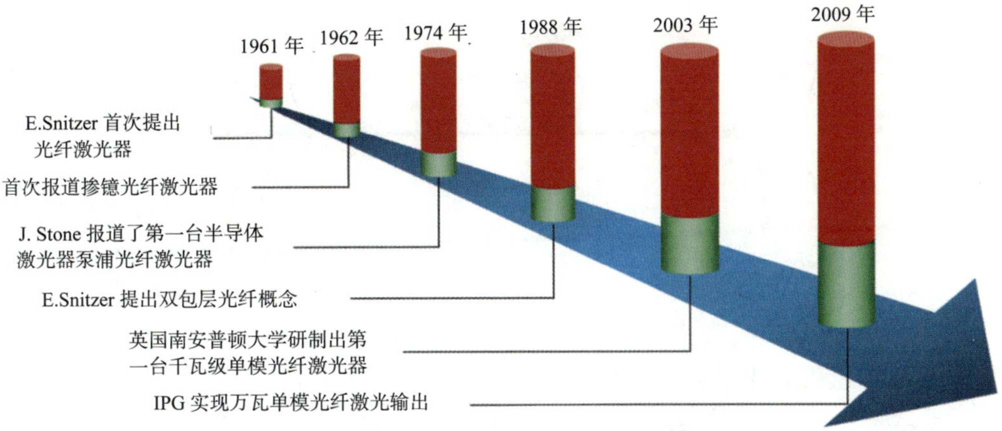

图 3-2　光纤激光器（FOL）发展简史

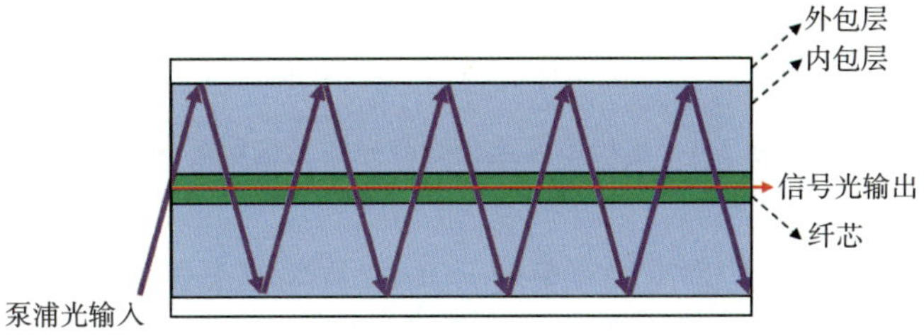

图 3-3　双包层光纤泵浦技术示意图

2003 年，英国南安普顿大学制造出了千瓦级的单模 FOL，FOL 的发展正式步入“千瓦时代”[5]。正当学界还沉浸于这一突破所带来的欣喜中，仅仅过了 6 年，美国 IPG 光子公司就将 FOL 带入“万瓦时代”[6]。由美国 IPG 光子公司率先达成的万瓦级单模连续 FOL 至今仍是光纤激光发展历程中一座宏伟的里程碑。

如图 3-4 所示，从结构上来看，高功率连续 FOL 可分为单谐振腔结构和主振荡功率放大（Master Oscillator Power Amplification，MOPA）结构[7]。单谐振腔结构的 FOL 一般由半导体激光器（LD）提供光源；由合束器（combiner）合成一束；由一对光纤布拉格光栅（Fiber Bragg Grating，FBG）提供反馈，构成谐振腔；从端帽（endcap）输出。这种结构的 FOL 结构简单，但输出功率和激光谱线宽度（线宽）受到光纤光栅性能的限制[7]，且其相比于 MOPA 结构的 FOL 具有更低的横模不稳定效应（Transverse Mode Instability，TMI）阈值[8]。此外，受限于光纤光栅的性能、多种非线性效应等[7-9]，单谐振腔结构的 FOL 的光谱线宽等往往难以优化。相较而言，MOPA 结构的 FOL 虽然结构较为复杂，需通过多级光纤放大器对外部注入的种子激光进行放大以实现高功率激光输出，但由于系统具有多级结构，可以更好地分散热量，且放大后的激光光束质量和线宽与种子激光的对应指标强相关。换句话说，可通过控制种子激光的光束质量及线宽等参数，优化光纤放大器的相关输出指标，因此 MOPA 技术是目前实现高功率、高亮度 FOL 的最佳途径。而对于高功率、窄线宽的 FOL，MOPA 结构几乎是唯一选择。

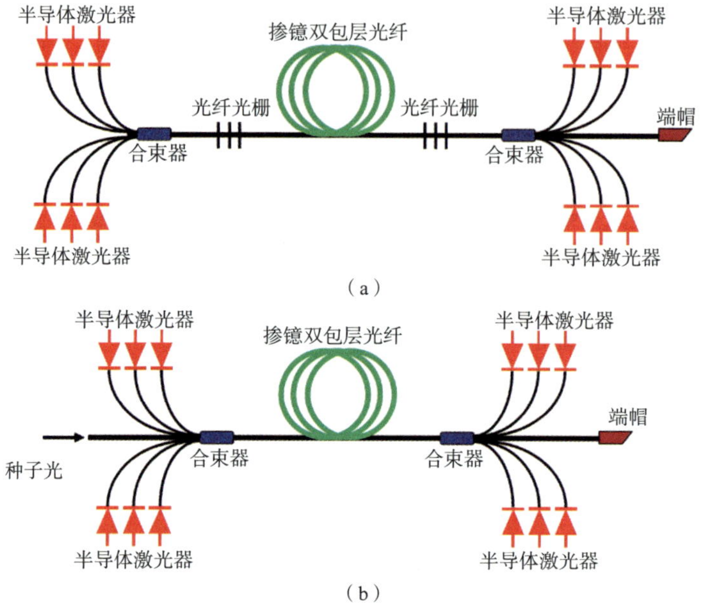

图 3-4 高功率连续光纤激光器结构示意图

（a）单谐振腔结构；（b）MOPA 结构

本章将以 MOPA 结构的高功率窄线宽单模 FOL、万瓦级高亮度单模 FOL 为切入点，详细介绍高功率、高亮度光纤放大器，并重点阐述其中的非线性效应。

（1）千瓦级窄线宽单模光纤放大器

严格来说，窄线宽 FOL 并没有一个公认的线宽界定标准。一般认为，3 dB 线宽不大于 100 GHz 的 FOL 可被认为能实现窄线宽激光输出。这是由于光谱合束系统往往要求子光束的 3 dB 线宽不大于 100 GHz[10]，而用作光谱合束系统的子光源是高功率、窄线宽 FOL 最重要的应用领域。

高功率 FOL 保持高光束质量的首要前提条件是单纤输出。研究表明，即使是在光纤模场面积可随意增大的前提下，单模或准单模 FOL 的功率上限依然只有约 36 kW[11]。这一功率值显然无法满足激光定向能等领域对高能激光器的需求。为了突破 FOL 的功率瓶颈，并保持较高的光束质量，研究者提出了光纤激光的功率合束（Beam Combining，BC）技术，即将多个功率较低、光束质量高的光纤激光合成一路高功率激光输出，并保证最终输出的高功率激光的光束质量不发生劣化。根据合束方式，功率合束技术又可分为相干合束（Coherent Beam Combining，CBC）和光谱合束（Spectral Beam Combining，SBC）[11]，前者一般要求单个光纤激光子模块的 3 dB 输出的线宽不高于 10 GHz，后者则一般要求线宽不高于 100 GHz[10]。无论采用何种技术路线，高功率、高亮度、窄线宽的 FOL 都是 BC 系统的核心部件。本章仅对 SBC 系统展开论述。

SBC 技术的本质是对色散过程的反向应用，即利用色散元件将来自不同入射方向、不同波长的光束合成为一束同角度、共孔径的光束。主流的色散元件为双色镜、体布拉格光栅和衍射光栅等[12]，如图 3-5 所示。可以说，无论使用哪种色散元件，单个光纤激光子模块的输出指标在最大程度上决定了 SBC 系统的最终输出指标。为了尽可能提高 SBC 系统的输出功率，除提高单个光纤激光子模块的功率外，提高光谱利用率，或者说增加光纤激光子模块的数量，也是一个重要的可循途径。例如，在保证功率的前提下，尽量压窄激光线宽，可以减小不同光纤激光模块的波长间隔，提高它们在 Yb^{3+} 的增益谱带宽范围内的“光谱密度”，进而可以支持更多光纤激光子模块，达到提高总输出功率的目的[12]。再者，如图 3-1 所示，镱离子的辐射波长涵盖 900~1 200 nm 的广阔范围，综合考虑镱离子的发射谱和吸收谱，在一定范围内尽量拓展高功率、窄线宽 FOL 的工作波长范围，亦可实现增大 SBC 系统的激光子模块数量的目的，进而实现 SBC 输出功率的提升[13]。

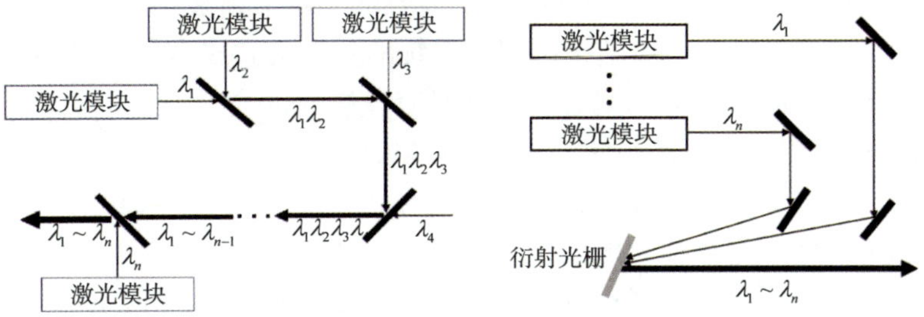

图 3-5　光谱合束系统示意图

如图 3-6 所示，就镱离子而言，一般其常规辐射波长范围为 1 050~1 100 nm。在此范围内，信号光（signal light）可以获得较可观的增益，受到的放大的自发辐射（Amplified Spontaneous Emission，ASE）的影响较小。相较而言，长波长（>1 100 nm）和短波长（<1 050 nm）的信号光均会受强烈的 ASE 影响，其激光功率的提升受到较大限制。特别是对于短波长的信号光，当激光器处于高功率运转状态下时，因受激拉曼散射（Stimulated Raman Scattering，SRS）效应而产生的拉曼斯托克斯光（Raman Stokes Wave，RSW）的波长会与 ASE 的波长重叠，两者的共同作用会进一步加剧 SRS 效应[14]，使 RSW 进一步增强，劣化激光输出光谱。

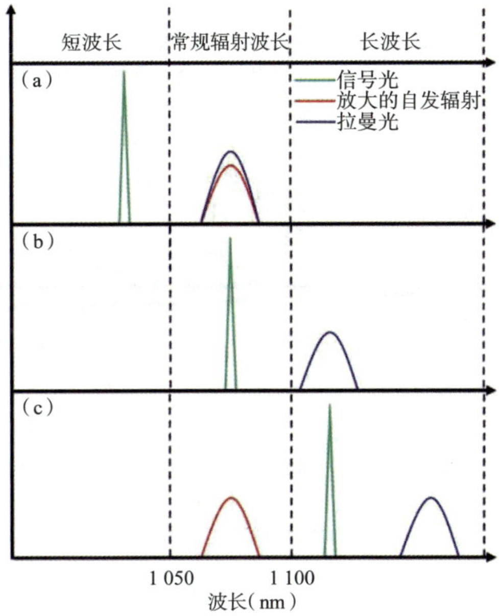

图 3-6　不同波长范围 YDF 激光器的不同光辐射示意

为保证激光器的输出线宽与光束质量，主控振荡器的功率放大器结构的高功率、窄线宽 FOL 所用的种子激光源需要同时兼具窄线宽和高光束质量的优点。常用的种子激光源可分为低功率单模光纤激光振荡器、相位调制单频激光器[14-15]。前者结构简单、成本低，但强度噪声相对较高，会在一定程度上增大后级光纤放大器中的非线性效应增益[16]；后者结构复杂、成本高，但强度噪声很低，且可以实现更窄波段的种子激光输出，近年来逐渐成为相关领域的主要研究对象。然而，也正是由于相位调制单频激光器输出的种子激光具有较低的强度噪声，因此其在被放大过程中因非线性效应引起的线宽展宽较小，导致其更容易发生受激布里渊散射（Stimulated Brillouin Scattering，SBS）效应[17]。而为了抑制 SBS 效应，需要增大对单频激光器的相位调制深度，以进一步展宽种子激光线的线宽，这又增加了相位调制系统的复杂度和成本[17]。因此，光纤激光振荡器种子激光源在高功率、窄线宽 FOL 的研究中依然具有较高的价值[15,17]。

图 3-7 所示为基于光纤激光振荡器种子激光源的 MOPA 结构高功率、窄线宽 FOL 系统的结构[15]。该激光系统由三级子系统组成。由 10/130 μm 光纤的数值孔径（Numerical Aperture，NA）为 0.065（NA≈0.065）搭建的激光振荡器种子激光源（FOL）输出的中心波长为 1 045 nm；预放大器（pre-amplifier）也基于 10/130 μm 光纤搭建；主放大器（main amplifier）采用双向泵浦方案，增益光纤为长约 8.5 m 的 20/400 μm 大模场 YDF（NA≈0.065），其在 976 nm 附近的吸收系数约为 1.4 dB/m。各级子系统之间均加入了隔离器，其中二级预放大器与主放大器之间的隔离器（ISO2）带有 TAP 端口，用以监测放大器的回光信号；预放大器与主放大器之间布置了 1 只模场适配器（Mode Field Adapter，MFA）以匹配不同光纤的模场。激光从光纤端帽（endcap）输出。各级子系统均使用 976 nm 锁波长的半导体激光泵浦源。主放大器的总泵浦功率超过 3 kW。预放大器注入主放大器的功率约为 25 W，3 dB 线宽约为 0.1 nm（约 28 GHz）。

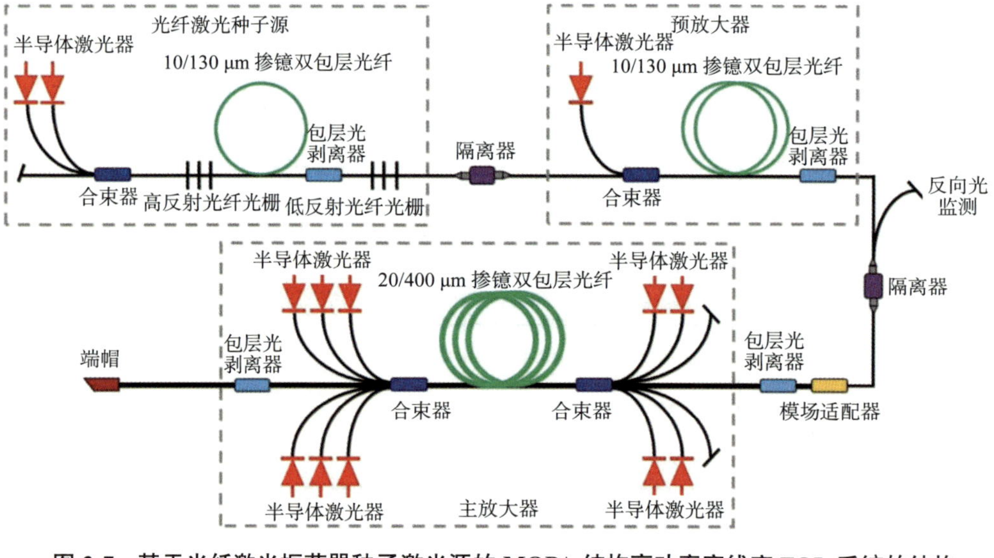

图 3-7　基于光纤激光振荡器种子激光源的 MOPA 结构高功率窄线宽 FOL 系统的结构

同时，考虑放大自发辐射（ASE）和受激拉曼散射（SRS）效应，主放大器中的激光传输可由下列方程描述[15]：

$$\frac{N_2(z)}{N_0}=\frac{\Gamma_s\sigma_s^a P_s\lambda_s+\Gamma_p\sigma_p^a(P_p^+ +P_p^-)\lambda_p+\Gamma_R\Sigma_j\sigma_{R,j}^a(P_{R,j}^+ +P_{R,j}^-)\lambda_{R,j}}{\frac{hcA_{eff}}{\tau}+\Gamma_p(\sigma_p^a+\sigma_p^e)(P_p^+ +P_p^-)\lambda_p+\Gamma_s(\sigma_s^a+\sigma_s^e)P_s\lambda_s+\Gamma_R\Sigma_j(\sigma_{R,j}^a+\sigma_{R,j}^e)(P_{R,j}^+ +P_{R,j}^-)\lambda_{R,j}} \tag{3-1}$$

$$\frac{dP_p^{\pm}}{dz}=\pm\Gamma_p(N_2\sigma_p^e-N_1\sigma_p^a-\alpha_p)P_p^{\pm} \tag{3-2}$$

$$\frac{\mathrm{d}P_{\mathrm{s}}}{\mathrm{d}z}=\Gamma_{\mathrm{s}}(N_2\sigma_{\mathrm{s}}^{\mathrm{e}}-N_1\sigma_{\mathrm{s}}^{\mathrm{a}}-\alpha_{\mathrm{s}})P_{\mathrm{s}}+2N_2\sigma_{\mathrm{s}}^{\mathrm{a}}\frac{hc^2\Delta\lambda_{\mathrm{s}}}{\lambda_{\mathrm{s}}^3}-\Sigma_j\frac{\lambda_{\mathrm{R},j}g_{\mathrm{R},j}}{\lambda_{\mathrm{s}}A_{\mathrm{eff}}}(P_{\mathrm{R},j}^{+}+P_{\mathrm{R},j}^{-})P_{\mathrm{s}} \tag{3-3}$$

$$\frac{\mathrm{d}P_{\mathrm{R},j}^{\pm}}{\mathrm{d}z}=\pm\Gamma_{\mathrm{R}}(N_2\sigma_{\mathrm{R},j}^{\mathrm{e}}-N_1\sigma_{\mathrm{R},j}^{\mathrm{a}}-\alpha_{\mathrm{R},j})P_{\mathrm{R},j}^{\pm}\pm2N_2\sigma_{\mathrm{R},j}^{\mathrm{e}}\frac{hc^2\Delta\lambda_{\mathrm{R}}}{\lambda_{\mathrm{R},j}^3}\pm\Sigma_j\frac{P_{\mathrm{s}}g_{\mathrm{R},j}}{A_{\mathrm{eff}}}P_{\mathrm{R},j}^{\pm} \tag{3-4}$$

$$N_0=N_1+N_2 \tag{3-5}$$

式中：下标 p，s，R 分别代表泵浦光、信号光、RSW；符号 + 和 − 分别代表光传输的正向和反向；λ 为信号光或泵浦光的波长；$\Delta\lambda$ 为波长间隔；σ^{a} 为 Yb^{3+} 的吸收截面；σ^{e} 为 Yb^{3+} 的发射截面；j 为 RSW 的波长取点数；Γ，α 为重叠因子、损耗系数和激发态寿命；N_0 为 Yb^{3+} 各能级的粒子数；N_1 和 N_2 分别为基态和激发态的 Yb^{3+} 数；P 为光功率；z 为光纤长度坐标；h 为普朗克常数；c 为真空中的光速；A_{eff} 为光纤的有效模场面积；g_{R} 为拉曼增益系数。

基于式（3-1）至式（3-5）的理论模型，以 1 045 nm 为激光信号波长，对高功率激光放大器进行理论仿真，重点研究 SRS 与 ASE 的共同作用。

由图 3-8（a）可知，当泵浦功率为 3 kW 时，选择不同的泵浦方式，RSW 强度（intensity）会有明显的差别，反向泵浦（counter-pumping）方式更有益于 SRS 效应的抑制。由图 3-8（b）可知，当放大器其他参数设置保持不变时，不同 YDF 长度对 RSW 强度也有一定的影响。如图 3-8（c）所示，在同样的输入参数下，若不考虑 SRS 效应，ASE 强度基本可以忽略。图 3-8（d）所示为功率相同、波长不同的信号光经同一个主放大器放大后的输出光谱，可以看到短波长信号光的 RSW 强远高于常规波长。

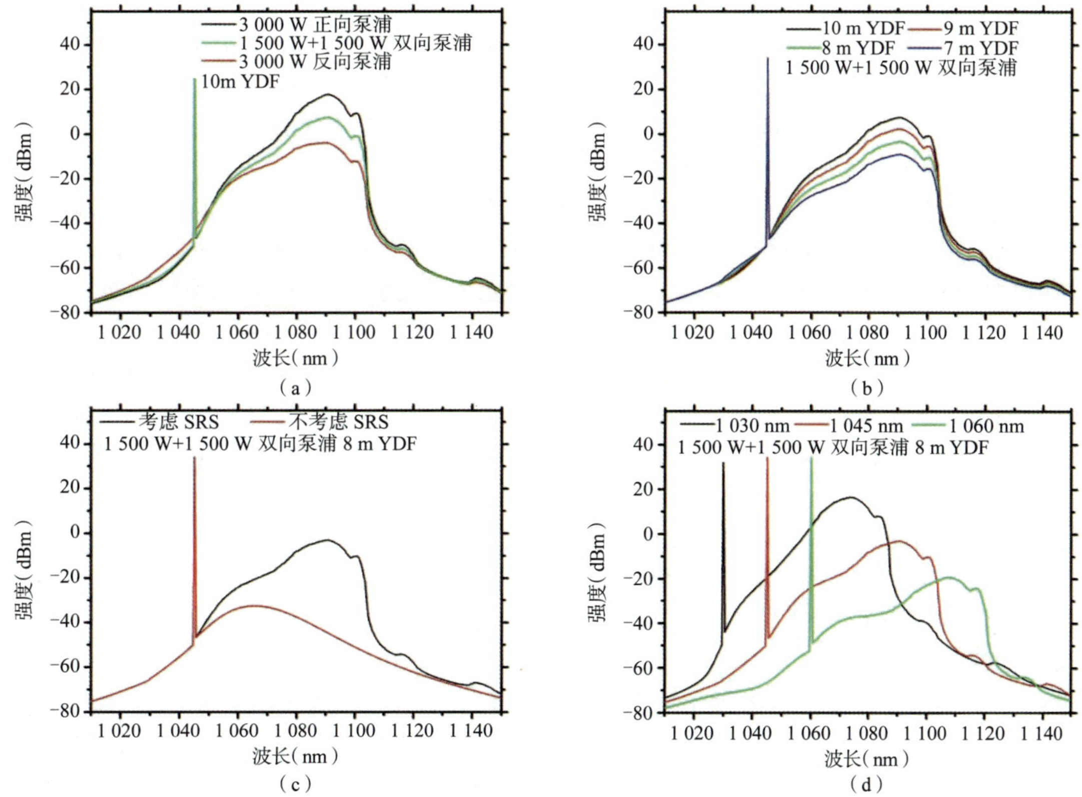

图 3-8　1 045 nm 光纤激光器的理论计算数据

图 3-9(a)所示为激光系统(图 3-7)的输出功率(output power)和 ISO2 的 TAP 端口输出的主放大器回光功率(backward power)。当主放大器泵浦功率加至 3 kW 时,激光系统的输出功率为 2.42 kW,对应的光 - 光转换效率(转换效率)约为 80.4%。当输出功率最高时,主放大器回光功率为 0.93 W,反射率约为 0.038%,这意味着 SBS 效应并未发生。当激光器达到最高输出功率时,输出激光的光束质量因子(M^2)约为 1.2,其光场分布如图 3-9(a)的插图所示。图 3-9(b)所示为激光系统(图 3-7)的输出光谱。满功率时,激光从二级预放大器输出的 3 dB 线宽从约 28 GHz 展宽至约 96 GHz。正是由于在激光功率放大过程中,光谱发生了明显的展宽,所以 SBS 阈值得到了提高[15]。如图 3-9(b)的插图所示,RSW 强度抑制比高达约 33 dB,实现了对 SRS 效应的强抑制。

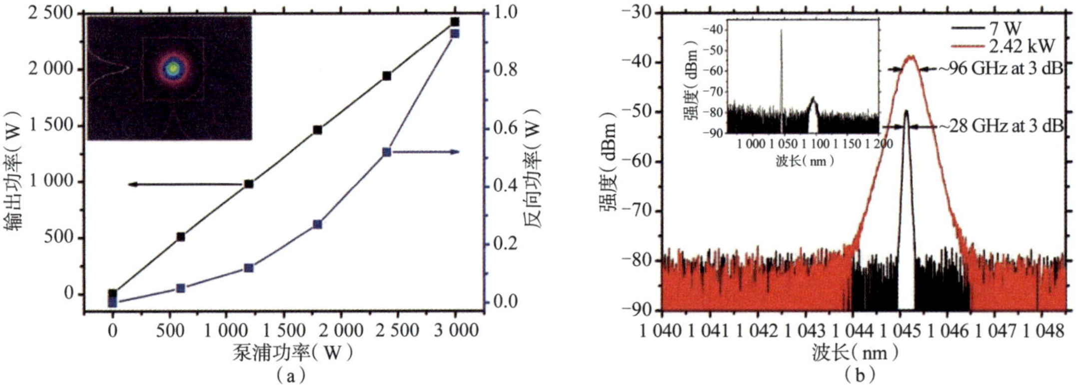

图 3-9　激光系统的测试功率、光场及光谱数据

上述工作从理论建模出发,研究了短波长、高功率、窄线宽 YDF 激光器中 SRS 效应与 ASE 的共同作用,并基于理论计算结果,通过优化激光系统的结构参数在一定程度上实现了对非线性效应的抑制,首次在 1 040~1 049 nm 波段获得了高达 2.42 kW 的窄线宽单模光纤激光的输出[15]。

(2)8 kW 高亮度全光纤激光系统

如前所述,美国 IPG 光子公司在 2009 年完成了“单纤万瓦”这一 FOL 发展史上里程碑式的壮举。然而,此时半导体激光泵浦源的功率和亮度都较低,不足以产生万瓦级的高功率光纤激光。因此,为了提高泵浦光的亮度,人类历史上首台单纤万瓦级光纤激光系统采用了同带泵浦的技术方案,即由若干台约 300 W 的 1 018 nm 的 FOL(SM fiber laser)组成泵浦源,其结构如图 3-10 所示[18]。同带泵浦方案具有泵浦光亮度高、量子亏损小、热累积少等优点,有益于高功率、高亮度 FOL 的实现。然而,采用同带泵浦方案也极大地提高了系统的复杂度,不仅增大了 FOL 的成本、体积和质量,还降低了 FOL 的环境稳定性,增加了系统的维护难度。此外,由于同带泵浦源一般为半导体激光泵浦的 FOL,因此激光系统的电光效率不可避免地被降低。更为不利的是,由于 YDF 对同带泵浦光的吸收系数相对较低,因此激光系统必须采用大芯径/包层比的 YDF,还必须增加光纤长度,以提高其对同带泵浦光的总吸收,这将不可避免地劣化激光光束质量,并增加光纤中的非线性效应的增益。因此,对于万瓦级光纤激光系统,半导体激光泵浦源依然是最佳选择[19]。

2017 年,在“十二五”国家高技术研究发展计划(863 计划)的支持下,笔者所在课题组基于 MOPA 结构,采用高亮度半导体激光泵浦源,研制出国内首台单纤万瓦级 FOL,其光路结构如图 3-11 所示[19]。该激光系统由 1 个基于 20/400 μm 大模场光纤(NA≈0.06)的千瓦级光纤激光振荡器种子激光源和一级基于 50/800 μm 大模场光纤(NA≈0.06)的光纤放大器组成。种子激光源输出功率约为 1 kW。此激光系统各器件之间采用光纤熔接的方式连接,形成全光纤结构,且各熔接点都用低折射率涂覆树脂进行再涂覆。该激光系统采用水冷方式冷却，维持其中的增益光纤、泵浦源、关键熔接点及其他光纤器件等的高功率安全运转。

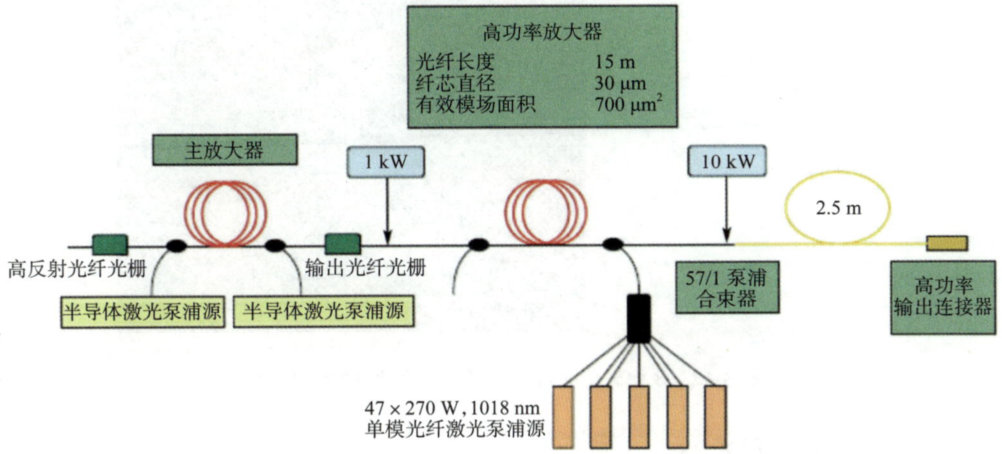

图 3-10　同带泵浦万瓦级光纤激光系统结构示意图

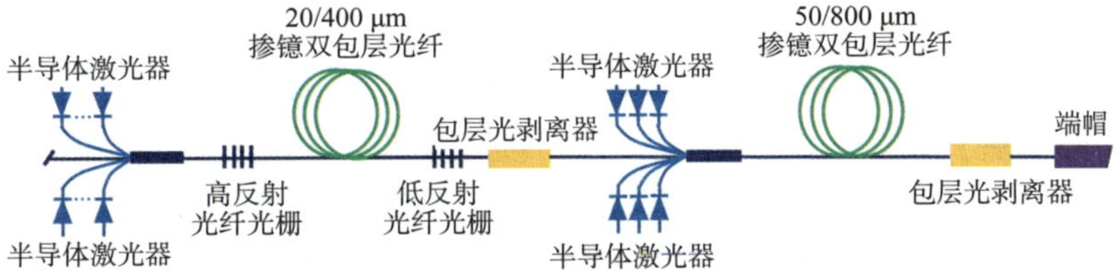

图 3-11　基于半导体激光泵浦源的单纤 8 kW 的 FOL 结构

图 3-12 所示为单纤 8 kW 全光纤激光系统的主要性能参数。当放大器泵浦功率加至约 8.73 kW 时，该激光系统实现了 8.05 kW 的光纤激光输出，放大器的转换效率约为 83%，激光中心波长为 1 080 nm，3 dB 线宽约为 1.85 nm，测得的光束质量因子 $M^2 \approx 4$。该系统也是国际上首次采用半导体激光泵浦源实现的全光纤万瓦级激光系统。

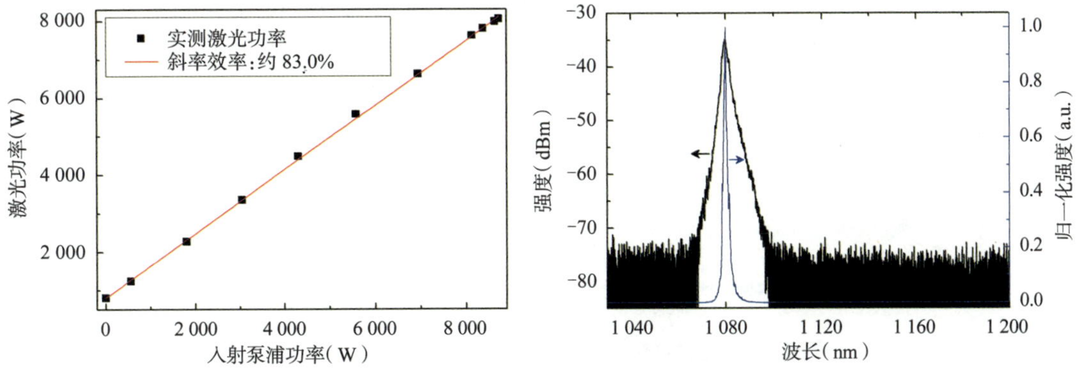

图 3-12　8 kW 全光纤激光系统的测试数据

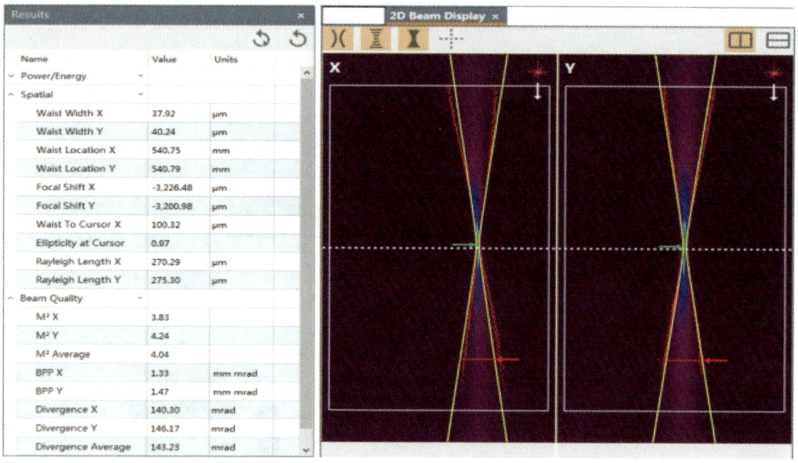

图 3-12　8 kW 全光纤激光系统的测试数据（续）

3.1.2　高性能单频光纤激光器

（1）全石英单频光纤激光器

单频 FOL 因低噪声、窄线宽及由此具有的长相干长度等特点，在相干光通信、激光雷达、高分辨光谱分析和引力波探测等领域有广泛的应用前景，近年来已成为激光技术领域的研究热点 [20]。笔者所在课题组提出了基于商用高增益有源石英光纤实现单频光纤振荡器的技术方案，构建了覆盖 FOL 领域主要波段（1、1.5 和 2 μm）的全石英单频 FOL，该研究方案有效提升了单频 FOL 的力学强度和工作稳定性，为推动单频 FOL 的商业化和可及性提供了新的思路。

Ⅰ. 线形腔全石英单频光纤激光器

从激光器的腔型结构来看，单频 FOL 的实现方式可分为环形腔和线形腔两种。相比于环形腔，线形腔激光器的实现较为简单，其中分布布拉格反射（Distributed Bragg Reflector，DBR）型单频 FOL 凭借紧凑的结构、稳定的单纵模运转特性，得到了更加广泛的研究与应用。

DBR 型单频 FOL 的结构如图 3-13 所示，激光谐振腔由一对光纤光栅之间熔接 1~2 cm 长的稀土掺杂光纤构成。通过输入端的波分复用器（Wavelength Division Multiplexer，WDM）将泵浦光耦合到腔内，在输出端通过保偏 WDM（PM WDM）滤除剩余泵浦光（residual pump），得到信号光输出。这种短腔结构能够保证激光器具有较大的纵模间距，从而在光纤光栅的窄带滤波作用下实现激光器的单纵模运转。

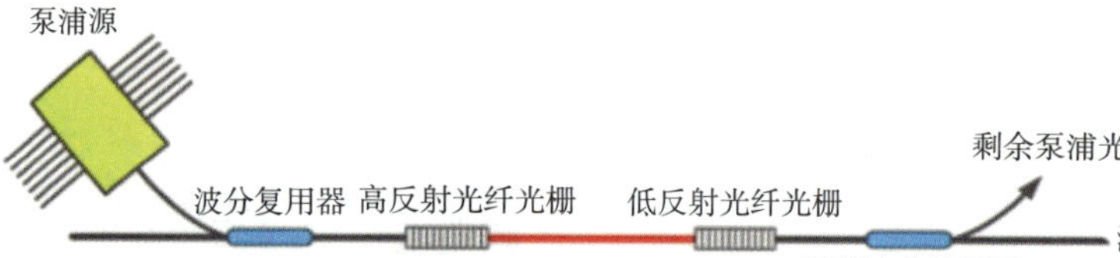

图 3-13　DBR 型单频 FOL 结构

随着石英材料及光纤制造技术的发展，商用的稀土掺杂石英光纤的增益系数逐渐提高，应用这类基于石英有源光纤研制的全石英单频光纤激光系统将极富竞争力。笔者所在课题组系统研究了基于稀土掺杂石英光纤的 DBR 型单频 FOL；利用商用的掺 Nd^{3+}、Yb^{3+}、Er^{3+}/Yb^{3+} 和 Tm^{3+} 石英光纤，实现了 DBR 型 FOL 在 3 个主要研究波段（1、1.5 和 2 μm）有效的单频运转；在实验中，对各波段单频 FOL 的输出特性，包括输出功率、激光线宽和相对噪声等参数进行了系统分析和讨论[21]。

Ⅰ）基于掺 Nd^{3+} 石英光纤的 930 nm DBR 型单频 FOL

发射光谱在 900~1 000 nm 的 FOL，因其在倍频产生蓝光方面的应用而引起了人们的极大兴趣。三能级掺 Nd^{3+} 石英光纤激光器可以在 900~945 nm 光谱范围内产生相干发射，可用于倍频以获得纯蓝光。因此，笔者所在课题组对基于掺 Nd^{3+} 石英光纤的 930 nm 单频 FOL 进行了研究。根据已有报道，这是首个在短波红外（<945 nm）波段工作的 DBR 型单频掺 Nd^{3+} 石英光纤激光器。该激光器可作为窄线宽光纤放大器的种子激光源，以实现高功率单频激光器；也可用于非线性频率变换，以获得相干窄线宽纯蓝色激光源。

采用双包层保偏高掺 Nd^{3+} 石英光纤作为增益介质，利用 808 nm 的单模激光二极管对掺 Nd^{3+} 石英光纤进行泵浦，研究了不同长度的有源光纤的发射光谱特性。如图 3-14 所示，掺 Nd^{3+} 石英光纤（Nd-doped fiber）的主要发射峰位于 910、1 064、1 100 nm 附近，分别对应三能级跃迁（$^4F_{3/2}\rightarrow{}^4I_{9/2}$）和准四能级跃迁（$^4F_{3/2}\rightarrow{}^4I_{11/2}$）。当有源光纤长度逐渐增加时，泵浦强度沿光纤长度方向逐渐减弱，在 910 nm 处的发射逐渐降低，并由于短波处的重吸收导致发射峰开始向长波方向移动。掺 Nd^{3+} 石英光纤的这一特性有利于用短直腔实现波长 <945 nm 的单频 FOL。

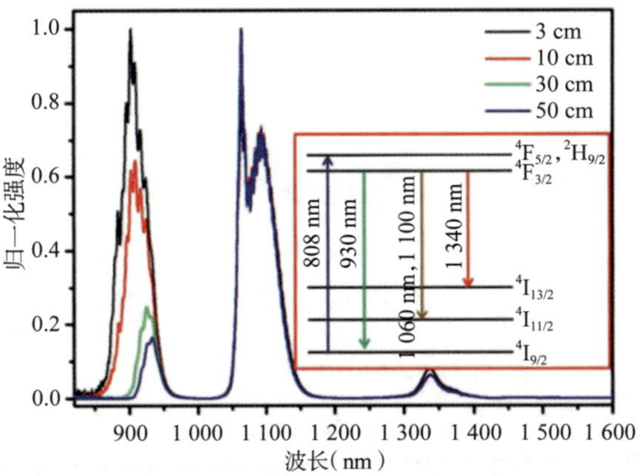

图 3-14　在 125 mW 的 808 nm 激光泵浦条件下，不同长度的掺 Nd^{3+} 石英光纤的发射光谱特性

在基于掺 Nd^{3+} 石英光纤的单频光纤激光系统中，一对中心波长为 930 nm 的光纤光栅与掺杂光纤熔接形成谐振腔。其中，高反射光栅被写于非保偏的石英光纤（HI-780 光纤），反射率达 99.99%，反射带宽为 0.3 nm；部分反射光栅被写于保偏光纤，反射率为 90%，3 dB 带宽为 0.02 nm。保偏光纤的双折射特性使部分反射光栅具有 2 个不同的反射波长，但其中只有 1 个波长落在高反射光栅的反射带中，因而激光器的输出具有偏振特性。考虑到光栅栅区的长度以及部分反射光栅的反射带宽，为实现激光器的稳定单纵模运转，实验选取了长度为 2.5 cm 的掺 Nd^{3+} 石英光纤作为增益介质。激光器的纵模运转特性通过扫描法布里-珀罗（Fabry-Pérot，F-P）干涉仪测得。如图 3-15 所示，激光器实现了稳定的单纵模运转，在 1 h 的模式监测中，未出现跳模或模式竞争现象。用光谱分析仪（AQ6375，日本 Yokogawa）测得的该激光器的输出谱如图 3-16 所示，激光的中心波长位于 929.77 nm，考虑到 1 100 nm 附近的 ASE，该 930 nm 掺 Nd^{3+} 石英光纤激光器的信噪比为 40 dB。

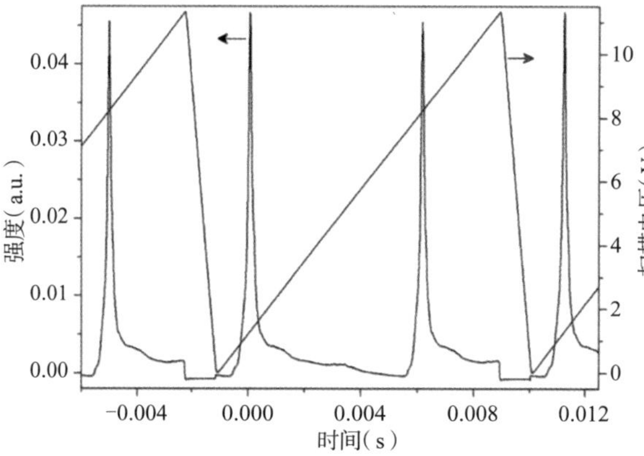

图 3-15 扫描 F-P 干涉仪测得的单频掺 Nd^{3+} 石英光纤激光器的纵模特性

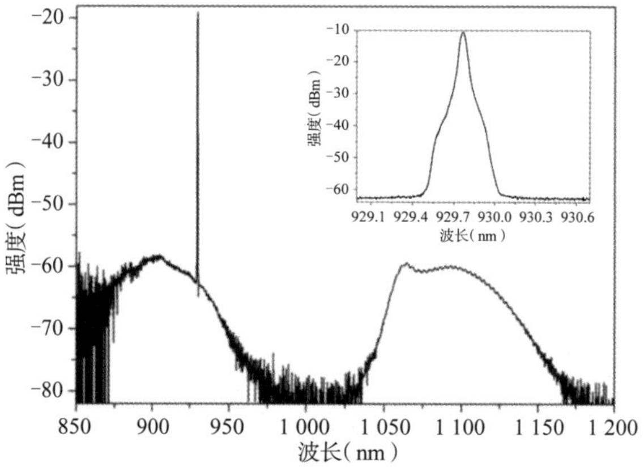

图 3-16 单频掺 Nd^{3+} 石英光纤激光器的输出光谱

使用热敏功率探测器(Newport，818P-001-12)测得的单频掺 Nd^{3+} 石英光纤激光器的输出功率如图 3-17 所示。该激光器的泵浦功率阈值为 35 mW，在注入泵浦功率(launched pump power)为 125 mW 时，获得最大的输出功率为 1.9 mW。考虑到剩余的泵浦功率、WDM 插损和熔接损耗，得到激光输出功率与吸收泵浦功率(absorbed pump power)的关系，此时激光的斜率效率为 2.9%。较低的转换效率主要是由于 930 nm 附近的激光属于三能级激光，与 1 060 nm 附近的准四能级激光相比发射难度较大，需要更高的泵浦光亮度及光纤增益。实验同时对激光输出功率的稳定性进行了监测，如图 3-17 的插图中所示，激光器在 1 h 内的功率抖动约为 1.5%。

通过搭建一套延迟自外差(Delayed Self-Heterodyne Interferometer，DSHI)测量系统，测得了单频掺 Nd^{3+} 石英光纤激光器的线宽。图 3-18 所示为该激光器在输出功率为 1.8 mW 时的外差信号，通过洛伦兹(Lorentz)线性拟合得到激光器的线宽为 44 kHz。

Ⅱ)基于掺 Yb^{3+} 石英光纤的 980 nm DBR 型单频 FOL

因具有窄线宽、低噪声特性，980 nm 单频 FOL 可作为高质量的泵浦源，用于实现掺镱(Yb^{3+})和掺铒(Er^{3+})FOL 的高效输出；同时，该 FOL 在单光子探测、非线性频率变换等领域也具有潜在的应用前景。实验使用 2 cm 长的商用高掺 Yb^{3+} 石英光纤作为增益介质。Yb^{3+} 在 980 nm 处的发射为三能级系统，需要将至少一半的掺杂粒子激发到激光上能级，因此采用 915 nm 单模激光器纤芯泵浦方式提高泵浦强度。在激光谐振腔中，高反射光栅的反射率为 99.9%。考虑到激光器起振及激光功率的有效提取，选择反射率为 70% 的光纤光栅作为输出耦合器件。该光栅的反射带宽控制在 <0.05 nm，从而保证 2.5 cm 的腔长能够实现稳定的单纵模运转。此外，全石英光纤结构使整个激光器的熔接损耗低于 0.01 dB。

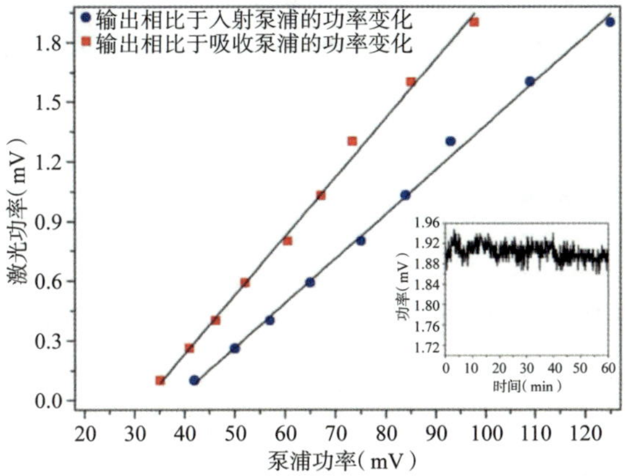

图 3-17　激光器输出功率与注入泵浦功率及吸收泵浦功率的关系

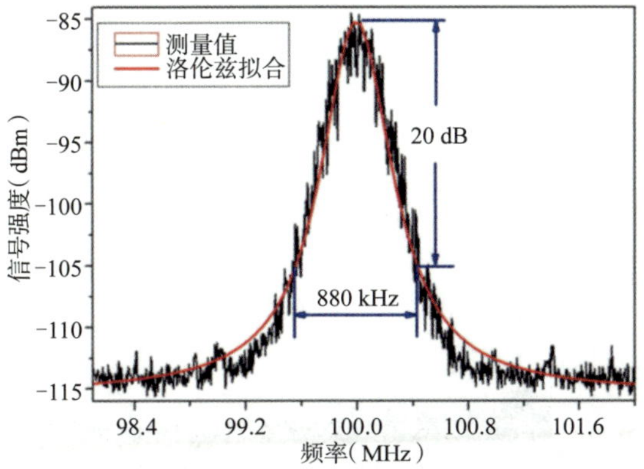

图 3-18　单频掺 Nd^{3+} 石英光纤激光器输出功率为 1.8 mW 时的外差信号

激光器的输出功率随泵浦功率的变化如图 3-19 所示，泵浦功率阈值接近 17 mW，低于文献 [22] 报道的单频高掺 Yb^{3+} 磷酸盐 FOL 的 45 mW 激光阈值。这得益于全石英光纤结构的低熔接损耗，特别是有源光纤和光纤光栅的熔接焊点的损耗很低。实验测得该激光器在阈值处的泵浦吸收为 3.6 dB。当注入泵浦功率为 150 mW 时，激光器的输出功率达 25 mW，相对于注入泵浦功率的斜率效率约为 16.7%。激光器在 980 nm 附近的发射效率与掺 Yb^{3+} 石英光纤本身的参数有关，可以通过优化光纤的掺杂浓度、纤芯结构和光纤长度等参数，进一步提高激光器的效率。

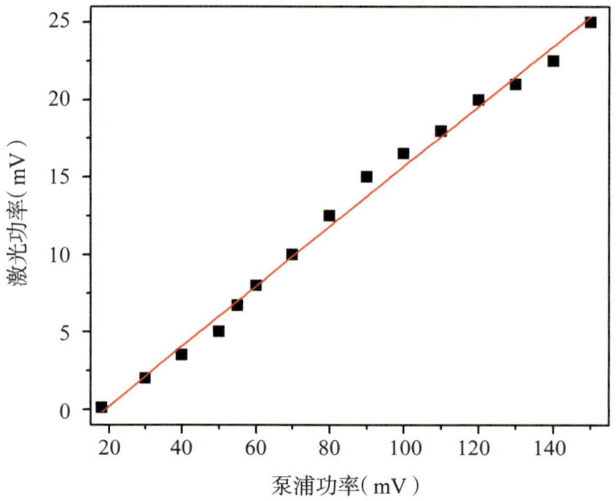

图 3-19　978 nm 单频 FOL 的输出功率与泵浦功率的关系

图 3-20 所示为 978 mm 单频 FOL 的输出光谱，可以看出应用较短的掺杂光纤可有效避免长波方向 1 030 nm 附近的自发辐射或寄生激射的产生，980 nm 单频激光的信噪比达 45 dB。图 3-20(a)所示为光谱仪的分辨率为 0.02 nm 的激光光谱，激光中心波长为 978.1 nm。激光器运转时的纵模特性由自制的光纤 F-P 干涉仪测得。如图 3-20(b)所示，在一个自由光谱范围内存在的单一透射峰，证实 FOL 以单纵模运转，更精细的线宽测量受限于 F-P 干涉仪 12.7 MHz 的分辨带宽。

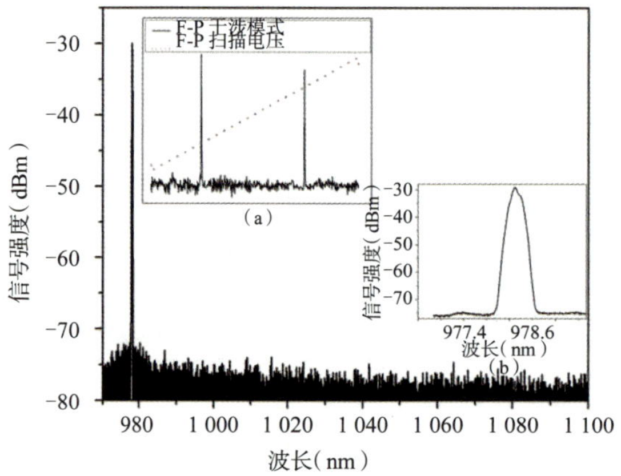

图 3-20　978 nm 单频 FOL 的输出光谱

(a)分辨率为 0.02 nm 的光谱图；(b)F-P 干涉仪测得的激光器纵模特性

Ⅲ)基于掺 Yb^{3+} 石英光纤的 1 064 nm DBR 型单频 FOL

在众多稀土掺杂型 FOL 中，掺 Yb^{3+} 石英光纤激光器获得了最高的能量提取效率和输出功率 [1]。Yb^{3+} 在 $^2F_{5/2}$~$^2F_{7/2}$ 能级之间的能量转换能够产生 970~1 200 nm 的宽光谱发射。除在 980 nm 处，激光可在更长的波段内运转，由于掺 Yb^{3+} 石英光纤激光器具有较低的量子亏损、较高的功率输出而受到更广泛的关注。因此，实验研究了基于掺 Yb^{3+} 石英光纤的 1 064 nm 单频 FOL。

实验使用的掺杂光纤为 CorActive 公司的 Yb406 型光纤，该光纤在 915 nm 处的吸收系数为 600 dB/m，数值孔径为 0.16。激光谐振腔由一段 2 cm 长的掺 Yb^{3+} 石英光纤熔接在一对中心波长为 1 064 nm 的光栅对之间构成。其中，高反射光栅的反射率为 99.9%，反射带宽为 0.3 nm；部分反射光栅的反射率为 60%，反射带宽控制在 0.05 nm。单模 976 nm 泵浦源的输出经 976/1 064 nm WDM 耦合进激光器中。

1 064 nm 激光器的输出功率与注入泵浦功率的关系如图 3-21 所示。激光器的泵浦功率阈值为 8 mW。输出功率随着泵浦功率的增强而逐渐提高，当注入泵浦功率为 230 mW 时，激光输出功率为 32 mW，斜率效率为 15%。图 3-22 所示为分辨率为 0.02 nm 的激光器输出光谱，激光中心波长为 1 064.1 nm，信噪比大于 60 dB。商用扫描 F-P 干涉仪测试该掺 Yb^{3+} 石英光纤激光器的单纵模运转特性，扫描干涉截图如图 3-23 所示。与文献 [23] 报道的单频掺 Yb^{3+} 石英光纤激光器相比，该 1 064 nm 单频激光器具有较低的激光阈值和高出一倍的斜率效率。这得益于实验中各熔接点的质量较好及对整个激光谐振腔进行的实时温度控制，这两点有助于获得稳定的激光运转。

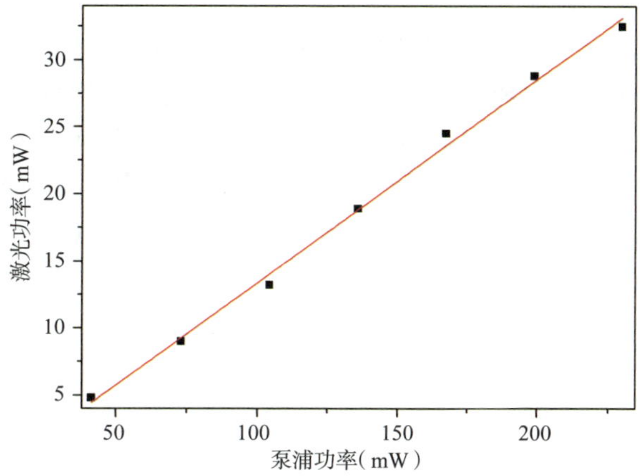

图 3-21　1 064 nm 单频 FOL 的输出功率与注入泵浦功率的关系

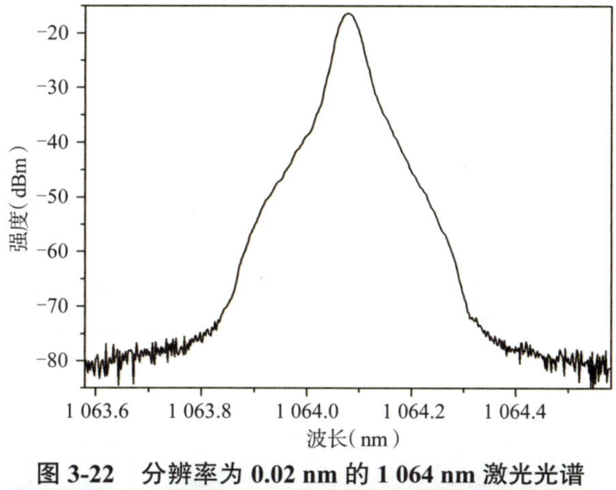

图 3-22　分辨率为 0.02 nm 的 1 064 nm 激光光谱

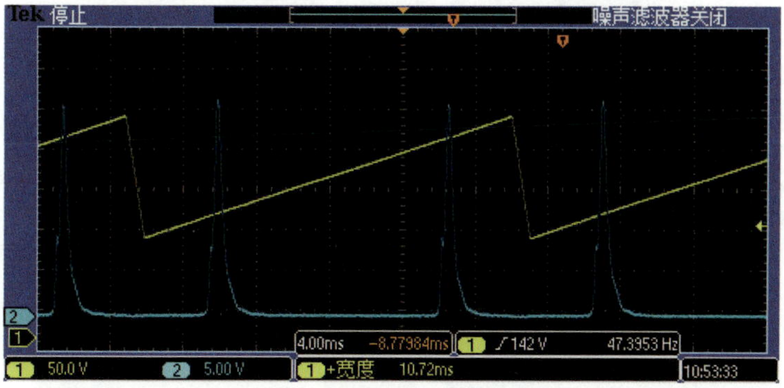

图 3-23　扫描 F-P 干涉仪测得的激光器单纵模运转特性

Ⅳ)基于 Er^{3+}/Yb^{3+} 共掺石英光纤的 1 550 nm DBR 型单频 FOL

1 550 nm 单频 FOL 的谐振腔由一段商用 Er^{3+}/Yb^{3+} 共掺石英光纤熔接在一对窄带宽光纤光栅对之间构成。有源光纤(PM-EYDF-12/130-HE,美国 Nufern 公司)在 915 nm 处的包层吸收系数为 3.3 dB/m。作为输出耦合器的部分反射光栅的反射率为 85%,反射带宽小于 0.05 nm。较高的光栅反射率不仅是为了保证激光器的正常谐振,同时能够提取出一定的激光功率。为控制激光谐振腔的长度以保证单纵模运转,光纤光栅的尾纤在熔入谐振腔前需切至栅区附近。实验中,有源光纤的长度为 2 cm,并由一单模 976 nm 半导体激光器泵浦激发。在进行激光输出特性测试前,必须对激光器整体进行集成封装,并进行温度控制。

图 3-24 所示为 1 550 nm 单频 FOL 的输出功率与注入泵浦功率的关系。激光器的注入泵浦功率阈值在 105 mW 附近,在注入泵浦功率为 350 mW 时获得的输出功率为 6.5 mW。相对于注入泵浦功率,激光器的斜率效率仅为 2.7%。较低的转换效率是由于石英光纤中 Er^{3+} 的掺杂浓度有限,且激光器中有源光纤长度较短, Yb^{3+} 与 Er^{3+} 之间未能实现有效的能量转换。激光器在输出功率为 6.5 mW 时的光谱如图 3-25 所示,激光中心波长位于 1 549.85 nm 处,未产生 1 μm 及 1 530 nm 处的 ASE,激光的信噪比大于 60 dB。

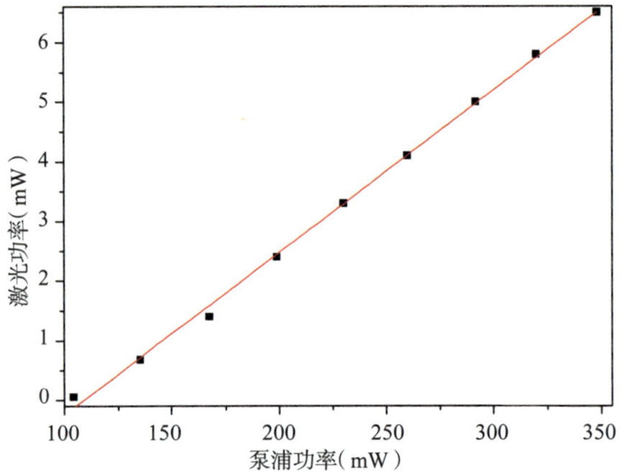

图 3-24　Er^{3+}/Yb^{3+} 共掺单频 FOL 的输出功率与注入泵浦功率的关系

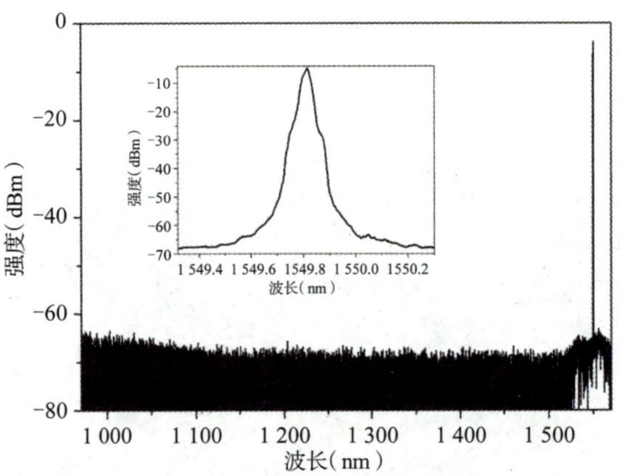

图 3-25　Er^{3+}/Yb^{3+} 共掺单频 FOL 的输出光谱

该 Er^{3+}/Yb^{3+} 共掺 1 550 nm 单频 FOL 的线宽由 DSHI 法测得，测试系统的延迟光纤为 50 km 的单模光纤（SMF-28，美国 Corning 公司），从而使该外差测量系统的线宽分辨率达 4 kHz。实验测得的外差信号如图 3-26 所示，20 dB 线宽为 143 kHz，对应激光器的 Lorentz 线宽为 7 kHz，这意味着该单频 FOL 的相干距离高达 75 km。图 3-27 所示为实验测得的激光器的相对强度噪声，激光弛豫振荡频率位于 200 kHz 附近，强度为 −118 dB/Hz。随着频率逐渐升高，噪声强度逐渐降低，高频处的强度趋于 −150 dB/Hz，接近背景散粒噪声。总体来看，该 1 550 nm 单频 FOL 具有长相干距离、低噪声等优点，是可应用于相干光通信、多普勒雷达和高分辨光谱分析等领域的优质光源。

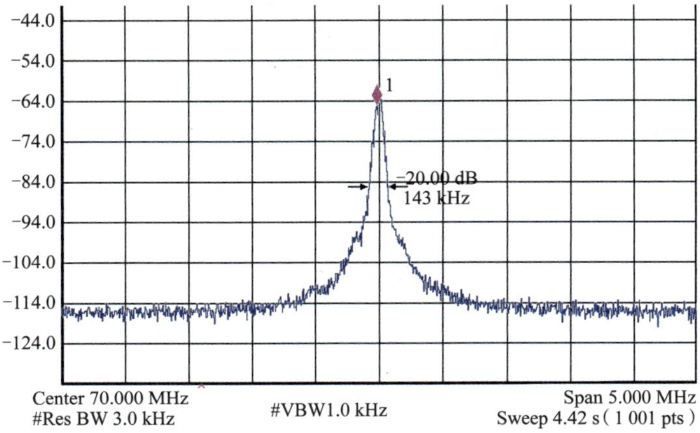

图 3-26　DSHI 法测得的 1 550 nm 单频 FOL 的线宽

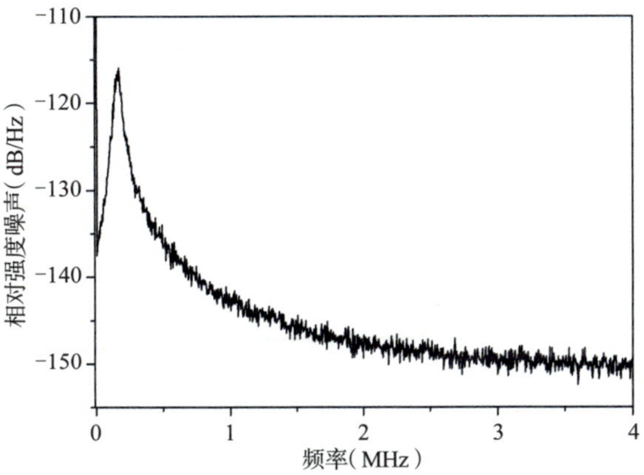

图 3-27　激光器在输出功率为 6.5 mW 时的相对强度噪声

Ⅴ）基于掺 Tm^{3+} 石英光纤的 1 920 nm DBR 型单频 FOL

由于液态水、温室气体和一些化合物在 2 μm 左右具有良好的吸收特性，研究者对该波段的单频 FOL 在大气传感、自由空间光通信和高分辨率光谱学领域中的应用开展了广泛的研究。

笔者研究了 1 570 nm 泵浦的 DBR 型单频掺 Tm^{3+} 石英光纤激光器的输出特性 [24]。实验采用的掺 Tm^{3+} 光纤为 Nufern 公司的 PM-TDF-10P/130-HE 型光纤，高反射光栅写于非保偏单模光纤（SMF-28，美国 Corning 公司），反射率为 99.9%，反射带宽为 0.28 nm，部分反射光栅写于保偏光纤（PM-1550，美国 Nufern 公司），综合考虑热管理问题、单纵模和噪声特性等方面，确定部分反射光栅的反射率为 50%，以实现中等斜率效率和激光阈值。作为光谱滤波器，部分反射光栅的反射带宽要窄得多（小于 0.05 nm）。为实现稳定的单纵模运行，确定有源光纤的长度为 1.8 cm，能够得到稳定的单纵模运转。其输出功率曲线如图 3-28 所示；扫描干涉仪测得的纵模特性如图 3-29 所示。由于全光纤结构具有较低的拼接损耗与背景损耗，该激光系统的泵浦功率阈值仅为 250 mW，在 1 300 mW 的注入泵浦功率下，最高输出功率可达 50 mW。

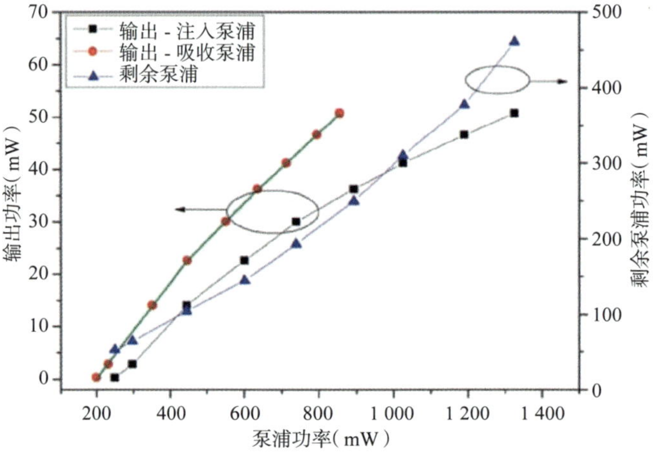

图 3-28　激光器输出功率与注入 / 吸收泵浦功率、剩余泵浦功率的关系

采用光谱仪测量了输出功率为 50 mW 时的光谱如图 3-29 所示，激光器输出的中心波长为 1 920 nm，当考虑波长较长的 ASE 时，信噪比 >65 dB。图 3-29 中的插图所示为用 F-P 干涉仪测量的自由光谱区（Free Spectral Range，FSR）内的扫描光谱。采用 DSHI 法，在 50 mW 激光输出功率下，用 10 km 延迟光纤（SMF-28，美国 Corning 公司）测量了 DBR 型单频掺 Tm^{3+} 石英光纤激光器的线宽，如图 3-30 中的外差信号所示，激光线宽为 36 kHz。此外，由于合理的激光谐振腔热管理和 1 570 nm 泵浦源优越的噪声特性，激光系统在整个泵浦功率范围内没有发生明显的线宽展宽。用电子频谱分析仪（Electronic Spectrum Analyzer，ESA）测量了 1 920 nm 单频全光纤激光器的相对强度噪声（Relative Intensity Noise，RIN）如图 3-31 所示，在 470 kHz 频率处为弛豫振荡峰，噪声强度约为 −112 dB/Hz，1 570 nm FOL 在波长和强度稳定方面的良好性能使系统在弛豫振荡频率处实现了较低的噪声强度。

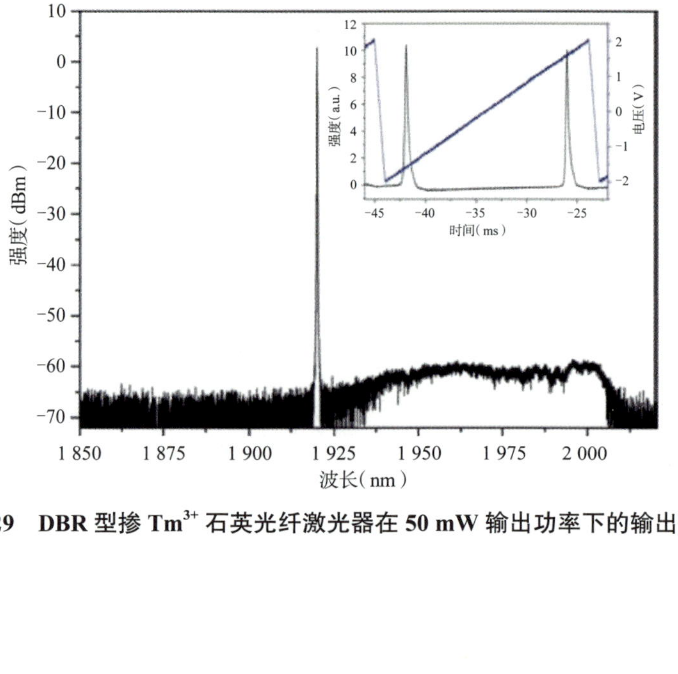

图 3-29　DBR 型掺 Tm^{3+} 石英光纤激光器在 50 mW 输出功率下的输出光谱

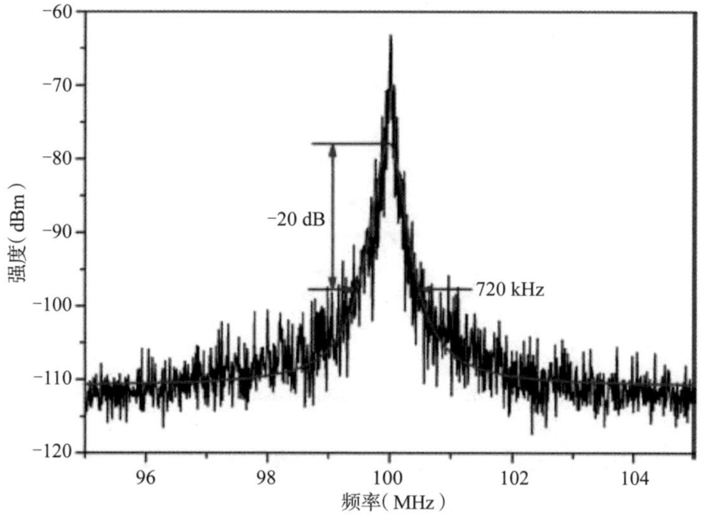

图 3-30　单频 FOL 在输出功率为 50 mW 时的外差信号

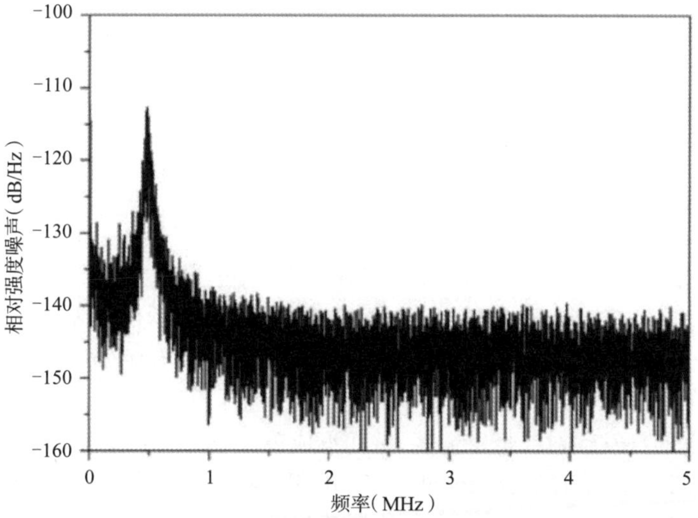

图 3-31　1 570 nm FOL 泵浦的 2 μm 单频 FOL 的相对强度噪声

在用 1 570 nm FOL 作为高功率泵浦源的情况下,单频掺 Tm^{3+} 石英光纤激光器的输出功率超过 50 mW,而对泵浦功率的利用相对不足。如图 3-28 所示,泵浦功率剩余超过 25%,并且该比率随着注入泵浦功率的增强而增大。为了充分利用泵浦功率,在 DBR 激光谐振腔后直接拼接另一掺 Tm^{3+} 石英光纤,作为增益光纤。在实验中,选择 15 cm 长的增益光纤,以实现足够的泵浦吸收和有效的功率放大。测量激光器的输出功率和剩余泵浦功率,如图 3-32 所示。首先,输出功率随注入泵浦功率线性增大,即输出主要由 DBR 激光谐振腔产生。当注入泵浦功率持续增大时,由于 DBR 腔后 15 cm 长的掺 Tm^{3+} 石英光纤的放大,输出功率大大增加。当注入泵浦功率增大到 1 500 mW 时,系统获得了超过 120 mW 的输出功率。然而,随着注入泵浦功率的进一步增大,可以观察到输出功率的下降,这是在高注入泵浦功率下 DBR 激光谐振腔内温度诱导的模式跳跃引起的。因此,为了在稳定的单纵模运行状态下实现高功率运行,振荡腔中的有源光纤和光纤光栅应保持良好的温度。至于剩余泵浦功率(图 3-32),在整个注入泵浦功率范围内,仅测量到 3 mW 的最大值,这表明 DBR 腔的剩余泵浦功率已被另外拼接的增益光纤有效吸收。

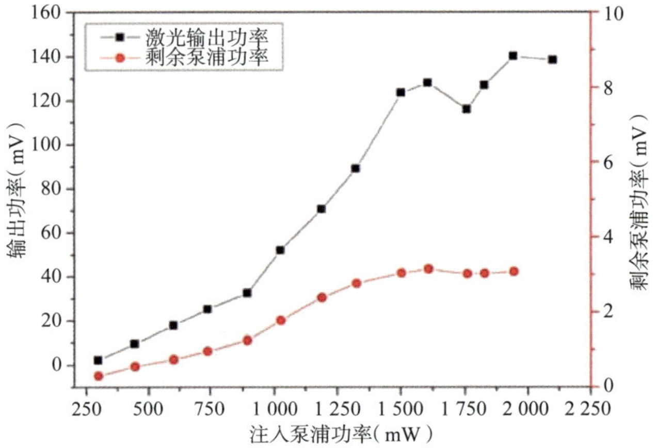

图 3-32　激光输出功率、剩余泵浦功率与注入泵浦功率的关系

本节对基于稀土掺杂石英光纤的 DBR 型单频 FOL 进行系统研究，利用商用掺 Nd^{3+}、Yb^{3+}、Er^{3+}/Yb^{3+}、Tm^{3+} 石英光纤实现了 FOL 在 3 个主要激光波段的单频运转。实验中，对各单频 FOL 的单纵模运转特性进行了分析，测得了激光器的输出功率、光谱、线宽、噪声等信息，从而在实验上验证了商用稀土掺杂石英光纤能够作为有效的激光增益介质实现 DBR 型单频 FOL。基于全石英光纤的单频 FOL 具有系统损耗低、力学强度高、结构紧凑等优势，使其成为单频激光器中的有力竞争者，可应用于激光雷达、相干光通信和激光非线性频率变换等领域。

Ⅱ. 环形腔全石英单频光纤激光器

Ⅰ)环形腔基本结构及选频方案

环形腔 FOL 是实现单频激光输出的另一有效方案。如图 3-33 所示，典型的环形腔 FOL 通常包含泵浦耦合器件、稀土掺杂有源光纤、激光输出器件、选模滤波器件和隔离器。其中，泵浦耦合器件通常为 WDM 或合束器(combiner)，用于将泵浦激光耦合注入有源光纤并提供激光增益，由于玻璃光纤中稀土离子的发射带较宽，需进一步借助选模滤波器(filter)确定激光波长，同时抑制稀土离子发射带内其余波段的自发辐射或寄生振荡，从而形成单一波长激光振荡。激光输出器件通常为具有特定分光比的 1×2 型光纤耦合器(coupler)，一端用于将腔内部分激光耦合至腔外输出，剩余部分激光通过耦合器的另一端再次返回谐振腔，提供正反馈以维持激光振荡。由于激光在有源光纤中的产生无方向性，故需在谐振腔内放置隔离器(isolator)限制激光的单向传输。根据激光的传输方向，环形腔 FOL 有 3 种常用的泵浦方式：正向泵浦、反向泵浦及双端泵浦。

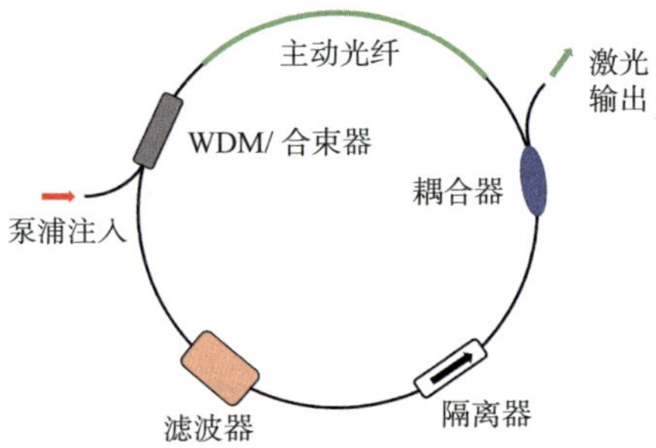

图 3-33　环形腔 FOL 的典型结构

相较于常规基于短腔结构的线形腔单频 FOL，环形腔激光器中单频的实现不受限于腔长，因而可兼容较长的增益光纤对泵浦吸收和激光增益等参数进行优化，有效解决线形短腔单频 FOL 中泵浦吸收不足导致的激光输出功率低下的问题，因此在高功率、高效率单频激光输出方面更具潜力，这也是环形腔结构相较于线形短腔单频 FOL 最为突出的优势。此外，由于环形腔属于单向行波腔，不存在空间烧孔效应，输出激光的线宽更窄。然而，环形腔 FOL 所需器件多、结构较为复杂且腔长较长（一般为 10 m 量级，对应的纵模间隔为几十兆赫）。如此长的腔长使谐振腔内纵模分布十分密集，加之目前商用 FBG 的滤波带宽通常为 GHz 量级，远大于常规环形腔激光器的纵模间隔，因此环形腔 FOL 在自由运转条件下通常处于多纵模输出状态，单频激光运转的实现需进一步辅以额外的精细选频措施。目前，环形腔 FOL 中单纵模的选择多基于以下两种方法：①可饱和吸收体法；②复合腔法（也称多腔体法）。下面针对这两种方法的选频机理分别进行介绍。

一是可饱和吸收体法。在 FOL 中，通常选择一段未泵浦的稀土掺杂光纤作为饱和吸收体，其选频过程如图 3-34 所示。在饱和吸收体末端连接反射镜或 FBG，这样在饱和吸收体内部存在两束相向传输的激光，形成驻波干涉，使光强沿饱和吸收体轴向方向呈周期性变化。稀土离子对信号光表现为饱和吸收作用：在光强较强处（驻波波节处）吸收达饱和，吸收系数下降；在光强较弱处（驻波波腹处）吸收较强。驻波场对饱和吸收体的漂白作用使其对中心频率的纵模有极低的损耗，但波节等未经充分漂白处则对其他频率的纵模仍有明显的吸收损耗。这样，中心纵模与边模的净增益就产生了明显的差异。此外。根据克拉默斯 - 克勒尼希（Kramers-Kroning）关系，信号光吸收系数的变化会对饱和吸收体轴向折射率分布产生周期性调制，该过程等同于在饱和吸收体内部形成一种自写入布拉格光栅，其中心波长对应于谐振腔内信号光的波长，带宽通常为几十兆赫，与环形腔内纵模间隔相当。因此，可利用此自写入布拉格光栅进行精细选模滤波，从而实现激光单频振荡。

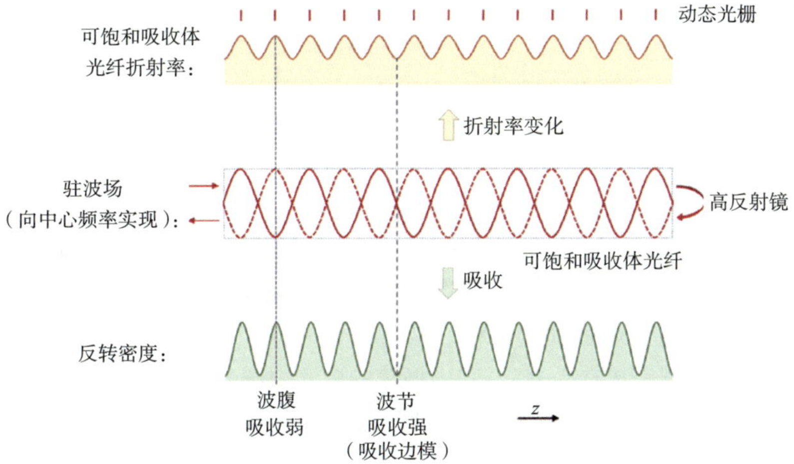

图 3-34　基于稀土掺杂光纤作为饱和吸收体的选频原理

二是复合腔法。对于任一谐振腔，存在确定的谐振条件，该谐振条件与谐振腔的腔长密切相关。复合腔法即在环形主腔的基础上级联多个次级子腔（通常由 50/50 光纤耦合器的两端熔接制成），各子腔的腔长不同，因此具有不同的谐振条件，只有同时满足所有子腔谐振条件的纵模，方能以低损耗形成振荡。从另一角度理解，即每个子腔对应的自由光谱范围（FSR）不同，根据游标效应，复合腔的有效 FSR 将是所有子腔单独纵模间隔的最小公倍数。通过合理设计各子腔的腔长，使用复合腔法可显著增大环形腔 FOL 的 FSR，此时进一步结合商用窄带 FBG 滤波，即可挑选出单一纵模，实现单频激光输出。

下面结合实际案例对上述两种方法的选频效果进行阐述。

Ⅱ)1.7 和 2.05 μm 环形腔单频 FOL

如前所述,环形腔 FOL 在高功率、高效率单频激光输出方面具有显著优势,该优势在偏离稀土离子发射峰的非常规波段更为突出。以掺铥 FOL 为例,石英基质中的铥离子的发射带可覆盖 1.65~2.1 μm,其发射峰位于 1.8~2 μm,而在 <1.75 μm 的短波长区域以及 >2.05 μm 的长波长区域,其发射截面骤减,加之较短的有源光纤提供的激光增益有限,以线性短腔结构构建此波段的单频 FOL 势必存在输出效率低的问题。目前,已报道的线形短腔结构的 1.7 μm 波段单频光纤振荡器的最高功率仅为 12 mW,而 2.05 μm 波段的最高功率仅为 60 mW,与常规的 1.8~2 μm 波段的百毫瓦输出相去甚远。即使采用高掺杂的磷酸盐、锗酸盐等软质玻璃基质的掺铥光纤作为增益介质,提升效果也不明显。而采用环形腔结构,可以通过优化有源光纤长度协调泵浦吸收与激光增益,从而为这种偏离稀土离子发射峰的非常规波段单频激光的功率拓展提供有效的解决方案。已有研究成功将 1.7 μm 波段及 2.05 μm 波段的单频光纤振荡器的输出功率分别提升至数瓦量级和百毫瓦量级。下面就 1.7 μm 波段及 2.05 μm 波段单频掺铥环形腔 FOL 的研究进展进行详细介绍。

第一,介绍基于复合腔结构的 1.7 μm 单频 FOL。

由于环形腔 FOL 中元件众多,谐振腔损耗较大,加之铥离子在 1.7 μm 波段表现为低增益、强吸收的特点,该波段的环形腔 FOL 的输出功率、效率均较低。若要基于环形腔结构实现高功率 1.7 μm 单频激光输出,必须对激光器的效率进行优化。首先,在理论层面对环形腔 FOL 的谐振腔设计及功率输出特性进行计算预测。当采用 1.55~1.6 μm 同带泵浦方案时,绝大部分铥离子跃迁仅局限于激光上下能级,交叉弛豫和激发态吸收过程极其微弱,因此可忽略其对粒子数分布的影响。此时,铥离子的速率方程可简化为

$$\frac{\partial N_1(z,t)}{\partial t} = W_{p01}N_0(z,t) + W_{s01}N_0(z,t) - W_{s10}N_1(z,t) - \frac{1}{\tau_{10}}N_1(z,t) \tag{3-6}$$

$$N_1(z,t) = N - N_0(z,t) \tag{3-7}$$

式中:下标 0 和 1 分别代表铥离子 $^3H_6$ 和 $^3F_4$ 能级;N_0 和 N_1 分别表示处于相应能级的铥离子数密度;N 为有源光纤中铥离子的掺杂浓度;τ_{10} 为 $^3F_4$ 能级的寿命;W_{p01} 和 W_{s01} 分别为泵浦光、信号光的吸收速率;W_{s10} 为信号光的受激发射速率。

图 3-35 所示为环形腔 FOL 的典型结构。激光器为正向泵浦结构,由环形器实现腔内信号光的单向传输,并结合光纤光栅完成选模滤波;腔内振荡的激光由耦合器部分输出,剩余返回腔内提供反馈。由于环形腔中信号光和泵浦光均为单向运转,因此只需考虑正向传输项,此时掺铥光纤中泵浦光和信号光功率的传输方程分别为

$$\frac{dP_p^{\pm}(z)}{dz} = \pm P_p^{\pm}(z)\left\{\Gamma_p\left[\sigma_e(\lambda_p)N_2(z) - \sigma_a(\lambda_p)N_1(z)\right] - \alpha_p\right\} \tag{3-8}$$

$$\frac{dP_s(z)}{dz} = P_s(z)\left\{\Gamma_s\left[\sigma_e(\lambda_s)N_2(z) - \sigma_a(\lambda_s)N_1(z)\right] - \alpha_s\right\} \tag{3-9}$$

式中:+ 和 − 分别代表光束的正向和反向传输,由于研究对象为环形腔结构的掺铥 FOL,因此光纤中只存在正向传播的信号光;α_s 和 α_p 分别为光纤在信号光和泵浦光波长处的本征吸收系数。

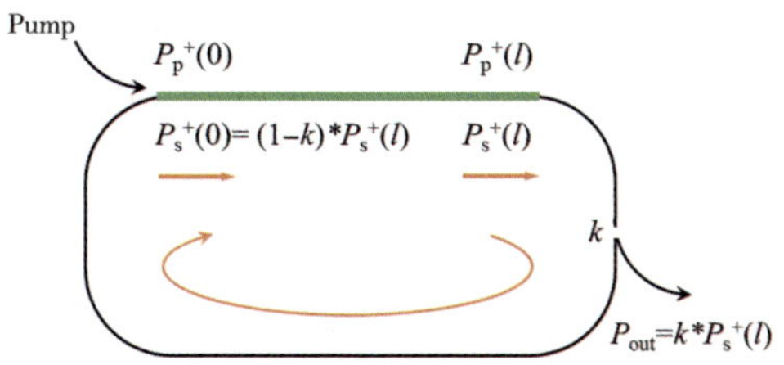

图 3-35　环形腔激光器中的泵浦光及信号光功率的演化过程

为建立完整的速率方程理论模型，除上述速率方程及功率传输方程外，腔内激光还需满足一系列边界条件：

$$\left.\begin{aligned}&P_p^+(0)=P\\&P_s(0)=(1-k)P_s(l)\end{aligned}\right\}\tag{3-10}$$

式中：P 为注入掺铥光纤中的初始泵浦光功率；l 为掺铥光纤长度；k 为耦合器的输出耦合比。

针对上述速率方程模型，基于有限差分法，并借助商用仿真计算软件 MATLAB 进行数值求解，计算过程用到的参数见表 3-1。

表 3-1　数值计算中使用的有关参数

物理量	符号	数值	物理量	符号	数值
泵浦光波长	λ_p	1 570 nm	信号光发射截面	$\sigma_e(\lambda_s)$	3.5×10^{-25} m^2
信号光波长	λ_s	1 720 nm	纤芯半径	a	4.5 μm
泵浦光填充因子	Γ_p	0.7	$^3F_4$ 能级寿命	τ_{10}	250 μs
信号光填充因子	Γ_s	0.7	Tm^{3+} 掺杂浓度	N	$1.37\times1\ 0^{25}$ m^3
泵浦光吸收截面	$\sigma_a(\lambda_p)$	2.5×10^{-25} m^2	普朗克常数	h	6.626×10^{-34} J·s
信号光吸收截面	$\sigma_a(\lambda_s)$	3.1×10^{-25} m^2	真空中光速	c	3×10^8 m/s

首先计算当泵浦功率为 6 W 时，在不同耦合输出比条件下，1 720 nm 激光的输出功率随掺铥光纤长度的变化关系，如图 3-36(a)所示。

当掺铥光纤的长度小于 0.5 m 时，由于短光纤提供的增益有限，所有耦合输出比的情况均无功率输出。随着掺铥光纤长度的增加，小耦合输出条件率先形成激光振荡。这是由于较小的耦合输出对应的腔损耗较低，因此对激光增益的要求较低。随后，激光输出功率随掺铥光纤的长度增加而急剧上升，并在 3 m 左右时达最大值。随着掺铥光纤长度的进一步增加，有限的泵浦功率在有源光纤的前半部分便已被吸收殆尽，在后半段光纤信号重吸收损耗占据主导，功率开始下降并逐渐消失。基于上述分析，可以初步确定最优的掺铥光纤长度为 3 m 左右，而最优的输出耦合比为 80%，如图 3-36(a)所示。

进一步固定掺铥光纤长度为 3 m，计算不同耦合输出比下的功率曲线。如图 3-36(b)所示，激光器阈值在 1 W 上下浮动，对于不同的耦合输出比，阈值变化量小于 0.5 W。当耦合输出比较高时，1 720 nm 激光输出功率上升更为陡峭，即使用大的耦合输出比可以获得较高的输出功率和转换效率。具体的输出功率(output power)、阈值(threshold)和斜率效率(slope efficiency)随耦合输出比(Output Coupling，OC)的关系如图 3-36(c)所示。在耦合输出比由 10% 增至 90% 的过程中，谐振腔损耗随之增大，阈值泵浦功率由 0.81 W 增加至 1.28 W。同时，激光器的斜率效率随耦合输出比的涨幅较大，由 10.7% 提升至 53%。值得注意的是，尽管大的耦合输出比在斜率效率方面占据优势，但受限于较高的阈值和有限的泵浦功率，计算发现当耦合输出比增至 90% 时，输出功率出现轻微下降。

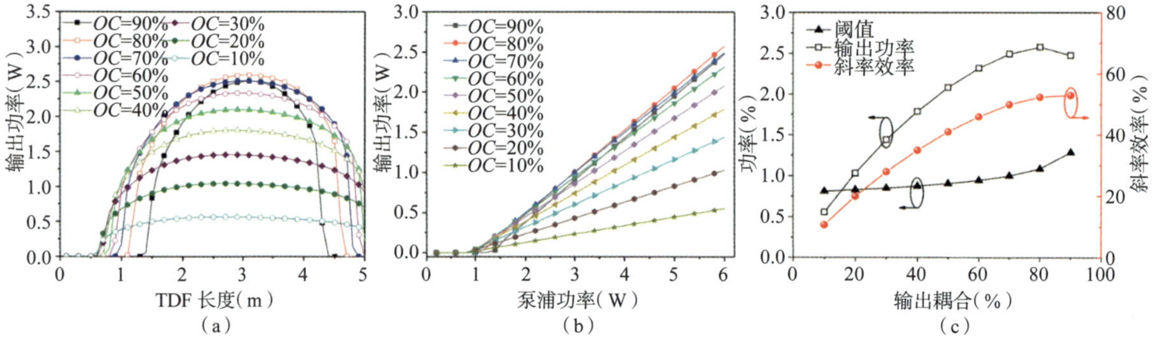

图 3-36　基于复合腔结构的 1 720 nm 单频 FOL 的输出曲线

（a）不同 *OC* 时的输出功率随掺铥光纤长度的变化；（b）掺铥光纤长度为 3 m 时，不同耦合输出比下的输出功率；（c）不同 *OC* 时的输出功率、阈值泵浦功率以及斜率效率

基于理论计算结果搭建如图 3-37（a）所示的 1 720 μm 环形腔 FOL。其中，泵浦源（pump）为 1 570 nm 掺铒 FOL，最大输出功率为 6 W；增益光纤为商用掺铥石英光纤（SM-TSF-9/125，美国 Nufern 公司），该光纤为非保偏单包层结构，纤芯和包层直径分别为 9 μm 和 125 μm，纤芯数值孔径为 0.15，光纤中铥离子的掺杂浓度约为 0.3%（质量分数），如此低的掺杂浓度有效降低了掺铥光纤在 1.7 μm 处的重吸收损耗，同时可以抑制 1.8~2 μm 波段的自发辐射；滤波器件为 HR-FBG，中心波长为 1 720 nm，反射带宽为 0.6 nm。同时，由于所使用光纤在 1.7 μm 处均为严格单模光纤，激光具有良好的光束质量[25]。

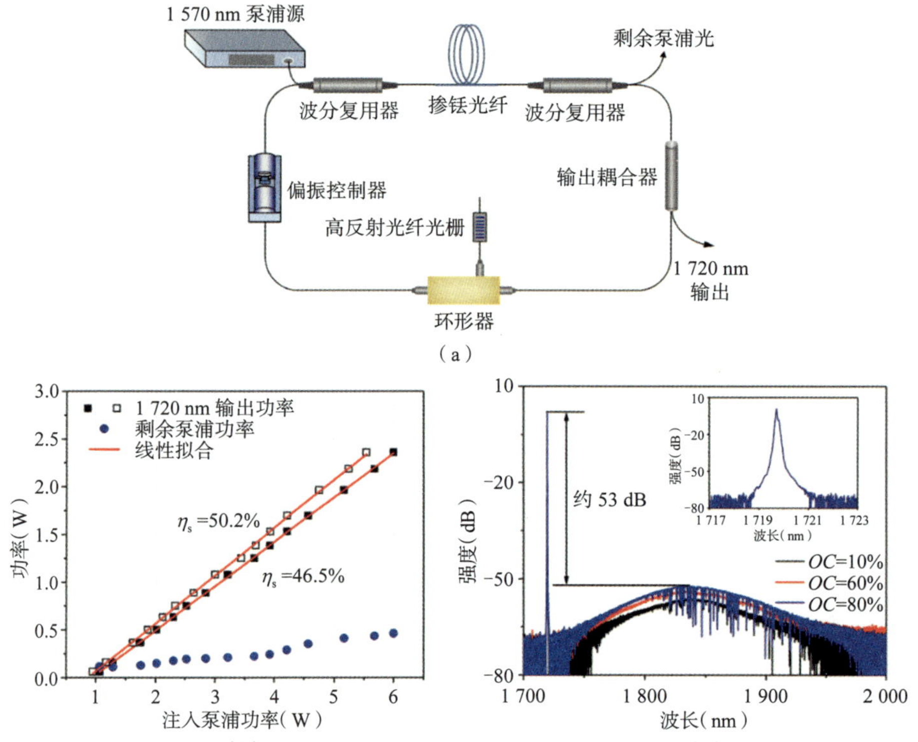

图 3-37　1 720 nm 环形腔掺铥 FOL 结构和输出曲线

（a）FOL 结构；（b）输出功率及剩余泵浦功率；（c）功率曲线，其中插图为 80% 耦合输出比下的精细光谱

首先测量 1 720 nm 输出激光的功率曲线，如图 3-37（b）所示。在 6 W 的泵浦功率下，最大激光输出功率为 2.36 W，相应的线性拟合斜率效率为 46.5%，与前述计算结果符合较好。结合剩余泵浦功率，可以计算出激光输出功率相对于吸收泵浦功率的斜率效率为 50.2%。激光输出随泵浦功率具有良好的线性关系，并且未观察到饱和现象，这意味着通过换用高功率泵浦源，激光功率可以进一步提升。图 3-37（c）所示为最大输出功率时的光谱。激光的中心波长为 1 719.7 nm，与光纤光栅一致。得益于合理的光纤长度，长波段的自发辐射得到有效抑制，激光的信噪比达 53 dB。图 3-37（c）的插图为精细光谱图，其半高全宽读数为 0.05 nm，已经达到光谱仪的极限分辨率，这意味着激光的实际线宽应小于 0.05 nm。尽管如此，受限于光纤光栅的选频能力的不足，此时激光器处于多纵模工作状态。

为获得单频激光输出，必须在环形腔内引入多个子腔增强选频能力。子腔数目越多，所能实现的有效 FSR 越大，选模能力越强。但过多的子腔会引入较多的损耗，降低激光效率；此外，也会增加激光系统的复杂性。综合考虑选模特性、激光效率及系统的简洁性，最终引入 3 个子腔，构建复合腔激光器，如图 3-38（a）所示。3 个子腔的腔长分别为 0.63、1.33 和 1.53 m，对应的 FSR 分别为 330、155 和 135 MHz。根据游标效应计算，系统的有效 FSR 约为 92 GHz（0.91 nm@1 720 nm），而所用光纤光栅的滤波带宽为 0.6 nm（约 61 GHz@1 720 nm），这意味着在滤波带宽内至多有一个纵模，理论上可实现单频激光振荡[25]。

如图 3-38（b）所示，该激光器的阈值泵浦功率仍为 1 W 左右；当泵浦功率增至 6 W 时，输出功率为 2 W。激光输出功率关于注入泵浦功率和吸收泵浦功率的斜率效率分别为 46.1% 和 41.7%。与未引入子腔时相比，谐振腔损耗的增加导致激光输出功率和效率均表现出一定程度的下降。图 3-38（b）的插图为最大输出功率时的激光光谱，光谱仪分辨率为 0.05 nm，结果显示信噪比为 56 dB，半高全宽读数为 0.05 nm，因此实际线宽应小于此值。

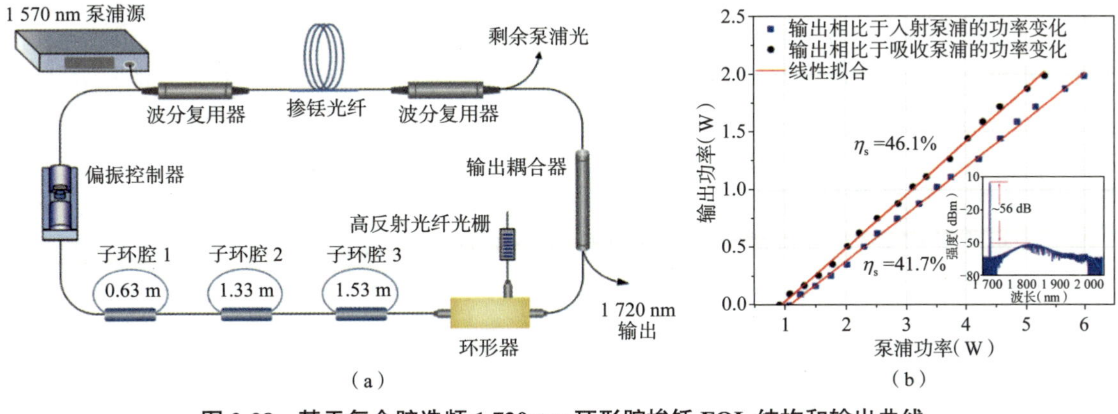

图 3-38 基于复合腔选频 1 720 nm 环形腔掺铥 FOL 结构和输出曲线

（a）结构示意；（b）输出功率曲线和输出光谱

为验证 1 720 nm 激光此时是否处于单频状态，采用 F-P 干涉仪对激光的纵模特性进行了测试表征。图 3-39 所示为不同泵浦和输出功率时的归一化示波器波形。在泵浦功率由阈值增加至 3.75 W 的过程中，在一个扫描周期内始终仅存在一个纵向模式，如图 3-39（a）所示。在此功率水平下，对示波器图像进行了持续 10 min 的监测，仅记录到 3 次模式跳变，跳模的频率间隔小于 500 MHz，证实该激光器处于稳定的单频运转状态，最大单频功率为 1.1 W。随着泵浦功率的进一步提高，主峰两侧出现微弱的边模，并伴有频繁的模式跳变，单频激光的稳定性下降，如图 3-39（b）和（c）所示。在最大泵浦功率状态下，1 720 nm 激光变为完全的多纵模状态，并且存在显著的模式竞争，如图 3-39

(d)所示。值得注意的是,在任意泵浦功率下,每个纵模始终是可单独分辨的,这也反映出复合腔结构具有极强的选模能力。

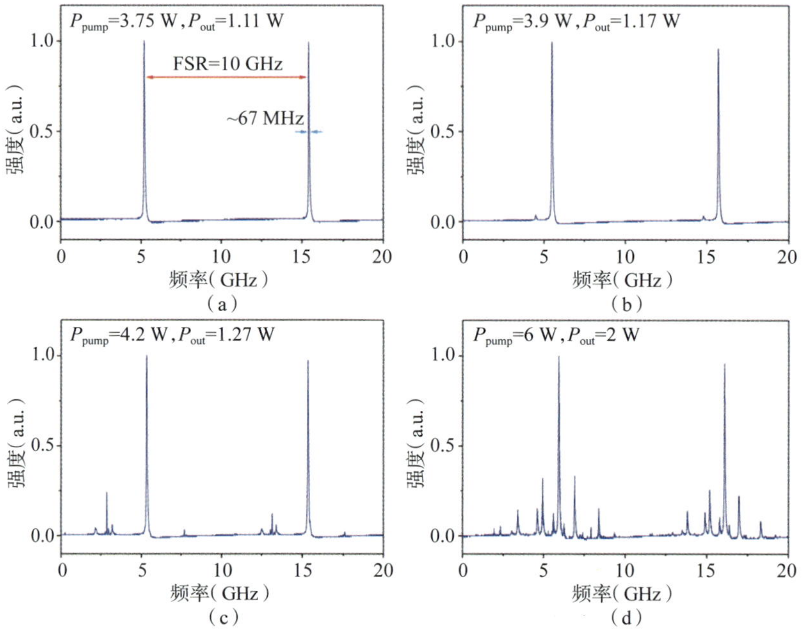

图 3-39　不同泵浦功率时,1 720 nm 输出激光的纵模特性

进一步对激光的频域特性,即激光线宽和相对强度噪声进行测试表征。对于激光线宽,常用的测试方法为延时自外差线宽法,即将待测激光分为两路,一路进行移频,另一路通过极长的延时光纤产生一定的时间延迟,然后将两路激光叠加并使用光电探头(ET5000F,美国 EOT 公司)将其转换为电信号,最终将电信号接入频谱仪(PXA N9030A,美国 Agilent 公司)进行频谱分析。系统所使用的声光移频器的固定频移为 70 MH;延时光纤为常规 SMF-28e 单模光纤,长度为 50 km。基于此方法测得的最大单频功率下的激光线宽如图 3-40(a)所示,激光频谱具有良好的洛伦兹线形,在拟合后 20 dB 线宽读数为 38 kHz,可推算出激光的半高全宽为 1.9 kHz。得益于环形腔较长的腔长赋予的较高精度,该线宽远小于常规线形短腔单频 FOL 的典型线宽值,这也是环形腔单频 FOL 的另一大优势。

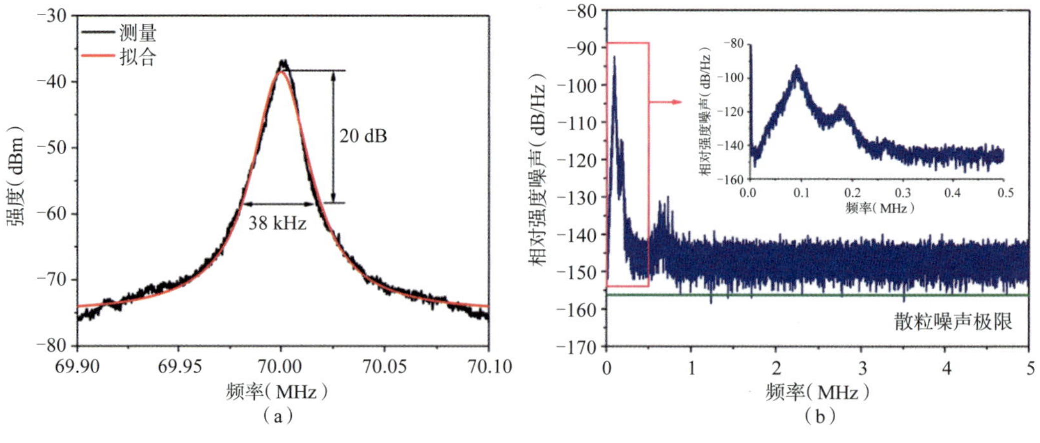

图 3-40　单频功率为 1.1 W 时的激光线宽和相对强度噪声

(a)1 720 nm 激光线宽;(b)相对强度噪声

对于相对强度噪声测试，无须前述的延时和移频操作，输出激光经衰减后直接经光电探头通入频谱仪。频谱仪的分辨率带宽和视频带宽分别设置为 1 kHz 和 100 Hz。测试时，将耦合进入光电探头的激光功率衰减至 1 mW，此功率对应的散粒噪声极限为 156.4 dB/Hz。在 0~5 MHz 频率范围内，分别在 90 kHz 和 180 kHz 处观察到尖峰，强度分别为 −93 dB/Hz 和 −116 dB/Hz。随着泵浦功率的提升，高频的尖峰会向更高频率处移动，而低频的尖峰保持位置不变。因此，可以推断前者为激光弛豫振荡峰，而后者由泵浦噪声转化而来。当频率大于 1 MHz 后，激光的强度噪声水平始终小于 142 dB/Hz，如此优良的噪声特性得益于 1 570 nm 泵浦源在波长和功率方面的高稳定性。此外，由于实验中采用的是同带泵浦方案，这在最大程度上降低了量子亏损和声子产热，同样有助于低强度噪声的实现。此外，在 0.6 MHz 附近观察到微弱的噪声包络，这可能是由外接扰动或测量系统引入的附加噪声。

第二，介绍基于饱和吸收体选频的环形腔 1.7 μm 单频 FOL。

在复合腔结构中，子腔的腔长容易受到环境因素（如温度、振动等）的影响而发生变化，导致单频激光的稳定性下降。可采用更为简洁的饱和吸收体法实现 1.7 μm 激光的单频输出，并增强其单频稳定性[26]。该激光器的结构如图 3-41（a）所示，可见其结构与图 3-37（a）所示 FOL 的结构大致相同，仅是将其中的高反射光纤光栅换为部分反射光纤光栅，后者的反射率为 70%，中心波长仍为 1 720 nm。在该激光系统中，光栅既用于选择激光波长，同时还作为激光输出元件，输出腔内激光，并提供正反馈。光栅与环形器之间插入了一段作为饱和吸收体的 0.75 m 长的未泵浦掺铥石英光纤，其型号与增益光纤相同。首先测试了饱和吸收体引入前后激光器的输出功率特性，如图 3-41（b）所示。在未引入饱和吸收体时，激光器的输出功率呈现良好的线性增长趋势，阈值泵浦功率约为 0.7 W，最大输出功率为 1.7 W，斜率效率为 26%。而在引入饱和吸收体后，激光输出功率表现出显著的双稳态现象：在泵浦功率逐渐提高的过程中（上行阶段），阈值泵浦功率较饱和吸收体引入前显著提高，约为 6.1 W；当泵浦功率超过此阈值时，剩余泵浦功率骤降，而激光输出功率急剧增大，随后呈线性增长；而在泵浦功率逐渐降低的过程中（下行阶段），激光输出功率不会复现上行阶段中的行为，而是以 24% 的斜率效率始终保持线性下降直至为零，此时对应的阈值泵浦功率约为 1.3 W，剩余泵浦功率也保持在较低水平。因此，在整个泵浦的上行和下行阶段，激光器表现出两种截然不同的功率变化行为，即存在两个阈值泵浦功率。在两个阈值泵浦功率形成的区间内，任意泵浦功率对应两个不同的输出功率稳定值。该现象的产生主要源自饱和吸收体中的强饱和吸收效应。在泵浦上行阶段（激光器振荡前），饱和吸收体对于腔内 1.7 μm 自发辐射光的吸收引入了极大的谐振腔损耗，导致上行阈值较高；而在激光形成振荡后，饱和吸收体被漂白，其对信号光的吸收损耗大幅下降，谐振腔处于低损耗状态，使下行阈值远低于上行阈值。

采用 F-P 干涉仪对输出激光的纵模特性进行表征。在测试时，首先将泵浦功率增大至超过上行阈值以启动激光器，此时在较大的泵浦功率范围内始终存在激光输出。图 3-42（a）所示为不同泵浦功率下输出激光的纵模特性。当泵浦功率小于 2.7 W 时，在一个扫描周期内仅观察到一个纵模，即已实现稳定的单频运转，此时的最大单频功率为 407 mW，采用延时自外差系统测得的激光半高全宽为 4.4 kHz。进一步增加泵浦功率，单个纵模尖峰变为较宽的干涉包络，且随着泵浦功率的提高，此干涉包络逐渐展宽。这是由于泵浦功率的提高使更多纵模开始振荡，减弱了饱和吸收体内的驻波干涉，从而"冲刷"掉了形成的自写入动态光栅，导致饱和吸收体瞬间丧失选频能力。受干涉仪分辨率的限制，无法分辨干涉包络内的纵模分布。单频激光的功率曲线和光谱如图 3-42（b）所示，输出功率相对于注入泵浦功率和吸收泵浦功率的斜率效率分别为 21.7% 和 22.7%。在最大单频输出功率时，输出激光的信噪比为 52 dB，在 1.75~2 μm 波段内同样观察到较强的自发辐射。

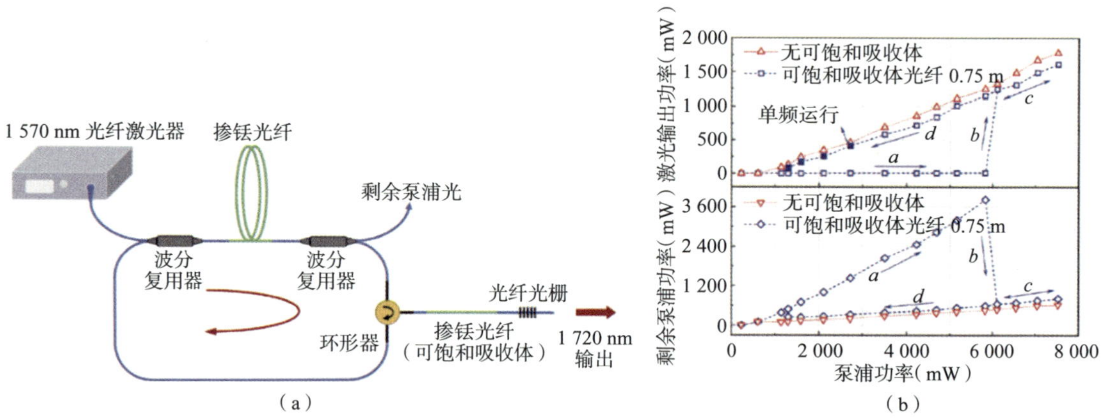

图 3-41 基于饱和吸收体选频的 1 720 nm 环形器单频 FOL 结构和输出曲线

（a）结构示意；（b）引入饱和吸收体前后的输出功率与剩余泵浦功率曲线

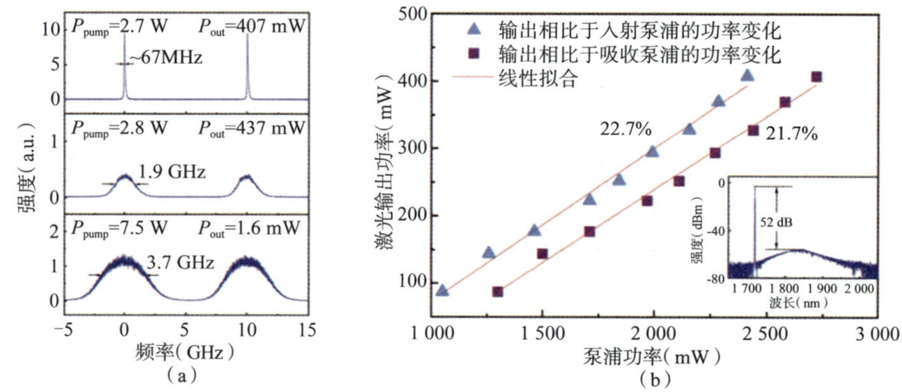

图 3-42 不同泵浦功率下的输出激光的纵模特性和单频状态时的输出功率曲线和激光光谱

（a）纵模特性；（b）输出功率曲线和激光光谱

饱和吸收体的长度是决定其选频能力的重要参数[27]。由于自写入动态光栅的滤波带宽与饱和吸收体的长度成反比关系，因此使用较长的饱和吸收体有利于产生高功率单频激光。实验发现，0.5、0.6 和 0.75 m 长度的饱和吸收体对应的最大单频激光输出功率分别为 100、250 和 407 mW，长饱和吸收体对于单频功率的提升效果十分显著。然而，同时也发现激光器的激光阈值随着饱和吸收体的加长迅速上升，由 0.5 m 对应的 2.7 W 增大至 0.75 m 对应的 6.1 W。此时，若继续加长饱和吸收体，激光器的激光阈值将进一步增大，甚至超过现有泵浦量，导致无法形成激光振荡。这种长饱和吸收体带来的强选频能力与高激光阈值之间的矛盾限制了单频功率的提升。

由分析可知，基于饱和吸收体实现高功率单频激光输出的关键在于能否在维持强选频特性的条件下降低激光阈值，而较高的激光阈值主要由饱和吸收体对信号光的吸收损耗导致。针对高激光阈值导致的激光器在低泵浦功率下难以振荡的问题，提出了饱和吸收效应主动调控的方案：利用辅助泵浦光抽运饱和吸收体光纤，将部分基态粒子激励至激发态，提高饱和吸收体的初始透过率，有效降低谐振腔损耗，从而使激光器可在较低的泵浦功率下起振。在此过程中，可饱和吸收过程的选频作用会由于辅助光抽运了饱和吸收体的基态粒子而发生一定程度的下降；此时再移除辅助光，饱和吸收体光纤恢复强选频作用，而饱和吸收效应使其能够维持低损耗状态，则能够使激光器在高泵浦、高增益条件下保持单频状态。

根据上述思路搭建如图 3-43（a）所示的基于饱和吸收主动调控的 1.7 μm 单频 FOL[28]。选用另一个 1 570 nm 激光光源作为辅助泵浦源，其泵浦光通过 1 个 WDM 注入饱和吸收体，而剩余未吸收的辅助泵浦光则通过光纤光栅滤除。首先对辅助泵浦光的作用规律开展理论研究，建立含饱和吸收体的激光器理论模型，并在饱和吸收体部分的速率方程中引入辅助泵浦项：

$$\frac{\partial N_1(z,t)}{\partial t}=W_{p01}N_0(z,t)-W_{p10}N_1(z,t)+W_{s01}N_0(z,t)-W_{s10}N_1(z,t)-\frac{1}{\tau_{10}}N_1(z,t) \tag{3-11}$$

$$N=N_0(z,t)+N_1(z,t) \tag{3-12}$$

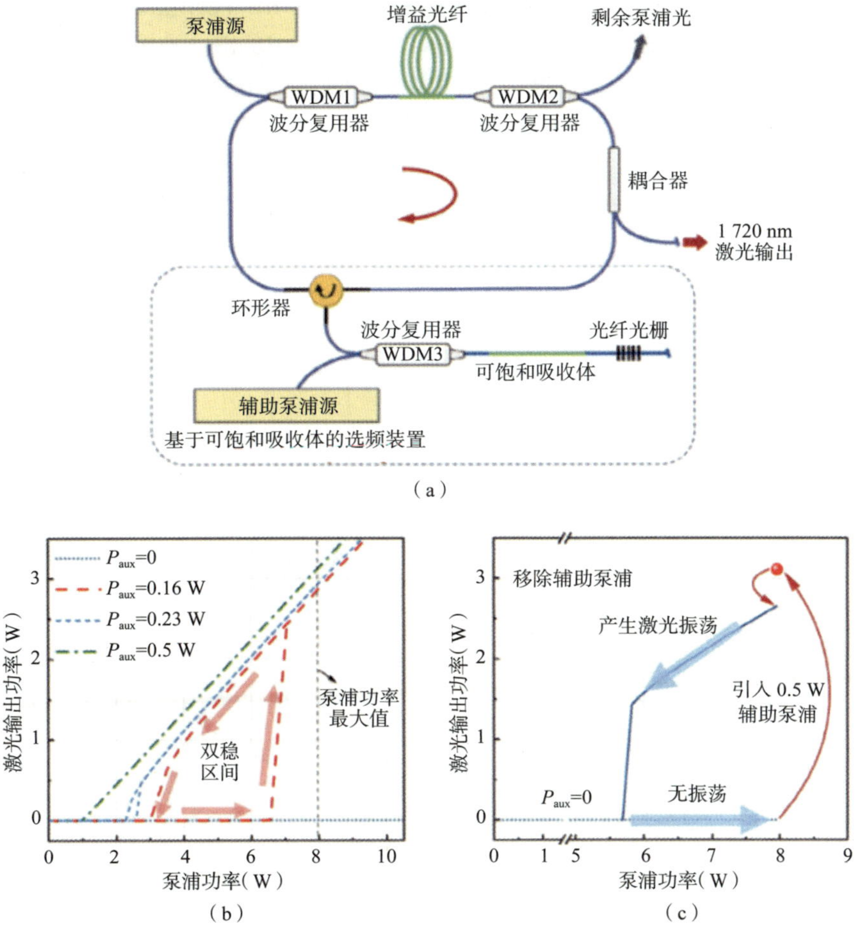

图 3-43　基于饱和吸收主动调控的 1.7 μm 单频 FOL 的输出曲线

（a）结构示意；（b）激光输出功率；（c）辅助泵浦光对于激光输出功率的影响

当饱和吸收体长度为 1.2 m 时，首先计算不同的辅助泵浦光功率对于 1.7 μm 激光输出功率特性的影响，结果如图 3-43（b）所示。当未施加辅助泵浦光时，过高的腔损耗使激光器无法形成振荡，无功率输出。当分别注入 0.16 W 和 0.23 W 的辅助泵浦光时，激光阈值分别降低至 6.5 W 和 2.5 W。当辅助泵浦光的功率提升至 0.5 W 时，双稳态现象消失，激光阈值为 1 W。可见，辅助泵浦光对于激光阈值的降低效果十分显著。上述结果均是在保持辅助泵浦光注入的情况下获得的，考虑到辅助泵浦光会在一定程度上降低饱和吸收体的选频能力,因此在激光振荡后需撤去辅助泵浦光,使饱和吸收体恢复强选频特性。图 3-43(c)展示了此动态过程中激光输出功率的变化。首先,关闭辅助泵浦源后,激光器在现有泵浦量(8 W)条件下无功率输出;在施加 0.5 W 的辅助泵浦光后,激光器开启,输出功率瞬间上升至 3.1 W;此时撤去辅助泵浦光,激光器维持振荡状态,但由于谐振腔损耗的上升导致输出功率出现约 0.5 W 的轻微下降;逐渐降低泵浦功率,激光输出功率呈线性下降,并在泵浦功率为 5.7 W 时关闭。与图 3-43(b)对比可知,在激光器振荡后撤去辅助泵浦光会使激光器在低泵浦功率时再次关闭,但仍存在较大的泵浦功率区间产生激光输出。

基于上述理论分析开展实验验证。实验中,饱和吸收体的长度和辅助泵浦光的功率分别为 1.2 m 和 0.5 W,与理论计算保持一致。图 3-44(a)所示为激光器的输出功率特性与相应的计算结果,其最大输出功率为 2.56 W,斜率效率为 44%,实验结果与前述计算结果符合较好。最大输出功率时的激光光谱如图 3-44(b)所示,中心波长为 1 719.73 nm,信噪比为 50 dB。采用 F-P 干涉仪分析激光的纵模特性,结果如图 3-44(c)所示。当保持 0.5 W 的辅助泵浦光注入时,饱和吸收体处于弱选频状态,激光器为多纵模输出;在撤去辅助泵浦光后,饱和吸收体恢复强选频特性,激光器变为稳定单频激光输出。同样,采用延时自外差法测量激光的 3 dB 线宽,如图 3-44(d)所示。洛伦兹线性拟合后的 20 dB 线宽为 65.5 kHz,表明激光的半高全宽为 3.3 kHz。在实验中观察到激光线宽会随着泵浦功率和饱和吸收体的长度发生改变,但始终小于 5 kHz。

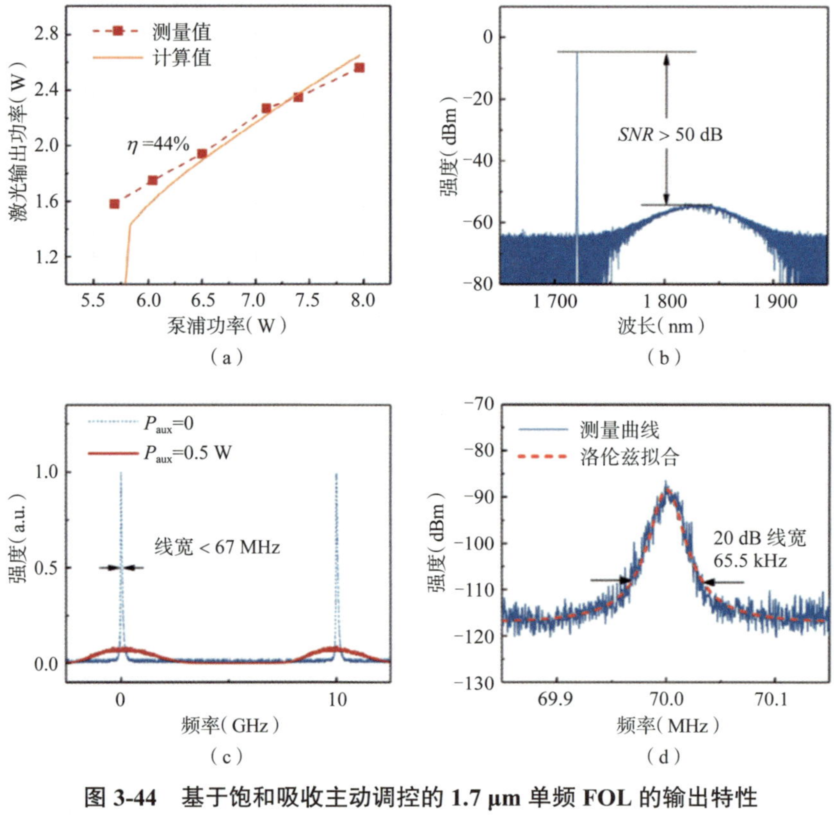

图 3-44　基于饱和吸收主动调控的 1.7 μm 单频 FOL 的输出特性

(a)输出功率;(b)2.56 W 输出对应的激光光谱;(c)有无辅助泵浦光时的纵模特性;(d)2.56 W 输出对应的相对强度噪声

第三,介绍基于饱和吸收体选频的环形腔 2.05 μm 单频 FOL。

2.05 μm 位于二氧化碳的强吸收带,该波段的窄线宽激光光源被广泛应用于相干多普勒雷达、差分吸收雷达等领域。与 1.7 μm 类似，2.05 μm 同样位于铥离子的增益边带,因此可考虑采用环形腔结构结合饱和吸收体的方案获得高功率单频激光。前述研究表明,使用较长的、高吸收的饱和吸收体可以有效提高自写入动态光栅的强度并压缩其带宽,有利于单频输出功率的提升。然而,在先前基于此方案所实现的 2.05 μm 单频 FOL 中,所使用的饱和吸收体均为掺铥光纤。由于铥离子在大于 2 μm 波段的吸收较低,其作为饱和吸收体时的选频能力不足,目前报道的基于此结构的 2.05 μm 单频光纤振荡器的最高功率仅为 40 mW。针对此问题,可采用铥钬共掺光纤作为饱和吸收体的技术路线。钬离子在 2.05 μm 处的吸收截面为 $0.6 \times 10^{-25}\ m^2$,该值远大于铥离子在该波段的吸收截面（$<0.1 \times 10^{-25}\ m^2$）。因此,相较于单掺铥离子,钬离子的引入有效增强了光纤的饱和吸收效应,有利于自写入光纤光栅的形成,理论上铥钬共掺光纤或掺钬光纤更适合作为 >2 μm 波段的环形腔单频 FOL 的饱和吸收体。基于上述分析,构建 2.05 μm 环形腔单频光纤激光系统,如图 3-45 所示 [29]。其中,泵浦源、增益光纤与前述 1.7 μm 系统相同。考虑铥离子在 2.05 μm 波段的吸收损耗极小,可尽量使用较长的增益光纤保证泵浦有充足的吸收。在该系统中,增益光纤的长度为 5 m;激光输出元件为 60/40 的拉锥形光纤耦合器，60% 端口用于输出激光;滤波器件为中心波长为 2 050 nm 的高反射光纤光栅,反射带宽为 0.2 nm。在环形器与高反射光纤光栅之间插入一段铥钬共掺光纤作为饱和吸收体,用于精细选频。进一步,在环形器前放置一个偏振控制器,用于调节注入饱和吸收体内的激光的偏振态,从而达到最佳的驻波干涉效果。

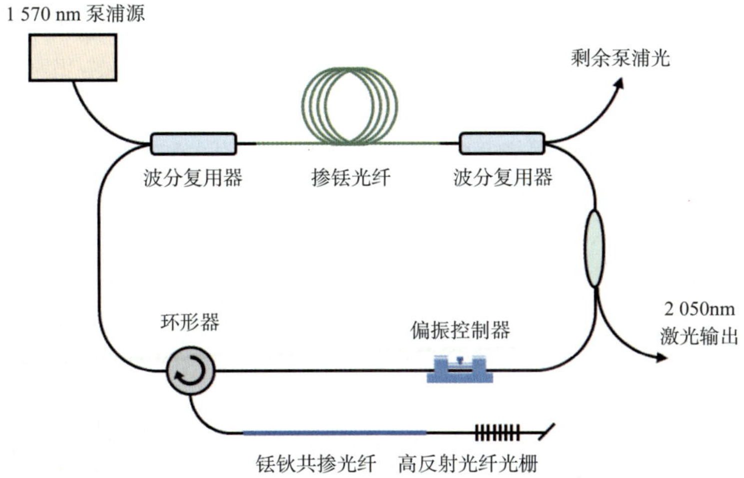

图 3-45　基于铥钬共掺光纤饱和吸收体的 2.05 μm 环形腔单频 FOL

首先,对未引入饱和吸收体时激光器的输出功率和光谱特性进行测试。如图 3-46（a）所示,阈值泵浦功率约为 0.9 W,随着泵浦功率的提升,输出功率以 25.6% 的斜率效率呈线性增长且未出现功率饱和。在 7.5 W 的泵浦功率下,最大输出功率为 1.72 W,而剩余泵浦功率小于 60 mW,表明泵浦吸收较为充分。图 3-46（b）所示为最大输出功率时的光谱,激光中心波长、半高全宽和信噪比分别为 2 049.62 nm、0.075 nm 和 65 dB。此外,在输出光谱中观察到少量剩余泵浦功率,其强度与激光输出强度的差异大于 50 dB。

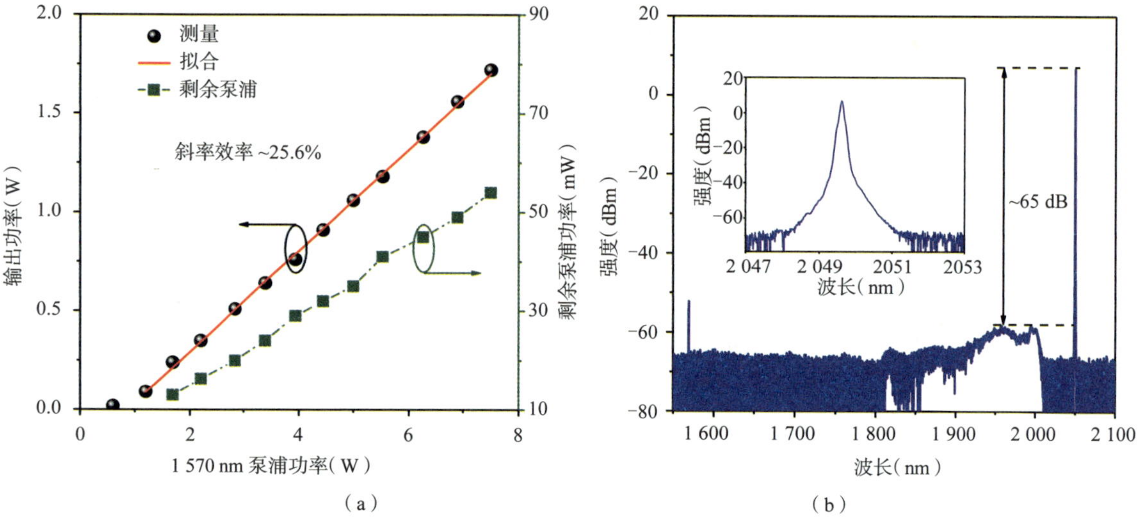

图 3-46　未引入饱和吸收体的 2.05 μm 环形腔单频 FOL 的功率曲线和激光光谱

(a)输出功率及剩余泵浦功率;(b)1.72 W 输出功率时的激光光谱

随后在指定位置引入 4 m 长的铥钬共掺光纤作为饱和吸收体。基于截断法测试系统在 2 050 nm 处的吸收系数为 0.97 dB/m(入射 2 050 nm 激光功率为 80 mW)。此时,环形腔激光器的总腔长约为 21 m,对应的纵模间隔为 9.8 MHz。采用 F-P 干涉仪、频谱分析仪同步测试输出激光的纵模及频谱特性,如图 3-47 所示。当泵浦功率小于 2.02 W 时,在干涉仪一个扫描周期内仅观察到单个纵模,且频谱上未观察到任何拍频信号,表明此时激光器处于稳定的单频运转状态;当泵浦功率增大至 2.2 W 时,测得的纵模尖峰展宽为干涉包络,激光器处于多纵模输出状态。同时,频谱上出现周期性分布的拍频信号,相邻拍频信号的频率间隔为 9.6 MHz,与谐振腔纵模间隔对应。

进一步对饱和吸收体的长度开展实验优化。图 3-48(a)所示为不同长度的饱和吸收体对应的功率特性。饱和吸收体的引入增大了谐振腔损耗,随着饱和吸收体长度的增加,激光器的阈值上升而斜率效率则逐渐降低。当饱和吸收体长度分别为 2、4 和 6 m 时,对应的能够实现单频激光运转的最大泵浦功率分别为 1.6、2.02 和 2.2 W。由此可见,较长的饱和吸收体可以有效增强系统的选频能力,使激光器在较高的泵浦功率下仍可维持单频振荡。然而,过长的饱和吸收体会过多地牺牲激光效率,导致最大单频功率由 4 m 时的 215 mW 降低至 6 m 时的 180 mW。因此,为获得高功率、高稳定的单频激光,必须通过优化饱和吸收体的长度,以实现高激光效率与强选频特性之间的平衡。对于该激光系统,最佳的饱和吸收体长度初步确定为 4 m。在此条件下,激光器的最大输出功率所对应的光谱如图 3-48(b)所示,其中显示了有无饱和吸收体(SA)情况下的激光光谱。对比可见,在引入饱和吸收体后,该系统在 1.8~1.9 μm 波段出现较强的自发辐射包络,使激光信噪比降低至 56 dB。出现该现象的原因可归结于饱和吸收体的引入降低了腔内信号光功率,导致掺铥光纤增益提取不充分,部分增益通过自发辐射的形式耗散。图 3-48(b)的插图为精细激光光谱谱线,受限于光谱仪的分辨率,激光线宽读数为 0.05 nm。值得说明的是,由于石英光纤在 >2 μm 波段的传输损耗较大,延时自外差法不再适用,因此该研究未对单频激光的真实线宽进行测试。

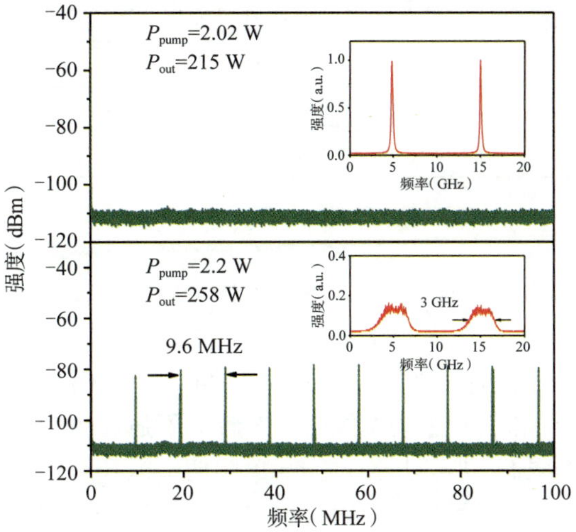

图 3-47 不同泵浦功率和输出功率时激光的纵模及频谱特性

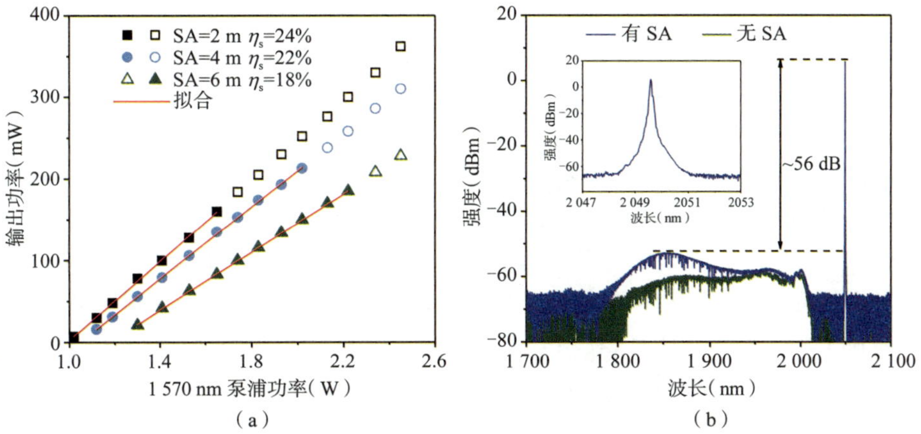

图 3-48 不同饱和吸收体长度及有无饱和吸收体对输出的影响

(a)不同饱和吸收体长度时的激光功率;(b)泵浦功率为 2.02 W、有无饱和吸收体时的激光光谱

为验证采用铥钬共掺光纤作为饱和吸收体的技术方案对于 2.05 μm 单频功率的提升效果,进一步开展对照实验,即将饱和吸收体更换为单掺铥光纤,并探究其在该波段的选频效果。表 3-2 列出了不同长度的饱和吸收体所能实现的最大单频功率及对应的泵浦功率。当饱和吸收体长度小于 2 m 时,由于选频能力不足,在任何泵浦水平下均无法获得稳定的单频激光输出。增加饱和吸收体的长度至 4 m,可以在 1.23 W 的泵浦功率下实现最大 60 mW 的单频激光输出;在较高泵浦功率下,激光输出变为多纵模方式;进一步将饱和吸收体的长度增加至 6 m 后,系统所能维持单频振荡的单频功率提升至 1.4 W,相应的单频功率为 93 mW。可见,单频激光输出功率随着饱和吸收体长度的增加有显著提升的趋势,但相较于基于铥钬共掺光纤的实验结果,单频激光输出功率有明显下降。此对照实验再次凸显了铥钬共掺光纤或掺钬光纤在 >2 μm 波段单频 FOL 中的显著优势。

表 3-2 使用不同长度掺铥光纤及铥钬共掺光纤所实现的最大单频功率及相应泵浦功率

光纤类别	2 m	4 m	6 m
掺铥光纤	—	60 mW（1.23 W）	93 mW（1.4 W）
铥钬共掺光纤	160 mW（1.65 W）	215 mW（2.02 W）	180 mW（2.2 W）

Ⅲ）小结及展望

相较于常规线形短腔结构的单频 FOL，环形腔结构可以兼容较长的有源光纤，从而充分优化泵浦吸收和激光增益，实现单频激光功率和效率的提升。前文结合实际案例详细介绍了环形腔结构的几种选频方法及效果，先后分别基于复合腔结构和饱和吸收体获得了 1.1 W 和 407 mW 的 1.7 μm 单频功率输出，并通过采用饱和吸收主动调控的方案解决了强选频特性与高激光阈值之间的矛盾，突破了其对单频功率提升的限制，进一步将 1.7 μm 单频功率提升至 2.56 W，为目前报道的单频光纤振荡器中的最高功率。在 2.05 μm 波段，开创性地提出采用铥钬共掺光纤或掺钬光纤作为饱和吸收体，利用钬离子在该波段较强的吸收特性增强饱和吸收体的选频能力，并在实验中成功获得了 215 mW 的 2 050 nm 单频激光输出。以上研究印证了环形腔结构在单频功率拓展方面的优势，为高功率单频激光光源提供了切实可行的技术方案。

单一选频方法的选频能力有限，在高功率泵浦时激光器往往不能维持稳定单频运转。因此，可考虑在激光系统中同时引入多种选频机制，结合各种选频机制的优势进一步增强选频能力。例如，复合腔方案的优势在于利用纵模的谐振特性增大激光器的 FSR，只有完全符合各子腔谐振条件的纵模方能以最低损耗维持振荡，而偏离谐振条件的模式则被抑制。然而，这种抑制作用是不彻底的，尤其是在高泵浦功率时，较高的激光增益使即使是不完全满足谐振条件的模式也可以形成振荡，从而导致激光输出由稳定单频逐渐变为多纵模输出状态。对于饱和吸收体选频，其选频效果源于饱和吸收效应以及驻波光栅效应的协同作用，而这两个过程对于边模有显著的抑制效果。因此，可在复合腔结构的基础上引入饱和吸收体，在增大谐振腔的 FSR 的同时利用饱和吸收体内形成的动态光栅抑制边模，从而可以有效解决单一复合腔结构中跳模、多模振荡等不稳定问题，实现单频功率的进一步提升。

（2）基于高掺杂多组分玻璃光纤的单频 FOL

多组分玻璃离子间键能较低，能够在较高稀土离子掺杂浓度下有效避免浓度猝灭效应，可为实现高增益光纤激光提供重要的材料支撑。基于异质光纤非对称、低损耗熔接技术，笔者所在课题组利用高稀土掺杂浓度的多组分玻璃光纤，实现了基于 DBR 结构单频光纤激光振荡器在波长拓展和功率提升等方面的性能优化。

Ⅰ. 900 nm 单频 FOL

近年来，由于在差分吸收激光雷达、激光同位素分离、光谱学和非线性频率变换方面的应用，900 nm 波长附近的单频激光器研究引起了极大的关注。

Nd^{3+} 在 $^4F_{3/2}$ 和 $^4I_{9/2}$ 能级之间的辐射跃迁可产生该波段范围内的激光。采用 Nd^{3+}: YAG-YAG 复合腔非平面环形振荡器（Non Planar Ring Oscillator，NPRO），可以实现 946 nm 的单频掺 Nd^{3+} 石英光纤激光器，输出功率为 1.1 W。然而，NPRO 单频激光器需要复杂的谐振腔设计、制造及精确对准。此外，通常需要适当的磁场增强激光的单向传播，从而实现稳定的单频运行。采用 2.5 cm 长的商用掺 Nd^{3+} 石英光纤实现 930 nm 的 DBR 型 FOL，单频输出功率仅为 1.9 mW[23]。由于浓度猝灭，相对于吸收泵浦功率的斜率效率仅为 3% 左右。此外，实验中使用的掺 Nd^{3+} 石英光纤的截止波长为 980 nm，比 930 nm 激光的波长更长。因此，这种单频 FOL 的性能易受到环境变化和振动的影响。

由于磷酸盐玻璃具有较高的溶解度，其能够表现出在单位长度上非常高的增益和较低的浓度猝灭[30]。因此，高掺 Nd^{3+} 磷酸盐玻璃光纤可以作为 900 nm 波长附近单频 FOL 的有效增益介质。

Nd^{3+} 的部分能级图如图 3-49 所示。从激发能级 $^4F_{3/2}$ 到能级 $^4I_{13/2}$、$^4I_{11/2}$ 和 $^4I_{9/2}$ 有三个辐射跃迁，分别产生 1 320、1 050 nm 和 900 nm 的激光，图中第一、第二和第三条曲线分别表示磷酸盐玻璃、磷硅酸盐玻璃和石英玻璃。由于 Nd^{3+} 激发的三个辐射跃迁的分支比分别为 0.09、0.48 和 0.43，使 Nd^{3+} 在 1 050 nm 和 900 nm 处的荧光强度接近并且远高于 1 320 nm 处的荧光强度（图 3-49）。

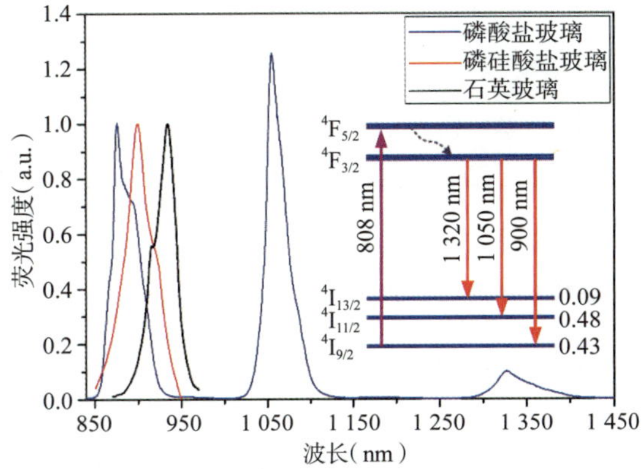

图 3-49　磷酸盐玻璃、石英玻璃和磷硅酸盐玻璃中 Nd^{3+} 的荧光光谱

虽然 1 050 nm 和 900 nm 处的激光跃迁具有相当的分支比，但掺 Nd^{3+} 石英光纤通常倾向于在 1 050 nm 处发射激光，因为较低的激光能级 $^4I_{11/2}$ 的粒子数较少，并且能级 $^4F_{3/2}$ 和能级 $^4I_{11/2}$ 之间的粒子数反转属于四能级激光系统，激光阈值较低，很容易实现激光输出。

实现 900 nm 附近的掺 Nd^{3+} 石英光纤激光器相对更具挑战性，该波长激光的下能级为基态 $^4I_{9/2}$，属于三能级激光系统[30]，只有在大量粒子跃迁到激发态时才能获得激光增益。目前，使用低浓度掺 Nd^{3+} 石英光纤作为增益介质可实现高功率和高效率的 FOL。其中，粒子数反转可以通过低泵浦功率密度和低掺杂浓度得到缓解。然而，对于低浓度 Nd^{3+} 掺杂的石英光纤，长度需要几米甚至几十米，以便充分吸收泵浦功率，从而无法通过 DBR 型或分布式反馈激光器（Distributed Feedback，DFB）型短腔结构获得单频激光输出。目前，商用掺 Nd^{3+} 石英光纤（PM-NDF-5/125，美国 Nufern 公司）将掺杂水平提高到了 $7.2\times10^{25}/m^3$，并已实现 915 nm 的短长度谐振腔（2.5~5 cm）FOL 和 DBR 型 930 nm 单频 FOL[23,30]。然而，这些 FOL 的效率受限于严重的浓度猝灭现象。

与石英光纤相比，磷酸盐玻璃光纤可以掺杂 10 倍以上的稀土离子，并且不会产生有害的猝灭效应。对掺 Nd^{3+} 磷酸盐玻璃的光谱研究表明，在 900 nm 波长附近，特别是在 900 nm 以下，可以使用掺 Nd^{3+} 磷酸盐玻璃光纤实现高效的三能级激光运转，因为磷酸盐玻璃中 Nd^{3+} 的荧光波长比石英中的荧光发射波长短得多[31]。如图 3-49 所示，掺杂 Nd^{3+} 的石英、磷硅酸盐和磷酸盐的荧光峰分别在 934.5、900 和 875.6 nm，玻璃基质材料从石英变为磷酸盐，对应产生了 60 nm 的波长蓝移[32]。

实验中使用的掺杂 Nd^{3+} 磷酸盐玻璃光纤的纤芯成分为 $59P_2O_5$-$5.5Al_2O_3$-30BaO-$1B_2O_3$-$3.5La_2O_3$-$1Nd_2O_3$（质量百分比），采用管棒法技术制造。该光纤的纤芯和包层直径分别为 4.4 和 125 μm。纤芯的数值孔径（NA）为 0.13，与商业无源石英光纤（780-HP，美国 Nufern 公司）匹配。图 3-50 的插图所示为掺 1%（质量分数）Nd^{3+} 磷酸盐玻璃光纤端面的显微图像。光纤的传播损耗在 1 310 nm

处通过截断法测量，测得的传播损耗约为 2.2 dB/m，如图 3-50 所示。掺 1% Nd^{3+} 磷酸盐玻璃光纤在 808 nm 处的吸收系数经测量为 638 dB/m。

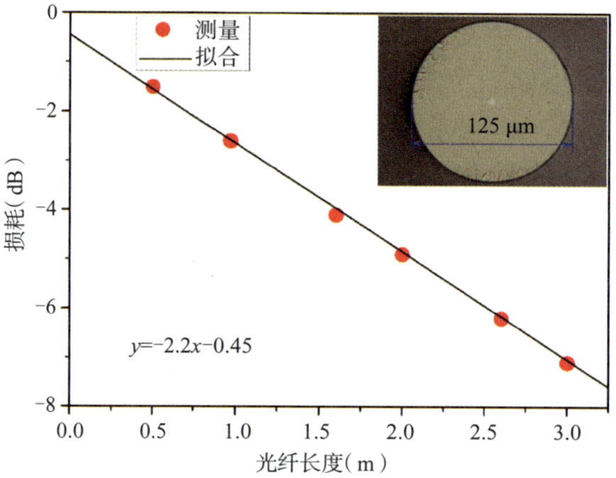

图 3-50 在 1 310 nm 处测得的掺 1% Nd^{3+} 磷酸盐玻璃光纤的传输损耗

以 2.5 cm 长的掺 Nd^{3+} 磷酸盐玻璃光纤作为增益介质，搭建了 915 nm 的 DBR 型单频 FOL，在 240 mW 的吸收泵浦功率下获得了 13.5 mW 的单频激光输出。实验结果表明，对于 900 nm 波长附近的单频激光器，选择掺 Nd^{3+} 磷酸盐玻璃光纤比掺 Nd^{3+} 石英光纤更有效 [33]。

基于掺 1% Nd^{3+} 磷酸盐玻璃光纤的 DBR 型单频 FOL 如图 3-51 所示，两个单模 808 nm 激光二极管的输出通过偏振合束器（Polarization Beam Combiner，PBC）实现 445 mW 的最大泵浦功率。使用 808/915 nm 滤波型 WDM（FWDM）将泵浦光耦合到激光谐振腔中。DBR 激光谐振腔由一对 FBG 和一根 2.5 cm 长的掺 1% Nd^{3+} 磷酸盐玻璃光纤组成。在无源光纤（780-HP，美国 Nufern 公司）中写入的高反射 FBG（HR-FBG）具有 99.9% 的反射率和约 0.29 nm 的 3 dB 带宽。在保偏（PM）无源光纤（PM780-HP，美国 Nufern 公司）中写入的部分反射 FBG（PR-FBG）在 914.82 nm 处具有 80.6% 的反射率和 <0.03 nm 的 3 dB 带宽。由于 PM780-HP 的双折射效应，PR-FBG 有两个反射峰，波长间隔为 0.25 nm。当 HR-FBG 的反射峰仅覆盖 PR-FBG 两个反射峰之一时，可以获得线偏振单频激光输出。利用非对称熔接技术，可将 2.5 cm 长的掺 1% Nd^{3+} 磷酸盐玻璃光纤低损耗熔接到光栅对上。磷酸盐玻璃光纤和石英光纤之间每个熔接点的损耗通常低于 0.5 dB。808/915 nm PM FWDM 用于将信号光与剩余泵浦分离。

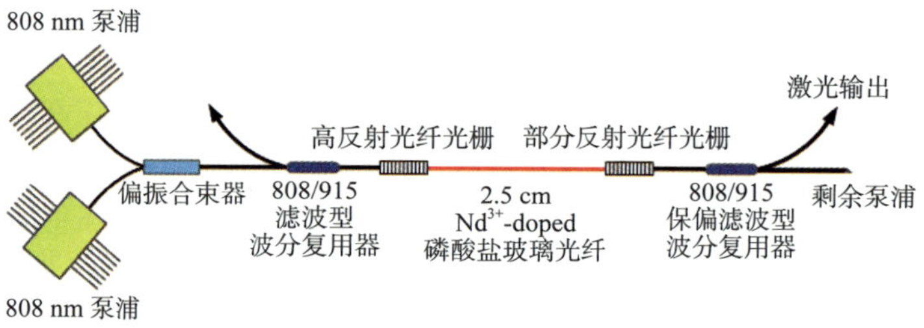

图 3-51 915 nm 单频掺 Nd^{3+} 磷酸盐玻璃 FOL 结构

单频掺 Nd^{3+} 磷酸盐玻璃 FOL 的输出功率和泵浦功率关系如图 3-52 所示。该激光器的阈值约为 70 mW，在 445 mW 的最大可用泵浦功率下获得 13.5 mW 的输出功率，相对于注入泵浦功率的斜率效率为 3.9%，是掺 Nd^{3+} 石英光纤激光器的 6 倍多。掺 Nd^{3+} 磷酸盐玻璃 FOL 效率的显著提高归因于其低浓度猝灭效应。由于该激光器仍有大量的剩余泵浦功率，因此采用掺杂较高浓度 Nd^{3+} 的增益光纤可以获得较高的单频输出功率。

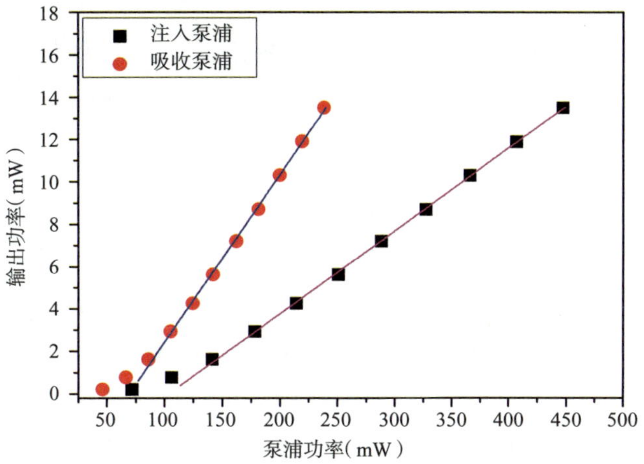

图 3-52　单频掺 Nd^{3+} 磷酸盐玻璃 FOL 的输出功率与泵浦功率的关系

使用扫描 F-P 干涉仪研究了掺 Nd^{3+} 磷酸盐玻璃 FOL 的纵模特性，该干涉仪的自由光谱范围（FSR）为 10 GHz，精度为 180。DBR 型 FOL 的有效腔长约为 2.94 cm，对应于 3.52 GHz 的纵模间距。由扫描 F-P 干涉仪测得的激光纵模特性如图 3-53 所示，在两个主要传输峰之间没有其他透射峰。当整个 FOL 的温度稳定时，该激光器的单纵模运转较为稳定，未发生任何跳模或多模振荡。

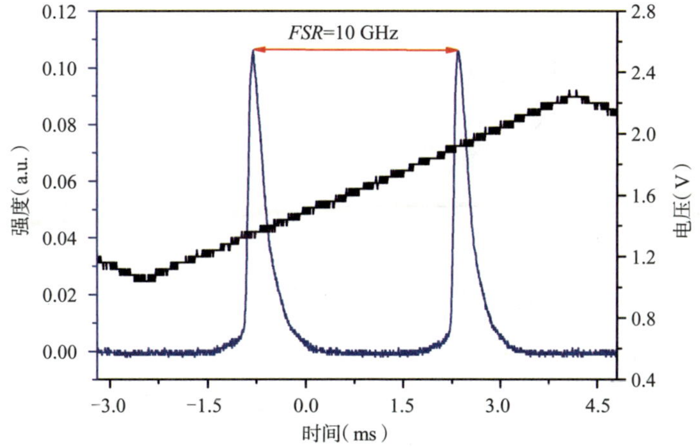

图 3-53　扫描 F-P 干涉仪测得的激光纵模特性

在最大输出功率下，使用光谱分析仪（AQ6370B，日本 Yokogawa 公司）测量了 915 nm 单频掺 Nd^{3+} 磷酸盐玻璃 FOL 的光谱，如图 3-54 所示。其中，${}^4F_{3/2} \rightarrow {}^4I_{11/2}$ 对应四能级跃迁产生 1 050 nm 附近的 ASE，导致激光器的输出信噪比为 40 dB。

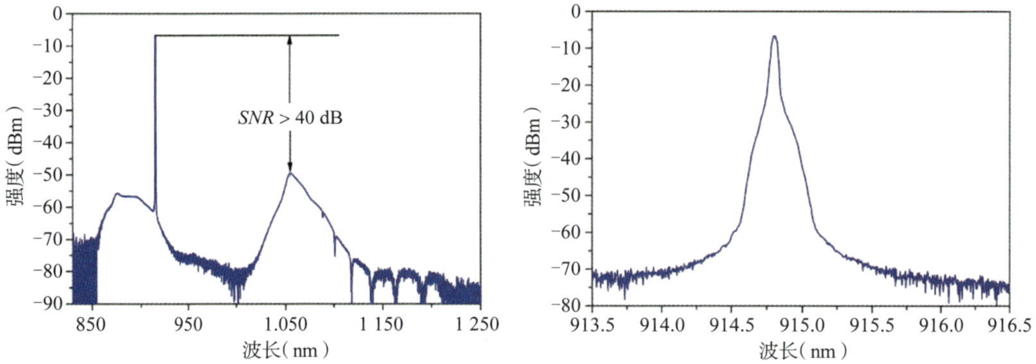

图 3-54　915 nm 单频掺 Nd^{3+} 磷酸盐玻璃 FOL 光谱图

使用光电探测器(DET01CFC,美国 Thorlabs 公司)和 ESA(R3131 A,日本 Advantest 公司)测量单频 FOL 的相对强度噪声。图 3-55 所示为在 0~5 MHz 频率范围内不同输出功率条件下的单频激光器的 RIN 谱。随着激光功率从 3 mW 上升到 13.5 mW,对应弛豫振荡的 RIN 峰值从 600 kHz 增大到 950 kHz。在 13.5 mW 的最大输出功率下,单频激光器在弛豫振荡频率下表现出 −115 dB/Hz 的噪声强度。当频率超过弛豫振荡频率时, RIN 值会随着频率的增加而迅速下降,并最终接近散粒噪声极限的 −155 dB/Hz 水平。

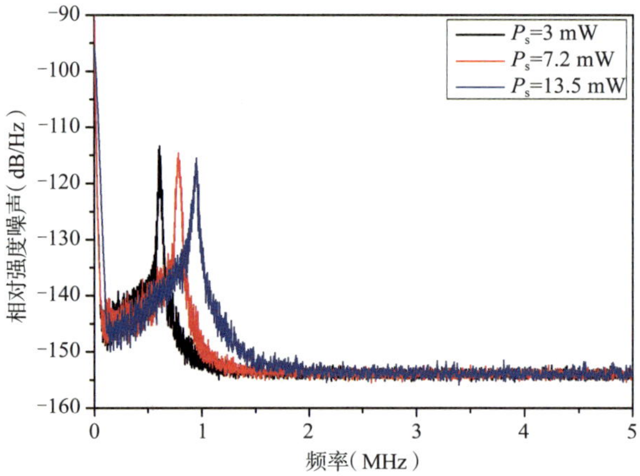

图 3-55　不同输出功率下的相对强度噪声

Ⅱ. 瓦级 1 050 nm DBR 型单频 FOL

基于全光纤的 DBR 结构设计的紧凑且稳定的单频激光器,能够实现瓦量级线性偏振输出。该激光器采用 18 mm 长、8%(质量分数)掺 Yb^{3+} 磷酸盐玻璃光纤,最高单频输出可达 1.15 W,光信噪比(Optical Signal Noise Ratio, OSNR)> 71.5 dB,偏振消光比(Polarization Extinction Ratio, PER)为 29.6 dB,光谱线宽为 9.6 kHz[34]。

如图 3-56 所示, DBR 激光谐振腔是通过使用非对称熔接技术将一段长度为 18 mm 的 8% 掺 Yb^{3+} 的磷酸盐玻璃光纤与一对 FBG 熔接而成[34]。在 1 310 nm 处测量该短腔的熔接损耗为 0.67 dB。掺 Yb^{3+} 磷酸盐玻璃光纤的纤芯和包层直径分别为 6 μm 和 125 μm,纤芯的数值孔径为 0.14,与商用 HI1060 光纤兼容。高反射 FBG(HR-FBG)的反射率 >99.9%, 3 dB 线宽为 0.29 nm。部分反射

FBG（PR-FBG）写于保偏（PM）光纤（PM980，美国 Thorlabs 公司），该光纤具有 18.5% 的反射率和 0.02 nm 的 3 dB 线宽。HR-FBG 和 PR-FBG 的栅区长度分别为 9 mm 和 19 mm。通过计算，DBR 激光谐振腔的有效腔长约为 26.9 mm[32]，对应 3.8 GHz 的纵模间距。两个 976 nm 稳波长、输出功率为 1 W 的单模激光二极管（BL976-PAG900，美国 Thorlabs 公司）通过 PBC 进行功率合束并作为泵浦源。在 PBC 之后获得了 1.78 W 的泵浦功率。泵浦激光由 980 nm/1 030 nm 滤波型 WDM（FWDM）耦合到激光谐振腔中。将另一个 980 nm/1 030 nm PM-FWDM 熔接到激光谐振腔的另一端，用于分离剩余的泵浦光和输出激光。将激光谐振腔放置在铝板上，并用导热硅脂覆盖，以便稳定谐振腔的温度。

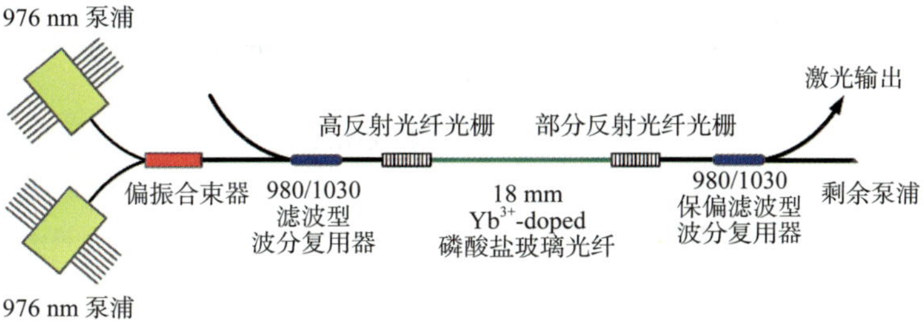

图 3-56　瓦级 1 050 nmDBR 型单频掺 Yb^{3+} 磷酸盐玻璃 FOL 结构

图 3-57 所示为该激光器的输出功率和泵浦功率的关系。激光器的泵浦阈值为 35 mW，在 1.78 W 的最大泵浦功率下，可实现 1.15 W 的激光输出功率，斜率效率约为 66%。此外，即使在最大泵浦功率下也没有观察到功率下降或饱和，单频激光功率的提升仅受限于泵浦功率。使用起偏器（MGT3B8，美国 Karl Lambrecht；偏振消光比为 43 dB）和功率计（918D-IR-0D3，美国 Newport）测得该激光器输出的单频激光在 1.15 W 的最大输出功率下的偏振消光比约为 29.6 dB。

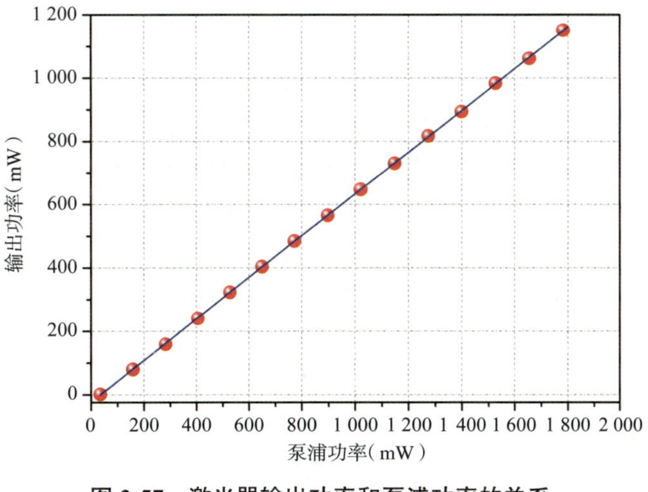

图 3-57　激光器输出功率和泵浦功率的关系

图 3-58 所示为单频激光在最高输出功率下的输出光谱。可以看出，激光器的输出信噪比达 71.5 dB，中心波长为 1 050.25 nm。而激光光谱的高度对称分布是单频激光器的典型特征。

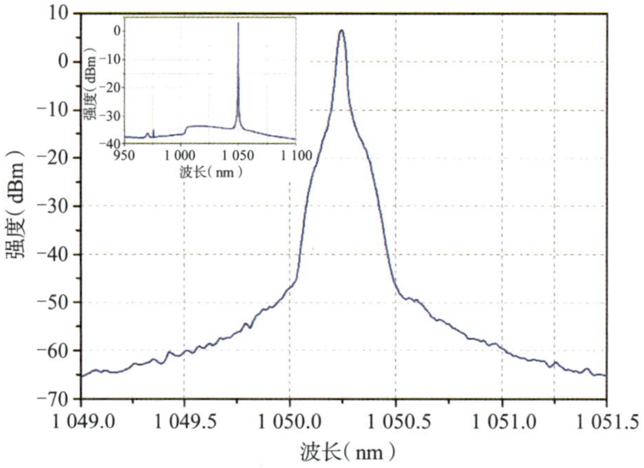

图 3-58　激光器的输出光谱

利用扫描 F-P 干涉仪测得的激光器纵模特性如图 3-59 所示。可以看出,纵模特性中没有出现任何其他主峰,表明该激光器以单纵模模式运转。

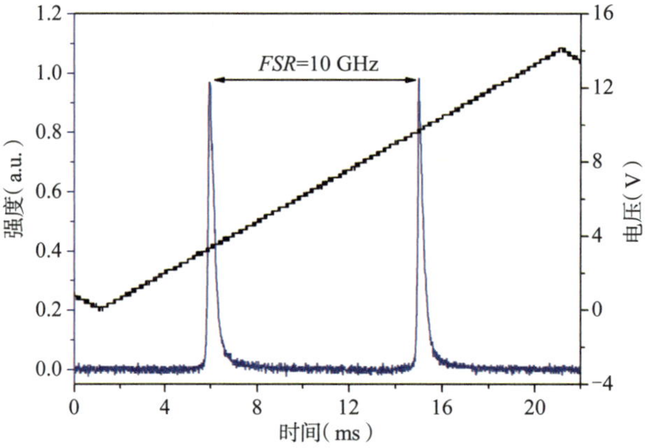

图 3-59　扫描 F-P 干涉仪测得的激光器纵模特性

采用 DSHI 法对激光器的线宽进行了测量,系统中 50 km 长的光纤延迟线可获得约 4 kHz 的线宽测量分辨率。图 3-60 所示为激光器在最大输出功率下的外差信号,通过洛伦兹线性拟合,可以得到瓦级单频掺 Yb^{3+} 磷酸盐玻璃 FOL 输出激光的线宽小于 9.6 kHz。

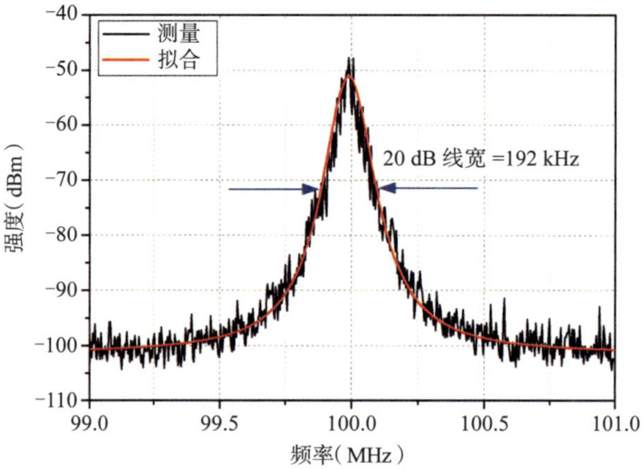

图 3-60　DSHI 法测得的单频激光在输出功率为 1.15 W 时的线宽

图 3-61 所示为单频激光在不同输出激光功率下的相对强度噪声，可见弛豫振荡频率随着激光功率的增强而升高[30]，并且在最大输出功率为 1.15 W 时达到 3.88 MHz。

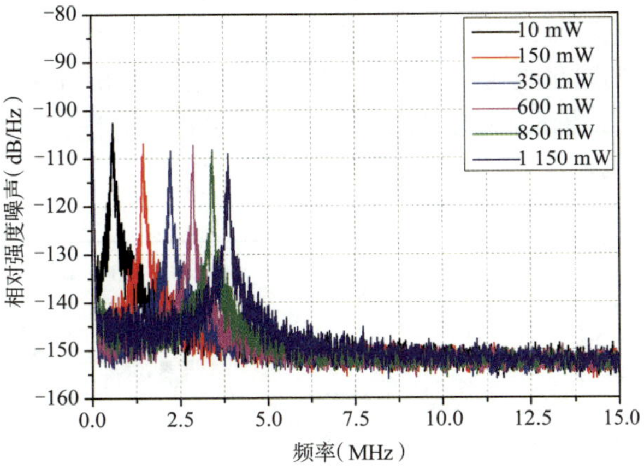

图 3-61　不同输出激光功率下的相对强度噪声

3.1.3　高功率连续波单频光纤放大器

本小节系统研究全光纤单频激光放大器高效功率放大的优化技术，探究窄线宽、低噪声单频激光器伴随功率放大过程的激光线宽和噪声的演化机制，为打通高功率窄线宽单频光纤激光器的技术实现路径提供有力支撑。

(1)高功率 1 μm 波段单频光纤放大器

高功率掺 Yb^{3+} FOL 在近十年受到了广泛关注，这一切得益于对引力波探测、激光雷达等应用领域研究的不断深入。上述应用对单频激光光源的输出功率提出了越来越高的需求。高功率的单频光纤激光输出，通常采用 MOPA 结构实现。相比于固体激光器，全光纤 MOPA 在散热性能、集成性能等方面有较大优势。MOPA 技术采用单频振荡器作为高性能种子激光源，通过搭建多级放大结构，在保持单频激光波长稳定、窄线宽、低噪声等优异性能的同时，实现激光功率的逐级放大。但也正是单频激光的窄线宽特性，导致其功率放大过程面临严重的 SBS 效应，这成为限制高功率单频光纤放大器发展的主要因素。对此，研究者开发了一系列技术手段实现对单频光纤激光 SBS 效应的抑制，包括：对有源光纤施加应力和温度梯度，减弱 SBS 效应的有效积累；针对 Stokes 光的反向传输特性，利用反向泵浦方式降低 Stokes 光增益；设计特殊结构的“声学剪裁光纤”获得激光模场内不同声子能量分布，抑制 Stokes 光叠加累积；采用大模场、短长度有源光纤降低 SBS 增益等技术。基于此，连续光单频光纤放大器在 1、1.5 和 2 μm 这三个光纤激光主要工作波段的输出功率分别达 811、207 和 608 W 的水平。但受限于光纤的特殊结构、高功率光纤器件的可及性等因素，相应的研究工作均采用了空间光路结构，牺牲了光纤激光系统的高集成性和鲁棒性等应用优势。而随着高增益有源光纤和高功率光纤器件制备技术的快速发展，高功率全光纤单频光纤放大器的研究实现了持续推进。图 3-62 总结了近年来连续全光纤单频放大器的功率发展进程。其中，2020 年国防科技大学的 Lai 等采用保偏锥形增益光纤率先将 1 μm 单频全光纤放大器的输出功率提升到 500 W 量级。在其实验中，功率放大器使用 1.27 m 锥形 YDF(输入端纤芯/包层直径为 36.1/249.3 μm，输出端纤芯/包层直径为 57.8/397.3 μm)，利用逐渐增加的光纤模场面积提升 SBS 阈值，并选取具有较高发射截面的 1 030 nm 激光波长应对大模场光纤高功率下的横模不稳定（Transverse Mode Instability，TMI）问题，最终获得 379 W 线偏振单频激光和 550 W 非偏振单频激光。在上述两种工况下，激光功率的进一步提升均受限于超大模场面积导致的 TMI 效应。这也是当前高功率单频全光纤放大器发展所面临的主要问题，即利用大模场面积少模光纤提高 SBS 阈值的同时，引入了 TMI 效应，导致单频激光横模特性的劣化。因此，单频激光功率的进一步提升必须综合考虑 SBS 和 TMI 效应。2021 年，笔者所在课题组对如何获得高功率单频光纤激光进行了更为深入的研究，认为在获得高功率单频激光之前，首先应突破 TMI 抑制技术。

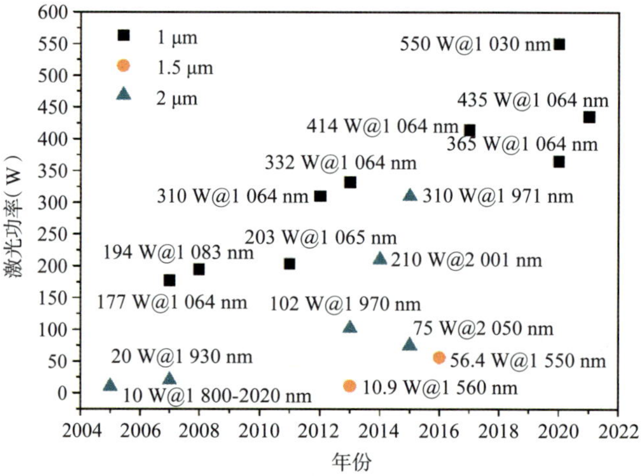

图 3-62　高功率单频全光纤 MOPA 发展进程

TMI 效应的物理现象是光纤中传输的基模能量向高阶模式的耦合，表现出阈值特性。在大模场光纤中，纤芯中存在少量的高阶模式成分，激光在放大、传输的过程中与基模发生干涉，形成干涉场（Mode Interference Pattern，MIP），从而形成沿光纤纵向的激光能量周期性分布，并在量子亏损等激光系统废热的作用下，形成了对光纤折射率的周期性调制——热致折射率光栅（Refractive Intensity Grating，RIG）。当系统受到环境、泵浦或信号强度噪声的影响时，MIP 与 RIG 出现相位偏移，从而触发激光能量从基模向高阶模式耦合。因此，抑制 TMI 效应主要有 3 种思路：一是制约高阶模式的产生和传递，主要通过大间距（large-pitch）光子晶体光纤、光子带隙型光纤、3C 手性光纤等实现对高阶模式的消耗，从而从源头上减弱 MIP 的强度，但是特种光纤制备工艺的不成熟以及其有限的功率承载能力制约着该技术途径的发展；二是通过控制 MIP 和 RIG 之间的相移，实现对 TMI 效应的抑制，主要方法是通过光电反馈回路抑制泵浦激光引入放大系统的噪声，减弱其对 MIP 相位的扰动，从而提高 TMI 阈值，虽然从理论上可以验证该方法的可行性，但是仍没有研究者在实验中通过该方法实现对 TMI 阈值的提升；三是抑制 RIG 的产生或减弱其强度，可通过减少光纤中废热的产生或提高增益饱和效应来实现。笔者所在课题组针对增益饱和效应进行了深入的思考，尝试通过优化放大器中光纤的吸收特性实现对增益饱和效应的增强[35]。

2022 年，笔者所在课题组利用全光纤主功率放大结构，在 1 064 nm 实现了 703 W 的单频光纤激光输出，如图 3-63 所示。该系统用一个线偏振态的 DBR 型单频 FOL（RFLS-25-3-1064，美国 NP Photonics）作为种子激光，输出功率为 30 mW、光谱线宽为 1.3 kHz、光信噪比为 70 dB。在进入功率预放大器阶段之前，单频激光器通过一个纤芯泵浦和一个包层泵浦的前置放大器将 1 064 nm 信号光功率提升到 7.5 W。功率放大器为级联的掺 Yb^{3+} 光纤结构。1 m 长的低掺光纤作为第一段增益器件用来减轻放大器开始时的热负荷，其在 976 nm 处（记为 YDF1；LMA-YDF-30/250，武汉睿芯；MFD 值为 23.0 μm）的吸收系数为 8 dB/m。在 YDF1 之后熔接 1 m 长的高掺光纤，其在 976 nm 处（记为 YDF2，Yb1200-30/250，芬兰 Liekki；MFD 值为 22.9 μm）的吸收系数为 14.2 dB/m，以补偿 YDF1 对泵浦吸收的不足，提高激光效率。功率放大器有源光纤放置在水冷铝板上，并控制其盘绕直径约为 17 cm。在该实验中，采用优化泵浦波长的方式减少有源光纤对泵浦激光的吸收，从而改善增益饱和强度。该实验的泵浦激光选用 915 nm 和 976 nm 激光复合泵浦，组合泵浦功率为 440 W，以进一步提高 TMI 阈值。泵浦激光器通过一个（18+1）×1 的合束器（combiner）耦合到有源光纤中，其输入和输出信号端口的纤芯/内包层直径分别为 12/125 μm 和 30/250 μm。在合束器中集成了模场适配器，以消除信号输入和输出端口之间的模式不匹配，减少功率放大器中的高阶模式成分。在级联增益光纤之后利用自制的包层功率剥离器（Cladding Power Stripper，CPS）滤除剩余包层泵浦光，之后熔接一个自制的端帽用于稳定激光输出。输出的单频激光被部分反射透镜反射 10% 的激光能量，用于测量谱宽（spectral linewidth）、光束质量（beam quality）、光谱（optical spectrum）和傅里叶（Fourier）频谱（RF spectrum）。

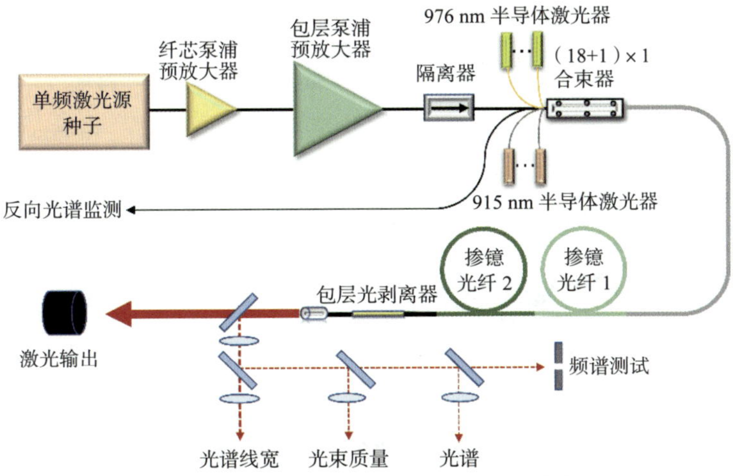

图 3-63　高功率单频全光纤 MOPA 的结构

实验中，为了提高 SBS 阈值，在纤芯泵浦预放大器之后，使用偏振控制器（PC）对线性偏振的种子激光的偏振消光比（PER）进行调制。受限于 PC 的调制能力，种子激光的 PER 值最小可以降低到 4.3 dB。用功率计（FL1100 A-BB-65，德国 Ophir）测量功率放大级的输出功率特性，用光谱分析仪（AQ6370D，日本 Yokogawa）从合束器空闲泵浦端口监测后向光谱（backward spectrum）。如图 3-64（a）所示，首先在功率放大器中注入 440 W 的 915 nm 泵浦激光，可以得到 220 W 的单频激光输出，光效率约为 50%。然后，在此基础上加上 976 nm 的泵浦激光，光效率提升至 80%。当 976 nm 的泵浦功率增加至 600 W 时，总泵浦功率为 1 040 W，获得 703 W 的输出功率，总光效率为 67.5%。图 3-64（b）至（d）所示为随着输出功率增加的反向光谱。在输出功率为 620 W 时，检测到反向的 Stokes 光成分，且其随着激光功率的增强而逐渐增加。当激光输出功率达 703 W 时，Stokes 光的强度突然超过反向瑞利散射强度，表明功率放大器中已经产生 SBS 效应，如图 3-64（b）所示。考虑到这里使用的种子激光器的 PER 值仍有 4.3 dB，因此可以采用圆偏振激光器种子激光进一步提高 SBS 阈值。

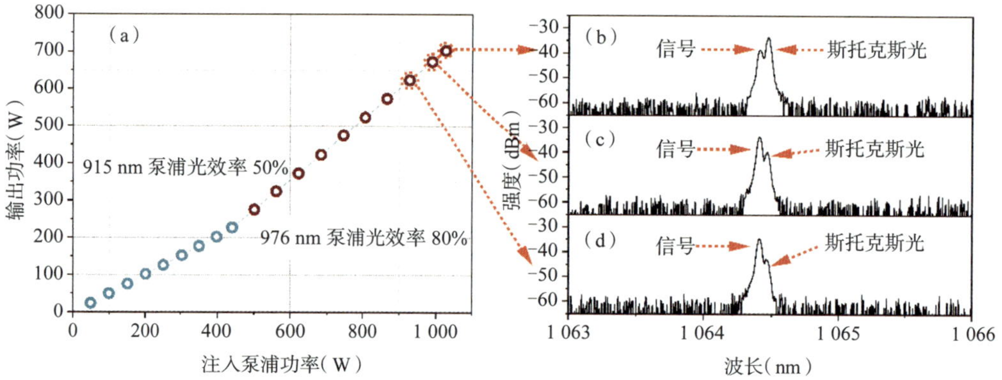

图 3-64　单频掺 Yb^{3+} 全光纤放大器的激光输出功率和反向光谱

(a)输出功率曲线;(b)至(d)输出功率为 703、674 和 620 W 时的反向光谱

图 3-65(a)所示为在输出功率为 650 和 703 W 时测得的单频种子激光器的时域激光强度变化的傅里叶频谱。在 703 W 的最大输出功率下,没有观察到频率在 kW 级别的振荡峰值,这表明此时没有产生 TMI 效应,单频激光输出功率只受到 SBS 效应的限制。在该功率水平下,低于 1 kHz 频率范围内出现了少量频率峰值,这是由泵浦驱动器的电流波动引起的泵浦源的强度噪声产生的。

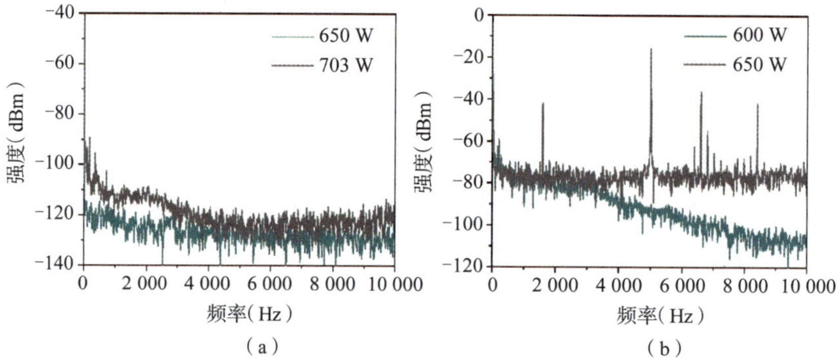

图 3-65　输出激光的时域傅里叶频谱

(a)种子激光 PER 值为 4.3 dB;(b)种子激光 PER 值为 6.8 dB

图 3-66 所示为单频种子激光在不同 PER 值下受 TMI 或 SBS 限制的最大输出功率。当种子激光器的 PER 值增大到 6.8 dB 时,在 SBS 发生之前就观察到了 TMI。如图 3-65(b)所示,当激光功率从 600 W 增大到 650 W 时,激光的傅里叶频谱中出现了振荡频率峰值,间隔为 kHz 级别,这表明此时已经产生 TMI 效应,限制功率继续增加的主要因素转变为 TMI 效应,与种子激光 PER 值为 4.3 dB 的情况相比,这里的 TMI 阈值下降了 50 W 以上。当种子激光 PER 值进一步从 6.8 dB 增大到 14.5 dB 时, TMI 阈值从 650 W 持续下降到 489 W。由于消偏振的信号激光可以削弱基模和高阶模式之间的模式干扰,热致折射率光栅的强度相应减少,从而提高了 TMI 阈值。因此,可以用较低 PER 值的种子激光获得较高的 TMI 阈值。需要指出的是,随着种子激光 PER 值的增大,监测到的后向 Stokes 光的强度均低于图 3-64 中功率水平的反向瑞利散射光的强度,这意味着 SBS 阈值高于 TMI 阈值。

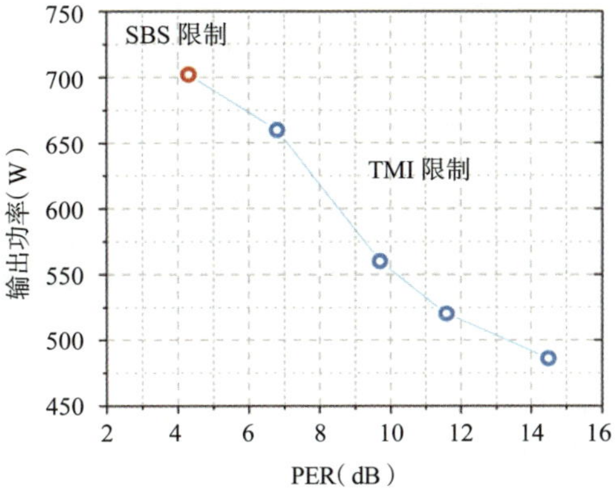

图 3-66　单频光纤放大器的最大可用输出功率与种子激光 PER 的关系

图 3-67（a）所示为用光谱分析仪（Optical Spectrum Analyzer，OSA）以 0.02 nm 的分辨率测量得到的最大输出功率为 703 W 时的光谱，波长范围为 900~1 100 nm。在 1 030~1 055 nm 范围内，可以观察到由于高泵浦吸收导致的剩余上能级粒子数而产生的 ASE 成分。考虑到 ASE 成分，单频光纤放大器的 OSNR 仍然在 53 dB 左右。图 3-67（b）所示为使用 CCD 相机（SP907，德国 Ophir）测量到的不同位置的光束尺寸，计算出 x 和 y 方向的光束质量因子（M^2）分别为 1.43 和 1.47。图 3-67（b）的插图为最大激光功率为 703 W 时的激光光斑。

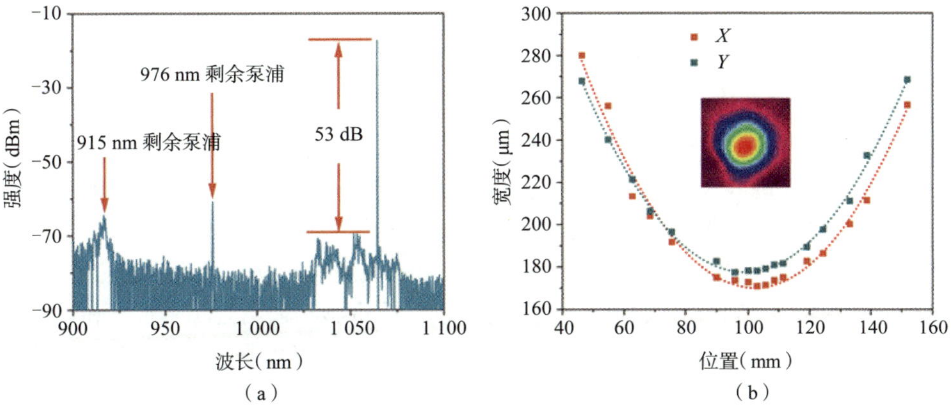

图 3-67　最大输出功率为 703 W 时的单频光纤放大器的光学光谱和光束质量

（a）光学光谱；（b）输出功率为 703 W 时的光束质量

使用 DSHI 法研究了功率放大过程中的激光光谱线宽演化特性。图 3-68（a）所示为单频放大器输出激光的光谱线宽的演化过程，光谱线宽放大过程中没有因为非线性效应（如自相位调制和四波混频等）发生明显展宽。在最大激光功率为 703 W 时，测量得到的线宽如图 3-68（b）所示。其中，20 dB 的线宽为 40 kHz，对应的 3 dB 线宽为 2 kHz。这是首次在如此高的激光功率下实现了 kHz 级别的光谱线宽，这证明了复合泵浦方案和级联增益光纤结构有效地提高了增益饱和度，从而减少了 ASE 分量的产生，抑制了光谱线宽的扩大。

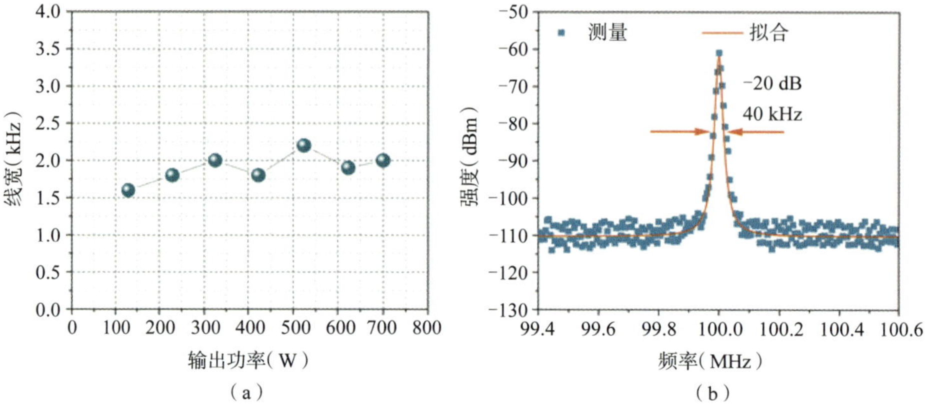

图 3-68 单频光纤放大器测量的激光光谱线宽

(a)输出功率与光谱线宽的关系;(b)最大输出功率时的光谱线宽

(2)高功率 1.5 μm 波段单频光纤放大器

位于 1.5 μm 附近“人眼安全”波段的单频 FOL 具有极低的光纤传输损耗,在光纤通信、激光雷达、激光测距和遥感等领域具有广阔的应用前景,实现高功率 1.5 μm 单频光纤激光具有重要意义。目前,获取该波段光纤激光的主要途径有铒镱共掺 FOL[36]、拉曼 FOL[37] 和光纤参量振荡器 [38] 等。其中,以铒镱共掺光纤为增益介质的 MOPA 是获得高功率、kHz 量级窄线宽 1.5 μm 激光输出的唯一途径。单掺铒光纤因浓度猝灭无法实现高浓度掺杂,进而无法获得高功率激光输出。而铒镱共掺光纤利用 Er^{3+} 对 Yb^{3+} 的敏化作用提高了对泵浦激光的吸收效率,成为获取高功率 1.5 μm 光纤激光的主要增益介质。

Ⅰ. 高功率单频铒镱共掺光纤 MOPA 结构 FOL 研究

低功率、高性能种子激光光源,通过一级或多级光纤 MOPA 实现输出功率的提升,同时可以最大限度地保持种子激光的线宽等光学特性,于是高性能 1.5 μm 单频环形腔或线形腔 FOL 成为种子激光源的首选。目前,此类种子激光源已实现 kHz 量级窄线宽最高 1.9 W 的单频 1.5 μm 光纤激光输出。当输出功率在光纤放大系统中进一步提升时, μm 级别的光纤芯径致使纤芯中的光功率密度极高,从而在光纤中极易产生 SBS、SPM 等非线性效应,严重影响输出光功率水平和输出光谱特性。SBS 阈值较低易发生,其产生的反向光功率会严重影响输出功率水平,必须优化光纤激光系统,对其进行有效抑制。

基于三级 MOPA 结构的铒镱共掺全光纤单频 FOL 实验装置如图 3-69 所示 [39]。在该装置中,种子激光源为商用的线宽为 700 Hz 的 1 550 nm 单频保偏 FOL,其提供 30 mW 的输出功率。增益介质为第一、二级预放大器分别采用长度为 3 m 和 2 m 的铒镱共掺双包层光纤(PM-EYDF-12/130,美国 Nufern),所用泵浦源波长稳定在光纤吸收峰的 976 nm 处,测得吸收系数为 6.5 dB/m。功率放大器采用 4 m 长的保偏大模场铒镱共掺双包层光纤(PM-EYDF-25P/300,美国 Nufern)作为增益介质,在 976 nm 处吸收系数为 4.4 dB/m。各级放大器后均加入包层光剥离器以滤除剩余泵浦光,相邻放大器之间加入隔离器以消除反向光带来的不利影响。实验系统末端的光纤斜切 8° 角,以降低端面菲涅尔反射,便于输出信号光。对输出信号光进行测量时,将输出光通过透镜准直后,通过 1 064 nm 高透射、1 570 nm 高反射的 45° 双色镜进行分光,分光后通过功率探测器 A(EPM1000,美国 Molectron)和功率探测器 B(Vega,以色列 Ophir)分别测量 1.5 μm 和 1 μm 的激光功率。功率放大器中的(6+1)×1 合束器泵浦接入空闲端口,且同样斜切以监测反向光功率。

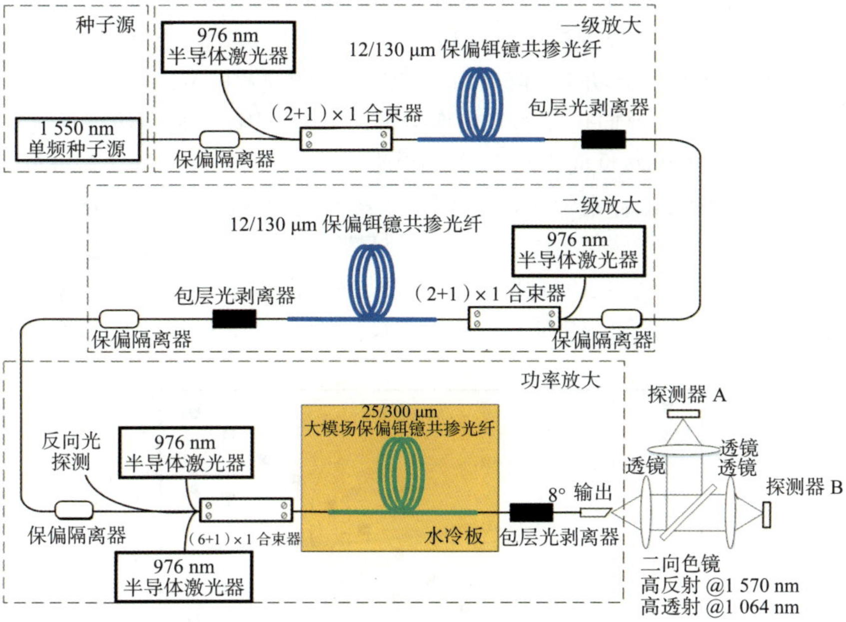

图 3-69　高功率单频铒镱共掺光纤 MOPA 结构 FOL 实验系统示意图

两级光纤预放大器可将 30 mW 的种子激光源放大至 8 W。图 3-70(a)和(b)分别为第一、二级预放大器后在不同 1 550 nm 激光功率输出条件下的光谱。考虑到放大过程中 Yb^{3+} 离子波段(1 000~1 100 nm)ASE 功率会逐级积累,影响 1.5 μm 波段信号光的放大效率,选择第一级预放大器泵浦功率为 7.5 W,最终获得 2.6 W 的信号光输出;选择第二级预放大器的泵浦功率为 20.2 W,此时的输出功率为 8 W。

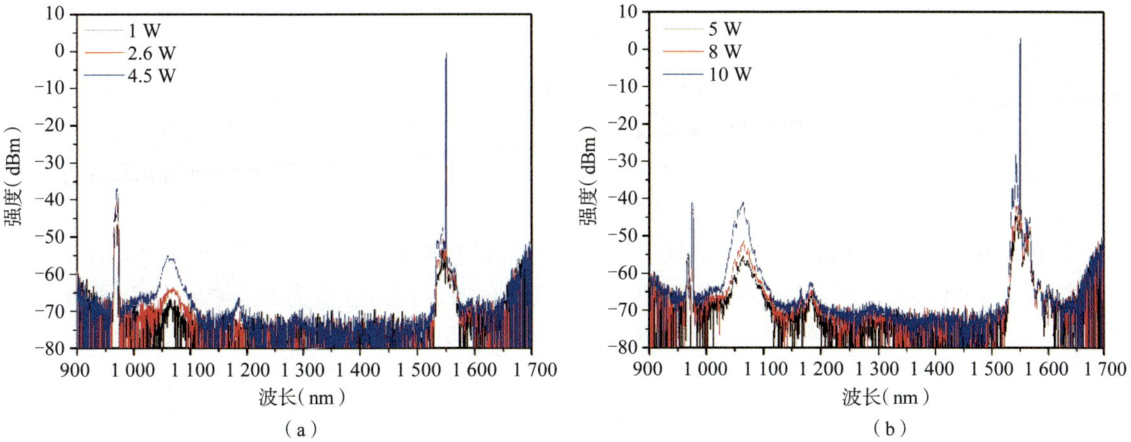

图 3-70　第一、二级预放大器的输出光谱

(a)第一级预放大器;(b)第二级预放大器

当第二级预放大器输出功率分别为 3、5 和 8 W 时,功率放大器的输出功率和泵浦功率之间的关系如图 3-71 所示。当注入信号光功率为 8 W、泵浦功率为 150 W 时,实验系统实现了最大 56.4 W 的 1 550 nm 激光输出,且无明显增益饱和现象,此时转换效率和斜率效率分别为 37.6% 和 37.0%。

当注入信号光功率分别为 5 和 3 W 时，在同样的泵浦功率条件下，1 550 nm 激光输出功率分别为 47.9 和 45.1 W，对应的斜率效率分别为 31.8% 和 30.7%。这表明当注入信号光功率不足时，不能有效提取上能级粒子数，导致输出光功率下降。由于单频激光的线宽极窄，其非线性效应阈值较低，放大过程中极易发生 SBS 效应，反向传输的光功率会迅速上升。因此，利用功率放大器中(6+1)×1 光纤合束器的一个闲置泵浦臂对反向光功率进行监测。与通过熔接光纤耦合器进行测量的方法相比，这种测量反向光功率的方法存在较大误差，不能很准确地测量放大器的反向光功率值。但制作双包层光纤耦合器的工艺难度大、成本高，考虑到此处只监测反向光功率的变化趋势，对准确的功率值并不要求。因此，用光纤合束器泵浦臂监测反向光功率变化趋势是合理的，结果是可信的。由图 3-71 可以看出，反向光功率总是随着泵浦功率线性增长，表明在放大过程中并没有 SBS 效应发生。

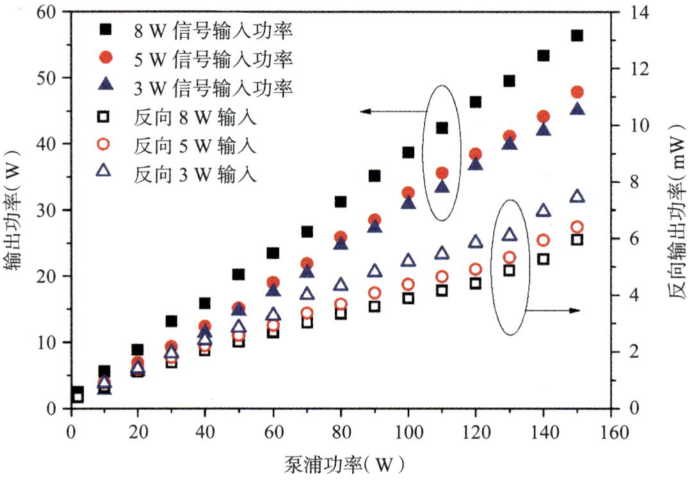

图 3-71　功率放大器输出功率和反向光功率随泵浦功率的变化情况

注入不同信号光功率时，功率放大器的输出光谱如图 3-72 所示。可见，信号光功率的下降致使 ASE 强度略有上升，但信噪比皆大于 40 dB。虽然测量的输出功率包含 ASE，但是只有 mW 级别的反向光功率说明正向 ASE 功率只有 mW 量级，几乎可以忽略。从图 3-72 的插图可知，信号光的中心波长为 1 549.91 nm，与种子激光的波长保持一致，无 SBS 效应产生。另外，利用格兰棱镜对输出光的偏振消光比进行了测量。在最高输出功率下，偏振消光比约为 21 dB，表明输出光具备很好的偏振特性。

为了获得线宽的准确数值，搭建了基于 DSHI 法的线宽测量系统，如图 3-73 所示。高功率单频铒镱共掺光纤 MOPA 所输出的信号光，经过必要的衰减，耦合到测量系统中。输入光经 50/50 耦合器(coupler)分成两路，其中一路经 50 km 长的 SMF-28e 光纤延迟线(delay fiber)后，与经过中心频率为 70 MHz 的声光调制器(Acousto-Optic Modulator, AOM)的另一路信号在 50/50 输出端耦合器中叠加。带宽为 1.2 GHz 的光电探测器(detector)接收到输出信号，并将其输送到射频 ESA 中对其频谱成分进行分析。为减少误差，取线宽值为 −20 dB，通过计算可以准确得到 −3 dB 线宽值，即所测激光线宽。图 3-74 所示为此系统测得种子激光、并放大后的 1 550 nm 激光频谱图和洛伦兹拟合曲线，可以看出种子激光 −20 dB 线宽从 14.7 kHz 展宽至 83.5 kHz，对应的 −3 dB 线宽从 0.73 kHz 展宽至 4.21 kHz[40]。

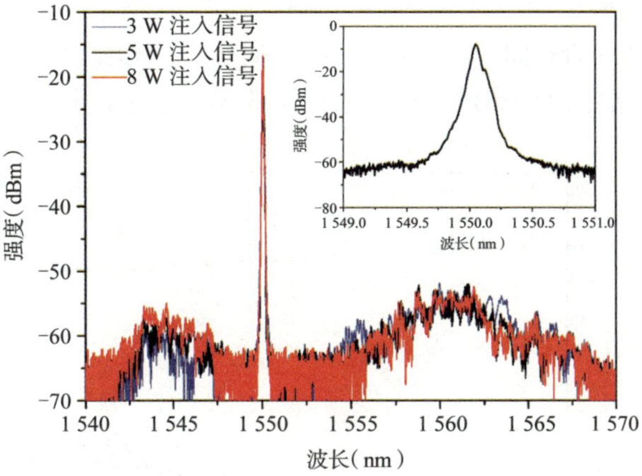

图 3-72 不同注入信号功率时功率放大器的输出光谱

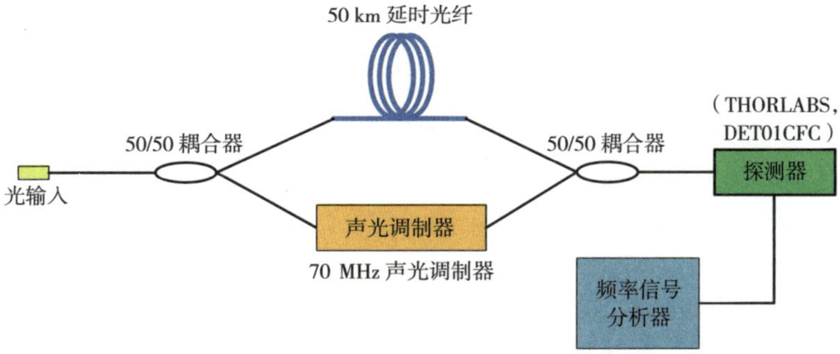

图 3-73 DSHI 法线宽测量系统示意图

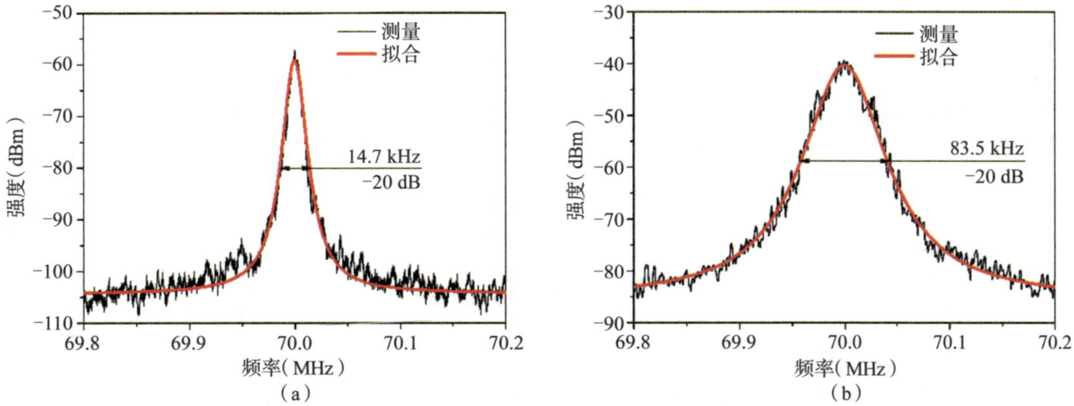

图 3-74 DSHI 法测得的种子激光频谱曲线和洛伦兹拟合曲线

(a)种子激光;(b)放大后的信号光

为详细分析单频 MOPA 输出线宽的演化情况,对各级放大器获得不同输出功率时的线宽进行了测量,其输出线宽演化情况如图 3-75 所示。可以看出,随着功率的提升,线宽逐渐展宽,这主要是信号光的带内 ASE 引起的线宽展宽。当泵浦功率上升,信号光被放大的同时, ASE 也在被不断放大。ASE 会降低输出信噪比,而波长在信号光附近的 ASE 会展宽输出光的线宽[40]。图 3-75 的插图为在 1 550 nm 激光最高输出功率时测得的相对强度噪声,测量系统由可调节耦合器、InGaAs 光电探测器(DET01CFC,美国 Thorlabs)、ESA(N9020 A,美国 Agilent)组成,测得其相对强度噪声峰值在 0.8 MHz 处,峰值强度为 -110 dBm/Hz,说明该光纤 MOPA 系统具有很好的噪声特性。

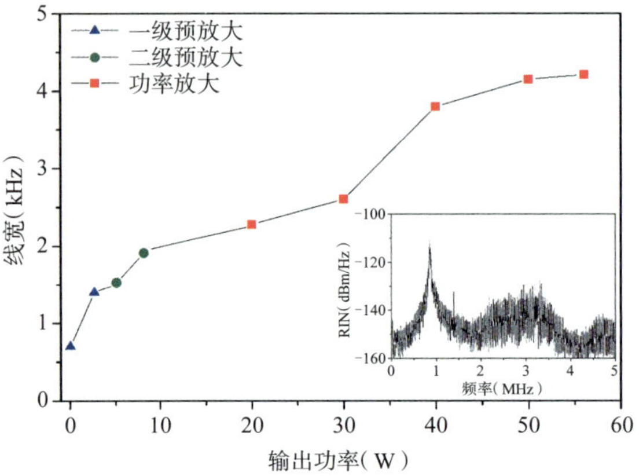

图 3-75　线宽随输出功率的演化情况

Ⅱ. 抑制单频铒镱共掺光纤放大器中 ASE 的研究

铒镱共掺光纤虽然是 1.5 μm 波段 FOL 的首选增益介质,但由于光纤中存在两种掺杂离子,在放大过程中将产生两类 ASE:一是 Er^{3+} 对应的 1 520~1 570 nm 波段的 ASE;二是 Yb^{3+} 对应的 1 000~1 100 nm 波段的 ASE。ASE 强度作为光纤 MOPA 的重要参数,决定着放大效率和信噪比。尤其是在高功率泵浦下,当 Yb^{3+} 和 Er^{3+} 离子间能量交换的速率低于泵浦速率时,离子间的能量交换就会出现所谓的"瓶颈"效应。一方面,使 Er^{3+} 对应波段的信号光的放大效率明显降低;另一方面,Yb^{3+} 对应波段的 ASE 会产生寄生振荡,严重影响光纤放大系统的稳定性[41]。另外,前文已经提及在单频光纤放大器中,ASE 还会导致激光输出线宽展宽。因此,寻求有效方法降低 ASE 的强度,提高输出激光信噪比,以获得高性能、高功率单频 1.5 μm 激光具有重要的意义。

目前,抑制 ASE 的常用方法是采用带通滤波器(Band-Pass Filter, BPF)或光纤布拉格光栅(FBG),滤除信号光以外的 ASE 光,但是额外增加了损耗,同时基于双包层光纤的器件制作难度较大、成本较高。另外,通过反馈的方式,将反向 ASE 光重新注入增益光纤的纤芯,可以降低部分波长的 ASE 功率,避免额外使用器件导致的插入损耗过高的问题。但是,纤芯反馈会使部分波长的 ASE 功率上升,不利于提高光纤放大器的整体信噪比。如果在使用铒镱共掺光纤对单频 1.5 μm 激光放大时使用环形器将反向传输的 ASE 光输入至光纤合束器的空闲泵浦接入端口实现反馈作用,既避免了额外器件的插入,又克服了直接纤芯反馈导致的长波长增益高、ASE 容易激射的问题。

反向泵浦闭环光纤 MOPA 系统的结构如图 3-76 所示[42]。在该结构中,光纤环形器(circulator)的第 3 端口与合束器泵浦臂未连接时,MOPA 的状态为开环结构;当两者熔接起来以后,反向 ASE 进入增益光纤形成反馈,系统变为闭环结构。种子激光源是波长为 1 550 nm 的单频 FOL,线宽为 700 Hz。种子激光通过光纤环形器,从其第 2 端口连接的包层光剥离器(CLS)输出端输出,并与增益光纤相连。增益光纤为 5 m 长的双包层铒镱共掺光纤(SM-EYDF-6/125,美国 Nufern),纤芯和包层直径分别为 6 和 125 μm,测得对 976 nm 光的吸收系数为 1.8 dB/m,其与(2+1)×1 反向泵浦的光纤合束器(combiner)的输出端相熔接。增益光纤的泵浦源为波长锁定的 976 nm 半导体激光器,泵浦激光的谱宽为 0.7 nm,与合束器的一个泵浦臂 1(泵浦端口 1)相连接,测量得到该泵浦端的泵浦效率为 87%。

合束器的另一个泵浦臂 2（泵浦端口 2）测量得到的泵浦效率为 90%，与光纤环形器的第 3 端口相连。反向传输的 ASE 光通过光纤合束器的泵浦臂与 976 nm 泵浦光混合进入增益光纤内包层形成反馈，构成环形结构。在合束器泵浦臂一端的信号纤尾部斜切 8° 作为输出端（output）防止反射。

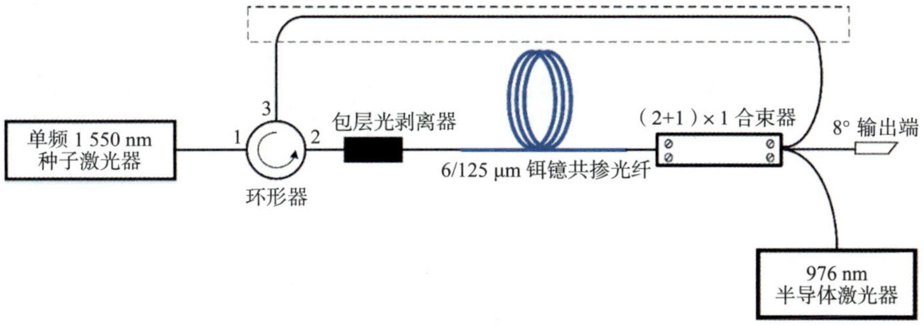

图 3-76 反向泵浦闭环光纤 MOPA 系统结构

研究在种子激光源功率为 10 mW 情况下的不同反馈结构的放大性能，在进行反向泵浦时，开环和闭环结构的输出功率随泵浦功率的变化曲线如图 3-77 所示。开环结构在泵浦功率为 10 W 时，获得了 2.22 W 的 1 550 nm 激光输出，对应的斜率效率为 23.6%。然后将合束器的泵浦端口 2 与环形器的第 3 端口熔接，反向 ASE 从环形器的 6/125 光纤传输到合束器的 105/125 光纤。尽管光纤的纤芯直径不同，但由于 105/125 光纤的数值孔径（$NA = 0.22$）比 6/125 光纤的（$NA = 0.18$）大，因此熔接损耗非常低。具有闭环结构的反向泵浦放大器在 10 W 泵浦功率下，输出 2.17 W 的 1 550 nm 激光功率，相应的斜率效率为 23.2%。与开环结构相比，闭环结构的斜率效率仅下降 0.4%。分析闭环结构斜率效率略低的主要原因是反馈的 ASE 光在增益光纤内包层中传输，在经过纤芯时，也会消耗反转的上能级粒子数。正向传输的信号光可提取的上能级粒子数下降，导致放大效率受到影响。但由于反馈 ASE 光的功率较低，且在内包层中传输，与纤芯的重叠因子较低，所以放大反馈 ASE 光所消耗的上能级粒子数很少，对放大器的斜率效率影响较小，只有 0.4%。

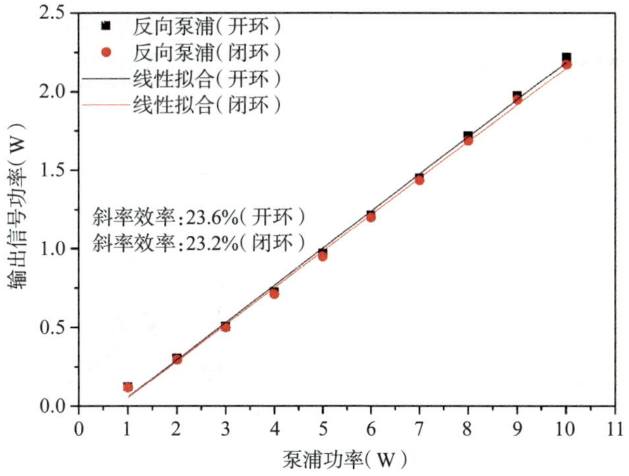

图 3-77 开环和闭环结构反向泵浦光纤 MOPA 输出功率和泵浦光功率关系曲线

图 3-78 所示为由光谱分析仪记录的输出功率分别在 1 和 2 W 时的开闭环状态下的光谱。由图 3-78（a）可以看出，闭环结构可以抑制短波长 ASE（1 530~1 550 nm），反向光谱被同样记录下来，并

且显示在插图中，可见 ASE 抑制峰值波长对应于后向 ASE 的峰值。短波长 ASE 被明显抑制的原因是后向 ASE 在短波长有足够的强度影响上能级的粒子数，因此 1 W 激光功率对应的输出光谱分别在开闭环状态下具有相同的强度。当输出功率增大到 2 W 时，在闭环有源光纤中建立了有效的 ASE 反馈，并且抑制 ASE 功率超过 2 dB。从 1 530 nm 到 1 550 nm 展开的输出光谱如图 3-78（b）所示，前向 ASE 最大抑制发生在 1 535.4 nm 处为 2.1 dB，而在长波 ASE 处抑制不是很明显，仅为 0.1~0.4 dB。与纤芯反馈不同，后向 ASE 通过合束器泵浦端口进行包层反馈，可以避免长波长下 ASE 功率的增强。然而，受环形器承受功率限制，未进一步提升功率，如进一步提升器件性能，将会增强对前向 ASE 的抑制。

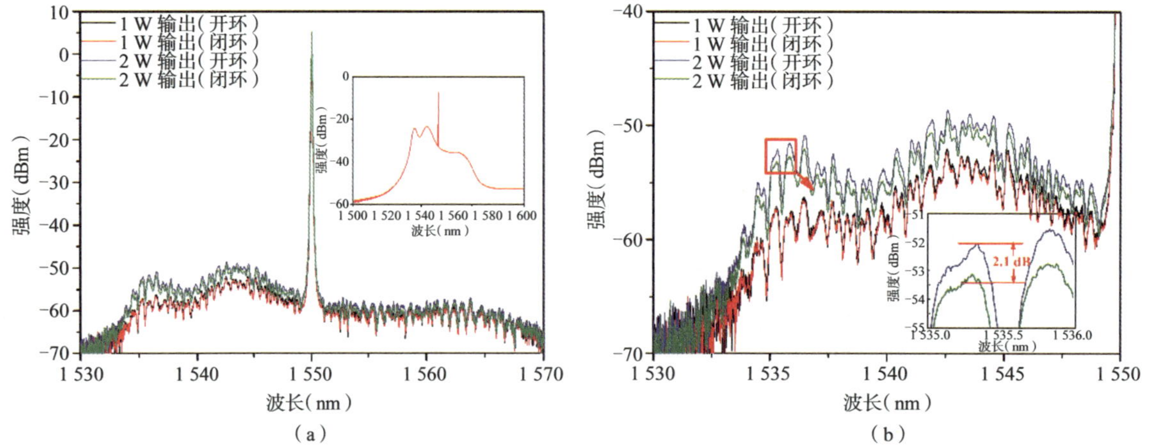

图 3-78　开环和闭环时的输出光谱图和光谱展开图

（a）输出光谱图和反向 ASE 光谱图；（b）总体和最大 ASE 抑制点光谱展开图

前文已分析输出线宽和 ASE 之间存在相关性，因此分别测试了开环和闭环结构的单频光纤放大器输出线宽，如图 3-79（a）所示。可见，两种结构对应的线宽几乎相同，对应的 −3 dB 线宽分别为 4.65 和 4.51 kHz，闭环结构的测量值略低。由于器件限制，输出功率较低，闭环情况下引入的包层反馈对 ASE 强度的影响相对较低，进而对输出线宽几乎无影响。如选择高功率光纤器件，输出功率的提升将放大闭环结构对 ASE 的抑制效果，进而从一定程度上抑制光纤放大器输出线宽的展宽。

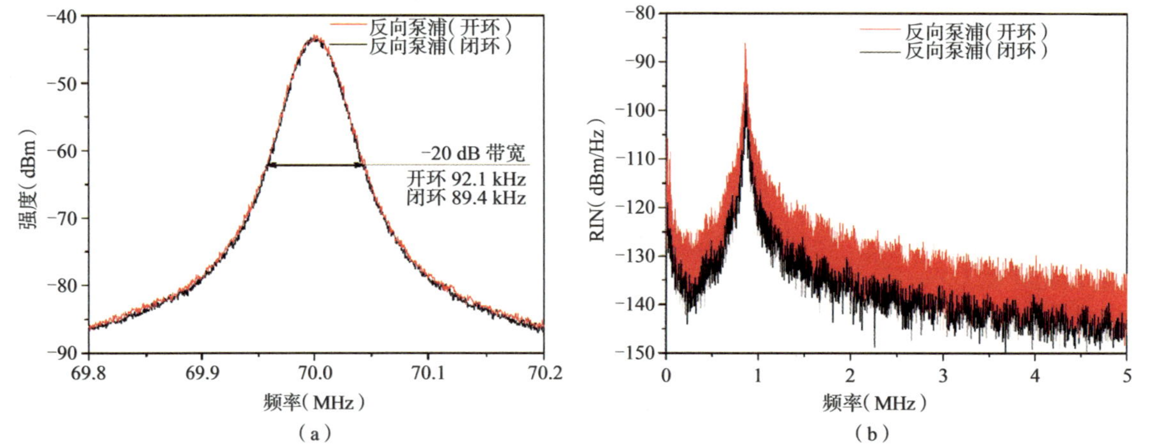

图 3-79　输出功率为 2 W 时开环和闭环结构的输出线宽和 RIN 值

（a）输出线宽；（b）RIN 值对比

本部分介绍了围绕高功率单频铒镱共掺光纤 MOPA 开展的相关实验研究，分析了限制其性能进一步提升的主要影响因素（SBS 和 ASE），主要使用大模场有源光纤提升 SBS 阈值；研究了光纤放大器中输出线宽的演化规律，使用闭环包层反馈结构抑制 ASE 等。上述工作表明，仍可以继续优化放大器的结构，如使用更高性能的非对称增益光纤，选取可承受功率更高的光纤器件，以及灵活使用双端泵浦等丰富的泵浦方式，实现更窄线宽、更低噪声、更高功率的 1 550 nm 单频激光输出。

（3）高功率 2 μm 波段单频光纤放大器

当前近红外 FOL 追求更高功率、更窄线宽，这需要成熟的光纤拉制工艺和器件制备技术，除前文已经介绍过技术相对成熟的高功率窄线宽 1.06 μm 和 1.55 μm 波段 FOL 外，2 μm 波段掺铥 FOL 因可以实现 1 650~2 200 nm 波段范围的激光输出，同样受到广泛关注，相关技术路线不断改进，新的波段不断被发掘，新的用途不断被开发。掺铥 FOL 输出激光波长涵盖众多气体的吸收峰、水的吸收峰和塑料的吸收峰，既可以用于气体鉴定，又可以用于激光医疗手术，还可以应用于工业塑料切割与焊接等领域。2 μm 波段的 FOL 还被广泛地用作硒化镓、砷化镓等非线性差频方法产生太赫兹（THz）波的泵浦源，克服了此类晶体在短波长泵浦下因双光子吸收导致低转换效率的问题。同时，2 μm 波段的泵浦光具有较高的量子转化效率，从而可以有效提高系统的能量转换效率，获得高功率的太赫兹波。

全光纤结构的高功率掺铥激光器的性能特性不断得到优化，输出功率也在不断升高，然而放大器对信号光单频特性的影响有待探索，该方面的研究工作相对较少。笔者所在课题组搭建了全光纤 MOPA 系统，对自制的低功率 1 925 nm 种子激光进行功率放大，研究放大器对激光输出特性（如线宽、RIN 等）的影响规律，以获得高功率、高信噪比、单频窄线宽信号光输出 [43]。

全光纤掺铥 MOPA 系统如图 3-80 所示，种子激光源为 1 925.08 nm 单频光纤激光器，输出功率为 30 mW，线宽约为 35 kHz，RIN 值为 −117 dBm/Hz。第一级预放大器（pre-amplifier Ⅰ）采用 2 m 双包层保偏掺铥光纤作为增益光纤，纤芯和包层直径分别为 10 和 130 μm，泵浦波长为 793 nm，且增益光纤对其吸收为 4.7 dB/m；在 9.5 W 的泵浦功率下，种子激光被放大至 2 W。第二级预放大器（pre-amplifier Ⅱ）采用与第一级预放大器相同的结构，在 20 W 的泵浦功率下，信号光被进一步放大至 7 W。种子激光源与第一级预放大器之间，第一与二级预放大器之间均加入隔离器，以避免反向光损坏系统。第二级预放大器与功率放大器之间添加包层模式剥离器，以滤除剩余泵浦光；添加环形器 + 高反射光栅组合，以滤除 ASE，同时起到隔离器的作用。主放大器采用 3 m 长的大模场保偏掺铥光纤提供增益，在 793 nm 处的吸收系数为 2.4 dB/m，纤芯和包层直径分别为 25 和 400 μm。高功率 793 nm 泵浦源由保偏（6+1）× 1 合束器接入至功率放大器，空闲端口用以监测反向光。大模场保偏掺铥光纤被放置在恒温 12 ℃的水冷板上，并盘绕成直径 11 cm 的光纤圈，以保证高光束质量。最后，连接包层模式剥离器，以滤除剩余泵浦光；光纤输出末端斜切成 8° 角，以避免反向光损伤系统。全光纤化结构提高了系统的稳定性。

前文已详细介绍使用 DSHI 法测量输出激光线宽的方法。下面介绍 RIN 测试方法。虽然受激辐射在光纤放大器中占主导地位，但仍有一小部分光子是由自发辐射产生的，它是光强度噪声的主要来源，通常被量化为 RIN，即光信号的均方强度波动频谱密度与平均光功率之比，以表征强度波动，应用快速傅里叶变换（Fast Fourier Transform，FFT）可以计算 RIN 的功率谱密度。RIN 测量系统如图 3-81 所示，由可变耦合器、光电探测器、射频放大器及 ESA 构成。为了测量单频激光器 RIN 的特征，待测量激光器应该处于连续波输出状态。当激光器输出信号光不存在强度噪声时，光电探测器的输出信号只有直流分量，此时在 ESA 的零频区域以外没有功率值。当激光器信号光存在强度噪声时,激光信号在谐振腔内来回振荡、放大增益的过程中,强度噪声同样得到放大,从而使光电探测器检测输出信号在高频区域具有一定的功率浮动,并且其中心频率跟激光器的弛豫振荡频率相吻合。可变耦合器用于调整光功率使光电探测器(photodetector)具有相同的值,射频放大器(RF amplifier)用于放大光电探测器接收到的交流信号,最终在 ESA 上显示的功率谱密度中获得 RIN 的强度和频率。

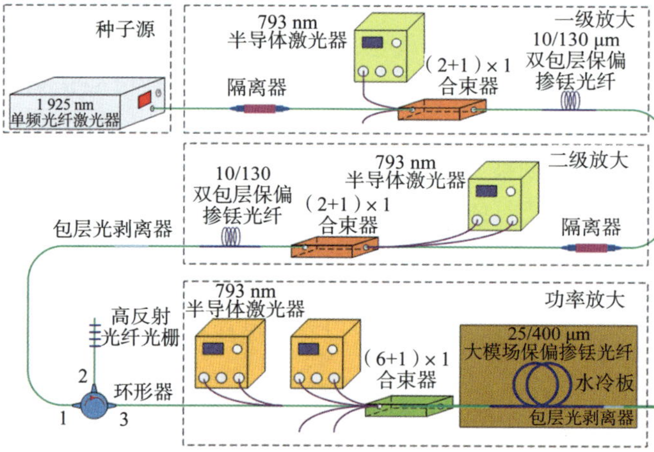

图 3-80 带滤波功能的功率主系统

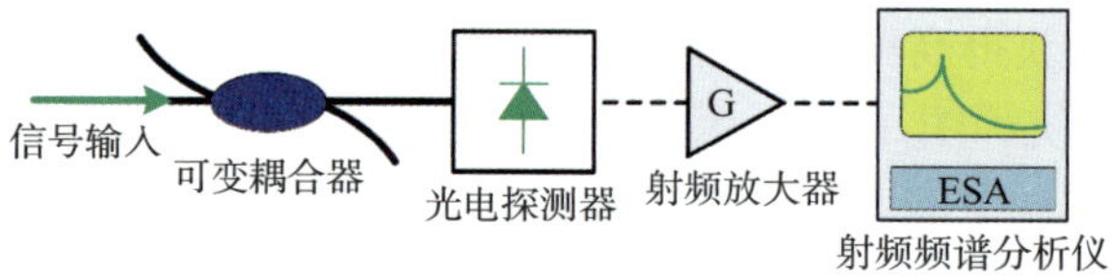

图 3-81 RIN 测量系统示意图

虽然两级预放大器可以将信号光功率放大至 7 W,但是受环形器可承受功率限制,最终输入功率放大器的信号光功率为 1.8 W。功率放大器的信号光输出功率与反向功率随泵浦功率的变化曲线如图 3-82 所示。可见,输出信号光功率几乎为线性增长,并且在 118 W 的泵浦功率下被放大到 45 W,线性拟合后得到斜率效率为 43.3%,在优化光纤长度及提高输入信号光功率后,预计斜率效率将进一步提升。由图 3-82 还可以看出,反向光功率没有急剧增大,表明在放大过程中没有 SBS 发生。泵浦功率为 45 W 时的信号光的光谱如图 3-83 所示,可见中心波长 1 925.08 nm 与种子激光一致,SNR 约为 50 dB,无明显 ASE 产生。

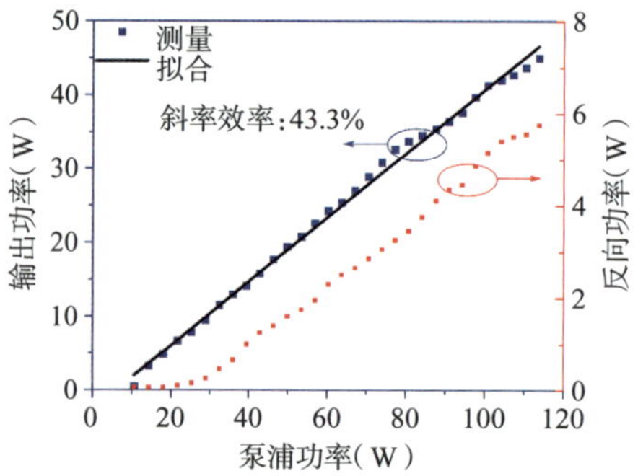

图 3-82 掺铥光纤 MOPA 输出功率和反向散射功率随 LD 泵浦功率的变化曲线

对种子激光源和功率主放大系统输出信号光的单纵模运转特性进行表征，对应实验结果分别如图 3-84(a)和(b)所示。可以看出，单纵模种子激光经第一级预放大系统、第二级预放大系统和功率主放大系统后，仍然处于单纵模输出状态。

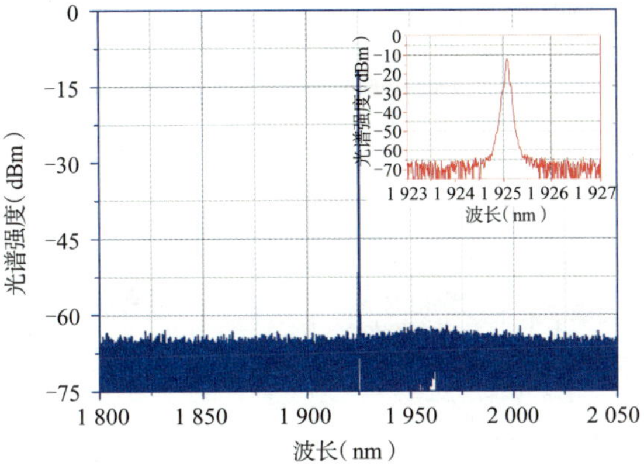

图 3-83　输出功率为 45 W 时的输出信号光的光谱

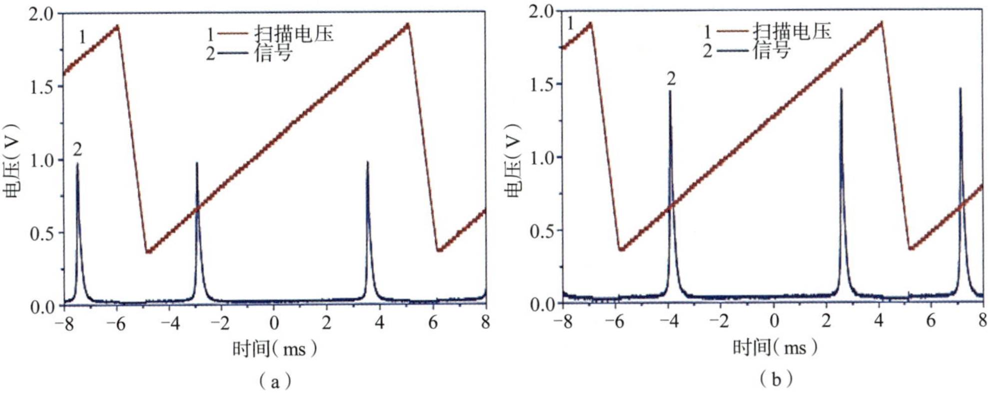

图 3-84　MOPA 系统光频谱扫描图

(a)种子激光；(b)输出信号光

使用 DSHI 法测量不同信号光功率对应的拍频信号，并通过对测量得到的频谱进行洛伦兹线性拟合，得到不同信号光功率下的输出线宽频谱，如图 3-85 所示。与种子激光的 −20 dB 线宽 710 kHz 对应的 −3 dB 线宽 35 kHz 相比，所有放大信号的线宽都发生展宽。

为了研究放大过程中线宽的变化规律，测量了不同信号光功率下的洛伦兹线性 -3 dB 线宽(图 3-86 中的方点)，可以发现线宽呈先减小后增大的趋势；同时测量了不同信号光功率下的光谱信噪比(图 3-86 中的圆点)，可以发现其与线宽呈相反的变化趋势。结果提示，线宽变化是由泵浦光对上能级粒子的提取效率变化所引起的。当泵浦光功率较低时，随着泵浦光功率的增强，信号光的功率相对较强，可以有效地提取激光上能级粒子，使放大器信号光的信噪比增加、线宽值变小。而随着泵浦功率的不断增加，增益光纤中的 ASE 不断积累，导致信号光对上能级粒子的提取效率降低，使信号光的信噪比降低、线宽值变大。

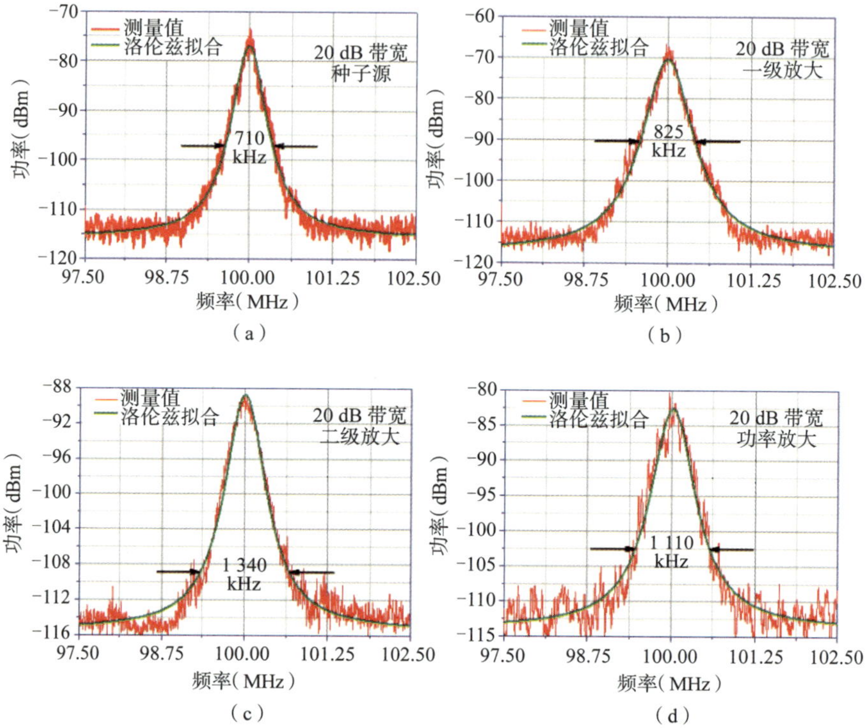

图 3-85　光纤放大器各级输出信号光线宽频谱

(a)种子激光;(b)第一级预放大输出;(c)第二级预放大输出;(d)信号光输出

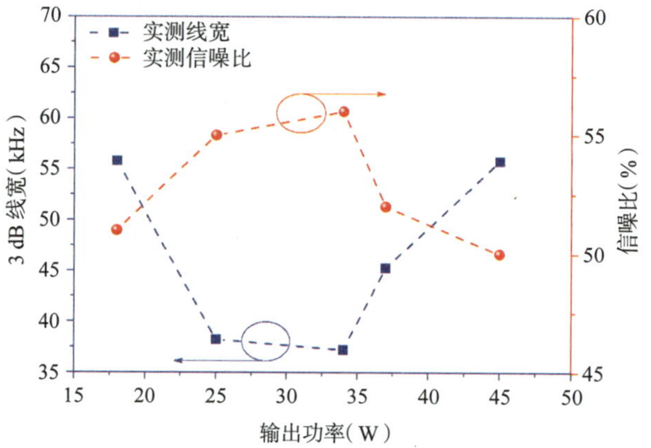

图 3-86　输出激光线宽和信噪比与输出功率的关系曲线

采用如图 3-81 所示的 RIN 测量系统对放大器输出信号光的 RIN 进行测量,得到每级放大器在不同功率情况下的 RIN 情况如图 3-87 所示。可以看出,RIN 的谱线在频域中存在两个峰值,由于频率较高的峰值中心频率随增益光纤的不同而发生变化,而频率较低的峰值中心频率只与泵浦功率相关,因此激光器的弛豫振荡频率对应于高频区域的峰值中心频率。实验结果表明,每个放大器输出信号光的 RIN 的中心频率随泵浦光功率的增强保持不变,但是峰值功率在增强的过程中不断增强。此外,种子激光光源和功率主放大器输出信号光的 RIN 均与两级预放大系统输出信号光的 RIN 具有不同的中心频率;而两级预放大器的 RIN 具有相同的中心频率,说明增益光纤的上能级寿命影响激光器的弛豫振荡频率。当放大器的输出功率为 45 W 时，实验测得信号光 RIN 的峰值中心频率为 860 kHz、峰值功率为 -90 dB/Hz。

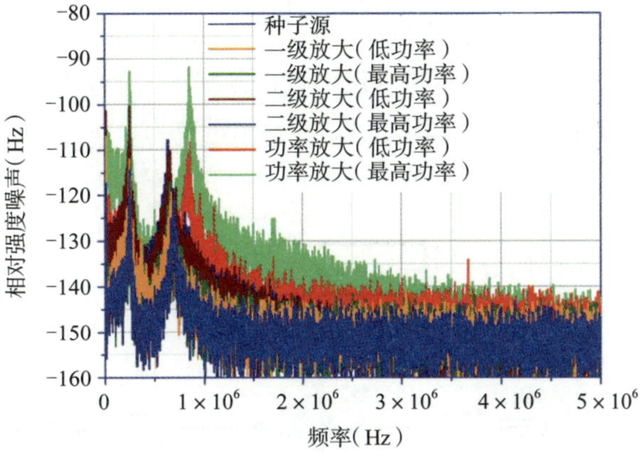

图 3-87　不同放大器对应输出 RIN 的测量频谱

本小节介绍了对 2 μm 单频光纤放大器的研究，最高输出功率为 45 W；实现了对单频 FOL 线宽和相位噪声的测量，但由于光纤器件限制，未能进一步提高输出功率。未来将优化实验系统以提高其输出功率，同时研究单频激光器的线宽压窄和噪声抑制机理，实现具有更窄线宽和更低噪声的高功率 2 μm 单频掺铥 FOL。

3.1.4　高峰值功率 / 能量单频脉冲全光纤放大器

针对单频脉冲激光高峰值功率下自相位调制等非线性效应导致的频谱展宽问题，本小节重点介绍基于三角形脉冲在高功率光纤激光放大过程中的应用优势，结合锥形光纤等特殊光纤结构设计，有效提升非线性阈值，实现峰值功率达 30 kW 的单频脉冲激光的工作；此外，通过脉冲波形预补偿技术，实现 >0.5 mJ、百纳秒级别单频脉冲激光，研究结果达国际先进水平。

(1)三角波(高峰值功率)

单频 FOL 的功率和光谱线宽分别主要受限于 SBS 和 SPM 这两种非线性效应。相比于连续波 FOL，脉冲 FOL 具有更高的峰值功率，加之光纤波导结构对光的局域作用产生的高功率密度以及光纤长度方向上非线性的积累，其中的非线性效应更为严重。SBS 产生的后向 Stokes 光会在有源光纤中被放大，严重影响正向信号的转换效率，甚至造成器件和系统发生损伤；而 SPM 则使光纤 MOPA 输出的光谱线宽相对种子激光源调制脉冲序列的傅里叶变换极限水平发生明显的展宽，使激光的光谱特性和时间相干性发生劣化。笔者所在课题组在抑制 SPM 效应方面进行了深入的探索，尝试通过优化脉冲波形实现对 SPM 导致的线宽展宽的抑制[44]。

笔者所在课题组搭建了如图 3-88 所示的单频脉冲光纤 MOPA。其中，中心波长为 1 064.62 nm 的连续波激光器(CW laser)的输出经电光强度调制器(Electro-Optic Intensity Modulator，EOIM)产生脉冲序列。EOIM 由一个任意函数发生器(AFG)驱动，因此脉冲种子激光的波形可以通过控制加载在 EOIM 上的射频电脉冲波形而实现精确控制。该系统创新性地采用了具有短上升沿的三角形脉冲抑制 SPM 引起的线宽增宽。受 AFG 调制能力的限制，最短的上升沿为 1 ns，脉冲宽度可以通过改变下降沿调整。经 EOIM 调制产生的脉冲序列被两级纤芯泵浦预放大器放大(Yb-300-6/125 μm，芬兰 Liekki)，然后由与 EOIM 同步的 AOM 进行调制，以消除带内 ASE 并增加信噪比。在脉冲重复频率(PRF)为 20 kHz 时，AOM 之后的种子激光的平均功率为 300 μW，在 9.8 ns 的脉冲宽度相对应的峰值功率为 1.5 W。为了提高激光脉冲的峰值功率，该系统使用了两级包层预放大器(pre-amplifier)和一个功率放大器(power amplifier)，泵浦源采用 976 nm 锁波长的半导体激光器。第一、第二包层预放大器中掺 Yb^{3+} 光纤的纤芯和内包层直径分别为 10 和 130 μm、20 和 130 μm。每两级预放大器之间插入隔离器，以隔离反向 ASE。此外，采用带宽为 2 nm 的带通滤波器去除 ASE 成分。第二级包层预放大器后，脉冲激光的平均功率提高到 353 mW，相应的峰值功率为 1.8 kW。

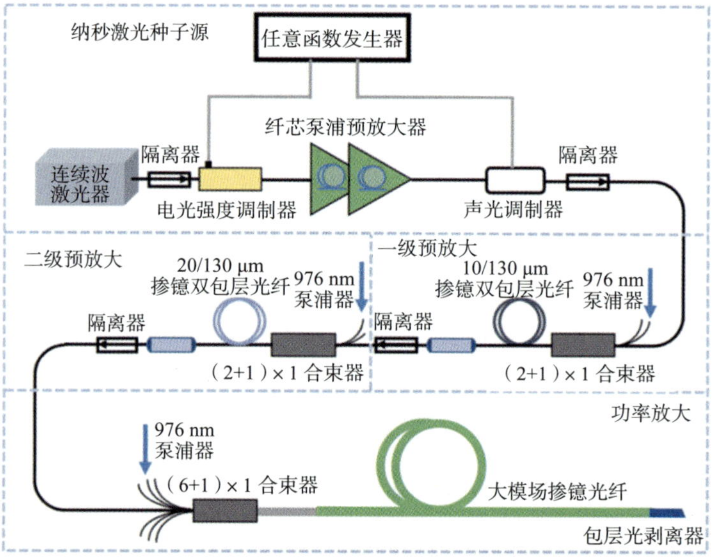

图 3-88　高功率单频纳秒级别脉冲 FOL 系统示意图

为提高功率放大器的 SBS 阈值，尝试使用 3 种增益光纤配置方法：第一种方法是使用一块 0.9 m 长的 30/250 μm 大模场掺 Yb^{3+} 光纤作为增益介质；第二种方法是将光纤长度增加到 1.2 m，以提高泵浦的吸收，提升转换效率，并在光纤上施加从 0~90 N 梯度增加的纵向应力，以展宽布里渊增益带宽，同时降低其增益峰值；第三种方法是采用一段锥形掺 Yb^{3+} 光纤，锥区长度为 0.75 m，纤芯和包层尺寸从 35 和 250 μm 逐渐增加至 56 和 400 μm，在其两端各有约 1.4 m 长的均匀光纤。

首先测量脉冲 MOPA 的功率输出性能，如图 3-89 所示。在测量过程中，通过合束器的剩余泵浦端口监测反向光谱，以观察反向 Stokes 光成分。当反向 Stokes 光成分的强度等于瑞利散射的强度时，输出功率即为 SBS 阈值。在 20 kHz 的重复频率和 9.8 ns 的脉冲宽度下，注入功率放大器的脉冲激光平均功率为 353 mW。对于没有在增益光纤施加应力梯度的第一组实验中，SBS 阈值为 1.56 W，此时泵浦功率为 5.4 W，0.9 m 长的掺 Yb^{3+} 光纤对泵浦有限的吸收导致激光效率只有 30.4%。在第二组实验中，光纤长度增加到 1.2 m，在施加应力梯度后，SBS 阈值提高至 3.22 W，斜率效率增大到 38.8%。在第三组实验中，锥形光纤极大地提高了脉冲激光的输出功率水平，直到输出平均功率超过 5.02 W 才观察到 Stokes 光成分；在 30 min 内，输出功率的峰谷波动小于 2%；此时斜率效率为 53.0%。结果表明，锥形光纤不仅有效提高了 SBS 阈值，更长的有源光纤优化了泵浦的吸收性能，从而提高了激光效率。在最大输出功率下，测量的脉冲能量达 0.25 mJ，且没有明显的连续光成分。

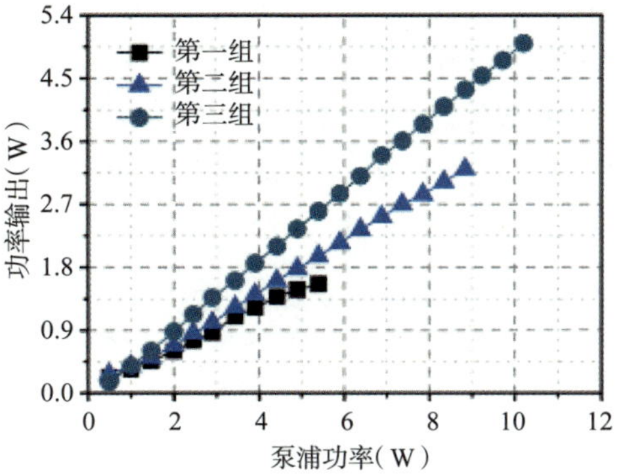

图 3-89　3 种有源光纤配置方法下的平均输出功率与泵浦功率的关系曲线

实验中使用示波器(MSO-X 3054 A,美国 Keysight)和快速光电二极管(DET01CFC,美国 Thorlabs)在最大输出功率 5.02 W 下测量了脉冲波形。图 3-90(a)所示为种子激光器在 AOM 调制后的波形,种子激光脉冲的波形有一个宽度为 1 ns 的上升沿,与整个波形相比可以忽略不计;下降沿接近线性,形成一个三角形脉冲,其半峰全宽(Full Width at Half Maxima, FWHM)脉冲宽度为 9.8 ns,在被放大到最大功率后, FWHM 脉冲宽度被压缩至 8 ns,如图 3-90(b)所示。输出激光脉冲波形与种子激光脉冲相比,没有表现出明显的畸变,并且测量值(measured)波形与理论计算(theoretical)的波形很吻合,在长达 30 min 内,脉冲形状没有明显的变化。因此,相应的最大峰值功率为 31.4 kW,脉冲能量为 0.25 mJ。使用三角形脉冲的主要目的是抑制 SPM 导致的线宽展宽。非线性相位引起的频率变化可以表示为

$$\delta\omega(T) = -\gamma P_0 L_{\text{eff}} \frac{\partial I(T)}{\partial T} \tag{3-13}$$

式中:P_0 为激光峰值功率;$I(T)$为随时间变化的归一化激光强度;L_{eff} 为有效光纤长度;γ 为确定的光纤和激光器波长相关的常数。

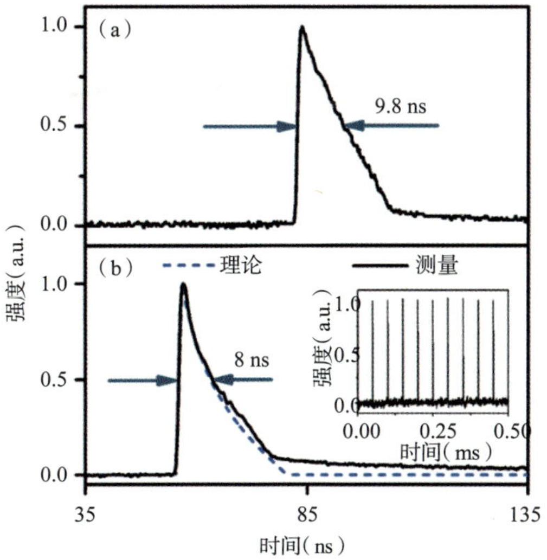

图 3-90　脉冲种子激光波形

(a)种子激光波形;(b)31 kW 时的脉冲激光波形

由式(3-13)可知,频移量是由非线性相移和激光强度对时间的导数决定的。对于高斯脉冲,$\partial I(T)/\partial T$ 在脉冲持续时间内不断变化,由此导致许多新的频率成分产生和线宽展宽;对于三角形脉冲,线性下降沿的 $\partial I(T)/\partial T$ 是一个常数。因此,整个激光脉冲将经历相同的频移,激光线宽不会发生展宽。实验中,使用一个 F-P 干涉仪(SA200-8B,美国 Thorlabs;自由光谱范围为 1.5 GHz,分辨率为 7.5 MHz)测量了激光的光谱线宽。如图 3-91(a)所示,最大峰值功率为 31.4 kW 时, 8 ns 的三角形脉冲的光谱线宽只有 63 MHz,线宽在 30 min 内保持良好。与之比较,当使用一个具有相同脉宽的高斯脉冲时,在 1.8 kW 峰值功率下低功率下激光线宽也表现出严重的展宽,如图 3-91(b)所示,在中心频率的两边都产生了新的频率成分,形成了三个频率峰。使用傅里叶变换计算实验中采用的三角形脉冲对应的时间带宽积(Time Bandwidth Product,TBP,即 $\Delta t\times\Delta\nu$)极限是 0.491。同时,测得的 63 MHz 线宽和 8 ns 脉宽对应的 TBP 值为 0.504,此结果相比于 TBP 极限仅展宽了不到 2.6%。为了验证三角形脉冲在不同脉冲宽度下的线宽展宽抑制效果,实验中还测量了脉宽为 6.5 和 8 ns 的三角形种子激光脉冲的放大情况。如图 3-92 所示,在 30 kW 峰值功率下,得到输出激光脉冲宽度分别为 5.9 和 7 ns 的单频脉冲输出,对应的光谱线宽分别为 88 和 73 MHz。实验中在 3 种脉冲宽度下测量的光谱线宽均接近傅里叶变换极限的光谱线宽,表明三角形脉冲很好地抑制了 SPM 引起的线宽展宽,这有助于在高峰值功率脉冲光纤放大器中获得窄线宽高峰值功率的激光输出。

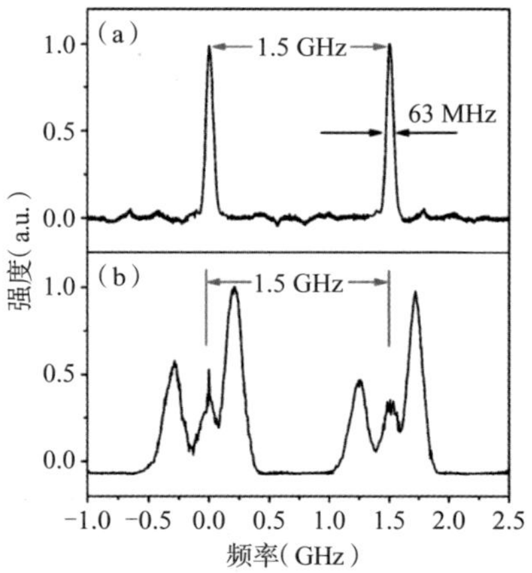

图 3-91　三角形和高斯脉冲的线宽(脉冲宽度为 8 ns)

(a)峰值功率为 31.4 kW 时的三角形脉冲;(b)峰值功率为 1.8 kW 时的高斯脉冲

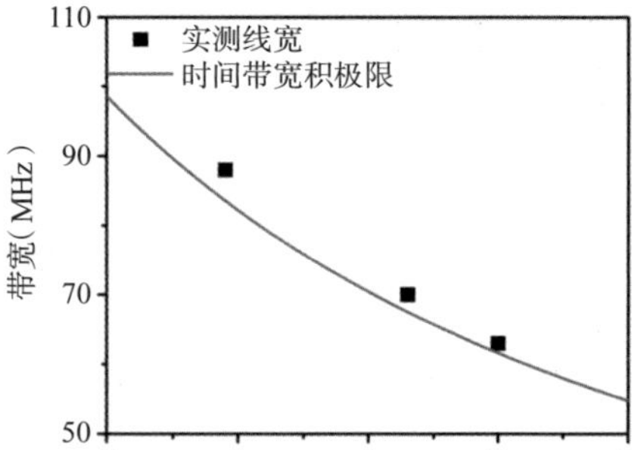

图 3-92　不同脉冲宽度下的光谱线宽

在最大峰值功率为 31.4 kW 下，使用光束质量监测器（M2-200，德国 Ophir）测量 FOL 的光束质量，测得 $M^2 \approx 1.2$，如图 3-93（a）所示；光谱分辨率为 0.02 nm，如图 3-93（b）所示。得益于带通滤波器的使用，实验中没有观察到明显的 ASE 现象，仅在 BPF 的通光波段内有部分 ASE 成分，激光输出与 ASE 成分之间的信噪比为 45 dB。

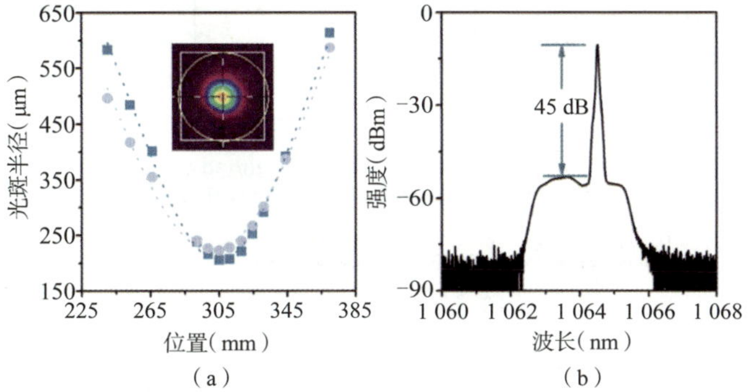

图 3-93 输出激光的光束质量和峰值功率下的光谱

（a）光束质量；（b）31.4 kW 峰值功率下的激光光谱

（2）高脉冲能量百纳秒单频脉冲全光纤放大器

近年来，随着石英有源光纤制备工艺的进步，商用掺 Yb^{3+} 石英光纤也能够实现较高的泵浦吸收和激光增益，从而可在缩短光纤长度、提高 SBS 阈值的同时，保证脉冲单频激光的有效放大，为高能量的全光纤脉冲单频激光输出提供有利条件。

笔者所在课题组研发了基于混合增益光纤实现的 1 064 nm 高能量单频掺 Yb^{3+} 百纳秒脉冲全光纤激光器。该激光器在主放大器泵浦功率为 13 W 时，获得了最大 0.59 mJ 的脉冲能量，重复频率为 5 kHz，脉冲宽度为 104 ns。主放大器采用芯径分别为 35 μm 的掺 Yb^{3+} 石英光纤和 50 μm 的掺 Yb^{3+} 磷硅酸盐玻璃光纤的级联光纤作为增益介质，以此提高受激布里渊散射阈值和激光信噪比。一方面，芯径差异给反向 Stokes 光引入较大的插损，类似于锥形光纤的工作机理避免了复杂的加工工艺，以此提高 SBS 阈值；另一方面，常规掺杂浓度的有源光纤在泵浦功率较高而信号光功率较低的输入端附近不会产生明显的 ASE，经石英光纤放大的信号光可以更充分地提取高掺杂磷硅酸盐玻璃光纤中的上能级粒子数，起到了提高激光效率和抑制 ASE 的作用。在优化有源光纤长度和盘绕方式保证转换效率的同时，该激光器实现了较好的光束质量，在最大脉冲能量时，光束质量 M^2=1.50，此时的光谱线宽为 40 MHz。

图 3-94 所示为脉冲单频光纤激光 MOPA 装置的结构。其中，中心波长为 1 064.44 nm、输出功率为 30 mW、线宽为 1 kHz 的单频掺 Yb^{3+}FOL（RFLS-25-3-1064，美国 NP Photonics）经一级纤芯预放大器得到 76 mW 的连续波激光输出，经任意函数发生器（Arbitrary Function Generator，AFG）控制的 EOIM（NIR-MX-LN-10，法国 iXblue；带宽为 12 GHz）调制产生脉宽为 100 ns 的脉冲序列，一个和 EOIM 时域同步的 AOM 用来进一步滤除脉冲序列中的连续波成分和带内 ASE。经过两级纤芯泵浦源为 976 nm 单模 LD 的掺 Yb^{3+} 光纤预放大器后，最终在 AOM 后获得了脉冲重复频率为 5 kHz、平均功率为 1 mW 的单频脉冲种子激光。两级包层预放大器分别采用 1.5 m 长、纤芯和包层直径分别为 10 和 130 μm 的掺 Yb^{3+} 有源光纤（LMA-YDF-10/130-M，美国 Nufern；在 975 nm 处的包层泵浦吸收系数为 4.1 dB/m）和 2 m 长、纤芯和包层直径分别为 20 和 130 μm 的掺 Yb^{3+} 有源光

纤（LMA-YDF-20/130-Ⅷ，美国 Nufern；在 976 nm 处的包层泵浦吸收系数为 8.7 dB/m）作为增益介质，泵浦源均为 976 nm 稳波长 LD。单频脉冲种子激光经过两级包层预放大器后，平均功率提升至 120 mW，与之对应单脉冲能量为 0.024 mJ[45]。

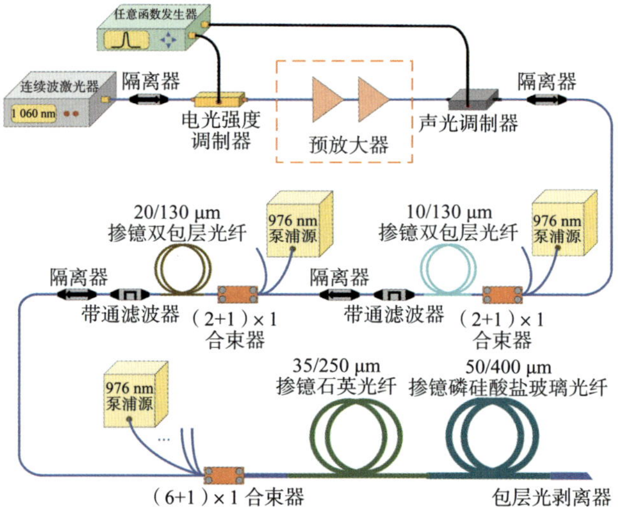

图 3-94　脉冲单频光纤激光 MOPA 装置的结构

主放大器采用级联光纤，包括纤芯和包层直径分别为 35 和 250 μm（在 976 nm 处的泵浦吸收系数为 12 dB/m）的掺 Yb^{3+} 石英有源光纤，以及纤芯和包层直径分别为 50 和 400 μm（在 976 nm 处的泵浦吸收系数为 27 dB/m）的掺 Yb^{3+} 磷硅酸盐玻璃有源光纤，两者为主放大器提供增益，同时将前后两部分光纤分别盘绕成直径为 12 cm 和 20 cm 的圆形光路并固定在水冷散热器上，以优化光束质量。各级放大器之后均加设 BPF 和隔离器（ISO），以分别滤除本级带内 ASE 和后级反向 ASE。主放大器采用包层光剥离器（CMS）来滤除剩余泵浦光，同时以 8° 斜切输出端，以避免反射光损坏激光系统。

MOPA 系统的主放大器输出的激光脉冲能量随泵浦功率的变化如图 3-95（a）所示。当有源光纤为级联的均 30 cm 长的 35/250 μm（纤芯直径 / 包层直径）和 50/400 μm 掺 Yb^{3+} 光纤，且系统处于最大单脉冲能量输出时，在反向检测端可以观察到 Stokes 光成分。图 3-95（b）所示为在主放大器合束器接入泵浦光的空闲端口监测到的光谱图。在信号光的长波方向，波长差约为 0.05 nm 处出现了反向 Stokes 光成分。用功率计测得的脉冲激光的平均功率为 3.05 W，信号光中仅有 0.1 W 的连续光成分。为研究级联增益光纤对 SBS 阈值的提升效果，对比采用均为 60 cm 长的 35/250 μm 掺 Yb^{3+} 光纤作为主放大器的增益介质对脉冲激光进行放大。如图 3-95（a）所示，当泵浦功率为 11 W 时，输出激光的单脉冲能量为 0.327 mJ，此时已观察到反向 Stokes 光成分，继续增加泵浦功率将增强 SBS 效应。相比于级联方案，石英光纤相对较小的模场面积形成了较低的 SBS 阈值，并且较低的掺杂浓度导致增益光纤的储能能力有限，转换效率仅为 14.9%。因此，采用级联有源光纤方案不仅提升了 SBS 阈值，并且提高了转换效率。

此外，还采用 40 cm 长的 50/400 μm 掺 Yb^{3+} 磷硅酸盐玻璃光纤进行放大，使其与级联有源光纤保持几乎相同的泵浦吸收。如图 3-95（a）所示，在此方案下，当泵浦功率为 9 W 时，使用能量计测得 0.187 mJ 的单脉冲能量，重复频率 5 kHz 对应的平均功率为 0.935 W，转换效率最低为 10.4%。而此时，在最大脉冲能量输出状态下，使用功率计测量到的平均功率为 1.67 W，表明其中混有大量的

ASE及连续光成分。这是由于较弱的信号光无法完全提取高掺杂光纤在泵浦光注入端产生的大量上能级粒子数，造成上能级粒子数的剩余，因此产生了大量ASE，不仅降低了输出激光的信噪比，并且在增益光纤中与信号光产生增益竞争，降低了主放大器的放大效率。

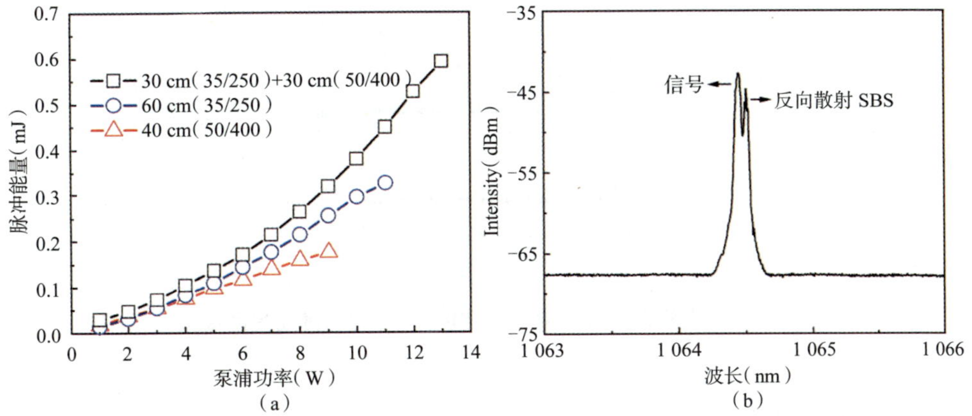

图 3-95　MOPA 系统的主放大器输出的激光脉冲能量随泵浦功率的变化

（a）3 种有源光纤配置时的单脉冲能量曲线；（b）单脉冲能量为 0.59 mJ、脉冲重复频率为 5 kHz 时的反向激光光谱

使用示波器（TDS3052C，美国 Tektronix）和高速光电探测器（DET01CFC，美国 Thorlabs）测量脉冲激光的时域特性。通过给EOIM施加100 ns的高斯脉冲信号，在AOM及两级包层泵浦预放大器后的单脉冲能量为0.024 mJ时，测量到的脉冲种子激光的脉冲宽度为100 ns，波形如图3-96所示。由于EOIM的响应特性，输出激光脉冲波形与高斯脉冲相比稍有形变。图3-96还展示了单脉冲能量放大至0.59 mJ时的脉冲波形，由于脉冲上升沿提取了较多的激光增益，与脉冲种子激光的波形相比明显变得陡峭，脉冲宽度发生了轻微展宽，脉冲半高宽从100 ns展宽至104 ns，对应的激光最大峰值功率约为5.33 kW。

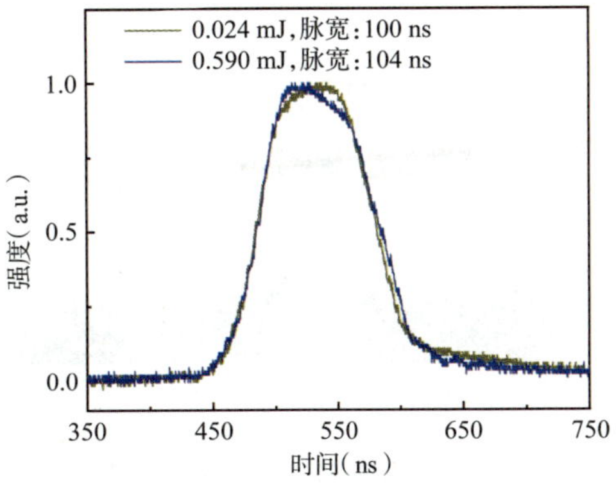

图 3-96　进入主放大器之前单脉冲能量对应的波形

使用扫描F-P干涉仪测量输出激光的光谱线宽。在AOM后测量到的百纳秒脉冲种子激光的光谱线宽为1.5 GHz，这主要受限于扫描F-P干涉仪的分辨率（7.5 MHz）。由于自相位调制（Self-Phase Modulation，SPM）会引入非线性频移，并且当脉冲时域上的光强对时间的导数不断变化时，时域上脉冲内不同时刻的频移量不同，最终在0.59 mJ最大脉冲能量时，测量到的激光光谱线宽如图3-97所示，此时在SPM作用下激光光谱线宽轻微展宽至40 MHz。

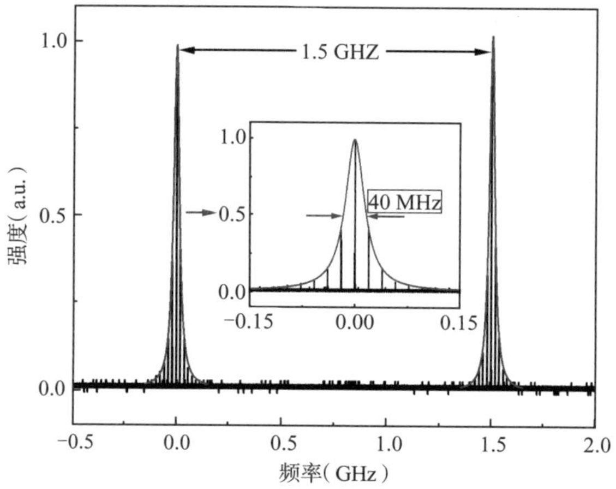

图 3-97　主放大器最高输出能量 0.59 mJ 时的激光光谱线宽

测量激光单脉冲能量为 0.59 mJ 时的输出光谱如图 3-98 所示。所用光谱仪(6370D,日本 Yokogawa)的测试分辨率为 0.02 nm,激光的中心波长为 1 064.44 nm,得益于主放大器中芯径为 35 μm 的增益光纤对激光信号的预放大作用,紧接着用软质玻璃光纤进一步提升脉冲能量后,光谱中无明显 ASE 产生,信噪比为 41 dB。图 3-99 所示为光束质量分析仪(SP907,美国 Spiricon)测得的 0.59 mJ 最高脉冲能量时的光斑,级联方案前后半段的增益光纤盘绕直径分别控制在约 15 cm 和约 25 cm。得益于对光纤盘绕直径的优化,光斑呈现出几乎对称的高斯分布,测得 x 和 y 方向的 M^2 值分别为 1.48 和 1.50。在使用 40 cm 长、盘绕直径约为 25 cm 的 50/400 μm 掺 Yb^{3+} 磷硅酸盐玻璃光纤进行放大后,当单脉冲能量为 0.187 mJ 时,测得 M^2 值大于 1.60,说明级联增益光纤方案可以有效提升光束质量。

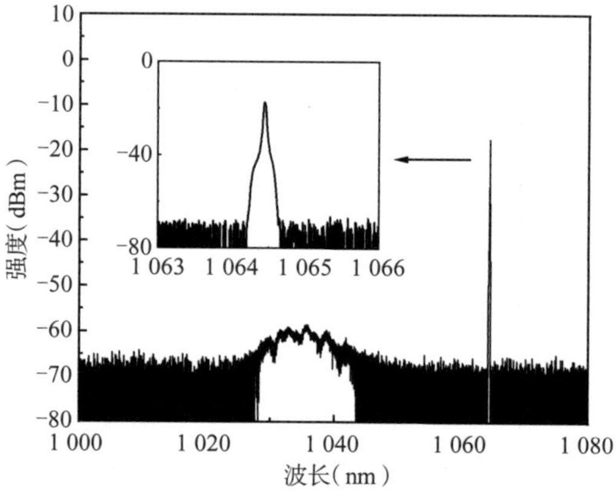

图 3-98　单脉冲能量为 0.59 mJ、脉冲重复频率为 5 kHz 时的激光光谱

总体来说,随着光纤制备工艺的进步,全光纤单频脉冲激光放大器的输出能量已接近 2 mJ 水平,而其能量水平的进一步提升则需要考虑 SBS 和 SPM 等非线性效应。后续工作可以考虑优化级联光纤的长度配比,或者通过适当降低脉冲能量,优化功率放大器输出激光的信噪比;在现有级联结构的基础上再熔接一段芯径更大的高增益光纤,以获得更高能量的脉冲激光。此外,可以设想,通过结合为混合增益光纤引入温度梯度或应力梯度等方法,系统的 SBS 阈值将得到进一步提升。为了突破非线性效应的限制,针对新型光纤材料、光纤结构及单频光纤放大器新的实现机制的设计将是未来一段时间高能量单频脉冲光纤放大器领域的主要研究方向。不难想象，随着高能量百纳秒单频脉冲光纤放大器的快速发展，其应用领域将更加广泛，应用手段也将更加丰富。未来，除实现对脉冲能量的提升外，波长的拓展性以及脉冲参数的可调性都将对单频脉冲光纤放大器的性能提出更高的要求，从而推动高能量单频光纤放大器逐渐走向成熟。

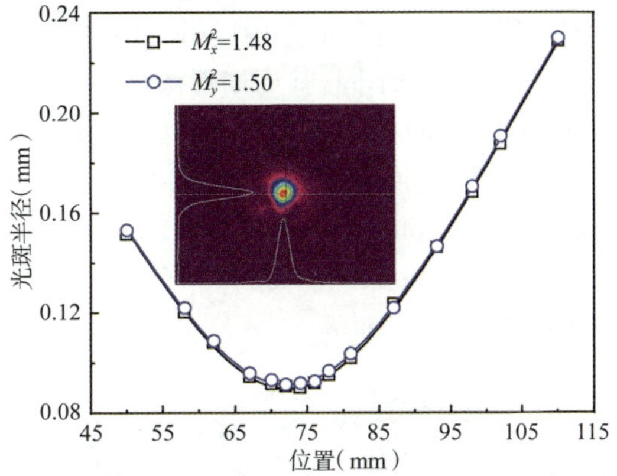

图 3-99　单脉冲能量为 0.59 mJ 时的光束质量

3.2　光子晶体光纤传感器

3.2.1　光子晶体光纤及其特性

(1)光子晶体光纤概述

光子晶体光纤(Photonic Crystal Fiber，PCF)一般由单一材料制成，它通过在沿光纤方向周期性分布的空气孔结构实现对光的束缚及传播。根据 PCF 的导光原理，可将其分为折射率(Refractive Index，RI)引导型(Index Guiding，IG)和光子带隙型(Photonic Band Gap，PBG)两大类[46]。如图 3-100 所示，从光纤结构来看，这两类光纤的主要区别在于 IG 型的纤芯为高折射率的熔融石英[图 3-100(a)]，而 PBG 型的纤芯为低折射率的空气[图 3-100(b)]。对于 PCF，包层空气孔直径 d 和间距 Λ 是两个重要的结构参数。

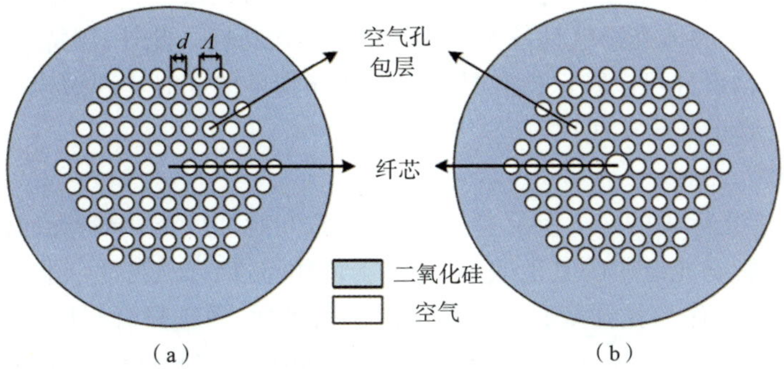

图 3-100　光子晶体光纤结构示意图

(a)折射率引导型；(b)光子带隙型

IG-PCF 的导光机理与传统阶跃折射率型光纤非常相似，都是基于光的全内反射（Total Internal Reflection，TIR）原理，与传统光纤通过掺杂提高纤芯折射率不同，IG-PCF 一般通过在光纤包层区域中引入一系列规律排布的空气孔，从而降低包层的等效折射率，满足光的全反射条件。1996 年，英国南安普顿大学的奈特（J. C. Knight）等采用堆砌法成功拉制了世界上第一根具有包层周期结构的光纤 [47]，如图 3-101（a）所示。该光纤的包层由三角形周期排列的空气孔组成，纤芯通过缺失中心毛细管孔而引入缺陷，其导光原理近似于传统光纤的全内反射原理，具有无截止单模传输的特性。

PBG-PCF 的导光机理与传统光纤完全不同，其周期性微结构特性赋予了它一种全新的导光机理——光子带隙效应导光。PBG-PCF 具有中心空气孔，这些空气孔可被当作其周期性晶体结构的线缺陷，使在包层中因光子带隙效应限制而不能传输的光频率能够在其中实现低损耗传播。因此，PBG-PCF 也被称为空心光子晶体光纤（Hollow-Core PCF， HC-PCF），其借助光子带隙效应，束缚绝大部分光在低折射率的中心空气孔中传播。J. C. Knight 等于 1998 年首次制造出了具有蜂窝状包层结构的 PBG-PCF[48]，如图 3-101（b）所示。

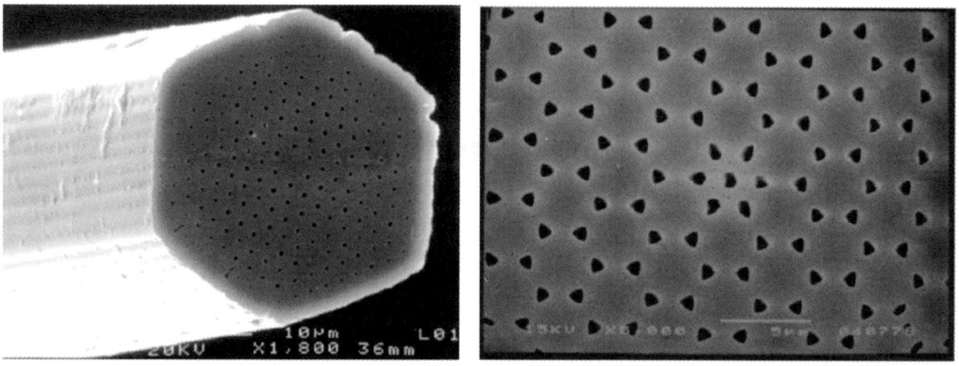

（a）　　　　（b）

图 3-101　PCF 显微图

（a）折射率引导型；（b）光子带隙型

（2）光子晶体光纤的特性

与传统光纤相比，光子晶体光纤的结构灵活多样，具有普通光纤所不具备的以下优良特性。

Ⅰ. 宽带单模传输

在传统的阶跃折射率光纤中，只有频率小于归一化频率 2.404 8 的光波才能在光纤中实现单模传输。而对于光子晶体光纤而言，只要光纤结构中空气孔的直径足够小，并且满足空气孔直径与孔间距之比小于 0.2，光子晶体光纤就具备无截止的单模传输特性。此外，该特性与光纤的绝对尺寸无关，因此通过光纤结构设计可以在保持其具备单模传输特性的同时实现大模场面积，并进一步降低纤芯传输功率密度，减小光纤非线性效应。

Ⅱ. 灵活的色散

色散是光纤性能指标中的一个重要参数，它是导致光脉冲展宽，限制光通信速率进一步提高的直接因素，而且还会影响光纤中的其他效应，如孤子传输特性、谐波产生、超短脉冲产生等。普通光纤中的色散主要取决于作为光纤基底材质石英的材料色散，通常只有当传输光的波长大于 1.3 μm 时才会出现反常色散现象。而对于光子晶体光纤而言，包层空气孔结构的存在增大了纤芯和包层之间的有效折射率差，从而极大地增强了 PCF 中的波导色散作用。因此，通过改变 PCF 的结构设计可以实现具有不同特性的波导色散，如超平坦色散、负色散等。尤其在光子带隙型 PCF 中，波导色散在光子带隙效应的影响下具有更加独特的色散性质，在带隙的中部偏向短波区域存在零色散点，在短波边界表现为负色散特性，而在长波边界表现为正色散特性。

Ⅲ. 高双折射效应

在传统光纤中，通过改变纤芯形状及位置引入高双折射效应可以避免光在传输过程中由于随机双折射导致偏振方向改变，实现保偏特性。而对于光子晶体光纤而言，通过选择性地减少空气孔，或改变特定空气孔的尺寸，破坏其结构对称性即可获得双折射特性高于普通保偏光纤几个数量级的高双折射 PCF。实验表明，具有不对称结构的光子晶体光纤较普通双折射光纤具有更高的压力和应变灵敏度，而且可以通过设计空气孔排列结构实现单模传导；除此之外，将液晶等对温度或电场敏感的介质填入光子晶体光纤的空气孔中，利用外界施加电场或温度对填充介质的折射率进行调控，可以实现可调谐的高双折射效应。

Ⅳ. 高非线性

在光子晶体光纤中，通过提高包层气孔填充率（增大气孔尺寸，并减小包层气孔间距）和减小纤芯区域面积，可以有效增大纤芯和包层的折射率差，并进一步减小有效模场面积，从而增大单位有效面积上的光强，获得高非线性特性。普通单模光纤的模场面积在 10~100 μm^2 范围内，而对于光子晶体光纤而言，其有效模场面积可以小于 3 μm^2，因而能够获得更高的非线性系数。在实际应用中，纤芯面积减小的同时会导致光能量向包层区间泄漏，进而增大光纤的损耗。因此，在获得高非线性效应的同时，需要综合考虑模场面积和限制损耗的影响。

Ⅴ. 有源特性

光子晶体光纤的结构灵活，具有大模场面积、无截止单模输出特性及零色散波长可调等突出优点，通过在纤芯中掺入稀土元素，结合包层泵浦技术，可以实现高功率、高光束质量的单模激光输出。2001 年，英国南安普顿大学的弗鲁萨瓦（Furusawa）等 [49] 首次报道了具有包层泵浦结构的掺镱双包层光子晶体 FOL。与传统的采用聚合物作为光纤外包层的双包层光纤相比，双包层光子晶体光纤的内包层数值孔径更大，有利于提高泵浦耦合效率，并且能够有效减弱在高功率泵浦情形下产生的激光热效应。

Ⅵ. 易于实现多芯结构

多芯结构光纤具有独特的结构优势，能够解决许多单芯光纤难以胜任的问题。例如，在光通信领域，多芯光纤可以在提高光传输的信道通信容量的同时，实现复杂的网络通信；在光纤传感领域，多芯光纤可以用于实现矢量弯曲传感；在光纤激光领域，多芯光纤可以用于进一步增大有效模场面积、改善光纤热效应，实现更高功率的激光输出。传统的光纤加工工艺很难拉制出双芯或多芯的光纤，而光子晶体光纤是基于管束堆积法拉制而成的，多芯光子晶体光纤的拉制工艺与单芯光纤的几乎没有区别。因此，只要调整预制棒的结构参数就可以较容易地实现多芯光纤结构，而且可以根据需要调整纤芯之间的距离及位置，具有较大的设计自由度。

（3）光子晶体光纤的数值计算方法

光子晶体光纤与传统光纤相比具有更为复杂的结构特性且导光机制也不相同，无法采用传统的光纤分析方法获得其电磁场解析解，因此在分析过程中需要借助于全矢量的数值分析方法。目前，常用的矢量分析方法包括有效折射率法 [50]、平面波展开法 [51]、有限差分法 [52]、多级法 [53-54]、有限元法 [55]、局域函数法 [56]、光束传播法 [57] 等，在此简单介绍几种主要的数值分析方法。

Ⅰ. 有效折射率法

有效折射率法（Effective Index Method，EIM）是由布里克斯（T. A. Briks）等于 1997 年首先提出

的一种标量方法[58]，也是最早用于分析全内反射型光子晶体光纤的方法。其基本思想是把PCF的纤芯和包层看成具有折射率定值的单一材料，从而将PCF简化成普通阶跃型光纤并建立模型，然后借助传统的光纤理论进行特性分析。模型关键参数包括纤芯折射率 n_{co}、包层折射率 n_{cl} 和纤芯导模有效折射率 n_{eff}，纤芯导模在光纤中传输的条件要满足：

$$n_{cl}<n_{eff}<n_{co} \tag{3-14}$$

有效折射率法的关键在于对纤芯和包层有效折射率的定量计算。对于折射率引导型光子晶体光纤，纤芯通体为石英材料，因此其有效折射率 n_{co} 与石英材料本身的折射率相同；PCF包层由空气孔和石英材料组成，但是其有效折射率 n_{cl} 不是包层材料折射率的简单平均，而是假定PCF整体采用包层结构时所能传播的最低阶传导模式的有效折射率；当包层具有规则的周期结构时，只需提取其中任意一个包含最小周期结构的单元，通过设定周期边界条件，求解最低阶传导模式即可得出包层折射率 n_{cl}。

Ⅱ. 平面波展开法

平面波展开法（Plane Wave Expansion Method，PWEM）是光子晶体理论中物理概念最清晰的研究方法之一，广泛应用于各种结构的光子晶体特性分析。该方法适用于计算具有完整周期结构光子能带的带隙型光子晶体光纤。其基本思想是利用布洛赫（Bloch）理论，在倒格矢空间将介电常数以平面波叠加的形式展开，并用平面波交叠的形式表示模场；然后利用傅里叶变换，将电磁场的全矢量方程转化为本征方程；最后通过求解本征方程，得到特征函数和光束传播的本征频率，进一步求解可以分析其特征模的模场分布以及模式色散关系。

平面波展开法在分析研究光子晶体光纤的过程中，能够充分考虑包层结构的复杂特性，可以利用傅里叶级数展开表示光子晶体结构折射率的空间坐标周期函数以及在倒易空间中具有空间周期特性的模场。因此，该方法可以在频域内直接求解电磁场的本征频率，具有收敛速度快和计算精确的特点。然而，平面波展开法不能直接计算存在缺陷的有限周期结构，而且其计算量与所用平面波波数的立方成正比。因此，平面波展开法适用于具有完整周期结构的光子晶体光纤的分析研究，在计算过程中要根据实际情况权衡精确度和计算量的关系。

Ⅲ. 有限差分法

有限差分法（Finite Difference Method，FDM）是一种将微分问题通过直接近似演变为代数问题的数值求解方法，主要用于求解常微分方程和偏微分方程，发展较早且较为成熟，广泛应用于各类光波导的计算分析。其基本思想是以差分原理为基础，首先把求解区域划分为具有一定规则的网格，然后利用网格上离散电磁场的值代替整个求解区域的电场和磁场的连续函数；用差分代替微分，将各离散点的导数或偏导数用该点函数的差商近似表示，从而把频域或时域中连续的波动方程转化为代数特征值方程组；最后结合边界条件及边值关系计算特征值方程组，求出需要的函数值。有限差分法的关键在于对求解区域的差分离散化处理，目前通常采用的伊（Yee）网格离散方法，可以直接求解光子晶体光纤所满足的二维亥姆霍兹（Helmholtz）方程，方法简单直观。目前，基于该方法发展起来的时域有限差分法（Finite-Difference Time-Domain Method，FDTD）、频域有限差分法（Finite-Difference Frequence-Domain Method，FDFD）、光束传输法（Beam-Propagation Method，BPM）已经被广泛应用于PCF等波导结构特性的分析研究。

Ⅳ. 多极法

2002年，怀特（T. P. White）和库尔迈（B. T. Kuhlmey）等提出采用多极法（Multipole Method）分析研究光子晶体光纤，用以改进平面波展开法无法考虑原胞对称性及不能分析具有缺陷结构的光子晶体光纤的缺点。其基本思想是采用贝塞尔(Bessel)函数形式表示电磁场的各个分量,将圆形纤芯和空气孔中的切向电场和磁场分布用局部极坐标展开的谐波形式表示,然后将其代入波动方程并配合给定的边界条件,最后通过求解 Helmholtz 方程特征值获得电磁波的解析解。

多极法适用于分析具有圆形气孔及对称结构的光子晶体光纤,具有收敛速度快、精确度高等优点;而且能够计算传播常数的实部和虚部,因此可以用于分析光纤的损耗特性。然而,空气孔数量的增多会导致计算量的急剧增加,因此多极法不适用于分析计算结构复杂、气孔数量多的光子晶体光纤。

Ⅴ. 有限元法

有限元法(Finite Element Method, FEM)是一种近似求解数理方程边值问题的数值分析方法,可以分析处理包括非线性方程在内的大规模偏微分方程组,广泛用于分析电磁场、热学、等离子体、流场及化学等领域的问题。2001 年,小柴正则(M. Koshiba)等[55]首次提出利用有限元法分析研究光子晶体光纤的特性,随后该方法广泛用于 PCF 的研究并不断改进。其基本思想是以变分原理为基础,首先把连续的求解区域离散化为几何形状简单的小单元,各个单元通过有限节点互相连接;然后选择合适的节点进行插值,用单元内假设的近似函数表示全部求解域上待求的场函数,并在此基础上建立系统方程;然后借助加权余量法或者变分原理把电磁场的微分波动方程转化为代数特征值方程后进行离散求解,在分析过程中还可以根据平衡和形变协调条件对剖分单元重新组合;最后对代数特征值方程求解,即可获得 PCF 的传输模式以及电磁场分布特性。

Ⅵ. 耦合模理论

耦合模理论[59]是用于描述两个或多个光波导内模式之间耦合现象的基本理论,用于分析多芯光纤中的纤芯耦合问题。传统的耦合模理论非常简单。若两个波导相互独立,其振幅满足下列方程[60]:

$$\frac{\mathrm{d}a_1(z)}{\mathrm{d}z}=-\mathrm{j}\beta_1 a_1(z) \tag{3-15}$$

$$\frac{\mathrm{d}a_2(z)}{\mathrm{d}z}=-\mathrm{j}\beta_2 a_2(z) \tag{3-16}$$

式中:β_1、β_2 分别表示两个独立波导的传播常数。

若两个相互独立的波导彼此靠近,由于受到倏逝场的影响,波导之间会发生相互作用。因此,某一个波导模式会被其他波导模式所干扰,其空间分布会发生变化。在弱耦合的情况下,可以表示为

$$\frac{\mathrm{d}a_1(z)}{\mathrm{d}z}=\mathrm{j}\beta_1 a_1(z)+\mathrm{j}K_{21}a_2(z) \tag{3-17}$$

$$\frac{\mathrm{d}a_2(z)}{\mathrm{d}z}=\mathrm{j}\beta_2 a_2(z)+\mathrm{j}K_{12}a_1(z) \tag{3-18}$$

式中:$a_i(z)=c_i(z)\exp(\mathrm{j}\beta_i z),\ i=1,2$ 表示模式的波动项,它包含两部分,即模式的缓变包络项 $c_i(z)$ 以及迅变项 $\exp(\mathrm{j}\beta_i z)$;$K_{ij}$ 为波导间模式的横向耦合系数。

经过模式耦合后,两个光波导会构成复合场,被称为"耦合波",其具有鲜明的波动特性。式(3-17)和式(3-18)规定的波导模横向耦合系数具有对称性,其对称性可以表示为

$$K_{12}=K_{21}^{*}\overset{\mathrm{def}}{=}k \tag{3-19}$$

当两个光波导之间发生模式耦合时,在光波导没有出现损耗的情况下,两个模式的功率总和应该是恒定的:

$$\frac{\mathrm{d}}{\mathrm{d}z}(|a_1|^2+|a_2|^2)\equiv 0 \tag{3-20}$$

根据上述推导，简化后的耦合模方程可以表示为

$$\frac{\mathrm{d}a_1}{\mathrm{d}z}=\mathrm{j}\beta_1 a_1(z)+\mathrm{j}ka_2(z) \tag{3-21}$$

$$\frac{\mathrm{d}a_2}{\mathrm{d}z}=\mathrm{j}\beta_2 a_2(z)+\mathrm{j}ka_1(z) \tag{3-22}$$

因为耦合模系数仅存在于模式的横向耦合中，与方向 z 没有关系，所以式(3-21)和式(3-22)可被视为常数方程，其解为

$$\begin{bmatrix} a_1(z) \\ a_2(z) \end{bmatrix}=\begin{bmatrix} u_1 & u_2 \\ u_1^* & u_2^* \end{bmatrix}\begin{bmatrix} a_1(0) \\ a_2(0) \end{bmatrix}\exp(\mathrm{j}\beta z) \tag{3-23}$$

式中：

$$\left.\begin{aligned} u_1(z)&=cos(\gamma z)+\mathrm{j}\frac{\Delta\beta}{\gamma}\sin(\gamma z) \\ u_2(z)&=\mathrm{j}\frac{k}{\gamma}\sin(\gamma z) \end{aligned}\right\};\quad \left.\begin{aligned} \beta&=\frac{1}{2}(\beta_1+\beta_2) \\ \Delta\beta&=\frac{\beta_1-\beta_2}{2} \end{aligned}\right\};\quad \gamma=\sqrt{(\Delta\beta)^2+|k|^2}$$

由此可知，模式只存在于两个互相简并的模式之间，且满足 $|\Delta\beta|\ll 1$。

对于完全相同的两个波导，有

$$K_{12}=K_{21} \tag{3-24}$$

再结合式(3-19)，这时模态耦合系数应该是实数，因此简化后的模式耦合方程可以表示为

$$\frac{\mathrm{d}a_1}{\mathrm{d}z}=\mathrm{j}\beta a_1(z)+\mathrm{j}ka_2(z) \tag{3-25}$$

$$\frac{\mathrm{d}a_2}{\mathrm{d}z}=\mathrm{j}\beta a_2(z)+\mathrm{j}ka_1(z) \tag{3-26}$$

由于 $|\Delta\beta|\ll 1$，因此此时模式耦合方程的解可以表示为

$$\begin{bmatrix} a_1(z) \\ a_2(z) \end{bmatrix}=\begin{bmatrix} \cos(kz) & \mathrm{j}\sin(kz) \\ \mathrm{j}\sin(kz) & \cos(kz) \end{bmatrix}\begin{bmatrix} a_1(0) \\ a_2(0) \end{bmatrix}\exp(j\beta z) \tag{3-27}$$

式(3-27)表明，在两个模式之间，模式能量出现周期性交替变化，这使两个模式的幅值也会相应地出现周期性交替变化。

对于多芯光子晶体而言，其内部的多个纤芯相当于相互邻近的波导，假设各个纤芯都发生单模传输，并且在 N 个波导之间进行模式耦合，则光纤中的总电场分布 E 可以表示为 [61]

$$E(x,y,z)=\sum_i A_i(z)E_i(x,y)\exp(\mathrm{j}\beta_i z)\quad i=1,2,\cdots,N \tag{3-28}$$

式中：$E_i(x,y)exp(\mathrm{j}\beta_i z)$ 表示第 i 个纤芯的波导模式(纤芯模)。

能量耦合发生在多芯光纤中的每个纤芯之间，导致每个纤芯中的光场能量改变。在光纤中，纤芯的制作材料及几何形状决定了各个纤芯所支持的传输模式。这些传输模式不会被纤芯耦合所影响，因此在发生能量耦合之后，每个纤芯仅支持自身的本征模场。第 i 个单模光纤纤芯所支持的本

征模场的归一化横向场分布函数用 $E_i(x, y)$ 表示，β_i 表示其对应纤芯支持传输模式的传输常量，其光功率总和为 $|A_i(z)|^2$。

利用式(3-28)可以构造出一个矢量：

$$E_c(x,y,z)=\begin{bmatrix} A_1(z)e^{j\beta_i z} \\ A_2(z)e^{j\beta_i z} \\ \vdots \\ A_N(z)e^{j\beta_i z} \end{bmatrix} \tag{3-29}$$

各个纤芯之间的耦合关系可以表示为

$$\frac{dE}{dz}=jCE \tag{3-30}$$

假设多芯光纤中模式耦合只存在于相邻的纤芯之间，在耦合模理论中，矩阵 **C** 中 $C_{it}=\beta_i(i=1, 2, 3, \cdots, N)$，$C_{i+1,t}=k_{i+1,i}(i=1,2,3,\cdots,N-1)$；其他各项都为零。$k_{ij}$ 表示相邻纤芯 i 和 j 之间的耦合系数。

所以矩阵 **C** 可以表示为

$$C=\begin{vmatrix} \beta_1 & k_{12} & 0 & 0 & \cdots & 0 & 0 \\ k_{21} & \beta_2 & k_{23} & 0 & \cdots & 0 & 0 \\ 0 & k_{32} & \beta_3 & k_{34} & \cdots & 0 & 0 \\ & \cdots & & & \ddots & & \\ 0 & \cdots & 0 & & \ddots & \beta_{N-1} & k_{N-1,N} \\ 0 & \cdots & 0 & & \cdots & k_{N,N-1} & \beta_N \end{vmatrix} \tag{3-31}$$

式(3-30)中的每个场分量的解对应一个超模，坐标 z 与超模的场分布没有关系，并且相位因子是不确定的。$\boldsymbol{E}(z)$ 可以表示为

$$E(z)=E(0)exp(j\sigma z) \tag{3-32}$$

式中：σ 表示该超模所对应的传播常量。把式(3-32)代入式(3-30)，可得

$$(C-j\sigma I)E(z)=0 \tag{3-33}$$

式中：$\boldsymbol{I}$ 是一个 $N\times N$ 的单位矩阵，若满足条件 $(C-i\sigma I)=0$，则式(3-33)可以求出 N 个本征解，从而可以求出多芯光纤中 N 个超模的模场分布：

$$E_s(x,y,z)=\left[\sum_{i=1}^{N}E_i^{\sigma}E_i(x,y)\right]\exp(j\sigma z) \tag{3-34}$$

式中：E_i^{σ} 为第 i 个特征向量的值。

(4)光子晶体光纤的主要应用

Ⅰ.高灵敏度光纤传感器

得益于 PCF 的多孔结构，在传感液体与气体的相关参量时，可使用填充的方法实现更高的传感灵敏度，在不破坏光纤结构的情况下，可使光场与被测物理量发生直接相互作用，这一点是传统光纤无法比拟的。PCF 具有诸多光学特性与全新的导光机理，相较于传统光纤传感器，基于 PCF 的传感器的传感性能将大幅提升。目前，基于 PCF 的高性能温度、拉力、气压、电磁场、位移和生物等传感器已相当成熟，并不断推陈出新。

Ⅱ. 高性能 FOL

研究人员通过使用高非线性、高数值孔径或大模场等结构的纤芯掺杂稀土元素 PCF 增益介质，实现了高功率单模、超短脉冲或单频 FOL。当飞秒激光器作用于高非线性 PCF 时，能够产生稳定的超连续谱，故 PCF 的出现使超连续谱 FOL 更加容易实现。纤芯掺杂稀土元素的大模场面积 PCF 不仅有利于泵浦光的耦合，而且其完美的力学和热学结构也能够承受更高的泵浦光功率，为高功率 FOL 提供了有效的解决方案。同时，单频 FOL 也能使用大尺寸纤芯的 PCF 搭建线形短腔结构来实现。

Ⅲ. 高质量光纤通信

高容量、远距离光纤通信的必要条件是产生高保真的光信号，低色散和低限制损耗的光纤成为首选器件。虽然 PCF 可以实现宽波段范围内的零色散传输，但是目前 PCF 的成本较高且限制损耗还无法降低到传统通信光纤的水平，无法直接取代传统光纤实现光纤通信。然而，利用 PCF 的高非线性及色散可控特性可以将其设计成光纤通信系统中的无源或有源器件，提高光纤的通信质量。利用 PCF 可以产生超连续谱的特性可以制作更高效的多信道超短脉冲光源，也可以制作光学参量放大器，代替传统的掺铒光纤放大器，还可以使用正常色散 PCF 高效地对通信系统进行色散补偿。

3.2.2 光子晶体光纤表面等离子体共振传感器

（1）表面等离子体共振的基本原理

表面等离子体共振（Surface Plasmon Resonance，SPR）是一种物理光学现象。SPR 产生的原因是光在介质表面发生全内反射时会产生倏逝波，倏逝波能够激发金属表面的自由电子振荡，产生表面等离子体。适当选择入射角和入射波长，表面等离子体与倏逝波的频率和波数就会相等，此时就会产生共振，表现为入射光被强烈吸收，反射光的能量急剧下降，于是在反射的光谱上就会出现吸收峰（此时入射光的吸收最为强烈）。当金属薄膜表面邻近的介质折射率发生变化时，吸收峰的位置也会随之产生移动。

在理想情况下，德鲁德（Drude）提出的金属自由电子模型[62]认为金属中的自由电子不受束缚且电子之间无相互作用，在整个金属中自由移动，故可将其称为金属中的等离子体。每种金属都有固有的自由电子振荡频率，即金属固有等离子体频率，当金属自由电子的固有振荡受到外界电场或磁场等干扰时，被干扰区域的电荷密度平衡状态被破坏而发生强烈振荡，即等离子体振荡。当入射光作用于金属表面且光频率与金属自由电子固有振荡频率相等时，就会在金属表面发生等离子体共振现象。

表面等离子体是沿金属和电介质界面表面传播的电子疏密波，且只能存在于界面两侧介电常数相反的情况。如图 3-102 所示，其场矢量在金属与电介质表面最大，向介质内呈指数衰减。其磁场矢量垂直于其传播方向，故表面等离子体波（Surface Plasma Wave，SPW）为 TM 偏振波，平行于界面表面。在半无限长电介质与金属界面的传输常数的表达式为[63]

$$\beta=k\sqrt{\frac{\varepsilon_{\mathrm{m}}n_{\mathrm{s}}^2}{\varepsilon_{\mathrm{m}}+n_{\mathrm{s}}^2}} \tag{3-35}$$

式中：k 为自由空间波数；ε_{m} 为金属的介电常数（$\varepsilon_{\mathrm{m}}=\varepsilon_{\mathrm{mr}}+\mathrm{j}\varepsilon_{\mathrm{mi}}$）；$n_{\mathrm{s}}$ 为电介质的折射率。

当光场入射到电介质与金属表面时，其沿电介质与金属表面的传播常数分量与金属 SPW 传播常数相等时，就会产生 SPR 现象。

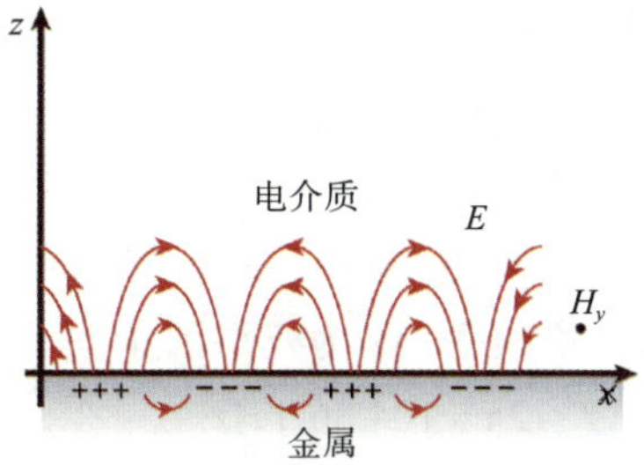

图 3-102 表面等离子体波电场分布示意图[63]

(2)基于 SPR 的液体折射率传感器的设计和数值模拟

本小节提出了一种基于选择性镀金膜 HC-PCF 的 SPR 传感器，用来实现液体折射率的传感。使用 HC-PCF 的花形中心大空气孔作为分析物的微流通道，金膜被镀在中心孔周围的空气孔内侧以激发表面的等离子体激元。得益于空心光纤的独特结构和液体填充的纤芯，此传感器可以在近红外区域大折射率范围 1.27~1.45 内工作，克服了侧面孔填充的基于 PCF-SPR 传感器在 1.42 折射率的限制。此外，设计的 SPR 传感器的共振波长和折射率具有高度线性关系，更有利于传感标准化，然而大部分相似工作的结果都是当分析物在高折射率变化时具有更高灵敏度，而低折射率变化时灵敏度偏低。通过模拟获得了 5 653.57 nm/RIU 的平均光谱灵敏度（RIU，Refractive Index Unit；折射率单位，无量纲）。

Ⅰ. SPR 传感器的结构设计

基于 HC-PCF 的 SPR 传感器光纤端面结构如图 3-103 所示。其中，包层空气孔间距 $\Lambda = 2.74\ \mu m$，直径 $d = 2.6\ \mu m$。空心光纤的大空心是通过移除中心区域的 7 根石英毛细管构成的，作为分析物（analyte）的微流通道。金（Au）镀层被选择性间隔镀在围绕中心孔的气孔内，这样不仅能消除由等离子体模在多个通道传感时产生的光信号串扰，并且能避免金属直接与被分析物接触而引起化学反应。

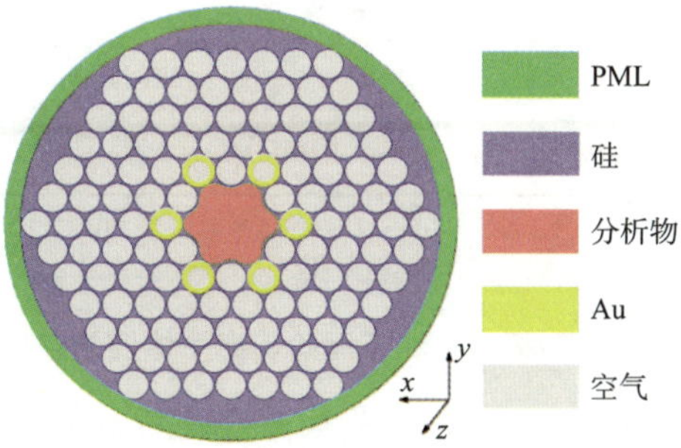

图 3-103 基于 HC-PCF 的 SPR 传感器光纤端面结构

空气孔选择性镀膜是通过飞秒激光辅助结合湿化学沉积技术的渗透工艺获得的。首先，将 HC-PCF 的一端用一段 10 μm 的单模光纤全部封住；然后通过飞秒激光打孔，目标空气孔能够被选择性地打开；最后利用湿化学沉积技术镀金膜。通过调节沉积时间和溶剂流速等，镀在目标空气孔里的金膜厚度能够精确控制。

Ⅱ. SPR 传感器的模拟及结果讨论

空心光纤的基底材料是熔融石英，折射率设定为 1.45，此数值在大多数研究中最常用。金层的厚度是 50 nm，其折射率可以通过下式计算[64]：

$$\varepsilon_{\mathrm{m}}=\varepsilon_{\infty}-\frac{\omega_{\mathrm{D}}^{2}}{\omega(\omega-\mathrm{j}\gamma_{\mathrm{D}})}-\frac{\Delta\varepsilon\Omega_{\mathrm{L}}^{2}}{(\omega^{2}-\Omega_{\mathrm{L}}^{2})-\mathrm{j}\Gamma_{\mathrm{L}}\omega} \tag{3-36}$$

式中：ε_{∞} 是高频介电常数，ε_{∞}=5.967 3；ω_{D} 为等离子体频率（THz），$\omega_{\mathrm{D}}/2\pi=2.113\ 6$ THz；γ_{D} 为阻尼频率，$\gamma_{\mathrm{D}}/2\pi=15.92$ THz；ω 为透射光角频率；$\Delta\varepsilon$ 为权重因子，$\Delta\varepsilon$=1.09；Ω_{L} 和 Γ_{L} 分别为洛伦兹共振的频率和谱宽，$\Omega_{\mathrm{L}}/2\pi=650.07$ THz，$\Gamma_{\mathrm{L}}/2\pi=104.86$ THz。

使用商业软件 COMSOL Multiphysics，对设计的传感器进行全矢量 FEM 数值分析。模态分析是在 x-y 平面内进行的，光的传播方向为 z 方向。首先，模拟计算了不同工作波长下，纤芯基模与等离子体模的有效折射率。图 3-104 所示为纤芯模（core mode）与二阶和三阶表面等离极化激元（Surface Plasmon Polariton，SPP）模（SPP mode，简称等离子体模）在分析物折射率 $n_{\mathrm{a}}=1.36$ 下的色散关系曲线。在 1 083 和 1 548 nm 处，可以观察到有两个明显的共振峰 [限制损耗与虚部 Im(n_{eff}) 成正比]。当纤芯模与等离子体模的传输常数匹配时，纤芯模会耦合到等离子体模，光能量由纤芯模传输到等离子体模，导致纤芯能量大量损耗。一般来说，纤芯模的有效折射率接近纤芯材料（分析物），而等离子体模的有效折射率接近包层的等效折射率。分析物的折射率变化会引起纤芯模和等离子体模之间的相位匹配点和模式耦合效率的改变，从而导致不同的共振波长和限制损耗。通过监视共振波长或限制损耗对应的透射功率，就能够探测到分析物折射率的变化。

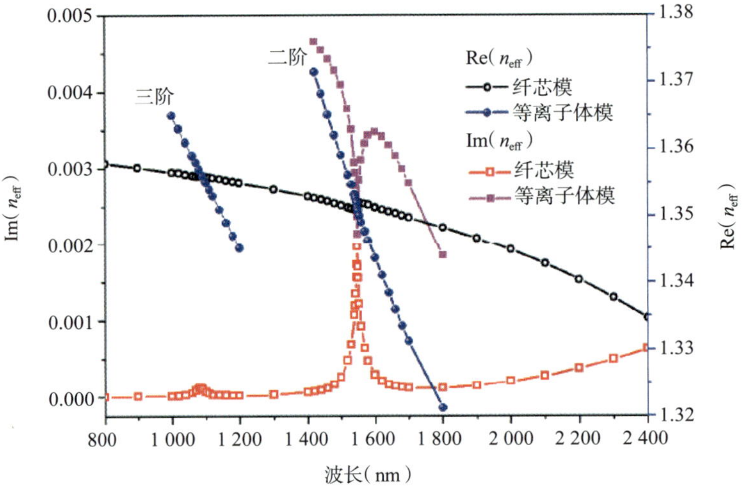

图 3-104　n_{a}=1.36 时纤芯模和不同阶等离子体模的色散和损耗关系

为了更直观地观察不同入射光时模场的分布情况，图 3-105 所示为 n_{a}=1.36 时纤芯模在不同波长下和等离子体模在共振波长 1 548 nm 处的电场分布，箭头所指为电场的偏振方向。在非共振波长处（800、1 300 和 1 800 nm），模场大部分存在于中心空气孔区域，在长波长时，由于纤芯限制损耗的增加，可见一小部分光场被耦合到包层中。在相位匹配点处（1 083 和 1 548 nm），纤芯模场泄漏到周围镀金空气孔表面，由于在 1 548 nm 处二阶等离子体模与纤芯模属于完全耦合，故可见几乎所有的模场能量都由纤芯模转移到等离子体模，所以在图 3-104 的共振波长处能够观察到一个尖锐的共振峰；而在 1 083 nm 处三阶等离子体模与纤芯模属于非完全耦合，耦合效率极低，只有极少部分光场从纤芯区域泄漏到周围镀金孔表面和空气孔周围。

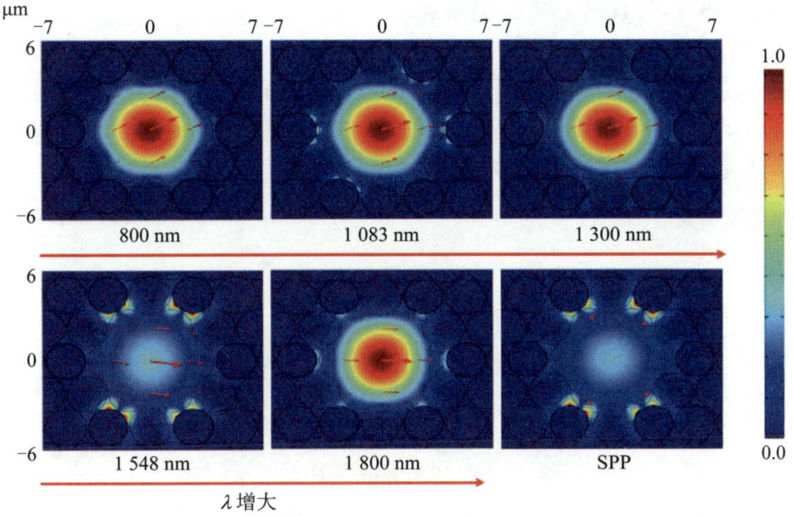

图 3-105　不同波长下纤芯模的电场分布图以及 n_a=1.36 时共振波长的等离子体模（SPP）

为了研究传感器的折射率传感性能，将分析物的折射系数以 0.03 为步长进行变化，计算较大折射系数范围（1.27~1.45）内的光纤传输限制损耗，如图 3-106 所示。当传感器共振波长从 2 097 nm 移动到 1 078 nm 时，呈现蓝移状态。在所设计的传感器中，分析物被填充在空心光纤的中心空气孔中，纤芯模的有效折射率接近分析物的折射率。因此，分析物折射率的增大将会引起纤芯模的有效折射率的增大，然而等离子体模的有效折射率接近包层的等效折射率，它的折射率是基本不变的，所以共振波长向较短波长移动，发生蓝移。而且，如图 3-106 所示，当分析物的折射率从 1.27 增大到 1.45 时，限制损耗先是随着分析物折射率的增大而升高，当 n_a=1.36 时，限制损耗达到最大值 6.9×10^4 dB/m，然后随着分析物折射率的增大而降低。这是因为，当 n_a=1.36 时，纤芯模有效折射率最接近等离子体模的有效折射率，导致了强烈的模式耦合。

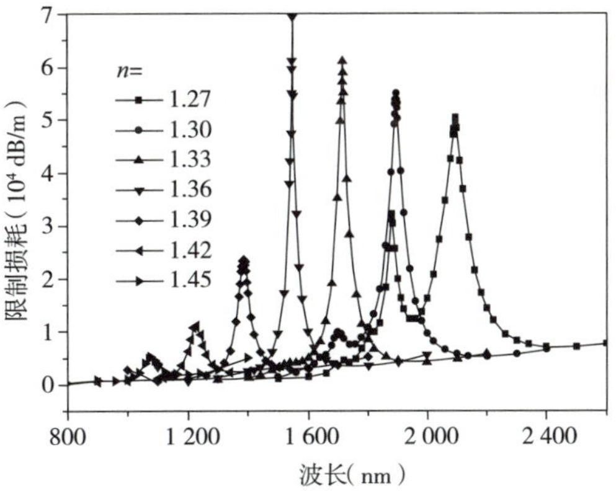

图 3-106　当分析物的折射率以步长 0.03 从 1.27 增大到 1.45 时，设计传感器的等离子体限制损耗的变化

相比于其他基于 IG-PCF 的 SPR 液体折射率传感器，本部分提出的基于 SPR 的液体折射率传感器具有以下优点：①从 1.27 到 1.45 的无中断的大范围折射率检测；②较高的平均灵敏度 5 653.57 nm/RIU；③共振波长与折射率的高线性关系，相关性大于 0.99。

（3）基于柚子形 PCF-SPR 传感特性的研究

Ⅰ. 基于六瓣柚子结构的 PCF-SPR 特性分析

六瓣柚子形光子晶体光纤的结构如图 3-107 所示。该种光纤整体为石英基质，直径为 100 μm；柚子形气孔的长轴长度为 38.65 μm，短轴长度为 29.5 μm。将厚度为 20~50 nm 的银薄膜沉积在柚子形气孔内壁上，气孔内填充待测的液体样品。通过数值求解传输光波模式的有效折射率，可以得到该光纤的限制损耗特性。

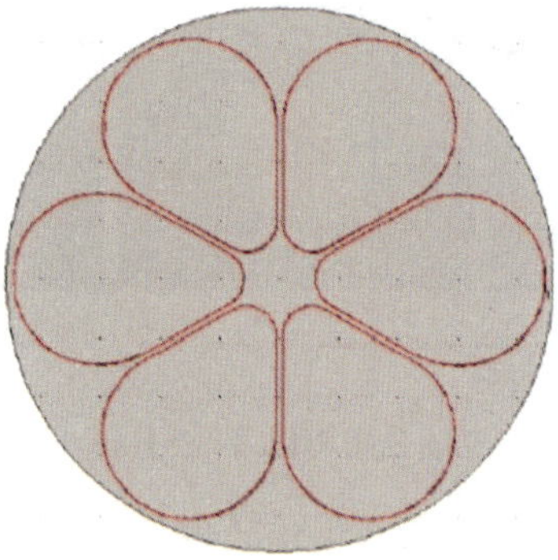

图 3-107　六瓣柚子形光子晶体光纤结构示意图（红线为 30 nm 银薄膜）

在光纤横截面的中心位置取 x 方向的一维切割线，可以得到基模光场表面电场模强度的纵向分布图，如图 3-108 所示。可以看出，不同银薄膜厚度所激发的表面等离子体效应强度不同，当薄膜厚度为 30 nm 时，电场模强度最大。

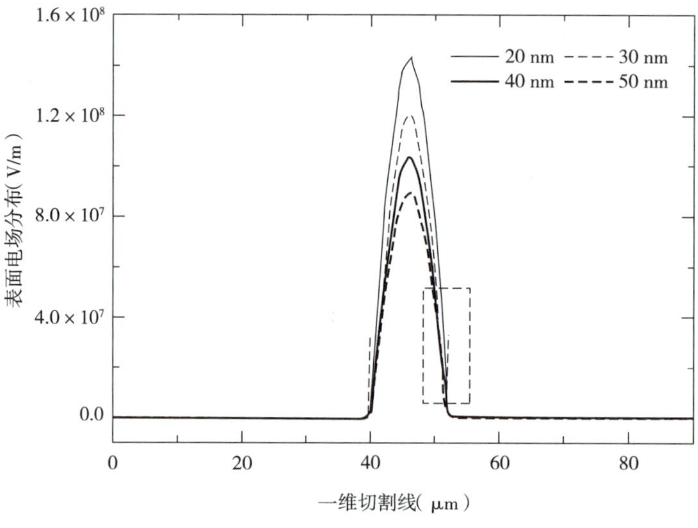

图 3-108　不同银薄膜厚度的 PCF 基模光场表面电场模强度分布

用光谱探测法分析该光纤的 SPR 传感特性时，可以得到镀 30 nm 银薄膜 PCF 的基模限制损耗与入射波长的关系如图 3-109（a）所示。其中，细实线和粗实线分别表示折射率为 1.330 和 1.335 的待测样品。由图可见，在 490~520 nm 光波长范围内，曲线存在尖锐的损耗峰值，当待测样品的折射率由 1.330 变化为 1.335 时（Δn_a=0.005），基模损耗共振峰向长波方向移动了 $\Delta\lambda_p$=16 nm，对应的折

射率检测分辨率为 3.125×10^{-5} RIU。图 3-109(b)所示为采用幅度探测法时，PCF-SPR 传感器的幅度检测灵敏度与传输光波波长的关系。由图可知，当波长在 518 nm 附近时，幅度检测灵敏度最高，约为 259.6 RIU^{-1}，对应的传感灵敏度约为 3.852×10^{-5} RIU。

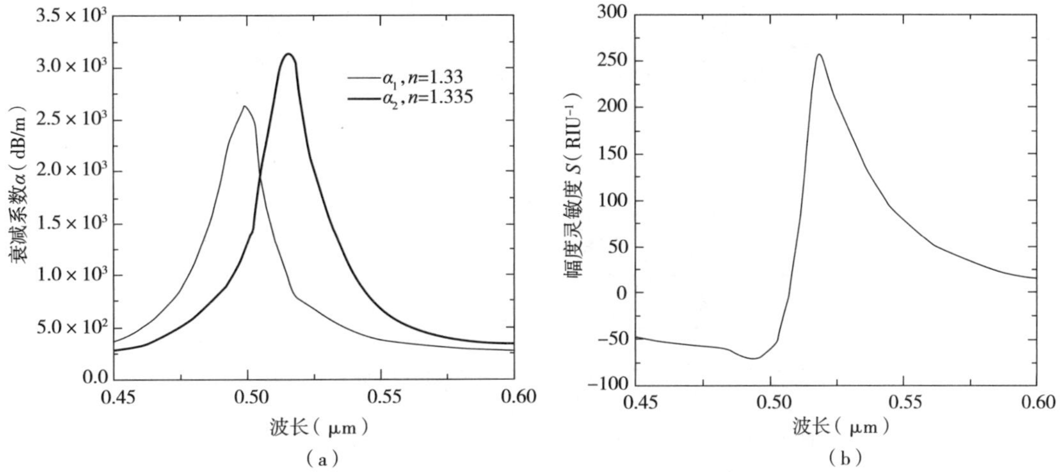

图 3-109　镀银薄膜厚度为 30 nm 时，六瓣柚子形 PCF-SPR 的特性图

(a)基模光场衰减系数 α 与波长的关系；(b)光强检测灵敏度与波长的关系

Ⅱ. 基于六瓣柚子形 PCF-SPR 实验研究

在实验研究中，采用光谱探测法搭建了 PCF-SPR 传感实验装置，如图 3-110 所示。其具体测量流程如下。首先，宽带光源输出的宽谱光束经隔离器选光后通过光纤连接器耦合进入普通单模光纤；然后，3 dB 耦合器将输入光束均匀分为两束光，作为参考光的光束经过未填充金属介质的光子晶体光纤后进入光谱仪，而作为信号光的光束经过填充金属介质的光子晶体光纤后进入光谱仪；最后，利用计算机分析处理光谱仪采集的光谱数据，获取样品的参数信息。测量过程中，参考光和信号光通过的光子晶体光纤采用相同的参数规格，且填充的样品溶液相同，通过对比参考光和信号光的光谱特性，可以获得样品溶液的 SPR 吸收峰(共振波长)。将已知标定溶液的 PCF-SPR 吸收谱作为参考光谱，当光子晶体光纤中填充具有不同折射率的样品溶液时，其共振波长会产生偏移，根据共振波长的变化可以进一步获得待测样品的相关参数信息。

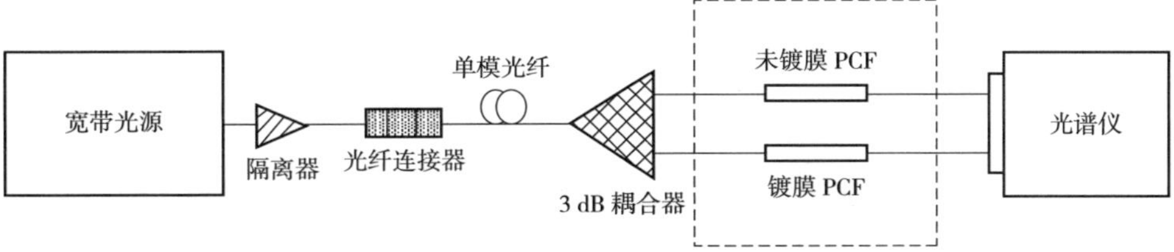

图 3-110　PCF-SPR 传感实验装置原理

实验中，利用焦距为 150 mm 的凸透镜经过五维精确调整，将溴钨灯发出的宽带光耦合到光纤跳线中，实现单模光纤的尾纤输出。选用烽火科技有限公司生产的柚子形光敏微结构光纤作为实验用光纤，该光纤的结构如图 3-111 所示。该光纤采用六瓣柚子形空气孔结构，纤芯直径为 12 μm，包层直径为 125 μm，气孔长轴长度为 37.2 μm、短轴长度为 32.5 μm。由于气孔尺径较大，因此通光范围较宽，且便于金属镀膜及待测样品的填充，适用于 SPR 传感特性的研究。利用银镜反应法对柚子形光子晶体光纤气孔内壁镀银薄膜，采用 1 mL 的 0.15 mol/L 的银氨溶液与 1 mL 的 0.05 mol/L 的葡萄糖溶液配比，以及 65 ℃水浴加热，实现对 PCF 中柚子形空气孔的镀银薄膜。

图 3-111　柚子形光敏微结构光纤端面的扫描电镜图像

实验中，采用多重过滤的纯水作为样品溶剂。首先，在探测装置中接入填充水溶液的未镀膜的柚子形 PCF，利用光谱仪探测并记录宽谱光源通过 PCF 后的光谱图，作为参考光谱基底；然后，接入填充水溶液的镀银薄膜柚子形 PCF，利用光谱仪探测宽谱光源输出通过 PCF 后的透射光谱；最后去除暗电流噪声和先前得到的参考光谱基底，从而得到水溶液样品的 SPR 吸收谱，如图 3-112 所示。

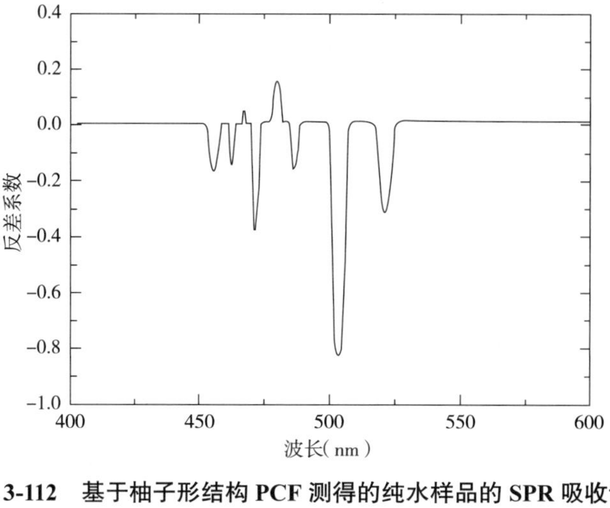

图 3-112　基于柚子形结构 PCF 测得的纯水样品的 SPR 吸收谱

由图 3-112 可以看出，SPR 吸收谱在 450~530 nm 的光谱范围内有多处吸收峰，可能是镀膜过程中银纳米薄膜致密度差以及厚度不均匀导致的；506 nm 处的吸收峰的强度最大，结果与之前的模拟结果相近，表明基于柚子形结构的 PCF-SPR 传感器的表面等离子共振效应很强，可以用于样品折射率的高灵敏探测。

(4)基于双折射和 SPR 的石墨烯光子晶体光纤传感器

本部分提出一种基于光子晶体光纤的镀有石墨烯 - 银双金属层的 SPR 传感器。通过调整光子晶体的气孔尺寸，可以有效地调整纤芯模的有效折射率，由于不对称结构导致了强双折射特性，x 方向偏振的共振峰值比 y 方向偏振的共振峰值的损耗和灵敏度均高得多。第二层采用镀有石墨烯 - 银双金属层的交替孔作为分析物通道，可避免相邻干扰，提高信噪比。石墨烯的优良特性不仅解决了银的氧化问题，而且增强了分子的吸收。该传感器的灵敏度高达 2 520 nm/RIU，分辨率为 3.97×10^{-5} RIU，可为开发高灵敏度、实时、快速响应、分布式 SPR 传感器提供基础。

Ⅰ. 结构设计与模拟

传感器的包层由两层六角形布置的气孔组成，核心为中心孔，结构如图 3-113 所示。中心孔的作用是降低纤芯导模的折射率，以促进与等离子体模的相位匹配。第一层两个较大的孔所造成的结构不对称导致了强双折射，这有助于将更多的光耦合到特定的方向，导致 x 方向偏振的共振峰比 y 方向的更敏感、更强。第二层较大的孔被选择性地涂覆石墨烯 - 银双金属层，与完全涂覆的结构相比，石墨烯 - 银双金属层表现出更好的信噪比（SNR）。此外，石墨烯 - 银双金属层与石墨烯 - 金双金属层相比，能产生更尖锐的共振峰；而与金 - 银双金属层相比，灵敏度更高。

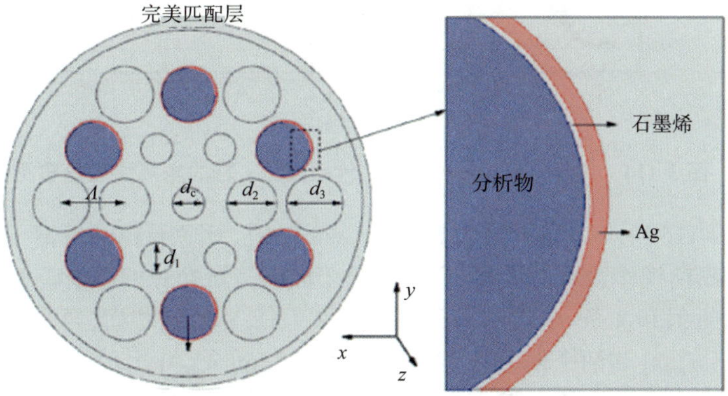

图 3-113　传感器设计原理图

结构设计参数如下：Λ=2 μm，d_c/Λ=0.5，d_2/Λ=0.8，d_3/Λ=0.9，Ag 镀层的厚度 t_{Ag}=50 nm。光纤材料是熔融二氧化硅，折射率由 Sellmeier 方程确定[65]：

$$n^2(\lambda)=1+\frac{A_1\lambda^2}{\lambda^2-B_1}+\frac{A_2\lambda^2}{\lambda^2-B_2}+\frac{A_3\lambda^2}{\lambda^2-B_3} \tag{3-37}$$

式中：$A_1=0.696\,166\,300$，A_2=0.407 942 600，$A_3=0.897\,479\,400$，$B_1=4.679\,148\,260\times10^{-3}\ \mu\text{m}^2$，$B_2$=$1.351\,206\,310\times10^{-2}\ \mu\text{m}^2$，$B_3=97.934\,002\,5\ \mu\text{m}^2$。

石墨烯的折射率的计算公式为[66]

$$n_g=3+\frac{jC_1\lambda}{3} \tag{3-38}$$

式中：C_1=5.446 μm^{-1}；λ 为真空波长。

每一层石墨烯厚度为 0.34 nm，石墨烯层的总厚度为 $0.34\times N$，其中 N 为石墨烯层数。Ag 的折射率由 *Handbook of Optical Constants of Solids*[67] 给出。

Ⅱ. 模拟结果分析与讨论

如图 3-114 所示，有 SPR 层和无 SPR 层时传感器中部沿 y 轴的电场强度分布图。可以看出，纤芯模被很好地限制在纤芯中，只有一部分能量被转移到金属 - 介电界面。此外，金属层的两侧都能激发表面等离激元，但金属感应介质界面上的共振强度要比金属 - 介电界面上的强得多。电场振幅在金属表面处最大，并以指数方式衰减，这与表面等离激元激发的结果很好地吻合。

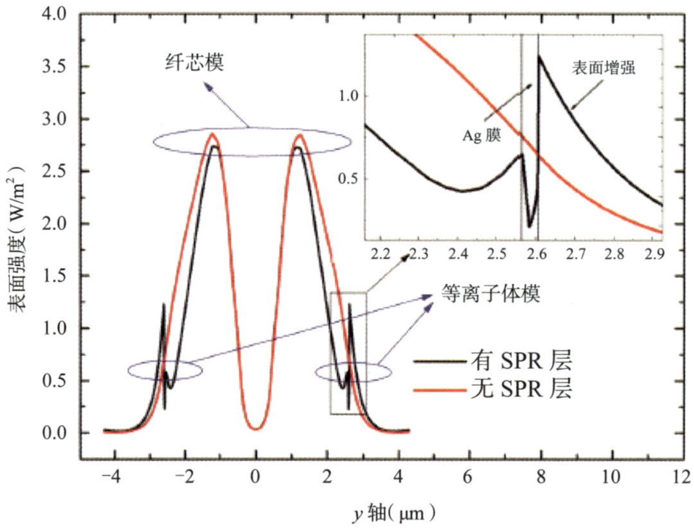

图 3-114 共振波长 λ=590 nm 处传感器沿 y 轴的电场强度分布图

图 3-115 和图 3-116 所示为分析物的折射率 n_a=1.33 时，纤芯导模和等离子体模的色散关系和电场分布。使用类高斯模作为纤芯导模，它最适合于标准高斯光源的激发。如图 3-115 所示，纤芯模表现出强烈的双折射和 2 条 n_{eff} 曲线 [Re(n_{eff}^x)和 Re(n_{eff}^y)] 的纤芯模，导致分析物的折射率相同时，等离子体模 [Re(n_{eff}^p)] 和两个偏振共振峰 [Im(n_{eff}^x)和 Im(n_{eff}^y)] 出现了 2 个交点（d 和 e）。共振发生在纤芯导模和等离子体模的实部 n_{eff}[Re(n_{eff}^p)] 的匹配点。将平行于 y 方向的纤芯导模的一个分量定义为 y 方向偏振模，另一个与 y 轴正交的分量定义为 x 偏振模。正如图中所展示的，x 偏振模比 y 偏振模强得多。

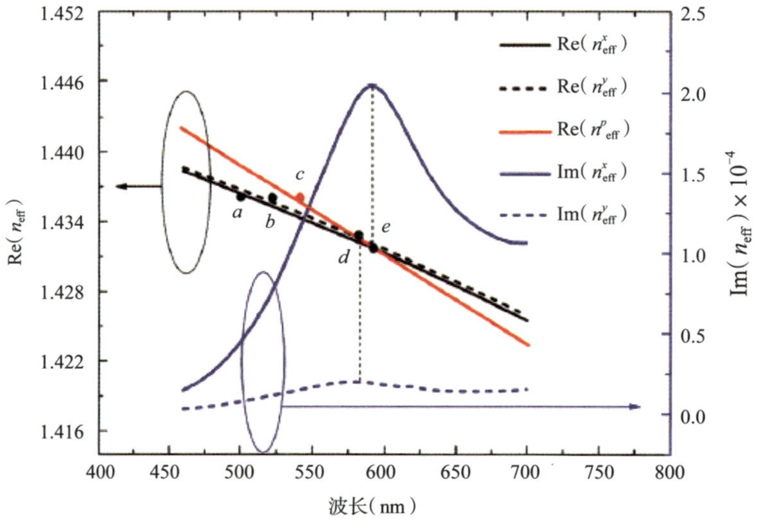

图 3-115 n_a=1.33 时纤芯导模和等离子体模的色散关系和电场分布

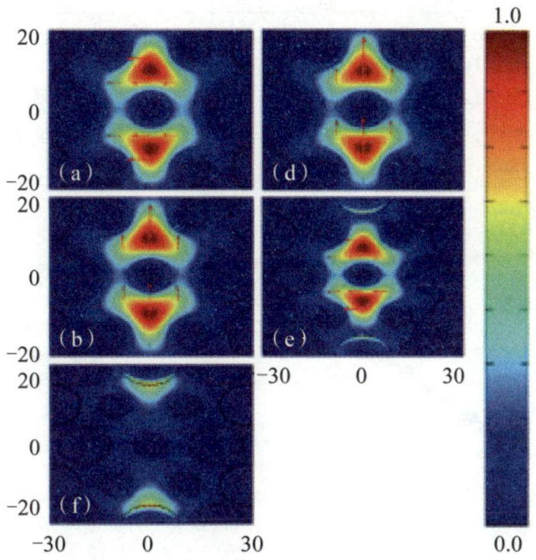

图 3-116　不同共振波长下的纤芯导模和等离子体模电场分布(石墨烯层数 N=9)

(a)纤芯导模 x 方向偏振(λ=500 nm);(b)纤芯导模 y 方向偏振(λ=500 nm);(c)等离子体模(λ=617 nm);(d)纤芯导模 y 方向偏振(相位匹配点,λ=579 nm);(e)纤芯导模 x 方向偏振(相位匹配点,λ=590 nm)

图 3-117(a)为 n_a=1.33 和 1.34 时 x 和 y 方向偏振的共振峰值。可以看出,n_a 增大时,x 和 y 方向偏振的共振峰均发生红移,这是因为 n_a 的增大改变了等离子体模的 Re(n_{eff}^{p}),从而改变了纤芯导模与等离子体模的相位匹配点。当 n_a 接近纤芯的 n_{eff} 时,随着模耦合的增强,峰值损耗增大。但 x 方向偏振比 y 方向偏振有更尖锐的偏振共振峰和更高的峰损失。例如,当 n_a=1.33 时,x 方向偏振的共振峰的限制损耗为 1.887×10^2 dB/cm,约为 y 方向偏振的共振峰 1.88×10 dB/cm 的 10 倍。约束损失的表达式为[68]

$$\alpha_{loss}(\text{dB/m}) = 8.686k_0\text{Im}(n_{eff}) \tag{3-39}$$

式中:k_0 为 λ 的单位为"m"时的波束,k_0=π/λ;Im(n_{eff})是 n_{eff} 模的虚部。

此外,x 方向偏振的共振峰的位移(23 nm)大于 y 方向偏振的共振峰的位移(21 nm),波长灵敏度的表达式为[68]

$$S_\lambda(\text{nm/RIU}) = \frac{\Delta\lambda_{peak}}{\Delta n_a} \tag{3-40}$$

式中:$\Delta\lambda_{peak}$ 为波长偏移量;Δn_a 为分析物的折射率变化量。

x 方向偏振的共振峰的波长灵敏度(2 300 nm/RIU)高于 y 方向偏振的共振峰的波长灵敏度(2 100 nm/RIU)。在观察振幅变化时,测量是在单一波长下完成的,不需要测量光谱,操作简单、成本低,但灵敏度低。假设光波长为 λ,传输长度为 L,纤芯模的损耗随波长的变化为 $\alpha(\lambda, n_a)$。振幅灵敏度(能量灵敏度)可定义为[68]

$$S(\text{RIU}^{-1}) = -\frac{\partial\alpha(\lambda,n_a)/\partial n_a}{\alpha(\lambda,n_a)} \tag{3-41}$$

图 3-117(b)所示为 n_a=1.33 和 1.34 时,x 方向和 y 方向偏振的共振峰的振幅灵敏度。x 方向偏振的共振峰的振幅灵敏度(44 RIU^{-1})高于 y 方向偏振的共振峰(33.8 RIU^{-1}),因为它具有更强的模式耦合。

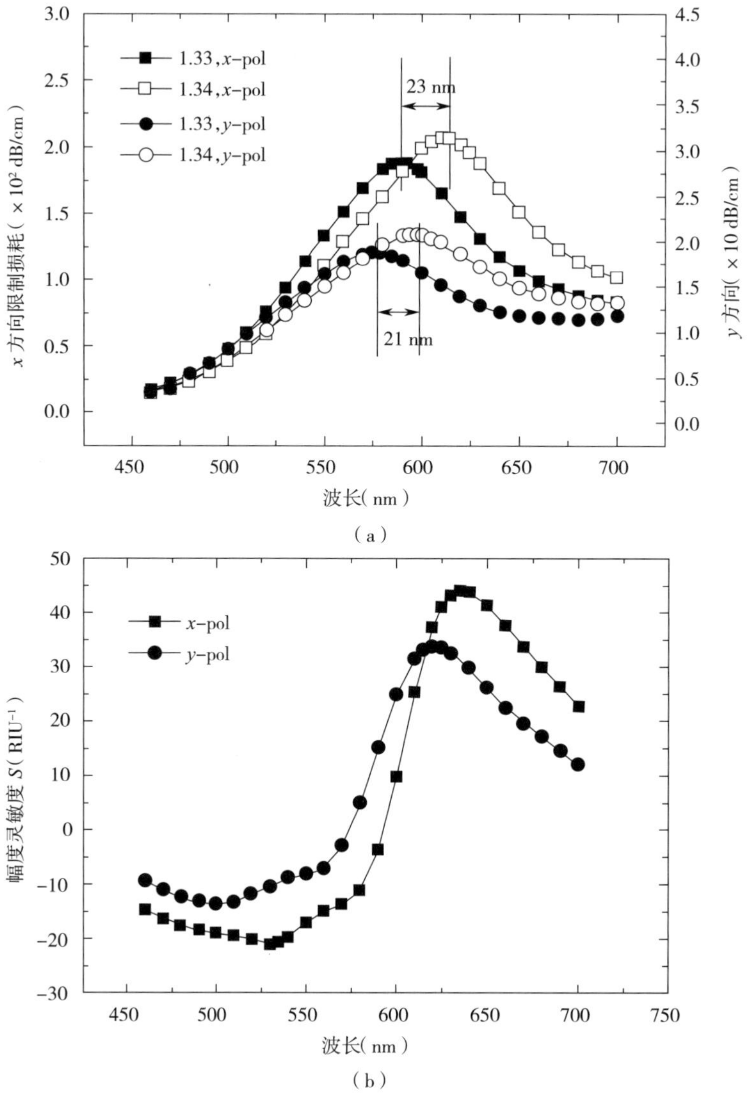

图 3-117　n_a 分别为 1.33 和 1.34 时，x 和 y 方向偏振的共振峰的限制损耗和振幅灵敏度

(a)限制损耗;(b)振幅灵敏度

综上所述，x 方向偏振的共振峰具有更好的信噪比、更大的限制损耗、更高的波长和振幅灵敏度，更适合用于折射率传感。因此，后续研究只考虑 x 方向偏振的共振峰。

为了研究传感器的性能，计算分析物的折射率从 1.33 变化到 1.35(步长为 0.005)时共振峰的变化，如图 3-118 所示。随着 n_a 的增大，共振峰向波长较长的一侧移动，峰损失增大。由式(3-40)可知，波长灵敏度分别为 1 800、2 000、2 600 和 3 400 nm/RIU。当分析物的折射率更高时，该传感器的波长灵敏度更高，这是因为当 n_a 接近纤芯导模的 n_{eff}(约 1.45)时，纤芯导模与等离子体模之间的耦合增强，导致波长灵敏度更高，峰值损耗更大。

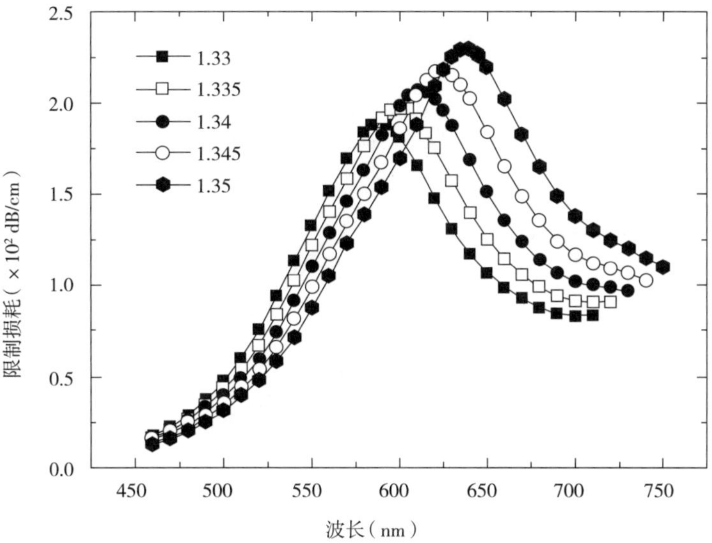

图 3-118　n_a 从 1.33 变化到 1.35 时传感器的限制损耗（步长为 0.005）

通过调节中心空气孔的大小，可以有效调节纤芯模的 n_{eff}，这对传感器的性能有很大影响。如图 3-119（a）所示，当 d_c 增大时，共振波长的红移缓慢，共振强度大幅度增大。如图 3-119（b）所示，随着 d_c 的增大，共振波长红移，共振强度不断增大。但是峰值偏移量 $\Delta\lambda_{peak}$ 会经历一个上升和下降的循环。当 $d_c/\Lambda = 0.5$ 时，峰值偏移量达到最大值 24 nm。无论中心孔的直径变大或变小，$\Delta\lambda_{peak}$ 均减小。根据式（3-40），波长灵敏度也会发生相同的变化。这是因为一个较大的中心孔直径将低于纤芯导模的 n_{eff}，使其更接近分析物的折射率。此外，纤芯中泄漏的场越多，金属 - 介质界面处的模场就越大，模式耦合就会增强。但当中心孔直径太大时，入射光不能很好地局限在纤芯内，模式耦合会减弱。振幅灵敏度略有增加，可以忽略不计。当 $d_c/\Lambda = 0.3$、0.4 和 0.5 时，振幅灵敏度分别为 42、42.9 和 44 RIU^{-1}。

传感器结构的不对称主要是由于第一层有两个较大的孔，这对传感器的双折射有很大影响。如图 3-120（a）所示，当 d_2/Λ 从 0.6 增大到 0.8 时，共振峰从 586 nm 红移到 588 nm，峰值损耗从 1.032×10^2 dB/cm 增大到 1.887×10^2 dB/cm，说明 d_2 主要影响传感器的共振强度。图 3-120（b）所示为 $d_2/\Lambda = 0.6$、0.7 和 0.8 时的振幅灵敏度。可以看到，振幅灵敏度几乎没有变化。因此，可以通过调节 d_2 来调整双折射强度，实现光纤环形镜或偏振滤波片的调整。

表面等离子共振波对金属层的厚度非常敏感，以 10 nm 为间隔，分析 20~50 nm 的 Ag 镀层厚度（t_{Ag}）引起的传感器损耗光谱的变化。不同 Ag 镀层厚度的传感器的损耗光谱如图 3-121（a）所示。可以看到，随着 t_{Ag} 的增加，共振峰有明显的衰减，这意味着 Ag 镀层越厚，信噪比越差。如图 3-121（b）和（c）所示，随着 t_{Ag} 从 20 nm 增大到 50 nm，振幅灵敏度从 72.47 下降到 32.57 RIU^{-1}，而平均波长灵敏度从 1 900 增大到 2 520 nm/RIU。因此，限制损耗、波长灵敏度和振幅灵敏度之间存在联系，可根据具体要求进行优化。在光谱仪分辨率为 0.1 nm 时，该传感器的最高分辨率为 3.97×10^{-5} RIU。

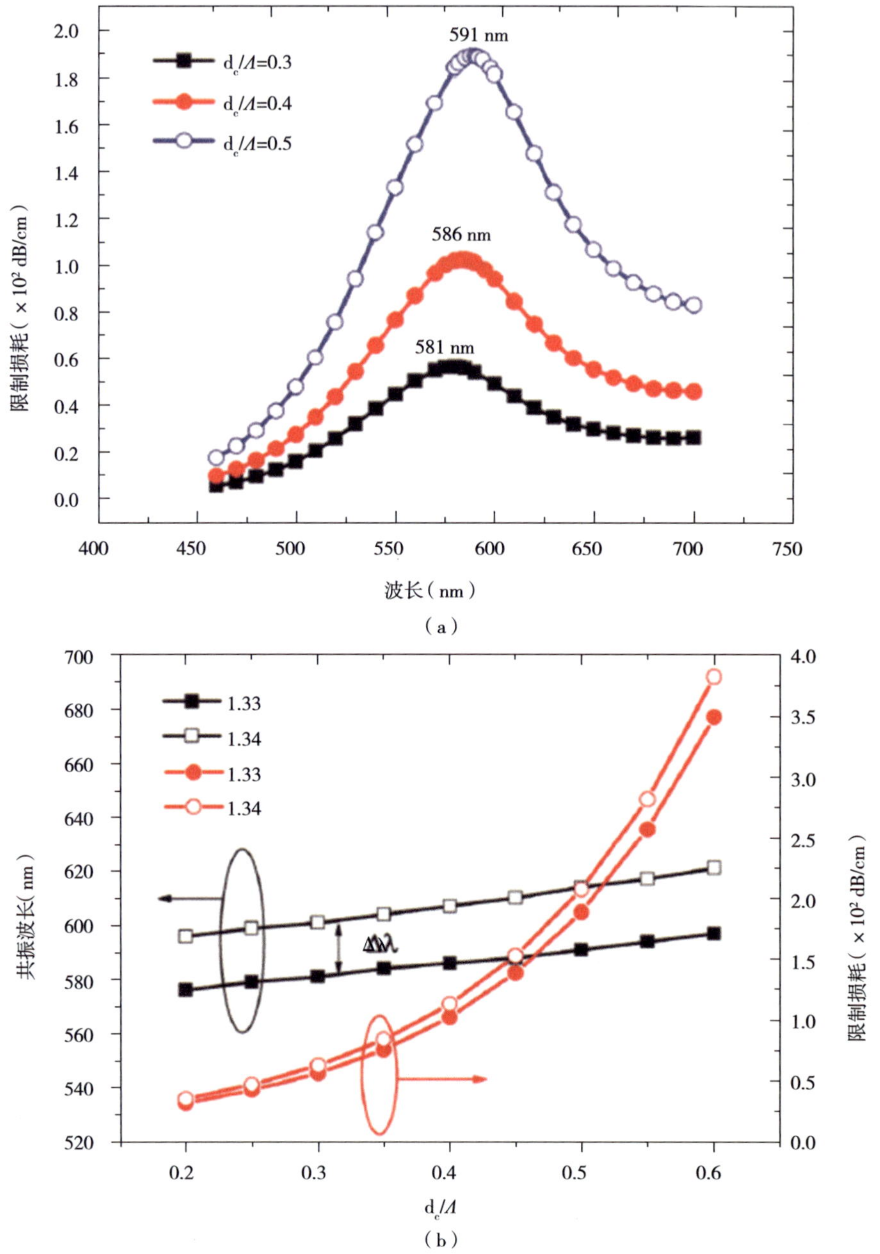

图 3-119　n_a = 1.33 时所设计传感器的限制损耗和共振波长

（a）限制损耗曲线；（b）限制损耗和共振波长

图 3-122（a）所示为石墨烯层数增加情况下，传感器的损耗光谱的变化。当共振强度从 1.89 ×10² 下降到 1.73 ×10² dB/cm 时，共振波长从 590 nm 移到 630 nm，N 值从 9 移到 15。此外，如图 3-122（b）所示，振幅灵敏度也会降低，因为石墨烯层会将纤芯模从等离子体模中屏蔽掉。如图 3-122 所示，石墨烯厚度的增加导致金属 - 介电界面 n_{eff} 的增加，从而在更长的波长下满足共振条件。峰值损耗阻尼是由石墨烯层介电常数的虚部引起的。因此，石墨烯层越薄，共振峰越清晰，灵敏度越高。在实践中，为了获得更好的性能，石墨烯层应该尽可能薄。

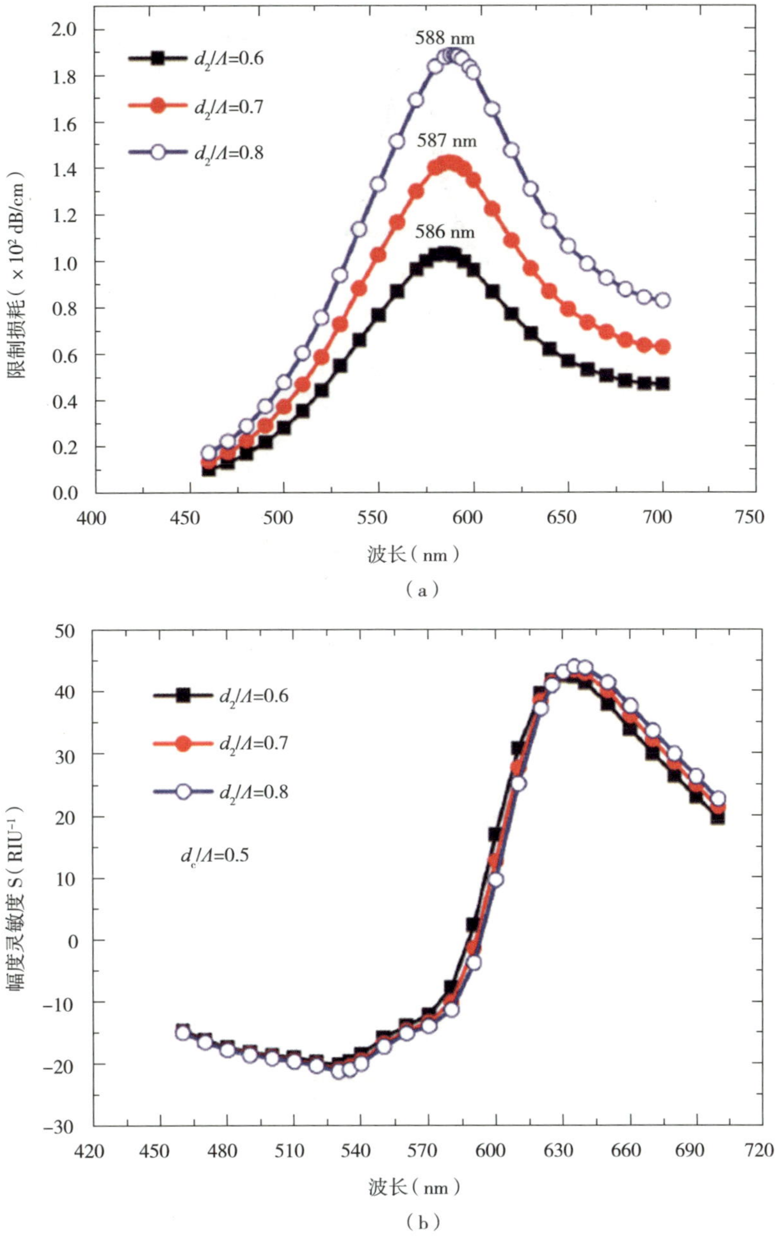

图 3-120　$d_c/\Lambda=0.5$，不同 d_2/Λ 下，所设计传感器的限制损耗和振幅灵敏度

（a）限制损耗曲线；（b）振幅灵敏度曲线

本小节利用 COMSOL Multiphysics 软件对基于石墨烯 PCF-SPR 传感器进行了有限元分析。数值模拟结果表明，存在一个最优的中心孔尺寸，使所设计的传感器最灵敏。不对称结构只影响传感器的共振强度，当 Ag 镀层变化时，限制损耗、波长灵敏度和振幅灵敏度之间会发生一系列限制性变化。此外，更薄的石墨烯层可以获得更清晰的共振峰和更高的灵敏度，得到的波长灵敏度高达 2 520 nm/RIU，最高分辨率为 3.97×10^{-5} RIU。该结果可为开发高灵敏度、实时、快速响应、分布式 SPR 传感器提供参考。

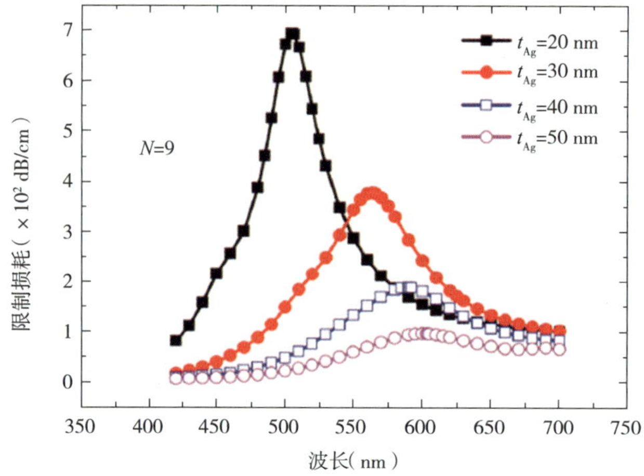

（a）

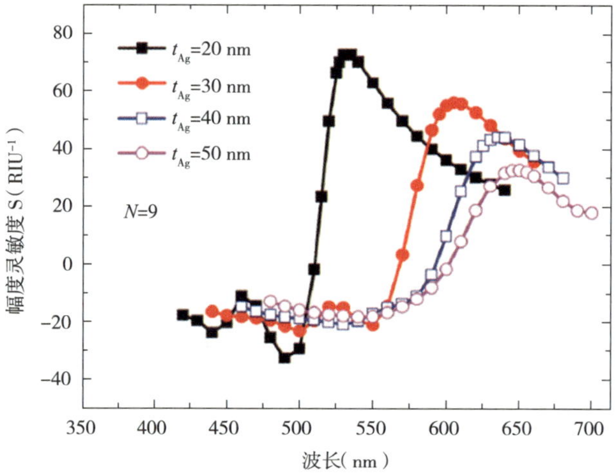

（b）

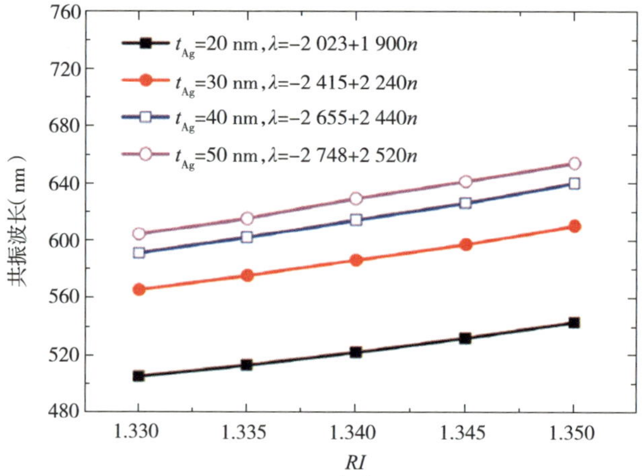

（c）

图 3-121　$n_a = 1.33$、$d_c/\Lambda = 0.5$、$d_2/\Lambda = 0.8$ 时，所设计传感器的限制损耗、振幅灵敏度和波长灵敏度

（a）限制损耗；（b）幅度灵敏度；（c）共振波长

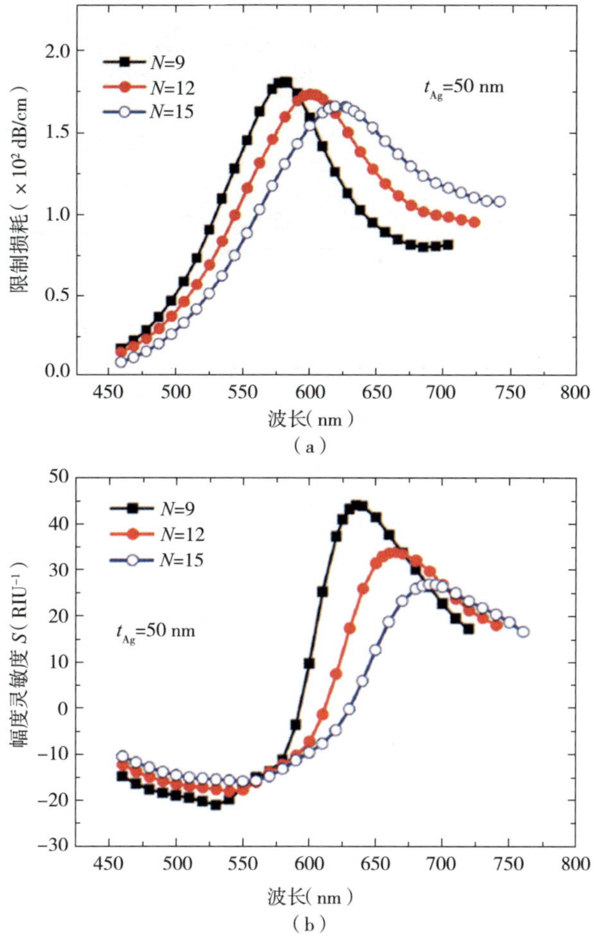

图 3-122　$n_a = 1.33$、$d_c/\Lambda = 0.5$、$d_2/\Lambda = 0.8$、$t_{Ag} = 50$ nm 时，不同石墨烯层数对限制损耗和振幅灵敏度的影响

（a）限制损耗；（b）振幅灵敏度

3.2.3　材料填充微结构光纤传感器

（1）复合银纳米颗粒沉积的暴露芯柚子形微结构光纤折射率传感器

由于具有独特的核壳结构，复合纳米颗粒具有许多普通金属纳米颗粒无法企及的新颖特性，如能够产生高信噪比的极窄共振峰[69]，多个强度近乎相同的共振峰实现多参数同时测量[70]，共振波段可调谐至中红外波段[71]（可用于生物医学传感），等等。在银纳米颗粒沉积结构的基础上，本小节介绍一种复合银纳米颗粒沉积的暴露芯柚子形的基于局域表面等离子共振（Localized Surface Plasmon Resonance，LSPR）的微结构光纤（Micro-structured Optical Fiber，MOF）（简称 MOF-LSPR）折射率传感器，详细研究其折射率传感特性，分析复合银纳米颗粒结构参数对该传感器的传感性能的影响。

Ⅰ. 结构设计与模拟

图 3-123 所示为复合银纳米颗粒沉积的暴露芯柚子形 MOF-LSPR 折射率传感器的截面示意。其中，复合金属纳米颗粒的直径 $r_2 = 410$ nm，介质纳米球核（介质核）直径 $r_1 = d = 400$ nm，Ag 壳的厚度 $l = r_2 - r_1 = 10$ nm。在数值分析过程中，传感器的边界条件设定为完美匹配层。

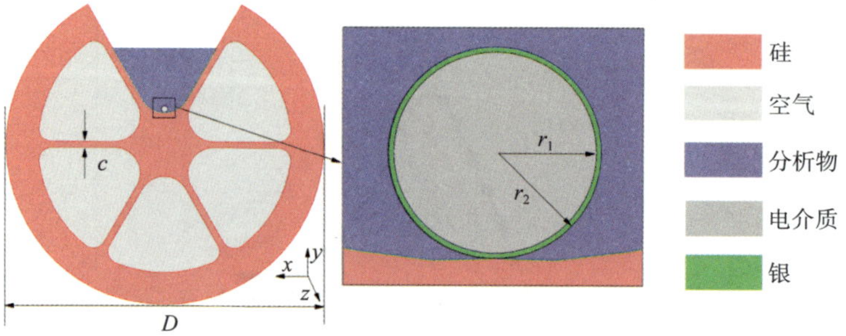

图 3-123　复合银纳米颗粒沉积的暴露芯柚子形 MOF-LSPR 折射率传感器的截面示意图

如图 3-124 所示，复合银纳米颗粒产生的 LSPR 可以视为介质核与纳米微腔之间的表面等离子体杂化的结果。以介质核 - 银壳复合纳米颗粒为例，介质核的等离子体模 ω_p 与纳米微腔的等离子体模 ω_c 分别由纳米 Ag 壳的内、外表面的自由电子激发产生。由于 Ag 壳的厚度非常薄，其内外表面的自由电子会产生强烈的相互作用，即表面等离子体杂化，从而形成两个新的共振模式 $|\omega+>$ 和 $|\omega->$。其中，能量较高的 $|\omega+>$ 模式由 ω_p 与 ω_c 反向耦合产生且 ω_c 占主导地位，能量较低的 $|\omega->$ 模式由 ω_p 与 ω_c 正向耦合产生且 ω_p 占主导地位。两个共振模式的频率定义为[72]

$$\omega_{l\pm}^2=\frac{\omega_B^2}{2}\left[1\pm\frac{1}{2l+1}\right]\sqrt{1+4l(l+1)\left(\frac{r_1}{r_2}\right)^{2l+1}} \tag{3-42}$$

式中：r_1 和 r_2 分别为纳米颗粒的内、外直径；l 为阶数；ω_B 为表面等离子体的总体频率，表达式为

$$\omega_B=\sqrt{\frac{4\pi e^2 n_0}{m_e}} \tag{3-43}$$

式中：m_e 为电子质量；$4\pi e^2 n_0$ 为电荷密度。

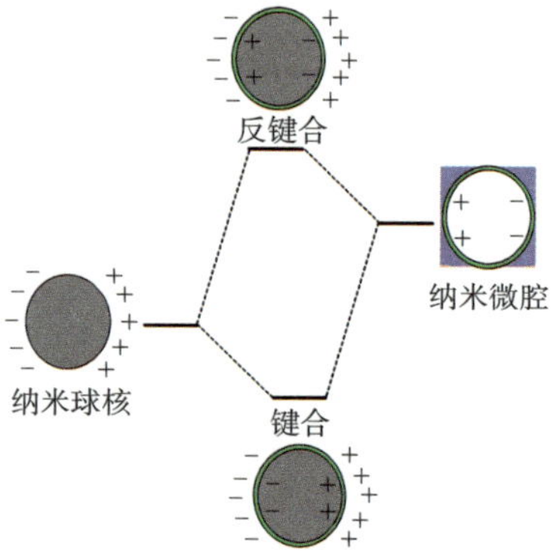

图 3-124　复合银纳米颗粒中介质纳米球核与纳米微腔之间的等离子体杂化能级图

当纳米颗粒的直径远小于入射光波长时，可以将其看作一个偶极子，纳米球核和纳米微腔的极化率可以分别表示为

$$\left.\begin{aligned}\alpha_{\text{sphere}}&=4\pi r_2^3\frac{\varepsilon_1-\varepsilon_2}{\varepsilon_1+2\varepsilon_2}\\ \alpha_{\text{cavity}}&=4\pi r_2^3\frac{(\varepsilon_1-\varepsilon_2)(\varepsilon_3+2\varepsilon_1)+f(\varepsilon_3-\varepsilon_1)(\varepsilon_2+2\varepsilon_1)}{(\varepsilon_1+2\varepsilon_2)(\varepsilon_3+2\varepsilon_1)+f(2\varepsilon_1-2\varepsilon_2)(\varepsilon_3-\varepsilon_1)}\end{aligned}\right\} \tag{3-44}$$

式中：ε_1 为纳米球壳的介电常数；ε_2 为周边介质的介电常数；ε_3 为纳米球核的介电常数。

当满足条件 $\varepsilon_1+2\varepsilon_2=0$ 时，复合纳米颗粒产生核－壳共振。此外，各介质的折射率和核壳结构的尺寸参数对复合纳米颗粒的光学特性具有很大影响。

图 3-125 所示为复合银纳米颗粒沉积的暴露芯柚子形 MOF-LSPR 折射率传感器在折射率 1.33 处的限制损耗。不同于银纳米颗粒沉积结构，由于复合银纳米颗粒存在等离子体杂化效应，其 x 和 y 方向偏振各自出现两个位置不同的共振峰 Peak 1 和 Peak 2，分别对应 $|\omega+\rangle$ 模式和 $|\omega-\rangle$ 模式。此外，相比于金属镀膜产生的 SPR，LSPR 能够得到信噪比更高的共振峰，大大地提高了传感器的检测精度。由于 x 方向偏振光的 Peak 2 共振峰的限制损耗较弱，后续内容中将不予考虑。

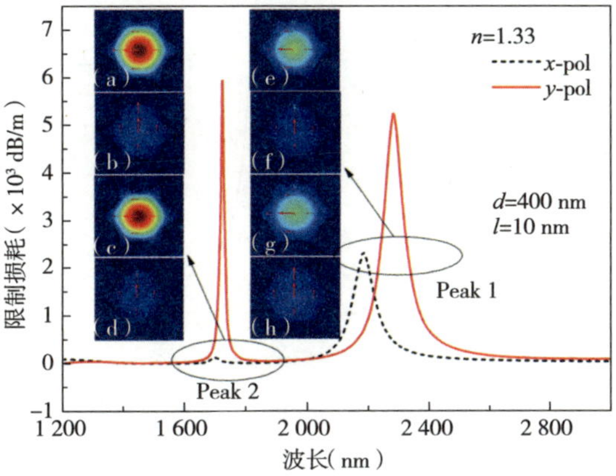

图 3-125　复合银纳米颗粒沉积的 MOF-LSPR 折射率传感器在折射率 1.33 处的限制损耗

Ⅱ. 结果与分析

考虑到实际操作过程中复合银纳米颗粒很难像图 3-123 中所示的那样沉积在纤芯沿 y 轴对称的中间位置，分析复合银纳米颗粒在任意位置处对传感器共振峰的影响。如图 3-126 所示，用 θ 表示复合银纳米颗粒偏离纤芯中间位置的角度。可以看出，当 θ 值逐渐增大时，即复合银纳米颗粒逐渐远离纤芯时，x 和 y 方向偏振的共振峰的共振波长基本没有发生改变，只是限制损耗发生了降低，原因是等离子体模与纤芯模之间的距离增加。因此，可以认为复合银纳米颗粒在纤芯附近气孔内的沉积位置对折射率传感器的波长灵敏度不会产生明显影响。

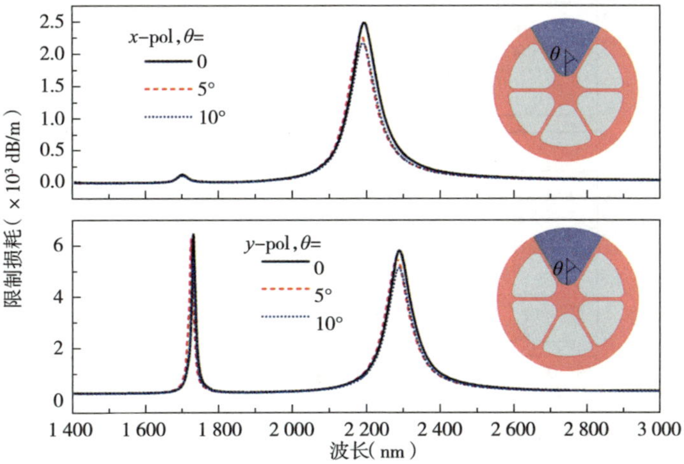

图 3-126　折射率为 1.33 时 x 和 y 方向偏振的共振峰与复合银纳米颗粒偏离纤芯角度的关系

各介质的折射率和核壳结构的尺寸对复合金属纳米颗粒的光学特性能够产生很大影响。当分析物的折射率为 1.33 时，保持介质核直径 $d = 400$ nm，Ag 壳厚度 $l = 10$ nm，研究 x 和 y 方向偏振的共振峰对应波长与介质核折射率 n_d 的关系。如图 3-127 所示，随着 n_d 从 3.8 增大到 4.2，x 和 y 方向偏振的共振峰逐渐向长波方向移动，并且表现出越来越强的限制损耗，使对待测信号光的检测具有更高的信噪比和分辨率，从而较大程度地提高了系统的检测精度。

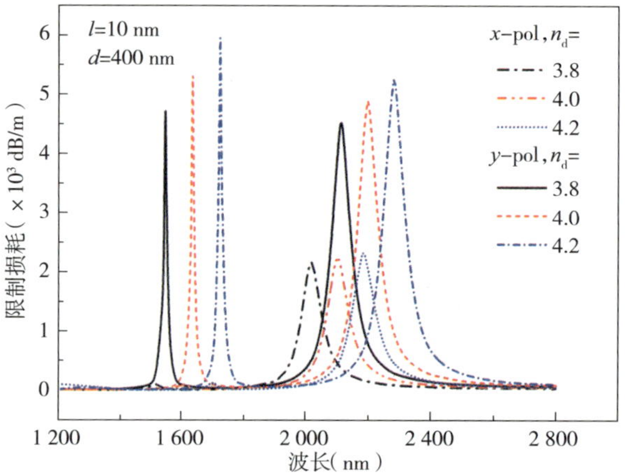

图 3-127　折射率为 1.33，$d = 400$ nm，$l = 10$ nm 时，x 和 y 方向偏振的共振峰随 n_d 的变化

当分析物的折射率分别为 1.33 和 1.34，介质核的折射率 $n_d = 4.2$，Ag 壳厚度 $l = 10$ nm 时，研究 x 和 y 方向偏振的共振峰与介质核直径 d 的关系。如图 3-128 所示，当介质核直径 d 从 400 nm 增大到 800 nm 时，x 和 y 方向偏振的共振峰均向波长增加的方向发生了较大程度的移动，从近红外波段移动至中红外波段，且限制损耗逐渐增强，使传感器具有更高的信噪比。y 方向偏振光的两个共振峰的相对强度也随着 d 的增大，差异不断增大。此外，当分析物的折射率从 1.33 增大到 1.34 时，x 方向偏振光的两个共振峰的波长偏移量 $\Delta\lambda$ 随着 d 的增大而逐渐增大。因此，适当增加介质核的直径能够提高传感器的波长灵敏度。

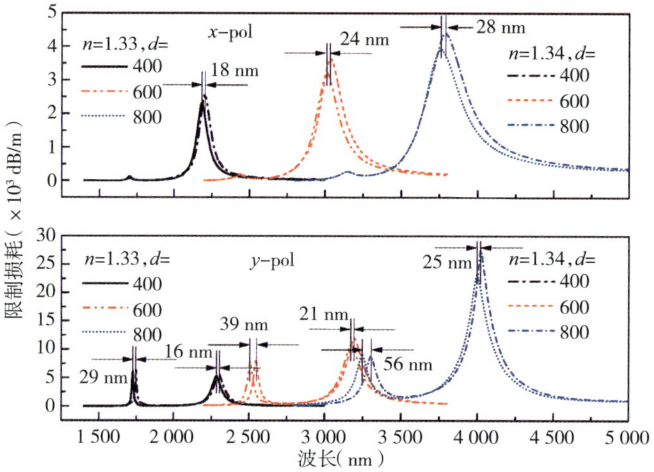

图 3-128　折射率分别为 1.33 和 1.34，$n_d = 4.2$，$l = 10$ nm 时，x 和 y 方向偏振的共振峰随 d 的变化

当分析物的折射率分别为 1.33 和 1.34，介质核的折射率 $n_d = 4.2$，介质核直径 $d = 800$ nm 时，x 和 y 方向偏振的共振峰随 Ag 壳厚度 l 增加的变化如图 3-129 所示。与增加介质核的直径产生的结果相反，x 和 y 方向偏振的共振峰随着 Ag 壳厚度的增加发生蓝移且限制损耗逐渐减弱。当分析物的折射率从 1.33 增大到 1.34 时，x 和 y 方向偏振强度随 Ag 壳厚度的增大逐渐加强，所产生的共振波长偏移 $\Delta\lambda$ 见表 3-3。可以看出，x 方向共振光和两个 y 方向共振光的共振峰的波长灵敏度随着 l 的增大呈现出不同的变化规律，在具体检测过程中，需要根据需求合理设置传感器的 Ag 壳厚度。

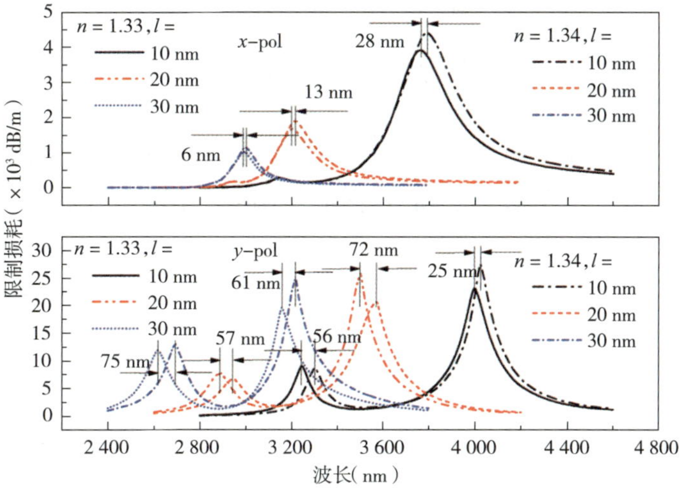

图 3-129　折射率分别为 1.33 和 1.34，$n_d = 4.2$，$d = 800$ nm 时，x 和 y 方向偏振的共振峰随 l 的变化

表 3-3　参数配置数据

l(nm)	x 方向偏振 Peak 1	y 方向偏振 Peak 1	y 方向偏振 Peak 2
10	6	75	61
20	13	57	72
30	28	56	25

复合银纳米颗粒沉积的 MOF-LSPR 折射率传感器在折射率为 1.33~1.42 范围内的传感特性如图 3-130 所示。在 $n_d = 4.2$，$d = 800$ nm，$l = 10$ nm 的情况下，x 和 y 方向偏振的三个不同共振峰均随着折射率的增大而发生红移。此外，由于各共振峰强度随着待测分析物的折射率的增大而逐渐减小，当折射率高于 1.38 时，y 方向偏振光的 Peak 2 共振峰会逐渐消失。x 方向偏振光的 Peak 1、y 方向偏振光的 Peak 1 和 Peak 2，这三个共振峰与折射率之间的线性拟合关系如图 3-131 所示，该线性拟合表达式为

$$\left.\begin{aligned} l_{x-1} &= 2\,791.52n - 537.33 \quad (1.33 < n < 1.42) \\ l_{y-1} &= 7\,903.03n - 7\,010.07 \quad (1.33 < n < 1.42) \\ l_{y-2} &= 5\,614.29n - 4\,579.86 \quad (1.33 < n < 1.38) \end{aligned}\right\} \tag{3-45}$$

式中：三个拟合方程的均方误差（拟合度）R^2 分别为 0.925 3，0.999 2 和 0.999 8。

复合银纳米颗粒结构的共振峰随折射率的增大呈现出高度的线性关系，有利于实际应用过程中

的参数标定，该传感器在波长调制下的灵敏度分别为 2 791.52 nm/RIU、7 903.03 nm/RIU 和 5 614.29 nm/RIU。

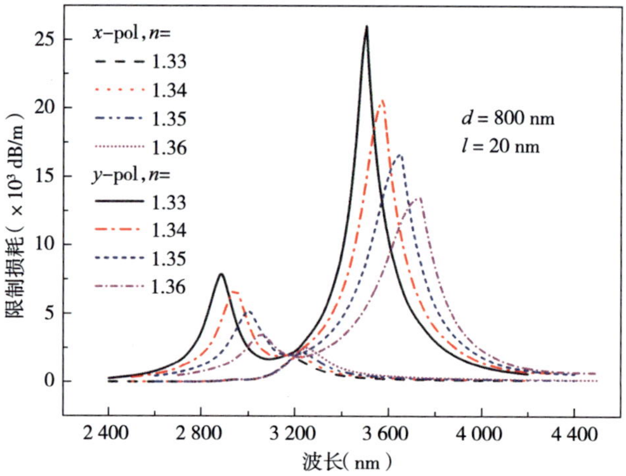

图 3-130　$n_d = 4.2, d = 800$ nm, $l = 10$ nm 时，x 和 y 方向偏振的共振峰随折射率增加的变化

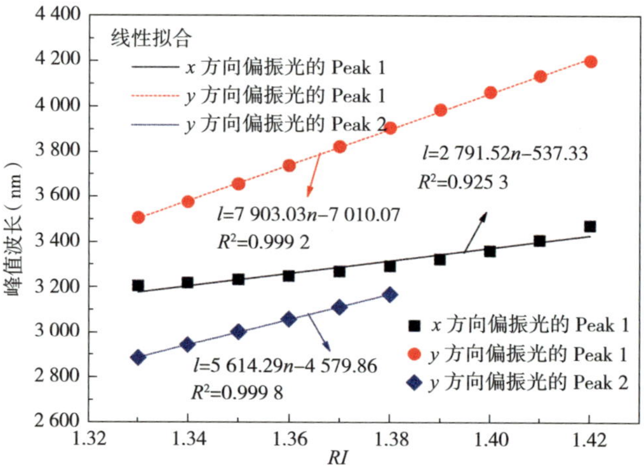

图 3-131　$n_d = 4.2, d = 800$ nm, $l = 10$ nm 时，x 和 y 方向偏振的共振峰与折射率之间的线性拟合关系

（2）银纳米颗粒填充的柚子形微结构光纤温度传感器

结合复合金属纳米颗粒能够产生高信噪比、极窄共振峰的优点，本部分设计了复合银纳米颗粒和氯仿液体填充的柚子形 MOF 温度传感器。基于有限元法研究了该传感器在 5~55 ℃范围内的温度传感特性，分析了复合银纳米颗粒的沉积位置、结构参数（包括颗粒长度、介质核直径、Ag 壳厚度等）对传感器性能的影响。

Ⅰ. 结构设计与模拟

图 3-132 所示为所设计的柚子形 MOF 温度传感器的截面示意。复合银纳米颗粒和氯仿液体被选择性地填充在柚子形 MOF 的空气孔中。

柚子形 MOF 温度传感器的结构参数见表 3-4。在数值仿真过程中，复合银纳米颗粒的介质核直径 $d_1=r_1=120$ nm，银壳厚度 $t_1=r_2-r_1=10$ nm。介质核的折射率为 4.2。Ag 的折射率可由 Drude 模型计算，即用文献 [16] 中的方法进行分析推导；光纤材质的折射率可以由与温度相关的 Sellmeier 方程确定[73]：

$$n^2(\lambda,T)=(1.31552+6.90754\times10^{-6}T)+\frac{(0.788404+23.5835\times10^{-6}T)\lambda^2}{\lambda^2-(0.0110199+0.584758\times10^{-6}T)}+\frac{(0.91316+0.548368\times10^{-6}T)\lambda^2}{\lambda^2-100} \tag{3-46}$$

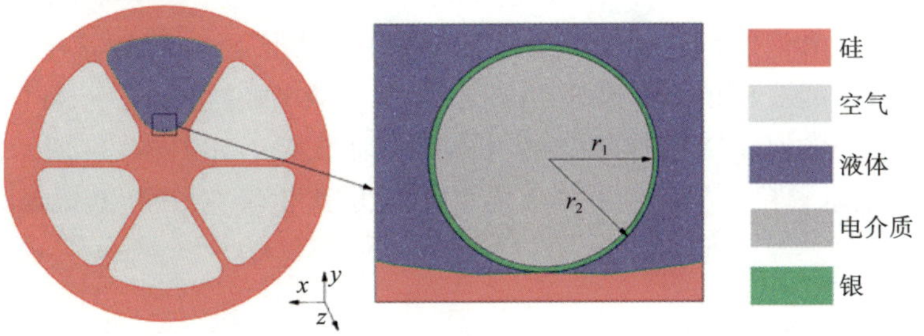

图 3-132　复合银纳米颗粒和氯仿液体填充的柚子形 MOF 温度传感器截面示意图

表 3-4　柚子形 MOF 结构参数

结构参数	数值大小(μm)
纤芯直径	12 ± 0.3
包层直径	125 ± 5
孔区域直径	87.3 ± 2.5
微孔直径	34.6 ± 0.9
孔间距	35.3 ± 0.9

在 T_0=20 ℃时，氯仿的折射率 n_0=1.44，dn/dT=−6.328 × 10^{-4} $℃^{-1}$。传感器边界条件为完美匹配层。

图 3-133 所示为复合银纳米颗粒和氯仿液体填充的柚子形 MOF 温度传感器装置。其中，SBS 为宽谱光源，SMF(Singal Mode Fiber)为单模光纤，GF 为增益光纤，OSA 为光谱分析仪。宽谱光源提供的入射光的功率为 P_{in}，传输光经过液体填充的 MOF 后被光谱分析仪检测，检测到的输出光的功率为 P_{out}，P_{in} 与 P_{out} 的关系可表示为[74]

$$P_{out}=P_{in}\exp\left(-\frac{\alpha L}{4.343}\right) \tag{3-47}$$

功率透射比 T_r 的表达式为

$$T_r=10\lg(P_{out}/P_{in}) \tag{3-48}$$

式(3-48)可以化简为

$$T_r=10\lg\left[\exp\left(-\frac{L}{\lambda}\cdot4\pi\cdot\text{Im}(n_{eff})\right)\right] \tag{3-49}$$

由此可知，T_r 与复合银纳米颗粒的长度 L 和入射光波长 λ 相关。

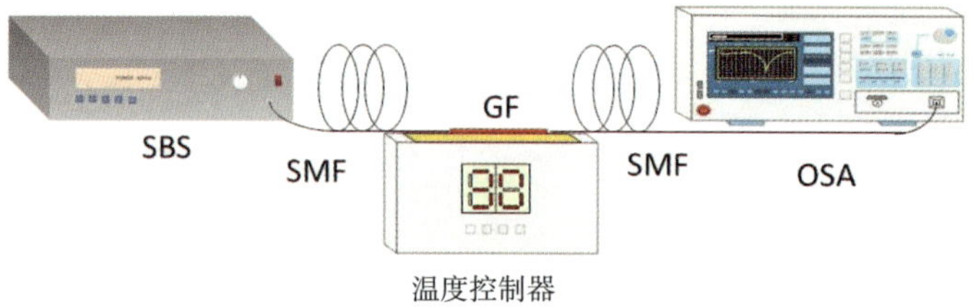

图 3-133　复合银纳米颗粒和氯仿液体填充的柚子形 MOF 温度传感器装置

在 MOF 结构、材质和液体填充种类等条件保持不变的情况下，对比用直径均为 130 nm 的介质核 -Ag 壳（复合银纳米颗粒，SNS）、介质核 -Au 壳（复合金纳米颗粒，SNG）、Ag（纯银）、Au（纯金）四种金属纳米颗粒填充的温度传感器在 T=40 ℃时的限制损耗。如图 3-134 所示，相比于单一金属纳米颗粒，复合金属纳米颗粒由于等离子体杂化效应，能够产生峰宽更窄、共振强度更强的 LSPR 损耗峰。

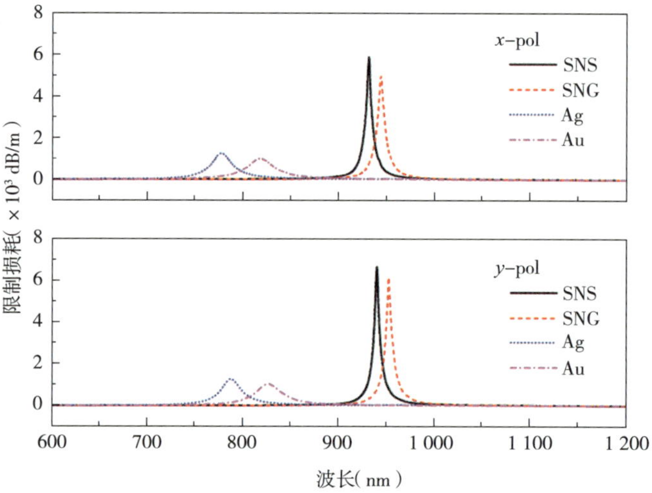

图 3-134　不同种类金属纳米颗粒和氯仿液体填充的温度传感器在 T=40 ℃时的限制损耗

品质因数（Figure of Merit，FOM）作为衡量传感器性能指标的一项重要参数，直接决定了传感系统的检测精度，其表达式为 [75]

$$FOM = \frac{S_T}{FWHM} \tag{3-50}$$

式中：$FWHM$ 为限制损耗的半峰全宽。

根据式（3-50）可计算出复合银纳米颗粒填充结构的 x 和 y 方向偏振的 FOM 分别为 0.33 ℃$^{-1}$ 和 0.43 ℃$^{-1}$，高于复合金纳米颗粒的 0.28 ℃$^{-1}$ 和 0.23 ℃$^{-1}$。也就是说，在相同情况下，复合银纳米颗粒具有较强的限制损耗和较窄的限制损耗谱峰宽度。

Ⅱ. 结果与分析

研究 d_1=120 nm，t_1=10 nm，L=1.0 mm 时，所设计传感器在 10~50 ℃范围内的温度传感特性。如图 3-135 所示，当 T 从 10 ℃逐渐增大到 50 ℃时，x 和 y 方向偏振的共振峰分别从 1 077 nm 和 1 079 nm 移动到了 912 nm 和 923 nm。氯仿液体的折射率会随着温度的升高而减小，引起等离子体模有效折射率的降低，从而导致等离子体模与纤芯模的相位匹配点发生蓝移。此外，由于氯仿的折射率在 T

= 20 ℃时(1.44)与纤芯的折射率(1.45)过于接近,由全内反射条件可知,此时纤芯不能对传输信号光进行很好的束缚,导致模式耦合效率较低。因此, x 和 y 方向偏振的限制损耗均呈现出先增大后减小的趋势,在 T=40 ℃时达到最大值。

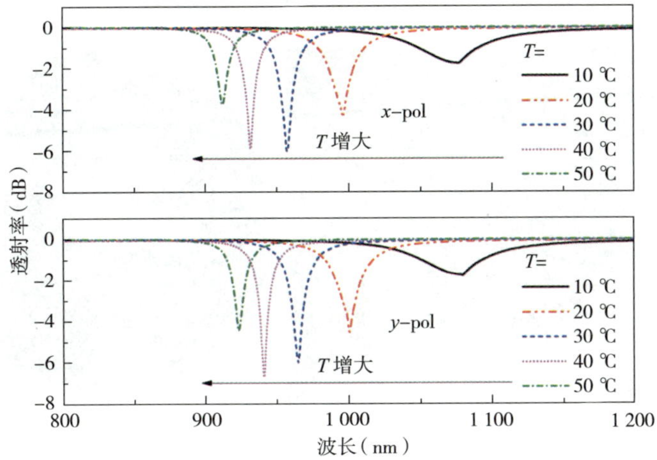

图 3-135　d_1=120 nm, t_1=10 nm, L=1.0 mm 时, x 和 y 方向偏振的透射谱随温度 T 的变化

在 5~55 ℃温度范围内, x 和 y 方向偏振的共振波长与温度的关系如图 3-136 所示,可见 x 和 y 方向偏振的共振波长随温度的升高均呈现出非线性下降的趋势,可以拟合为

$$\left.\begin{aligned}\lambda_x &= 0.12T^2 - 11.37T + 1\,193.22\\ \lambda_y &= 0.12T^2 - 11.75T + 1\,195.21\end{aligned}\right\} \tag{3-51}$$

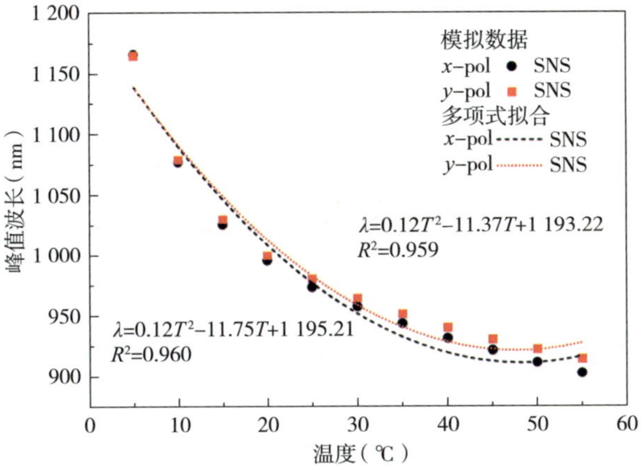

图 3-136　d_1=120 nm, t_1=10 nm 时, x 和 y 方向偏振的共振波长与温度的关系

式(3-51)中两个表达式的均方误差(拟合度) R^2 分别为 0.959 和 0.960。结果表明,复合银纳米颗粒在其共振峰处具有较高信噪比的同时,温度灵敏度最高可达 −17.8 nm/℃。

(3)光子带隙型微结构光纤气体传感器研究

Ⅰ. 光纤的结构和参数

实验中所使用的空心光子带隙型光纤(HC-1550-02,丹麦 NKT)的截面示意如图 3-137(a)所示，纤芯孔径约为 10 μm，包层空气孔为六角形周期排列，孔间距约为 3.5 μm，包层直径约为 120 μm。模拟 HC-1550-02 型光纤的模场分布，如图 3-137（b）所示。其相对灵敏度因子达 0.96，色散约为 97 ps/（nm · km），在波长 1 550 nm 附近的传输损耗低于 30 dB/km。因为这种光纤可以覆盖乙炔气体（acetylene）的多个吸收峰，非常适合用于乙炔气体的检测。

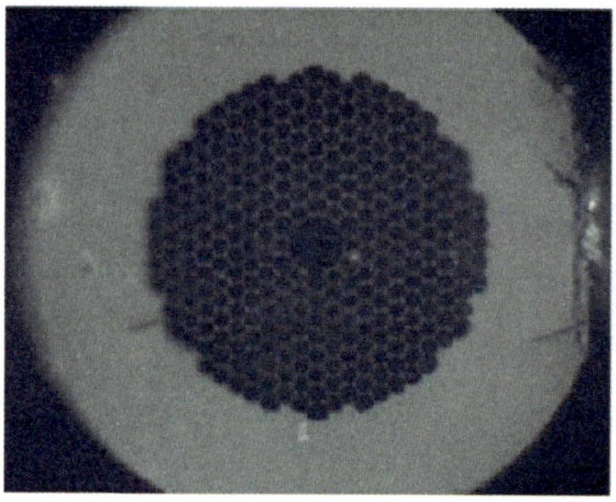
（a）

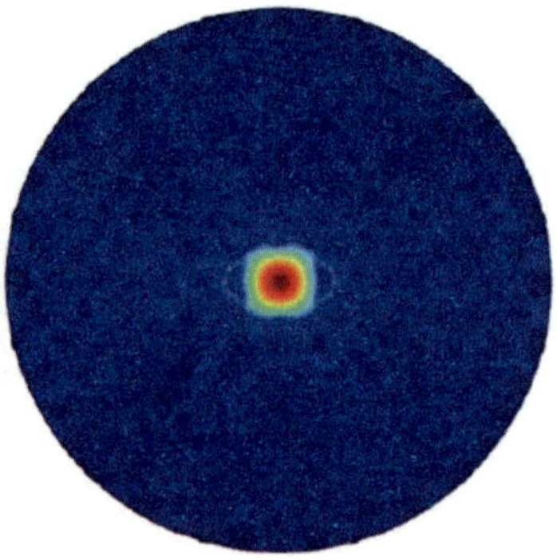
（b）

图 3-137　HC-1550-02 型空心光子带隙型光纤

（a）截面图；（b）模场分布图

采用施加压强差的方法加快气体向光纤孔内扩散的速度，原理如图 3-138 所示。为了使空心光子带隙型光纤的两端产生压强差，使用两个气室分别连接光纤的两端。光纤的两端与普通单模光纤（SMF）或多模光纤（Multi Mode Fiber，MMF）通过法兰相连，且两端面之间留有空隙，方便气体流进或流出光子带隙型光纤的空气孔。光纤的两个连接器（splice）分别置于两个气室内，当气体被充入左侧气室并使其内部的压强大于右侧气室的压强时，气体通过左侧光纤连接处的缝隙快速向右侧的气室扩散，并充满空心光子带隙型光纤的空气孔。

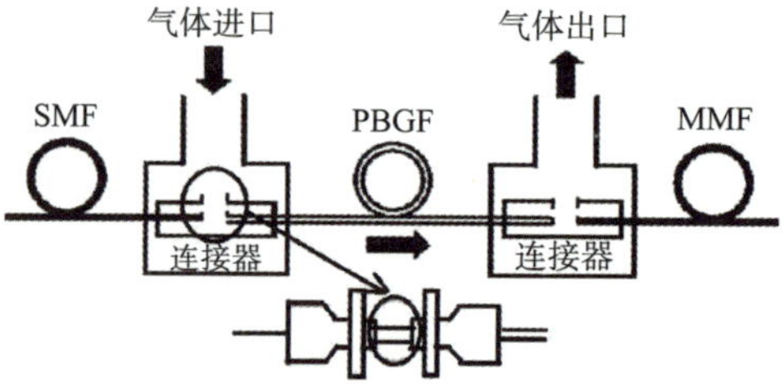

图 3-138　利用两个气室产生气体压强差的方法填充光子带隙型光纤空气孔方案

Ⅱ. 乙炔气体检测

利用光子带隙型光纤的能量主要集中在纤芯的空气孔的特点，向光纤的空气孔中填充乙炔气体，由于乙炔气体对光谱的吸收，通过检测被吸收波长的损耗，可以实现乙炔气体传感。利用空心光子带隙型光纤检测乙炔气体的传感器实验装置如图 3-139 所示，其由激光光源（laser source）、单模光纤（SMF）、光纤连接器（splice）、光子带隙型光纤（Photonic Bandgap Fiber，PBGF）、多模光纤（MMF）、光谱分析仪（Optical Spectrum Analyzer，OSA）组成。乙炔气体从左侧的气室流入，经过光子带隙型光纤的空气孔后，从右侧的气室流出。通过增大左侧气室内的压强可以促进乙炔气体更快地流入光纤的空气孔。

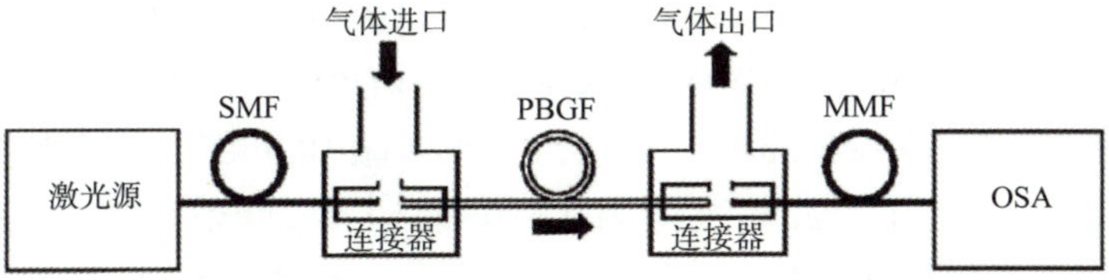

图 3-139 利用光子带隙型光纤(PBGF)检测乙炔气体传感器的实验装置示意

在该实验装置中,激光光源采用可调谐半导体激光器(81642A,美国 Agilent),波长输出范围为 1 510~1 640 nm,分辨率为 0.1 pm,最大输出功率为 6 mW(1 600 nm),最低功率为 2 mW(1 510 nm)。光谱分析仪(86142B,美国 Agilent)的波长准确度为 10 pm,分辨率为 0.06 nm。光纤的连接方式为单模光纤 - 光子带隙型光纤 - 多模光纤(SMF-PBGF-MMF),连接损耗小于 4 dB。连接处留有空隙,方便乙炔气体的流入与流出。光子带隙型光纤的长度为 1 m。气瓶中装有待测样品气体,其中乙炔的体积分数为 2.5%(其余为氮气),相当于 25 000 ppm(ppm 为百万分之一体积分数)。气体可通过橡胶软管由气瓶输入气室。在具体实验过程中,调节激光器的输出波长为 1 530.37 nm(乙炔气体其中一个吸收峰的位置),在未充入气体时,光谱分析仪测得的激光功率为 −9.52 dBm。然后向左侧气室中充入 0.2 MPa 的待测气体,由于存在压强差,气体快速扩散到另一个气室。充入气体后,由于气体对激光的吸收,激光功率变为 −19.84 dBm,即气体吸收造成了 10.32 dB 的损耗。对应的灵敏度约为 1 860 ppm。如果使用更长的光子带隙型光纤,则传感器的灵敏度可以进一步提高。

Ⅲ. 乙炔气体多点检测

由于乙炔气体有三个吸收峰,如果使用不同的波长(对应乙炔不同的吸收峰)探测不同点的气体,就可以根据波长判断传感点的位置,通过不同波长的吸收情况判断该点处气体的浓度信息,从而实现乙炔气体的多点检测。可以利用某一个吸收峰对应的波长标记一个传感点,用 WDM 将光源发出的宽谱光分为若干个波长不同的窄带光,且每个窄带光中只包含一个乙炔吸收峰;然后,将窄带光送至不同传感点,被传感点的乙炔气体吸收后,再经 WDM 合并为一路,送给光谱分析仪进行分析;最后根据吸收峰的波长了解对应位置的信息,根据吸收峰的损耗得到相应被检测气体的浓度信息。

该实验装置示如图 3-140 所示,由 ASE 发出的光经过光分离器(optical splitter)分为三路光,然后这三路光分别经过密集波分复用器(Dense WDM, DWDM)进入三个气室,三路光经过气室后会携带气室内气体的信息,再经过光合路器(optical combiner)合成一路,并送入光谱分析仪(OSA)进行分析。

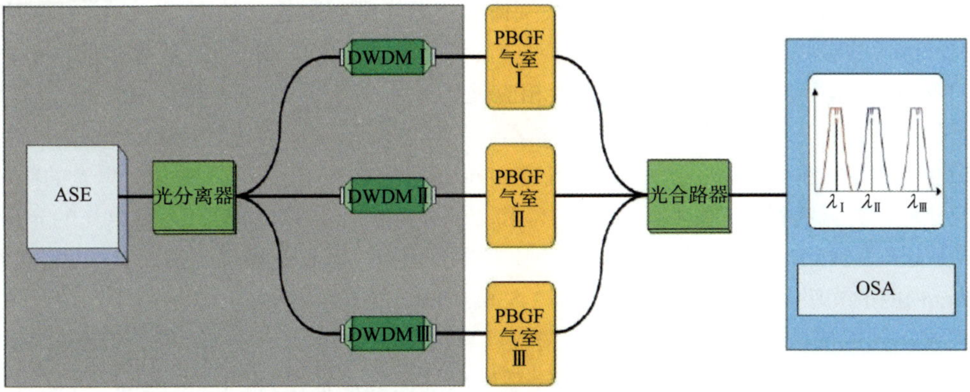

图 3-140 利用光子带隙型光纤多点检测乙炔气体实验装置示意

具体实验采用的光源是光库通信(珠海)有限公司提供的 SLED 光源和掺铒光纤放大器(Erbium-doped Optical Fiber Amplifier, EDFA)模块,其中 EDFA、OFI(Optical Fiber Isolator,光纤隔离器)及三个 DWDM 已集成在一起,构成一个三路窄带波输出的掺铒光纤放大模组。

SLED 光源输出的宽谱光的波长范围为 1 520~1 550 nm,峰值功率为 -8.5 dB(1 544 nm)。SLED 光源发出的宽谱光经过 EDFA 和隔离器后,被三个 DWDM 分为中心波长分别为 1 530.33、1 532.68 和 1 536.61 nm 的三路光,带宽均为 0.8 nm。这三路光的波长范围分别覆盖乙炔的一个吸收峰。然后,将三路光接入三个气室,其中波长为 1 530.33 nm 的窄带光接入气室Ⅰ(PBGF gas cell Ⅰ),波长为 1 532.68 nm 的窄带光接入气室Ⅱ(PBGF gas cell Ⅱ),波长为 1 536.61 nm 的窄带光接入气室Ⅲ(PBGF gas cell Ⅲ)。当三路光分别在三个气室内发生气体吸收后,就携带了气室内乙炔气体的信息,最后送入光谱分析仪进行分析。

在未向气室内充入气体时,三路探测用窄带光的光谱如图 3-141 所示。可以看出,三路光的谱宽较窄,而且波峰较为平坦。

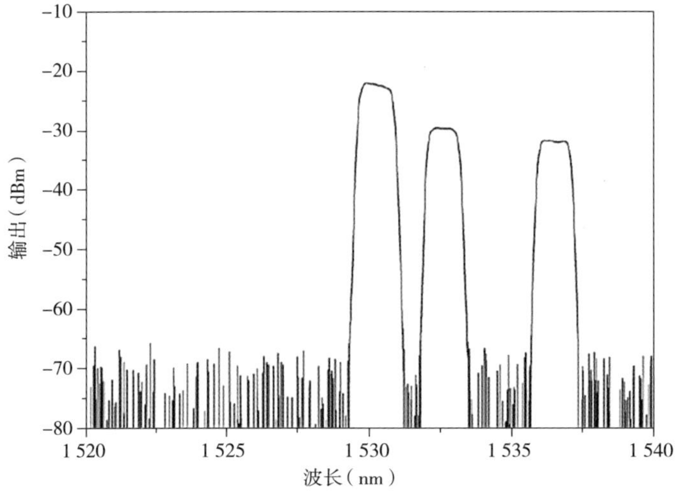

图 3-141　三路光的初始光谱图

在分别向三个气室内充入含乙炔 2.5%(体积分数,其余为氮气)的气体后(压强为 0.2 MPa),气室内的气体吸收特定波长的检测光,导致三路光的波峰出现下陷,如图 3-142 所示。

对比图 3-141 和图 3-142 可以看出,乙炔气体对三路光都有吸收。其中,气室Ⅰ(相对应的波长为 1 530.37 nm)的吸收最多,约为 11.67 dB,对应的灵敏度为 1 360 ppm。如果增加空心光子带隙型光纤的长度,吸收作用会更明显,灵敏度也会相应提高。

为了检测所设计的传感器对不同点、不同乙炔气体浓度条件下的传感性能,分别向三个气室充入体积分数为 0.5% 和 1.5% 的乙炔气体,气室内压强均为 0.2 MPa,分别测量检测光的吸收情况。为了方便比较,将乙炔含量分别为 0.5%、1.5% 和 2.5%(体积分数)对应的三路输出光的光谱汇总在一个图中,如图 3-143 所示。可以看出,随着气体浓度的增大,吸收变得更明显。其中,气室Ⅰ(对应 1 530.37 nm)内的光吸收较强,气室Ⅲ(对应 1 536.71 nm)的光吸收较弱,这是由于乙炔气体对在不同波长处有不同的吸收强度。根据实验数据可以算出,在乙炔含量为 2.5% 时,传感器的最大灵敏度出现在气体Ⅰ室,约为 1 360 ppm,而最小灵敏度出现在气室Ⅲ,约为 4 800 ppm。可见,在利用此方案实现多点气体传感时,合理地选择探测波长,可以得到较高和较均匀的灵敏度。而且,如果增加空心光子带隙型光纤的长度,灵敏度还会进一步提升。

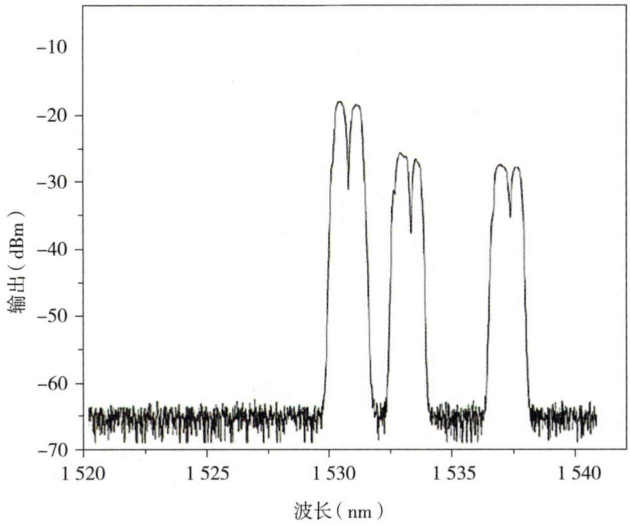

图 3-142　三路光发生吸收后的光谱图

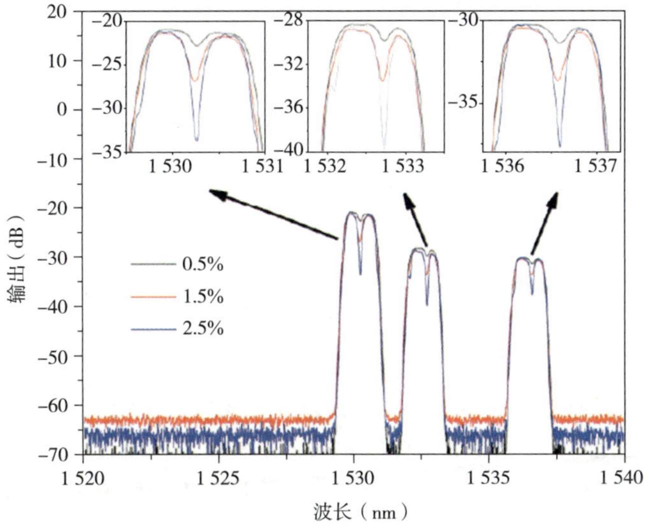

图 3-143　向三个气室分别充入乙炔体积分数为 0.5%,1.5% 和 2.5% 的乙炔氮气混合气后的三路光的输出光谱

3.2.4　基于微结构光纤的表面等离子体共振(SPR)传感器研究

(1)D 形空心微结构光纤的 SPR 传感器

在一般情况下,单模光纤的纤芯模的有效折射率(effective refractive index)与纤芯材料的折射率相近,大多数材料的折射率高于 1.45;等离子体模的有效折射率与金属表面接触的分析物的折射率相近;一般气体的折射率约为 1,水的折射率约为 1.33。因此,只有在高频下纤芯模和等离子体模才能实现相位匹配(phase matching)。而高频光又限制了穿透深度(penetration depth),所以降低了传感器的灵敏度。理论上,在多模光纤或波导中,相位匹配问题是可以通过等离子体模与高阶纤芯模耦合加以解决的。然而,在采用这种方法时,只有一部分入射光的能量参与耦合,这样就降低了传感器的灵敏度。而且,高阶模式的能量分布对光的入射条件非常敏感,这也增加了耦合时的多余噪声。为了解决在其他基于微结构光纤的 SPR 传感器中存在的相位匹配和分析物填充问题,以及在探测低折射率的分析物时的灵敏度较低问题,本小节设计了基于 D 形(D-shaped)空心微结构光纤的 SPR 传感器。在纤芯处引入空气孔可以有效降低纤芯模的有效折射率,促使纤芯模与等离子体模实现耦合,增加在探测低折射率的分析物时的灵敏度。将金属金直接镀在光纤的 D 形平面上,不仅有利于实际操作,而且便于控制金膜的厚度和均匀度。分析物直接与镀金膜后的 D 形平面接触,而不是填充到光纤的空气孔中,这样不仅操作简单,而且有利于该传感器实现实时、快速和分布式检测。

Ⅰ.结构设计与模拟

图 3-144 所示为 D 形空心微结构光纤 SPR 传感器的结构。其中,孔的间距 Λ=2 μm,中心孔和包层孔的直径分别为 d_c=0.2Λ 和 d=0.8Λ,D 形表面距离最近的光纤中心孔中心的高度 h=0.45Λ,金膜的厚度为 40 nm。

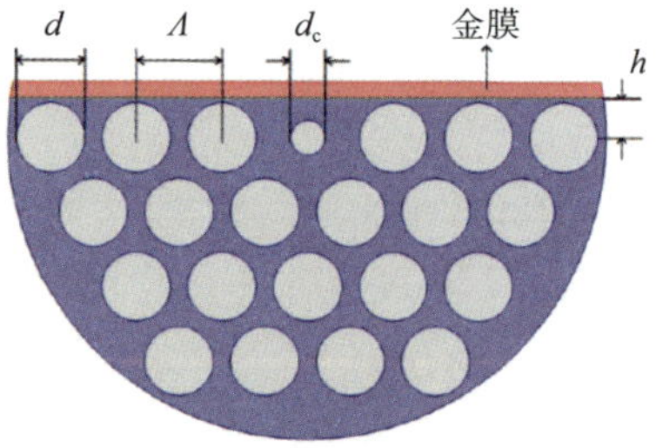

图 3-144　D 形空心微结构光纤 SPR 传感器结构示意

由图 3-145 可以看出,这种 D 形空心微结构光纤的镀膜结构使纤芯模产生双折射(birefringence),出现 x 方向偏振(x-polarized)光和 y 方向偏振(y-polarized)光,如图 3-146(a)和(b)所示。从图 3-145 中 y 方向偏振光纤芯模的虚部 Im(n_{eff}^y)曲线可以看出,只有 y 方向偏振光的纤芯模与等离子体模发生了共振。这时 y 方向偏振光的纤芯模的能量向等离子体模转移,如图 3-146(d)所示,纤芯模出现很强的损耗,因此观察到 y 方向偏振光的纤芯模有很强的共振峰。而当分析物的折射率发生变化时,会导致相位匹配条件发生改变,从而影响共振峰的光谱。而分析物的折射率变化可以通过测量传输光的共振峰位置(共振波长)的变化,在某一特定波长下能量(振幅,amplitude)的变化,或纤芯模相位的变化进行检测和表征。

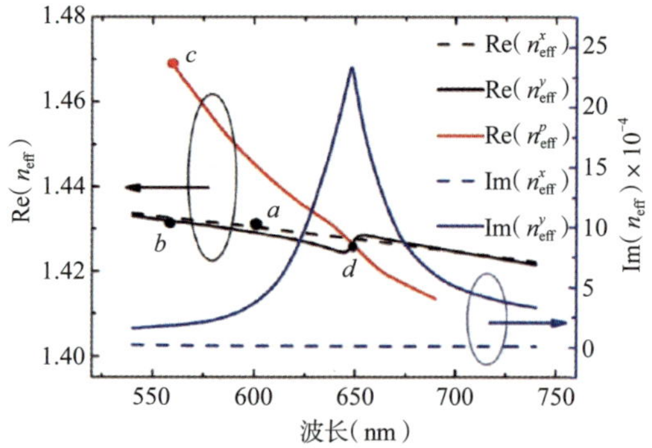

图 3-145　纤芯模与等离子体模在分析物的折射率 n_a = 1.33 时的色散关系

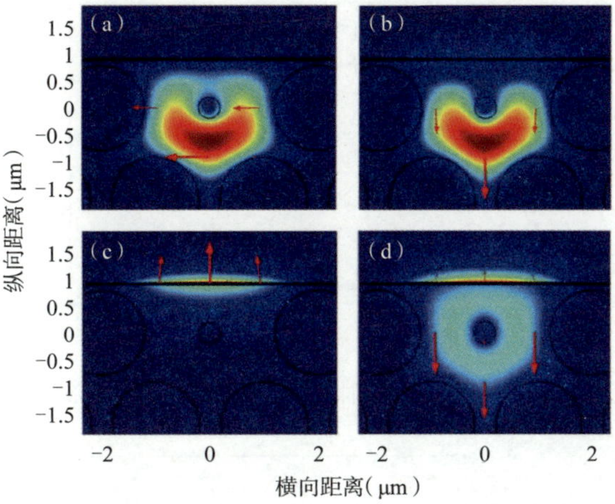

图 3-146　D 形空心微结构光纤的电磁场分布图(箭头方向为电场强度方向)

Ⅱ. 结果与讨论

如前所述，当分析物的折射率发生变化时，共振峰光谱也会随之改变。图 3-147 所示为分析物的折射率从 1.33 变为 1.34 时，y 方向偏振光的纤芯模光谱，其模式损耗可由式(3-39)求出。可以看出，随着分析物的折射率的增大，y 方向偏振光的共振峰向长波长的方向移动。

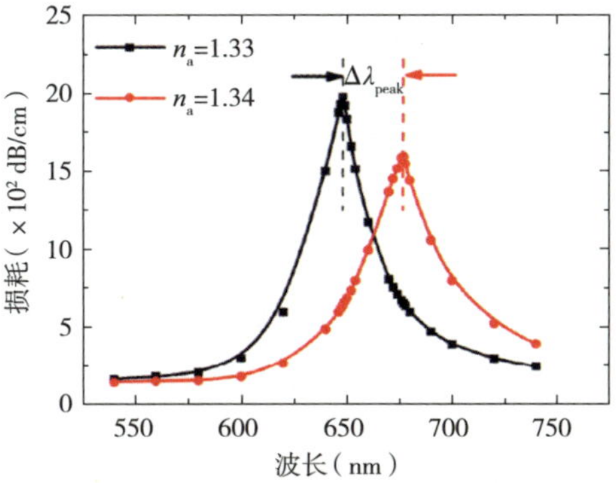

图 3-147　分析物的折射率从 1.33 变为 1.34 时，y 方向偏振光的纤芯模光谱

图 3-148 所示为分析物的折射率从 1.33 变为 1.34 时，y 方向偏振光的共振峰位置(共振波长)随光纤中心孔直径 d_c 的变化。可以看出，随着中心孔直径的增大，相应的共振波长向长波长的方向移动，而在相同的分析物的折射率变化下(1.33 到 1.34)，中心孔直径大的光纤对应的共振峰位置移动的距离较长。这是由于随着中心孔直径的增大，相应的 y 方向偏振光的纤芯模的有效折射率随之降低，如图 3-149 所示。这时，y 方向偏振光的纤芯模与等离子体模的共振发生在长波长区域，而长波长的光场提高了穿透深度，因此增加了共振波长对分析物折射率变化的灵敏度。

如上所述，随着纤芯中心孔直径 d_c 的增大，共振峰会向长波长的方向移动。而在共振峰移动的同时，其光谱也会发生改变。图 3-150 所示为在分析物的折射率为 1.33 时，纤芯中心孔直径 d_c 分别为 0Λ、0.2Λ 和 0.4Λ 时，y 方向偏振光的共振峰光谱图。可以看出，随着中心孔直径 d_c 的增大，共振峰在向长波长的方向移动的同时，共振峰的高度(损耗)也随之减小，光谱变宽。

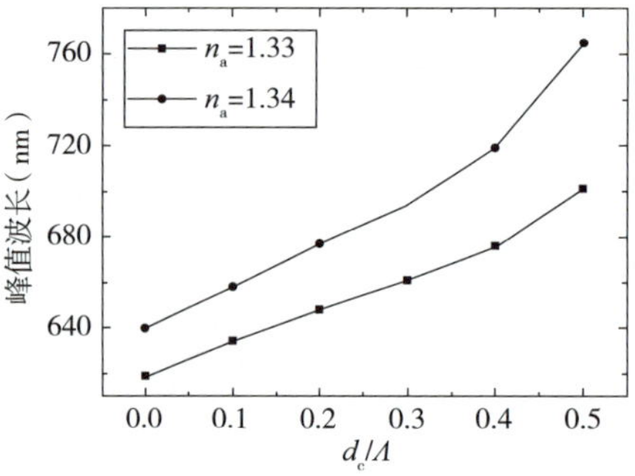

图 3-148 分析物的折射率从 1.33 变为 1.34 时,y 方向偏振光的共振波长随光纤中心孔直径的变化

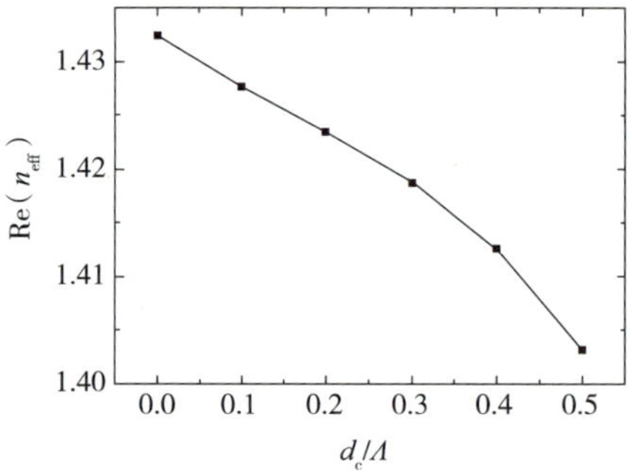

图 3-149 分析物的折射率为 1.33 时,y 方向偏振光的纤芯模的有效折射率与中心孔直径 d_c 的关系

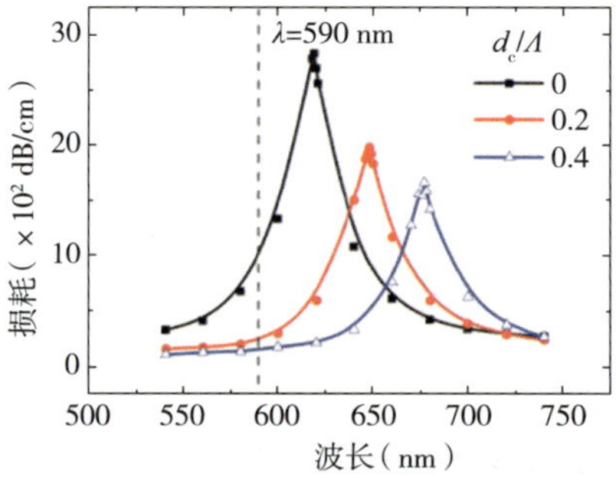

图 3-150 分析物的折射率为 1.33 时,不同纤芯中心孔直径对应的 y 方向偏振光的共振峰光谱

为了进一步了解峰值损耗随纤芯中心孔直径的增大而变小的原因,计算在波长为 590 nm 时不同纤芯中心孔直径所对应的光场分布,如图 3-151 所示。可以看出,随着纤芯中心孔直径的增大,在金属与光纤交界面的电磁场的分布则随之减少,这将降低纤芯模与等离子体模的共振强度和效率,从而降低峰值损耗。图 3-152 所示为峰值损耗随纤芯中心孔直径的变化。

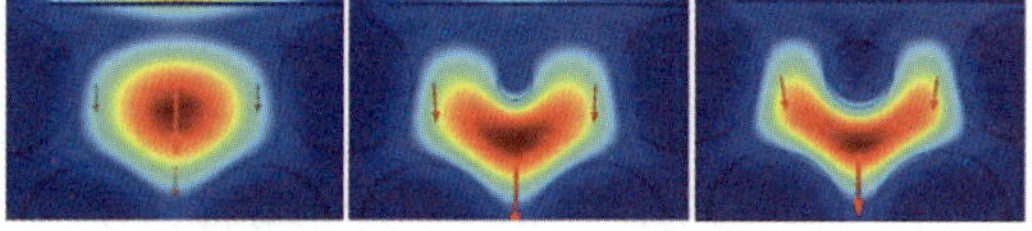

(a) (b) (c)

图 3-151 分析物的折射率为 1.33 时,不同纤芯中心孔直径对应的 y 方向偏振光的光场分布

(a)$d_c=0\Lambda$;(b)$d_c=0.2\Lambda$;(c)$d_c=0.4\Lambda$

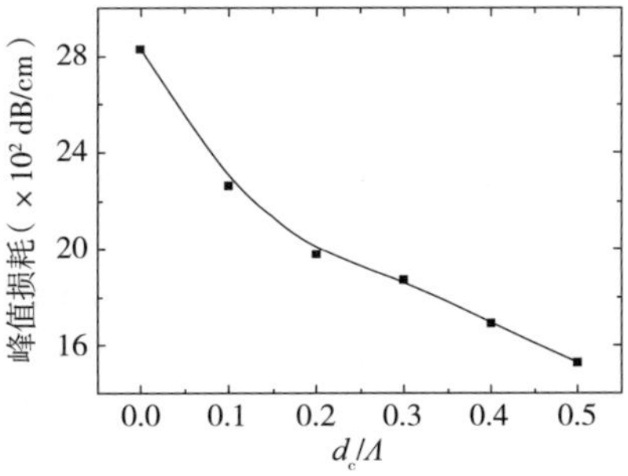

图 3-152　分析物的折射率为 1.33 时，y 方向偏振的峰值损耗随纤芯中心孔直径的变化

当分析物的折射率发生变化时，会导致共振峰光谱的变化。而分析物的折射率变化可以通过测量传输光的共振波长的变化，或者在某一特定波长下能量(振幅)的变化来检测，还可以通过测量纤芯模的相位的变化来检测。而纤芯中心孔直径的变化也会影响共振峰光谱的变化，从而影响检测灵敏度。下面讨论纤芯中心孔直径的变化对传感器的波长检测、能量检测(振幅检测)和相位检测的灵敏度的影响。

在波长检测(wavelength interrogation)过程中，波长灵敏度的表达式为式(3-40)。当纤芯孔直径 $d_c=0.2\Lambda$ 时，分析物的折射率从 1.33 变化到 1.34，共振峰向长波长方向移动了 29 nm，如图 3-147 所示，相应的波长灵敏度为 2 900 nm/RIU。随着中心孔直径 d_c 的增大，相应的纤芯模的有效折射率随之降低，如图 3-151 所示。与此同时，共振峰的波长向长波长的方向移动，如图 3-150 所示；而在相同的分析物的折射率变化下(1.33 到 1.34)，中心孔直径大的光纤的共振峰移动的距离长，这将导致传感器的波长灵敏度随着纤芯孔直径的增大而提升，如图 3-153 所示。然而，随着光纤中心孔直径的增大，光纤所支持的共振峰的损耗随之降低(图 3-152)，这将导致共振峰的光谱谱宽变宽(图 3-148)，降低传感器的分辨率和信噪比。

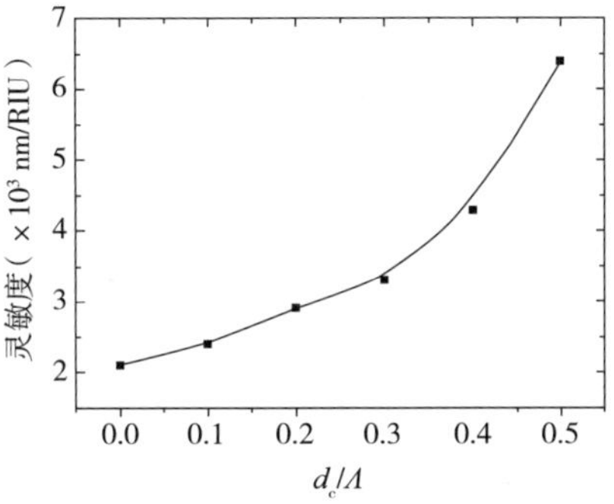

图 3-153　分析物的折射率从 1.33 变化到 1.34 时，y 方向偏振光的波长灵敏度随纤芯中心孔直径的变化

如前所述，传感器的共振峰会随着分析物的折射率变化而变化，因此在共振峰附近，纤芯模的损耗与分析物的折射率有很强的依赖关系。所以，在进行振幅检测(amplitude interrogation)时，对分析物的折射率的检测是通过测量在某一特定波长下光场能量变化实现的。这种检测的优点是成本低，无须光谱处理。

图 3-154 所示为光纤中心孔 d_c 分别为 0Λ、0.2Λ 和 0.4Λ 时，传感器在不同波长下的振幅灵敏度，此时分析物的折射率从 1.33 变化到 1.34。以 $d_c=0.2\Lambda$ 的曲线为例，其最大振幅灵敏度为 120 RIU^{-1}

(677 nm)。而随着纤芯孔直径的增大,最大振幅灵敏度和其对应的波长都会增大,如图 3-155 所示。这是由于在相同分析物的折射率变化下(Δn_a=0.01),随着纤芯孔直径的增大,其共振波长的位移量($\Delta\lambda_{peak}$)也随之增大,如图 3-150 所示。因此,最大能量损耗的变化($\Delta\alpha_{loss}$)也随着纤芯孔直径的增大而增加。共振峰的能量损耗($\alpha_{1.33}$)随着纤芯孔直径的增大而减小,如图 3-152 所示。由式(3-52)可知,能量最大灵敏度随着纤芯孔直径的增大而增加,而最大能量损耗($\Delta\alpha_{loss}$)常常发生在共振峰附近,而共振波长又随着纤芯孔直径的增大而向长波长的方向移动,因此最大振幅灵敏度的波长也随着纤芯孔直径的增大而增加。

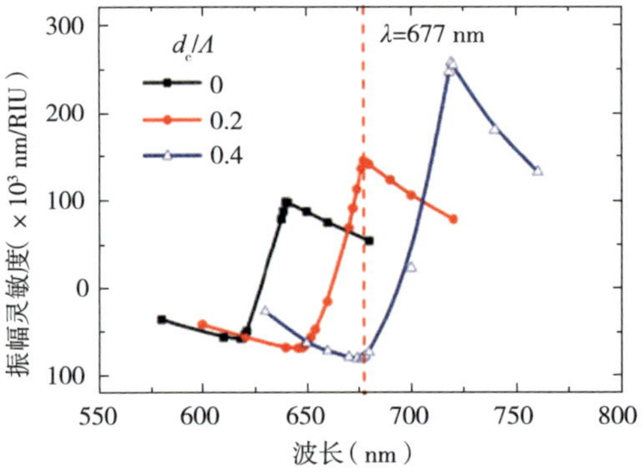

图 3-154　分析物的折射率从 1.33 变化到 1.34,不同 *y* 方向偏振光波长下,纤芯中心孔直径对振幅灵敏度的影响

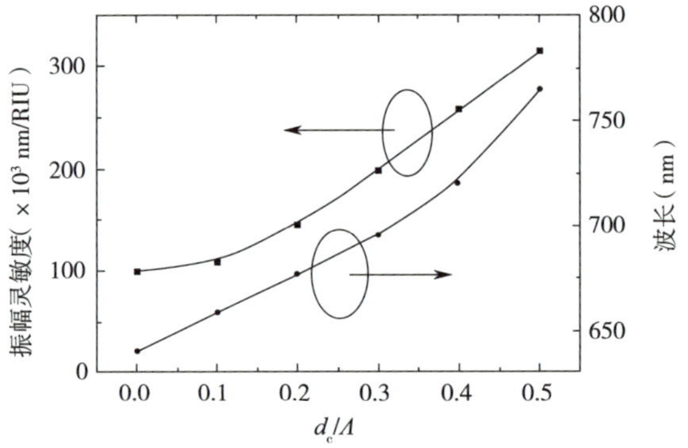

图 3-155　分析物的折射率从 1.33 变化到 1.34 时,*y* 方向偏振光的振幅灵敏度及波长随纤芯中心孔直径的变化

在这种情况下,将灵敏度参数 S 定义为

$$S = (\Delta\alpha_{loss} / \Delta n_a) / \alpha_{1.33} \tag{3-52}$$

式中:$\alpha_{1.33}$ 为传感器在分析物的折射率 n_a=1.33 时的损耗。

在 D 形空心微结构光纤的 SPR 传感器中,对分析物折射率的检测可以使用相位检测(phase interrogation)方法,检测装置如图 3-156 所示 [76]。其中,入射光被分解成 p 波成分(p-wave component)和 s 波成分(s-wave component)。在传播过程中,p 波被金属吸收并引起 SPR,而 s 波则沿光纤正常传播,在经过 D 形空心微结构光纤 SPR 传感器(D-shaped SPR sensor)和 45° 检偏镜(A)后, p 波和 s 波彼此干涉,干涉强度由锁相放大器(lock-in amplifier)检测,以获得 p 波和 s 波的相位差异。

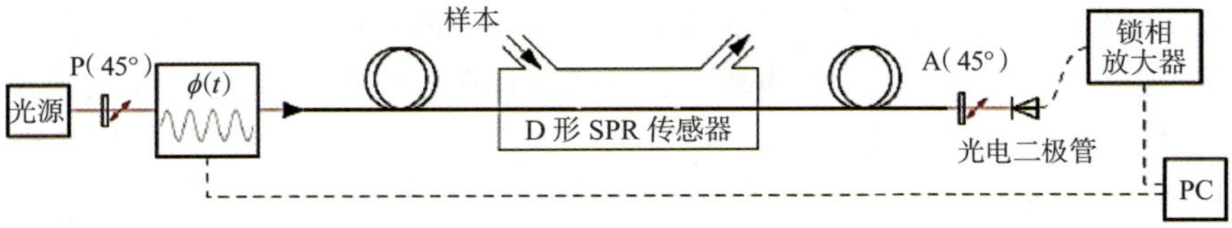

图 3-156　D 形空心微结构光纤的 SPR 传感器在相位检测应用时的实验装置

p 波和 s 波的相位差的表达式为[76]

$$\phi_d = \frac{2\pi}{\lambda}\left[\mathrm{Re}(n_p)\text{-}\mathrm{Re}(n_s)\right]L \tag{3-53}$$

式中：L 为传感器的长度；$\mathrm{Re}(n_p)$为 p 波的有效折射率的实部；$\mathrm{Re}(n_s)$为 s 波的有效折射率的实部。

由式(3-53)可绘制出在分析物的折射率分别为 1.33 和 1.34 时，p 波与 s 波单位长度的相位差 ϕ_d(deg/cm)曲线，如图 3-157 所示。可以得出，最大的相位移动量为 503 deg/cm(676 nm)，当分析物的折射率从 1.33 变到 1.34 时，对应的相位灵敏度为 50 300 deg/(RIU · cm)。而随着纤芯孔直径的增大，其相位灵敏度则随之出现降低，如图 3-158 所示。这是因为纤芯孔直径的增大导致 p 波和 s 波相位差的减小，从而导致在相同折射率的变化下，相位移动量的减小，因此其相位灵敏度也随之降低。

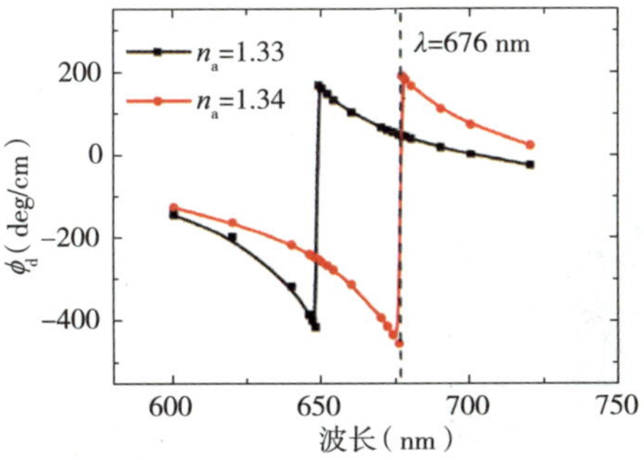

图 3-157　分析物的折射率为 1.33 和 1.34 时，纤芯模的单位相位差

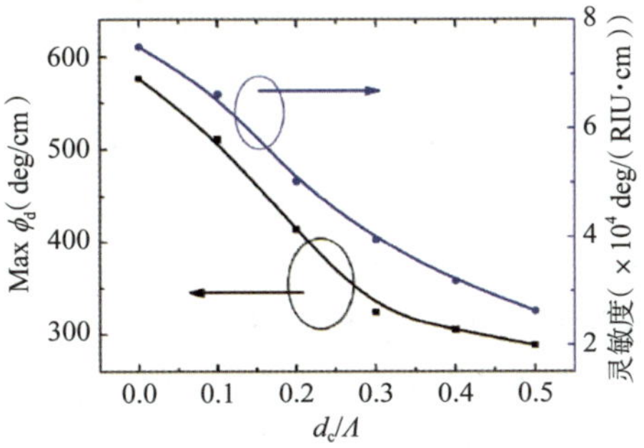

图 3-158　分析物的折射率为 1.33 时，纤芯模的最大相位差与最大相位灵敏随纤芯中心孔直径的变化

为了解决研究微结构光纤等离子体共振传感器过程中的相位匹配难，而小孔结构无法实现实时、快速、分布式传感的问题，设计基于 D 形空心微结构光纤的 SPR 传感器。在纤芯处引入小孔可以降低纤芯模的有效折射率，促进纤芯模和等离子体模的相位匹配。结果表明，增加纤芯处的小孔尺寸可以增大传感器的共振波长，从而增加传感器的波长检测和能量检测灵敏度，但却降低了相位检测的灵敏度，这是由于增大的小孔尺寸减小了 p 波与 s 波的相位差，引起 SPR 的金属和分析物直接与光纤的 D 形平面接触，而不是被填充到光纤的空气孔中，这使传感器的操作变得更方便和容易，而且有利于这种传感器在快速响应、实时检测和分布式传感领域中的应用。

(2)暴露纤芯微结构光纤表面等离子体共振折射率和温度传感器

本部分介绍一种基于暴露纤芯的微结构光纤（Exposed-Core MOF，EC-MOF）的 SPR 传感器，实现折射率和温度的同步传感。所设计的 EC-MOF 的 SPR 传感器拥有两个相互垂直的传感通道（sensing channels），可以支持两个具有相互垂直偏振（x 方向偏振和 y 方向偏振）的共振峰，通过测量这两个偏振共振峰的移动，就可以同时探测分析物的折射率和温度的变化，并研究该传感器在分析物的折射率为 1.33~1.42、温度为 26~43 ℃时的灵敏度。此部分研究的主要目的是在微结构光纤的 SPR 传感器的基础上发展出可以同时测量折射率和温度的方法，并为实验研究提供理论基础。

Ⅰ. 传感器设计和原理

如图 3-159（a）所示，将 EC-MOF 作为传感器的基础，因为光纤的暴露表面不仅便于镀各种金属膜，而且可以提供实时传感的能力。在传感器制作方面，首先在光纤的暴露表面镀一层 Ag 镀膜，然后使待测分析物直接与 Ag 镀膜接触，实现对分析物折射率的传感；其次在与暴露表面垂直分布的光纤孔中也镀一层 Ag 镀膜，然后填充具有较大热光系数的液体作为传感介质，实现对温度的传感。这种在一个光纤孔中镀金属膜并填充介质的操作可以使用颈缩（neck-down）方法。加工完成的传感器的结构如图 3-159（b）所示。该传感器的两端可以通过熔接工艺连接单模光纤，再在单模光纤的末端连接偏振器（polarizer），该设计可以产生具有垂直偏振的 SPR 光谱，以区分折射率和温度的变化。

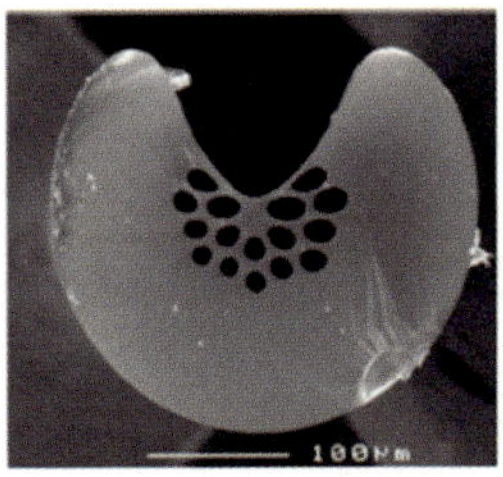

（a）

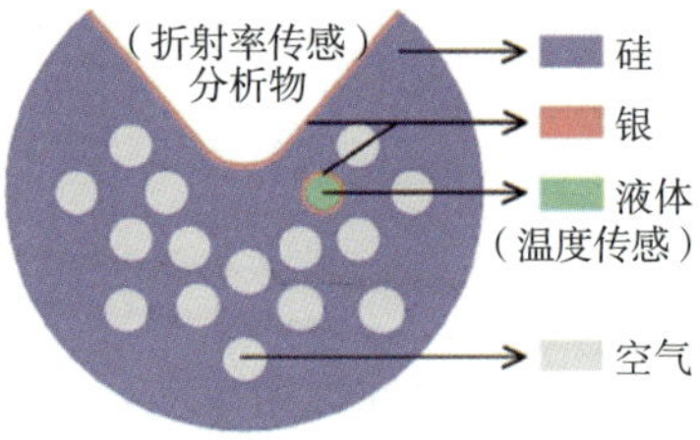

（b）

图 3-159　EC-MOF 的截面

（a）SEM 图像；（b）结构示意

使用有限元方法求解和描述光纤的电场模式。如图 3-159（b）所示，为了简化模型，将纤芯和光纤孔的直径分别固定为 15 μm 和 6 μm。该数值并不会影响光纤的基本性能，因为该设计属于折射率引导型微结构光纤（Index-guiding MOF），不受光子带隙（photonic bandgap）的影响。Ag 镀层的厚度为 40 nm。制作光纤的材料假设为常见的硅（fused silica），折射率为 1.45。Ag 的折射率由 Drude 模型给出，分析物的折射率范围为 1.33~1.42，便于评估传感器的折射率灵敏度。在温度传感方面，传感介质的折射率 n_t 的变化范围为 1.41~1.42，因为这样可以获得较高的灵敏度。

图 3-160 所示为分析物的折射率 n_a=1.33、传感介质的折射率 n_t=1.41 时的纤芯模和等离子体模的色散曲线。此处选择类高斯（Gaussian-like）模式为纤芯模。如图 3-160 所示，由于采用了垂直通道的设计，纤芯模存在两个主要的共振峰，分别对应折射率传感通道（RI sensing channel）的 y 方向偏振的共振峰和温度传感通道（temperature sensing channel）的 x 方向偏振的共振峰。以 x 方向偏振

的共振峰为例，它位于 838 nm 处，就是点 c 处。在 c 点位置，纤芯模与等离子体模的有效折射率相等。纤芯模的损耗也会有显著的增长，因为纤芯模的能量向等离子体模转移。

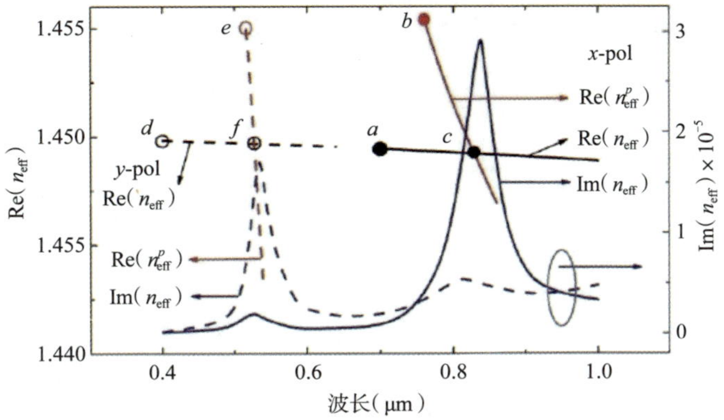

图 3-160 分析物的折射率 n_a=1.33、传感介质的折射率 n_t=1.41 时，传感器纤芯模与等离子体模的色散曲线

图 3-161 所示为模式电场分布，其中箭头的方向为电场的偏振方向，可以清楚地看出能量的转移过程。在非共振波长范围内（non-resonance wavelengths），纤芯模与等离子体模被很好地限制在自己的位置上，如图 3-161（a）和（b）所示；而在共振波长范围内（resonance wavelength），也就是相位匹配点（phase matching point），它们彼此发生强烈的相互干扰，并融合在一起，如图 3-160（c）所示。这意味着有一部分能量从纤芯模向等离子体模转移，因此在纤芯模的损耗光谱中可以观察到一个明显的共振峰。值得注意的是，在 x 方向偏振的纤芯模的损耗光谱中同时出现了一个次要的共振峰。发生这一现象的原因是 Ag 镀膜是非平面的，使在 Ag 镀膜表面形成的 y 方向偏振的等离子体模具有 x 方向偏振分量，如图 3-160（e）所示。这个 x 方向偏振分量可以在共振条件满足时，耦合进 x 方向偏振的纤芯模，因此导致在 x 方向偏振的纤芯模的损耗光谱的短波长方向出现一个次要的共振峰。这也解释了 x 方向偏振的次要的共振峰与 y 方向偏振的共振峰有相似的共振波长。相同的情形也出现在 y 方向偏振的纤芯模的损耗光谱中。

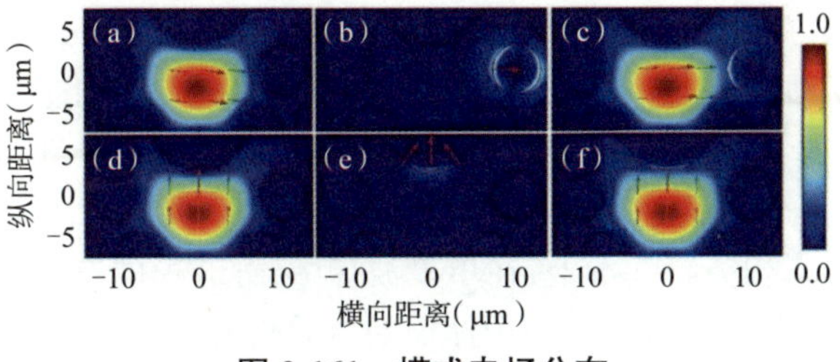

图 3-161 模式电场分布

（a）x 方向偏振的纤芯模（700 nm）；（b）x 方向偏振的等离子体模（760 nm）；（c）x 方向偏振的纤芯模（838 nm）；（d）y 方向偏振的纤芯模（400 nm）；（e）y 方向偏振的等离子体模（516 nm）；（f）y 方向偏振的纤芯模（535 nm）

Ⅱ.结果分析与讨论

当分析物的折射率 n_a 发生变化时，相位匹配点也相应地变化，因此导致 y 方向偏振的纤芯模损耗光谱发生改变。分析物折射率的变化可以通过测量 y 方向偏振的共振峰移动探测；相似地，温度的变化可以引起传感介质折射率 n_t 的变化，从而导致 x 方向偏振的纤芯模的损耗光谱改变，可以通过测量 x 方向偏振的共振峰的移动实现温度探测。当分析物的折射率 n_a 从 1.33 变化到 1.34，传感介质的折射率 n_t 从 1.41 变化到 1.42 时，两个方向偏振的纤芯模的损耗光谱如图 3-162 所示。由图可见，两个偏振共振峰互不影响，独立移动；y 方向偏振的共振峰只有在分析物的折射率 n_a 从 1.33 变化到 1.34 时，才向长波长方向移动；而 x 方向偏振的共振峰也仅当传感介质的折射率 n_t 变化时才发生移动，如图 3-162（a）至（d）所示。因此，通过分别跟踪 y 和 x 方向偏振的共振峰的移动，可以实现分析物的折射率 n_a 和传感介质的折射率 n_t 的同时探测。

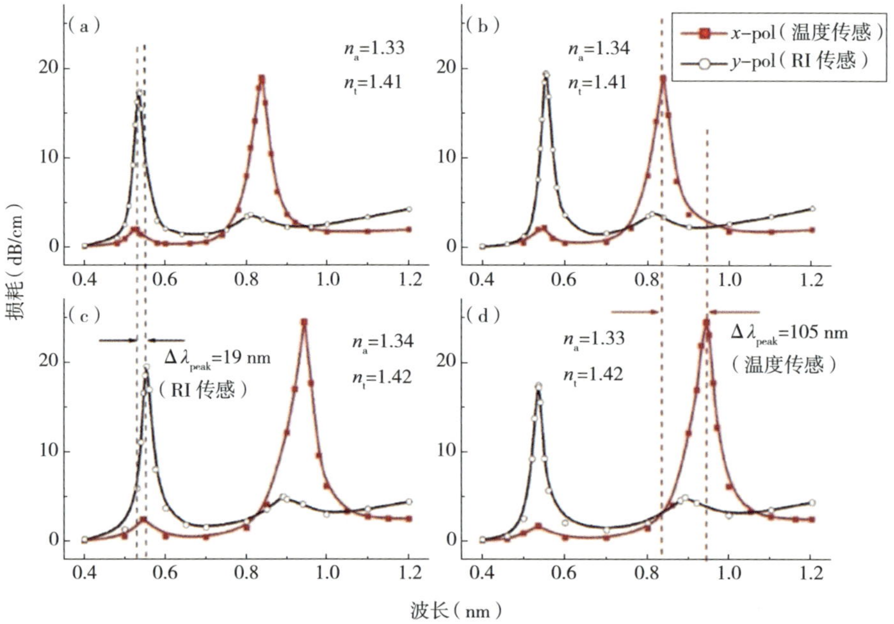

图 3-162　x 和 y 方向偏振的纤芯模损耗光谱

（a）n_a=1.33、n_t=1.41；（b）n_a=1.34、n_t=1.41；（c）n_a=1.34、n_t=1.42；（d）n_a=1.33、n_t=1.42

Ⅰ）折射率灵敏度分析

如图 3-162（a）和（c）所示，当分析物的折射率 n_a 从 1.33 变化到 1.34 时（Δn_a=0.01），y 方向偏振的共振峰移动了 19 nm（$\Delta\lambda_{peak}$=19 nm），相应的折射率灵敏度为 1 900 nm/RIU。y 方向偏振的纤芯模在分析物的折射率从 1.33 变化到 1.42 时的共振峰波长（peak wavelength）、峰值损耗（peak loss）和折射率灵敏度（sensitivity）见表 3-5。可见，峰值损耗和折射率灵敏度随着分析物折射率 n_a 的增大而升高，这一趋势与其他基于微结构光纤 SPR 传感器一致。这是由于纤芯模与等离子体模的耦合效率（coupling efficiency）随着分析物折射率的增大而升高了。理论上，纤芯模与等离子体模的相位匹配要求它们的有效折射率相等。基本上，在单模波导中，纤芯模的有效折射率与纤芯材料的折射率相近（在此传感器设计中为 1.45），而等离子体模的有效折射率与金属表面物质的折射率相近（此处为 n_a）。因此，当 n_a 与光纤材料的折射率接近时，就会降低纤芯模与等离子体模的有效折射率差，增强这两个模式（mode）的耦合效率，从而提高峰值损耗和传感器的灵敏度。然而，当分析物的折射率非常接近于光纤材料的折射率时（通常大于 1.42），更高阶的等离子体模会被激发，这将在纤芯模的损耗光谱中引入噪声，使探测变得困难。

表 3-5　n_a 从 1.33 变化到 1.42 时，传感器 y 方向偏振的纤芯模的共振峰波长、峰值损耗和折射率灵敏度

n_a	共振峰波长（nm）	峰值损耗（dB/m）	灵敏度（nm/RIU）
1.33	535	1.73×10^3	1 900

续表

n_a	共振峰波长（nm）	峰值损耗（dB/m）	灵敏度（nm/RIU）
1.34	554	1.95×10^3	2 300
1.35	577	2.39×10^3	2 700
1.36	604	2.98×10^3	3 000
1.37	634	3.60×10^3	3 900
1.38	673	4.81×10^3	4 600
1.39	719	6.31×10^3	6 100
1.40	780	9.02×10^3	8 300
1.41	863	1.33×10^4	12 500
1.42	988	1.75×10^4	—

Ⅱ）温度灵敏度分析

为了实现温度传感，具有较高热光系数（thermo-optic coefficient，dn/dT）和合适折射率的传感介质填入光纤镀银膜后的孔中，温度变化会使传感介质的折射率 n_t 发生变化，从而导致不同的 x 方向偏振的光谱图。此处，传感介质的折射率 n_t 从 1.41 变化到 1.42，因为这样可以实现较高的灵敏度。在一般情况下，由于耦合效率逐渐提升，基于微结构光纤的 SPR 传感器在介质具有较高折射率情况下会展现出较高的灵敏度。然而，为了避免高阶等离子体模产生的噪声，传感介质的折射率 n_t 不应该超过 1.42。出于这个原因，假设 Ag 镀膜的光纤孔中填入的传感介质为乙醇（ethanol）和氯仿（chloroform）的混合液体。加入乙醇是为了降低传感介质（混合液体）的折射率，因为氯仿的折射率较高（约为 1.44）。液体的折射率随温度的变化可以按下式得到[78-80]：

$$n = n_0 + \mathrm{d}n / \mathrm{d}T \cdot (T - T_0) \tag{3-54}$$

式中：n_0 代表液体在参考温度 T_0 下的折射率。

当忽略材料的色散，假设乙醇和氯仿的折射率（n_0）在温度 T_0=20 ℃时分别为 1.36 和 1.44。它们的热光系数（dn/dT）分别为 -3.94×10^{-4} 和 $-6.328 \times 10^{-4}\ \mathrm{K}^{-1}$，并假设它们不随入射波长和温度变化。与液体相比，硅和 Ag 的热光系数非常低，因此可以不考虑。混合液体的折射率可以由洛伦兹-洛伦茨（Lorentz-Lorenz）方程得到，表达式为[77]

$$\frac{n_t^2 - 1}{n_t^2 + 2} = \phi_1 \frac{n_1^2 - 1}{n_1^2 + 2} + \phi_2 \frac{n_2^2 - 1}{n_2^2 + 2} \tag{3-55}$$

式中：n_t，n_1 和 n_2 分别为混合物和其两种组成成分的折射率；ϕ_1 和ϕ_2 分别为两种组成成分的体积分数，因此ϕ_2 可以用 1− ϕ_1 代替。

此处假设乙醇与氯仿的体积比为 2∶8，则相对应的温度分别为 26 ℃（n_t=1.42）和 43 ℃（n_t=1.41）。在这种情况下，温度灵敏度（nm/K）的表达式为[78-80]

$$S = \Delta\lambda_{\mathrm{peak}} / \Delta T \tag{3-56}$$

由图 3-162（a）和（d）可知，当传感介质的折射率 n_t 从 1.41 变化到 1.42 时（ΔT=17 ℃），共振峰移动量 $\Delta\lambda_{\mathrm{peak}}$=105 nm，对应的温度灵敏度为 6.18 nm/K。这与其他基于微结构光纤的 SPR 温度传感器的灵敏度结果相近[78-81, 74]，高于液体密封的光子晶体光纤（灵敏度约为 166 pm/K）[82]、FBG（灵敏度约为 20 pm/K）[83]、局域 SPR 光纤（灵敏度约为 118 pm/K）[84] 和光子晶体表面等离子波导光纤（灵敏度约为 70 pm/K)[85] 等光学温度传感器。

本部分研究设计了一个可以同时探测折射率和温度的基于暴露纤芯微结构光纤的 SPR 传感器。光纤的暴露部分作为折射率传感器可以主要激发一个 y 方向偏振的共振峰,而且这个共振峰仅受分析物折射率变化的影响,与其垂直分布的空气孔被填充具有大热光系数的混合液体,构成温度传感器,其 x 方向偏振的共振峰仅受温度变化的影响,而两个方向偏振的共振峰互不影响。因此,通过分别测量这两个共振峰的变化,就可以实现分析物的折射率和温度的同时探测。为了获得这两个方向偏振的共振峰并分别传感折射率和温度,从传感器出来的光可以通过偏振器(polarizer)提取出垂直偏振(y 方向偏振)和水平偏振(x 方向偏振)成分。值得注意的是,当分析物的折射率 n_a 较低时, y 方向偏振的共振峰位于短波长区域,如图 3-162 和表 3-5 所示。因此,在分析物的折射率较低时($n_a < n_t$),对折射率和温度传感可以直接通过观察纤芯模共振峰的波长范围实现,而不需要偏振器。然而,随着分析物折射率的继续增大, y 方向偏振的共振峰将移向波长更长的区域,见表 3-5。而当分析物的折射率 n_a 与传感介质的折射率 n_t 相近时, x 和 y 方向偏振的共振峰的位置也相近,这时如果不使用偏振器则很难区分折射率传感和温度传感。本部分设计的主要想法是构建两个相互垂直的传感通道,进而激发两个独立的具有垂直偏振的共振峰,因此理论上任何具有垂直分布的空气孔(传感通道)的微结构光纤都可以用来制作本部分所提出的传感器。

3.2.5 有源光子晶体光纤内腔传感器的研究

光纤传感系统的结构可分为外腔式与内腔式两大类。对于外腔传感系统,其通常是将外部光源直接作用于光纤敏感区域,再通过探测其透射或反射光谱中各种光学物理量的改变,进而解调传感信息。这种系统的优点是结构简单;缺点是灵敏度低,且传感信号的信噪比低。而有源内腔传感系统是基于 FOL 的高灵敏度传感器,其将光纤敏感器件置于光纤激光谐振腔内,输出的激光传感信号具有高信噪比和窄线宽等特性,极大地提高了传感器的灵敏度与分辨率,更易实现远程遥感与组网传感。

(1)多芯光子晶体激光器的研究

本部分研究使用掺镱 18 芯光子晶体光纤(丹麦 NKT Photonics)作为分析对象,对其模场分布进行分析研究,其结构如图 3-163(a)所示。该光纤的主要参数:芯径 D=16 μm,空气孔直径 d=4.1 μm,空气孔间距 Λ=10.1 μm,内包层直径为 253 μm,纤芯波长 λ=1.06 μm 时的数值孔径约为 0.04,内包层在 950 nm 波长下的数值孔径大于 0.6。根据上述光纤参数建立仿真模型,如图 3-163(b)所示。

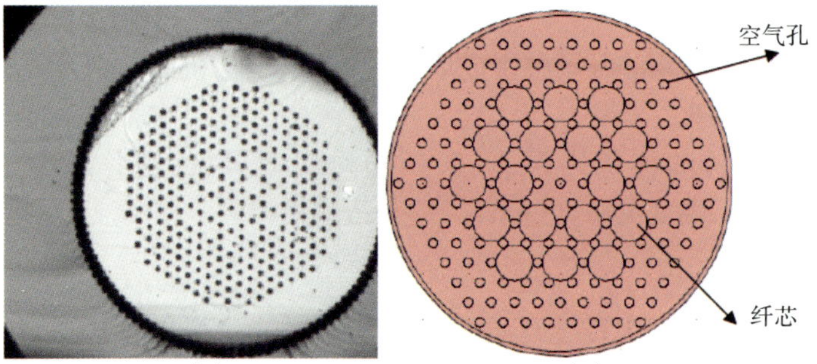

(a) (b)

图 3-163 18 芯光子晶体光纤结构示意

(a) 截面 (b) 仿真模型

光纤的一个重要指标为有效模场面积，其为描述光纤中光能集中程度的参数。有效模场面积主要与通过光纤横截面的能量密度有关。模场直径越小，通过光纤横截面的能量密度就越大。当通过光纤横截面的能量密度过大时，会引起光纤内的非线性效应、局部高热效应等不良影响。各超模的有效模场面积定义为 [86]

$$A_{\text{eff}} = \frac{(\iint |E(x,y)|^2 \, \mathrm{d}x\mathrm{d}y)^2}{(\iint |E(x,y)|^4 \, \mathrm{d}x\mathrm{d}y)} \tag{3-57}$$

式中：$E(x,y)$为超模的横向电场分布。

根据有限元方法，利用 COMSOL 软件对仿真模型进行模式分析，输入波长 λ=1.06 μm，得到 18 种超模分布，因为能量都被限制在 18 根纤芯的内部，所以只绘出了模场在纤芯附近的分布，如图 3-164 所示。其中，光斑内的深色区域表示电场模较强的区域，浅色区域则代表电场模较弱的区域；第 1 根超模中的各个纤芯处的电场方向完全相反，称为反相位超模（out-phase super-mode）；第 18 根超模中的各个纤芯处的电场方向完全相同，称为同相位超模（in-phase super-mode）。

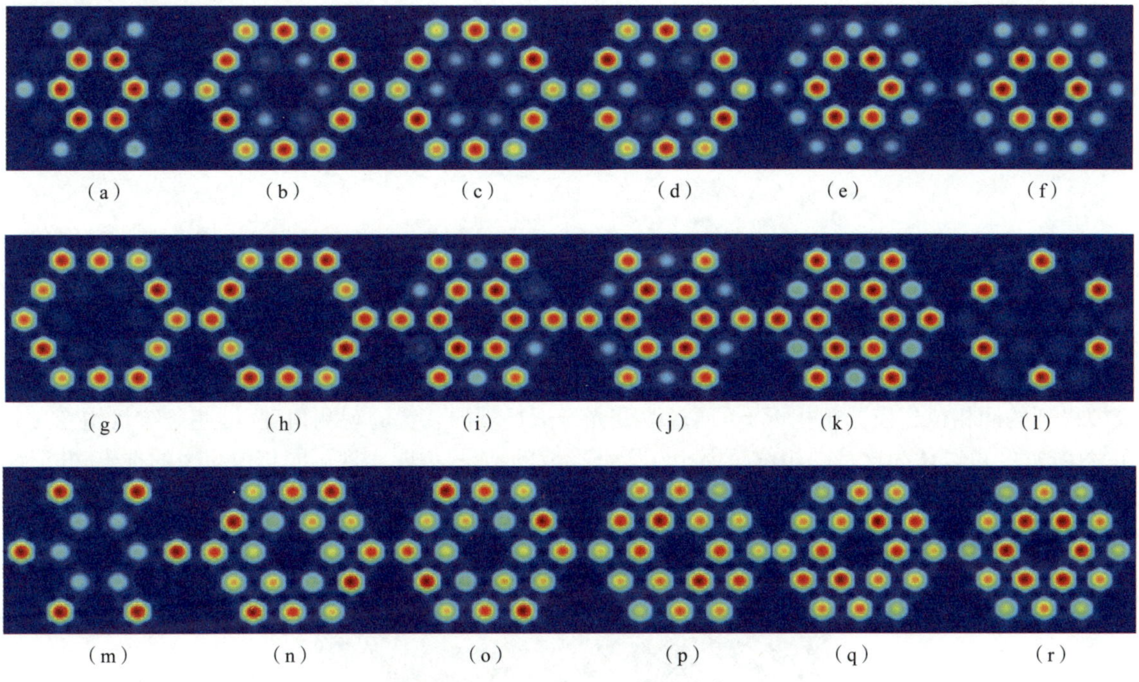

图 3-164　18 芯 PCF 模场分布

（a）超模1；（b）超模2；（c）超模3；（d）超模4；（e）超模5；（f）超模6；（g）超模7；（h）超模8；（i）超模9；（j）超模10；（k）超模11；（l）超模12；（m）超模13；（n）超模14；（o）超模15；（p）超模16；（q）超模17；（r）超模18

图 3-164 所示的模拟结果显示，同相位超模（超模 18）的光场分布更加均匀，内圈和外圈纤芯的光场强度基本相同，外圈的光场较内圈的光场强度稍弱。同相位超模将光场能量较为均匀地分布在各根纤芯上，有利于缓解局部产生的高热效应。而且，同相位超模具有最小的衍射角，衍射光强分布接近高斯光束，光束质量最好；而其他超模的衍射角较大，其中反相位超模（超模 1）的衍射角最大，对应的光束质量也最差。

搭建多芯光子晶体激光器实验平台，进行多芯光子晶体 FOL 相关合成实验研究。采用分立透镜组的泵浦耦合系统、基于 Talbot 谐振腔结构的实验平台，如图 3-165 所示。泵浦源的尾纤端面置于第一个透镜的前焦面上，而增益光子晶体光纤则置于第二个透镜的后焦平面上。要尽量将泵浦源输出的光束转换为平行光束，然后再将其聚焦耦合进光子晶体光纤的内包层区域。

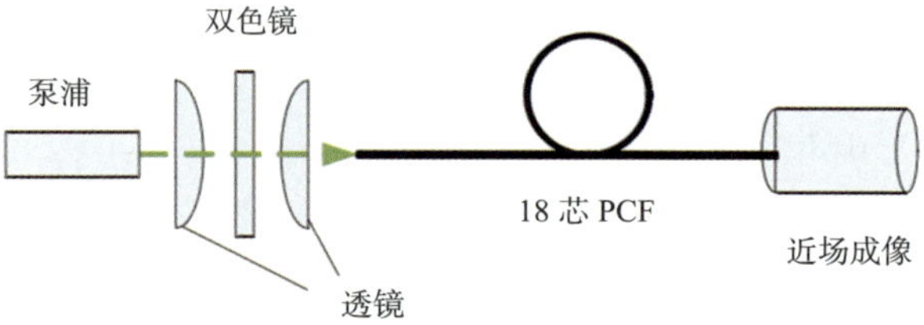

图 3-165　Talbot 谐振腔结构的 18 芯光子晶体 FOL 实验系统示意

为了观察激光器工作过程中各个纤芯的输出情况，设计搭建基于互补金属氧化物半导体（Complementary Metal Oxide Semiconductor，CMOS）器件的光纤近场观测装置，该装置主要由显微物镜、光衰减片和 CMOS 图像传感器三部分组成，如图 3-166 所示。

图 3-166　光纤近场观测装置结构示意

图 3-167 所示为在半导体激光器输入电流为 2.5 A 时用近场观测装置测得的近场光强分布。由图可知，18 根纤芯之间的光强分布不均匀且呈条纹状分布，内环纤芯总体上要比外环纤芯明亮（与模拟得到的同相位超模分布相近）。通过改变光纤近场观测装置的观测角度，可使条纹状的光强分布发生改变，可以认为这是同相位超模相互干涉形成的结果，说明实现了同相位超模的选模，并形成了同相位超模的相干合成。

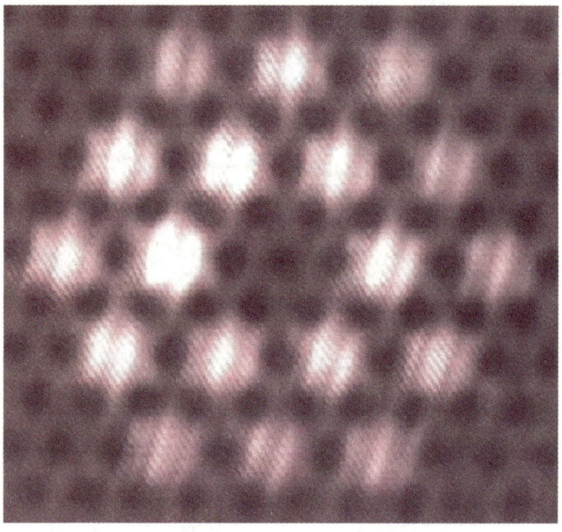

图 3-167　Talbot 谐振腔结构的 18 芯光子晶体 FOL 输出近场分布

（2）基于 PCF 的有源内腔气体传感的研究

带隙型空心 PCF 因有空腔作为样品室，可获得较长的吸收距离，因而用于气体传感时具有较高的检测灵敏度，将其作为气室放入掺铒环形激光谐振腔内可以实现有源气体传感，实验系统如图 3-168 所示。实验中，为了能快捷准确地测量各种气体的吸收谱线，搭建了环形腔有源内腔气体传感自动扫谱系统。该系统采用 NI 公司的配有可编程电压电流源的模块化 PXI 平台，为可调谐光滤波器提供电源，其输出电压分辨率为 0.1 mV，足以精确地控制 F-P 电控滤波器，使其能进行精确的波长扫描，波长扫描步长优于 0.05 nm；采用日本 Yokogawa 的光谱分析仪进行光谱测量，最大波长分辨率为 0.02 nm；使用 Labview 软件控制电压输出及光谱分析仪，系统自动采集数据并且记录在计算机中。在耦合比一定的情况下，泵浦功率设定为 500 mW，先后充入不同乙炔体积分数的乙炔 - 氮气混合气体，测量输出功率。得到的系统输出功率随乙炔体积分数的变化如图 3-169 所示。可见，随着乙炔含量的升高，系统的输出功率降低；充入 2% 乙炔时，输出功率接近 0 mW，说明腔内吸收效果十分明显。图 3-170 所示为基于掺铒 FOL 三能级系统速率方程及朗伯 - 比尔定律（Lambert-Beer law），并使用 MATLAB 数学软件数值模拟得到的输出功率随乙炔体积分数的变化曲线，可见理论结果与实验结果相符。

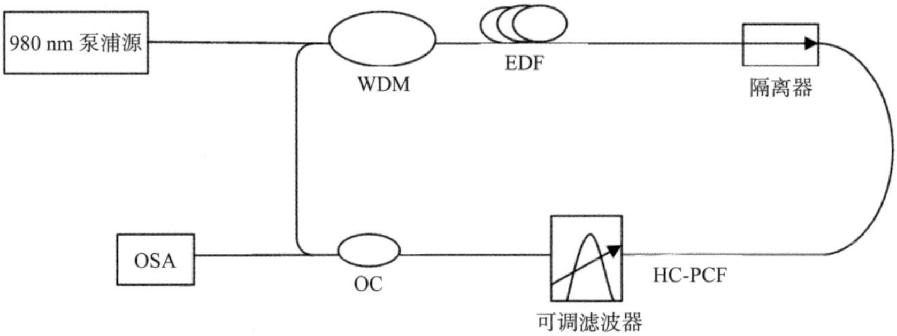

图 3-168 环形腔气体传感实验系统

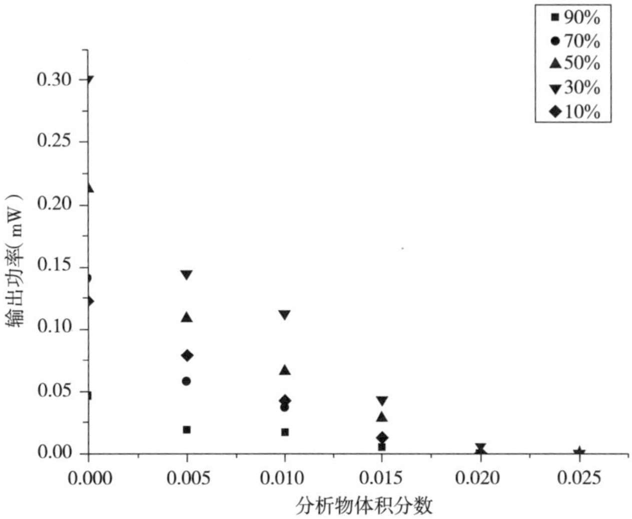

图 3-169 系统输出功率与乙炔体积分数的关系

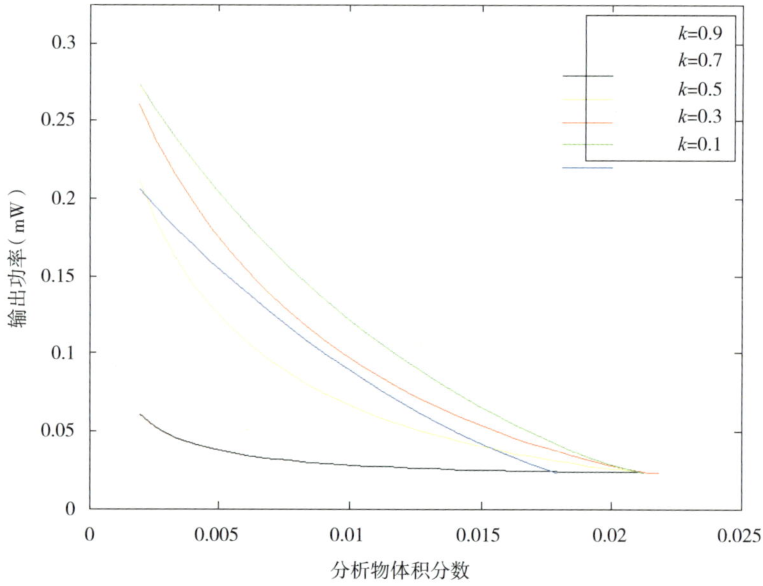

图 3-170　模拟输出功率随乙炔浓度变化关系

图 3-171 至图 3-174 所示为长度为 1 m 的 HC-1550-02 型空心光子带隙型光纤在充入不同乙炔 - 氮气混合气时的模拟（S）和实验光谱（E）。所用 4 种混合气的乙炔体积分数分别为 0.5%、1%、1.5% 和 2%。结果表明，当谐振器工作在阈值附近时，吸收效应加强，适合灵敏度测量。

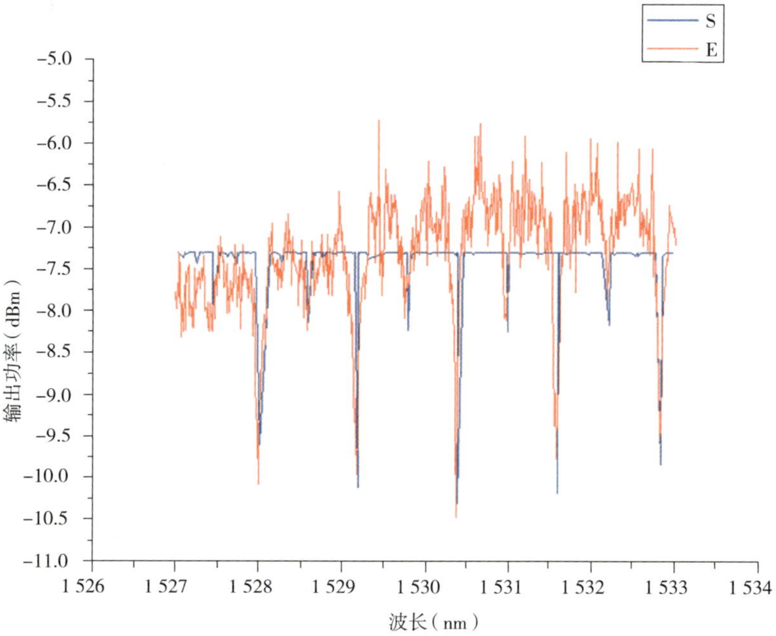

图 3-171　乙炔体积分数为 0.5% 时的模拟和实验光谱

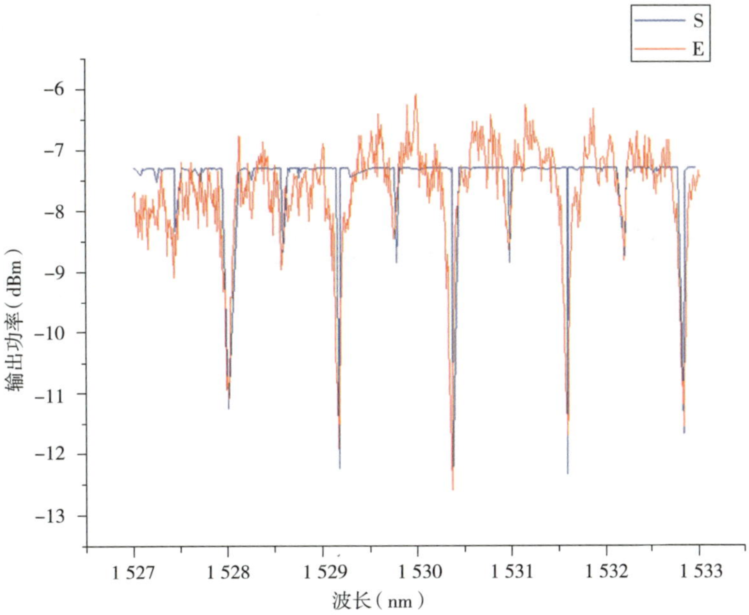

图 3-172　乙炔体积分数为 1% 时的模拟和实验光谱

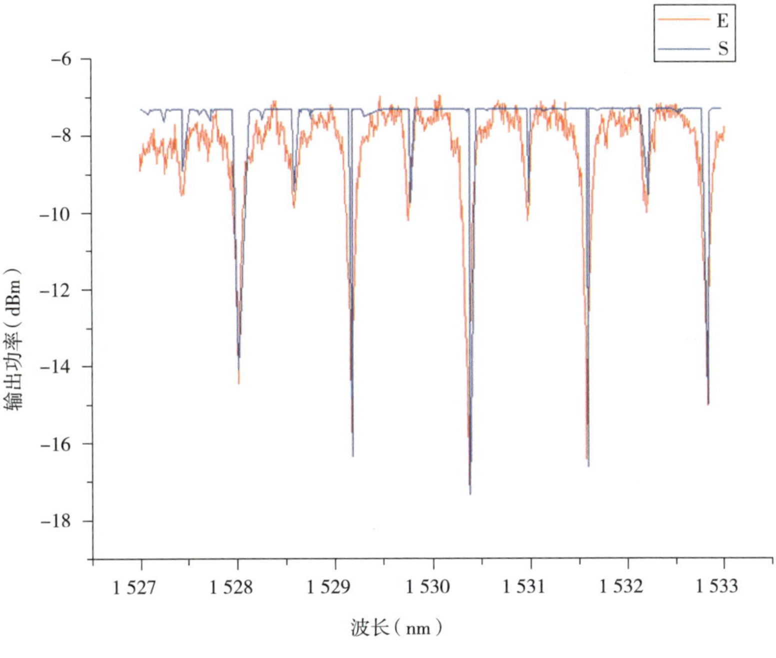

图 3-173　乙炔体积分数为 1.5% 时的模拟和实验光谱

为了达到更高的检测灵敏度，实验中还使用长度为 8 m 的 HC-1550-01 型空心光子带隙型光纤探测了乙炔气体在 1 530.37 nm 附近的吸收光谱（图 3-175），获得最高检测灵敏度为 5.4 ppm，充分显示了基于 PCF 的有源传感灵敏度高的优势。

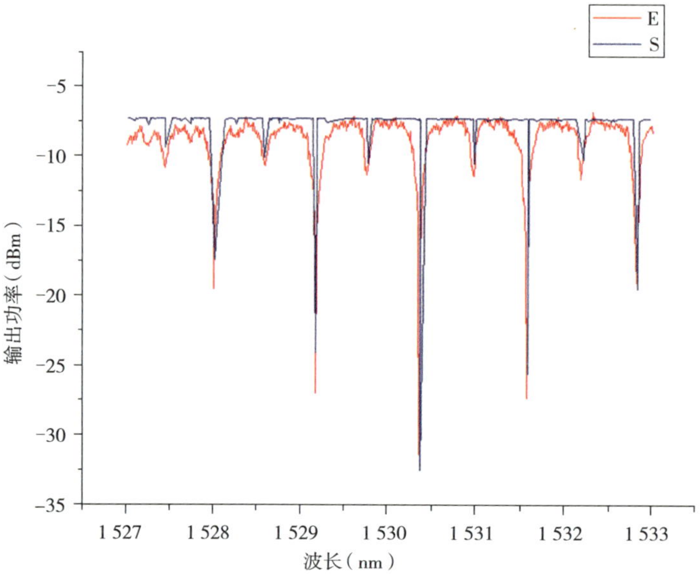

图 3-174　乙炔体积分数为 2.0% 时的模拟和实验光谱

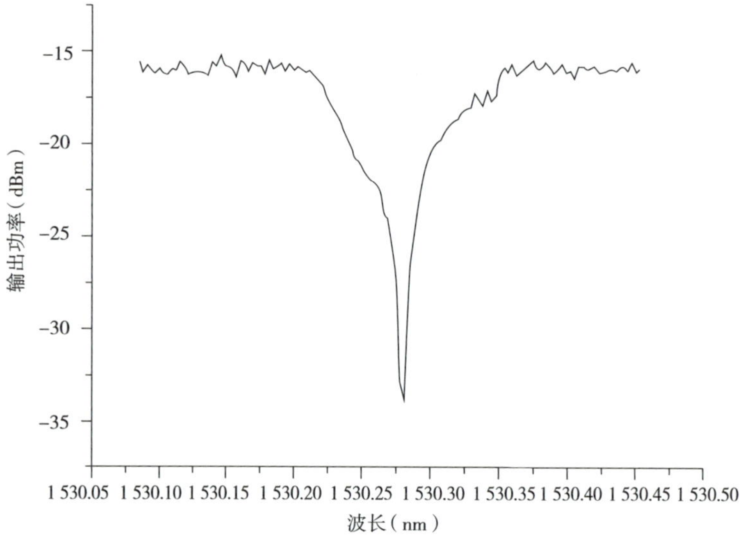

图 3-175　乙炔气体在 1 530.37 nm 附近的吸收光谱

为进一步提高传感灵敏度，通过分析有源内腔气体检测技术中对灵敏度产生影响的因素，提出一种基于模式竞争效应实现双波长有源传感的新机理并进行了实验验证，实验系统如图 3-176 所示。

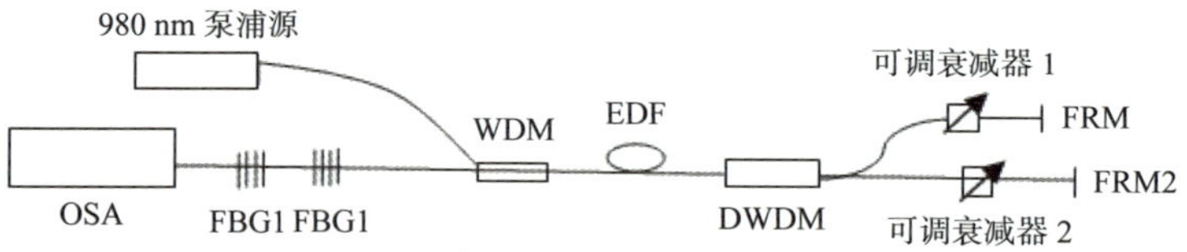

图 3-176　双波长掺铒 FOL 传感实验系统

如图 3-177 和图 3-178 所示，当被检测气体的吸收波长落在双波长掺铒 FOL 的一个波长上时，由于模式竞争，气体吸收导致的相对损耗会引起被吸收波长功率的迅速变化，灵敏度增强因子可达 158.5 倍，比腔外直接吸收提高了两个数量级，比单波长腔内吸收也提高了许多。

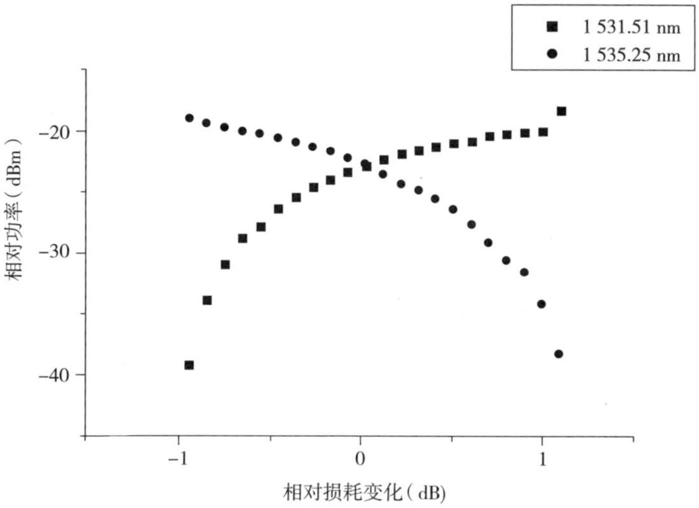

图 3-177　相对输出功率与相对损耗

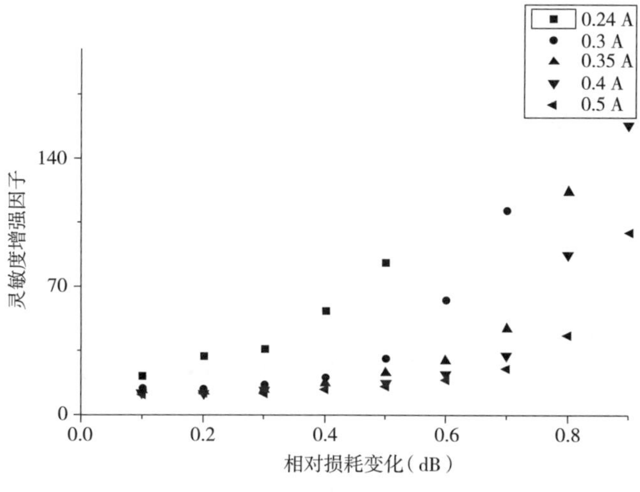

图 3-178　不同泵浦电流下灵敏度增强因子与相对损耗的关系

为了证明该双波长激光器用于气体传感的可行性，对弱吸收气体（氨气）的吸收谱进行了实际测试，实验系统如图 3-179 所示。其中，以空心光子晶体光纤为气室，以温度控调谐 FBG 反射中心波长控制激光输出波长，测量氨气在 1 531.35~1 531.8 nm 波长范围内的归一化吸收光谱，如图 3-180 所示。可以看出，利用此双波长内腔激光检测系统检测氨气这种弱吸收气体时，可以获得很好的信噪比，而且得到的吸收光谱数据与 HITRAN 数据库中的数据基本一致，证明了双波长有源内腔吸收方法的可行性。

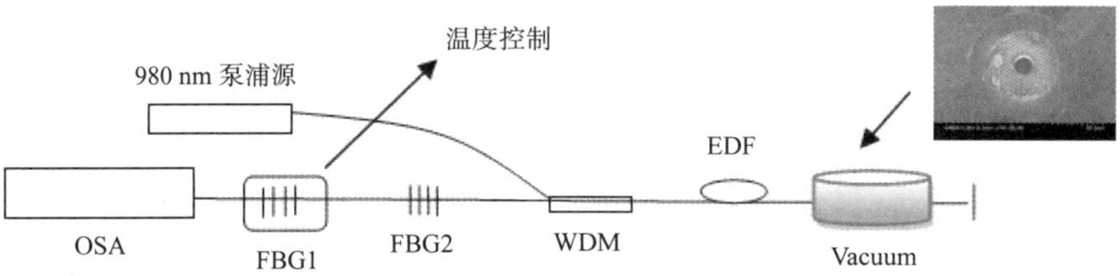

图 3-179　双波长掺铒 FOL 内腔气体检测系统

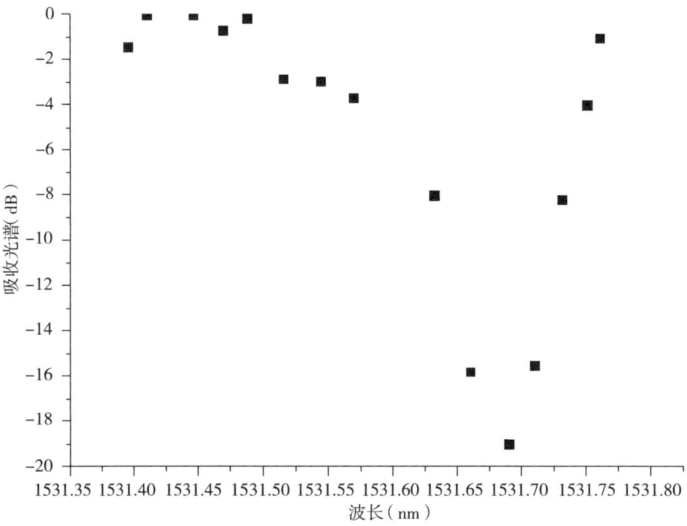

图 3-180　实验所得氨气吸收光谱数据

(3)基于空心 PCF 的有源内腔多点气体检测研究

本部分设计了基于 DWDM 的有源内腔光子晶体光纤气体传感网络，将光纤通信器件与光纤传感技术相融合，为以后有源内腔传感技术与光纤通信标准器件的进一步融合打下良好的基础。

通过参照 ITU Grid Channels 和 HITRAN 数据库，合理地选择 DWDM 的工作带宽(1 530.33、1 532.68 和 1 536.61 nm)和乙炔气体吸收峰(1 530.371、1 532.83、1 536.712 nm)，搭建了三节点有源内腔光子晶体光纤气体传感网络，如图 3-181 所示。其中，三个不同波长的光子晶体光纤探测器分别与 WDM、EDF、ISO 和 F-P 滤波器通过耦合器(coupler)相连接，构成三个不同的有源气体检测内腔。使用 PXI Platform(美国 NI)控制模组化测试仪器(PXIe-4139，美国 NI)的输出电压[分辨率为 100 nV，采样率为 1.8 MS/s(MS 表示兆样本数)]。该输出电压用于对 F-P 滤波器的精确控制，以此实现不同有源气体检测内腔之间的自动切换，达到多点检测的目的。本系统的有源内腔光纤传感器由长度为 1 m 的空心光子晶体光纤组成，采用压强差法实现了对气室的充放气，实现了三点乙炔气体的自动实时测量(图 3-182)，在乙炔气体 1 536.73 nm 吸收峰附近的检测灵敏度达 100 ppm[图 3-182(c)]，通过实验验证了基于 DWDM 的有源内腔光子晶体光纤气体传感网络的可行性。

传统的有源内腔传感网络需对系统进行全波长扫描，从而限制了检测速度，系统的实时检测性能大大降低。由图 3-182 可以看出，针对类似乙炔具有梳状吸收谱的气体，并不总是需要进行会降低系统检测效率的全波长扫描。针对乙炔气体的特性，提出一种电压梯度的优化方法，并将其应用于基于窄带 DWDM 的有源内腔气体检测网络，实现了对气体检测网络的优化，大大提高了检测速度，实验结果如图 3-183(a)至(c)所示。通过对比优化前后的扫描时间，可以发现该方法使检测速度得到大大提高。为了保证气体检测的测量精度，对系统的稳定性进行了测试，结果如图 3-183(d)

所示。可见，该系统的输出功率的浮动不超过 0.5 dBm，输出功率稳定性好于有源内腔传感器，保证了系统的测量精度。

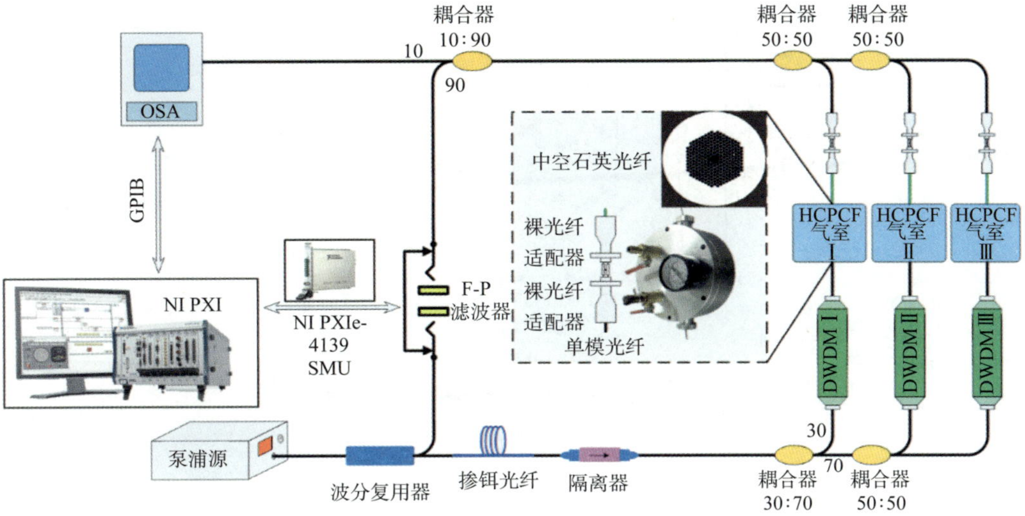

图 3-181　三节点有源内腔光子晶体光纤气体传感网络

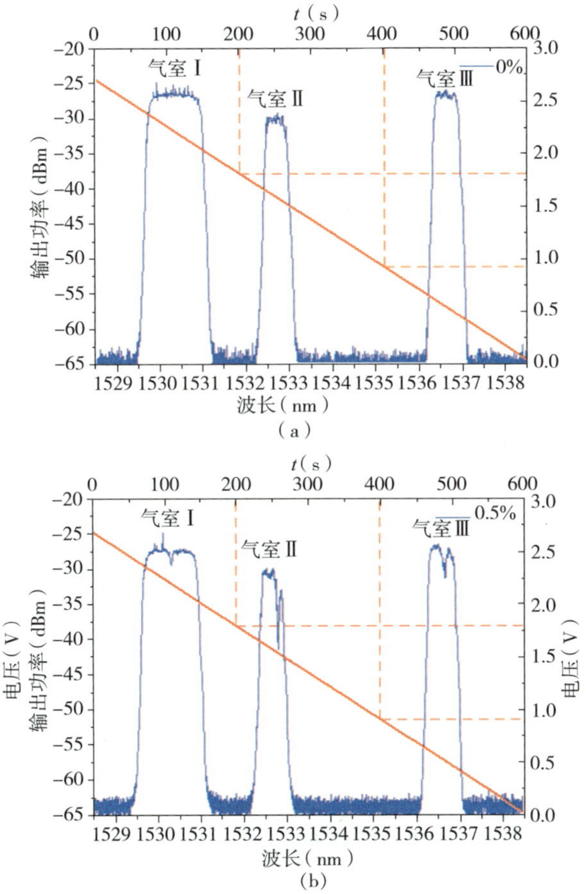

图 3-182　系统各气室的输出光谱

(a)空气;(b)0.5% 乙炔

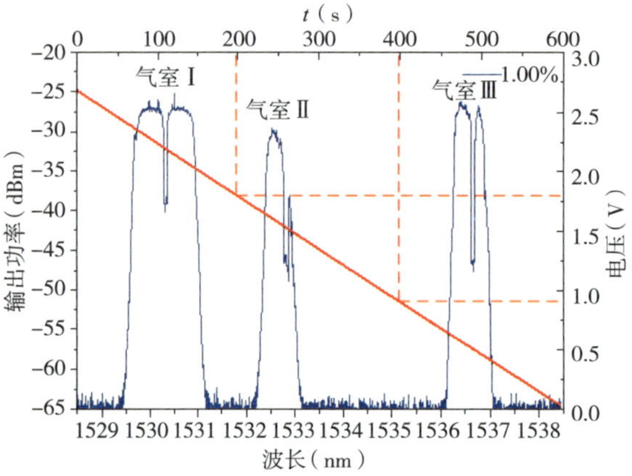

（c）

图 3-182　系统各气室的输出光谱（续）

（c）1% 乙炔

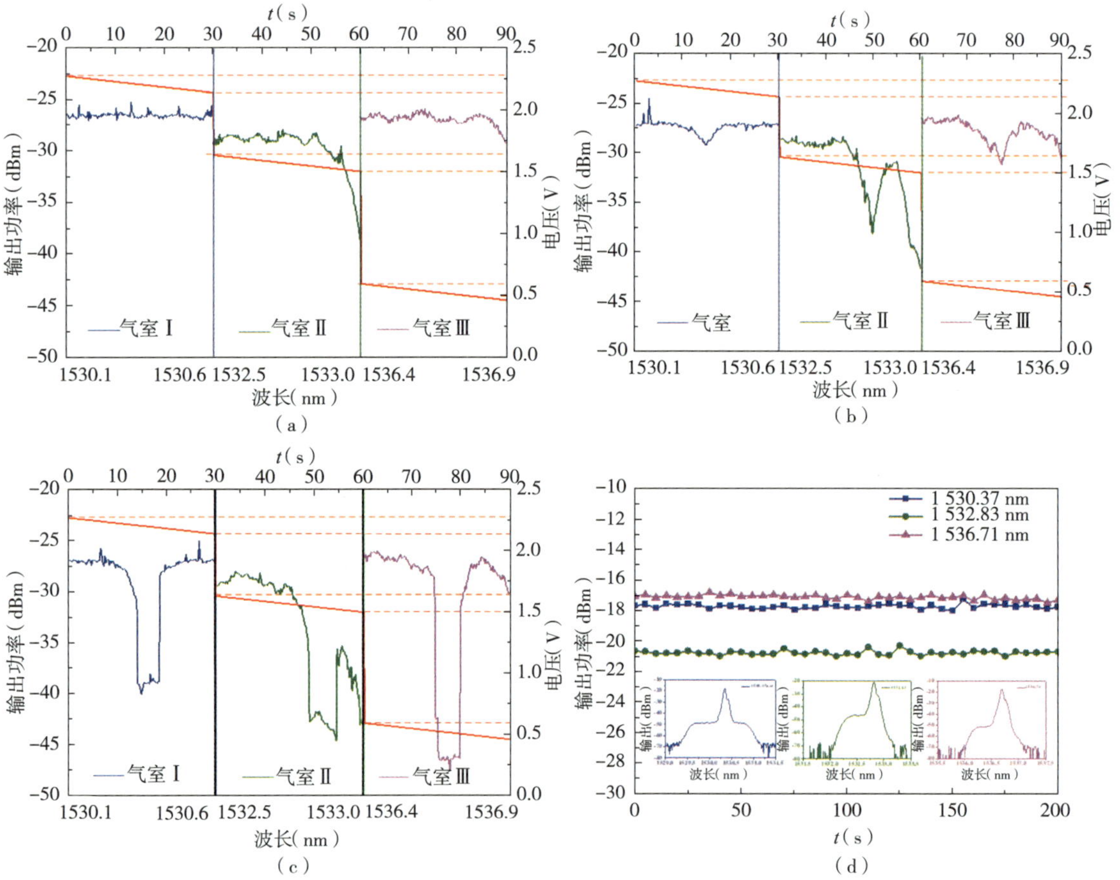

图 3-183　具有电压梯度的系统各气室输出光谱

（a）空气室；（b）0.5% 乙炔；（c）1% 乙炔；（d）在吸收波长上固定 F-P 滤波器测量的功率

参考文献

[1] SHI W，FANG Q，ZHU X S，et al. Fiber lasers and their applications[J]. Applied optics，2014，53：6554-6568.

[2] 许阳．基于碳纳米管可饱和吸收体的全光纤 1 μm 全正色散锁模激光器的研究 [D]. 长春：吉林大学，2014.

[3] SNITZER E. Proposed fiber cavities for optical masers[J]. Journal of applied physics，1961，32（1）：36-39.

[4] SNITZER E，PO H，HAKIMI F，et al. Double clad，offset core Nd fiber laser[M]//Optical fiber sensors，vol. 2 of OSA technical digest series. Washington，DC：Optica Publishing Group，1988：paper PD5.

[5] JEONG Y，SAHU J K，PAYNE D N，et al. Ytterbium-doped large-core fibre laser with 1 kW of continuous-wave output power[J]. Electronics letters，2004，40（8）：470-472.

[6] STILES E. New developments in IPG fiber laser technology[C]//Proceedings of the 5th International Workshop on Fiber Lasers. 2009：4-9.

[7] YANG B H，ZHANG H W，YE Q，et al. 4.05 kW monolithic fiber laser oscillator based on home-made large mode area fiber Bragg gratings[J]. Chinese optics letter，2018，16（3）：031407.

[8] YANG B H，ZHANG H W，WANG X L，et al. Mitigating transverse mode instability in a single-end pumped all-fiber laser oscillator with a scaling power of up to 2 kW[J]. Journal of optics，2016，18（10）：105803.

[9] YANG Y Y，WANG B L，ZENG P，et al. Industrial 6 kW high-stability single-stage all-fiber laser oscillator based on conventional large mode area ytterbium-doped fiber[J]. Laser physics，2021，31（3）：035104.

[10] 楚秋慧，郭超，颜冬林，等．高功率窄线宽光纤激光器的研究进展 [J]. 强激光与粒子束，2020，32（12）：121004.

[11] DAWSON J W，MESSERLY M J，BEACH R J，et al. Analysis of the scalability of diffraction-limited fiber lasers and amplifiers to high average power[J]. Optics express，2008，16（17）：13240-13266.

[12] 王汉斌，杨依枫，袁志军，等．光纤激光光谱合束及光栅热效应研究进展 [J]. 强激光与粒子束，2020，32（12）：121002.

[13] NADERI N A，DAJANI I，FLORES A. High-efficiency，kilowatt 1034 nm all-fiber amplifier operating at 11 pm linewidth[J]. Optics letters，2016，41（5）：1018-1021.

[14] CHU Q，SHU Q，LIU Y，et al. 3 kW high OSNR 1030 nm single-mode monolithic fiber amplifier with a 180 pm linewidth[J]. Optics letters，2020，45（23）：6502-6505.

[15] XU Y，SHENG Q，WANG P，et al. 24-kW 1045-nm narrow-spectral-width monolithic single mode CW fiber laser by using an FBG-based MOPA configuration[J]. Applied optics，2021，60（13）：3740-3746.

[16] WANG Y，PENG W，KE W，et al. Influence of seed instability on the stimulated Raman

scattering of high power narrow linewidth fiber amplifier[J]. Optical and quantum electronics, 2020, 52(4): 1-12.

[17] HUANG Y, YAN P, WANG Z, et al. 219 kW narrow linewidth FBG-based MOPA configuration fiber laser[J]. Optics express, 2019, 27(3): 3136-3145.

[18] 黄值河,曹涧秋,陈金宝. 高功率 GTWave 光纤激光器研究进展 [J]. 中国激光, 2021, 48(4): 0401010.

[19] FANG Q, LI J, SHI W, et al. 5 kW near-diffraction-limited and 8 kw high-brightness monolithic continuous wave fiber lasers directly pumped by laser diodes[J]. IEEE photonics journal, 2017, 9(5): 1506107.

[20] FU S, SHI W, FENG Y, et al. Review of recent progress on single-frequency fiber lasers[J]. Journal of the optical society of America B, 2017, 34(3):49-62.

[21] 史伟,付士杰,房强,等. 基于稀土掺杂石英光纤的单频光纤激光器 [J]. 红外与激光工程, 2016, 45(10): 1003001.

[22] ZHU X, SHI W, ZONG J, et al. 976 nm single-frequency distributed Bragg reflector fiber laser [J]. Optics letters, 2012, 37(20): 4167-4169.

[23] FANG Q, XU Y, FU S, et al. Single frequency distributed Bragg reflector Nd-doped silica fiber laser at 930 nm [J]. Optics letters, 2016, 41(8): 1829-1832.

[24] FU S, WEI S, QUAN S, et al. Compact hundred-mW 2 μm single-frequency thulium-doped silica fiber laser[J]. IEEE photonics technology letters, 2017, 29(11): 853-856.

[25] ZHANG L, ZHANG J, SHENG Q, et al. Watt-level 1.7-μm single-frequency thulium-doped fiber oscillator[J]. Optics express, 2021, 29(17): 27048-27056.

[26] ZHANG J, SHENG Q, ZHANG L, et al. Single-frequency 1.7-μm Tm-doped fiber laser with optical bistability of both power and longitudinal mode behavior[J]. Optics express, 2021, 29(14): 21409-21417.

[27] HOROWITZ M, DAISY R, FISCHER B, et al. Linewidth-narrowing mechanism in lasers by nonlinear wave mixing[J]. Optics letters, 1994, 19(18): 1406-1408.

[28] ZHANG J, SHENG Q, ZHANG L, et al. 2.56 W single-frequency all-fiber oscillator at 1720 nm[J]. Advanced photonics research, 2022, 3(2): 2100256.

[29] ZHANG L, SHENG Q, CHEN L, et al. Single-frequency Tm-doped fiber laser with 215 mW at 2.05 μm based on a Tm/Ho-codoped fiber saturable absorber[J]. Optics letters, 2022, 47(15), 3964-3967.

[30] WANG Y, LI X, WU J, et al. Three-level all-fiber laser at 915 nm based on polarization-maintaining Nd^{3+}-doped silica fiber[J]. Chinese optics letters, 2020, 18(1):011401-011404.

[31] FU S, ZHU X, WANG J, et al. High-efficiency Nd^{3+}-doped phosphate fiber laser at 880 nm[J]. IEEE photonics technology letters, 2020, 32(18):1179-1182.

[32] JIANG S, WANG J. Method of fusing splicing silica fiber with low-temperature multi-component glass fiber: US Patent 6705771[P]. 2004.

[33] FU S, ZHU X, ZONG J, et al. Single-frequency Nd^{3+}-doped phosphate fiber laser at 915 nm[J]. Journal of lightwave technology, 2020, 39(6):1808-1813.

[34] FU S J, ZHU X S, ZONG J, et al. Diode-pumped 1.15 W linearly polarized single-frequency Yb^{3+}-doped phosphate fiber laser [J]. Optics express, 2021, 29(19): 30637-30643.

[35] SHI C, FU S, DENG X, et al. 435 W single-frequency all-fiber amplifier at 1064 nm based on cascaded hybrid active fibers[J]. Optics communications, 2022, 502: 127428.

[36] GUOLU Y, BHAVAYE S, XIAOYI B, et al. Tunable Er-doped fiber ring laser with single longitudinal mode operation based on Rayleigh backscattering in single mode fiber[J]. Optics express, 2011, 19(27): 25981-25989.

[37] DING X, FAN C, SHENG Q, et al. 5.2-W high-repetition-rate eye-safe laser at 1525 nm generated by Nd: YVO_4–YVO_4 stimulated Raman conversion [J]. Optics express, 2014, 22(23): 29111-29116.

[38] PETER Z, NICKY T, VALDAS P, et al. High-power, single-frequency, continuous-wave optical parametric oscillator employing a variable reflectivity volume Bragg grating [J]. Optics express, 2014, 22(24): 29907-29913.

[39] BAI X, SHENG Q, ZHANG H, et al. High-power all-fiber single-frequency erbium-ytterbium co-doped fiber master oscillator power amplifier[J]. IEEE photonics journal, 2017, 7(6): 1-6.

[40] COWLE G J, MORKEL P R, LAMING R I, et al. Spectral broadening due to fibre amplifier phase noise[J]. Electronics letters, 1990, 26(7): 424-425.

[41] JEONG Y, YOO S, CODEMARD C A, et al. Erbium: ytterbium codoped large-core fiber laser with 297-W continuous-wave output power[J]. IEEE journal of selected topics in quantum electronics, 2007, 13(3): 573-579.

[42] BAI X, SHENG Q, FU S, et al. ASE suppression in backward-pumped Er/Yb double-cladding fiber amplifier via cladding feedback[J]. IEEE photonics journal, 2016, 8(6): 7102207.

[43] ZHANG H, YANG C, WEI S, et al. Experimental investigation on spectral linewidth and relative intensity noise of high-power single-frequency polarization-maintained thulium-doped fiber amplifier[J]. IEEE photonics journal, 2016, 8(3): 1-9.

[44] SHI C, TIAN H, SHENG Q, et al. High-power single-frequency pulsed fiber MOPA via SPM suppression based on a triangular pulse[J]. Results in physics, 2021, 28(12): 104594.

[45] 田浩，史朝督，付士杰，等. 0.59 mJ 单频掺 Yb^{3+} 百纳秒脉冲全光纤激光器 [J]. 中国激光，2022，49(13): 29-34.

[46] BJARKLEV A, BROENG J, BJARKLEV A S. Photonic crystal fibers [M]. Dordrecht: Kluwer Academic Publishers, 2003: 1-13.

[47] KNIGHT J C, BIRKS T A, RUSSELL P S J, et al. All-silica single-mode optical fiber with photonic crystal cladding[J]. Optics letters, 1996, 21(19): 1547-1549.

[48] KNIGHT J C, BROENG J, BIRKS T A, et al. Photonic band gap guidance in optical fibers[J]. Science, 1998, 282(5393): 1476-1478.

[49] FURUSAWA K, MALINOWSKI A, PRICE J, et al. Cladding pumped ytterbium-doped fiber laser with holey inner and outer cladding[J]. Optics express, 2001, 9(13): 714-720.

[50] LI Y F, WANG C Y, HU M L. A fully vectorial effective index method for photonic crystal fibers: application to dispersion calculation[J]. Optics communications, 2004, 238(1-3): 29-33.

[51] HO K M，CHAN C T，SOUKOULIS C M. Existence of a photonic gap in periodic dielectric structures[J]. Physical review letter，1990，65（25）：3152-3155.

[52] MONRO T M，RICHARDSON D J. Holey optical fibers：an efficient modal model[J]. Journal of lightwave technology，1999，17（6）：1093-1102.

[53] KUHLMEY B T，WHITE T P，RENVERSEZ G，et al. Multipole method for microstructured optical fibers Ⅱ：implementation and results[J]. Journal of the optical society of America B，2002，19（10）：2331-2340.

[54] WHITE T P，KUHLMEY B T，MCPHEDRAN T，et al. Multipole method for microstructured optical fibers Ⅰ：formulation[J]. Journal of the optical society of America B，2002，19（10）：2322-2330.

[55] KOSHIBA M，SAITOH K. Numerical verification of degeneracy in hexagonal photonic crystal fibers[J]. IEEE photonics technology letters，2001，13（12）：1313-1315.

[56] 邴丕彬 . 太赫兹连续波成像及光子晶体光纤表面等离子体共振传感研究 [D]. 天津：天津大学，2011.

[57] 邸志刚 . THz 检测技术及表面增强拉曼散射光子晶体光纤传感研究 [D]. 天津：天津大学，2011.

[58] BIRKS T A，KNIGHT J C，RUSSELL P S J. Endlessly single-mode photonic crystal fiber[J]. Optics letters，1997，22（13）：961-963.

[59] SNYDER A W. Coupled-mode theory for optical fibers[J]. JOSA，1972，62（11）：1267-1277.

[60] 张国亮 . 光子晶体光纤的特性及其应用于光纤激光器中的研究 [D]. 北京：北京交通大学，2010.

[61] GUAN C，YUAN L，SHI J. Supermode analysis of multicore photonic crystal fibers[J]. Optics communications，2010，283（13）：2686-2689.

[62] KANSO M，CUENOT S，LOUARN G. Sensitivity of optical fiber sensor based on surface plasmon resonance：modeling and experiments[J]. Plasmonics，2008，3（2-3）：49-57.

[63] DWIVEDI Y S，SHARMA A K，GUPTA B D. Influence of design parameters on the performance of a surface plasmon sensor based fiber optic sensor[J]. Plasmonics，2008，3（2-3）：79-86.

[64] 杨县超 . 基于微结构光纤的气体及表面等离子体共振传感特性研究 [D]. 天津：天津大学，2019.

[65] AKOWUAH E K，GORMAN T，ADEMGIL H，et al. Numerical analysis of a photonic crystal fiber for biosensing applications[J]. IEEE journal of quantum electronics，2012，48（11）：1403-1410.

[66] DASH J N，JHA R. On the performance of graphene-based D-shaped photonic crystal fibre biosensor using surface plasmon resonance[J]. Plasmonics，2015，10（5）：1123-1131.

[67] PALIK E D. Handbook of optical constants of solids[M]. San Diego：Academic，1985.

[68] LUAN N N，WANG R，LYU W H，et al. Surface plasmon resonance sensor based on D-shaped microstructured optical fiber with hollow core[J]. Optics express，2015，23（7）：8576-8582.

[69] CHEN K，YANG L G A，BACKMAN V. Optimal design of structured nanospheres for ultrasharp light-scattering resonances as molecular imaging multilabels[J]. Journal of biomedical optics，

2005, 10(2): 024005.

[70] KALELE S, GOSAVI W S, KULKARNI K S, et al. Nanoshell particles: synthesis, properties and applications[J]. Neuropsychopharmacology, 2006, 40(6): 475-483.

[71] LIU B L, LU Y, YANG X C, et al. Tunable surface plasmon resonance sensor based on photonic crystal fiber filled with gold nanoshells[J]. Plasmonics, 2018, 13(3): 763-770.

[72] PRODAN E, RADLOFF C, HALAS N J, et al. A hybridization model for the plasmon response of complex nanostructures[J]. Science, 2003, 302(5644): 419-422.

[73] GHOSH G, ENDO M. Temperature-dependent Sell meier coefficients and chromatic dispersions for some optical fiber glasses[J]. Journal of lightwave technology, 1994, 12(8): 1338-1342.

[74] LIU Q, LI S, CHEN H, et al. High-sensitivity plasmonic temperature sensor based on photonic crystal fiber coated with nanoscale gold film[J]. Applied physics express, 2015, 8(4): 046701.

[75] SHARMA A K, GUPTA B D. Fibre-optic sensor based on surface plasmon resonance with Ag-Au alloy nanoparticle films[J]. Nanotechnology, 2006, 17(1): 124-131.

[76] MATHEWS S, FARRELL G, SEMENOVA Y. All-fiber polarimetric electric field sensing using liquid crystal infiltrated photonic crystal fibers[J]. Sensors and actuators A, 2011, 167(1): 54-59.

[77] TOUPIN P, BRILLAND L, BOUSSARD-PLÉDEL C, et al. Comparison between chalcogenide glass single index and microstructured exposed-core fibers for chemical sensing[J]. Journal of non-crystalline solids, 2013, 377: 217-219.

[78] PENG Y, HOU J, HUANG Z, et al. Temperature sensor based on surface plasmon resonance within selectively coated photonic crystal fiber[J]. Applied optics, 2012, 51(26): 6361-6367.

[79] LUAN N N, WANG R, LU Y, et al. Simulation of surface plasmon resonance temperature sensor based on liquid mixture-filling microstructured optical fiber[J]. Optical engineering, 2014, 53(6): 067103.

[80] LUAN N, WANG R, LU Y, et al. Surface plasmon resonance temperature sensor based on photonic crystal fibers randomly filled with silver nanowires[J]. Sensors, 2014, 14: 16035-16045.

[81] HELLER W. Remarks on refractive index mixture rules[J]. Journal of physical chemistry, 1965, 69: 1123-1129.

[82] QIU S, CHEN Y, XU F, et al. Temperature sensor based on an isopropanol-sealed photonic crystal fiber in-line interferometer with enhanced refractive index sensitivity[J]. Optical letter, 2012, 37: 863-865.

[83] KOU J, QIU S, XU F, et al. Demonstration of a compact temperature sensor based on first-order Bragg grating in a tapered fiber probe[J]. Optical express, 2011, 19: 18452-18457.

[84] SRIVASTAVA S K, GUPTA B D. Simulation of a localized surface plasmon resonance-based fiber optic temperature sensor[J]. Journal of the optical society of America A, 2010, 27: 1743-1749.

[85] SRIVASTAVA T, DAS R, JHA R. Highly sensitive plasmonic temperature sensor based on photonic crystal surface plasmon waveguide[J]. Plasmonics, 2013, 8: 515-521.

[86] RAJA G T, VARSHNEY S K. Extremely large mode-area bent hybrid leakage channel fibers for lasing applications[J]. IEEE journal of selected topics in quantum electronics, 2014, 20(5): 251-259.

第4章 新型微纳光电子材料、器件及技术

4.1 新型微纳光电子材料、器件及技术概述

新型微纳材料的出现颠覆了传统探测材料的理论极限，极大地丰富了光电子器材的材料，为新一代光电器件及技术提供了新的发展思路。多维度微纳材料已开始广泛应用于半导体产业，成为电子信息产业的新一代核心材料。随着微纳加工技术的飞速发展，利用新型微纳材料制备器件的各种工艺条件逐渐成熟与完备，由此形成一类具有微纳结构的新型光电探测器件及存储器等。

光电探测器是将光信号转换成电信号的器件，其作为光电系统的重要组成部分得到了迅速发展，在通信、遥感、成像、隐身、制导和环境监测等领域具有非常重要的应用价值。随着纳米科学和材料科学的迅猛发展，近年来涌现出诸多新型微纳光电材料 [1]，如胶体量子点（Quantum Dots，QDs）[2]、纳米线（nanowire，NW）、纳米片（nanosheet）、新型二维材料（2D material）、新型钙钛矿材料（perovskite，PSK）[3] 等。这些新型微纳材料在某个维度上具有微米（μm）或纳米（nm）级几何尺寸、比表面积极大、光吸收范围宽、光吸收系数大等优于传统薄膜材料的性能特点，使其表现出新奇的物化特性与卓越的光电转换性能，且制备工艺成本低廉，在电子信息产业中受到广泛关注。根据工作机制，光电探测器可分为光电导型光电探测器、光电二极管型光电探测器、光电场效应晶体管型光电探测器和热电型光电探测器。

目前，光电探测技术正朝着宽光谱探测、超快响应、高探测灵敏度及小型化芯片方向发展，并在室温环境条件下表现出高性能、低成本且自驱动等优势。

现阶段，对超大面阵光电探测器与高集成度的研究具有重要意义，可以满足发展新一代探测器的要求。而通过构建异质结，可以实现将两种或两种以上具有不同能级的材料整合在一个复合材料系统中。由异质结构建的材料体系能够提供额外的自由度，以便更有效地控制光电子器件中的电荷输运和复合。通过利用能级的非对称性，理性调控异质结材料能克服传统传感器的诸多缺点，并能传感单材料系统无法检测的物理现象。基于热电效应的光电探测器是检测材料吸收辐射能量引起的温度变化，进而利用各种物理效应把温度变化转变为电信号的一种探测器。它的优势在于响应光谱宽可以不受激光波长的限制，响应时间短，可以工作在任意温度条件下。近年来，对材料热电特性的研究在科学和工程学领域已经取得突破性进展。

基于新型光电材料的优异性质 [4]，针对影响光电探测器性能的关键因素及问题，从材料、器件结构和光敏机制三方面着手，并兼顾小型化、阵列化等的需求，研发高灵敏度、超快响应、低功耗和阵列化的光电探测器有重要意义，它可以满足空间相干光通信、高速传感、高速成像 [5] 等光电探测领域的需求。

在信息时代，信息量爆发式增长，每天都会产生大量数据，对存储器的性能要求越来越高 [6]，如存储容量、读写速度和低功耗等。受摩尔定律的限制，传统的通过降低器件尺寸提高存储性能的方法已遇到瓶颈。近年来，处理器和存储技术发展的不均衡，导致处理器的运算能力远优于当前存储器的存取能力，严重限制了计算机性能的提升。面对现状，一些新兴的存储技术正在崛起。

信息存储有多种载体，如纸、胶卷、光盘和磁盘等 [7]。存储器（memory）一般指计算机等电子产品中用于存储二进制“0”和“1”编码信息的载体。对应不同的存储需求，存储器有多个类型，可按器件材质、存储方式、读写形式、信息保存时间和在计算机中的功能等进行分类。根据信息保存时间，当前的存储技术总体可分为易失性（volatile）技术和非易失性（nonvolatile）技术两大类。其中，易失性存储器又可分为静态随机存取存储器（Static Random Access Memory，SRAM）和动态随机存取存

储器（Dynamic Random Access Memory，DRAM）。SRAM 常用于计算机的高速缓存，DRAM 由于运行时间较短（<10 ns）和具有极高的耐久循环性能（$>10^{16}$），常被用作计算机的内存。非易失性存储器比较常见，多用在电脑等电子产品中，如机械硬盘（Hard Disk Drive，HDD）、固态硬盘（Solid State Drive，SSD）、只读存储器（Read-Only Memory，ROM）和常见的 U 盘等。一个典型的闪存（flash）基本单元是在金属 - 氧化物 - 半导体场效应管（Metal-Oxide-Semiconductor Field Effect Transistor，MOSFET）的隧穿层和栅极绝缘层之间插入浮栅层实现的。根据不同的电路架构，闪存主要分为 NOR（Not OR）型和 NAND（Not AND）型。其中，NOR-flash 价格昂贵，常用于小容量代码存储；NAND-flash 则是大容量存储的绝佳介质，常用于存储用户数据资料。

近几年来，一些新兴的非易失性存储技术取得了很大的进展，有望实现商业化，推动现有存储技术的发展，如阻变存储器（Resistive RAM，RRAM）、相变存储器（Phase-Change Memory，PCM）、磁随机存取存储器（Magnetoresistive RAM，MRAM）和铁电存储器（Ferroelectric RAM，FeRAM）等。MRAM 通过改变磁层的极化方向来存储二进制编码“0”和“1”信息，MRAM 不仅具有 DRAM 的高集成度、SRAM 的读写速度，以及闪存一样的非易失性，同时拥有支持长久使用的读写次数，使其在下一代存储器中拥有较大的应用潜力。PCM 利用相变材料在非晶态和晶态之间的快速非易失性转变存储信息。在外部电流的刺激下，PCM 可以实现稳定、可重复和持续的高低电阻态切换，且具有较好的非易失性。与其他存储器相比，PCM 具有延时短、寿命长、容量大、功耗低和抗辐射干扰强等特点，具有很高的研究和应用价值[8]。RRAM 是一个双端器件，可以通过外部电压调节中间存储介质的电导，从而改变材料的高低阻态，实现非易失性存储，它具有高存储速度和多位存储的特点。FeRAM 以铁电性材料为主要材料，通过铁电晶体的铁电效应实现存储，具有高速度、高耐久性和低功耗等特点。

4.2　基于胶体 QDs 光电器件研究

4.2.1　胶体 QDs 光电探测器简介

相较于传统半导体材料，胶体 QDs 具有优异的光电性能。量子限域效应会影响载流子在胶体 QDs 中的输运特性，包括变程跳跃、延缓载流子弛豫、电子与空穴之间的相互作用。与此同时，QDs 的多激子效应也会影响光辐射探测的应用，改善光电探测器的性能。QDs 是胶体 QDs 光电探测器的工作物质，当光辐照到 QDs 上时，光与 QDs 的相互作用会产生相应的光电效应，如光电导效应、光生伏特效应、光电磁效应、丹倍效应（Dembet effect）和光子索引效应等。基于这些效应，研究者开发了不同类型的光电探测器，但唯有光电导和光伏（PN 结、肖特基势垒）探测器得到了广泛研究与应用。

目前，针对胶体 QDs 的光电探测器研究，主要包括光电导体（photo-conductor）、光电二极管（photodiode）和场效应光电晶体管（Field Effect Phototransistor，FEpT），三者的结构如图 4-1 所示。这些光电探测器都充分利用了胶体 QDs 能够单独制成光电薄膜或与其他物质复合制成光电复合薄膜的优点。

2000 年，莱瑟代尔（Leatherdale）等首次报道了对硒化镉量子点（CdSe-QDs）膜的光电导的研究，其研究了不同有机钝化配体和核 - 壳结构对电荷传输的屏蔽并进行了有效的测量，同时也在 QDs 颗粒间距和光电离效率之间建立了关系。

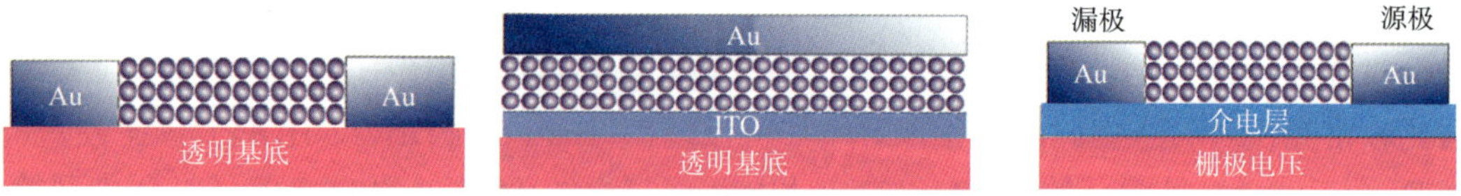

（a） （b） （c）

图 4-1 基于胶体 QDs 的光电探测器

（a）光电导体；（b）光电二极管；（c）场效应光电晶体管

2004 年，麦克唐纳德（McDonald）等[9]报道了基于聚合物 PbS QDs 材料的光电探测器，其能够响应 975~1 300 nm 的红外光。实验中，使用短链 8- 碳辛胺配体替代纳米晶体表面的 18- 碳链油酸配体，有效实现了载流子从纳米晶体到聚合物的转移。使用锁相放大器后，观察到超过聚合物波长而对应于 PbS 纳米晶体的波长的光电流。器件产生光电流的原因是 PbS 纳米晶体对红外光的吸收，并且在 5 V 偏置电压下，器件的内量子效率为 5×10^{-6}~5×10^{-5} charges/photon（电荷 / 光子）。2005 年，McDonald 等进一步报道了聚合物和 8- 碳辛胺配体 PbS QDs 混合材料的红外光电探测器。在 5 V 工作电压和 975 nm 激光的辐照下，该光电探测器具有 3% 的内量子效率，光电流与暗电流之比为 630，最大响应度为 1×10^{-3} A/W。

2006 年，康斯坦塔托斯（Konstantatos）等[10]报道了四种不同的纳米晶体表面配体，使用溶液法制备了纯胶体 PbS QDs 薄膜红外光电探测器。其设计的 PbS 光电导型的光电探测器在室温条件下，可对 1.3 μm 的红外光进行响应，响应度高达 1 000 A/W，探测率 D^* 为 1.8×10^{13} Jones（Jones 即琼斯，是红外光电探测器性能指标中的归一化探测率单位）。此外，Konstantatos 等还报道了利用 QDs 的量子尺寸效应响应可见光的胶体 PbS QDs 薄膜光电探测器。该薄膜光电探测器在可见光波长范围内，表现出的光灵敏度接近于硅探测器的光灵敏度。实验表明，该薄膜光电探测器的光电导具有大于 100 的增益，可以用于制作高保真电子读出器；具有大于 60 dB 的线性动态范围，可以满足高对比度应用的需求。在整个可见光的范围内，PbS QDs 薄膜光电探测器的探测率超过 5×10^{12} Jones。同时，通过选择性地引入表面陷阱状态，设计光电探测器的时间响应，使光电探测器具有高于 1 000 的高增益和大于 10^{13} Jones 的探测率，且光电导增益大于 10，响应时间约为 25 ms。

2008 年，克利福德（Clifford）等[11]首次报道了利用 PbS QDs 与 Al 电极制备的 PbS QDs 光电探测器。该探测器的时间响应由两个过程决定：一是电子漂移的快速过程；二是电子扩散的缓慢过程。比起先前发表的文献，胶体 QDs 光电二极管对可见光和红外线的响应度提升超过 1 000 倍。

2009 年，苏霍瓦特金（Sukhovatkin）等报道了在溶胶态和固态的胶体 QDs 中产生多重激子现象的研究，其研究了对紫外线、可见光和红外光敏感的光电探测器，产生的光子能量大于 2.7 倍的量子效应。

2012 年，李（Lee）等[8]报道了红外高性能的 PbS 光电二极管的增益机制。该光电探测器的探测率为 7×10^{13} Jones，甚至高于商业 InGaAs 光电二极管的探测率。

2014 年，董（Dong）等[12]报道了对紫外至近红外波段响应的具有增益的 PbS-P3HT-PCBM-ZnO 纳米复合二极管型的光电探测器（P3HT 为聚 -3 己基噻吩；PCBM 为 [6,6]- 苯基 C_{61} 丁酸甲酯）。在无光的条件下，该光电探测器具有整流行为，并且在光照下是欧姆传导型的光电导体。

2015 年，刘（Liu）等报道了以有机 - 无机钙钛矿材料（$CH_3NH_3PbI_3$）和 PbS QDs 作为光吸收层的超灵敏宽带的二极管型的光电探测器。该光电探测器可在 375~1 100 nm 的波长范围内响应，同时覆盖可见光和近红外波段，对可见光和近红外光的响应度分别超过 300 mA/W 和 130 mA/W，探测率分别超过 1×10^{13}Jones 和 5×10^{12} Jones。

2012 年,Konstantatos 及其合作者报道了一个石墨烯和 QDs 层状混合物的红外光电探测器。该器件实现在飞秒瓦特(fW)量级光入射功率下每个光子产生电子的增益高达约 10^8,响应度约为 1×10^7 A/W 和探测率为 7×10^{13} Jones。香港理工大学闫峰课题组报道了基于 PbS QDs 和化学气相沉积法(Chemical Vapor Deposition, CVD)生长的石墨烯的层状结构红外光电探测器,该器件在低光强辐照下响应度高达 1×10^7 A/W。北京理工大学杨盛谊课题组还报道了基于场效应晶体管的溶液处理胶体 QDs 光电探测器,该探测器的光谱响应扩展到近红外区域,在波长为 600 nm、功率密度为 30 W/cm^2 的光辐照下,获得响应度为 0.391 mA/W,探测率为 1.31×10^{11} Jones。

2015 年,图里亚斯卡(Turyanska)等[13]报道了在单层石墨烯上覆盖硫甘油 / 二硫代甘油或聚乙二醇(PEG500 和 PEG2000)配体的 PbS 胶体 QDs 的红外光电探测器。实验上证明,通过合适配体的选择,可以修改电导的极性和载流子浓度,器件的光响应性可以显著增强,实现了 1×10^9 A/W 的响应度,比报道过的此类型探测器的响应度提高两个量级。

2015 年,库费尔(Kufer)等报道了一个二维 MoS_2 和零维 PbS QDs 协同作用的高灵敏度红外光电探测器。该光电探测器显示出 10^5~10^6 A/W 量级的响应度,并且其光谱灵敏范围扩展到 PbS QDs 的带隙决定的近红光谱范围。该光电探测器的响应度指标高于单独 PbS QDs 或 MoS_2 光电探测器。

2017 年,笔者所在课题组还研究了钙钛矿 / 胶体硒化铅量子点(PbSe QDs)异质结构的宽光谱响应度光电探测器。钙钛矿和 QDs 异质结具有高的光吸收性能和有效的光电转换。该光电探测器表现出 300~1 500 nm 的宽光谱响应特性,在波长 460 nm 处实现高达 1.2 A/W 的响应度,响应时间小于 3 ms。

4.2.2　基于胶体 QDs 的红外光电探测器

首先,设计结构为单层石墨烯 - 体异质结光电探测器(GBH-FEpT)和体异质结光电探测器(BH-FEpT),同时制作相应的实验器件。其中,单层石墨烯 - 体异质结光电探测器包含 1 层利用化学气相沉积法生长的石墨烯和 3 层 PbS QDs 和 MEH-PPV(聚 [2- 甲氧基 -5-(2'- 乙基己基氧基)-1, 4- 苯撑奈维因])混合物。单层石墨烯 - 体异质结光电探测器的具体制备过程如下:第一步,把单层石墨烯转移到 N 型氧化硅片衬底的表面上,形成石墨烯 -N 型氧化硅片,其中 N 型硅片的上部为氧化硅层,厚度为 300 nm;第二步,使用掩模板通过热蒸镀方法将 Au 蒸镀到石墨烯上,构成器件的源极和漏极, Au 层的厚度为 200 nm;第三步,通过层层制备方法,将 3 层 PbS QDs 和 MEH-PPV 混合物依次旋涂在已生长 Au 电极的石墨烯 -N 型氧化硅片上。

每层 PbS QDs 和 MEH-PPV 聚合物薄膜的制备过程如下:第一步,用匀胶机真空吸附已经生长电极的硅基底,转速为 2 000 r/s,将 1 滴用甲苯溶解的 MEH-PPV 和 PbS QDs 的混合物溶液旋涂在硅基底上,干燥 15 s;第二步,对混合物溶液中的 PbS QDs 进行配体交换,旋涂 3 滴 1, 2- 乙二硫醇(EDT)与乙腈体积百分比浓度为 2% 的溶液于已经旋涂混合物的硅基底上;第三步,旋涂 2 滴乙腈溶液;第四步,旋涂 2 滴甲苯溶液。通过同样的制备过程,再制备另外两层 PbS QDs 聚合物薄膜。最后,将制备好的器件放在真空干燥箱中进行干燥处理,使制备过程中使用的有机试剂挥发,减少其对器件测量性能的影响。对于体异质结光电探测器,其除缺少单层石墨烯外,制备过程与单层石墨烯 - 体异质结光电探测器相同。在测量实验前,器件都在真空干燥箱中干燥 12 h。

单层石墨烯 - 体异质结光电探测器和体异质结光电探测器的底层都是 N 型硅片,其上是 300 nm 厚的二氧化硅,最顶层是异质结层,而单层石墨烯 - 体异质结光电探测器的石墨烯层的厚度只有 0.25 nm。单层石墨烯 - 体异质结光电探测器的总厚度约为 310 nm,而体异质结光电探测器的总厚度约为 315 nm。

实验室搭建的测试系统由 Keithley 2400 型数字源表（美国 Keithley）、HP6030A 型直流电压源（美国 HP）、可调谐的 808 nm 红外激光器和主控电脑组成。其中，数字源表用于测试器件的电流-电压（I-V）特性，直流电压源用于调整器件的栅电压（gate voltage，V_G），主控电脑用于实时采集测试数据。在测试器件的电学特性过程中，使用数字源表在源极和漏极（接地）之间施加源漏电压（source-drain voltage，V_{SD}，即偏置电压），检测由源极流向漏极的源漏电流（source-drain current，I_{SD}，即沟道电流）；使用直流电压源在器件的栅极和源极（接地）之间施加栅电压。在室温条件下，对两种异质结器件的光电特征进行检测。

如图 4-2 所示，两种异质结器件的输出特性曲线可分为三个区域：线性区域、亚线性区域和饱和区域。当 $V_{SD} \ll V_G$ 时，器件工作在线性区域，此时随着源漏电压的升高，器件的沟道电流线性增大；当 $V_T < V_{SD} < V_G$（V_T 为截止电压）时，器件工作在饱和区域，此时器件的沟道电流由偏置电压决定。这种现象与传统场效应晶体管的表现是一致的。因此，可以采用传统场效应晶体管的理论，分析和研究单层石墨烯-体异质结光电探测器和体异质结光电探测器。

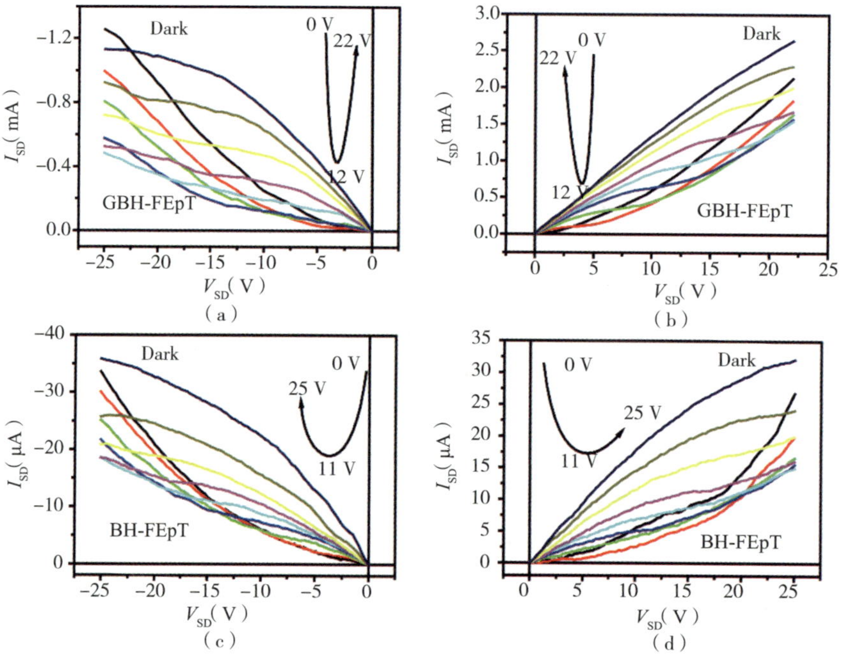

图 4-2　无光条件下，不同栅极电压下单层石墨烯-体异质结光电探测器和体异质结光电探测器的 I-V 特性

实验测试了单层石墨烯-体异质结光电探测器和体异质结光电探测器的转移特性。在室温及无光条件下，源漏电压 V_{SD} 分别为 ±0.5、±2.5、±9、±16 和 ±22 V 时，单层石墨烯-体异质结光电探测器的负向和正向转移特性曲线分别如图 4-3（a）和（b）所示；体异质结光电探测器的负向和正向转移特性曲线分别如图 4-3（c）和（d）所示。根据两种异质结光电探测器的 I-V 输出特性，可以采用传统场效应晶体管的理论，分析和研究这两类石墨烯-聚合物-QDs 混合型的场效应光电晶体管。参考单层石墨烯-体异质结光电探测器和体异质结光电探测器的转移特性曲线，当 $V_G \ll V_{SD}$ 时，在低偏置电压的情况下，两种异质结光电探测器的转移特性曲线均位于线性区域，此时光电探测器的沟道电流（I_{SD}）正比于栅电压（V_G），产生这种现象的主要原因是光电探测器正向上的空穴和负向上的电子迁移率是常数。

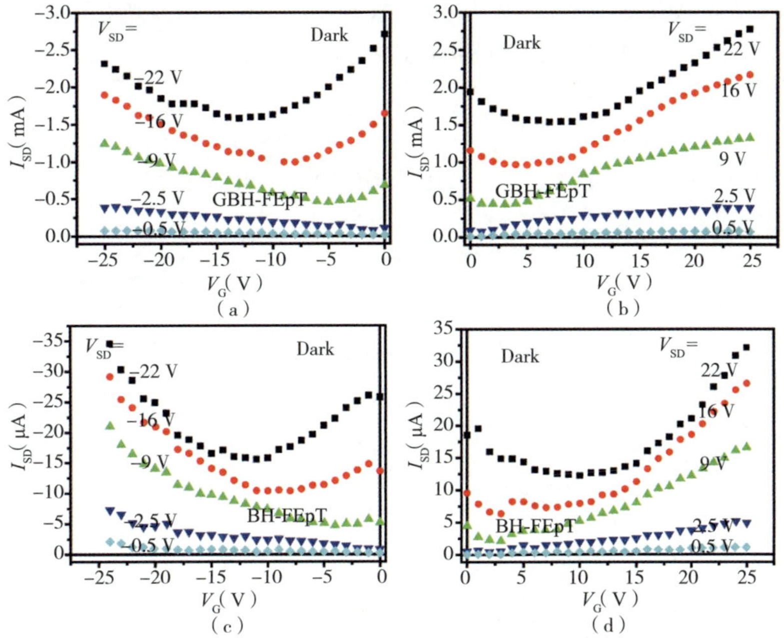

图 4-3　无光条件下，不同偏置电压下单层石墨烯 - 体异质结光电探测器和体异质结光电探测器的转移特性

图 4-4(a)和(b)所示为光功率密度(辐照度)分别为 0、48.8、335 和 845 mW/cm^2，偏置电压 V_{SD} 为 0.5 V 条件下，单层石墨烯 - 体异质结光电探测器和体异质结光电探测器的转移特性曲线。在无光条件下，单层石墨烯和单层石墨烯 - 体异质结光电探测器的转移特性曲线如图 4-4(a)中的插图所示。

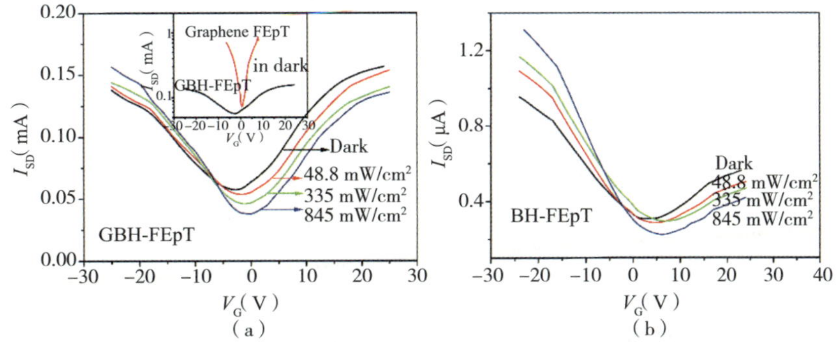

图 4-4　偏置电压为 0.5 V，不同辐照度下两种光电探测器的负向和正向转移特性曲线

(a) 单层石墨烯-体异质结光电探测器；(b) 体异质结光电探测器

单层石墨烯 - 体异质结光电探测器和体异质结光电探测器的光传感机制如下：当两种光电探测器被 808 nm 红外光辐照时，在 PbS QDs 中产生光生载流子(电子或空穴)；在栅电压的驱动下，光生空穴(或电子)传输到有利于载流子有效运输的石墨烯或聚合物中，同时与转移的空穴等量的电子仍然留在 PbS QDs 中进而形成了一个附加电场，从而减弱了栅电场。分析结果表明，光电探测器在光辐照下诱导产生附加电场，称为“光门效应”。就“光门效应”的效果而言，其产生栅电压水平偏移 ΔV_G，栅电压水平偏移量和光辐照度的函数的拟合结果为

$$\Delta V_G = \alpha E_e^{\beta} \tag{4-1}$$

式中：α 和 β 为常数。

式(4-1)被研究人员成功地用于分析和研究 QDs 和石墨烯混合物的光电晶体管。

在有限的光辐照条件下,两种光电探测器的沟道电流计算公式为

$$\Delta I_{SD}=\frac{W}{L}C_{ox}\mu V_{SD}\Delta V_G \tag{4-2}$$

式中:W 为沟道宽度;L 为沟道长度;C_{ox} 为二氧化硅层电容;μ 为电子迁移率。

光电探测器的响应度的表达式为

$$R=\frac{I_{ill}-I_{dark}}{P}=\frac{\Delta I_{SD}}{P} \tag{4-3}$$

式中:I_{ill} 和 I_{dark} 分别为光辐照下和无光条件下光电探测器的沟道电流;P 为有效光功率,$P=AE_e$,其中 A 为有效光照面积。

将式(4-1)和式(4-2)代入式(4-3),可得

$$R=\frac{C_{ox}V_{SD}\mu}{L^2E_e}\Delta V_G=\frac{\alpha C_{ox}V_{SD}\mu}{L^2}E_e^{\beta-1} \tag{4-4}$$

式中:R 为响应度;E_e 为入射光的辐照度(光功率密度)。

对式(4-4)两边同时取对数,可以得到在对数坐标系中光电探测器的响应度(R)和入射光的辐照度(E_e)具有良好的线性关系,其表达式为

$$\lg R=\lg\left(\frac{\alpha C_{ox}V_{SD}\mu}{L^2}\right)+(\beta-1)\lg E_e \tag{4-5}$$

由于光电探测器的响应度是入射光的辐照度的函数,可通过数据分析绘制出单层石墨烯 - 体异质结光电探测器和体异质结光电探测器工作在栅电压 $V_G=\pm 15$ V 和偏置电压 V_{SD} 分别为 ±2、±12 和 ±25 V 下 P 型沟道和 N 型沟道的响应度,如图 4-5 所示。在对数坐标系下,可以看出两种光电探测器的响应度和入射光的辐照度呈线性关系。

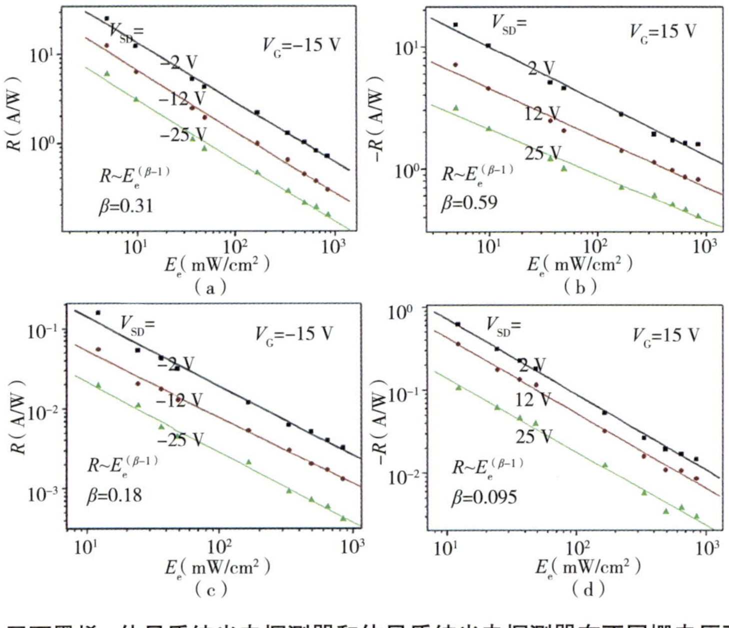

图 4-5　单层石墨烯 - 体异质结光电探测器和体异质结光电探测器在不同栅电压下的响应度

(a)、(c)工作在P型沟道;(b)、(d)工作在N型沟道

使用式（4-1）和式（4-5）进行数据拟合，分别将单层石墨烯 - 体异质结光电探测器和体异质结光电探测器的相关参数列在表 4-1 中。

表 4-1　单层石墨烯 - 体异质结光电探测器和体异质结光电探测器的 P、N 型沟道相关参数

参数	单层石墨烯 - 体异质结光电探测器		体异质结光电探测器	
	P 型沟道	N 型沟道	P 型沟道	N 型沟道
μ（cm^2/（V·s））	183	169	11.3	6.2
α（V·cm^2/W）	3.39×10^5	2.35×10^5	7.21×10^4	8.45×10^4
β	0.31	0.25	0.18	0.12
$\alpha\mu C_{ox}/L^2$（A/（W·V））	62.27	39.81	1.012	1.038

当栅电压和偏置电压分别设置为 −2 V 和 −0.1 V，单层石墨烯 - 体异质结光电探测器和体异质结光电探测器在功率密度为 845 mW/cm^2 的 808 nm 波长激光辐照下，两种光电探测器在 5 个周期内开 / 关光条件下的瞬态光电流曲线如图 4-6（a）和（b）所示。单层石墨烯 - 体异质结光电探测器的开 / 关光时间为 12 s/12 s，而体异质结光电探测器的开 / 关光时间为 15 s/20 s。

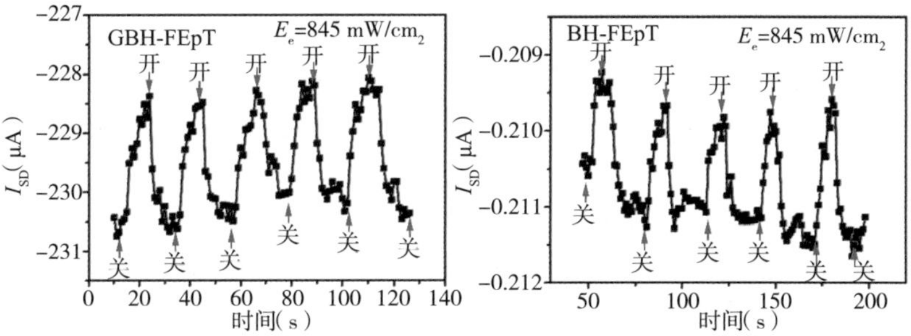

（a）　　　　　　　　（b）

图 4-6　5 个周期内开 / 关光条件下两种光电探测器的瞬态光电流

（a）单层石墨烯-体异质结光电探测器；（b）体异质结光电探测器

对于单层石墨烯 - 体异质结光电探测器而言，当给光电探测器施加负向栅电压时，光辐照产生的空穴从 PbS QDs 层中分离，并通过聚合物（MEH-PPV）层转移到石墨烯层。因此，空穴就在石墨烯层聚集，形成了 P 型沟道。同时，仍然处于 PbS QDs 内的电子形成 N 型沟道。此时，空穴（电子）载流子就在 P 型沟道或 N 型沟道中转移。在单层石墨烯 - 体异质结光电探测器的石墨烯层中形成了形状规则的接触界面，这对于载流子转移是较为有利的（改善了沟道有序性），而对载流子分离是不利的（器件的分离度值 β 约为 −0.18，较低）。聚合物（MEH-PPV）的空穴载流子迁移率的量级为 10^{-6}~10^{-2} cm^2/（V·s），PbS QDs 的电子迁移率大约为 5 cm^2/（V·s），而场效应晶体管中石墨烯的载流子迁移率大约为 20 000 cm^2/（V·s），这些数据表明在石墨烯层中的空穴要比在 PbS QDs 和 MEH-PPV 体异质结中更能有效地转移。因此，器件的空穴迁移率为 169 cm^2/（V·s），主要是由石墨烯层中空穴转移的贡献。

当给单层石墨烯 - 体异质结光电探测器施加正的栅电压时，载流子在同质结界面发生转移而不是在异质结界面，主要是由于石墨烯、PbS QDs 和 MEH-PPV 的能带不能完全匹配。石墨烯、PbS QDs 和 MEH-PPV 层之间实现能带对准时，器件的分离度 β 增大到 0.31。紧接着，光电探测器的 N 型沟道在底层的 PbS QDs 层中形成。据报道，未经处理的 QDs 场效应光电晶体管也表现出一定水平的响应度。对于层异质结光电探测器，其 N 型沟道有序性与 P 型沟道有序性是相当的，两种光电探测器的沟道有序性值见表 4-1，可知单层石墨烯 - 体异质结光电探测器的 P 型、N 型沟道的 $\alpha\mu C_{ox}/L^2$ 值分别为 62.27 和 39.81。而在正向栅电压的作用下，光电探测器具有更高的载流子迁移率、载流子分离度和相当的载流子沟道有序性，这样就可以获得较大的 $\alpha\mu C_{ox}/L^2$ 值和更高的响应度。

由于体异质结具有较大的界面面积，因而体异质结光电探测器和单层石墨烯 - 体异质结光电探测器就获得了相同的载流子分离度。在正和负栅电压工作区，两种光电探测器的载流子分离度是有差别的，主要是因为载流子的分布具有上、下不对称性。光电探测器的空间电荷散射过程大大降低了载流子迁移率。同时，由于体异质结的局部不对称性，当对光电探测器施加相反的栅电压时，它的沟道有序性表现出很大差异。较大的界面面积就保证了较大的载流子分离度，但是这也降低了沟道有序性。明显地，由数据可以看出光电探测器的载流子分离度和沟道有序性具有相反的变化趋势，在体异质结光电探测器中，正向栅电压工作区域对应的 $\alpha\mu C_{ox}/L^2$ 值是高于负向栅电压的。

通过比较两种异质结光电探测器，发现在 $\alpha\mu C_{ox}/L^2$ 值和响应度这两个影响因子方面，单层石墨烯 - 体异质结光电探测器具有更高的数值。在体异质结光电探测器中，异质结界面面积越大，越能产生更高的载流子分离度和载流子浓度，同时也会产生更低的载流子迁移率和沟道有序性。体异质结的载流子迁移率和沟道有序性限制了高响应度的产生。最后，基于体异质结的高沟道有序性、高载流子分离度、高载流子迁移率的“三高”特性，可以获得具有高响应度的理想单层石墨烯 - 体异质结场效应光电晶体管。

本小节展示了两种类型的高灵敏度红外探测器：单层石墨烯 - 体异质结光电探测器和体异质结光电探测器。两种异质结光电探测器具有双极特性，其中单层石墨烯 - 体异质结光电探测器具有超高的载流子迁移率（$\mu_H = 183\ cm^2/(V \cdot s)$、$\mu_E = 169\ cm^2/(V \cdot s)$），石墨烯为载流子提供了有效的传输沟道；与之相比，体异质结光电探测器的载流子迁移率 $\mu_H = 11.3\ cm^2/(V \cdot s)$、$\mu_E = 6.2\ cm^2/(V \cdot s)$。单层石墨烯 - 体异质结光电探测器所具有的更高的载流子迁移率和高沟道有序性导致了更高的 α、μ 和 β；相应地，其响应度高达 10 A/W，比体异质结光电探测器的响应度（10^{-1} A/W）高两个量级。同时，对比发现，单层石墨烯 - 体异质结光电探测器的载流子在混合物中传输时间更短。研究表明，单层石墨烯与其他敏化材料（如 PbS QDs 和 MEH-PPV 混合物）的有效耦合，可有效改善红外光电探测器的光电性能，并将在红外检测领域发挥重要的作用。

4.2.3 基于 QDs 的垂直场效应光电晶体管

本小节借鉴金银（Au-Ag）纳米线源极的垂直有机场效应晶体管的制作方法，设计一种 PbSe QDs 垂直场效应光电晶体管。该器件采用栅极、源极和漏极垂直堆叠结构，将 Au-Ag 纳米线溶液涂在 Si/SiO_2 基底上并与源极连接，构成透明电极；栅电压产生的电场可通过 Au-Ag 纳米线之间的孔，调制沟道中电流的大小；采用旋涂法将 QDs 光敏层逐层覆盖在 Au-Ag 纳米线上；由于光从侧面入射到光敏层上，沟道长度（QDs 层的厚度）仅为 260 nm。该器件显示出很好的光探测性能，能够实现低电压驱动。在源漏电压和栅电压为 −1 V 时，入射光的辐照度为 1.25 mW/cm^2 的 808 nm 红外光的辐照下，响应度达 2×10^4 A/W，探测率达 7×10^{12} Jones。这种基于 Au-Ag 纳米线的 QDs 垂直场效应光电晶体管可以实现低功耗、高敏感度的红外光探测，在光电子领域有广阔的应用前景。

PbSe QDs 垂直场效应光电晶体管采用 N 型 Si/SiO_2 基底作为栅极和绝缘层，厚度为 300 nm，制备方法如下：将 SiO_2 绝缘层（300 nm 厚）在丙酮、去离子水和乙醇中依次浸渍 10 min；然后进行超声清洗；最后在 30 ℃的真空烘箱中干燥 4 h。

PbSe QDs 垂直场效应光电晶体管的加工方法如下：首先，使用自组装溶液法，使 Au-Ag 纳米线（NW）在基底上生长；然后，将 Au 源极（S）通过掩模板热蒸镀到 SiO_2 层上并与 Au-Ag 纳米线网连接；最后，用旋涂法将 PbSe QDs 逐层涂在 Au-Ag 纳米线网上，构成活性层。每层的制备方法如下：将 1 滴 QDs 溶液以 2 000 r/min 的速度涂在 Au-Ag 纳米线网上；然后用 2% 的 EDT 溶液旋涂在片上；接着旋涂 2 滴乙腈和 2 滴甲苯；最后使用掩模板将 Au 漏极（D）热蒸镀到 PbSe QDs 层上。

图 4-7（a）所示为该 PbSe QDs 垂直场效应光电晶体管的结构，其中晶体管由下至上依次是栅极、栅绝缘层、Au-Ag 纳米线源极（NW- 源极）、PbSe QDs 活性层（PbSe QDs）和 Au 漏极（漏极）。PbSe QDs 层的厚度就是沟道长度（L），正方形漏极的长和宽均为 2 mm。该器件横截面的扫描电子显微镜（Scanning Electron Microscope，SEM）图像如图 4-7（b）所示。可见，器件的层状结构清晰，PbSe QDs 层的厚度为 260 nm，Au 漏极的厚度为 130 nm。由于 Au-Ag 纳米线源极太薄，而在图片中不可见。该器件的接线方式如图 4-9（c）所示，源极接地，源极与栅极之间施加栅电压 V_G（连接 HP6030A 型电压源），漏极与源极之间施加偏置电压 V_{SD}（连接 Keithley 2400 型数字源表）。通过 Labview 程序控制 Keithley 2400 型数字源表和 HP6030A 型电压源测量电流 - 电压曲线。光从侧面辐照在器件上，光源为 808 nm 红外激光器，其光强度通过直流电源实现控制。

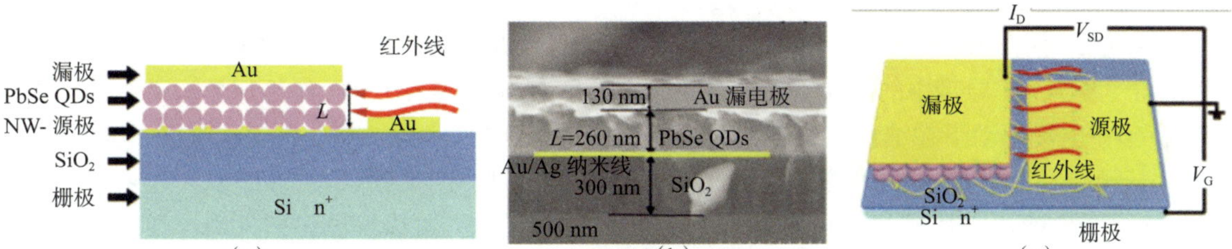

（a）　　（b）　　（c）

图 4-7　PbSe QDs 垂直场效应光电晶体管

（a）结构图；（b）截面的扫描电子显微镜图像；（c）接线图

（1）PbSe QDs 垂直场效应光电晶体管的电学性质

Ⅰ. 电输运性质

PbSe QDs 垂直场效应光电晶体管的电输运性质类似于本萨森（Ben-Sasson）等[14]报道的透明电极的垂直场效应晶体管。普通金属片的源极会将器件分为两个功能结构：二极管和电容器。其中，二极管包括透明电极、PbSe QDs 和漏极；电容器包括栅极、二氧化硅绝缘层和源极。应用 Au-Ag 纳米线作源极时，其对于低频或直流垂直栅极电场是透明的，使两个功能结构能够发生相互作用。器件的电流响应基于肖特基操作。源极片（Au-Ag 纳米线孔区域）行为像欧姆接触，栅极电场会注入 Au-Ag 纳米线之间的孔，减弱 Au-Ag 纳米线与 PbSe QDs 界面处的肖特基势垒；大量的移动电荷载流子（第三象限中的空穴和第一象限中的电子）注入和汇聚到孔中，使孔中注满载流子；然后，移动电荷载流子在源漏电压的作用下流向漏极。上述现象称为虚拟接触[14]。

该器件的传输特性及转移特性如图 4-8（a）所示，在施加栅极电压之前（0 V），其像二极管一样工作。源漏电流起源于 Au-Ag 纳米线的顶面，可以用金属场增强热电子发射理论进行描述。当施加不同栅极电压时，光电晶体管像晶体管一样工作，如前所述，大量移动电荷载流子注入 Au-Ag 纳米线之间的孔，汇聚积累直至饱和，之后移动电荷载流子在源漏电压作用下向漏极流动，形成电流。

在室温条件下，源漏电压改变时，该器件的转移特性（漏极电流 - 栅极电压的关系，I_D-V_G）如图 4-8（b）所示。由于该器件的沟道很短，源漏电压会在短沟道中激发较强的电场，使器件可以在低至

1 V 的源漏电压下工作。该器件的电流传输具有双极性，电流随源漏电压的升高而增大，电中性点在一、三象限分别漂向电压升高的方向。在两个象限中相同的源漏电压下，均能观察到较强的空穴暗电流，这主要是由于 PbSe QDs 和 Au 电极之间的势垒(0.22 eV)较低。

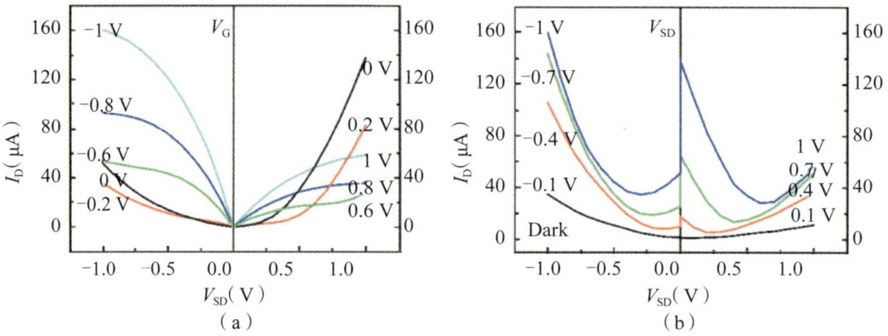

图 4-8　PbSe QDs 垂直场效应光电晶体管的转移特性和输出特性

（a）转移特性（I_D-V_G）；（b）输出特性（I_D-V_{SD}）

Ⅱ. 光学传感机制

PbSe QDs 垂直场效应光电晶体管的载流子转移机制如图 4-9 所示。在 808 nm 红外光辐照下，光生电子 - 空穴对(导带中的电子和价带中的空穴)在 PbSe QDs 中产生，然后超短沟道中的光生电子(空穴)在电场驱动下在纳秒量级转移时间内快速转移到漏极，当一个空穴到达漏极，立即会有一个空穴从源极补充上来，这样伴随着一个光生电子 - 空穴对的产生，就会有多个空穴在超短沟道中循环，从而产生增益。基于上述对载流子转移机制的深入理解，可以推测该器件中存在电子电流和空穴电流。

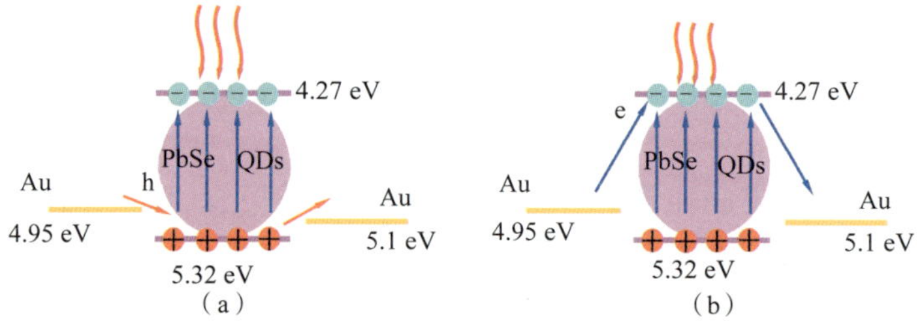

图 4-9　PbSe QDs 垂直场效应光电晶体管在 808 nm 红外光辐照下的载流子转移机制

（a）空穴导电；（b）电子导电

下面分析不同光辐照度下，PbSe QDs 垂直场效应光电晶体管的电流特性。在栅电压为 ±1 V，808 nm 红外光辐照下，PbSe QDs 垂直场效应光电晶体管的输出特性曲线如图 4-10 所示。由图可知，该器件的电流随入射光辐照度的增强而变大。当栅电压为 −1 V 时，光空穴电流较大，主要是因为空穴注入 Au-Ag 纳米线与半导体 QDs 之间的势垒较低。基于对固有电荷转移机理的深入理解，可以进一步推断，在该器件中应能同时观察到空穴电流和电子电流的增大。在不同辐照度的 808 nm 红外光辐照下，可通过测量器件在 ±1 V 栅极电压下的输出特性，估计其光敏性。如图 4-10 所示，该器件的电流随着辐照度的增大而增强。由于空穴注入较低势垒，在第一象限($V_G = 1$ V)中产生的电子电流比在第三象限($V_G = -1$ V)产生的空穴电流要低。

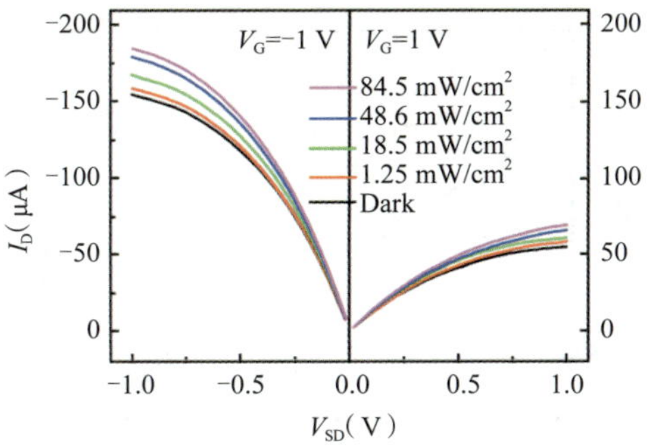

图 4-10 PbSe QDs 垂直场效应光电晶体管在 808 nm 红外光辐照下的输出特性

垂直 PbSe QDs 光电导体两端的光电流 I_p 与载流子迁移率 μ 成正比，该关系可以从 $I_p=\mu enEW$ 获得。其中，e 为电子电荷，n 为每单位面积的光诱导载流子密度，μ 为载流子迁移率，E 为施加的电场，W 为器件的宽度。与其他半导体(如碳纳米管、石墨烯、ZnO 和一些有机半导体)相比，PbSe QDs 中的载流子迁移率 μ 非常低，这可能导致较低的光电流、响应度和增益。因此，采取适当方法增加颗粒间的耦合和提升载流子的移动性十分必要。一方面，可以使用 EDT 代替长碳链的油酸配体实现这一目标，EDT 是一种短碳链、易导电的表面活性剂分子。另一方面，制造短沟道长度(260 nm)的垂直结构场效应光电晶体管，可以减少载流子的渡越时间 τ_r。如图 4-11 所示，在双对数轴线图中，PbSe QDs 垂直场效应光电晶体管的响应度随着辐照度的减小而线性增大。值得注意的是，在 −1 V 的栅电压下，在 808 nm 红外光的辐照度为 1.25 mW/cm² 时，该器件的最大响应度约为 2×10^4 A/W。

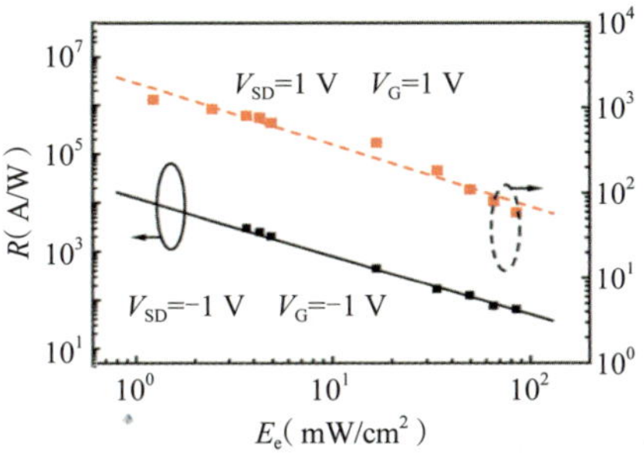

图 4-11 PbSe QDs 垂直场效应光电晶体管在 808 nm 红外光辐照下的响应度与辐照度的关系

如图 4-12 所示，在 1.25 mW/cm² 的辐照度下，该器件的探测率超过 7×10^{12} Jones，证明其具有很高的检测灵敏度。由于 PbSe QDs 的窄带隙和高密度表面状态，该器件中的暗电流噪声不可避免地过高，这限制了其性能。应该采取适当策略抑制暗电流，以提高该器件光探测能力，如增强载流子注入势垒。

光电晶体管(光电探测器)的一个很重要的性能参数是响应时间，其反映了光电探测器的响应速度。808 nm 红外光的辐照度为 18.4 mW/cm² 时，PbSe QDs 垂直场效应光电晶体管的脉冲响应如图 4-13 所示。测试时，将激光光点固定在 PbSe QDs 层的侧表面上，使用机械快门打开和关闭激光器。结果显示，当该器件在 $V_{SD}=0.1$ V 和 $V_G=0$ V 条件下时，光电流对光辐照的响应时间约为 5 s，如图 4-13(a)所示。当光接通时，通道中的 QDs 吸收红外光，不断有新的光生电子 - 空穴对产生。在外加电压下，光生电子 - 空穴对分离，光生电子跃迁至 QDs 的导带并向漏极流动，形成光电流，光生空穴则留在价带中。电流随着辐照时间增加而增大，可以通过上升指数函数拟合，其表达式为

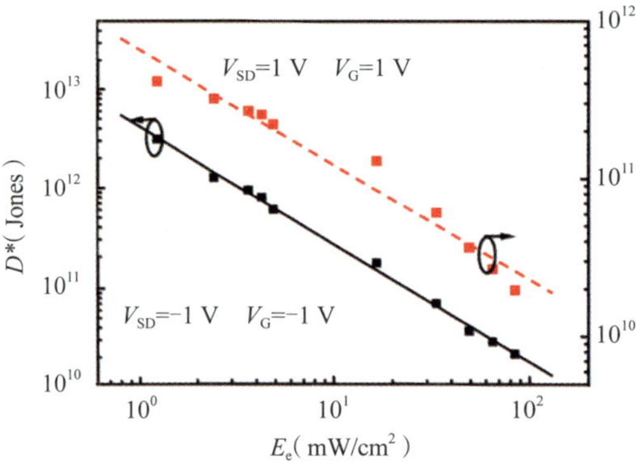

图 4-12 PbSe QDs 垂直场效应光电晶体管在 808 nm 红外光辐照下探测率与辐照度的关系

$$I = I_p \exp(1 - t / \tau_1) \quad (4\text{-}6)$$

式中：τ_1 为上升时间；I_p 为沟道电流（光电流）的变化。

类似地，当光关闭时，沟道中不再产生新的光生电子 - 空穴对，同时电子与空穴的复合导致沟道电流减小。该过程可以通过衰减指数方程拟合，其表达式为

$$I = I_p \exp(1 - t / \tau_2) \quad (4\text{-}7)$$

在使用上述指数函数拟合一个开 / 关周期中的瞬态电流曲线时，该器件显示快速光响应，上升、下降时间分别为 148 和 322 ms。上升时间 τ_1 表示通过 PbSe QDs 层的载流子传输时间，下降时间 τ_2 被认为是载流子的复合时间，长于载流子寿命（7.5 μs）。其原因是在正的源漏电压的驱动下，光生空穴在沟道中累积并获得更高的电子迁移率，而电子被缺陷态束缚在沟道中。因此，沟道中的光生电子 - 空穴对的复合减少，导致载流子复合时间的增加。图 4-13（b）所示为该器件在 808 nm 红外光辐照下表现出多次光开关行为。受到光辐照时，沟道电流增大；光关闭时，沟道电流减小到原来的水平。重复多次光开关，证明器件的光探测性能具有稳定性。

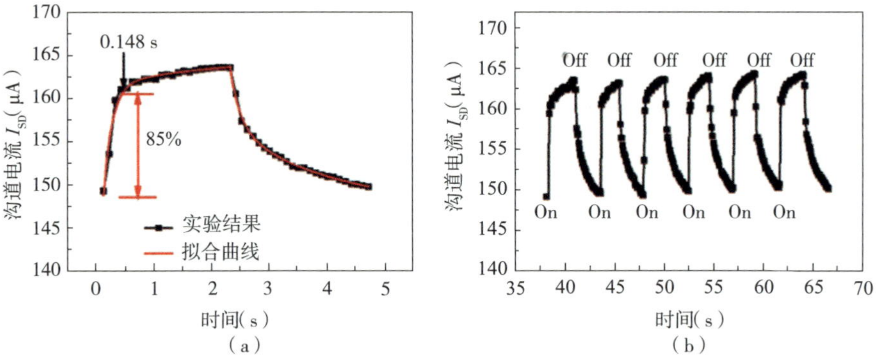

图 4-13 PbSe-QDs 垂直场效应光电晶体管在光开关时的光电流响应

（a）瞬时光电流响应；（b）多次重复光电流响应

Ⅲ. 光探测性能

Au-Ag 纳米线作源极的 PbSe QDs 垂直场效应光电晶体管与基于各种 ZnO 纳米结构（活性层）的紫外光电探测器的光探测性能比较见表 4-2。

表 4-2　ZnO 纳米结构的光电探测器与 PbSe QDs 垂直场效应光电晶体管光探测性能的比较

活性层	沟道长度（μm）	偏置电压（V）	光波长（nm）	电流 / 暗电流	上升时间	下降时间
ZnO 空间四足纳米网络	20	1.0	365	106	0.4 s	0.3 s
ZnO 纳米针网络	2~10	0.3	365	312	22 s	7~12 s
ZnO 四足纳米网络	2~10	2.4	365	4 500	67 ms	30 ms
ZnO 纳米线	—	1.0	365	约 103	<1 s	<1 s
PbSe QDs	260	0.1	808	1.1	148 ms	322 ms

不同于对紫外线敏感的一般金属氧化物（如 ZnO）光电探测器件，PbSe QDs 垂直场效应光电晶体管采用 Au-Ag 纳米线作为源电极，采用 PbSe QDs 作为光敏层吸收红外光，是一种宽光谱红外光电探测器。与以前报道的基于 ZnO 纳米结构的光电探测器相比，PbSe QDs 垂直场效应光电晶体管的电极间隔较小，因此可在较低的源漏电压下工作。由于使用旋涂法加工 QDs 层，该器件的沟道长度能够实现灵活调制，且加工工艺简单、价格低廉，可便于制成大面积的片上集成光电探测器件。

笔者所在团队成功地采用溶液过程方法，制备了基于 Au-Ag 纳米线源极的 PbSe QDs 垂直场效应光电晶体管。该器件具有超短的沟道长度（260 nm），可在低至 -1 V 的源漏电压和栅电压下工作，此外它具有较好的光探测性能，在辐照度为 1.25 mW/cm^2 的 808 nm 红外光辐照下，响应度为 2×10^4 A/W，探测率为 7×10^{12} Jones。对这种垂直结构的光电场效应晶体管的研究，为制作廉价、高性能、低功耗、可大面积加工和片上集成的红外光电探测器阵列开辟了新的路径。

Ⅳ. 沟道长度对 PbSe QDs 垂直场效应光电晶体管性能的影响

PbSe QDs 是通过逐层旋涂的方法覆盖在 Au-Ag 纳米线网上的，PbSe QDs 活性层的厚度是由在衬底表面上滴加 QDs 溶液次数 n 决定的，n 为 5、10、15、20 和 25 分别对应器件 D_1、D_2、D_3、D_4 和 D_5，沟道长度分别为 270、650、980、1 300 和 1 600 nm。图 4-14 所示为 PbSe QDs 垂直场效应光电晶体管的结构、截面和实物。

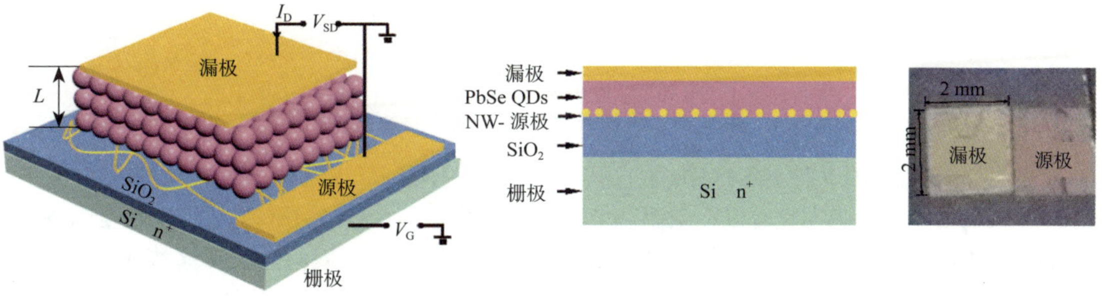

图 4-14　PbSe QDs 垂直场效应光电晶体管

（a）结构；（b）截面；（c）实物

PbSe QDs 垂直场效应光电晶体管的制备过程，如图 4-15 所示。首先，采用原地自组装溶液方法，制备 Au-Ag 纳米线溶液，并将其滴在 Si/SiO_2 基底上，晾干后形成 Au-Ag 纳米线网；然后，将 Au 源极热蒸镀到衬底上，与 Au-Ag 纳米线网连接；接着，将 PbSe QDs 溶液逐层旋涂在 Au-Ag 纳米线网上，旋涂次数为 5、10、15、20 和 25，分别对应试样 D_1、D_2、D_3、D_4 和 D_5；最后，将 Au 漏极热蒸镀到

PbSe QDs 层上，源极和漏极的重叠面积为 0.04 cm^2。在该器件中，QDs 光敏层的厚度（等于沟道长度 L）随旋涂次数 n 线性增加。我们测量了这五个器件截面的扫描电子显微镜成像，图 4-16 所示为 D_1（$n=5$）和 D_2（$n=10$）的截面 SEM 图像，可见 D_1 和 D_2 的 PbSe QDs 层的厚度分别为 270 和 650 nm，SiO_2 层的厚度均为 300 nm。不同旋涂次数 n 与沟道长度 L 的对应关系如图 4-17 所示，可见两者明显呈线性关系。

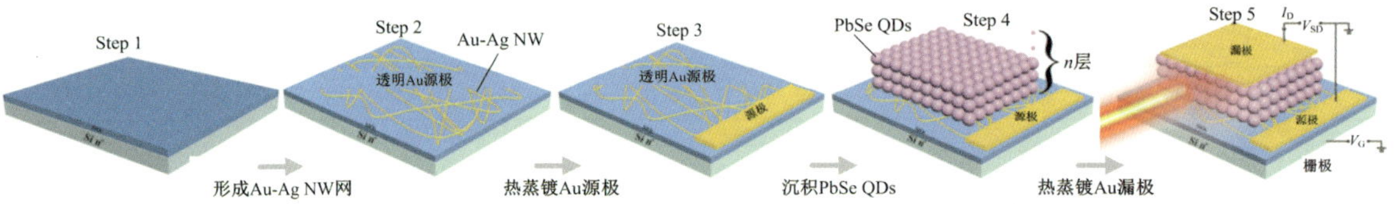

图 4-15　PbSe QDs 垂直场效应光电晶体管制作过程示意

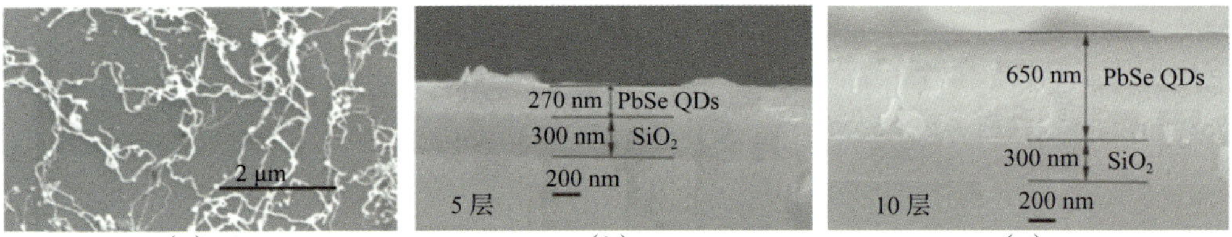

（a）　（b）　（c）

图 4-16　试样的 SEM 图像

（a）D_3表面Au-Ag纳米线网；（b）D_1横截面；（c）D_2横截面

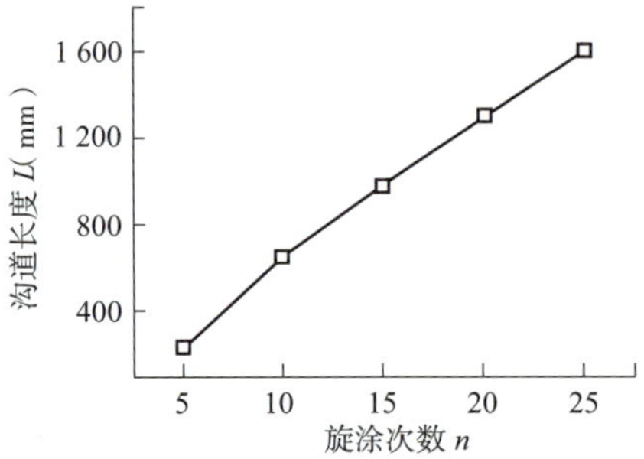

图 4-17　沟道长度与旋涂次数的关系

对于图 4-17 所示的 5 种 PbSe QDs 垂直场效应光电晶体管，其沟道长度依次为 270、650、980、1 300 和 1 600 nm。其中，D_1 可以在室温调节下由低工作电压（±4 V）驱动。图 4-18 至图 4-20 所示为 PbSe QDs 垂直场效应光电晶体管的光电特征，包括输出特性（I_{SD}-V_{SD}）、转移特性（I_{SD}-V_G）、载流子迁移率、噪声功率光谱密度、等效噪声功率（Noise Equivalent Power，NEP）、实际探测率等。结果显示，沟道长度为 980 nm 时，光电晶体管在 808 nm 红外光辐照下的光响应性能最佳；当辐照度为 6.09 mW/cm^2 时，响应度达 1×10^5 A/W，探测率为 1.2×10^{13} Jones，外量子效率（External Quantum Efficiency，EQE）达 2.6×10^7%。光敏层沟道在光电晶体管中扮演两个角色：吸收光和光输运。对于沟道中的光生载流子输运：一方面，短沟道有利于光生载流子的输运；另一方面，长度过短的沟道包含的光敏材料的量太少，会导致较低的载流子浓度 n_p 和光电流 I_p，从而导致光电流随沟道长度先增大后减小，响应度和探测率等光探测性能参数在沟道长度大于 980 nm 时明显减小。此外，PbSe QDs 垂直场效应光电晶体管的响应时间为 0.16 s，这与 PbS QDs/ 石墨烯混合场效应光电晶体管的响应时间接近。研究结果表明，有效的光吸收和电子运输都可以在很短的时间内完成，这种短沟道PbSe QDs垂直场效应光电晶体管有望在集成光电子学和光电探测领域开辟新的技术路径。

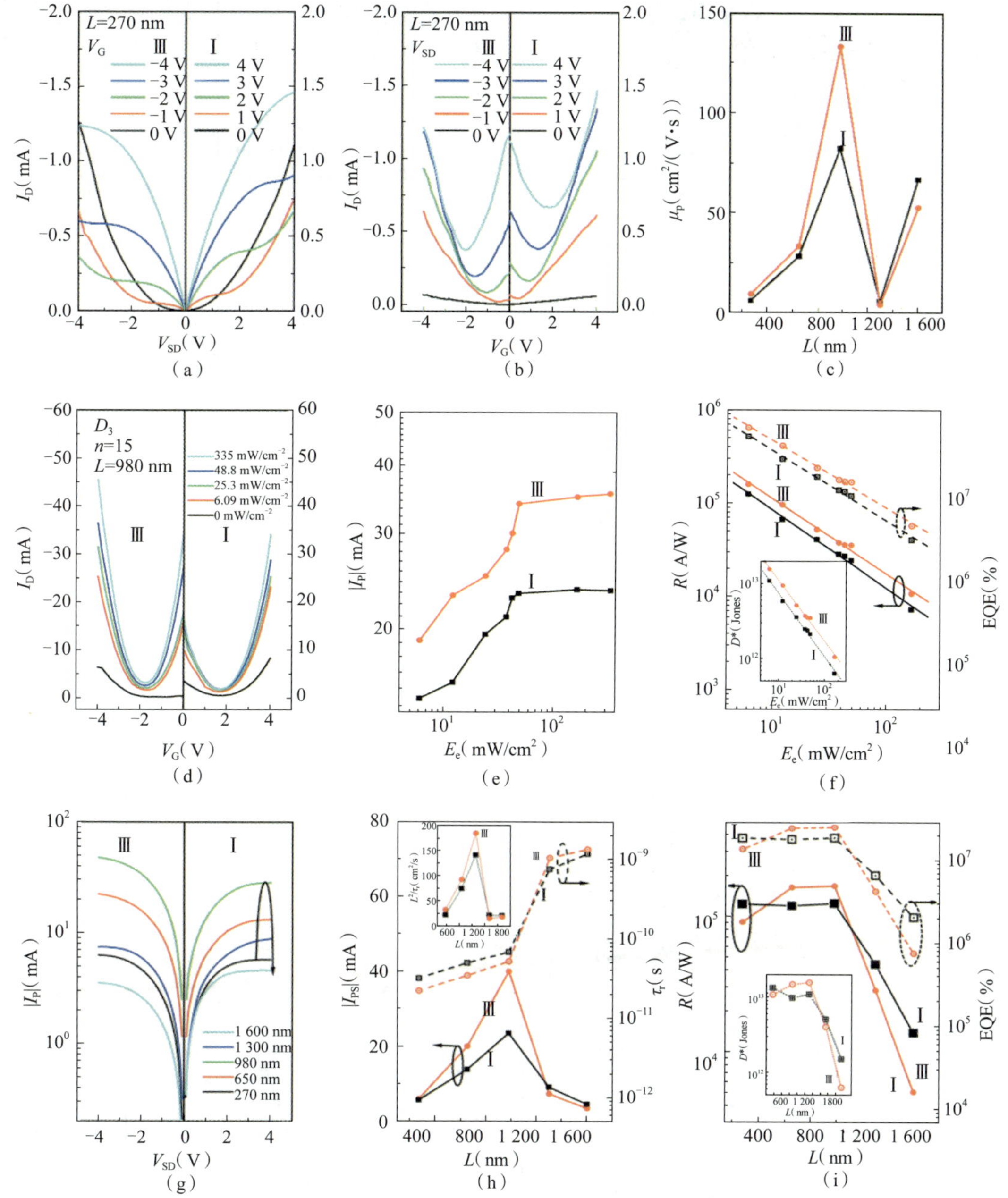

图 4-18　PbSe QDs 垂直场效应光电晶体管的光电学特性

（a）输出特性（I_D-V_{SD}）；（b）转移特性（I_D-V_G）；（c）载流子迁移率与沟道长度的关系；
（d）沟道电流与入射光功率密度的关系；（e）光电流与入射光功率密度的关系；
（f）响应度、外量子效率、探测率与入射光功率密度的关系；（g）沟道电流与光电流的关系（E_e = 166 mW/cm^2）；
（h）光电流、渡越时间、L^2/τ_r与沟道长度的关系（E_e = 166 mW/cm^2）；
（i）响应度、外量子效率、探测率与沟道长度的关系（E_e = 6.09 mW/cm^2）
注：图中曲线Ⅰ表示V_{SD} = V_G = 4 V；曲线Ⅲ表示V_{SD} = V_G =−4 V。

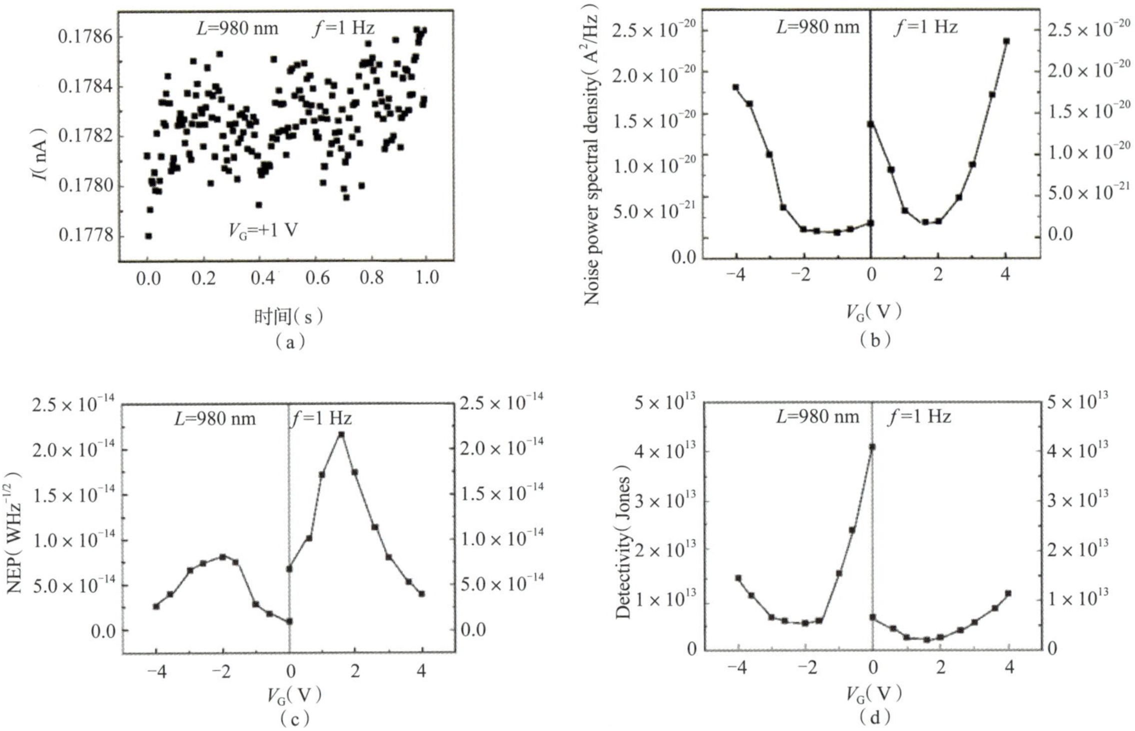

图 4-19　均方根暗噪声电流、噪声功率光谱密度、噪声等效功率、实际探测率与栅电压的关系

（a）调制频率为1 Hz，栅电压为1 V时的均方根暗噪声电流；（b）噪声功率光谱密度与栅电压的关系；（c）NEP与栅电压的关系；（d）实际探测率与栅电压的关系

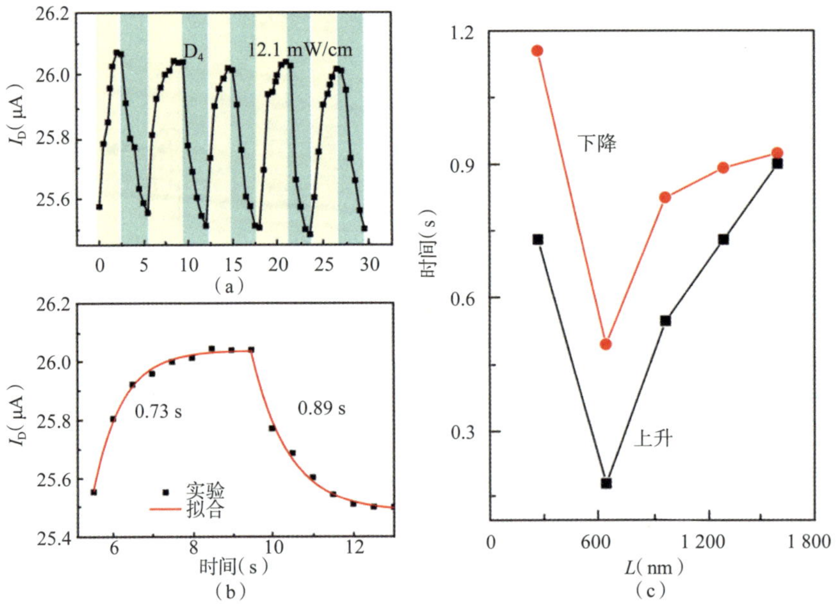

图 4-20　重复光电流响应、瞬时光电流响应、上升和下降时间与沟道长度的关系

（a）、（b）L=1 300 nm，E_e = 12.1 mW/cm²、V_G = 0 V、V_{SD} = 0.1 V时的重复光电流响应和瞬时光电流响应；（c）上升和下降时间与沟道长度的关系

（2）QDs/ 有机物复合异质结垂直场效应光电晶体管

基于 Au-Ag 纳米线的 3- 己基噻吩的聚合物（P3HT）/PbS QDs 复合物场效应光电晶体管的制作过程如图 4-21 所示。将 Au-Ag 纳米线溶液滴在 n 次旋涂的 Si/SiO_2（300 nm 厚）基底上，干燥后形成 Au-Ag 纳米线网；将 Au 源极热蒸镀到 SiO_2 绝缘层表面，并与 Au-Ag 纳米线网形成连接，形成透明源极；将 P3HT 和 PbS QDs 分别溶于甲苯溶液，然后将 1 滴浓度为 3 mg/mL 的 P3HT 溶液旋涂在 Au-Ag 纳米线层上，将 3 滴浓度为 3 mg/mL 的 PbS-QDs 溶液依次旋涂在 P3HT 上，成为复合物层异质结。为了提高光电导性能及器件的光敏感性，降低 PbS QDs 周围的配体壳产生的绝缘势垒十分关键，因此用短碳原子链 EDT 取代油酸配体。每层 PbS QDs 的制作方法如下：首先将 1 滴 PbS QDs 溶液以 2 000 r/min 的速度旋涂在片上，干燥 15 s；然后将 3 滴 2% 的 EDT 溶液旋涂在片上，接着陆续旋涂 2 滴乙腈和 2 滴甲苯；最后将 2mm × 2mm 正方形 Au 漏极通过掩模板热蒸镀在 PbS QDs 层上。

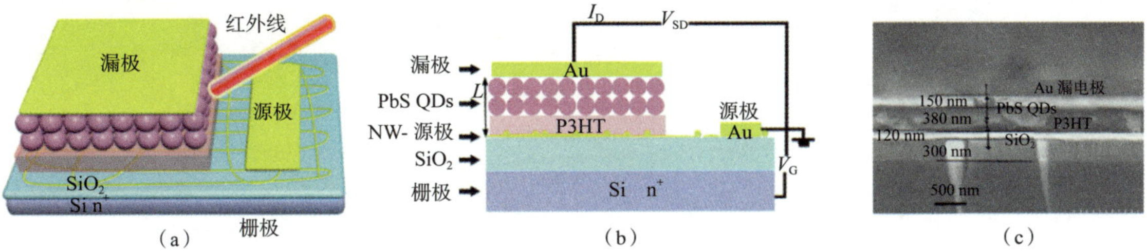

图 4-21　P3HT/PbS QDs 复合异质结垂直场效应光电晶体管

（a）结构；（b）截面；（c）截面SEM图像

从结构上看，基于层异质结的垂直光电晶体管的组成由下至上依次为 N 型 Si 栅极（Si n^+）、SiO_2 栅绝缘层（SiO_2）、Au-Ag 纳米线源极（NW- 源极）、P3HT 层、PbS QDs 层和漏极（Au）。沟道长度是由旋涂的 P3HT/PbS QDs 复合物（异质结）薄膜的厚度精确控制的。图 4-21（c）所示为垂直场效应光电晶体管的截面 SEM 图像，堆叠的层状结构清晰可见，包括 N 型 Si 基底、300 nm 厚的 SiO_2 栅绝缘层、120 nm 厚的 P3HT 层、380 nm 厚的 PbS QDs 层和 150 nm 厚的 Au 漏极。

所制备的 P3HT/PbS QDs 复合异质结垂直场效应光电晶体管可响应的宽带光谱覆盖可见光到红外光波段。活性层的光生电子 - 空穴对在光辐照下生成，并在内建电场作用下分离，在纳秒（ns）时间内迅速转移到漏极。在层异质结处存在内建电场，有利于光生电荷的分离和输运。短沟道能够缩短载流子在沟道中的输运时间。通过将层异质结与短沟道垂直结构相结合，器件具有低功耗、高性能的特点。由于 PbS QDs 吸收可见光和红外光、P3HT 吸收可见光，器件在可见光和红外光波段均有响应。在 808 nm 红外光辐照、−1 V 的电压驱动下，器件的响应度达 9×10^4 A/W，探测率达 2×10^{13} Jones。另外，器件能实现快速光响应，上升和下降时间达毫秒量级。这种层异质结与垂直结构相结合的设计理念，有望在未来大面积集成高性能红外光电探测器研发领域发挥重要作用。

P3HT/PbS QDs 复合异质结垂直场效应光电晶体管的光电特征如图 4-22 和图 4-23 所示。

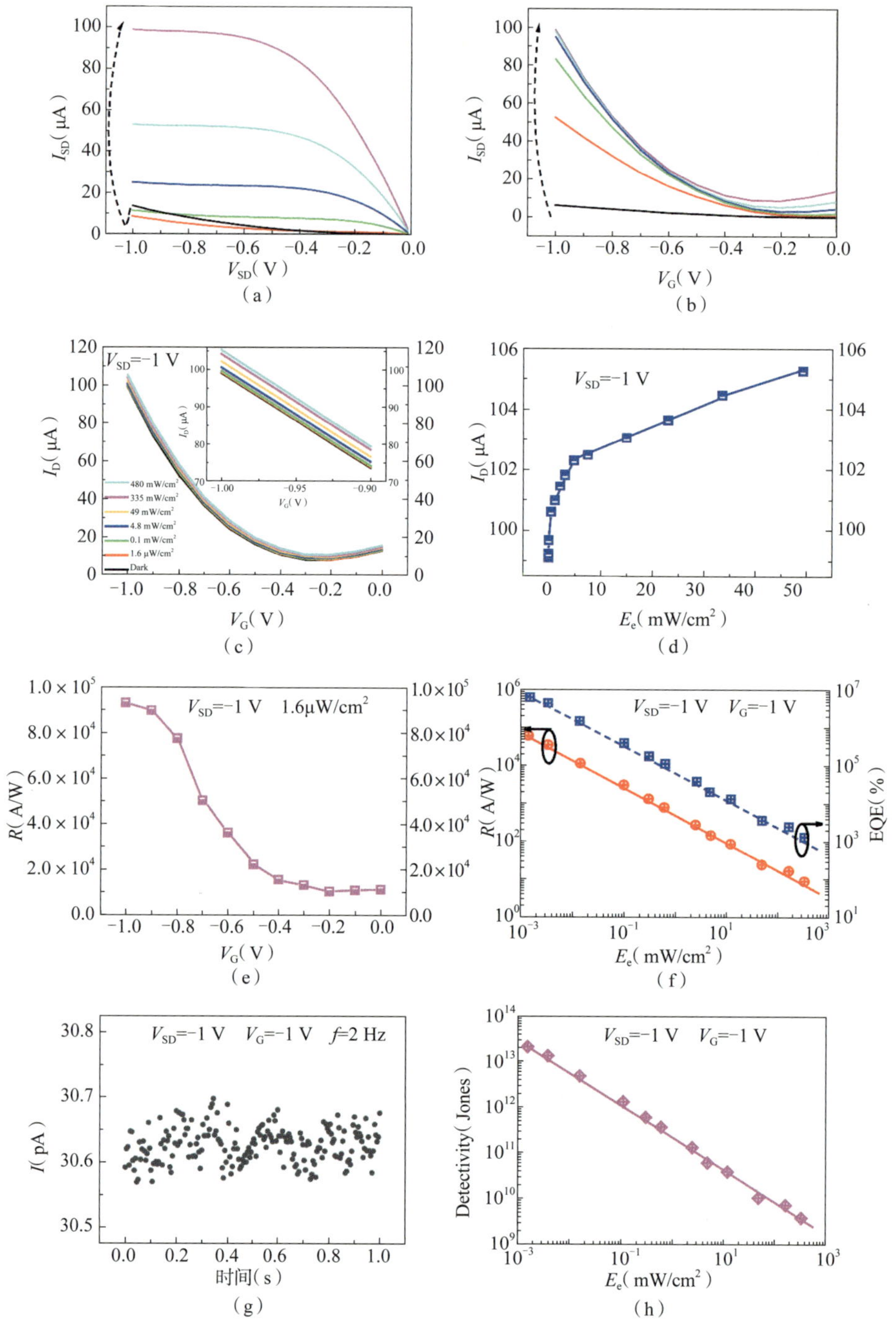

图 4-22 P3HT/PbSe QDs 复合异质结垂直场效应光电晶体管的光电特征

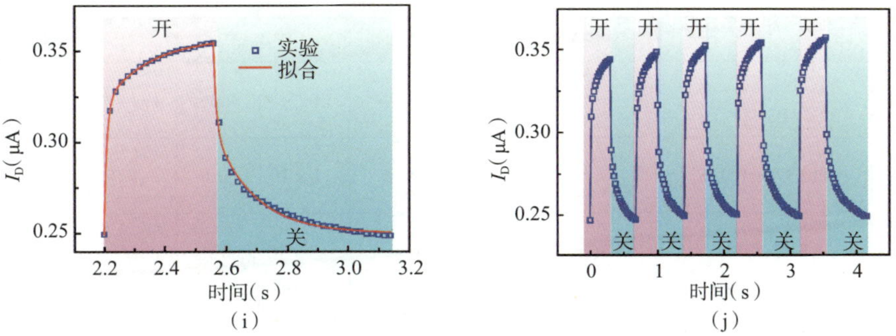

图 4-22　P3HT/PbSe QDs 复合异质结垂直场效应光电晶体管的光电特征(续)

（a）输出特性；（b）转移特性；（c）沟道电流与入射光功率密度的关系（808 nm）；
（d）光电流与入射光功率密度的关系（V_{SD} = −1 V）；（e）响应度与栅电压的关系；
（f）响应度、外量子效率与入射光功率密度的关系；（g）均方根暗噪声电流、响应度随栅电压变化曲线；
（h）探测率与入射光功率密度的关系；（i）瞬时光电流响应（V_{SD} = −0.02 V、V_G = −0.2 V、E_e = 120 mW/cm^2、808 nm）；
（j）重复光电流响应（V_{SD} =−0.02 V、V_G =−0.2 V、E_e = 120 mW/cm^2、808 nm）

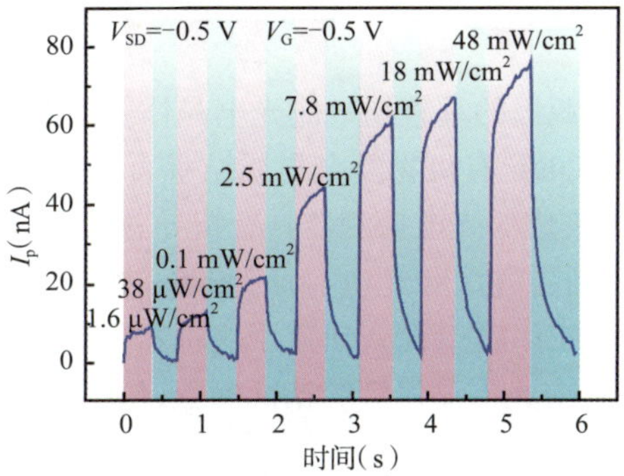

图 4-23　808 nm 红外光器辐照下，不同辐照度下的光电流

(3)复合异质结垂直场效应光电晶体管性能总结

表 4-3 中列出了几种基于 PbS、PbSe 的复合异质结垂直场效应光电探测器的性能。与横向结构的光电晶体管相比，层异质结垂直场效应光电晶体管有很优异的性能，包括高响应度、高探测率、快速光响应、低功耗、灵活的沟道长度调制以及便于芯片上大面积集成。

表 4-3　基于 PbS、PbSe 的复合异质结垂直场效应光电探测器性能

PD 结构	材料	响应时间	响应度 /EQE/ 增益	探测率	测量条件
PC	PbS QDs/MEH-PPV	—	EQE = 0.38 %	—	V_{bi} = −5 V，λ = 975 nm
PC	PbSe QDs/MEH-PPV	—	R = 17.5 × 10^{-5} A/W	—	V_{bi} = −7 V，λ = 1 550 nm
LFEpT with BH	PbS QDs/P3HT	0.23 s/0.21 s	R = 2 × 10^4 A/W	—	V_G = V_{SD} = −100 V，λ = 875 nm
LFEpT With BH	PbSe QDs/P3HT	—	R = 500 A/W	5.02 × 10^{12} Jones	V_G = V_{SD} = −40 V，λ = 980 nm
LFEpT with BH	PbS QDs/P3HT/PCBM	—	R = 0.391 mA/W	1.31 × 10^{11} Jones	V_G = 1 V，V_{SD} = 2 V，λ = 600 nm

续表

PD 结构	材料	响应时间	响应度 /EQE/ 增益	探测率	测量条件
LFEpT with BH	$PbS_{0.4}Se_{0.6}$/ P3HT	—	$R = 55.98$ mA/W	1.02×10^{10} Jones	$V_{DS}=-10V, V_G=3V, \lambda=980$ nm
VFEpT with LH	PbS QDs/P3HT	9 ms/ 9.4 ms	$R=9\times10^4$ A/W	2×10^{13} Jones	$V_G=V_{SD}=-1$ V, $\lambda=808$ nm
LFEpT	PbSe QDs	0.16 s	$R = 20$ mA/W	3×10^9 Jones	5 V $\lambda=1.6$ μm
PC	PbS QDs	—	$R = 103$ A/W	1.8×10^{13} Jones	$\lambda=1.3$ μm
LFEpT	PbS QDs	10 μs	$Gain = 10$	—	$V_{DS}=30$ V, $\lambda=450$ nm
LFEpT	Graphene/PbS QDs	0.8 s	$R = 109$ A/W	—	$\lambda=532$ nm
LFEpT	Graphene/PbS QDs	10~20 ms	$R = 107$ A/W	7×10^{13} Jones	$\lambda=500$ nm
PD	PCBM/$CH_3NH_3PbI_{3-x}Cl_x$/ PEDOT:PSS	180 ns/ 160 ns	$EQE = 80$ %	10^{14} Jones	$\lambda=550$ nm
PD	PbS QDs/$CH_3NH_3PbI_3$	—	$R = 130$ mA/W	5×10^{12} Jones	$\lambda=900$ nm

本小节对基于 Au-Ag 纳米线源极的垂直场效应光电晶体管的溶液法制备方法及其光电特征开展研究,研究了新型基于 QDs 及 QDs/ 有机物复合异质结垂直场效应光电晶体管的光探测性能,该研究对于研究高性能、低成本、易集成的光电探测器具有指导意义。此外,本小节详细介绍了溶液过程材料(包括 QDs 与有机物)的制备方法和光电特征,归类总结了场效应光电晶体管的结构,详细介绍了垂直场效应光电晶体管的加工工艺,深入研究了这种器件的电学操作以及光电传感机理。最后通过光电测量,计算了垂直场效应光电晶体管的特征参数,包括响应度、增益、外量子效率、探测率和响应时间。

4.2.4 胶体 QDs 信息存储器与光电探测器

(1)QDs 水平 FET 金纳米晶浮栅存储器

本研究以双极性 PbSe QDs 为沟道,制备水平场效应晶体管(Field Effect Transistor, FET)金纳米晶浮栅存储器(Au Nanoparticle Floating-Gate Memory, ANFGM)。由于 PbSe QDs 沟道中同时存在空穴和电子,浮栅层在编程 / 擦除电压的作用下既能存储空穴也能存储电子,从而使转移特性曲线发生负向或正向偏移,存储窗口随之增大。

Ⅰ. 存储器的构建与表征

图 4-24(a)所示为 PbSe QDs 水平 FET 金纳米晶浮栅存储器的结构。该器件为底栅顶接触 FET 结构,由下而上依次为高掺杂 N 型硅(Si gate)、二氧化硅绝缘层(SiO_2)、金纳米晶浮栅层(Au NP)/ 聚甲基丙烯酸甲酯(Polymethyl Methacrylate, PMMA)隧穿层、Au 源极(Au Source)和金漏极(Au Drain)、PbSe QDs 沟道层(PbSe QDs)。

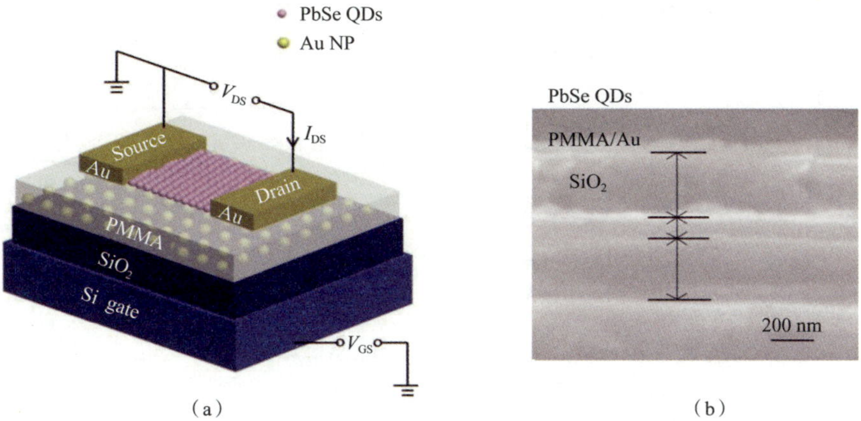

（a）　　　　（b）

图 4-24　PbSe QDs 水平 FET 金纳米晶浮栅存储器

（a）结构示意；（b）截面SEM图像

PbSe QDs 水平 FET 金纳米晶浮栅存储器的制备过程如下：

1）以高掺杂 N 型硅作为栅极，上面覆盖的 SiO_2 层为控制栅绝缘层，Si/SiO_2 基底需要依次在丙酮、去离子水和乙醇中超声波清洗 10 min，并在氮气中晾干；

2）在 Si/SiO_2 基底上制备金纳米晶浮栅层；

3）将 PMMA 溶液旋涂在金纳米晶浮栅层上，制成隧穿层；

4）利用掩模板热蒸镀金方法形成图案化的源极和漏极，沟道长度为 0.1 mm，沟道宽度为 2.5 mm；

5）通过溶液旋涂法制备 PbSe QDs 沟道层；

6）存储器制备完成后，在真空中干燥 12 h，以去掉残余的有机溶剂。

SEM 图像可表征样品的表面形貌、尺寸及薄膜的连续性等。图 4-24（b）所示为 PbSe QDs 水平 FET 金纳米晶浮栅存储器的截面 SEM 图像。可以看出，该器件具有明显的层状结构，由下而上依次为硅基底、二氧化硅绝缘层（SiO_2）、金纳米晶 /PMMA 层（PMMA/Au）和 PbSe QDs 沟道层。

Ⅱ. 存储器的光电特征

测量 PbSe QDs 水平 FET 金纳米晶浮栅存储器的光电特征，测量电路如图 4-24（a）所示。测试时，将 Keithley 2400 型数字源表接在漏极和源极之间，提供漏源电压（V_{DS}）；源极接地；将 HP6030A 型稳压电源接在栅极和源极之间，测量栅源电压（V_{GS}）；利用 Keithley 2400 数字源表测量从漏极流入沟道进入源极的电流，即漏源电流（I_{DS}）。该器件的电特性测量是在黑暗的室温环境中进行的。为了验证 PbSe QDs 水平 FET 金纳米晶浮栅存储器的电介质层的电荷存储能力，制作了与存储器结构相同，但没有浮栅层的 PbSe QDs 水平 FET。在该 FET 的结构中，从下至上依次为 N 型硅栅极、二氧化硅层、PMMA 层、Au 源极和漏极、PbSe QDs 沟道层。图 4-25 所示为无金纳米晶浮栅层的 PbSe QDs 水平 FET 存储器（FET）和有金纳米晶浮栅层存储器（ANFGM）的输出特性曲线。从图中可以看出，两种存储器的 I_{DS} 都随着 V_{DS} 和 V_{GS} 的增加而增大，具有明显的线性区和饱和区，表现出 N 型 FET 的特性；并且，当 V_{GS} 较小时，I_{DS} 随 V_{DS} 的增加而显著上升，说明两种存储器都具有双极性。ANFGM 的存储窗口的大小取决于浮栅层存储的电荷量，而后者又依赖于编程电压（V_P，负值）和擦除电压（V_E，正值），随着编程 / 擦除电压的增大而增加。因此，存储窗口和电荷存储密度都与编程 / 擦除电压正相关。为了探究存储窗口和电荷存储密度随编程 / 擦除电压的变化规律，测试了存储器在不同编程 / 擦除电压下的存储窗口和电荷存储密度。此处，存储窗口用 ΔV_{th} 表征，其为场效应晶体管开始导通时漏极电压与源极电压的差值。存储器的数据保持能力是衡量存储器可靠性的重要参数,可以用存储器存储信息的持续时间来表征。

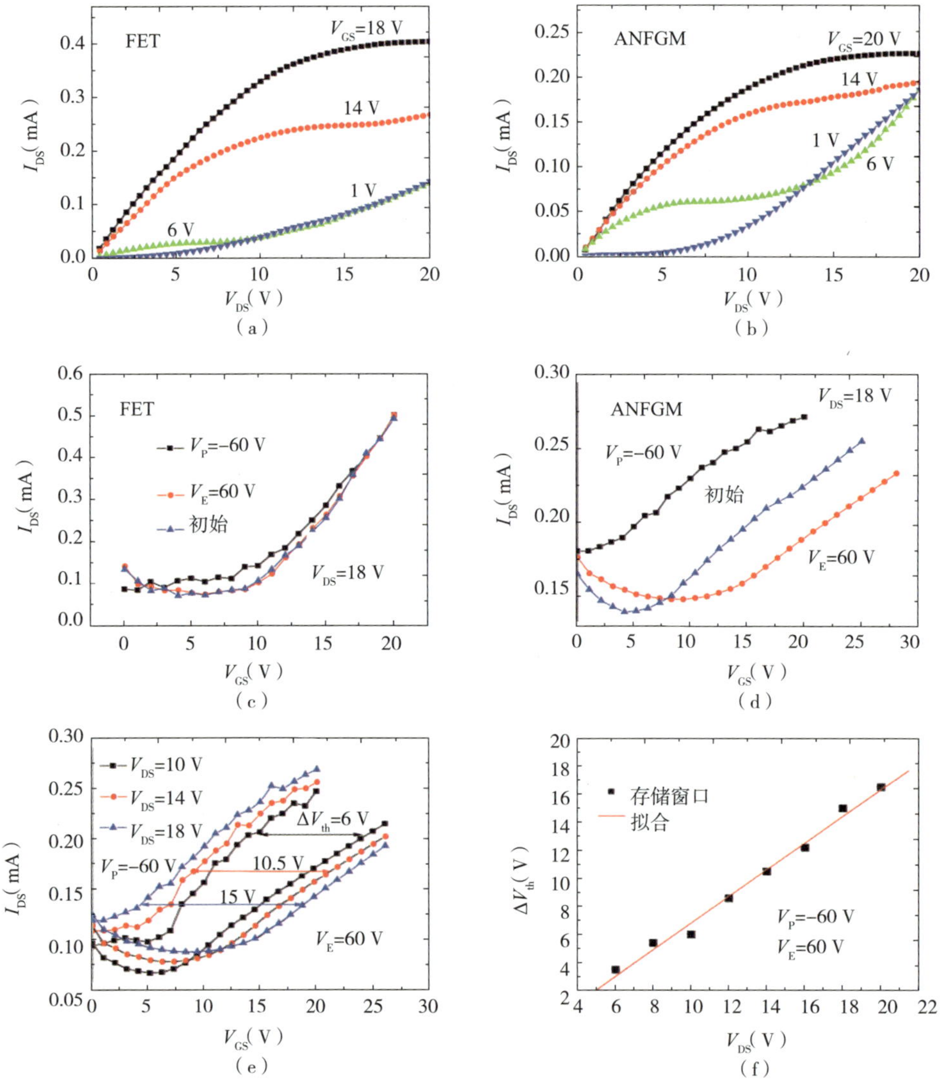

图 4-25　无、有金纳米晶浮栅层的 PbSe QDs 水平 FET 存储器的电特性

(a)FET输出特性;(b)ANFGM输出特性;(c)FET转移特性;(d)ANFGM转移特性;(e)ANFGM在不同V_{DS}下的转移特性;(f)ANFGM的存储窗口随V_{DS}的变化

PbSe QDs 水平 FET 金纳米晶浮栅存储器的存储机制可通过能带示意图进行阐释。图 4-26 所示为该器件在不同极性栅电压下的能带结构示意图。金纳米晶的功函数为 5.1 eV,PbSe QDs 的最低未占据分子轨道(Lowest Unoccupied Molecular Orbital,LUMO)能级和最高已占据分子轨道(Highest Occupied Molecular Orbital,HOMO)能级分别为 4.7 eV 和 5.3 eV,这与 QDs 的平均直径 4 nm 相对应。由图 4-26 可以看出,空穴从 PbSe QDs 到金纳米晶需克服 0.2 eV 的势垒差,而电子需克服 0.4 eV 的势垒差,因此空穴比电子更容易从 PbSe QDs 隧穿通过 PMMA 到达金纳米晶浮栅层,也就是说空穴比电子更容易被金纳米晶所捕获。图 4-26(a)所示为负栅电压条件下存储器的电荷存储过程。当给存储器的栅极施加一个负编程电压时，PbSe QDs 的能带向上弯曲，空穴从 PbSe QDs 的 HOMO 隧穿通过 PMMA 到达金纳米晶浮栅层。这些注入浮栅层的空穴会产生一个内建电场，使存储器的转移特性曲线发生负向偏移。由于金纳米晶和 PMMA 的 HOMO 之间存在势垒，空穴被束缚在势阱中，因此即使在去掉编程电压之后，空穴依然可以被稳定地保存在金纳米晶浮栅层中，从而实现非易失性存储。反之，当给存储器的栅极施加一个正擦除电压时，PbSe QDs 的能带向下弯曲，存储的空穴会从浮栅层回到 PbSe QDs 沟道层，而更多的电子会从 PbSe QDs 沟道层注入浮栅层，如图 4-32（b）所示。注入浮栅层的电子一部分与剩余的空穴复合，另一部分就会被金纳米晶捕获并保持在浮栅层中，从而产生一个内建电场，使转移特性曲线相对初始时的转移特性曲线进一步发生正向偏移。由于金纳米晶与 PMMA 的 LUMO 之间存在势垒，电子会被限制在浮栅层中，从而实现非易失性存储。由于空穴和电子都可以存储到金纳米晶浮栅层中，因此以双极性 PbSe QDs 为沟道的金纳米晶浮栅存储器能够实现在编程 / 擦除电压下，阈值电压分别发生负向和正向偏移，从而扩大存储窗口。

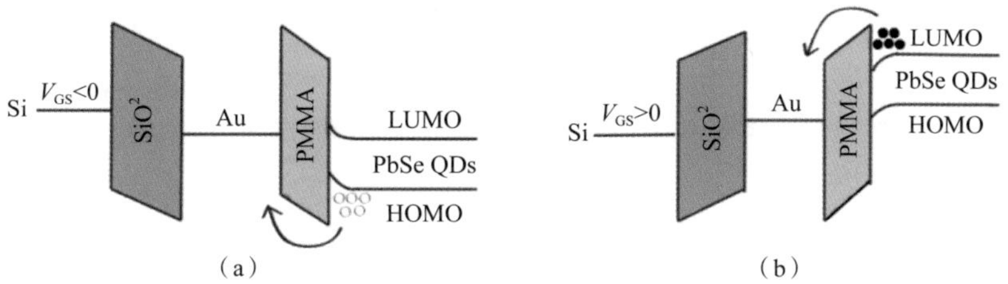

图 4-26　PbSe QDs 水平 FET 金纳米晶浮栅存储器在编程和擦除时的能带结构

（a）编程；（b）擦除

（2）QDs 水平 FET 氧化石墨烯浮栅存储器

采用简单的溶液法制备以 PbSe QDs 为沟道的水平 FET 氧化石墨烯浮栅存储器[15]（Graphene Oxide Floating-Gate Memory，GOFGM）。PbSe QDs 沟道具有双极性，使氧化石墨烯浮栅层既能捕获空穴也能捕获电子，从而使器件在低编程 / 擦除电压下获得大的存储窗口。在 ±25 V 的编程 / 擦除电压下，该器件获得了 6 V 的存储窗口和 3.8×10^{12} cm^{-2} 的电荷存储密度。此外，该器件还具有良好的数据保持能力，能够实现可靠的非易失性存储。该器件的沟道层、隧穿层和浮栅层都是在室温条件下采用溶液旋涂法制备，制作工艺简单、成本低。该器件具有高性能、低功耗、低成本、可大面积制作、可与互补集成电路兼容等优点，具有潜在的应用价值。

Ⅰ. 存储器的构建与表征

图 4-27 所示为 PbSe QDs 水平 FET 氧化石墨烯浮栅存储器的结构和测试电路。在该器件中，由下至上依次为高掺杂 N 型硅（Si gate）、二氧化硅绝缘层（SiO_2）、氧化石墨烯浮栅层、PMMA 隧穿层、Au 源极和漏极、PbSe QDs 沟道层。

QDs 水平 FET 氧化石墨烯浮栅存储器的制备过程如下。

1）以高掺杂 N 型硅作为背栅，300 nm 厚的二氧化硅作为控制栅绝缘层。将 Si/SiO_2 基底分别在丙酮、去离子水和乙醇中超声波清洗 10 min，之后在氮气中吹干。

2）在 Si/SiO_2 基底上旋涂一层均匀分布的氧化石墨烯浮栅层。

3）将 1 滴 7 mg/mL 的 PMMA 的乙酸乙酯溶液以 6 000 r/min 的转速旋涂在浮栅层上，之后在 60 ℃的温度下退火 2 h，制成约 30 nm 厚的 PMMA 隧穿层。源极和漏极采用热蒸镀方法制备，沟道长度（L）和宽度（W）分别为 0.1 mm 和 2.5 mm。

4）采用层层叠加的方法旋涂 3 层 PbSe QDs 形成沟道层。PbSe QDs 的制备采用湿化学方法，PbSe QDs 的形貌可用透射电子显微镜（Transmission Electron Microscope，TEM）表征，PbSe QDs 的平均尺寸约为 4 nm，吸收峰在 1 362 nm 处。

5）器件制备完成后，需放置在真空干燥箱中干燥 12 h，以去除多余的水分和溶剂。

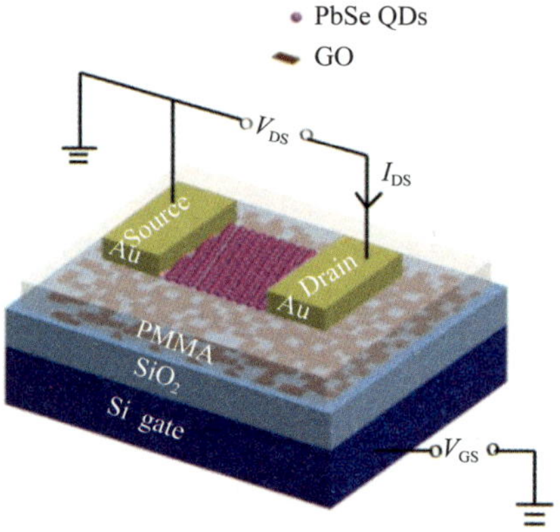

图 4-27 PbSe QDs 水平 FET 氧化石墨烯浮栅存储器的结构和测试电路

Ⅱ. 存储器的电特性

QDs 水平 FET 氧化石墨烯浮栅存储器的测试电路如图 4-27 所示。测试时，将 Keithley 2400 型数字源表接在漏极和源极之间，提供漏源电压（V_{DS}）；源极接地；将 HP6030A 型稳压电源接在栅极和源极之间，测量栅源电压（V_{GS}）；利用 Keithley 2400 数字源表测量从漏极流向源极的电流，即漏源电流（I_{DS}）。

图 4-28 所示为没有浮栅层的 PbSe QDs 水平 FET 存储器（FET）和 QDs 水平 FET 氧化石墨烯浮栅存储器（GOFGM）的电特性。其中，FET 采用与 GOFGM 相同的材料、参数和制作工艺，只是没有浮栅层。通过比较两者的电特性，分析 GOFGM 的二氧化硅 /PMMA 电介质系统的电荷存储情况。如图 4-28 所示，在一定情况下，两种存储器的 I_{DS} 都随 V_{DS} 的升高而增大，具有场效应晶体管的特性。并且，在低 V_{GS} 条件下，两种器件的 I_{DS} 均随 V_{DS} 的升高而迅速增大，表现出双极性场效应晶体管的特性，表明空穴和电子都能在沟道中传输，增加的非饱和电流归因于从漏极注入的电子。由于 GOFGM 中的氧化石墨烯浮栅层捕获的电荷对栅极电场具有屏蔽作用，因此在相同电压下存储器的 I_{DS} 比 FET 的 I_{DS} 要小。浮栅存储器的存储窗口的大小取决于浮栅层的存储电荷量，因此存储窗口与电荷存储密度存在正相关关系 [16]。而浮栅层的存储电荷量依赖于编程 / 擦除电压的大小，随编程 / 擦除电压的升高而增加。为了探究存储窗口和编程 / 擦除电压的变化规律，测试了器件在不同编程 / 擦除电压下的存储窗口和电荷存储密度。此处，存储窗口用 ΔV_{on} 表征，其为场效应晶体管漏极电压与源极电压（$V_{DS}=0$）的差值。

如图 4-29 所示，首先给 GOFGM 分别施加 5 s 的 ±25 V 的编程 / 擦除电压，然后在一系列分立的时间点 1、10、10^2、10^3 和 10^4 s 记录编程 / 擦除状态下的 V_{on}。从图 4-29 中可以看出，ΔV_{on} 在初始时为 6 V（−3 V~+3 V），随着时间的推移，ΔV_{on} 逐渐减小，表明存储窗口逐渐减小。到 10^4 s 时间点时，ΔV_{on} 能够保持在初始值的 80.8% 左右，这与先前报道的低操作电压下有机 FET 浮栅存储器的性能相当。

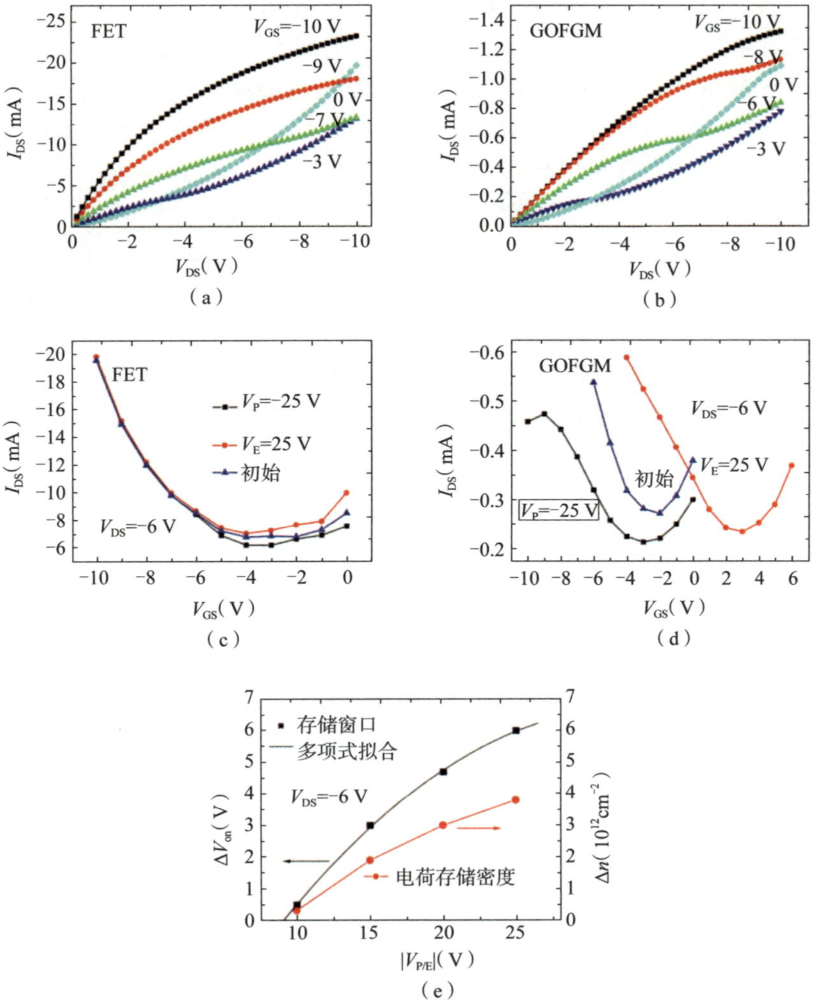

图 4-28 无、有氧化石墨烯浮栅层的 PbSe QDs 水平 FET 存储器的电特性

(a) FET输出特性；(b) GOFGM输出特性；(c) FET转移特性；(d) GOFGM转移特性；
(e) GOFGM的存储窗口、电荷储存密度随V_P或V_E的变化

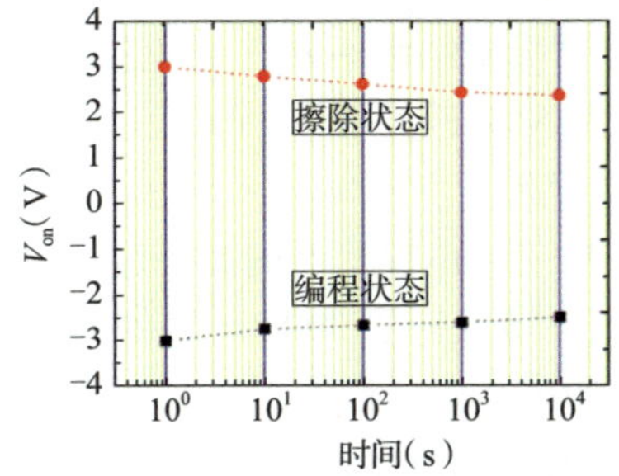

图 4-29 PbSe QDs 水平 FET 氧化石墨烯浮栅存储器的存储窗口随时间的变化

Ⅲ. 存储器的存储机制

PbSe QDs 水平 FET 氧化石墨烯浮栅存储器的存储机制可用其在编程 / 擦除状态下的能带结构图进行分析。当给器件施加负编程电压时，PbSe QDs 的能带向上弯曲，空穴从 PbSe QDs 的最高已占据轨道（HOMO）隧穿通过 PMMA 隧穿层，注入氧化石墨烯浮栅层，从而使转移特性曲线产生明显的负向偏移，如图 4-30（a）所示。当撤除编程电压时，由于氧化石墨烯浮栅层和 PMMA 隧穿层之间存在势垒，空穴仍然被束缚在氧化石墨烯浮栅层中，从而实现非易失性存储。与此相似，当给器件施加正擦除电压时，PbSe QDs 的能带向下弯曲，束缚在氧化石墨烯浮栅层中的空穴返回 PbSe QDs 沟道，更多电子则注入氧化石墨烯浮栅层，如图 4-30（b）所示。一部分注入浮栅层的电子与剩余的空穴复合，另一部分会被氧化石墨烯捕获并保持在浮栅层中，从而产生一个内建电场，使转移特性曲线发生正向偏移[17]。由于 PMMA 隧穿层和氧化石墨烯浮栅层之间存在势垒，这些电子在擦除电压撤除后也会被限制在氧化石墨烯浮栅层中。可见，由于氧化石墨烯浮栅层既能捕获电子也能捕获空穴，存储器能够在编程 / 擦除状态下实现阈值电压的双向偏移，从而扩大存储窗口。

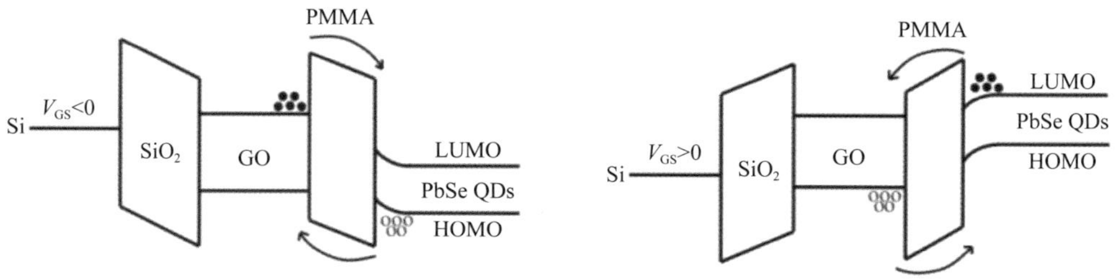

图 4-30　PbSe QDs 水平 FET 氧化石墨烯浮栅存储器在编程和擦除时的能带结构

（a）编程；（b）擦除

（3）石墨烯 /QDs 体异质结水平 FET 光电探测器

体异质结是将两种或两种以上不同的材料混合在一起构成的沟道层。可将石墨烯 /PbS QDs 混合溶液利用层层旋涂的方法制成体异质结沟道层，制备石墨烯 /PbS QDs 体异质结水平 FET 器件，这种方法工艺简单、成本低。在光照条件下，PbS QDs 产生大量光生载流子，在内建电场的作用下，这些光生载流子会转移到高迁移率的石墨烯中进行快速传输，因此器件表现出良好的光响应特性，可作为光电探测器。该器件在 166 mW/cm^2 的入射光功率密度下，响应度、外量子效率和探测率分别为 6 A/W、961% 和 3.3×10^8 Jones；此外，其还表现出快速光响应特性，响应时间为 1.4 ms，回复时间为 1.34 ms。这项研究提供了一个简单的方法制造具有快速光响应性能的近红外光电探测器。

Ⅰ. 光电探测器的构建与表征

图 4-31 所示为石墨烯 /PbS QDs 体异质结水平 FET 光电探测器的结构和测试电路。可以看出，在该器件的结构中，由下至上依次为 N 型硅栅极（Si gate）、二氧化硅绝缘层（SiO_2）、源极 / 漏极（Source/Drain）、石墨烯 /PbS QDs 沟道层。

石墨烯 /PbS QDs 体异质结水平 FET 光电探测器的制备过程如下。

1）以高掺杂 N 型硅作为背栅，上面覆盖一层 300 nm 厚的 SiO_2 绝缘层作为栅电介质层。将 Si/SiO_2 基底依次在丙酮、去离子水和乙醇中超声波清洗 10 min，并在氮气中吹干。

2）采用热蒸镀方法通过掩模板在基底上蒸镀一层图案化的源 / 漏 Au 电极，沟道长度 L = 0.1 mm，沟道宽度 W = 2.5 mm。

3）将 3 层石墨烯 /PbS QDs 薄膜沉积在器件上作为沟道层。

4）将制备好的器件放入真空干燥箱中干燥 12 h，去除残余的有机溶剂。

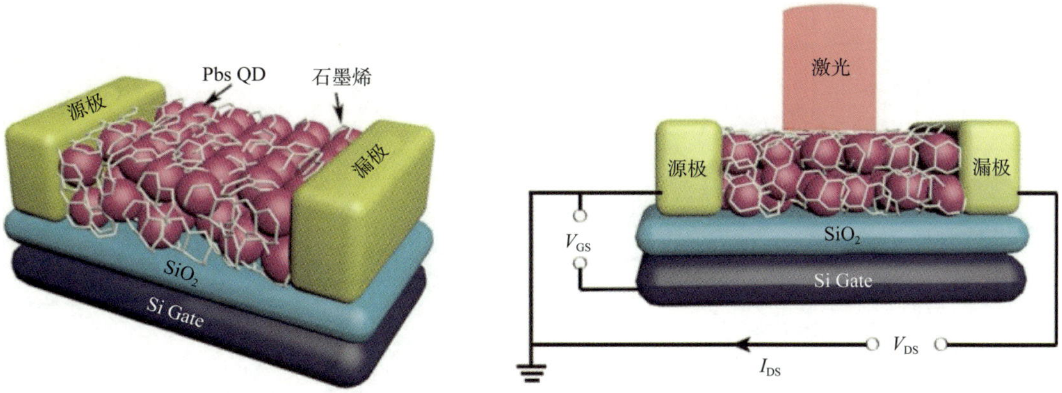

(a) (b)

图 4-31 石墨烯 /PbS QDs 体异质结水平 FET 光电探测器

(a) 结构；(b) 测试电路

Ⅱ. 器件的光电特征

石墨烯 /PbS QDs 体异质结水平 FET 光电探测器的测试电路如图 4-31(b)所示。测试时，将 Keithley 2400 型数字源表接在漏极和源极之间提供漏源电压(V_{DS})；源极接地；将 HP6030A 型稳压电源接在栅极和源极之间，提供栅源电压(V_{GS})；利用 Keithley 2400 数字源表测量从漏极流向源极的电流，即漏源电流(I_{DS})；利用 808 nm 激光器作为入射光源，测试器件的光响应特性。

图 4-32 所示为该器件的光电特征；图 4-33 所示为其在入射光功率密度为 492 mW/cm^2 的 808 nm 激光周期性开 / 关辐照下的光响应特性。从图中可以看出，该器件在周期性开 / 关的激光辐照下，表现出了稳定的、可重复的光电流响应。光电流随着激光的开启而迅速上升，并达饱和；随着激光的关闭而迅速下降，直至衰减到初始值。这是因为在激光开启时，光电探测器中的光生载流子迅速增多，光电流随之增大，受 PbS QDs 数量的限制，光电流饱和；而在激光关闭时，其内部的光生载流子因与极性相反的载流子发生复合而减少，光电流随之降低，在没有新的光生载流子补充的情况下，光电流值会回复到初始值。器件的回复时间为 1.34 ms，该参数反映了光生载流子的复合过程。该器件的响应时间和回复时间都比已报道的石墨烯 /QDs 层异质结水平 FET 光电探测器短。这是因为该器件采用石墨烯 /QDs 体异质结作为沟道，掺杂在 QDs 中的石墨烯充当了 QDs 间的内部通道，使光生载流子能够在沟道中快速传输，缩短了光响应时间，从而实现了快速光响应。因此，该器件能够对快速切换的光信号进行有效的响应。

石墨烯 /PbS QDs 体异质结水平 FET 光电探测器的光响应机制可用其在光照下的电荷传输机制和能带结构理论来解释。在激光辐照下，PbS QDs 吸收光子而产生大量的光生电子 - 空穴对。由于石墨烯与 PbS QDs 之间的功函数不匹配，在两者的交界处会产生一个内建电场，这个内建电场会使 PbS QDs 的能带在交界处发生弯曲，如图 4-34 所示。在内建电场的作用下，光生电子 - 空穴对分离成自由的光生电子和光生空穴，光生电子从 PbS QDs 转移到附近的石墨烯中。由于电子在石墨烯中的迁移率高，光生电子能够在石墨烯中快速传输，使光电流迅速增大。当激光关闭时，光生电子会与沟道中的空穴发生复合，使光生载流子的数量迅速减少，光电流随之快速减小。

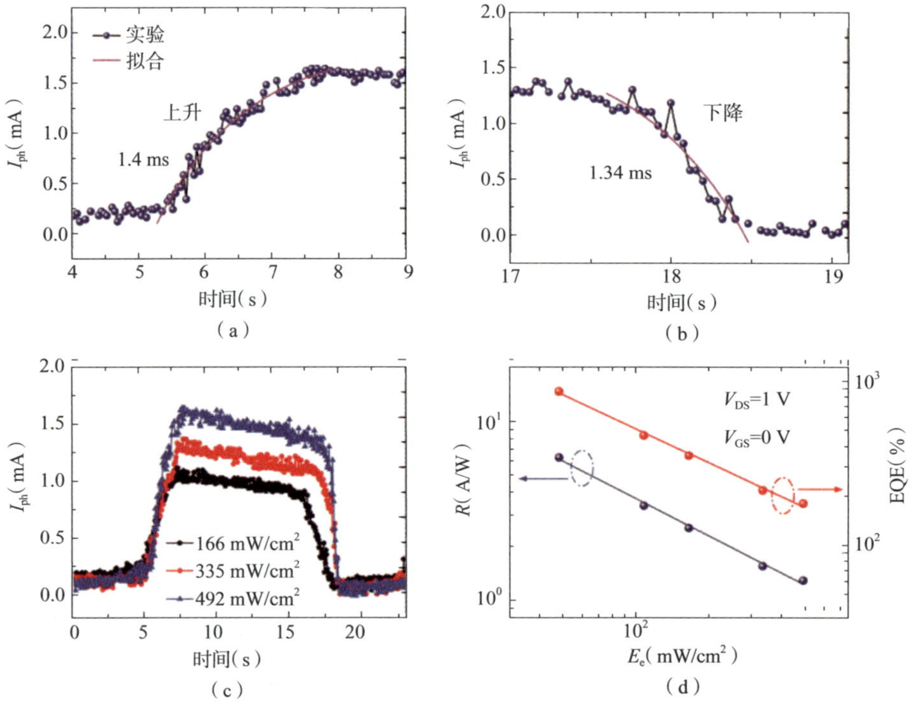

图 4-32 石墨烯/PbS QDs 体异质结水平 FET 光电探测器的光电特征

(a)响应时间;(b)回复时间;(c)不同光功率密度下的光电流;(d)响应度、外量子效率与光功率密度的关系

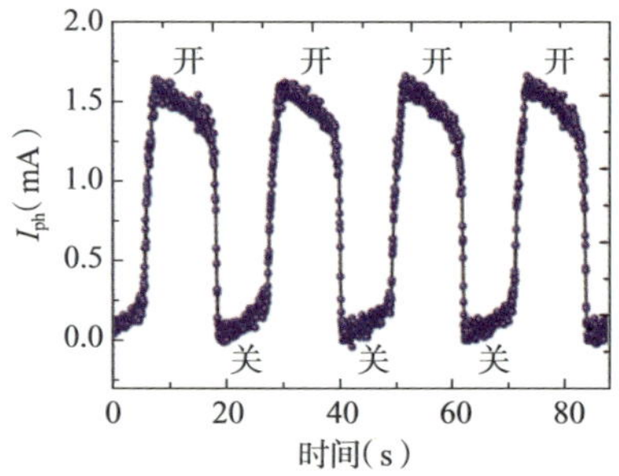

图 4-33 石墨烯/PbS QDs 体异质结水平 FET 光电探测器的周期性光开/关响应特性

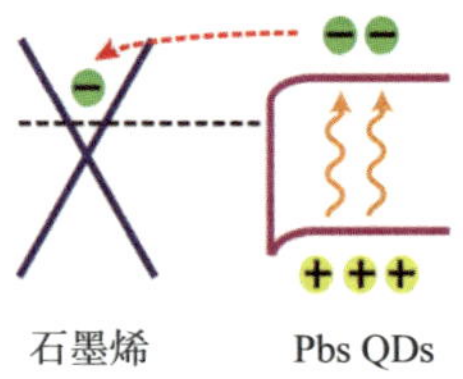

图 4-34 石墨烯/PbS QDs 体异质结水平 FET 光电探测器在光照下的能带结构示意

(4)小结

Ⅲ-Ⅳ族 PbS 和 PbSe QDs 具有易于合成、可溶液加工、成本低廉、双极性电荷传输、强近红外光吸收能力等优点,在电子和光电子领域具有重要的应用前景。本小节主要介绍了 PbSe QDs 体异质

结水平 FET 纳米浮栅存储器，研究了其存储性能和存储机理；此外，介绍了 PbS QDs 及其复合材料体异质结光电探测器，研究了其光电性能和响应机制。

本小节的主要研究成果包括以下几方面。

1）利用双极性 PbSe QDs 作为沟道，制备了水平 FET 金纳米晶浮栅存储器。由于 PbSe QDs 具有双极性，金纳米晶浮栅层在编程 / 擦除电压的作用下既能捕获空穴也能捕获电子，使阈值电压相对初始值产生负向或正向偏移，扩大了存储窗口。存储器的存储窗口与编程 / 擦除电压和漏源电压相关，与编程 / 擦除电压呈三次线性函数相关，与漏源电压呈一次线性函数相关。在 ± 60 V 的编程 / 擦除电压下，存储器的存储窗口可达 15 V，电荷存储密度约为 9.56×10^{11} cm^{-2}；1×10^5 s 后的存储窗口可达初始值的 67%。此外，水平 FET 金纳米晶浮栅存储器的金纳米晶浮栅层、QDs 沟道层和 PMMA 隧穿层都采用简单的低温溶液法制备，使整个器件具有制作工艺简单、可大面积加工、存储性能良好及与互补集成电路兼容等优点。

2）利用 PbSe QDs 作为沟道层、氧化石墨烯作为浮栅层，制备了水平 FET 氧化石墨烯纳米浮栅存储器。由于 PbSe QDs 沟道层具有双极性，氧化石墨烯浮栅层在编程 / 擦除电压的作用下既能捕获空穴也能捕获电子，使存储器在低操作电压下获得了良好的存储性能。在 ± 25 V 的编程 / 擦除电压下，存储器的存储窗口可达 6V，电荷存储密度为 3.8×10^{12} cm^{-2}，1×10^4 s 后的存储窗口可达初始值的 80.8%。水平 FET 氧化石墨烯纳米浮栅存储器具有加工工艺简单、成本低、可大面积加工和性能高的特点，极具市场应用潜力。

3）采用简单的溶液法制备了石墨烯 /PbS QDs 体异质结水平 FET 近红外光电探测器[18]。该器件结合了 PbS QDs 的强近红外光吸收能力和石墨烯的高电子迁移率。在光辐照下，PbS QDs 能产生大量光生载流子，这些光生载流子会转移到石墨烯中并快速传输。该器件在 166 mW/cm^2 的入射光功率密度下，响应度、外量子效率和探测率分别为 6 A/W、961% 和 3.3×10^8 Jones，且表现出快速光响应，响应时间为 1.4 ms，回复时间为 1.34 ms。

4）将 PbS QDs 作为沟道、单层石墨烯作为源极，制备了超短沟道垂直 FET 光电探测器。栅极电场能够有效调节石墨烯电极的功函数，从而调控石墨烯电极与 QDs 之间的肖特基势垒高度，进而控制沟道电流的大小。由于具有超短沟道，该器件在低操作电压下获得了较高的沟道电流和载流子迁移率，并且表现出良好的光响应特性。在 36 mW/cm^2 的入射光功率密度下，器件的响应度、外量子效率和探测率分别可达 4.2×10^2 A/W，6.4×10^4% 和 2.1×10^9 Jones，且表现出稳定的、可重复的快速光响应，响应时间在 N 型和 P 型工作状态下分别为 12 ms 和 10.6 ms。

4.2.5　基于红外胶体 QDs 的异质结光电探测器

基于传统半导体材料（如硅、锗、铟镓砷等）的光电探测器成本高昂，仅可以用于制作小面积的平面芯片。基于液相合成等非传统方法，已出现胶体 QDs 半导体材料的低成本制备方法，为发展高性能及柔性电子器件提供了可能。通过构建异质结，可以实现将两种或两种以上具有不同能级的材料整合在一个复合材料系统中。为研发基于红外胶体 QDs 的宽光谱探测、超快响应、高探测灵敏度的光电场效应晶体管光电探测器，本小节工作采用红外胶体 QDs（包括 PbS QDs、PbSe QDs 和 $CuInSe_2$ QDs），将其与新型钙钛矿薄膜材料、新型二维材料及新型钙钛矿 QDs 材料进行结合，构建复合半导体异质结，研究工作涉及材料、器件结构及光敏物理机制 3 个方面。

（1）异质结宽光谱光电场效应晶体管

光电场效应晶体管的性能指标包括探测波长范围、响应时间和响应度等，本研究结合红外胶体

QDs 材料的优势，通过构建异质结，构建钙钛矿（$CH_3NH_3PbI_3$）薄膜材料和 PbSe QDs 复合异质结宽光谱光电场效应晶体管。该器件表现出双极性的工作特征和较宽的光谱探测范围（300~1 500 nm）。此外，研究了基于二维材料二硫化钨（WS_2）/PbS QDs 复合异质结快响应光电场效应晶体管。该器件表现出快响应特性，在异质结内建电场作用下响应时间约为 200 μs。进而，利用 QDs 的量子限域效应所具有的强光吸收特性，研发了基于 $CsPbBr_3$/PbS 复合异质结高探测灵敏度型光电场效应晶体管探测器。该器件的响应度高达 4.5×10^5 A/W，比基于单材料体系构建的探测器对应的响应度高 3 个量级。

异质结是由两种不同半导体材料构建而成的，两种半导体材料的费米能级存在差异。异质结有 2 个重要的物理特征：内建电场和接触电势差。由于 N 型半导体的费米能级（E_{f2}）的位置高于 P 型半导体的费米能级（E_{f1}）位置，电子将从费米能级高的一侧（N 型半导体）流向费米能级低的一侧（P 型半导体）；而空穴的运动方向与电子恰好相反，即从 P 型半导体流向 N 型半导体，直到电子和空穴的浓度均达动态平衡，形成统一的费米能级。两种半导体材料接触后，由于内建电场而产生的接触电势差可以通过求解异质结界面两侧势垒区的泊松方程得出。

图 4-35 所示为 $CH_3NH_3PbI_3$/PbSe QDs 复合异质结场效应晶体管的光电特征曲线。在辐照度为 845 mW/cm^2 的 808 nm 光辐照和不同栅电压条件下，器件的 I-V 特性如图 4-35（a）所示。若 V_{GS} 和 V_{DS} 均为负，该器件工作在空穴增强型模式下；而若 V_{GS} 和 V_{DS} 均为正，其工作在电子增强型模式下。特别地，对于小电压（关闭状态），源漏电流 I_{DS} 随着源漏电压 V_{DS} 的升高而迅速增强，表现出肖特基接触特性。然而，对于大电压（开启状态），与传统场效应晶体管的线性区—饱和区的 I-V 特性相吻合，该器件表现出单极性特性。与无光条件相比，在有光辐照条件下，器件的源漏电流绝对值 $|I_{DS}|$ 增大。可以这样理解，在光辐照条件下，光诱导载流子产生，因此源漏电流随电子浓度和空穴浓度的升高而增大，表明热电发射电流和隧穿电流起到主要作用。$CH_3NH_3PbI_3$/PbSe QDs 复合异质结场效应晶体管的转移特性如图 4-35（b）所示，可以看出转移特性曲线为 V 形，器件显示出典型的双极性特点，表明其不仅可以工作在电子传输区（N 型沟道），而且可以工作在空穴传输区（P 型沟道）。这种工作机制可以解释为电子势能存在差异，电子可以由 $CH_3NH_3PbI_3$ 材料层传输到 PbSe QDs 层，表明在接触面上存在内建电场，并且电场方向指向 PbSe。在内建电场的协助下，空穴由异质结中产生的光激子分离产生，并且驻留在 $CH_3NH_3PbI_3$ 层中。

如图 4-35（c）所示，该器件表现出很好的稳定性和可重复性。对于相同的辐照度，用 405、532 和 808 nm 辐照激发出的光电流分别约为 5、2.3 和 1 μA。这表明光电流的产生需要满足最基本的条件，即能量必须高于接受光辐照的材料的禁带宽度，才能将材料中的电子由价带顶（Valance Band Maximum，VBM）激发到导带底（Conduction Band Minimum，CBM），进而在源漏电压的作用下产生光电流。因此，更多数量的电子和光激子将会被更高能量（更短波长）的入射光激发产生更强的光电流。这就意味着电子需要跨过肖特基势垒才能传输，在具有更高能量的入射光作用下，肖特基势垒会在内建电场作用下减弱，导致自由载流子浓度增大，使更多载流子能够传输或隧穿过势垒，从而使光电流增大。光电流的上升和下降时间分别约为 2.5 和 3 ms。

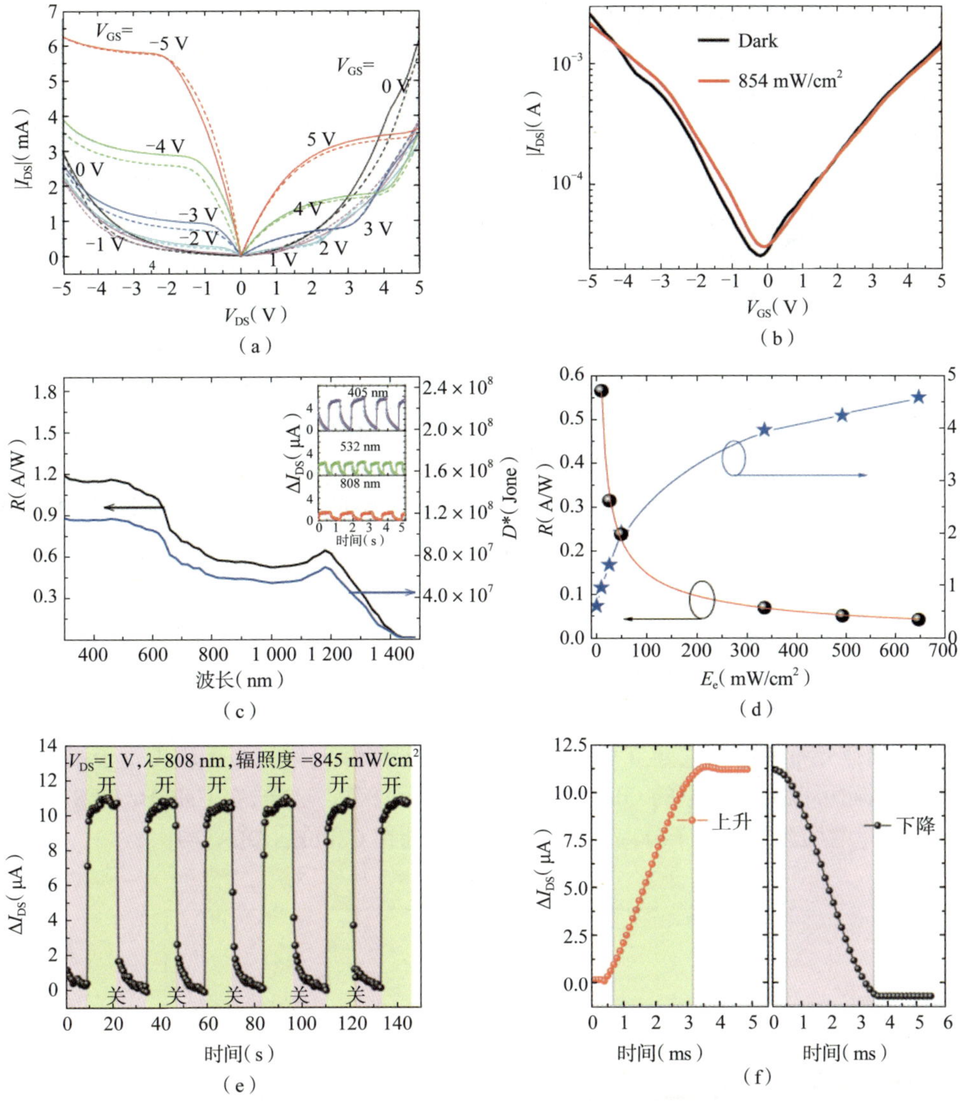

图 4-35　$CH_3NH_3PbI_3$/PbSe QDs 复合异质结场效应晶体管的光电特征

（a）不同栅电压下的 *I-V* 特性；（b）有无光辐照下的 *I-V* 特性；（c）响应度、探测率与波长的关系；（d）响应度、光电流与辐照度的关系；（e）重复光电流响应；（f）瞬时光电流响应

由纯 $CH_3NH_3PbI_3$ 材料、纯 PbSe QDs 和两者混合物制备的场效应晶体管的光电性能见表 4-4。

表 4-4　$CH_3NH_3PbI_3$、PbSe 和 $CH_3NH_3PbI_3$/PbSe QDs 异质结场效应晶体管的光电性能

器件类型	载流子迁移率 [cm²/(V·s)]	探测光谱范围（nm）	对 808 nm 光辐照响应时间（上升 / 下降）
$CH_3NH_3PbI_3$	0.29/0.38	300~730	—
PbSe	0.01/0.03	300~1 500	10.9 s/8.3 s
$CH_3NH_3PbI_3$/PbSe	0.147/0.16	300~1 500	2.5 ms/3 ms

(2)异质结高灵敏光电场效应晶体管

为进一步提升器件的性能，通过优化结构，研究了基于无铅基钙钛矿（$CuInSe_2$）和 QDs 自驱动等离子增强型光电场效应晶体管。该器件具有自供电的多波长响应特性，尤其是对 405、532 和 808 nm 激光的光辐射敏感。考虑到 Au 纳米颗粒修饰后的局域表面等离子体共振（Localized Surface Plasmon Resonance，LSPR）效应，可以进一步降低器件的暗电流，提高响应度。此外，研究了由全无机铯铅卤素钙钛矿（$CsPbBr_3$）QDs 和红外 PbS QDs 构建的复合异质结垂直沟道型光电场效应晶体管，此器件实现了宽光谱快速响应。

Ⅰ. 光电性能测试及分析

$CsPbBr_3$/PbS QDs 复合异质结光电场效应晶体管的光电性能测试如图 4-36 和图 4-37 所示。在不同源漏电压 V_{DS} 作用下，该器件的转移特性曲线如图 4-36 所示。可以看出，转移特性曲线为 V 形，该器件展示出典型的双极性特点。这表明该器件不仅可以工作在电子传输区（N 型沟道）而且可工作在空穴传输区（N 型沟道）。需要注意的是，$CsPbBr_3$/PbS QDs 复合异质结光电场效应晶体管的工作机理可以解释为两种材料相互接触之后，由于材料所对应的功函数存在差异，电子被注入 $CsPbBr_3$ 薄膜。因此，根据传统的半导体异质结能带接触理论，在两种材料之间形成了内建电场且方向为由 PbS 指向 $CsPbBr_3$。在光辐射条件下，异质结体系中产生光激子，进而在内建电场作用下进行激子分离，产生电子和空穴，使电子向 PbS QDs 移动。然而，这与实验结果恰好相反，原因在于与传统能带理论所不同的是，$CsPbBr_3$/PbS QDs 复合异质结为原子层厚度的薄膜，异质结的空间电荷层太薄，电子和空穴的浓度以及半导体的极性受到异质结界面处的载流子浓度和外加电场的制约。因此，需要选择导带能够彼此建立级联排列的匹配型异质结材料，用于改善量子结沟道并增强电荷收集效率，从而可以实现更厚的 QDs 薄膜和更高的吸收率。这样，在 $CsPbBr_3$/PbS QDs 异质结界面处的有效内建电场会使光激子分离产生的大量电子处在 $CsPbBr_3$ QDs 层中。

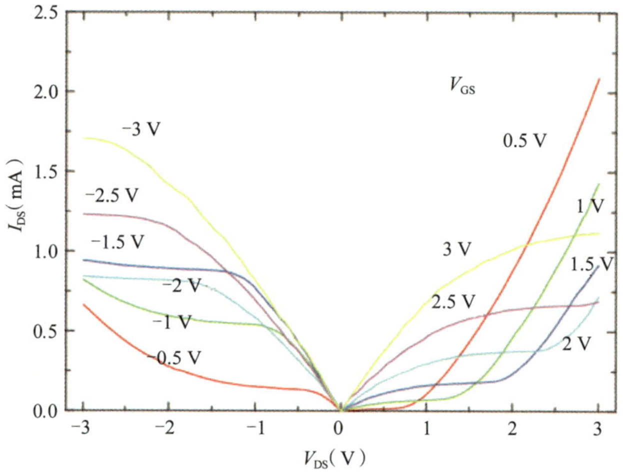

图 4-36　$CsPbBr_3$/PbS QDs 复合异质结光电场效应晶体管的转移特性

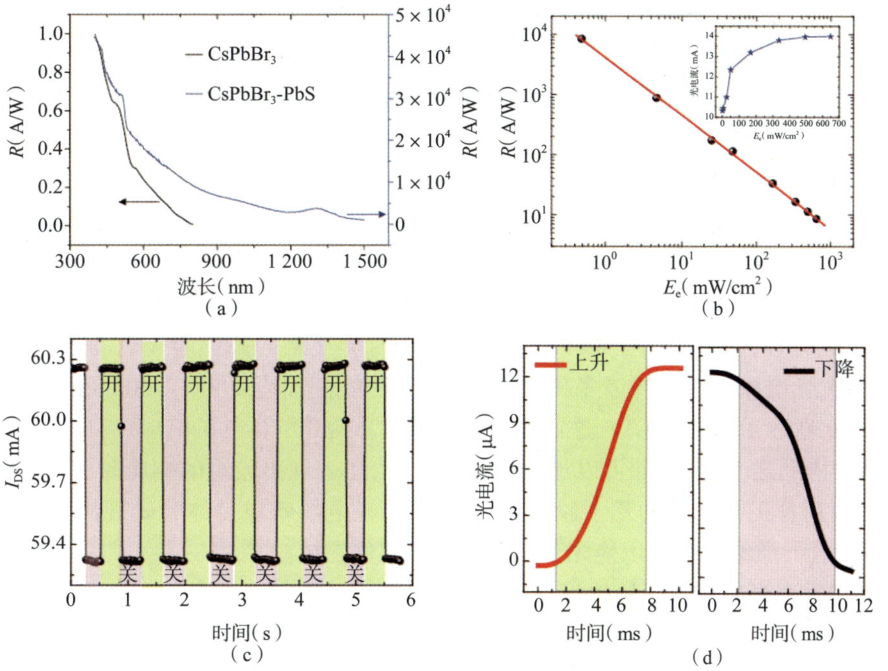

图 4-37　异质结光电场效应晶体管的光电特征

(a)响应度与波长的关系；(b)响应度与辐照度的关系；(c)重复光电流响应；(d)瞬时光电流响应

表 4-5 对比了纯 $CsPbBr_3$、纯 PbS 以及 $CsPbBr_3$/PbS QDs 异质结场效应晶体管的光电性能。

表 4-5　$CsPbBr_3$、PbS 及 $CsPbBr_3$/PbS QDs 异质结场效应晶体管的光电性能

器件类型	载流子迁移率 [cm^2/(V·s)]	探测光谱范围(nm)	最大响应度(A/W)	对 808 nm 光辐照响应时间(上升/下降)
$CsPbBr_3$	4 500	400~800	1	—
PbS	0.01	400~1 500	2×10^2	20 s/28 s
$CsPbBr_3$/PbS QDs	4 083	400~1 500	4.5×10^5	6.5 ms/7.5 ms

Ⅱ. 器件的光电传感机制

$CsPbBr_3$/PbS QDs 复合异质结光电场效应晶体管的光电传感机制如图 4-37 所示。如果入射光子能量 $h\nu$ 大于 $CsPbBr_3$ QDs 的带隙(2.3 eV)，即波长为 551 nm 时，入射光可以在 $CsPbBr_3$ QDs 中产生光激子(电子-空穴对)。而对于 PbS QDs，其带隙为 0.9 eV，对应波长为 1.37 μm。只有能量高于 2.3 eV 的入射光子(波长小于 551 nm)才能使 $CsPbBr_3$ QDs 激发出光激子，并使电子从价带顶激发到导带底。在此情况下，施加外加电压就能产生光电流。然而，由于 PbS QDs 的导带底低于 $CsPbBr_3$ QDs 的导带底[19]，光生电子可以流向 PbS 的导带底。但是，PbS 的价带顶比 $CsPbBr_3$ QDs 的价带顶高，因此 $CsPbBr_3$ QDs 中的光生空穴可以被能量转移到 PbS QDs 中。由于 $CsPbBr_3$ QDs 中的空穴迁移率较大，因此 $CsPbBr_3$ QDs 中的空穴迁移率比 PbS 中的高，可以被电极快速收集。电荷在 PbS/$CsPbBr_3$ 界面转移，形成耗尽层，有助于电荷分离。同时，由于 $CsPbBr_3$ 和 PbS 的能隙不同，需要讨论 3 种情况：一是 $h\nu>2.25$ eV，则在 $CsPbBr_3$ 和 PbS QDs 薄膜中产生光激子(电子-空穴对），电子（空穴）转移到 PbS 薄膜中，从而降低（提高）PbS 的费米能级，并降低肖特基势垒，导致高光电流；二是 0.9 eV < $h\nu$< 2.25 eV，电子 - 空穴对只能在 PbS QDs 薄膜中激发，因此光电流变小；三是 $h\nu$ < 0.9 eV，此时不会产生电子 - 空穴对，因此光电流近似等于暗电流。

Ⅲ. 研究总结

$CsPbBr_3$ QDs 因具备高稳定性和高效光致发光特性而成为备受关注的光电纳米材料。高灵敏光电探测器的性能受场效应晶体管沟道材料制约，其探测光谱范围可以覆盖从深紫外（Ultraviolet，UV）到近红外（Near Infrared，NIR）波段。为了克服现有先进材料体系在成本及探测灵敏度方面的局限性，需要研发低成本、高性能的新型结构和复合材料体系。本研究利用 QDs 的量子限域效应所具有的强光吸收特性，研发了基于 $CsPbBr_3$ 和 PbS QDs 异质结的高性能光电场效应晶体管。该器件表现出包括宽光谱探测在内的诸多高性能特性，探测光谱范围为 400~1 500 nm。值得关注的是，该器件的响应度高达 4.5×10^5 A/W，这比基于单材料体系构建的器件的响应度高 3 个量级。除此之外，在异质结的协助之下，该器件可以加速光激子分离，还表现出较短的响应时间（< 10 ms）。总而言之，基于溶液制备工艺构建的基于胶体 QDs 异质结光电场效应晶体管表现出优异的性能，表明 $CsPbBr_3$/PbS 复合异质结材料可以应用于未来光电子器件领域。

（3）异质结垂直光电场效应晶体管

针对光电探测器在阵列成像方面的应用，研究了用于多波段光传感和实时成像的异质结探测器阵列。采用低成本的溶液制备方法制备的 $CsPbBr_3$ QDs 与 PbS QDs 构建复合异质结，并将其作为探测器的光敏层，制作了 $10 \times 10 = 100$ 个结构单元的探测器阵列，利用可编程逻辑控制器（Programmable Logic Controller，PLC）阵列搭建了实时成像测试系统，实现了实时阵列成像功能。

前文中介绍了单个探测器的光电性能，如何将单一探测器组合构成阵列探测器是本研究着重研究的内容。阵列式光电探测器在光通信、环境监测、夜视检测和化学 / 生物传感等领域应用广泛。传统阵列探测器一般采用化学气相沉积（CVD）、分子束外延（Molecular Beam Epitaxy，MBE）、原子层沉积（Atomic Layer Deposition，ALD）或脉冲激光沉积（Pulsed Laser Deposition，PLD）等方法制备而成。这些方法大大增加了器件的制备成本，而且上述方法均引入了高温和固相萃取技术，故不适合制备柔性靶材阵列。因此，在适当的反应条件下，溶液制备方法被认为是一种更有效的低成本柔性靶材阵列制备方法。图 4-38 所示为阵列探测器芯片及测试底座加工尺寸。

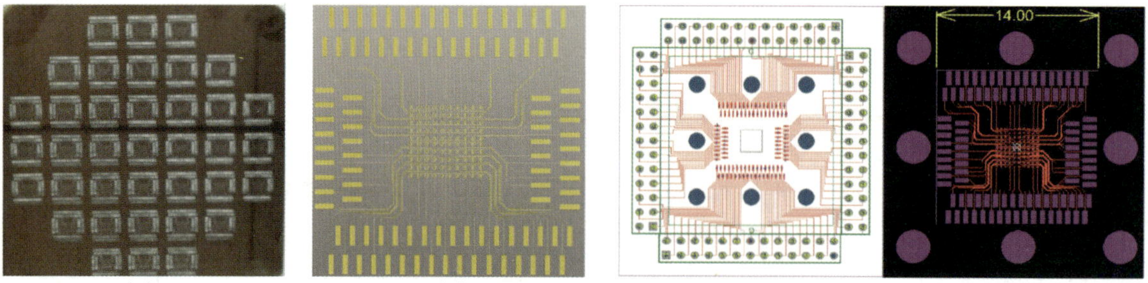

（a）　　（b）　　（c）

图 4-38　阵列探测器芯片及测试底座加工尺寸

（a）光刻板；（b）阵列探测器芯片；（c）芯片测试底座

运用紫外光刻技术加工 5 in（1 in = 2.54 cm）光刻板，每片光刻板上布置 37 个阵列探测器芯片，如图 4-38（a）所示。在每个阵列探测器芯片上采用公共负极的形式构建 10×10 个阵列探测器，单个阵列探测器芯片的尺寸为 14 mm × 14 mm，如图 4-38（b）所示。每个器件都采用叉指电极形式，其沟道长度为 10 μm。对于芯片测试底座,采用印制电路板(Printed Circuit Board, PCB)加工工艺,制作用于测试阵列探测器芯片的测试 PCB,如图 4-38(c)所示。测试 PCB 有上下两个表面,其中上表面上布置有圆珠状焊盘,便于与阵列探测器芯片连接;下表面上布置用于固定芯片测试底座的螺丝孔。

阵列探测器芯片的测试电路如图 4-39 所示。该测试电路利用 PLC 的 100 路继电器阵列逐一切换 10 × 10 个阵列探测器芯片的 100 路信号,并用 Keithley 2400 型数字源表进行信号采集。为了便于分析,对连接于每个阵列探测单元的漏极线进行逐一编号。测试电路通过 Wi-Fi 无线网络,实现智能手机或电脑对测试电路的编程与控制。测试的目的是优化器件的性能,主要目标是增大光电流与暗电流的比值,基于 $CsPbBr_3$/PbS QDs 异质结的多波段吸收特性,分别利用红光、绿光和蓝光对 T、J 和 U 形的掩模板进行测试,并分析电流分布情况;利用 MATLAB 软件进行数据处理,实现阵列成像功能,成像原理如图 4-40 所示。为了实现更清晰的成像,需要进一步增加阵列探测单元(像素点)的数量。因此,基于 5 in 玻璃铬板设计了 36 × 36 单元的阵列探测器芯片,如图 4-41 所示。

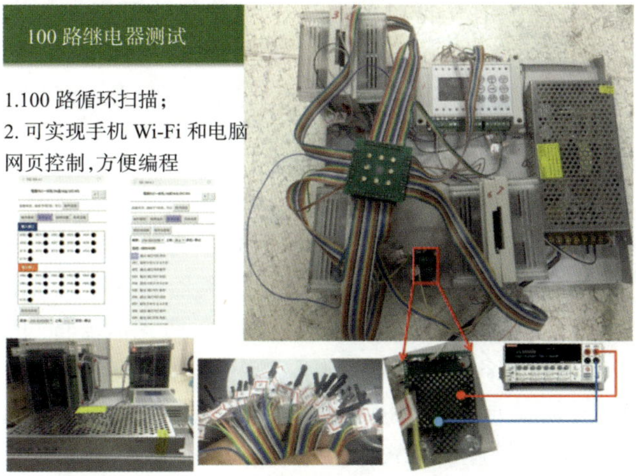

图 4-39 10 × 10 阵列探测器芯片测试电路

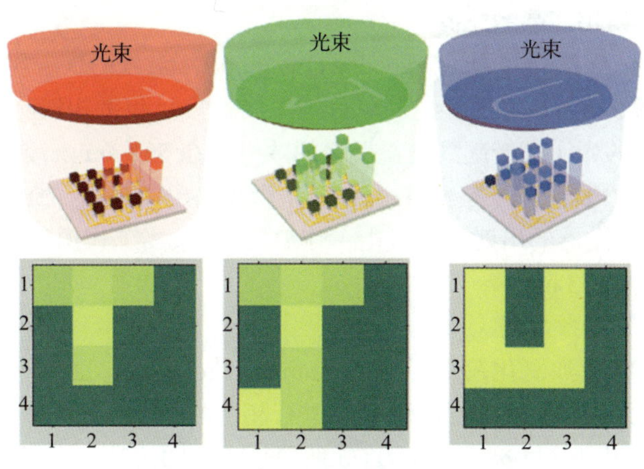

图 4-40 阵列探测器的成像机理

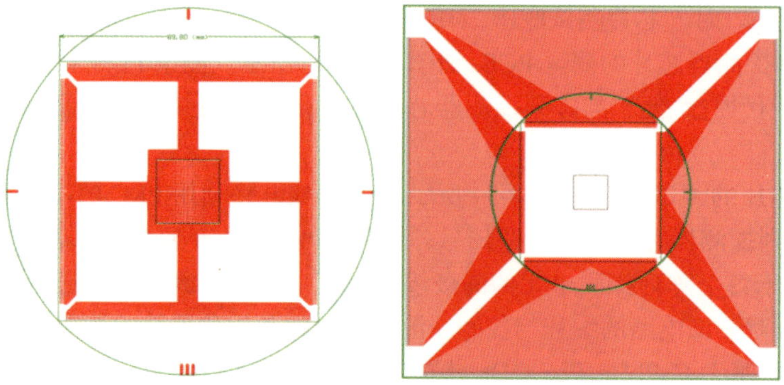

图 4-41　36×36 阵列探测器芯片的光刻板

（4）小结

本小节采用胶体 QDs（包括 PbS QDs、PbSe QDs 和 $CuInSe_2$ QDs）与新型钙钛矿薄膜材料、新型二维材料复合构建半导体异质结，并从材料、器件结构及光敏物理机制 3 方面着手展开研究工作。利用新型光电材料的优异性质，针对影响场效应晶体管型光电探测器性能的关键因素，并兼顾小型化、阵列化等需求，研发了高灵敏度、超快响应、低功耗及阵列化的光电探测器。

4.2.6　基于 QDs 的液晶激光器及光电探测器

由于量子限域效应、边缘效应和表面配体修饰作用的影响，QDs 具有禁带宽度可调、量子产率高、发射光谱窄、光电特征稳定等优点，在激光器和光电探测器等领域具有潜在的应用价值。然而，QDs 在应用过程中仍然具有诸多局限。例如，开发胶体 QDs 激光器需将 QDs 作为增益介质嵌入谐振腔结构，这种制备工艺复杂且制备周期长，不利于实现商业化生产。而在光电探测领域，QDs 中的激子能轻易地分离出自由载流子，但是表面配体易形成陷阱态，当载流子遇到陷阱位点时便会被俘获或复合。另外，QDs 一般以薄膜的形式作为光敏沟道材料；而 QDs 作为零维纳米材料，其表面不连续，导致电子迁移率很低，器件的光电性能受到极大影响。针对以上 QDs 研究中存在的问题，本小节进行以下研究。

（1）石墨烯 QDs- 胆甾相液晶激光器

以自组装方法制备石墨烯 QDs（Graphene Quantum Dots，GQD）- 胆甾相液晶（Cholesteric Liquid Crystals，CLC）激光器，该方法工艺简单且加工周期短。胆甾相液晶的自螺旋结构具有多重反射作用，这种作用产生的光子禁带起到增益反馈的效果。在 532 nm 泵浦激光的激励下，在光子禁带的边缘处，光子群的速度极小，光子态密度很大，产生激光输出，阈值为 750 μJ/cm²，半峰宽为 1.6 nm，Q 值（$\lambda_p/\Delta\lambda$）为 415。该激光器的出射波长可由工作温度调谐，当工作温度在 50~90 ℃变化时，输出光的波长变化范围为 664~673 nm。

Ⅰ. GQD-CLC 样品的制备过程

1）使用玻璃切割器将 2 片氧化锡铟半导体（Indium Tin Oxide，ITO）玻璃切成 1.5 cm × 1.5 cm 的玻璃片；将玻璃片依次在水、乙醇和丙酮环境中进行超声处理，完全去除其表面的有机物油渍，再用无尘布擦拭表面，最后用氮气枪吹干，保证 ITO 玻璃片表面的清洁。

2）将聚酰亚胺（PI）取向剂以 3 000 r/min 的转速旋涂在 ITO 玻璃片上。

3）将涂有 PI 取向剂的 ITO 玻璃片放到加热台上进行加热坚膜。首先，在 80 ℃的条件下预热

30 min；然后，将温度升高到 240 ℃并保持 1 h，待其冷却后，PI 取向剂将形成一层坚硬且透明的薄膜。

4）使用手动摩擦机对 ITO 玻璃片上的 PI 膜进行摩擦取向。取向之后，薄膜表面会出现间距相等的平行条纹。这些条纹将影响液晶分子的排列形式，使胆甾相液晶处于平面态。

5）将 2 块具有取向膜的 ITO 玻璃片按照条纹平行的方向相对放置，以 50 μm 的聚合物薄膜作为隔垫物，用光学胶水进行封装固化，形成空盒。

6）将实验前准备好的 HTG135200 向列相液晶（Nematic Liquid Crystal，NLC）、S5011 手性剂和 GQD 按照 97.15：2.35：0.5（质量比）和 96.66：2.34：1（质量比）混合，然后在 90 ℃温度下，避光搅拌 10 h 保证均匀混合，最终形成 GQD-CLC 混合物。

7）在封装固化好的空盒中，利用毛细作用注入步骤 6）制备好的 GQD-CLC 混合物，至此完成 GQD-CLC 样品的制备。

GQD-CLC 样品的结构如图 4-42 所示。

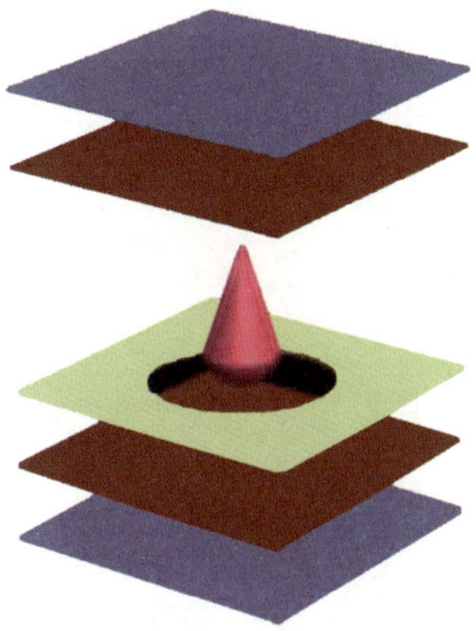

图 4-42　GQD-CLC 样品的结构

Ⅱ. GQD-CLC 样品的激光特性

GQD-CLC 样品的激光特性测试由图 4-43 所示的测试系统完成。泵浦光源为倍频 Nd：YAG 脉冲激光器（波长为 532 nm，重复频率为 1~10 Hz，脉冲宽度为 10 ns），每个脉冲的激光出射后，通过一个半波片和偏振片控制光脉冲的能量；出射激光再经过分光镜（光束分配器）分成两束，其中一束激光入射到 GQD-CLC 激光器样品表面，另一束激光被光功率计所探测，以获得入射到样品表面的单脉冲能量。在泵浦光的激励下，GQD-CLC 样品产生荧光，荧光经过 532 nm 的滤波器后，光谱由一个光纤耦合输入的 0.04 nm 分辨率的光谱仪获得。光谱仪前方的 532 nm 滤波器的作用是屏蔽 532 nm 泵浦光引入的干扰。在反射谱中，存在一个高反射率的波段，即光子禁带或光子带隙。可以确定，在平面态 CLC 中的多重反射作用下，会产生类似一维光子晶体的结构。在光子禁带的边缘位置，光子态密度很大，群速度很低，受激辐射的驻波时间很长。同时，有报道显示，光子禁带的长波沿和短波沿对光子的反馈作用不相同，长波沿具有最低的激光阈值[20]。因此，通过调整 GQD-CLC 混合物中液晶与手性剂的比例，可使光子禁带长波沿与荧光放射波长相对应，有利于降低激光阈值。图 4-44（a）和（b）分别为 GQD 的质量分数为 0.5% 和 1% 时，GQD-CLC 样品的发射率、光致发光

（Photoluminescence，PL）光谱强度与波长的关系，其中曲线 1 和 a 为反射率曲线，曲线 2 和 b 为 GQD-CLC 的 PL 光谱强度，曲线 3 为 GQD-NLC 样品的 PL 光谱强度，插图为发射强度与泵浦能量的关系。图 4-45 所示为 GQD-CLC 样品的激光特性随温度的变化。

注：由于不同型号的光谱仪表示光谱强度（intensity）的方法存在差异，包括光能量、光子计数等；因此不同仪器测得的光谱强度之间没有可比性，相关研究在比较相同条件下测得的光谱输出时有时不使用绝对值，而以任意单位（Arbitrary Unit，a.u.）即相对值表示，如图 4-44（b）所示。

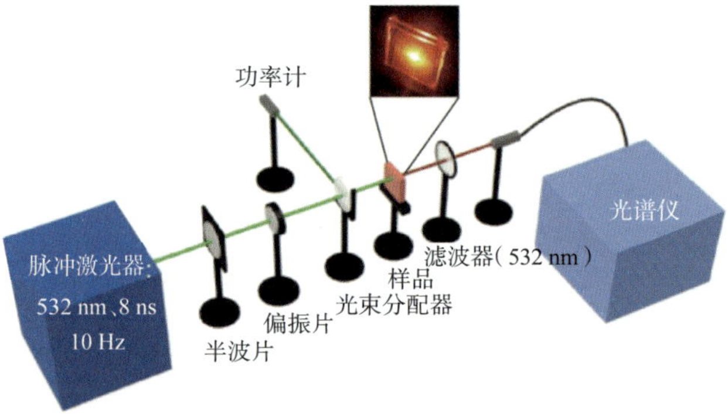

图 4-43　GQD-CLC 样品的激光特性测试系统

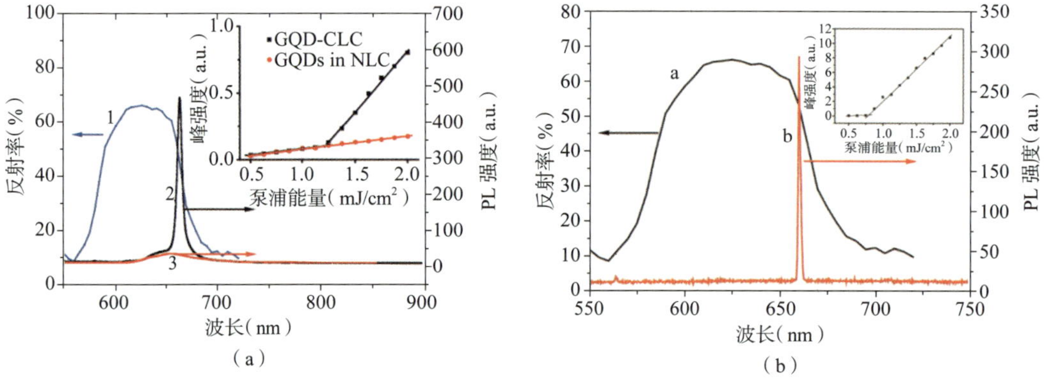

图 4-44　GQD-CLC 样品的激光特性

（a）GQD质量分数为0.5%；（a）GQD质量分数为1%

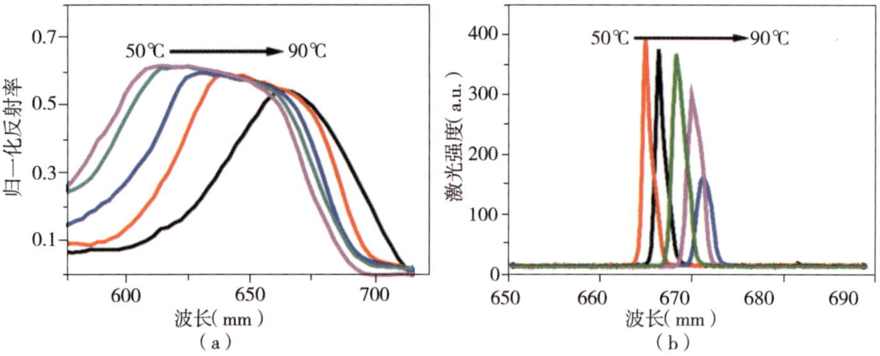

图 4-45　GQD-CLC 样品的激光特性随温度的变化

（a）归一化反射率；（a）激光强度

Ⅲ. 研究总结

氮硼氟共掺杂的 GQD 具有较高的量子产率（约 75%）。将 GQD 按 1% 的质量分数掺杂在 CLC 之中，CLC 结构的光子禁带边缘处 GQD 所发出的荧光群的速度极低、光子态密度很高。在 532 nm 泵浦激光的作用下，GQD-CLC 样品可以产生激光出射，阈值为 750 μJ/cm^2、半峰宽为 1.6 nm、Q 值为 415。另外，GQD-CLC 样品的出射波长受工作温度的调谐，波长可从 664 nm 调谐到 673 nm。当工作温度接近液晶材料的清亮点时，CLC 结构将变得不稳定，导致激光出射强度下降、半峰宽变宽。

（2）半导体 QDs- 聚合物分散液晶随机激光器

针对半导体 QDs 在液晶中溶解度极小，无法作为有效增益介质的问题，制备了 CdSe/ZnS 半导体 QDs 掺杂的聚合物分散液晶（Polymer Dispersed Liquid Crystal，PDLC）随机激光器。在聚合物单体聚合过程中，液晶在聚合物基质中形成了微滴形态。微滴对光的多重散射作用形成了光子局域化的随机谐振腔。随机激光的光泵浦阈值为 1 mJ/cm^2，平均半峰宽为 0.23 nm，平均 Q 值为 2 674。利用功率傅里叶变换推算，求得该激光器的平均等效腔尺寸为 25 μm。利用相同方法，对半导体 QDs- 非均匀聚合物随机激光器的激光特性进行了较为详细的研究，为开发基于 QDs 的弱散射光纤随机激光器提供了基础数据。

Ⅰ. 半导体 QDs- 聚合物分散液晶的制备

半导体 QDs- 聚合物分散液晶的制备过程如下。

1）作为增益介质，CdSe/ZnS QDs 以 1% 和 2% 的质量分数添加到紫外光固化胶（NOA65）中。

2）以 3 000 r/min 的转速磁力搅拌处理 1 h，使半导体 QDs 均匀分散在 NOA65 中，且无沉淀或大块团聚现象，最终形成 QD-NOA65 混合物。

3）分散处理过程必须在手套箱内进行，因为空气中的氧和水分子会极大地降低 QDs 的量子产率。

4）将向列相液晶（E7，江苏合成显示科技有限公司）按照 40% 的质量分数添加到 QD-NOA65 混合物中，再经过 2 h、65 ℃的磁力搅拌过程，使向列相液晶均匀地分散在 QD-NOA65 中，形成 QD-PDLC 混合物。

Ⅱ. 测试系统

QD-PDLC 的随机激光系统的测试装置如图 4-46 所示。泵浦光源（pump laser，美国 Quanta-Ray）为倍频 Nd：YAG 脉冲激光器（波长为 532 nm，重复频率为 1~10 Hz，脉冲宽度为 10 ns）。每束光脉冲出射后，通过 1 个半波片（λ/2 waveplate）和偏振片（ploarizer）控制光脉冲的能量；再经过分光镜（beam spliter）分成两束激光，一束激光入射到样品表面，另一束激光被光能量计（energy meter）所探测，用于读取入射到样品表面的单脉冲能量；最后，光脉冲经过扩束，以线形光斑的形式照射毛细管样品（sample）表面。线形光斑的长度可以在 0~5 mm 范围内调整，宽度为 0.5 mm。在泵浦光的激励下，QD-PDLC 会发出荧光或激光，其出射光谱由一个光纤耦合输入的 0.04 nm 分辨率的 HR4000 型光谱仪（spectrometer，美国 Ocean Optics）采集。在光谱仪的探测光纤前方布置一个 532 nm 的陷波滤波器，用于屏蔽 532 nm 泵浦光引入的干扰。图 4-47 至图 4-51 所示为该光辐射探测系统的测试结果。

Ⅲ. 研究总结

该研究探索了 QD-PDLC 的制备过程，并对 QD-PDLC 的特性进行了表征。采用 532 nm 脉冲激光对半导体 QDs 掺杂量为 1% 和 2%（质量分数）的 QD-PDLC 进行泵浦，首次实现了 QDs- 半导体分散液晶随机激光，阈值为 1 mJ/cm^2，平均半峰宽为 0.23 nm，平均 Q 值为 2 674。温度对比实验结果表明，液晶微滴的多重散射作用是产生随机激光及降低 ASE 阈值的主要原因[21]。

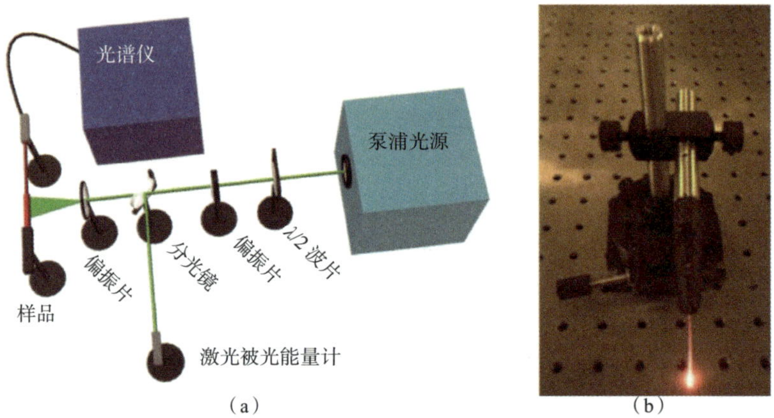

（a）　　　　（b）

图 4-46　QD-PDLC 随机激光系统测试装置

（a）测试装置示意；（b）实物图像

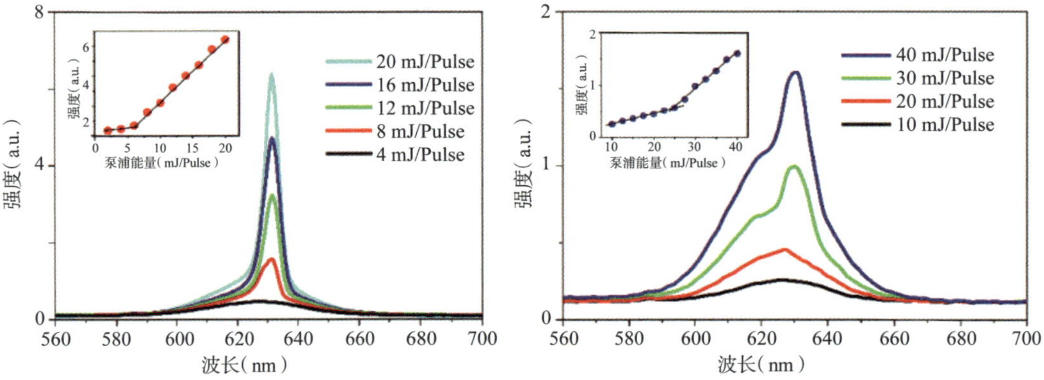

（a）　　　　（b）

图 4-47　不同泵浦能量下的 QD-PDLC 随机激光发射谱

（a）QD-PDLC（掺杂1%的CdSe/ZnS QDs）；（b）QD-NOA65（插图为峰值强度与泵浦能量的关系）

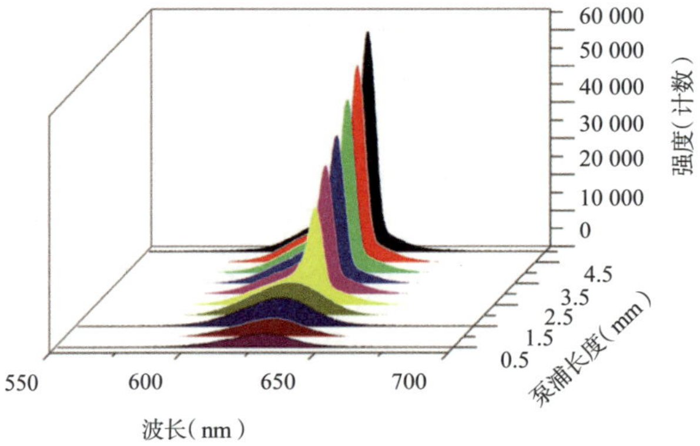

图 4-48　不同泵浦长度下的 QD-PDLC 随机激光发射谱

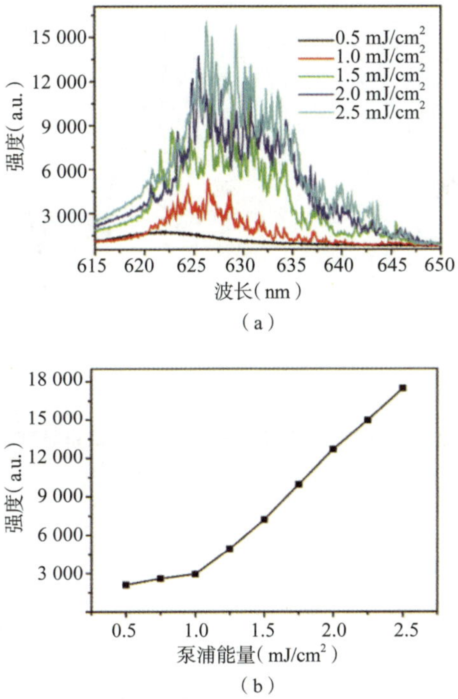

图 4-49　CdSe/ZnS QDs 掺杂量为 2% 的 QD-PDLC 随机激光发射特性

（a）激光发射谱；（b）不同泵浦能量下的激光强度

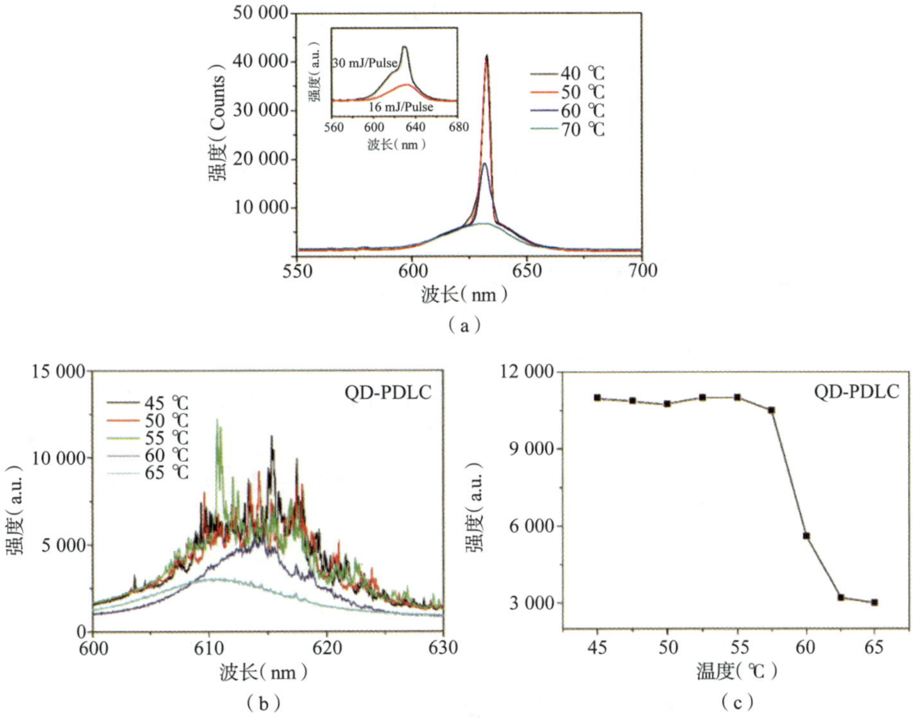

图 4-50　泵浦能量为 16 mJ/cm² 的 QD-PDLC 随机激光温度特性

（a）不同温度下的激光发射谱（以光子数计，插图为QD-NOA65在70 ℃条件下的发射谱）；
（b）不同温度下的激光发射谱（以a.u.计）；（c）光谱强度与温度的关系

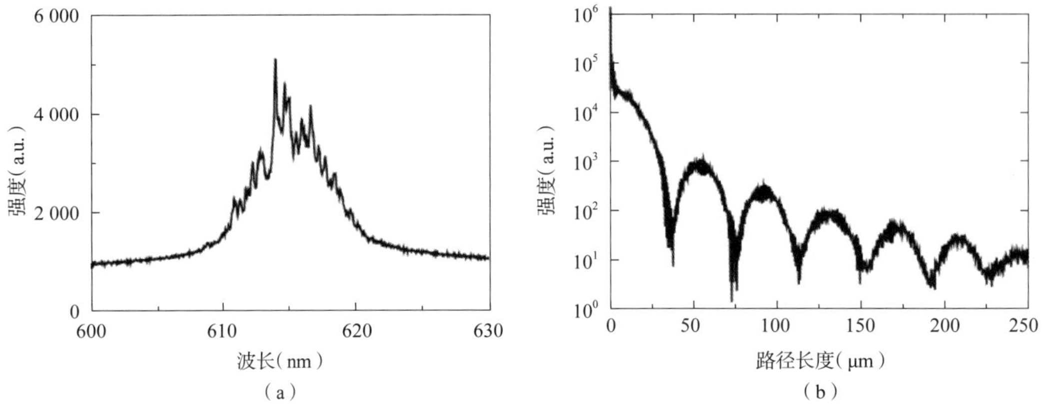

图 4-51　典型的 QD-PDLC 随机激光发射谱与傅里叶变换谱比较

(a)典型发射谱;(c)傅里叶变换谱

(3)小结

本小节研究了基于半导体 QDs 和石墨烯 QDs 的液晶激光器。

首先,以自组装方法制备了 GQD-CLC 激光器,自组装方法工艺简单且周期短。胆甾相具备的自螺旋结构的多重反射作用可以产生光子禁带,发挥相干增益反馈的作用。在泵浦光的激励下,光子禁带边缘处的光子群速度极低、光子态密度很大,产生了激光输出,阈值为 750 μJ/cm²,半峰宽为 1.6 nm,Q 值为 415。该激光器的出射波长可通过工作温度调谐,当工作温度从 50 ℃变化到 90 ℃时,出射波长从 664 nm 变为 673 nm。

其次,制备了 CdSe/ZnS 半导体 QDs 掺杂的聚合物分散液晶(QD-PDLC)随机激光器。在聚合物单体聚合的过程中,液晶在聚合物基质中形成了微滴,微滴具有的多重散射作用使 QDs 的荧光发生了光子局域化,形成了随机谐振腔。随机激光的光泵浦阈值为 1 mJ/cm²,平均半峰宽为 0.23 nm,平均 Q 值为 2 674。利用傅里叶变换推算可知,激光器的平均等效腔长为 25 μm。此外,测试了 QD-PDLC 随机激光器的随机激光发射特性和温度特性。

4.3　基于热电效应光电探测器研究

热电型光电探测器指材料吸收光能后会使材料温度发生变化,通过一系列物理效应将光信号转化成电信号的器件。对于热电型光电探测器来说,由于其主要依赖材料吸收光后产生的温度变化,原理上不受入射光波长的限制,可以对任意波长的入射光产生光电响应,有望成为未来超宽谱(紫外—太赫兹波段)光电探测发展的新动力。热电型光电探测器主要分为 3 种类型:光热电型、光辐射热型和热释电型。

4.3.1　常见光电探测器介绍

(1)光热电型光电探测器

光热电型光电探测器利用光热电效应(photothermoelectric effect)进行探测,该效应又称为塞贝克效应(Seebeck effect),指光辐照热敏材料的一端时,会引起材料发生区域性温度变化,使整个器件形成温度差,当整个器件连接成一个回路时,会导致器件两端产生电压差 $V_{PTE} = \Delta S \times \Delta T$。其中,

ΔS 为 Seebeck 系数差（V/K），ΔT 为温度差（K）。同时，上述过程可以解释为在光辐照下，器件内部产生了温度梯度，热载流子从热端流向冷端并在冷端堆积，从而在材料内部形成电势差。对于半导体材料，P 型半导体由于其热端空穴含量较高，因此有效载流子为空穴，在开路情况下半导体热端积累负电荷，冷端堆积正电荷。此时，温差电动势方向是由热端指向冷端，Seebeck 系数为正；而对于 N 型半导体，其 Seebeck 系数为负。因此，可以根据半导体 Seebeck 系数的正负，判断半导体的导电类型。

（2）光辐射热型光电探测器

光辐射热型光电探测器是基于光辐射热效应（photo-bolometric effect）产生的光电响应进行探测的器件。当入射光辐照到电阻系数较高的热敏材料时，材料温度升高并产生热载流子的变化，从而引起材料的电阻发生变化。入射光引起的电阻变化有两种机制：一是随温度变化引起的载流子迁移率的变化；二是随温度变化产生电流的载流子数量的变化。材料的热阻和比热容是光辐射热型光电探测器的关键参数。热阻决定探测器的灵敏度，比热容决定探测器的响应时间。

（3）热释电型光电探测器

热释电型光电探测器的探测机理源于热释电效应（pyroelectric effect），当入射光辐照到具有自发极化的晶体材料时，材料吸收能量后，其极化强度随温度发生变化，从而释放出电荷，并导致器件两端形成电压或电流。热释电型光电探测器多用于红外探测。

4.3.2　基于石墨烯及其复合材料热电效应的光电探测器

近年来，随着高新技术的不断发展，众多领域需要高性能、超宽谱且能够室温运转的光电探测器。目前，商业化的此类探测器，如基于半导体的探测器（如硅（Si）、铟镓砷（InGaAs）、锗（Ge）器件），以及太赫兹探测器（如 Bolometer 和肖特基二极管等），只能探测特定波长，难以满足各领域对探测器的需求。热电型光电探测器吸收激光能量并引起温度变化，进而借助各种热电效应将温度变化转变为电信号，其不受波长的限制，且可以在任意温度条件下工作。随着新型热电材料体系的发展，热电型光电探测器有望为开发室温运转的高性能、超宽谱光电探测器提供新的路径。

本小节介绍基于三维石墨烯及其与新型钙钛矿相复合结构的热电型光电探测器，从材料、器件结构和光电流产生的热电效应机理 3 个方面分析这种高性能、超宽谱热电型光电探测器的性能。

（1）三维泡沫石墨烯异种电极结构光热电型光电探测器

提出基于三维泡沫石墨烯（3D Graphene Foam，3D GFs）的异种电极结构光热电型光电探测器。在室温条件下，该器件的光谱响应范围为 300 μm~1.36 mm，覆盖紫外—太赫兹（UV—THz）波段；随着波长的增加，光电流响应度逐渐降低[22]；在 5 V 的偏置电压作用下，最高的响应度为 1×10^3 A/W，-3 dB 带宽为 78 Hz。3D GFs 材料在不同温度条件下的 Seebeck 系数稳定在 -8.5 μV/K。

采用溶剂热合法制备 3D GFs，将得到的样品切割成 14 mm × 14 mm × 2 mm 的样品；然后将样品转移到玻璃片上，并通过紫外 - 臭氧处理 15 min；转移过程完成后，采用热蒸镀方法制备源极和漏极，之后将样品放入真空室，真空度为 1×10^{-4} Pa；使用掩模板并采用两步法制备电极，一端电极为 Cr/Au（二者厚度分别为 10 和 200 nm），另一端电极为 Cr/Ti（二者厚度分别为 10 和 200 nm）。该器件的光热电性能及热电响应机理如图 4-52 和图 4-53 所示。

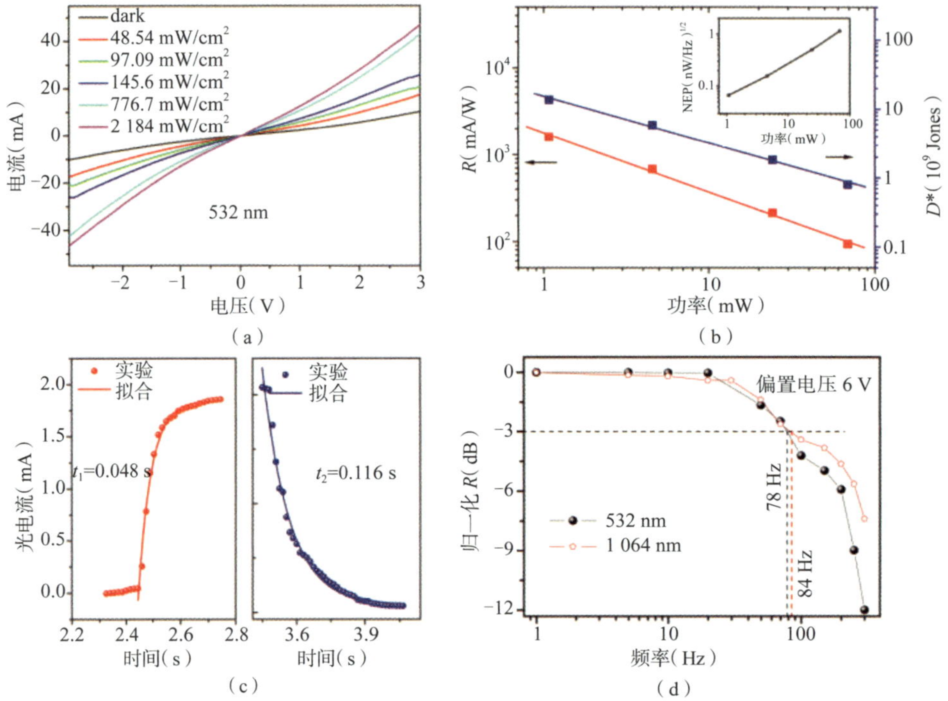

图 4-52　3D GFs 光热电型光电探测器在 532 nm 光辐照下的光电特征

(a)电流与电压；(b)响应度与功率；(c)光电流与时间；(d)归一化响应度与频率

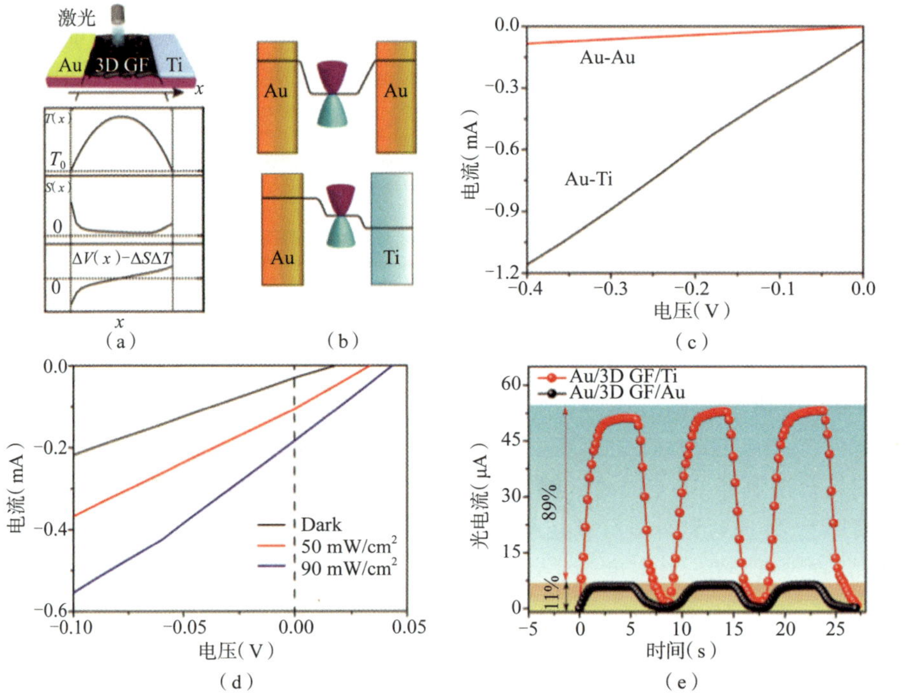

图 4-53　3D GFs 光热电型光电探测器的非对称电极优势

(a)原理示意；(b)两种电极的结构；(c)两种电极的比较；(d)不同辐照度下的电压-电流特性；(e)重复光开关特性

较低的响应度是制约石墨烯光电探测器广泛应用的关键因素。为解决此难点，笔者所在团队利用水热还原法制备了 3D GFs，设计了 Au-3D GFs-Ti 非对称型结构器件。对基本材料表征的结果显示，3D GFs 由蜂窝网状的石墨烯片构成，不仅继承了单层石墨烯的优点，而且具有更强的光吸收能力、热性能和长范围的导电网络结构。同时，3D GFs 的吸收光谱显示其具有 400 nm~1 mm 范围的超宽光谱吸收范围。

光电特征检测结果显示，3D GFs 器件在 405 nm~1.36 mm 波长范围内的多波段激光辐照下，展示出稳定、可重复的光开关特性，随着辐照光波长的增加，其响应度降低。不同偏置电压下的响应度结果显示，在宽光谱范围内，增加 3D GFs 器件两端的偏置电压，能够提高其响应度。此外，3D GFs 器件表现出最高为 1×10^3 A/W 的响应度、43 ms 的短响应时间和约 80 Hz 的 −3 dB 带宽。

在此基础上，利用光热电理论模型及变温实验，充分讨论了 3D GFs 器件的光热电效应机制，定量分析了非对称型电极光电器件的响应度，结果表明其比对称型电极器件的响应度高 89%。

三维石墨烯是未来制备高性能、超宽谱光电探测器的理想材料之一。本研究实现了高性能、宽光谱光热电探测器的制备，为未来开发在室温下工作的超宽带、高灵敏度新型光电探测器提供了理论基础和技术支撑。

（2）有机无机杂化钙钛矿材料超宽谱光电探测器

以有机无机杂化钙钛矿材料（$MAPbI_3$）为原料制备垂直结构的光电探测器。实验结果显示，$MAPbI_3$ 光电探测器的响应范围覆盖 UV—THz 波段 [23]。在 UV—可见光和 NIR—THz 波段，光电流的产生分别以光电导效应（photoconductive effect）和辐射热效应（bolometric effect）为主。在 1 V 的低偏置电压作用下，该器件表现出在 UV—可见光波段 1×10^5 mA/W 和 NIR—THz 波段 1×10^2 mA/W 的响应度。此外，在 1 064 nm 光辐照条件下，该器件表现出快响应的特点，响应的上升时间为 76 ns，下降时间为 126 ns。相关工作包含以下内容：首先是 $MAPbI_3$ 薄膜的热电性能研究，包括热导系数、赛贝克系数和热阻；其次是 $MAPbI_3$ 薄膜光电器件在 UV—THz 波段范围内的光电特征研究，包括光开关特性、响应度、探测率、等效噪声功率（NEP）、响应时间等；最后是 $MAPbI_3$ 薄膜光电器件在 IR—THz 波段的响应机制分析。

Ⅰ. $MAPbI_3$ 薄膜的材料性能与热电性能

1）热导系数的测定。对 $MAPbI_3$ 薄膜热导系数的测定采用双试样十字热丝法，结果为 0.45 W/（m · K），测量装置如图 4-54 所示。测试步骤：首先将样品温度保持在规定的数值；然后在两个样品的表面之间埋入一个线性导电体（热丝）；最后测量两个时间点的温度变化，计算出样品的导热系数。导热系数的计算公式为

$$k=\frac{VI}{4\pi}\times\frac{\ln(t_2/t_1)}{\Delta T_2-\Delta T_1} \tag{4-8}$$

式中：k 为导热系数 [W/（m·K）]；V 为单位长度的热丝压降（V/m）；I 为电流（A）；t_1、t_2 为两个测试时间点（min）；ΔT_1 和 ΔT_2 为两个测试时间点对应的热丝温升（K）。

2）赛贝克（Seebeck）系数的测定。为了获得 $MAPbI_3$ 的 Seebeck 系数，进行了 Seebeck 系数测量实验，设备如图 4-55（a）所示。测试区域的底部是由电热丝提供热源的加热器（heater），两个电极之间的电压差（ΔV）和温度差（ΔT）由 Keithley 2400 型数字源表（美国 Keithley）和 T630sc 型红外热成像仪（美国 FLIR）测得。Seebeck 系数的计算公式为 $S=\Delta V/\Delta T$。其中，ΔT 为热端和冷端温度差，$\Delta T=T_{hot}-T_{cold}$。图 4-55（b）所示为 $MAPbI_3$ 在不同温度下的 Seebeck 系数。随着温度的升高，Seebeck 系数逐渐增大直至拐点，拐点温度（52 ℃）时的最大 Seebeck 系数值为 29 μV/K。

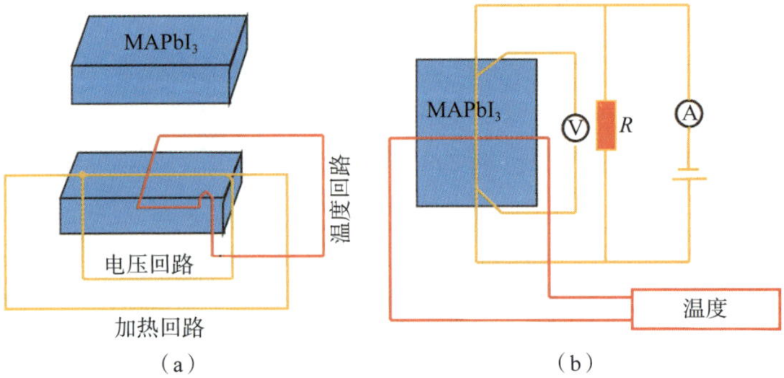

图 4-54 双试样十字热丝法测试导热系数装置

(a)原理；(b)电路接线

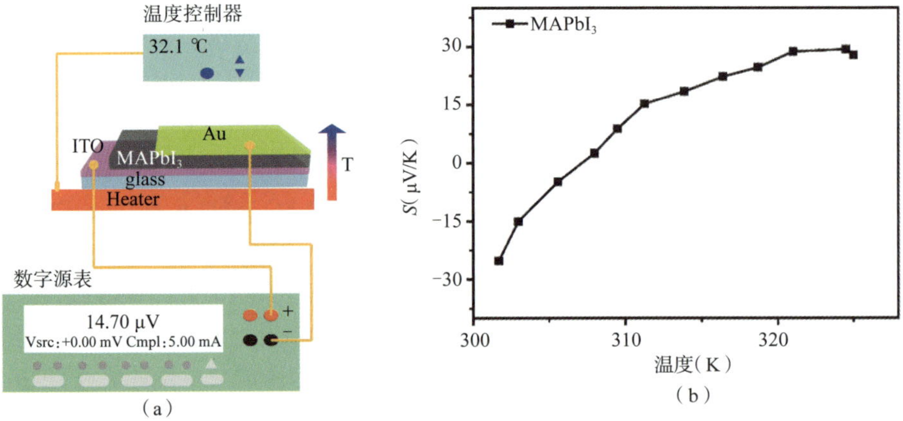

图 4-55 $MAPbI_3$ 的 Seebeck 系数测定设备

(a)实验装置示意；(b)不同温度下材料的Seebeck系数

3)热阻系数的测定。辐射热效应的响应时间的计算公式为 $t \approx R_h \cdot C_h$，其中 R_h 为热阻，C_h 为比热容。图 4-56 所示为 $MAPbI_3$ 薄膜的温升(ΔT)与 1 064 nm 激光功率 P 之间的函数关系，由其可以计算出热阻 $R_h = dT/dP \approx 0.04$ K/mW、$C_h \approx 2.5 \times 10^{-9}$ J/K 和响应时间 $t \approx 100$ ns。所得计算结果证实了实验数据的合理性。$MAPbI_3$ 器件的快速响应可以归功于纯 $MAPbI_3$ 优良的热电性能。

Ⅱ. $MAPbI_3$ 薄膜光电器件的光电特征

$MAPbI_3$ 薄膜光电器件在 UV—THz 波段范围内的光电特征包括光开关特性、响应度、探测率、等效噪声功率和响应时间。首先测试了 $MAPbI_3$ 薄膜光电探测器的超宽谱特性，使用多束单色激光，其波长包括 405、532、1 064、1 177、10 600 和 118 000 nm(2.52 THz)。

图 4-57(a)和(b)所示为 $MAPbI_3$ 薄膜光电探测器在不同波长光的辐照条件下的 I-V 曲线。该器件在 405~808 nm 波长范围内产生毫安级别的强光电流；然而，在波长从 1 064 nm 增加到 118 000 nm(2.52 THz)时，电流急剧下降，原因为在 UV 到可见光范围内的光电流主要是由光导效应引起的载流子增加产生。由于光子能量大于材料的带隙，产生的光载流子效应明显；在 IR—THz 波段内，光电流的产生主要依赖于 $MAPbI_3$ 薄膜光电探测器的辐射热效应激发的热载流子。辐射热效应基于电阻的变化，其是由光辐照引起的温升造成的。

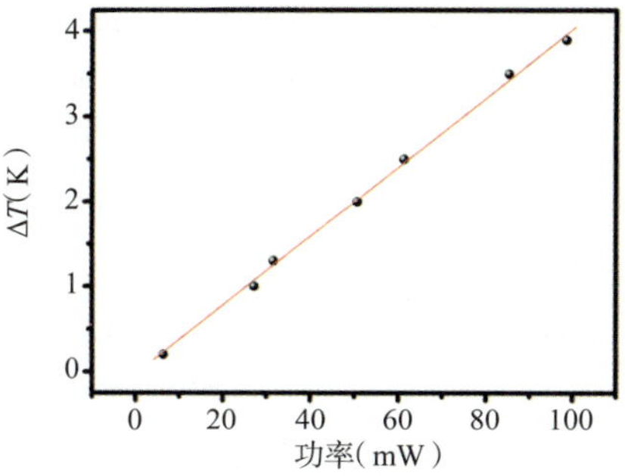

图 4-56　$MAPbI_3$ 薄膜的温升与 1 064 nm 激光功率之间的函数关系

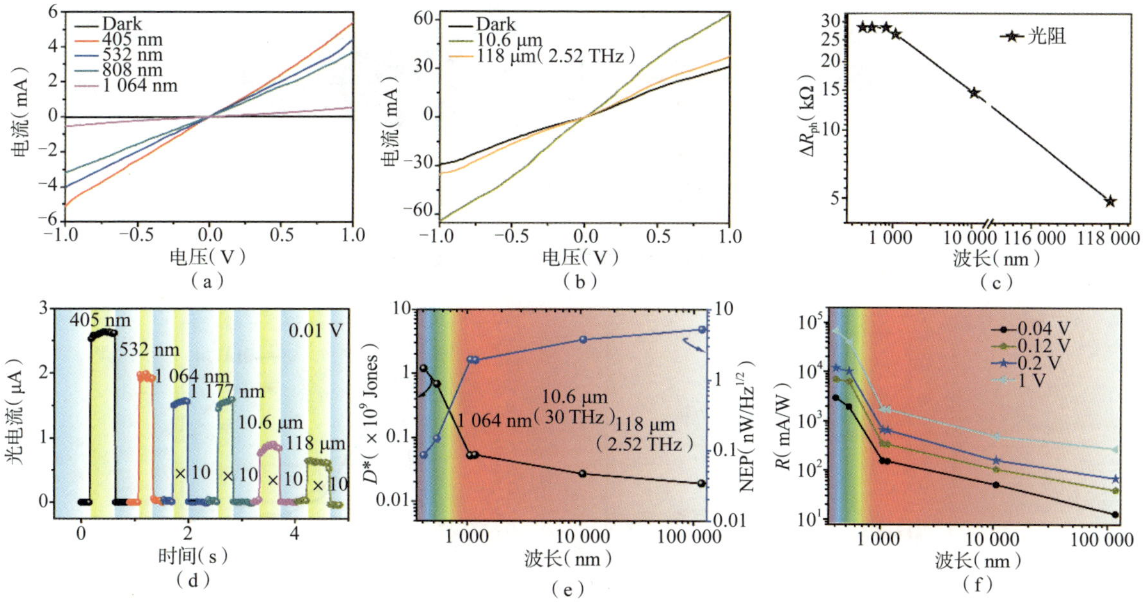

图 4-57　$MAPbI_3$ 薄膜光电探测器的宽带光响应特性

（a）、（b）不同波长下的*I-V*特性；（c）光阻随波长的变化；（d）0.01 V偏置电压下的光电流响应；
（e）0.01 V偏置电压下的全光谱D^*和NEP曲线；（f）不同偏置电压下的全光谱响应度

图 4-57(c)所示为器件在不同激发光辐照下的光阻随波长的变化，光阻变化的计算公式为 ΔR_{ph} = 光阻 − 暗电阻。结果显示，器件在 UV 波段内的光阻变化达 28 kΩ，而在 THz 波段内的光阻变化低至约 5 kΩ。这一现象表明，由带间跃迁增加的载流子数比由光辐照引起的温度升高进而增加的载流子数要大得多。图 4-57(d)所示为器件在 0.01 V 偏置电压作用下，400~118 000 nm 波段下的全光谱光电流。结果显示，器件展现出光电流稳定、开关快速的特性。图 4-57(e)所示为 0.01 V 偏置电压下的全光谱 D^* 和 *NEP* 值。为了验证器件的性能，实验时加载了不同大小(0.04、0.12、0.2 和 1 V 的偏置电压，得到不同偏置电压下的全光谱响应度 *R* 曲线，如图 4-57(f)所示。结果显示，全光谱响应度随偏置电压的升高而增大。

响应速度是决定光电探测器应用领域的另一重要参数。图 4-58 所示为高速响应测试系统的原理。该测试系统采用 1 064 nm 脉冲激光器作为光源，利用分束镜将出射光分成两束。为了保证检测信号的准确性，采用商用 Ge 检测器作为标准值光检测器。图 4-59(a)所示为单脉冲激光器的强脉冲输出波形，可见其峰值波形为三角形，半峰全宽(Full Width at Half Maxima，FWHM)约为

97 ns。图 4-59（b）所示为 $MAPbI_3$ 薄膜光电探测器和标准 Ge 探测器在 1 064 nm 脉冲激光辐照下的脉冲响应曲线。结果显示，$MAPbI_3$ 探测器的电压信号与标准 Ge 检测器的电压信号相对应，表明 $MAPbI_3$ 探测器的响应速度快，响应时间为 ns 量级。同样，$MAPbI_3$ 探测器也表现出较强的脉冲峰值，上升和下降趋势与标准 Ge 探测器一致。结果表明，$MAPbI_3$ 探测器的开关曲线是真实的，没有失真。图 4-59（c）所示为 $MAPbI_3$ 探测器在 1 064 nm 脉冲激光辐照下的完整开关周期。$MAPbI_3$ 探测器在多次脉冲辐照下表现出稳定和可重复的特点。图 4-59（d）所示为 $MAPbI_3$ 探测器的响应时间。在一般情况下，上升时间可以定义为光电流从最大光电流值的 10% 增大到 90% 的时间，下降时间可以定义为光电流从最大值的 90% 下降到 10% 的时间。显然，$MAPbI_3$ 探测器表现出快速响应的特点，上升时间为 76 ns，下降时间为 126 ns，比报道的 1 000 nm 辐照下的结果（300 ms）快了 3 个数量级。

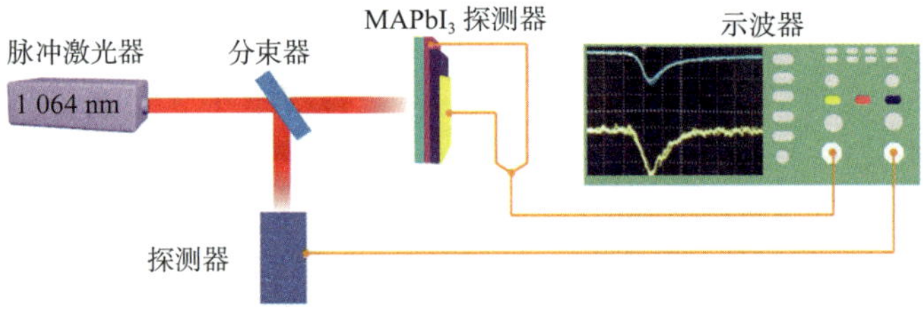

图 4-58　$MAPbI_3$ 薄膜光电探测器的高速响应测试系统

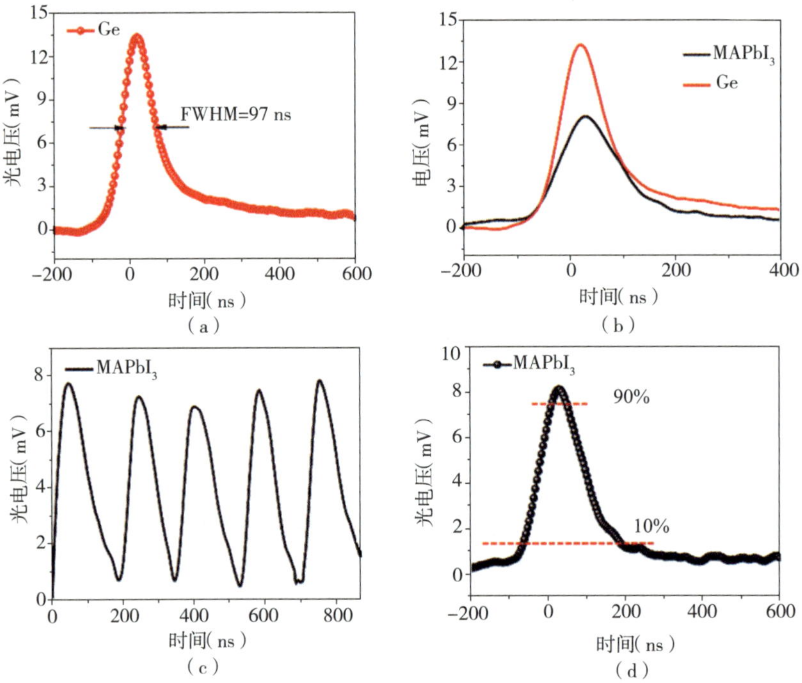

图 4-59　$MAPbI_3$ 薄膜光电探测器的光电特征曲线

（a）单脉冲输出波形；（b）与Ge探测器的比较；（c）开关周期；（d）响应时间

然后，测量了 $MAPbI_3$ 薄膜光电探测器对斩波信号的光响应。图 4-60 所示为 $MAPbI_3$ 探测器的斩波测试系统原理。图 4-61 所示为 $MAPbI_3$ 探测器在 10 Hz~3.952 kHz 的光电 - 时间曲线。可以清楚地看到，$MAPbI_3$ 探测器在所测频率范围内，曲线形状呈现出方波波形。此外，在 10 Hz~3.952 kHz

的频率下，$MAPbI_3$ 探测器的响应度基本不变。由于斩波控制器的频率限制，频率测试上限被限制在 3.952 kHz。上述结果表明，$MAPbI_3$ 探测器的响应截止频率远远超过 3.952 kHz，响应时间低于 μs 量级。

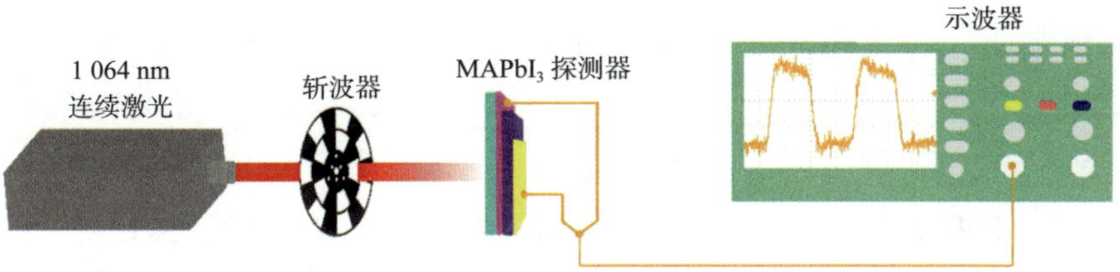

图 4-60　$MAPbI_3$ 薄膜光电探测器斩波测试系统

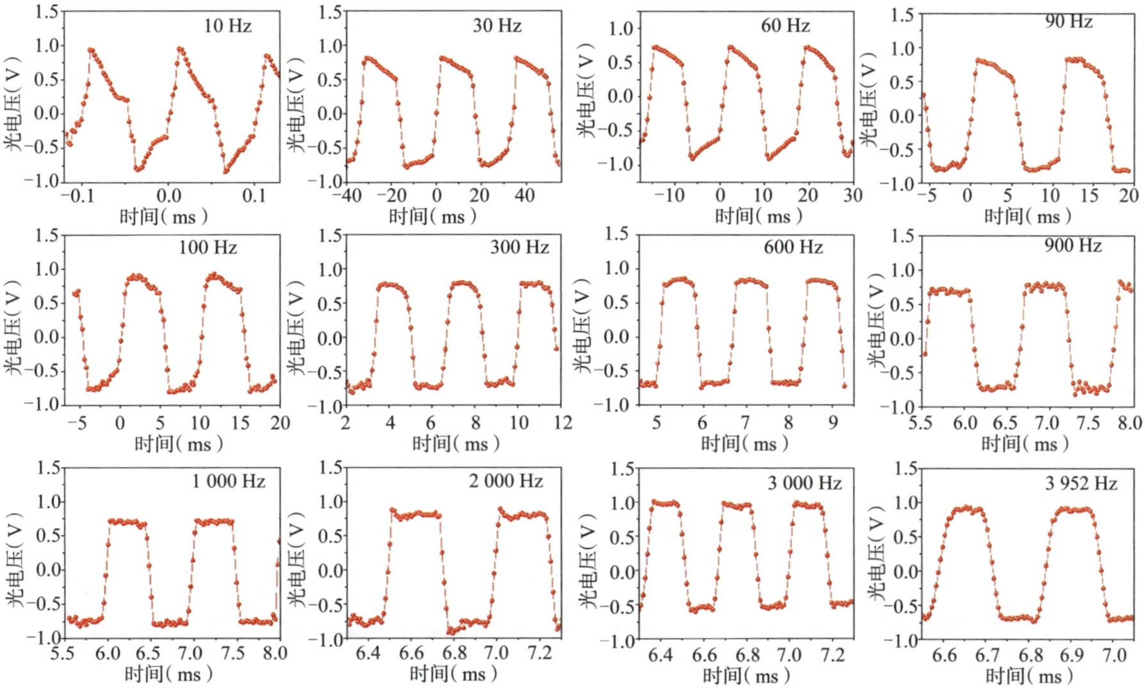

图 4-61　$MAPbI_3$ 薄膜光电探测器在 10 Hz~3.9 kHz 激光下的光开关信号

Ⅲ. $MAPbI_3$ 薄膜光电探测器在 IR—THz 波段的响应机制

一般来说，$MAPbI_3$ 探测器的光响应可能有几种不同的机制：光伏（photovoltaic，PV）效应、光电导（photoconductive，PC）效应、光热电（photothermoelectric，PTE）效应和辐射热（bolometric）效应。众所周知，PV 或 PC 效应的光电流产生是由于入射光子能量大于 $MAPbI_3$ 的带隙激发的电子 - 空穴对。$MAPbI_3$ 的结构表征图显示其有约 810 nm 的吸收边缘，带隙约为 1.5 eV。因此，PV 和 PC 效应并不能解释 $MAPbI_3$ 探测器在 IR—THz 范围内的光响应。在 PTE 效应中，入射光转换成热载体，然后诱导温度梯度 ΔT，从而在两个相邻区域产生光电压。PTE 光电压 $V_{PTE} = S\Delta T$，其中 S（V/K）为热电功率（Seebeck 系数）。本研究假设不对称电极在 PTE 效应中起重要作用，在 NIR—THz 范围内主导着 $MAPbI_3$ 探测器光电流的产生。在 1 064 nm 和 118 000 nm（2.52 THz）激光的辐照下 $MAPbI_3$ 的赛贝克系数为 −25 μV/K，ΔT 约为 0.4 K。因此，理论 PTE 光电流 $I_{PTE} = V_{PTE}/RT = 1\ \mu V/RT \approx$

2×10^{-11} A≈20 pA，远小于测量值 1.29 nA；该结果对 1 064 nm 和 10 600 nm 激光辐照的光响应同样适用。基于以上分析，PTE 效应并不是 $MAPbI_3$ 探测器在 NIR—THz 范围内光电流产生的主导机制。由于 PV、PD 和 PTE 效应与在 NIR—THz 范围内观察到的光响应无关，因此辐射热效应开始发挥作用。

众所周知，辐射热效应取决于入射光子增加产生的热量引起的电阻变化。所以，它的光谱响应本质上是波长独立的。基于辐射热效应的基本理论，电阻遵循电阻温度特性，表达式为

$$R_T = A\mathrm{e}^{B/T} \tag{4-9}$$

式中：R_T 是温度为 T 时的电阻；A 和 B 为常数；T 为温度。

综上所述，$MAPbI_3$ 薄膜光电探测器的响应范围覆盖 UV—THz 波段，在 UV—可见光和 NIR—THz 波段，光电流的产生分别以 PC 效应和辐射热效应为主。在低偏置电压（1 V）情况下，$MAPbI_3$ 探测器获得了较高的响应度，在 UV—可见光波段为 1×10^5 mA/W，在 NIR—THz 波段为 1×10^2 mA/W。此外，在 1 064 nm 光辐照下，$MAPbI_3$ 探测器的响应时间为 76 ns（上升时间）和 126 ns（下降时间）。本研究不仅证明了 $MAPbI_3$ 用于 THz 检测的独特性和有效性，而且为超宽带光检测提供了新途径。

4.3.3 基于光诱导热释电效应的自驱动光电探测器

自驱动光电探测器是能够在无任何外加电源的情况下实现光电探测功能的新型微纳光电器件。光诱导热释电效应是其实现自驱动的主要原理，是一种基于具有自发极化特性和非对称中心的光电材料的热释电效应。目前，绝大多数自驱动光电探测器的材料为纳米线、纳米管等非零维材料，对基于 QDs 零维材料的自驱动光电探测器的研究较少。基于液相合成这种廉价方法制备出的胶体 QDs 可以为微纳器件在大面积、可植入、柔性、生物检测等领域的应用提供更多可能。本小节采用胶体纤锌矿结构（Colloidal Wurtzite-Structure）CdSe/ZnS QDs（简称 CWQDs）和钙钛矿 QDs 构建具有超快响应的自驱动光电探测器，通过研究其光—热—电的转换过程，揭示 QDs 中的光诱导热释电效应过程，并对相关器件的输出特性进行研究。

（1）基于光诱导热释电效应的自驱动胶体纤锌矿 QDs 光电探测器

首先，研究基于传统自发极化材料 CdSe/ZnS 的自驱动光电探测器。通过液相合成方法制备具有纤锌矿结构的胶体 CdSe/ZnS 核壳 QDs，利用其 TEM 图、X 射线衍射（X-ray Diffraction，XRD）图及器件的 *I-V* 特性曲线等，验证 QDs 层的自发极化特性及内建电场。然后，详细分析器件在无外界供电情况下的整个光电响应过程，同时系统研究光强、频率和温度对器件输出特性的影响，得到最大输出电流为 21.5 nA，最小响应时间为 20.6 μs。这是首次报道基于 QDs 的光诱导热释电效应的自驱动光电探测器。自驱动 CWQDs 光电探测器的结构、自驱动原理和测试结果如图 4-62 至图 4-65 所示。

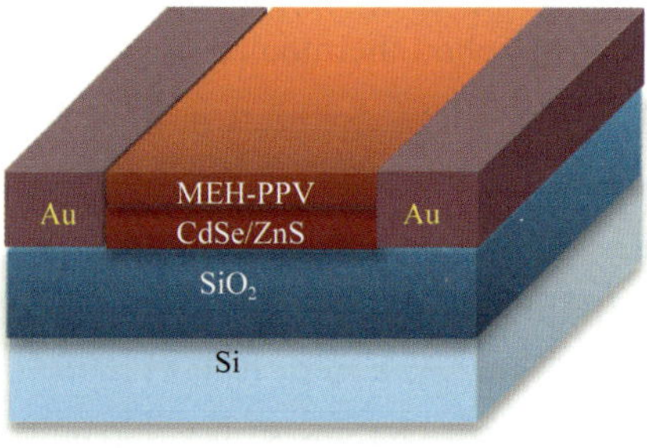

图 4-62 自驱动胶体纤锌矿结构 QDs 光电探测器结构

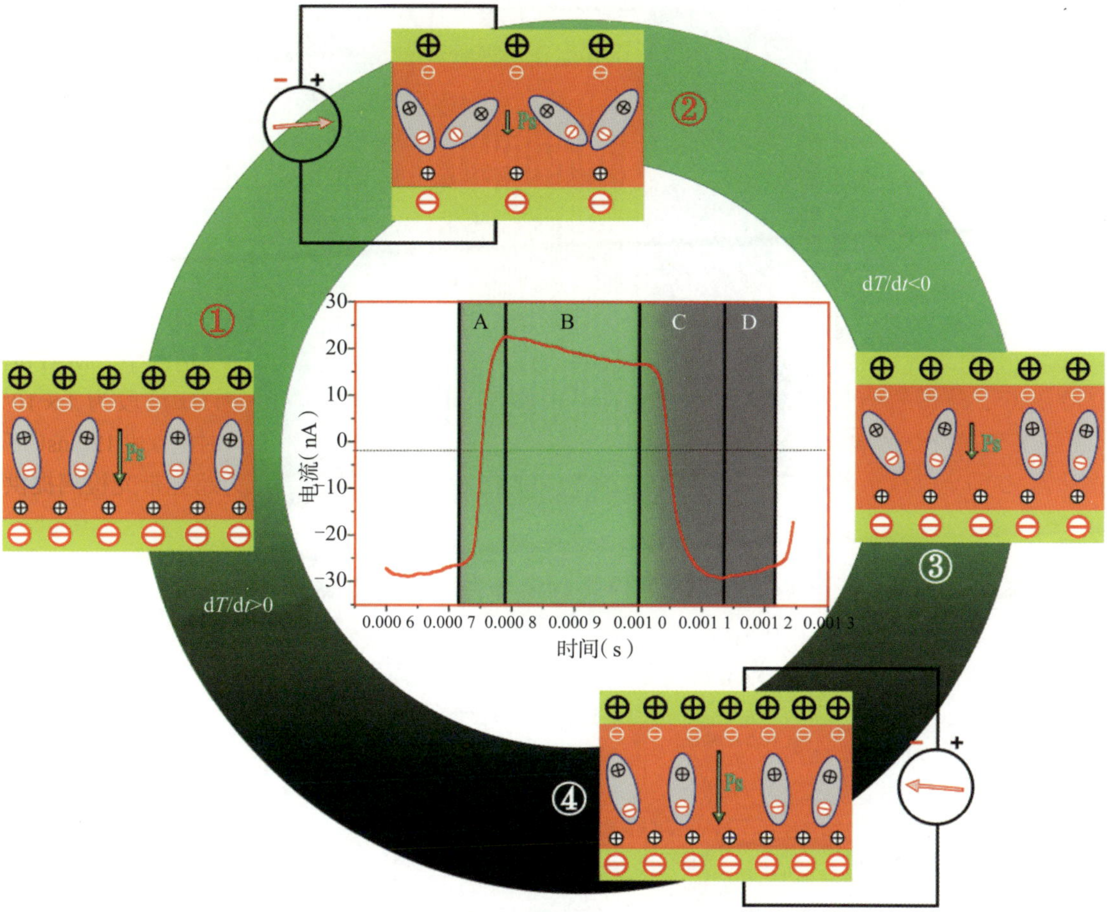

图 4-63 自驱动胶体纤锌矿结构 QDs 光电探测器的自驱动原理

利用溶胶凝胶方法制备出具有非对称结构和自发极化特性的胶体纤锌矿结构 CdSe/ZnS QDs（CWQDs）。基于 CWQDs 与 Au 电极组合形成的 Au-CWQDs-Au“三明治结构”，制备出一种基于光诱导热释电效应的自驱动光电探测器。通过该探测器的 *I-V* 特性曲线和 *I-t* 特性曲线，分析 QDs 层的自发极化特性及相应的内建电场。通过详细分析该探测器在不同阶段的电荷分布和极化强度变化，阐释其工作原理及工作过程。该探测器在无光照（dark）、532 nm 连续光照、532 nm 脉冲光照 3 种条件下的输出响应如图 4-64 所示；光电输出响应如图 4-65 所示。

光电特征分析结果表明，在无外界供电下，该探测器对可见光具有优异的响应特性，证明其具有自驱动特性；同时，该器件也表现出优异的光诱导热释电性能，对光强、频率和温度均具有快速、灵敏的响应能力，可以输出电流信号[24]。QDs 层与 Au 电极之间边电极结构提供了较长的电极间距和较低的电容，实现了超快响应，最小上升时间为 20.6 μs，下降时间为 30.1 μs。本研究为实现基于光诱导热释电效应的自供电光电探测器提供了一种全新的实现方法，具有广阔的应用前景。

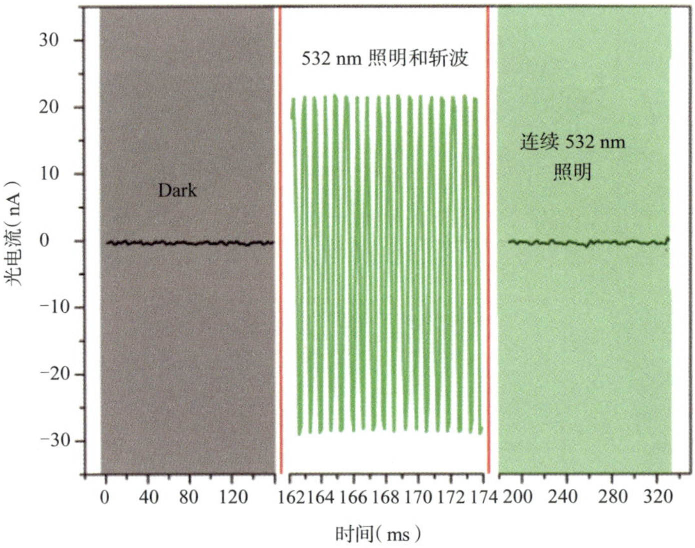

图 4-64　自驱动 Au-CWQDs-Au 结构光电探测器

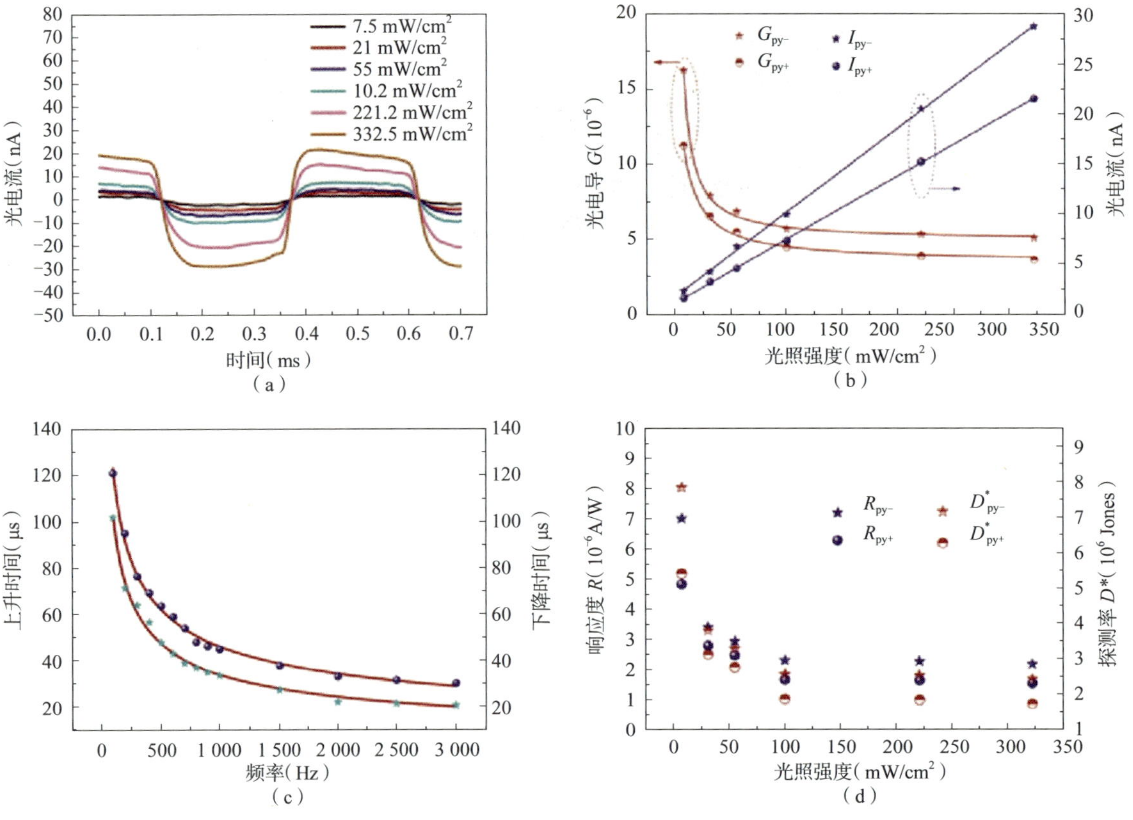

图 4-65　自驱动 Au-CWQDs-Au 光电探测器的光电输出响应

（a）不同光照强度（功率密度）下的 *I-t* 特性；（b）光电导增益、光电流与光照强度的关系；（c）频率与响应时间的关系；（d）响应度、探测率与光照强度的关系

(2)全无机钙钛矿 QDs 自驱动光电探测器的光诱导热释电特性

本研究基于全无机胶体 $CsPbBr_3$ 钙钛矿 QDs 构建了自驱动光电探测器。基于 TEM 和 XRD 的研究显示，基于原位配体辅助沉淀(Ligand-assisted Reprecipitation，LARP)方法制备的 $CsPbBr_3$ QDs 具有准立方晶系，如图 4-66 所示。本部分工作通过分析 *I-V* 特性曲线和 *I-t* 特性曲线得到 $CsPbBr_3$ QDs 的自发极化特性及内建电场，分析 $CsPbBr_3$ QDs 的温度变化率(dT/dt)，揭示 $CsPbBr_3$ QDs 自驱动光电探测器的光诱导热释电效应过程。图 4-67 所示为 $CsPbBr_3$ QDs 自驱动光电探测器的光电响应测试系统；图 4-68 所示为光电响应的 *I-V* 特性曲线；图 4-69 所示为光电响应的 *I-t* 特性曲线；图 4-70 所示为该探测器的探测性能与光功率密度的关系。

在调制频率为 350 kHz 时，该探测器可实现最低的可识别响应时间为 1 μs。在无外界供电情况下，$CsPbBr_3$ QDs 自驱动光电探测器展现出优异的光电响应特性。由于 $CsPbBr_3$ QDs 的高光吸收效率，得到最大的输出电流为 82.6 nA，最大响应度为 0.45 mA/W，该性能是前面胶体纤锌矿 CdSe/ZnS QDs 的 75 倍。此外，光电导增益 G 和探测率 D^* 在 2 mW/cm^2 时达最大值，分别为 1.03×10^{-3} 和 9.8×10^7 Jones，分别提高 200 倍和 40 多倍。

本研究从侧面验证了全无机卤化物金属钙钛矿材料的自发极化特性，拓展了其在自驱动器件和超快探测等领域的应用。通过原位 LARP 制备出具有准立方晶系的胶体全无机 $CsPbBr_3$ 钙钛矿 QDs，在此基础上构建出与 Au 电极形成的金属 - 半导体 - 金属双欧姆结自驱动光电探测器。

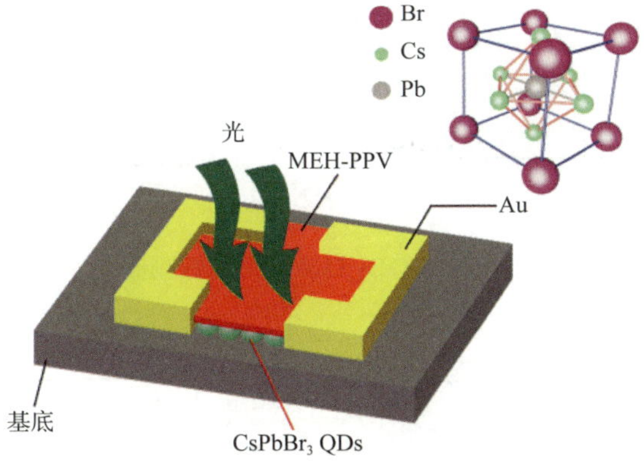

图 4-66　$CsPbBr_3$ QDs 自驱动光电探测器的结构

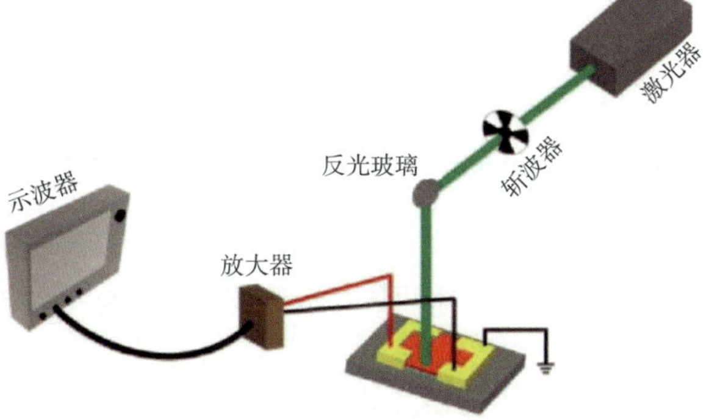

图 4-67　$CsPbBr_3$ QDs 自驱动光电探测器的光电响应测试系统

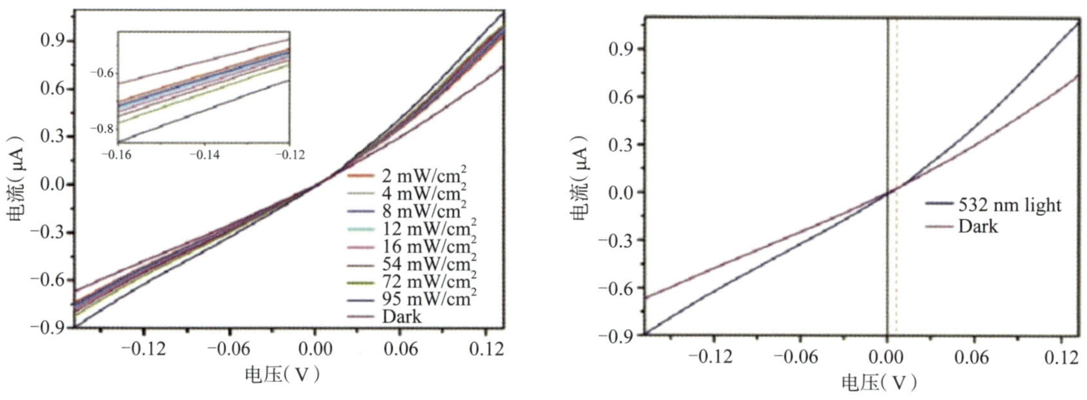

图 4-68　$CsPbBr_3$ QDs 自驱动光电探测器的 *I-V* 特性曲线

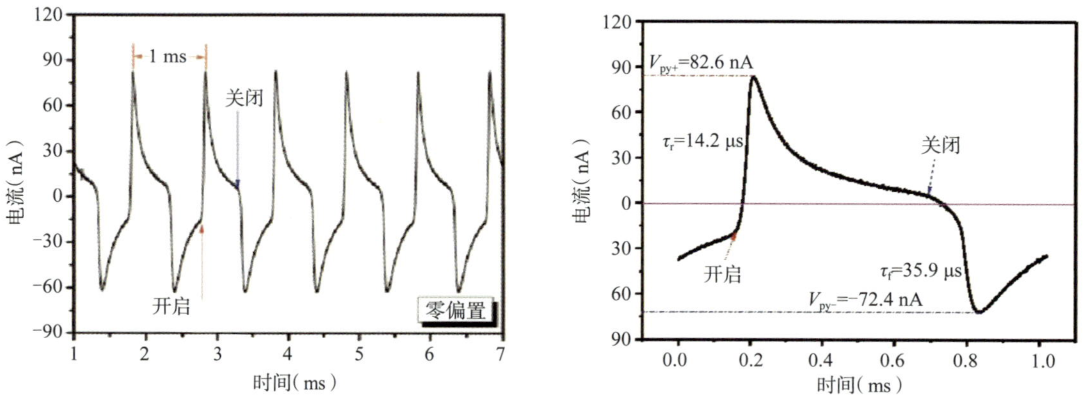

图 4-69　$CsPbBr_3$ QDs 自驱动光电探测器的 *I-t* 特性曲线

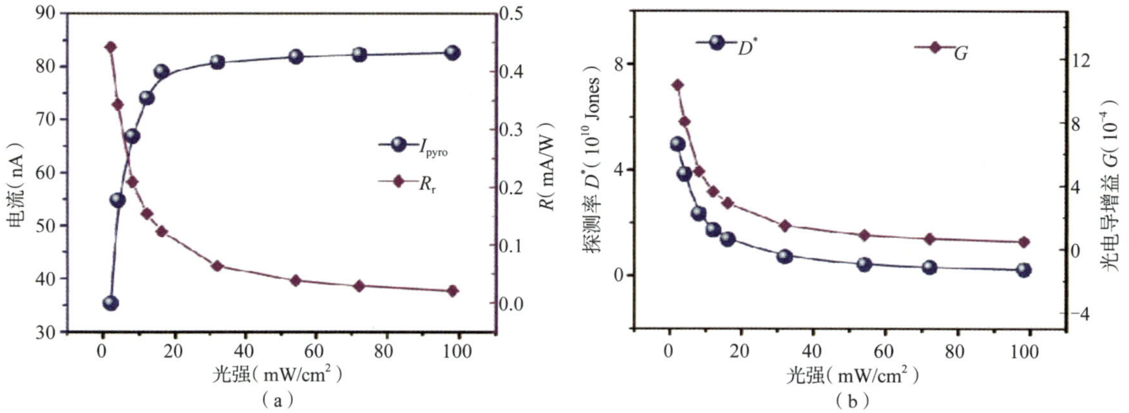

图 4-70　$CsPbBr_3$ QDs 自驱动光电探测器的探测性能与光功率密度的关系

（a）输出电流和响应度；（b）探测率D^*和光电导增益G

本研究利用斩波器和任意信号发生器研究 $CsPbBr_3$ QDs 自驱动光电探测器的频率响应特性。对比实验数据和拟合曲线，可以发现 $CsPbBr_3$ QDs 具有和传统热释电材料相似的频率响应特性规律。$CsPbBr_3$ QDs 自驱动光电探测器采用边电极结构，受限于放大电路的等效电阻和电容，在调制频率为 350 kHz 时,实现最低的响应时间为 1 μs,迄今为止,这可能是自驱动光电探测器的最快响应时间。相比于传统热释电材料(如 $BATiO_3$),$CsPbBr_3$ QDs 的响应度和响应时间都有很大提升。这种基于 $CsPbBr_3$ QDs 的自供电光电探测器为实现光电探测器的自供电提供了一种新的途径,满足了光电检测、自供电、能量采集等方面的需求。

(3)全无机卤化物钙钛矿薄膜自驱动光电探测器

本研究研究了一种探测蓝紫光的新型全无机卤化物钙钛矿($CsPbI_xBr_{1-x}$)薄膜自驱动光电探测器,如图 4-71 所示。通过调控全无机卤化物 $CsPbI_xBr_{1-x}$ 纳米晶中的卤族元素配比,使其具备对蓝紫光高效响应的特性。

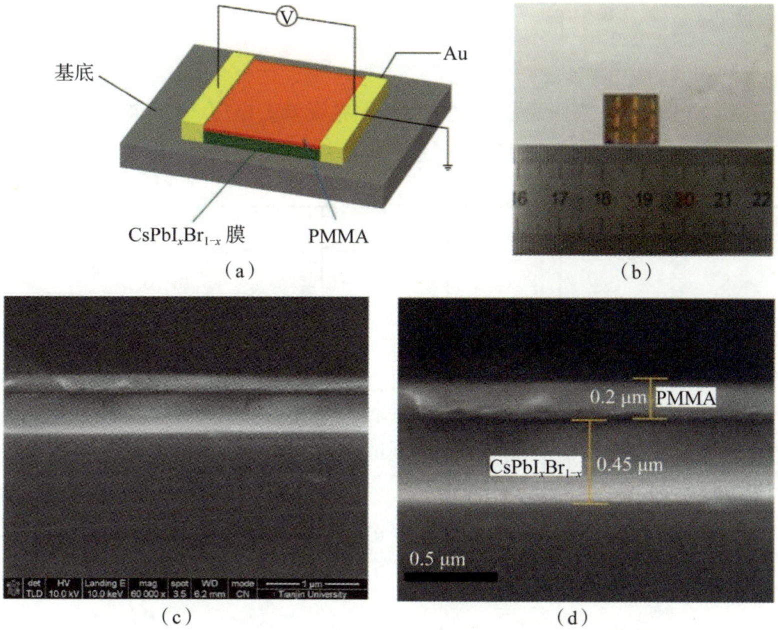

图 4-71 全无机 $CsPbI_xBr_{1-x}$ 薄膜自驱动光电探测器

(a)结构示意;(b)实物;(c)横断面SEM图像;(d)微观结构尺寸

首先制备出具有四方晶系结构的全无机 $CsPbI_xBr_{1-x}$ 钙钛矿纳米晶,通过与 PMMA、Au 电极进行复合,构建出金属 - 半导体 - 金属双欧姆结自驱动光电探测器。在无外界供电情况下,该探测器基于光诱导热释电效应能实现对光的探测,展现出优异的光电响应特性,其输出特性如图 4-72 和图 4-73 所示。结果显示,该探测器的探测范围覆盖 405~808 nm 可见光波段,特别展现出对蓝紫光的高响应,具有紫外探测的潜在可能。通过调整周期性入射的调制光,该探测器展现出双向电流现象,验证了该探测器具有热释电效应。归功于全无机 $CsPbI_xBr_{1-x}$ 纳米晶的高光吸收效率,在 405 nm 光辐照下,该探测器能够在零偏置电压条件下得到 14.8 mV 的最高输出电压和 2.2 V/W 的最大响应度。对于该探测器的频率响应特性,其可实现的最小可识别响应时间为 1.5 μs。

这种全无机 $CsPbI_xBr_{1-x}$ 薄膜自驱动光电探测器具有超快和宽带响应,不仅为满足光电探测、光热传感、能源收集等领域提供了新的思路,同时也为紫外光探测提供了一种新的途径,拓展了钙钛矿材料在紫外探测方面的应用领域。

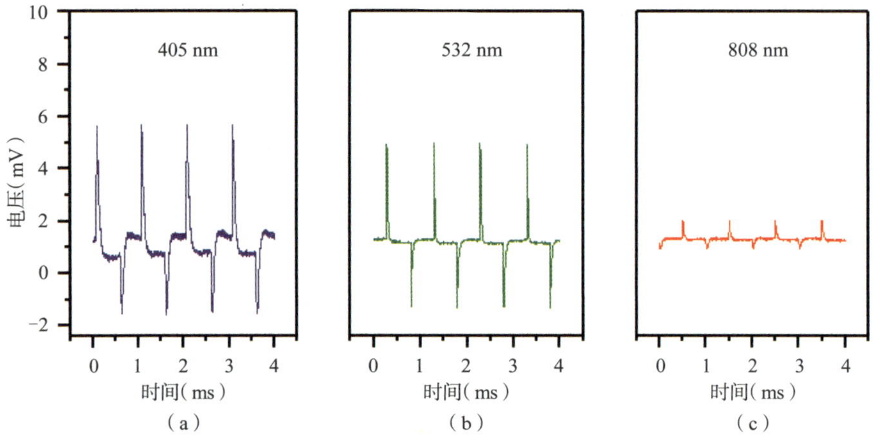

图 4-72　全无机 $CsPbI_xBr_{1-x}$ 薄膜自驱动光电探测器在零偏置电压、不同波长光辐照下的 *V-t* 曲线

(a) 405 nm；(b) 532 nm；(c) 808 nm

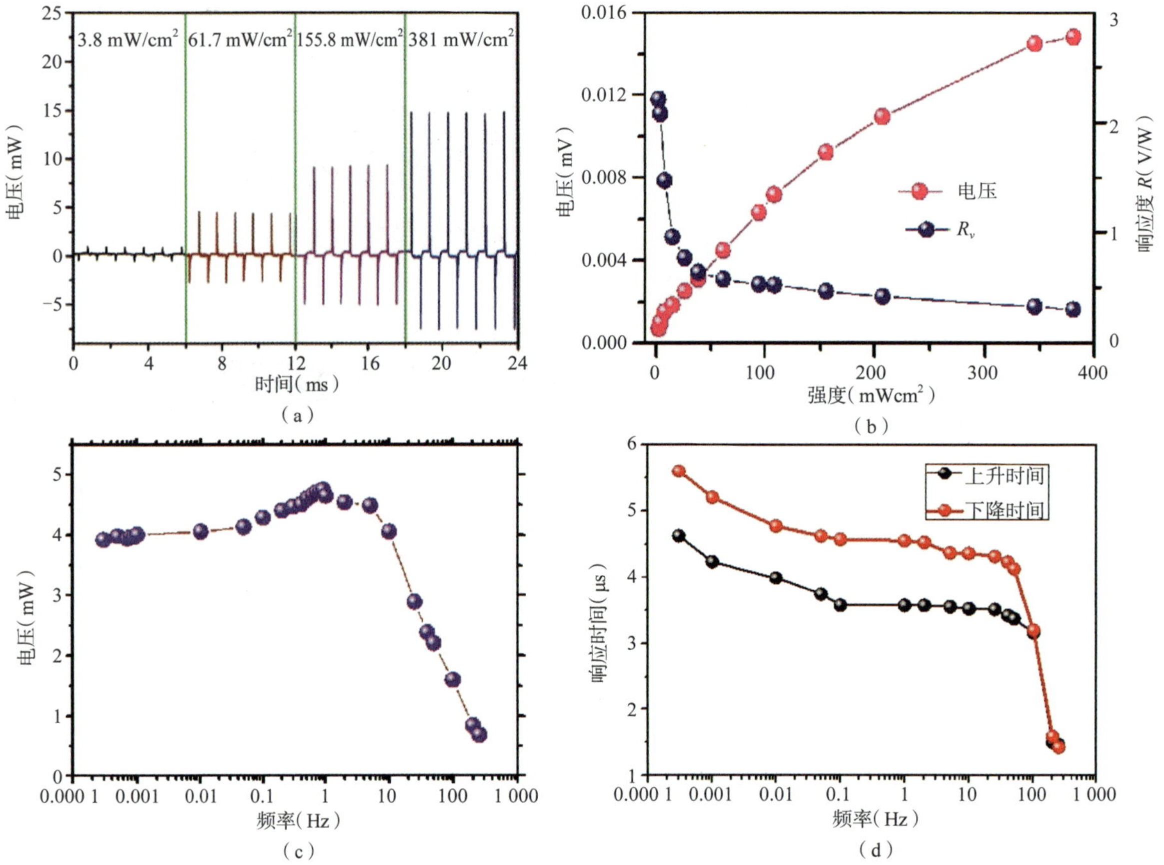

图 4-73　全无机 $CsPbI_xBr_{1-x}$ 薄膜自驱动光电探测器的光电输出特性

(a) 不同辐照度下的*V-t*特性；(b) 辐照度与输出电压、响应度的关系；(c) 频率与输出电压的关系；(d) 频率与响应时间的关系

自驱动光电探测器是可以在无外界能源供给情况下或施加 0 V 偏置电压条件下就能实现光电响应的新型光电探测器。自王中林院士开创自驱动体系以来，研究者开发出基于多种原理和多种材

料的自驱动光电探测器。这些探测器主要依靠光伏效应，而对于基于光诱导热释电效应的自驱动光电探测器的研究较少。同时，目前的材料体系也是以Ⅱ-Ⅵ为主要族，材料结构也是以纳米棒、纳米线为主的一维结构。对于 QDs 这类零维结构的纳米材料、具有高光电转换效率的钙钛矿材料的研究较少。因此，本研究主要通过制备出具有自发极化的胶体 QDs 或纳米晶，研究其光—热—电转换过程，揭示 QDs 的光诱导热释电效应，进而在此基础上构建出具有超快响应特性的光电探测器，并实现自驱动。

基于 QDs 的自驱动光电探测器具有其独特的优势，相关研究为实现自驱动及 QDs 应用提供了一定的思路，同时也取得了一定的进展。但是，综合当前的研究进展，发现其也存在一定的不足，主要是输出电流基本都为微安或纳安量级，导致自驱动光电探测器的输出电功率太小，无法有效地为后续系统供电，这极大地限制了此类自驱动光电探测器的实际应用。因此，如何提高此类自驱动光电探测器的输出电功率是今后的重要研究方向，涉及新型光电材料研究、材料优化及可控制备、器件结构设计等。此外，尽管有很多研究报道了金属卤化物钙钛矿材料的热电或热释电特性，但是目前仍然没有一个统一的结论。本研究也只是从侧面进行了验证，因此需要进一步深入研究，统一相关结论。目前，对自驱动光电探测器理论的模拟分析受多种因素制约，在该领域还没有相关报道。因此，该研究领域的发展目标如下：第一，提高自驱动光电探测器的输出电流，并研究其实际应用；第二，基于现有理论对自驱动光电探测器进行理论模拟，从而提高其输出性能。

4.4　铅基与铋基卤化物钙钛矿高性能光电探测器研究

在过去几年中，钙钛矿材料在光电转换器件领域备受关注。同时，由于钙钛矿还具有可调的带隙、较高的载流子迁移率和可通过溶液制备方法制备等特点，非常适合应用在光电探测器领域。因此，如何更好地将钙钛矿材料与光电探测器结合成为新的研究热点。本小节介绍基于铅基（$CsPbBr_3$、$CH_3NH_3PbI_3$）和铋基（$CsBi_3I_{10}$）钙钛矿光电探测器的制备工艺、结构设计与成像相关研究。

4.4.1　一步热蒸发方法制备 $CsPbBr_3$–$CsPb_2Br_5$ 复合薄膜的光电特征

为了拓宽 QDs 光电探测器的响应波段，提升响应速度，本小节研究了 $CsPbBr_3$ QDs 和 PbS QDs 复合材料。利用 $CsPbBr_3$ QDs 的高载流子迁移率和 PbS QDs 的窄带隙，使构成的光电探测器可对可见和红外波段入射光进行响应，同时具有较快的响应速度，并且可在零偏置电压下工作。另外，为了避免使用溶液制备方法时 CsBr 溶解度低导致的全无机 $CsPbBr_3$ 薄膜质量不佳问题，研究了制备 $CsPbBr_3$-$CsPb_2Br_5$ 复合薄膜的一步热蒸发方法，并对其光电特征进行了表征和测试。同时，在对复合薄膜进行退火后，晶粒大小提高，光生载流子的损耗降低。在 5 V 偏置电压下，研究了 $CsPbBr_3$-$CsPb_2Br_5$ 复合薄膜对 405 nm 光辐照的响应速度和响应度。

$CsPbBr_3$-$CsPb_2Br_5$ 复合薄膜的制备方法如下[25]：采用 $CsPbBr_3$-$CsPb_2Br_5$ 复合粉体（西安宝莱特光电科技有限公司）为原料，将复合粉体置于钼坩埚中，在蒸发室中设定真空度为 1×10^{-4} Pa、电流为 21 A、蒸发时长为 100 min，最终成功将 $CsPbBr_3$-$CsPb_2Br_5$ 复合物沉积在玻璃衬底上。与溶液制备法制备钙钛矿薄膜不同的是，使用热蒸发方法时，不需要退火即可获得钙钛矿晶体，但由于薄膜的结晶质量较低，因此采用后退火工艺改善复合薄膜的结晶质量。如图 4-74（a）所示，所制备的 $CsPbBr_3$-$CsPb_2Br_5$ 复合薄膜呈透明黄色。然后，采用热蒸发方法在薄膜表面沉积厚度为 80 nm 的 Au 电极。为了尽可能地验证复合薄膜的均匀性，沉积了多个 Au 电极单元。在每个单元中，两个平行电极之间的导电沟道尺寸为 1 mm × 100 μm。$CsPbBr_3$-$CsPb_2Br_5$ 复合薄膜的光响应测试系统如图 4-74(b)所示，其使用任意波形发生器产生脉冲控制信号控制 405 nm 激光器的开关。

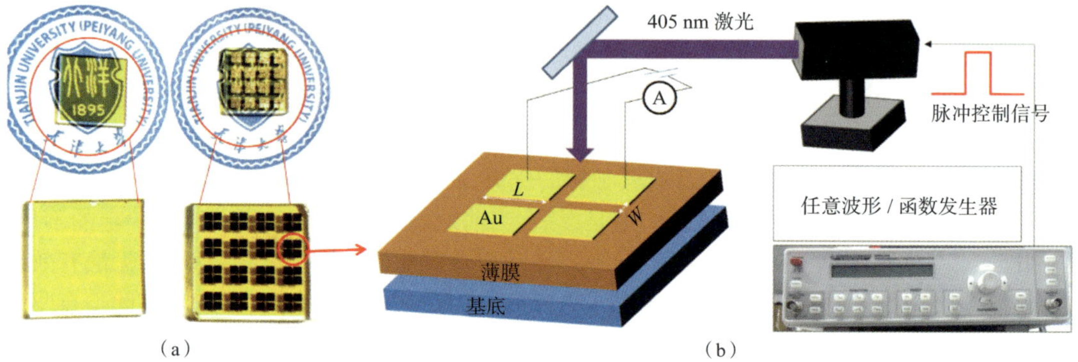

图 4-74　$CsPbBr_3$-$CsPb_2Br_5$ 复合薄膜

(a) 实物；(b) 光响应测试系统示意

本研究采用热蒸发方法制备了四方相 $CsPb_2Br_5$ 和正交相 $CsPbBr_3$ 复合薄膜，薄膜厚度约为 100 nm。为了改善结晶质量，在不同温度下对复合薄膜进行了退火处理。为了得到一个适当的退火温度，分别对不同温度进行了测试，包括 100、150 和 250 ℃，每次退火的时间为 15 min。$CsPbBr_3$-$CsPb_2Br_5$ 复合薄膜的输出特性如图 4-75 所示，其中净光电流(photo-current)为光辐射下的电流与暗态下的电流的差值。$CsPbBr_3$-$CsPb_2Br_5$ 复合薄膜的光响应特性如图 4-76 所示。

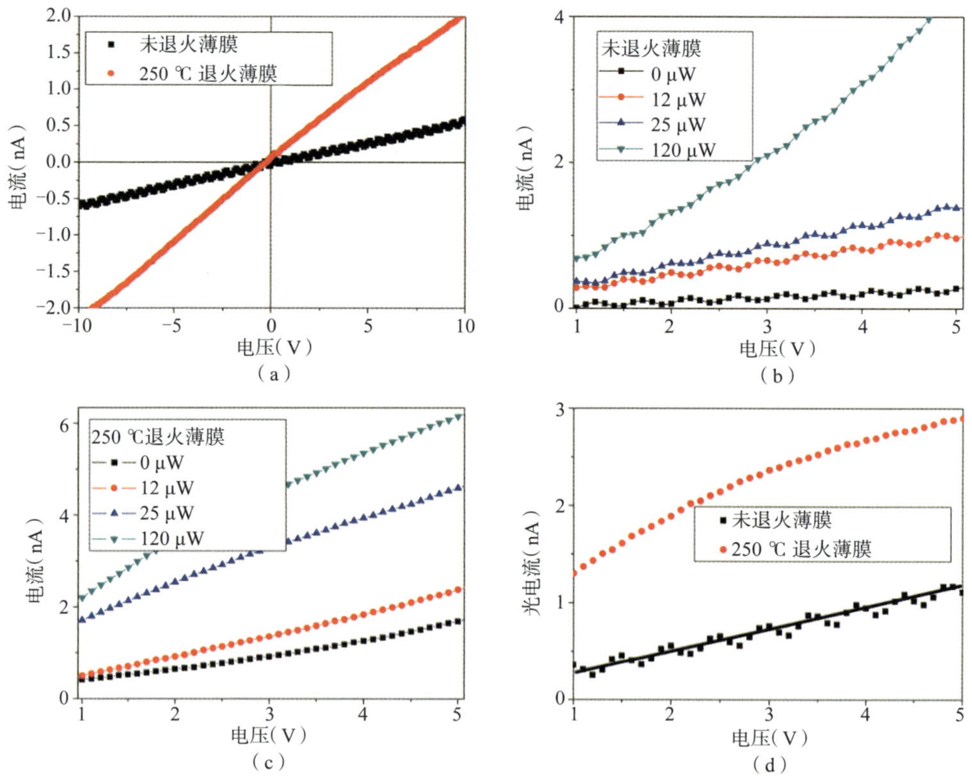

图 4-75　$CsPbBr_3$-$CsPb_2Br_5$ 复合薄膜的输出特性

(a) 黑暗状态下的 *I-V* 曲线；(b) 光辐照未退火薄膜的 *I-V* 曲线；(c) 光辐照 250 ℃退火薄膜的 *I-V* 曲线；
(d) 25 μW 光辐照条件下，退火前后复合薄膜的净光电流结果显示，经 250 ℃退火后，复合薄膜的晶粒尺寸在 200~400 nm，吸收带边在 550 nm 处，在 550~700 nm 范围内的透光率 >90%。此外，带隙计算范围为 2.28~2.35 eV。进一步研究复合薄膜在 405 nm 入射光下的光响应特性。250 ℃退火处理后，得益于结晶质量的提高，光生载流子的损耗降低，提高了复合薄膜的光响应性能。复合薄膜在脉冲光响应测试中表现出了良好的重复性和稳定性。在施加 5 V 偏置电压和 25 μW 入射光辐照下，复合薄膜的光电流上升时间和下降时间分别为 60 ms 和 40 ms。250 ℃退火处理后，在 1 mm × 100 μm 导电沟道条件下，复合薄膜的响应度为 160 μA/W，相比于退火处理前提高了 8 倍。

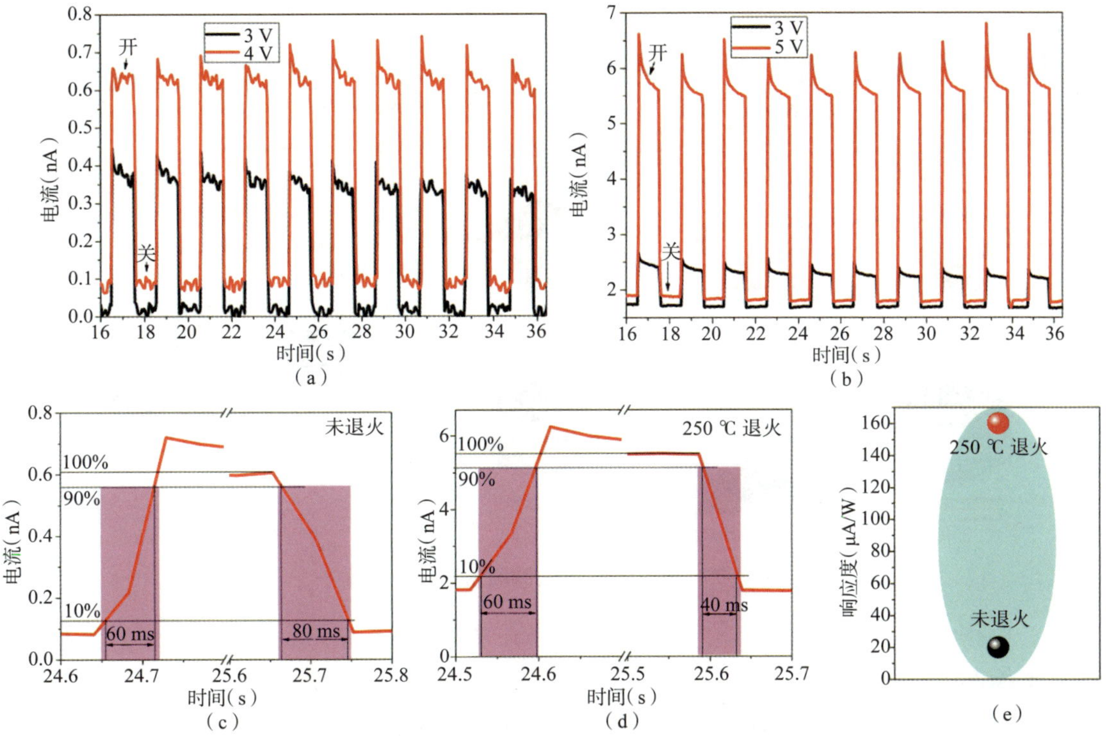

图 4-76　$CsPbBr_3$-$CsPb_2Br_5$ 复合薄膜的光响应特性

（a）和（b）25 μW光辐照条件下，退火前、250 ℃退火后的脉冲光响应；

（c）和（d）5 V偏置电压下，退火前、250 ℃退火后的响应时间；（e）5 V偏置电压下的响应度对比

4.4.2　过量 PMMA 辅助 $MAPbI_3$ 晶体生长制备高响应度光电探测器

为了提高钙钛矿材料的薄膜质量和光电探测器的响应度，本小节研究了利用过量 PMMA 反溶剂制备钙钛矿材料薄膜的新工艺。同时，利用后处理工艺去除多余的 PMMA，以避免强绝缘性的影响。另外，基于此方法制备了 $MAPbI_3$ 光电探测器，并对其光电性能进行了研究。为了实现钙钛矿光电二极管的阵列成像应用，还研究了钙钛矿材料光电二极管与整流二极管结合后的图像传感器。该探测器无须电开关即可实现零偏置电压下的关闭态，因此避免了电路串扰导致的成像模糊，最后测试和分析了其光电性能和成像效果。

$MAPbI_3$ 光电探测器的制备步骤如图 4-77 所示。首先，分别用洗涤剂、去离子水、丙酮和异丙醇对图形化的 ITO 玻璃衬底进行超声清洗，每次 10 min，ITO 玻璃经 N_2 干燥后，经紫外 - 臭氧处理

15 min，以增强其润湿性；将 MAI 和 PbI_2 按照摩尔比 1.05 : 1 溶解在 N，N- 二甲基甲酰胺（DMF）和二甲基亚砜（DMSO）的混合溶剂（体积比为 9 : 1）中，获得 $MAPbI_3$ 材料的前驱体溶液；将 PMMA 溶解在乙酸乙酯（Ethylacetate，EA）中，60 ℃加热溶解 3 h 获得不同浓度（15、20 和 25 mg/mL）的反溶剂。其次，在 ITO 玻璃衬底上以 4 000 r/min 的转速旋涂聚（3，4- 乙烯二氧噻吩）- 聚苯乙烯磺酸盐（PEDOT-PSS）30 s，在 150 ℃下加热 15 min。再次，将衬底转移到充满 N_2 的手套箱中，$MAPbI_3$ 材料的制备是从传统的反溶剂方法改进而来的，取 $MAPbI_3$ 材料的前驱体 70 μL 在 6 000 r/min 下旋涂 30 s，然后在第 7 s 左右缓慢滴加 180 μL 反溶剂，随后在 100 ℃的热台上退火处理 15 min，反溶剂中 PMMA 的含量决定所制备出的 PMMA 膜的厚度，PMMA 含量越高，PMMA 膜的厚度越大，等试剂冷却到室温后，将其浸泡在 EA 中 20 min，以去除表面多余的 PMMA；捞出后在 80 ℃热台上干燥 5 min，接着在样品表面上以 3 000 r/min 旋涂 PCBM（溶于氯苯，浓度 20 mg/mL）30 s，80 ℃加热 10 min。最后，依次热蒸镀 5 nm 的 Cr 和 90 nm 的 Au 作为顶电极。

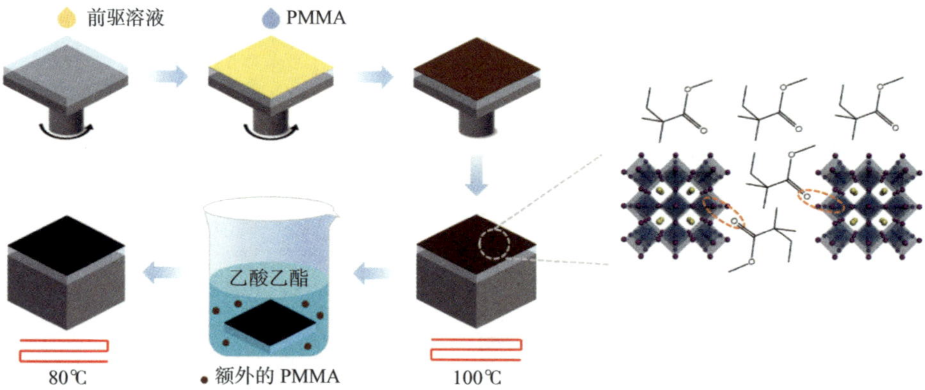

图 4-77　$MAPbI_3$ 光电探测器的制备步骤

由于 PMMA 中的羰基和 PbI_2 可形成中间加合物，因此会加速 $MAPbI_3$ 的成核，延迟晶体生长，最终形成高结晶度的 $MAPbI_3$ 薄膜。与传统的反溶剂方法不同，本研究使用的方法包含后处理过程，即将 $MAPbI_3$ 薄膜浸泡在 EA 溶液中，去除退火后覆盖在 $MAPbI_3$ 表面的多余 PMMA。浸泡前，可观察到干涉现象 [26]，即 $MAPbI_3$ 表面的反射颜色为黄色（或其他颜色，由 PMMA 覆盖层的厚度决定）；浸泡后，$MAPbI_3$ 表面的反射颜色为亮黑色，说明覆盖层已被清洗掉，如图 4-78 所示。PMMA 处理后，$MAPbI_3$ 光电探测器的结构如图 4-79 所示，其中 PEDOT-PSS 为空穴传输层，PCBM 为电子传输层，ITO 和 Au 分别为底部电极和顶部电极。这种结构与传统太阳能电池结构相似，因此 $MAPbI_3$ 光电探测器可以在没有外部电源驱动的情况下工作（自驱动模式）。然而，考虑到光电探测器在小偏置电压（-1 V）下可以获得更高的性能，因此本研究没有专门讨论该探测器的自驱动模式。不同浓度 PMMA 处理的 $MAPbI_3$ 光电探测器在 532 nm 光辐照下的输出特性和光响应特性如图 4-80 和图 4-81 所示。

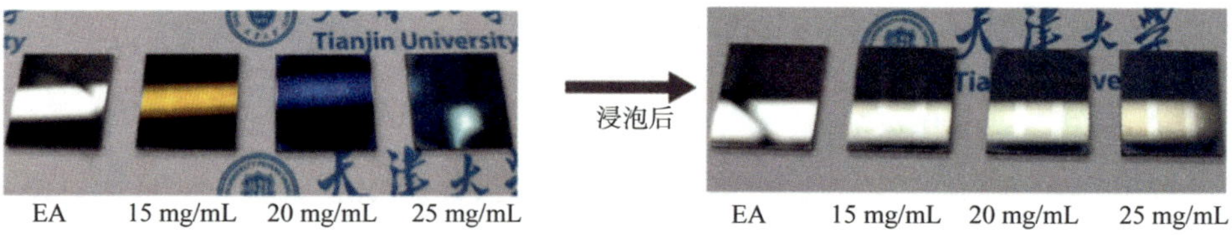

图 4-78　$MAPbI_3$ 薄膜在浸泡 EA 后的 PMMA 去除效果

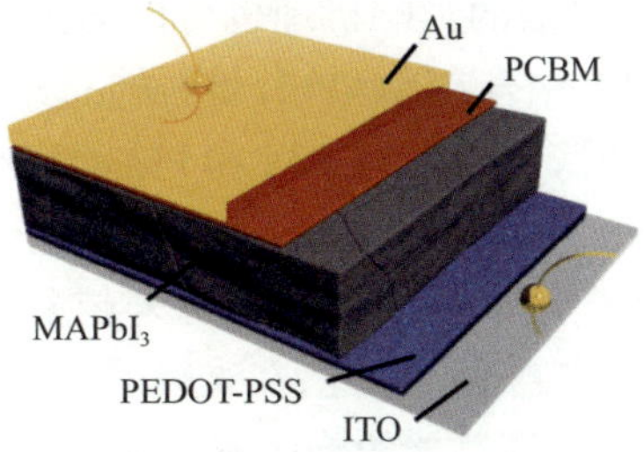

图 4-79 PMMA 处理的 $MAPbI_3$ 光电探测器的结构示意

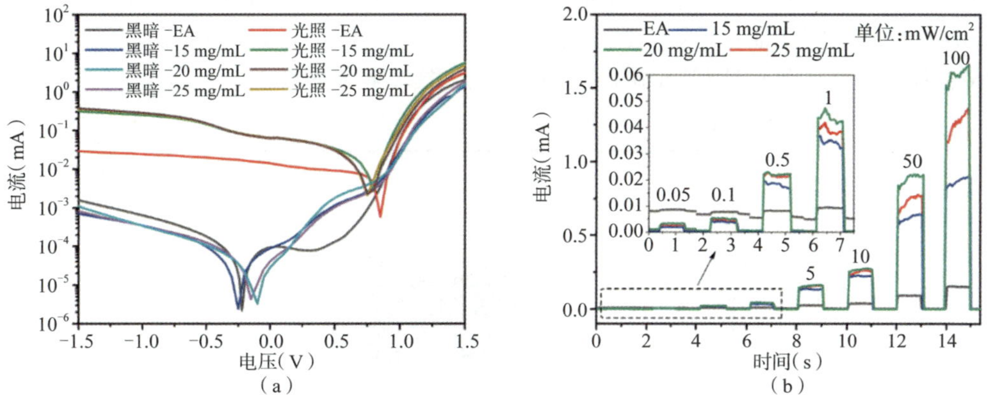

图 4-80 不同浓度 PMMA 处理的 $MAPbI_3$ 光电探测器的输出特性

(a)*I-V*曲线;(b)*I-t*曲线

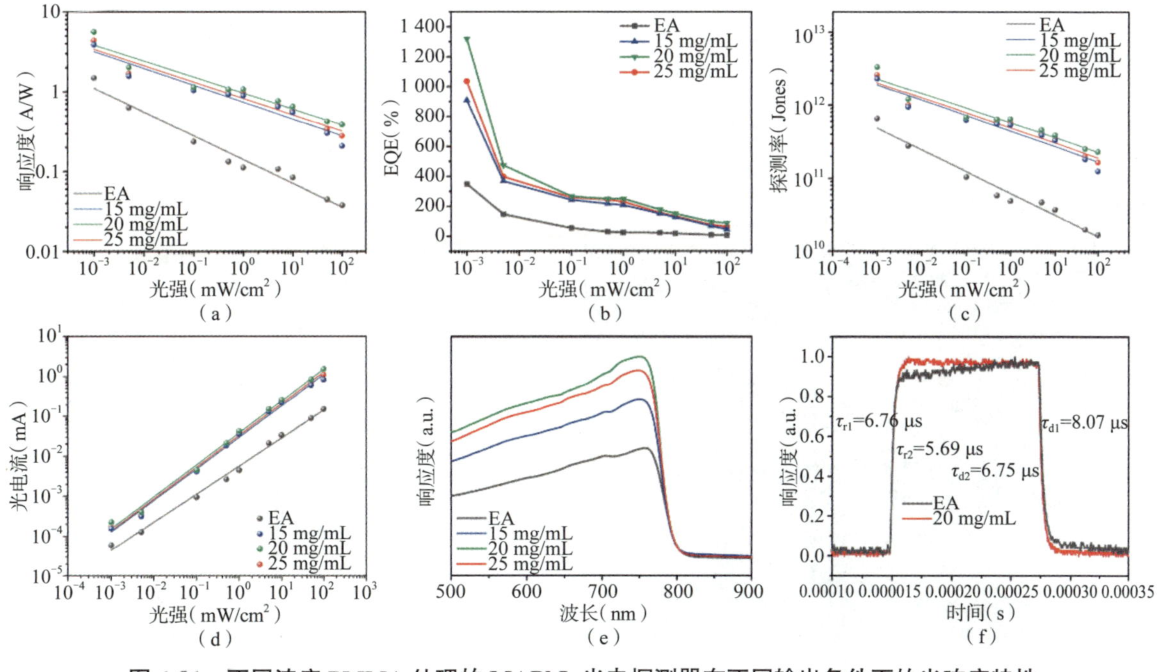

图 4-81 不同浓度 PMMA 处理的 $MAPbI_3$ 光电探测器在不同输出条件下的光响应特性

(a)响应度;(b)外量子效率;(c)探测率;(d)线性动态范围;(e)光谱响应度;(f)响应时间

PMMA 处理对 $MAPbI_3$ 光电探测器的影响机理也可以通过分析异质结的能带结构加以解释，如图 4-82 所示。PMMA 作为填充物，结合在 $MAPbI_3$ 材料的晶界中，PMMA 将晶粒分开，因此该探测器也可以等效为串联式光电探测器。同时，PCBM 和 PEDOT-PSS 分别为电子传输层和空穴传输层，两者的导带和价带位置与 $MAPbI_3$ 材料匹配，有利于光敏层中电子与空穴的分离和提取。并且，光生载流子在 PMMA 两侧积累形成空间电荷区，随着越来越多的电子和空穴被困在 PMMA 层两侧的陷阱态中，空间电荷区也变得越来越宽。因此，在光辐照作用，PMMA 具有类似电容的功能，能够产生较高的光电流，有助于提高光电探测器的响应速度和外量子效率。此外，由于加入了后处理过程，去除了表面多余的 PMMA，且晶界中的 PMMA 层较薄，因此在小偏置电压作用下，光生载流子可以通过福勒 - 诺德海姆（Fowler-Nordheim，F-N）隧穿效应通过 PMMA 层。最终，经过 PMMA 处理的 $MAPbI_3$ 光电探测器的暗电流减小，光电流增加，这与测试得到的 *I-V* 曲线结果一致。这种特殊的结构保证了该探测器具有较高的开关比，有助于提高其光敏性能。

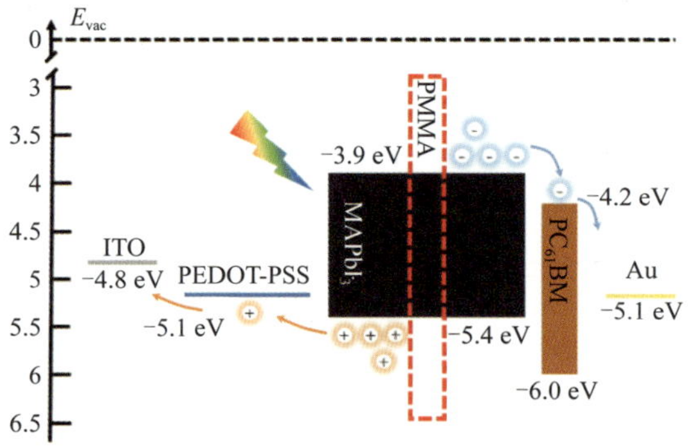

图 4-82　PMMA 处理的 $MAPbI_3$ 光电探测器的能带和载流子输运机理

在成像应用中，以带准直的 M530L4 型 530 nm LED（美国 Thorlabs）作为光源，通过自制的测试系统（图 4-83）扫描得到电信号。该测试系统由单片机模块和继电器组成，16 个继电器分别控制 8 个底电极和 8 个顶电极，通过闭合某一对继电器完成对某一像素点的选通，最后通过 MATLAB 软件进一步处理所获得的图像。进行扫描时，采用 Al 电极接地，ITO 电极施加 −2 V 工作电压的连接方式，顺序扫描 64 个像素点。

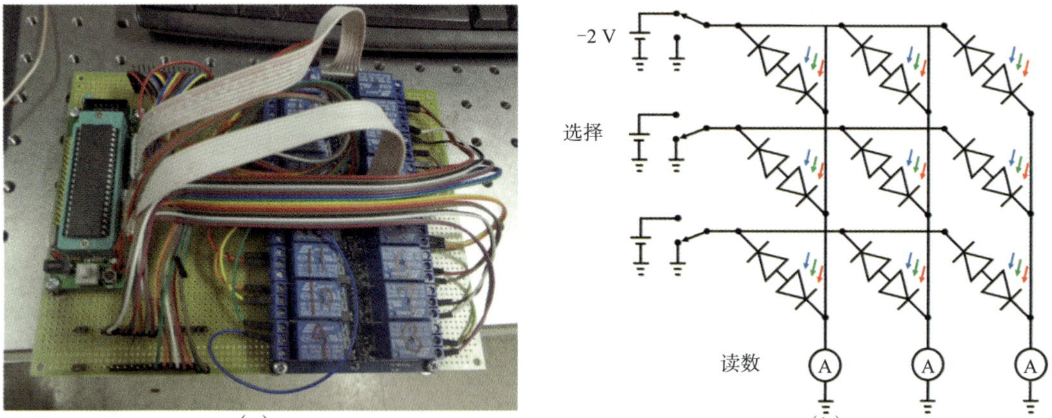

（a）　　　　（b）

图 4-83　图像采集测试系统

（a）实物；（b）电路图

制备 8 × 8 共 64 个像素点的光电图像传感器阵列，用于进行成像测试。入射光光源为 530 nm LED 阵列，光强为 100 μW/cm^2。将一个有图案的金属掩模板置于光源和图像传感器阵列之间，如图 4-84（a）所示。掩模板上镂空刻有字母图形 T、J、U。最终获得的图像如图 4-84（b）至（g）所示，可见 $MAPbI_3$ 器件的结果表现出对比度高、边缘清晰的特性，而 $MAPbI_{3-x}Cl_x$ 显示出存在微弱的串扰，这可能是由器件的高暗电流引起的。本研究仅对 $MAPbI_3$ 光电探测器在成像领域的应用做了初步探索，为了实现未来的商业化应用，非常有必要进一步提高分辨率，减少界面缺陷和优化器件结构。

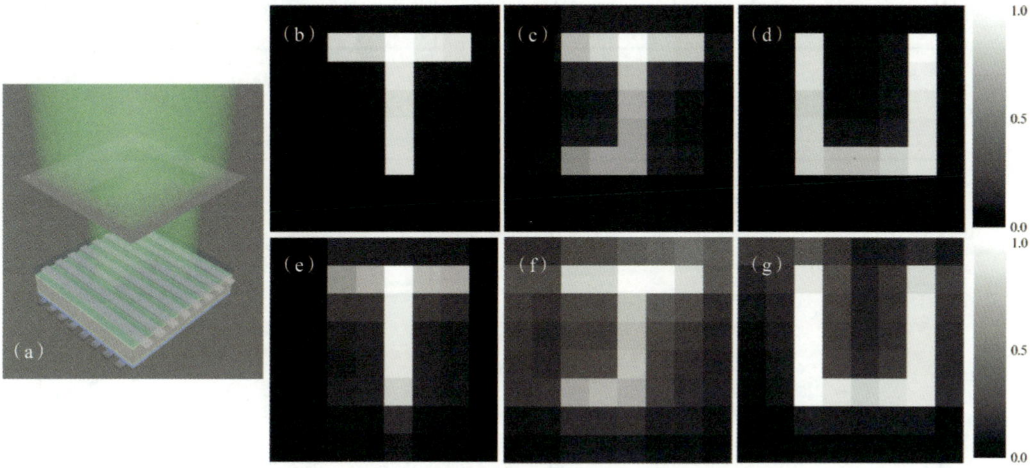

图 4-84　8 × 8 光电图像传感器阵列成像结果

（a）掩模板位置示意；（b）至（d）$MAPbI_3$器件成像结果；（e）至（g）$MAPbI_{3-x}Cl_x$器件成像结果

本小节提出了一种新型钙钛矿制备方法，即使用过量的 PMMA 作为反溶剂提高 $MAPbI_3$ 的结晶度、晶相纯度和光吸收水平。所制备的钙钛矿具有微米级的晶粒尺寸、水平方向上更少的晶界，这些提升均有助于加快载流子的输运过程。作为一种改进型方法，该方法比传统溶液制备工艺更具有可操控性，既能实现钙钛矿的完全钝化，又不受 PMMA 绝缘性的影响。同时，制备了 $MAPbI_3$ 异质结光电探测器（ITO/PEDOT-PSS/$MAPbI_3$/PCBM/Au），用来验证该制备方法在光电探测领域的优势。在本研究中，残留的 PMMA 作为填充物将钙钛矿晶粒串联起来，并在两侧积累载流子，导致空间电荷区变宽，不仅抑制了电荷复合，降低了暗电流，还提升了光电流。施加 −1 V 偏置电压，并在 532 nm 光辐照下，新型方法制备的光电探测器的最大响应度（5.65 A/W）和探测率（3.38×10^{12} Jones），使其在近几年 $MAPbI_3$ 异质结光电探测器中表现优异，两项性能均显著高于没有经过 PMMA 处理的器件（1.49 A/W 和 6.60×10^{11} Jones）。本研究为研发低成本、高性能的钙钛矿光电探测器提供了参考。

4.4.3　双工作模式 $CsBi_3I_{10}$/PCBM 高响应度光电探测器

为了解决铅基钙钛矿的毒性和不稳定性问题，同时大幅提升无铅钙钛矿光电探测器的性能，本小节研究了具有双工作模式的 $CsBi_3I_{10}$/PCBM 体异质结光电探测器。$CsBi_3I_{10}$/PCBM 体异质结光电探测器在 532 nm 光辐照下的输出特性及光电响应特性如图 4-85 和图 4-86 所示。该器件在负和正偏置电压下均可正常工作。在负偏置电压模式下，其响应速度较快，适用于光通信领域；在正偏置电压模式下，其响应度和探测率较高，适用于弱光环境探测，如图 4-87 所示。

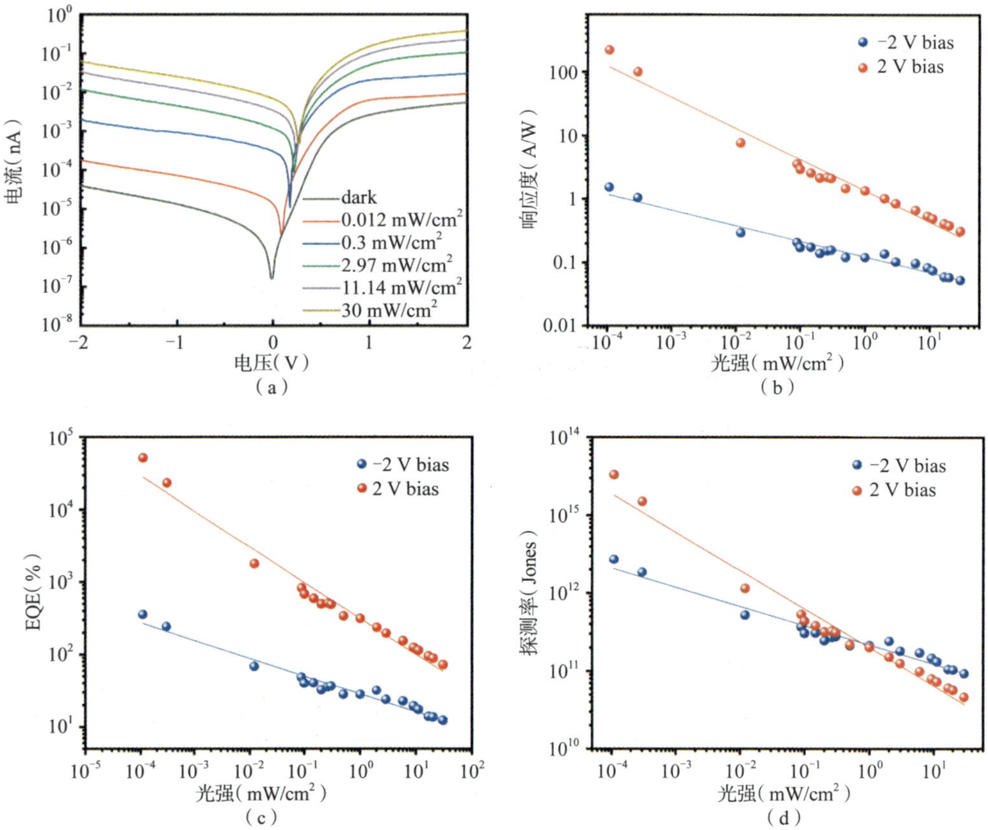

图 4-85　不同辐照度下，$CsBi_3I_{10}$/PCBM 体异质结光电探测器的输出特性

（a）*I-V*曲线；（b）响应度；（c）外量子效率；（d）探测率

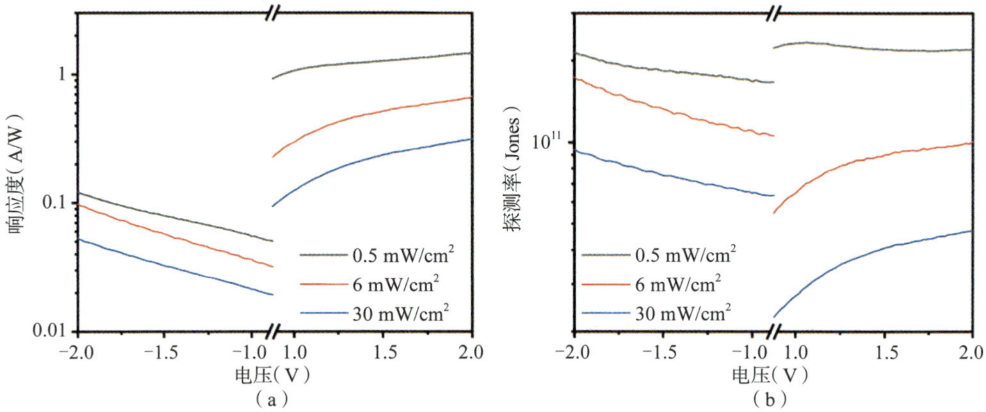

图 4-86　不同电压下，$CsBi_3I_{10}$/PCBM 体异质结光电探测器的光电响应特性

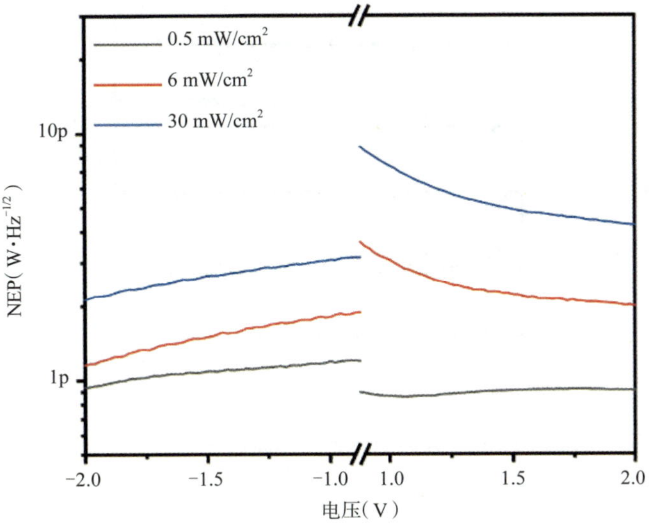

(c)

图 4-86　不同电压下,$CsBi_3I_{10}$/PCBM 体异质结光电探测器的光电响应特性(续)

(a) 响应度; (b) 探测率; (c) 等效噪声功率

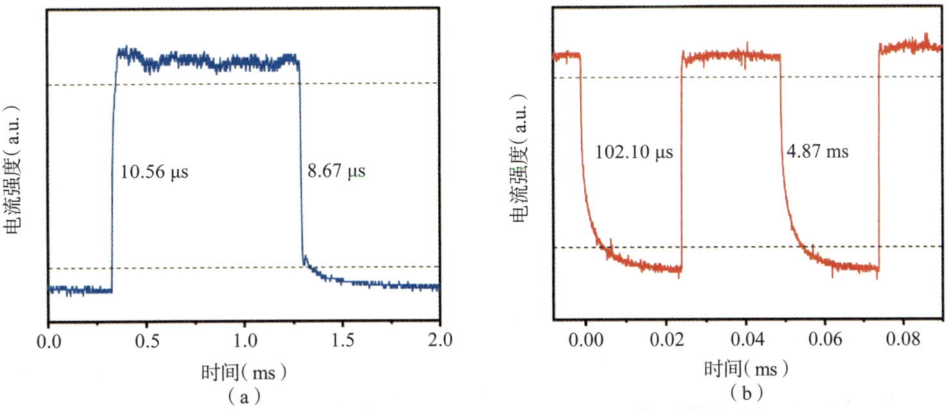

图 4-87　负和正偏置电压模式下,$CsBi_3I_{10}$/PCBM 体异质结光电探测器的响应速度

(a) 负偏置电压模式; (b) 正偏置电压模式

光电探测器的稳定性对于其商业应用非常重要。将 $CsBi_3I_{10}$/PCBM 体异质结光电探测器在空气环境中储存 30 d 后,其在正和负偏置电压作用下的连续光响应如图 4-88 所示。可见,在 2 V 偏置电压作用下,该探测器的光电流和暗电流变化不大;但在 −2 V 偏置电压下,随着时间的推移,暗电流明显增加,这是由长期施加偏置电压引起的漏电流增加所致。这在有缺陷的半导体器件中是很常见的。结合这两种工作模式,与之前的报道相比,该探测器的性能非常出色,见表 4-6。

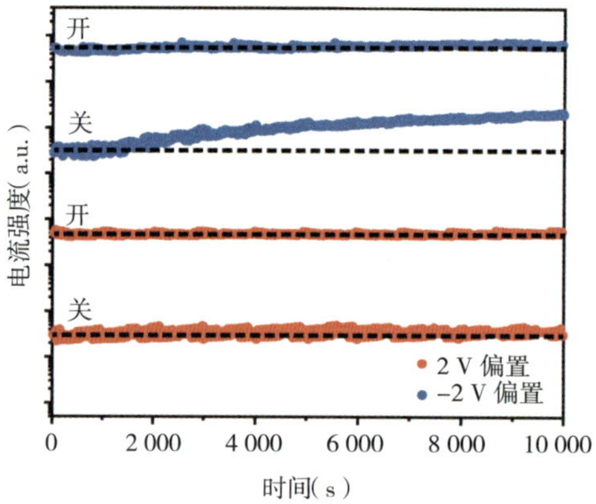

图 4-88　$CsBi_3I_{10}$/PCBM 体异质结光电探测器在长期储存后的连续光响应

表 4-6　$CsBi_3I_{10}$/PCBM 体异质结光电探测器与其他无铅钙钛矿器件的性能对比

器件	响应度(A/W)	上升时间 / 下降时间(ms)	来源
Ag-$Cs_3Cu_2I_5$-Si core-shell NWs-Au	0.13 @ 265 nm、0 V	0.092 5/0.189 2	文献 [27]
FTO-$Cs_3Bi_2I_9$-Ag	0.003 6 @ 400 nm、1 V	62.74/90.25	文献 [28]
Ag-$CsCu_2I_3$-Ag	0.052 @ 350 nm、3 V	0.19/14.7	文献 [29]
Au-$Cs_3Cu_2I_9$-Au	3.8 @ 450 nm、10 V	48/24	文献 [30]
Au-Graphene-$CsYbI_3$-Au	2.4×10^3 @ 514 nm、0 V	694/4 648	文献 [31]
Au-BCP-C_{60}-$Cs_3Bi_2I_6Br_3$-PEDOT-PSS-ITO	0.015 @ 400 nm、0 V	40/27.1	文献 [32]
Ag-$MA_3Bi_2I_9$-FTO	0.16 @ 620 nm、0.8 V	34.77/39.46	文献 [33]
Au-PCBM-$CsBi_3I_{10}$-PEDOT-PSS-ITO	1.54 @ 532 nm、-2 V； 224.40 @ 532 nm、2 V	0.010 56/0.008 67 @-2 V； 0.102 1/4.87 @ 2 V	本研究

$CsBi_3I_{10}$ 钙钛矿由于使用了反溶剂而迅速析出，导致晶粒生长不规则、形貌粗糙，通常会对器件性能产生不利影响。因此，需要对器件表面进行钝化处理，如使用一些载流子传输层材料进行处理。图 4-89(a)所示为 Au-PCBM-$CsBi_3I_{10}$-PEDOT-PSS-ITO 器件的截面示意，图 4-89(c)所示为截面的 SEM 图像，可见该器件采用的是一种典型的钙钛矿太阳能电池结构。与传统的层状结构不同，$CsBi_3I_{10}$ 和 PCBM 更容易形成体异质结，因为 $CsBi_3I_{10}$ 晶粒细小且 $CsBi_3I_{10}$ 层的厚度(450 nm)比 $MAPbI_3$ 层的厚度(650 nm)更小。图 4-89(a)中的插图是 $CsBi_3I_{10}$/PCBM 体异质结光电探测器的实物图像，可以观察到 Au 电极和黑色明亮的 $CsBi_3I_{10}$/PCBM 薄膜。钙钛矿晶粒与 PCBM 结合形成致密光滑的活性层，保证了载流子的分离和输运，有利于制备高性能的钙钛矿光电探测器。光电探测器截面的能谱(Energy Dispersive Spectroscopy, EDS)分析结果如图 4-90(d)至(i)所示，可以清楚地观察到碳元素在光敏层中的扩散，证明形成了体异质结。

$CsBi_3I_{10}$/PCBM 光电探测器的两种工作机制可以通过图 4-89(b)所示的载流子输运动力学示意解释。其在 -2 V 偏置电压下的工作模式类似传统的光电二极管，入射光辐照 $CsBi_3I_{10}$ 层产生电子 - 空穴对，分离后自由电子通过 PCBM 传输到 Au 阴极。同时，空穴通过 PEDOT-PSS 传输到 ITO 阳极。在 2 V 偏置电压下，根据陷阱诱导电荷注入效应，空穴被 PCBM 中的陷阱捕获，同时由于

PEDOT-PSS 对电子的阻挡能力较弱，电子可以被 ITO 收集并从 Au 电极注入。最后，由于电子在与空穴复合前多次在回路中循环，使光电流得到大幅增益。

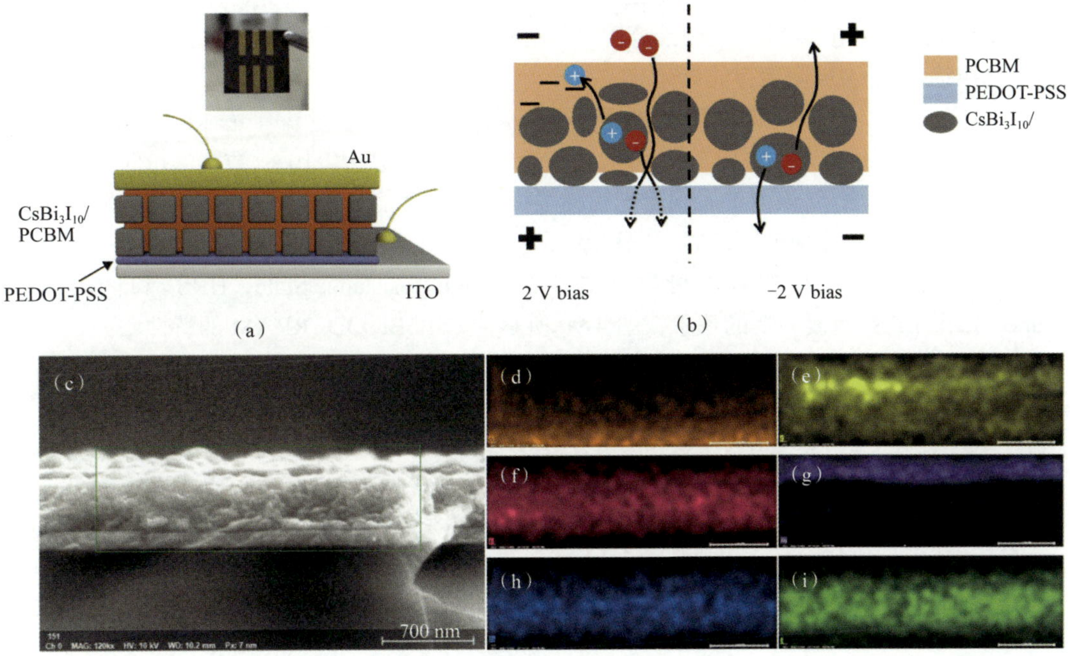

图 4-89　$CsBi_3I_{10}$/PCBM 体异质结光电探测器工作原理

（a）结构示意；（b）双工作模式原理；（c）截面SEM图像；（d）至（i）氧、碳、铋、金、铯和碘元素的EDS

本研究采用旋涂法制备了 $CsBi_3I_{10}$/PCBM 体异质结光电探测器。该探测器具有两种工作机制，适用于不同的应用领域。在 532 nm 光辐照下的性能测试结果表明，在 −2 V 和 2 V 的偏置电压作用下，该探测器的最大响应度分别为 1.54 A/W 和 224.40 A/W，最大外量子效率分别为 5.25×10^4% 和 360%，最大探测率分别为 2.72×10^{12} Jones 和 3.36×10^{13} Jones，上升和下降时间分别为 10.56 μs/8.67 μs 和 102.10 μs/4.87 ms。这些结果表明，$CsBi_3I_{10}$/PCBM 体异质结光电探测器可为未来研发多功能和高性能的无铅钙钛矿光电探测器提供参考。

在本节中，对铅基与铋基卤化物钙钛矿高性能光电探测器的相关工作进行了介绍，包括：自驱动 $CsPbBr_3$/PbS QDs 光电探测器的制备方法与性能，$CsPbBr_3$-$CsPb_2Br_5$ 复合薄膜的一步热蒸发方法、后退火和光电特征，$MAPbI_3$ 的过量 PMMA 辅助晶体生长法与相关器件光电探测器的性能，$MAPbI_3$ 垂直堆叠图像传感器的成像应用，具有双工作模式的 $CsBi_3I_{10}$/PCBM 体异质结光电探测器的性能。

4.5　新型微纳光电存储器及技术研究

4.5.1　阻变存储器光电性能及其神经突触的模拟

当今社会正处于大数据和物联网时代，数据呈现爆炸式增长态势，对小型化、高密度、大容量的非易失性数据存储技术的需求越来越大。为了满足这种需求,阻变存储器(Resistive Random Access Memory, RRAM)被提出,相关技术得到了深入研究。在制作 RRAM 时,会以一些光电材料作为阻变层,使器件不仅表现出优异的阻变性能,同时还可以利用光调控器件的阻变特性。在 RRAM 中引入光场,可极大地丰富 RRAM 的应用范围。本研究主要以 RRAM 为研究对象,其采用光电材料作为阻变层,分析了器件电学特性、光调控特性、阻变机理及器件在神经突触模拟方面的应用。

(1)光控绝铅溴 QDs 阻变存储器

为了研究光调控多级存储的特性,制备了基于 $CsPbBr_3$ QDs 的具有光辅助多级存储功能的 RRAM。首先,该器件表现出低操作电压(−2.4 V/1.55 V)、大开关比(10^7)、数据保持时间长等特点。其次,在 405 nm 光辐照下,该器件表现出光辅助多级存储的功能。最后,分析该器件的阻变机理,确定阻变现象是电场作用下导电通道的形成和破灭造成的。

阻变指经过外加电压的调控可以在高阻态(High Resistance State, HRS)和低阻态(Low Resistance State, LRS)重复转变的现象。图 4-90 所示为 $CsPbBr_3$ QDs RRAM 的特性。

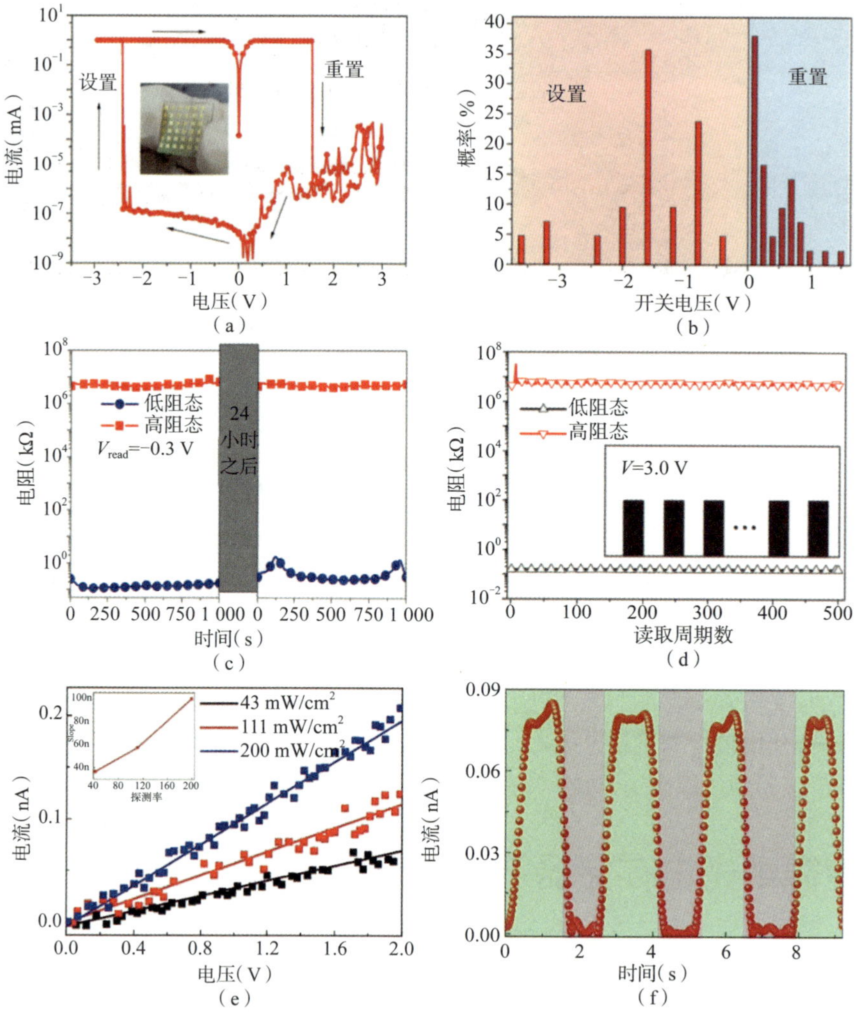

图 4-90 $CsPbBr_3$ QDs 阻变存储器的特性

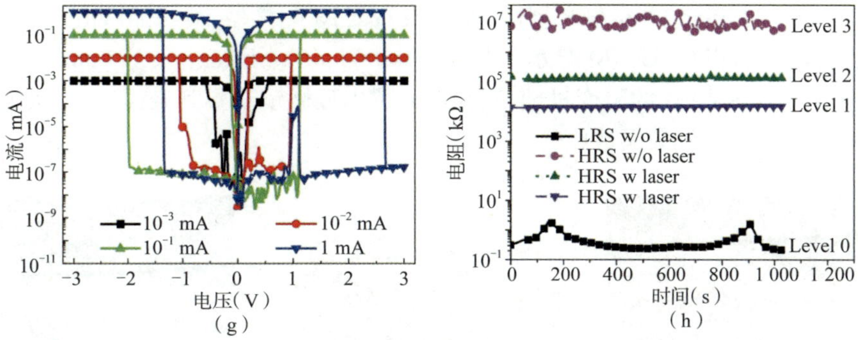

图 4-90　$CsPbBr_3$ QDs 阻变存储器的特性(续)

(a) *I-V*特性曲线；(b) 50次测试的SET电压和RESET电压分布；(c) 数据保持时间；(d) 读取次数耐受性；(e) 不同光强下的*I-V*特性；(f) 1 V偏置电压，存储器在暗、光交替照明(111 mW/cm^2，405 nm)下的开关特性；(g) 不同限制电流下的*I-V*特性曲线；(h) 光照辅助下的阻变特性

$CsPbBr_3$ QDs 发生阻变的物理过程可解释如下：最初，$CsPbBr_3$ QDs 层中分布着大量的 Br 空位，如图 4-91(a)所示，此时阻变层中的 Br 空位是随机分布的，导电通道也尚未形成，因此 RRAM 处于 HRS；当施加负偏置电压时，Br 离子被吸引到阳极(Au 电极)上，这一过程在 $CsPbBr_3$ QDs 层中会产生大量 Br 空位，从而导致空位浓度不均衡，而且 Br 空位浓度最高的位置在阴极(ITO 电极)附近；随着偏置电压的不断升高，Br 空位不断聚集，最终在两个电极之间形成一个导电通道；另外，电子可以在空位之间跳跃传输，所以 RRAM 的状态会转变为 LRS，这一过程称为 SET(设置)过程，如图 4-91(b)所示；当施加反向的偏置电压时，Br 空位传导通道将由于 Br 重新分布和移动而破裂，所以 RRAM 的状态重新回到 HRS，这一过程称为 RESET(重置)过程，如图 4-91(c)所示。

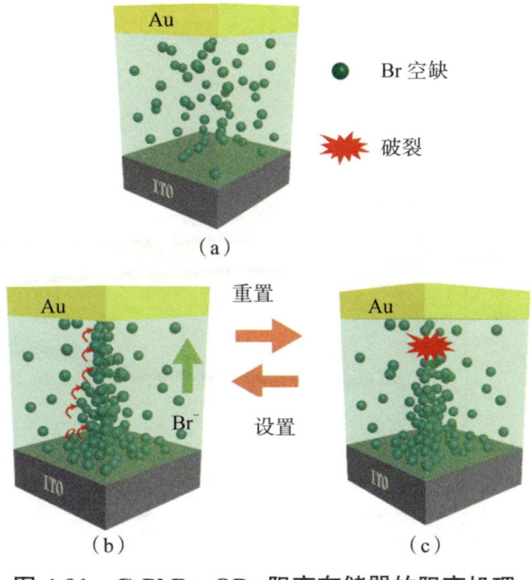

图 4-91　$CsPbBr_3$ QDs 阻变存储器的阻变机理

(a) 初始状态；(b) 低阻态；(c) 高阻态

(2)具有宽光谱调控特性的 PbS QDs 阻变存储器

为了研究光对器件操作电压的调控特性，开发了 PbS QDs 和 PMMA 混合物 RRAM，如图 4-92 所示。该 RRAM 具有良好的数据保持能力、超快的操作速度(小于 170 ns)、多级数据存储能力、极

佳的环境稳定性（大于 90 d）和机械柔韧性，如图 4-93 至图 4-97 所示。此外，由于 PbS QDs 具有很宽的光谱响应范围，所以该 RRAM 显示出从紫外（405 nm）到近红外（1 177 nm）的宽带可调谐特性。本研究分析了该 RRAM 的阻变机理，用导电原子力显微镜观察其表面形貌，认为 RRAM 发生阻变是银导电细丝的形成和破灭造成的。

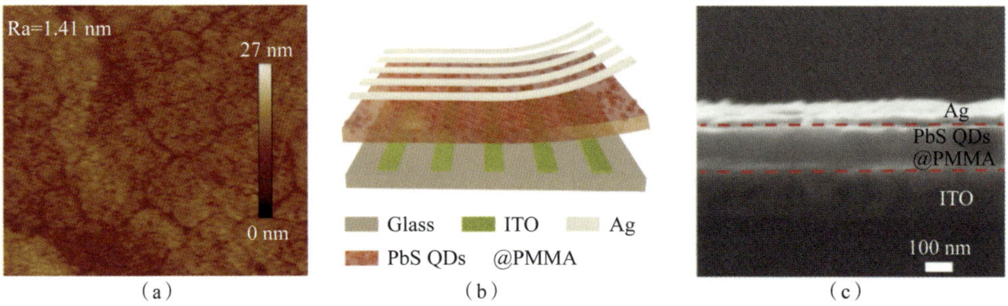

图 4-92　PbS QDs 和 PMMA 混合物阻变存储器

（a）表面形貌；（b）结构示意；（c）截面SEM图像

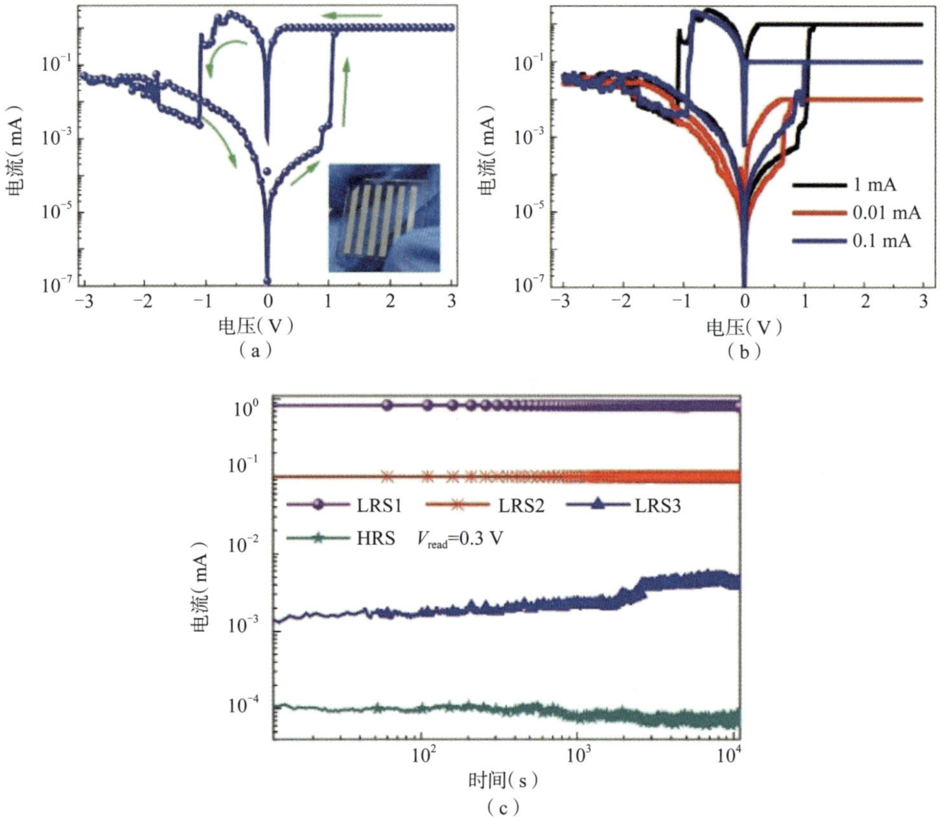

图 4-93　PbS QDs 和 PMMA 混合物阻变存储器的电学特性

（a）*I-V*特性曲线；（b）限制电流控制下的多态存储特性；（c）不同阻态时的数据保持能力

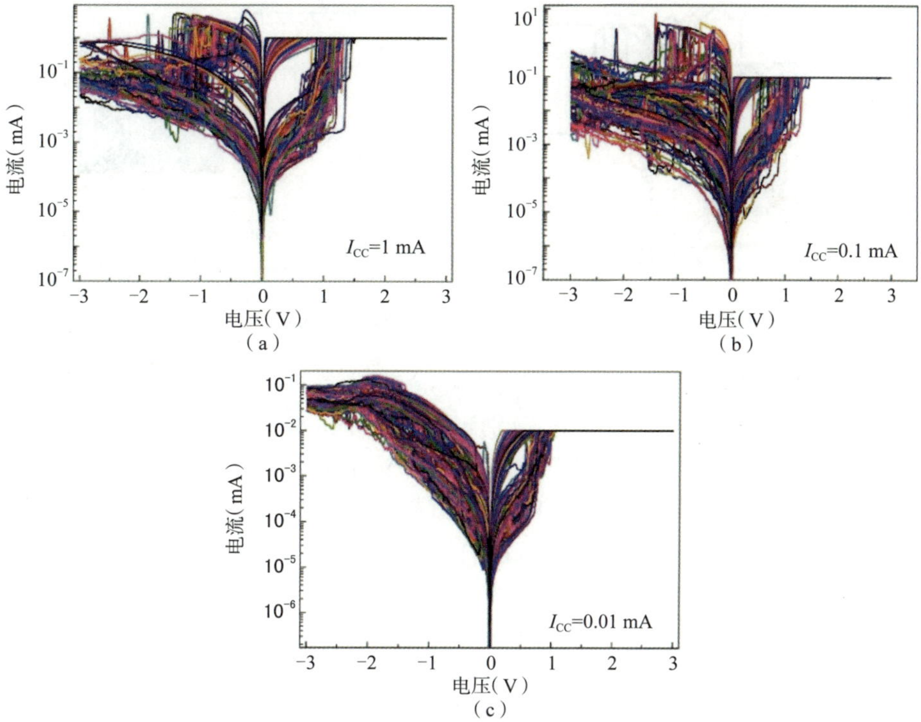

图 4-94　PbS QDs 和 PMMA 混合物阻变存储器 100 次循环测试结果

（a）保护电流为1 mA；（b）保护电流为0.1 mA；（c）保护电流为0.01 mA

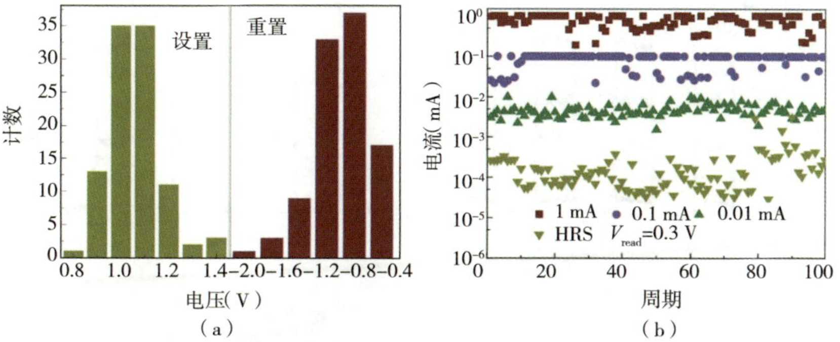

图 4-95　PbS QDs 和 PMMA 混合物阻变存储器的操作电压和输出电流

（a）操作电压；（b）输出电流

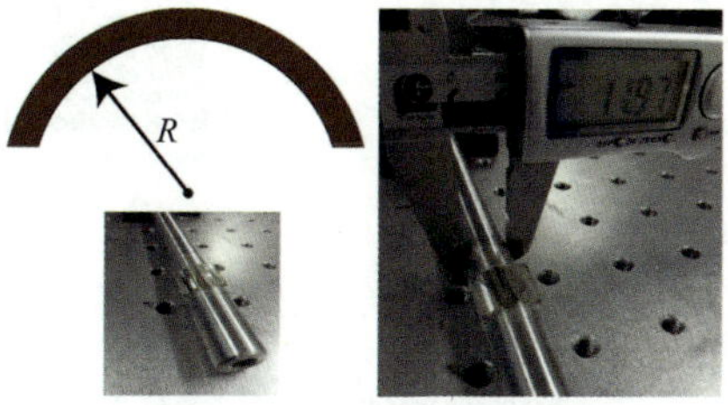

图 4-96　柔性测试方法

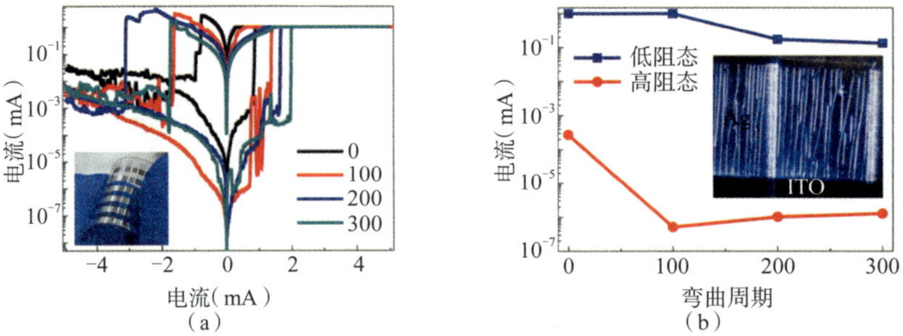

图 4-97 不同弯曲次数后阻变存储器的 *I-V* 特性曲线和高、低阻态下的电流

PbS QDs 是一种宽带响应的半导体材料，其响应范围覆盖 UV—NIR 区域。在测试 PbS QDs 和 PMMA 混合物 RRAM 对光的响应特性时，分别测试了器件在 405、808 和 1 177 nm 光辐照下的开关响应，如图 4-98(a)至(c)所示。可以发现，无论用 UV 还是 NIR 光辐照 RRAM，其输出电流都会从大约 10^{-12} A 增大到 10^{-9} A 量级，而且光功率密度越高，器件的光电流越大，然后当关掉入射光后器件的输出电流又迅速衰减到初始数值。这说明基于 PbS 和 PMMA 混合物阻变材料的 RRAM 对 UV—NIR 波段的光都有很好的响应。另外，比较图 4-98(a)至(c)可以发现，该 RRAM 对 405 nm 的光响应更强，对 808 nm 的光响应最弱。为了直观地反映这一变化，本研究计算了该 RRAM 对 3 种不同波长光的响应灵敏度(单位功率密度所引起的光电流)，结果如图 4-98(d)所示。从图中可以看出，该 RRAM 对 405 nm 光的响应灵敏度最高，对 1 177 nm 光的响应灵敏度次之，对 808 nm 光的响应灵敏度最低。

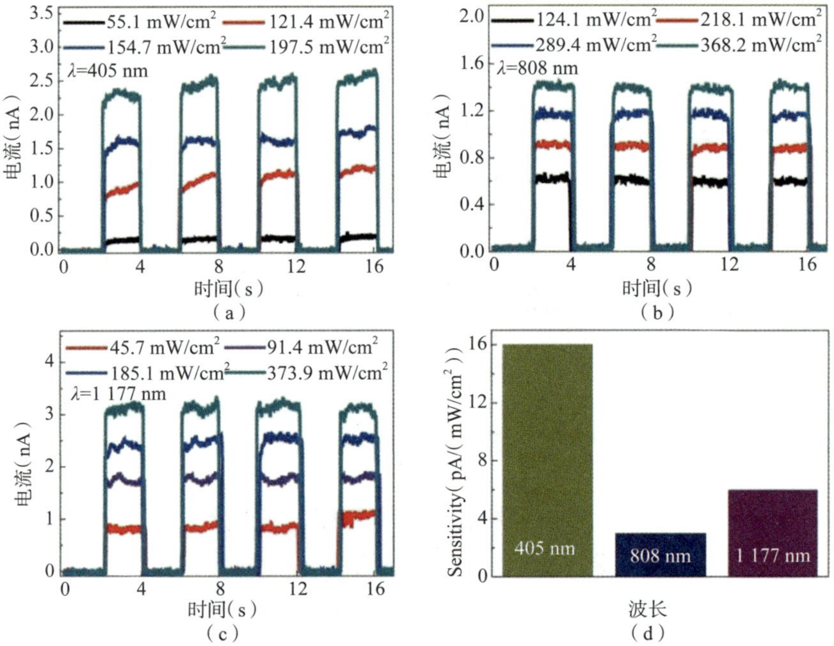

图 4-98 PbS QDs 和 PMMA 混合物阻变存储器的宽光谱响应特性

(a) 405 nm光辐照下的开关响应；(b) 808 nm光辐照下的开关响应；(c) 1 177 nm光辐照下的开关响应；(d) 3种不同波长光的响应灵敏度

基于 PbS QDs 和 PMMA 混合物材料的 RRAM 的能带图如图 4-99(a)和(b)所示，对应的物理场景分别如图 4-99(d)和(e)所示。在银电极上施加正电压后,电极上的银原子被氧化成银离子,银离子在电场作用下向 ITO 电极方向运动,并在 ITO 电极处被还原成银原子。大量聚积的银原子形成银导电细丝,此后该 RRAM 从 HRS 转变为 LRS[34]。另外,基于本研究的成果,可确认该 RRAM 的光调控特性是由光门控效应(photogating effect)和光伏效应共同引起的。该 RRAM 在受到光辐照时的能带图及其对应的阻变物理场景分别如图 4-99(c)和(f)所示。在光辐照情况下,当光子能量高于 QDs 的带隙能量时, PbS QDs 中可以产生一个或多个电子 - 空穴对,电子 - 空穴对在 PbS QDs 和 PMMA 界面处分离,并在电场作用下向电极方向运动。由于光辐照后电子 - 空穴对增多,会增加器件中的电化学氧化还原反应,使银导电细丝更容易形成,所以光辐照后 RRAM 的 SET 电压会随着辐照度的增强而降低。

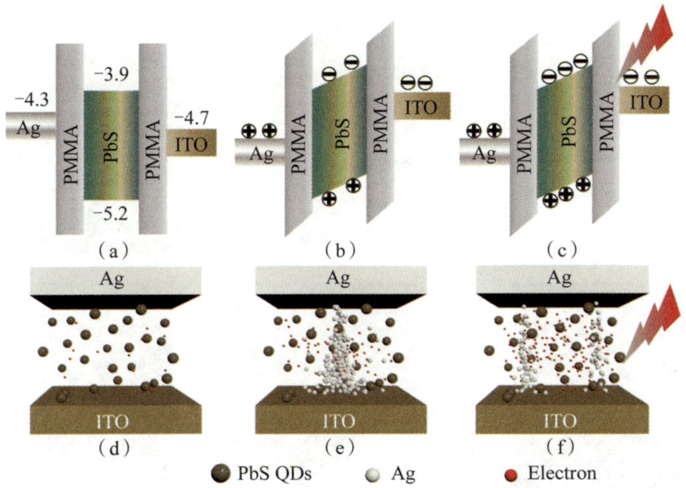

图 4-99　PbS QDs 和 PMMA 混合物阻变存储器的能带图及对应的阻变物理场景

在本研究中,首先利用溶液法合成了 PbS QDs,并制备了 PbS QDs 和 PMMA 混合物作为阻变材料,分析了 PbS QDs 和 PMMA 的浓度配比对阻变薄膜的影响[35];其次利用阻变材料制备了十字交叉排列的 RRAM;然后深入研究了混合物 RRAM 的电学特性,包括数据保持能力、循环耐受性、开关响应时间、环境稳定性和机械柔韧性等,同时深入研究了 RRAM 的宽光谱调控特性;最后深入探究了 RRAM 的阻变机理。

(3)基于电荷捕获忆阻系统的具有光电特征的人工神经突触

为了研究阻变器件仿真神经突触的特性,本研究首先制备了基于 CdSe/ZnS 核壳结构 QDs 和 $CsPbBr_3$ QDs 的光电记忆性人工神经突触。该器件巧妙地采用 CdSe/ZnS QDs 的量子阱结构作为捕获中心来调制器件的电阻。多种突触行为,如电突触可塑性增强和抑制行为、兴奋性突触后电流(Excitatory Postsynaptic Current, EPSC)行为、短时记忆、长时记忆、短时到长时记忆过渡、学习 - 记忆 - 再学习行为等都可以通过光电刺激器件进行模拟。其次,本研究制备了一种基于聚乙烯醇(Polyvinyl Alcohol, PVA)和氧化石墨烯(Graphene Oxide, GO)混合材料的 RRAM 器件。该器件不仅具有良好的阻变存储的特性,而且可以用于模拟人的视觉感知神经系统。该器件具有优秀的阻变存储特性,如数据保持时间久、数据的耐久性好,且具有可重复性和机械灵活性等。把该器件和光敏电子元器件集成在一起,可构建一个人工视觉感知系统,有效实现对光感知过程中光信号到突触信号转换的模拟。

图 4-100(a)所示为人脑的突触结构与人工神经突触器件结构的对比。类比于人脑的突触结构，基于 Au-PMMA-CdSe/ZnS QDs-$CsPbBr_3$ QDs-ITO-Glass 的人工神经突触将电极作为突触前膜和突触后膜，将阻变材料作为突触间隙。图 4-100(b)所示为人工神经突触器件的横断面 SEM 图像。在人工神经突触器件中，PMMA-CdSe/ZnS QDs 层和 $CsPbBr_3$ QDs 层的厚度分别约为 200 nm 和 150 nm，其中 PMMA- CdSe/ZnS QDs 层的厚度比较薄，无法从 SEM 图像中进行分辨。本研究用旋涂方法在 ITO 玻璃上制备了相同的 PMMA 薄膜，并利用原子力显微镜测试了其厚度，如图 4-100(c)所示。从图中可以看出，PMMA 层的厚度只有约 8 nm。同时，在旋涂制备每层薄膜时都通过原子力显微镜观测膜的表面形貌，如图 4-100(d)和(e)所示。根据膜的表面形貌，可以看出 $CsPbBr_3$ QDs 层和 PMMA-CdSe/ZnS QDs 层的表面比较平整。

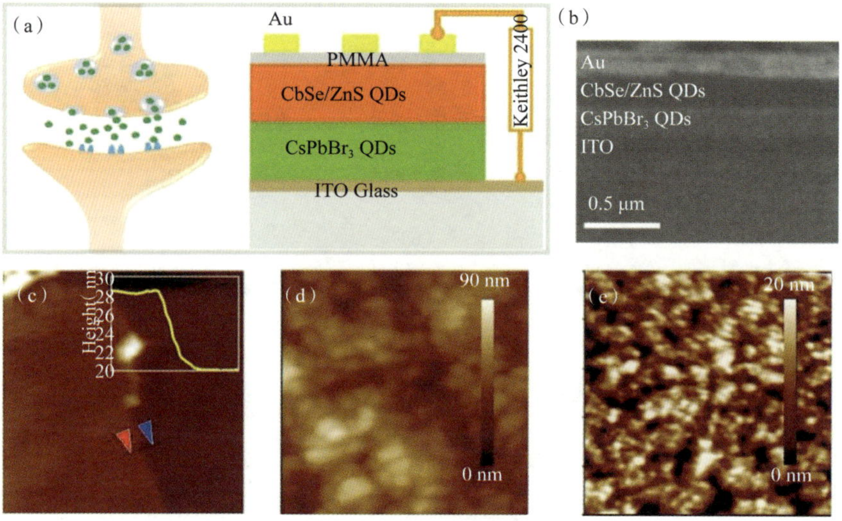

图 4-100　人工神经突触器件的结构

(a) 人脑和人工神经突触结构对比；(b) 人工神经突触器件的横截面SEM图像；(c) PMMA膜的原子力显微镜图像；(d) $CsPbBr_3$ QDs膜的原子力显微镜图像；(e) PMMA-CdSe/ZnS QDs层的原子力显微镜图像

(4)人工神经突触器件的电学特性分析

为了测量人工神经突触器件的 *I-V* 特性，本研究使用 2400 型数字源表(美国 Keithley)在器件的顶部和底部电极之间施加偏置电压，并测量器件的输出电流。在此过程中，施加正扫描电压(0 V → 3V → 0 V)或负扫描电压(0 V → -3V → 0 V)，研究人工神经突触器件在黑暗状态下的 *I-V* 特性，结果如图 4-101(a)和(b)所示。为了防止器件遭受严重的硬击穿，在施加扫描电压期间设置 1 mA 的保护电流。当将正扫描电压施加到器件上时，扫描电流随着扫描次数的增加逐渐增大，然而当将负扫描电压施加到器件上时，输出电流随着扫描次数的增加逐渐降低。图 4-101(c)和(d)所示为器件在一系列正、负电压脉冲刺激下的电流变化。正电压脉冲和负电压电脉冲的振幅、脉冲宽度分别为 2 V、1 s 和 -2 V、1 s。可以看出，电流随着施加正电压脉冲或负电压脉冲次数的增加逐渐增大或减小。上述 *I-V* 特征与生物体神经突触中出现的突触增强和突触抑制现象非常相似。

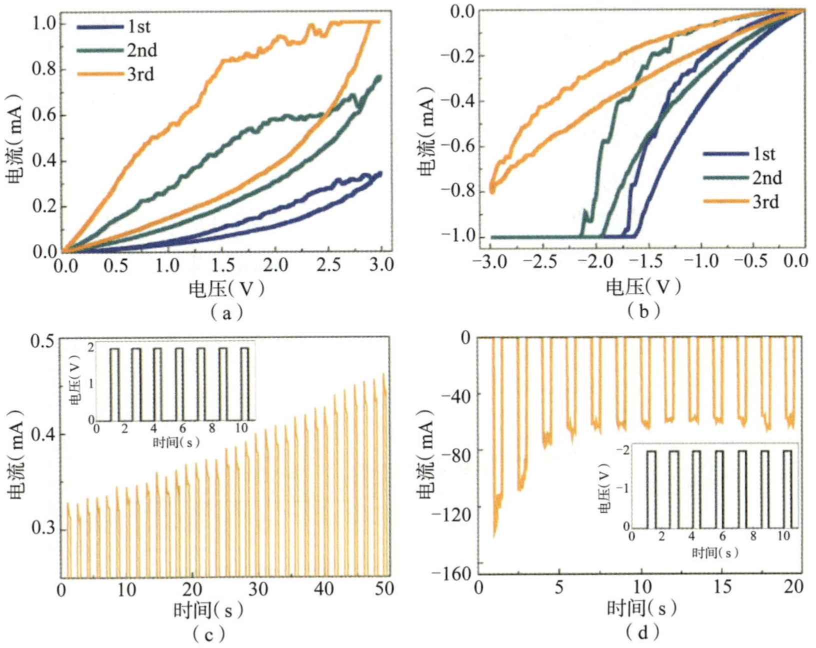

图 4-101　人工神经突触器件在扫描电压和脉冲电压作用下的输出特性

(a)施加正扫描电压；(b)施加负扫描电压；(c)施加正电压脉冲；(d)施加负电压脉冲

人工神经突触器件在光刺激下的光响应特性如图 4-102 所示。受刺激的突触前神经元在突触前膜释放神经递质并使其作用于突触后膜，导致突触后神经元兴奋或抑制。在本研究中，人工神经突触器件的顶电极(Au)和底电极(ITO)可以分别看作突触前膜和突触后膜，活性物质可以视为突触间隙。人工神经突触器件的特性可以通过控制阻变器件活性材料的电导率来模拟。EPSC 是由单个突触前刺激(如电或光刺激)作用于突触前膜(Au 电极)而诱发的突触后膜(ITO)兴奋性电流。EPSC 的原理如图 4-103(a)的插图所示。在测量 EPSC 的过程中，在 Au 电极上施加了一个电脉冲(其电压和持续时间分别为 4 V 和 1 s)，测试人工神经突触器件中的电流变化，测量结果如图 4-103(a)所示。很明显，向人工神经突触器件施加刺激时，突触后电流非常高；而当刺激被移除后，突触后电流缓慢衰减到一个稳定的状态。

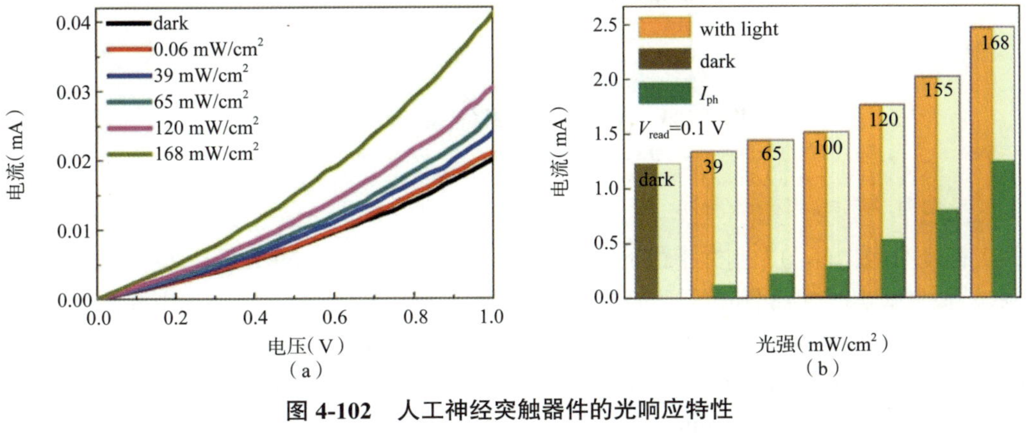

图 4-102　人工神经突触器件的光响应特性

当激光的强度增加时，输出电流曲线向上移动，但在激光关闭后的一段时间内，电流仍然会回到初始状态，如图 4-103（e）和（f）所示。对于上述现象，一个可能的原因是在短时间的光辐照下，器件内部没有形成长时程记忆（Long Term Memory，LTM）状态。图 4-103（c）显示了通过光辐照使器件的行为从短时程记忆（Short Term Memory，STM）过渡到 LTM 的过程。当器件被 120 mW/cm^2 的激光连续辐照 4 s、读取电压为 0.1 V 时，器件的输出电流迅速增大；在关闭激光后，电流迅速减小，但最终的稳态电流却大于初始状态，并且稳态电流能够保持一段时间。这种能够记忆一段时间的行为和 LTM 非常相似，因此可以认为通过增加光辐照时间，可以使器件的行为从 STM 转变为 LTM。

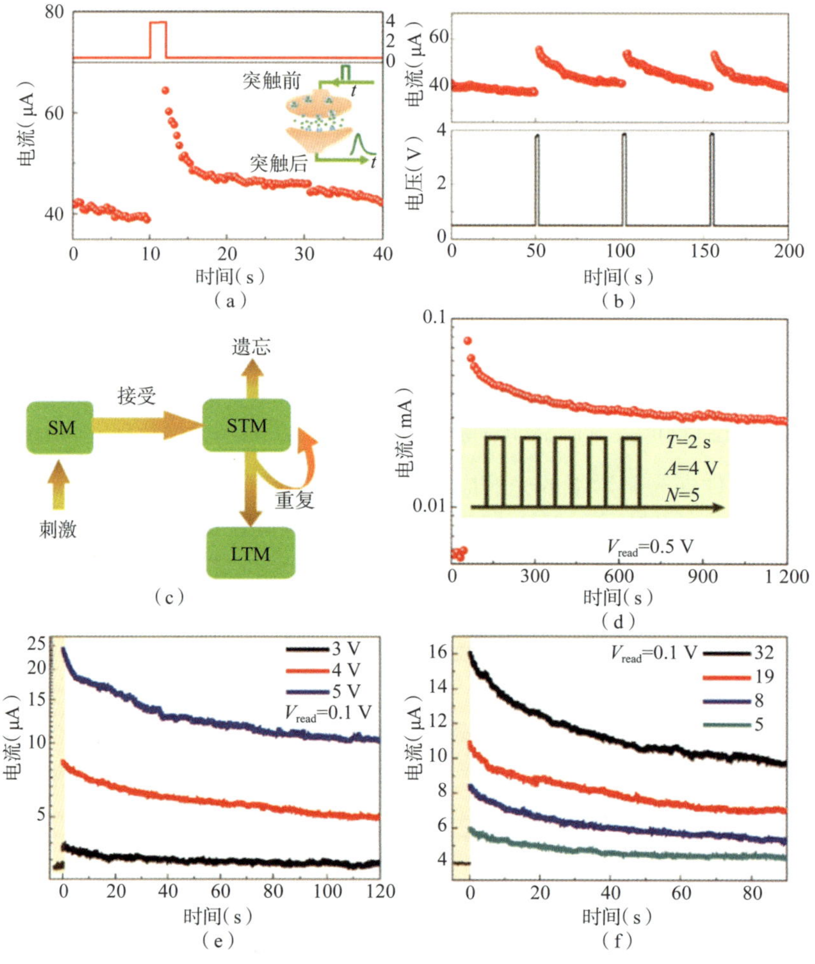

图 4-103　人工神经突触器件对 EPSC 的模拟

（a）外加电压脉冲刺激的EPSC与时间的关系；（b）电脉冲刺激的短时程记忆行为；
（c）阿特金森（Atkinson）和希夫林（Shiffrin）提出的描述短和长时程记忆的典型心理模式；
（d）电脉冲刺激的长时程记忆行为；（e）不同振幅的电脉冲触发的EPSC；（f）不同数量电脉冲触发的EPSC

人工神经突触器件在光刺激下的 EPSC 特性如图 4-104 所示。对人工神经突触器件进行光刺激，用其模拟大脑学习、遗忘和再学习行为的特性，结果如图 4-105 所示。首先用波长为 405 nm、功率密度为 100 mW/cm^2 的激光照射器件约 6 s，模拟学习（learning）过程；然后停止照射，模拟遗忘过程（forgetting），此时可以观察到器件内的电流逐渐衰减；在电流逐渐稳定后，再对器件进行光刺激（激光照射），模拟再学习（relearning）过程，可见第二次照射只需 3 s 就可以使器件的输出电流达第一次照射 6 s 的效果；第二次光刺激结束后停止照射，再次模拟遗忘（forgetting）过程，可见器件内电流的稳态值明显高于第一次光刺激后的电流稳态值。这种现象和大脑的学习—遗忘—再学习—遗忘行为非常类似。

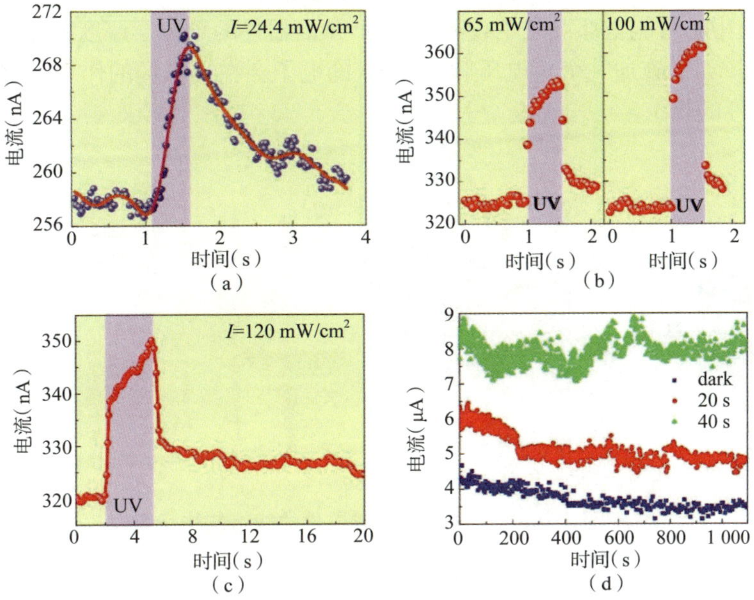

图 4-104　人工神经突触器件在光刺激下的 EPSC 特性

（a）光刺激的EPSC特性；（b）光刺激下的STM行为；（c）光刺激下的LTM行为；（d）不同光照时间下的LTM特性

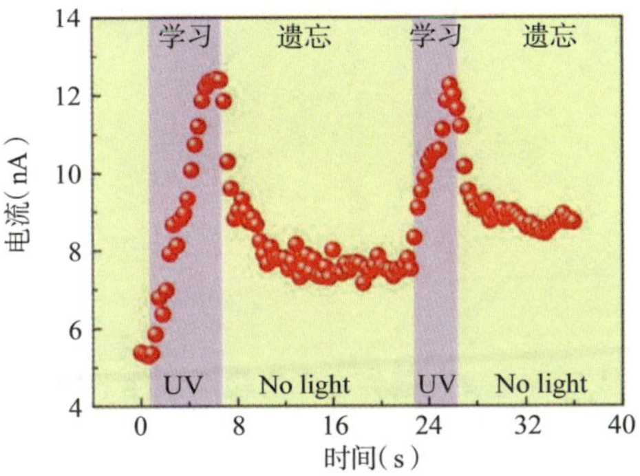

图 4-105　光刺激下人工神经突触器件的学习、遗忘和再学习行为特性

人工神经突触器件的能带结构如图 4-106 所示。可将 RRAM 的活性层划分成两层：被载流子占据捕获中心的导体层和捕获中心未被占据的绝缘层。脉冲越多，脉冲越强，捕获中心被载流子占据的比例越高，相应地，器件内的导体层越多，器件输出电流就越高。因此，在连续的正脉冲刺激下，捕获中心被载流子占据的数量逐渐增多，器件内导体层的比例也逐渐增加，器件内的电流逐渐增大。与之相反，施加反向电压后，从捕获中心逃逸的载流子的数量逐渐增多，器件内绝缘层的比例逐渐增加，器件的电流逐渐减小。当脉冲间隔时间大于载流子逃逸出捕获中心的时间时，被占据的捕获中心数量会衰减到初始状态，因此器件的电流也衰减到初始值。但是，如果脉冲间隔小于载流子逃逸捕获中心的时间，则下一个脉冲可能导致更多捕获中心被占据，从而产生更大的电流。多次用短脉冲刺激器件会产生累积效应，会导致几乎所有捕获中心都被占用，稳定后的输出电流可能会大于其初始值。当器件被 405 nm 激光辐照时，QDs 吸收高能量光产生电子 - 空穴对，电子被捕获中心捕获，并与空穴进行空间分离。因此，电子 - 空穴重新复合时间变长，能带结构如图 4-107 所示。当停止激光辐照时，器件内的电流会随着时间逐渐衰减，或衰减到一定程度后就不再衰减。在激光长时间辐照器件后，捕获中心可能全部被光生载流子占据，从而器件的导体层厚度就非常厚，此时器件表现出较高的导电性。如果施加一个负电压脉冲，捕获的电子会在外电场的作用下逃逸捕获中心，器件就会回到低导电性的状态。

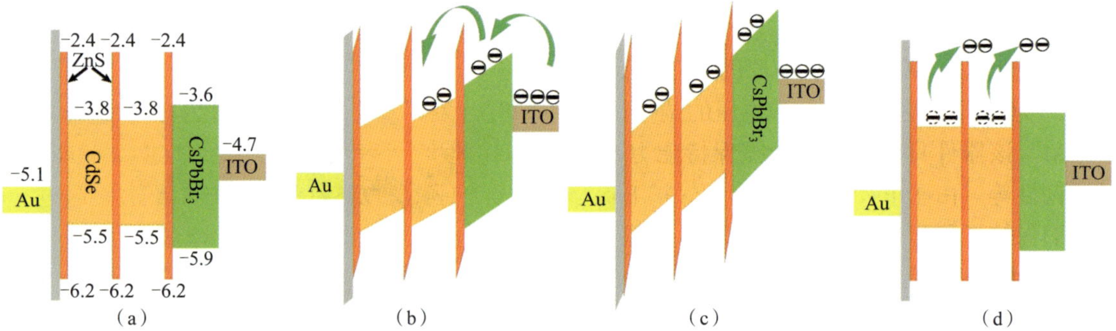

图 4-106　人工神经突触器件的能带结构示意

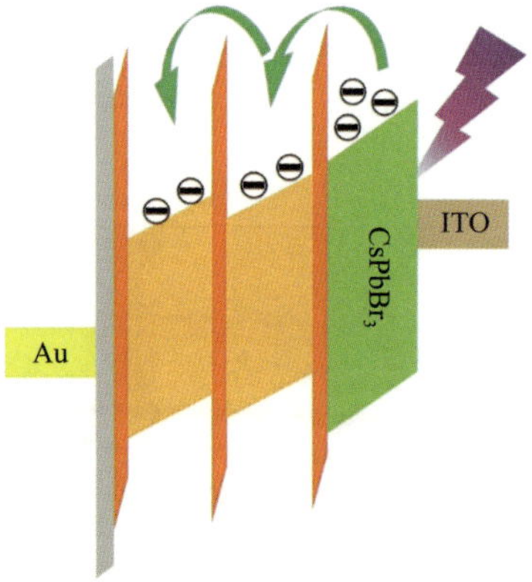

图 4-107　人工神经突触器件在激光辐照条件下的能带结构示意

(5)小结

本小节采用溶液旋涂工艺制备了基于 CdSe/ZnS QDs 和 $CsPbBr_3$ QDs 的光电记忆性人工神经突触器件。首先，在电刺激的情况下，利用该器件分别模拟了突触可塑性、短时记忆、长时记忆、短时到长时记忆过渡等突触行为。其次，在光脉冲刺激的情况下，利用该器件不仅模拟了兴奋性突触后电流特性、短时记忆、长时记忆、短时到长时记忆过渡等行为，还模拟了学习—遗忘—再学习—再遗忘行为。从模拟结果来看，该器件能够分别在光和电刺激下有效地模拟神经突触的基本功能。此外，还研究了该器件的柔韧性，发现该器件具有优秀的柔韧性，可应用于柔性电子器件。最后，分析了该器件的运行机理，认为 CdSe/ZnS QDs 的量子阱结构可以作为捕获中心，可通过改变捕获中心被载流子占据的比例，调节器件的电阻。因此，根据本小节研究结果，可以认为人工神经突触器件的光电可塑性和记忆现象等突触行为可以归因于电荷的捕获和逃逸。本研究为开发支持光电操作的人工神经突触器件、神经网络和计算机提供了一种经济有效的方法。

本研究主要以 RRAM 为研究对象，采用光敏材料作为阻变材料，研究器件的电学特性、光调控特性、阻变机理及其在神经突触模拟方面的应用，主要研究成果包括以下几个方面。

1）制备了基于 $CsPbBr_3$ QDs 的具有光辅助多级存储功能的 RRAM。实验研究表明，该器件表现出低操作电压（−2.4 V/1.55 V）、高开关比（10^7）、数据保持时间久等特点。由于 $CsPbBr_3$ QDs 具有优异的光电性能，在 405 nm 激光的辐照下，器件内部会形成大量电子 - 空穴对。在电场的作用下，电子和空穴发生分离并向相反方向移动，从而产生光电流，使器件的输出电流剧增。基于此原理，本小节中通过调节 405 nm 入射激光的强度，实现了对器件输出电流的调控，从而使器件表现出光辅助多级存储的特性。最后，通过分析高、低阻态的 *I-V* 关系，提出在电场作用下阻变层内导电通道的形成和破灭是器件发生阻变的原因，并且利用导电原子力显微镜观测证实了这一猜想。

2）为了研究光对器件操作电压的调控特性，本研究开发了基于 PbS QDs 和 PMMA 混合材料的 RRAM。该器件具有良好的数据保持能力、超快的操作速度（小于 170 ns）、多级数据存储能力、机械柔韧性等。由于 PMMA 可以作为保护 PbS QDs 的保护膜，所以器件在空气环境下放置超过 90 d 后依旧保持了稳定的阻变性能。此外，由于 PbS QDs 具有很宽的光谱响应范围，所以该器件显示出从紫外（405 nm）到近红外（1 177 nm）波段的宽带可调特性。最后，通过导电原子力显微镜观测证实了器件内部银导电细丝的形成和断裂是器件发生阻变的根源。

3）为了研究 RRAM 在神经突触模拟方面的应用，制备了基于 CdSe/ZnS 核壳结构 QDs 和 $CsPbBr_3$ QDs 的光电人工神经突触。该器件巧妙地采用 CdSe/ZnS QDs 的量子阱结构作为捕获中心，可通过外加电场和光辐照同时调节器件内部捕获中心被电荷的占据量，从而实现对器件电阻的调节。最终实现通过光电刺激对多种突触行为的模拟，包括突触可塑性增强和抑制行为、光电兴奋性突触后电流（EPSC）行为、短时记忆、长时记忆、短时到长时记忆过渡、学习—遗忘—再学习—再遗忘行为等。

4.5.2　基于混合浮栅 / 隧穿层有机场效应晶体管光电存储器

基于有机场效应晶体管（Organic Field-Effect Transistor，OFET）的存储器，因具有成本低、面积大、读取无损、与集成电路的兼容性好、柔性应用等优点而被广泛研究。本研究主要介绍采用混合浮栅 / 隧穿层设计，根据光在存储器中的不同功能，制备并研究 OFET 光电存储器。

（1）基于钙钛矿 QDs/ 有机聚合物混合浮栅 / 隧穿层光电存储器

Ⅰ. 制备方法

以钙钛矿 QDs/ 有机聚合物复合薄膜为电荷捕获层，开发了光 - 光电编程的混合浮栅 / 隧穿层光电存储器，其结构如图 4-108 所示。该存储器具有多级数据存储、数据保持稳定性和耐久性好等特点。此外，使用旋涂方法制备有机聚合物薄膜，并将其作为阻挡介电层，研究了低压 OFET 光电存储器。该器件的工作电压有效降低至 5 V，与传统使用 SiO_2 阻挡介电层的器件相比，该存储器具有多级数据存储、数据保持稳定性和耐久性好等特点。首先，调整 $CsPbBr_3$ QDs 溶液的浓度为 10 mg/mL，并准备 15 mg/mL 的 PMMA 甲苯溶液。随后，将 $CsPbBr_3$ QDs 溶液与 PMMA 溶液按质量比混合并充分搅拌混合均匀，配制 $CsPbBr_3$ QDs 质量分数为 24%、32% 和 40% 的 $CsPbBr_3$ QDs/PMMA 混合物。选用带有 200 nm 厚度 SiO_2 层的重掺杂 N 型硅片（Si）作为衬底，其尺寸为 14 mm × 14 mm，其中重掺杂 N 型硅片为栅极，200 nm 厚的 SiO_2 为栅极的绝缘层。在使用硅片前，依次将其在去离子水、丙酮和异丙醇中超声清洗 15 min，用氮气吹干，在热平台上以 80 ℃干燥 30 min，并进行紫外 - 臭氧处理 10 min。将 $CsPbBr_3$ QDs/PMMA 混合溶液以 3 000 r/min 旋涂到硅衬底上，随后 80 ℃退火去除残余的甲苯溶剂，形成 $CsPbBr_3$ QDs/PMMA 复合薄膜（图 4-109 中为 PMMA/$CsPbBr_3$）。在 $CsPbBr_3$ QDs/PMMA 复合薄膜上热蒸镀 50 nm 厚的并五苯（pentacene）作为有源层，沉积速率为 0.1 Å/s，腔体压强小于 3.0×10^{-4} Pa。最后，通过掩模板法蒸镀 90 nm 厚的 Au 电极，沟道长度 L 和沟道宽度 W 分别为 0.1 和 3 mm。

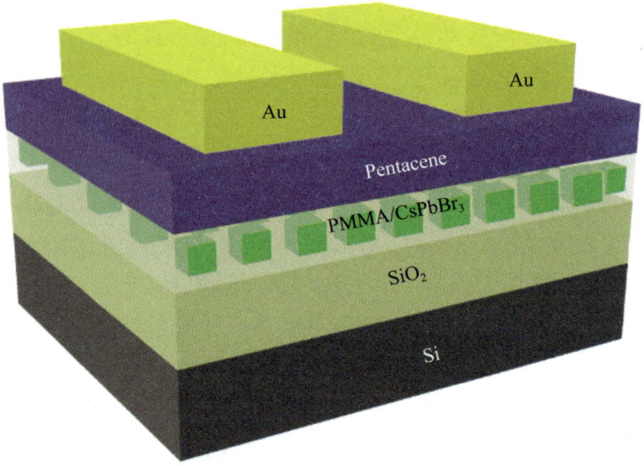

图 4-108　混合浮栅 / 隧穿层光电存储器结构示意

Ⅱ. 性能测试与分析

混合浮栅 / 隧穿层光电存储器的输出特性曲线如图 4-109 所示。其中，明显的线性和饱和区域显示出典型的 P 型场效应晶体管的特征，表明该存储器的并五苯薄膜质量和电特性均较好。在 $CsPbBr_3$ QDs/PMMA 混合物中，不同 $CsPbBr_3$ QDs 与 PMMA 的质量比对存储器性能的影响如图 4-110 所示。图 4-111 所示为该存储器在不同光强编程条件下的存储特性。在光写入（编程）操作中，当光功率密度从 1 mW/cm^2 逐渐增大到 30、48 和 93 mW/cm^2 时，该存储器的阈值电压从 −1.39 V 逐渐移动到 1.66、4.49 和 6.62 V；而在光电写入（编程）操作中，当光功率密度从 1 mW/cm^2 逐渐增大到 30、48 和 93 mW/cm^2 时，该存储器的阈值电压从 3.39 V 逐渐增大到 5.90、10.17 和 15.65 V。可见，光电编程的阈值电压移动幅度大于光编程，这是由于在电场作用下，光生载流子的移动速度更快，$CsPbBr_3$ QDs 捕获电荷数量更多。改变编程光强可以获得多个阈值电压，使存储器有多个存储态，成为多级数据存储器。不同编程时间对存储器的影响如图 4-112 所示。可以看到，当编程时间从 1 s 增大到 5 s 时，光编程的阈值电压从 0.52 V 近线性增大到 6.62 V，光电编程的阈值电压从 1.47 V 增大到 16.57 V。由此可见，使用不同编程时间同样可以实现多级存储。在光电编程中，当编程时间低于 1 s 时，阈值电压迅速增大；当编程时间超过 1 s 时，阈值电压轻微增大并基本饱和。数据保持性和耐久性能够反映存储器的可靠性、稳定性和可重复性，该存储器的数据保持性和耐久性结果如图 4-113 所示。

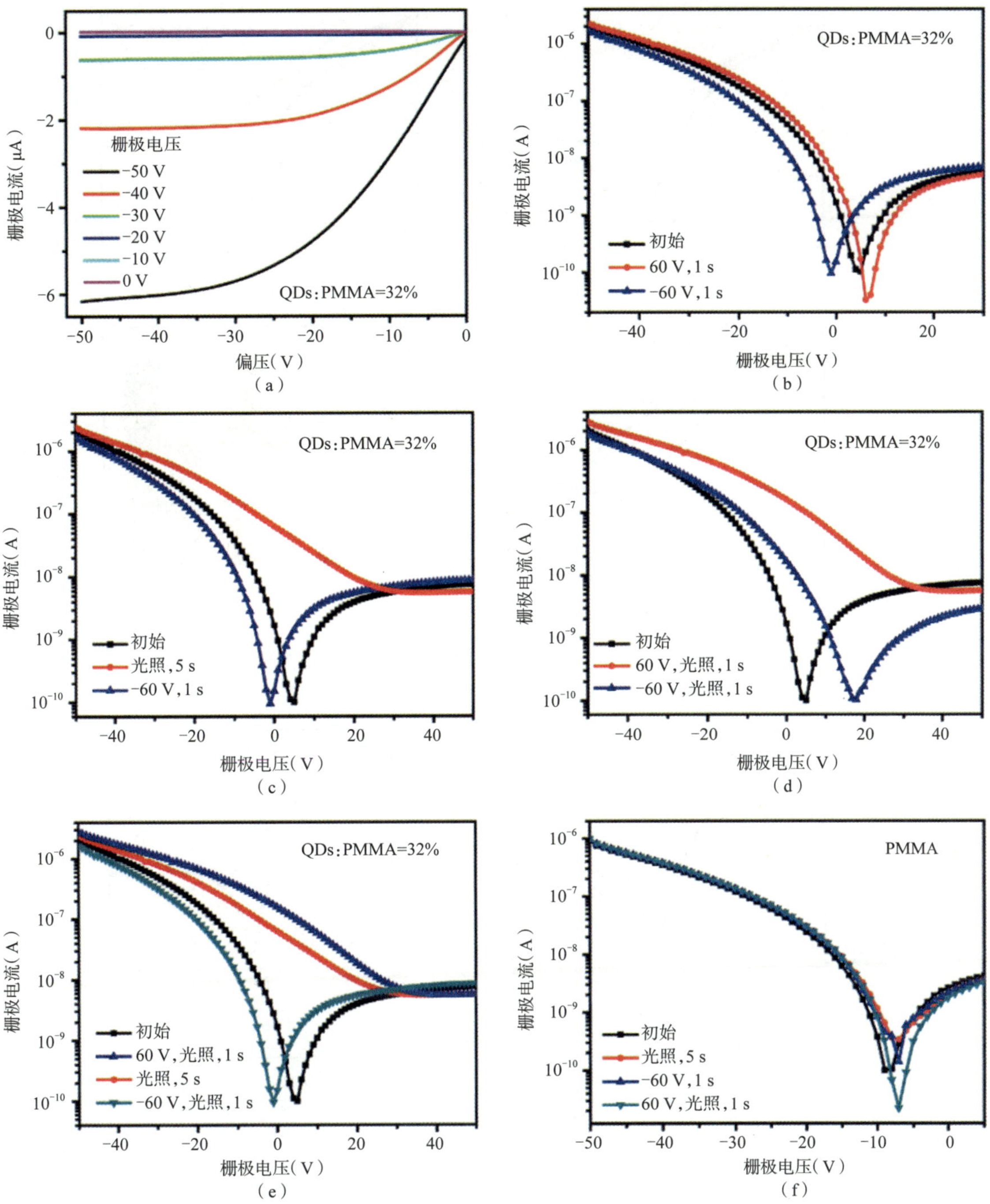

图 4-109　$CsPbBr_3$ QDs 质量分数为 32% 的混合浮栅 / 隧穿层光电存储器的输出特性和转移特性

（a）*I-V*特性；（b）电编程、电擦除；（c）光编程、电擦除；（d）光电编程、光电擦除；（e）光和光电编程、电擦除；（f）纯PMMA的并五苯晶体管的转移特性

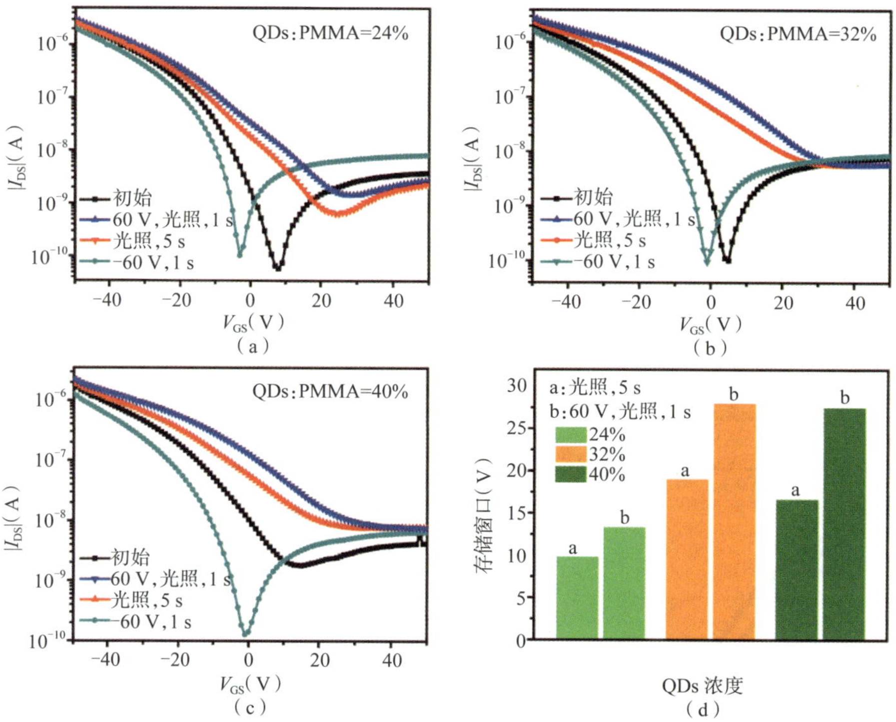

图 4-110　不同 $CsPbBr_3$ QDs 和 PMMA 的质量比对光电存储器性能的影响

（a）24%；（b）32%；（c）40%；（d）存储窗口比较

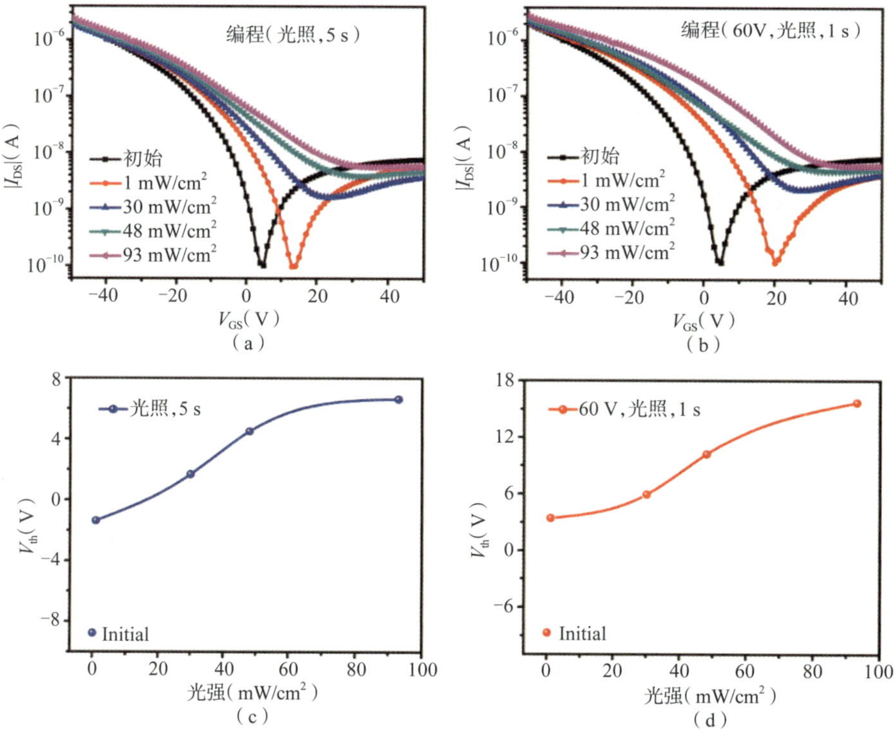

图 4-111　$CsPbBr_3$ QDs 质量分数为 32%、不同光照条件下光电存储器的转移曲线和阈值电压

（a）光编程；（b）光电编程；（c）光编程阈值电压；（d）光电编程阈值电压

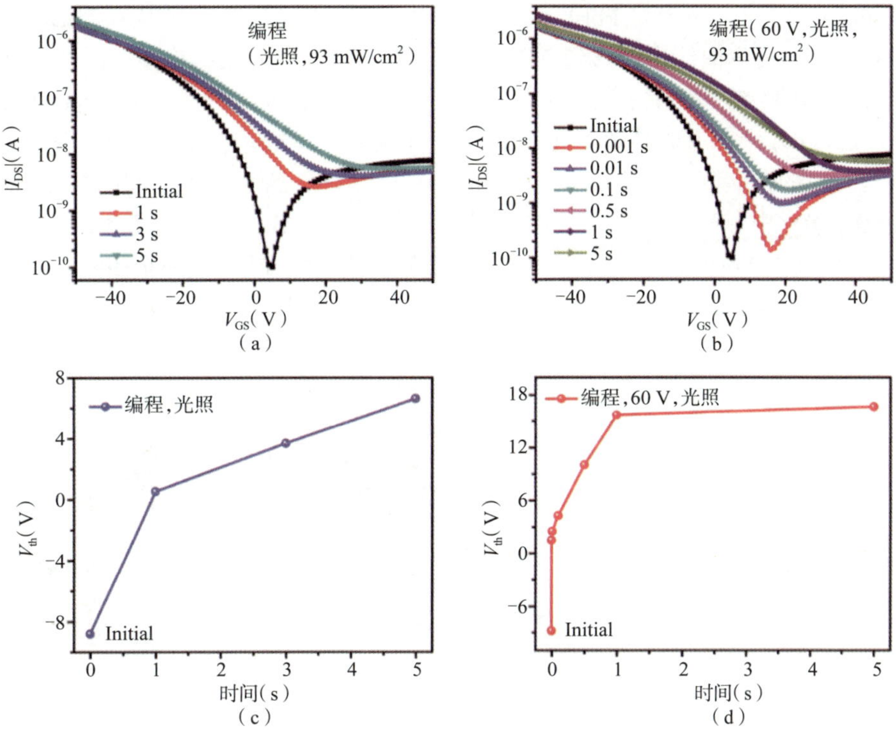

图 4-112 $CsPbBr_3$ QDs 质量分数为 32%、不同编程时间下光电存储器的转移曲线和阈值电压

（a）光写入；（b）光电写入；（c）光写入阈值电压；（d）光电写入阈值电压

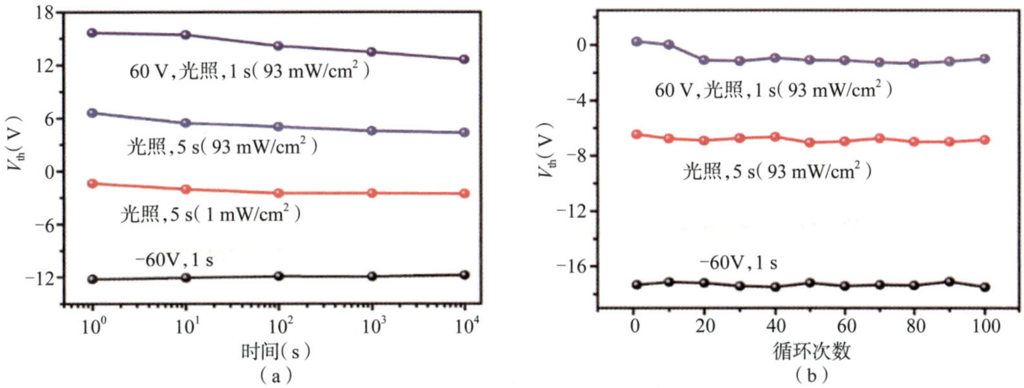

图 4-113 混合浮栅 / 隧穿层光电存储器的数据保持性和耐久性

（a）数据保持性；（b）耐久性

Ⅲ. 存储机制分析

可基于能带示意图解释混合浮栅 / 隧穿层光电存储器的电荷捕获和擦除过程。图 4-114 所示为混合浮栅 / 隧穿层光电存储器在初始状态、编程和擦除操作期间的能带示意图。$CsPbBr_3$ QDs 与并五苯在能级层面能够良好匹配，电子更容易被捕获在 $CsPbBr_3$ QDs 中。由图 4-114（a）可以看出，并五苯的最高占据分子轨道（HOMO，−5.0 V）和最低未占分子轨道（LUMO，−3.2 V）的能级高于 $CsPbBr_3$ QDs，因此并五苯的能带在 PMMA 附近向下弯曲。在光写入操作（$V_{GS}=0$）过程中，$CsPbBr_3$ QDs 吸收紫外光并产生大量光生载流子，光生电荷在能带弯曲下会自发地移动并被捕获，光生电子

将保留在 $CsPbBr_3$ QDs 中，位于 $CsPbBr_3$ QDs HOMO 能级上的光生空穴会从 $CsPbBr_3$ QDs 逃逸，穿过隧穿层 PMMA，通过弯曲能带转移到并五苯中，这与文献报道的光编程存储器的机理基本一致。当写入电压 $V_{GS} > 0$ 时，在电场作用下，光生空穴更容易通过弯曲能带从 $CsPbBr_3$ QDs 转移到并五苯，导致 $CsPbBr_3$ QDs 中留下更多光生电子，减少了光生空穴与光生电子的复合。因此，光电存储器在光电共同写入时的存储窗口大于光单独写入时的存储窗口。当施加负栅电压进行电擦除操作时，电子从 $CsPbBr_3$ QDs 中释放出来，并在电场力的作用下通过 PMMA 流向并五苯中。如果使用光电擦除操作，电子将在 $CsPbBr_3$ QDs 中不断产生，并且在有限的时间内无法完全擦除。同样地，如果仅使用正电压用于写入操作（不使用光写入），则几乎没有存储窗口，这是因为在 P 型并五苯中的自由电子非常少。

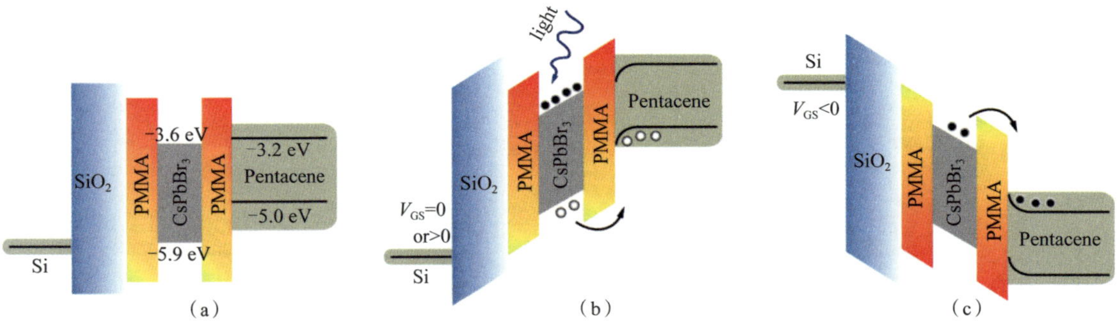

图 4-114　混合浮栅 / 隧穿层光电存储器在不同状态下的能带示意图

（a）原始状态；（b）光-光电编程；（c）电擦除

Ⅳ. 研究总结

本研究将 $CsPbBr_3$ QDs 嵌入 PMMA 作为电荷捕获层，制备了非易失性光电存储器。$CsPbBr_3$ QDs/PMMA 复合材料作为混合浮栅 / 隧穿层可以有效简化器件制备过程，并提高其存储性能 [36]。实验结果表明，该光电存储器展示出光 - 光电编程和电擦除特性。在编程操作期间，随着光功率密度、光照时间和光电编程时间的增加，阈值电压 V_{th} 的移动幅度不断增大，可应用于多级数据存储。同时，该存储器表现出较快的擦除速度，其在 1 ms 的擦除时间内仍有大幅度的 V_{th} 移动。

（2）基于混合电荷捕获层光可擦除有机场效应晶体管存储器

本研究通过引入溶液处理的 PCBM/PMMA 复合材料为光敏电荷捕获层，制备并研究光可擦除 OFET 存储器，系统地研究了不同 PCBM/PMMA 混合比例、不同编程电压和光擦除条件对存储器性能的影响。结果显示，基于 PCBM 质量分数为 10% 的 PCBM/PMMA 混合物的存储器显示出优异的数据保持性能（$>1.2 \times 10^4$ s）、2 bit 的数据存储能力、800 多次的稳定循环性能。

Ⅰ. 制备方法

本研究所用的 PCBM 材料采购自西安宝莱特光电科技有限公司，带有 300 nm 厚 SiO_2 层的重掺杂 N 型硅采购自宁波赛邦芯微电子科技有限公司，其他材料和溶剂与前面研究所使用的一致。该光可擦除 OFET 存储器的结构如图 4-115 所示，其制备过程如下。首先，准备浮栅旋涂液，将 PCBM 和 PMMA 分别溶解在甲苯溶液中，浓度均为 10 mg/mL。其次，将 PCBM 和 PMMA 溶液进行混合并持续搅拌至混合均匀，配制成 PCBM 质量分数分别为 0%、5%、10%、20%、30% 和 40% 的混合溶液，对应的存储器分别记为 R-0、R-5、R-10、R-20、R-30 和 R-40。硅衬底在接受常规的清洗、干燥和紫外 - 臭氧处理后备用。将 PCBM/PMMA 混合溶液以 2 000 r/min 的转速旋涂在 Si/SiO_2 基底上，持续时间 45 s。然后，使样品在 80 ℃下退火 30 min，去除残余的甲苯溶剂，形成 PCBM/PMMA 复合薄膜。此外，PCBM 同样被旋涂在玻璃基板上，测量其吸收特性。随后，在 3.0×10^{-4} Pa 真空度下，热蒸镀 50 nm 厚的并五苯于 PCBM/PMMA 复合层上作为有源层，沉积速率为 0.1~0.2 Å/s。最后，通过设计的掩模板沉积 80 nm 厚的金层作为源极和漏极，沟道长度和宽度分别为 50 μm 和 1 000 μm。

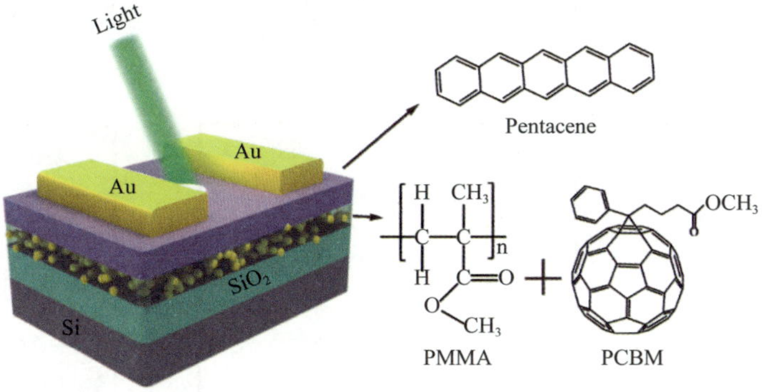

图 4-115　光可擦除 OFET 存储器的结构示意

Ⅱ. 性能测试与分析

光可擦除 OFET 存储器的性能包括输出特性、擦除和编程特性、数据保持性和耐久性等，性能测试结果如图 4-116 至图 4-121 所示。

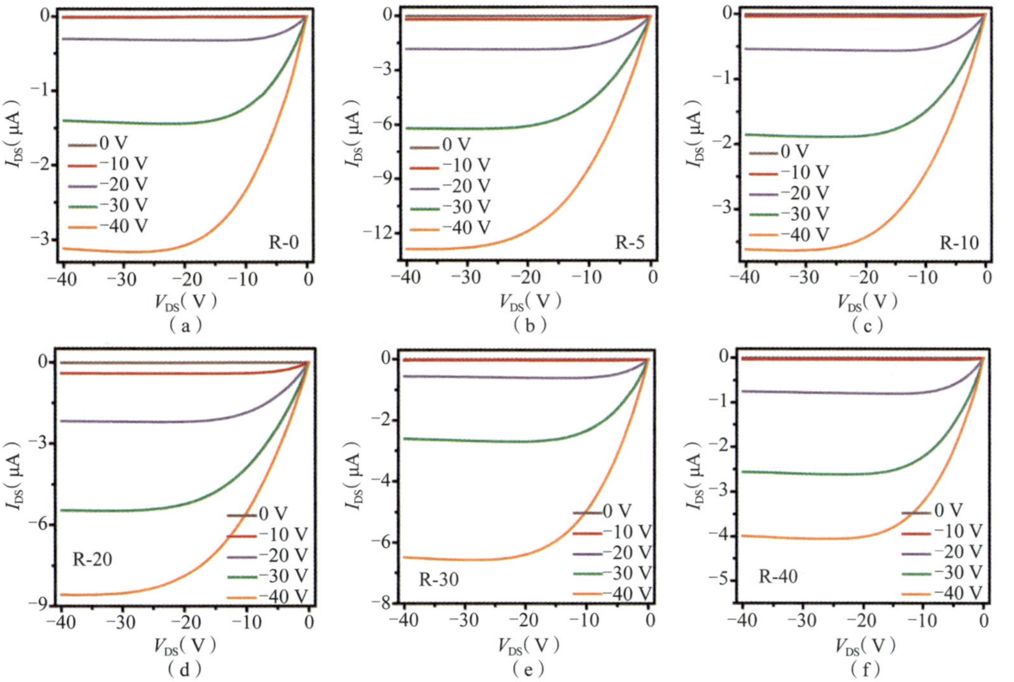

图 4-116　光可擦除 OFET 存储器的输出特性

(a) R-0；(b) R-5；(c) R-10；(d) R-20；(e) R-30；(f) R-40

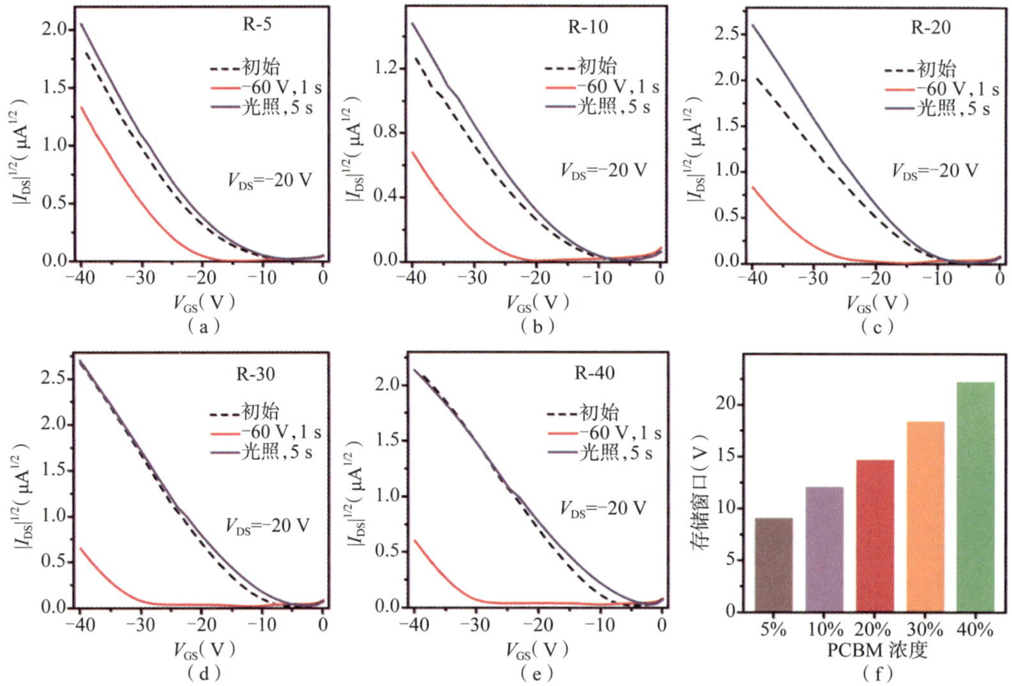

图 4-117　光可擦除 OFET 存储器的擦除特性

(a) R-5；(b) R-10；(c) R-20；(d) R-30；(e) R-40；(f) 存储窗口比较

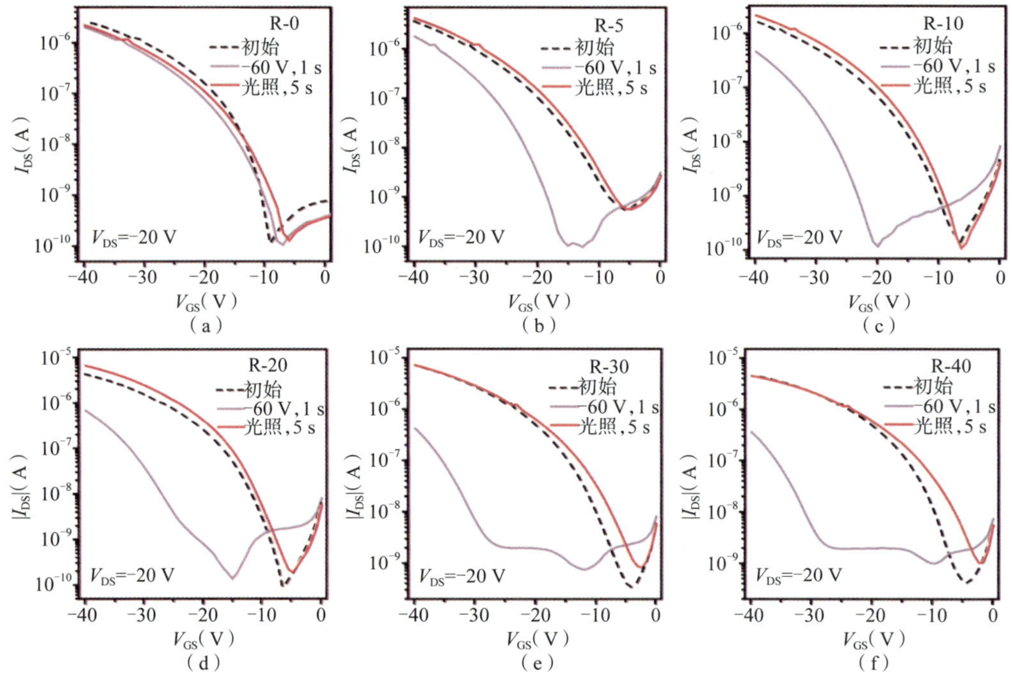

图 4-118　光可擦除 OFET 存储器的存储特性

(a) R-0；(b) R-5；(c) R-10；(d) R-20；(e) R-30；(f) R-40

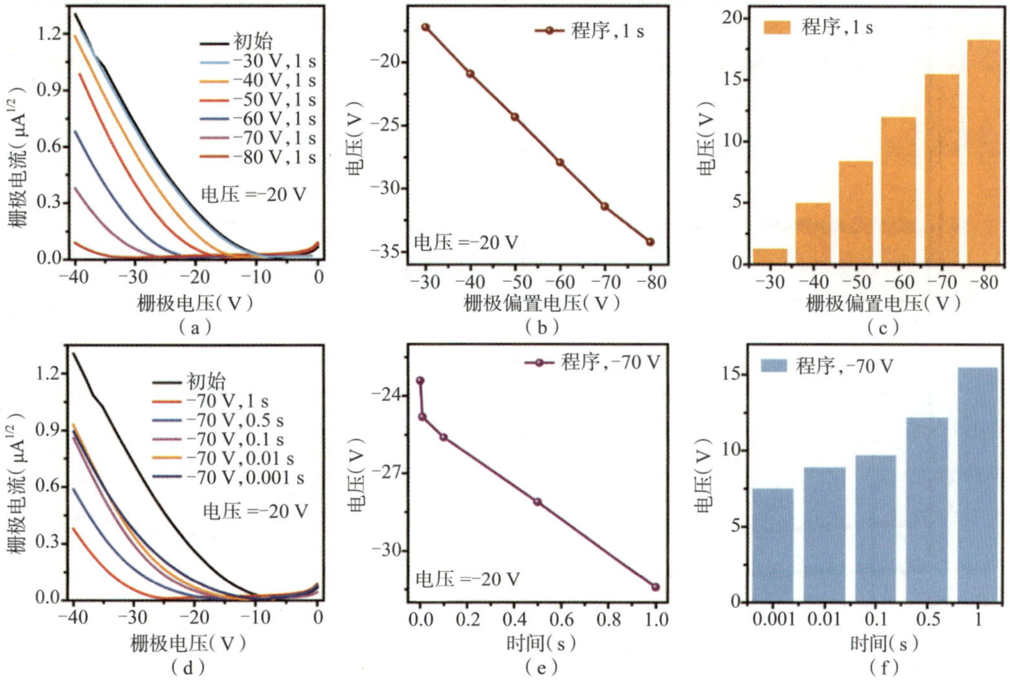

图 4-119 R-10 光可擦除 OFET 存储器的编程特性

(a)不同编程电压的*I-V*特性；(b)编程电压的影响；(c)编程电压柱状图；(d)不同编程时间的*I-V*特性；(e)编程时间的影响；(f)编程时间柱状图

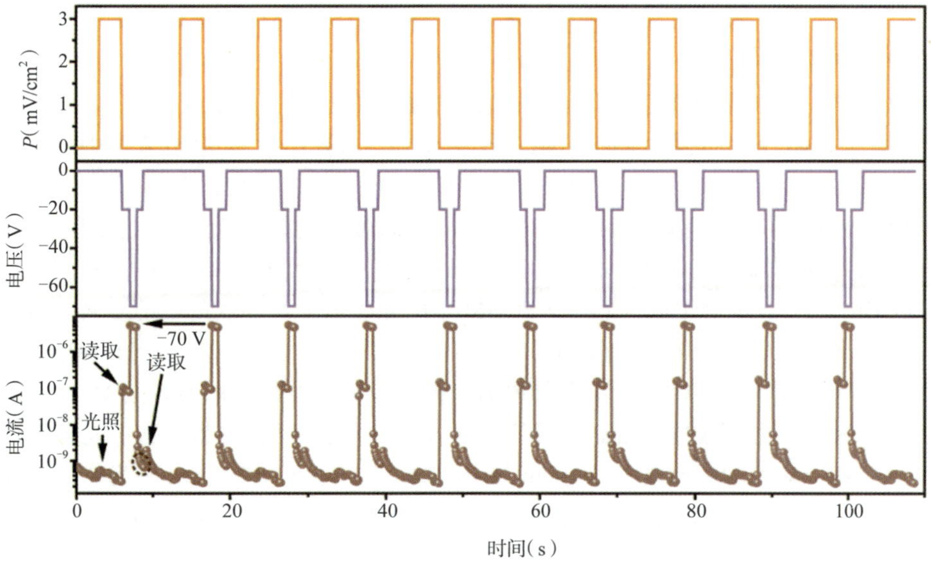

图 4-120 光可擦除 OFET 存储器的循环测试结果

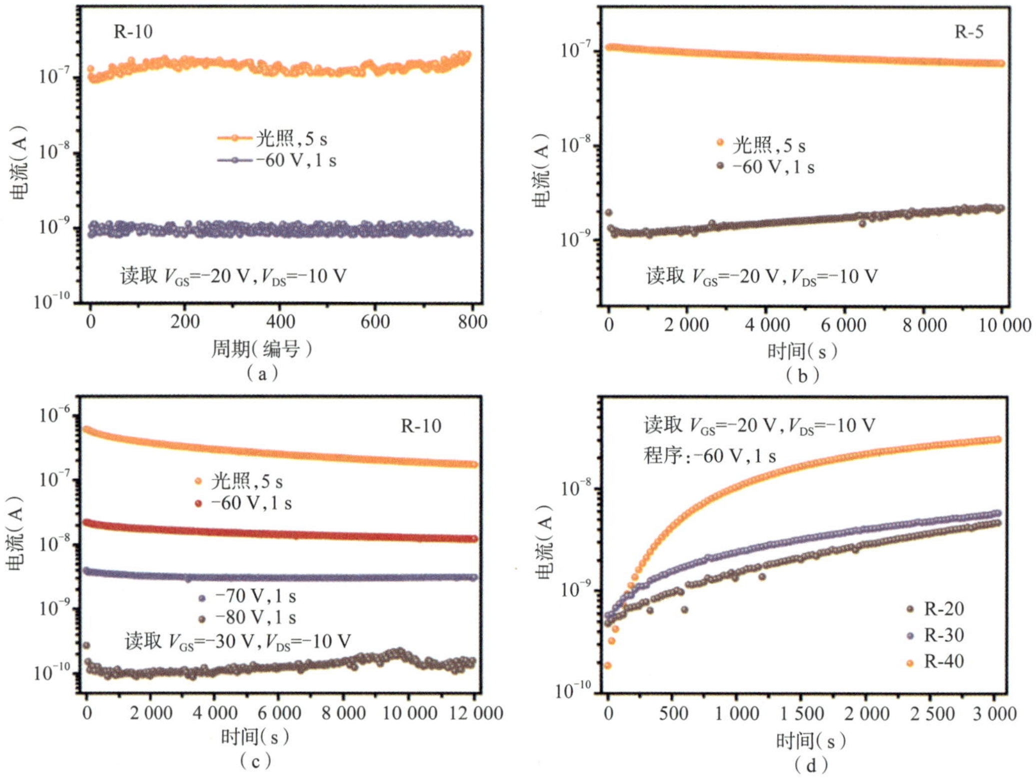

图 4-121　光可擦除 OFET 存储器的耐久性和数据保持性

(a)R-10的耐久性；(b)R-5的数据保持性；(c)R-10的数据保持性；(d)R-20、R-30和R-40的数据保持性

Ⅲ. 存储机制分析

在电写入操作和光擦除操作期间,光可擦除 OFET 存储器的能带示意如图 4-122 所示。并五苯是典型的 P 型半导体,其中包含大量空穴载流子。在电写入操作期间,并五苯层中的大量空穴载流子通过 PMMA 隧穿层到达 PCBM,界面势垒被电场力克服,如图 4-122(b)所示。PCBM 小分子由 PMMA 聚合物包裹和隔离,有效抑制了捕获电荷的横向和纵向扩散,混合比适当的 PCBM/PMMA 混合物可以确保存储数据的稳定性。如图 4-122(c)所示,一旦存储器暴露在光下,其大量光生载流子首先在 PCBM 和并五苯中生成。然后, PCBM 中的光生电子与捕获的电荷空穴复合。根据能带理论,由于并五苯的 HOMO 和 LUMO 均高于 PCBM,所以并五苯的能带在 PMMA 附近向下弯曲,而 PCBM 的能带向上弯曲。根据并五苯和 PCBM 的匹配能带结构, PCBM 的 HOMO 能级上的光生空穴会从 PCBM 逃逸并通过弯曲能带转移到并五苯中,这与已有文献报道的光擦除机制基本一致。PCBM 在 405 nm 处的吸收比在 532 nm 处强,然而使用 405 和 532 nm 激光作为擦除信号可获得类似的可擦除结果。值得注意的是,并五苯在 532 nm 处的吸收比在 405 nm 处强。因此,并五苯 LUMO 能级上的部分光生电子也通过能带弯曲转移到 PCBM,并与捕获空穴复合,加速光擦除过程。

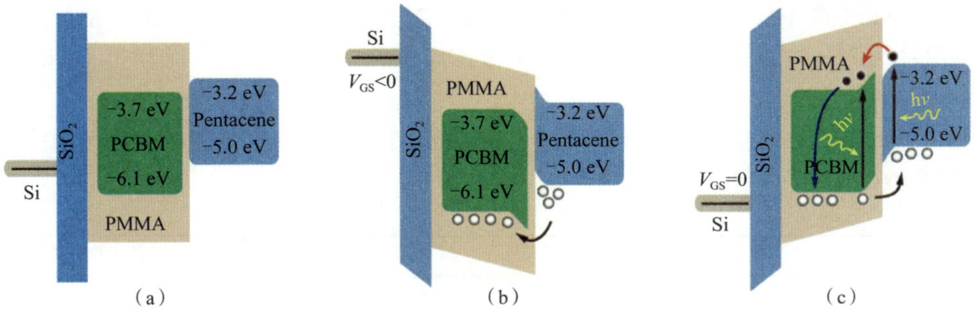

图 4-122　光可擦除 OFET 存储器的能带示意

（a）原始状态；（b）电写入操作；（c）光擦除操作

Ⅳ. 研究总结

本研究通过引入溶液处理的 PCBM/PMMA 复合材料作为光敏电荷捕获层，制备了一种新型光可擦除 OFET 存储器。首先，通过对各层薄膜表面形貌进行测试，研究了不同 PCBM 和 PMMA 混合比的复合薄膜和在其上沉积的并五苯薄膜的质量。然后，探测了不同 PCBM 和 PMMA 混合比与存储窗口的关系，证明了 PCBM 对空穴电荷的捕获作用。通过设置不同编程电压和光擦除条件，包括光波长、功率密度和光照时间，测试了存储器的电写入和光可擦除特性。结果表明，该光可擦除 OFET 存储器表现出 1 ms 的快速电编程性能。此外，在这项研究中，该光擦除存储器在数据保持、耐久性和多级数据存储方面同样具有很好的表现。在数据保持测试中，PCBM 质量分数为 10% 的存储器（R-10）显示出更好的性能，在长达 12 000 s 的时间内仍具有较好的数据保持性。在 800 多次的重复耐久循环测试中，该光可擦除 OFET 存储器展现出稳定的开 / 关电流转换性能，且通过设置不同的写入条件，其可以捕获不同数量的空穴电荷，获得 2 bit 的数据存储能力。因此，溶液处理的光可擦除 OFET 存储器在大数据擦除、柔性应用、低成本和大规模生产方面具有较大的应用价值。

（3）基于三元混合电荷捕获层的双功能光电存储器

采用三元 PCBM/$CsPbBr_3$ QDs/ 聚苯乙烯（PS）混合薄膜为浮栅 / 隧穿层，制备双功能光电存储器。该存储器可实现电捕获空穴 - 光擦除、光写入电子 - 电擦除双功能存储操作。此外，该存储器具有 0.05 s 的快速光擦除速度、−35 V 的低擦除电压、500 次连续稳定的耐久循环和大于 1×10^4 s 的电子和空穴数据保持性。

Ⅰ. 器件制备

双功能光电存储器采用由 $CsPbBr_3$ QDs、PCBM 和 PS 组成的三元复合薄膜为电荷捕获层，所使用的材料和溶剂均与前文介绍研究的一致，而且仍使用前文介绍的热合成方法制备 10 mg/mL 的 $CsPbBr_3$ QDs 甲苯溶液，PCBM 和 PS 以 10 mg/mL 的浓度分别溶解在甲苯溶剂中。首先，通过常规清洗方法依次对 Si/SiO_2 衬底（自带 300 nm 厚 SiO_2 层）进行超声清洗、氮气枪吹干和热干燥。然后，配置 PCBM 质量分数为 10% 的 PCBM/PS 溶液，对应的存储器记作 P-10。随后，将 $CsPbBr_3$ QDs 溶液添加到 PCBM/PS 溶液中，混合溶液中的 $CsPbBr_3$ QDs 质量分数分别为 10%、20% 和 30%，对应的存储器分别记作 PCs-10、PCs-20 和 PCs-30。同样制备不含 PCBM 的 $CsPbBr_3$ QDs/PS 溶液，$CsPbBr_3$ QDs 的质量分数分别为 10%、20% 和 30%，对应的存储器分别记作 Cs-10、Cs-20 和 Cs-30。在进行下一步工作之前，需要对基底进行 10 min 的紫外 - 臭氧处理。在大气环境中，将 PCBM/PS、$CsPbBr_3$ QDs/PS 和 PCBM/$CsPbBr_3$ QDs/PS 混合溶液以 2 000 r/min 的转速旋涂到 Si/SiO_2 衬底上，旋涂时间为 45 s。将旋涂后的样品在 80 ℃下退火处理 30 min，以去除甲苯溶剂并形成复合薄膜。在

3.0×10^{-4} Pa 的真空度条件下，以 0.2 Å/s 的沉积速率在复合薄膜上热蒸镀 50 nm 厚的并五苯作为半导体层。最后，通过掩模板法热蒸镀源 / 漏 Au 电极，沟道长度 L 和宽度 W 分别为 50 μm 和 1 000 μm。

Ⅱ. 性能测试及分析

$CsPbBr_3$ QDs/PCBM/PS 三元复合双功能光电存储器的输出特性、存储特性、阈值电压、存储窗口、耐久性和数据保持性结果如图 4-123 至图 4-127 所示。

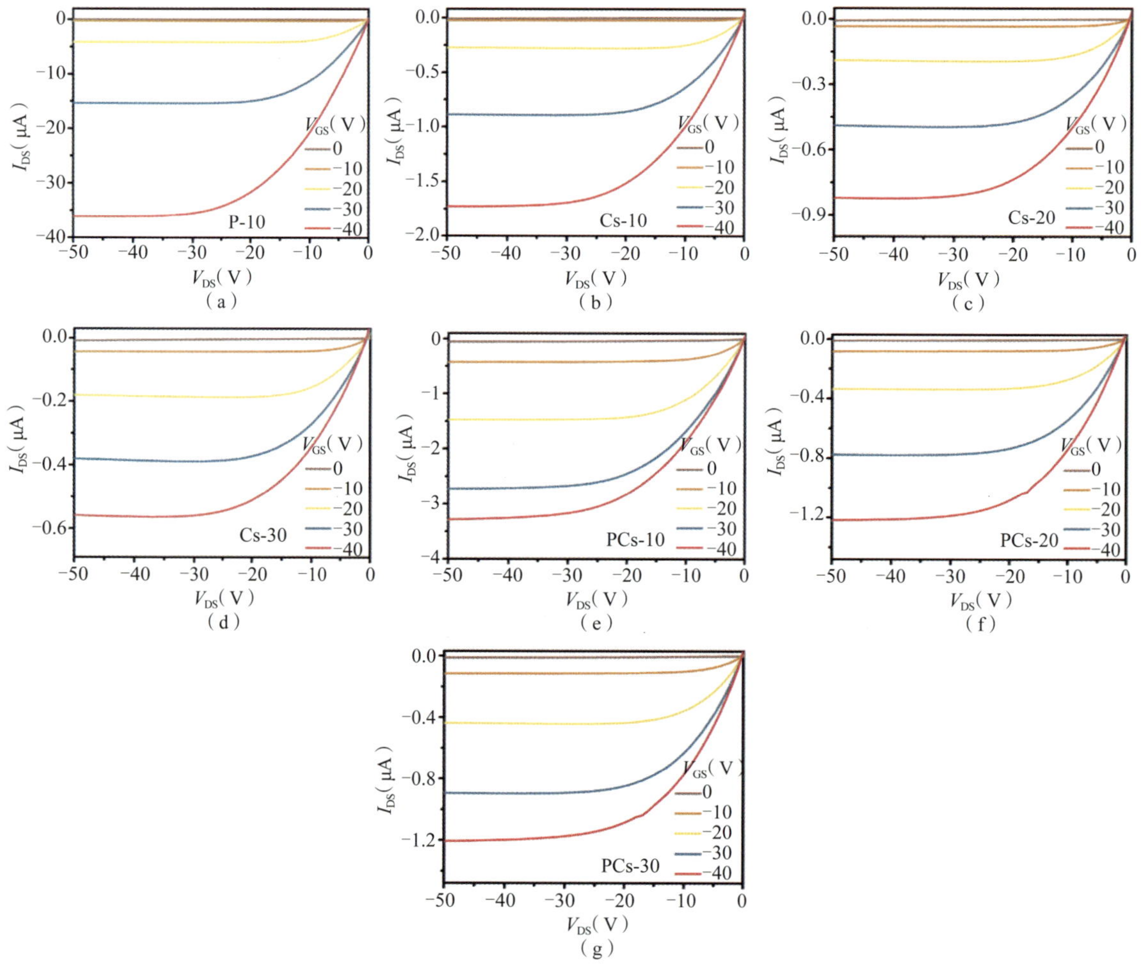

图 4-123　三元复合双功能光电存储器的输出特性

(a) P-10；(b) Cs-10；(c) Cs-20；(d) Cs-30；(e) PCs-10；(f) PCs-20；(g) PCs-30

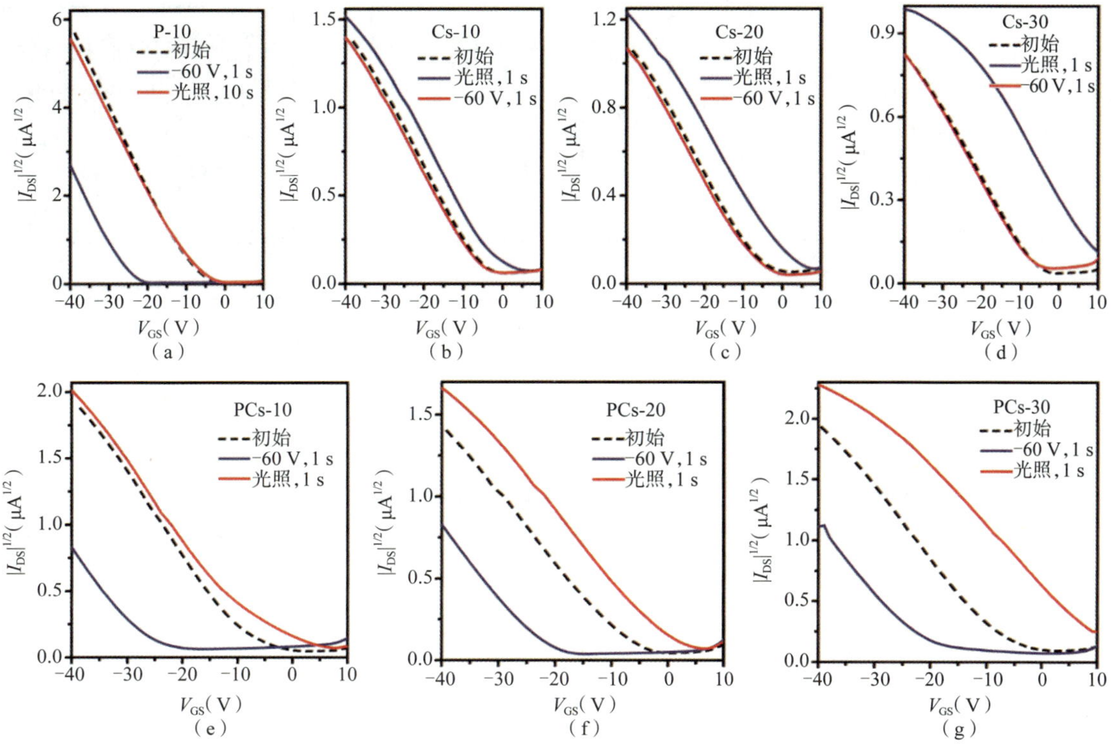

图 4-124　三元复合双功能光电存储器的存储特性

（a）P-10；（b）Cs-10；（c）Cs-20；（d）Cs-30；（e）PCs-10；（f）PCs-20；（g）PCs-30

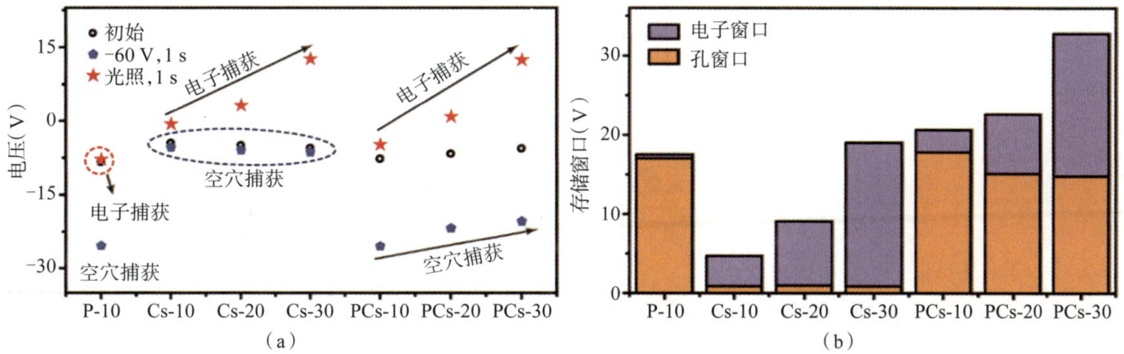

图 4-125　三元复合双功能光电存储器的阈值电压和存储窗口

（a）阈值电压；（b）存储窗口

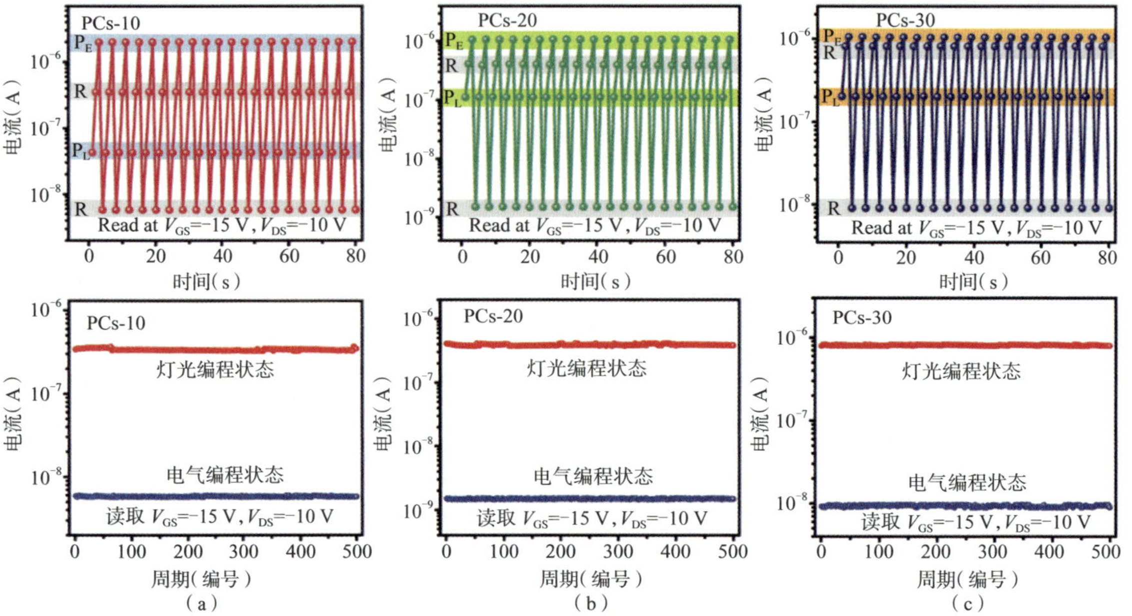

图 4-126　三元复合双功能光电存储器的耐久性

（a）PCs-10；（b）PCs-20；（c）PCs-30

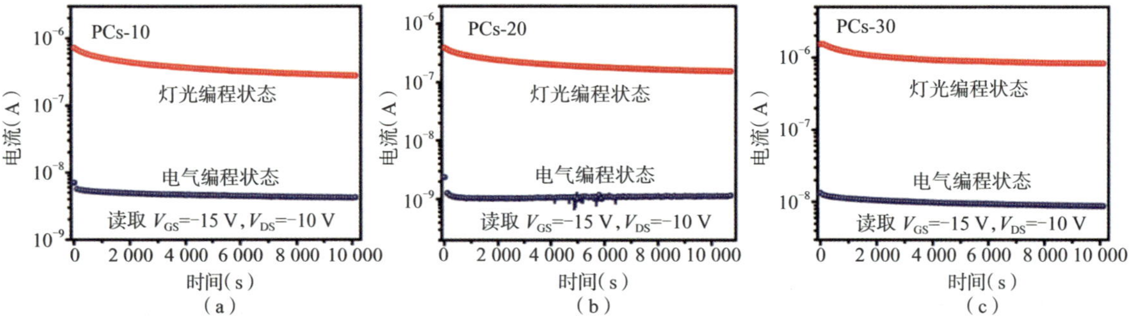

图 4-127　三元复合双功能光电存储器的数据保持性

（a）PCs-10；（b）PCs-20；（c）PCs-30

Ⅲ. 工作机理分析

对于电荷捕获和释放机制，基于 PCBM/PS 混合电荷捕获层的光擦除存储器 [37] 和基于 $CsPbBr_3$ QDs/PS 混合电荷捕获层的光编程存储器与前文介绍的器件基本一致。

对于基于 PCBM/PS 混合电荷捕获层的光擦除存储器，在电编程操作期间，其并五苯中的大量空穴载流子被转移并保留在 PCBM 中，如图 4-128（a）所示。当基于 PCBM/PS 混合电荷捕获层的光擦除存储器暴露在光下时，PCBM 中的光生电子将与捕获的空穴电荷复合。同时，PCBM 中的光生空穴会从 PCBM 中逸出并通过弯曲能带转移到并五苯中，并五苯 LUMO 能级上的一小部分光生电子也将转移到 PCBM 中并与被捕获空穴复合。

基于 $CsPbBr_3$ QDs/PS 混合电荷捕获层的光编程存储器的操作机制如图 4-128（b）和（e）所示。在光编程操作期间，大量电子产生并存储在 $CsPbBr_3$ QDs 中，$CsPbBr_3$ QDs 的 HOMO 能级上的光生空穴将从 $CsPbBr_3$ QDs 中转移，并通过 PS 隧穿层，最后经过弯曲能带到达并五苯。当向存储器施加负栅极电压时，电子将从 $CsPbBr_3$ QDs 中释放出来，并在电场力的作用下转移到并五苯。$V_{GS}=0$ 下的弯曲能带是由于并五苯的 HOMO 和 LUMO 能级高于 PCBM 和 $CsPbBr_3$ QDs，导致并五苯的能带在并五苯和电荷俘获层之间的界面处向下弯曲，而 PCBM 和 $CsPbBr_3$ QDs 的能带向上弯曲。

基于 PCBM/$CsPbBr_3$ QDs/PS 混合电荷捕获层的双功能光电存储器不仅保留了 $CsPbBr_3$ QDs 的电子俘获能力和 PCBM 的空穴捕获能力，而且加快了光擦除速度，并降低了擦除电压。如图 4-128（c）所示，移动的空穴在电编程操作期间复合了被捕获的电子，从而更有效地擦除被捕获电子。类似地，更快的空穴擦除是 $CsPbBr_3$ QDs 中的光生电子和 PCBM 中捕获空穴的复合所导致的，如图 4-128（f）所示。

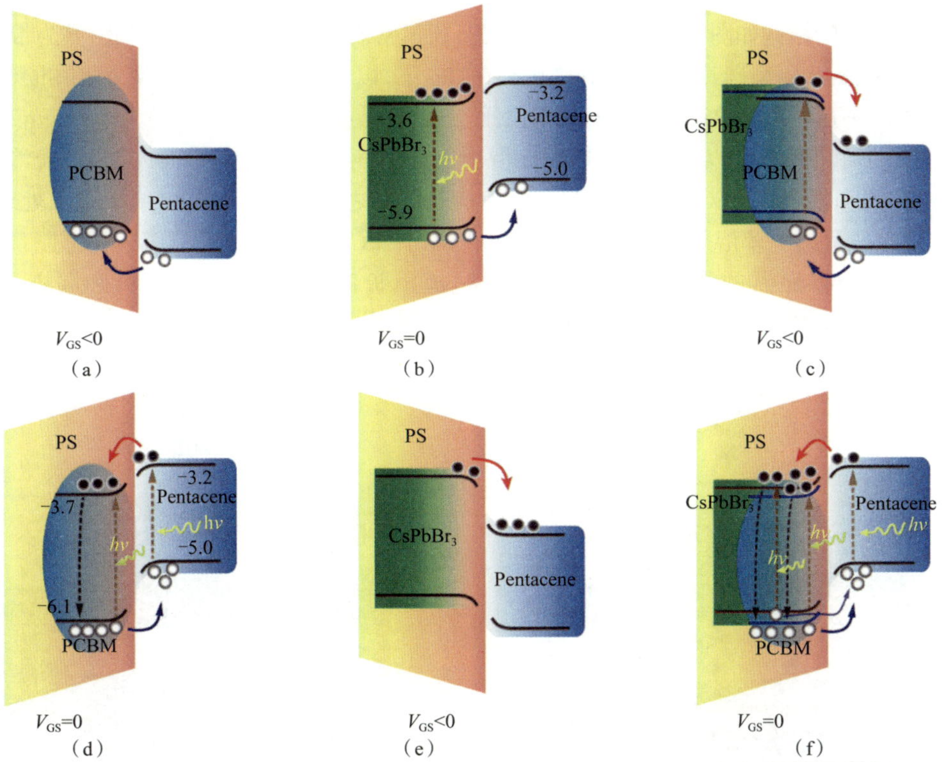

图 4-128 基于 PCBM/PS 混合电荷捕获层的光擦除存储器的编程和擦除机理

（a）PCBM/PS电编程；（b）$CsPbBr_3$ QDs/PS光编程；（c）PCBM/$CsPbBr_3$ QDs/PS电编程；（d）PCBM/PS光擦除；（e）$CsPbBr_3$ QDs/PS电擦除；（f）PCBM/$CsPbBr_3$ QDs/PS光编程；

本研究通过使用三元 PCBM/$CsPbBr_3$ QDs/PS 复合薄膜作为混合浮栅 / 隧穿层，使光电存储器获得双功能存储性能。实验中，P-10 存储器显示出优异的空穴和弱电子捕获特性，而 Cs-10、Cs-20 和 Cs-30 存储器则表现出弱的空穴和优异的光诱导电子捕获行为。在这里，PCBM 中的电捕获空穴和 $CsPbBr_3$ QDs 中的光捕获电子的优点被有效地集成到一个器件中。通过调整 PCs-10、PCs-20 和 PCs-30 存储器的电光操作条件，可以实现电写入空穴 - 光擦除和光写入电子 - 电擦除的双功能存储操作。双功能存储器还表现出 0.05 s 的快速光擦除速度和 −35 V 的低擦除电压。此外，双功能光电存储器在 500 次连续的循环测试中表现出优异的稳定性和可靠性，并在数据保持性测试中展现出较好的电子和空穴保持能力。本研究的双功能光电存储器在保密数据存储和多功能存储方面有潜在应用价值，为开发新型存储器提供了新的路径。

(4)基于夹层结构的大存储窗口有机场效应晶体管存储器

本研究将 PCBM/PS 复合薄膜夹在两层并五苯之间，获得了大存储窗口的光擦除存储器。其更大的存储窗口可能源于并五苯与电荷捕获层之间更大的界面面积，以及在编程过程中可能存在的内部电场辅助。与无夹层结构的存储器相比，新型夹层结构存储器的存储窗口最大可增大 347%，在 −70 V 编程下的存储窗口可达 38.9 V。该存储器仅捕获空穴电荷，在单电荷捕获存储器中具有较大的优势。此外，该存储器在 600 次循环测试和 1×10^4 s 的数据保持测试中展现出良好的耐久性和数据保持性。

Ⅰ. 器件制备

制备基于夹层结构的大存储窗口 OFET 存储器所使用的材料和试剂与前文介绍研究所用的基本一致，该存储器的结构如图 4-129(a)所示。首先，通过常规步骤清洗 Si/SiO_2 衬底，其为带有 300 nm 厚 SiO_2 层的重掺杂 N 型硅片。然后，在 3.0×10^{-4} Pa 下，以 0.2 Å/s 的沉积速率在 Si/SiO_2 衬底上沉积 45 nm 厚的并五苯。将 PS 和 PCBM 分别溶解在甲苯溶剂中，形成浓度均为 10 mg/mL 的溶液。随后，将 PCBM 和 PS 溶液以 1 ∶ 10 的体积比混合。在大气环境中，将 PCBM@PS 混合溶液分别旋涂到 Si/SiO_2/ 并五苯和 Si/SiO_2 衬底上，制备电荷捕获层。之后，将器件在 80 ℃下退火处理 30 min，以去除薄膜中残留的甲苯溶剂。接着，用模板沉积法，在 PCBM@PS 复合薄膜表面上制备 50 nm 厚的并五苯层作为存储器的沟道材料。最后，通过掩模板沉积法制备 Au 源极和漏极，沟道长度 L=50 μm，沟道宽度 W=1 000 μm。

图 4-129　大存储窗口 OFET 存储器结构示意

（a）有夹层结构；（b）无夹层结构

Ⅱ. 性能测试及分析

基于夹层结构的大存储窗口 OFET 存储器的存储特性、转移特性、擦除特性、编程特性、数据保持性测试结果如图 4-130 至图 4-135 所示。

本章前面的研究已经证明质量分数为 10% 的 PCBM 是光擦除存储器制备时，PCBM 和 PMMA 的最佳配比。在本研究中，继续使用 PCBM 和 PS 混合电荷捕获层（PCBM@ PS）制备 OFET 存储器，并对有、无夹层结构的存储器的性能进行了比较。基于前文中的研究，继续使用 −60 V 持续 1 s 的栅极脉冲进行编程操作，使用波长为 405 nm、功率密度为 3 mW/cm^2、脉冲宽度为 5 s 的激光进行光擦除操作，如图 4-130 所示。进行转移特性测试时，V_{GS} 从 +10 V 扫描到 −50 V，扫描间隔为 1 V，固定漏源电压 V_{DS} = −25 V。如图 4-133(e)所示，在 V_{GS} =−60 V 条件下，无夹层结构的存储器获得了约 12.4 V 的存储窗口，这与前文介绍的 PCBM/PMMA 电荷捕获层存储器获得的存储窗口大小基本一致；而在进行相同的编程和擦除操作后，有夹层结构的存储器获得了明显更大的存储窗口（约 33.5 V），提升幅度约为 170%。可见，通过采用简单的夹层结构，即将 PCBM@PS 混合浮栅 / 隧穿层布置在两层并五苯之间，可显著增大存储窗口。值得注意的是，新型夹层结构存储器的原始状态转移曲线具有明显的饱和现象，此时漏源电流 I_{DS} 基本饱和，如图 4-133（a）所示；而对于无夹层结构的存储器，饱和现象则不明显，如图 4-133（c）所示。此外，有夹层结构存储器的最大 I_{DS} 比无夹层结构更低，约低一个量级。可以认为，这些现象可能与新型夹层结构存储器具有更大的存储窗口有关，但需要一些额外的测试以解释这种现象。

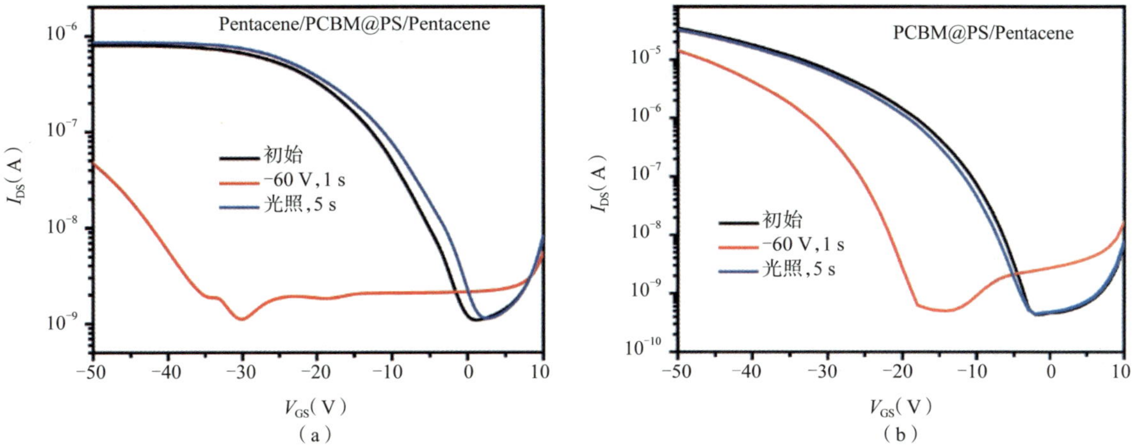

图 4-130　大存储窗口 OFET 存储器的存储特性

（a）有夹层结构；（b）无夹层结构

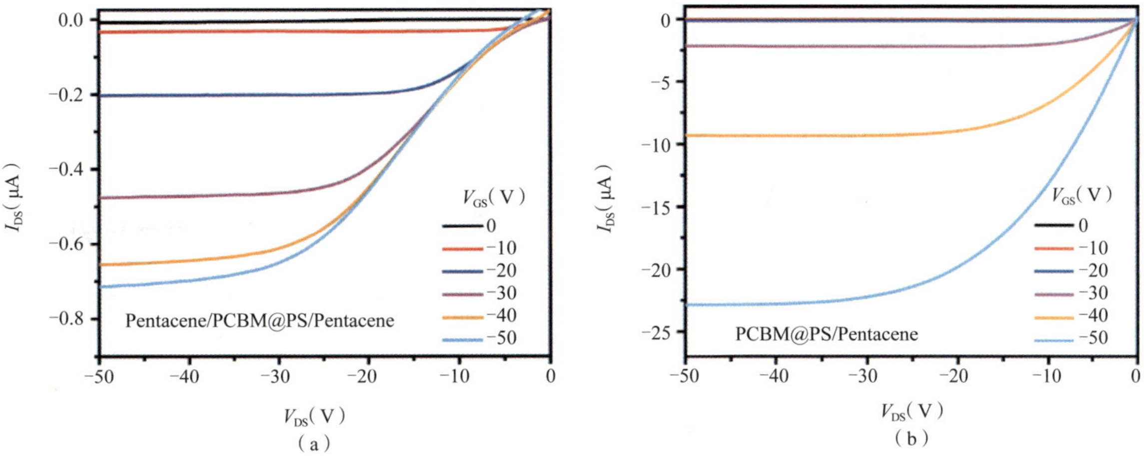

图 4-131　大存储窗口 OFET 存储器的转移特性

（a）有夹层结构；（b）无夹层结构

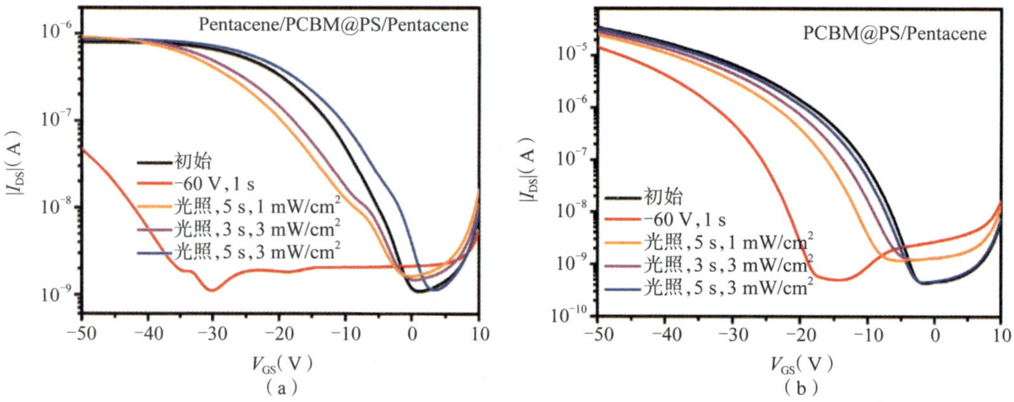

图 4-132 大存储窗口 OFET 存储器的擦除特性

（a）有夹层结构；（b）无夹层结构

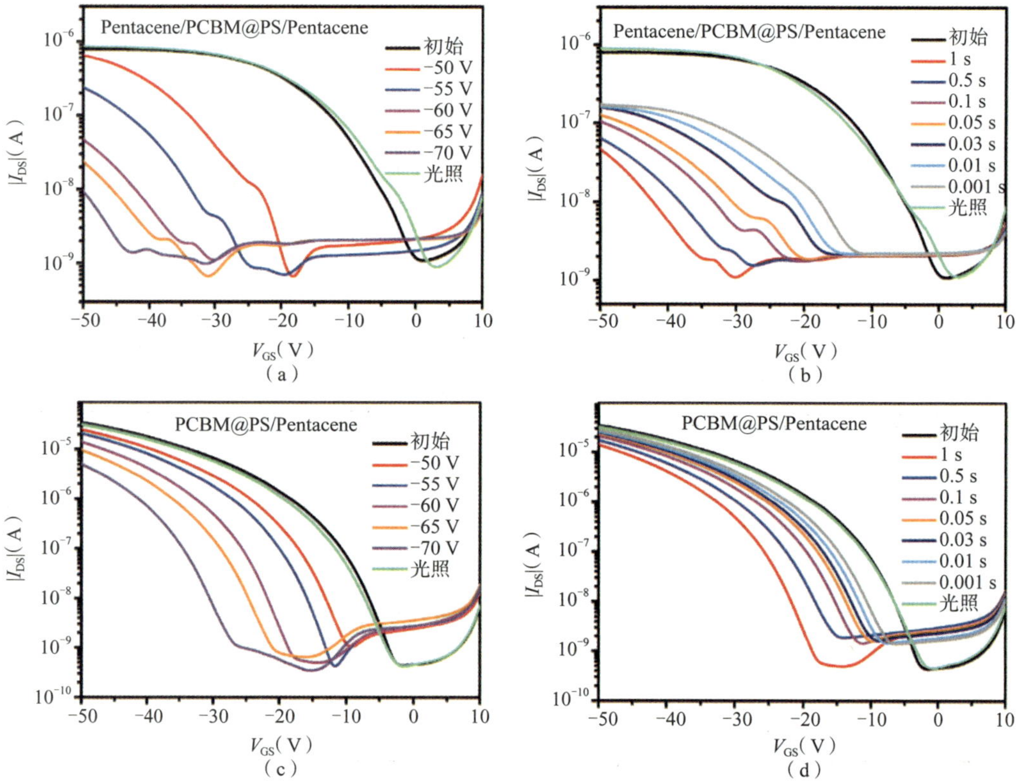

图 4-133 大存储窗口 OFET 存储器在不同编程条件下的存储特性

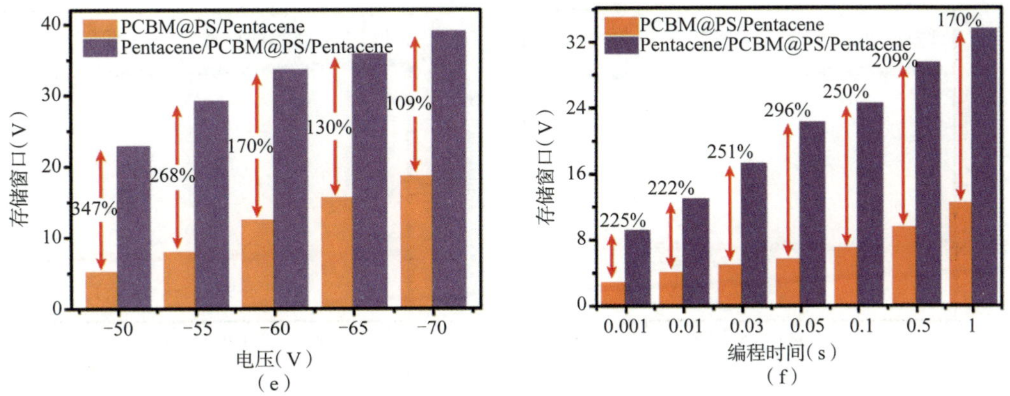

图 4-133　大存储窗口 OFET 存储器在不同编程条件下的存储特性（续）

（a）有夹层结构（编程1 s）；（b）有夹层结构（V_{GS}=−60 V）；（c）无夹层结构（编程1 s）；（d）无夹层结构（V_{GS}=−60 V）；（e）不同V_{GS}下的存储窗口，（f）不同编程时间下的存储窗口

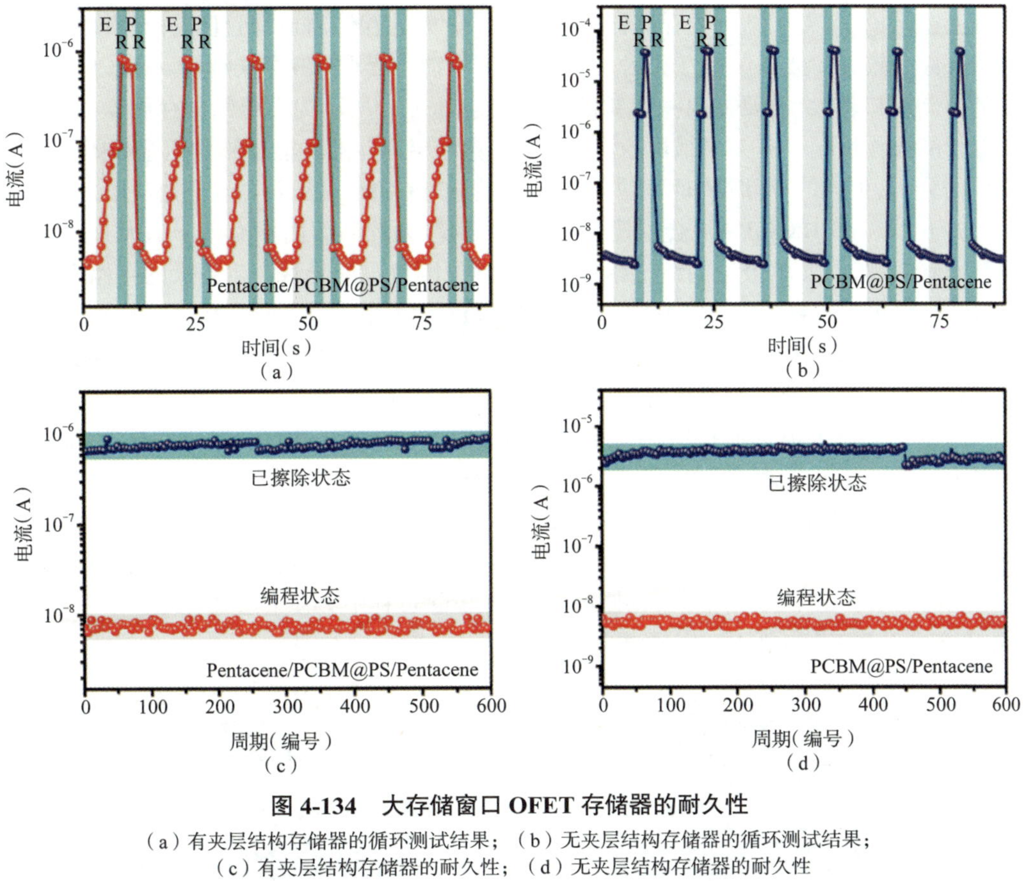

图 4-134　大存储窗口 OFET 存储器的耐久性

（a）有夹层结构存储器的循环测试结果；（b）无夹层结构存储器的循环测试结果；（c）有夹层结构存储器的耐久性；（d）无夹层结构存储器的耐久性

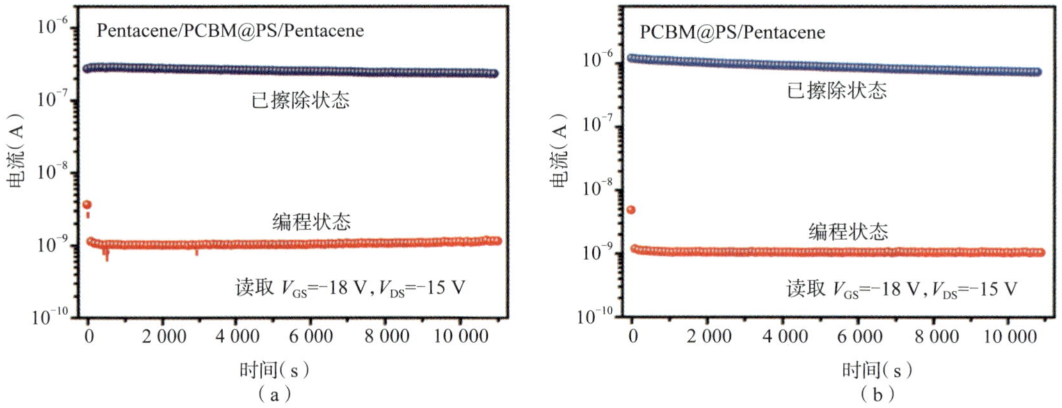

图 4-135　大存储窗口 OFET 存储器的数据保持性

（a）有夹层结构；（b）无夹层结构

Ⅲ. 机理分析

根据上述结论，有夹层结构的存储器不仅获得了更大的存储窗口，而且同样具有较好的数据保持性和耐久性。较好的数据保持性和耐久性，可归因于混合浮栅 / 隧穿层结构。为了解释与夹层结构相关的存储窗口较大，需要提出一种新机制。图 4-136（a）所示为夹层结构存储器在电编程操作过程中可行的操作机制。有夹层结构的混合浮栅 / 隧穿层存储器的能带结构示意如图 4-137 所示。根据之前的分析，更大的存储窗口可能归因于并五苯和 PCBM@PS 混合电荷捕获层之间较大的界面面积。并五苯和 PCBM@PS 混合浮栅 / 隧穿层之间较大的界面面积有助于扩大有效隧穿面积，提高电荷捕获效率，与文献报道的结论相一致。其他原因也可能导致产生更大的存储窗口，因此对可能的特殊存储机制解释如下。众所周知，并五苯和 PCBM 分别是典型的 P 型和 N 型半导体材料。当向栅极施加大于阈值电压的负电压时，首先空穴在器件底部的并五苯中聚集，并形成空穴导电沟道；然后，底部并五苯中的空穴聚集将吸引电子在 PCBM@PS 电荷捕获层的底部积累。同时，上层并五苯中的空穴在栅极电场的作用下会穿过界面接触区，在 PCBM@PS 浮栅 / 隧穿层底部和上层隧穿区之间产生瞬间的内部电场 E_{in}，该电场指向 PCBM@PS 混合层底部。在外电场和内电场的共同作用下，更多空穴会被捕获在浮栅中。光擦除机制与前文中的结果一致，如图 4-136（b）和 4-137（b）所示，在光照条件下，并五苯和 PCBM 中会首先产生电子 - 空穴对，光生电子与捕获空穴复合，光生空穴迁移到并五苯。由于较大的空穴存储窗口，在光擦除过程中会在上层并五苯中留下更多的光生空穴，导致在上层并五苯中形成空穴导电通道。

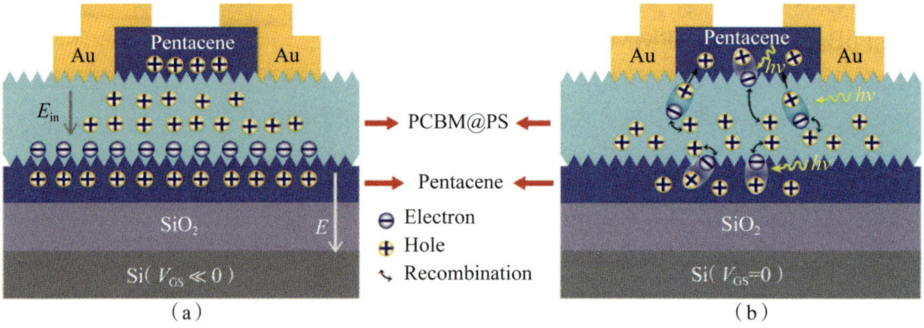

图 4-136　夹层结构存储器的电编程 / 光擦除操作机制

（a）电编程操作机制；（b）光擦除操作机制

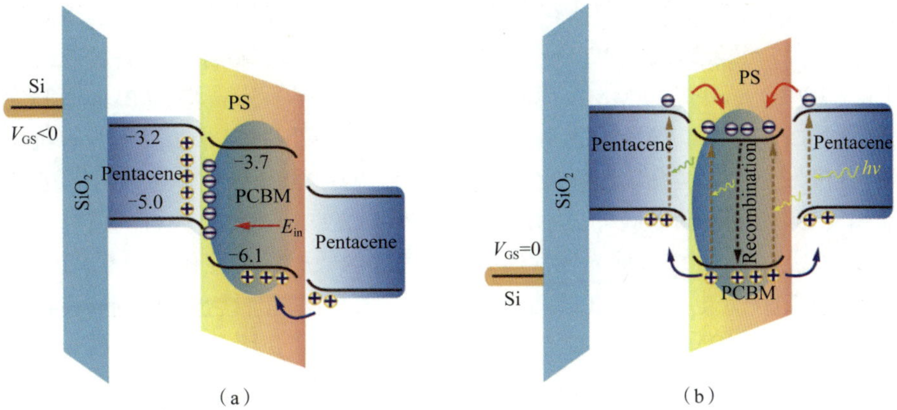

图 4-137　夹层结构存储器的电编程 / 光擦除的能带示意

（a）电编程能带；（b）光擦除能带

Ⅳ. 研究总结

本研究通过采用夹层结构，将电荷捕获层 PCBM/PS 复合薄膜布置在两层并五苯之间，开发出具有大存储窗口的混合浮栅 / 隧穿层存储器。由于该夹层结构存储器底层并五苯的特殊形貌，导致并五苯和电荷捕获层之间有更大的界面面积，以及在编程过程中可能存在的内部电场的辅助。该夹层结构存储器获得了更大的存储窗口。通过操作电压和时间对该夹层结构存储器进行编程，检测到其存储窗口的增大。具体地，与无夹层结构存储器相比，夹层结构存储器的存储窗口最大可扩大 347%，在 −70 V 编程电压下具有最大的存储窗口 38.9 V，且仅捕获空穴电荷，这在单电荷存储器中具有较大的优势；此外，夹层结构存储器在最短的编程时间（1 ms）下仍具有可观的存储窗口。600 次的循环测试和 1×10^4 s 的数据保持测试，证明了夹层结构存储器有较好的耐久性和数据保持性。本研究提出的大存储窗口存储器仍然采用全溶液法制备电荷捕获层，该方法在开发低成本、高性能光电器件方面具有较大的研究和应用价值。

（5）小结

OFET 结构的存储器因低成本、高性能及易于制备等优点备受研究者青睐，将光应用于 OFET 存储器不仅能提高器件的存储性能，又显示出诸多优势，如多级数据存储、数据加密存储和低功耗等。因此，OFET 光电存储器在电子器件领域具有较大的研究价值和应用潜力。本小节以 OFET 为基本结构，通过采用新的浮栅 / 隧穿层结构，根据光在存储器中的不同功能，进行了一系列实验研究，总结如下。

1）制备光 - 光电编程 OFET 存储器，该光电存储器使用 Si/SiO_2 基底（SiO_2 为栅极绝缘层），通过溶液法将 $CsPbBr_3$ QDs 嵌入 PMMA 作为电荷捕获层，蒸镀并五苯薄膜作为有机半导体层。将 $CsPbBr_3$ QDs/PMMA 复合材料作为混合浮栅 / 隧道层薄膜，有效简化了制备过程，并提高了存储性能。实验结果表明，该光电存储器具有光 - 光电编程和电擦除特性，并且光 - 光电编程的阈值电压随着光功率密度和编程时间而变化，显示出多级数据存储的特性。同时，该光电存储器表现出较快的擦除速度，用 1 ms 便可擦除大部分编程数据。此外，该光电存储器在 1×10^4 s 内具有良好的数据保持性，且即使暴露在空气中两周后，在 100 次连续测试后也表现出好的耐久性。通过讨论分析，可以认为该光电存储器的光编程机制为 $CsPbBr_3$ QDs 和并五苯间匹配的能带结构和相应的能带弯曲，这种无直接接触编程的方式在减小器件损伤方面有一定的意义。采用一步溶液法制备浮栅 / 隧穿层在低成本和柔性器件方面也具有较大的研究和应用价值。

2）在 $CsPbBr_3$ QDs/PMMA 电荷捕获层光电存储器基础上，制备并研究了低压 OFET 光电存储器。该光电存储器以蒸镀法制备的 20 nm 厚的 Al 层作为栅极，以旋涂法制备的有机聚合物薄膜作为阻挡介电层（其中 3 nm 厚的 PMMA 薄膜为第一阻挡介电层，5 nm 厚的 PVA 薄膜为第二阻挡介电层），采用 $CsPbBr_3$ QDs 和 PS 混合薄膜作为电荷捕获层，采用并五苯薄膜作为有机半导体层。实验结果表明，有机聚合物薄膜有效地降低了器件的工作电压（低至 5 V），与采用传统 SiO_2 阻挡介电层的存储器相比，该光电存储器同样显示出良好的 P 型 OFET 的特性，并且阈值电压可随光编程条件而改变，实现多级存储。此外，该光电存储器具有良好的数据保持性和耐久性。因此，采用全溶液制备工艺的低压 OFET 光电存储器在低功耗、低成本和大面积方面具有较大的研究价值。

3）将溶液处理的 PCBM/PMMA 复合材料作为光敏电荷捕获层，制备并研究光可擦除 OFET 存储器。首先，研究了不同 PCBM/PMMA 混合比例对复合薄膜形貌、并五苯薄膜质量及存储窗口的影响。随后，研究了不同编程电压、擦除光波长、功率密度及光照时间对存储器性能的影响，系统测试了存储器的电编程和光可擦除特性。此外，测试了该存储器的数据保持性、耐久性和多级数据存储性能。结果表明，PCBM 质量分数为 10% 的 PCBM/PMMA 存储器显示出最优的数据保持能力，在大于 1.2×10^4 s 的测试过程中能实现数据的稳定保持；该存储器具有 2 bit 的数据存储能力；在 800 多次的耐久循环测试中，展现出稳定和可重复的开 / 关电流转换性能。因此，溶液处理的光可擦除 OFET 存储器在大数据擦除、低成本和大面积方面具有较大的优势。

4）采用 PCBM/$CsPbBr_3$ QDs/PS 混合薄膜作为浮栅 / 隧穿层，制备了双功能光电存储器。在电编程和光擦除中，基于 PCBM/PS 光电存储器显示出优异的空穴和弱电子捕获特性，而 $CsPbBr_3$ QDs/PS 光电存储器在光编程和电擦除中则表现出弱空穴捕获和优异的光诱导电子捕获行为。PCBM/$CsPbBr_3$ QDs/PS 三元混合薄膜双功能光电存储器将 PCBM 中的电捕获空穴和 $CsPbBr_3$ QDs 中的光捕获电子的优点有效地集成到一个器件中。通过调整电和光的操作条件，具有不同 $CsPbBr_3$ QDs 含量的 3 种三元混合薄膜双功能光电存储器均可以实现电捕获空穴 - 光擦除和光写入电子 - 电擦除的双功能存储操作。此外，该双功能光电存储器还表现出 0.05 s 的快速光擦除速度和 −35 V 的低擦除电压；在 500 次连续循环测试中展示出优秀的稳定性和可靠性；在超过 1×10^4 s 的数据保持性测试中表现出较好的电子和空穴保持能力。该双功能光电存储器可作为空穴捕获型或电子捕获型器件，在保密数据存储、多功能存储方面有较大的应用潜力。

5）通过采用新的夹层结构，将电荷捕获层 PCBM/PS 复合薄膜夹在两层并五苯之间，得到了大存储窗口的光擦除存储器。更大的存储窗口可能源于并五苯和电荷捕获层间更大的界面面积，以及在编程过程中可能存在的内部电场辅助。采用不同编程电压和时间对该光擦除存储器系统地进行了测试，证明夹层结构对存储窗口的增大作用。与传统的无夹层结构存储器相比，夹层结构存储器的存储窗口最大可增大 347%，在 −70 V 编程电压下存储窗口可达 38.9 V，用 1 ms 的编程时间仍可获得可观的存储窗口，而且夹层结构存储器仅捕获空穴电荷，在单电荷存储器里具有较大的优势。此外，夹层结构存储器在 600 次循环测试和超过 1×10^4 s 的数据保持测试中仍具有较好的耐久性和数据保持性。因此，通过全溶液法制备具有电荷捕获层的大存储窗口存储器在低成本和高性能光电器件方面具有较大的研究意义。

4.6 基于有机无机杂化钙钛矿的高性能稳定光电探测器研究

钙钛矿材料具有光吸收系数高、载流子迁移率高、载流子扩散长度长、带隙可调等优点，加上钙钛矿制备成本低且易与柔性平台集成，使其成为制备高性能光电探测器的理想材料。但目前，钙钛矿光电探测器仍面临性能较低、稳定性较差、光谱响应范围较窄等3个主要问题。本节主要围绕这3个问题展开研究，通过采用新材料、新结构及新机理，在一定程度上解决这3个问题。

4.6.1　基于反溶剂法制备的高性能钙钛矿光电探测器

本研究利用一步反溶剂法制备了高性能钙钛矿光电探测器。通过研究反溶剂极性对MAI·PbI_2·DMSO中间相的影响，确定了极性适中的反溶剂，其更有利于改善钙钛矿薄膜质量，并提升钙钛矿光电探测器性能。同时，引入两种极性适中的反溶剂，仲戊醇（Sec-Pentanol，SPA）及叔戊醇（Tert-Amylalcohol，TAA），制备高性能钙钛矿薄膜。

（1）反溶剂法制备 $MAPbI_3$ 钙钛矿光电探测器

反溶剂法制备 $MAPbI_3$ 钙钛矿光电探测器步骤如下。

1）ITO玻璃基底清洗：将刻蚀好ITO电极图案的玻璃基底依次使用玻璃清洗剂、去离子水、丙酮、异丙醇进行超声清洗，每个步骤清洗15 min；洗干净后，用镊子取出基底，并用氮气吹干备用。

2）紫外-臭氧处理：将清洗后的ITO玻璃基底放入紫外-臭氧清洗机中清洗15 min。这个步骤有两个作用：一是进一步去除基底表面上的有机物残留；二是增强基底表面的浸润性，有利于后续步骤溶液的均匀涂布。

3）旋涂PEDOT-PSS（空穴传输层）：使用匀胶机将提前准备好的PEDOT-PSS溶液以4 000 r/min的转速旋涂40 s，并在温度为150 ℃的热台上退火处理15 min，去除PEDOT-PSS中多余的水分。

4）反溶剂法制备 $MAPbI_3$ 钙钛矿薄膜：将旋涂好PEDOT-PSS的基底转移至手套箱中，取适量钙钛矿前驱液均匀涂布在基底上，使用匀胶机以6 000 r/min的转速旋涂30 s，约在第10 s后在基底上快速滴加SPA、TAA、甲苯（Toluene，TL）、氯苯（Chlorobenzene，CB）、异丙醇（Iso-Propyl Alcohol，IPA）及正丙醇（n-Butyl Alcohol，nBA）反溶剂；旋涂结束后，在温度为100 ℃的热台上预退火处理15 s，随后转移至空气中，在温度为100 ℃的热台上退火处理15 min，去除多余的有机溶剂，并进行10~15 min的DMSO溶剂退火处理，进一步促进钙钛矿晶体的溶解再结晶，形成钙钛矿层（Perovskite）。反溶剂法制备 $MAPbI_3$ 钙钛矿薄膜的过程如图4-138所示。

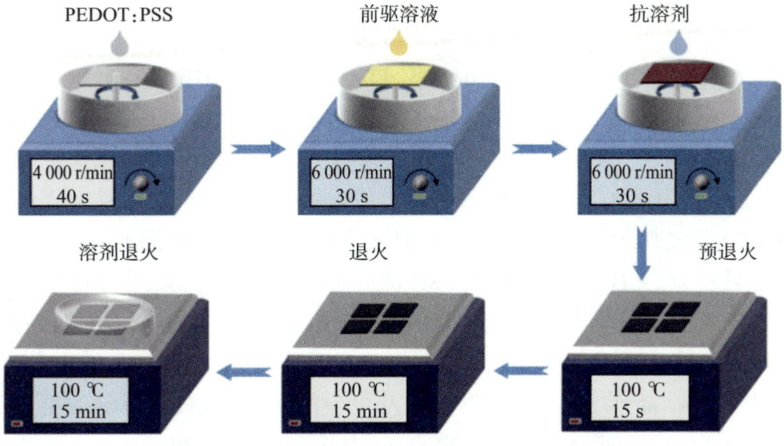

图4-138　反溶剂法制备 $MAPbI_3$ 钙钛矿薄膜流程

5)旋涂 PCBM/ 浴铜灵(Bathocuproine，BCP)(电子传输层):将退火处理完成后的基底重新转移到手套箱中,取适量 PCBM 溶液,使用匀胶机以 3 000 r/min 的转速旋涂 40 s,并在温度为 80 ℃的热台上退火处理 15 min,去除多余的 CB 溶剂;接着取适量 BCP 溶液,使用匀胶机以 6 000 r/min 的转速旋涂 40 s,此过程不再进行退火处理。

6)蒸镀 Ag 电极:将基底放入掩模板并转移到真空沉积设备中,抽真空至 3×10^{-4} Pa,加热钼蒸发舟,直至完成合适厚度 Ag 电极的沉积。

最终,制备完成的 $MAPbI_3$ 钙钛矿光电探测器的结构、截面 SEM 图像及能带排列如图 4-139 所示。

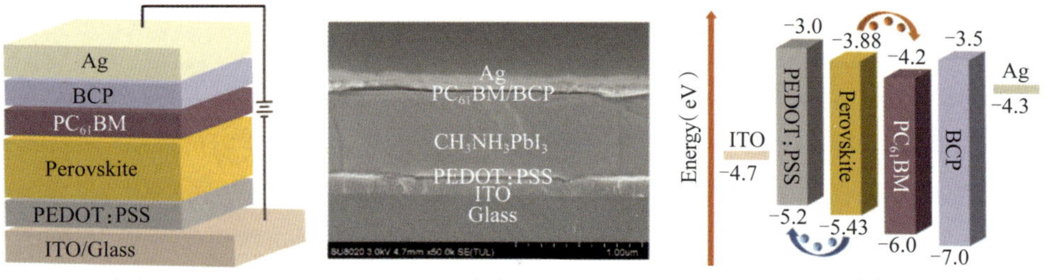

图 4-139　$MAPbI_3$ 钙钛矿光电探测器

(a)结构示意；(b)截面SEM图像；(c)能带排列

(2)$MAPbI_3$ 钙钛矿光电探测器的性能特性

为了比较不同反溶剂处理条件对钙钛矿薄膜成膜质量的影响,首先通过紫外 - 可见波段吸收光谱、XRD 分析和稳态瞬态 PL 光谱方法,对分别经过 SPA、CB 及 nBA 反溶剂处理的钙钛矿薄膜的光学特性进行分析。

图 4-140(a)所示为紫外 - 可见波段吸收光谱,可以看出,经过 3 种反溶剂处理的钙钛矿薄膜在可见光波段均展现出较强的宽光谱吸收特性,表明 3 种反溶剂均能促使钙钛矿薄膜的形成。但是用 SPA 处理的钙钛矿(SPA-PSK)薄膜相较于 CB 处理(CB-PSK)及 nBA 处理(nBA-PSK)的钙钛矿薄膜表现出更高的光吸收强度,意味着在相同的光照条件下，SPA-PSK 薄膜将有更高的光吸收效率,从而产生更多光生载流子。图 4-140(b)所示为经 3 种反溶剂处理形成的钙钛矿薄膜的 XRD 图,所测薄膜均沉积在 ITO 玻璃基底上。结果表明, 3 种钙钛矿薄膜在 14.18°、28.52° 及 31.98° 的位置都显示出典型的衍射特征峰,分别对应钙钛矿晶体的(110)(220)及(310)晶面,没有与 PbI_2 及其他杂相相关的特征峰出现。奇怪的是，SPA-PSK 薄膜的衍射峰强度略低于 CB-PSK 薄膜,未达到预期水平。因此,进一步研究了 3 种钙钛矿薄膜的 PL 光谱特性,钙钛矿薄膜均沉积在空玻璃基底上。钙钛矿薄膜的 PL 光谱特性与钙钛矿表面及内部缺陷态密切相关,能够反映钙钛矿薄膜的成膜质量及电荷载流子的非辐射复合损耗等信息。如图 4-140(c)所示，SPA-PSK 薄膜显示出最强的 PL 峰强度,峰位在 775.25 nm 处;然而 CB-PSK 和 nBA-PSK 薄膜的峰强显著降低,同时峰位分别在 779.29 nm 和 781.31 nm 处。与 SPA-PSK 薄膜相比，CB-PSK 和 nBA-PSK 薄膜的峰位分别发生了 4.04 nm 和 6.06 nm 的红移。研究表明,缺陷态密度较低薄膜的荧光强度更强,且 PL 峰位会发生蓝移。因此, SPA-PSK 薄膜具有更好的结晶性、更大的晶粒尺寸及更少的电子缺陷,从而导致更少的电荷载流子非辐射复合损失。图 4-140(d)所示的时间分辨荧光(Time-Resolved Photoluminescence，TRPL)光谱也进一步佐证了这一结果，CB-PSK 和 nBA-PSK 薄膜的荧光寿命分别为 77.39 ns 和 50.16 ns,然

而 SPA PSK 薄膜的荧光寿命增大到 85.32 ns，说明 SPA-PSK 薄膜吸收光子能量产生的光生载流子具有更缓慢的复合速率。这意味着光生载流子有更大的概率在发生复合之前到达钙钛矿探测器的两个电极并完成收集，从而产生电流信号。

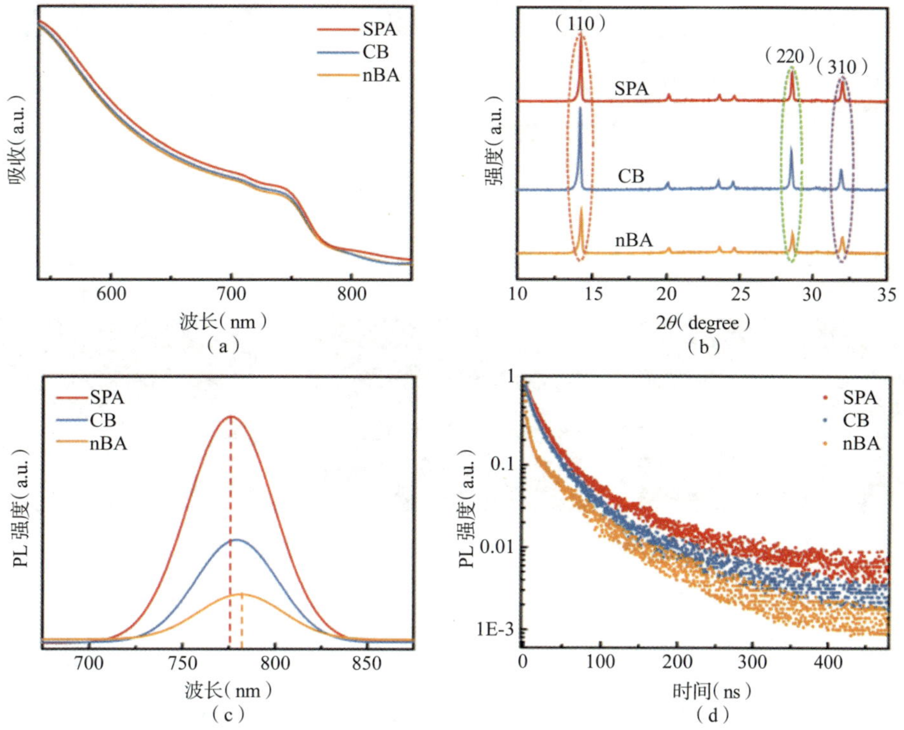

图 4-140　不同反溶剂处理的钙钛矿薄膜光学特性

(a) 吸收光谱；(b) XRD曲线；(c) 稳态PL光谱；(d) 时间分辨PL光谱

使用不同反溶剂处理的 $MAPbI_3$ 钙钛矿薄膜的光学特性及形貌特征如图 4-141 和图 4-142 所示。可以发现，SPA-PSK 表现出最好的薄膜质量，这可能是由于不同极性的反溶剂会影响钙钛矿成膜过程中的中间相形成，从而造成最终成膜质量的差异。众所周知，过饱和是结晶成核及晶体生长必须满足的条件。在旋涂钙钛矿前驱液过程中，反溶剂可以通过去除前驱液中过量的溶剂，降低钙钛矿组分在已沉积前驱液中的溶解度，导致钙钛矿前驱液发生快速过饱和沉淀，从而加速钙钛矿晶体的成核。

随着在旋涂过程中加入反溶剂，会迅速形成一种介于液态前驱液相和固态钙钛矿相之间的中间相，其主要成分是路易斯碱 $DMSO/I^-$ 和路易斯酸 PbI_2 相互作用形成的 $MAI \cdot PbI_2 \cdot DMSO$ 加合物，这种加合物中间相能有效延缓钙钛矿的结晶速度，促进晶体生长，从而形成较大的晶粒。极性较小的 CB 虽然能够有效促进钙钛矿晶核的形成，为钙钛矿成膜提供过饱和驱动力，但是由于 DMF 与 DMSO 在 CB 中的溶解度差异，少量 DMF 仍然会存在于不纯的中间相，导致钙钛矿在随后的热退火过程中发生不可控的成核和无序结晶。同时，极性较大的 nBA 与 DMF 和 DMSO 都具有良好的溶解性，意味着反溶剂滴加会迅速将 DMF 和 DMSO 同时去除，加速钙钛矿前驱液的过饱和沉淀，抑制中间相的形成，从而形成很多小尺寸的钙钛矿晶粒。而极性适中的 SPA 能够作为极性辅助单元，在不破坏中间相化学计量比的情况下快速去除前驱液中过量的 DMF 和 DMSO，促进钙钛矿均相成核，延缓晶体生长速度，形成晶粒大、晶界少、均匀无孔洞的高质量钙钛矿薄膜。

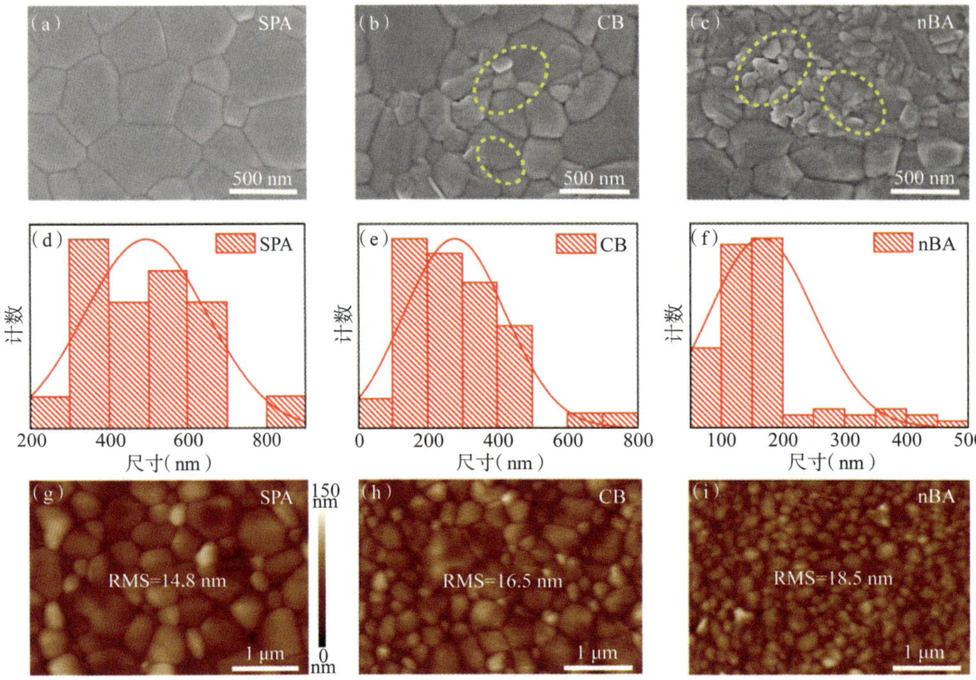

图 4-141　不同反溶剂处理的钙钛矿薄膜表面 SEM 图、统计结果及 AFM 图

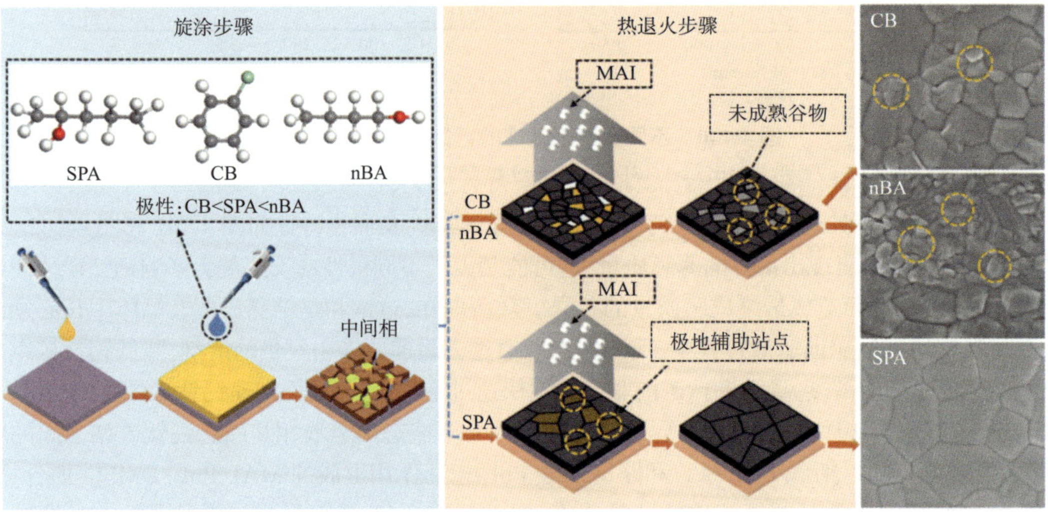

图 4-142　反溶剂参与的钙钛矿薄膜沉积过程

为了进一步说明反溶剂对钙钛矿成膜质量的影响，本研究测试了不同反溶剂处理的钙钛矿光电探测器在黑暗条件及 532 nm 光辐照条件下的光电特征，结果如图 4-143 所示。

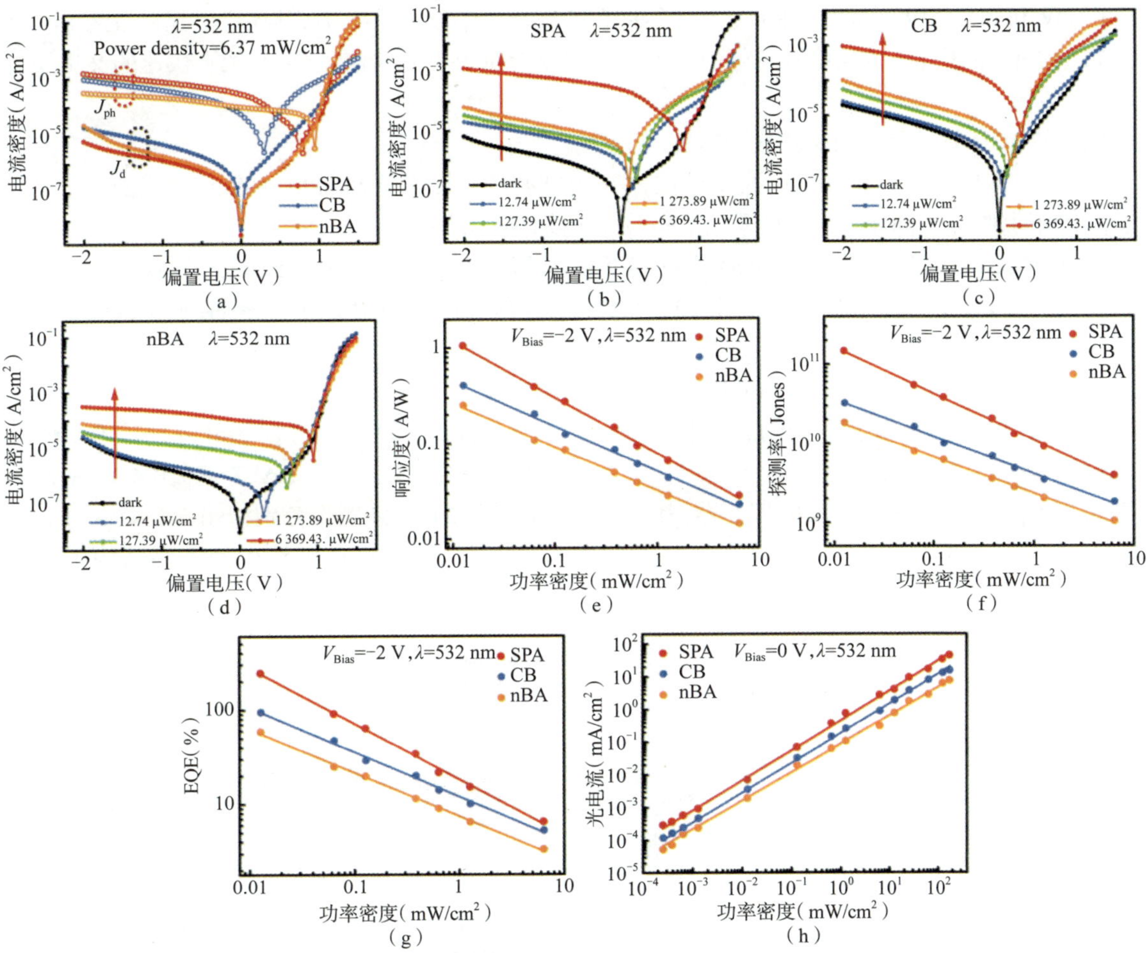

图 4-143　不同反溶剂处理的钙钛矿器件电学特性

（a）6.37 mW/cm²光功率密度下的电流-电压曲线；（b）至（d）不同反溶剂处理的钙钛矿器件随光功率密度变化的电流-电压曲线；（e）响应度曲线；（f）探测率曲线；（g）EQE曲线；（h）线性动态范围

（3）小结

本小节对反溶剂 SPA、CB 及 nBA 影响 $MAPbI_3$ 钙钛矿薄膜成核生长机制、薄膜形貌质量及相应钙钛矿光电探测器件的光电性能进行了分析。结果显示，反溶剂的极性在一步反溶剂法制备钙钛矿薄膜过程中扮演着举足轻重的地位，极性过大或过小都不利于高质量钙钛矿薄膜的形成，只有极性适中的反溶剂才是最佳选择。

4.6.2　BAAc 辅助实现高性能稳定 2D/3D 钙钛矿光电探测器

本研究通过采用丁基醋酸铵（Butylammonium Acetate，BAAc）及苯乙基醋酸铵（Phenylethylammonium Acetate，PEAAc）新型 2D 材料，制备了高性能且稳定的 2D/3D 堆叠结构钙钛矿光电探测器（简称 2D/3D-PSK 光电探测器）。通过利用 BAAc 及 PEAAc 中路易斯碱功能基团与路易斯酸 Pb^+ 的相互作用，该方法能够有效钝化钙钛矿晶体缺陷，改善薄膜质量。同时，由 BA^+ 及 PEA^+ 形成的疏水终端，不仅能够抑制水分子渗透。增强薄膜湿度稳定性，而且能够通过抑制离子的跨层迁移，提高薄膜温度稳定性。最终，该光电探测器在 532 nm 光辐照条件下，响应度分别达

2.11 A/W 和 2.32 A/W。同时,将未封装的器件在空气环境中放置 20 d 后,其还可以保持较高的初始性能。此外,本研究还成功将制备好的光电探测器整合进可见光通信系统,实现了快速的文本及音频信号传输。

(1)2D/3D 钙钛矿光电探测器的制备

1)ITO 玻璃基底清洗、紫外 - 臭氧处理、PEDOT-PSS 旋涂以及 $MAPbI_3$ 钙钛矿薄膜的制备流程与前面相同,唯一不同点是反溶剂采用了醋酸仲丁酯(Sec-Butyl Acetate,SBA)。

2)旋涂 2D 层:取适量 BAAc/CB 溶液或丁基碘化胺(Butylammonium Iodide, BAI)/IPA 溶液,使用匀胶机以 4 000 r/min 的转速旋涂 40 s,待转速均匀后向基底快速滴加反溶剂,旋涂结束后在温度为 100 ℃的热台上退火处理 15 min。

3)旋涂 PCBM/BCP 及蒸镀 Au 电极,方法如前文所述。

2D/3D-PSK 光电探测器的制备流程如图 4-144(a)所示。其中,虚线框部分分别是 BAAc 及 BAI 的化学结构式。最终制备出 BAAc-PSK[图 4-144(a)的顶部路径]、BAI-PSK[图 4-144(a)的底部路径]2 种 2D/3D-PSK 光电探测器,其结构示意及截面的 SEM 图像分别如图 4-144(b)和(c)所示。特别地,推测 2D 材料分子会通过表面和晶界逐渐扩散到 3D 钙钛矿的多晶结构中形成 2D/3D 分子连接,如图 4-144(d)所示。

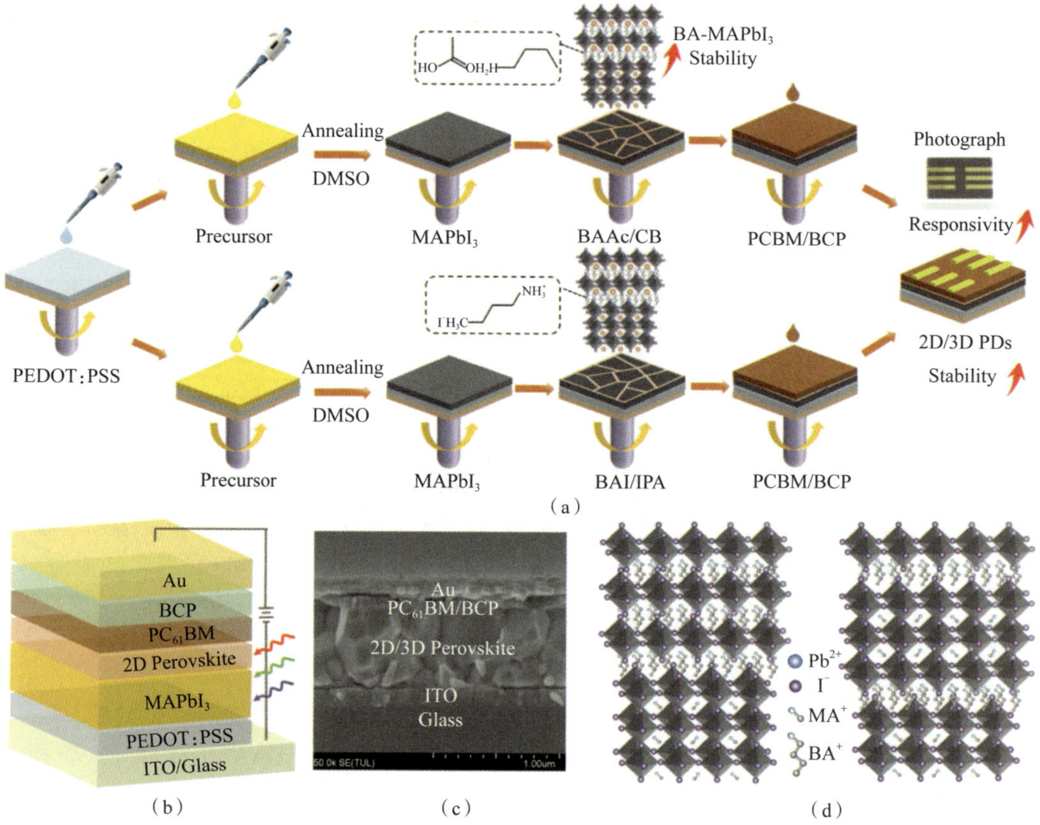

图 4-144 2D/3D 钙钛矿光电探测器

(a)制备流程;(b)结构示意;(c)截面SEM图像;(d)2D材料处理在3D钙钛矿表面及晶界处的分子连接示意

（2）2D/3D 钙钛矿光电探测器的性能测试

为了研究 BAAc 溶液的浓度对 2D/3D-PSK 薄膜表面形貌的影响，本研究测试了有不同浓度 BAAc 溶液制备的 2D/3D-PSK 薄膜，其表面 SEM 图像和 XRD 曲线如图 4-145 所示。对用 BAAc（BAAc-PSK）、BAI（BAI-PSK）处理得到的 2D/3D-PSK 薄膜和常规 3D 钙钛矿薄膜（3D-PSK）进行了比较，相关 SEM 图像、AFM 图像、激光共聚焦显微镜（Confocal Laser Scanning Microscope，CLSM）图像、开尔文探针力显微镜（Kelvin Probe Force Microscopy，KPFM）图像，如图 4-146 所示。BAAc-PSK、BAI-PSK 及 3D-PSK 薄膜的光学特性，包括吸收光谱、XRD 曲线、稳态 PL 光谱、时间分辨 PL 光谱，如图 4-147 所示。图 4-148 至图 4-151 所示为 BAAc-PSK、BAI-PSK 及 3D-PSK 光电探测器的光电特征和响应特性测试结果。众所周知，探测器经常需要在高温、高湿等极端环境中连续运行，因此对热应力和湿度的承受能力是衡量其是否能投入实际应用的重要指标。图 4-152 所示为 3 种 PSK 薄膜在 200 ℃条件下连续加热 40 min 时温度稳定性和长期存放时的稳定性测试结果。

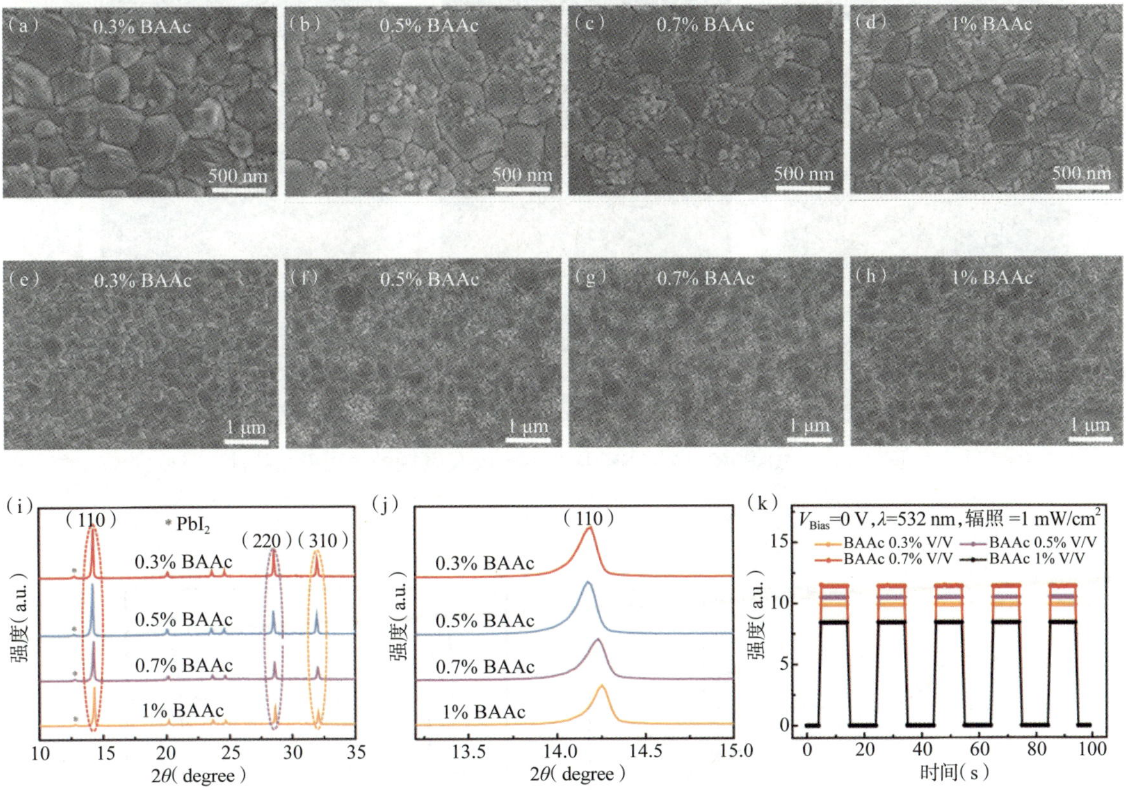

图 4-145　不同浓度 BAAc 处理的 2D/3D 钙钛矿薄膜特性

（a）至（h）表面SEM图像；（i）XRD曲线；（j）（110）晶面的XRD曲线；（k）在1 mW/cm²的532 nm光照下的光电流响应

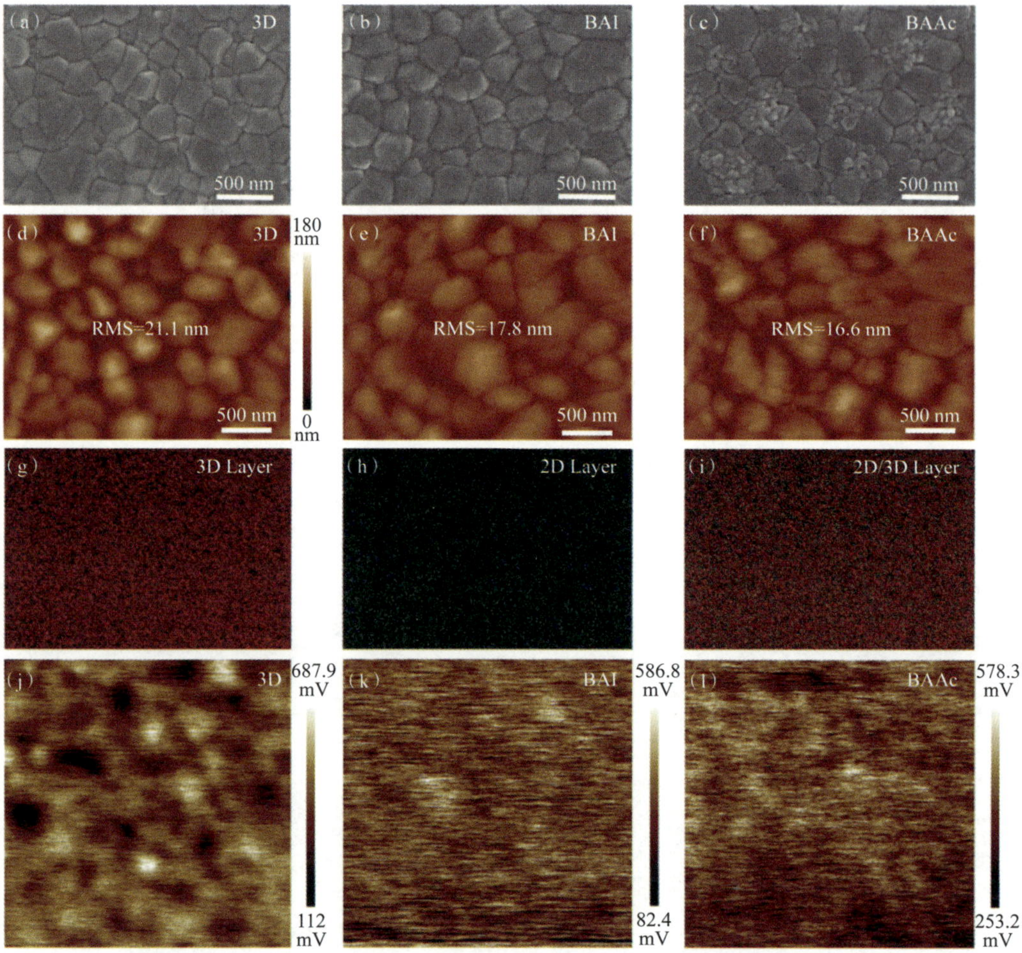

图 4-146　3D-PSK、BAI-PSK 及 BAAc-PSK 薄膜的表面形貌特性

（a）至（c）表面SEM图像；（d）至（f）表面AFM图像；（g）BAAc-PSK薄膜3D层CLSM图像；（h）BAAc-PSK薄膜2D层CLSM图像；（i）BAAc-PSK薄膜2D/3D层CLSM图像；（j）至（l）表面KPFM图像

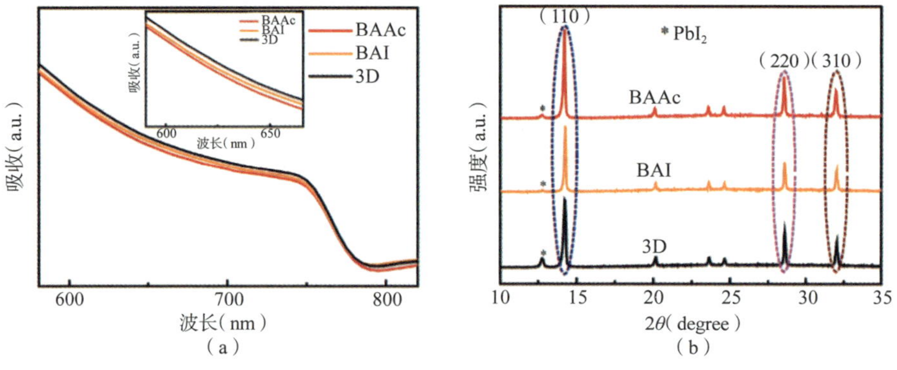

图 4-147　BAAc-PSK、BAI-PSK 及 3D-PSK 薄膜的光学特性比较

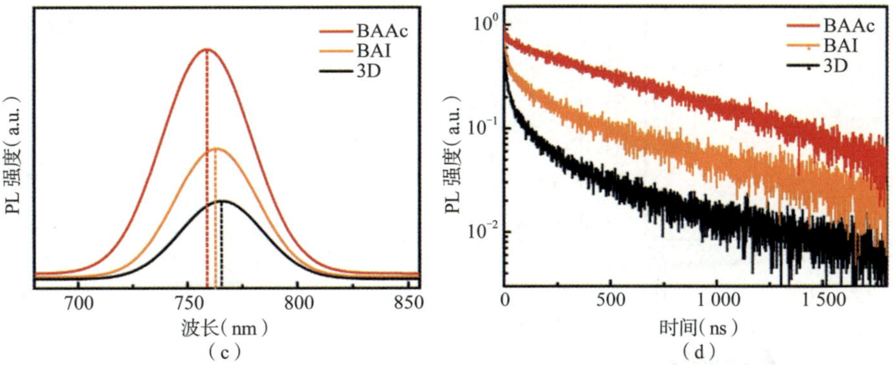

图 4-147　BAAc-PSK、BAI-PSK 及 3D-PSK 薄膜的光学特性比较(续)

(a)吸收光谱；(b)XRD曲线；(c)稳态PL光谱；(d)时间分辨PL光谱

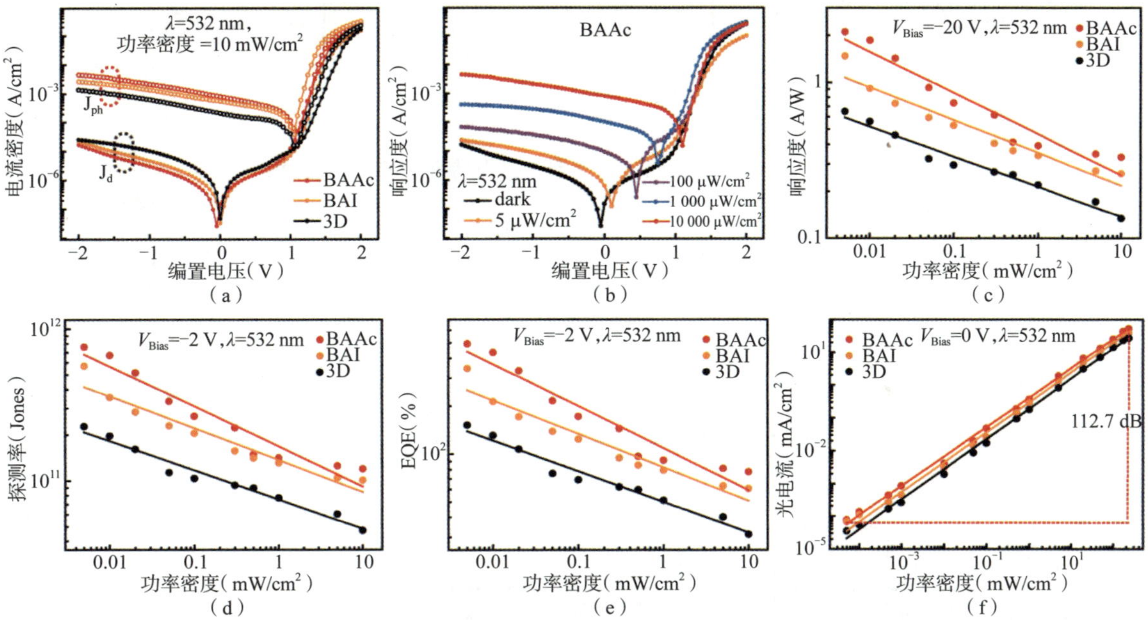

图 4-148　BAAc-PSK、BAI-PSK 及 3D-PSK 薄膜光电探测器的光电特征比较

(a)10 mW/cm²下的*I-V*曲线；(b)BAAc-PSK光电探测器随光功率密度变化的电流电压曲线；(c)响应度曲线；(d)探测率曲线；(e)EQE曲线；(f)线性动态范围

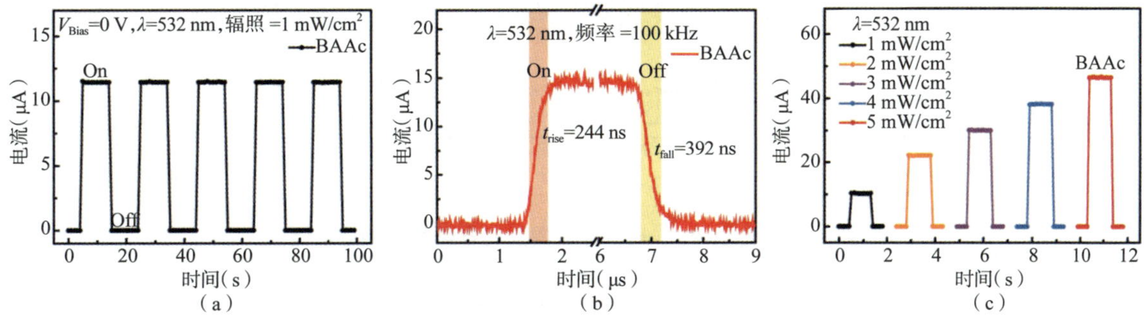

图 4-149　BAAc-PSK 光电探测器的光电特征和响应特性

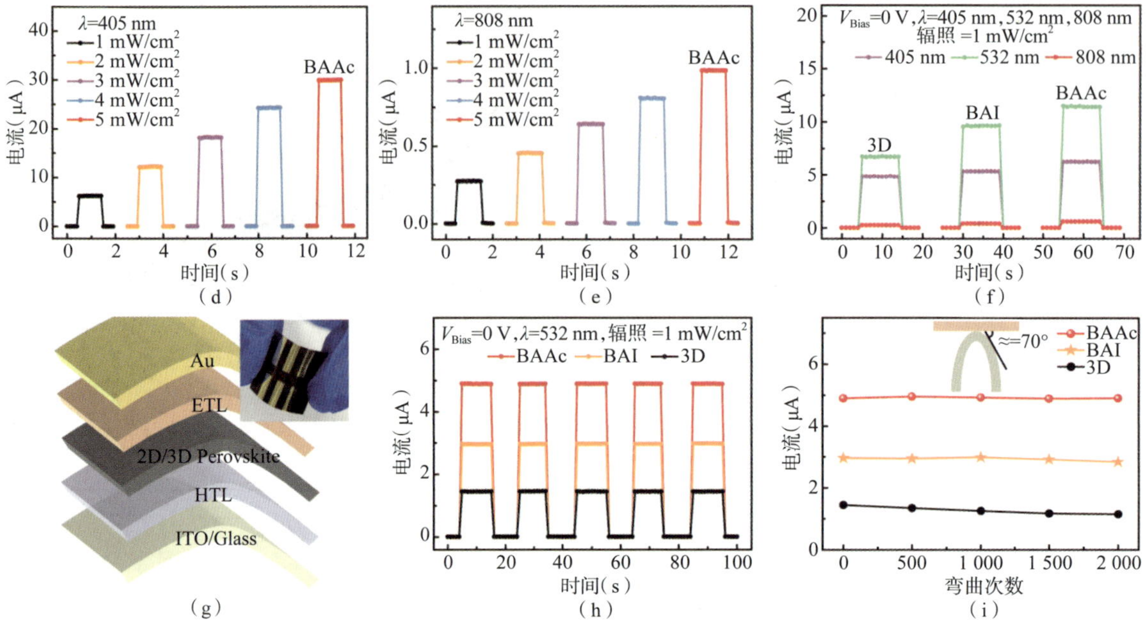

图 4-149　BAAc-PSK 光电探测器的光电特征和响应特性(续)

(a) 532 nm光辐照下的光开关特征；(b) 532 nm光辐照下的响应时间；(c) 532 nm光辐照下的光电流响应；
(d) 405 nm光辐照下的光电流响应；(e) 808 nm光辐照下的光电流响应；
(f) BAAc-PSK光电探测器与3D-PSK和BAI-PSK光电探测器的光开关特征对比；(g) 2D/3D柔性钙钛矿探测器结构示意；
(h) BAAc-PSK、3D-PSK和BAI-PSK光电探测器的灌电流响应对比；
(i) BAAc-PSK、3D-PSK和BAI-PSK光电探测器的光电流随弯曲次数的变化

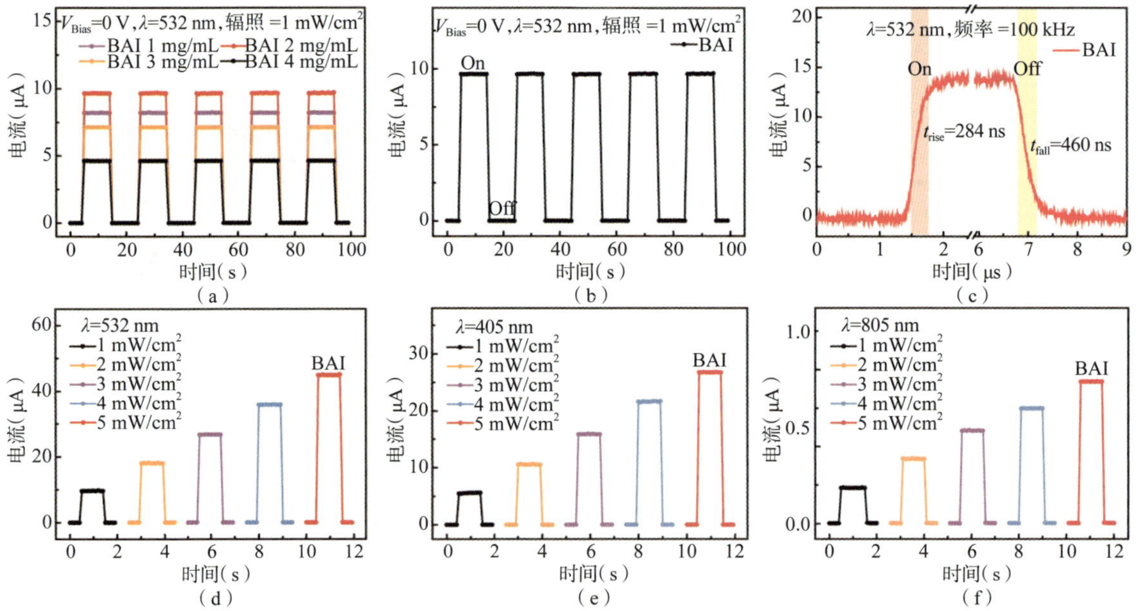

图 4-150　BAI-PSK 光电探测器的光电特征和响应特性

(a) 光电流响应；(b) 光开关特征；(c) 响应时间；(d) 532 nm光辐照下的光电流响应；
(e) 405 nm光辐照下的光电流响应；(f) 808 nm光辐照下的光电流响应

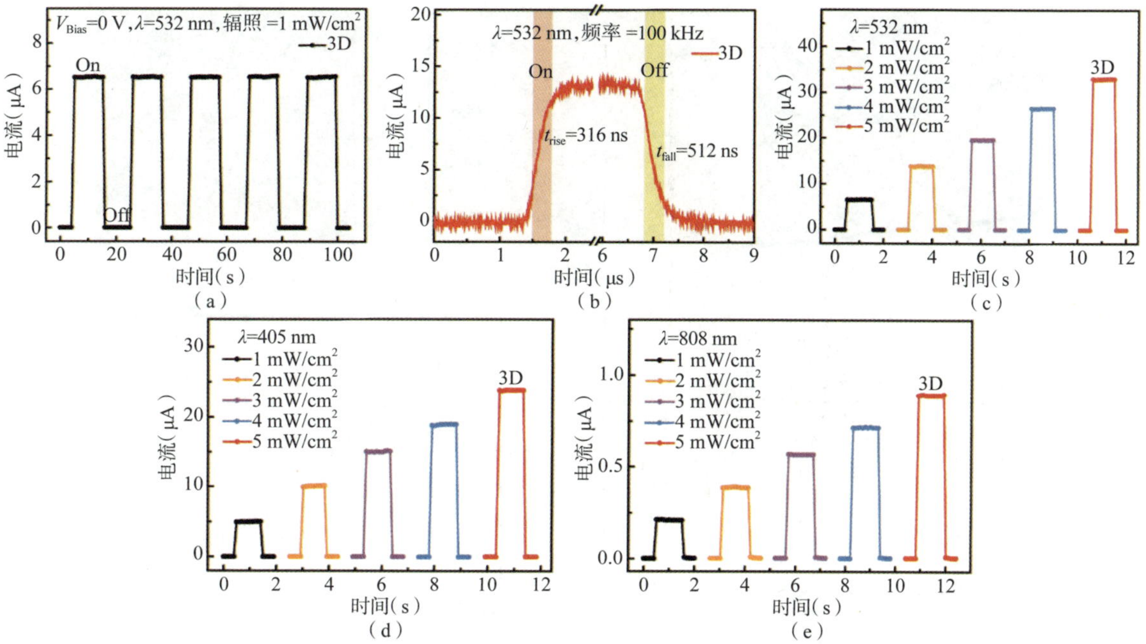

图 4-151 3D-PSK 光电探测器的光电特征和响应特性

（a）光开关特征；（b）响应时间；（c）532 nm光辐照下的光电流响应；（d）405 nm光辐照下的光电流响应；（e）808 nm光辐照下的光电流响应

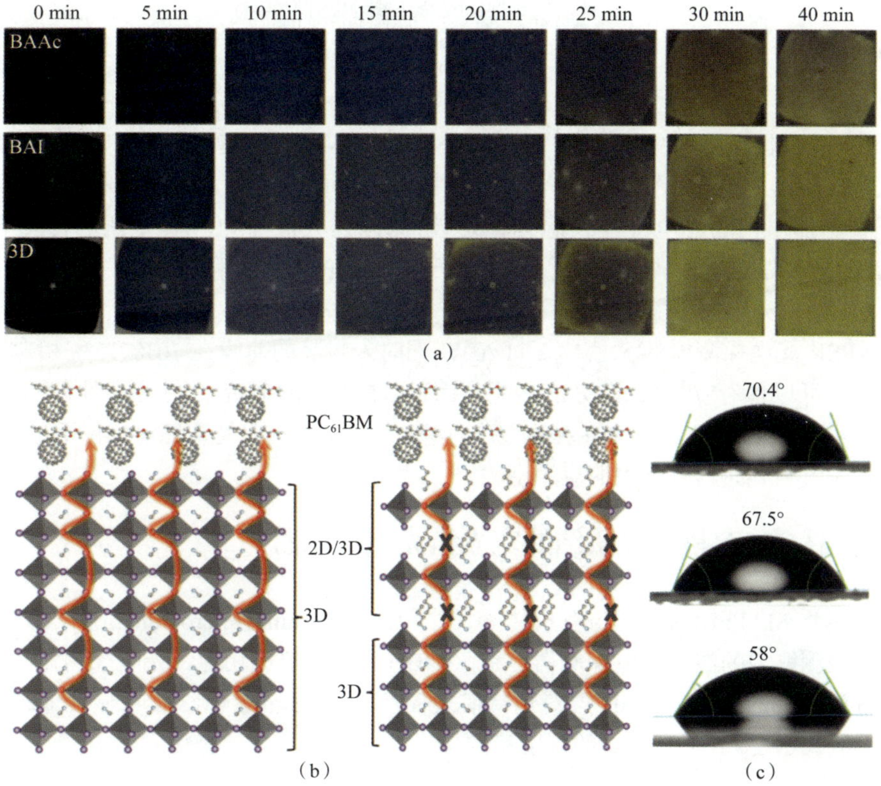

图 4-152 BAAc-PSK、BAI-PSK 及 3D-PSK 薄膜的温度稳定性和长期稳定性测试结果

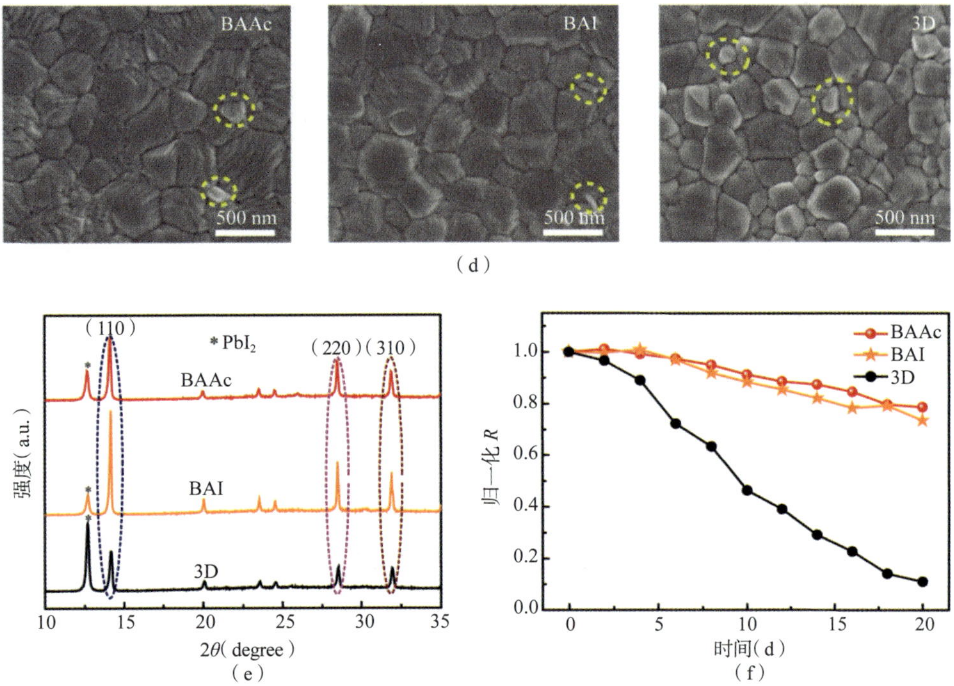

图 4-152　BAAc-PSK、BAI-PSK 及 3D-PSK 薄膜的温度稳定性和长期稳定性测试结果(续)

(a)温度稳定性测试；(b)衰减机制；(c)BAAc-PSK、BAI-PSK及3D-PSK(由上至下)薄膜的表面润湿特性；(d)3种PSK薄膜在空气环境中放置20 d后的表面SEM图像；(f)3种PSK薄膜在空气环境中放置20 d后的表面XRD图；(f)3种PSK薄膜的长期稳定性

(3)小结

本研究提出了一种通过 2D 辅助钝化层 BAAc 的原位生长，制备性能优秀且稳定性高的 2D/3D-PSK 光电探测器的方法。通过对 2D/3D-PSK 及 3D-PSK 薄膜的光学特性、表面形貌特性以及相应的光电探测器的电学特性和稳定性分析，证明了 2D/3D-PSK 光电探测器相比于 3D-PSK 光电探测器具有更加出色的光电性能及温度稳定性，原因是大尺寸的 BA^+ 基团的参与有效降低了 3D-PSK 表面和晶界处的电子缺陷密度。同时，由于跨层间的离子迁移被抑制，2D/3D-PSK 光电探测器具有比 3D-PSK 光电探测器更好的稳定性。最终，在功率密度为 5 $\mu W/cm^2$ 的 532 nm 光辐照条件下，BAAc-PSK 光电探测器的 R 值达 2.11 A/W，同时未封装的薄膜在 10%~15% 相对湿度条件下放置 20 d 后，还可以保存 78.5% 的初始性能。因此，本小结的研究为制备高性能且性能稳定的 2D/3D-PSK 光电探测器提供了一种有效的方法，这种光电探测器在复杂环境条件下的可见光通信、图像传感及环境监测方面具有巨大的应用潜力。

4.6.3　基于钙钛矿 / 有机物异质结的宽光谱光电探测器

本研究通过将 $MAPbI_3$ 钙钛矿与有机体异质结(Organic Bulk Hetero-Junction，OBHJ)结合，制备具有宽光谱探测能力的混合光电探测器。引入 OBHJ 层，不仅成功地将光电探测器的响应光谱拓展到了近红外波段，而且由于 OBHJ 层对钙钛矿表面及晶界缺陷的钝化效应，显著地改善了钙钛矿薄膜的表面形貌，大大提升了探测器的湿度稳定性。

（1）PSK/OBHJ 混合光电探测器的制备方法

1）ITO 玻璃基底清洗、紫外 - 臭氧处理、PEDOT：PSS 旋涂及 $MAPbI_3$ 钙钛矿薄膜制备的流程与前文相同，反溶剂采用 SBA。

2）PTB7-Th：COTIC-4F 薄膜制备：取适量 PTB7-Th：COTIC-4F 溶液，使用匀胶机以 3 000 r/min 的转速旋涂 30 s，之后在温度为 80 ℃的热台上退火处理 20 min。

3）蒸镀 C_{60}、旋涂 BCP：将退火后的基片放入空掩模板，并转移至真空沉积设备中，抽真空至 3×10^{-4} Pa，加热钼蒸发舟沉积合适厚度的 C_{60}，随后将基片转移至手套箱中旋涂 BCP。

4）蒸镀 Au 电极。

（2）PSK/OBHJ 混合光电探测器的探测原理

PSK/OBHJ 混合钙钛矿光电探测器的结构示意及截面 SEM 图像如图 4-153 所示。由截面 SEM 图像可以明显看出，OBHJ 层均匀地沉积在 $MAPbI_3$ 钙钛矿层上。光电探测器各层能带排列如图 4-154 所示。OBHJ 层吸收光子能量产生的光生激子在异质结形成的互相贯穿的网络结构辅助下，能够有效分离成自由载流子。其中，电子在内建电场及外加偏置电压作用下向 Au 电极传输，空穴经 $MAPbI_3$ 钙钛矿层向 ITO 电极移动并完成聚集。$MAPbI_3$ 中产生的光生电子经过 OBHJ 层向 Au 电极传输，光生空穴则向 ITO 电极传输。值得注意的是，OBHJ 层的存在会对界面处存在的缺陷产生良好的钝化作用，从而减少界面载流子复合。

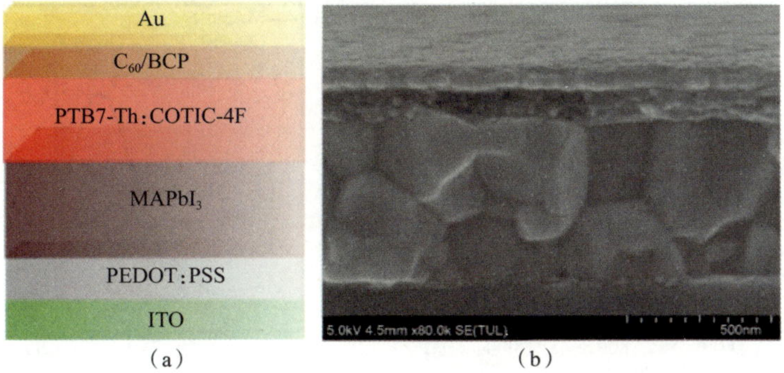

图 4-153　PSK/OBHJ 混合钙钛矿光电探测器的结构示意及截面 SEM 图像

（a）结构示意；（b）截面SEM图像

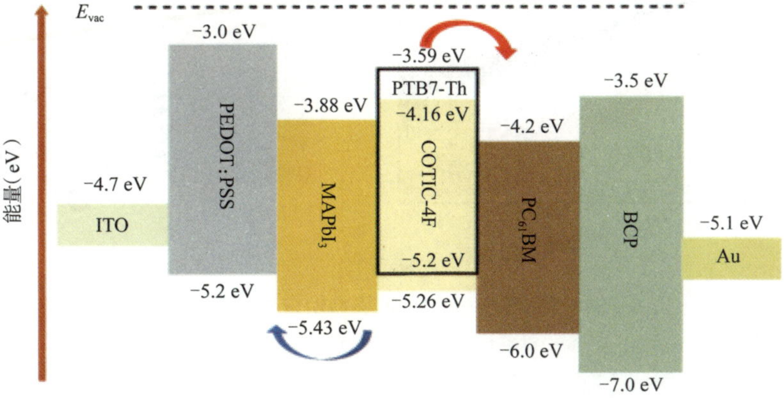

图 4-154　PSK/OBHJ 混合钙钛矿光电探测器各层的能带排列

（3）PSK/OBHJ 混合光电探测器的性能测试

PSK/OBHJ 混合钙钛矿光电探测器的光电性能测试结果如图 4-155 至图 4-157 所示。首先，本研究分别比较了 $MAPbI_3$ 钙钛矿、PSK/OBHJ 和 OBHJ 薄膜的光吸收特性，如图 4-155 所示。可以看出，$MAPbI_3$ 钙钛矿薄膜的吸收带边在 800 nm 左右；OBHJ 薄膜虽然在 400~1 100 nm 范围内都表现出一定的光吸收特性，但是在 400~700 nm 范围内光吸收强度较弱；而 PSK/OBHJ 薄膜结合了 $MAPbI_3$ 钙钛矿薄膜及 OBHJ 薄膜的优点，实现了 400~1 100 nm 范围内较强的互补光吸收。为了证明 OBHJ 层对光电探测器响应光谱的拓展作用，本研究对以 PSK/OBHJ 薄膜作为光敏层材料的光电探测器（PSK/OBHJ 光电探测器）的电学特性进行分析。图 4-157 所示为 PSK/OBHJ 混合光电探测器分别在暗态及 5 μW/cm² 的 532、808 及 980 nm 光辐照条件下的 *I-V* 特性。可以看出，该光电探测器在近红外的 808 及 980 nm 光照条件下具有更好的光电流表现，这可能是由于该光电探测器在 532 nm 光辐照条件下主要起作用的光敏层为 $MAPbI_3$ 钙钛矿层，OBHJ 层的作用相当于电子传输层，但由于 OBHJ 层在光照条件下也会有部分空穴产生，因此钙钛矿层中产生的光生电子会与 OBHJ 层中的光生空穴发生复合，从而导致光电流下降；而在 808 及 980 nm 光照条件下，主要起作用的光敏层为 OBHJ 层，而 $MAPbI_3$ 钙钛矿层相当于空穴传输层，而且由于 $MAPbI_3$ 钙钛矿材料对 808 及 980 nm 的光并不敏感，因此并不会产生较多光生电子，OBHJ 层中产生的光生空穴能够通过 $MAPbI_3$ 钙钛矿层顺利到达 ITO 电极并完成聚集，从而产生较高的光电流。

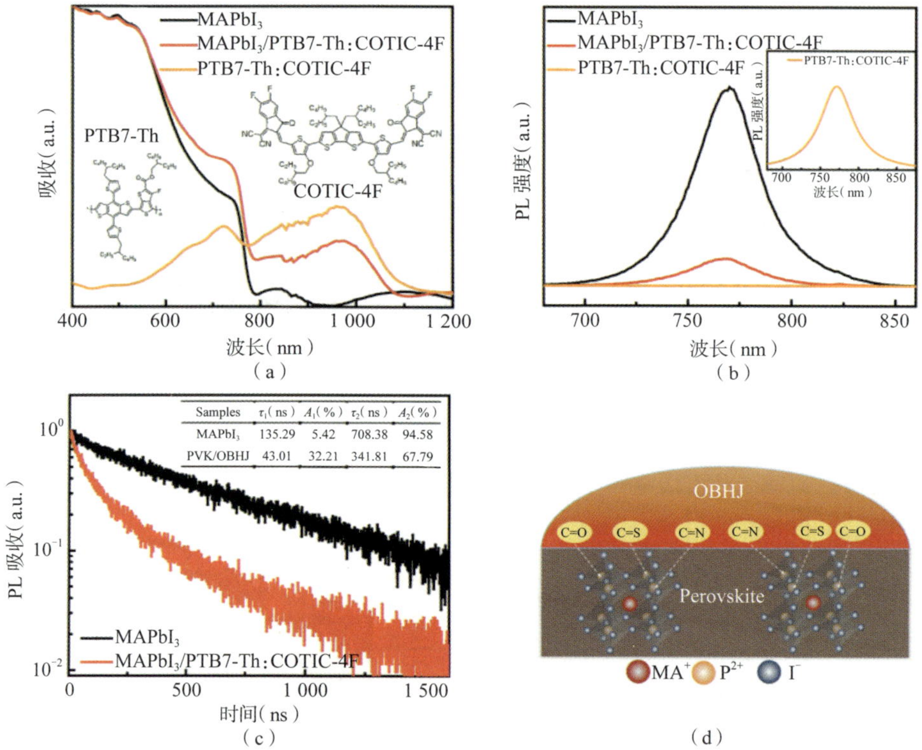

图 4-155　PSK、PSK/OBHJ 及 OBHJ 薄膜的吸收特性

（a）吸收光谱；（b）稳态PL光谱；（c）时间分辨PL光谱；（d）PSK/OBHJ的吸收机理

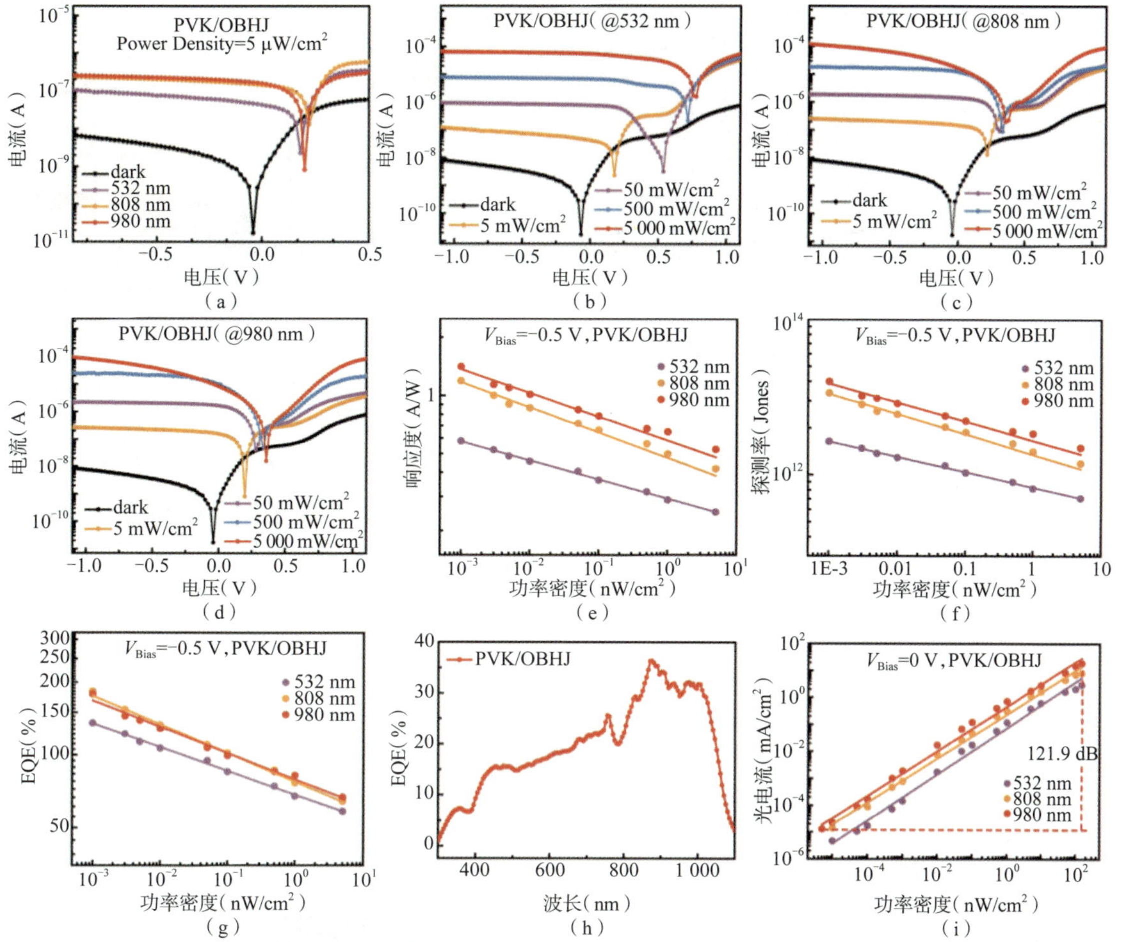

图 4-156 PSK/OBHJ 混合钙钛矿光电探测器的电学特性

（a）不同波长下的I-V曲线；（b）532 nm照射下的I-V曲线；（c）808 nm照射下的I-V曲线；（d）980 nm照射下的I-V曲线；（e）响应度曲线；（f）探测率曲线；（g）EQE曲线（偏置电压-0.5 V）；（h）EQE曲线（偏置电压0 V）；（i）线性动态范围

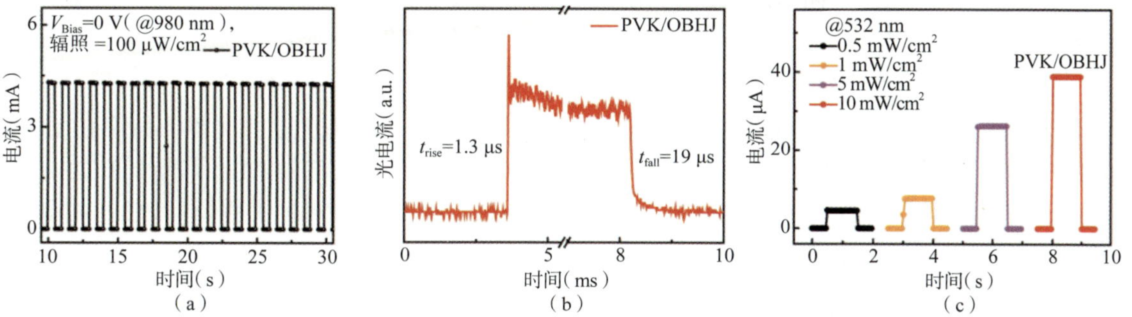

图 4-157 PSK/OBHJ 混合钙钛矿光电探测器的响应特性

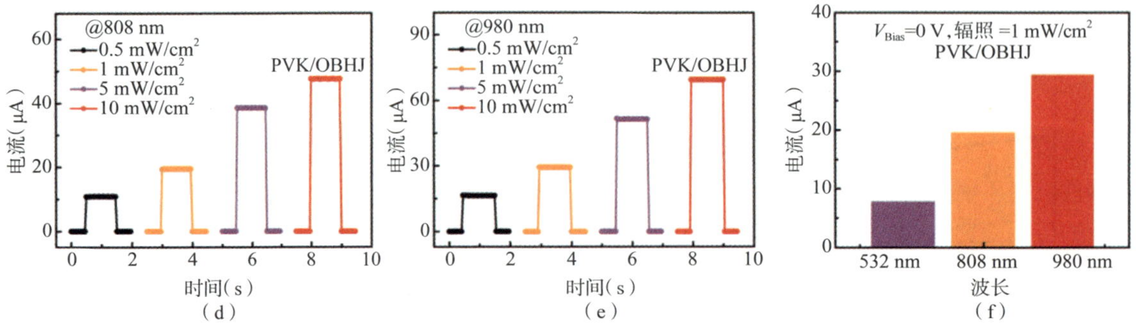

图 4-157 PSK/OBHJ 混合钙钛矿光电探测器的响应特性(续)

(a)光开关特征;(b)响应时间;(c)532 nm下的光电流响应;(d)808 nm下的光电流响应(e)980 nm下的光电流响应;(f)光电流分布直方图

PSK/OBHJ 混合钙钛矿光电传感器的湿度稳定性测试结果如图 4-158 所示。本研究虽然通过 PSK/OBHJ 薄膜的构建,成功将光电探测器的探测范围拓展到近红外波段,但 PSK/OBHJ 光电探测器的湿度稳定性依然是需要关注的问题,因此本研究测试了 PSK/OBHJ 薄膜的水接触角并将其与 $MAPbI_3$ 钙钛矿薄膜的润湿特征做了对比。结果显示,$MAPbI_3$ 钙钛矿薄膜的水接触角为 48.7°,表现出较差的疏水特性,而随着 OBHJ 层的加入,PSK/OBHJ 薄膜的水接触角增加至 106.9°,表现出较强的疏水特性。这是由于随着 OBHJ 层的加入,钙钛矿表面及晶界处缺陷得到极大程度的抑制和钝化,降低了钙钛矿薄膜表面的粗糙度,使水分子难以渗透进钙钛矿薄膜中,从而提高了 PSK/OBHJ 薄膜的湿度稳定性。上述结果证明,本研究提出的通过 PSK/OBHJ 薄膜构件制备具有宽光谱探测能力的光电探测器是可行的,使用这种方法制备的光电探测器不仅性能出色,而且表现出极佳的湿度稳定特性。

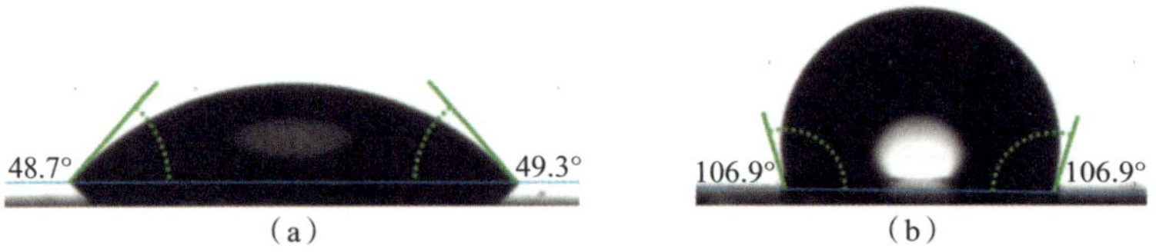

图 4-158 $MAPbI_3$ 及 PSK/OBHJ 薄膜的水接触角

(a)$MAPbI_3$薄膜;(b)PSK/OBHJ薄膜

(4)小结

本研究提出了一种将 $MAPbI_3$ 钙钛矿与 OBHJ 相结合制备具有宽光谱探测能力的混合光电探测器的方法。通过 OBHJ 层的加入,不仅成功将响应光谱拓展到了近红外波段,而且由于 OBHJ 层对钙钛矿表面及晶界缺陷的有效钝化,显著地改善了钙钛矿薄膜形貌,降低了薄膜粗糙度,从而大大提升了 PSK/OBHJ 光电探测器的湿度稳定性。最终 PSK/OBHJ 光电探测器在功率密度为 1 $\mu W/cm^2$ 的 532、808 及 980 nm 光照条件下,响应度分别达 0.58、1.19 和 1.41 A/W。本研究结果证明了通过钙钛矿与 OBHJ 结合制备宽响应光谱探测器策略的可行性,为高性能宽光谱光电探测器的制备提供了一种新的思路。

4.7 总结与展望

随着以5G通信、自动驾驶为代表的新型信息技术的快速发展,基于传统硅基半导体材料的光电器件已经不能完全满足信息技术的发展需要,需要寻求新材料、新结构及新机理,推动工业与信息产业的持续高速发展。本章聚焦光电器件的新材料、新结构、新机理,介绍了相关有意义的研究工作,总结如下。液相处理材料能够控制载流子迁移率和激子结合能之间的相互作用,通过对新材料进行设计,可使光电器件的性能得到进一步增强。钙钛矿材料因具有光吸收系数高、载流子扩散长度长、载流子迁移率高、带隙可调等优势,已经被广泛应用于光电探测器的制备。此外,由于钙钛矿材料具有制备成本低廉且易与柔性平台集成的优点,成为制备高性能光电器件的理想材料之一。可在光电探测器中构建异质结提高器件的性能,即将两种或两种以上具有不同能级的材料整合在一个复合材料系统中。由异质结构建的材料体系能够进一步提供额外的自由度,从而更有效地控制光电子器件中的电荷输运和复合。可利用材料能级的非对称性,理性调控异质结材料的能级,克服缺点,突出优势,并能发挥出单材料系统所无法实现的物理性能。基于热电效应的光电探测器不仅不受激光波长限制,能够实现超宽光谱探测,同时能够在任意温度条件下工作。制备具有自发极化特征的胶体QDs或纳米晶,以及三维石墨烯与钙钛矿结合的有效结构,通过研究其光—热—电的转换过程,揭示了器件的光热电机制,最终在此基础上构建出具有超快响应和自驱动特性的光电探测器。通过采用光敏材料作为阻变材料研究光电探测器的电学特性、光调控特性、阻变机理及在神经突触模拟方面的应用。

尽管基于QDs、钙钛矿等新型材料的光电探测器的研究取得了一定进展,但在材料可控制备、器件性能、光与材料耦合机制及探测器的应用等方面仍存在诸多有待进一步研究的问题,如QDs尺寸的不均匀会抵消其电子态密度,表现出体材料的性质,导致QDs探测器的实际特性与理论预测值之间仍然存在一定差距。针对新型材料的可控制备,可以借助机器学习原理,建立供机器学习的实验样本集,利用神经网络算法进行数据分类,指导材料的可控制备。随着柔性可穿戴设备、生物传感、电子皮肤及仿生应用等方面研究的不断深入发展,柔性器件的开发和应用已经成为商业蓝海。因此,柔性光电探测器的开发应用也将成为一个必然的趋势。但是,基于柔性基底与刚性基底制备的光电探测器在性能方面的差异巨大,并且传统的刚性光电探测器的制备方法往往不那么适合于柔性光电探测器制备。因此,高性能柔性光电探测器的开发和利用也将成为一个重要的研究方向和研究难点。在存储器方面,现有光调控阻变存储器中的大部分调节特性是光调控多级存储和光调控操作电压,光场只起到辅助作用。后期将进一步探索新的光电材料和机理,开发光擦除、光写入和光读取的全光或光电结合的阻变存储器,极大地扩展其应用范围。光电探测器件的集成化和阵列化有助于推动器件在光通信、成像、生物医学检测等众多领域的应用。因此,可设计结构单元的探测器阵列,利用控制器进行实时通信和成像。

总之,基于新材料、新结构、新机理的光电器件还有待进一步研究与开发,希望本章介绍的研究能够对光电技术的发展贡献些许力量。

参考文献

[1] LEUNG S F, HO K T, KUNG P K, et al. A self-powered and flexible organometallic halide perovskite photodetector with very high detectivity[J]. Advanced materials, 2018, 30: 1704611.

[2] KONSTANTATOS G, SARGENT E H. Colloidal quantum dot photodetectors[J]. Infrared physics & technology, 2011, 54(3): 278-282.

[3] XU W J, KOPYL S, KHOLKIN A, et al. Hybrid organic-inorganic perovskites: polar properties and applications[J]. Coordination chemistry reviews, 2019, 387: 398-414.

[4] RAKITA Y, MEIRZADEH E, BENDIKOV T, et al. $CH_3NH_3PbBr_3$ is not pyroelectric, excluding ferroelectric-enhanced photovoltaic performance[J]. APL materials, 2016, 4(5): 051101.

[5] LI Y F, ZHANG Y T, CHEN Z L, et al. Room-temperature broadband terahertz detector based on three-dimensional graphene[J]. SPIE, 2020, 11279: 1127914.

[6] CHEN Z L, YU Y, JIN L F, et al. Broadband photoelectric tunable quantum dot based resistive random access memory[J]. Journal of materials chemistry C, 2020, 8: 2178-2185.

[7] WAN C, CAI P, WANG M, et al. Artificial sensory memory[J]. Advanced materials, 2020, 32 (15): 1902434.

[8] LEE T H, HWANG H G, WOO J U, et al. Synaptic plasticity and metaplasticity of biological synapse realized in a $KNbO_3$ memristor for application to artificial synapse[J]. ACS applied materials & interfaces, 2018,10(30): 25673-25682

[9] MCDONALD S A, CYR P W, LEVINA L, et al. Photoconductivity from PbS-nanocrystal/ semiconducting polymer composites for solution-processible, quantum-size tunable infrared photodetectors[J]. Applied physics letters, 2004, 85(11): 2089-2091.

[10] KONSTANTATOS G, HOWARD I, FISCHER A, et al. Ultrasensitive solution-cast quantum dot photodetectors[J]. Nature, 2006, 442: 180-183.

[11] CLIFFORD J P, KONSTANTATOS G, JOHNSTON K W, et al. Fast, sensitive and spectrally tuneable colloidal quantum-dot photodetectors[J]. Nature nanotechnology, 2009, 4(1): 40-44

[12] DONG R, BI C, DONG Q, et al. An ultraviolet-to-NIR broad spectral nanocomposite photodetector with gain[J]. Advanced optical materials, 2014, 2: 549-554.

[13] TURYANSKA L, MAKAROVSKY O, SVATEK S A, et al. Ligand-induced control of photoconductive gain and doping in a hybrid graphene-quantum dot transistor[J]. Advanced electronic materials, 2015, 1(7): 1500062.

[14] BEN-SASSON A J, FESSLER T N. Patterned electrode vertical field effect transistor: theory and experiment[J]. Journal of applied physics, 2011, 110: 12.

[15] KIM T W, CERNETIC N, GAO Y, et al. Low operational voltage and high performance organic field effect memory transistor with solution processed graphene 93 oxide charge storage media[J]. Organic electronics, 2014, 15: 2775-2782.

[16] BEN-SASSON A J, GREENMAN M, ROICHMAN Y, et al. The mechanism of operation of lateral and vertical organic field effect transistors[J]. Israel journal of chemistry, 2014, 54: 568-

585.
[17] HAN J, WANG W, YING J, et al. Ambipolar organic thin-film transistor-based nano-floating-gate nonvolatile memory[J]. Applied physics letters, 2014, 104: 013302.
[18] YING J, HAN J, XIANG L, et al. Multilevel memory characteristics by light-assisted programming in floating-gate organic thin-film transistor nonvolatile memory[J]. Current applied physics, 2015, 15: 770-775.
[19] MCDONALD S A, CYR P W, LEVINA L, et al. Photoconductivity from PbS-nanocrystal/semiconducting polymer composites for solution-processible, quantum-size tunable infrared photodetectors[J]. Applied physics letters, 2004, 85(11): 2089-2091.
[20] JASIENIAK J, FORTUNATI I, GARDIN S, et al. Highly efficient amplified stimulated emission from CdSe-CdS-ZnS quantum dot doped waveguides with two-photon infrared optical pumping[J]. Advanced materials, 2010, 20(1): 69-73.
[21] WIERSMA D S. The physics and applications of random lasers[J]. Nature physics, 2008, 4(5): 359-367.
[22] AND J Z, SIRRINGHAUS H. Electron and ambipolar transport in organic field effect transistors[J]. Chemical reviews, 2007, 38(29): 1296-1323.
[23] HUANG Z, CHEN H, HUANG Y, et al. Ultra-broadband wide-angle terahertz absorption properties of 3d graphene foam[J]. Advanced functional materials, 2018, 28(2): 1704363.
[24] ALWADAI N, HAQUE M A, MITRA S, et al. High-performance ultraviolet-to-infrared broadband perovskite photodetectors achieved via inter-/intraband transitions[J]. ACS applied materials & interfaces, 2017, 9: 37832-37838.
[25] XING G, MATHEWS N, SUN S, et al. Long-range balanced electron- and hole-transport lengths in organic-inorganic $CH_3NH_3PbI_3$[J]. Science, 2013, 342: 344-347.
[26] JEON N J, NOH J H, KIM Y C, et al. Solvent engineering for high-performance inorganic-organic hybrid perovskite solar cells[J]. Nature materials, 2014, 13: 897.
[27] AN Y, WANG C, CAO G, et al. Heterojunction perovskite solar cells: opto-electro-thermal physics, modeling, and experiment[J]. ACS nano, 2020, 14(4): 5017-5026.
[28] WANG R, XUE J, WANG K L, et al. Constructive molecular configurations for surface-defect passivation of perovskite photovoltaics[J]. Science, 2019, 366(6472): 1509-1513.
[29] LIANG W, SHI Z, LI Y, et al. Strategy of all-inorganic $Cs_3Cu_2I_5$/Si-core/shell nanowire heterojunction for stable and ultraviolet-enhanced broadband photodetectors with imaging capability[J]. ACS applied materials & interfaces, 2020, 12(33): 37363-37374.
[30] HUSSAIN A A. Constructing caesium-based lead-free perovskite photodetector enabling self-powered operation with extended spectral response[J]. ACS applied materials & interfaces, 2020, 12(41): 46317-46329.
[31] LI Z, LI Z, SHI Z, et al. Facet-dependent, fast response, and broadband photodetector based on highly stable all-inorganic $CsCu_2I_3$ single crystal with 1D electronic structure[J]. Advanced functional materials, 2020, 30(28): 2002634.
[32] ZHENG Z, HU Q, ZHOU H, et al. Submillimeter and lead-free $Cs_3Sb_2Br_9$ perovskite nanoflakes:

inverse temperature crystallization growth and application for ultrasensitive photodetectors[J]. Nanoscale horizons, 2019, 4(6): 1372-1379.

[33] MOON B J, KIM S J, LEE S, et al. Rare-earth-element-ytterbium-substituted lead-free inorganic perovskite nanocrystals for optoelectronic applications[J]. Advanced materials, 2019, 31(33): 1901716.

[34] LIU D, YU B B, LIAO M, et al. Self-powered and broadband lead-free inorganic perovskite photodetector with high stability[J]. ACS applied materials & interfaces, 2020, 12(27): 30530-30537.

[35] HUSSAIN A A, RANA A K, RANJAN M. Air-stable lead-free hybrid perovskite employing self-powered photodetection with an electron/hole-conductor-free device geometry[J]. Nanoscale, 2019, 11(3): 1217-1227.

[36] 吴良才, 宋志棠, 周夕淋, 等. 相变存储器材料研究 [J]. 中国科学: 物理学 力学 天文学, 2016, 46(10): 107309.

[37] SANTOS Y P, VALEN A E, MACHADO R, et al. A novel structure ZnO-Fe-ZnO thin film memristor[J]. Materials science in semiconductor processing, 2018, 86: 43-48.

[38] CHEN X, PAN J, FU J, et al. Polyoxometalates - modulated reduced graphene oxide flash memory with ambipolar trapping as bidirectional artificial synapse[J]. Advanced electronic materials, 2018, 4(12): 1800444.

[39] ZHANG P, CHEN X, LI W, et al. Organic non-volatile memory based on pentacene/tris (8-hydroxy quinoline) aluminum heterojunction transistor[J]. Organic electronics, 2018, 57: 335-340.

第5章

太赫兹源辐射源及若干应用

5.1　太赫兹技术简介

太赫兹（terahertz）波是指频率在 0.1~10 THz 的电磁波，具有能量低、非电离、高透射、光谱指纹、宽带等独特特性，该波段位于毫米波和红外光的波段之间，如图 5-1 所示。太赫兹波是连接传统电子物理学与光子学的纽带。太赫兹技术在第 6 代通信（Sixth Generation Communication，6G）、医疗实时成像、雷达、天文学、食品检测、环境保护、安全检查等重大军事和民生领域具有巨大的应用前景。随着对太赫兹波应用需求的与日俱增，太赫兹技术的发展还面临诸多问题，除缺乏优良的太赫兹波辐射源（太赫兹源）和灵敏的探测设备外，能够对太赫兹波实现人为的主动调制也是影响太赫兹技术应用的瓶颈之一。

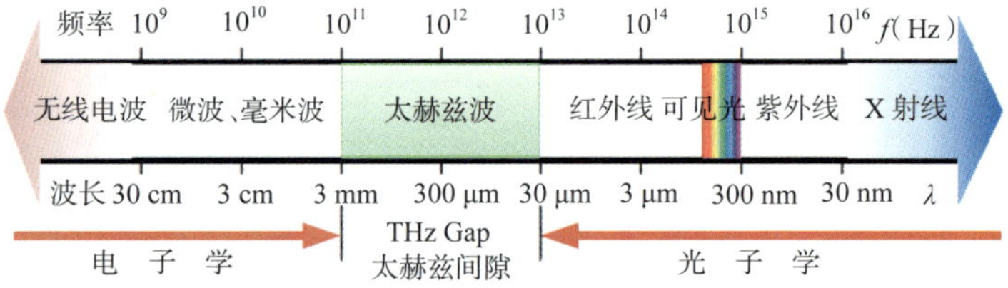

图 5-1　电磁频谱图

5.1.1　太赫兹波的产生以及特性

目前，产生太赫兹波的方法主要有电子学方法和光子学方法两大类。电子学方法主要有太赫兹量子级联激光器、利用自由电子的太赫兹源（包括太赫兹真空器件、自由电子激光）、基于高能加速器的太赫兹源、电子学振荡器频率转换（倍频）、返波振荡器（Backward Wave Oscillator，BWO）、耿氏振荡器、纳米速调管。量子级联激光器（Quantum Cascade Laser，QCL）是一种基于电子在量子阱结构中导带子带间跃迁的半导体激光器，最初作为一种中红外辐射源，后来通过能带设计可以将输出频率延伸至太赫兹波段。太赫兹量子级联激光器体积小、能耗低、便于集成，是人们需要的一种太赫兹波辐射源。自由电子激光器是一种传统的太赫兹源，由粒子加速器提供的高速电子流通过偏转磁铁导入一个扭摆磁场，电子在洛伦兹力作用下加速运动，通过自发辐射产生太赫兹波。返波管是一种电子真空二极管，利用电子在周期性电场中减速来产生太赫兹波段的电磁辐射。这种辐射源体积小、结构紧凑，但输出频率范围窄（几百 GHz），功率也较低。电子学方法是将电磁辐射的频率从毫米波延伸到太赫兹波段，但是当频率高于 1 THz 时会遇到很大的困难，效率变得很低。同时，电子学方法产生的太赫兹波辐射源体积庞大，限制了其在很多领域中的应用。光子学方法是将激光频率向低频延伸，其特点是可以产生方向性和相干性很好的太赫兹波，但是输出功率较低，适合产生 1 THz 以上频率较高的太赫兹波。

利用光子学方法产生太赫兹波主要有基于远红外光泵浦产生太赫兹波辐射、利用超短激光脉冲产生太赫兹波辐射、利用非线性频率变换过程产生太赫兹波辐射，其主要原理是把可见光或红外光向低频率转换。这种方法的优点是可以产生方向性和相干性很好的太赫兹波辐射，但是现阶段其功率和效率都比较低。光泵浦太赫兹激光器输出功率较高，可以工作在连续或脉冲方式，并且频率范围较宽，其主要缺点是频率不易连续调谐。大多数宽带太赫兹源都是基于不同材料的超短激光脉冲受激发射原理，如光电导偶极天线技术、光学整流效应、半导体表面技术、等离子体振荡、非线性传输线等。差频方法是利用两个相近波长的泵浦光在晶体中通过二阶非线性作用产生太赫兹波段的差频频率。该方法使用的非线性介质和相位匹配形式与光学整流方法完全相同，只是入射泵浦光不同造成了太赫兹输出性质的差异。改变泵浦光双波长的频率差即可实现太赫兹频率调谐。利用非线性差频过程获得太赫兹波的最大优点是没有阈值，实验装置简单，易实现差频转换。

太赫兹波位于电子学向光子学的过渡区，其所处的特殊位置决定了它具有很多独特的性质。

1）能量：相比于X射线具有的千电子伏（keV）的光子能量而言，太赫兹波的光子具有较低的能量（4.1 meV@1 THz），其光子能量约为X射线光子能量的$1/10^6$，远低于各种化学键的键能，因此不会引起生物组织的光损伤及光化电离，非常适合对生物组织进行活体检测。

2）透视性及方向性：太赫兹波能以很小的衰减穿透不透明物质，如陶瓷、脂肪、碳板、布料、塑料等，因此太赫兹波成像可以作为X射线成像和超声波成像的必要补充，也可用于安全检测和无损探伤领域。此外，由于太赫兹波的波长远大于空气中悬浮的灰尘或颗粒的尺度，因此具有较强的方向性，不易被散射，是在浓烟雾或风尘环境中成像的理想光源。

3）宽带性：太赫兹波脉冲的宽度在皮秒数量级，且具有较宽的频带范围，可以覆盖从吉赫兹（GHz）到几十太赫兹（THz）的范围。相对于微波来说，太赫兹波的频率更高，其频带是微波频带的1 000倍，在作为通信信号载体时，单位时间的太赫兹波可以承载更多的信息，从而获得较高的比特率和更宽的频带范围，在无线通信领域具有广阔的应用前景。

4）瞬态性：利用太赫兹波可以对包括液体、半导体、超导体、生物样品等在内的各种材料进行亚皮秒、飞秒时间分辨的瞬态光谱研究，还可以通过取样测量技术有效抑制背景辐射噪声的干扰，从而提高信噪比，并且具有对黑体辐射和热背景不敏感的优点。这使太赫兹波非常适用于成像领域。

5）相干性：太赫兹波的相干性源于其产生机制。常见的太赫兹波产生方法是基于相干电流驱动的偶极子振荡产生，或是由相干的激光脉冲通过非线性光学差频产生，具有好的时间和空间相干性。通过测量相干太赫兹波电磁信号的时域波形，可以得到包括振幅和相位在内的各种光谱数据，无须使用克拉默斯-克朗尼格（Kramers-Kronig）关系就可以直接得到介电常数的实部和虚部信息，从而能够精确获得样品折射率和吸收系数。

6）“指纹”特征性：大多数分子均有相应的太赫兹波段的“指纹”特征谱，特别是许多有机分子在太赫兹波段呈现强烈的吸收和色散特性，这是与分子的振动和转动能级有关的偶极跃迁相联系的。分子的偶极跃迁犹如人的指纹一样是千差万别的，研究材料在这一波段的光谱对于揭示物质的结构及性质具有重要意义。

5.1.2 太赫兹技术发展概述

目前，国际上太赫兹技术发展很快。在国外，从20世纪90年代初期至今，美国的张希成等在太赫兹波产生与探测方面进行了大量卓有成效的研究工作。他们研究的重点是利用超短激光脉冲激发电光晶体来产生太赫兹波辐射及探测自由空间太赫兹波。2002年，美国布鲁克黑文（Brookhaven）、劳伦斯·伯克利（Lawrence Berkeley）、杰斐逊（Jefferson）等国家级实验室利用自由电子激光器实现了高功率的太赫兹波；同年，意大利NEST-INFM和英国剑桥大学的研究者联合研制的“太赫兹量子级联激光器”获得成功，首次实现了量子级联激光器（多个单极型激光器的组合）在太赫兹波段的发射。在太赫兹技术的应用研究方面，自从胡（Hu）和努斯（Nuss）等在1995年首次建立起国际上第一套太赫兹成像装置以来，许多研究者相继开展了电光取样成像、层析成像、近场成像、暗场成像、收发分置太赫兹成像、三维成像及太赫兹 CT 等的研究。伦斯勒理工学院太赫兹研究中心实现了 T- 射线层析成像术,并用于生化样品的识别和成像。贝尔实验室已成功地应用太赫兹扫描成像技术拍摄到芯片中的封装金属引线。英国剑桥大学、日本东芝欧洲研究中心等实现了对皮肤癌、乳腺癌和牙齿等的太赫兹波成像,获得的图像将成为外科诊断和治疗的重要依据。

我国在太赫兹研究领域起步较晚,但在许多研究者共同努力的情况下,已经在多个研究领域取得了可喜的进步。目前,国内有许多家研究机构和高等学校在进行太赫兹技术的研究工作,但其侧重点各不相同。中国科学院物理所建立了国内第一台太赫兹光谱测量系统,并对 GaAs 中载流子的超快弛豫过程以及 GaAs/Au 界面电场的快速变化过程进行了较深入的研究,且用强光产生了太赫兹波;西安理工大学超快光电技术研究中心在用超短激光脉冲触发光电导开关产生太赫兹波、研制新型光电导太赫兹器件方面取得了一定的突破;中国科学院上海微系统与信息技术研究所的曹俊诚研究员和他领导的课题组近年来在研究新型半导体太赫兹源,太赫兹波新理论、新器件以及太赫兹技术应用方面取得了一系列创新性的成果;中国科学院上海应用物理所在 2004 年底已启动“上海光源”计划,于 2009 年建成光束能量为 3.5 GeV 的第三代同步辐射光源,它的建成将为我国太赫兹波的研究提供强有力的动力,对相关研发做出国际水平的贡献;首都师范大学在张存林教授的带领下,在利用太赫兹时域光谱技术研究各种材料光谱特性方面以及层析成像方面在国内占有领先地位;上海交通大学在太赫兹波与凝聚态体系的相互作用,太赫兹波中载流子的输运特性等方面进行了详细的理论研究;成都电子科技大学在刘盛纲院士的带领下,利用真空电子学回旋加速器从微波向太赫兹波段推进,取得了令人瞩目的成就;由姚建铨院士领导的天津大学激光与光电子研究所,在利用非线性光学差频技术以及受激电磁耦子散射技术产生连续可调谐、相干窄带太赫兹波方面取得了阶段性进展,并正朝着小型化、集成化、实用化方向发展。值得庆贺的是,经过多年坚持不懈的努力,中国工程物理研究院基于射频直线加速器技术的远红外波导自由电子激光器(Far-Infrared Radiation Free Electron Laser, FIR-FEL)实验取得突破性进展,于 2005 年 3 月 24 日实现首次出光,输出稳定、性能参数指标较高。这是我国第一台建成并出光的可调谐相干太赫兹源,填补了该领域的空白,也是我国新型激光技术领域的一个具有里程碑意义的重要成果。目前,该实验室正在进行结果优化及提升系统的稳定性,并按照边建设、边应用的原则,将实验装置升级为一个有用的研究和应用平台,使我国的太赫兹源技术及应用研究在国际上占有一席之地。目前,国际上太赫兹技术飞速发展,相关交叉学科如雨后春笋般涌现,相关研究离不开本国政府、企业、学术组织等在资金方面的大力投入与支持。目前,美国、日本和西欧等发达国家和地区都对太赫兹技术给予高度重视,并投入了大量人力和物力,陆续开展了众多与太赫兹技术相关的研究。据不完全统计,目前全世界已有 100 多个研究组在从事和太赫兹波相关的研究,且主要集中于欧美等。在美国,国家科学基金会、国家航天局、能源部、国防部和公共卫生学会均从 20 世纪 90 年代开始对太赫兹技术相关研究项目持续进行较大规模的资金支持,包括多所常春藤联盟高校在内的数十所著名院校以及劳伦斯利弗莫尔国家实验室(LLNL)、喷气推进实验室(JPL)、美国海军研究实验室(NRL)等国家级实验室都正在开展与各自擅长领域有关的太赫兹技术方面的研究。欧洲诸国除支持本国的研究项目外,还在欧盟范围内开展了多个跨国多学科参加的大型合作太赫兹技术研究项目,如 Teravision(发展小型化器件、太赫兹波成像在生物医学等领域的应用), THz-Bridge(太赫兹波与生物系统的相互作用研究)等。在亚洲,日本、韩国以及中国台湾地区都有独立的研发机构,均已开展针对太赫兹技术的研究工作。日本政府除每年向其科研机构投入高额科研经费用于研究太赫兹波及其相关应用技术外,还在 2005 年将太赫兹技术列为将在 2015 年完成的国家十大支柱技术的第一位。同时,日本有关大企业,如 SLLSC，NTT Advanced Technology Corporation，etc. 也都介入太赫兹的研发工作。在中国台湾地区，台湾大学、台湾清华大学、台湾交通大学等都积极开展太赫兹研究工作，并发表了不少有分量的论文。而在国内，科技部、中国科学院、自然科学基金委员会对太赫兹波的研究给予了高度关注，从 2000 年起一直作为基础研究重大项目、基金会重大项目、973 计划实施相关安排，且作为知识创新课题取得了一定可喜的成果，积累了相当多的工作经验，并与美国、德国、俄罗斯及香港地区建立了较好的合作关系。这大大推动了我国太赫兹科学技术的研究工作，使我国成为全球研发太赫兹波的重要组成部分。

5.1.3　太赫兹源与探测技术的进展

根据太赫兹源工作模式的不同，其可以分为两类，即连续太赫兹源和脉冲太赫兹源。连续太赫兹源的产生方法主要可以分为光子学方法和电子学方法。其中，基于电子学的太赫兹源主要包括回旋管、返波管、耿氏振荡器以及固态倍频源等。这类太赫兹源主要工作于 1 THz 以下，输出功率通常在数十微瓦到毫瓦数量级。而基于光子学的太赫兹源主要包括自由电子激光器、气体激光器和 QCL 等。这类太赫兹源输出功率较大，且具有良好的应用潜力。脉冲太赫兹源主要是基于超快激光技术设计的太赫兹源，其包括光整流、光电导天线和光混频等。光整流效应是基于电光效应的逆过程，即当入射脉冲激光与非线性介质（如电光晶体）相互作用，由于非线性效应，在非线性介质中产生不同频率的光波并经过差频过程而产生低频的太赫兹波。光电导天线是通过在两个电极构成的微尺度间隙的偶极天线之间施加驱动的偏置电压，通过超短激光脉冲在该天线间隙中激发光生载流子，并通过偏置电压驱动载流子运动形成超快冲击电流，从而向外产生太赫兹波。光混频太赫兹源是通过接收两束激光产生的拍频信号，使光拍频信号通过光混频器产生一个与拍频信号相同的高频交流电。当把这种高频交流电施加到集成天线上时，就能向自由空间辐射太赫兹波。

太赫兹探测技术也是太赫兹技术的一个重要组成部分。由于太赫兹频率范围内有较强的热辐射，从而会有一定的噪声，同时太赫兹源的输出功率比较低，因此对太赫兹探测器的灵敏度提出了很高的要求。对于太赫兹波的探测，目前根据探测的原理可以分为太赫兹热探测器和太赫兹光子型探测器两大类。热探测器主要有 bolometer 探测器、傅里叶（Fourier）变换光谱探测器、氘化硫酸三甘肽焦热电探测器、钽酸锂热电探测器、超导隧道结和热电子混频器等。太赫兹光子型探测器主要包括光电导、光电采样、半导体量子阱、超导太赫兹等探测器。太赫兹光子型探测器相比热探测器具有更高的破坏阈值和更大的线性响应范围，且具备更高的探测灵敏度和快速响应能力。随着飞秒激光技术、光电子技术和半导体技术的发展以及非线性光学研究的深入，太赫兹技术正在飞速发展。但是，要实现太赫兹技术的广泛应用，依然需要解决两个主要问题：其一是高效可靠的高功率太赫兹源和高灵敏度太赫兹探测器；其二是高效可靠的太赫兹功能器件，如偏振转换器、吸收器、滤波器、调制器等。由于自然界中对太赫兹波有较强电磁响应的物质相对缺乏，高性能、可调控的太赫兹功能器件一直以来都是限制太赫兹技术应用的瓶颈之一，而超构材料的出现为这一问题的解决打开了新的思路，提供了新的手段。

5.2 太赫兹源

5.2.1 非线性光学差频技术的小型化高重频太赫兹源

在现阶段,应用于差频产生太赫兹源的波段主要有 0.8、1、1.3、1.5、2 及 10 μm。考虑量子转换效率,长波长的泵浦源更易实现高效率的非线性光学频率变换。而目前,提供 10 μm 波段的双波长激光主要依赖于体积庞大、造价较高的 CO_2 激光器。因而,在基于块状非线性晶体的研究中, 2 μm 波段成为差频产生太赫兹波的优先选择。根据 2 μm 波段的产生方法,内腔泵浦的双谐振光学参量振荡器(Optical Parametric Oscillator, OPO)能够实现可调谐的双波长输出,适合用作差频产生太赫兹波的泵浦源。但以往利用 2 μm 波段差频产生太赫兹波的实验研究几乎都聚焦在皮秒脉冲与纳秒低重频的运转方式上。皮秒脉冲激光器的实验装置较为复杂,商用的低重频纳秒激光器的体积也较大,而且基于电光调 Q 的低重频纳秒激光器也不利于实现便携式系统。相比之下,高重频纳秒的运转模式一般采用声光调 Q 系统,具有平均功率高、峰值功率高、体积小、易于封装、操作简便等特点。将高重频 2 μm 双波长 OPO 作为差频泵浦源主要有以下几个优势。

首先,从重复频率来看,高重频兼具了连续激光高平均功率与低重频激光高峰值功率的优势,用作差频过程的泵浦源时,更有利于获得高功率的太赫兹波。高重频也包括纳秒脉冲与皮秒脉冲激光器,皮秒脉冲激光器一般体积较大、结构相对复杂,而且对激光谐振腔长度的要求较高,一般不适合用作小型化的泵浦源。而纳秒脉冲运转的高重频激光器,主要依靠声光调制系统来实现脉冲输出,与低重频下的电光调 Q 系统相比,其体积小、利于封装、操作简便。因此,声光调 Q 实现的高重频纳秒脉冲激光器更有利于差频太赫兹源的小型化发展。

其次,在波长的选择方面,波长为 2 μm 的激光比波长为 1 和 1.5 μm 的激光在理论上具有更高的量子转换效率,更适合用于产生长波长的频率变换。对于一些晶体而言, 2 μm 波段具有相对较小的吸收系数,更适合用作差频过程的泵浦激光。而且,一些晶体在短波长泵浦下容易发生双光子吸收,如 GaAs 等,如果采用长波长作为泵浦源则能够避免这些问题。在常见的长波长泵浦源中, 10 μm 的 CO_2 激光器一般体积较大且笨重,不适合用作小型化的差频太赫兹源, 2 μm 的双波长激光器的各项性能较为合适,是最佳选择。

本节主要介绍光泵浦差频太赫兹源。针对光泵浦差频太赫兹源的研究主要基于准相位匹配晶体和非线性块状晶体差频,即通过准相位匹配(Quasi-Phase Matching, QPM)晶体 QPM-GaAs 与块状 GaSe 晶体差频,实现太赫兹波的输出。差频太赫兹系统主要包括双波长 OPO 泵浦系统和实验装置,如图 5-2 所示。该系统将滤光后的 2 μm 双波长激光通过焦距为 300 mm 的透镜(JGS3 石英)聚焦到 QPM-GaAs 晶体上,探测器为 4.2 K 温度下的 SR540 型 Si- 热辐射探测器(美国 Stanford Research System)。考虑到探测器无法实现千赫兹数量级的响应速度,测量时在探测器前放置斩波器,将高重频信号斩波为低重频信号。校准后,该探测器的探测标准为 2.89×10^5 V/W。对于 QPM-GaAs 差频产生太赫兹波系统,其主要采用磷酸钛氧钾($KTiOPO_4$, KTP)OPO 为差频提供双波长泵浦激光。从实验结果来看,在波长为 2 119.6 nm 与 2 138.4 nm 的条件下,该系统获得了太赫兹波的最佳输出,此时差频得到的太赫兹波频率约为 1.244 THz。

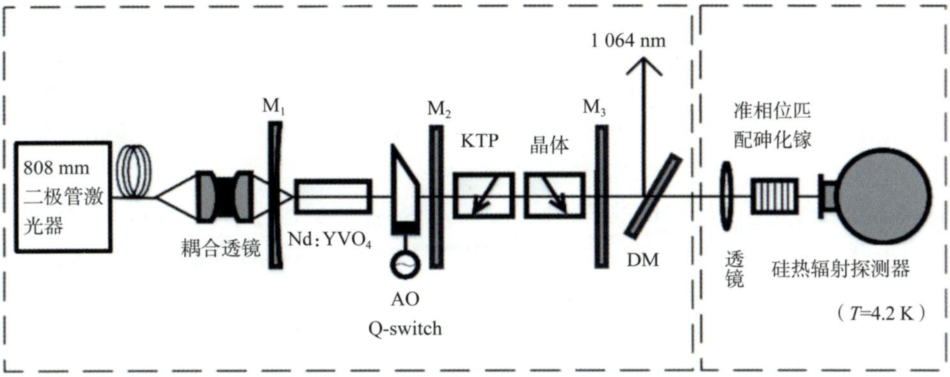

图 5-2　准相位匹配砷化镓晶体差频产生太赫兹波的实验装置

如图 5-3 所示，随着 808 nm 红外光功率的增强，太赫兹波的电压值也随之升高，在 12.2 W 的泵浦激光作用下，太赫兹波的电压幅值达 180 mV。在实验中，斩波器的频率设置在 40 Hz，根据探测器的校准，此时太赫兹波的平均功率约为 0.6 μW。如果假定太赫兹波的重频在 24 kHz 左右，脉冲宽度与泵浦激光的数量级相同，太赫兹波的峰值功率可以达 5.4 mW。

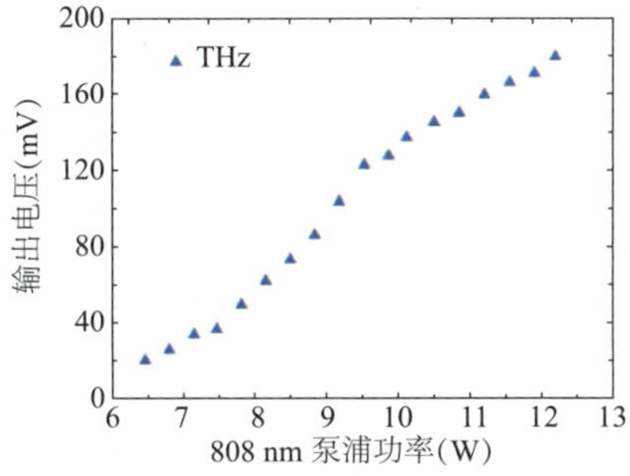

图 5-3　太赫兹波输出的电压与 808 nm 泵浦功率的关系

如图 5-4 所示，改变双波长的频率，可以得到不同电压值、不同频率的太赫兹波，在不断偏离最佳相位匹配频点时，引入的相位失配量也在不断增大，太赫兹波输出的电压值也因此减小。图 5-4 中的圆点为实验数据点，实线则为根据相位失配量计算得到的理论曲线。太赫兹波的大致波段覆盖范围为 1.006~1.473 THz，半高全宽约为 0.35 THz。

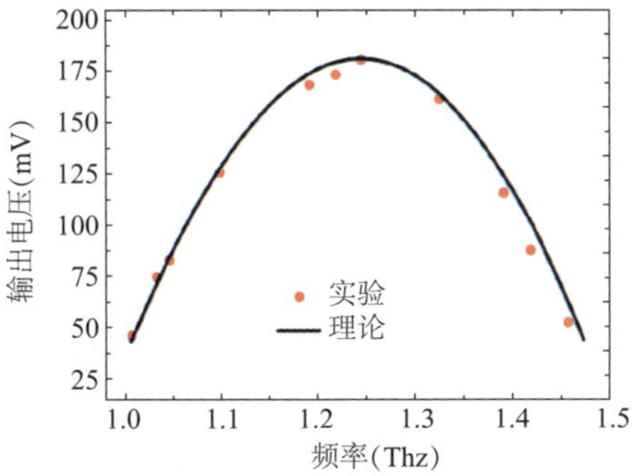

图 5-4　太赫兹波的调谐特性

硒化镓(GaSe)晶体是一种六方层状结构的负单轴晶体,红外透光波段为 0.6~20 μm,有较大的二阶非线性系数(54 pm/V),而且对太赫兹波的透过率较高,是差频产生太赫兹波的重要晶体。实验中用到了长度为 8 mm 和 15 mm 的 GaSe 晶体,两者的通光孔径约为 16 mm,首先利用太赫兹时域光谱(Terahertz Time-Domain Spectroscopy, TDS)(THz-TDS)系统对两个晶体的性质进行了测量。

如图 5-5 所示,在 0.5~1.75 THz 波段, 8 mm 的 GaSe 晶体的透过率明显略高于 15 mm 的 GaSe 晶体;且透过率随着频率的增大逐渐减小,当频率超过 1.5 THz 后,透过率稳定在 0.1 附近;当频率在 0.6、1.1 和 1.9 THz 附近时,透过率有较明显的降低,可在对应的吸收系数曲线上观察到与之相对应的吸收峰。此外, 8 mm 的 GaSe 晶体的吸收系数要比 15 mm 的 GaSe 晶体稍高一些,这是由于两种 GaSe 晶体的来源不同,晶体参数存在一定的差异。对于由 8 mm 的 GaSe 晶体差频得到的太赫兹源,选用 1.54 THz 作为其稳定性测试的波段。在 10 min 的测试时间内,该太赫兹源的绝对功率变化量为 5% 左右,如果采用平均结果,其功率变化量为 2% 左右。综上所述,得到了具有稳定输出的小型高重频太赫兹源,其不仅有较高的平均功率与峰值功率,还具有较宽的调谐范围。

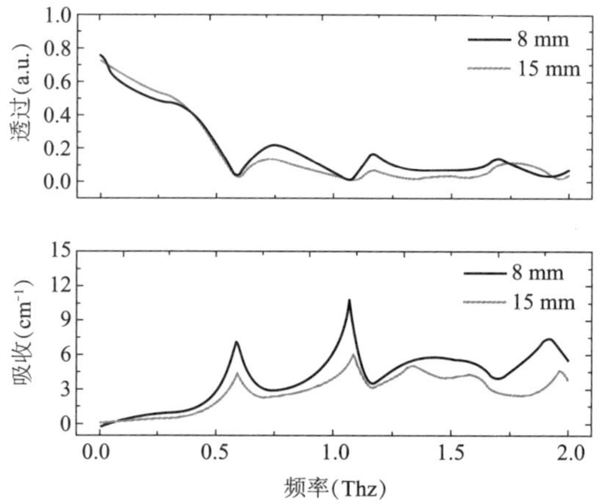

图 5-5　GaSe 晶体在太赫兹波段的性质

5.2.2　飞秒激光激励半导体材料的太赫兹源与探测技术

随着超快技术的发展和半导体技术的不断成熟,越来越多的实验室和研究者聚焦于超快脉冲激励半导体产生太赫兹波方向,原因如下:首先,这种方式产生的太赫兹波的频谱较宽(可达 0.1~100 THz),与物质作用时可以获得丰富的光谱信息;其次,这种太赫兹波的平均功率较为理想(毫瓦数量级),高于大多数太赫兹源,且系统体积较小,适于实验室研究与商用;再次,半导体产生太赫兹波与半导体探测太赫兹波原理相似,器材也相似,可以方便地搭建成太赫兹的时域光谱系统(TDS),这也是目前太赫兹领域应用最成熟且广泛的系统;此外,半导体材料的调制手段丰富,如光控、温控、电控、磁控、声控、压力场作用及半导体材料本身的掺杂控制等,半导体材料的调制多样性为太赫兹源的控制提供了多种手段;最后,对半导体产生太赫兹波进行研究有助于推进半导体内的载流子动力学的微观研究。光整流辐射原理是目前被广泛使用的太赫兹产生方法之一。当一束高强度的单色激光在非线性介质中传播时,由于非线性差频效应将产生一个恒定(不随时间变化)的电极化场,这被称为光整流效应,也是人们最早发现的光学非线性作用之一。恒定的电极化场不能向外辐射电磁波，但当入射光为超快短激光脉冲时，产生的电极化场是一个随时间变化的函数，变电场向外辐射电磁波。当入射光脉冲的脉宽在皮秒或亚皮秒尺度时，相应辐射的电磁脉冲的脉宽也在该数量级，而其对应频谱就处于太赫兹波段。光整流效应产生的太赫兹波强度取决于晶体的非线性系数、相位匹配条件和入射光的强度。晶体的非线性系数是与晶轴有关的矩阵张量，因此在实验中不同晶向与极化方向都会影响辐射太赫兹的强弱，通过选取合适的晶轴取向和晶体方位角及入射光偏振方向可以获得最优的太赫兹输出。

本节主要聚焦于介绍基于飞秒激光激励半导体表面的太赫兹波的产生和探测技术，太赫兹产生技术包含了半导体表面场机制的瞬态电流方式和光整流方式，探测技术则主要关注电光采样探测方式。

瞬态光生电流振荡产生太赫兹波的理论模型由辐射模型和电流模型两部分组成，它们把太赫兹波归纳为半导体内的瞬态电流变化，在处理时可以用电偶极辐射模型来获得太赫兹频域电磁波的远场辐射表达式。半导体内光生瞬态电流产生太赫兹波的简图如图 5-6 所示。基于瞬态光生电流的太赫兹产生机制，本质上是半导体内部的电子 - 空穴对在激励光的激发下形成的自由电荷——电子和空穴在内部电场中的加速运动形成了太赫兹波，因此如果在半导体外部加上电场或是磁场就会对半导体内的光生载流子运动带来影响，进而改变载流子运动的加速度，最终影响太赫兹波的产生。

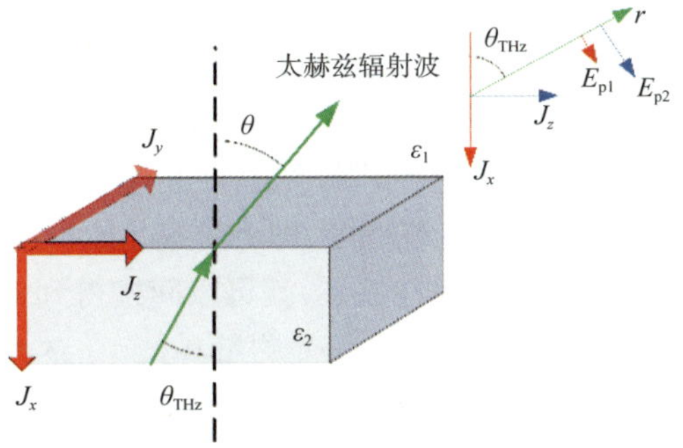

图 5-6　半导体内光生瞬态电流产生太赫兹波简图

图 5-7 所示为 GaAs、InAs、InSb 半导体材料在外磁场（$B = 1$ T）沿 x 轴方向作用时，太赫兹波功率随泵浦光入射角（即探测观察角）的变化曲线。其中，InSb 的功率被缩小为 1/100，从图中可以看出随着泵浦光入射角的增大，太赫兹波的功率增加，在布儒斯特角附近，达到辐射功率的最大值（GaAs、InAs、InSb 材料的布儒斯特角分别为 74.5°，75.2° 和 63°），当入射角为 90° 时，太赫兹波功率迅速减小到 0。绘图时使用的数值都进行过归一化处理，不同材料之间具有可比性（假设不同半导体材料具有相同的载流子浓度、相同的表面电场强度），通过对比可以发现，理论上 InSb 的辐射功率最高，约为 GaAs 的 200 倍，InAs 的 30 倍。

当磁场沿 y 轴方向作用时，3 种半导体材料的太赫兹波功率随泵浦光入射角（观察角）的变化与磁场沿 x 轴方向作用时的情况类似，但在泵浦光正入射时，由于 y 轴方向磁场的存在，电子受到 z 轴方向的洛伦兹力，因此具有 z 轴方向的电流分量，沿表面法线方向的太赫兹波强度不为 0。当泵浦光斜入射时，受太赫兹波穿过介质界面时的振幅透射系数以及电偶极辐射方向的影响，辐射的最大值仍旧在布儒斯特角附近，但是太赫兹波强度随入射角的变化比较缓慢，也就是说当磁场沿 y 轴方向作用时，太赫兹波对观察探测方向不敏感。

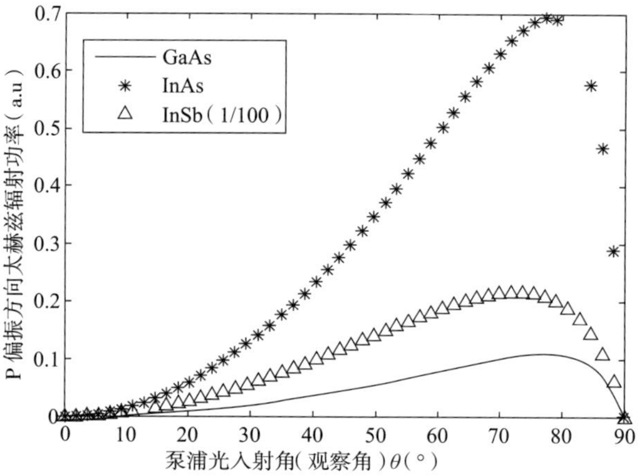

图 5-7　不同半导体材料的 P 偏振太赫兹波功率与泵浦飞秒光入射角度的关系

光整流过程近似视作一个非线性差频过程，泵浦光脉冲具有较宽的频谱范围，在二阶非线性过程中，不同频率的光波差频产生低频电磁波，如果差频频率正处于太赫兹波段，就获得太赫兹电磁辐射。当入射光斜入射时，关注的重点是泵浦光的倾斜入射角、泵浦光的偏振方向对太赫兹波产生的影响，以及对最优晶向的改变。当泵浦光斜入射到晶体上时，研究发现在原本最优晶向位置，太赫兹强度峰值向两侧漂移，形成双峰图样，且随着入射角的增大，这种漂移更加明显。

太赫兹电光探测方法利用晶体的电光效应，当线偏振的探测光与太赫兹波共线地通过具有电光效应的晶体时，太赫兹波电场改变了晶体的折射率系数，使晶体表现出双折射性质，因此线偏振探测光将转变为椭圆偏振光；通过测量探测光的椭圆度，即可了解晶体折射率的变化；由于折射率的变化和晶体外加电场（也就是太赫兹场）存在线性关系，就可以间接得到太赫兹波场的电场强度。对探测光偏振的测量主要有两种方法，即平衡测量和消光测量。

如图 5-8 所示，探测光经过起偏器变成线偏振光，线偏振光经过电光晶体后，利用 $\lambda/4$ 波片将线偏光转化成圆偏振光，然后利用沃拉斯顿棱镜（Wollaston Prism，WP）将圆偏振光分成两个互相垂直的偏振分量且二者成一定夹角出射，并分别被光电二极管 D_1 和 D_2 收集。当没有太赫兹场时，这两个偏振分量等值，D_1 和 D_2 上产生的电动势（E_1 和 E_2）相同，即探测信号 $S=E_1-E_2=0$；当有太赫兹场时，探测光经过电光晶体并产生双折射现象，两个传输偏振模之间存在一定的相位延迟，从而使 WP 分离产生的两个偏振分量不再相等，平衡被破坏，S 不再为 0。通过探测信号 S 的变化，就可以获得外加在晶体上的太赫兹场的信息。

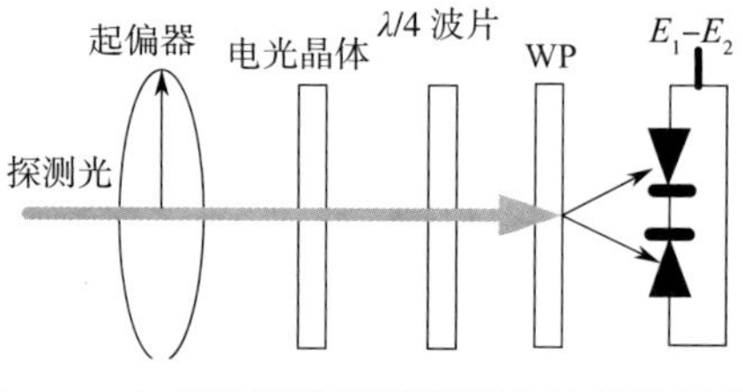

图 5-8　电光检测的平衡测量方法结构简图

另外一种光电检测方法是消光检测方法，线偏振的探测光经过电光晶体后，再通过一个与其偏振方向垂直的检偏器，最后由光电探测器探测信号。当不存在太赫兹外场时，探测光经过电光晶体的偏振方向不变，在检偏器上完全消光（理想状态），信号为 0，太赫兹脉冲的电场改变了电光晶体的折射率，使探测光具有与检偏器偏振方向相同的偏振分量，即为探测信号。通常由太赫兹场引起的晶体折射率变化都很小，因此晶体中传输模的相位延迟也很小，平衡测量方法得到的探测信号与传输模的相位延迟呈线性正比关系，而由消光法获得的探测信号与传输模的相位延迟呈二次关系，不仅使信号值减小，而且平方关系也丢失了太赫兹场的正负值信息，因此相比于消光法，平衡探测法是更有效的探测手段。

5.2.3　非对称量子阱的太赫兹波光学差频产生及性质

在光子学中利用非线性光学差频技术产生相干可调谐太赫兹波的方法，凭借其显著的特性，逐渐引起国内外科研工作者极大的研究兴趣。非线性光学差频技术的最大优点是可在室温条件运行、没有阈值、实验设备相对简单、结构相对紧凑等；与利用超快激光脉冲激发不同物质产生超短 THz 脉冲方法相比，不需要价格昂贵的泵浦装置，并可产生空间和时间相干性好、窄带宽、频率可连续调谐、高功率的脉冲及连续太赫兹波辐射。

近年来，半导体量子阱以及超晶格和纳米结构中的非线性效应已经引起人们广泛的兴趣。一方面是由于近年来在半导体材料异质结的生长工艺技术上取得了十分巨大的进展，如分子束外延生长（Molecular Beam Epitaxy，MBE）和金属有机化学气相沉积（Metal-Organic Chemical Vapor Deposition，MOCVD）等先进的材料生长方法的出现，使各种低维半导体量子器件的制造成为可能。另一方面是由于半导体材料随着尺度和维数的减小，其光学和电学性质呈现出与体材料显著不同的特点。随着差频技术的发展，人们逐渐发现，采用普通晶体进行差频产生太赫兹波的效率普遍不高，原因是晶体的二阶非线性差频系数太小，若采用大的二阶非线性系数的晶体，在相同条件下，差频效率将会有很大的提高。通过外加电场或形成组分不对称等方法，可以打破多量子阱材料的结构对称性，从而获得较大的二阶非线性系数，因此采用非对称量子阱作为差频材料，对于通过光子学方式得到的太赫兹波将会极大提高转换效率，人们在非对称量子阱的理论和实验上已经做了广泛的研究。通过理论上的计算和结构上的优化设计，可使非对称量子阱的非线性系数比体材料高几个数量级，这是采用非对称量子阱高效产生太赫兹波的优势之一。

本研究重点研究了 $GaAs/Al_xGa_{1-x}As$ 非对称量子阱的结构设计、非线性光学性质和双共振差频产生太赫兹波机理等。曼利 - 罗（Manley-Rowe）关系是非线性光学中的重要关系之一，阐述了多波相互作用时的光功率或光子通量流所遵循的规律。在光子的概念中，一个频率为 ω_{p1} 的光子可以差频分裂成一个频率为 ω_{p2} 的光子和一个频率为 ω_{THz} 的太赫兹波光子。根据 Manley-Rowe 关系式，非线性光学差频过程中最大的量子效率的表达式为

$$\eta_{max}=\frac{\omega_{THz}}{\omega_{p1}}=\frac{\lambda_{p1}}{\lambda_{THz}} \tag{5-1}$$

从式（5-1）和已报道的实验结果可以看出，由波长相对较短的近红外激光（约 1 μm）差频产生太赫兹波的转换效率很低，即便是光子转换效率达到理论极值，相应的能量转换效率也只有 0.33%。而在实际过程中，由于受到介质吸收和边界效应等因素影响，这个转换效率会更低。为了提高转换效率，采用波长更长的中红外波段的 CO_2 激光器（约 10 μm）作为泵浦光源利用光学差频方法产生太赫兹波是理想的提高转换效率的选择。并且，CO_2 激光器技术已经非常成熟，应用十分广泛，具有较高的输出功率，这对于提高差频输出的太赫兹波的功率也有实际意义。要提高太赫兹波的输出功率，另外需要考虑的就是提高量子阱的二阶非线性系数，而二阶非线性系数和量子阱的非对称性具

有直接关系。基于以上讨论，采用阶梯形非对称量子阱作为差频器件，采用非线性光学中的双波长泵浦光来差频产生太赫兹波。

量子阱结构是一种非常有研究价值的非线性光学材料，在其价带和导带内有许多子带能级结构，这些子带能级间的跃迁具有跃迁波长、跃迁矩阵元、跃迁粒子数，甚至弛豫时间都可以人工调节的特点，这使共振增强作用很容易实现。设计的方案如下：在室温下，采用 CO_2 激光器的两束在 9~11 μm 范围内丰富谱线中的两束泵浦光，来共振差频泵浦阶梯形非对称量子阱导带子中的两个能级的导带子，从而产生太赫兹波。

根据当前 CO_2 激光器的实际指标参数情况和技术要求，CO_2 激光器在 9.6 μm 和 10.59 μm 两个区域有着丰富并且可实际出射的谱线。在技术上，CO_2 激光器可做到在 9.6 μm 附近每隔 0.018 μm 出现一条稳定出射谱线，而在 10.59 μm 附近每隔 0.2 μm 出现一条稳定输出的谱线。为了更好地利用 CO_2 激光器此波长范围内的泵浦光在非对称量子阱中差频产生太赫兹波，在设计量子阱时，可将量子阱中两个激发态能级对应此两个区域以共振差频。图 5-9 简要表现了非对称量子阱差频产生太赫兹波器件的波导输出过程。

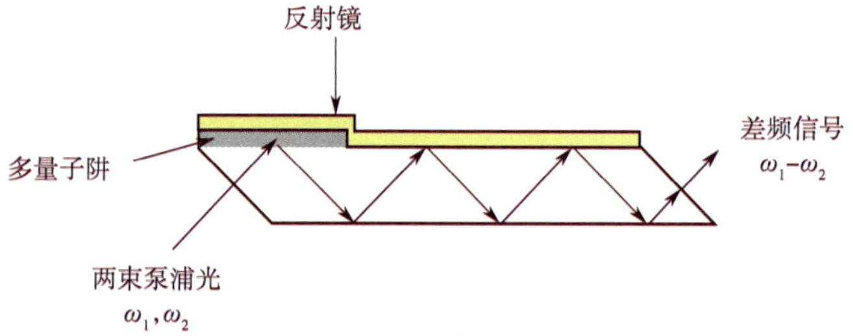

图 5-9　非对称量子阱差频产生太赫兹波器件示意

在非对称量子阱中，与子能带共振跃迁相联系的二阶光学非线性效应非常显著，在积分光学、长波红外探测以及光学通信等领域有着广泛的实际应用，受到研究者的广泛关注。量子阱中子能带间的跃迁具有很大的偶极矩阵元，而二阶非线性极化率对偶极矩阵元有着立方形式的依赖关系，在量子阱中的导带势的对称性被破坏后，可得到远大于体材料的二阶非线性。对于量子阱结构，非对称性可以方便地通过改变合金的组分获得，或采用对一个对称量子阱结构施加偏向电场来得到非对称性。

本研究采用非对称量子阱的结构，成分为 $GaAs/Al_{0.2}Ga_{0.8}As/Al_{0.5}Ga_{0.5}As$，设定量子阱的浅阱（GaAs）宽度为 L_1=7 nm，深阱（$Al_{0.2}Ga_{0.8}As$）宽度为 L_2-L_1=23 nm 的双阱嵌套结构，总阱宽 L_2=30 nm。计算和仿真二阶非线性系数随两束泵浦光波长和量子阱阱宽的变化关系，当 λ_{p1}= 9.756 μm、λ_{p2}=10.96 μm、L_2=30 nm 时，有最大值为 1.61×10^{-5} m/V。通过调节阱宽和掺杂可以调节量子阱的子带能级，与 CO_2 激光器两束合适的泵浦光波长相共振，利用二阶非线性系数和泵浦波长的关系，从而差频产生合适波长的太赫兹波输出。

5.2.4　微纳结构光子器件及高效差频太赫兹源

微结构光纤（Micro-structured Optical Fiber，MOF）的出现为新型光纤光子器件的发展提供了更为广阔的平台，其本质在于将光纤中的微纳结构与材料本身的物理效应（如热光、电光、磁光、声光及非线性效应等）有机结合，通过调节模式耦合和带隙，操控光子在微纳尺度光波导中的行为，从而实现新的功能。MOF 一方面将光子束缚在光纤内部,另一方面作为微流体反应器为传输光场和功能材料的相互作用提供反应场所。当空气微孔中填入功能材料时,材料与光的相互作用导致光纤导光特性的改变,因此通过对 MOF 透射光特性的分析,可以得到光纤中材料与外场相互作用的大量信息。这样既可以通过改变外界物理场的方法对所填充的 MOF 的导光特性进行控制,实现可调谐的光纤光子器件,又可以通过探测其输出光参数的变化推测外界物理场的变化,从而研制出相应的传感器件。液态功能材料在不同外场作用下的响应与 MOF 结构多样、设计灵活的特点有机结合,为新型光子器件的设计提供了更大的发展空间。近年来,伴随着填充工艺的日益成熟,大量可调谐的光子器件及光纤传感器件纷纷涌现出来。

1)光开关及衰减器:光开关器件功能的实现在于向 MOF 空气孔中填充外场敏感材料,通过改变光纤的导光机理或调节带隙,使特定波段的传导光损耗产生剧烈变化。

2)滤波器:全光纤滤波装置的制备原理在于向 MOF 中填充高折射率材料,将其转化成带隙型光纤,通过外场对材料折射率的调节影响器件的带隙,以改变特定波段的透过率。

3)调制器:光纤调制器的实现有赖于外界物理场对功能材料填充的 MOF 中传导光信号的振幅或相位的有效调制。

4)色散补偿器:全光纤色散补偿器的制备原理在于利用外场对所填充材料折射率的调节作用,改变纤芯或包层的等效折射率,进而控制光波导色散的量。

20 世纪 90 年代之后,随着全固态激光技术及高质量晶体的不断发展,差频产生太赫兹波得以迅猛发展,前人的工作主要集中在提高输出功率、拓展调谐带宽、增加系统集成度等方面,而对抑制差频系统量子噪声方面的研究鲜有报道。本节介绍一种基于光胶技术的无黏合剂黏结(Adhesive Free Bonded, AFB)技术的周期性反转 KTP 晶体,从降低系统量子噪声的角度出发,设计并实验验证了一种新型低噪声太赫兹波源。利用该单谐振双晶体多耦合 OPO 输出的三束闲频光在 GaSe 晶体中进行差频,通过 Labview 控制系统调整 GaSe 晶体的接收角度,得到两个 THz 差频信号。实验结果表明,从 AFBKTP 中输出的两束闲频光的差频效率比从 AFBKTP 和体材料 KTP 中分别输出的两束闲频光的差频效率增加了 1 倍。

非线性光学差频过程如图 5-10 所示,当频率为 ω_3 和 ω_1 的两束光在非线性晶体中相互作用时,会产生 $\omega_2=\omega_3-\omega_1$ 的差频光,该种方法可以作为产生太赫兹波的重要手段。差频过程使光能量从高频电磁场 ω_3 转移到低频电磁场 ω_1 和 ω_2,在这一个过程中,原本的信号光 ω_1(ω_s)得到放大,称为光学参量放大(Optical Parametric Amplification, OPA)。为提高转换效率,可以将增益介质放置在谐振腔内,让信号光 ω_1(ω_s)或闲频光 ω_2(ω_i)在腔内产生谐振,当增益大于损耗时,形成振荡输出,称为光学参量振荡(Optical Parametric Oscillation, OPO)。如果谐振腔中只有信号光 ω_s 得以振荡增强,称为单谐振参量振荡(SRO);若信号光和闲频光同时振荡,则称为双谐振参量振荡(DRO)。参量振荡过程的能量转换原理如图 5-11 所示。

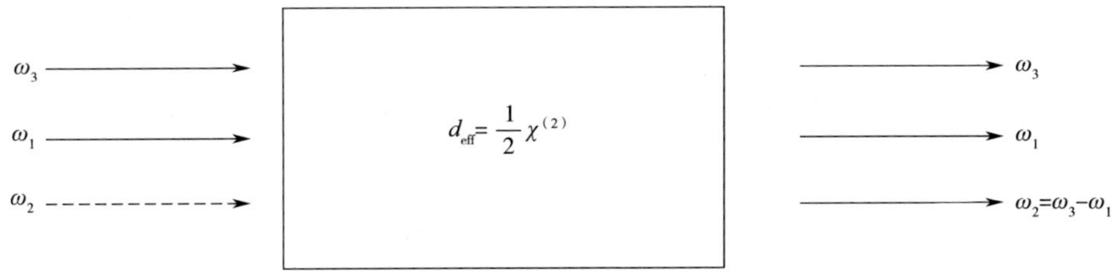

图 5-10 非线性光学差频过程

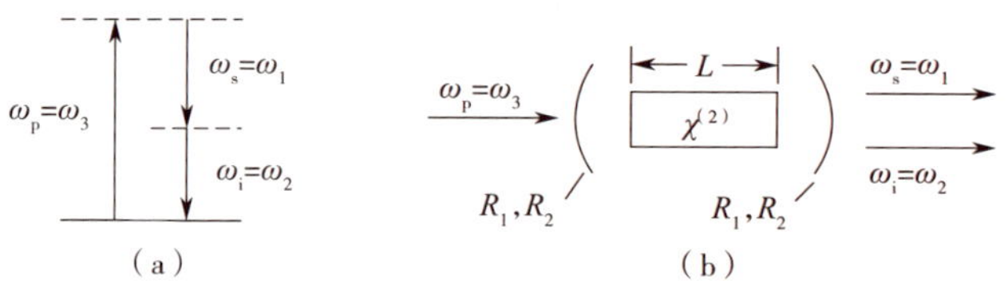

图 5-11　参量振荡过程的能量转换原理

(a)差频和参量放大过程的能量转换;(b)参量振荡

磷酸钛氧钾($KTiOPO_4$,KTP)是一种性能优越的非线性光学晶体,具有非线性系数大、抗破坏阈值高、透过波段宽、力学强度高、不易潮解等优点,广泛应用于非线性光学频率变换和光电子技术中。目前,出现了一种新型的基于光胶技术的无黏合剂黏结(AFB)KTP 晶体,该种晶体利用分子间的范德华力将 KTP 晶体薄片黏合在一起,形成一个整体,拥有许多新的特性。所选用的 KTP 晶体薄片的典型尺寸在 100 μm 数量级,其结构示意图如图 5-12 所示。

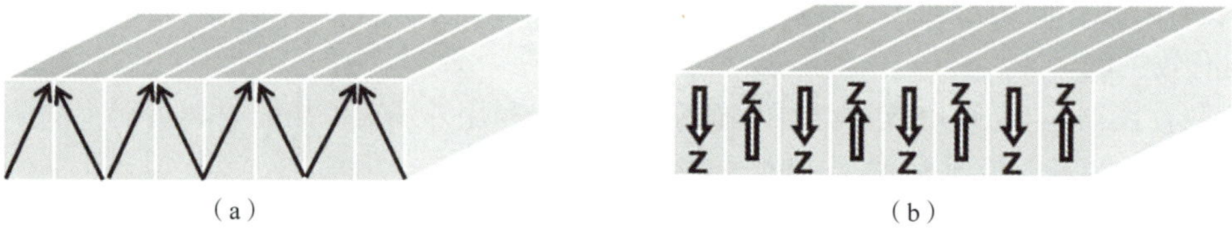

图 5-12　两种 AFBKTP 晶体结构示意

(a)走离补偿 AFBKTP 晶体;(b)准相位匹配 AFBKTP 晶体

实验采用的单谐振多耦合 OPO 实验装置如图 5-13 所示。在该装置中,泵浦源为主振荡 / 能量振荡器(Master OPO, MOPO),利用 Nd: YAG 激光器三倍频输出的 355 nm 紫外激光泵浦 BBO 晶体,实现宽波段可调谐波长输出,调谐范围为信号光 440~690 nm、闲频光 730~1 800 nm。本实验选用其输出的 535 nm 激光作为泵浦源,重复频率为 10 Hz,脉冲宽度为 4.8 ns,输出光斑经过缩束后直径约为 1.5 mm。反射镜 M_1 和 M_2 构成单谐振 OPO 腔,腔长为 90 mm,两镜分别在 1 000~1 100 nm 波段镀高反射膜,输入镜 M_1 在入射波长 535 nm 处镀增透膜。基频光为 o 偏振,产生的信号光和闲频光分别为 e 偏振和 o 偏振。为实现单谐振 OPO,将偏振器放置在 OPO 谐振腔中,e 偏振信号光被偏振器反射(反射率 >99%)并在腔内谐振,o 偏振的闲频光被偏振器耦合输出至腔外。采用光束滤波器(Beam Filter)滤除多余的泵浦光。相比于双谐振 OPO 而言,单谐振 OPO 输出光谱和能量更加稳定。

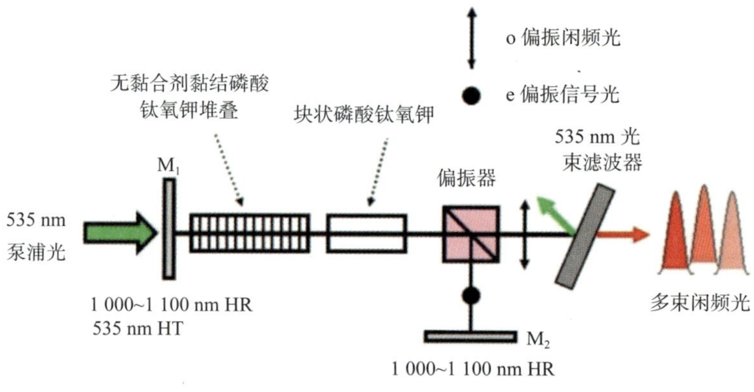

图 5-13　单谐振多耦合 OPO 实验装置

图 5-14 所示为不同极化周期下的 AFBKTP 的四波长输出调谐特性，入射波长分别为 535 nm 和 539 nm。可以看出，极化周期可以有效调节四束输出波长的频率间隔，理论上可以通过差频得到不同波段的太赫兹波。

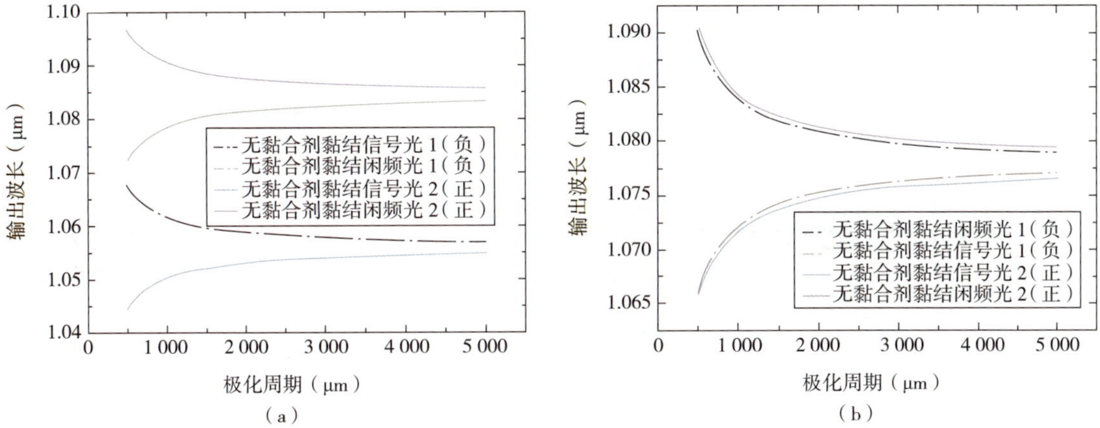

图 5-14　在不同极化周期条件下的输出波长调谐特性

（a）535 nm 波长泵浦；（b）539 nm 波长泵浦

图 5-15 所示为极化周期 λ=1.19 mm 时，不同泵浦波长作用下体材料 KTP 和 AFBKTP OPO 的输出波长调谐特性。可以看出，理论计算结果和实验结果之间吻合得较好，验证了 AFBKTP 的相位匹配条件。

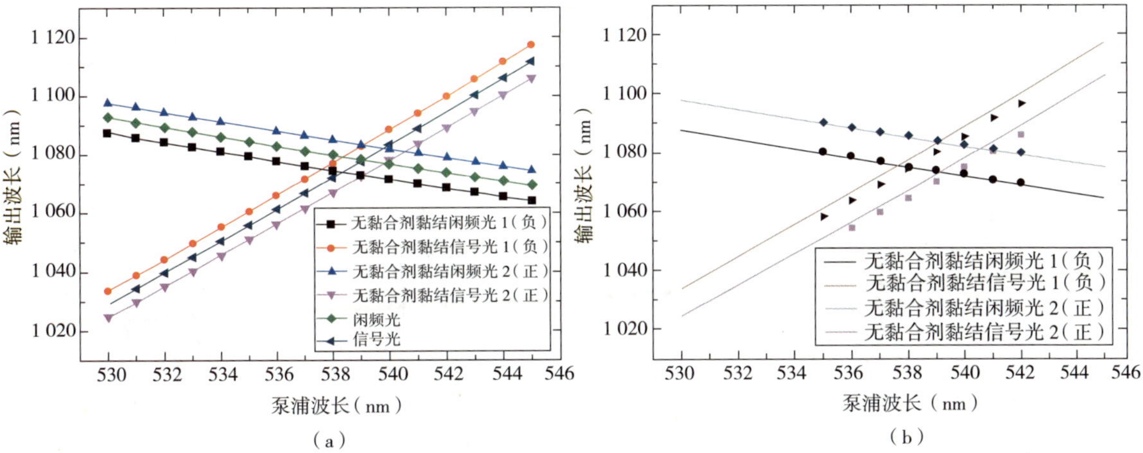

图 5-15　体材料 KTP OPO 及 AFBKTP OPO 在不同泵浦光波长作用下的输出波长调谐特性

（a）理论计算结果；（b）实验验证结果

AFB 及体材料 KTP 双晶体多耦合 OPO 可以有效输出三束频率相近的红外波段闲频光。将上述三束闲频光入射至硒化镓（GaSe）晶体进行差频，利用 Labview 程序控制 GaSe 晶体对三束差频光的接收角度，实现了不同入射光之间的角度相位匹配，从而有效产生了太赫兹波。通过比较发现，两束从 AFBKTP 晶体同时输出的闲频光可以产生更高功率的太赫兹波，其差频效率比理论值增加了 1 倍。基于半经典理论中的朗之万方程，得到相干条件和非相干条件下输出差频光的噪声谱，从而解释上述实验现象，说明 AFBKTP 晶体产生的两束闲频光之间进行差频时可以有效降低系统噪声。此外，通过对体材料 KTP 晶体的温度进行控制，实验验证了相位失配和系统噪声对输出 THz 信号的影响。GaSe 晶体是一种优越的非线性光学晶体，多用于中红外及太赫兹波的差频产生。GaSe 属于六角晶系负单轴晶体，具有较大的破坏阈值，且双折射较大，在近红外波段透过率较高。

实验系统如图 5-16 所示，输出三束偏振的闲频光（o 光）经过光束滤波器（beam filter）滤除多余的泵浦光，并入射至半波片，使出射光偏振方向旋转 45° 后耦合进入 GaSe 晶体进行差频。用 Labview 程序控制 GaSe 晶体的转动，在不同角度下实现不同波长之间的相位匹配。

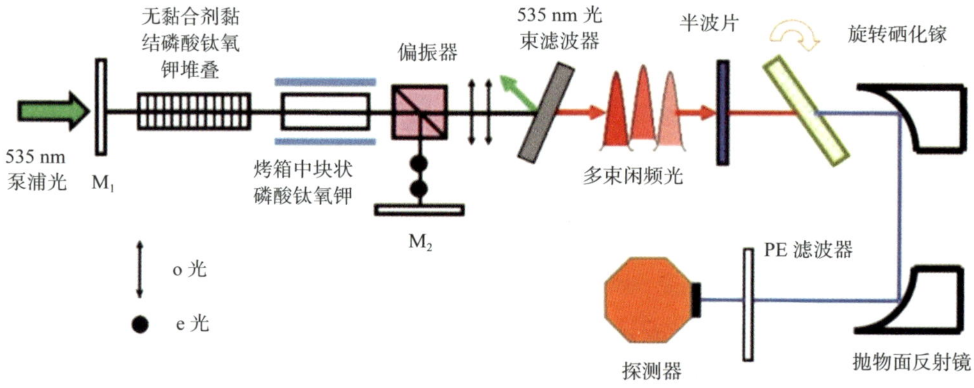

图 5-16　单谐振双晶体多耦合 OPO 差频产生太赫兹波实验装置

图 5-17（a）所示为室温状态下功率为 150 mW 的 535 nm 泵浦光在多耦合 OPO 输出红外闲频光时的光谱图。其中，两束 AFBKTP 输出光的中心波长分别位于 1 079.5 nm 和 1 089.9 nm 处。体材料 KTP 晶体输出光（BulkKTP）的中心波长为 1 084.7 nm。当体材料 KTP 晶体加温时，其出射的闲频光的中心波长向高频方向移动，但强度基本保持不变，如图 5-17（b）所示，当体材料 KTP 晶体加热至 60 ℃时，其出射闲频光的中心波长漂移到 1 087.0 nm。

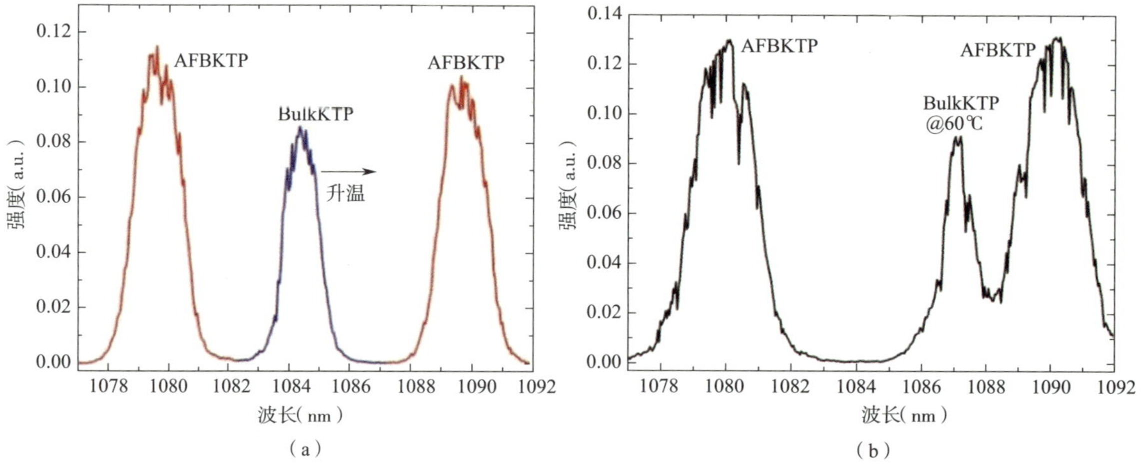

图 5-17　体材料 KTP 晶体在不同温度下的多耦合 OPO 输出闲频光的光谱图

（a）室温；（b）60 ℃

图 5-18 所示为室温条件下的上述系统输出的太赫兹波强度曲线。需要注意的是，图中的自变量角度并不是 GaSe 晶体的相位匹配角，而是 Labview 控制系统的参数。根据 Labview 程序，可以

标定图 5-18 所示的角度与出射太赫兹波波长的关系。由图 5-18 可以看出，主峰（main peak）和边峰（secondary peak）分别位于频率 2.60 THz（对应波长 115.4 μm）和 1.28 THz（对应波长 234.2 μm）处。根据 GaSe 晶体角度控制系统参数，可以推断出：主峰由 AFBKTP 晶体产生的两束中心波长分别为 1 079.7 nm 和 1 089.9 nm 的闲频光差频产生，而边峰由 AFBKTP 晶体产生的 1 079.7 nm 和体材料 KTP 晶体产生的 1 084.7 nm 的两束闲频光差频产生。

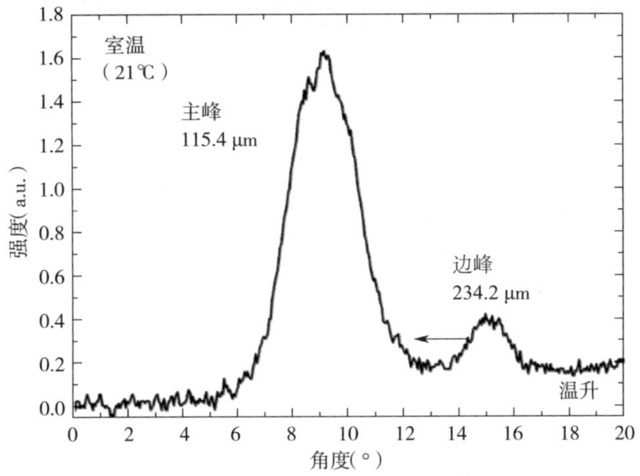

图 5-18　室温下多耦合 OPO 输出闲频光在 GaSe 晶体中差频得到的太赫兹波强度曲线

5.2.5　Cherenkov 相位匹配差频的可调谐单频太赫兹波源

契伦科夫（Cherenkov）相位匹配是一种新的匹配形式，由于其是自动实现相位匹配，特别适用于光学太赫兹波的产生。这种现象最初是 1934 年由帕维尔 · 契伦科夫（Pavel Cherenkov）在射线辐照铀盐溶液的实验中发现的。射线激发出的高速带电粒子在溶液中辐射出光波，粒子的移动速度高于溶液中的光速，从而由粒子途经各点产生的次波叠加形成类似于冲击波的锥形波面。这种带电粒子产生的锥形电磁辐射，被称为经典的 Cherenkov 辐射。能产生 Cherenkov 辐射的介质称为“超光速”介质，反之称为“亚光速”介质。后来，Cherenkov 辐射原理被借鉴作为一种相位匹配方法，用于正常色散介质中的倍频过程和反常色散波段的光学整流远红外波（太赫兹波）产生过程。

该研究围绕“高功率宽调谐窄线宽差频太赫兹辐射源”这一目标，从匹配形式、器件结构、作用机理和介质材料四个方面开展工作，针对 Cherenkov 相位匹配形式，推导了块状晶体中 Cherenkov 差频的理论模型，并利用 MgO：$LiNbO_3$ 晶体进行实验研究，实现了对 Cherenkov 现象更全面的认识；从材料的角度，对基于有机非线性晶体的超宽调谐太赫兹波差频进行实验研究，并对所测结果进行理论解释。该研究对 Cherenkov 相位匹配差频的输出特性（电场分布和调谐曲线）做如下数值计算。考虑 532 nm 绿光泵浦光学参量振荡输出的 1.3 μm 附近双波长纳秒脉冲在铌酸锂晶体中差频产生太赫兹波的情况，得到差频频率 1 THz 时 Cherenkov 相位匹配的辐射电场空间分布（图 5-19）。具体参数如下：泵浦光强 I_0=200 MW/cm^2（双波长），束腰半高全宽 w=30 μm[r_0=w/2（ln 2）1/2]。

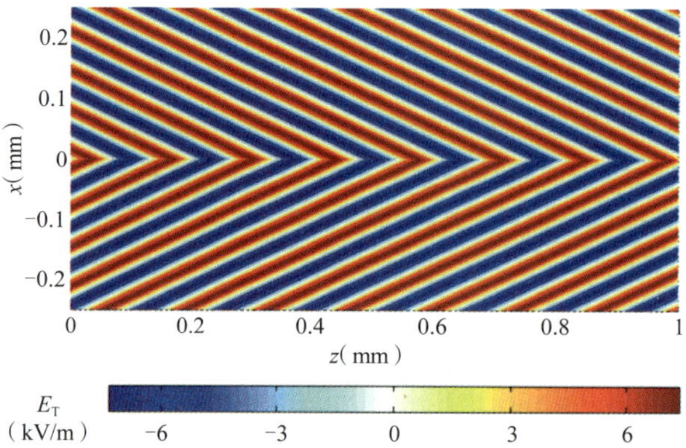

图 5-19　Cherenkov 相位匹配差频产生的 THz 电场空间分布

利用差频方法产生可调谐窄线宽太赫兹波时，需要波长连续可调的双波长相干泵浦光。泵浦源的性能（输出能量、线宽、光束质量等）是决定差频太赫兹源性能的重要因素。目前，多种泵浦源被用于差频产生太赫兹波，如固体激光器、FOL、CO_2 激光器和 OPO。其中，OPO 具有便于调谐输出频率等优点，是一种常用的差频泵浦源。

图 5-20 所示为 Cherenkov 相位匹配差频实验装置。在该装置中，种子注入的窄线宽 Nd：YAG 激光器（Quanta-Ray，LAB-170，美国 Spectra-Physics）输出 532 nm 倍频光；倍频光泵浦双波长 KTP 晶体走离补偿的双共振近简并（nearly degenerate）OPO 产生 1 064 nm 附近的双波长（λ_1，λ_2）输出，形成差频光；差频光经过柱透镜线聚焦到 5%（摩尔百分比）掺氧化镁的铌酸锂（MgO：$LiNbO_3$）晶体，差频产生太赫兹波。

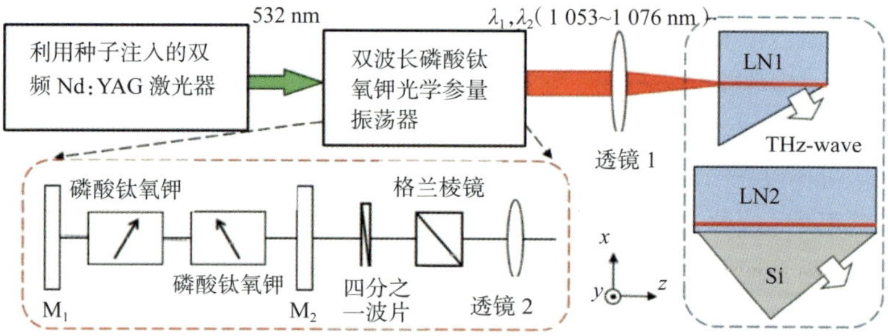

图 5-20　走离补偿 OPO 泵浦的 Cherenkov 相位匹配差频实验装置

上述实验装置利用双波长 KTP 晶体走离补偿的双共振近简并 OPO 作为差频泵浦源，通过种子注入、走离补偿和光束整形，获得了高能量、高稳定度、窄线宽、高光束质量的双波长脉冲。在切角耦合的晶体中差频实现了 0.1~4.7 THz 的调谐范围，最高脉冲能量为 0.49 nJ（1.2 THz）；利用硅棱镜耦合形式实现了 0.1~5.6 THz 的调谐范围，最高脉冲能量为 1.25 nJ（1.65 THz）。

5.2.6　基于非线性晶体利用光学差频产生太赫兹波

本小节主要介绍基于非线性晶体利用光学差频产生太赫兹波的研究。该研究采用的非线性晶体为 MgO：$LiNbO_3$，这种晶体具有优良的非线性光学特性，将 MgO 掺入 $LiNbO_3$ 后，得到的 MgO：

$LiNbO_3$ 的抗光折变能力提高了约两个数量级。因此，在实验中，晶体不必在高温下工作，这对于太赫兹波的实验研究是非常重要的。使用 MgO：$LiNbO_3$ 晶体时，可以省去复杂的温度控制系统，有利于设备的小型化。在过去 10 年的非线性光学领域中，对有机材料的应用发展很迅速。许多具有高超极化率 β 的有机分子被结晶为中心对称晶体，这样不仅可以获得强偶极子与偶极子之间的相互作用，而且其也会表现出二阶非线性极化特性 χ_2。无论如何，将高非线性分子作为阳离子结合到有机盐中，可以获得具有较大宏观二阶光学非线性的非中心对称晶体。最好的一个例子就是有机非线性晶体芪唑盐（4-N，N-dimethylamino-4'-N'-methyl-stilbazolium tosylate，DAST）。目前，可以生长加工出大尺寸、高光学质量的 DAST 晶体。DAST 晶体所具有的低介电常数和高非线性使其成为高速调制器和混频应用的理想候选，也包括太赫兹波的产生和探测。

差频产生 3.297 8 THz 的太赫兹波时，在 1 000~2 000 nm 波长范围内，相干长度随波长的变化曲线如图 5-21（a）所示，图 5-21（b）为局部放大图。当双波长（1 414.1 nm、1 436.5 nm）差频获得 3.297 8 THz 的太赫兹波时，相干长度最大。1 318.8 nm 波长对应的相干长度约为 1.080 6 mm。经实际测量，聚焦在 DAST 晶体上的光斑直径最小约为 150 μm。

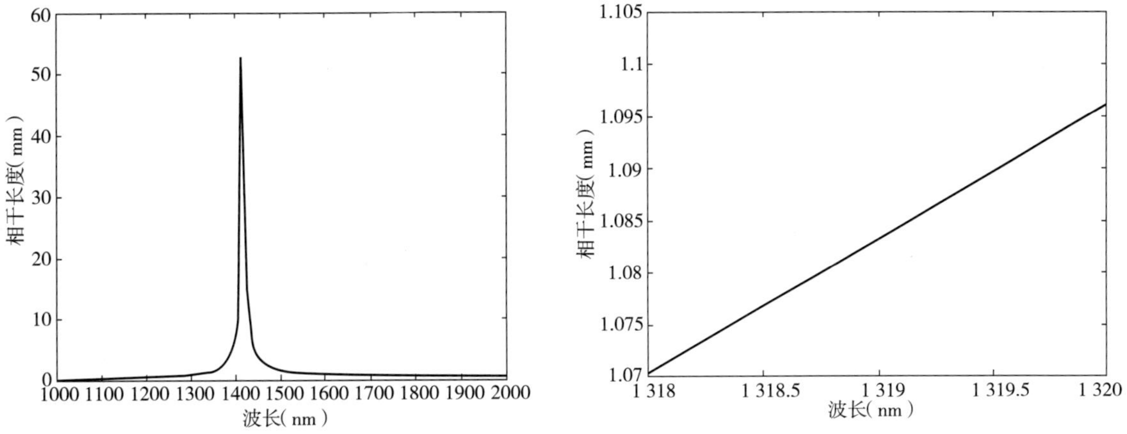

图 5-21 差频产生 3.297 8 THz 太赫兹波时，相干长度随波长的变化曲线

（a）设计曲线；（b）局部放大

差频产生 0.5 THz 的太赫兹波时，在 1 000~2 000 nm 波长范围内，相干长度随波长的变化曲线如图 5-22（a）所示，图 5-22（b）为局部放大图。可见，相干长度最大对应波长在 1 100 nm 附近。对于 532 nm 波长激光泵浦双共振近简并 KTP-OPO，可通过角度调谐获得双波长调谐输出。对于此双波长差频获得太赫兹波的方法，DAST 晶体有较大的相干长度。

差频产生 1 THz 的太赫兹波时，在 500~2 000 nm 波长范围内，相干长度随波长的变化曲线如图 5-23（a）所示，图 5-23（b）为局部放大图。可见，相干长度最大对应波长在 880 nm 附近。对于双波长运转可调谐钛宝石激光器而言，可利用其输出的此波段激光，在 DAST 晶体中差频产生 1 THz 的太赫兹波。

差频产生 2 THz 的太赫兹波时，在 1 000~2 000 nm 波长范围内，相干长度随波长的变化曲线如图 5-24 所示。可见，相干长度最大对应波长在 1 480 nm 附近。对于工作波长在 1 480 nm 的半导体激光器或 OPO（如 KTP-OPO），可利用其输出的此波段激光，在 DAST 晶体中差频产生 2 THz 的太赫兹波。

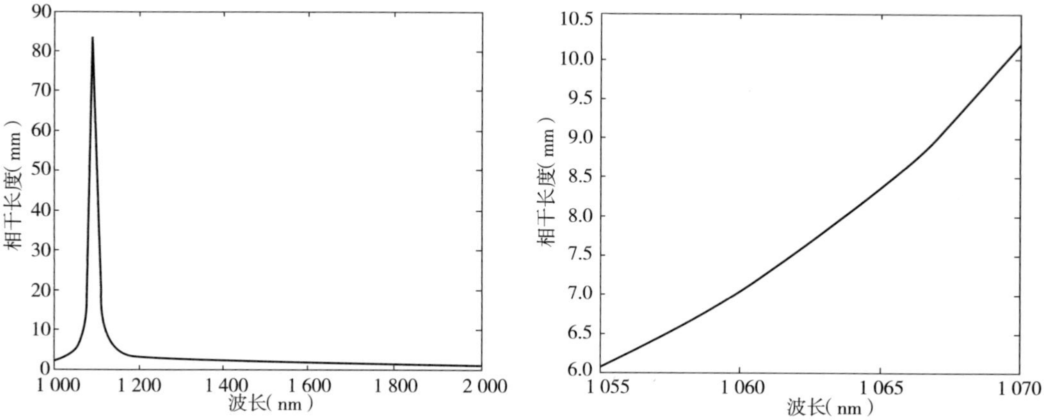

(a) (b)

图 5-22　差频产生 0.5 THz 太赫兹波时,相干长度随波长的变化曲线

(a)设计曲线;(b)局部放大

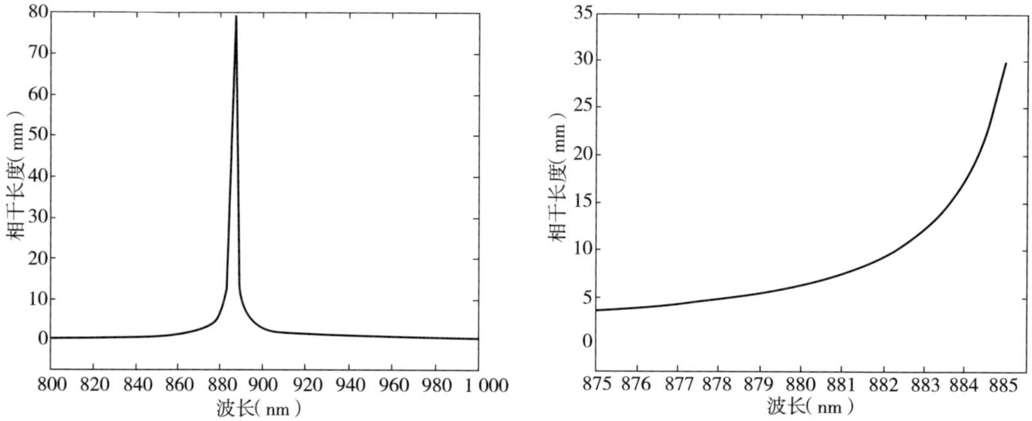

(a) (b)

图 5-23　差频产生 1 THz 太赫兹波时,相干长度随波长的变化曲线

(a)设计曲线;(b)局部放大

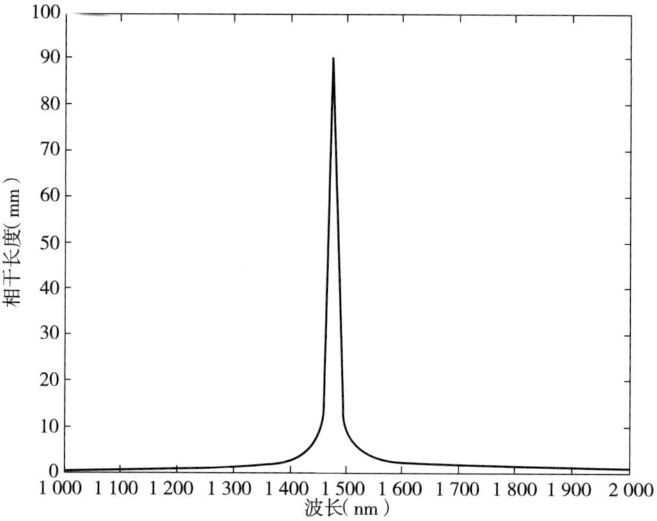

图 5-24　差频产生 2 THz 太赫兹波时,相干长度随波长的变化曲线

5.2.7　基于差频技术及光学参量方法产生可调谐太赫兹波

利用非线性差频方法产生太赫兹波技术的关键是获得功率较高、线宽较窄、波长较为接近、可连续调谐的差频泵浦光。本小节主要介绍利用 KTP 晶体构建的双共振近简并 OPO(KTP-OPO)进行的实验研究。该研究搭建的实验装置实现了高能量、高效率、宽带调谐、相干窄带的双波长输出，基本满足了对太赫兹波差频泵浦源的要求。KTP 晶体是一种性能优良的非线性光学晶体，该晶体为 mm2 点群，双轴晶体，具有非线性系数大、光破坏阈值高、透明范围广、易抛光镀膜、可匹配的泵浦波长多，以及硬度高、物化性能稳定、耐潮解、容易生长等优点，被广泛用于可见—近红外波段的非线性频率变换等。

相位匹配在非线性频率变换技术中非常重要。简单地说，对于三波参量互作用，相位匹配就是要求泵浦光与信号光和闲频光的相速度相等。KTP 晶体是一种双轴晶体，结构特点决定了其相位匹配形式要比单轴晶体复杂得多。双轴晶体的折射率曲面是一个双壳层的闭曲面，如图 5-25 所示。设在光学主轴坐标系中，K 与 z 轴的夹角为 θ，K 在 xOy 平面上的投影与 x 轴的夹角为 ϕ。根据电场矢量的偏振方向，双轴晶体中三波光学参量作用的相位匹配方式可分为Ⅰ类匹配和Ⅱ类匹配，其中Ⅱ类匹配又可分为Ⅱ(A)和Ⅱ(B)两种形式。

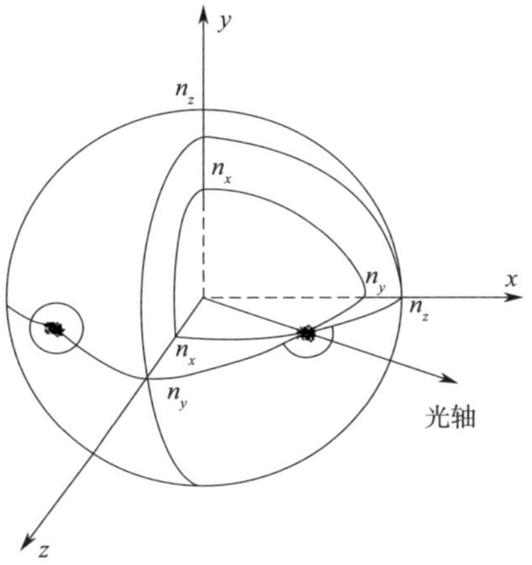

图 5-25　双轴晶体折射率曲面

本研究的最终目的是使在简并点附近运转的 KTP-OPO 实现可调谐双波长输出，因此需要了解 KTP-OPO 在简并点附近的角度调谐特性。本研究从相位匹配理论层面研究了当泵浦光波长为 532 nm 时，KTP-OPO 在Ⅱ类相位匹配情况下的输出波长调谐特性。为了方便操作，一般将晶体方位固定在某一个平面内，此平面称为参量振荡调谐面。当以 $\phi = 0°$ 的平面(即 x-z 平面)为调谐面时，改变 θ 可实现如图 5-26(a)所示的调谐输出曲线。本研究定义短波长输出为信号光，长波长输出为闲频光。KTP-OPO 在Ⅱ(A)类相位匹配时，信号光为慢光 e_1，而闲频光为快光 e_2。当增大调谐角 θ 时，信号光和闲频光的波长都趋于简并点 1 064 nm；但在 θ 接近 90° 时，调谐曲线存在一波长范围为 1.035~1.094 μm 的空隙，十分不利于 KTP-OPO 连续调谐输出。

为了消除简并点附近处的空隙，实现连续调谐输出，可以通过改变调谐面(ϕ 值)来实现。当 $\phi = 24.7°$ 时，调谐空隙消失，此时 KTP-OPO 的调谐曲线如图 5-26(b)所示。可以看出，当在简并点附近改变 θ 值时，所对应的输出波长变化较为缓慢，也就是说 KTP-OPO 在此类相位匹配方式下，信号光和闲频光的波长变化对角度调谐不敏感，为了获得一定范围的双波长调谐输出，需转动较大的角度。

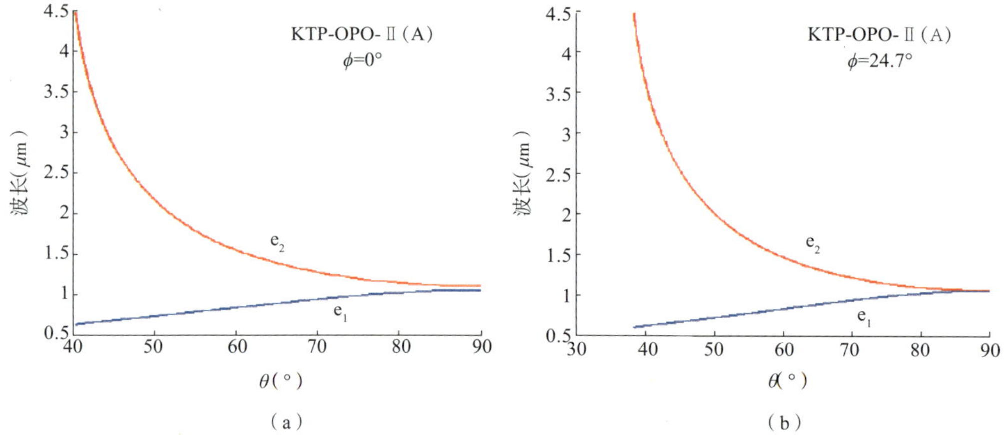

图 5-26 KTP-OPO 在不同调谐面内的 II (A)类调谐曲线

(a)$\phi = 0°$;(b)$\phi = 24.7°$

当调谐角 ϕ 继续增大时，简并点处所对应的调谐角 θ 逐渐变小，如图 5-27 所示。此时，调谐区内的有效非线性系数 d_{eff} 也逐渐减小，如图 5-28 所示。可以看出，在同一调谐面上，随着调谐角 θ 的增大，亦即输出波长向简并点附近移动时，有效非线性系数 d_{eff} 将逐渐增大，因此在 $\phi \geqslant 24.7°$ 调谐面上的近简并区内的光参量增益与 $\phi = 0°$ 的情形相差不是很大。考虑到 OPO 谐振腔内晶体表面的反射损耗以及调谐时的外部允许角，一般 KTP 晶体的切角 ϕ 应大于 24.7°，以便使 532 nm 激光泵浦的 KTP-OPO 输出连续调谐的参量光。

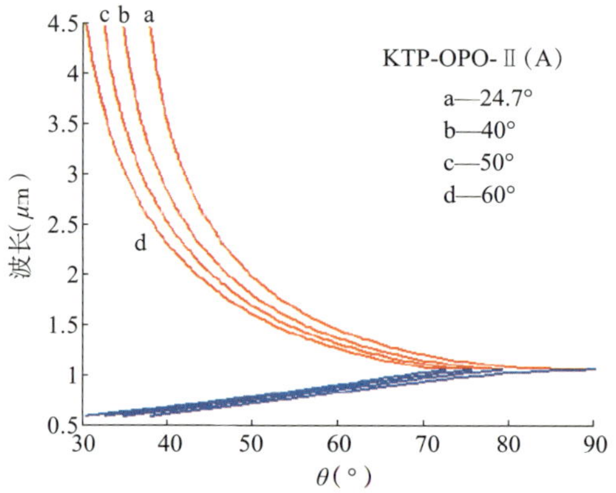

图 5-27 KTP-OPO 在 ϕ> 24.7° 调谐面内的 II (A)类调谐曲线

另一种克服调谐空隙的调谐方法是在 *x-y* 调谐平面上进行 II (B)类相位匹配方式。在这一调谐平面($\theta = 90°$)上的调谐曲线如图 5-29 所示。可以发现，此时信号光和闲频光的波长调谐曲线在简并点处($\phi = 24.7°$)发生相交。当 $\phi > 24.7°$ 时，信号光是快光 e_2，偏振方向与泵浦光的偏振方向平行，而闲频光是慢光 e_1，偏振方向与泵浦光垂直，此时 ϕ 的调谐范围为 24.7° ~88.4°，对应的调谐波长范围为 0.946~1.215 μm；而当 $\phi < 24.7°$ 时，偏振情况正好相反，信号光是慢光 e_1，闲频光是快光 e_2，并且此时 ϕ 的调谐范围为 2.8° ~24.7°，对应的波长调谐范围为 1.037~1.092 μm。由图 5-29 还可以

看出，在 $\theta=90°$ 调谐面上的Ⅱ(B)类相位匹配的波长调谐范围要比在 $\phi=0°$ 或 24.7° 调谐面上的Ⅱ(A)类相位匹配的波长调谐范围小得多，但在近简并点区波长输出随 ϕ 的变化较为敏感，只需转动较小的角度即可实现能满足差频产生太赫兹波的波长间隔要求。图 5-30 所示为在Ⅱ(B)类相位匹配情况下的有效非线性系数 d_{eff} 随 ϕ 的变化关系。可以看出，在Ⅱ(A)类和Ⅱ(B)类相位匹配情况下，有效非线性系数差别不大，但随调谐面(ϕ 值)变化规律有所不同。在Ⅱ(B)类中，有效非线性系数随 ϕ 的增大而减小，这种情况与Ⅱ(A)类的变化情况正好相反。

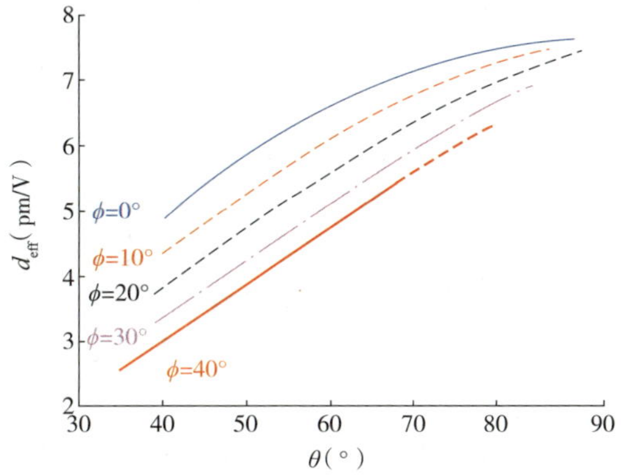

图 5-28　KTP-OPO 在不同调谐面内进行Ⅱ(A)类匹配调谐时的有效非线性系数 d_{eff}

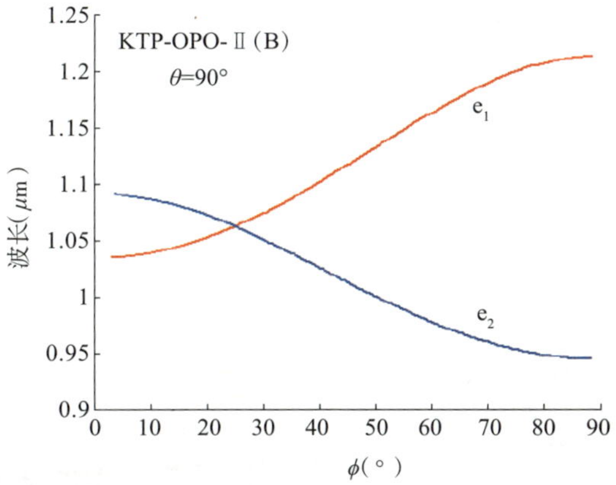

图 5-29　KTP-OPO 在 $\theta=90°$ 调谐面内的Ⅱ(B)类调谐曲线

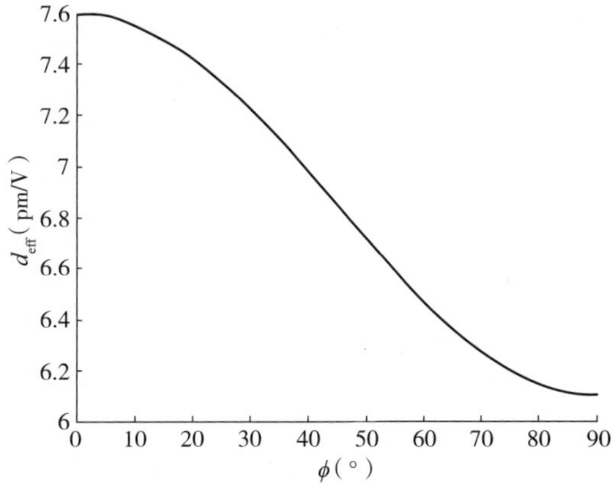

图 5-30　KTP-OPO 在Ⅱ(B)类匹配调谐时的有效非线性系数 d_{eff}

在许多实际应用中，太赫兹波都不能实现透射，因此无法进行透射成像，而根据太赫兹波对于绝大多数不导电材料的高透过性和对金属及一些导电介质的高反射性的特性，只能借助于反射成像研究获得相关信息。

5.3 太赫兹技术应用

5.3.1 太赫兹波的目标散射特性与标准雷达目标散射截面的研究

太赫兹波的目标特性主要包括目标透射特性、目标反射特性及目标散射特性等。与太赫兹波的目标透射特性相关性最强的应用是透射成像与透射光谱，与太赫兹波的目标反射特性相关性最强的应用是反射成像，而与太赫兹波的目标散射特性相关性最强的参数是太赫兹雷达散射截面（Radar Cross Section，RCS）。针对目标散射特性的研究包括两个方面：一是研究各种已知目标的散射特性；二是研究目标的 RCS。而在目标散射特性中，最重要的参数就是 RCS，通过 RCS 可以获得目标的形状、体积、姿态、表面材料的电参数与表面粗糙度等物理量。本节主要介绍球型目标在不同波段照射时的 RCS、金属介电常数对金属目标 RCS 的影响、粗糙表面对 RCS 的影响等内容。

在研究目标的太赫兹 RCS 过程中，发现太赫兹波具有与微波和激光不同的特性。这是由于目标的 RCS 与目标的电磁特性有很高的关联性，而电磁特性的一个重要标志是金属的相对介电常数随频率变化。在低频情况下，介电常数是复数，电磁波在导体表面产生感应电流会产生散射场，同尺寸非金属目标的电磁波 RCS 要远小于金属目标的电磁波 RCS；在高频情况下，介电常数变为实数，此时金属可以像绝缘体一样反射和透射电磁波，同尺寸非金属目标的激光 RCS 可以大于金属目标的激光 RCS。因此，物质在太赫兹波段内的介电常数变化规律才是解释目标太赫兹 RCS 特性的理论依据。

（1）收发分置实验

利用收发分置实验测试系统，并以 2 种表面粗糙度不同的金属圆盘作为散射目标，开展了低频收发分置太赫兹散射特性的实验研究、低频收发同置太赫兹散射特性的实验研究、高频收发同置太赫兹散射特性的实验研究等，并通过实验总结出了太赫兹散射遵从的规律和目标散射模式。低频收发分置太赫兹散射特性的实验研究过程如下：当波束从返波管振荡器出射后，先经频率为 10 Hz 的斩波器调制，再将出射波用焦距为 15 cm 的聚四氟乙烯透镜调制，将其变为平行波并辐照到固定在支架上的表面粗糙的金属圆盘上，形成半径约为 5 cm 的光斑；固定金属圆盘的支架可以在光学平台上转动和移动，调整金属圆盘与入射波的法向夹角；通过自动旋转光学平台上的热探测器，实现散射信号的接收，并通过运动控制器控制探测器的空间方位。在实验中，由于聚四氟乙烯透镜对散射光的损耗较大，因此测试中散射信号不再经过聚四氟乙烯透镜聚焦，而采用探测器直接接收的方式，探测器接收端口距金属圆盘中心的距离约为 150 mm。与探测器相连的是一个数据获取单元，其相当于锁相放大器，通过它可以得到探测器的输出电压和频率。

收发分置实验测试系统如图 5-31 所示。实验中，作为散射目标的 2 种金属圆盘由安徽光机所加工制备，直径均为 150 mm，二者不同的表面粗糙度分别由 0.6 mm 和 1.0 mm 尺寸的滚刀加工而成。在该研究中，用 R_z 定量表征金属圆盘的表面粗糙度，称为“不平度平均高度”。经测试，这两个金属圆盘的不平度平均高度分别为 $R_{z1} = 15.2\ \mu m$（细）和 $R_{z2} = 28.6\ \mu m$（粗）。在实验中，分别对这两种金属圆盘进行了垂直入射、倾斜入射的测试。由于散射角度达 50° 以后，散射信号衰减至几乎为 0，因此确定散射角度测试范围为 0~55°；实验步长为 5°，由光学旋转平台带动探测器自动转动 5° 实现；每个测试点重复测量 2 次，取测试结果的平均值作为测试数据。

图 5-31　收发分置太赫兹实验测试系统

(2)收发同置实验

收发同置又称为收发合置，指太赫兹源与探测器在同一位置，从而导致发出的波束与接收的波束相对于探测目标的发现角度相同，即入射角 θ 与散射角 β 相等。在收发同置实验测试系统中，太赫兹源与探测器处于同一位置(近似)，运动控制器控制立式自动旋转台实现被测金属目标在垂直方向上的自由旋转。

收发同置实验测试系统如图 5-32 所示。利用这种系统可以实现对目标太赫兹散射特性的测量，由于对太赫兹波的散射测量会因测试环境及太赫兹源强度的制约难以实现，因此该实验利用输出稳定的返波振荡器(Backward Wave Oscillator，BWO)作为太赫兹源，使目标距离探测器较近的区域内的测试工作得以完成。由于实验测试系统采用了高精度的卧式光学旋转平台和立式光学旋转平台，并配以运动控制器，实现了高精度的自动控制，使测试数据具有很好的可靠性和重复性。在收发同置的情况下，散射只发生在很小的角度范围内，当散射角(入射角)超过 10° 后，散射信号迅速衰减。此外，在实验中还观察到不同表面粗糙度的金属圆盘有不同的散射效果，其中在表面粗糙度较低的表面上，散射信号的强度随散射角(入射角)变化明显，显现出强度剧烈的振荡现象。

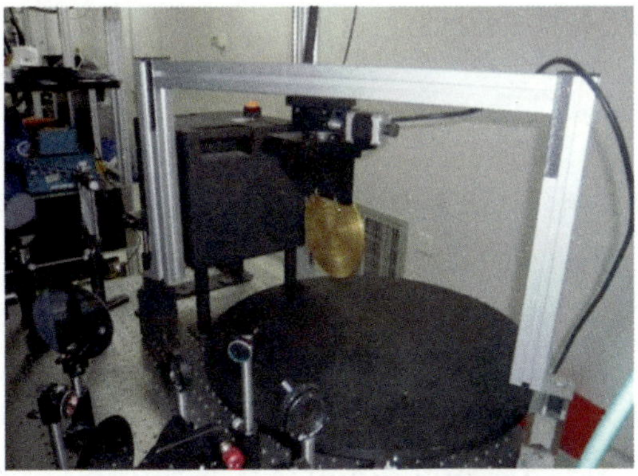

图 5-32　收发同置太赫兹实验测试系统

为了考察散射特性与频率的关系，在不改变实验测试系统其他参数的情况下，利用 CO_2 抽运的输出频率为 3.11 THz 太赫兹源，对铝、铜、钢等材料的金属圆盘进行测试，研究了其在收发同置条件下的散射特性。通过与 0.2 THz 太赫兹源的散射情况相比，发现使用 3.11 THz 太赫兹源时，目标金属圆盘的散射规律有一些明显的变化：一是随着频率的升高，金属圆盘的表面对太赫兹波的散射范围明显变大，当散射角达 170° 时仍然可以探测到散射信号；二是使用 3.11 THz 太赫兹源后，表面粗糙度较低的铝圆盘、铜圆盘和钢圆盘的散射曲线均没有再出现强烈振荡的现象，但表面粗糙度较高的铝圆盘和铜圆盘都不同程度地出现了一些轻微的振荡现象，说明这种振荡与表面粗糙度有关，比较而言，这种情况下表面粗糙度较低的金属圆盘的散射规律更接近于朗伯体对红外光的散射规律；三是对于相同材质的金属圆盘，表面粗糙度更大的散射强度则更弱，也就是说表面粗糙度较低的金属圆盘的散射峰值功率更强。

太赫兹 RCS 是描述太赫兹辐照下目标特性的核心内容，这与激光 RCS 的含义相近。金属目标的 RCS 除与自身的大小、形状、入射角等有关外，还与电磁特性有关。电磁特性的核心是金属的相对介电常数随频率变化。金属目标的介电常数对其 RCS 的影响非常大，因此开展了针对金属目标的太赫兹 RCS 的研究。首先，完成了太赫兹 RCS 定标工作，同时按照相关理论确定太赫兹雷达目标的标准体的要求，即理想金属、粗糙表面、球体，材料的半球反射率在 0.38 附近。该研究针对标准体开展了大量实验工作，经过机械加工、物理处理、化学处理、光学镀膜、光学测试等复杂实验过程，先后对 6 种由不同工艺加工成的太赫兹雷达目标的标准体进行了测试，测出了材料半球反射率随波长的变化关系，最终确定了适合作为太赫兹雷达目标的标准体的工艺要求和加工方式，并加工出符合条件的标准体——定标金属球。目标的太赫兹 RCS 与散射角的变化关系与其激光 RCS 的情况有所不同，即在小角度散射条件下，目标的激光 RCS 随散射角的增大缓慢变小，而目标的太赫兹 RCS 在散射角增大过程中迅速变小。此外，目标的太赫兹 RCS 与散射角的关系与其微波 RCS 的情况也有所不同，即在小角度散射条件下，随着散射角的增大，目标的微波 RCS 比其太赫兹 RCS 的减小速度更快；在散射角超过 50° 后，太赫兹 RCS 随散射角的变化缓慢变化，基本上没有出现微波 RCS 的大小随散射角的变化而剧烈振荡的现象，仅在一些角度附近出现小幅起伏；在散射角为 0 附近，目标的太赫兹 RCS 比其微波 RCS 小 2 个数量级，但比其激光 RCS 要高 1 个数量级。无论是微波还是激光辐照，金属球体目标的 RCS 都是已知的，因此金属球体常被确定为微波 RCS 和激光 RCS 的定标体；当选择半球反射率为 0.38（对应 λ – 1.06 μm）的粗糙金属球体作为微波 RCS 与激光 RCS 的定标体时，两者的 RCS 趋于一致。因此，选择理想导体、粗糙表面、球体作为波长位于微波与激光波长中间的太赫兹波的太赫兹 RCS 的定标体是可靠的。

5.3.2 太赫兹通信系统

太赫兹通信是一个极具应用前景的技术，太赫兹波有非常宽的还没分配的频带，并且具有传输速度高、方向性好、安全性高、散射小、穿透性好等许多特性。发展太赫兹通信技术已成为各发达国家研究的热点。本节主要介绍太赫兹通信的一些关键技术和最新研究成果，同时对太赫兹的技术发展趋势和应用前景做展望。

对于太赫兹通信，高功率、低成本的太赫兹信号发射源是相关研究的重点内容。如图 5-33 所示，当两束中心波长为 1 550 nm 且频率差恰好在太赫兹频率范围内的线偏振光束以很小的夹角 δ 在 x-z 平面内均匀入射到光混频区域后，将会在 $In_{0.53}Ga_{0.47}As$ 材料中形成一个光强随时间和空间变化分布的光；在这个光的激励调制作用下，$In_{0.53}Ga_{0.47}As$ 材料中产生时空变化分布的电子和空穴浓度；

在外部偏置电场和内部场强的作用下，电子和空穴将会在光混频区域形成一个时空变化分布的光电流，这个光电流的调制频率恰好等于两束光的中心频率差，即太赫兹光电流。通过合理设计衬底材料的厚度和光混频区域的面积，可将这个光混频区域视为一个矩形微带天线，从而使太赫兹光电流直接向自由空间辐射产生太赫兹波。采用上述太赫兹波产生方案，可以实现对产生的太赫兹波的振幅、相位、频率的调制。然而，这种方案产生的太赫兹波的功率太低，理论计算表明，这种方案产生的太赫兹波的功率处在纳瓦数量级。因此，为了将太赫兹波应用于太赫兹无线短距离通信系统，必须提高太赫兹波的输出功率。由于产生的太赫兹波的功率与泵浦光的功率的平方成正比，因此提高泵浦光的功率可以有效提高太赫兹波的输出功率。但是，这会带来一个问题——散热问题。由于光混频区域非常小（7 μm × 10 μm），提高泵浦光的功率密度将会导致光混频区域的温度迅速升高，最终导致器件发生热损伤。因此，为了提高泵浦光强，必须提高器件的散热性能。对于传统工作在 780 nm 附近的采用低温生长（Low Temperature Growth，LTG）GaAs 材料制作的光混频器件，有研究者通过在衬底材料和 LTG-GaAs 材料之间生长一层热传导性更好的 AlAs 层，改善了器件的散热性能，从而显著地提高了器件可以承受的最高光功率，最终提升了太赫兹波的功率。尽管单个光混频器件产生的太赫兹波的功率很低，但是由于产生的太赫兹波相位可以通过入射光的夹角进行控制，为通过阵列集成光混频器件的方式提升器件的输出功率提供了可能。

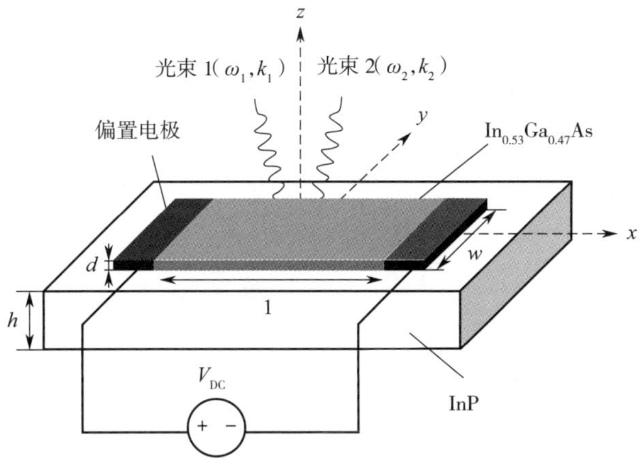

图 5-33　工作在 1 550 nm 且集成天线结构的光混频器件示意

高灵敏度探测技术也是太赫兹波段理论研究与应用开发领域的一个瓶颈。对于太赫兹探测，研究者提出过很多方案。太赫兹源的低发射功率及相对较高的热背景耦合，决定了太赫兹探测需要高灵敏、小体积的探测器。传统的探测器主要包括超导隧道结（Superconductor-Insulator-Superconductor，SIS）混频器以及利用声子、电子散射冷却机制发展起来的热电子测辐热仪（Hot Electron Bolometers，HEB）混频器。其中，SIS 混频技术以光子辅助隧穿机制为理论基础，探测频率范围为 0.1~1.2 THz，需在液氦温度下工作，显然不符合太赫兹探测的要求，太赫兹探测器必须轻便，且能在室温下或大温度范围内工作。研究者在寻找适合太赫兹探测器方面开展了大量研究。目前，比较成功的太赫兹探测器主要有基于 AlGaN/GaN 的异维肖特基二极管（Hetero-Dimensional Schottky Diode，HDSD）太赫兹探测器以及基于抛物带有效质量近似和三维漂移 - 扩散器件模拟方法设计的太赫兹量子阱探测器。

高效信道编码可以为太赫兹传输提供较大的性能增益。为了适应不同的数据格式，研究者为控制信令和数据提供不同的编码方案。计算机仿真表明，Turbo 码在低信噪比下表现出接近于香农极限（Shannon Limit）的优异的误比特率性能，Turbo 码不但在抵御加性高斯噪声方面性能优越，而且具有很强的抗衰落、抗干扰能力，其优越的纠错性能是前向纠错编码领域的一个重要里程碑。这使 Turbo 码在深空通信、卫星通信、移动通信及其他通信系统中都具有广阔的应用前景。低密度奇偶校验（Low-Density Parity-Check，LDPC）码是近些年来受到广泛关注的一种纠错码，它与 Turbo 码有着相似的构成原则。LDPC 码的特点如下：性能优于 Turbo 码，具有较高的灵活性和较低的差错平底特性（error floors）；描述简单，对严格的理论分析具有可验证性；译码复杂度低于 Turbo 码，且可实现完全并行操作，硬件复杂度低，因而适合硬件实现；吞吐量大，极具高速译码潜力，更适合高码率数据部分的传输应用。在原有太赫兹无线通信研究的成果基础上，针对太赫兹波的大气吸收比较严重的问题（损耗约为 100 dB/km），研究者提出了光纤载太赫兹（Terahertz over Fiber，ToF）通信研究方案，这是一种采用波分复用（Wavelength Division Multiplexing，WDM）技术和光载毫米波宽带信号相结合的传输方式。ToF 通信系统可以应用于室内短距无线通信，为室内用户提供大容量的数据传输服务。ToF 传输能够降低楼宇墙壁的阻挡作用，提供太赫兹无线通信所需的直射传输路径，如图 5-34 所示。

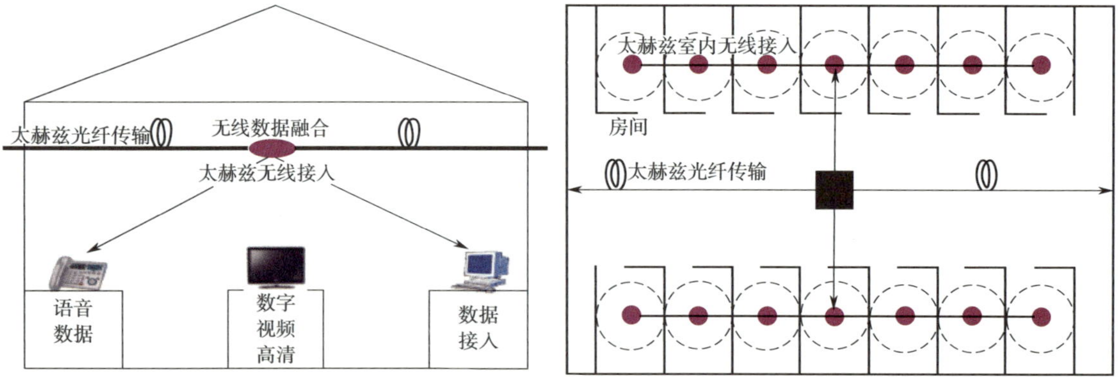

图 5-34　光纤载太赫兹（ToF）室内无线局域网传输系统示意

差频副载波源（Heterodyne Subcarrier Source，HSS）产生的光微波信号通过由环形器和光纤布拉格光栅（Fiber Bragg Grating，FBG）组成的解复用器后，被分为两个单频光信号。其中，一个单频光信号经过光相位调制器（Optical Phase Modulator，OPM）被数据基带信号调制，然后两个信号进行干涉。由此则产生了携带数据信号的毫米波副载波，调制方案如图 5-35 所示。

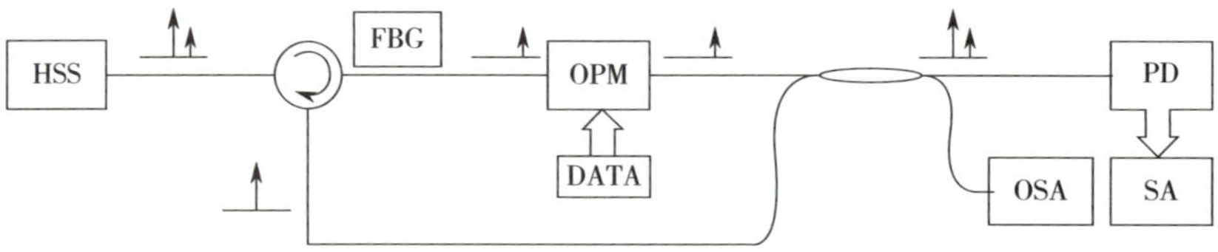

图 5-35　全光宽带多制式相位调制原理图

通过理论分析和实验，研究不同调制格式信号通过非平坦滤波器时的评价参数的变化，进而结合分析结果提出滤波器的设计要求，并通过提高滤波器性能或设计预失真电路，解决非平坦滤波器带来的信号性能恶化问题。该研究基于法布里 - 珀罗（Fabry-Pérot，F-P）谐振腔和阵列波导光栅

(Arrayed Waveguide Grating，AWG)滤波器的多路单边带信号产生 / 上变频方案。通过计算、仿真和实验，提出系统对 F-P 谐振腔和 AWG 滤波器的性能要求，并对比该方案与其他多路单边带信号复用 / 解复用技术的特点，提出系统的选型和改进方向。通过理论计算与实验研究，并结合相关工艺特点，提出小型化和集成化的系统优化方向，找出解决温度稳定性、偏振稳定性等问题的关键。

作为一个极具研究价值和应用前景的通信频道，太赫兹的应用前景一直是各国研究者关注的重点。太赫兹技术具有极大的应用前景，可以为解决现今通信领域的一些问题提供相应的方案。预计太赫兹通信将在以下几个领域得到广泛应用，甚至在一些领域带来革命性的改进。

1)高速短距离无线通信。随着无线通信网络对高速性的要求越来越高，研究者正在试图将频率向更高的波段延伸，如太赫兹波段。太赫兹波在空气中传播时很容易被其中的水分所吸收，因此比较适合于短距离通信。有专家预言，在不远的将来，无线太赫兹网络将会取代无线局域网或蓝牙技术，成为短距离无线通信的主流技术。

2)光纤载太赫兹(ToF)通信系统及宽带无线安全接入。太赫兹波在通过大气时，有强吸收、低效率问题。目前，可选的太赫兹源的相对低的发射功率阻碍了太赫兹通信的应用，太赫兹通信面临的主要问题在于太赫兹波在长距离传输时具有很大的损耗，从而导致使用频率的高频扩展受限。此外，电磁辐射对人体安全的影响也越来越受到人们的关注。因此，光纤载太赫兹(ToF)通信系统应运而生，其主要优点是实现了太赫兹波和光线之间的转换，结合了微波和光纤通信的优势。

3)宽带无线安全接入。高清电视节目等宽带多媒体的日益兴起，对室内的宽带无线通信的需求日益迫切。由于在无压缩情况下传输高清视频所需的带宽已经在吉赫兹(GHz)数量级，目前的无线通信方法(包括正在研究的超宽带法等)均无法胜任，而采用太赫兹波段可以满足这一需求。另外，计算机、通信网络、电视和电话已经成为人们日常生活的重要组成部分，且军事活动中的很多方面也越来越依赖于计算机和网络，太赫兹波能够在这些领域发挥自身带宽高、安全性好的优势。

4)宽带通信和高速信息网。将太赫兹波用于通信可以获得 10 GB/s(1 GB/s = 8 Gbit/s)的无线传输速度，其是目前超宽带技术能实现的传输速度的几百倍甚至上千倍，而且与可见光和红外光相比，太赫兹波同时具有极高的方向性和较强的云雾穿透能力，这就使太赫兹通信能以极高的带宽进行高保密卫星通信。由于太赫兹波的频率位于红外线和高频无线电频率之间，并且该频率比目前手机通信频率高约 1 000 倍，因此太赫兹波是很好的宽带信息载体，特别适用于卫星间、星地间及局域网内的宽带移动通信。利用太赫兹波进行无线电通信可以极大地增宽无线电通信网络的频带，使无线移动高速信息网络成为现实。

5)太赫兹空间通信。太赫兹波在 350、450、620、735 和 870 μm 波长附近存在相对透明的大气窗口。与微波通信所用的电磁波相比，太赫兹波的波束较窄、方向性好，可以实现外差接收，可以用于定点保密通信或宽频带、大容量的通信系统。因此，太赫兹波是将来用于多媒体传输大容量无线通信的希望。在外层空间，太赫兹波可以无损耗地传输，用很小的功率就可实现远距离通信，而且相对于光谱通信来说，其波束较宽，容易对准，量子噪声较低，天线系统可以实现小型化、平面化。另外，太赫兹波在空间技术上的另一个重要应用领域是重返大气层的飞行器，如对火箭、人造卫星、宇宙飞船等的通信和遥测。当飞行器重返大气层时，由于空气摩擦产生高温，飞行器周围的空气被电离形成等离子体，使通信遥测信号迅速衰减，造成信号中断。此时，太赫兹波是一种有效的通信工具。因此，太赫兹波可以广泛应用于太空基地雷达和太空通信。

太赫兹波穿透云层、浓雾及伪装物的能力比红外线强，这一特性使其在军事和国防方面很有价值。利用太赫兹波穿透性好的特点，可以制作高分辨率、全天候的导航系统，实现浓雾中的导航。利用太赫兹波方向性强、能量集中的特点，可制作高分辨率的战场雷达和低仰角的跟踪雷达。利用太赫兹波的大气传输窗口也可进行太赫兹近距离战术通信。在某些情况下，鉴于战区作战地带通信声道的混乱和拥塞，有限的传输距离反而能成为优势，大气衰减能实现隐蔽的近距离通信，因为这些信号根本无法传播到远处并被敌人监听。倘若太赫兹通信设备能够做得足够小而轻，那么则可实现排级单位间或单兵间的通信。

随着第五代移动通信（5G）大规模商业应用的实现，针对第六代移动通信技术（6G）的研究和探索已经在全球范围内开始。在 2030 年和未来，人类社会将进入智能时代。从移动互联网到万物联网，再到万物互联，6G 将实现从服务人和物到支持智能代理高效连接的过渡。通过人、机、物的智能互联和协同共生，6G 将满足经济社会高质量发展要求，为数字社会建设贡献力量。太赫兹通信和可见光通信是 6G 通信的重要组成部分。太赫兹通信主要用于短距离和大容量通信站点。2021 年 6 月 6 日，IMT-2030（6G）推进小组正式发布了白皮书《6G 总体愿景和潜在关键技术》，该白皮书作为推进小组的阶段性成果，涵盖了总体愿景、八种业务应用场景、十种潜在关键技术等，并阐述了 6G 发展的一些思考。针对 6G 频谱资源的问题，提出 6G 将扩展到更高的频带，并有效利用低、中、高全频谱资源。其中，低频频谱仍将是 6G 发展的战略资源，毫米波将在 6G 时代发挥更重要的作用，太赫兹波段和其他更高的波段将重点满足特定场景的短距离和大容量需求。由于具有丰富的频谱资源和独特的特性，太赫兹波段受到了世界诸国的高度重视，并得到了国际电信联盟的大力支持，成为具有巨大潜力的 6G 关键候选波段。

与传统的微波点对点通信相比，太赫兹通信提高了通信频率，可以获得更高的传输速度和更大的工作带宽。根据国内外针对太赫兹通信系统的验证和研究结果，太赫兹通信的带宽大多在 2 GHz 以上，可实现的最大传输速度为 100 Gbit/s。然而，随着工作频率的升高，太赫兹波的穿透损耗也相应增加，其相对损耗与工作频率的关系如图 5-36 所示。在通信系统的发射和接收增益恒定的情况下，使用太赫兹波后，通信距离将大大缩短。与微波波段相比，太赫兹波的穿透和衍射能力相对较差，因此太赫兹通信无法实现更长距离和更大范围的通信，更适合短距离点对点的信号传输。由于当前频谱资源的稀缺和无线通信设备的激增，太赫兹通信也需要做出相应的改变。

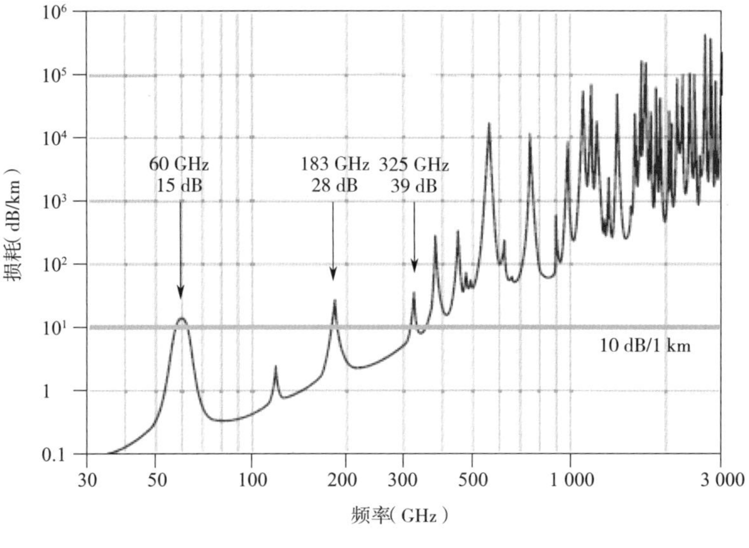

图 5-36　太赫兹传输损耗与频率的关系

太赫兹通信可以作为现有空中接口传输模式的有效补充，在全息通信、片间通信和纳米通信、超大容量数据回传、短距离超高速传输等应用方面具有巨大的应用潜力。此外，基于太赫兹通信信号的高精度定位和高分辨率传感也是重要的应用领域。

太赫兹通信也可用于空间通信系统。太赫兹波可以无损地通过外层空间传输，可以远距离传输，并且可以避免来自地球辐射噪声的干扰。当高速飞行器进入大气层时，冲击波会产生高温，使空气电离，并在飞行器外部产生等离子体鞘，频率为 60~70 GHz。传统的测量和通信方法不能轻易穿透等离子体鞘。太赫兹波具有比等离子体鞘高得多的频率，可以穿透等离子体鞘，以实现与飞行器的通信和对其测量 [1]。同时，太赫兹波长比微波波长短。如果太赫兹天线系统能够小型化和平面化，则太赫兹通信系统可以用作卫星、无人机、飞艇等平台的无线通信和中继设备，实现卫星集群之间、天地之间及距离在 1 000 m 以上的卫星之间的高速通信，从而实现空、天、地、海一体化通信。

太赫兹通信可用于地面无线通信系统。太赫兹无线收发器设备可以代替光纤或电缆，构成太赫兹无线通信链路，实现在光纤不可用的区域的高速数据传输。由于太赫兹通信可以支持比毫米波通信更大的带宽和更高的速度，因此在固定无线接入领域具有巨大的应用潜力。随着信息和通信技术的快速发展，社会对云服务应用的需求大大增加，数据中心的作用也越发强大。传统数据中心使用电缆进行连接，空间占用和维护成本较高。太赫兹通信以其超高的通信速度在无线数据中心方面具有潜在的应用价值。使用太赫兹通信可以降低数据中心的空间成本、电缆维护成本和功耗。太赫兹通信具有路损高、传播距离短、方向性好等特点，可用于设备间的安全接入和超高速安全下载及安全支付等场合，这种应用已出现在 IEEE Std 802.15.3 d—2017 标准中，技术标准化相对成熟 [2]。随着无线移动通信技术的进步，太赫兹通信可用于在热点地区提供超高速网络覆盖，作为宏蜂窝网络的补充，以在小区域提供超宽带无线通信。未来小型化、低功耗和低成本的太赫兹设备可用于构建 6G 通信服务的太赫兹无线局域网。太赫兹通信可用于实现近距离设备之间的高速连接，并且还可用于构成太赫兹无线个人局域网（Local Area Network，LAN）系统，从而在个人电子设备之间形成无线网络链路。

2020 年 5 月，浙江大学余贤斌课题组将光纤通信与太赫兹通信融合，提出了一种基于概率整形的多载波调制信号处理机制，以提高系统的比特能量效率，并通过结合线性非线性均衡和相位噪声补偿算法克服系统干扰约束。在全球范围内，该技术率先实现了 350 GHz 波段的长距离光子太赫兹通信传输，信号传输速度超过 100 Gbit/s，提高了光子太赫兹通信系统的效率，扩大了太赫兹通信的无线接入范围且无须使用功率放大器 [3]。

2021 年 8 月，韩国 LG 电子公司与位于德国柏林的欧洲领先应用研究机构 Fraunhofer-Gesellschaft 合作，结合自适应波束形成和高增益天线交换技术，在室外环境中成功传输了 100 m 范围的太赫兹无线通信，并进行了太赫兹数据传输演示。结果显示，该技术在 155~175 GHz 的频率范围内可以实现稳定的通信。LG 公司预计在 2029 年实现 6G 通信的商用，并表示将于 2025 年开始制定相关标准。

在 2022 年举办的日内瓦国际发明展览会上，“用于 6G 的 100/200 GbE 光子太赫兹实时无缝融合通信系统”脱颖而出，并获得金奖。该系统首次提出了实时太赫兹光纤集成传输架构，在 6G 通信的典型太赫兹频率范围（360~430 GHz）内，实现了单信道 103.125 Gbit/s 和双信道 206.25 Gbit/s 的创纪录高速实时 2 × 2 多入多出（Multiple Input Multiple Output，MIMO）无线通信，其速度是 5G 技术的 10~20 倍。采用新的光子辅助太赫兹技术路线，借助商业成熟的数字相干光学模块，可以打破电子设备瓶颈，解决传统太赫兹无线通信的信号实时处理难题。该技术融合了光纤通信的高带宽和大容量以及太赫兹无线通信的便携式和灵活接入的双重优势，可以显著降低 6G 研发门槛，大大加快太赫兹技术的商业化进程。

广东新一代通信与网络创新研究院联合复旦大学信息学院、中国科学院航天信息创新研究所开展了 6G 太赫兹无线通信技术研究。研究团队构建的 200 GHz 全固态电子太赫兹系统可用于大带宽太赫兹无线通信的全套物理层传输系统。同时，创新的自适应削波位功率加载离散多音系统技术被用于提高系统的带宽和频谱效率。其全带宽的平均频谱效率可以达 6.1 B/(s·Hz)，最终在 21.32 GHz 的信号带宽下实现超过 130 Gbit/s 的单信道传输速度。

2022 年 3 月，华为公司的 6G 技术研发团队发布了可用于 100~300 GHz 频率范围的太赫兹通感一体通用原型系统，并分别针对终端侧高精度感知成像和室外中距离超高速传输进行了探索和原型验证。进行成像测试时，被测物体被放置在一个封闭的纸箱中，机器人手臂手持太赫兹终端扫描并成像纸箱中的物体[4]。该系统使用 140 GHz 的太赫兹波作为载波，带宽为 8 GHz，采用 4 端 16 接收 MIMO 阵列；天线发射太赫兹波后，太赫兹波穿透纸箱并被被测物体反射，再由终端天线接收；接收的信号经过采样和实时算法处理，生成并显示图像，成像结果如图 5-37 所示。为了实现毫米级的成像分辨率，研发团队提出了虚拟孔径 MIMO 阵列技术。此外，该研发团队在城市场景中对该系统进行了室外现场通信验证。模拟典型基站的发射机布置在建筑物的屋顶，接收机则布置在城市街道的地面上，屋顶和地面之间的距离约为 500 m，并有视线连接。系统的工作频率约为 220 GHz，带宽为 13.5 GHz。该系统采用 2 × 2 极化 MIMO 架构，结合 U 宽带和低比特量化数字基带处理技术，对基带信号进行信道估计和均衡、非线性补偿、解调和解码，首次实现了 240 Gbit/s 的室外中远程高速机场线传输，验证了太赫兹频带用于户外超高速度通信的技术可行性。

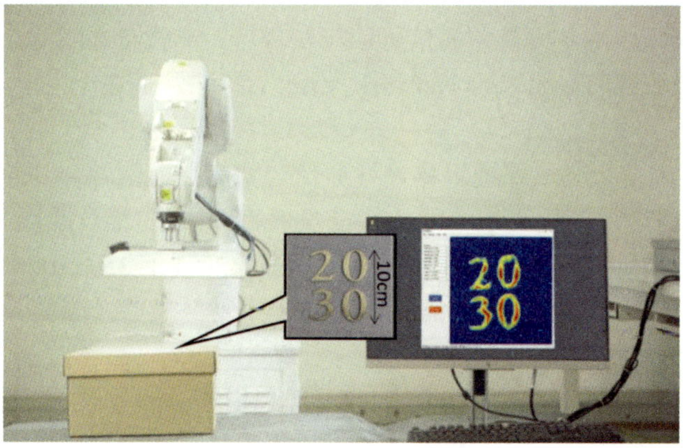

图 5-37　华为太赫兹通感一体通用原型系统

2022 年 3 月，浙江大学余显斌课题组与来自 DTU、UC3M、KTH、RISE、上海交通大学等多家国内外机构的合作研究团队注入并锁定了基于光频码的光子集成双波长光源，实现了线宽为赫兹级、频率为 0~1.4 THz 可调的光电太赫兹信号的产生。结合高频谱效率调制格式和先进的数字信号处理技术，该研究成功突破了 400 GHz 波段单信道速度超过 100 Gbit/s 的高能效太赫兹无线通信，每比特距离功耗低至 2.9×10^{-18} J/(bit·m)，为片上集成光电太赫兹通信提供了技术储备[5]。

5.3.3　太赫兹安检应用

在机场、车站、展览等人流密集场所加强安检是预防危险事件的重要手段。安全检查技术是公共安全领域的关键技术之一。目前，主体安全技术包括 X 射线透射成像、X 射线反向散射成像、非成像雷达、基于被动成像原理的太赫兹成像和毫米波全息成像技术。X 射线透射成像技术使用 X 射线穿透人体进行成像，所使用的 X 射线的剂量相对较高，安全风险较大。X 射线反向散射成像通过接收来自身体表面的反向散射 X 射线进行成像。与透射成像相比，X 射线的剂量显著降低，对隐藏在体表的违禁品的检测能力强。然而，由于 X 射线的电离特性，这项技术仍然存在争议，普及程度仍然有限。

太赫兹技术在安全领域的应用具有巨大的商业价值，其巨大的潜力和市场吸引了国内外相关领域研究者的关注。欧美国家较早开始研究，形成了较为完整和成熟的太赫兹技术体系，率先开发了较为先进的太赫兹安全系统。有源太赫兹成像系统使用高功率相干光和超低噪声外差检测技术。毫米波人体成像技术是全球安全领域的一项先进技术，已经在美国、英国、荷兰、澳大利亚、日本和其他一些国家的机场使用，用于保障乘客的旅行安全，美国和欧盟都有准入技术标准。太赫兹安全设备可以在不与身体直接接触的情况下有效检测隐藏在衣服下的物体，特别是非金属物体，并可以根据所成图像获取隐藏物体的形状、大小和位置等信息。此外，毫米波人体成像设备对人体无害，穿透力强，其发射功率不到手机电磁波辐射的 1‰，能够准确识别人体携带的物体，有效提高检查的客观性、准确性和针对性，降低安检人员的劳动强度，提高安检效率。

目前，欧美太赫兹产业体系初步形成，工业化进程加快，建立了许多高科技企业。其中，美国的 VDI、英国的 Teratech、爱尔兰的 FARRAN 等主要生产太赫兹组件；英国的 ThruVision、美国的 Millivision 和 Brijot 等提供太赫兹成像安全系统。近年来，欧洲和美国的太赫兹技术公司合并重组较为普遍，产生了一些大型公司，如美国安防行业巨头 L3 Communications，其 ProVision 系列成像系统的工作频率约为 35 GHz，使用主动扫描全息成像技术，可以在 2 s 内完成扫描，分辨率达亚厘米水平。ProVision 系列成像系统的结构如图 5-38 所示[6]。

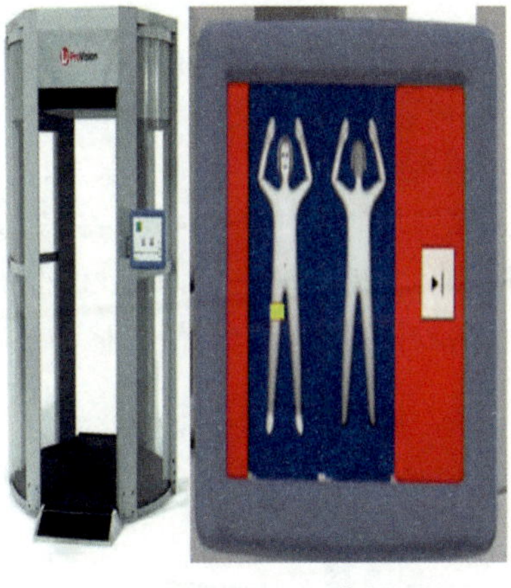

图 5-38　美国 L3 Communications 公司 ProVision 安检系统

近年来，美国、德国、芬兰等国开始研究基于低温超导辐射热计的太赫兹成像仪，如芬兰 VTT 研究中心开发的 0.1~1.2 THz 的超宽带超导微测辐射热计太赫兹成像系统、美国国家标准局开发的 350 GHz 超导相变边缘探测器(Transition Edge Sensor，TES)结太赫兹成像系统、德国光子技术研究所开发的 350 GHz 超导体太赫兹成像系统等。这些太赫兹安全设备的成像范围为 20~30 m，不容易获得大视场，且其中的大多数使用超导探测器阵列，通过收集目标的热辐射，实现对目标的被动成像。超导探测器需要在 4 K 及以下的低温环境中工作，实现产品的量产和推广并不容易。

随着关键核心技术的突破，国产化太赫兹芯片、模块和其他组件的发展越来越快，特别是在太赫兹安检应用方面。2014 年，我国研发了首个被动式太赫兹人体安全系统，如图 5-39 所示。该系统的成像时间为 2 s，成像分辨率为 2 cm。研究者攻克了被动太赫兹成像安全系统的核心和关键技术，如太赫兹探测器、光路系统和后处理算法，打破了国外的技术封锁，具有重要意义 [7]。此后，我国投入了大量科研经费支持相关领域的研究，在公安部研究所、上海理工大学、北京航空航天大学、中国电子科技集团等组建了重大课题组。此后，博微太赫兹公司、同方威视、华讯方舟等公司相继推出了商业化的被动太赫兹成像人体安检系统。

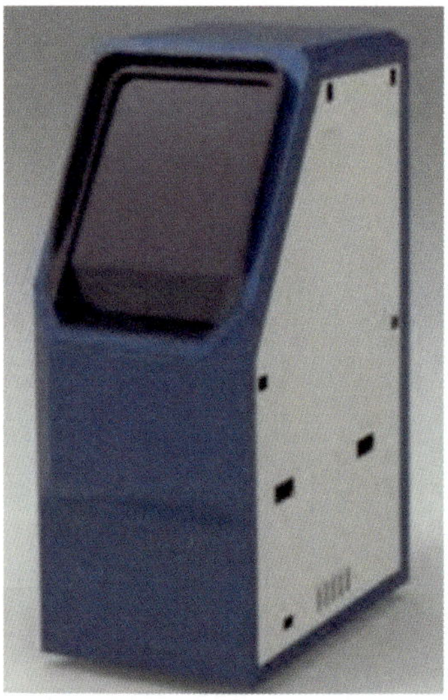

图 5-39　我国第一台被动式太赫兹成像安检系统

2017 年，中国电子科技集团公司第三十八研究所研发了实时成像无源太赫兹成像人体安全系统。该系统的成像分辨率为 2 cm，成像速度快，人员无须停留。如今，我国已经开发出高清、短焦点、广角和长焦点等无源成像太赫兹安检系统，适用于不同场合，如图 5-40 所示。高清安检系统可以实现 1 cm 的成像分辨率，可以检测人体携带的小违禁品；短焦安检装置的体积小、成像距离近、占地面积小，可用于小空间场合；广角安检仪可实现 2 m 长、1.6 m 宽的成像视野，可同时对多人进行安检；长焦安全探测器可以拍摄 4 m 以外的物体，机身小巧，便于移动或壁挂式安装 [7]。

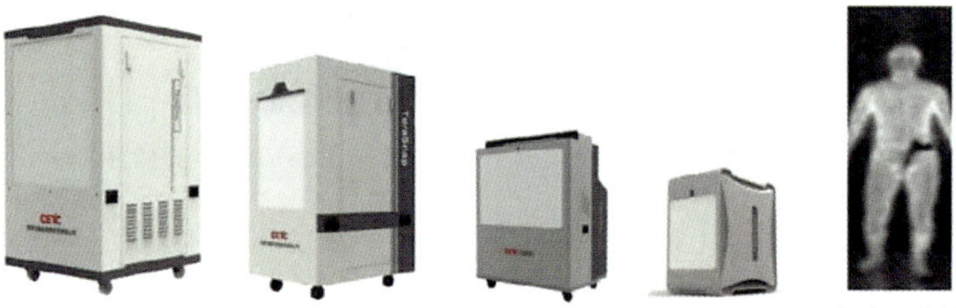

高清　短焦　广角　长焦　高清成像效果

图 5-40　不同场景国产被动式太赫兹成像安检系统

针对不同的应用，我国已开发出多种形式的被动式太赫兹成像人体安检系统，如直通式、旋转式和车载移动式，如图 5-41 所示。例如，通道式系统适合于车站等客流较大的场合；旋转式系统要求检查人员在原地旋转一周，以获得不同角度的准确检测；车载移动式系统具有高移动性，可灵活布置并开展一站式检查，可应用于会议现场的安检[7]。

通道式　　　　旋转式　　　　车载移动式

图 5-41　各种形式的被动式太赫兹成像安检系统

近年来，为了更好地实现新技术的应用，民航局、公安局在安检现场积极探索新技术的试用和评估。2017 年 8 月，民航局、公安局组织并提供政策支持，在北京首都、上海虹桥、上海浦东和青岛流亭机场对毫米波人体成像设备进行了现场测试评估。2018 年 5 月，民航局、公安局在南京禄口、青岛流亭机场再次开展毫米波人体成像设备交通压力测试，在确保安全的基础上进一步验证设备的通行效率。此后，民航局又开展了“差异化安检”新模式和新政策的研究和试点，努力在提高安全性的同时，不断创新安检模式，优化安检流程，提高安检效率，为旅客创造更好的体验。

2018 年 6 月，民航局发布了《民航毫米波体成像安全检查设备识别内部控制标准》和《民航毫米波体成像安全检测设备禁用项目检测测试程序》，正式将毫米波人体成像设备列入中国民航安检设备清单。从此，中国成为世界上第三个国家实体，也是亚洲第一个独立发布毫米波人体成像技术标准的国家实体。未来，毫米波人体成像设备将逐步取代民用机场的金属探测门，乘客将体验到更安全高效的个人安检服务。

《被动式太赫兹成像人体安全检查设备通用技术要求》（GA/T 1779—2021）标准于 2021 年 5 月 28 日发布，并于 2021 年 10 月 1 日实施。该标准由全国安全防范报警系统标准化技术委员会（SAC/TC100）提出并归口，博微太赫兹信息科技有限公司、公安部安全与警用电子产品质量检测中心、公安部第一研究所、公安部第三研究所、中国民航科学技术研究院、同方威视技术股份有限公司、深圳市重投华讯太赫兹科技有限公司、西安天和防务技术股份有限公司、北京航天易联科技发展有限公司、欧必翼太赫兹科技（北京）有限公司、浙江宇视科技有限公司联合起草。该标准规定了被动太赫兹成像人体安全检查设备的一般技术要求，描述了被动式太赫兹图像人体安全检测设备的封装、标记、存储和运输、随机文件、测试方法，并建立了被动式太赫兹成像人体安全检测装置的检查规则。该标准文件适用于被动式太赫兹成像人体安全检查设备的设计、制造、检查和使用。

5.3.4　太赫兹时域光谱应用

近几十年来，随着超快激光技术的快速发展，太赫兹技术发展迅速，为太赫兹脉冲的产生提供了可靠、稳定的激光光源，太赫兹源、太赫兹探测器和太赫兹传输线的研究日益成熟。太赫兹时域光谱技术是太赫兹技术和应用中最基本、最重要、最广泛的技术，可以为传统的红外和拉曼光谱提供补充信息。

太赫兹时域光谱技术是一种新的相干检测技术，已成为研究太赫兹材料性能的重要工具。太赫兹时域光谱技术通过实时测量空载背景和样品的太赫兹时域脉冲信号，同时获得太赫兹脉冲信号的幅度和相位，对太赫兹时域波形进行快速傅里叶变换和相关计算，得到样品的透过率、反射率、相位、功率、吸收系数、折射率和其他光谱参数。太赫兹时域光谱学在研究太赫兹波段物质的光谱特性、研究组成分子的振动和旋转特性、分析物质的组成结构、测量物质的厚度等方面显示出巨大的潜力。太赫兹时域光谱将成为揭示和分析物理、化学和生物学等基础科学中超快现象的有力工具。基于太赫兹时域光谱的光谱成像技术也将具有广泛的应用前景和巨大的发展潜力，在香烟检测、航空工业、文物保护、电力检测、汽车与船舶无损检测、集成电路等方面具有重要的应用价值。

（1）太赫兹时域光谱在香烟质量检测方面的应用

在香烟行业中，为了使香烟更有吸引力，企业开始在香烟过滤嘴中嵌入装有调味液的胶囊，调味液中含有薄荷醇和其他液体香料。消费者在吸烟时可以通过挤压过滤嘴上的特定位置（有标识）将胶囊挤碎，使芳香的调味液从胶囊中释放出来，给消费者带来特殊口味的愉悦。在生产加工这种香烟时，常会出现一些与胶囊相关的质量问题，如胶囊与标识位置偏移、胶囊缺失、调味液泄漏等。因此，检查过滤嘴中胶囊的位置，对于这种香烟的质量控制至关重要。目前，已有很多技术被用于进行过滤嘴胶囊的质量控制。据报道，强光箱曝光法可以定位过滤嘴中的胶囊，但它对操作者的眼睛有危险，而且效率低。微波技术也可以用来定位胶囊的位置，但分辨率低于预期。X 射线成像也是一种解决方案，但由于其辐射和环境保护评估条例，对于工厂应用来说不是一个理想的选择。太赫兹波可以穿透香烟过滤嘴，以高分辨率和非离子辐射的方式定位其中的胶囊。过滤嘴胶囊的直径为 2.6~7.6 mm，这与太赫兹成像的空间分辨率完全吻合。由于高透射率和分辨率的双重优势，太赫兹技术在香烟过滤嘴胶囊的质量控制方面显示出良好的应用前景。

异步光学采样太赫兹时域光谱技术是一项独特的技术。与传统的太赫兹时域光谱技术不同，它不需要机械延迟。两个飞秒激光器通过电子控制板进行同步，两个激光器的波长和脉冲带宽是相同的，但重复频率略有不同。脉冲飞秒激光辐射到光电导天线发射器和检测器，然后产生脉冲太赫兹波，以用来进行相应的检测。图 5-42 所示为异步光学采样太赫兹时域光谱系统，与传统的太赫兹时域光谱系统相比，由于没有机械延迟，该系统的光学采样速度更快，且该系统的电控采样方法更稳定。由于高速性和高稳定性，异步光学采样太赫兹时域光谱系统更适合于工业应用。

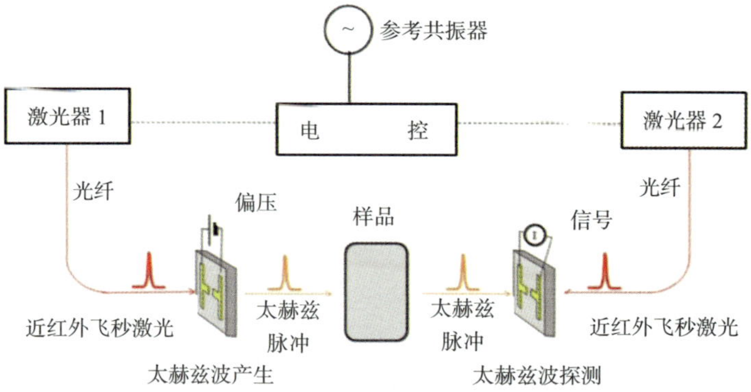

图 5-42　异步光学采样太赫兹时域光谱系统

实验使用透射式太赫兹时域光谱系统（TAS7500TS，日本 Advantest）进行。太赫兹信号由 2 个飞秒激光器（中心波长为 1 550 nm，脉冲宽度小于 50 fs，重复率为 50 MHz）产生。太赫兹频率范围为 0.1~4 THz，光谱分辨率为 7.6 GHz。太赫兹波束通过两个离轴抛物面镜聚焦到样品表面，然后太赫兹波束通过另外两个离轴抛物面镜传输到检测器。样品用二维机械扫描台固定，扫描范围为 150 mm × 150 mm，扫描空间分辨率为 200 μm。

香烟样品是从消费市场收集的，在香烟的过滤嘴中有 2 个胶囊，在过滤嘴封装纸的对应位置均印有标记。在过滤嘴和烟体之间的金属箔上，印有“555”香烟品牌标记。实验时，香烟样品用透明胶带固定在样品架上。实验采用的 TAS7500TS 透射成像测量装置如图 5-43 所示。

图 5-43　TAS7500TS 透射成像测量装置

过滤嘴胶囊内装有液体香料，其会吸收太赫兹信号，因此根据装置获得的太赫兹光谱和成像结果就可以确定过滤嘴胶囊的位置和状态。图 5-44 所示为有无胶囊时香烟过滤嘴区域的透射太赫兹时域信号。从透射太赫兹时域波形来看，有胶囊香烟的太赫兹信号比没有胶囊香烟的太赫兹信号要弱很多。

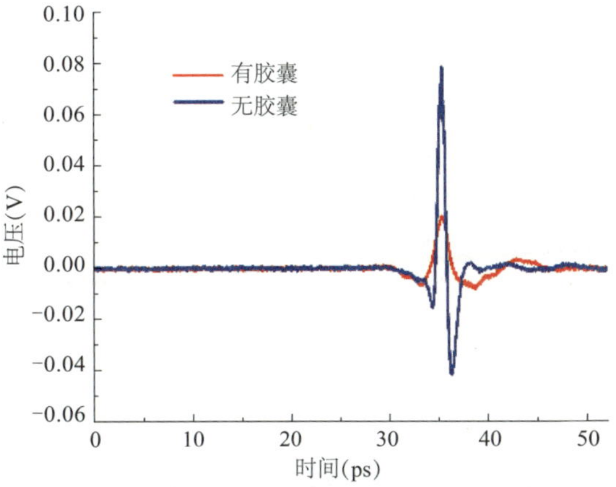

图 5-44　有无胶囊香烟过滤嘴区域的透射时域太赫兹信号

为了直接显示过滤嘴胶囊的位置，香烟样品被放置在 x-y 二维平台上进行太赫兹扫描，空间分辨率设定为 200 μm。太赫兹透射成像结果和香烟样品图像的对比显示结果如图 5-45 所示。从成像结果来看，太赫兹投射图像能清楚地显示出过滤嘴中两个胶囊的位置，并有很高的对比度。因为“555”香烟品牌标记是印刷在金属箔上的，所以其会阻挡部分太赫兹信号，在图 5-45 中此处显示为两个胶囊左侧的一个低对比度的点。

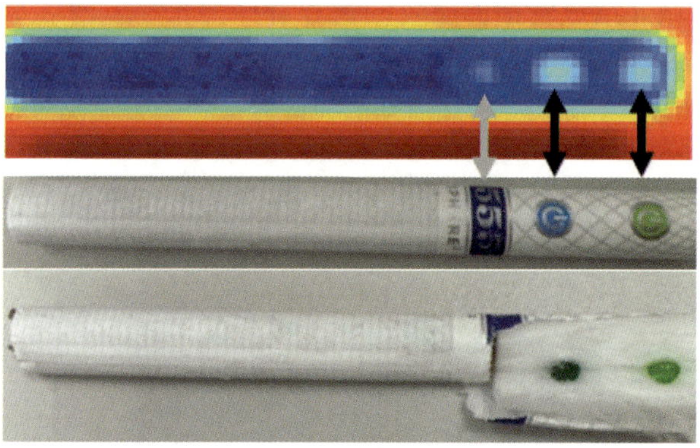

图 5-45　香烟样品的太赫兹透射图像，过滤嘴中有两个胶囊

上述研究提出了一种利用太赫兹时域光谱成像系统无损检测香烟过滤嘴胶囊的方法。从成像结果来看，胶囊的位置可被明显地定位和区分，太赫兹时域光谱在香烟过滤嘴质量控制方面显示出良好的应用前景[8]。

（2）太赫兹时域光谱在航空材料检测方面的应用

复合材料是具有高比强度和高比模量的复合材料，通常由玻璃纤维、碳纤维、硼纤维或芳纶纤维等增强材料和树脂、陶瓷等基质材料复合而成。复合材料具有许多优异的特性，如比强度和比模量高，先进复合材料甚至可以比钢的强度更高，具有更高的承载力。对于飞机而言，先进复合材料可以替代原飞机结构中广泛使用的铝合金材料，从而减重 20% 或更高，为飞机运营带来更高的经济效益。

复合材料的结构和制造工艺均比较复杂，在成型和使用过程中受各种因素的影响，可能出现不同类型的损伤缺陷。在金属结构零件缺陷的早期检测中具有良好效果的传统检测技术可能不适用于对复合材料缺陷的检测，需要进一步进行技术扩展和优化。同时，针对复合材料缺陷的检测，还需要研究更加适合的新方法和新技术，提升缺陷检测能力。

目前，航空工业常用的无损检测技术包括目视检测、超声扫描、激光散斑干涉检测、X 射线检测等，但这些检测方法都有其局限性。近年来，太赫兹时域光谱技术因在复合材料无损检测中的巨大潜力和独特优势而逐渐受到关注，有望成为未来复合材料缺陷检测的一种重要手段。

中国民用航空飞行学院徐亚军教授课题组采用太赫兹时域光谱系统，开展民用飞机复合材料缺陷检测研究，其采用华讯方舟 CCT-1800 太赫兹时域光谱成像检测系统（图 5-46）对低速冲击损伤复合材料试件进行测试。

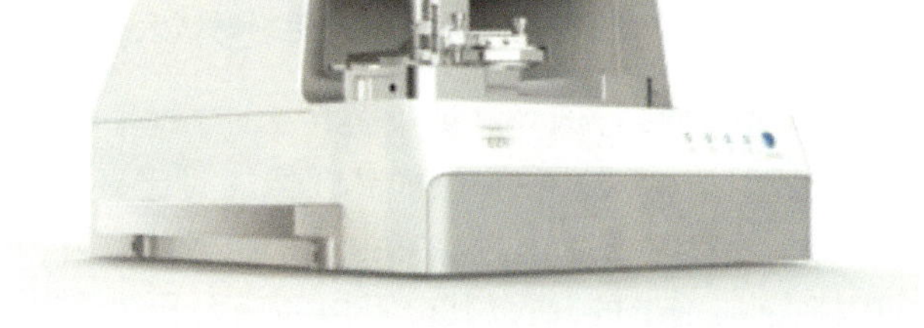

图 5-46　CCT-1800 太赫兹时域光谱成像检测系统

CCT-1800 太赫兹时域光谱成像检测系统的核心部件是光纤飞秒激光器，发射波长为 780 nm，光谱范围为 0.06~4 THz，快速扫描范围为 54 ps，扫描精度为 2 μm，扫描速度为 15 Hz，光谱分辨率为 20 GHz。使用太赫兹时域光谱成像检测系统时，测试室温度一般应设置在 23 ℃。实验时，将试件固定在样本台上并使反射信号聚焦，然后对试件进行二维扫描，最大扫描范围为 50 mm × 50 mm。在实验过程中，应向检测区域连续进行氮气扫吹，以消除环境中的水蒸气的干扰。

在实验中，共测试了试样的 4 个同类型的缺陷（缺陷 1~ 缺陷 4）。结果表明，系统对缺陷 4 的检测效果最佳，为了便于研究缺陷位置的光谱特征与复合材料试样的成像关系，将缺陷 4 作为研究对象，分析低速冲击损伤的太赫兹光谱和成像特征。将氮气吹扫条件下、无试件时，测试镜检测的信号作为参考信号（reference）。通过系统自带的光谱分析和成像软件，可以获得试件的时域和频域信号数据和图像。图 5-47 所示为试件有缺陷和无缺陷位置的太赫兹时域波形图及其幅值差。根据有缺陷和无缺陷位置的太赫兹时域信号波形，可以发现样本信号相对于参考信号具有幅度衰减和时间延迟。同时，试样有缺陷位置的振幅信号强度也比无缺陷位置有更大的信号衰减和时间延迟。有缺陷处的最大振幅信号强度约为无缺陷区域的 32%，时间延迟为 1.19 ps。产生信号衰减和时间延迟的原因是在复合层之间由空气或树脂形成的不连续界面产生了折射率差。图 5-47（b）显示了有缺陷和无缺陷位置的时域信号强度差。在时间轴上，可以发现有缺陷和无缺陷位置在不同时间点的信号强度差异很大。由于太赫兹成像系统是通过将信号强度量化为灰度值进行成像的，因此信号强度差越大，太赫兹成像效果越好。因此，通过根据局部特征峰值进行成像，可以获得具有良好对比度的灰度图像，如图 5-48 所示。

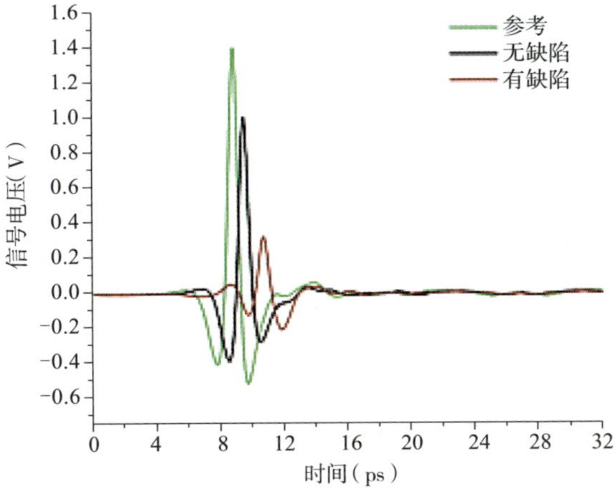

（a）

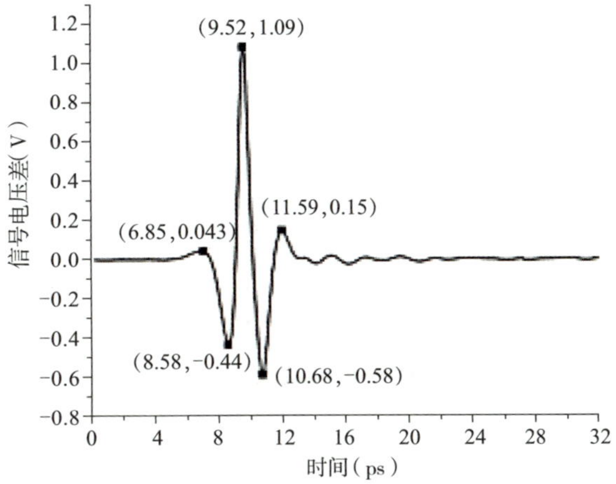

（b）

图 5-47　试件有无缺陷处的太赫兹时域波形图及其幅值差

（a）时域波形；（b）时域信号强度差

图 5-48 所示为缺陷 4 的时域信号成像。图 5-48（a）至（e）中的缺陷成像仅显示了少量严重受损的结构区域，并未完全显示冲击损伤缺陷的范围，此外还存在边缘模糊和缺陷识别困难等问题。图 5-48（f）至（j）所示为根据有缺陷和无缺陷位置间时域信号强度差的局部特征时间获得的成像结果，可见局部特征时间为 6.85 和 11.89 ps 时，图像中有缺陷和无缺陷区域之间的对比度较差，并且存在边缘模糊的现象，不容易完全确定冲击损伤缺陷区域；局部特征时间为 8.58、9.52 和 10.68 ps 时，对应图像中有缺陷和无缺陷位置图像的对比度的差异相对明显，可见缺陷在近似圆形区域内从冲击中心向外扩展，缺陷边缘较为清晰，有利于完整识别冲击损伤。上述研究表明，太赫兹技术在定性和定量检测复合材料缺陷方面具有巨大潜力，值得进一步研究[9]。

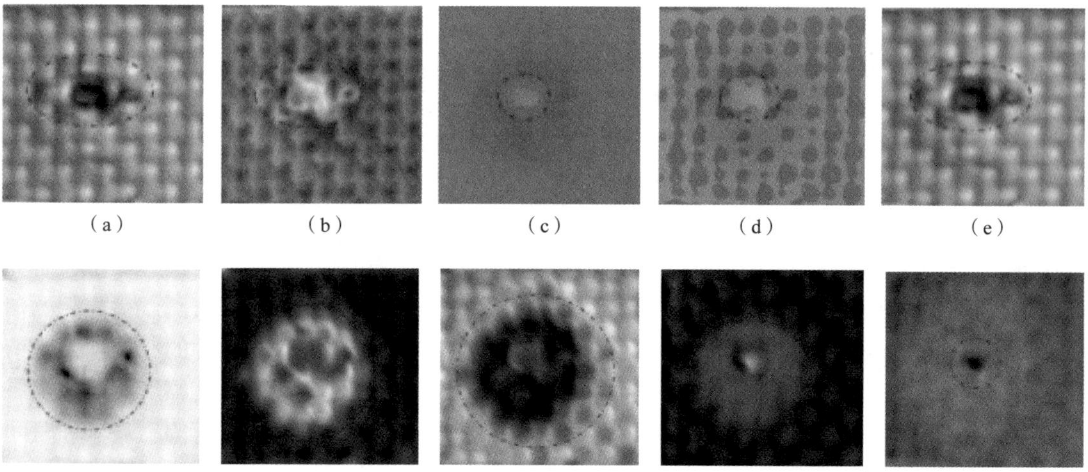

(a)　(b)　(c)　(d)　(e)

(f)　(g)　(h)　(i)　(j)

图 5-48　试件缺陷处的时域信号成像

(a)时域最大峰值;(b)时域最小峰值;(c)最大飞行时间;(d)最小飞行时间;(e)峰峰值;
(f)t = 6.85 ps;(g)t = 8.58 ps;(h)t = 9.52 ps;(i)t = 10.68 ps;(j)t = 11.89 ps

(3)太赫兹时域光谱在文物保护方面的应用

对文物的保护和研究离不开先进的科学技术。采用无损检测技术对珍贵文物进行非破坏式的测量分析,可以深入了解文物的物理、化学和年代等信息。目前,常用的对文物进行无损检测的技术包括超声波、X 射线荧光光谱、拉曼光谱、傅里叶交换红外光谱等。其中,超声波技术适用于检测石质待测物的内部结构; X 射线荧光光谱具有良好的穿透检测效果,可以检测瓷器、字画、青铜器的内部,并能检测出大部分元素,如进行矿物颜料分析,但不能识别含有相同元素的壁画颜料;拉曼光谱也可以分析颜料成分,但在处理有机颜料时容易受到荧光干扰;傅里叶变换红外光谱也可以区分相同元素的颜料,但在红外光谱的中红外区域很难显示无机颜料的特征峰,如氧化物和硫化物。

Ⅰ. 日本高松冢古坟壁画检测

在对壁画进行无损检测时,拉曼光谱、傅里叶变换红外光谱技术难以从文物表面渗透到内部。然而,壁画大多为多层结构,除表面的颜料外,表面以下也含有丰富的颜料信息,对其进行检测也非常重要。太赫兹时域光谱技术可以穿透壁画,分析壁画表层和深层的颜料成分。壁画、陶瓷、木版版画等文物的材料均为非极性材料,而太赫兹波可以穿透这类非极性材料。此外,太赫兹波属于长波,没有类似 X 射线的电离辐射,不会对被测样品造成损伤。具体而言,太赫兹技术可应用于壁画的材料成分分析、隐藏层及内部结构成像、陶瓷内部缺陷及裂纹检测、绘画状态实时监测等领域[3]。与红外成像相比,太赫兹成像具有更好的穿透性,可以对文物的隐藏层成像。目前,压缩感知成像算法已可以有效实现快速成像,而算法增强等手段的使用也有助于进一步提高太赫兹时域光谱成像技术检测文物的精度。

最早将太赫兹技术应用于壁画检测的是日本高松冢古坟壁画检测项目。1972 年,高松冢在日本奈良县被发现。根据发掘和研究结果,高松冢是一座直径为 23 m(下层)和 18 m(上层)的两层圆形墓,墓中有一个由 16 块凝灰岩石组成的石室。石室的墙壁和天花板都涂了灰泥,灰泥层厚几毫米。灰泥上绘有极其丰富多彩的壁画,东壁为青龙,西壁为白虎,北壁为玄武,且东西壁两侧上绘有女子群像和男子群像,天井上还绘有星座。

高松冢古坟壁画备受关注, 1974 年高松冢古坟壁画被认定为日本国宝。日本高松冢古坟壁画被发现后，日本成立了一个特别委员会，讨论今后如何保存壁画，最终决定在现场保存壁画。1976 年，该委员会在石室前修建了保护设施，使壁画不受温度和湿度波动的影响。2001 年，该委员会对石室周围的土壤进行加固时，在石室内外发现了黑色霉菌；2001 年 12 月，在壁画上也发现了黑色霉菌。霉菌成分包括镰刀菌、木霉菌和青霉菌。霉菌生长的主要原因被认为是土壤固结引起的石室温升。为了保护壁画，该委员会决定拆除石室异地进行修复。这些壁画被拆解并运送至高松冢附近的国家飞鸟历史公园的实验室。图 5-49 所示为一组绘在西墙上的仕女壁画在挖掘时和后期保护时的状态。在对壁画进行维护和清洁之前，需要了解壁画本身、灰泥层、凝灰岩等的状况，并考虑如何控制环境影响因素。2007 年以来，该委员会利用多种科技手段检测壁画状态，如用显微镜、可视图像数字扫描技术观察和记录壁画的状态，用 X 射线荧光光谱仪对壁画进行元素分析等。

（a）　　（b）

图 5-49　高松冢西墙上的仕女壁画

（a）拍摄于 1972 年刚发掘时；（b）拍摄于 2001 年转移前

当壁画在石室内时，环境的相对湿度几乎是 100%，壁画的重要组成部分之一是灰泥层。转移后，壁画所处环境的相对湿度降低，灰泥层的状况可能发生变化，强度可能会降低，也可能因为收缩而脱落。起初，修理工通过触摸来识别灰泥层脱落的位置，这是高度主观性的操作。通过科学的手段，客观地确定灰泥层脱落的位置显得尤为重要，可为壁画保护人员判断壁画状态提供一种客观的方法。太赫兹波可以穿透灰泥层，为确定灰泥层状态和脱落位置提供一种无损检测方法。在壁画保护过程中，该委员会针对取自石室内的壁画使用了太赫兹时域光谱成像系统 [4]。如图 5-50 所示，切割下的壁画正面朝上放置，太赫兹扫描头、机械平台和系统控制器均安装在专用框架上。

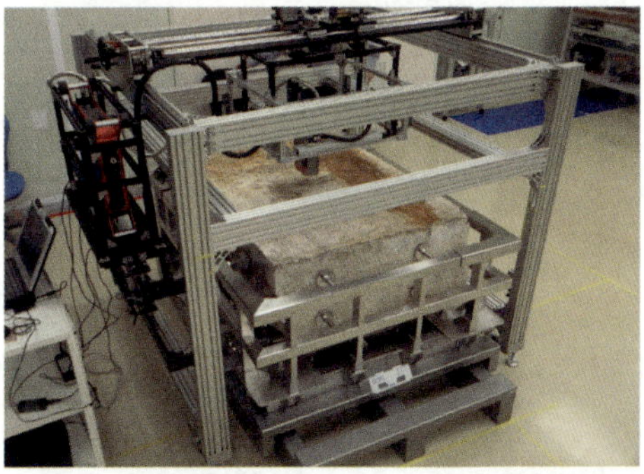

图 5-50　使用太赫兹成像技术对日本高松冢古坟壁画进行检测

在太赫兹成像测量期间，太赫兹扫描头在壁画表面上方移动。例如，“青龙”壁画的尺寸为 1 160 mm × 910 mm，太赫兹扫描头可以在机械平台的 250 mm × 250 mm 区域内移动，壁画图案区域按宽和长被分成 4 × 5 个部分，总共进行了 20 次成像测量，结果包含光谱和成像信息，成像结果如图 5-51 所示。在所得太赫兹图像中，可见固体灰泥层和凝灰岩。

（a） （b）

图 5-51 “青龙”壁画太赫兹时域光谱成像结果

（a）壁画实物；（b）太赫兹成像结果

为了进一步了解“青龙”壁画的状态和剥落情况，对其太赫兹时域光谱成像结果进行逐点分析。图 5-52 所示为“青龙”壁画的局部，其中位置 A 为实灰泥层；位置 B 的灰泥层已失，表面可见凝灰岩；位置 C 发生了灰泥层脱落，但未见下面的凝灰岩。上述三个位置的太赫兹时域波形如图 5-53 所示。可以看出，位置 A 的太赫兹脉冲峰值出现在 25 ps，这是灰泥层的反射峰；位置 B 的太赫兹脉冲峰出现在 55 ps，为凝灰岩的反射峰；位置 C 的太赫兹脉冲峰出现在 29 ps，为灰泥层的反射峰，此外还在 47 ps 处有一个的反射峰，说明灰泥层已经开始从凝灰岩剥离。由图 5-53（b）、（d）和（f）A、B、C 三个位置对应的截面成像，可以发现位置 C 的截面上出现了灰泥层与凝灰岩的分离界面，进一步验证了在位置 C 灰泥层已开始从凝灰岩剥离。因此，利用太赫兹波独特的穿透性，可以观察到灰泥层内部的剥离状态 [10]。

图 5-52 “青龙”壁画不同位置灰泥层剥落状态

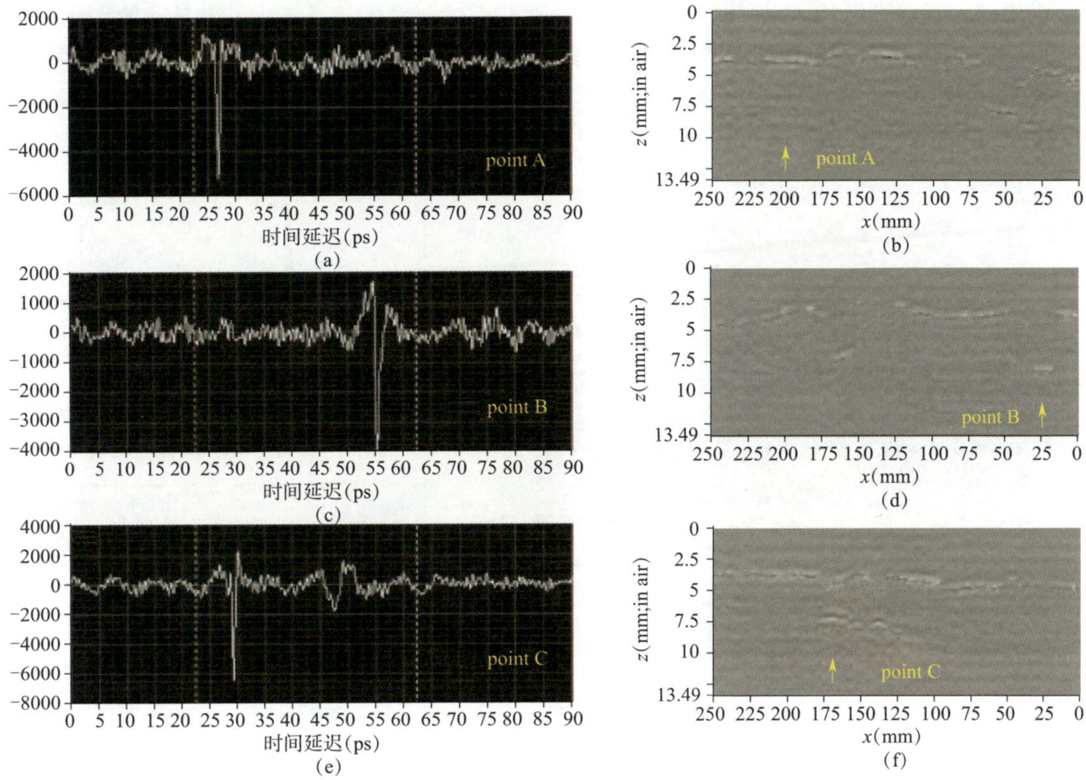

图 5-53　“青龙”壁画不同位置的太赫兹时域波形和截面图像

(a)(c)(e)位置A、B、D光赫兹时域波形；(b)(d)(f)位置A、B、D截面图像

Ⅱ. 法国洛林拉蒙葬礼十字架检测

铅制品和考古物品上的腐蚀层会严重阻碍对铭文的解读，从而影响对铭文上下文的全面理解。可通过电化学还原反应去除部分铅氧化层，从而使被氧化层覆盖的铭文显现出来。然而，这些还原反应导致的腐蚀损伤通常不是完全可逆的。2022 年初，法国和美国研究者利用单周期太赫兹脉冲的独特穿透能力和丰富频带进行了无损太赫兹多光谱成像，以分析 16 世纪法国洛林拉蒙葬礼十字架的腐蚀情况 [11]。研究者对由不同太赫兹频带获得的多光谱图像进行后处理，完成图像的恢复和增强，读取十字架上隐藏的模糊铭文。这种方法将太赫兹特性与先进的信号图像处理技术相结合，为基于太赫兹波的多分辨率分析开辟了一个新的视角。作为考古研究中的一项技术，太赫兹成像将为数字采集和记录、字符提取、分类和鉴定提供前所未有的信息。

利用单周期太赫兹脉冲的宽带特性，可以获得不同频带的多光谱图像，并且可以用不同的空间分辨率表征材料表面和其下的特性。与铭文相关联的特征只能在高频带实现识别，在低频带获得的附加信息则可以用于图像的后处理，以提高铭文的可见性。太赫兹时域光谱成像可应用于各种文化遗产遗址的考古研究，为文献记录、保护和修复提供宝贵信息。

洛林拉蒙葬礼十字架的尺寸约为 115 mm × 115 mm，厚度约为 2 mm，材质为铅，其表面的白色外观是由于腐蚀造成的。该研究选择十字形横臂作为太赫兹成像区域（imaging area），如图 5-54（a）所示；使用发射单周期太赫兹脉冲反射测量检测成像区域的表面和底层信息，参考太赫兹脉冲波形如图 5-54（b）所示。参考太赫兹脉冲波形是通过在样品表面放置金属板得到的。在 x-y 平面内对成像区域进行光栅扫描，步长为 0.2 mm，在扫描之后获得 3D 体积参考数据。太赫兹反射光谱包含腐蚀层、铅界面的不规则形状、表面粗糙度信息，也包含与铭文相关的信息。太赫兹脉冲的实际功率谱从约 60 GHz 延伸到 3.0 THz，如图 5-54（c）所示。全光谱分为 6 个频带，每个频带的带宽约为 0.5 THz。太赫兹光斑大小与工作频率密切相关，工作频率为 1 THz 时，波形的半峰全宽（Full Width at Half Maxima）约为 2.42 mm。

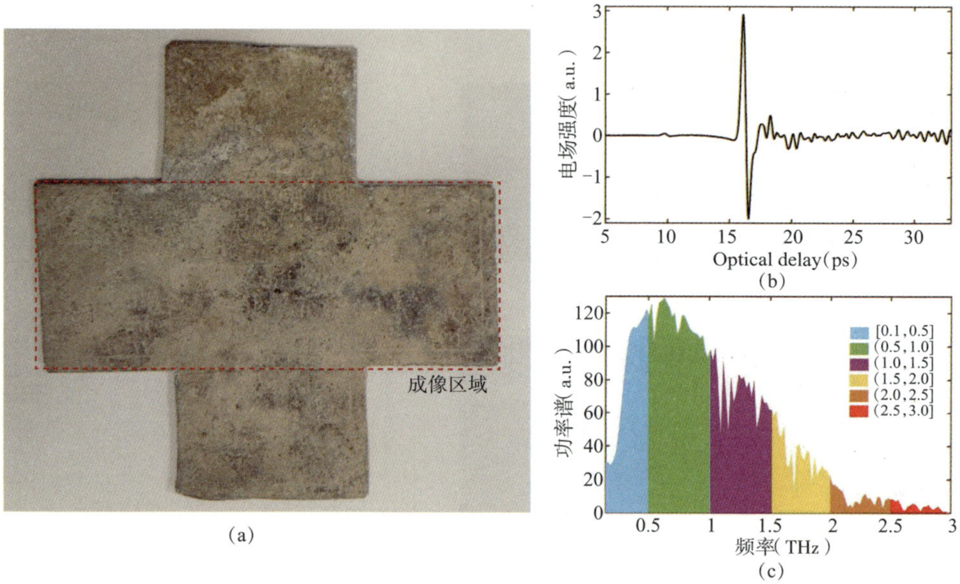

图 5-54　洛林拉蒙葬礼十字架铭文的太赫兹成像研究

（a）十字架实物图像；（b）太赫兹脉冲参考信号波形；（c）太赫兹脉冲的功率谱

电化学方法用于减少十字架样品的腐蚀层。图 5-55 所示为对腐蚀层进行电化学还原处理和太赫兹成像效果对比。可以发现，电化学还原处理后的图像可揭示与铭文相关的大部分特征，如图 5-55（b）所示，太赫兹成像可以几乎呈现所有被铅氧化层遮蔽的特征，尤其是图 5-55（a）中虚线框标识的区域，太赫兹图像成功地显示了一些从未处理十字架上几乎看不到的铭文。根据观察到的特征，十字架上的铭文是用加洛林语小写草体书写的，语言为拉丁语。查尔斯·德·布鲁耶尔博物馆（Charles de Bruyere Museum）发现了拉丁语单词“tuum fat voluntas tua”和“quotidianum”的一部分，以及“dimitimus”和“tentatiem”，这些铭文都来自祈祷文。结果表明，太赫兹成像能以非破坏和非接触的方式对铅十字架上因氧化而模糊的铭文进行成像。值得注意的是，模糊铭文的成功显示主要取决于对宽带太赫兹脉冲高频分量的提取。

（4）太赫兹时域光谱在电力系统检测方面的应用

电力系统的安全事关国计民生，战略意义重大。近年来，电力系统的内外部安全威胁有所增加，因此建设更具感知能力、防御能力、弹性、恢复性、协作性和学习弹性的电网已成为电网建设的目标。发展各种电力材料无损检测技术已迫在眉睫。目前，金属材料无损检测技术已经成熟，如超声波和涡流技术已经充分应用于金属材料的检测。绝缘体、绝缘棒和其他非金属材料常用于关闭或打开高压隔离器，组装和拆卸便携式接地线，以及电力系统的测量和测试。如果绝缘棒中存在错层、缝隙、灰、渣等缺陷，很容易发生高压放电，引起电气火灾。目前，电力行业的非金属材料无损检测方法很少。太赫兹波可以穿透非金属绝缘材料，有望用于电力绝缘材料无损检测。

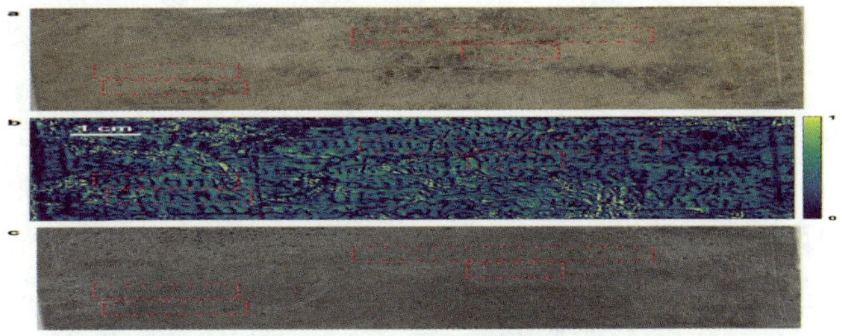

（a）

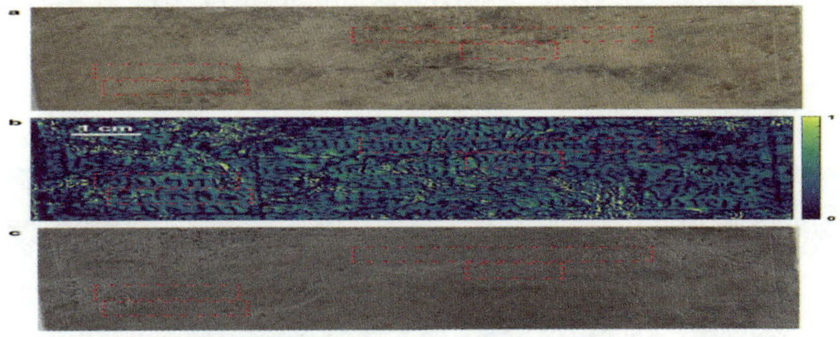

（b）

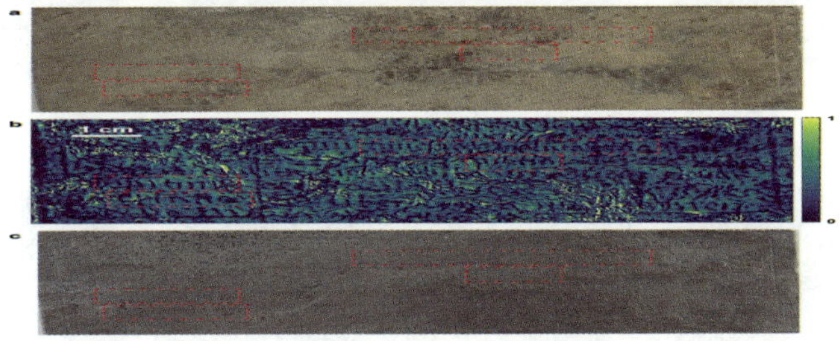

（c）

图 5-55　法国洛林拉蒙葬礼十字架表面的铭文提取

（a）原始图像；（b）经过电化学还原处理后的表面图像；（c）成像区域的太赫兹图像

Ⅰ. 复合绝缘子的缺陷识别

在电力系统中，复合绝缘子的内部缺陷常常导致其失效，进而引发绝缘子断裂和其他严重事故。目前，常用的复合绝缘子在线检测方法主要有电压和局部放电测量、红外温度测量、超声波测量、微波技术等。由于加工和制备技术的限制，复合绝缘子内部界面可能存在气隙。对于性能较差的绝缘体，其在长时间工作后，内部界面处可能会出现腐蚀缺陷。利用太赫兹波在界面中的传输规律不同，可对上述缺陷进行检测。当界面上存在气隙和侵蚀缺陷时，太赫兹波的反射和散射过程将受到影响，反射波的振幅和波形将发生变化，从而可以定性和定量地检测界面缺陷。

复合绝缘子通常由心轴、护套、裙部、端部安装件和分级环组成。一些绝缘体，如支柱绝缘体和复合横臂，用聚氨酯填充心轴。复合绝缘子的护套和裙部一般由硅橡胶制成，心轴由环氧树脂制成。在复合绝缘子中，最常见的缺陷类型是气隙缺陷，其可能出现在护套和心轴之间的界面处或界面内。

2020 年，清华大学张忠浩等利用反射太赫兹时域光谱无损检测方法对复合绝缘子的界面特性进行了评价[12]。研究者将硅橡胶板与环氧树脂纤维板连接，使聚氨酯在与环氧树脂纤维板连接的模具中固化，模拟绝缘体的多层结构，在环氧树脂纤维板表面开槽以模拟气隙缺陷。分析太赫兹波在硅橡胶板和环氧树脂纤维板中传播的透射谱，可以计算出硅橡胶板和环氧树脂纤维板的平均折射率分别为 1.907 和 2.220。2021 年，清华大学的蒋怀远等用同样方法设计并建立了一种可用于星形和圆柱形样品的太赫兹扫描系统，并使用太赫兹时域光谱和样品扫描系统检测缺陷 [13]。采集硅橡胶板和环氧树脂纤维板之间的界面以及环氧树脂纤维板和聚氨酯材料之间的界面的太赫兹时域信号并用于成像。图 5-56 所示为用信号绝对最大值、信号功率和包络面积成像的结果。可以看出，这三种成像方式均检测出两个不同位置的缺陷，然而信号绝对最大值成像方式在识别缺陷的效能方面相对较差，这是因为缺陷形状复杂且边缘不在扫描方向上。考虑到成像结果和实际缺陷的相似性，信号功率成像方式的性能最好，但该方式成像结果的边缘比包络面积成像的边缘更模糊，因此其星形图像边缘上有更多的缺失点。另一方面，包络面积成像的角度检测效果较弱。综上，与信号绝对最大值成像方式相比，包络面积成像和信号功率成像能够更好地识别缺陷，二者在缺陷形状识别和分辨率方面具有优势。

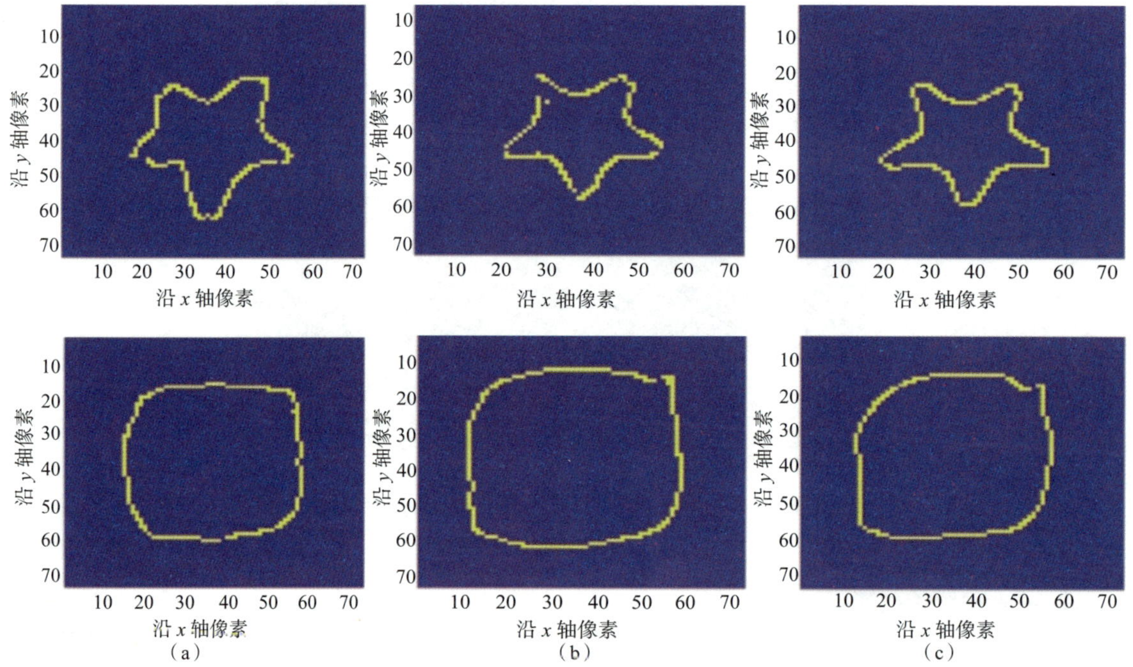

图 5-56　太赫兹脉冲的三种成像方式比较

(a)信号绝对最大值成像；(b)信号功率成像；(c)包络面积成像

Ⅱ. 绝缘油纸的缺陷识别

绝缘油纸是电力变压器的主要绝缘材料，与设备的运行风险密切相关。局部放电和故障的主要原因是场强集中在绝缘缺陷上。绝缘纸板中混入金属、炭黑等异物，以及存在气隙是绝缘油纸的常见缺陷。在绝缘油纸的生产过程中，会由于清洗不均匀、粘接溶剂挥发不完全，发生脱胶并形成气隙，导致绝缘油无法渗透，在腔体中形成缺陷。此外，在生产绝缘件的异形件湿成型工艺中，模具上的细小金属可以混入绝缘件形成异物缺陷。局部放电过程中产生的局部碳化微颗粒或微通道，以及湿度引起的局部湿气积聚，均可能导致绝缘油纸的局部场强集中，从而给设备的安全运行带来隐患。变压器绝缘材料通常在出厂前一般经过 X 射线法检查，以确定绝缘纸板或模塑件中是否混入异物。然而，这种方法很难检测出变压器内部绝缘部件存在的缺陷类型、位置和形状。目前，工业层析成像仪可以实现绝缘纸板缺陷的 3D 成像，但操作复杂且昂贵，且可能出现 X 射线泄漏。扫描电子显微镜（Scanning Electron Microscope，SEM）可以用于分析绝缘纸板的表面形态和材料成分，但其观察面积较小，无法检测绝缘纸板的内部缺陷。

2021 年，重庆大学的研究者利用太赫兹时域光谱研究针对绝缘油纸缺陷的无损检测方法 [14]。研究者以绝缘纸板的界面剥离、金属杂质混合和局部碳化痕迹 3 种典型缺陷为研究对象，建立了人工缺陷模型，测试和分析了缺陷模型中太赫兹脉冲波传播的时域和频域波形特征。结果表明，当绝缘纸板的厚度小于 5 mm 时，可以根据太赫兹时域信号的振幅值和延迟特性准确地获得典型内部缺陷的位置和尺寸，实现太赫兹时间内的频谱波形成像。该研究验证了利用太赫兹技术对绝缘纸板内部缺陷进行非接触无损检测的可行性。

多层复合绝缘是电力电缆、绝缘子、套管等高压设备中最常用的结构。由于每一层保温材料不同，在工作环境的应力作用下会表现出不同的收缩特性，这就可能导致每一层之间形成缝隙，进一步导致湿气侵入。电缆终端阻尼是多层复合绝缘结构中最典型的结构。在高温潮湿的环境中，由于密封不完全、暴露在空气中、长期中高频振动等综合影响，水分有可能侵入电缆终端阻尼的绝缘层甚至内层。水的侵入会使更多导电杂质黏附在复合绝缘结构上并破坏绝缘，这种局部电导的变化会导致电场畸变，最终导致击穿失效。

（5）太赫兹时域光谱在汽车与船舶检测方面的应用

汽车和船舶工业是国民经济的发动机。涂层厚度测量是涂层质量控制的重要组成部分。涂层厚度不合格将导致附着力不足和保护功能差。太赫兹时域光谱广泛应用于船体和汽车涂层厚度检测。

Ⅰ. 汽车涂层厚度测量

汽车行业的竞争非常激烈，需要最严格的在线质量控制过程。目前，世界范围内使用的车身涂层厚度测量是接触式的，有可能损坏车身的油漆和清漆，而且该方法测量的是整个涂层的厚度，而不是每一层的厚度，且只对金属基底有效，而对塑料部件（如后视镜和保险杠）无效。此外，有些涂层厚度检测方法只对平整的表面有效。

剑桥大学和阿斯顿 - 马丁公司基于太赫兹时域光谱技术开展车漆厚度测量，开发出用于汽车油漆厚度的实时测量和质量评估的新型太赫兹传感器 [15]。该传感器基于太赫兹脉冲成像原理，可测量金属和非金属基材上多达四层的汽车油漆的厚度和质量。该方法使用严格的一维电磁模型，分析太赫兹波在多层介质中的传播，计算出模拟反射时域太赫兹波形；然后通过迭代初始猜测厚度并使用最小平方法测量和模拟波形之间的剩余平方和；最后将测量的反射波形与模拟波形进行拟合，从而提取每个涂层的厚度。

太赫兹时域脉冲的最大优点在于其不仅能够测量平均厚度，而且能够测量整个样品表面涂层厚度的均匀性并检测油漆缺陷。太赫兹测量是在二维区域进行的，从而生成作为位置函数的厚度图，并能够清楚地显示整个表面涂层厚度的变化，这是决定油漆层质量的关键因素。

大众汽车（Volkswagen）采用西班牙达斯纳米（Das Nano）公司的方案，实现汽车涂层厚度的无损测量。Das Nano 公司开发了基于太赫兹时域光谱技术和专有算法的检测系统，以非破坏性的方式测量车身表面涂层的厚度，为汽车厂商提供涂装工艺信息，有助于减少材料和能源的消耗及不良件的数量，使整个工艺成本降低 15%，并相应降低对环境的影响。该系统允许对材料进行快速、非接触式的检测，并能实时测量每一层油漆层和湿、干、固化清漆层的厚度，从而使车企尽早发现缺陷工件。该系统全自动运行具有自校准功能，适用于金属、聚合物、复合材料等任何类型的基材，也适用于平面和曲面的检测，精度可达微米级。此外，该系统可以获取每个涂层厚度的实时数据，便于控制和监控涂层过程，以发现质量错误并及早纠正，覆盖整个喷漆工序。大众汽车在其纳瓦拉工厂安装了 Das Nano 公司的系统，这是世界上第一个油漆厚度的太赫兹时域光谱检测系统。自 2020 年 7 月起，该系统已成功全面运行。太赫兹无损检测可以显著降低喷漆工艺对环境的影响，例如在 Quanken 车辆生产线上使用的太赫兹时域光谱系统，可在每辆车的喷涂过程中减少 50 kW · h 的能量消耗，意味着大众公司的纳瓦拉工厂每年可节约 16 GW · h 以上的电力，相当于减少超过 7 000 t 的二氧化碳排放量。

汽车涂层的自动检测是汽车行业的大趋势。2021 年，机器人巨头企业 ABB 推出了基于太赫兹时域光谱技术的涂层厚度测量系统，该公司在工业机器人上安装了太赫兹频域传感测量系统[16]，研究了干聚合物涂层的光图案相互作用，并使用一种新的先进信号处理算法确定干聚合物涂层状态。该系统是第一个用于检查湿涂层的传感测量系统，可以准确预测涂层的最终干厚度，而无须涂层类型校准。图 5-57 所示为该太赫兹时域光谱传感器的光路设计和系统外形。在外壳内，两个光导太赫兹天线被布置在准直光路系统上，每个天线前面都有一个聚焦准直透镜，天线被连接到太赫兹时域光谱系统。由于汽车车身几乎均为曲面，并且传感器相对于喷漆车间检测区域的对齐并不完美。通过准直设计和聚焦设计，该系统优化了光学设计以适合曲面测量。

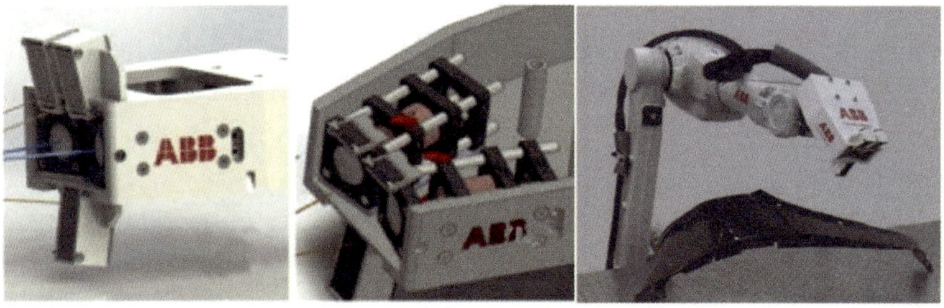

（a）　　　（b）　　　（c）

图 5-57　基于太赫兹时域光谱技术的涂层厚度测量系统

（a）传感器探头设计；（b）传感器光路设计；（c）实物图

Ⅱ. 船舶涂层厚度测量

有机保护涂层通常应用于海洋或海洋结构物的表面，在海洋金属结构物的防腐中发挥着重要作用。对保护涂层的健康进行监测，特别是对保护涂层的局部隐藏缺陷的无损检测、可能存在的涂层缺陷的检测和涂层性能的评价对海洋金属结构物的腐蚀降解监测具有实际意义。可靠的缺陷识别可以提供及时有效的维护，避免严重的后果。电化学技术、超声波检测、涡流检测、红外热波检测等传统方法被广泛应用于涂料层质量的表征。太赫兹时域光谱具有对有机保护涂层进行无损检测的能力，在工业应用中具有很大的潜力。

2021 年，福州大学涂万里等利用太赫兹脉冲成像技术研究各种多层有机保护涂层体系，探索太赫兹技术在保护涂层无损检测方面的能力[17]。研究者测量了几个有缺陷的涂层样品，比较有缺陷和无缺陷样品的测量结果，解释缺陷引起的信号变化，并进行有机保护涂层的结构分析、定量评价和缺陷识别。测量结果表明，可根据缺陷的产生原因，将有机保护涂层的缺陷分为金属腐蚀缺陷、油漆膨胀缺陷和油漆剥落缺陷。

另一个关键问题是缺陷涂层结构的可靠性检测，它直接影响太赫兹无损检测技术的广泛应用。有机保护涂层在腐蚀变质过程中，其化学和物理性能发生变化，形成各种缺陷，这些缺陷会降低涂层系统的防护性能。隐藏的腐蚀缺陷产生的原因主要是喷涂前对金属基板的表面预处理不充分，有金属氧化物残留、锈蚀等问题，或是在使用过程中由于海水长期渗透造成的金属化学腐蚀。

图 5-58 所示为腐蚀缺陷涂层太赫兹时域脉冲检测结果。图 5-58（a）显示了 x 方向上 8 个检测点的太赫兹时域脉冲信号；图 5-58（b）显示了样品表面 8 个检测点的位置；图 5-58 显示了样品表面 A 部位横截面的太赫兹图像。当用太赫兹时域脉冲检测样本时，图像的每个像素在时域上对应太赫兹脉冲反射波的峰值振幅。通过对扫描像素进行特定的处理，可以进一步获得涂料层的厚度。太赫兹时域脉冲检测可以发现基材在涂装过程中预处理不当导致的少量腐蚀和金属氧化物残留，有助于及时采取补救措施，清除基材上残留的金属氧化物。此外，还可以从二维太赫兹图像的空间数据中获取涂层的均匀性信息。

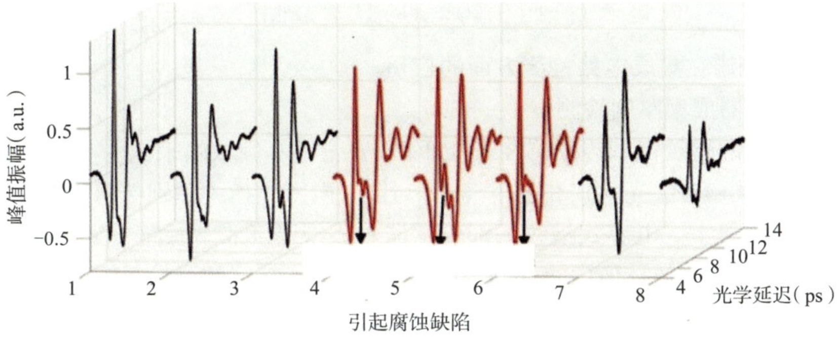

（a）

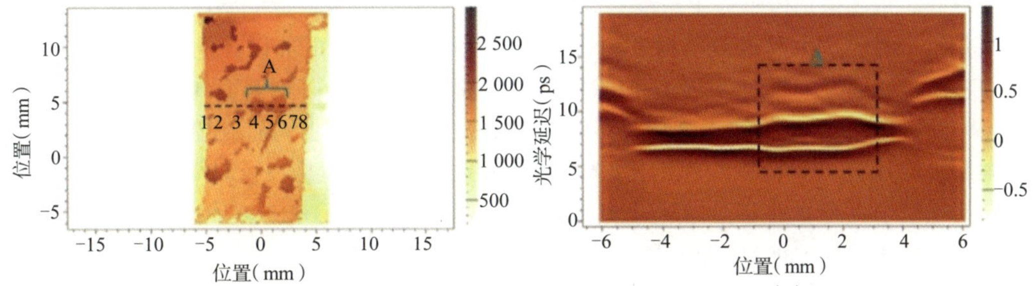

（a）　　　　　　　　　　　　　　　　（b）

图 5-58　防腐蚀涂层的太赫兹时域脉冲检测结果

（a）检测点的太赫兹时域脉冲信号；（b）检测点在样品表面的位置；（c）样品的横截面太赫兹图像

基材上残留的金属氧化物、金属腐蚀均会影响漆层，导致检测结果较为复杂。结果表明，太赫兹时域脉冲检测仍然可以准确地识别出这些腐蚀缺陷。结合相应的脉冲函数，可以对涂层下的腐蚀缺陷进行定量评价。除腐蚀缺陷外，太赫兹时域脉冲检测还可以识别油漆膨胀缺陷和油漆剥落缺陷。传统技术很难直接判断漆层界面分离是发生在相邻漆层之间还是涂层与金属之间，而太赫兹时域脉冲检测可以识别和区分这些缺陷。图 5-59 所示为存在涂层分离缺陷的涂层体系太赫兹时域脉冲信号。试验样品表面只涂防腐蚀漆和防污漆层。图 5-59（a）所示为存在油漆膨胀缺陷的涂层体系太赫兹时域脉冲波形，可见涂层分离发生在防污漆层，其是由于海水长期渗透导致的相邻漆层之间的分离。图 5-59（b）所示为存在油漆剥落缺陷的涂层体系太赫兹时域脉冲波形，油漆剥落主要是涂层与金属基体之间的附着力降低造成的。综上，太赫兹脉冲信号检测可以快速、清晰地区分和识别油漆膨胀缺陷和油漆剥落缺陷，有助于进一步评价涂层性能。

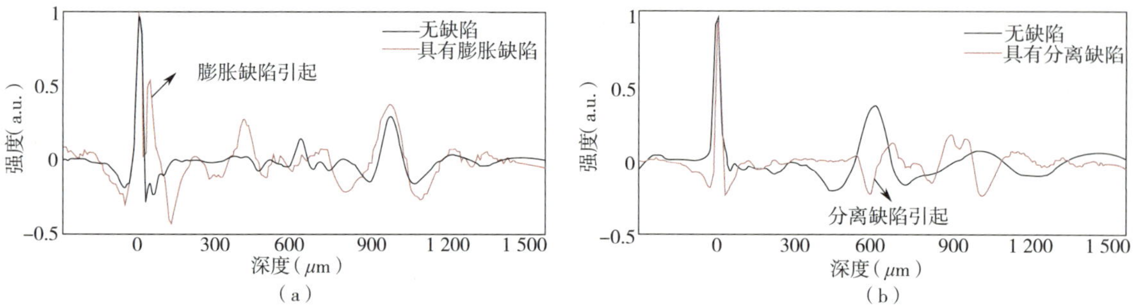

图 5-59 涂层样品的涂层体系太赫兹时域脉冲波形

(a)油漆膨胀缺陷;(b)油漆剥落缺陷

(6)太赫兹时域光谱在集成电路检测方面的应用

Ⅰ. 指纹识别传感器成型厚度检测

体积小、安全性高的指纹识别传感器在智能手机、安全锁等领域越来越受欢迎。目前,主要有 3 种指纹识别传感器,即电容式、光学式和超声波式。其中,电容式指纹识别传感器占据了大部分市场份额,尤其是在智能手机上。电容式指纹识别传感器对成型厚度非常敏感。为了捕捉指纹图形,成型层的厚度必须分布在一个估计值内,它需要在生产中使用高精度的测量系统,以更好地控制质量。

传统的测量方法是显微镜观察法,即通过在指纹识别传感器成型表面切割或钻孔,然后用显微镜测量成型厚度。这种方法会破坏设备,从而造成资金损失。此外,由于人的观察存在误差,该方法的重复性很低。指纹识别传感器生产线对高精度、高重复性的非破坏性成型厚度测量方法有重大需求。下面介绍一种利用太赫兹波高精度测量指纹识别传感器厚度的非破坏性方法。指纹识别传感器芯片的表面是一层塑封材料,用于保护芯片阵列和基板。从芯片阵列表面到成型表面的厚度称为塑封间隙厚度,该参数对于指纹识别传感器的性能至关重要,需要进行高精度测量。

用太赫兹时域光谱测量指纹识别传感器成型厚度的基本原理是飞行时间分析,原理如图 5-60 所示。太赫兹发射器产生非常短的脉冲太赫兹波,一部分脉冲太赫兹波被传感器表面反射,并被太赫兹探测器检测到;另一部分脉冲太赫兹波则进入指纹识别传感器的塑封材料并被模具表面反射,同样被太赫兹探测器检测到。利用这两个脉冲太赫兹波的时间延迟,即可计算塑封间隙厚度,如图 5-61 所示。

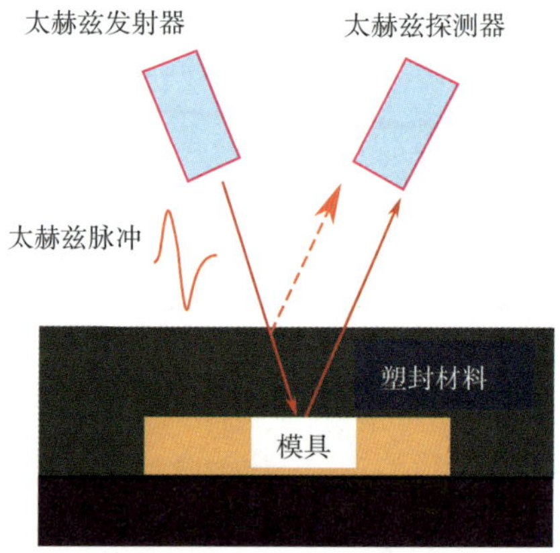

图 5-60 飞行时间的测量原理

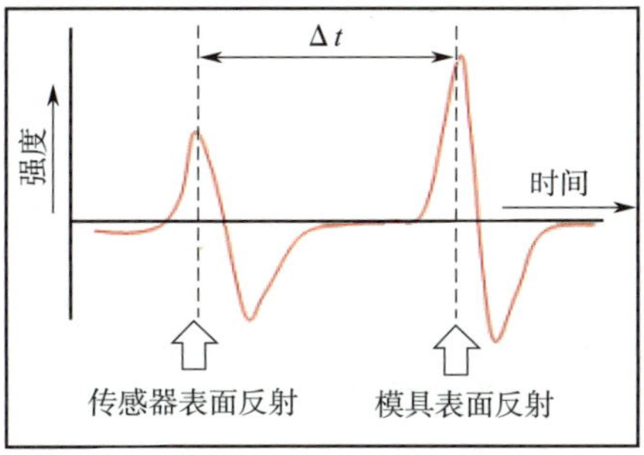

图 5-61　两个脉冲太赫兹波的时间延迟

在实验中，用太赫兹测厚仪测量被测指纹识别传感器的左边、中间和右边位置，然后切割指纹识别传感器条带并通过显微镜验证测量结果。结果表明，脉冲太赫兹波测量方法的测量精度在 ±4 μm 范围内[18]。

Ⅱ. 集成电路封装检测

随着集成电路技术的快速发展，行业对封装的要求越来越高。电子产品的发展趋势是薄、短、多功能、低功耗、快速度，进一步推动了封装技术的发展。目前，有许多先进的 2.5D 和 3D 封装方法，如系统级封装（System In a Package，SIP）、堆叠封装（Package on Package，PoP）、硅通孔（Through Silicon Via，TSV）和 3D 晶圆级封装（3D Wafer Level Package，3D WLP）。在高密度分布的 2.5D 和 3D 先进封装内，引线结构复杂，给失效分析带来了新的挑战。在集成电路（Integrated Circuit，IC）制造和封装过程中，非常容易出现引线故障导致的芯片失效，因此相关 IC 测试和故障分析非常重要。图 5-62 所示为一个典型的 2.5D 高级封装结构，包括硅通孔、C4 凸点、球栅阵列球等，封装引线宽度低至 5 μm。封装故障点可能出现在印刷电路板引线、封装引线、硅转接板、硅通孔、微凸点等，失效分析的定位精度要求小于 5 μm。

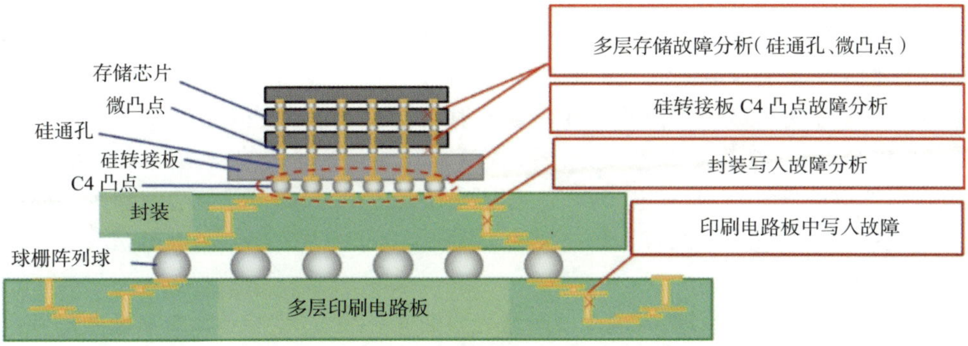

图 5-62　典型 2.5D 高级封装结构

集成电路的失效分析过程通常包括外观检查、*I-V* 电性能测试、封装无损分析、开箱物理分析等。如果能在封装层面检测到故障，将在很大程度上提升故障分析效率。因此，封装无损分析有重要意义。常用的封装无损检测方法包括发射显微镜法和示波器时域反射计（Time Domain Reflectometry，TDR）法。然而，这些无损检测方法的分辨率低，无法定位微米级的故障位置，行业亟须快速、准确、高分辨率的时域反射计。

时域反射计的工作原理如下：信号通过时域反射计中的介质发送脉冲信号；脉冲信号在经过封

装引线等传输环境时,如果遇到阻抗变化,会有一部分信号被反射回信号源;对引线的反射信号与参考阻抗产生的反射信号进行比较,即可得到封装引线的信息。

$$\rho = \frac{Z_L - Z_{ref}}{Z_L + Z_{ref}} \tag{5-2}$$

式中:ρ 为反射系数;Z_L 为待测点的阻抗;Z_{ref} 为参考阻抗(一般为 50 Ω,由测试系统决定)。

时域反射计的信号波形如图 5-63 所示。当封装引线上没有失效点时,阻抗匹配,反射系数 ρ 为零;当封装引线上有开路点(open)时,反射系数 $\rho = 1$,波形出现正峰信号;当封装引线上有短路点(short)时,反射系数 $\rho = -1$,波形出现负峰信号。

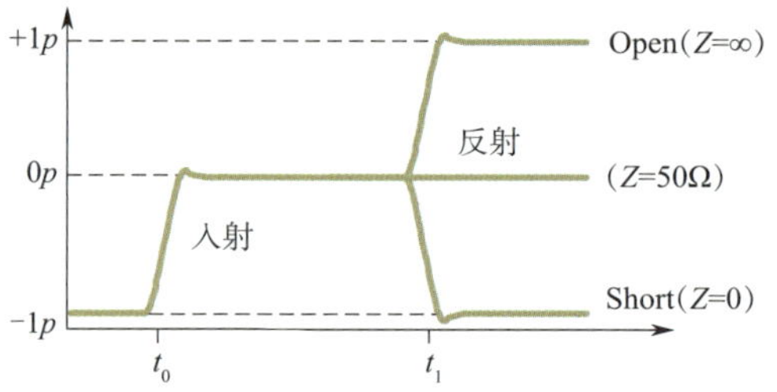

图 5-63　时域反射计信号波形

当出现阻抗不匹配时,出现正峰信号或负峰信号的时间差可以转化为传输距离。对于图 5-63 中的信号波形,引线失效点距离时域反射计探针接触点的距离 L 的计算公式为

$$L = \frac{c(t_1 - t_0)}{2\sqrt{\varepsilon}} \tag{5-3}$$

式中:$\sqrt{\varepsilon}$ 为材料的介电常数;c 为光速。

由于示波器上显示的时域反射计信号是阶跃信号,信号抖动较大。该方法的最大问题是分辨率不高,无法实现高分辨率故障定位。为了克服传统示波器时域反射计检测方法分辨率低的缺点,研究者提出了一种基于太赫兹波的高分辨率时域反射计。

太赫兹波结合了电磁波和光波的优点。与 X 射线等短波电磁波相比,太赫兹波的光子能量低,无电离辐射,安全可靠;与微波和毫米波相比,太赫兹波具有更好的波长,测量和成像分辨率更高。太赫兹波可以穿透非极性材料,如芯片封装、食品、医药、纺织品、高分子复合材料等,具有可见光和红外光无法比拟的穿透优势。结合太赫兹波的上述特性,可以开发出高频太赫兹信号源,并应用于时域脉冲反射计。

太赫兹脉冲时域反射计原理:用两个飞秒激光泵浦光导线,产生高频太赫兹脉冲信号;飞秒激光器的中心波长为 1 550 nm,脉冲宽度为 50 fs,重复频率在 50 MHz 附近,但 2 个激光器的重复频率略有不同;利用两个飞秒激光器的差频时延,可以实现高频太赫兹信号的产生和检测;高频太赫兹信号通过探针接触芯片的引脚,使信号在封装引线中传播;当封装引线上没有开路点时,高频太赫兹信号沿引线向前传播;当封装引线上有开路点时,信号会反射回正峰脉冲信号;当封装引线上有短路点时,信号会反射回负峰脉冲信号[19]。

与传统的时域反射计相比,太赫兹时域脉冲反射计发送太赫兹脉冲信号,信号的上升时间大大减小(由 200 ps 减至 12 ps)。传统时域反射计的脉冲信号由示波器产生,信号抖动约为 1 ps;而太赫兹脉冲时域反射计的脉冲信号由飞秒激光器产生,信号抖动小于 30 fs。传统时域反射计的定位分辨率为几百微米；而由于太赫兹脉冲时域反射计的信号抖动很小，可以保证故障定位分辨率小于 5 μm。

采用 3 种含引线故障的芯片样本，对太赫兹脉冲时域反射计的故障定位性能进行了表征。3 种故障芯片样品均含有直线引线，分别在 3、5 和 20 mm 处存在开路故障，如图 5-64 所示。

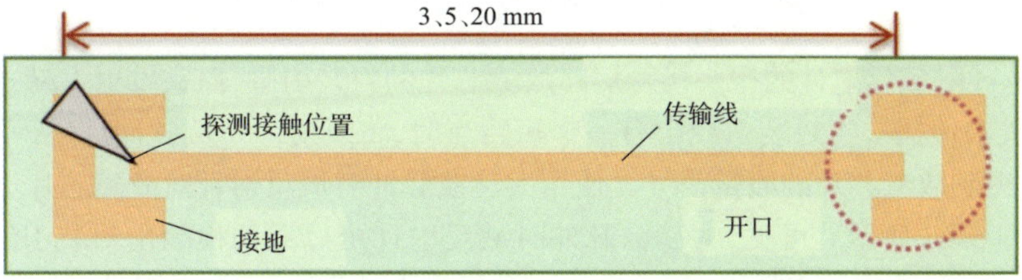

图 5-64 存在封装引线开路故障的芯片样品

在实际测量过程中，首先使太赫兹脉冲时域反射计的探头接触无故障芯片的封装引脚，探头发射高频太赫兹脉冲信号并使信号在封装引线中传播，获取参考信号；然后使太赫兹脉冲时域反射计的探头接触故障芯片的封装引脚，探头发射太赫兹脉冲信号并使信号在封装引线中传播。当封装引线中有一个开路点时，将反射一个正脉冲信号，系统接收并处理该信号后，可以得到故障芯片的测量信号。使用太赫兹脉冲时域反射计对故障芯片进行开路故障点测试的结果如图 5-65 所示。可见，脉冲峰的位置随故障点的位置线性变化，峰值也随故障点位置有所衰减。通过分析参考信号，可以得到引线的介电系数。通过在测量信号中引入介电系数，可以将反射脉的峰值位置转换为故障点到探测点的距离，从而定位故障点。经过图 5-65 的转换，可以看到太赫兹脉冲时域反射计可以成功检测出封装引线上 3、5 和 20 mm 处的开路故障。

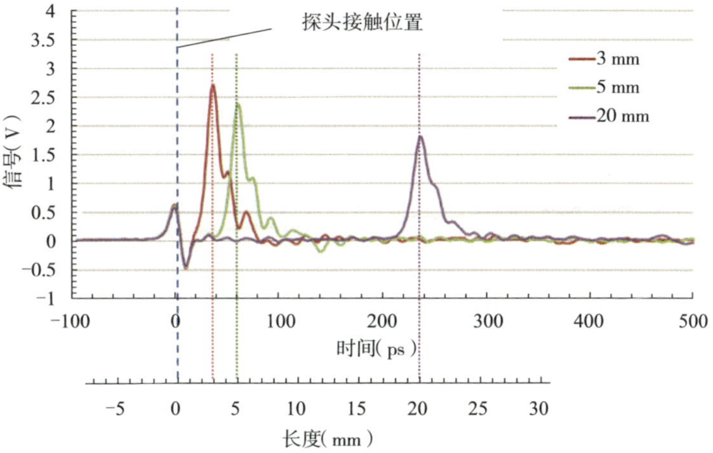

图 5-65 封装引线的开路故障测量结果

为了进一步表征太赫兹脉冲时域反射计的故障定位性能，继续测试了 3 种包含封装引线短路故障的芯片样品，如图 5-66 所示。其中，在这 3 种故障芯片样品中，分别在封装引线的 3、5 和 20 mm 处存在短路故障点。

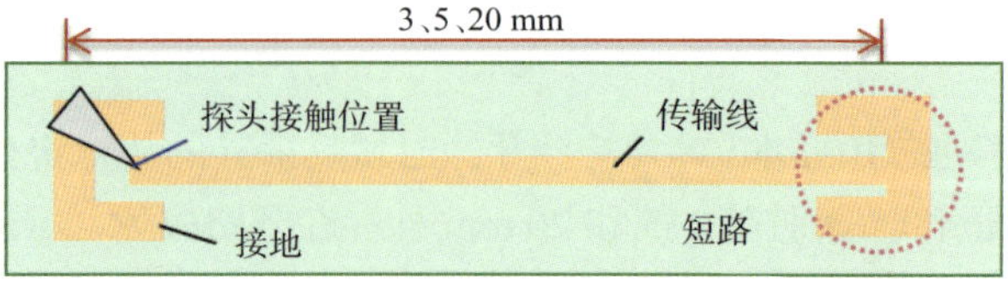

图 5-66　存在封装引线短路故障的芯片样品

使太赫兹脉冲时域反射计的探头接触短路故障芯片的封装引脚，探头发射太赫兹脉冲信号并使信号在封装引线中传播。当封装引线中有一个短路点时，将反射一个负脉冲信号，系统接收并处理该信号后，可以得到故障芯片的测量信号。使用太赫兹脉冲时域反射计对故障芯片进行短路故障点测试的结果如图 5-67 所示。可见，太赫兹脉冲时域反射计可以成功检测出封装引线上 3、5 和 20 mm 处的短路故障，测试值与实际值一致，成功实现了芯片封装的失效分析和故障定位。

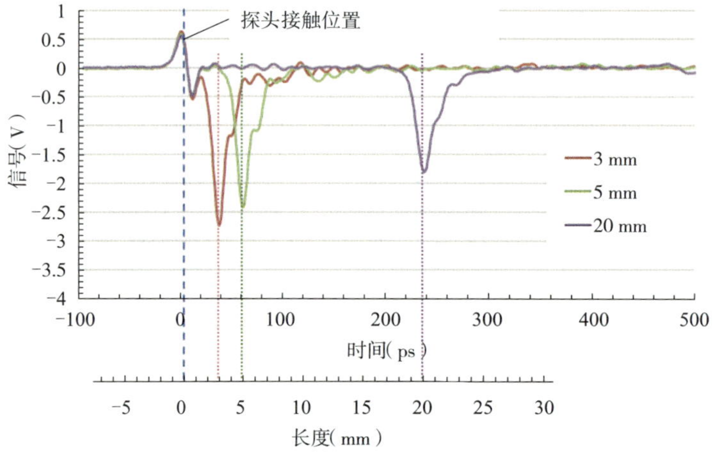

图 5-67　封装引线的短路故障测量结果

芯片的 2D 和 3D 封装等先进封装对失效分析提出了新的要求，需要实现微米级别的 3D 封装故障定位。太赫兹脉冲时域反射计是对芯片进行先进封装失效分析的有效方法。利用太赫兹技术，发射超短脉冲信号，可实现微米级别的定位分辨率。结果表明，太赫兹脉冲时域反射计可以直观、快速定位芯片封装引线的故障点，实现先进封装的失效分析。

参考文献

[1] 耿兴宁，徐德刚，李吉宁，等 . 太赫兹波在飞行器等离子体鞘套中的传输特性 [J]. 强激光与粒子束，2020，32：033101.

[2] IEEE Standard for High Data Rate Wireless Multi-Media Networks-Amendment 2：100 Gb/s Wireless Switched Point-to-Point Physical Layer：IEEE Std 802.15.3 d—2017[S]. IEEE-SA Standards Board，2017.

[3] WANG S，LU Z，LI W，et al. 26.8-m THz wireless transmission of probabilistic shaping 16-QAM-OFDM signals[J]. APL photonics，2020，5(5)：056105.

[4] LI O P，HE J，ZENG K，et al. Integrated sensing and communication in 6G a prototype of high

resolution THz sensing on portable device[C]//2021 joint European conference on networks and communications & 6G summit（EuCNC/6G Summit），2021：544-549.

[5] JIA S，LO M C，ZHANG L，et al. Integrated dual-laser photonic chip for high-purity carrier generation enabling ultrafast terahertz wireless communications[J]. Nature communications，2022，13（1）：1-8.

[6] 安德越，武帅 . 被动式太赫兹成像人体安全检查设备发展现状 [J]. 中国安全防范技术与应用，2021（5）：15-18.

[7] 陶磊 . 简述太赫兹人体安检技术的发展与应用 [J]. 中国安全防范技术与应用，2021（5）：11-14.

[8] LIU L H，HE G Q，WU L，et al. Non-destructive detection of tobacco filter capsule by terahertz time domain spectroscopy[C]//2021 46th international conference on infrared，millimeter and terahertz waves（IRMMW- THz），2021：1-2.

[9] 刘炳伟 . 民机复合材料缺陷检测技术研究 [M]. 德阳：中国民用航空飞行学院，2020.

[10] INUZUKA M，KOUZUMA Y，SUGIOKA N，et al. Investigation of layer structure of the takamatsuzuka mural paintings by terahertz imaging technique[J]. Journal of infrared，millimeter，and terahertz waves，2017，38：380-389.

[11] DONG J，RIBEIRO A，VACHERET A，et al. Revealing inscriptions obscured by time on an early-modern lead funerary cross using terahertz multispectral imaging[J]. Scientific reports，2022，12（1）：3429.

[12] 张中浩，梅红伟，刘建军，等 . 基于太赫兹波的复合绝缘子界面检测研究 [J]. 中国电机工程学报，2020，40（3）：989-998.

[13] JIANG H，MEI H，BIAN X，et al. Detection of double-layer air gap defects based on terahertz imaging method[C]//2021 IEEE international instrumentation and measurement technology conference（I2MTC），2021：1-5

[14] LI J，YANG L，HE Y，et al. Terahertz nondestructive testing method of oil-paper insulation debonding and foreign matter defects[J]. IEEE transactions on dielectrics and electrical insulation，2021，28（6）：1901-1908.

[15] SU K，SHEN Y，ZEITLER J A. Terahertz sensor for non-contact thickness and quality measurement of automobile paints of varying complexity[J]. IEEE transactions on terahertz science and technology，2014，4（4）：432-439.

[16] MECHELEN J L M van，FRANK A，MASS D J H C. Thickness sensor for drying paints using THz spectroscopy[J]. Optics express，2021，29：7514-7525.

[17] TU W，ZHONG S，LUO M，et al. Non-destructive evaluation of hidden defects beneath the multilayer organic protective coatings based on terahertz technology[J]. Frontiers in physics，2021，9：304

[18] LIU L H，JIANG H T，WANG Y，et al. Fingerprint sensor molding thickness none destructive measurement with terahertz technology[C]//2017 China semiconductor technology international conference（CSTIC），2017：1-3.

[19] 刘龙海，谢剑华，张彦华 . 太赫兹脉冲时域反射计及其在先进封装失效分析的应用 [J]. 中国集成电路，2018，27（7）：69-72.

第6章

太赫兹波若干功能器件：调制器件、吸收器件及偏振器件

6.1　太赫兹波调制器件

太赫兹通信集成了微波通信与光通信的优点，在星际通信、短程大气通信以及室内宽带无线通信方面具有广阔的前景。然而，作为太赫兹通信系统核心器件，太赫兹波调制器目前仍存在调制速率低、带宽窄、调制深度小等不足。目前，对太赫兹波调制器的研究已经成为太赫兹波高速和宽带通信系统亟须解决的关键技术之一。

6.1.1　基于 ABO3 型铁电晶体的太赫兹波调制器件

太赫兹功能器件是太赫兹研究领域中非常重要的一部分，其中基于铁电材料的太赫兹波调制器件，由于其重要的研究和应用价值而受到广泛关注。本章着重于研究基于钛酸铜钙陶瓷和近化学计量比铌酸锂晶体等铁电材料在太赫兹波段的调制特性。

（1）基于钛酸铜钙铁电材料的太赫兹波调制特性研究

钛酸铜钙（$CaCu_3Ti_4O_{12}$，CCTO）是一种具有钙钛矿立方晶系结构的复杂氧化合物，在晶体学上属于 Im3 空间群，常温下的晶格常数约为 0.739 1 nm。自 2000 年被萨勃拉曼尼亚（Subramanian）等报道以来，CCTO 引起了各国研究者的极大兴趣。CCTO 在室温下具有反常的巨介电特性，其介电常数可达 10^5 量级。

图 6-1（a）所示为室温下 CCTO 陶瓷材料的复介电常数 $\tilde{\varepsilon}(f)$ 的实部 $\varepsilon'(f)$（相当于通常的介电常数）随频率的变化曲线，以及该材料在不同功率密度的外加光场作用下的数值的波动，可见曲线在低频范围内有一些振荡，这是由测量时的背景噪声及空气中的水蒸气吸收导致的。在 0.6~1.6 THz 的频率范围内，CCTO 并没有表现出巨介电性质，其介电常数为 65~75（对应的折射率为 8.1~8.7）。当对样品施加中心波长为 532 nm 的外加光场后，材料的介电常数随着外加光场的功率密度的增大，表现出非线性的减小。材料介电常数的减小表现出一定的可调谐性，当外加光场的功率密度为 750 mW/cm^2 时，材料的介电常数比无外加光场时减小了 7%[1]。图 6-1（b）所示为该材料复介电常数的虚部 $\varepsilon''(f)$ 随频率的变化曲线，虚部又称为损耗因数，是复介电常数的损耗项。

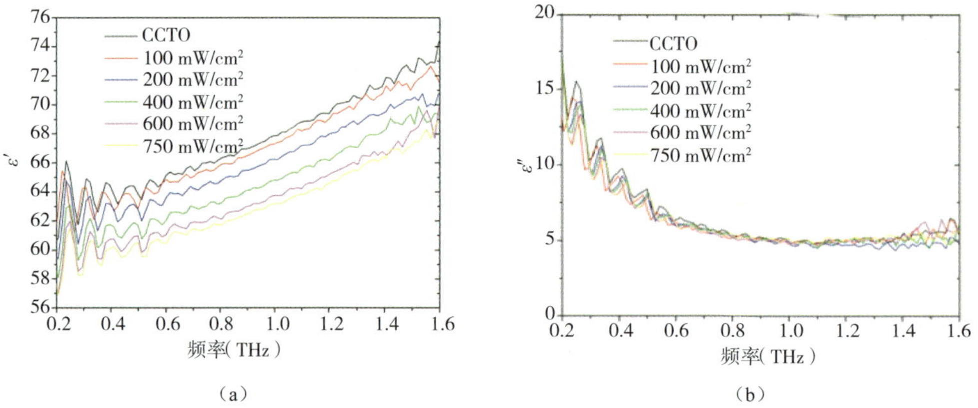

图 6-1　室温下 CCTO 陶瓷材料在不同外加光场作用下的复介电常数

（a）实部（介电常数）；（b）虚部（介电损耗因数）

（2）基于铌酸锂铁电材料的太赫兹波调制特性研究

铌酸锂（$LiNbO_3$，LN）晶体是一种具有电光、声光、压电、铁电、热电、光弹、非线性光折变及激光活性等多种效应的人工晶体，并且在进行不同掺杂后可以表现出各种特殊的性能。LN 晶体是迄今为止所发现的光学性能最多、综合指标最好的晶体之一。图 6-2 所示为室温下 near-SLN:Fe 单晶在不同外加光场作用下的太赫兹复折射率 $\tilde{n}(f)$ 和复介电常数 $\tilde{\varepsilon}(f)$ [2]。

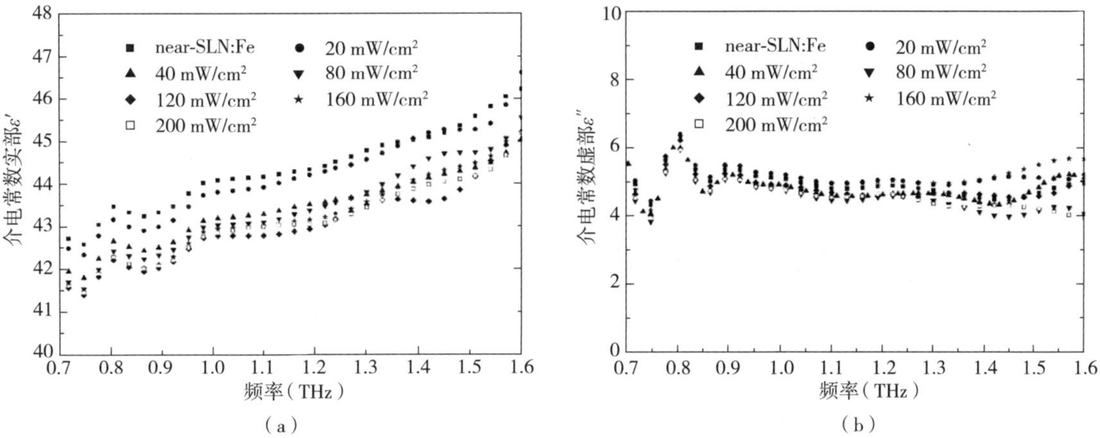

图 6-2　室温下 near-SLN:Fe 单晶在不同功率密度的外加光场作用下的复介电常数

（a）实部；（b）虚部

如图 6-2 所示，在 0.7~1.6 THz 频率范围内，near-SLN：Fe 单晶的介电常数为 42~46（对应的折射率为 6.5~6.8）。对样品施加外加光场后，当外加光场的功率密度小于 120 mW/cm^2 时，材料的介电常数随着外加光场功率密度的增大表现出非线性的减小，表现出一定的可调谐性。当外加光场的功率密度为 120 mW/cm^2 时，调制深度（Modulation Depth，MD）可达 3%。当外加光场的功率密度在 160 mW/cm^2 左右时，材料的介电常数突然增大，然后随着外加光场功率密度的增大继续缓慢减小。由图 6-2（b）可以看出，near-SLN：Fe 单晶的复介电常数的虚部在外加光场的作用下并没有出现特别明显的变化，这也意味着其介电损耗并没有出现很大的变化。产生这种现象的原因如下：在外场作用下，材料内部有两种损耗机制，传导损耗 $\tan\delta_R$ 和固有损耗 $\tan\delta_C$。当施加外加光场时，材料的固有损耗随着外加光场功率密度的增大而减小，而传导损耗随着外加光场功率密度的增大而增大。这两种损耗机制的作用发生了相互抵消，从而造成了宏观上材料的介电损耗因数在外加光场作用下变化较小。

6.1.2　基于 ABO_3 型铁电薄膜的太赫兹波调制器件

随着太赫兹通信技术的快速发展，人们对太赫兹波调制器在小型化、集成化、高效率方面的需求越来越大。由于铁电薄膜材料的带内跃迁效应小，介电、压电、铁电性能稳定，在太赫兹波调制器件的应用方面具有很大的潜力。

图 6-3 所示为室温下铂（Platinum，PT）单层薄膜、铅锆钛 [$Pb(Zr, Ti)O_3$，PZT] 单层薄膜、PZT/PT 超晶格薄膜在不同光功率的外加光场作用下的复介电频谱图。其中，Re（ε）为复介电常数的实部，Im（ε）为复介电常数的虚部，数据点是实验值，实线是由实验值拟合出的曲线。由图 6-3 可以看出，PT 单层薄膜、PZT 单层薄膜和 PZT/PT 超晶格薄膜的复介电常数的实部随着外加光场光功率的增大而增大。

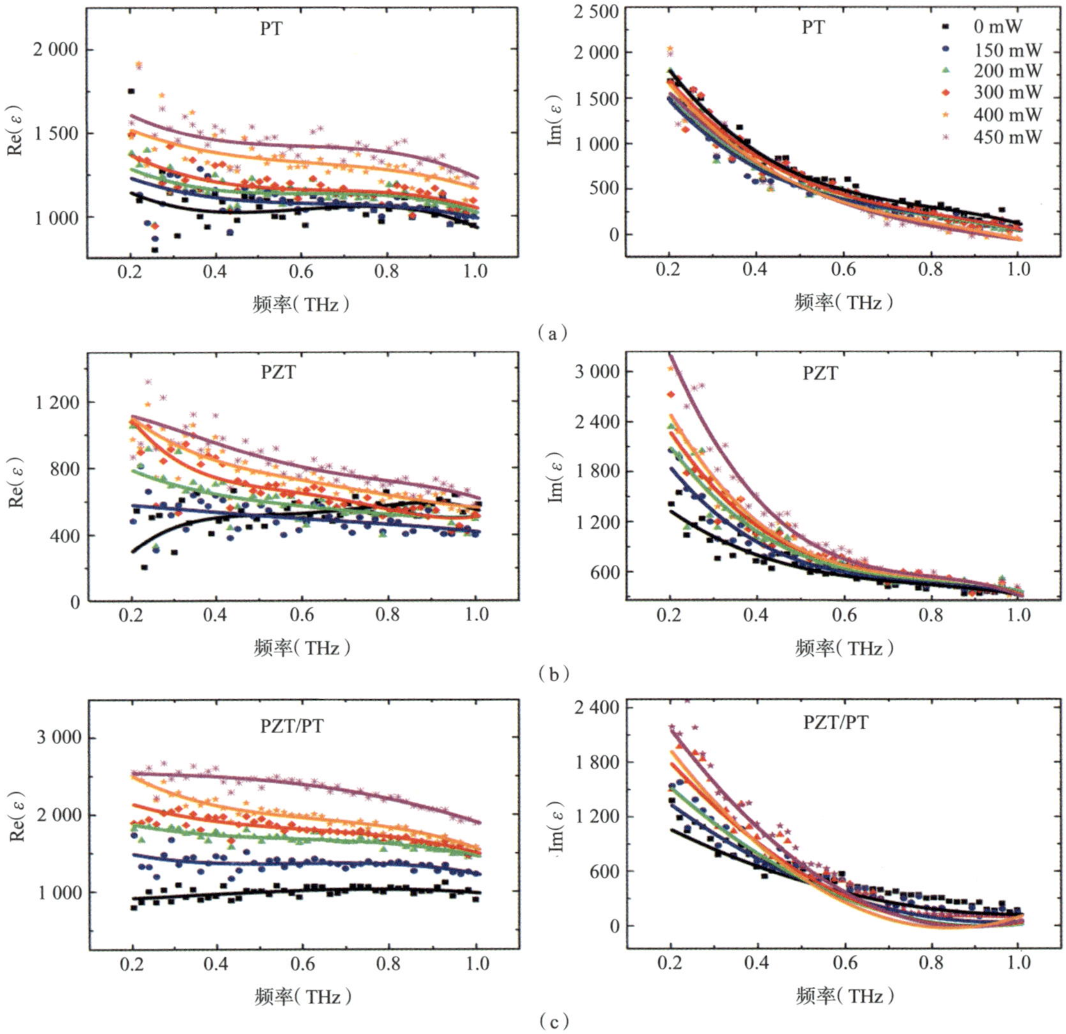

图 6-3　室温下 PT 单层薄膜、PZT 单层薄膜及 PZT/PT 超晶格薄膜在不同光功率的外加光场下的复介电频谱

(a)PT 单层薄膜;(b)PZT 单层薄膜;(c)PZT/PT 超晶格薄膜

实验结果表明,相对于 PT 或 PZT 单层薄膜,相同厚度的 PZT/PT 超晶格薄膜由于内部存在更多界面,对外加光场光功率的变化更为敏感,其介电常数的变化随光功率的变化更大,从而能够更大限度地实现对太赫兹波的幅度和相位的调制。为了比较不同周期结构的 PZT/PT 超晶格薄膜在可调谐光场作用下的太赫兹波调制特性,制备了 3 种薄膜结构,分别为$(PZT/PT)_1$、$(PZT/PT)_2$ 和$(PZT/PT)_3$,如图 6-4 所示。这 3 种薄膜由厚度相同的 PT、PZT 铁电单层薄膜循环生长而成, PT、PZT 单层薄膜的厚度分别为 25.7 和 22.3 nm。$(PZT/PT)_1$ 指在 Si-SiO_2 基底上生长了 1 个周期的 PZT/PT 超晶格薄膜,$(PZT/PT)_2$ 指在基底上生长了 2 个周期的 PZT/PT 超晶格薄膜,$(PZT/PT)_3$ 则指在基底上生长了 3 个周期的 PZT/PT 超晶格薄膜。因此,这 3 种薄膜均为由 PT 和 PZT 单层薄膜组成的多层超晶格薄膜,但是由于生长周期不同,而有不一样的界面层数和厚度。

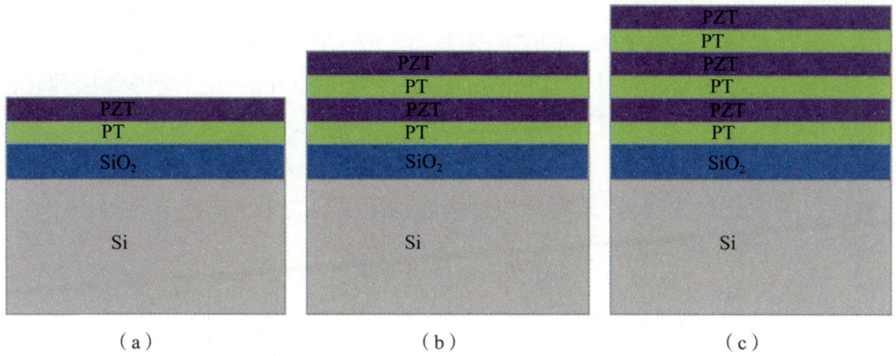

图 6-4　不同周期结构的 PZT/PT 超晶格薄膜结构示意

(a)$(PZT/PT)_1$;(b)$(PZT/PT)_2$;(c)$(PZT/PT)_3$

进一步研究这 3 种超晶格薄膜的光电性能与外加光场对其的影响。图 6-5 所示为 3 种超晶格薄膜在 0.3、0.5 和 0.7 THz 处，其复介电常数随外加光场光功率的变化。可以发现，$(PZT/PT)_1$ 超晶格薄膜的介电常数的实部和虚部均大于另外 2 种超晶格薄膜，这是由于 $(PZT/PT)_1$ 的厚度最小。研究发现，介电常数与厚度负相关，因此 $(PZT/PT)_1$ 的介电常数最大。另外，相较于没有外和光场作用时，在波长为 532 nm 的外加光场作用下，$(PZT/PT)_1$、$(PZT/PT)_2$ 和 $(PZT/PT)_3$ 的复介电常数的实部和虚部均增大，尤其在 0.3 THz 频率处更为明显。当外加光场光功率从 0 mW 调至 450 mW 时，在 0.3 THz 处，$(PZT/PT)_1$ 的复介电常数的实部从 9 460 增至 11 412，虚部从 8 861 增至 10 647；$(PZT/PT)_2$ 的复介电常数的实部从 4 664 增至 5 216，虚部则从 4 324 增至 4 838；$(PZT/PT)_3$ 的复介电常数的实部从 3 148 增至 3 308，虚部从 2 863 增至 3 074。经过比较可以发现，$(PZT/PT)_1$ 的介电特性受外加光场的影响更为显著，并且相对于高频、低频处的介电常数受外加光场光功率的变化影响更为明显，这是由于外加光场所引起的载流子运动、畴壁运动等现象使超晶格中的弛豫现象更为明显。

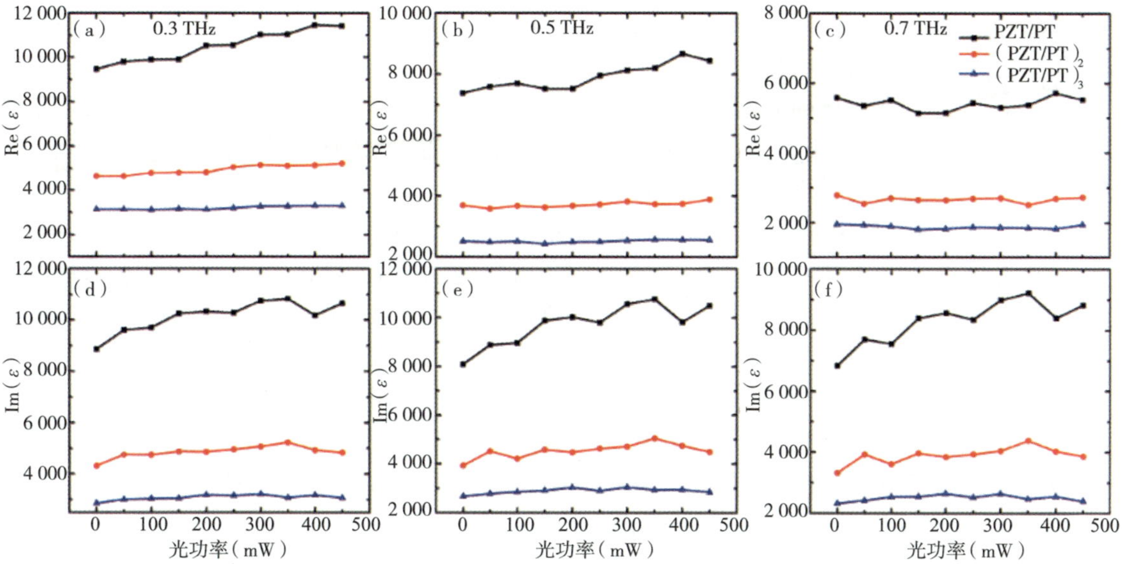

图 6-5　$(PZT/PT)_1$、$(PZT/PT)_2$ 和 $(PZT/PT)_3$ 复介电常数随外加光场光功率的变化

在外加光场作用下，$(PZT/PT)_1$、$(PZT/PT)_2$ 和 $(PZT/PT)_3$ 的折射率随外加光场光功率的变化如图 6-6 所示。可以发现，$(PZT/PT)_1$、$(PZT/PT)_2$ 和 $(PZT/PT)_3$ 的折射率与外加光场光功率线性相关；随着光功率的增大，折射率也同时增大。当波长为 532 nm 的外加光场施加到超晶格薄膜上时，被激发的载流子形成内建电场，且随光功率的增大，内建电场的强度也随之增大，最终实现对铁电薄膜介电特性的调制。另外，对 3 种超晶格薄膜折射率的变化进行比较，可以发现单周期结构的 $(PZT/PT)_1$ 的折射率变化最为显著，其对外加光场光功率的变化最为敏感。这是由于铁电超晶格薄膜越薄，其对外加光场的作用就越敏感。

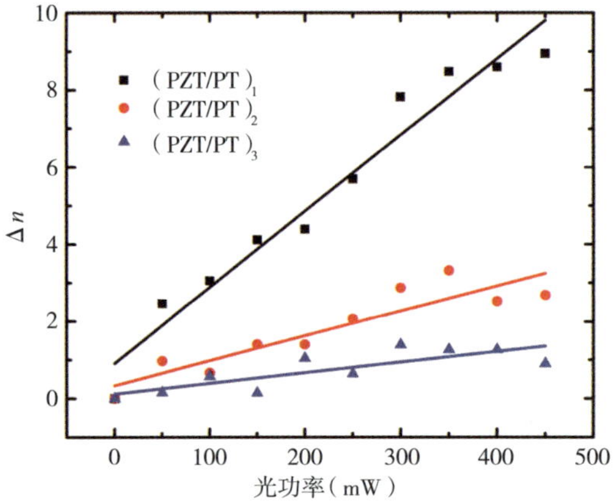

图 6-6　在外加光场作用下 $(PZT/PT)_1$、$(PZT/PT)_2$ 和 $(PZT/PT)_3$ 的折射率随外加光场光功率的变化

6.1.3　基于雪崩效应的太赫兹波调制器件

雪崩效应指电压增大到一定数值时，载流子的倍增作用像雪崩一样，增加得多而快。在强电场作用下，半导体中的载流子被加热，因此部分载流子获得较高的能量；然后这些载流子可以通过碰撞将能量传递给其他载流子并使之发生电离，产生自由电子 - 空穴对；产生的自由电子 - 空穴对在电场作用下相向运动，从而又产生新的自由电子 - 空穴对，这就是雪崩效应，又称作雪崩击穿。在发生雪崩击穿的情况下，半导体的电导率主要取决于雪崩击穿产生的载流子浓度，当载流子的浓度足够高时，半导体材料可以实现对太赫兹波近乎完美的调制。因此，可以通过改变雪崩效应产生的载流子数量，实现对太赫兹波的动态调制。

当在外部电源的作用下发生雪崩击穿时，雪崩晶体管中的载流子数量迅速增加，导致器件整体的电导率发生变化，进而使从器件中间通过的太赫兹波被调制。在雪崩状态下，载流子的浓度随外界条件的变化迅速变化，因此在测量时很难确定不同的雪崩状态对太赫兹波的调制情况。

本小节研究基于雪崩效应的太赫兹波调制器件的性能，该研究使用电压电流源，通过调节器件的外部电流，使器件处于不同的雪崩状态，再利用太赫兹时域光谱（Terahertz Time-Domain Spectroscopy，THz-TDS）技术搭建实验系统对不同电流下的器件进行测试，得到相应的太赫兹信号，进而分析器件的物理特性。THz-TDS 实验系统的原理、雪崩晶体管（THz-ABT）的原理、截面结构和物理特性如图 6-7 所示。

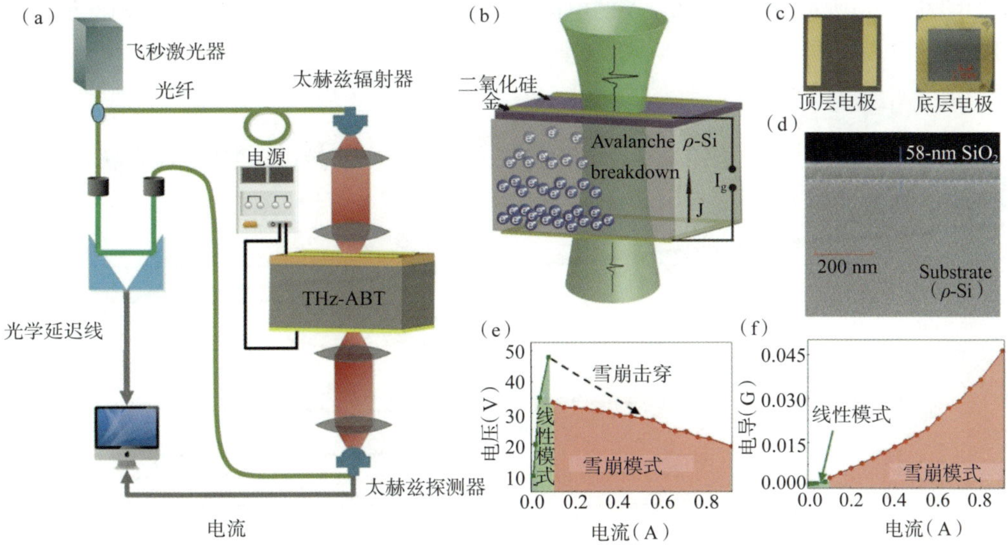

图 6-7　太赫兹时域光谱实验系统的原理以及雪崩晶体管的原理、外形、截面结构和物理特性

(a)THz-TDS 实验系统;(b)太赫兹雪崩晶体管示意;(c)顶部电极和底部电极外观;(d)雪崩晶体管截面 SEM 图像;(e)雪崩晶体管在线性和雪崩模式下的 *I-V* 特征曲线;(f)*I-G* 特征曲线

雪崩晶体管由热干氧氧化方法制备的约 58 nm 厚的 SiO_2 层和 300 μm 厚的低阻 P 型 Si 组成,器件的顶层电极和底层电极如图 6-7(c)所示。其中,硅片的面积为 12 mm × 12 mm。雪崩晶体管的顶层电极由 2 个条形电极组成,其长度均为 10 mm,宽度为 2 mm。在底层电极表面,环形金属电极的外围边长为 12 mm、宽度为 2 mm,中间未覆盖电极的面积为 10 mm × 10 mm。雪崩晶体管横截面的扫描电子显微镜(Scanning Electron Microscope, SEM)图像如图 6-7(d)所示,可以看出 SiO_2 层的物质较为均匀、密实性好,没有明显的缺陷。

雪崩晶体管在雪崩模式下的 *I-V* 特性曲线和相应的 *I-G* 特性曲线分别如图 6-7(e)和(f)所示。可以看出,当电压逐渐增大到 50 V 左右时,电流在线性模式下小幅线性增大;之后,发生电流突然增大和电压突然降低,即发生电压、电流跳变,与此同时电导急剧增加,这种异常现象意味着 P 型硅进入了可逆的雪崩模式。

在线性模式中,电源作为恒压源,器件的电流会随外加电压的升高略有增大。在线性模式中,器件的总电阻相当大,主要原因是 SiO_2 是绝缘体。当电压接近临界值(约 50 V)时, SiO_2 层发生隧穿效应,导致其电阻突然降低,在这种情况下, P 型硅所受的电压急剧增加,发生雪崩击穿。考虑到使用的电源具有总输出功率的保护值,器件是在电压急剧降低和电流达平衡值的情况下过渡到雪崩模式的。在这种雪崩模式下,电源处于恒流源工作模式。因此,器件的电流大小可以通过电源电流的调节而发生改变。之后,当电流被小心地从雪崩击穿点(0.5 A)调低到约 0.1 A 时,器件仍然在雪崩模式下工作。然后,将电流从 0.1 A 逐渐上升到 0.9 A,相应的电压随着电流的增大而减小。因此,可以通过调节电流的大小,分别得到器件的太赫兹波时域信号,从而分析器件在不同电流下的物理特征与其太赫兹波调制特性。

图 6-8 所示为雪崩晶体管太赫兹器件在雪崩模式下的物理特性。由图 6-8(a)可知,电流的增大会导致器件传输的太赫兹脉冲发生显著衰减;当电流为 0.9 A 时,经过器件的太赫兹脉冲的振幅几乎消失,这表明器件的调制深度相当高。器件在 0.1、0.3、0.4、0.5 和 0.9 A 电流下的频域太赫兹波

透射率如图 6-8(b)所示。可见,在 0.9 A 的电流下,在较宽的频率范围内,器件的透射光谱几乎为零。器件的太赫兹波透射率表达式为

$$t(f)=\left|E_{s}(f)/E_{r}(f)\right| \tag{6-1}$$

式中:$E_s(f)$、$E_r(f)$ 分别为通过样品和空气传输的太赫兹频率信号,该信号是由太赫兹波时域信号通过傅里叶变换得到的。

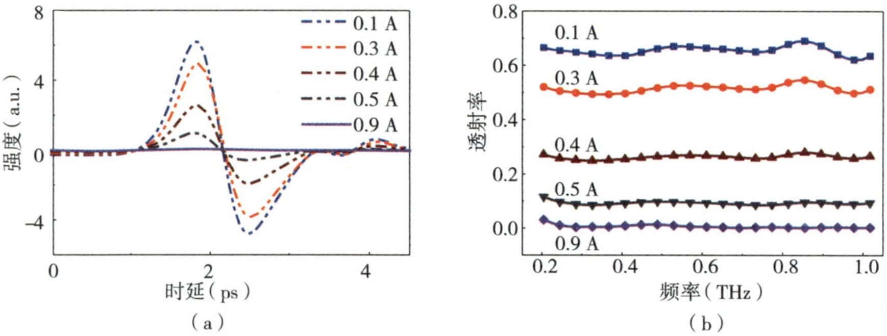

图 6-8 雪崩晶体管太赫兹器件在雪崩模式下的物理特性

(a)不同电流下的时域太赫兹信号;(b)不同电流下的频域太赫兹波透射率

从图 6-8(b)还可以看出,随着电流的增大,器件的太赫兹波透射率逐渐减小,并且在 0.2~1.0 THz 频段内透射率水平不断降低,并没有出现明显的波峰与波谷,说明器件在宽频范围内均可对太赫兹波有较强的响应,即可以实现对太赫兹波的宽频调制。

图 6-9(a)所示为在雪崩模式下雪崩晶体管在频点 0.7 THz 电流从 0.1 A 增大到 0.9 A 时的调制深度。可以看出,随着电流的逐渐增大,经过雪崩晶体管传输的太赫兹波的调制深度逐渐增加。当电流为 0.9 A 时,调制深度接近 100%。如前所述,调制深度(MD)指透射率的调制幅度与最大透射率的比值,而开关比(Switching Ratio, SR)指通过器件的最大透射率与最小透射率的比值。这两个参数可以反映器件对太赫兹波的调制能力。调制深度和开关比的表达式分别为

$$MD=(T_{g}-T_{0.1A})/T_{0.1A}$$

$$SR=T_{0.1A}/T_{g}$$

式中:$T_{0.1A}$、T_g 分别为器件在 0.7 THz 频率下,电流为 0.1 A 和初始状态下的太赫兹波透射率。

当对器件施加 0.9 A 的电流时,器件的最大振幅调制深度为 99.9%(SR=1 000)。

为了比较雪崩晶体管与其他调制模式的区别,比较了太赫兹雪崩晶体管器件和太赫兹场效应晶体管(Terahertz Field Effect Transistor, THz-FET)器件的调制特性。如图 6-9(b)所示,在线性模式下,雪崩晶体管在不同电压下的调制深度基本不变,并且约为 0。在线性模式下对太赫兹波接近零调制的原因是雪崩晶体管的电导率较低且在线性模式下变化很小。实验所用的 THz-FET 器件为单层石墨烯 FET,其样品大小和厚度与雪崩晶体管一致,二者的顶层电极和底层电极的大小与形状也完全相同。单层石墨烯层位于顶层电极与 SiO_2 层之间,由转移法制备(单层石墨烯生长在铜箔上,通过刻蚀铜箔,得到石墨烯层,然后转移到样品上)。结果显示,考虑到单层石墨烯有限的载流子浓度调节能力,通过施加偏置栅极电压,THz-FET 器件在线性模式下的调制深度变化约为 10%,该结果与文献报道的结果类似。上述结果表明,雪崩晶体管作为一种高性能的太赫兹波调制器具有很好的应用前景。

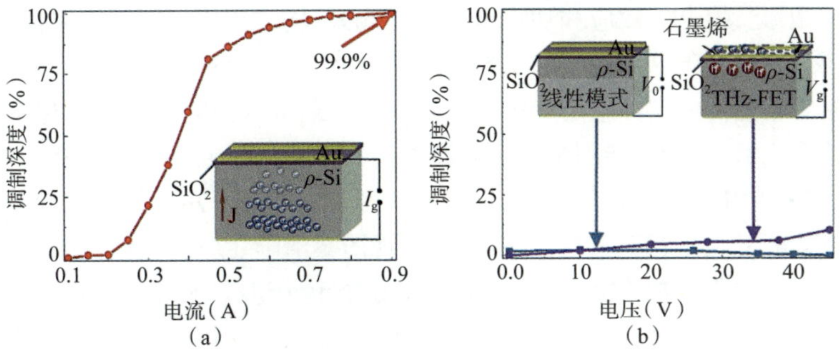

图 6-9　雪崩晶体管太赫兹器件的线性模式和使用 THz-FET 效应的器件的比较

(a)在 0.7 THz 雪崩模式下，器件 *MD* 随电流的变化；(b)两种器件的调制深度比较

通过对比图 6-10(a)和(b)可以看出，调制深度的变化趋势与器件的 *I-G* 特性一致。在雪崩模式下，随着栅极电流的增大，P 型硅中的载流子浓度不断升高，器件的电导率也不断增大。与此同时，太赫兹波透射率由于器件吸收和反射的增强而逐渐减小，调制深度也因此逐渐变大。相反，当电流不断减小时，太赫兹波透射率也随着调制深度的越来越小而逐渐增大。

同时，如图 6-10 所示，在改变栅极电压方向时，调制效果基本相同。栅极电流的来回调谐表明雪崩晶体管的调谐性能是可逆的，并且对于每一个重复的过程，调制性能几乎相同。这一结果意味着雪崩晶体管的载流子浓度只与电流强度有关，而与电流的方向无关。

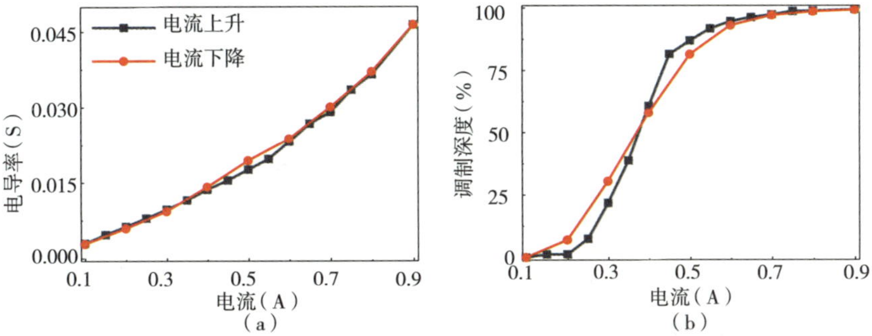

图 6-10　雪崩晶体管在雪崩模式下的 *I-G* 曲线和调制深度变化

(a)电流上升、下降过程中的 *I-G* 曲线；(b)电流上升、下降过程中的调制深度变化

6.1.4　超材料在太赫兹功能器件及调控中的应用

太赫兹波调制器是太赫兹通信系统的核心组成部分，随着太赫兹通信技术的飞速发展，小型化、集成化的太赫兹波调制器的发展越来越受到关注。超材料提供了多种、方便和高效的方法来操纵电磁波，并且在许多方面都有所应用，如亚波长衍射聚焦、传感、电磁隐身、完美吸收等。近年来，电磁感应透明(Electromagnetically Induced Transparency，EIT)的概念被提出，由于其在传感、可控延迟线、光缓冲、慢光器件和非线性效应方面具有潜在应用价值，引起了研究者的极大兴趣。

(1)基于铁酸铋薄膜超材料的太赫兹波调制效应研究

铁酸铋是一种在室温下具备良好光学性能的多铁材料，同时其也兼具半导体材料的性质，在许多方面都有潜在的应用价值，可以作为有源功能器件的材料。具有等离子体诱导透明(Plasmon-Induced Transparency，PIT)的材料具有色散、慢光效应和低损耗的特点，具有应用于调制器、开关等功能器件的可能。因此，将 PIT 效应和功能材料结合起来，构成用于太赫兹功能器件的超材料，可能是一个很好的发展方向，由于 PIT 效应和功能材料，如铁酸铋（$BiFeO_3$，BFO）、Si 等，各有优势和特点，均可对太赫兹功能器件的实际应用提供有力的帮助。研究太赫兹波与 PIT 超材料之间的相互作用，对于太赫兹科学技术的发展，特别是太赫兹波调制器方面的研究具有重要意义。

PIT/BFO/Si 材料（PIT 超材料）样品的原理如图 6-11（a）所示，其中 BFO 薄膜的厚度约为 40 nm。在光学显微镜下观察 PIT 超材料的结构，发现图案清晰、结构完整、没有明显缺陷、整体质量高，如图 6-11（b）所示。整个 PIT 超材料由 100 × 100 个单元组成，独立单元的结构如图 6-11（c）所示。每个 PIT 单元由一个切割线谐振器（Cut-Wire Resonator，CWR）和两个镜像对称的 C 形金属表面环形谐振器（Meta-Surface Circular Resonator，MSCR）构成，其中 p_x=100 μm，p_y=140 μm，l=100 μm，h=30 μm，w=d=5 μm。

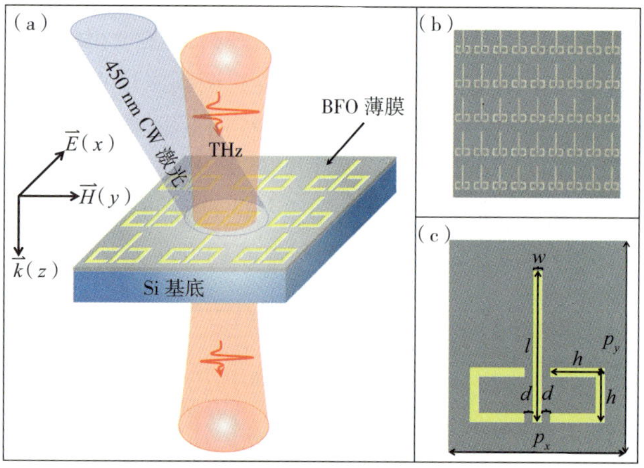

图 6-11　PIT 超材料原理和单元

（a）PIT 超材料原理；（b）样品表面的光学显微图像；（c）单元结构示意

为了清晰地阐明 PIT 超材料的调制效应，实验研究了该超材料在不同光泵浦功率下的调制特性。图 6-12（a）所示为光泵浦功率从 0 mW 变化到 700 mW 时样品的透射谱。随着光泵浦功率的增强，PIT 超材料的太赫兹波透射率减小；进一步增大光泵浦功率，PIT 超材料的透明窗口几乎消失。图 6-12（b）所示为 PIT 超材料在 Dip 1、Peak 2 和 Dip 3 点处的透射率变化曲线，在没有光照的情况下，Peak 2 点的透射率为 0.5；一旦光泵浦功率增大到 700 mW，透射率迅速下降到 0.09。与此同时，Dip 1 点处的透射率从 0.09 减小到 0.02，Dip 3 点处的透射率从 0.28 减小到 0.06。图 6-12（c）所示为不同光泵浦功率下，PIT 超材料在 0.59、0.73 和 0.88 THz 处的透射率可调谐度。PIT 超材料太赫兹波调制器的调制深度的表达式为

$$MD = \left|(T_P - T_0)/T_0\right| \times 100\%$$

式中：T_0 为没有泵浦光辐照时的太赫兹波透射率；T_P 为泵浦光功率为 P 时的太赫兹波透射率。

因此，当光泵浦功率增大到 700 mW 时，PIT 超材料在 0.59、0.73 和 0.87 THz 处的调制深度分别为 77.78%、82% 和 78.57%。很明显，PIT 超材料对太赫兹波的可调谐度在透明窗口（0.73 THz）处达到最大。

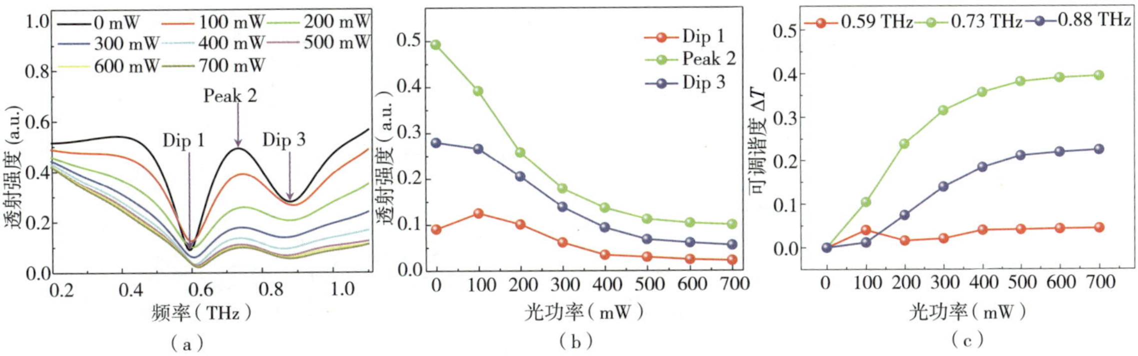

图 6-12 PIT 超材料的透射特性

(a)透射光谱;(b)Dip 1、Peak 2 和 Dip 3 点处的透射率;(c)透射率可调谐度

为了研究 PIT 超材料出现 PIT 效应时载流子的输运特性,实验研究了 BFO 薄膜的电导率,特别是在受到外部光泵浦作用时的电导率。BFO 薄膜的复电导率 $\tilde{\sigma}(\omega)$ 的表达式为

$$\tilde{t}(\omega)=(1+\tilde{n}_{\text{sub}})/[1+\tilde{n}_{\text{sub}}+Z_0\tilde{\sigma}(\omega)t_{\text{film}}]$$

式中:$\tilde{t}(\omega)$ 为 BFO 薄膜的复透射率;$\tilde{n}_{\text{sub}}$ 为 Si 衬底的复折射率; Z_0 为自由空间的阻抗, $Z_0=377\ \Omega$; t_{film} 为 BFO 薄膜的厚度。

图 6-13(a)所示为室温下不同光泵浦功率下本征 Si 衬底上 BFO 薄膜的太赫兹电导率。可以看出,在没有外部光泵浦作用的情况下, BFO 薄膜的电导率几乎没有变化,说明载流子浓度变化很小,这主要是由于 BFO 薄膜具有较大的光学带隙,抑制了光生载流子(或电子 - 空穴对)的产生;一旦有光泵浦作用,光生载流子的浓度急剧增大,从而导致 BFO 薄膜的电导率增大。为了探索这种情况的内在机理,采用 Drude 模型来拟合实验数据。对于特鲁德(Drude)模型,电导率的实部可以表示为

$$\text{Re}(\tilde{\sigma}(\omega))=\frac{\gamma\omega_{\text{p}}^2}{\pi(\omega^2+\gamma^2)}$$

式中: γ 为阻尼系数; ω_{p} 为等离子体频率,$\omega_{\text{p}}=\sqrt{Ne^2/(\varepsilon_0 m)}$,其中 N 为载流子密度,e 为电子电荷,ε_0 为自由空间的介电常数,m 为载流子的有效质量。

随着光泵浦功率从 0 mW 增大到 700 mW, BFO 薄膜中载流子密度从 $8.51\times10^{17}\ \text{cm}^{-3}$ 增大到 $6.24\times10^{22}\ \text{cm}^{-3}$。这意味着光激发的载流子数量随着光泵浦功率的增大而显著增加,对 BFO 薄膜的电导率的增大有显著贡献,如图 6-13(a)所示。然而,对于 BFO/SiO_2/Si 材料而言, BFO 薄膜的电导率变化要小得多。通过比较可以看出,光泵浦会激发 BFO 薄膜中产生大量的载流子,从而导致电导率大幅度提高。因此,当太赫兹信号通过 PIT 超材料时,随着光泵浦功率的进一步增强,透明窗口几乎消失,如图 6-13(b)所示。

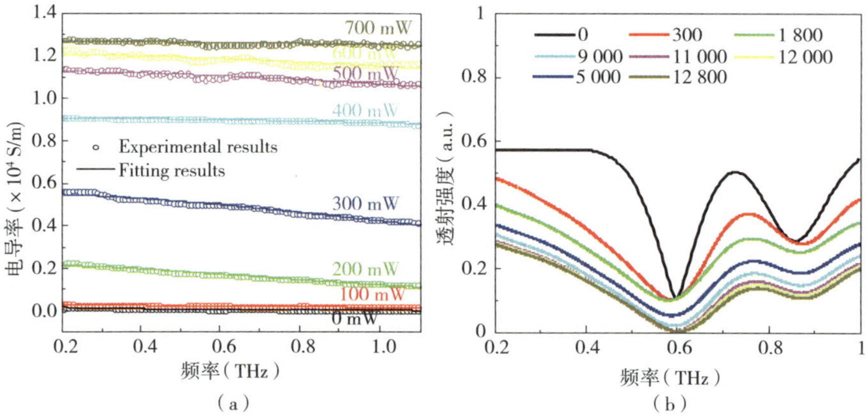

图 6-13　BFO 薄膜的电导特性和透射特性

（a）室温下电导率实部曲线；（b）透射率实部曲线

（2）基于雪崩效应的 PIT 超材料太赫兹调制效应研究

图 6-14 所示为基于雪崩效应的 PIT 超材料（P-Si 杂化超材料）实验装置的原理。P-Si 杂化超材料器件位于太赫兹波聚焦处，以实现更好的测量调制效果。叉指电极包括 12 对 5 μm 宽、14 mm 长的金属条，叉指电极之间的距离为 100 μm。在实验中，两边的大电极分别连接电源的正、负电极，通过叉指电极降低雪崩击穿所需要的电压。与之前相似，采用 THz-TDS 测量器件在发生雪崩击穿时的太赫兹光谱，并且通过改变电流得到不同状态下的太赫兹光谱。太赫兹波垂直入射并沿 z 方向传播，其电场沿 y 轴方向极化并与叉指电极的方向垂直，由于叉指电极的宽度远远小于太赫兹波的波长，因此叉指电极对太赫兹波的影响基本可以忽略不计。图 6-14 中的插图所示为共振单元的几何结构和结构参数。每个共振单元由一个切割线谐振器（Cut-Wire Resonator，CWR）和一对相同但方向相反的 C 形开口环谐振器（Split-Ring Resonator，SRR）组成。其中，p_x=80 μm，p_y=105 μm，L=86 μm，s=10 μm，l=30 μm，d=20 μm，g=7 μm。

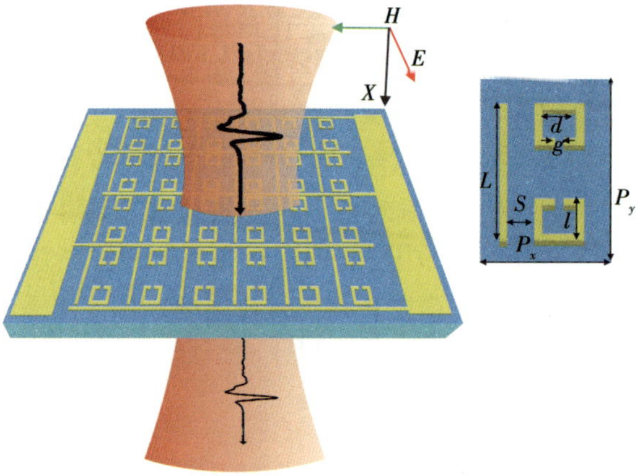

图 6-14　P-Si 杂化超材料器件实验装置示意

图 6-15 所示为 P-Si 杂化超材料器件的雪崩击穿过程。随着电压的持续增大，器件中的电流逐渐增大且变化越来越大，同时器件的电阻不断减小。这表明器件的载流子浓度、电导率等物理参数

发生了很大变化。因此，基于半导体发生雪崩击穿的原理，研究 P-Si 杂化超材料的太赫兹透过特性具有重要的研究意义。

如图 6-15(a)所示，随着电压的升高，电流开始缓慢地增大；当电压增大到约 20 V 时，电流突然急剧增大，电压则迅速减小，这表明器件已进入雪崩模式。如图 6-15(b)所示，在雪崩模式下，随着电流的增大，器件的电导率逐渐增大，电阻逐渐减小。由于电源设置了 0.5 A 的电流限度，当器件发生雪崩击穿时，其电流达到额定值。结果表明，当 P-Si 杂化超材料器件发生雪崩击穿时，其电导率和电阻发生突变。实验中使用的电源的型号为 Aim-ttiEX752M，具有总输出功率保护。在线性模式下，该电源处在恒压模式。当器件进入雪崩模式时，电源的电压急剧下降，电流达到平衡值，此时电源进入恒流模式，此时可以直接调节电源电流的大小。

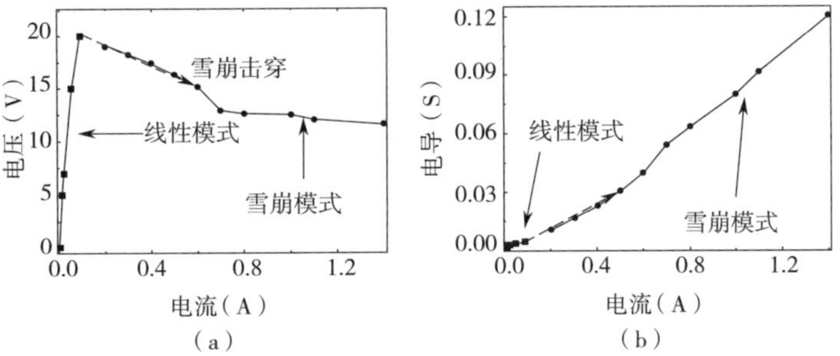

图 6-15　P-Si 杂化超材料器件的 *I–V* 和 *I–G* 特性曲线

(a) *I–V* 特性曲线；(b) *I–G* 特性曲线

类似地，在线性模式下，电源处于恒压模式，并且随着施加在器件上电压的升高，器件的电流略有增大。在这种模式下，器件的总电阻很大。在雪崩模式下，随着电压的升高，会在 P-Si 杂化超材料内形成一些导电沟道。对于块状材料，导电沟道附近的载流子浓度较高，有助于电子传导。随着电流的增大，导电沟道的通量增大，沟道内的温度升高，从而使载流子更容易与电子 - 空穴对发生碰撞。因此，随着电压升高，器件最终发生雪崩击穿。因此，当电流增大时，载流子浓度逐渐增大。在雪崩击穿模式下，P-Si 杂化超材料的调制机制是调节电流以改变注入 P-Si 杂化超材料中的载流子数量，从而实现对太赫兹波的调制，注入的载流子随着电流的增大而增多。相反地，当电流减小时，注入的载流子数量减少。因此，动态调制可以通过改变电流实现。之后，将电流从雪崩击穿点小心地调节至约 0.2 A，此时器件仍能在雪崩模式下工作。然后，将电流从 0.2 A 逐渐升高到 1.4 A，此时电压随着电流的增大而减小。

图 6-16(a)所示为通过 P-Si 杂化超材料器件的太赫兹波时域信号(电场强度)波形，信号强度随电流的增大表现出明显的变化。当电流为 1.4 A 时，信号强度减小到几乎消失，这表明在雪崩状态下器件的太赫兹波透射率的变化是明显的。进一步研究雪崩状态下器件的太赫兹波透射率特性，图 6-16(b)所示为随着电流的增大 P-Si 杂化超材料的太赫兹波透射率曲线。可见，随着栅极电流的增大，P-Si 杂化超材料的太赫兹透射率逐渐减小。因此，随着电流的增大，PIT 现象最终消失。从透射光谱可以看出，出现 PIT 现象的共振频率发生了蓝移，其原因是 P 型 Si 电导率的增大影响了 P-Si 杂化超材料的近场耦合。当电流为 0.6 A 时，透明窗口基本消失。这是因为此时 P-Si 杂化超材料和衬底之间的界面中存在更多的载流子，阻碍了明暗模式的近场耦合。随着电流的持续增大，P-Si 杂化超材料的共振峰消失，太赫兹波透射率继续减小至接近零。随着电流的增大，与 P-Si 杂化超材料接触的衬底表层部分的载流子浓度不断增大，电导率也逐渐增大。当将电流施加到基板上时，大量的载流子被激发，导致透射率降低。

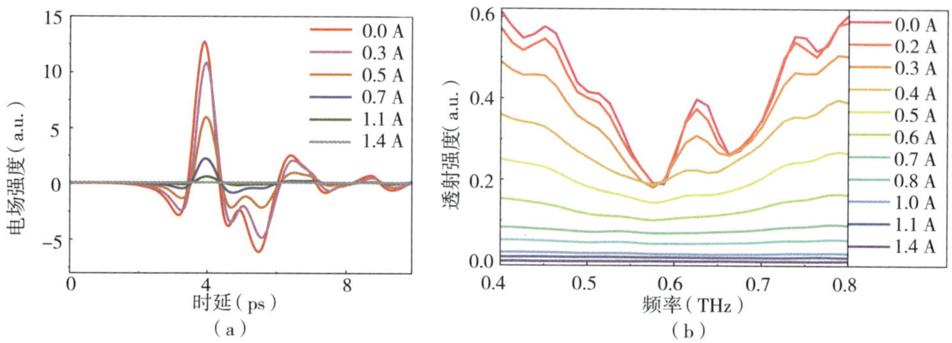

图 6-16　P-Si 杂化超材料的太赫兹波时域信号和透射谱

(a)时域信号波形;(b)透射率曲线

图 6-17 所示为在不同电流下的 P-Si 杂化超材料的谐振频率点相对应的透射率和调制深度。此处,将调制深度(MD)定义为 $MD=(T_g-T_{trf})/T_{trf}$,其中 T_g 和 T_{trf} 分别为在不同电流下和谐振频率点处最大太赫兹波透射率。可以看出,随着电流的增大,3 个谐振频率(Peak、Dip A 和 Dip B)处的透射率逐渐降低。当电流较小时,在 Dip A(对应 0.58 THz)和 Dip B(对应 0.67 THz)处的太赫兹波透射率基本不变。当电流为 0.4 A 时,3 个谐振频率处的调制深度的最大差异为 41%。这表明当电流较低时,超材料的作用明显。但是,随着电流的继续增大,谐振频率点处的透射率基本重合,这表明超材料的作用基本消失了。在这一阶段,基底电导率和载流子的增加在太赫兹波透射率的变化中起着决定性的作用。同时,当电流为 1.4 A 时,谐振频率点处的调制深度分别为 99.9%,99.7% 和 99.8%,这是由于太赫兹波的吸收和反射随着电导率和载流子的增加而逐渐增大所致。这表明与超材料接触的硅界面的电导率已经非常大。值得注意的是,该实验中的器件与之前雪崩晶体管达到较高调制深度时的电流并不相同,这主要是由于 Si 的批次不同,造成电阻率有差异,影响了电子的迁移率,进而对太赫兹波的调制产生了一定影响,但是这并不影响太赫兹调制的基本规律。

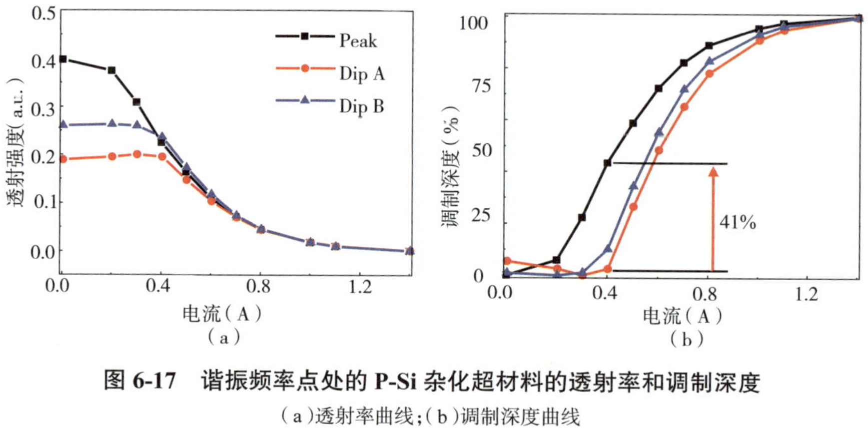

图 6-17　谐振频率点处的 P-Si 杂化超材料的透射率和调制深度

(a)透射率曲线;(b)调制深度曲线

6.1.5　基于石墨烯等材料的 PIT 太赫兹波调制器件

石墨烯的优良特性包括:卓越的光学和电学性能,与硅基半导体工艺兼容,能够受到外加光场或电场的调制。这些特性使石墨烯备受学术界和工业界的关注。作为一种独特的二维原子晶体薄膜材料，石墨烯有着优异的力学性能、超高的热扩散系数和载流子迁移率、超宽带的光学响应谱及极强的非线性光学特性，使其在新型光学和光电器件领域具有得天独厚的优势。

石墨烯是一种碳质新材料，是由单层碳原子紧密堆积形成的二维蜂窝状晶格结构；在六角形晶格处碳原子以 sp^2 轨道连接，是一种半金属薄膜材料。图 6-18(a)所示为石墨烯晶格在真实空间内的晶格结构，一个单元里包含两个碳原子，可以清晰地发现单个单元内的晶格矢量($\boldsymbol{a}_1$ 和 $\boldsymbol{a}_2$)及和邻近单元之间的晶格矢量($\boldsymbol{d}_1$、$\boldsymbol{d}_2$ 和 $\boldsymbol{d}_3$)；在波矢空间内，石墨烯的能带结构如图 6-18(b)所示。

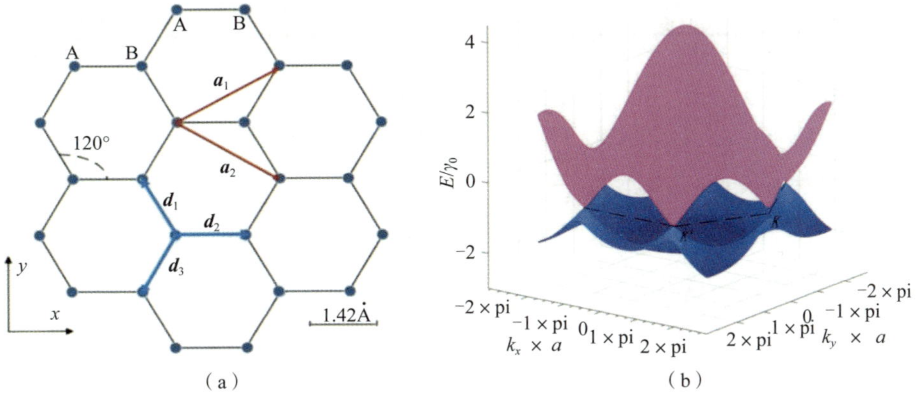

图 6-18 石墨烯的晶格结构和能带结构

(a)晶格结构；(b)能带结构

相比于惰性金属，将石墨烯作为等离激元材料主要有三大优点：一是石墨烯的载流子迁移率很高，这样就会使它在作为等离激元材料时，损耗相对很小；二是作为动态可调的等离激元材料，石墨烯的费米能级是可以通过外部施加激励电压或光辐照改变的，这就确保了石墨烯在主动太赫兹超材料中可以作为活性媒介；三是石墨烯的等离激元和入射光有很强的相互耦合作用，而且对周围环境的改变很敏感，因此其在生物传感方面有很大的发展前景。

由于石墨烯具有易于集成、低损耗、较大的载流子迁移率及动态可调等优点，使其在太赫兹动态超材料领域占有越来越重要的地位。特别是石墨烯表面等离激元的发现，进一步促进了基于石墨烯的太赫兹光电器件的蓬勃发展。

理论上，电磁诱导透明是发生在三能级原子系统中的一种物理现象，可以用泵浦光和探测光之间的量子干涉相消原理解释。如图 6-19(a)所示，当一束探测光辐照在三能级系统上时，如果泵浦光处于关闭状态，基态上的载流子直接跃迁到激发态，然后激发态上的载流子发生自发辐射跃迁到基态。在此过程中，没有任何载流子途径亚稳态，故此时三能级系统会对探测光产生一个共振吸收，而且根据吸收光谱可以得到如图 6-20(a)所示的透射率变化曲线。当探测光打开一段时间后，再对系统施加一束泵浦光，此时激发态上会有部分载流子受激辐射到亚稳态，然后其上的载流子再受激跃迁到激发态。此时，系统中便存在两个辐射途径：从基态跃迁到激发态；从基态跃迁到激发态，然后从激发态辐射到亚稳态，再从亚稳态跃迁到激发态。由于亚稳态和激发态的本征能量相差很小，就会导致两种跃迁途径之间发生量子干涉相消，从而减小系统对探测光的吸收，导致透射谱中出现一个很窄的透明窗口。在第二种辐射途径下，折射率在共振吸收处会有一个陡峭的变化，如图 6-20(b)所示，即具有很强的色散效应。这会导致脉冲延迟，甚至出现慢光效应。

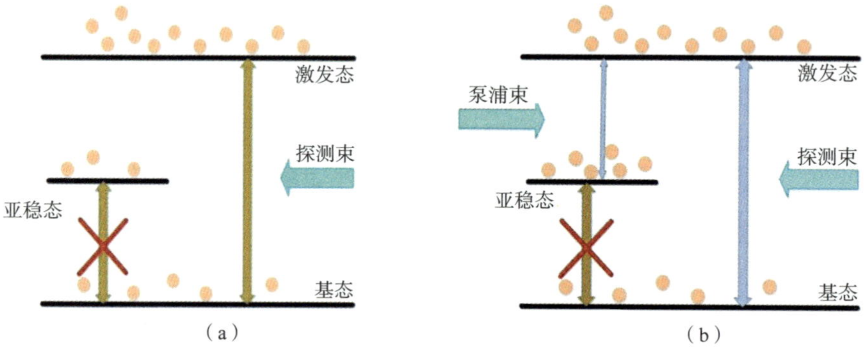

图 6-19　电磁诱导透明现象

(a)仅探测光辐照作用;(b)探测光和泵浦光同时作用

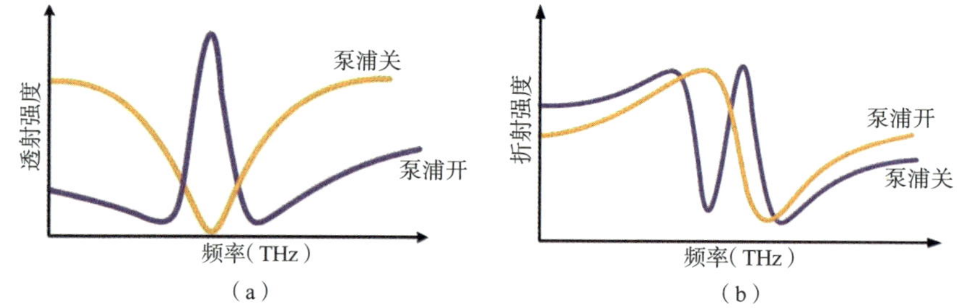

图 6-20　电磁诱导透明现象对应的透射谱和折射率曲线

(a)探测光的透射谱;(b)折射指数的变化谱

由于单层石墨烯的等离激元能够和黏附在它表面上的物质分子或原子产生很强的耦合作用,可利用石墨烯超表面进行样品检测。同时,基于等离子诱导透明结构的超表面具有很高的品质因数,在太赫兹生物无标记传感应用方面具有很大的发展前景。本研究设计了一种动态频率可调的石墨烯等离子诱导透明(Graphene PIT, GPIT)结构。基于石墨烯的 GPIT 结构单元包含利用石墨烯微带设计的类电磁诱导透明结构,该结构由一个不连续的垂直石墨烯微带(Disconnected Vertical Graphene Strip, DVGS)和 T 形结构的石墨烯微带(T-Shape Graphene Strip, TSGS)组成。其中,DVGS 能够和入射太赫兹波发生相互作用,形成亮模式;而 TSGS 不能直接和入射太赫兹波发生相互作用,只能通过和亮模式的相互耦合产生单极化共振,即暗模式。当亮模式和暗模式发生相互耦合,便会通过干涉相消作用抑制原始频率的共振,从而在透射谱中形成一个很窄的透明窗口。

图 6-21(a)所示为 GPIT 结构的整体示意图。其中,衬底为 SiO_2,在 TSGS 的两侧为通过光刻工艺制备的电极,以方便施加外部电压,从而实现 GPIT 现象的动态电可调。由于栅极电压可以直接施加在 TSGS 上,在工艺上省去了顶部电容介质层的添加,简化了工艺流程和外部激励电压施加的过程,而且容易实现低压和高速可调的特性。此外,等离子体诱导透明结构不仅可以在生物传感方面扩展应用,而且可以应用于太赫兹通信和存储。图 6-21(b)所示为 GPIT 结构的单元结构示意图。其中,周期 $p = p_x = p_y = 4.4\ \mu m$;石墨烯极化长度 $l_d = 2.855\ \mu m$, TSGS 上的石墨烯单极化长度 l_m=1.19 μm, w=0.6 μm, s=0 μm, d=0.3 μm。首先,用化学气相沉积(Chemical Vapor Deposition, CVD)方法在 Cu 衬底制备石墨烯,然后将石墨烯转移到 SiO_2 衬底上,最后用电子束曝光和氧离子刻蚀的方法制备石墨烯超表面。在制备过程中,先通过载流子掺杂工艺使石墨烯微带的费米能级固定在 $E_F = 1.0$ eV,并且保证载流子弛豫时间 τ 维持在 1 ps。

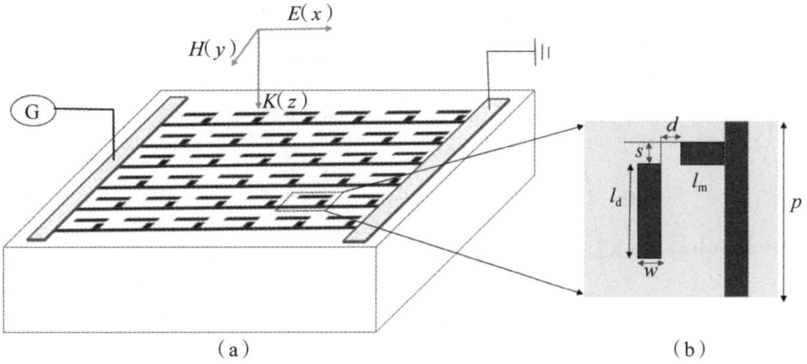

图 6-21　石墨烯等离子诱导透明结构

(a)示意图;(b)单元结构图

石墨烯的载流子浓度 N 可以通过外部激励调节,特别是改变栅极稳态电压。石墨烯费米能级 E_F 和载流子浓度 N 的关系式为

$$E_F = \hbar \nu_F \sqrt{\pi |N|} \tag{6-2}$$

式中:$\hbar$ 为约化普朗克常数;ν_F 为费米载流子速度,$\nu_F = 10^6$ m/s。

由式(6-2)可以发现,载流子浓度和石墨烯费米能级成正比关系,故通过改变外部栅极稳态电压,可以改变石墨烯的费米能级,进而改变石墨烯的电导率和石墨烯表面等离子体浓度,最终使其共振频率和振幅发生改变。

首先,假设在制作过程中 DVGS 的费米能级固定在 1.0 eV,而 TSGS 的末端和栅极相连,以便外部栅极稳态电压的施加。因此,在外部环境改变不是很明显和不在器件上添加物品时,一般认为 DVGS 的费米能级固定在 1.0 eV,此时的外部稳态电压是通过栅极施加在 TSGS 上的。当 TSGS 费米能级也为 1.0 eV 时,可以得到透明窗口的峰值位于 4.77 THz 处的透射谱,振幅为 0.86,而且透明窗口的带宽为 0.5 THz。通过改变栅极电压,可使 TSGS 费米能级发生改变。本实验中,通过适当的改变外部栅极稳态电压,可使 TSGS 费米能级从 0.9 eV 增大到 1.2 eV,得到的透射谱如图 6-22 所示。

由图 6-22(a)可以发现,随着 TSGS 费米能级的改变,透射谱中的透明窗口内的峰值频率和透射率的振幅都会发生改变,而且透明窗口的带宽也会发生改变。直观上,可以发现随着 TSGS 费米能级逐渐偏离 1.0 eV,透明窗口的带宽会逐渐增大。这是由于 TSGS 的单极化共振频率随着费米能级的改变而逐渐偏离共振频率 4.77 THz 处,因而会导致亮模式和暗模式的耦合发生变化,即逐渐减弱,最终使透明窗口的带宽随着 TSGS 费米能级的偏离而增大。从透射谱中还能发现透明窗口内 4.77 THz 处的透射率的峰值振幅也是随着 TSGS 费米能级的改变而发生改变的,特别是在费米能级从 1.0 eV 向上逐渐增加后,峰值处的透射率振幅是逐渐减小的,如图 6-22(b)所示;此外,透明窗口内的峰值振幅在 TSGS 费米能级为 1.0 eV 时,太赫兹透射率固定在 0.86 处,当费米能级逐渐增大后,透射率的峰值振幅线性减小,而当费米能级减小到 1.4 eV 时,透射率的峰值振幅减小到 0.36,经计算调制深度为

$$MD = \frac{|T_0 - T_4|}{T_0} \times 100\% = 58\% \tag{6-3}$$

式中:T_0 和 T_4 分别为费米能级为 1.0 eV 和 1.4 eV 时的最大太赫兹波透射率。

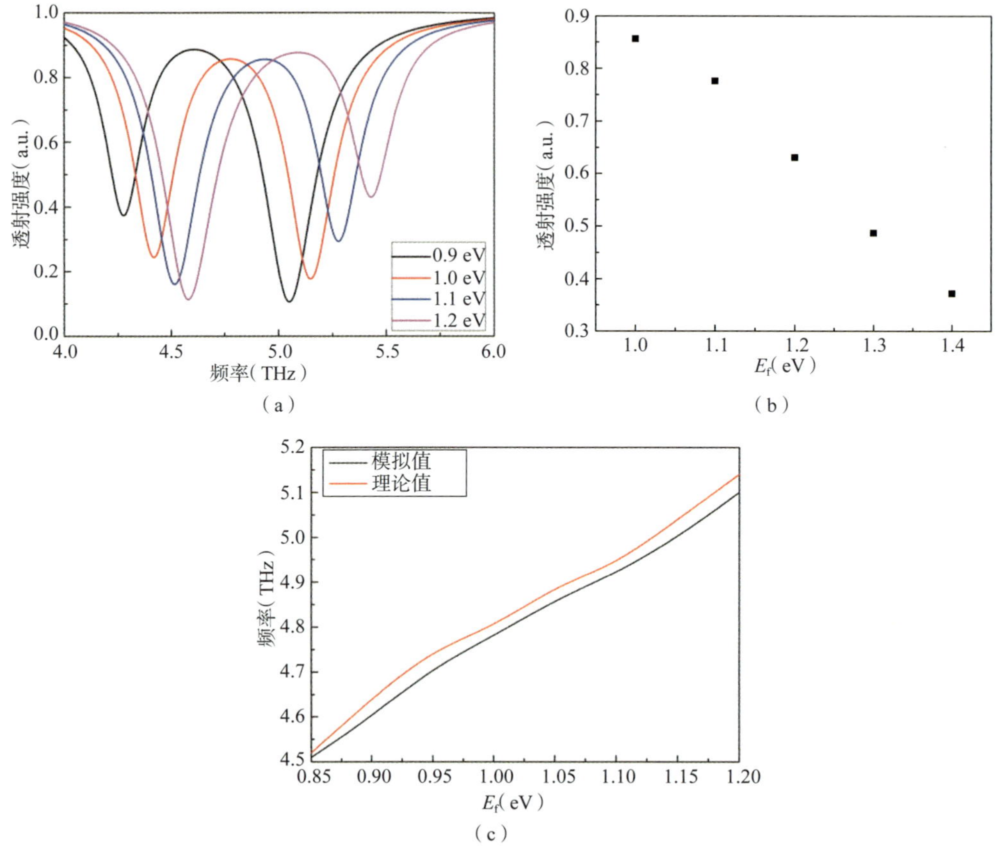

图 6-22　T 形结构的石墨烯微带的透射谱

(a)不同费米能级下的透射谱;(b)峰值透射率随 TSGS 费米能级的变化;(c)透明窗口内峰值频率随 TSGS 费米能级的变化

对 GPIT 结构进行细化后可进一步增大调制深度。改变 GPIT 结构不仅可以实现振幅调制,而且可以在改变 TSGS 费米能级的情况下实现透明窗口内的峰值频率调制。峰值频率的模拟值和理论值曲线如图 6-22(c)所示。当 TSGS 费米能级从 0.9 eV 逐渐增大到 1.2 eV 时, TSGS 的单极化共振末端的载流子数量会逐渐增加,从而引起石墨烯单极化共振频率的逐渐增大。当 $E_F = 1.0$ eV 时,石墨烯单极化共振频率和不连续石墨烯微带的共振频率都为 4.77 THz。继续增加 TSGS 费米能级,石墨烯单极化共振频率会逐渐远离 4.77 THz,这会导致透明窗口的峰值频率逐渐蓝移,共振频率的偏移和费米能级的增大趋向于线性关系,如图 6-22(c)所示。而且从图 6-22(a)还能发现,如果 TSGS 费米能级的变化不是很明显,如从 0.9 eV 增大到 1.2 eV,透射谱中透明窗口的带宽和峰值频率的振幅的变化也并不很明显。此时,透明窗口内的峰值频率从 4.6 THz 逐渐增大到 5.1 THz,频率调制范围达 0.5 THz。透明窗口内的峰值频率发生蓝移,意味着透明窗口动态可调,而且能够使透明窗口的带宽和峰值频率的振幅维持在一定范围内。综上,对于 GPIT 结构,改变栅极稳态电压,不仅可以对透明窗口内峰值频率的振幅进行调制,而且可以对峰值频率进行动态调制。

6.1.6　小结

太赫兹功能器件是太赫兹研究领域中非常重要的一部分。其中,基于超材料的太赫兹波调制器件由于具有重要的研究和应用价值而受到广泛关注。本节首先研究了基于 ABO_3 型铁电材料器件在太赫兹波段的调制特性，并通过建立模型，分析了太赫兹波与铁电材料相互作用的物理机制；同时，本节还对基于雪崩半导体及石墨烯超材料的器件的太赫兹调制特性进行了研究，并探讨了相应的微观物理机制。

6.2　太赫兹吸收器件

在 2008 年，兰迪（Landy）的科研小组第一次关注到了损耗部分，设计了第一个超材料吸收器。该吸收器由电场电感电容共振器和一条金属线组成，两者中间有一层电介质；金属线和电场电感电容共振器的中心线对齐，并且在外部电磁场的驱使下，两条平行金属线产生了反向的电流，存在着磁共振，可以通过改变金属线的尺寸及改变电场共振器和金属线之间的电介质，改变吸收器的磁响应；同时也可以通过电共振器调谐电共振，这样可以独立地调控介电常数和磁导率。在超材料结构（共振单元）中引入半导体材料，就可以利用外部的电压或光照能量（包括紫外光的能量）改变半导体的性质，最主要的共振单元是开口谐振环、双开口谐振环以及开口谐振环的其他变形形式，这类共振器件一般可以视作电感电容元件，对应的共振频率由器件的电感和电容决定，如果在该共振器件中引入半导体材料，将会改变器件的电感或电容，进而影响共振频率，实现调制。

6.2.1　多频太赫兹超材料吸收器

将超材料的阻抗和自由空间的阻抗进行匹配，可以设置一个大的虚部（损耗项），从而构成超材料吸收器。要实现这一点，需要进行结构设计和材料选择，要尽量减小器件的反射和透射，以尽可能大地实现损耗。超材料吸收器在很多频段实现了很高的吸收，超材料吸收器可以通过设计周期排列的开口谐振环实现，利用开口谐振环的超材料实际上是一种共振型结构，包含一个单元周期金属板和一个有损耗的基底。尽管这种结构的整体非常薄，但是超材料吸收器具有开口谐振环结构，因此在加工方面非常容易，并且在共振频率点有很强的吸收作用。最早提出的完美超材料吸收器结构，利用了金属开口环共振器和金属线之间的耦合，两者之间是电介质，形成了三层结构，每一层的厚度都小于入射波的波长。也就是说，超材料吸收器由两种物质组成：金属和电介质。金属的作用是提供有效的共振元素，因为金属介电常数存在虚部，金属要消耗能量；对于电介质，需要从两个方面来分析其作用。电介质会影响超材料吸收器的复介电常数，一方面复介电常数实部的变化会影响超材料结构的有效电容，影响超材料的吸收作用；另外一方面是电介质对复介电常数虚部的影响，其虚部决定了超材料吸收器的损耗，还会影响超材料吸收器的电共振和磁共振强度。对于超材料吸收器所吸收的能量，一部分消耗在金属中，另一部分消耗在电介质中。

本小节主要介绍四频（多频）太赫兹超材料吸收器（简称超材料吸收器）研究。该研究首先设计并仿真了一个单频超材料吸收器；然后设计了一个双频超材料吸收器；最后利用合并法，把单频和双频超材料吸收器组合成为一个多频超材料吸收器。这种方法也是设计多频超材料吸收器的一个重要方法。同时，在实验中使用一个双频超材料吸收器进行测试，通过比较实验结果，对上述合成方法的影响因素进行简要分析。

（1）单频太赫兹超材料吸收器

两种单频超材料吸收器的共振单元如图 6-23 所示[3]。两种吸收器均为三层结构：第一层（上层）

为超材料结构层；第二层为电介质层，电介质材料为聚酰亚胺（Polyimide，PI）；第三层（下层）为金属背板层（Au层）。其中，第三层的作用是阻止太赫兹波透过。图6-23（a）所示的共振单元由2条切割线组成，切割线的长度为56 μm，间距为60 μm；图6-23（b）所示的共振单元采用方形结构，正方形的边长为43 μm。图6-24（c）所示为单频超材料吸收器的侧视图。其中，上、下两层的厚度均为200 nm，电导率为 $\sigma_{gold}=4.09\times10^7$ S/m；PI层的厚度为7 μm，边长为88 μm，介电常数 $\varepsilon=2.9$，损耗角 $\tan\delta=0.02$。

（a） （b） （c）

图6-23　单频超材料吸收器的结构示意

（a）切割线结构；（b）方形结构；（c）侧视图

当电场沿着平行于切割线的方向激励时，两条切割线之间、切割线与第三层Au层之间便形成了电谐振和磁谐振，利用CST Microwave Studio 2010仿真软件对设计的两种单频超材料吸收器进行仿真，按照电场方向为 x 轴方向，磁场方向为 y 轴方向设计边界条件，使用时域求解器进行仿真，得到两种单频超材料吸收器的反射曲线。根据吸收原理，$A=1-R-T$，即吸收率等于1减掉反射和透射。在所设计的单频超材料吸收器中，最后一层为金属层，厚度为200 nm，超过了太赫兹波的趋肤深度，因此太赫兹波无法透过，透射强度为零，该吸收器的吸收率主要取决于反射，只要尽可能地减少反射，就可以增强吸收，反射性能由超材料的结构决定，通过优化结构，可以实现完美的吸收。图6-24所示为模拟得到的两种单频超材料吸收器的吸收曲线。可以看出，切割线结构的吸收器的吸收率为0.898，对应的吸收频率为1.32 THz；在方形结构的吸收器中，方形超材料和金属层之间形成了磁谐振，谐振强度较弱，模拟出的吸收率为0.626，对应的吸收频率为1.81 THz。

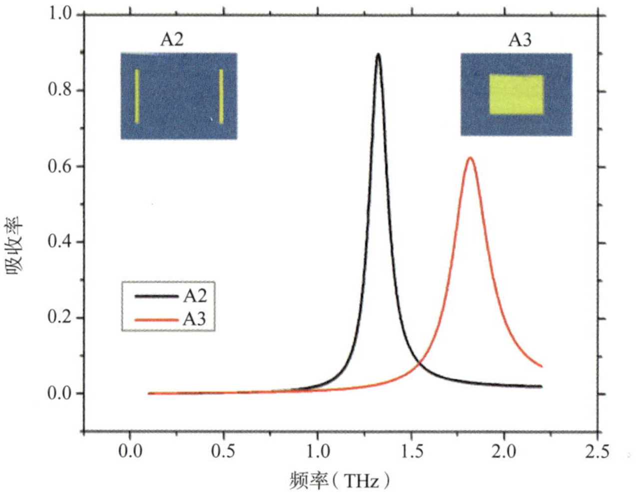

图6-24　两种单频超材料吸收器的吸收曲线

对于完美的吸收器来说，上述设计的两种超材料吸收器的吸收效果都不理想，因此利用 CST Microwave Studio 2010 仿真软件对上述两种吸收器的尺寸进行优化。模拟发现，吸收效果与吸收器的尺寸有很大关系。对于切割线结构的吸收器，两条切割线的长度越长，吸收效果越理想，吸收频率会向高频移动，即发生红移；其原理是两条切割线之间形成了电容器，切割线的长度越长，电容越大。对于电谐振来说，谐振频率与电容成反比关系。

对于切割线结构的吸收器，切割线的长度受到第二层电介质的限制，不可能无限增大，要想实现较强的吸收效果，必须利用改变电介质层厚度的方法增强吸收。仿真发现，随着 PI 电介质厚度的减小，吸收器的吸收作用逐渐增强，当厚度减少至 5.1 μm 时，吸收率达 0.996，实现了完美吸收，对应的吸收频率为 1.34 THz，且吸收频率不会发生太大的变化，对应的反射吸收曲线如图 6-25（a）所示。对于方形结构的吸收器，方形结构的边长 43 μm 已经是比较理想的尺寸，增大或减小方形结构的边长，都会使吸收率下降，因此只能利用改变电介质层尺寸的方法。仿真发现，方形结构吸收器的吸收率随着电介质层的厚度减小而增大，当电介质层的厚度减小到 4 μm 时，吸收率可以增大到 0.942，对应的吸收频率为 1.89 THz，对应的吸收反射曲线如图 6-25（b）所示。因此，对于切割线结构和方形结构的吸收器来说，减小 PI 层的厚度就可以增强吸收效果。原因在于，超材料结构和最后一层金属形成了磁共振，随着电介质层厚度的减小，可以增强磁共振，从而增强吸收效果。

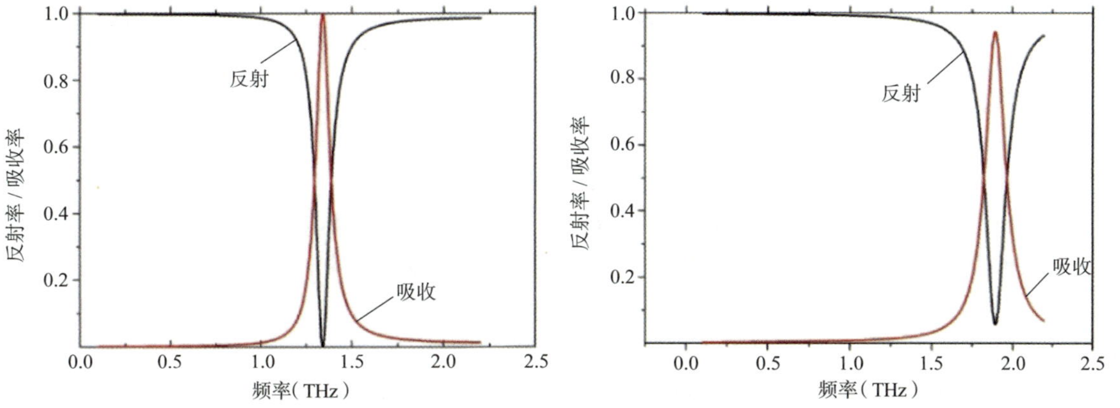

（a）　　（b）

图 6-25　两种单频超材料完美吸收器的反射和吸收曲线

（a）切割线结构完美吸收器；（b）方形结构完美吸收器

（2）双频太赫兹超材料吸收器

双频超材料吸收器的共振单元如图 6-26 所示。该双频超材料吸收器由三层组成：第一层为超材料结构层，包括两个 Au 方环结构；第二层为 PI 层；第三层为 Au 层。当太赫兹波垂直于超材料结构入射时，电场驱使金属内的电子发生移动，形成电流，由于器件的底层是 Au 层，Au 的存在使磁场产生的环路电流在两层之间流动，因而可以形成磁谐振。根据吸收的定义，要想构成完美的吸收器，需要在同一频率下使反射系数和透射系数尽可能的小。因为该吸收器的底层是 Au 层，厚度为 200 nm，超过了太赫兹波的趋肤深度，使太赫兹波无法形成透射，透射系数为零。因此，只要减少反射，就可以增大吸收。

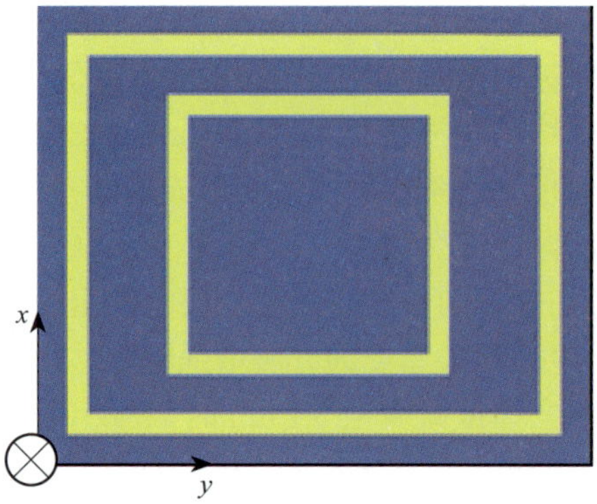

图 6-26　双频超材料完美吸收器的共振单元结构

利用 CST Microwave Studio 2010 仿真软件对双频超材料吸收器进行了仿真模拟。对于边界条件，设置电场 E 沿 x 轴方向，磁场 H 沿 y 轴方向，太赫兹波的传播方向垂直于超材料表面。超材料结构层和底层 Au 层的厚度均为 200 nm，电导率为 4.09×10^{7} S/m，电介质层的介电常数为 2.9，损耗角 $\tan\delta = 0.02$。优化结果表明，双频超材料完美吸收器的两个方环的外围边长分别为 84 μm 和 56 μm，外侧方环的宽度为 5 μm，内侧方环的宽度为 4.4 μm；电介质层的厚度为 7.1 μm。仿真得到的双频超材料吸收器的反射和吸收结果如图 6-27 所示。可以看出，在 0.53 和 1.02 THz 位置，该吸收器的反射率分别降低到 0.01 和 0.03，此处的吸收率分别为 99% 和 97%，此时该吸收器可以看作双频的完美吸收器。同时，仿真了 PI 层的厚度对双频超材料吸收器的影响。图 6-28 所示为电介质层厚度分别为 4 μm 和 12 μm 时该吸收器的反射、吸收情况。可以看出，当电介质层的厚度为 4 μm 时，双频超材料吸收器的吸收强度明显减弱，即对于该吸收器，随着电介质层的厚度减小，吸收强度减弱；但电介质层厚度的减小基本上不影响吸收频率，对比电介质层厚度分别为 4 μm 和 12 μm 时的反射和吸收情况，发现该参数对吸收器的吸收频率的影响较小，只有低频吸收频率有很小的蓝移（向低频移动）。对于上述双频超材料吸收器，实际上其每个方环对应一个超材料吸收器，因此该吸收器可以看成是由两个单频超材料吸收器组合而成的。通过 CST Microwave Studio 2010 仿真软件可以得出，吸收频率与对应的方环的边长成反比，即外侧方环对应的吸收频率小，内侧方环对应的吸收频率大。

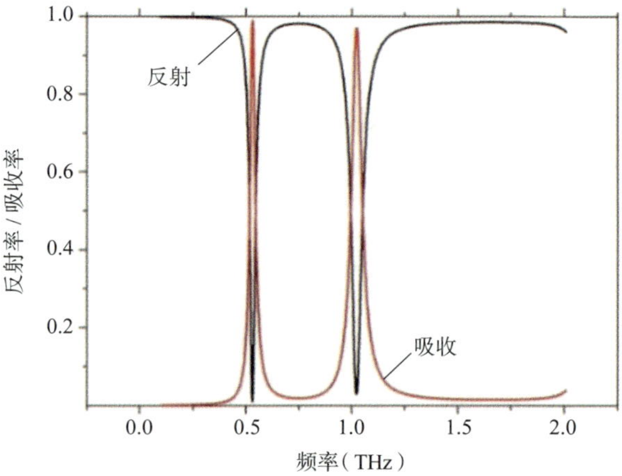

图 6-27　方环双频完美吸收器的反射和吸收曲线

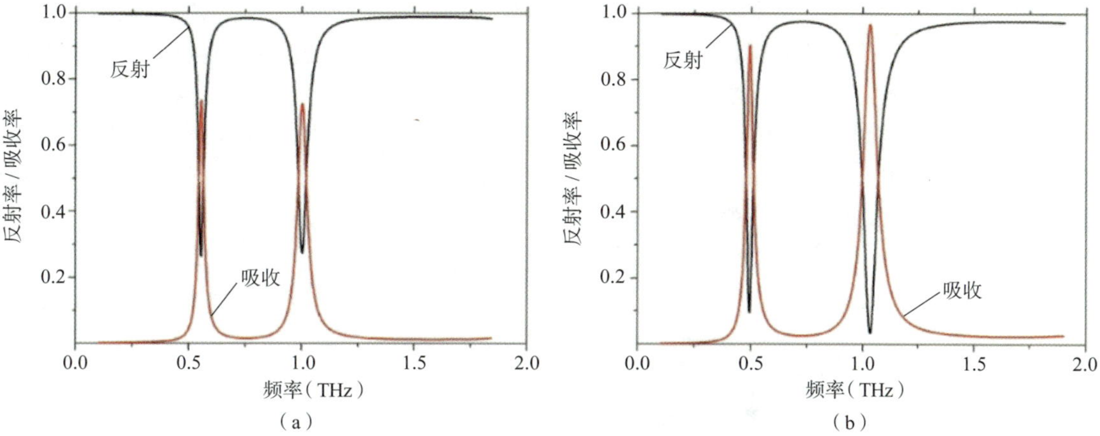

图 6-28　双频超材料吸收器的反射、吸收曲线

（a）电介质层厚度为 4 μm；（b）电介质层厚度为 12 μm

对于超材料吸收器，反射和透射的情况与所用的金属材料基本没有关系，主要是由超材料的结构决定的。若把双环的材料由 Au 改为 Al，仿真所得结果与图 6-27 所示结果基本一致。在实际实验中，使用 Al 制作了双频超材料吸收器。首先，在 Si 片上蒸镀 200 nm 厚的 Al，再把镀有 Al 层的 Si 片放在甩胶机上，打开真空泵开关，用抽真空的方式固定住硅片；然后，用滴管在 Al 层上滴加液态的 PI 电介质，按设计好的转速和时间，使用甩胶机将液态的 PI 甩成均匀的厚度；之后，用烤箱烘烤，使 PI 由液态变为固态，再用台阶仪测量 PI 层的厚度；接着，在样品表面蒸镀一层 Al，然后把样品和掩模板分别放置在曝光机中，设置好曝光时间进行曝光；随后，用显影液显影，显影后再用丙酮溶液清洗；最后，用镊子夹住样品并用氮气吹干，再放在显微镜下观察。所制备的超材料吸收器图像如图 6-29 所示。由测试曲线可知，该双频超材料吸收器的两个吸收频率分别为 0.60 和 1.05 THz，共振吸收强度分别为 96% 和 89%。将该结果与模拟结果进行比较，发现有蓝移现象，吸收强度分别下降了 3% 和 8%，这主要是由加工误差导致的。

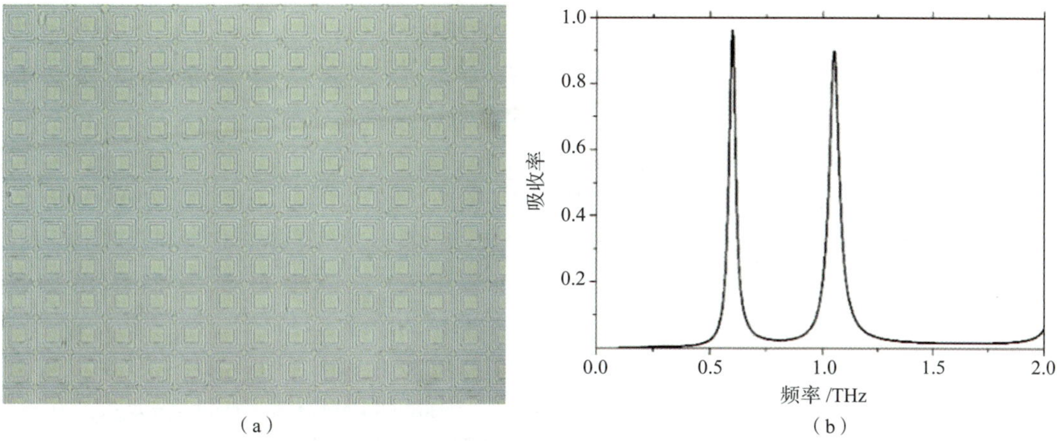

图 6-29　双频超材料吸收器实物和吸收曲线

（a）实物的显微镜图像；（b）吸收曲线

（3）多频太赫兹超材料吸收器

在单频和双频超材料吸收器的基础上，可通过把单频和双频超材料吸收器组合起来，构建多频超材料吸收器。通过将前文中介绍的几种超材料吸收器进行组合，构成了四频超材料吸收器，下面介绍其结构与仿真结果。该四频超材料吸收器由三层组成，第一层为超材料结构层，第二层为电介质层（PI 层），第三层为金属底板层（Au 层）。该四频超材料吸收器的结构如图 6-30（a）所示，结构尺寸见表 6-1；可见该吸收器的第一层对前文中提到的吸收器结构进行了耦合；金属层的厚度均为 200 nm，电介质层的厚度为 7.1 μm。在第一层中，正方形和内侧方环的间距为 2.1 μm，正方形和切割线的距离为 2 μm，切割线和外侧方环之间的间距为 10 μm。

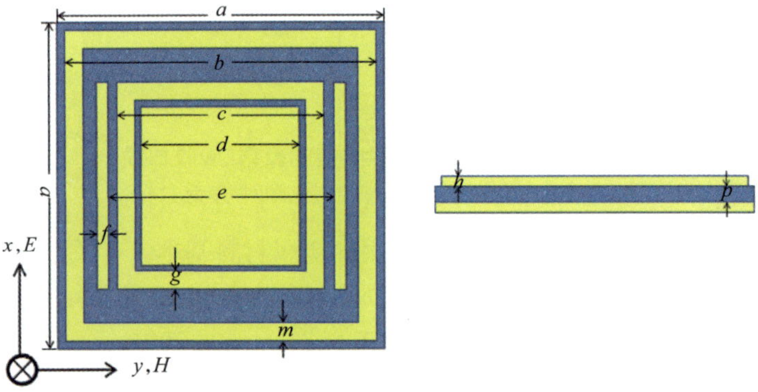

图 6-30　四频超材料吸收器的结构示意

（a）俯视图和波矢；（b）侧视图

表 6-1　四频太赫兹超材料吸收器的结构尺寸（μm）

参数	a	b	c	d	e	f	g	m	h	p
数值	88	84	56	43	60	4	4.4	5	0.2	7.1

利用 CST Microwave Studio 2010 仿真软件对该四频超材料吸收器进行仿真，按电场方向沿 x 方向，磁场方向沿 y 轴方向确定边界条件，使用时域求解器进行仿真。所得四频超材料吸收器的反射和吸收曲线如图 6-31 所示。可以明显看出，四个共振吸收频率分别为 0.53、1.03、1.44 和 1.89 THz。根据吸收定义可以得出，对应的吸收率分别为 99.9%、90.3%、83.0% 和 96.1%。其中，有三个频率点的吸收率超过了 90%，甚至有一个实现了完美吸收。前文所述双频超材料吸收器的两个共振吸收频率为 0.56 和 1.02 THz，对应的吸收率为 99.6% 和 96.2%；两个单频超材料吸收器的共振吸收频率分别为 1.32 和 1.81 THz，对应的吸收率为 89.8% 和 62.6%。对比可知，三种超材料吸收器的共振吸收频率变化不大，但其吸收率有较大差异，方形结构的单频超材料吸收器在构成多频超材料吸收器后，吸收率有明显的增强，从 62.6% 增强到 96.1%，主要是由于在四频超材料吸收器中方形结构和内侧方环的间距非常小，增强了相互之间的耦合。因此，可以利用单频超材料吸收器和双频超材料吸收器的原理构建多频超材料吸收器。然而，多频超材料吸收器的吸收频率和吸收效果会受到其中单频和双频共振单元及单频共振单元之间尺寸的影响，通过仿真可以知道，共振单元之间的尺寸越大，影响效果越小。例如，单频共振单元之间的尺寸越小，相互之间的耦合性越大，对吸收的影响越大。

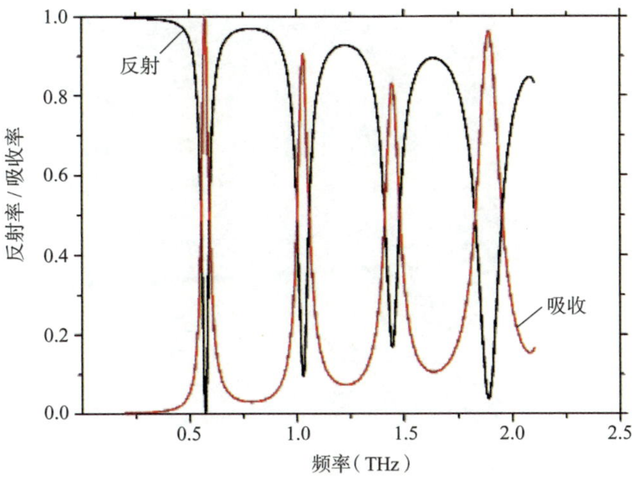

图 6-31　多频超材料吸收器的反射和吸收曲线

6.2.2　宽频带太赫兹超材料吸收器

针对超材料吸收器的研究首先是从单频吸收器开始的，因为超材料的电磁共振频率是由其结构和尺寸决定的，一旦确定了超材料中共振单元的结构和尺寸，吸收器的吸收频率即被确定下来。目前，宽频带的超材料吸收器是该领域的研究热点，各种各样的技术和方法被用来克服窄频带的限制。其中一种方法是把不同尺寸的超材料结构堆叠成多层结构，由这种方法加工的吸收器也被称为多层宽频带超材料吸收器，但该方法有一定的缺点，包括实验中多层结构难以制备、结构比较复杂；另外一种方法是将超材料结构布置在同一层中，由共振频率很接近的多个共振单元实现宽频带，即每一个周期单元含有多个结构不同、尺寸相同或不同的共振单元，这样的超材料结构具有单个结构的电磁特性，只要设计的共振频率较近，就可以延展带宽，最终实现宽频带吸收，该方法解决了实验中难以制备的问题。本小节在单频和多频超材料吸收器的基础上设计了一种宽频带超材料吸收器，其吸收带宽为 1.54 THz，吸收率超过 90%，工作带宽为 6 ~ 9 THz。

宽频带超材料吸收器的周期单元结构如图 6-32 所示，其中包含 4 个双频共振单元，结构特征两两相同，分别称为单元 1、单元 2、单元 3 和单元 4。其中，单元 1 和单元 4 的结构和尺寸均相同；单元 2 和单元 3 的结构相同，但尺寸不同。该宽频带超材料吸收器也为三层结构，第一层为超材料结构层，第二层为电介质层（PI 层），第三层为金属底板层（Au 层）。模拟时的边界条件为电场 E 沿 x 轴方向，磁场 H 沿 y 轴方向。从图中可以看出，宽频带超材料吸收器的一个周期单元结构中包含的单元 1 和单元 2 都可以实现双频太赫兹吸收，吸收的频率可以通过电磁仿真软件模拟得到。根据仿真优化设计一个双环结构的超材料完美吸收器，如图 6-33 所示。该吸收器的两个金属层的厚度均为 200 nm，电介质层的厚度为 7.1 μm，其他尺寸见表 6-2。

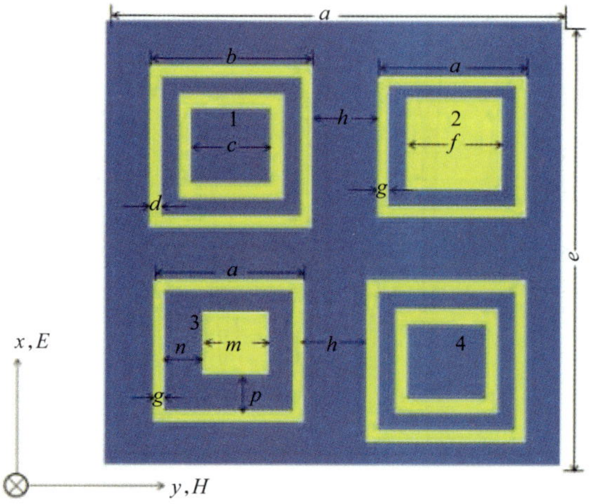

图 6-32　宽频带超材料吸收器的周期单元结构及波矢

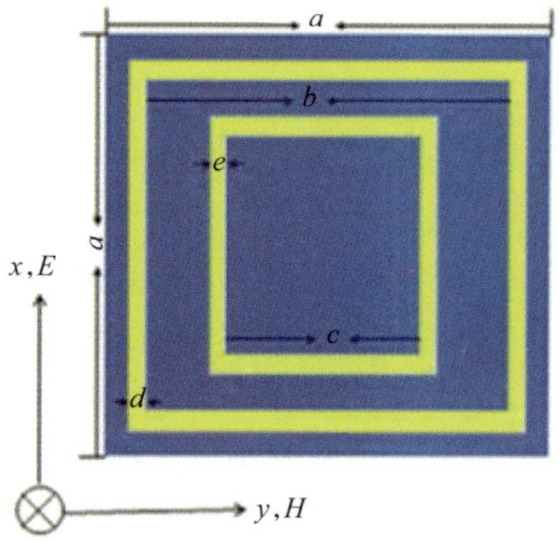

图 6-33　双环结构超材料吸收器的共振单元及波矢

表 6-2　双环超材料吸收器的单元结构尺寸（单位 μm）

参数	a	b	c	d	e
数值	88	74	3	2	4.4

在 CST Microwave Studio 2010 仿真软件中建立双环结构超材料吸收器的共振单元模型，设置好单位、边界条件及波导端口等重要参量，根据时域求解器求解出太赫兹波垂直传输到超材料吸收器时的反射系数和透射系数（透射系数在整个太赫兹频段上均为零）。根据从软件中导出的反射系数求解反射率，然后求出吸收率。将结果导入 Origin 作图软件，绘制吸收率随着频率变化的曲线，如图 6-34 所示。可以看出，该超材料完美吸收器有两个吸收峰值，吸收强度都在 95% 以上。其中，低频吸收峰的峰值甚至接近 100%，表明成功构建了双频太赫兹超材料完美吸收器。

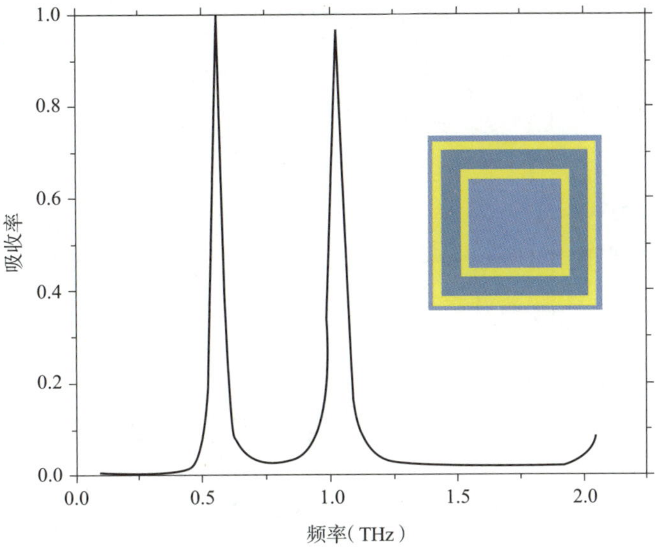

图 6-34　双环结构超材料吸收器的吸收曲线

对于图 6-32 所示的宽频带太赫兹超材料吸收器的周期单元结构，如果 4 个共振单元的吸收共振频率接近，就可以延展吸收带宽，因此优化设计尺寸参数，见表 6-3。每个周期单元结构的边长为 104 μm，包含 4 个共振单元，单元之间的距离为 15 μm。在 CST Microwave Studio 2010 仿真软件中建立周期单元结构的仿真模型，如图 6-35 所示。其中，端口 1 为入射端口，另一个端口为出射端口，两个端口之间为超材料周期单元结构。边界条件设置如下：太赫兹波垂直入射到超材料上，电场沿 x 轴方向，磁场沿 y 轴方向，z 方向为开放边界。利用时域求解器得出相应的反射和透射系数，然后提取出相应的参量，最后计算出宽频带超材料吸收器的反射曲线和吸收曲线，如图 6-36 所示。可以看出，对于该宽频带超材料吸收器，吸收强度超过 90% 的吸收频带为 6.56～8.10 THz，带宽为 1.54 THz。因此，验证了所设计的宽频带超材料吸收器可实现宽频带吸收 [4]。

表 6-3　宽频带太赫兹超材料吸收器的结构尺寸(单位：μm)

参数	a	b	c	d	e	f	g	h	m	n	p
值	104	45	15	5	35	15	4	15	10	11	11

图 6-35　宽频带太赫兹超材料吸收器的周期结构单元仿真模型

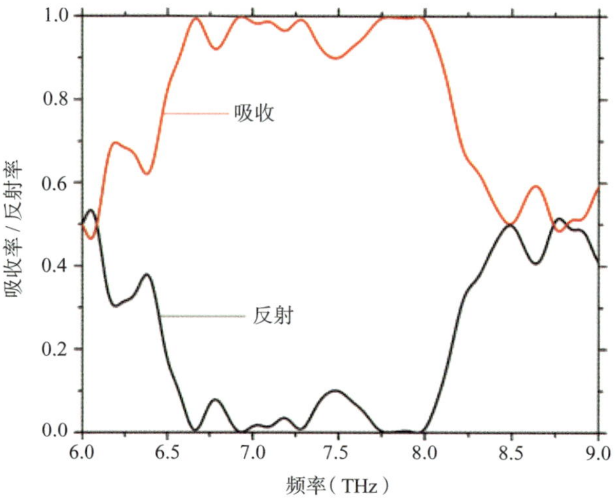

图 6-36　宽频带太赫兹超材料吸收器的反射和吸收曲线

6.2.3　可调谐太赫兹超材料吸收器

在操纵电磁波方面,超材料已经被应用于各电磁波段,很多新奇的现象,如隐身、超透镜的概念被提出并在理论和实验上得到研究,但相关研究成果很难应用于实际。尽管如此,太赫兹技术已经广泛地在成像、传感、调制、滤波、调制等方面得到应用,然而应用中遇到的其中一个难题就是自然界中不存在对太赫兹波响应的材料。超材料的提出恰巧填补了这一空白,但超材料的特性由其结构及尺寸决定,一旦结构和尺寸确定了,其共振频率特性就确定了。对于吸收器来说,吸收频带很窄,通过叠加相似的结构或尺寸的单元结构可实现吸收频带的延展,但实际应用对频带可调谐吸收器的需求非常急迫。对于实现可调谐,一种方法是在超材料结构中掺杂石墨烯,通过外部电压的控制实现对共振幅度的调制和对频率的调谐;另一种方法是在超材料中添加对温度敏感的材料(如 InSb),通过改变温度进而改变材料的载流子浓度,影响共振频率,同时实现调谐;还有一种方法是在超材料结构中加入一种对温度敏感的绝缘金属相变材料(如二氧化矾),这种物质对温度敏感并有一个相变温度,当温度达一定值时,其将由绝缘体发生金属转变,将会对超材料的共振特性产生影响,实现调谐。本小节主要讨论在超材料中引入半导体材料的方法,利用外部光控的方式影响半导体材料的载流子浓度,达到影响超材料的共振吸收频率的目的。该研究共提出两种可调谐吸收器:一种是光激励可调谐蓝移吸收器,另一种是光激励可调谐红移吸收器(也称为转换器)。对于调谐和转换,不同研究者有不同的理解,一般认为调谐是指连续调节频率,但也有研究者认为只要频率变化就可以认为是调谐,研究者普遍认为转换是指从一个频率转换为另一个频率,也可以说成将某一频率调谐到另一个频率,但通常调谐和转换两者没有严格的区分。

通过在超材料的关键区域加入对外部光照敏感的半导体材料,可实现超材料吸收器的可调谐。该可调谐超材料吸收器的结构如图 6-37(a)所示,图 6-37(b)所示为在外部光照下太赫兹波垂直传输到超材料结构阵列时的示意。该可调谐超材料为三层结构:第一层为超材料结构层,由两个金属谐振环组成,在谐振环的开口处是半导体材料 Si;第二层为电介质层(PI 层);第三层为金属背板。该超材料结构的共振单元是两个对向布置的开口金属谐振环,在这种金属谐振环结构中,既有电场元素又有磁场元素,可以将其视作电容电感元件,因此该可调谐超材料结构可以等效成一个电感电容共振器。金属谐振环的材料可以是 Au 或 Al,二者的仿真结果相同。本研究的仿真试验,采用 Au 谐振环，Au 的电导率为 4.09×10^{7} S/m,谐振环的线宽 d=3 μm,外围边长 b=43 μm,开口部位的长度 c=14 μm,开口宽度 g=4 μm,单元的边长 a=60 μm;超材料结构层、金属底板层的厚度都为 200 nm,电介质层(PI 层)的厚度为 7.1 μm。PI 材料对应的介电常数为 2.9,相应的损耗角 $\tan\delta$= 0.02。谐振环的开口处的材料是半导体 Si,在仿真中其介电常数为 11.7。半导体 Si 的电导率会随着外部光照能量的变化而产生变化,当光照能量增加时,半导体 Si 内的载流子浓度会发生变化,进而影响其电导率。谐振环的开口处相当于一个电容器,电介质电导率的变化会影响超材料单元结构的电容率,进而影响其共振频率。仿真时,设置完美电壁沿 x-z 平面,完美磁壁沿 y-z 平面。设定没有光照作用时,半导体 Si 的电导率为 1 S/m,太赫兹波的传输沿 z 轴方向,即与超材料结构单元垂直。仿真时,采集没有外部光照影响时的反射系数,然后计算出太赫兹波传输到超材料结构单元时的反射率,再根据反射和吸收透射的关系,求出吸收率。由于金属背板层的厚度为 200 nm,远远超出了太赫兹波的趋肤深度,即太赫兹波的透射率为零,仿真结果也是零。因此,吸收率只与反射率有关,当反射率很小时,就可以视为完美吸收。

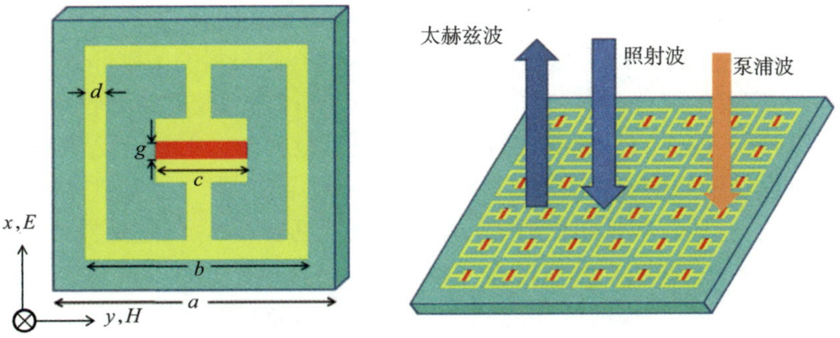

（a）　　　　　　　　　　　　（b）

图 6-37　可调谐太赫兹超材料吸收器

(a)结构单元;(b)超材料结构单元阵列

图 6-38(a)所示为没有光照时的吸收曲线,可以观察到两个吸收峰,对应的吸收频率分别为 0.68 和 1.41 THz。其中,低频吸收点(0.68 THz)的吸收率较强,达 99.9%,称为完美吸收,低频吸收是由电容和电感共同作用产生的,电容存在于谐振环的开口处,电感存在于谐振环的环路。对于高频吸收,虽然其吸收强度不大,但必须清楚产生高频吸收的原因。高频吸收实际上是开口谐振环两侧边的偶极共振产生的,因此需要通过分析超材料结构表面和金属背板的表面电流,进一步分析高频吸收产生的原因。图 6-38(b)所示为不同电导率情况下超材料的吸收曲线。外部光照的能量会影响半导体 Si 的载流子浓度,进而影响其电导率,因此可以通过提高光照能量,改变半导体 Si 的电导率。在仿真模拟时,分析半导体 Si 的电导率分别为 1、250、500、1 000、1 500 和 2 000 S/m 共 5 种情况。其中,电导率为 1 S/m 表示没有光照的情况。由图 6-38(b)可以看出,随着泵浦光能量的增强,半导体 Si 的电导率也在增大(至于电导率与外部泵浦光能量之间的定量关系,需要通过实验来验证),低频吸收的吸收率逐渐减小,而高频吸收的吸收率逐渐增大;当半导体 Si 的电导率为 2 000 S/m 时,低频吸收的吸收率已经降为 50% 左右,而高频吸收的吸收率达 96% 左右,因此随着外部泵浦光能量的增强,超材料吸收器的吸收频率由低频转换到高频,实现了从低频到高频的蓝移调谐[5]。

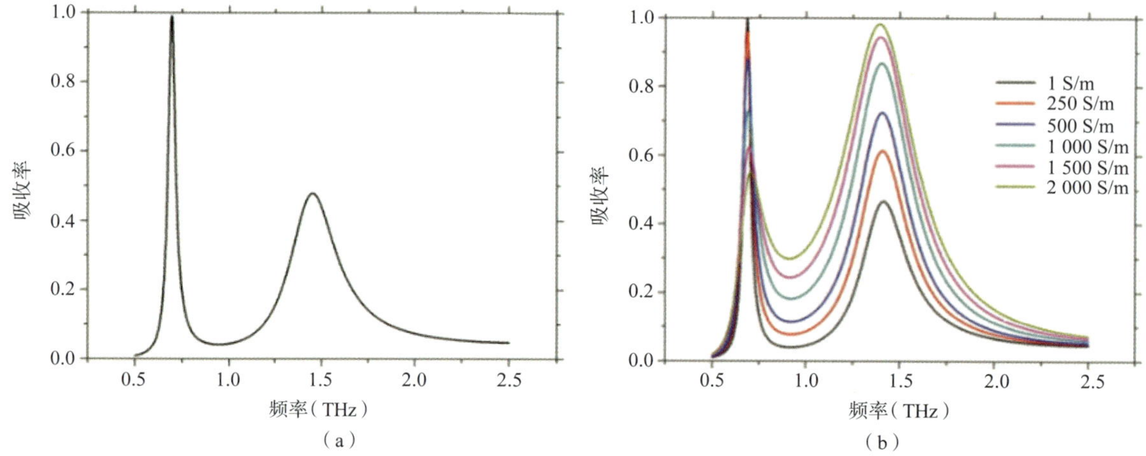

图 6-38　仿真超材料的吸收曲线

(a)没有光照时的吸收率;(b)不同电导率下的吸收率

对于可调谐超材料吸收器,在实际应用中需要做到任意形式的调谐,既包括幅度调谐,也包括频率调谐。针对频率调谐需求,设计了一种超材料结构,通过在超材料的关键部分加入半导体材料,在外部光照的作用下,实现了红移调谐,即把较高的吸收频率调谐到较低的吸收频率。这种频率调谐超材料结构把吸收频率从 1.17 THz 调谐到 0.68 THz,调谐范围高达 42%,且结构简单、容易制备。

频率调谐超材料结构如图 6-39 所示,该结构也为三层结构,第一层为超材料结构层,第二层为 PI 电解质层,第三层为金属背板。超材料结构单元的尺寸见表 6-4。该超材料结构的共振单元是两个背向布置的开口谐振环,这两个开口谐振环中间的深色区域是光敏半导体 Si。通过改变外部光照的能量就可以实现对共振频率的调谐,将半导体材料引入超材料结构,原因是超材料结构是有效的电感电容共振器件,其共振频率强烈地依赖于有效的电感和电容值。将可被外部激励的半导体材料加入超材料结构中,可以改变电感或电容,或是同时改变两者,从而实现超材料结构的工作频率的可调谐。在本部分研究中,将光敏半导体材料布置到超材料结构的金属谐振环开口处,电容很容易随着外部光照能量的增强实现改变,并导致共振频率发生红移,即共振频率随着光照能量的增强而减小。另外是改变电感,相较于改变电容来说,改变电感比较困难,因为半导体的电导率远远小于金属的电导率,随着外部光照能量的增强,开口谐振环处的电感增加很小,但随着光照能量的进一步增强,如果半导体的性能改变为导体性能,则电感有一定的增加,但会在开口谐振环处形成通路,会破坏超材料的结构。此时,开口谐振环处的电容将不存在,开口谐振环变成了封闭环,严重破坏电容的共振情况。因此,通过改变电感进而改变共振频率实现调谐的方法相当困难,一般采取改变电容的方法,即通过增强外部光照的能量,使电子在半导体 Si 处累积,增大电容,实现红移调谐[6]。

表 6-4　频率调谐太赫兹超材料吸收器的结构单元尺寸(单位:μm)

参数	a	b	c	d
数值	88	84	5	2

在用仿真软件仿真时,太赫兹波垂直传输到超材料吸收器的结构单元上,即太赫兹波沿 z 轴传播,电场沿 x 轴方向偏振,磁场沿 y 轴方向偏振,并且入射太赫兹波产生的电场垂直于超材料结构的开口谐振环。

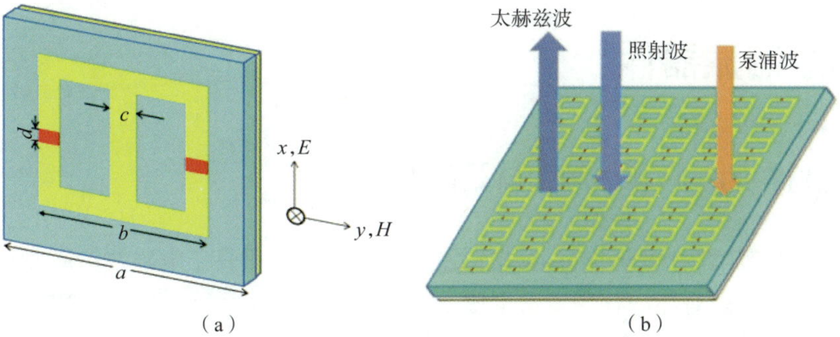

图 6-39　频率调谐太赫兹超材料吸收器

(a)超材料结构单元;(b)超材料结构阵列

电介质层、超材料结构层、金属底板层的厚度分别为 7.1、0.2 和 0.2 μm，PI 电介质的介电常数为 2.9，相应的损耗角 $\tan\delta = 0.02$，光敏半导体 Si 的介电常数为 11.7。超材料吸收器的电导率随着外部光照能量的变化而变化，泵浦光能量增强，载流子浓度也随着增大，电导率也增大，吸收曲线如图 6-40 所示，其中包含半导体 Si 的电导率为 1 000、2 800、5 300、10 000、15 000、30 000、100 000、200 000 和 300 000 S/m 时的吸收率曲线。可以发现，当半导体 Si 的电导率为 1 000 S/m 时(外部光照能量很低)，超材料吸收器的太赫兹波吸收率为 98.8%，接近完美吸收，对应的吸收频率为 1.17 THz；随着外部光照能量的增强，超材料结构单元的开口谐振环中的半导体 Si 中的载流子浓度会增大，增加的电荷载流子会使超材料的吸收强度减弱，并伴随有吸收频率的红移，即吸收频率由高频向低频移动，并伴随有共振的带宽加宽现象出现。当半导体 Si 的电导率为 15 000 S/m 时，吸峰值降低到最低，吸收频率进一步向低频移动，随着半导体 Si 的电导率继续增大吸收强度开始增大，吸收带宽收窄。当半导体 Si 的电导率增大至 300 000 S/m 时，吸收率增大到 98.6%，相应的吸收频率为 0.68 THz，即随着外部光照能量的增强，半导体 Si 的载流子浓度增大，导致其电导率增大，最终使超材料吸收器的吸收频率由 1.17 THz 调谐到 0.68 THz，调谐幅度为 42%。

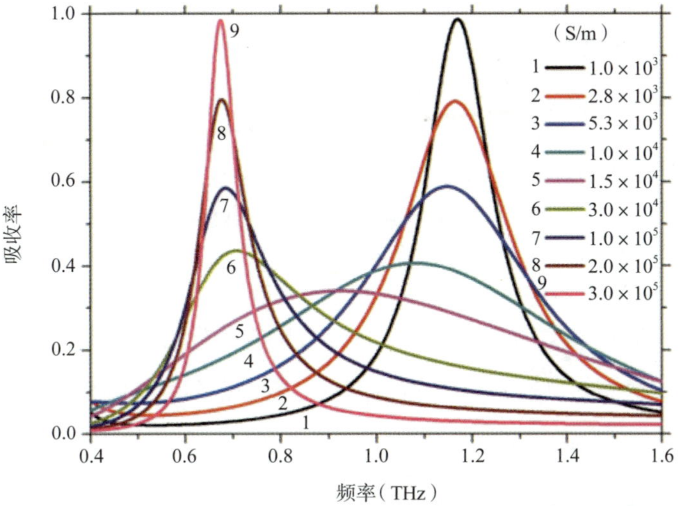

图 6-40　频率调谐太赫兹超材料吸收器的仿真吸收曲线

6.3 太赫兹偏振器件

6.3.1 基于超材料的三频和多频太赫兹偏振转换器

电磁波的偏振状态(又称极化状态)指电磁波的偏振方向为垂直于电磁波传播方向的平面上的电场振荡的方向。由于很多有趣的物理现象本质上都对偏振状态很敏感,且偏振状态在通信、导航和雷达探测等领域有重要的应用,故实现对电磁波偏振状态的完全控制是非常重要的。因此,很多基于超材料的太赫兹偏振转换器被设计出来,如圆偏振转换器、非对称传输偏振转换器和线性偏振转换器。这些设计出来的超材料偏振转换器的结构通常可以归为两类:三维立体-非平面的结构和二维平面结构。在二维平面结构的超材料偏振转换器中,手性的超材料显示出较强的电磁特性和旋光性。然而,这些超材料偏振转换器有不可避免的缺点:其一,大部分器件工作在微波和光波段,工作在太赫兹波段的较少;其二,其工作带宽相对较窄;其三,不具有动态调谐的功能。目前,很多可调谐超材料偏振转换器被设计出来,它们通过多种方法实现电磁特性的动态调节,如光泵浦控制、电磁控制、温度控制等。因此,设计能工作在多个频带又具有可调谐功能的太赫兹超材料偏振转换器是非常必要的。

本小节主要介绍一个具有强旋光性的基于手性超材料的可控三频太赫兹偏振转换器[7]。该器件的可开关功能是利用二氧化钒(VO_2)具有的从绝缘体状态变化到金属状态的特性来实现的。仿真结果表明,该基于手性超材料的偏振转换器能产生多个呈C4对称的电场耦合(Electric-Field-Coupled,ELC)谐振,且能在三个频率附近高效地将入射线性太赫兹波的偏振角度旋转90°。

手性超材料可控三频太赫兹偏振转换器为三明治结构,其顶层和底层都是由周期性手性单元组成的超材料结构层,中间为介质层。在一个单元结构中,顶层或底层在同一层上分别具有4个车轮形的ELC金属谐振器。在每一层的对角线上,车轮形金属谐振器的形状是一样的。而顶层和底层的车轮形金属谐振器的形状可以通过旋转45°重合,可认为是一对金属谐振器。为了对该偏振转换器的透射率进行调节,在该金属结构的底层下面又加了一层0.4 μm厚的VO_2衬底。实际应用中,泵浦光或温度的变化可以导致VO_2产生绝缘态与金属态的转换。在仿真过程中,可以通过改变电导率近似模拟绝缘态-金属态的转换(Insulator-To-Metal,ITM)。VO_2在绝缘态时,其对太赫兹波近似透明,介电常数$\varepsilon_i=9$。

为了得到该偏振转换器的频率响应,使用CST Microwave Studio 2010仿真软件进行了仿真。仿真实验使用基于全波有限积分(Finite-Integration-Technology,FIT)算法的频域求解器。在超材料结构层上,结构单元周期性地沿x轴与y轴布置,边界条件为“unit cell”。而y轴方向偏振的太赫兹波沿z轴入射,该方向的边界条件为“open”。在仿真模型中,y轴方向的太赫兹波从Floqueted端口入射,由频率为0.05~1 THz的太赫兹波激发。使用传输矩阵理论和电阻-电感-电容模型(RLC模型)解释太赫兹偏振转换器的电磁响应行为的物理机理。定义传输矩阵为$\boldsymbol{T}$,而$E_i^t=T_{i,j}\cdot E_j^t$。其中,E_j^t为输入j偏振方向的电场强度;$T_{i,j}$为传输矩阵$\boldsymbol{T}$的元素,而下标i和j分别表示入射和传输电磁波的偏振状态;E_i^t为传输i偏振方向的电场强度。

图6-41(a)所示为在入射的太赫兹波是y轴方向偏振且沿着z轴传播情况下,仿真得到的最大透射率变化,分别用$|T_{xy}|$和$|T_{yy}|$表示。仿真结果显示,设计并优化后的偏振转换器有三个谐振点,分

别在 0.253、0.368 和 0.479 THz。在 0.253 THz 处，$T_{xy}=-0.218$ dB，$T_{yy}=-25.58$ dB；在 0.368 THz 处，$T_{xy}=-1.009$ dB，$T_{yy}=-17.89$ dB；在 0.479 THz 处，$T_{xy}=-1.021$ dB，$T_{yy}=-14.97$ dB。当 $|T_{xy}|$ 达最大值，$|T_{yy}|$ 同时达最大值。因此，根据上述仿真得到的数据，交叉偏振转换率（Polarization Conversion Ratio，PCR）在频率点 0.253 THz 处超过 97.52%，在频率点 0.368 THz 处超过 89.03%，在频率点 0.479 THz 处超过 88.90%。

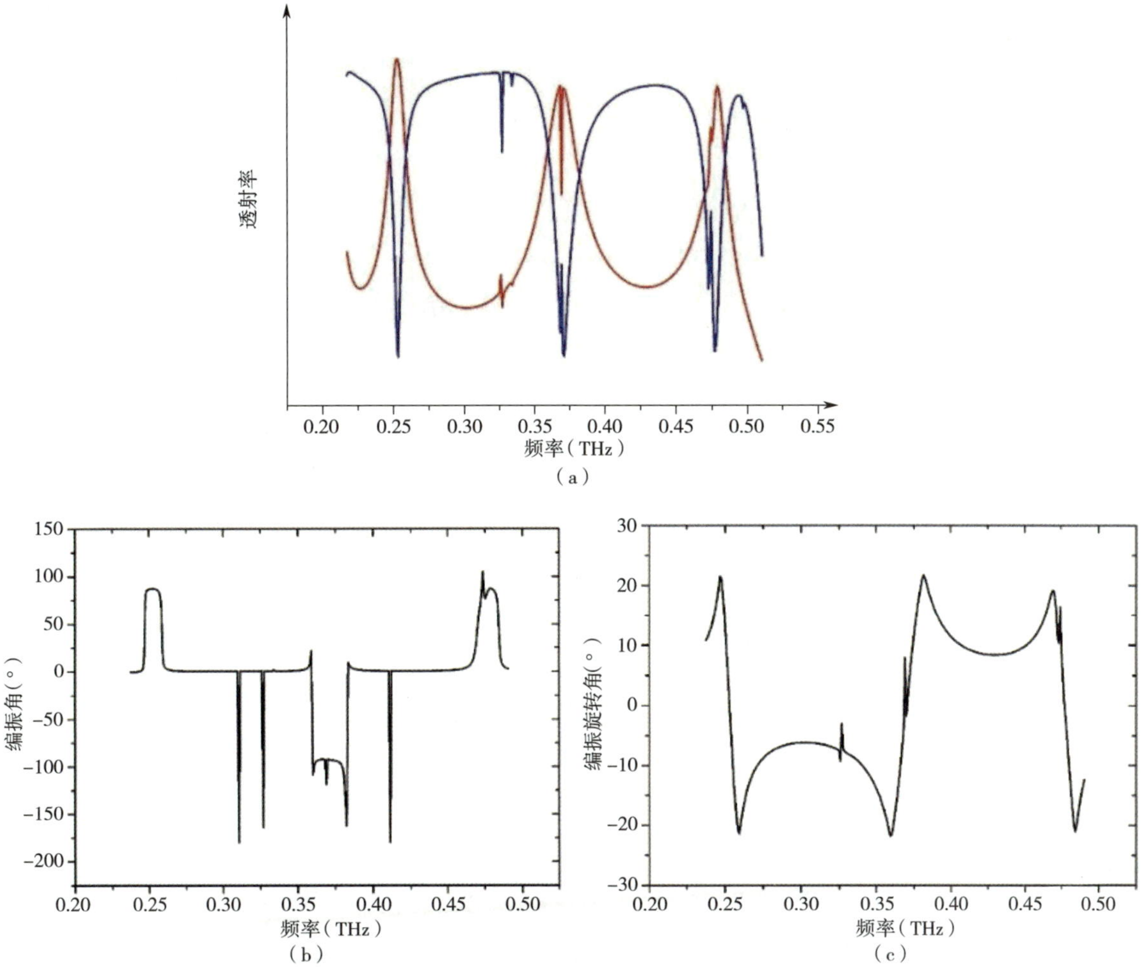

图 6-41　手性超材料可控三频太赫兹偏振转换器的仿真结果

（a）透射率；（b）偏振旋转角 θ；（c）椭圆度 η

旋光性是一种普遍用于评估手性结构产生交叉偏振传输能力特性的指标。为了评价手性超材料三频太赫兹偏振转换器的旋光性和偏振传输的能力，必须分析圆偏振光针对其结构的传输结果。这些数据不能直接从 CST Microwave Studio 2010 仿真软件获得，但使用软件可以得到 S 参数及其对应的相位值，再使用 MATLAB 数学分析软件进行计算，即可得到旋光性等数据，计算公式为

$$\begin{pmatrix} T_{++} & T_{+-} \\ T_{--} & T_{-+} \end{pmatrix}=\frac{1}{2}\begin{pmatrix} (T_{xx}+T_{yy})+\mathrm{i}(T_{xy}-T_{yx}) & (T_{xx}-T_{yy})-\mathrm{i}(T_{xy}+T_{yx}) \\ (T_{xx}-T_{yy})+\mathrm{i}(T_{xy}+T_{yx}) & (T_{xx}+T_{yy})-\mathrm{i}(T_{xy}-T_{yx}) \end{pmatrix} \tag{6-4}$$

式中：T_{++} 为右旋圆偏振光（Right-handed Circular Polarized，RCP）；T_{--} 为左旋圆偏振光（Left-handed Circular Polarized，LCP）。

由于设计的手性超材料结构是呈 C4 对称的，故 $T_{-+}=T_{+-}$，$T_{++}=T_{yy}-\mathrm{i}T_{xy}$，$T_{--}=T_{yy}+\mathrm{i}T_{xy}$，可以得到 RCP 和 LCP。可以计算出偏振旋转角 θ 和椭圆度 η，计算公式为

$$\eta=\frac{1}{2}\left[\arg\tan\left(\frac{|T_{++}|-|T_{--}|}{|T_{++}|+|T_{--}|}\right)\right] \tag{6-5}$$

$$\theta=-\frac{1}{2}[\arg(T_{++})-\arg(T_{--})] \tag{6-6}$$

如图 6-41（b）和（c）所示，将参数优化后得到的仿真结果通过计算可以得到偏振旋转角 θ 和椭圆度 η。在谐振点 0.253、0.368 和 0.479 THz 处，仿真计算后得到的偏振旋转角 θ 分别为 87.404°、−92.568° 和 87.158°，与之对应的椭圆度 η 分别为 −0.834°、−3.870° 和 −5.498°。因此，本小节提出的可控三频太赫兹偏振转换器具有较优的性能、较高的偏振转换率和较低的传输损耗，偏振旋转角非常接近 90°。

6.3.2 基于超材料的反射式太赫兹“树杈”形多频偏振转换器

上一小节中成功构建了三频太赫兹偏振转换器，但是在实际应用中，往往需要实现在较宽的频率范围内的偏振转换功能。为了实现构建宽带或多频偏振转换器的目标，本小节提出一种由双箭头结构形成的树杈形多频线性偏振转换器。经过仿真发现，该双箭头结构可以实现将一个线性偏振光旋转到其正交偏振方向的功能。通过双箭头结构引起的电磁响应而产生的多个谐振，能有效地扩展该偏振转换器反射交叉偏振光的带宽。仿真结果表明，该线性偏振转换器能实现将入射波偏振方向旋转 90° 的功能，并在 1.423、1.758~2.088 及 2.178 THz 等频率和频率范围实现偏振转换率高于 90%。

该偏振转换器的超材料为三层结构，由上至下分别为超材料结构层、电介质层和金属底板层。在超材料结构层上，超材料单元为一线段相连的树杈形金属谐振环阵列结构；电介质层的材料为聚酰亚胺（PI）。入射电磁波是偏振电场方向沿 y 轴的线偏振光，并且沿 z 轴负方向进行传播。

利用 CST Microwave Studio 2010 仿真软件对该超材料结构进行仿真；同时考虑偏振转化率较高和器件的实际加工制备条件，利用 CST Microwave Studio 2010 仿真软件的参数扫描功能，进行参数优化，最终得到的每个周期性单元的结构参数见表 6-5。

表 6-5　仿真优化后的树杈形多频偏振转换结构单元的结构参数

结构参数	结构参数意义	优化值（μm）
p	水平或垂直方向周期	82
d_1	结构中心到左横条或右横条的距离	3
d_2	结构中心到上竖条或下竖条的距离	3
w_1	上竖条或下竖条的金属线宽	8
w_2	左横条或右横条的金属线宽	4
w_3	中间斜长条的金属线宽	11
L_3	中间斜长条的长度	20
L_1	上竖条或下竖条的长度	25
L_2	左横条或右横条的长度	25

续表

结构参数	结构参数意义	优化值(μm)
h	介质层的厚度	65
ts	超材料结构层、金属底板层的厚度	0.2

本小节中，用 S_{yy} 表示 y 偏振到 y 偏振的 S 参数，用 S_{xy} 表示 y 偏振到 x 偏振的 S 参数，用 S_{xx} 表示 x 偏振到 x 偏振的 S 参数，用 S_{yx} 表示 x 偏振到 y 偏振的 S 参数；同时，定义 r_{yy}、r_{xy}、r_{yx} 和 r_{xx}，其表达式为

$$r_{yy}=\left|\frac{E_{yr}}{E_{yi}}\right|^2=S_{yy}^2,\ r_{xy}=\left|\frac{E_{xr}}{E_{yi}}\right|^2=S_{xy}^2,\ r_{yx}=\left|\frac{E_{yr}}{E_{xi}}\right|^2=S_{yx}^2,\ r_{xx}=\left|\frac{E_{xr}}{E_{xi}}\right|^2=S_{xx}^2$$

式中：r_{yy} 为 y 偏振至 y 偏振测得的反射率大小，也就是同偏振反射率；r_{xy} 为 y 偏振至 x 偏振测得的反射率大小，也就是交叉偏振反射率；r_{yx} 为 x 偏振至 y 偏振测得的反射率大小；r_{xx} 为 x 偏振至 x 偏振反射率的大小；E_{yi} 为沿 y 轴偏振入射的太赫兹波振幅；E_{yr} 为沿 y 轴偏振反射的太赫兹波振幅；E_{xr} 为沿 x 轴偏振的反射出来的太赫兹波振幅的大小；下标 i 和 r 分别表示入射波和反射波。

由于树杈形多频偏振转换器的超表面结构的入射波主要是 y 偏振波，因此主要研究参数为 r_{yy} 和 r_{xy}。树杈形谐振环结构的偏振转换率（PCR）的表达式为

$$PCR=\frac{r_{xy}}{r_{yy}+r_{xy}} \tag{6-7}$$

依照表 6-5 的优化后的结构参数建立仿真模型，采用 CST Microwave Studio 仿真软件对超表面结构进行全波频域仿真。第一步，设置边界条件并进行模拟，电磁波沿 z 轴负方向入射，x 和 y 方向设置为“unit cell”，以模拟无限大的周期性超表面阵列。第二步，使用 Origin 软件，获得 r_{yy} 和 r_{xy} 的仿真结果。如图 6-42（a）所示，r_{yy} 曲线上有 7 个频率点，分别在 1.425、1.820、2.003、2.088、2.118、2.178 和 2.343 THz 处。在这些频率点处，r_{yy} 接近于 0，r_{xy} 达峰值并超过 97%。这意味着，y 偏振入射波几乎完全转化为 x 偏振入射波。第三步，根据树杈形谐振环结构的偏振转换率计算公式对仿真结果进行了进一步处理，得到偏振转化率曲线，处理后的结果如图 6-42（b）所示。从该结果可以看出，该偏振转换结构在 1.753~2.084 THz 及其左右多个频率点可以改变线偏振太赫兹波方向并使其旋转 90°，也就是把由为 y 轴方向射入的偏振太赫兹波变为 x 轴方向的偏振太赫兹波，并能维持大于 90% 的偏振转换率。该偏振转换结构在 1.425、1.820、2.003、2.088、2.118、2.178 和 2.343 THz 处偏振转换率最高。

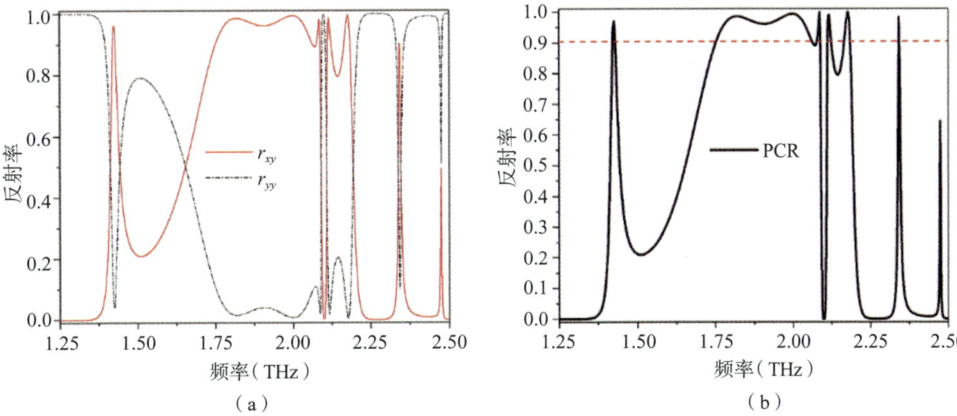

图 6-42　树杈形多频偏振转换器的反射率和偏振转换率曲线

（a）反射率；（b）偏振转换率

最后,计算了该偏振转换器的能量反射率随频率的变化。能量反射率的表达式为

$$ERR = r_{xx}^2 + r_{yx}^2$$

如图 6-43 所示, $ERR<1$ 表明入射波能量没有被偏振转换器完全反射。这是由于该偏振转换器采用有损耗的电介质,有部分入射太赫兹波被电介质层吸收,所以反射率不能达到 1。

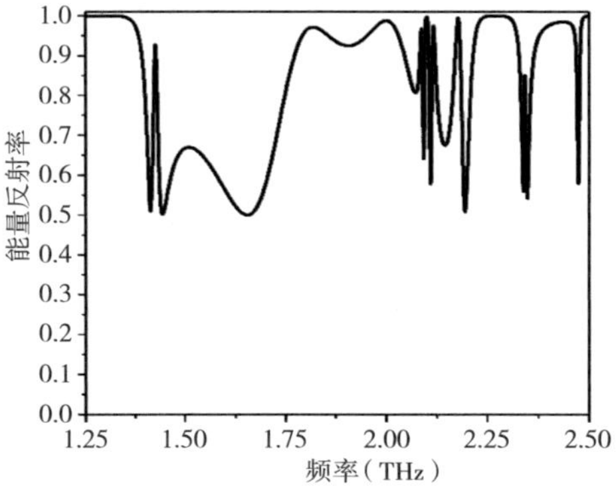

图 6-43　树杈形多频偏振转换器的能量反射率

6.4　太赫兹传输器件及天线

太赫兹天线是未来通信的重要器件,根据功能性和毫米波段,其可分为发射天线与探测接收天线两大类。而在太赫兹波段,天线也会作为太赫兹辐射源,发挥一部分关键功能。太赫兹波是指频率为 0.1~10 THz 的电磁波,其波长远小于常见的微波和毫米波,具有低能性、高穿透性、宽带性和瞬态性等特点,是近年来研究的热点。太赫兹技术发展迅速,在医学成像、大气环境监测、雷达、国家安全和反恐等多个领域展现出广泛的应用前景,尤其在通信领域,太赫兹天线得益于太赫兹波的优点,可比微波和毫米波天线等承载更多信号,为高传输速率和大信道容量提供了一种解决方案,对即将到来的 5G-A(5G-Advanced)或 6G 通信系统有重要意义。

我国对太赫兹天线的研究开展得较晚,但是受到国内各科研机构的充分重视。2009 年,哈尔滨工业大学电子与信息技术研究院对基于纳观域碳纳米管太赫兹天线进行了研究,其研究表明特定尺寸的单臂碳纳米管偶极子天线可以实现 2.5 和 7.6 THz 的双频工作特性,该研究的成果为碳纳米管在太赫兹天线中的应用设计提供了很好的参考。首都师范大学太赫兹光电子学重点实验室对 5 种小孔径光电导天线的太赫兹波辐射特性进行了研究,并对这些天线所辐射的太赫兹波进行了比较,其研究成果对于研制高效率的太赫兹波发射装置具有很高的参考价值。

本节介绍近年来笔者所在课题组设计的太赫兹天线。

6.4.1　太赫兹发射天线

(1)可重构太赫兹发射天线

随着现代雷达和通信系统的不断发展,以现代无线通信设备和卫星通信设备为代表的各种电子设备的发展趋势是小型化、宽频带、高效率、多功能。因此,可调太赫兹天线应运而生,其也被称为可

重构太赫兹天线。目前，国内外对可重构天线的研究已取得诸多成果，按照所调控的性能，可以将其分为四类：频率可重构、方向图可重构、极化可重构和多参数可重构。以频率可重构天线为例，它一般具有两个或多个工作频率，能够取代数个谐振频率天线，降低天线的数量和规模，避免多个天线之间产生电磁干扰，从而提高了频谱利用率，降低了终端系统的研发复杂度，在天线的小型化、集成化方面有很好的应用前景。

传统的可重构天线一般采用二极管等电子元件作为开关，用于改变天线中的电流分布，以实现对天线各种性能的调控。然而，该方法在太赫兹波段存在切换速度慢、欧姆损耗严重、易产生电磁干扰等问题，极大地影响了天线的辐射性能。石墨烯可能是解决上述问题的关键，石墨烯具有高电流密度、化学惰性、导热性、机械稳定性等性质，与传统二极管开关相比，用石墨烯材料作为开关器件可以使调控更加方便，并且能克服传统二极管开关在太赫兹波段工作时的问题。通过改变石墨烯的外加偏置电压，就能改变其电导率，进而改变天线的谐振频率。

因此，笔者所在团队设计了一种基于石墨烯片的频率可调太赫兹天线，通过调节缝隙之间的 4 个石墨烯片的电导率，改变缝隙天线的等效长度，使天线在 2 种不同工作模式下有不同的谐振频率。同时，还在天线下方设置了 3 种不同的反射结构，分别为方形封闭谐振环（Closed-Ring Resonator，CRR）超表面结构、十字形 CRR 超表面结构和纯金属反射面，并使反射结构的谐振频率与天线的谐振频率实现匹配，以提高天线的增益。模拟仿真实验结果表明，与无反射结构相比，具有反射结构的天线增益得到了提高，证明设置反射结构是提高天线增益的另一种方法。

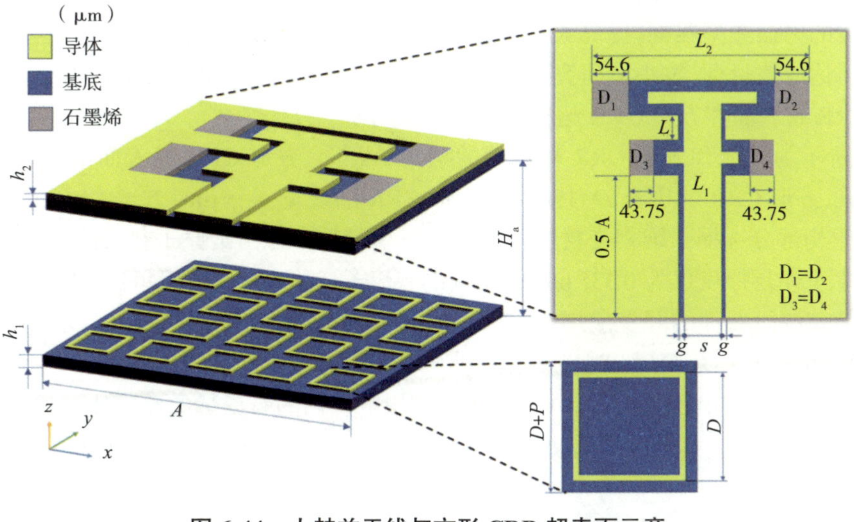

图 6-44　太赫兹天线与方形 CRR 超表面示意

缝隙天线也称作开槽天线（Slot Antenna，SA），指在一块大的金属板上开一个或几个狭窄的槽，采用同轴线或波导馈电，从而辐射或接收电磁波的天线。这种结构使缝隙天线具有结构简单、轻巧，适合作为嵌装式天线的优点。折叠缝天线（Folded Slot Antenna，FSA）是将开槽天线折合起来的缝隙天线，这种结构的输入阻抗是开槽天线的四分之一。

单折叠缝天线的缝隙周长 C 与其谐振频率 f_0 的关系式为

$$f_0 \approx \frac{vC_0}{C\sqrt{(\varepsilon_r+1)/2}} \tag{6-8}$$

式中：C 为缝隙周长；v 为光速；ε_r 为介质基板的介电常数；C_0 为常数，可以通过商业矩量法（MoM）代码找到。

由式（6-8）可知，单折叠缝天线的谐振频率 f_0 与缝隙周长 C 呈负相关。缝隙天线一般使用共面波导馈电方式，即信号传输线和接地板在介质基板的同一侧，这种结构制作简单，有很好的设计灵活性，通过设计微带信号传输线的宽度 s（图 6-44）和信号线与接地板间缝隙的宽度 g，就能更容易地实现阻抗匹配。此外，采用共面波导馈电的天线一般辐射损耗较低，并且介质基板的高度对天线的特性阻抗的影响很小。通过参数化扫描，可确定天线的最佳尺寸。

超材料是一种物理功能不同于自然界其他材料的人工材料，通常是由相同或相似的金属单元结构周期性排列组成的。二维结构的超材料又被称为超表面，目前研究者在与超表面相关的在频率选择表面（Frequency Selective Surface，FSS）和雷达散射截面面积（Radar Cross Section，RCS）缩减等方面已经取得许多突破性的研究进展，是天线领域中越来越热门的研究方向。FSS 可以选择性地反射或透射某一特定频率的电磁波，如果通过设计使 FSS 与天线的谐振频率达成匹配，则能够选择性地将天线下方的辐射进行反射，从而提高天线整体的方向性和增益。Wang 等提出了一种基于超表面的双频高增益天线，它由 2 个相同的方形基板组成，周围由 4 个塑料螺钉固定，上层基板上布置共面波导馈电的双频天线，下层则是由均匀金属贴片单元组成的 FSS。对于 4 和 5.8 GHz 工作频率，这种有 FSS 的天线的最大增益为 8.74 和 9.53 dB，与没有 FSS 的 5.71 和 6.96 dB 相比，性能有较大提高。

理论上，当天线与超表面的谐振频率相同时，天线整体的方向性最好、增益最大。因此，为了使超表面与天线的谐振频率匹配，提高天线增益，需要选择一种在天线的工作频率上有较高反射率的超表面。为了达成该目标，本小节研究尝试设计了两种理论可行的超材料结构单元，构成两种超表面：十字形 CRR 超表面和方形 CRR 超表面。

图 6-44 所示为天线和方形 CRR 超表面的结构示意图，方形 CRR 超表面由 7×7 个方形 CRR 结构单元组成，方形 CRR 的边长 D=180 μm，方形 CRR 的线宽 w=5 μm，方形 CRR 结构单元的间距 P=5 μm。而重构部分选择二维相变材料石墨烯。石墨烯是一种由碳原子在二维蜂窝晶格中建立的平面结构材料，其单层厚度仅为 0.335 nm，该材料的载流子迁移率在室温下可达 200 000 $\mathrm{cm^2/(V\cdot s)}$，非常适合太赫兹波段器件的开发应用，石墨烯的可调电导率也为可重构器件的设计提供了理论依据。如图 6-44 所示，D_1、D_2、D_3 和 D_4 为石墨烯带，其宽度分别为 D_1、D_2、D_3 和 D_4。在仿真过程中，石墨烯的表面电导率受带内电导率和带间电导率共同影响。因为石墨烯的厚度比波长小得多，所以可以将其看作具有复杂表面电导率的薄膜，其电导率 σ_s 可由久保（Kubo）公式计算，公式为

$$\sigma_s = \sigma_s^{\text{intra}} + \sigma_s^{\text{inter}} \tag{6-9}$$

式中：σ_s^{intra}和σ_s^{inter} 分别为带内电导率和带间电导率。

电导率 σ_s 进而可表示为

$$\sigma_s(\omega,\Gamma,T,\mu_c)=\frac{\mathrm{i}e^2(\omega-\mathrm{i}2\Gamma)}{\pi\hbar^2}\left\{\frac{1}{(\omega-\mathrm{i}2\Gamma)^2}\int_0^\infty \varepsilon\left[\frac{\partial f_d(\varepsilon)}{\partial\varepsilon}-\frac{\partial f_d(-\varepsilon)}{\partial\varepsilon}\right]\mathrm{d}\varepsilon-\int_0^\infty \frac{f_d(-\varepsilon)-f_d(\varepsilon)}{(\omega-\mathrm{i}2\Gamma)^2-4(\varepsilon/\hbar)^2}\mathrm{d}\varepsilon\right\} \tag{6-10}$$

式中：ω 为角频率；Γ 为散射率，$\Gamma=1/(2\tau)$，其中 τ 为弛豫时间；T 为温度；μ_c 为石墨烯的化学势；ε 为载流子动能；e 为电子电荷；$\hbar$ 为约化普朗克常数；f_d 为费米 - 狄拉克分布，表达式为

$$f_{\rm d}(\varepsilon)=\left[\exp\left(\frac{\varepsilon-\mu_{\rm c}}{\kappa_{\rm B}T}\right)+1\right]^{-1} \tag{6-11}$$

式中：$\kappa_{\rm B}$ 为玻尔兹曼常数。

在太赫兹频段内，当满足 $\hbar\omega \ll 2E_{\rm F}$ 时，带间电导率可以忽略不计，于是石墨烯的表面电导率取决于带内电导率。因此，石墨烯的表面电导率可以由 Drude 模型近似表示为

$$\sigma_{\rm s}(\omega,\varGamma,T,\mu_{\rm c})=\frac{{\rm i}e^2\kappa_{\rm B}T}{\pi\hbar^2(\omega-{\rm i}2\varGamma)}\left\{\frac{\mu_{\rm c}}{\kappa_{\rm B}T}+2\ln\left[\exp\left(-\frac{\mu_{\rm c}}{\kappa_{\rm B}T}\right)+1\right]\right\} \tag{6-12}$$

可以看出，石墨烯的表面电导率与石墨烯的化学势 $\mu_{\rm c}$ 有关，而其化学势 $\mu_{\rm c}$ 的大小取决于外加偏置电压。因此，可以通过调控外加偏置电压，调节石墨烯的电导率。石墨烯的化学势与外加电压的关系为

$$V=V_0+\frac{te\mu_{\rm c}^2}{\varepsilon_0\varepsilon_{\rm r}\pi\hbar^2 v_{\rm F}^2} \tag{6-13}$$

式中：V_0 为反映石墨烯自然掺杂浓度的电压偏移量，一般为 0 V；ε_0 为真空介电常数；t 和 $\varepsilon_{\rm r}$ 分别为石墨烯与电极之间绝缘层介质的厚度和相对介电常数；$v_{\rm F}$ 为费米速度，$v_{\rm F}=9.5\times10^5$ m/s。

该天线在缝隙之间设置了 4 个石墨烯带，通过控制石墨烯的费米能级，可以改变石墨烯的电导率，从而改变缝隙的等效长度，使天线的谐振频率可调。通过控制不同石墨烯带的通断组合可以使天线处在 2 种不同的工作模式下，对应的 4 个石墨烯带的详细工作状况见表 6-6。其中，ON 表示石墨烯导通，OFF 表示石墨烯截止。在仿真过程中，考虑石墨烯的特性做如下设定：石墨烯截止时，设其化学势能为 0.1 eV；石墨烯导通时，设其化学势能为 2 eV。由表 6-6 可知，当 4 个石墨烯带均不导通时，天线工作在模式 1；当 4 个石墨烯带均导通时，天线工作在模式 2。设定模式 1 下的谐振频率为主谐振频率，模式 2 下的谐振频率为副谐振频率。

表 6-6　天线的两种工作模式

工作状态	D_1	D_2	D_3	D_4
模式 1	OFF	OFF	OFF	OFF
模式 2	ON	ON	ON	ON

采用 CST Microwave Studio 2010 仿真软件对天线和超表面进行仿真分析，可以得到天线的 S11 参数曲线和远场图。S11 参数曲线最低点所对应的频率即为天线的谐振频率，此时天线的回波损耗最小，效率最高；远场图可以显示天线的增益（dBi，参考基准为全向性天线），反映了天线的方向性。

首先，通过参数化扫描确定石墨烯带的尺寸，为了不改变天线的对称性，仿真过程中始终保持 D_1=D_2，D_3=D_4。保持石墨烯在不导通状态且 D_3 不变，对 D_1 进行参数化扫描，仿真结果如图 6-45（a）所示。可以看出，随着 D_1 的增大，天线的 S 参数在 D_1=54.6 μm 处最低，此时天线的回波损耗最小、效率最大，对应的谐振频率为 230 GHz。保持 D_1、D_2 不变，对 D_3 进行参数化扫描，得到的仿真结果如图 6-45（b）所示。可以看出，随着 D_3 的增大，天线的 S 参数在 D_3=54.6 μm 处最低，对应的谐振频率为 230 GHz。

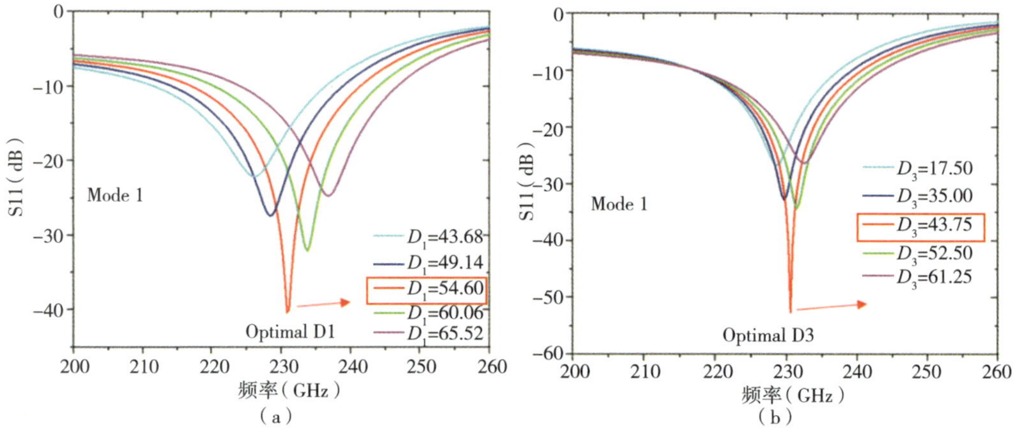

图 6-45　天线的 S 参数随石墨烯带尺寸的变化(单位:μm)

(a)D_1、D_2 曲线;(b)D_3、D_4 曲线

将模拟得到的有反射层结构(包括金属板反射面、方形 CRR 超表面、十字形 CRR 超表面)和无反射层结构的天线的仿真结果汇总到表 6-7 中,曲线如图 6-46 所示。在模式 1 下工作时,四种天线的主谐振频率均在 230 GHz 附近,方形 CRR 天线的增益最大;在模式 2 下工作时,四种天线的副谐振频率均在 270 GHz 附近,方形 CRR 天线的增益仍最大。与无反射层结构的天线相比,3 种具有反射层结构的反射面的增益均比较高。

表 6-7　四种天线结果对比

类型	模式 1(主谐振)		模式 2(副谐振)	
	频率(GHz)	增益(dBi)	频率(GHz)	增益(dBi)
无反射结构	230.5	2.93	270.5	4.08
金属板反射面	230.8	5.40	275.0	6.92
十字形 CRR 超表面	225.3	3.99	265.0	6.04
方形 CRR 超表面	232.6	5.41	278.5	7.63

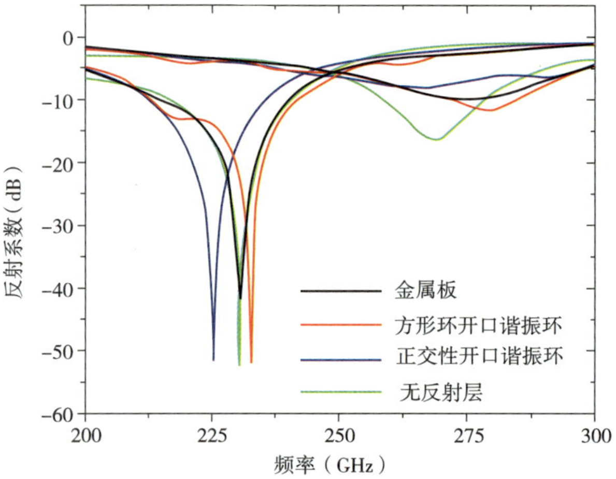

图 6-46　四种天线的反射系数

最终，通过改变四个石墨烯带的通断状态，在该频率可调太赫兹天线上实现了频率调谐。此外，采用两种不同的超表面提高天线的整体增益。当采用十字形 CRR 超表面时，天线可以工作在 225.3、265.0 GHz 两个频率，阻抗匹配性能良好，与无反射层相比的增益提升效果如下：在石墨烯不导通时，天线的最大增益从 2.93 dBi 增大到 3.99 dBi；在石墨烯导通时，最大增益从 4.08 dBi 增大到 6.04 dBi。当采用方形超表面时，天线可以工作在 232.6、278.5 GHz 两个频率，阻抗匹配性能良好，与无反射层相比的增益提升效果如下：在石墨烯不导通时，最大增益从 2.93 dBi 增大到 5.41 dBi；在石墨烯导通时，最大增益从 4.08 dBi 增大到 7.63 dBi。由此说明，超表面在一定程度上可以提高天线的增益和方向性。其中，方形 CRR 超表面的增益提升效果明显，而十字形 CRR 超表面的增益提升效果反而不如金属板反射面。

（2）可重构光子混频太赫兹天线

目前，制约太赫兹源发展的主要问题包括：高频（2.5 THz 以上）太赫兹辐射源难以获取；太赫兹波的方向性差。光子混频天线作为一种太赫兹辐射源，只要满足两束差频激光的频率差在高太赫兹频段，就可以解决高频难以获取的问题。然而，相较基于飞秒激光的光电导天线具有的辐射效率低（一般只有 1‰）的问题，基于光子混频的连续太赫兹辐射源的主要缺点在于连续太赫兹辐射功率较低，一般只有亚微瓦乃至纳瓦量级，液氮制冷条件下的输出功率也只能高于 1 μW。为提高太赫兹源的辐射功率，除从半导体衬底材料的载流子寿命与迁移率等方面进行优化，还需要天线的衬底材料在室温条件下实现高光电转换效率。由于高频太赫兹辐射功率受载流子寿命限制，光电导天线衬底材料的载流子寿命需达亚皮秒量级，才能实现太赫兹频段的超快电流调制。此外，光电导增益与衬底光电导材料的电子迁移率有关，而且光电导材料要能够承受足够高的外加偏置电压。这就要求光电导材料的性能具备载流子寿命短、载流子迁移率高和高击穿场的特点。此外，在改良天线衬底材料的同时，还需要在天线电极形状方面提高载流子迁移效率与高功率激光的耐受性，并进一步优化天线的辐射结构，提高天线增益。

天线将光电流转化成电磁波，再辐射到自由空间，两者之间的阻抗匹配是关键技术，也是难题。自由空间的特征电阻为 120π Ω，而天线间隙的电阻达 10 kΩ 量级，实际应用中很难实现阻抗匹配。但是，可以通过设计特殊的天线结构，实现天线与自由空间的电磁阻抗匹配，从而提高太赫兹辐射功率。

在保证阻抗匹配的同时，若使用飞秒激光泵浦，在皮秒量级附近，将产生宽谱太赫兹辐射，而要实现波束方向控制与扫描功能，常见的方法是使用窄带天线的相干性。两者若想兼顾，就可能要牺牲掉一部分辐射功率。对于基于差频连续激光的光子混频效应的光电导天线，其可利用窄带天线（如线形偶极子天线）制作相控阵，并保持 0.1~6 THz 的大带宽，这种两者兼容的设计也是关键技术。

对现有太赫兹相控天线依赖射频电路、移相器相控速度慢、制作难度大等问题进行突破，结合光子混频光电导天线、石墨烯相控等理论，通过构建线形偶极子天线辐射模型与光生载流子半导体模型，进一步揭示太赫兹波光子混频辐射的基本物理机制，并以此量化指导筛选天线结构参数，从而达到在特定工作频率、预期带宽条件下，实现高增益、方向可控的太赫兹天线列阵的目的。本部分研究包括：根据材料结构及其他物理特性设计加工方案，制备样片，设计实验光路，利用 THz-TDS 系统与天线测试设备进行实验验证。

太赫兹光电导天线可以看作由光子混频器和天线两部分组成的系统（图 6-47）。光子混频器的作用是把入射光能量转化成以太赫兹频率振荡的光电流，天线则将太赫兹频率振荡的光电流以电磁辐射的形式辐射出去。光子混频器受衬底材料和电极结构影响，天线辐射性能则受天线材料和天线结构影响。因此，本研究分别从电极结构、天线材料和天线结构等三个途径，对光电导天线进行优化，提高天线的性能。

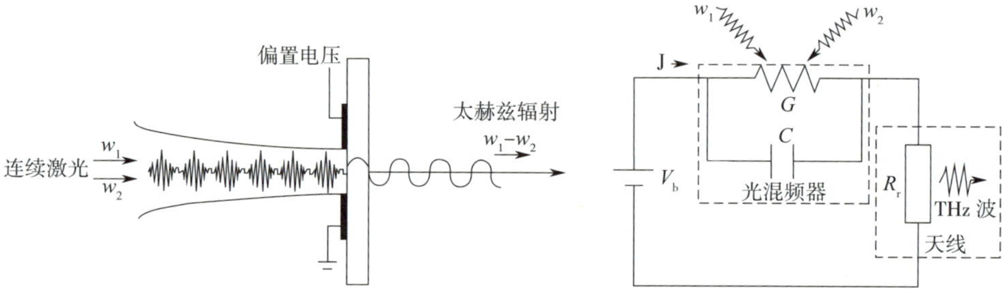

（a）　（b）

图 6-47　光子混频天线原理和光子混频等效电路

（a）光子混频天线原理；（b）光子混频等效电路

本研究设计的发射天线为线形偶极子天线，作为辐射振子使用，如图 6-48 所示。为了提高方向性与波束方向的可控性，将该线形偶极子天线制成列阵式八木天线。除辐射振子，系统还包含引向振子与反射振子，振子由相变材料制作。联合使用八木天线结构与相变材料对太赫兹波进行调控。通过对寄生振子的位置与长度进行调节，可达到控制其感抗与容抗的目的，最终改变电流相位与天线波束方向。为了实现辐射方向即寄生振子长度（电导率）的可控，考虑引入相变材料，如石墨烯或 VO_2 等。

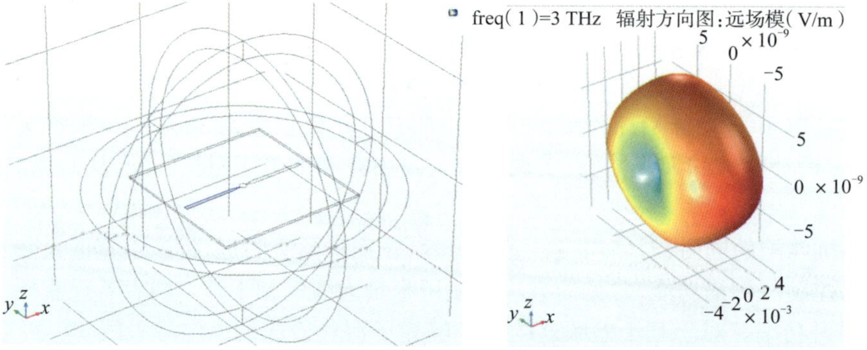

（a）　（b）

图 6-48　所设计的线形偶极子天线结构与其三维辐射方向

（a）天线结构；（b）三维辐射方向

受射频电路的限制，想要达 1 THz 以上的馈电是困难的。该研究使用光子混频激光辐照半导体产生光电流的方法，理论上只要差频的频率达到太赫兹波辐射振荡频率，就可以产生 3 THz 以上的高频太赫兹辐射。

相控天线的实现路径：通过控制外部偏置电压或温度—改变相变材料物理参数—改变辐射振子或寄生振子长度—控制天线阵相位—波束方向控制。

从麦克斯韦（Maxwell）方程组开始推导，对线形偶极子天线的远场辐射方向等进行严格数学推导，从 MATLAB 软件中得到了辐射方向图。上述严格数学推导的结果与用 COMSOL 有限元软件仿真得到的结果的一致性较好,部分结果图 6-49 所示。仿真过程包括:激光与半导体相互作用产生光生载流子,形成光电流;由频域 - 瞬态过程辐射太赫兹波;通过 FFT,将信号转换到频域,产生辐射波形结果。

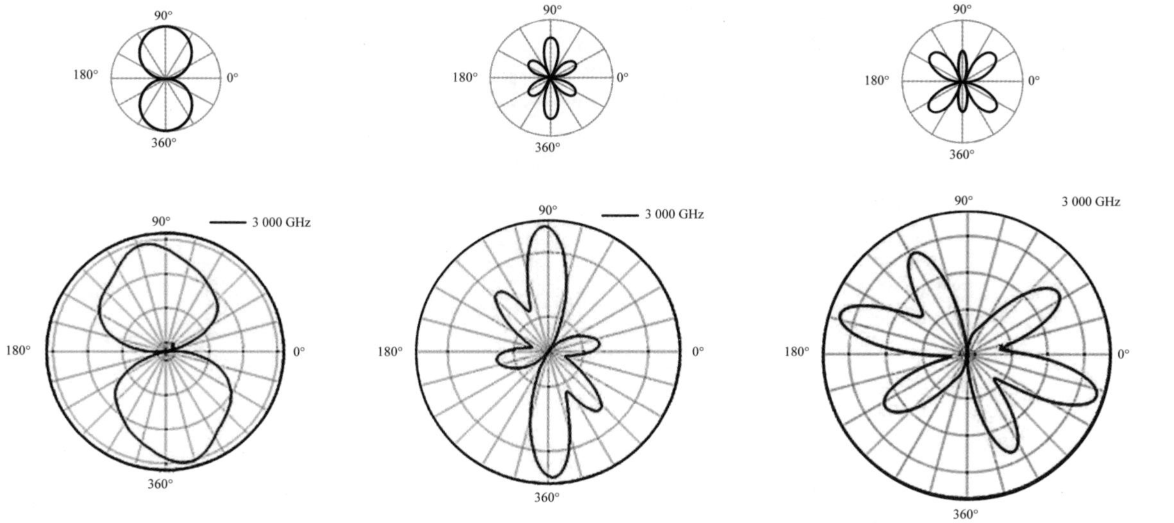

图 6-49　数学推导(上)与有限元仿真(下)的辐射方向图对比

加入引向振子会使原本的辐射波束产生明显的方向变化,如图 6-50 所示。模拟结果表明,该结构有效且有发展为更大列阵相控天线的可行性。

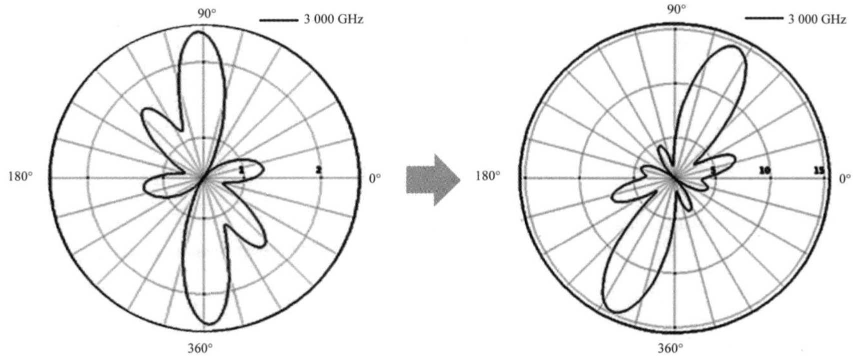

图 6-50　加入引向振子的辐射方向图变化

当利用两束连续差频激光的光子混频效应时,配合如图 6-51 所示的方向可重构光子混频天线概念图的辐射振子可以较大程度地提高天线增益。该天线类型是谐振式的,带宽窄于上述的对数周期天线,但谐振峰和效率很高。当金属辐射振子通过石墨烯带进行电压调控(金属相控制)时,可以控制其长短,改变其太赫兹谐振频率,变成宽带结构。通过改变连续激光的波长,可以进一步控制太赫兹带宽。如图 6-51 所示,引向振子与反射振子单元也通过石墨烯带进行电压调控,对波束波形进行控制。若利用单束飞秒激光,产生的带宽比未改变辐射振子长度时更大,但天线增益稍弱于差频连续激光泵浦的情况,仍可实现辐射波形控制。

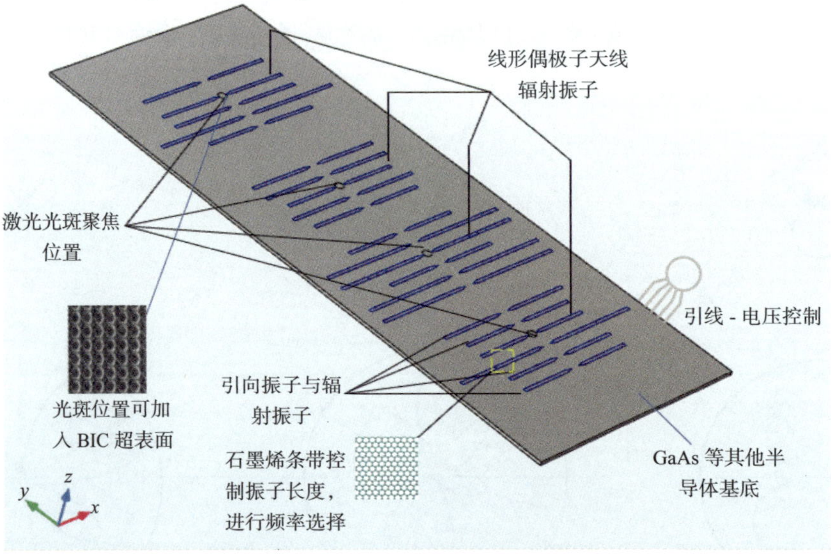

图 6-51　方向可重构光子混频天线概念图

(3)涡旋太赫兹波发射天线

作为未来通信的重要手段，如何增加通信容量也是太赫兹天线领域关注的问题。轨道角动量是一种有效手段与未来发展趋势，本部分将介绍如何利用太赫兹喇叭天线产生涡旋太赫兹波。光子晶体是一种在实空间具有周期性结构、在动量空间具有光子能带结构的光子人工带隙材料，相较 Q 波片涡旋板等，光子晶体具有结构简单、轻便的特点。近几年，围绕周期性结构中的连续谱中的束缚态以及与之相伴的动量空间中的远场辐射偏振场拓扑结构和光学奇点等问题，研究者在理论和实验层面先后分析和发现了连续体束缚态(Bound-states In the Continuum，BIC)与动量空间偏振场涡旋的联系，动量空间偏振拓扑结构与贝里(Berry)相位的联系等。在上述研究的基础上，笔者将太赫兹天线技术与 BIC 光子晶体联系起来，直接制作了可以通过动量空间调控产生涡旋太赫兹波的太赫兹天线系统。

由于利用动量空间产生太赫兹涡旋的先决条件是需要左旋或右旋的圆极化太赫兹波，因此笔者采用和文献报道的出射波导端口匹配的 220 GHz 圆极化太赫兹天线结构，并以此为基础进行设计，流程如图 6-52 所示。利用 C4v 对称性和 C6v 对称性的光子晶体板，在实空间内产生了拓扑荷 2 与 4 的涡旋太赫兹波。目前，在国内外文献中还没有太赫兹波段的 BIC 涡旋实验的相关报道，也未见将天线与 BIC 现象结合的先例。

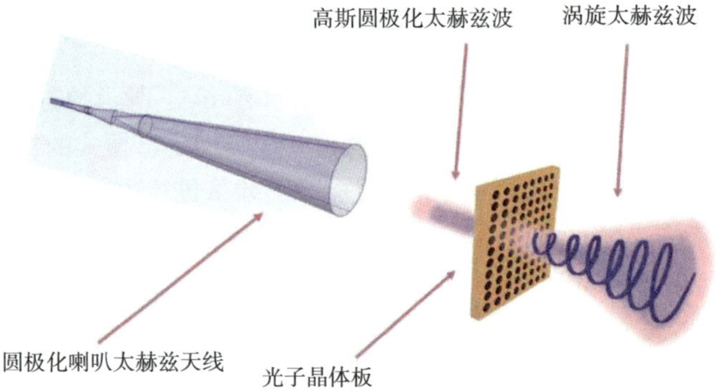

图 6-52　基于 BIC 的涡旋太赫兹喇叭天线原理

选用喇叭天线的原因如下：喇叭天线的增益高、方向性好；通过太赫兹透镜一次聚焦，就可以得到目标高斯型太赫兹波束。因此，选择喇叭天线作为圆极化前端的太赫兹天线，可以将WR4波导出射的线极化为太赫兹波，完成“线极化—椭圆极化—圆极化”三次极化过程，满足实验要求。利用COMSOL与CST Microwave Studio 2010仿真软件进行了还原，工作波长为180~260 GHz。此外，实际加工了该圆极化太赫兹喇叭天线，如图6-53所示。从模拟结果可以看出时空间分布的涡旋太赫兹波，说明该天线结构完成了在k空间对圆极化波的调制。涡旋场相位与振幅分布如图6-54所示，可见产生了类似甜甜圈形的空心振幅与轨道角动量为2的涡旋相位。进一步，通过调制入射波频率，发现C6v对称性的光子晶体可以将其拓扑荷由4变为2，达到对拓扑荷的调控。

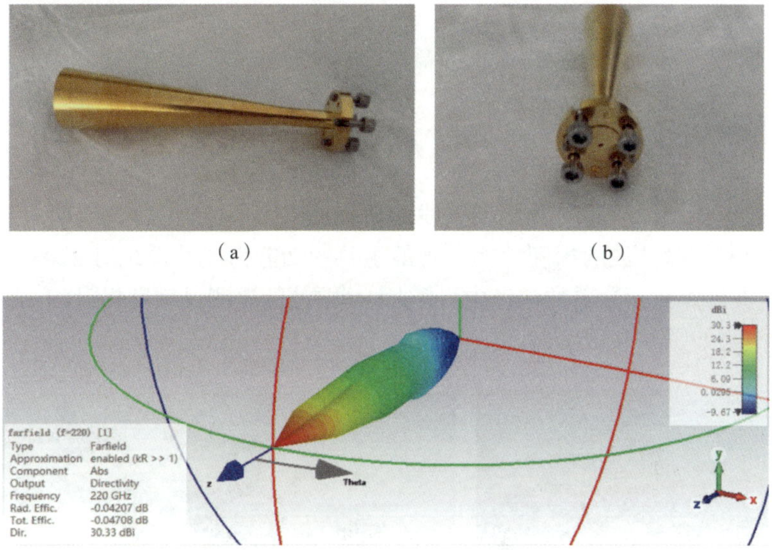

（a）（b）（c）

图6-53 圆极化太赫兹喇叭天线实物和远场增益模拟结果

（a）侧视图；（b）底部图；（c）远场增益模拟结果（180~260 GHz）

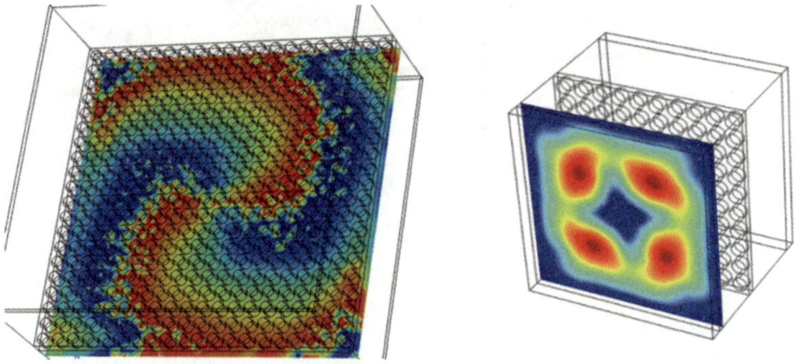

图6-54 C4v对称性光子晶体板产生的涡旋太赫兹相位与振幅分布

进一步，通过实际实验对圆极化太赫兹喇叭天线进行了测试，使用了天线测试专用的系统、暗室与太赫兹源，如图6-55所示。可见，220 GHz太赫兹源从矩形波导WR4口出射，再对圆锥喇叭天线进行馈电；矩形端口出射TE10的垂直极化波；圆极化太赫兹喇叭天线最终出射的模式为线极化波。由于BIC涡旋天线的入射波条件为左旋或右旋圆极化波，所以天线需要单独设计。

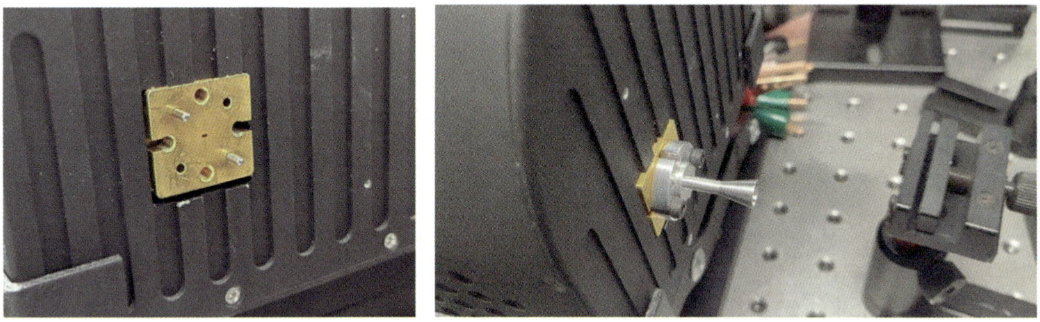

（a）　　（b）

图 6-55　实际实验现场图

（a）太赫兹源出射波导端口；（b）太赫兹线极化喇叭天线

6.4.2　太赫兹接收天线

本小节基于热电探测原理与对数周期天线的研究成果，设计加工对数周期太赫兹埋底天线，利用其提高热电材料对太赫兹波的探测效率。其最主要的功能为提升系统对 220 GHz 太赫兹波的聚焦效果，将太赫兹波聚焦至探测器的沟道内，使对太赫兹波的探测灵敏度提升约 22 倍。对数周期太赫兹埋底天线的实物如图 6-56 所示。

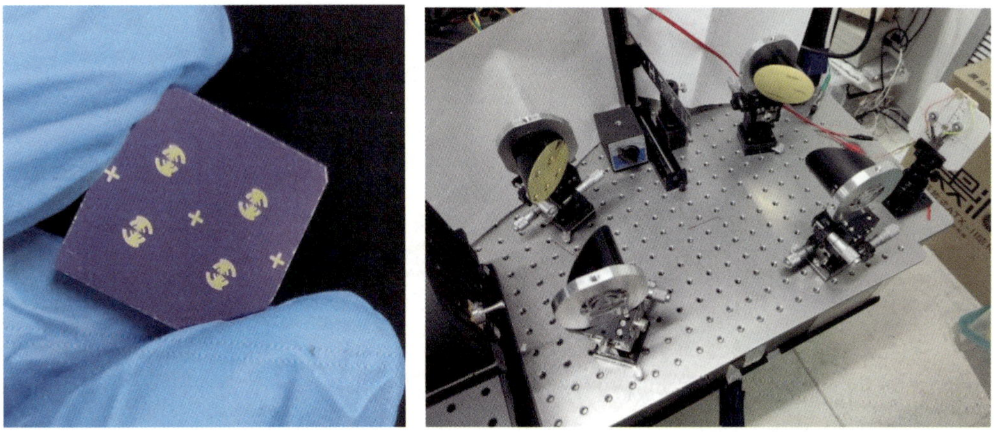

（a）　　（b）

图 6-56　对数周期太赫兹埋底天线实物

（a）实物图；（b）实验光路测试系统

高性能、宽谱太赫兹探测器在生物安全成像、空间通信等领域显示出广阔的应用前景。在太赫兹频段，电磁光电探测器和光子光电探测器通常需要额外的冷却系统或精确的天线结构，基于现有技术水平难以实现大规模系统集成。基于光热过程的探测器（如测辐射热计）可以在室温下工作，并且没有波长选择性。例如，测辐射热计吸收辐射并将其转化为温升，然后引起可以作为电信号分析的电阻变化，具有制作简单、成本低、易于集成等优点。目前，针对大多数测辐射热计性能的研究集中在吸光度、与环境的热交换和电子 - 声子碰撞等方面，但缺少晶界对测辐射热计影响因素的相关研究，鲜有研究分析晶界对于增强测辐射热计效果的重要性。因此，针对太赫兹天线的设计工作应与诸如探测等领域进行有机结合，为各个方向提供服务。

参考文献

[1] WU L，LING F，LIU T，et al. Dielectric behavior of $CaCu_3Ti_4O_{12}$ ceramics in the terahertz range[J]. Optics express，2011，19(6)：5118-5125.

[2] WU L，LING F，TIAN X，et al. Far-infrared dispersion of complex dielectric constant in the ferroelectric near-stoichiometric $LiNbO_3$：Fe[J]. Optical materials，2011，33(11)：1737-1740.

[3] XU Z C，GAO R M，DING C F，et al. Multiband metamaterial absorber at terahertz frequencies[J]. Chinese physics letters，2014，31(5)：054205.

[4] XU Z C，GAO R M，DING C F，et al. A broadband planar THz metamaterial absorber modern[J]. Physics letters B，2015，29(12)：1550056.

[5] XU Z C，GAO R M，DING C F，et al. Photoexcited broadband blueshift tunable perfect terahertz metamaterial absorber[J]. Optical materials，2015，42：148-151.

[6] XU Z，GAO R，DING C，et al. Photoexited switchable metamaterial absorber at terahertz frequencies[J]. Optics communications，2015，344：125-128.

[7] LU Y，LI J，ZHANG S，et al. Polarization-insensitive broadband terahertz metamaterial absorber based on hybrid structures[J]. Applied optics，2018，57(21)：6269-6275.

第7章 超表面太赫兹波调控技术与器件

7.1 超表面太赫兹吸收器件

7.1.1 基于光生载流子的可调谐太赫兹全硅超材料吸收器

基于掺杂硅的太赫兹吸收器利用高浓度载流子实现了宽带工作和高效吸收。然而,它们的可调性能明显不足。本小节介绍一项研究,其提出了一种基于非掺杂硅和超材料减反射层的可调谐太赫兹吸收方案,实现强吸收和超高调制深度。得益于非掺杂硅对 1 064 nm 连续激光的弱吸收和高透射,在吸收器件的整个厚度上激发了均匀分布的载流子,从而获得了对太赫兹波的高效自由载流子吸收。笔者所在团队使用仅 500 μm 厚的吸收器件在 0.58~1.92 THz 频率范围内实现了高于 90% 的吸收,峰值吸收率为 99%。更重要的是,该吸收器件可以通过改变泵浦功率在无吸收和高效吸收两种工作状态之间切换,调制深度达 100%。这种简单、高性能的实现方案为太赫兹可调谐吸收器的设计提供了新思路。

(1)研究介绍

电磁吸波材料是指同时具有低反射率和透射率的电磁介质,主要通过对入射波的欧姆损耗、介电损耗或磁滞损耗实现对电磁波的吸收 [1]。电磁吸波材料广泛用于电磁屏蔽和 RCS 缩减。传统吸收体主要包括金属粉末、石墨或铁氧体等,其中的大部分难以满足轻量化、大面积、宽带化和高效吸收的应用要求 [2]。近年来,各种波段的新型吸波材料不断涌现,如泡沫材料、超材料吸波体等。密度小的类泡沫材料容易实现阻抗匹配,结合其良好的导电性,在太赫兹甚至微波波段表现出优异的吸收性能 [3]。超材料吸收体主要通过电磁共振增强欧姆损耗或介电损耗,其优点包括厚度薄、吸收频带灵活可变,因此可实现宽带、窄带或多频带吸收 [4]。更重要的是,超材料吸收器可以实现更丰富的功能,如可调谐或偏振相关的吸收 [5]。

在太赫兹波段,泡沫材料和超材料吸收体已被广泛报道。泡沫材料包括三维石墨烯和多孔 MXene/GO 复合物泡沫、碳纳米管、$Ti_3C_2T_x$-MXene 海绵复合材料,具有质量轻、密度低、导电性优良的特点,可实现宽带工作和高效吸收,并具有提高力学性能的作用。另一方面,大多数超材料吸收体为金属 - 绝缘体 - 金属(MIM)反射结构且具有金属背板,它通过耦合上下层金属的谐振实现阻抗匹配,这种吸收器可以实现窄带、多频带或宽带吸收,并且可以很容易地改变设计工作频率。此外,基于全硅超材料的太赫兹吸收器近年来也引起了研究者的兴趣。通过适当掺杂硅引入高浓度的非平衡载流子,入射的太赫兹波会被自由载流子迅速吸收并消耗,导致透射率极低。然而,由于本征硅的大介电常数(约 11.9),在空气 – 硅的平面界面处会发生明显的反射。因此,与金属超材料单元不同,硅超原子的主要功能是减少反射。在可调性能方面,三维石墨烯泡沫的费米能级可以通过改变外场进行调节,进而影响其吸收效率,但存在调制深度有限、色散大的问题,即使消耗大量外部能量,可调性能也难以满足要求。引入单层石墨烯或相变材料等活性材料的可调谐 MIM 反射结构吸收器的研究工作已被广泛报道。然而,相关研究中的大多数只是模拟设计,只有少数经过实验验证,主要是因为样品制备过程非常复杂。基于掺杂硅的吸收体反射可以通过提高泵浦光功率而增强,这是由于提升了器件表面附近载流子的浓度,而载流子的浓度决定了吸收效率。但由于载流子浓度和穿透深度的限制,该方法的调制效率也受到制约。上述分析表明,需要开发兼具高效吸收和优异可调性能的太赫兹吸收体。

本研究提出一种基于光生载流子的可调谐太赫兹全硅超材料吸收器，该太赫兹吸收器基于高电阻硅而不是掺杂硅，其原理是利用 1 064 nm 连续波激发电子的带间跃迁，在超材料的整个厚度获得光生载流子，从而实现对太赫兹波的高效吸收。吸收作用可以通过改变激光功率逐步调整，以实现从 0 到 90% 以上的吸收，最大吸收带宽为 1.34 THz。在 60° 的入射角下，该太赫兹吸收体对入射的横向电（Transverse Electric，TE）波和横向磁（Transverse Magnetic，TM）波均表现出良好的吸收性能。

（2）测试结果

本研究提出的可调谐太赫兹全硅超材料吸收器如图 7-1 所示。该吸收器由高阻硅制成，顶部是超原子阵列（超表面），用作减反射层。由于非掺杂硅的电导率足够小，因此可以认为其对太赫兹波没有吸收。当 1 064 nm 光辐照作用在该吸收器上时，光束将完全穿透超表面，同时激发载流子。当激光功率足够大时，入射的太赫兹波可以在宽带范围内被该吸收器有效吸收。

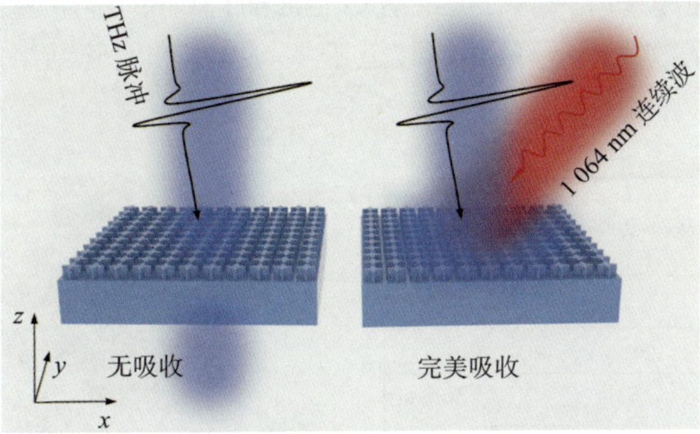

图 7-1　可调谐太赫兹全硅超材料吸收器示意

超材料吸收体的超原子单元如图 7-2（a）所示，周期 P=120 μm，衬底厚度 h_1=440 μm，硅柱高度 h_2= 60 μm，椭圆长轴 L=100 μm、短轴长度为 30 μm；图中还显示了超原子单元在 1 064 nm 连续波辐照下的光生载流子。由于激光可以穿透器件的整个厚度，因此载流子将分布在整个超原子单元中。该超材料吸收体以 500 μm 厚的商用硅片（ρ>2 000 Ω/cm）为原料，由电感耦合等离子体（Inductively Coupled Plasma，ICP）蚀刻加工而来。图 7-2（b）所示为超材料吸收体的 SEM 图像和外观，可见该吸收器样品的尺寸为 1.4 cm × 1.4 cm，蚀刻面积为 1.05 cm^2，且其超原子单元的加工精度较高。

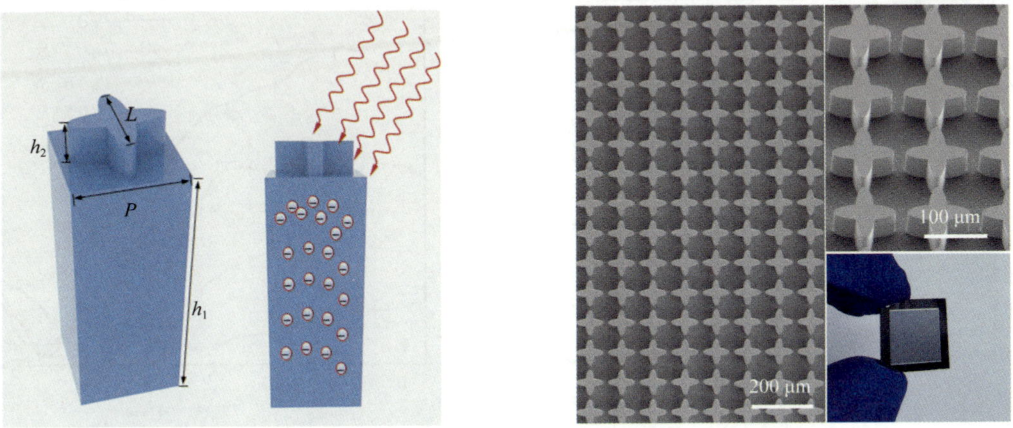

（a）　　（b）

图 7-2　超材料吸收器的超原子单元

（a）超原子单元；（b）超材料吸收器的微观表面和实物图像

Ⅰ. 首先，介绍该吸收器的透射性能

由于硅在太赫兹波段具有较大的折射率，信号会在空气 - 硅界面多次发生部分反射，导致发射信号中出现多个脉冲，如图 7-3（a）所示。为了研究这一现象，实验中将整个器件的电导率 σ 从 0 变为 80 S/m，以模拟泵浦激光功率的变化，观察传输信号的变化。当激光功率逐渐增强时（电导率逐渐增大），发射信号脉冲的幅度逐渐减小。可以发现，第一个脉冲（零阶）的衰减相对较慢，随后的脉冲迅速衰减，直至消失。这是因为后续的每一个脉冲都会在硅中来回反射，吸收作用明显。实验使用时域光谱（TDS）测试系统测量该吸收器在不同激光功率下的透射太赫兹光谱（正常入射），以确认载流子的激发，测试系统如图 7-3（b）所示。图 7-3（c）和（d）所示为模拟和实验测量的零阶频域信号的透射系数曲线。可见，器件显示出明显的共振峰，但与硅相比其透射系数没有明显增大（硅材料在太赫兹波段的透射系数为 0.7）。这是因为此时大约 30% 的能量仍然在器件底部的硅 - 空气界面处反射，尽管上面的超原子阵列具有抗反射功能，此时器件的零阶透射系数不会超过 0.8。当激光功率逐渐增强时，透射系数急剧下降，最终接近于零。模拟和实验结果的峰（谷）中的频偏可能是样品的加工误差造成的。

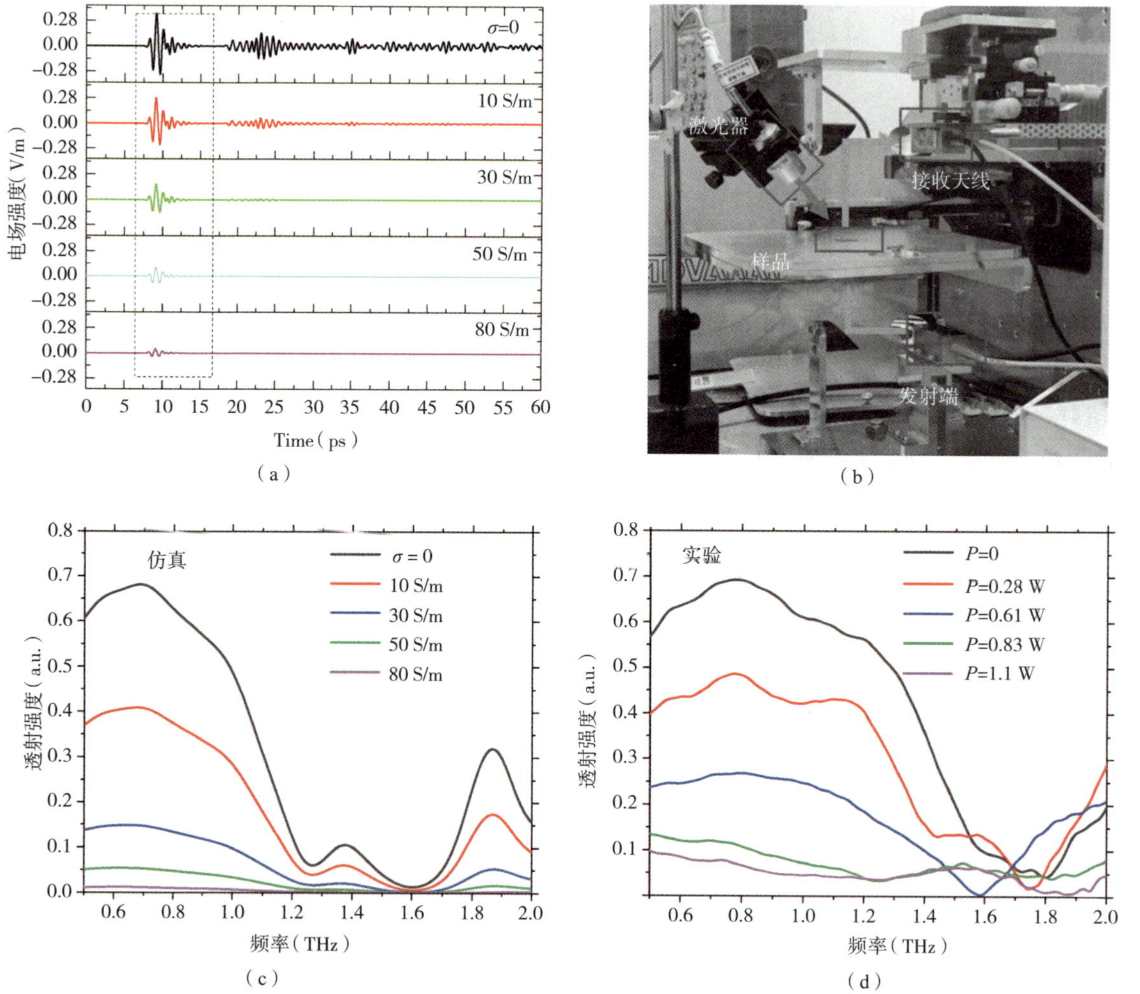

图 7-3 超材料吸收器的可调谐透射分析

（a）模拟时域发射信号；（b）太赫兹波 TDS 测试系统；（c）模拟零阶频域信号；（d）实验零阶频域信号

Ⅱ.其次，介绍该吸收器的吸收性能

模拟得到的该吸收器和 500 μm 厚的硅片的时域反射信号如图 7-4（a）所示。显然，与硅片相比，该吸收器的零阶反射明显降低，但后续脉冲信号更强。这是由于器件底部界面处的反射，对应于图 7-3 中的透射信号。其频谱如图 7-4（b）所示，其中反射率 $R=|r|^2$，且 r 是反射系数。可以发现，硅片的初始反射率（R_0）约为 0.3，而在该吸收器的大部分频率范围内，其反射率都小于 0.1。图 7-4（b）中还显示了该吸收器在反射最小的两个频率点处的电场分布。当 f=1.33 THz 时，电场主要集中在单元之间的空气间隙中，这意味着发生了腔模谐振。当 f=1.81 THz 时，间隙和硅柱均产生强电场，即腔模和波导模同时被激发。此时的电场分布也可以用光栅（抗反射层）的高阶衍射效应解释，吸收体在衍射峰附近会近似实现阻抗匹配。在上述两种情况下，零阶反射显著降低。此外，也可以用经典光学理论进一步解释该吸收器的减反射原理。根据斯涅尔（Snell）定律，光在不同介质界面的相对折射率为 $n=n_2/n_1$，则法向入射条件下的反射率为

$$R=\left(\frac{n-1}{n+1}\right)^2=\left(\frac{1-1/n}{1+1/n}\right)^2 \tag{7-1}$$

显然，当太赫兹波入射到空气－硅界面（n_1=1，n_2=3.45）或硅－空气界面（n_2=1，n_1=3.45）时，反射率约为 0.3。这与图 7-4（b）所示的硅片的零阶反射率一致。当超原子单元在该吸收器的上表面时，其有效折射率将显著小于 3.45，这意味着式（7-1）中的 n 将更接近于 1，反射率会降低。此外，模拟分析了具有不同电导率（法向入射）的该吸收器和硅片的吸收，结果如图 7-4（c）和（d）所示，其中 $A=1-R-T$。显然，高折射率的硅片可视为一个法布里－珀罗（F-P）腔，当电导率 σ=10 S/m 时，硅片的吸收曲线表现为减弱的 F-P 共振，如图 7-4（c）所示。随着电导率的增大，吸收的增强导致吸收曲线逐渐变平，当 σ=80 S/m 时，吸收曲线几乎变成定值为 0.7 的直线。这也与图 7-4（b）中的结果一致。对于该吸收器而言，减反射层的存在使其上、下界面不再对称，不能形成标准的 F-P 干涉，但仍会在上、下表面上形成多次不对称的反射和透射。因此，在低电导率条件下，吸收出现多次振荡。当 σ=80 S/m 时，吸收率不再振荡，在 0.6~2 THz 频段内大于 0.9，如图 7-4（d）所示。实验中，首先使用图 7-4（e）所示的反射式 TDS 测试系统测量入射角为 11° 时器件的反射率，然后将接收器旋转到另一端测量透射率，最后得到器件的吸收率。显然，图 7-4（f）所示的测量结果与图 7-3（d）中的实验结果几乎相同，这也初步表明该吸收器对入射角不敏感，这将在后文中详细讨论。

使用 E-k（能量－波数）能带图进一步解释该可调谐吸收器的工作机制，如图 7-5（a）所示。第一个现象是硅在激光辐照下的本征吸收。1 064 nm 激光器的单光子能量约为 1.16 eV，略高于高阻硅的带隙（1.12 eV）。由于未掺杂的硅是间接带隙半导体，价带顶和导带底具有不同的 k 值。电子学的过渡需要满足能量和动量守恒。因此，吸收光子的电子不能直接跃迁到导带（底部），需要伴随声子的吸收或发射。跃迁到导带的电子很快会与价带中的空穴复合，此时也需要声子的参与。在连续的激光辐照下，载流子的生成和复合会达到动态平衡，相当于材料中存在恒定的电子和空穴。第二个现象是光泵浦硅对太赫兹波的自由载流子吸收。太赫兹波的光子能量远小于硅的带隙，不能激发电子的带间跃迁。然而，硅中的光生载流子在太赫兹光子的作用下发生带内跃迁，从而吸收太赫兹波。图 7-5（b）所示为不同电导率下该吸收器中的电场分布，反映了 1 064 nm 激光对吸收器的调谐效果。可以看出，随着电导率逐渐增大，吸收衰减明显加速，σ=80 S/m 时几乎没有透射波。此外，器件顶部的电场分布几乎不受电导率的影响，反射波也没有明显增强，这也保证了吸收器的工作性能。

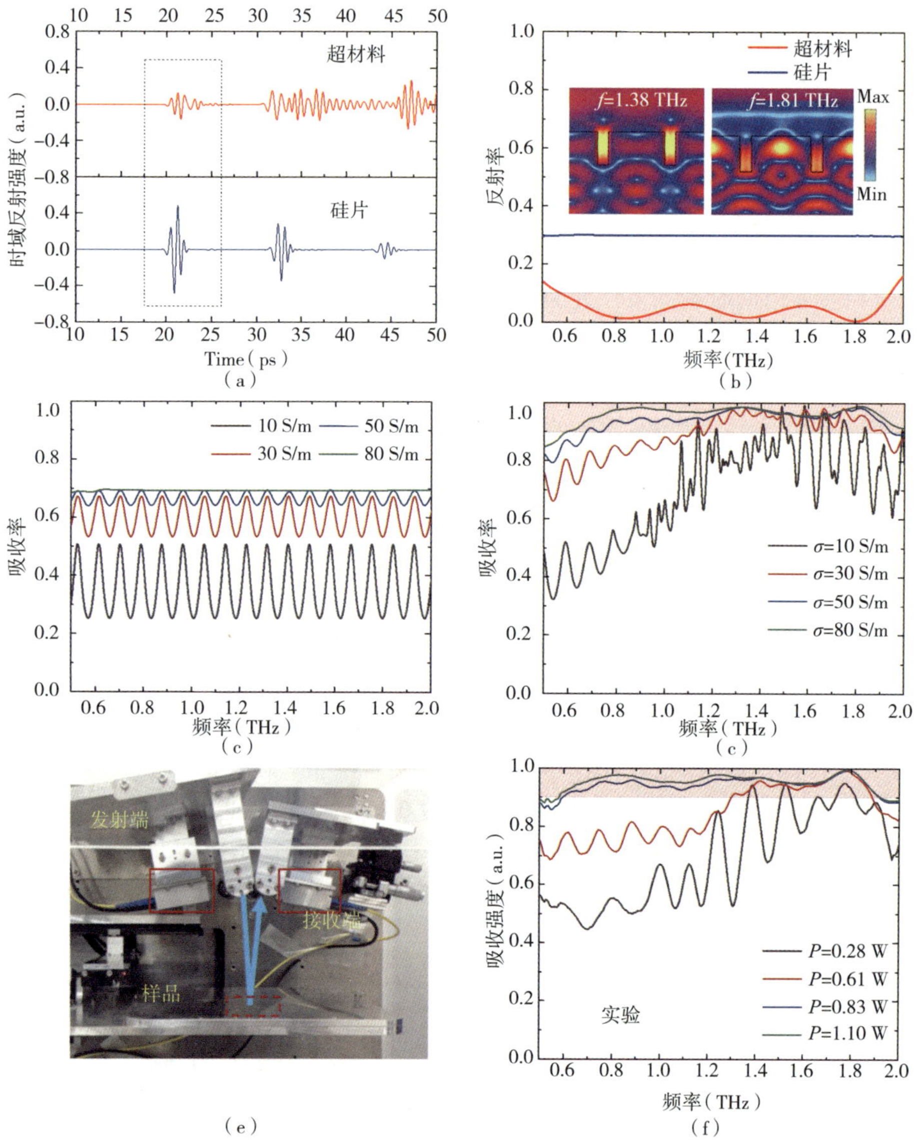

图 7-4　超材料吸收器的可调谐吸收分析

（a）时域反射信号；（b）上界面反射的零阶频域信号；（c）硅片的模拟可调吸收性能；（d）超材料吸收器的模拟可调吸收性能；（e）反射式时域光谱测试系统；（f）超材料吸收器的实验可调吸收性能

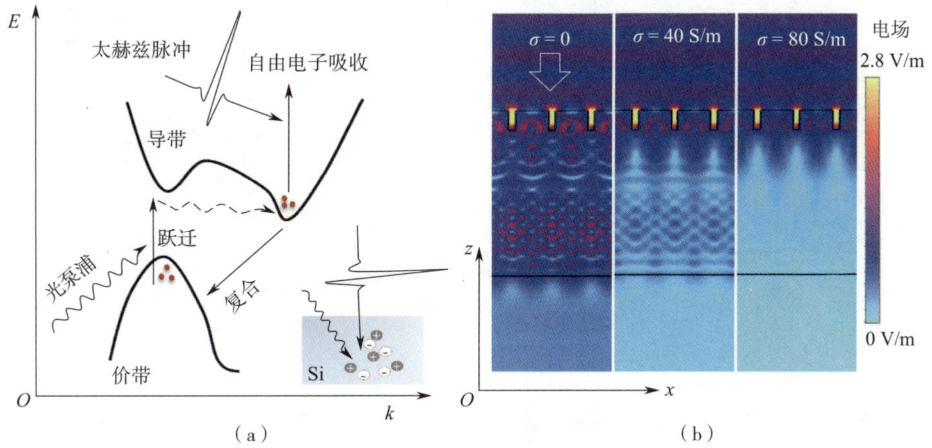

图 7-5　超材料吸收器可调吸收性能的物理机制

(a)能带图;(b)不同电导率器件的电场分布

Ⅲ. 入射角对超材料吸收体性能的影响

显然,该吸收器在正常入射下是偏振无关的,因为它具有 C4 对称性。由于实验条件的限制,这里只展示模拟结果。图 7-6 所示为该吸收器对入射的 TE 波和 TM 波的吸收。在图 7-6(a)中,当入射角为 60°、频率高于 1 THz 时,可实现超过 0.9 的吸收率;在图 7-6(b)中,当入射角小于 50° 时,吸收率超过 0.9 的频带宽度大于 1.2 THz。

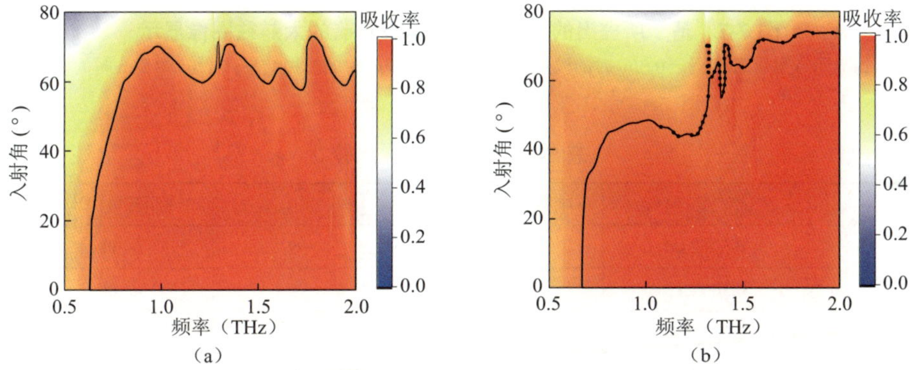

图 7-6　超材料吸收器吸收性能的入射角依赖性

(a)对 TE 波的吸收;(b)对 TM 波的吸收

作为一种可能的应用,本研究提出的可调谐超材料吸收器可用于图像显示。例如,通过使用可被太赫兹波穿透的光学掩模屏蔽吸收体或使用结构化的 1 064 nm 连续波直接辐照吸收体,可显示太赫兹图像。如图 7-7(a)所示,辐照区域被设计为五角形,发射的太赫兹信号在吸收体下方的 xOy 平面上(z=−50 μm)监测。在模拟过程中,为辐照区域设置了不同的电导率,结果如图 7-7(b)(d)所示。当电导率从 0 增大到 80 S/m 时,透射场中出现清晰的五角星形图案。

Ⅳ. 该吸收器的优异性能

该吸收器与已报道的吸收器在吸收带宽、吸收峰、调制深度和厚度等指标上的比较结果见表 7-1,这些吸收器使用基于掺杂硅、石墨烯泡沫、海绵状材料和金属材料的超材料吸收体。可见,本研究提出的超材料吸收器的吸收带宽和吸收峰接近已报道的最佳性能。最重要的是超材料吸收器的吸收可调,调节范围为 0~0.99。

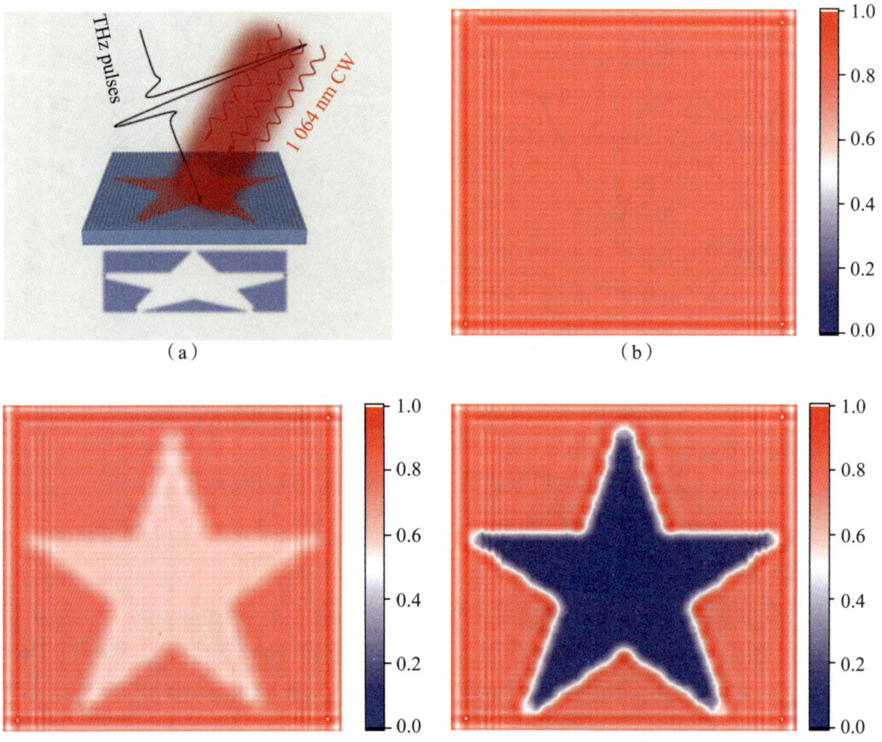

图 7-7　基于所提出的可调谐超材料吸收器的太赫兹图像显示

(a)图像显示方案示意;(b)σ=0 S/m 时的模拟结果;(c)σ=10 S/m 时的模拟结果;(d)σ=80 S/m 时的模拟结果

表 7-1　吸收器性能比较

材料	测试带宽(THz)	有效带宽(THz)	吸收峰值(%)	调制深度(%)	厚度(μm)
高阻硅(本研究)	0.50~2.00	1.34	>99	0~99	500
掺杂硅 1	0.30~2.10	0.91	>99	36~80	300
掺杂硅 2	0.50~1.50	0.02	97.5	40~97.5	50
掺杂硅 3	0.10~2.00	0.57	>99	—	270
掺杂硅 4	0.50~2.50	1.66	>99	—	125
掺杂硅 5	0.50~5.00	可调谐	>99	0~99	0.15
掺杂硅 6	0.10~10.00	9.70	>99	—	647
石墨烯泡沫	0.20~1.60	1.40	>99	13~95.4	2 000
$Ti_3C_2T_x$-MXene	0.30~1.65	1.35	>99	—	2 000
MXene/GO 泡沫	0.20~1.60	1.40	>99	—	3 000
石墨烯 - 金属超表面	0.10~1.50	0.05	>99	44~99	60

(3)结论

本研究提出一种可调谐超材料太赫兹吸收器新方案及相关仿真和实验结果。该吸收器通过在未掺杂的硅片表面刻蚀精心设计的减反射层,使空气 - 硅界面处的大部分反射消失,大部分入射的太赫兹能量可以进入硅衬底。当 1 064 nm 连续波辐照在硅超材料上时，由于激光对高阻硅的深度穿透，光生载流子几乎分布在整个器件中，因此太赫兹波被有效吸收。通过改变激光的功率，器件在特定频率下的吸收率可以从 0 提高到 0.99 以上。在 1.1 W 左右的激光功率下，在 0.58~1.92 THz 范围内获得 90% 以上的吸收率。这种结构简单、宽带吸收、调制深度高的新方案为太赫兹吸收器设计提供了新思路。

7.1.2 基于双有源材料复合结构的双偏振模式可调谐超材料吸收器

超材料吸收体可实现特定波段的高效电磁波吸收，已应用于生化传感、光电检测、成像等领域。可调谐超材料吸收体为多功能电磁波吸收装置的发展提供了更多可能。本小节介绍一项研究，其提出了一种基于双有源材料复合结构的双偏振模式可调谐超材料吸收器，它可以用于线和圆偏振波的吸收。通过引入单层石墨烯和二氧化钒（VO_2），实现了两种工作状态之间的切换和吸收效率的大范围调节。当 VO_2 处于绝缘状态时，吸收体对 x 方向偏振和 y 方向偏振的太赫兹波表现出不同的可调吸收性能，最大吸收率接近 100%。当 VO_2 处于金属态时，超表面表现为手性吸收体，两个圆偏振之间的最大吸收差约为 0.45，而调谐效率达 86.3%。在这两种工作状态下，超材料吸收体可以在大入射角的情况下保持高效吸收。此外，作为吸收体的应用探索，介绍了本研究提出的吸收器在可调谐偏振复用近场图像显示方面的应用。

（1）研究介绍

超表面作为三维电磁超材料的二维衍生物，在空间光束控制、传感、光学成像和量子科学等方面显示出巨大的应用潜力 [1-4]，未来极有可能发展成为主流光学器件。利用排列成阵列的亚波长人工超原子，超表面可以实现亚波长尺度的电磁操纵，具有效率高、损耗低、尺寸小、易于加工等优点 [5]。目前，电磁超表面的工作波段已覆盖微波、太赫兹、红外、可见光甚至紫外波段。在功能方面，电磁超表面也已经从单一功能的超表面演变为多功能、可调节的超材料器件 [6]。其中，在太赫兹领域，针对可调谐超表面的研究是最多的 [7-9]。

超材料电磁吸收体是指同时具有低反射率和透射率的电磁介质。传统吸收器根据介质的电阻损耗、介电损耗或磁滞损耗来衰减和吸收电磁波 [10]。随着对超表面研究的深入，基于超表面的各类吸收器不断被报道，用于传感 [11-12]、光电检测 [13-14] 和偏振成像 [15-16]。在太赫兹波段，宽带或多频带吸收器、偏振相关吸收器和可调谐吸收器已有报道 [17-22]。工作在线偏振的吸收器主要利用各向异性谐振器的偏振电磁响应实现对电磁波的吸收 [23]。圆偏振相关的吸收体需要使用不对称的手性超原子，或利用斜入射条件下的外禀手性 [24-25]。可调谐超材料太赫兹吸收器已被广泛研究，其活性材料包括单层石墨烯、VO_2、液晶、狄拉克半金属 [26-28] 和光敏半导体。石墨烯或液晶的电偏置具有易于集成的优点，而相变材料 VO_2 制备简单，可以提供巨大的电导率。光敏半导体可以在光泵浦作用下实现超快调制。这些吸收器中的大多数都在单一功能中调整吸收效率或工作频率，或切换吸收带宽。然而，有关可以同时切换吸收偏振态和吸收效率的太赫兹吸收器的报道很少。

本小节提出了一种新的可调谐超材料太赫兹吸收器，可以针对线和圆偏振太赫兹波实现吸收。利用石墨烯、VO_2 和金的混合反射结构，该太赫兹吸收器可以在两种工况下实现大范围的吸收效率连续调节。当 VO_2 处于绝缘状态时，超原子为各向异性但非手性结构，表现出对线偏振太赫兹波的可调谐和选择性吸收。当 VO_2 处于金属态时，吸收体是一种平面手性超材料（简称“手性超表面”），具有可调谐的圆偏振吸收。此外，作为这种偏振相关的太赫兹吸收器的潜在应用，本研究使用不同的超原子阵列，演示基于该太赫兹吸收器的可调谐性能和偏振复用近场成像应用。

(2)超表面设计

本研究所提出的双功能、可调谐超表面如图 7-8 所示。为了实现偏振相关的太赫兹吸收,该超表面使用两个由金和 VO_2 制成的各向异性椭圆谐振器(长轴为 30 μm,短轴为 10 μm)。超表面上的超原子的周期为 P=50 μm,介电层为聚酰亚胺(PI)薄膜,厚度 H=40 μm。VO_2 谐振器置于 PI 层中间,椭圆长轴与上层金膜成 45° 角。石墨烯的电掺杂是通过离子凝胶技术实现的。该吸收器的外部偏置电压为 V_g。VO_2 谐振器的光致相变可以被倾斜入射的可见光激发,而石墨烯在可见光波段几乎是透明的。当 VO_2 处于绝缘状态时,它对超表面的共振几乎没有影响。在发生绝缘体 - 金属相变后,VO_2 将与上谐振腔发生谐振,形成手性结构,对圆偏振太赫兹波具有选择性吸收。在这两种工作条件下,超表面的吸收特性都会受到偏置石墨烯的影响。

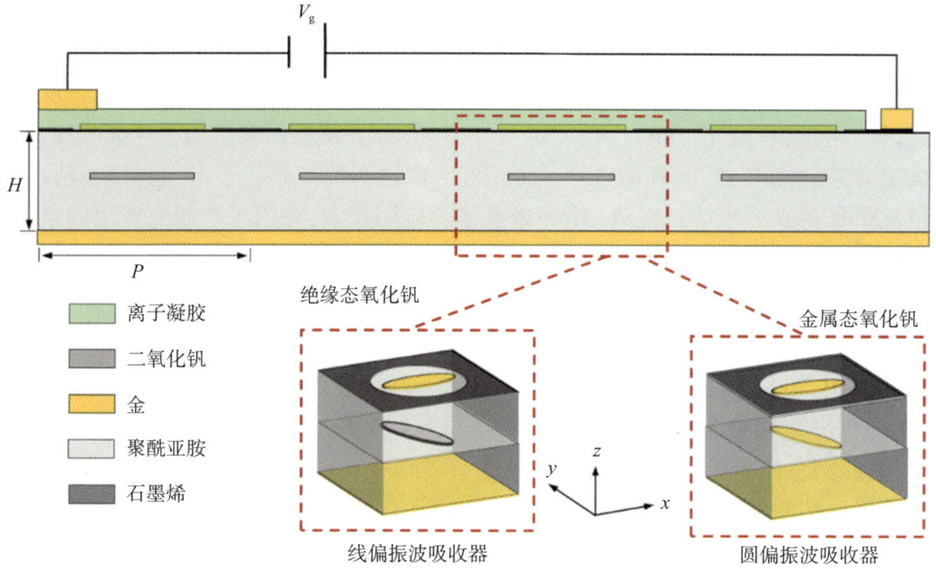

图 7-8　可调谐超表面结构示意

对于该超表面的制备,可能的解决方案主要包括以下步骤。首先,将钛 / 金薄膜沉积在固体硅衬底上;其次,将 PI 层旋涂在金薄膜上并加热固化;再次,使用脉冲激光沉积(PLD)技术加工 VO_2 薄膜;接着,通过光刻和电感耦合等离子体蚀刻(Inductively Coupled Plasma Etcher, ICPE)获得椭圆形 VO_2 谐振器;然后,旋涂上层聚酰亚胺薄膜,进行紫外光刻和磁控溅射,形成金属谐振腔;随后,将单层石墨烯转移到金谐振器的顶部,并使用电子束光刻进行图案化;最后,用导电胶覆盖离子凝胶膜作为电极。

在太赫兹波段,石墨烯的电导率主要由带内跃迁决定。根据库博(Kubo)模型,石墨烯的表面电导率的表达式为

$$\sigma_g \approx \sigma_{intra} = \mathrm{i}\frac{e^2\kappa_B T}{\pi\hbar^2(\omega+\mathrm{i}\Gamma)}\left[\frac{E_F}{\kappa_B T}+2\ln\left(\exp\left(-\frac{E_F}{\kappa_B T}\right)+1\right)\right] \tag{7-2}$$

式中:T 为开尔文温度;E_F 为费米能级;Γ 为载流子散射率($\Gamma=1/\tau$,τ 是弛豫时间);κ_B 为玻尔兹曼常数;e 为电子电荷。

当 $|E_F| \gg \kappa_B T$ 和 $\hbar\omega \ll 2|E_F|$ 条件满足时,电导率可以简化为德鲁德(Drude)模型,其表达式为

$$\sigma_g \approx \frac{iD}{\pi(\omega+i\Gamma)}=\frac{ie^2E_F}{\pi\hbar^2(\omega+i\Gamma)} \tag{7-3}$$

式中：D 为 Drude 权重。

费米能级 E_F 是载流子浓度的函数，其表达式为

$$|E_F|=\hbar V_F(\pi|n|)^{1/2} \tag{7-4}$$

在式（7-4）中，费米能级可以通过掺杂、化学表面改性、电压或静磁场改变载流子浓度来改变。

另一方面，VO_2 层的色散关系满足 Drude 模型的形式，其表达式为

$$\varepsilon_m(\omega)=\varepsilon_\infty-\frac{\omega_p^2}{\omega(\omega+i/\tau)}$$

式中：ε_∞=12；τ 为弛豫时间，τ=2.27 fs；$\omega_p^2=\sigma/(\varepsilon_0\tau)$。

在这项工作中，只在 VO_2 处于完全绝缘或完全金属状态研究超表面的可切换性能。因此，将设置完全绝缘或完全金属状态的 VO_2 谐振器的电导率分别设定为 20 S/m 和 200 000 S/m。此外，在模拟中，金的电导率设置为 4.56×10^7 S/m。

（3）结果与分析

Ⅰ. 用于线偏振太赫兹波的可调谐吸收器

使用上述超表面分别实现了对线和圆偏振太赫兹波的选择性吸收。首先，测试可调谐超表面在线偏振工作状态下的吸收性能。当 VO_2 处于绝缘状态（σ=20 S/m）时，超表面上的超原子可以被认为是非手性结构的，因为它具有镜像的对称轴。当石墨烯的费米能级 E_F= 0.05 eV 时，使用有限元法（FEM）计算超表面的吸收效率。在模拟中，x 或 y 方向极化太赫兹波垂直入射，如图 7-9（a）所示。x 方向偏振波在 2.85 和 3.57 THz（A 点和 C 点）处有两个吸收峰，而 y 方向偏振波在 3.25 THz（B 点）处仅显示出一个微弱的吸收峰。这是因为当石墨烯的费米能级非常小时，超表面的吸收主要是由上椭圆金属片引起的。当入射电场方向为椭圆长轴方向时，首先会引起强电极化并形成电偶极共振，然后入射波进入介质层，底部金属板产生类似 F-P 共振的相消干涉，导致入射波能量损失很大。从图 7-9（b）可以看出，在 C 点的介电层中形成了沿 y 方向的强磁场，这意味着整个吸收体的阻抗匹配导致吸收效率最高。此外，当入射电场与椭圆短轴一致时，金属片引起的极化较弱，在介质层中产生的磁场也很小，所以大部分能量被反射，吸收效率很低。

1）线偏振波的可调谐吸收性能。当费米能级从 0.05 eV 增大到 1 eV 时，超平面的 x 和 y 方向极化吸收特性如图 7-9 所示。如图 7-9（c）所示，随着费米能级的增加，x 方向偏振波在 A 点（图 7-9（a））的吸收峰逐渐增强；当费米能级约为 0.4 eV 时，金属和石墨烯发生谐振模耦合并实现阻抗匹配，之后吸收会略有下降；C 点附近的吸收有小幅下降，可能是因为石墨烯电导率的增加破坏了其初始阻抗匹配。如图 7-9（d）所示，对于 y 方向偏振波，吸收率在到达 B 点前单调递增；在这种情况下，金属片的共振很弱。当费米能级增加时，石墨烯引起的吸收逐渐增加并起主导作用；当 E_F=1 eV 时，吸收率接近 1（D 点）。图 7-9（d）中的插图所示为 B 点和 D 点（yOz 平面）的磁场。此外，当费米能级升高时，A、B、C 三点的工作频率均呈现红移。

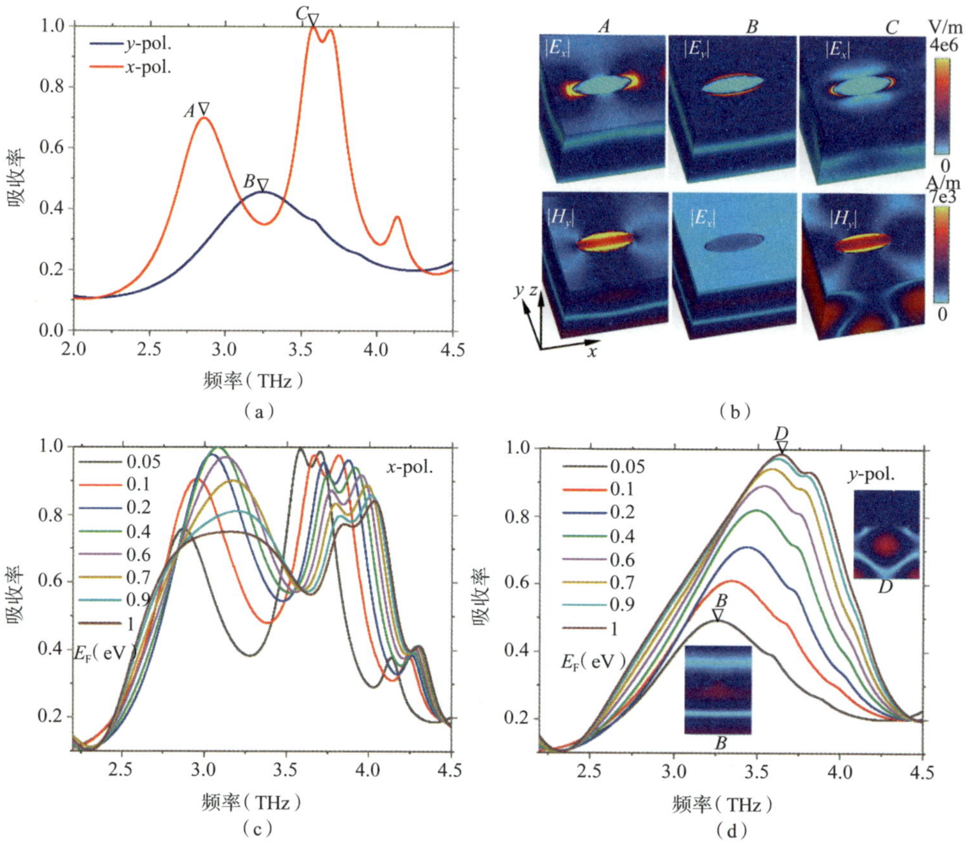

图 7-9　超表面的线偏振吸收性能

(a)E_F=0.05 eV 时的超表面吸收曲线;(b)各点的电场和磁场分布;
(c)E_F=1 eV 时的 x 方向极化吸收性能;(d)E_F=1 eV 时的 y 方向极化吸收性能

2)超表面对倾斜入射太赫兹波的吸收性能。在 xOz 和 yOz 平面上,入射角分别从 0° 增大到 80°,石墨烯的费米能级为 1 eV。如图 7-10(a)所示,增加 xOz 平面入射角的 x 方向偏振入射波等效于 TM 波。在 0°~20° 等小角度下,共振不会发生显著变化。当 E_F=1 eV 时,共振本身是过耦合的,当角度继续增大到较大值时,沿水平面的电场会急剧减小,则更接近最佳共振条件,吸收率明显增加。在图 7-10(b)中,当 y 方向偏振光束改变 xOz 平面中的入射角时,获得了 TE 波。与 TM 波类似,其在 20° 的范围内最大吸收并没有快速变化,但吸收谱的宽度在随后的入射角处急剧减小,并出现明显的红移,但在整个过程中吸收峰没有明显变化。这是因为电场始终平行于超表面的上表面,由各向同性石墨烯空穴引起的吸收起主导作用,因此吸收峰对入射角不敏感。在图 7-10(c)中,当 x 方向偏振波倾斜入射到 yOz 平面时,吸收对入射角更敏感。当入射角大于 40° 时,主吸收峰急剧降低并出现新的吸收峰。此时,大入射角的 TE 波可能会激发高阶共振模式。图 7-10(d)所示的情况相当于 TM 波极化,因此吸收谱的变化与图 7-10(a)所示的情况相似,即吸收区间出现小幅展宽,吸收效率的降低也比较缓慢,因为吸收主要是由石墨烯引起的。

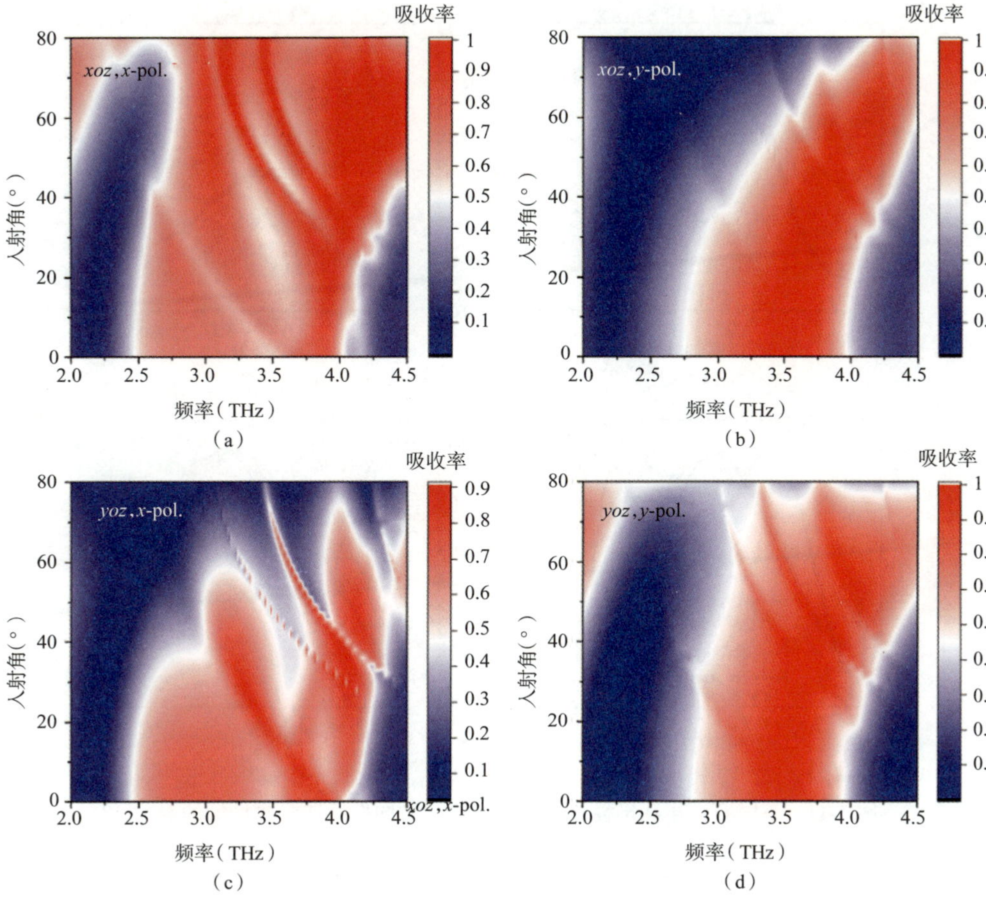

图 7-10　超表面在斜入射条件下的线偏振吸收性能(E_F=1 eV)

(a)xOz 平面 x 方向偏振入射波;(b)xOz 平面 y 方向偏振入射波;
(c)yOz 平面 x 方向偏振入射波;(d)yOz 平面 y 方向偏振入射波

3)加工误差的影响。在实际样品加工中,加工误差是不可避免的。为了保证本研究提出的方案的可行性,分析了加工误差对吸收性能的影响。通过分析,认为最容易引起误差的环节可能是石墨烯孔的蚀刻和聚酰亚胺薄膜的旋涂。在不失一般性的情况下,实验模拟了具有不同孔半径的石墨烯和不同厚度的 PI 薄膜的超表面,并获得了超表面的吸收性能。图 7-11 所示为石墨烯孔半径对吸收性能的影响。正如上述分析的结论,当石墨烯费米能级为 0.05 eV 时,x 方向偏振入射波的吸收主要是由金属谐振器造成的,因此石墨烯孔半径的影响并不大,如图 7-11(a)所示。然而,当费米能级为 1 eV 时,x 方向偏振入射波的吸收主要是由金属谐振器与单层石墨烯之间的耦合谐振造成的。因此,此时的吸收性能对石墨烯孔半径更敏感,如图 7-11(c)所示。另一方面,超表面对 y 方向偏振入射波的吸收主要是由石墨烯引起的,因此对费米能级非常敏感。但石墨烯孔半径的变化对吸收性能的影响不大,如图 7-11(b)和(d)所示。图 7-12 所示为 PI 薄膜的厚度对吸收性能的影响。可以发现,无论是 x 方向还是 y 方向偏振入射波、高费米能级或低费米能级, PI 薄膜厚度的影响主要表现为频移,吸收效率没有明显变化。

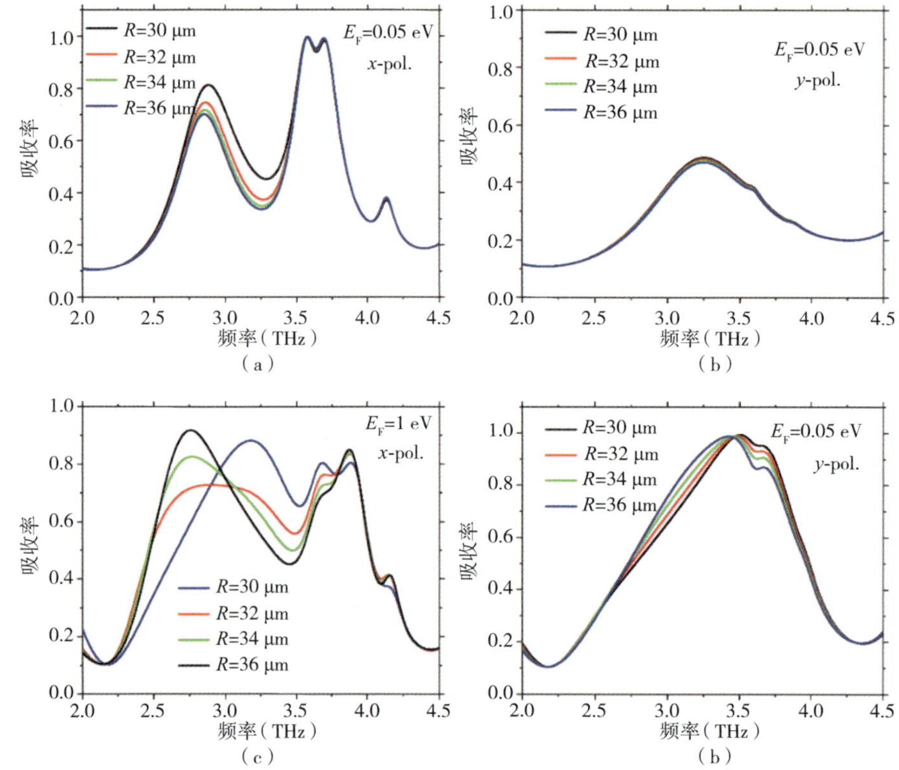

图 7-11　不同石墨烯孔半径对超表面 *x* 和 *y* 方向偏振波吸收性能的影响

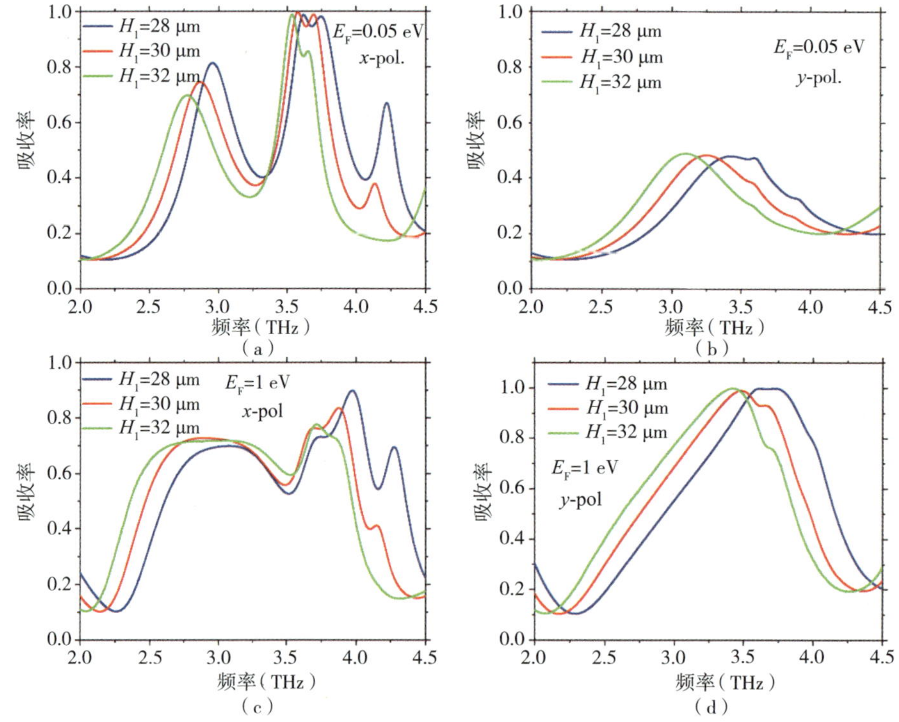

图 7-12　不同聚酰亚胺薄膜厚度对超表面 *x* 和 *y* 方向偏振波吸收性能的影响

Ⅱ. 用于圆偏振太赫兹波的可调谐超表面

下面分析超表面的圆偏振吸收。当 VO_2 层处于金属态（σ=200 000 S/m）时，上、下层夹角为 45° 的椭圆形单元形成手性间原子，对左旋圆偏振（Left Circularly Polarized，LCP）波和右旋圆偏振（Right Circularly Polarized，RCP）波的吸收率将显著不同。当石墨烯的费米能级为 0.05 eV 时，四种情况的反射系数如图 7-13（a）所示。超表面对 LCP 波的反射系数分量（r_{LL}）在 3.1 THz 处有一个接近于零的低谷，而此时对 RCP 波的反射系数分量（r_{RR}）约为 0.7（其余部分主要被石墨烯的本征吸收所消耗）。超表面对两种圆偏振入射波的吸收率和吸收圆二色性（Circular Dichroism，CD；又称为吸收差）如图 7-13（b）所示。其中，峰值达 0.45 左右。

圆二色性指圆偏振光的二色性，即左旋偏振光和右旋偏振光的差分吸收。吸收圆二色性的表达式为

$$A_{CD} = A_L - A_R = (|r_{RR}|^2 + |r_{LR}|^2) - (|r_{LL}|^2 + |r_{RL}|^2) \tag{7-5}$$

式中：A_L 为对 LCP 波的吸收率；A_R 为对 RCP 波的吸收率；r 为反射系数，其下标表示分量，如 r_{LR}（r_{LL}）和 r_{RR}（r_{RL}）分别表示入射 LCP（RCP）波时的右旋和左旋圆偏振反射系数。

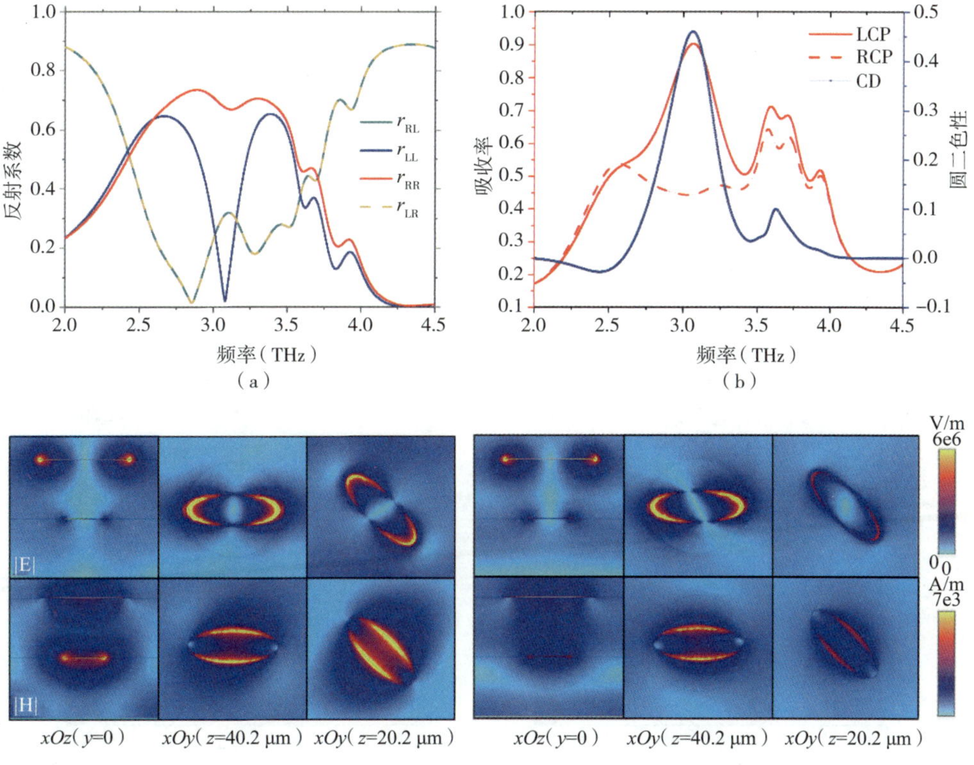

图 7-13　超表面的圆偏振吸收和吸收峰处的电磁场分布

（a）四个圆偏振反射系数；（b）RCP 和 LCP 波的吸收和圆二色性；（c）吸收峰处的电场分布；（d）吸收峰处的磁场分布

圆偏振波的选择性吸收机制可以通过吸收峰处的电场和磁场分布来解释，如图 7-13（c）和（d）所示。从 xOy（z=40.2 μm）平面上的电场和磁场可知，共振的差异主要是由 VO_2 的椭圆形单元引起的。上部金属谐振器为入射的 LCP 和 RCP 波产生强极化电场和磁场，导致图 7-13（b）中没有偏振选择性的广谱吸收。另一方面，VO_2 的椭圆形单元只有在 LCP 波入射时才产生强电场和强磁场，

RCP 波激发的局部电磁场相对较弱。

图 7-14 所示为该超表面对圆偏振的可调谐吸收性能。当石墨烯的费米能级 E_F 从 0.05 eV 增大到 1 eV 时，吸收差从 0.46 减小到 0.06 左右，峰值频率出现轻微的红移，如图 7-14（a）所示。特定的峰值吸收和频移如图 7-14（b）所示。CD 调制效率可以按下列公式计算：

$$\eta = (A_{max} - A_{min}) / A_{max} = (0.46 - 0.063) / 0.46 = 86.3\%$$

式中：A_{max} 为最大吸收率；A_{min} 为最小吸收率。

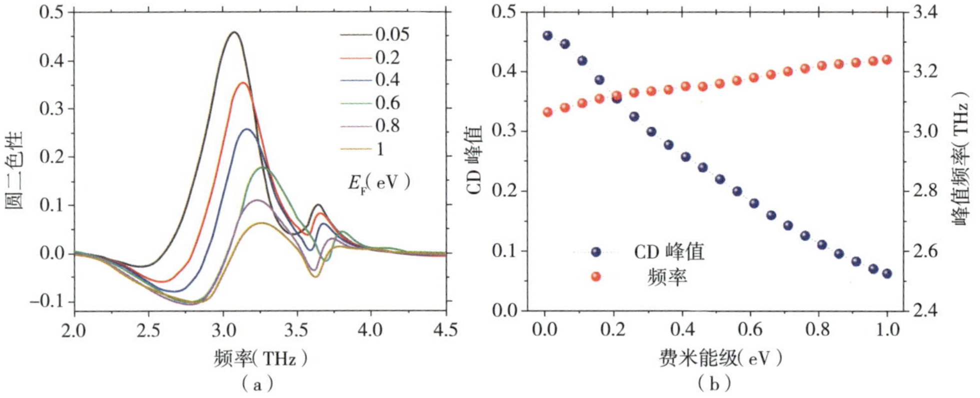

图 7-14　圆二色性及其调制效率

（a）圆二色性；（b）调制效率

对于斜入射情况下的圆偏振吸收性能，*xOz* 和 *yOz* 平面内的吸收差异如图 7-15 所示。其中，费米能级为 0.05 eV。可以发现，超表面在圆偏振条件下对入射角更加敏感，吸收峰在入射角为 20° 左右时分裂，且随着入射角继续增大，吸收曲线中出现多个峰。这可能是由于当超表面被大角度入射波辐照时，不对称结构产生的复杂的高阶共振模式。

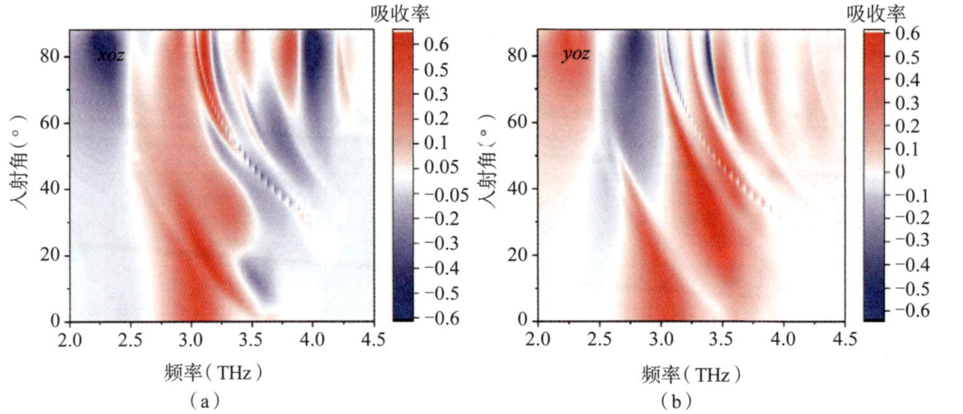

图 7-15　斜入射情况下的圆偏振吸收性能

（a）*xOz* 平面；（b）*yOz* 平面

Ⅲ. 偏振复用的近场图像显示

作为对上述超表面应用的探索，下面展示该超表面在偏振复用近场图像显示中的应用。不失一般性，本部分内容只展示超表面的线偏振工作状态，圆偏振的情况已经在文献中进行了报道[4]。首先，将图 7-16（a）所示太极图案采样成 30 像素 ×30 像素的图像，然后将两种椭圆形单元放置在图片的白色和黑色区域中，如图 7-16（b）所示。如图 7-9 所示，当石墨烯的费米能级为 0.05 eV 时，线偏振超表面在 C 点（3.57 THz）对 x 和 y 方向偏振入射波的吸收存在较大差异。其中，x 方向偏振入射波几乎完全被吸收，但 y 方向偏振波仅被吸收不到 30%。这样，当结合图 7-16（b）中的两种椭圆形单元时，超表面将在黑色和白色区域显示出明显的反射差异。当费米能级为 1 eV 时，两种椭圆形单元在 C 点（图 7-9）对 x 和 y 方向偏振入射波的吸收差急剧减小，从而导致近场显示图案变得模糊。为了验证这一功能，使用有限元方法模拟了整个超表面的线偏振太赫兹响应，并将石墨烯费米能级分别设置为 0.05 eV 和 1 eV，仿真结果如图 7-16（c）和（d）所示。其中，工作频率为 3.57 THz，观测位置距超表面 20 μm。当 E_F=0.05 eV 时，x 和 y 方向偏振波的吸收呈现出差异，显示出图案，将此时定义为“ON”状态；当 E_F=1 eV 时，图案几乎消失，将此时定义为“OFF”状态。这些模拟结果与设计预期是一致的。由于超表面中的椭圆形单元数量有限，只能在非常接近的位置观察到图像。如果增加单元的数量，则可以在更远的地方观察到图像。

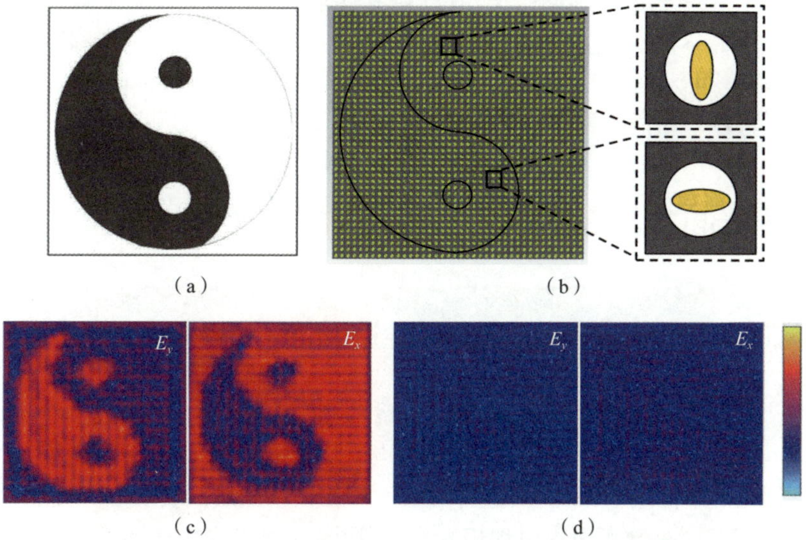

图 7-16　偏振多路复用近场图像显示

（a）太极图形；（b）两种椭圆形单元；（c）“ON”状态图像；（d）“OFF”状态图像

最后，为了进一步展示这项工作的创新性，将相关报道中的几种可调谐太赫兹吸收器与本研究提出的超表面可调谐太赫兹吸收器的吸收性能进行比较，见表 7-2。所列出的文献报道的太赫兹吸收器包括圆偏振波或线偏振波吸收器。由于本研究主要关注吸收器的工作波段、吸收带宽和工作模式，所提出的超表面可调谐太赫兹吸收器的吸收带宽不是最宽的，但比大多数报道的器件的带宽要宽，峰值吸收也很大。最重要的是，在这些报道的吸收器中，几乎没有可以在两个独立可调的偏振态下工作的。

表 7-2　几种太赫兹吸收器的吸收性能比较

工作频率范围	吸收带宽（90%）	工作模式	吸收峰值	有源材料
0.1~1.5 THz[20]	0.1 THz	线偏振	>95%	石墨烯
0.2~0.35 THz	<0.1 THz	线偏振	>95%	石墨烯

续表

工作频率范围	吸收带宽(90%)	工作模式	吸收峰值	有源材料
0.1~2.1 THz	0.913 THz	线偏振	99%	掺杂硅
0.3~0.8 THz[22]	<0.1 THz(多频带)	线偏振	>95%	无
0.5~0.7 THz[16]	0.02 THz	圆偏振	>95%	无
2~4.5 THz(本研究)	0.5 THz(线)	线偏振 - 圆偏振切换	>99%	石墨烯 +VO_2

(4)小结

本研究提出的一种基于各向异性超表面的新型可调谐太赫兹吸收器,它对线偏振和圆偏振太赫兹波都具有偏振相关的高效吸收性能。该吸收器利用 VO_2 的绝缘体 - 金属相变实现超表面的状态切换,然后通过含有圆形孔的单层石墨烯,动态调整超表面的吸收效率。此外,计算了超表面在线偏振和圆偏振工况下的可调吸收效率,并分析了吸收机理。该吸收器对线偏振和圆偏振入射波的最高吸收率都接近 100%;在圆偏振吸收情况下,其圆二色性可调效率达 86.3%。此外,还研究了超表面在斜入射条件下的吸收性能,结果表明其可以在很宽的入射角范围内实现高效吸收。最后,将所提出的超表面应用于近场图像显示,实现了图像的偏振复用和动态调谐。上述结果为新型多功能太赫兹吸收装置的设计提供了新思路。

7.2 手性超表面太赫兹圆偏振光场调控器件

7.2.1 全硅手性超表面的太赫兹自旋选择性透射

单层金属超表面很难激发磁偶极矩的面内分量,因此实现巨大的本征光学手性仍然具有挑战性。幸运的是,介电超表面中的位移电流可以形成与电偶极矩不正交的面内磁矩并形成内禀手性。本小节展示了一种全硅手性超表面研究,这种超表面可在太赫兹波段展示出巨大的内禀手性。手性硅柱中的泄漏波导模式同时激发面内电偶极矩和磁偶极矩,触发自旋选择的后向电磁辐射,进而实现手性响应。透射光谱中圆二色性理论值达 69.4%,实测为 43%。基于全硅超表面的光电导效应,本研究使用近红外连续波对超表面的本征手性进行光学调制。此外,通过排列两种对映异构体的超原子,本研究实现了自旋相关和可调谐的近场图像显示。这种简单制备的全硅手性超表面为太赫兹手性超器件的设计提供了新思路,相关结果有望应用于太赫兹偏振成像或光谱检测领域。

(1)研究介绍

物体的手性在自然界中普遍存在,如宇宙中的某些星系、人的手、具有双螺旋结构的 DNA 分子等。一般来说,手性指物体及其镜像不能通过平移和旋转等操作完全重叠[6]。手性分子的镜像也称为手性对映异构体。此外,圆偏振光的电场振荡轨迹呈现出三维螺旋结构,也表现出手性。更有趣的是,光束和光学介质的手性表现出一种特殊的相互作用,称为手性光学响应。可以认为,手性介质对于两种圆偏振光具有不同的折射率实部或虚部,分别对应于圆双折射和圆二色性。光的圆二色性可用于区分手性对映异构体,在生物医学和化学工程领域具有广泛的应用[7]。然而,圆二色性主要是由天然材料中的电子能级跃迁或分子振动引起的,非常微弱,需要很高的测量精度。电子能级跃迁引起的圆二色性又称为电子圆二色性(Electronic Circular Dichroism, ECD);分子振动引起的圆二色性又称为振动圆二色性（Vibrational Circular Dichroism，VCD）。超表面是人工设计的二维亚波长超原子阵列，在光束操纵和局部场增强方面表现出独特的优势。手性或非手性超表面可能会引起光场和手性物质之间的强相互作用，这已被用于增强手性分子的圆二色性。

基于手性超表面的光场操控也极为重要。与具有三维螺旋结构的手性超材料不同，手性超表面更容易加工，尤其对于近红外和可见波段，其有良好的手性响应。然而，单层金属超原子对法向入射波很难实现明显的手性响应，因为它只能在金属平面内形成传导电流，因此难以产生平面内磁偶极子。对此，研究者已经提出了几种解决方案：一种是基于两层甚至多层超原子的"准二维"超表面；另一种是在器件底部布置一整层金属反射器形成的反射超表面。这种两种方式形成的手性光学性质称为光学器件的内禀手性。此外，通过给入射光束引入倾角，也可以激发磁偶极矩的"面内"分量，然后在高阶光束中观察到手性响应，称为外禀手性。一般来说，内禀手性似乎有更大的应用潜力。毕竟，已有研究报道了内禀手性在手性全息术、圆偏振光检测、波前操纵和手性传感中的应用示例。因此，具有简单结构和高效内禀手性的超表面可能是一个极其重要的研究方向。与单层金属结构不同，无损介电超表面可以在超原子内部形成位移电流，进而产生面内磁偶极矩。哈佛大学的卡帕索（Capasso）教授课题组在介电纳米结构中使用高阶偶极子实现了可见光波段的巨大圆二色性。其他几个研究组也提出了用于近红外波的介电手性超表面。在太赫兹波段，在低折射率衬底上加工高折射率超原子的方案是困难的，因为所需的上层材料沉积厚度非常厚。虽然也可以通过黏合实现类似的结构，但其结构复杂且厚度不易控制。

本小节介绍一种基于全硅超表面的高效太赫兹内禀手性方案。本研究仅使用由单次深度蚀刻加工的超器件，在透射光谱中观察到了巨大圆二色性，这归因于导模共振形成的面内磁偶极矩。基于这种简单的结构，本研究还研究了这种器件的全光可调性，即使用 1 064 nm 的连续激光束在高阻硅中形成均匀分布的光生载流子，从而吸收入射的太赫兹波，削弱手性。此外，本研究还使用超原子手性对映异构体在透射近场中实现了可调谐图像显示。

（2）结果与分析

在太赫兹波段，全硅超表面是一种用于高效波前操纵的新解决方案，且器件的制备过程简单。高阻硅显示出高折射率和可忽略的损耗或色散特性，而超原子的泄漏波导模式可以实现对太赫兹波相位和偏振的有效控制。在这里，本研究希望展示全硅超器件的新特性。本研究提出的手性超表面如图 7-17 所示，由两种手性对映异构体组成的器件可以选择性地反射或透射不同的圆偏振波。根据超表面反射圆二色性的设计规则，超原子需要打破镜像对称性和 n 阶旋转对称性（C_n，$n>2$）。因此，本研究选择图 7-17 所示的结构，相当于两个特殊布置的 L 形硅柱，满足上述对称条件。使用 CST Microwave Studio 软件进行参数优化，最终得到硅柱的尺寸如下：H=200 μm，L=60 μm，W=70 μm。超原子单元的外轮廓相当于一个椭圆柱，长轴长度为 180 μm，短轴长度为 120 μm，周期 P=200 μm，基板厚度为 300 μm。

本研究使用时域求解器模拟超表面的透射谱，其中 x 和 y 方向均设置为周期性边界条件，z 方向设置为开放条件；添加 x 或 y 方向偏振平面波作为激发源，并通过探头检测透射波中的线偏振分量。圆偏振的 4 个透射系数分量和透射圆二色性 T_{CD} 计算公式为

$$\begin{pmatrix} t_{\mathrm{RR}} & t_{\mathrm{RL}} \\ t_{\mathrm{LR}} & t_{\mathrm{LL}} \end{pmatrix} = \frac{1}{2}\begin{pmatrix} t_{xx}+t_{yy}+\mathrm{i}(t_{xy}-t_{yx}) & t_{xx}-t_{yy}-\mathrm{i}(t_{xy}+t_{yx}) \\ t_{xx}-t_{yy}+\mathrm{i}(t_{xy}+t_{yx}) & t_{xx}+t_{yy}-\mathrm{i}(t_{xy}-t_{yx}) \end{pmatrix} \tag{7-6}$$

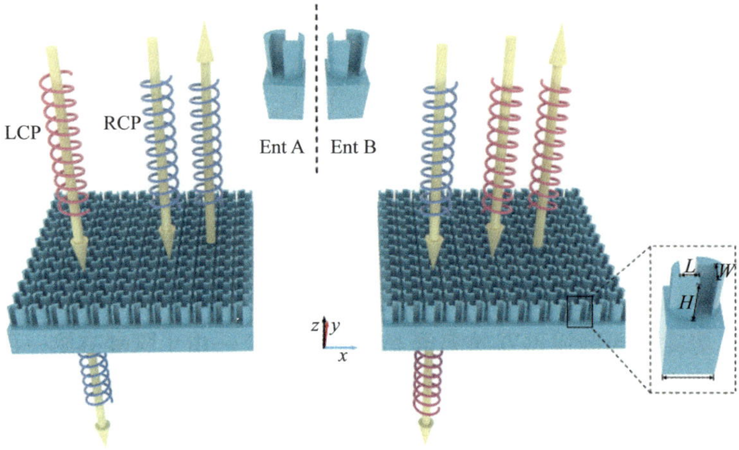

图 7-17　具有巨大内禀手性的全硅超表面示意

$$T_{CD}=T_R-T_L=|t_{RR}|^2+|t_{LR}|^2-(|t_{LL}|^2+|t_{RL}|^2) \quad (7\text{-}7)$$

式中：T_L 为对 LCP 波的透射率；T_R 为对 RCP 波的透射率；t 为透射系数，其下标表示分量，如 t_{xx} 和 t_{yy} 用于描述与入射波具有相同偏振的分量（称为共极化分量），t_{xy} 和 t_{yx} 用于描述与入射波为正交偏振的分量（称为交叉极化分量）；t_{LR} 和 t_{LL} 分别为入射 LCP 波时的右旋和左旋圆偏振反射系数；t_{RL} 和 t_{RR} 分别为入射 RCP 波时的左旋和右旋圆偏振反射系数。

本研究使用电感耦合等离子体（ICP）蚀刻技术在厚度为 500 μm 的硅片上加工超原子阵列（超表面），如图 7-18（a）所示。由于常用的太赫兹时域光谱（TDS）系统不能直接测量与入射波正交的偏振分量，本研究使用 4 个金属线栅偏振器，测试系统的光路如图 7-18（b）所示。测量时，P_1 和 P_3 的偏振方向分别与发射和接收天线的偏振方向保持一致，然后依次旋转 P_2 和 P_4，同时以 ±45° 为新的参考坐标轴。在得到 4 个透射系数分量后，计算圆偏振。

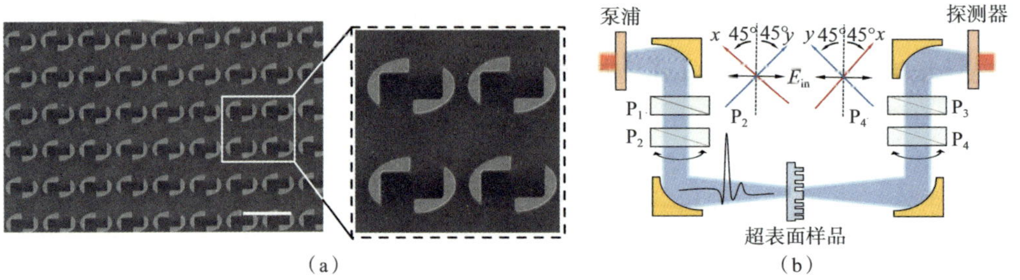

图 7-18　超表面样品和测试系统光路示意

（a）超表面 SEM 图像；（b）TDS 测试系统光路示意

图 7-19 所示为两种超原子透射系数和透射圆二色性的模拟和实验结果。由模拟结果可以看出，在 1 THz 工作频率附近，样品 A 和 B 的共极化（t_{RR} 或 t_{LL}）均非常小（透射系数约为 0.1），而两个交叉极化分量（t_{RL} 或 t_{LR}）分别为 0.7 或 0.35。值得一提的是，硅势垒的一阶透射系数为 0.7，因此本研究选择的参数已经能够实现圆偏振波在透射方面的显著差异，如图 7-19（c）所示的圆偏振谱。由图

7-19(e)可知,透射圆二色性的峰值达 ±0.34。本研究将透射圆二色性与硅片的一阶透射率之比定义为效率。

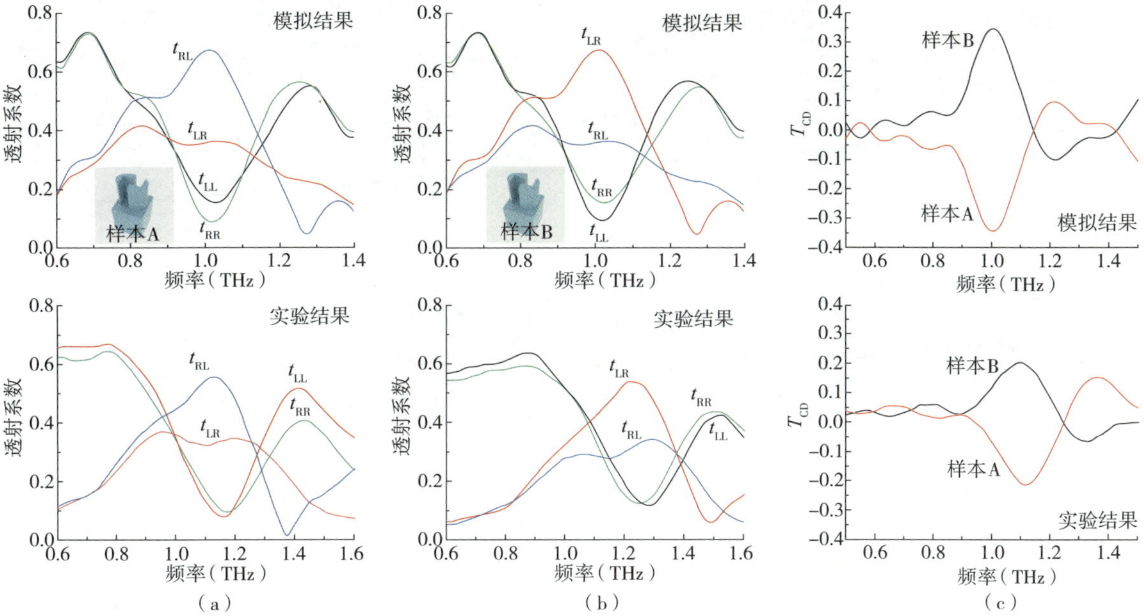

图 7-19　超表面圆二色性的模拟和实验结果

(a)样品 A 的结果;(b)样品 B 的结果;(c)样品 A 和 B 的透射圆二色性

由图 7-19 中的数据,样品效率的理论峰值为 69.4%。实测结果的变化规律与模拟结果基本一致,只是幅度略有衰减,频移约为 0.1 THz。这可能是由于样品的蚀刻加工偏差造成的。仔细观察图 7-18 所示的超表面 SEM 图像,可以发现超原子的横向尺寸与设计值略有不同。如图 7-19(c)所示,在高频区域(1.3~1.6 THz),模拟结果和实验结果的 T_{CD} 有较大的偏差,这可能是由偏振器传输的太赫兹信号的低信噪比造成的。此外,在测量过程中多次旋转偏光片也可能引入偏差。如图 7-19(c)的实验结果曲线所示,可见测得的 T_{CD} 最大值为 −0.21,其效率约为 43%。

为了解释巨本征手性的物理机制,研究了两个圆偏振波入射(频率为 1 THz)时超原子的电磁场分布。图 7-20(a_1)和(a_2)所示为 RCP 波入射时的局部电场(electric field)和磁场(magnetic field)。由于硅柱的高度为 200 μm,且基板具有相同的折射率,因此在超原子内难以形成标准的电偶极子,而实际上形成了波导模式。但这并不影响面内电偶极矩和磁偶极矩的激发,这可以产生有效的背向散射。图 7-20(a_3)和(a_4)所示为 LCP 波入射时的局部电场和磁场,可见几乎没有增强的电场或磁场,这意味着高透射率。图 7-20(a_5)至(a_8)所示为电场和磁场在水平剖面中的分布。显然,z 方向的场分布不是简单的电极子或磁极子,这也表明超原子截断波导。此外,本研究模拟了超原子阵列的反射和透射电场,以进一步验证透射圆二色性是由自旋选择反射引起的,如图 7-20(b_1)至(b_4)所示。可以看出,发射波中的共极化分量非常小。当 RCP 波入射时,从图 7-20(b_1)可以清楚地看到反射的共极化分量,透射的交叉极化则要小得多(图 7-20(b_4))。反射和入射的 LCP 波可以分开,毕竟它们的 x 和 y 方向的电场分量 E_x 和 E_y(电场分量)具有不同的相位差。这些电场和磁场的分布与图 7-19 所示的透射谱一致。

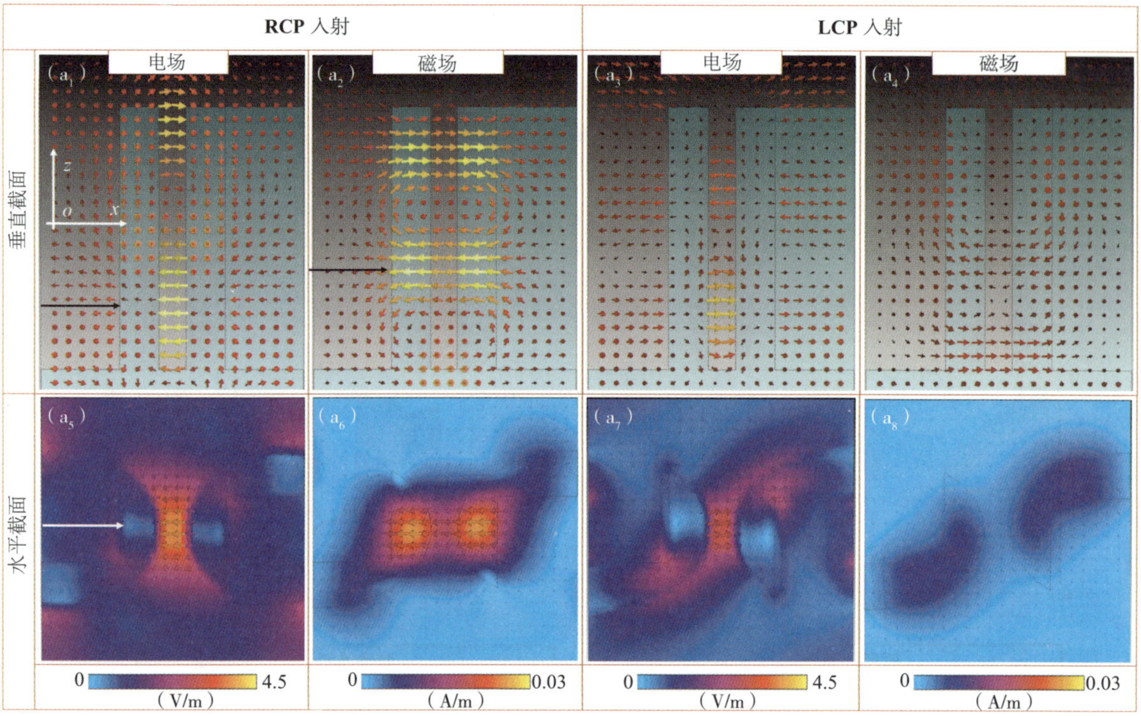

(a)

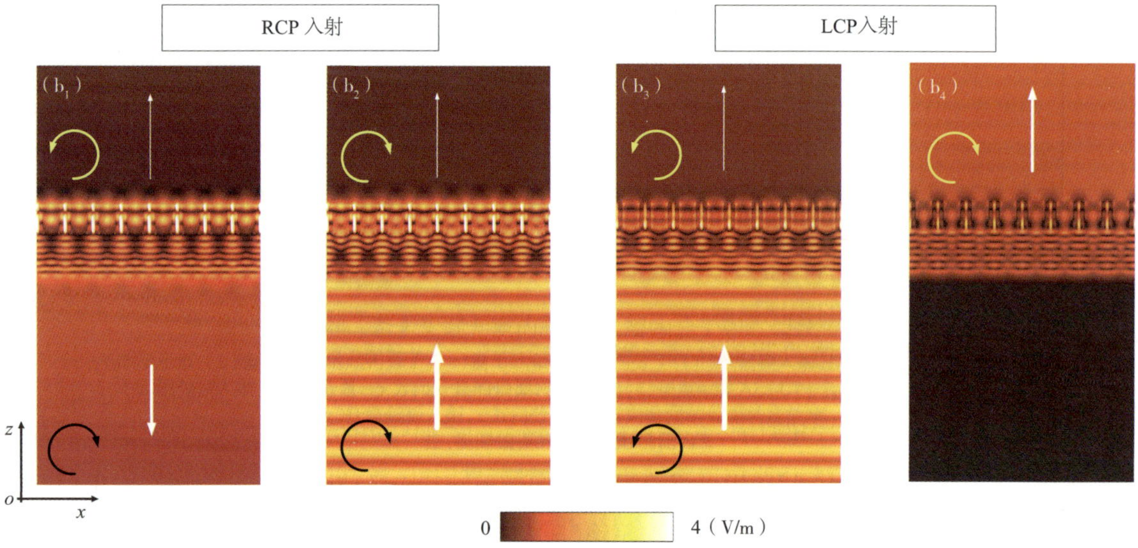

(b)

图 7-20　超表面内在手性的物理机制

(a)单个超原子中的电场和磁场分布;(b)超原子阵列的反射和透射电场

手性超表面的动态可调谐性也是一个非常有趣的话题,因为已经报道了基于光、电场或热场的用于太赫兹波的可调谐手性超材料器件。下面介绍一种使用低功率连续激光对手性超表面进行简单调制的方法。如图 7-21(a)所示,由于太赫兹波的光路被放置在透明盒子中,激光的垂直入射很难实现，该研究在样品上引入 1 064 nm 的斜入射连续波。众所周知，高阻硅对工作波长表现出高效透射和弱吸收，因此激光束可以覆盖整个样品厚度范围，样品内部获得均匀分布的光生载流子，导致入射太赫兹波的巨大吸收。以透射率分量 T_{LR} 为例，如图 7-21(b)所示，当激光功率从 0 mW 逐渐增大到 650 mW 时，太赫兹透射明显下降，实测时域信号如图 7-21(c)所示。图 7-21(d)和(e)所示为透射圆二色性的模拟和实验结果。图 7-21(f)直观地展示了激光辐照样品对太赫兹波的吸收，可以看出，反射的太赫兹波并没有明显增加，而是在电导率增加时直接消散在样品内部。

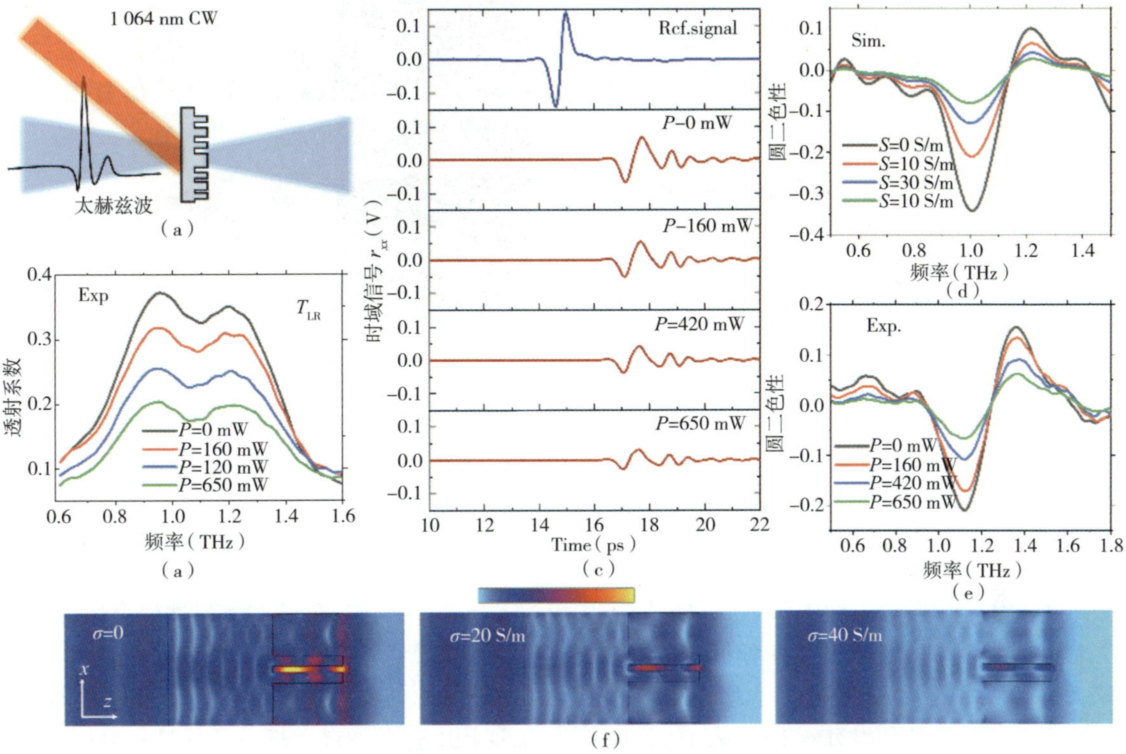

图 7-21　使用近红外连续波的手性超表面的光学可调性

(a)波辐照示意；(b)实测透射系数分量 T_{LR}；(c)时域信号；(d)透射圆二色性模拟结果；(e)透射圆二色性实验结果；(f)不同电导率下的电场分布

基于上述光学可调手性超原子(对映异构体)进行了近场区域的透射和可调图像显示研究，所选图形为五角星，如图 7-22(a)所示。两种超原子(对映异构体)及其排列方式如图 7-22(b)所示，整个超表面(超原子阵列)包含 50 × 50 个单元。模拟并得到了不同圆偏振波入射时超表面在 1 THz 工作频率下的透射电场强度(距上表面 700 μm)和相位分布，如图 7-22(c)至(g)所示。可以发现，五角星内部和周围的电场明显不同。在图形显示阶段，图 7-22(d)和(h)所示的图形是互补的。当硅的电导率为 0 S/m(ON 状态)时，电场强度和相位分布均可显示出五角星图形；当硅的电导率为 80 S/m(OFF 状态)时，电场强度急剧下降，几乎没有出现清晰显示，但相位分布可以显示出似乎是五角星图形。

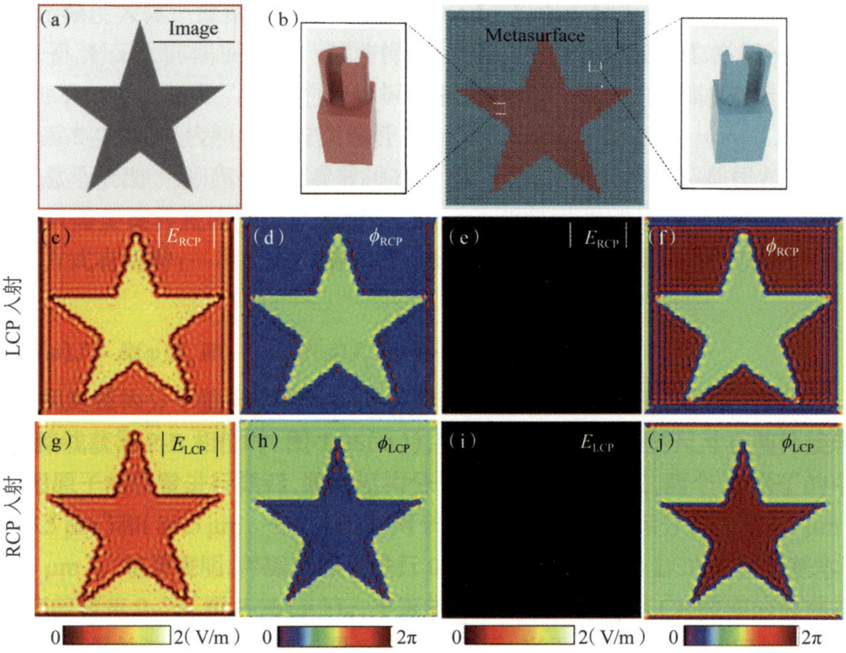

图 7-22　基于手性超表面的自旋相关和可调谐近场图像显示

(a)所选五角星图形;(b)手性对映异构体及阵列;(c)至(j)不同入射波的电场强度和相位分布

(3)小结

本研究提出一种在无损介电超表面上实现太赫兹波巨大内禀手性的新方案。使用仿真软件计算透射圆二色性谱并获得合适的结构参数。最大 T_{CD} 达 69.4%。根据超原子的模拟电场和磁场分布，发现巨大的本征手性源于硅柱中激发的泄漏波导模式。同时出现的电偶极矩和磁偶极矩的面内分量引起自旋选择性反向散射。为了证明这一点，模拟了超表面附近反射波和透射波的电场分布，共设计了 2 种超原子样品，并使用偏振相关的 TDS 测试系统测量了圆偏振透射系数和透射圆二色性谱。结果显示，最大 T_{CD} 达 43%。此外，使用波长为 1 064 nm 的连续激光实现了超表面的光学调制，透射 圆二色性谱显示出有效的衰减。作为应用演示，使用上述可调谐手性元器件进行可切换透射近场图像显示研究。仿真结果表明，近场图案具有较高的对比度，且原件具有较高的开关效率。这种基于无损电介质的手性超表面制备简单，有望用于太赫兹通信、成像等领域。

7.2.2　基于双原子干涉的全硅手性太赫兹超表面起偏器

超表面起偏器是光学应用领域的关键器件之一。光学应用领域期待一种能从非偏振波中直接产生偏振波并同时操控波前的超构器件。然而，大多数具有波前操控功能的偏振转换超表面依赖于特定的入射偏振，不能从非偏振波中直接获取线偏振或圆偏振波。少数经过特殊设计(如利用双原子光束干涉)的超表面可从非偏振波中直接获取圆偏振波，但未能同时实现波前操控。本小节介绍的研究，利用双原子干涉原理设计了波前可控的太赫兹起偏器，其具有相比于传统超材料起偏器和传统可波前操控的偏振超材料转换器更强的集成特性。该起偏器可从非偏振太赫兹波中获取线偏振和圆偏振波，并伴随多种波前操控，如太赫兹波的偏折、分束和聚焦。

(1)研究介绍

具有偏振操控功能的超表面经历了从偏振超材料转换器到超材料起偏器的发展。偏振超材料转换器的超构分子通常仅包含一个超原子，如此器件只能服务于两个特定偏振间的转换，实际使用时需要搭配额外的偏振器，以获得确定的输入偏振 [8]。而超材料起偏器的元胞包含至少两种超原子，利用多种超原子的光束干涉相长或相消，可从非偏振波中直接产生偏振波，无须额外起偏器。由于非偏振波可以看作各种偏振波的无规则集合，因此超材料起偏器的作用本质上是诱发任意偏振到一个特定偏振的转换。罗先刚等于 2017 年提出了基于不对称光子自旋轨道相互作用的圆偏振不对称传输，这是多原子光束干涉思想的最早期展示。随后，李向平等于 2021 年提出了更具普适性的应用，使线偏振、椭圆偏振、圆偏振均可从非偏振光中直接产生。

偏振和波前的同步操控是一些光基应用（如成像、空间定向通信）的进阶需求。与纯偏振超材料转换器一样，波前可控的偏振超材料转换器仍然依赖于额外起偏器产生特定的输入偏振，但这不是波前可控的超材料起偏器所必需的。显然，由于无须额外的起偏器，在光基系统中，直接使用波前可控的超材料起偏器比使用传统波前可控的偏振转换器具有更高集成性和更高稳定性。此前，通过将帕恩查拉特那 - 贝里（Pancharatnam-Berry，P-B）相位融入基于不对称光子自旋轨道相互作用的不对称传输，波前可控的圆偏振超材料起偏器在中红外波段已取得成功，但对其他偏振态的产生和波前操控仍需进一步探索。

本研究对波前可控的超材料起偏器开展系统性研究。针对两种最常用的偏振态，即线偏振与圆偏振，设计了工作在太赫兹波段的波前可控的超材料起偏器。该起偏器可直接从非偏振太赫兹波中产生圆偏振或线偏振波，并同步实施波前操控，如图 7-23 所示。圆偏振波的产生和同步波前操控通过融入 P-B 相位的双原子光束干涉实现；线偏振波的产生和同步波前操控通过融入动力学相位的双原子光束干涉实现。

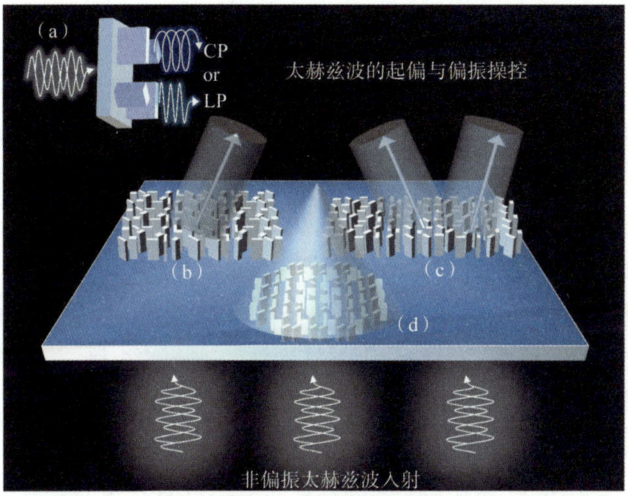

图 7-23　太赫兹起偏与波前控制示意

（a）从非偏振光中直接获取圆偏振光或线偏振光；（b）偏折；（c）分束；（d）聚焦

（2）理论设计

非偏振波可以看作无数偏振波的无规则集合，因此从非偏振态中产生波前可控的固定偏振态的问题，实质上是任意偏振态向固定偏振态转换并实施波前操控的问题。然而，对于只包含一个双折射超原子的超构分子，透射波偏振态将完全依赖于入射波的偏振态，这意味着任意偏振态到一个固定偏振态的转变不能实现。下面将从一个普通的传输方程出发，探索获得任意偏振态到一个固定的偏振态转换所需要的条件。

在笛卡尔基中，任意偏振态电矢量 $\boldsymbol{E}_{\text{cart-base}}$ 被表示成 x 方向与 y 方向偏振分量的合成。一个具有确定偏振态的电磁波入射到一个超构分子时的传输方程为

$$\boldsymbol{E}^{\mathrm{t}}=\boldsymbol{J}\boldsymbol{E}^{\mathrm{i}} \rightarrow \begin{bmatrix} E_x^{\mathrm{t}} \\ E_y^{\mathrm{t}} \end{bmatrix}=\begin{bmatrix} t_{xx} & t_{xy} \\ t_{yx} & t_{yy} \end{bmatrix}\begin{bmatrix} E_x^{\mathrm{i}} \\ E_y^{\mathrm{i}} \end{bmatrix} \tag{7-8}$$

式中：$\boldsymbol{E}^{\mathrm{t}}=\begin{bmatrix} E_x^{\mathrm{t}} & E_y^{\mathrm{t}} \end{bmatrix}^{\mathrm{T}}$ 和 $\boldsymbol{E}^{\mathrm{i}}=\begin{bmatrix} E_x^{\mathrm{i}} & E_y^{\mathrm{i}} \end{bmatrix}^{\mathrm{T}}$ 分别代表笛卡尔基中透射和入射波的电矢量，上标 t 和 i 分别表示透射和入射；$t_{\alpha\beta}$ 为 β 分量电场入射下的 α 分量电场的透射系数，其中 $\alpha,\beta\in\{x,y\}$，t 为透射系数，下标表示不同分量。

式（7-8）是对于一个双折射超构分子传输特性的普遍性描述。对于一个关于 z=0 平面对称的系统而言，透射系数的线偏振交叉分量相等，即 t_{xy}=t_{yx}，从而转移矩阵可表示为

$$\boldsymbol{J}=\begin{bmatrix} t_{xx} & t_{xy} \\ t_{yx} & t_{yy} \end{bmatrix}=\begin{bmatrix} a & b \\ b & c \end{bmatrix} \tag{7-9}$$

对于只包含一个双折射超原子的超构分子而言，透射波偏振态将完全依赖于入射波的偏振态，这意味着任意偏振态到一个固定偏振态的转变不能实现。容易发现，若想获得固定的线偏振输出，则需要满足下列条件：

$$\begin{cases} a=1 \\ b=c=0 \end{cases} \tag{7-10}$$

或

$$\begin{cases} a=b=0 \\ c=1 \end{cases} \tag{7-11}$$

式（7-10）将只允许入射波中的 x 分量输出而完全阻挡 y 分量，式（7-11）将只允许入射波中的 y 分量输出而完全阻挡 x 分量。本研究只考虑 x 线偏振输出的情形，可得

$$\boldsymbol{J}=\begin{bmatrix} 1 & 0 \\ 0 & 0 \end{bmatrix}=\frac{1}{2}\begin{bmatrix} 1 & 0 \\ 0 & 1 \end{bmatrix}+\frac{1}{2}\begin{bmatrix} 1 & 0 \\ 0 & -1 \end{bmatrix} \tag{7-12}$$

式（7-12）的第一项在物理上由一个快轴与慢轴相移均为零的双折射超原子实现，第二项要求沿着超原子的 x 和 y 方向的共极化透射波分别被施加 0 和 $\pm\pi$ 的相移。

下面寻找获得任意偏振态到一个固定的圆偏振态转换所需要的条件。为了实现这一目的，首先需要在圆偏振基中表示电磁波的偏振态。在圆偏振基中，任意偏振电矢量 $\boldsymbol{E}_{\text{cart-base}}$ 可以用圆偏振基 $\boldsymbol{E}_{\text{cir-base}}$ 表示成右旋圆偏振（RCP）分量与左旋圆偏振（LCP）分量的合成。从圆偏振基到笛卡尔基的任意偏振电矢量的表达式为 $\boldsymbol{E}_{\text{cart-base}}=\boldsymbol{\Lambda}\boldsymbol{E}_{\text{cir-base}}$，变换矩阵为

$$\boldsymbol{\Lambda}=\frac{\sqrt{2}}{2}\begin{bmatrix} 1 & 1 \\ \mathrm{i} & -\mathrm{i} \end{bmatrix} \tag{7-13}$$

因此，式（7-8）可表示为

$$\boldsymbol{E}^{\mathrm{t}}=\boldsymbol{J}\boldsymbol{E}^{\mathrm{i}} \rightarrow \boldsymbol{\Lambda}\hat{\boldsymbol{E}}^{\mathrm{t}}=\boldsymbol{J}\boldsymbol{\Lambda}\hat{\boldsymbol{E}}^{\mathrm{i}} \rightarrow \hat{\boldsymbol{E}}^{\mathrm{t}}=\boldsymbol{\Lambda}^{-1}\boldsymbol{J}\boldsymbol{\Lambda}\hat{\boldsymbol{E}}^{\mathrm{i}} \rightarrow \hat{\boldsymbol{E}}^{\mathrm{t}}=\boldsymbol{J}^{\#}\hat{\boldsymbol{E}}^{\mathrm{i}} \tag{7-14}$$

式中：$\hat{\boldsymbol{E}}^{\mathrm{t}}$ 和 $\hat{\boldsymbol{E}}^{\mathrm{i}}$ 分别表示圆偏振基中的透射波和入射波电矢量，$\hat{\boldsymbol{E}}^{\mathrm{t}}=\begin{bmatrix}E_{\mathrm{R}}^{\mathrm{t}} & E_{\mathrm{L}}^{\mathrm{t}}\end{bmatrix}^{\mathrm{T}}$ 和 $\hat{\boldsymbol{E}}^{\mathrm{i}}=\begin{bmatrix}E_{\mathrm{R}}^{\mathrm{i}} & E_{\mathrm{L}}^{\mathrm{i}}\end{bmatrix}^{\mathrm{T}}$；新的传输矩阵表达式为

$$\boldsymbol{J}^{\#}=\boldsymbol{\Lambda}^{-1}\boldsymbol{J}\boldsymbol{\Lambda}=\begin{bmatrix}t_{\mathrm{RR}} & t_{\mathrm{RL}}\\ t_{\mathrm{LR}} & t_{\mathrm{LL}}\end{bmatrix}=\frac{1}{2}\begin{bmatrix}a+c & a-c-2\mathrm{i}b\\ a-c+2\mathrm{i}b & a+c\end{bmatrix}\tag{7-15}$$

式中：t_{jk} 为 k 分量电场入射下的 j 分量电场的透射系数，$j,k\in\{\mathrm{R,L}\}$。

为了实现唯一的圆偏振态输出，所需条件如下：

$$\begin{cases}a+c=0\\ a-c+2\mathrm{i}b=0\\ a-c-2\mathrm{i}b=2\end{cases}\tag{7-16}$$

或

$$\begin{cases}a+c=0\\ a-c+2\mathrm{i}b=2\\ a-c-2\mathrm{i}b=0\end{cases}\tag{7-17}$$

式（7-17）将允许入射波中的 LCP 分量到 RCP 波转换并透射，完全阻断入射波中的 RCP 分量；式（7-18）将允许入射波中的 RCP 分量到 LCP 波转换并透射，完全阻断入射波中的 LCP 分量。求解式（7-16）和式（7-17），可得以下结论。

对于只输出 RCP 波：$a=-c=-\mathrm{i}b,\ b=\frac{1}{2}\mathrm{i}$。

对于只输出 LCP 波：$a=-c=\mathrm{i}b,\ b=-\frac{1}{2}\mathrm{i}$。

将式（7-16）和式（7-17）的解代入式（7-9），可得

$$\boldsymbol{J}=\pm\frac{1}{2}\mathrm{i}\begin{bmatrix}\mp\mathrm{i} & 1\\ 1 & \pm\mathrm{i}\end{bmatrix}\tag{7-18}$$

式（7-18）中取上部分符号则只输出 RCP 波，取下部分符号则只输出 LCP 波。进一步，$\boldsymbol{J}$ 的表达式可写为

$$\boldsymbol{J}=\mathrm{e}^{\pm\mathrm{i}\frac{\pi}{2}}\boldsymbol{J}'\rightarrow\boldsymbol{J}'=\frac{1}{2}\begin{bmatrix}\mathrm{e}^{\mp\mathrm{i}\frac{\pi}{2}} & 1\\ 1 & \mathrm{e}^{\pm\mathrm{i}\frac{\pi}{2}}\end{bmatrix}\tag{7-19}$$

式（7-19）表明 $\boldsymbol{J}$ 可以看作对 $\boldsymbol{J}'$ 附加一个 π/2 的 P-B 相移因子，它通过对 $\boldsymbol{J}'$ 执行 $\theta=-\pi/4$ 角度的旋转操作而获得，因此式（7-19）可写为

$$\boldsymbol{J}=\boldsymbol{R}\left(-\frac{\pi}{4}\right)\boldsymbol{J}'\boldsymbol{R}^{-1}\left(-\frac{\pi}{4}\right)=\frac{1}{2}\boldsymbol{R}\left(-\frac{\pi}{4}\right)\begin{bmatrix}\mathrm{e}^{\mp\mathrm{i}\frac{\pi}{2}} & 1\\ 1 & \mathrm{e}^{\pm\mathrm{i}\frac{\pi}{2}}\end{bmatrix}\boldsymbol{R}\left(\frac{\pi}{4}\right)\tag{7-20a}$$

$$\boldsymbol{R}(\theta)=\begin{bmatrix}\cos\theta & -\sin\theta\\ \sin\theta & \cos\theta\end{bmatrix}\tag{7-20b}$$

式中：$\boldsymbol{R}(\theta)$是一个θ角度的旋转矩阵，它的逆矩阵$\boldsymbol{R}^{-1}(\theta)=\boldsymbol{R}(-\theta)$。

式 7-20(a)可以进一步写为

$$\begin{aligned}\boldsymbol{J}&=\frac{1}{2}\boldsymbol{R}\left(-\frac{\pi}{4}\right)\begin{bmatrix}\mathrm{e}^{\mp\mathrm{i}\frac{\pi}{2}} & 0\\ 0 & \mathrm{e}^{\pm\mathrm{i}\frac{\pi}{2}}\end{bmatrix}\boldsymbol{R}\left(\frac{\pi}{4}\right)+\frac{1}{2}\boldsymbol{R}\left(-\frac{\pi}{4}\right)\begin{bmatrix}0 & 1\\ 1 & 0\end{bmatrix}\boldsymbol{R}\left(\frac{\pi}{4}\right)\\ &=\frac{1}{2}\boldsymbol{R}\left(-\frac{\pi}{4}\right)\begin{bmatrix}\mathrm{e}^{\mp\mathrm{i}\frac{\pi}{2}} & 0\\ 0 & \mathrm{e}^{\pm\mathrm{i}\frac{\pi}{2}}\end{bmatrix}\boldsymbol{R}\left(\frac{\pi}{4}\right)+\frac{1}{2}\begin{bmatrix}1 & 0\\ 0 & -1\end{bmatrix}\end{aligned} \tag{7-21}$$

式(7-21)的第一项在物理上由一个旋转了 −π/4 角度的双折射超原子实现，沿着 x 轴和 y 轴通过该超原子（未旋转时）的共极化线偏振将分别被施加 −π/2 和 π/2（对应 RCP 输出波），或 π/2 和 −π/2（对应 LCP 输出波）的相移；第二项在物理上由一个无旋转的双折射超原子实现，沿着 x 方向和 y 方向的共极化透射波分别被施加 0 和 ±π 的相移。进一步，观察式(7-12)与式(7-21)的形式可以总结出一个更具一般性的表达：

$$\boldsymbol{J}=\frac{1}{2}\boldsymbol{R}\left(-\frac{\pi}{4}\right)\begin{bmatrix}\mathrm{e}^{\mathrm{i}\varphi_{xx}} & 0\\ 0 & \mathrm{e}^{\mathrm{i}\varphi_{yy}}\end{bmatrix}\boldsymbol{R}\left(\frac{\pi}{4}\right)+\frac{1}{2}\begin{bmatrix}1 & 0\\ 0 & -1\end{bmatrix}=\boldsymbol{J}_{\mathrm{A}}+\boldsymbol{J}_{\mathrm{B}} \tag{7-22}$$

在式(7-22)中，当$|\varphi_{xx}|=|\varphi_{yy}|$中的$\varphi_{xx}$和$\varphi_{yy}$均为零时，对应线偏振输出波；当$\varphi_{xx}$和$\varphi_{yy}$分别为 −π/2 和 π/2 时，对应输出 RCP 波，而φ_{xx}和φ_{yy}分别为 π/2 和 −π/2 时，对应输出 LCP 波。因此，包含两个双折射超原子的超构分子可以实现任意偏振态到一个固定偏振态的转换。

当对整个转移矩阵施加一个相延，相当于对每一个超原子施加一个相同的相延，即

$$\boldsymbol{J}^{\mathrm{D}}=\mathrm{e}^{\mathrm{i}\varphi}\boldsymbol{J}=\mathrm{e}^{\mathrm{i}\varphi}\boldsymbol{J}_{\mathrm{A}}+\mathrm{e}^{\mathrm{i}\varphi}\boldsymbol{J}_{\mathrm{B}} \tag{7-23}$$

显然，透射波也被施加一个相同的相延且幅度大小不变，即$\boldsymbol{E}^{\mathrm{t}*}=\mathrm{e}^{\mathrm{i}\varphi}\boldsymbol{E}^{\mathrm{t}}$，这在物理上可通过调整每一个超原子的结构尺寸参数来实现。当覆盖 0~2π 的相延被获得时，则可实现对输出波的波前操控。特别地，当输出波为圆偏振时，则只需要对转移矩阵施加一个旋转因子便可获得丰富的相延，阐述如下。根据$\boldsymbol{E}_{\text{cart-base}}=\boldsymbol{\Lambda}\boldsymbol{E}_{\text{cir-base}}$，很容易将圆偏振基中的偏振态转换到笛卡尔基中表示。由于透射波只具有一种圆偏振态，因此可以假设透射波只有 RCP 或只有 LCP，则由圆偏振基透射波$\hat{\boldsymbol{E}}^{\mathrm{t}}$转换得到的笛卡尔基中的透射波$\boldsymbol{E}^{\mathrm{t}}$可分别表示为

$$\boldsymbol{E}_{\mathrm{RCP}}^{\mathrm{t}}=\boldsymbol{\Lambda}\hat{\boldsymbol{E}}^{\mathrm{t}}=\frac{\sqrt{2}}{2}\begin{bmatrix}1 & 1\\ \mathrm{i} & -\mathrm{i}\end{bmatrix}\begin{bmatrix}E_{\mathrm{R}}^{\mathrm{t}}\\ 0\end{bmatrix}=\frac{\sqrt{2}}{2}\begin{bmatrix}E_{\mathrm{R}}^{\mathrm{t}}\\ \mathrm{i}E_{\mathrm{R}}^{\mathrm{t}}\end{bmatrix} \tag{7-24a}$$

$$\boldsymbol{E}_{\mathrm{LCP}}^{\mathrm{t}}=\boldsymbol{\Lambda}\hat{\boldsymbol{E}}^{\mathrm{t}}=\frac{\sqrt{2}}{2}\begin{bmatrix}1 & 1\\ \mathrm{i} & -\mathrm{i}\end{bmatrix}\begin{bmatrix}0\\ E_{\mathrm{L}}^{\mathrm{t}}\end{bmatrix}=\frac{\sqrt{2}}{2}\begin{bmatrix}E_{\mathrm{L}}^{\mathrm{t}}\\ -\mathrm{i}E_{\mathrm{L}}^{\mathrm{t}}\end{bmatrix} \tag{7-24b}$$

式(7-24a)表示透射波只有 RCP 时的情形，此时 LCP 的分量为 0，即圆偏振基$\hat{\boldsymbol{E}}^{\mathrm{t}}$中$E_{\mathrm{L}}^{\mathrm{t}}=0$；式(7-24b)表示透射波只有 LCP 时的情形，此时 RCP 的分量为 0，即圆偏振基$\hat{\boldsymbol{E}}^{\mathrm{t}}$中$E_{\mathrm{R}}^{\mathrm{t}}=0$。接下来，本研究对$\boldsymbol{J}$进行旋转操作，以探索其相位与电矢量变化规律。旋转操作后的$\boldsymbol{J}$矩阵可写为

$$\boldsymbol{J}^{R}=\boldsymbol{R}(\varphi)\boldsymbol{J}\boldsymbol{R}(-\varphi)$$

将式(7-18)和式(7-20b)代入上式，可得

$$
\begin{aligned}
\boldsymbol{J}^{R} &= \boldsymbol{R}(\varphi)\boldsymbol{J}\boldsymbol{R}(-\varphi)=\pm\frac{1}{2}\mathrm{i}\boldsymbol{R}(\varphi)\begin{bmatrix}\mp\mathrm{i} & 1\\ 1 & \pm\mathrm{i}\end{bmatrix}\begin{bmatrix}\cos\varphi & \sin\varphi\\ -\sin\varphi & \cos\varphi\end{bmatrix}\\
&=\pm\frac{1}{2}\mathrm{i}\boldsymbol{R}(\varphi)\begin{bmatrix}\mp\mathrm{i}\cos\varphi-\sin\varphi & \mp\mathrm{i}\sin\varphi+\cos\varphi\\ \cos\varphi\mp\mathrm{i}\sin\varphi & \sin\varphi\pm\mathrm{i}\cos\varphi\end{bmatrix}\\
&=\pm\frac{1}{2}\mathrm{i}\boldsymbol{R}(\varphi)\begin{bmatrix}\cos\varphi & -\sin\varphi\\ \sin\varphi & \cos\varphi\end{bmatrix}\begin{bmatrix}\mp\mathrm{i} & 1\\ 1 & \pm\mathrm{i}\end{bmatrix}\\
&=\pm\frac{1}{2}\mathrm{i}\boldsymbol{R}(\varphi)\boldsymbol{R}(\varphi)\begin{bmatrix}\mp\mathrm{i} & 1\\ 1 & \pm\mathrm{i}\end{bmatrix}=\boldsymbol{R}(2\varphi)\boldsymbol{J}
\end{aligned}
\tag{7-25}
$$

此时的透射波表达式为

$$
\boldsymbol{E}^{\mathrm{t}^*}=\boldsymbol{J}^{R}\boldsymbol{E}^{\mathrm{i}}=\boldsymbol{R}(2\varphi)\boldsymbol{J}\boldsymbol{E}^{\mathrm{i}}=\boldsymbol{R}(2\varphi)\boldsymbol{E}^{\mathrm{t}} \tag{7-26}
$$

由式(7-26)可知,新的透射波电矢量 $\boldsymbol{E}^{\mathrm{t}^*}$ 相当于原始($\boldsymbol{J}$ 被旋转之前)电矢量 $\boldsymbol{E}^{\mathrm{t}}$ 旋转 2φ。进一步,将式(7-20b)和式(7-24)代入式(7-26),可得

$$
\begin{aligned}
\boldsymbol{R}(2\varphi)\boldsymbol{E}^{\mathrm{t}}_{\mathrm{RCP}}&=\boldsymbol{R}(2\varphi)\boldsymbol{\varLambda}\hat{\boldsymbol{E}}^{\mathrm{t}}\\
&=\frac{\sqrt{2}}{2}\begin{bmatrix}\mathrm{e}^{-\mathrm{i}2\varphi} & \mathrm{e}^{\mathrm{i}2\varphi}\\ \mathrm{i}\mathrm{e}^{-\mathrm{i}2\varphi} & -\mathrm{i}\mathrm{e}^{\mathrm{i}2\varphi}\end{bmatrix}\begin{bmatrix}E^{\mathrm{t}}_{\mathrm{R}}\\ 0\end{bmatrix}=\frac{\sqrt{2}}{2}\mathrm{e}^{-\mathrm{i}2\varphi}\begin{bmatrix}E^{\mathrm{t}}_{\mathrm{R}}\\ \mathrm{i}E^{\mathrm{t}}_{\mathrm{R}}\end{bmatrix}=\mathrm{e}^{-\mathrm{i}2\varphi}\boldsymbol{E}^{\mathrm{t}}_{\mathrm{RCP}}
\end{aligned}
\tag{7-27a}
$$

$$
\begin{aligned}
\boldsymbol{R}(2\varphi)\boldsymbol{E}^{\mathrm{t}}_{\mathrm{LCP}}&=\boldsymbol{R}(2\varphi)\boldsymbol{\varLambda}\hat{\boldsymbol{E}}^{\mathrm{t}}\\
&=\frac{\sqrt{2}}{2}\begin{bmatrix}\mathrm{e}^{-\mathrm{i}2\varphi} & \mathrm{e}^{\mathrm{i}2\varphi}\\ \mathrm{i}\mathrm{e}^{-\mathrm{i}2\varphi} & -\mathrm{i}\mathrm{e}^{\mathrm{i}2\varphi}\end{bmatrix}\begin{bmatrix}0\\ E^{\mathrm{t}}_{\mathrm{L}}\end{bmatrix}=\frac{\sqrt{2}}{2}\mathrm{e}^{-\mathrm{i}2\varphi}\begin{bmatrix}E^{\mathrm{t}}_{\mathrm{L}}\\ -\mathrm{i}E^{\mathrm{t}}_{\mathrm{L}}\end{bmatrix}=\mathrm{e}^{-\mathrm{i}2\varphi}\boldsymbol{E}^{\mathrm{t}}_{\mathrm{LCP}}
\end{aligned}
\tag{7-27b}
$$

由式(7-27)可知,新的透射波振幅不变,对于 RCP 和 LCP 透射波的相位延迟分别为 -2φ 和 2φ,这是典型的 P-B 相位特征。式(7-24)至式(7-27)证明,对由 $\boldsymbol{J}$ 表示的超构分子旋转则可以获得丰富的 P-B 相位,无须额外的结构,并且不改变透射波的螺旋性和振幅,这提供了只用一种超构分子操作透射圆偏振波的波前的可行性。

(3)结果与分析

所有的数值模拟由 CST Microwave Studio 仿真软件的时域求解器完成,样本制备采用常规的等离子刻蚀硅晶片工艺(高阻硅,介电常数为 11.9,厚度为 500 μm)。本研究定义 LCP 和 RCP 的电矢量螺旋方向分别为面对太赫兹波传播方向看去的逆时针和顺时针旋转。基于全硅介质的超原子设计如图 7-24(a)所示,3 个方形超原子的周期为 P=160 μm,太赫兹波从 $-z$ 方向入射,工作频点设计为 1 THz。通过一系列参数扫描,最终确定的结构参数如下:l_1=74 μm,w_1=47 μm,l_2=104 μm,w_2=50 μm,l_3=w_3=58.5 μm,h=200 μm。超构分子由 2 个超原子组成,如图 7-24(b)和(c)所示。设计的两个超构分子的输出波分别为 LCP(图 7-24(b))和 x 线偏振(图 7-24(c))。在图 7-24(b)中,一个超原子与 y 轴具有 −45° 的夹角,其快轴和慢轴的透射波分别被施加 π/2 和 −π/2 的相延;另一个超原子与 y 轴的夹角为零,其快轴和慢轴的透射波分别被施加 0 和 −π 的相延。在图 7-24(c)中,一个超原子与 y 轴也具有 −45° 的夹角,但其快轴和慢轴的透射波相延均为零,另一个超原子与图 7-24(b)所示相同。

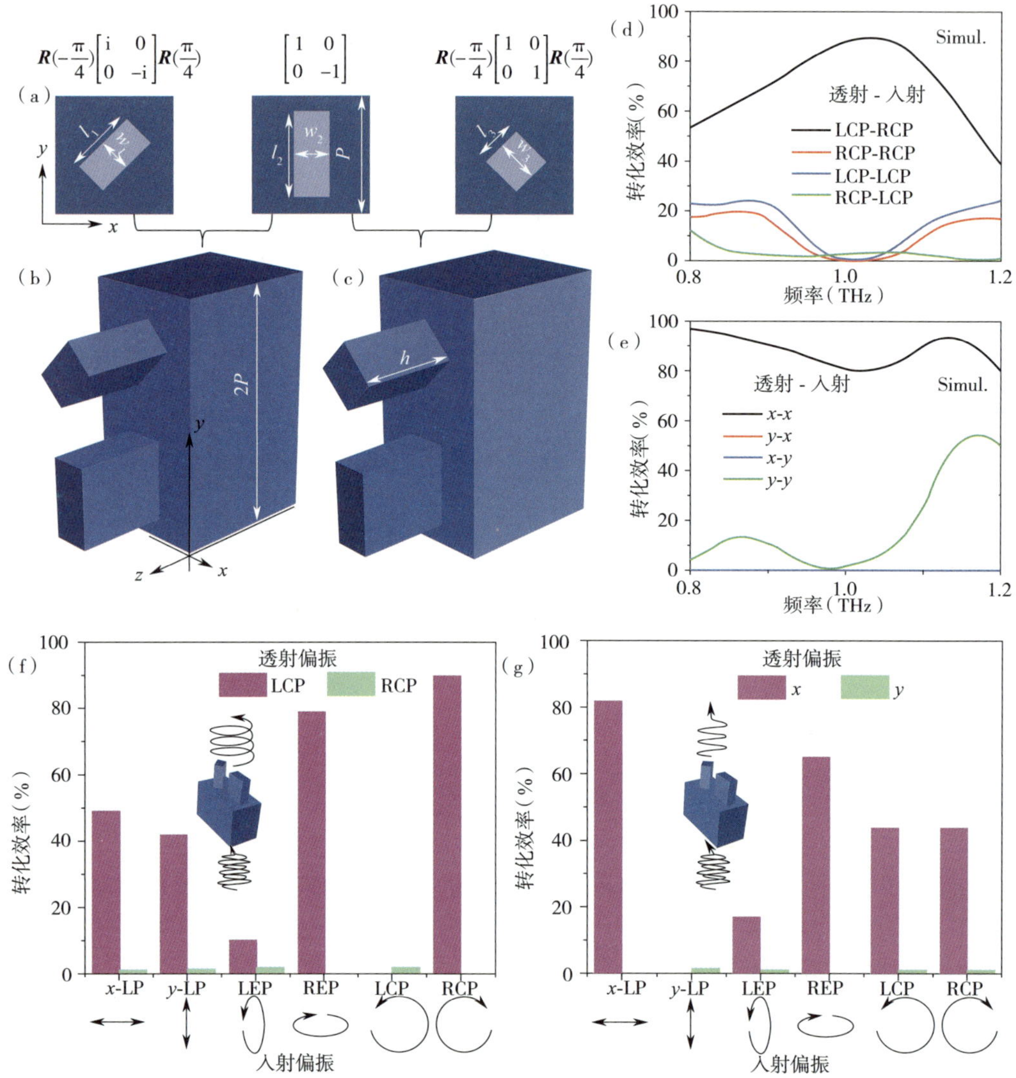

图 7-24　基于全硅介质的超原子、超构分子和其偏振特性

(a)超原子示意;(b)输出 LCP 的超构分子;(c)输出线偏振的超构分子;(d)线偏振入射,LCP—RCP 的偏振转换效率;
(e)线偏振入射,x 方向分量—y 方向分量的偏振转换效率;(f)任意偏振入射,LCP—RCP 的偏振转换效率;
(g)任意偏振入射,x 方向分量—y 方向分量的偏振转换效率
注:椭圆偏振的长轴与短轴比为 2

对于图 7-24(b)所示的超构分子,其实质上被设计为在 1 THz 只允许入射波中 RCP 分量的手性翻转态透射。计算的偏振转换效率如图 7-24(d)所示,它被定义为

$$T_{L/R}/T_{sub}=|A_{L/R}|^2/(|A_x|^2+|A_y|^2)$$

其中,$T_{L/R}$ 为 LCP 或 RCP 输出波的透射率,其幅度分别为 A_L 或 A_R;T_{sub} 为入射光通过衬底时的背景透射率,它的 x 和 y 方向分量的幅度分别为 A_x 和 A_y。

由图 7-24(d)可知,当 RCP 波入射时,在 1 THz 处的 LCP 转化效率超过 85%,而入射的 LCP 波几乎全被阻挡。由于任意偏振都可分解出 RCP 和 LCP 分量,因此当线偏振、椭圆偏振和 RCP 波入射时,都将产生一个 LCP 透射波。任意偏振光入射后的 LCP 和 RCP 的输出效率总结如图 7-24(f)

所示。除 LCP，任意偏振光入射图 7-24（b）所示的超构分子，主要输出 LCP 波，因此当非偏振入射时，这样的超构分子必将输出 LCP 波，这与前文描述的理论结果一致。此外，由于超构分子存在设计误差，会有少量 RCP 输出（图 7-24（f）中所示小于 2%）是不可避免的，但其可以忽略不计。

对于图 7-24（c）中的超构分子，其实质被设计为在 1 THz 只允许入射波中 x 方向偏振波分量透射。x 与 y 的偏振转换转化效率结果如图 7-24（e）所示，转化效率的表达式为

$$\frac{T_{x/y}}{T_{\text{sub}}}=\frac{|A''_{x/y}|^2}{|A_x|^2+|A_y|^2}$$

式中：$T_{x/y}$ 为 x 或 y 方向输出波的透射率，其幅度分别为 A_x 或 A_y；T_{sub} 为入射波通过衬底时的背景透射率，其在 x 和 y 方向分量的幅度分别为 A_x 和 A_y。

结果显示，x 方向共极化的转化效率超过 80%，几乎没有发生交叉极化转化，且完全阻挡 y 方向共极化输出。由于任意偏振波都可分解出 x 和 y 方向分量，因此除 y 方向偏振波外的任意偏振入射波都只会产生 x 方向偏振透射波。图 7-24（g）所示为任意偏振波入射到图 7-24（c）所示的超构分子后的 x 和 y 方向的输出效率，可见几乎没有 y 方向分量被检测到（小于 1%），因此当非偏振波入射时，这样的超构分子必将输出 x 方向的偏振波，与前文中描述的理论结果一致。

为了更方便地设计波前可控的超材料起偏器，实际的超构分子由两两相同的 4 个超原子组成，如图 7-25（a）和（c）所示，它们形成一个具有 C2 对称的正方超构分子。该方形超构分子与图 7-24（b）和（c）所示的超构分子是等价的，可以通过图 7-25（b）和（d）证明。在图 7-25（b）和（d）中，偏振转换效率的实验结果与图 7-24（d）和（e）中的模拟结果基本一致。对输出波进行波前操控，必须依赖于覆盖 0~2π 的相延梯度，但获取相位梯度的方式对于线偏振和圆偏振是不同的。对输出的线偏振进行操控时，需要通过改变结构的尺寸参数来获得动力学相位，一共设计了 8 种超构分子，如图 7-26（a）所示。由上文可知，每个超构分子中的 2 个超原子的相位延迟必须是同步的。8 种超构分

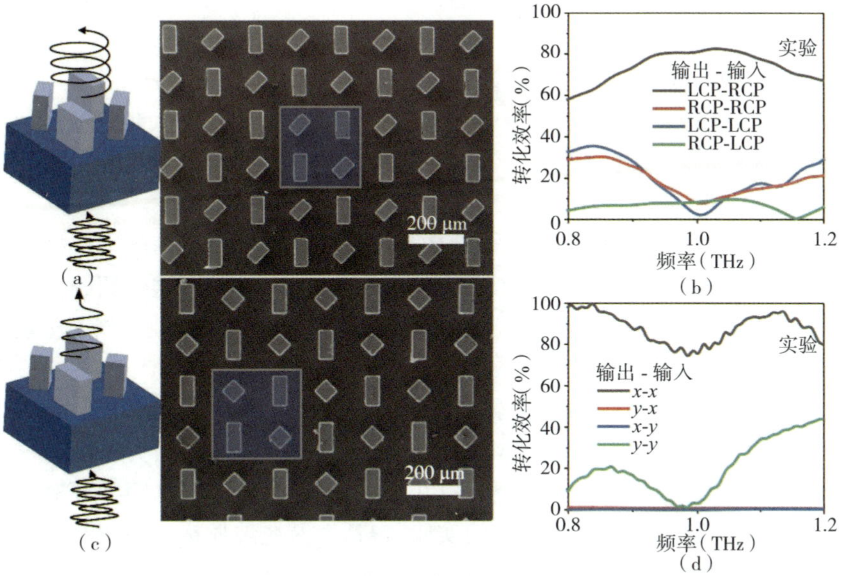

图 7-25　圆偏振超材料起偏器及其测试结果

（a）圆偏振超材料起偏器的 SEM 图像；（b）圆偏振超材料起偏器的测试结果；（c）线偏振超材料起偏器的 SEM 图像；（d）线偏振超材料起偏器的测试结果

子（U_1~U_8）均输出幅度大体一致的 x 线偏振（图 7-26（b）），相位延迟完美覆盖 0~2π（图 7-26（c））。基于 8 种超构分子，对 x 方向偏振波进行波前操控，如图 7-26（d）所示，若将超构分子对应到 0~2π 的相位轮廓排列，不仅可以确保从入射的非偏振太赫兹波中产生 x 方向偏振输出波，且 x 方向偏振输出波的等相位面产生倾斜，表明实现波束偏折。

动力学相位总是求助于烦琐的结构参数挑选过程，但这对圆偏振的波前操控而言不是必需的。理论推导已表明只需要旋转超构分子就可以获得丰富的 P-B 相位，且不会改变输出波的偏振和幅度。可用的旋转方式有两种：一种是整体旋转整个超构分子，另一种是单独旋转每一个超原子。根据式（7-21），有

$$\boldsymbol{J}^{R}=\boldsymbol{R}(\varphi)\boldsymbol{J}=\boldsymbol{R}(\varphi)\boldsymbol{J}_{\mathrm{A}}\boldsymbol{R}(-\varphi)+\boldsymbol{R}(\varphi)\boldsymbol{J}_{\mathrm{B}}\boldsymbol{R}(-\varphi) \tag{7-28}$$

式（7-28）表明对超构分子整体旋转的结果与旋转超构分子中的每一个原子的结果理论上等价。当采用整体旋转路线获得 P-B 相位时（图 7-26（e）），为了确保超构分子的尺寸在整体旋转时不溢出晶格，需要对每个超原子的位置进行微调，即以超构分子中心为坐标原点，两个 A 原子的中心坐标分别为（−85.5 μm, 85.5 μm）和（85.5 μm, −85.5 μm），两个 B 原子的中心坐标分别为（74.5 μm, 74.5 μm）和（−74.5 μm, −74.5 μm）。结果表明，伴随着分子进行 0° ~180° 旋转，输出 LCP 的振幅基本不变（图 7-26（f）），相延可以完美覆盖 0~2π（图 7-26（g））。丰富的相位允许对输出 LCP 波实施波前操控，如偏折、分束和聚焦。一个简易的波前操控示意如图 7-26（h）所示，当具有不同旋转角度的超构分子按照 0—2π—0 的相位轮廓排列时，则容易使 LCP 输出波的等相位面向不同方向倾斜，以实现分束。

本小节将圆偏振输出波的聚焦作为一个波前操控的重要展示，如图 7-27 所示。具有圆偏振转换功能的超透镜可以替代传统的光学圆偏振镜和聚焦透镜。此外，普通的具有圆偏振转换的超透镜依赖于特定偏振波输入，这需要搭配额外的产生特定输入偏振的起偏器（图 7-27（a））。然而，此透镜直接从非偏振波中获取圆偏振波（图 7-27（b）），从而省略了额外的起偏器，因此比一般的超透镜更具有集成优势。如图 7-27（c）至（e）所示，该透镜的相位轮廓须满足的条件为

$$\varphi=-\frac{2\pi}{\lambda}\left(\sqrt{x^{2}+y^{2}+f^{2}}-f\right) \tag{7-29}$$

这里工作波长 λ=300 μm，（x, y）是以超表面中心为坐标原点时超表面上每个点的坐标，焦距 f=16 mm。如图 7-27（f）至（i）所示，模拟和实验结果表明，对于除 LCP 太赫兹的任意偏振太赫兹入射，均输出 LCP 太赫兹且聚焦，这表明此透镜能直接从非偏振波中获取圆偏振波并聚焦。

（4）小结

本研究基于全硅介质设计了从非偏振太赫兹波中直接获取波前可控的太赫兹偏振波的超材料起偏器，其超构分子由两种超原子组成。当期望输出波为圆偏振波时，这种超构分子的功能实质上被设计成只允许圆偏振波的手性翻转和透射，而阻挡相反螺旋的圆偏振波。当期望输出波为线偏振波时，这种超构分子的功能实质上被设计成只允许线偏振波透射，而阻挡正交的线偏振波。本研究利用任意偏振太赫兹波入射替代非偏振太赫兹波演示这种超材料起偏器的效果。此外，对于线偏振，设计了不同尺寸的超构分子，以获取覆盖 0~2π 的动力学相位延迟，以此实现透射线偏振波的波前操控。对于圆偏振，只需要旋转超构分子便可以获得丰富的 P-B 相位，从而实现对透射原偏振波的波前操控。此外，本研究进行了多种波前操控实验，包括太赫兹波偏折、分束和聚焦。总之，本研究成功实现了在从非偏振太赫兹波中直接产生偏振波的同时，实现波前操控。这种波前可控的太赫兹起偏器具有相比于传统超材料起偏器和传统可波前操控的偏振超材料转换器更强的集成特性。

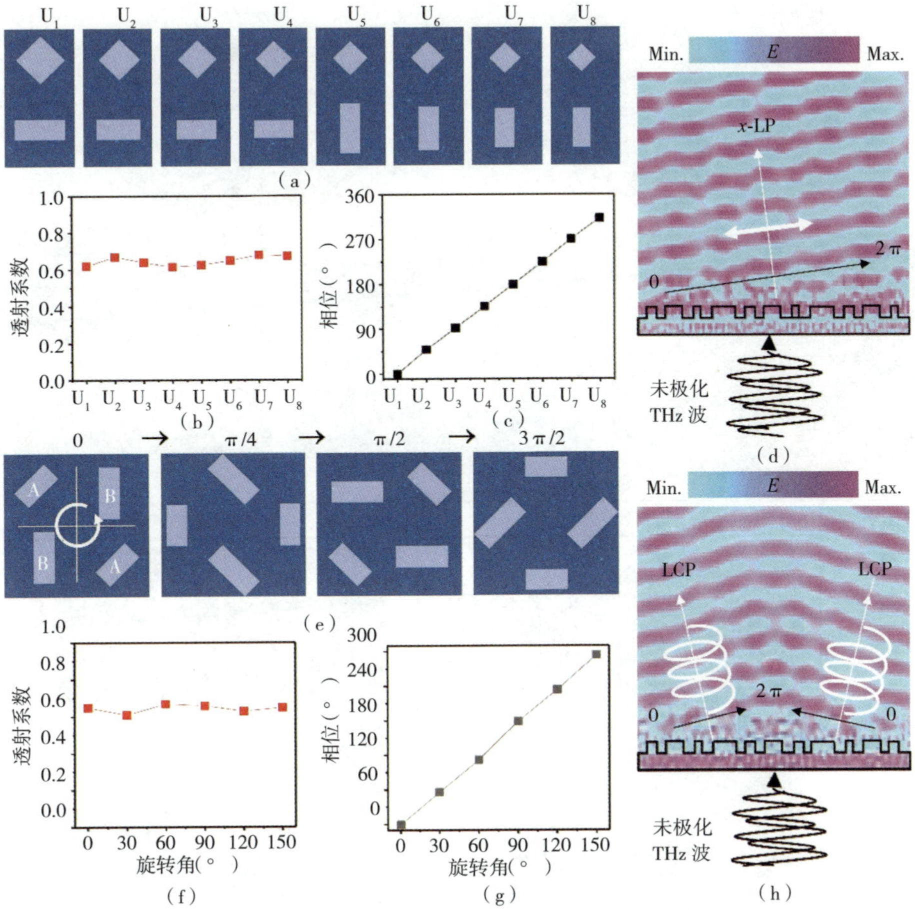

图 7-26 不同尺寸超原子构成的 8 种超构分子的示意和测试结果

(a)以不同尺寸超原子构成的 8 种超构分子;(b)超构分子在 1 THz 的透射系数;(c)超构分子的相位变化;(d)*x* 方向偏振波光束偏折时的电场相位分布;(e)角度旋转后的超构分子示意;(f)角度旋转超构分子在 1 THz 的透射系数;(g)角度旋转超构分子的相位变化;(h)LCP 波分束时的电场相位分布

7.2.3 基于全硅手性超表面的太赫兹圆偏振非对称波前控制

本小节介绍一项研究,其提出可以对左、右旋圆偏振(Circular Polarization, CP)光产生不同光学响应的手性超表面。目前,对手性超表面的研究主要集中在增强圆二色性和实现手性光学响应的动态操纵上。然而,关于多波段手性光学响应的报道却很少。在此,本研究提出了一种全硅手性超原子,它可以实现双频非对称传输。此外,利用满足梯度几何相位的手性超原子,设计了一个通过相位排列实现非对称传输的太赫兹超表面。在左旋圆偏振(LCP)光入射下,超表面产生聚焦的右旋圆偏振(RCP)光,光束聚焦在距离超表面出射面 4.8 mm 处。本研究拓宽了超表面设计的概念,可能吸引更多研究者关注手性超表面的应用。

(1)研究介绍

手性是一种特殊的性质,表明物体不存在镜像对称性,就像人类的左手和右手无论如何移动或旋转都不能重叠一样。手性结构在自然界中广泛存在,如氨基酸、糖和晶体都存在手性[6]。手性介质对圆偏振入射的光响应可以用旋光性和圆二色性描述,广泛应用于医学诊断、通信和其他领域。然而,受手性材料尺寸和入射光波长匹配的限制,上述材料的手性光学响应非常弱。

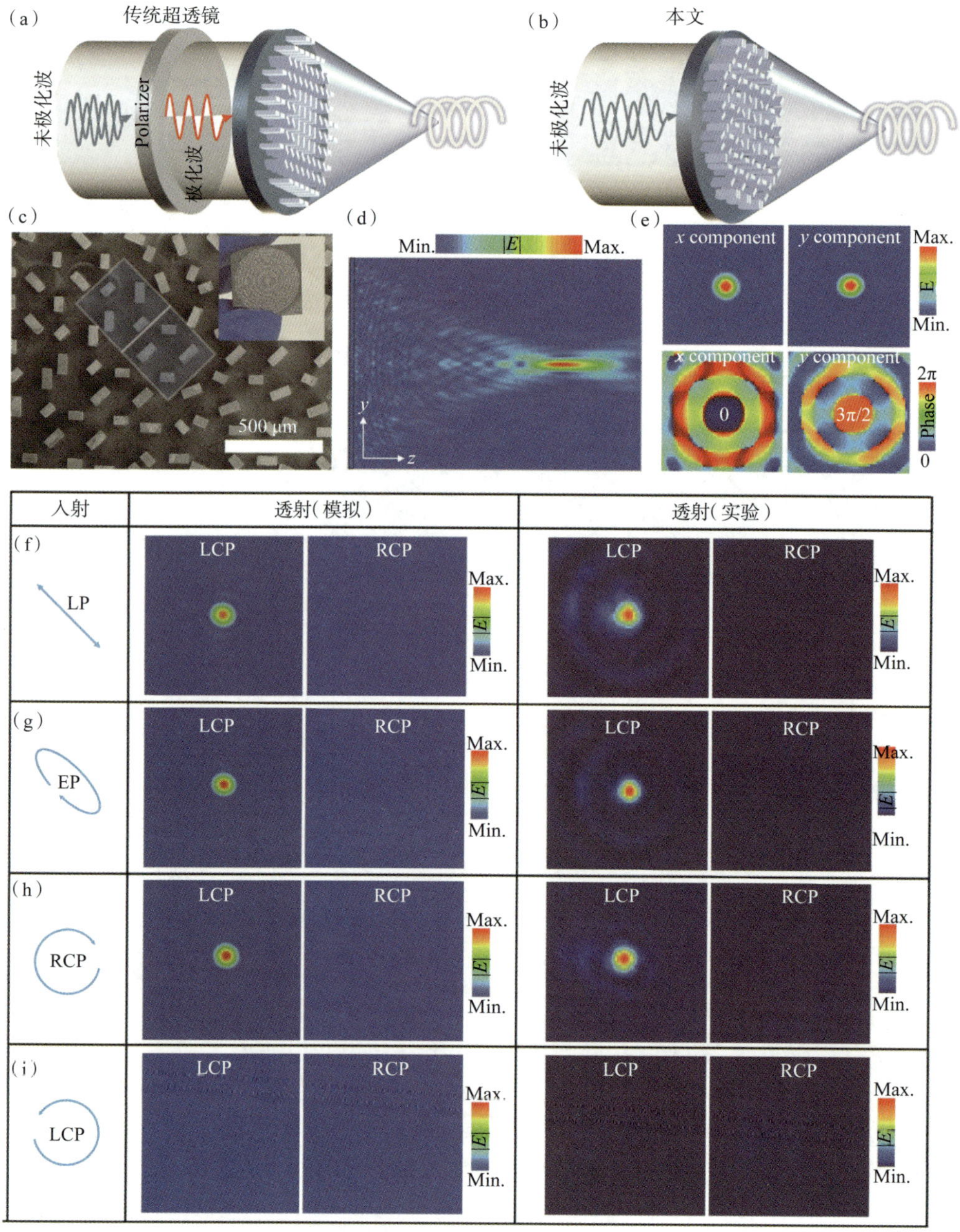

图 7-27　本研究提出的超透镜

(a)和(b)本研究提出的超透镜与传统超透镜的结构对比;(c)SEM 图像;(d)*y-z* 截面 LCP 电场分布;(e)焦平面上 *x* 和 *y* 方向分量幅度和相位分布;(f)LP 相位结果;(g)EP 相位结果;(h)RCP 相位结果;(i)LCP 相位结果

为了有效增强自然介质的手性光学响应,研究者提出了一种周期性排列的人工材料,其可以提高几个量级的手性光学响应。例如,利用非对称传输超材料极强的手性光学响应,研究者提出了宽带圆偏振器。然而,三维制造的复杂性和高成本阻碍了非对称传输超材料的发展。

近年来,超表面的发展大大降低了超材料结构设计的复杂性[9]。其中,手性超表面出色地克服了上述挑战,并且由于对两个正交圆偏振波的不同透射或反射响应,手性超表面在理论研究和实际应用层面引起了研究者的极大关注。基于上述特点,研究者已经提出了用于 CD 光谱学、光学传感以及其他领域的多种偏振器件。例如，Wu 等提出了一种增强圆偏振电磁波非对称传输效应的双层手性超表面，并且确定其非对称传输参数主要取决于两金属层之间的距离，进而可用于光学传感。然而，大多关于手性超表面的研究聚焦于增强圆二色性或实现手性光学响应的动态操纵，而对非对称传输超表面在太赫兹范围内的多波段手性光学响应却鲜有报道。

因此，本研究设计了一种由精心挑选的超原子周期性排列的单层全硅太赫兹超表面，它具有双频带非对称传输特性。通过实验测试与模拟分析，发现所设计的超表面在 1.2 THz 和 1.6 THz 时具有两个相反的圆二色性，并且模拟得到的圆二色性的绝对值大于 0.3。这意味着该超表面在两个频率下具有相反的非对称透射性能。此外，在 1.2 THz 处，旋转超原子可以得到 2π 的相位变化。一旦将这些超原子按照一定的规则排列，就可以在圆偏振入射下产生特定的太赫兹波，在 LCP 波入射下，出射波的 RCP 分量聚焦在距离超表面 4.8 mm 处。本研究的工作为自旋光的操纵提供了一种新的方案，促进了超表面的小型化、集成化和多功能的应用与发展。

（2）结果与分析

在非对称传输材料的研究体系中，通常采用自旋光研究超材料对电磁波的响应特性。在实际应用中，线偏振波更容易产生，其可以分解为 LCP 波和 RCP 波，并用来研究和分析超材料的性质。通常，太赫兹波的传输可以用琼斯矩阵表示。在圆偏振波的情况下，RCP 波和 LCP 波的透射系数与线偏振波的琼斯矩阵的关系为

$$\boldsymbol{T}_{\text{circular}}=\begin{bmatrix} t_{++} & t_{+-} \\ t_{-+} & t_{--} \end{bmatrix}=\frac{1}{2}\begin{bmatrix} \left(t_{xx}+t_{yy}\right)+\mathrm{i}\left(t_{xy}-t_{yx}\right) & \left(t_{xx}-t_{yy}\right)-\mathrm{i}\left(t_{xy}+t_{yx}\right) \\ \left(t_{xx}-t_{yy}\right)+\mathrm{i}\left(t_{xy}+t_{yx}\right) & \left(t_{xx}+t_{yy}\right)-\mathrm{i}\left(t_{xy}-t_{yx}\right) \end{bmatrix} \tag{7-30}$$

式中：$\boldsymbol{T}_{\text{circular}}$ 表示圆偏振波的传输矩阵，传输方向为 $+z$ 方向；t 为透射系数，其两个下标分别代表透射波和入射波的偏振状态；t_{++} 和 t_{--} 分别为 RCP 波和 LCP 波入射时的共极化透射系数；t_{-+} 和 t_{+-} 分别为 RCP 波和 LCP 波入射时的交叉极化透射系数。

假设在 RCP 波入射的情况下不产生透射波，而在 LCP 波入射下，透射波仅由 LCP 分量组成，则传输系数应满足的条件为 $t_{++}=t_{-+}=t_{--}=0$，$|t_{+-}|=1$。将这些条件代入式（7-30），得到

$$\begin{bmatrix} t_{xx} & t_{xy} \\ t_{yx} & t_{yy} \end{bmatrix}=\frac{\mathrm{e}^{\mathrm{i}\theta}}{2}\begin{bmatrix} 1 & \mathrm{i} \\ \mathrm{i} & -1 \end{bmatrix} \tag{7-31}$$

式中：θ 是任意相移。

设 $\theta=0$ 并将其代入式（7-31），可以获得以下结果：$t_{xx}=0.5$，$t_{xy}=t_{yx}=0.5\mathrm{i}$，$t_{yy}=-0.5$。在这种情况下，出射电场和入射电场的圆偏振分量的关系为

$$\begin{bmatrix} E_{\mathrm{t}+} \\ E_{\mathrm{t}-} \end{bmatrix}=\frac{1}{2}\begin{bmatrix} t_{xx}+t_{yy} & t_{xx}-t_{yy}-2\mathrm{i}t_{xy} \\ t_{xx}-t_{yy}+2\mathrm{i}t_{xy} & t_{xx}+t_{yy} \end{bmatrix}\begin{bmatrix} E_{\mathrm{i}+} \\ E_{\mathrm{i}-} \end{bmatrix} \tag{7-32}$$

式（7-32）可进一步简化为

$$\begin{bmatrix} E_{\mathrm{t}+} \\ E_{\mathrm{t}-} \end{bmatrix}=\begin{bmatrix} 0 & 1 \\ 0 & 0 \end{bmatrix}\begin{bmatrix} E_{\mathrm{i}+} \\ E_{\mathrm{i}-} \end{bmatrix} \tag{7-33}$$

对于入射 RCP 波的情况，最终的透射率 $T_1=T_{++}+T_{-+}$，其中 $T_{++}=|t_{++}|^2$，$T_{-+}=|t_{-+}|^2$；而对于入射 LCP 波的情况，最终的透射率 $T_2=T_{+-}+T_{--}$，其中 $T_{+-}=|t_{+-}|^2$，$T_{--}=|t_{--}|^2$。这里，圆二色性 $\Delta T=T_2-T_1$。显然，圆二色性的绝对值代表非对称透射强度。

为了降低制造难度，本研究仅使用折射率 $n=3.45$ 的全硅材料进行单层结构的超原子设计，如图

7-28（a）所示。其中，衬底厚度 t_1=300 μm，介质柱的高度 t_2=200 μm。在图 7-28（b）中，介质柱为周期 P=150 μm 的 H 形结构，其中 H 形结构两侧的矩形柱与轴的角度为 45°，长度 l_1=70 μm，宽度 w_1=20 μm。两个矩形柱的中心距 l_2=90 μm，H 形结构中用于连接两个矩形柱的支柱宽度 w_2=15 μm。最终，通过旋转整个矩形柱获得超原子，以确保柱体的旋转角度与 x 轴的夹角 α=27°。如图 7-28（c）所示，利用 CST Microwave Studio 软件模拟了该超原子在 1.2 THz 处，从衬底面入射正交圆偏振波后，所产生的透射波的电场分布。由于全硅材料在太赫兹波段的透射系数为 0.7，所以这里对电场强度进行归一化。使 1.2 THz 的 RCP 波入射超原子，出射波中将含有少量的 LCP 分量，而在 LCP 波入射下，几乎只产生 RCP 波。图 7-28（d）所示为模拟获得的 LCP 和 RCP 波入射时的透射系数，其中 t_{+-} 是最大的，而 t_{++} 与 t_{--} 相接近，t_{-+} 略大于 t_{++}。这表明计算结果与理论设计相一致。此外，图 7-28（e）所示为不同入射频率下的圆二色性曲线。令人惊讶的是，当工作频率约为 1.2 THz 时，超原子的圆二色性值大于 0.35；当工作频率约为 1.6 THz 时，超原子的圆二色性值小于 −0.35。这表明 1.6 THz 附近的非对称透射与 1.2 THz 附近的非对称透射相反。因此，所设计的超原子可以在双频下实现非对称传输，进而应用于全息、传感等领域。

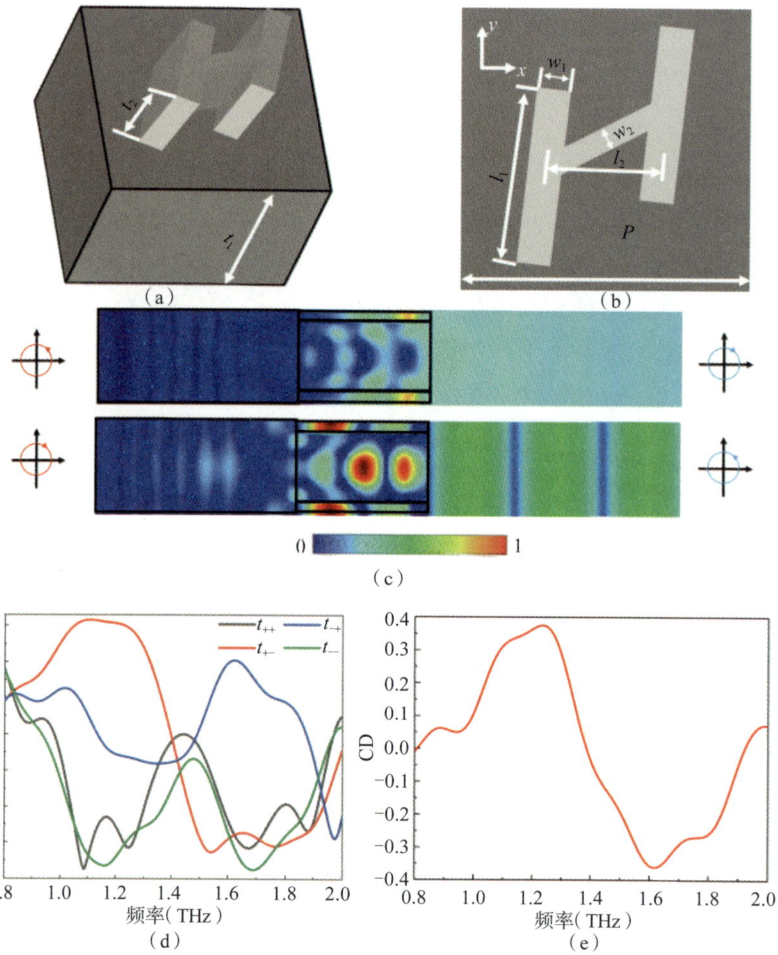

图 7-28　单层结构的超原子及其响应特性

（a）超原子示意图；（b）超原子的结构尺寸；（c）透射波电场分布；（d）不同频率下的透射系数；（e）透射圆二色性

如图 7-29（a）和（b）所示，为了开发在 1.2 THz 和 1.6 THz 下实现手性光学响应的器件，本研究基于图 7-28（a）所示结构，提出了一种尺寸为 1.4 cm × 1.4 cm 的超表面。在 1.2 THz 的工作频率下，该超表面出射波的偏振态在 LCP 波入射下为右旋圆偏振，而在 RCP 波入射下产生反射的 RCP 波。显然，该超表面在 1.6 THz 处的非对称透射与在 1.2 THz 处是相反的。然后，使用标准紫外（UV）光刻和 ICP 刻蚀技术，制备厚度为 500 μm 的超表面。图 7-29（c）所示为所制备的超表面中部分区域的 SEM 图像。可见，介质柱的制造误差随着蚀刻深度的增大而增加。

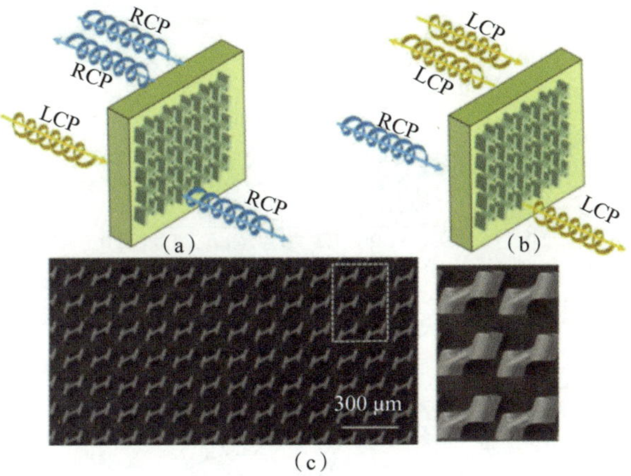

图 7-29　设计并制备的单层结构超表面

（a）对 1.2 THz 入射圆偏振波的响应；（b）对 1.6 THz 入射圆偏振波的响应；（c）超表面的 SEM 图像

考虑到高阻硅在太赫兹波段几乎不存在吸收损耗，光入射到高阻硅表面时会被透射或反射，因此本研究只分析透射的结果。在正交圆偏振光入射条件下，使用太赫兹时域光谱仪（THz-TDS）获得透射光谱。结果表明，实验测得的透射系数变化趋势与仿真结果基本一致，但实验测得的透射系数小于仿真测得的透射系数。此外，与模拟结果相比，所制备的超表面产生非对称透射的频率发生了偏移。此外，随着刻蚀深度的增加，超原子的结构发生变形，导致非对称透射的变化。

为了验证上述想法，本研究还根据图 7-28（a）所示的超原子（样品 A）设计了镜像结构的超原子（样品 B），建立了尺寸为 1.4 cm × 1.4 cm 的超表面，并通过实验测试了该超表面在不同频率圆偏振波入射下的出射波透射系数，如图 7-30 所示。对比透射系数的模拟结果与实验结果，可以发现透射系数的变化趋势在总体上是相似的，但由于制备误差等原因，实验测得的透射系数低于模拟结果。相应地，对比分析了由两种镜像对称的超原子的实验与模拟透射圆二色性曲线，如图 7-30（c）所示，可见二者的圆二色性曲线的趋势相近，但实验测得的圆二色性的峰值减小且峰的位置发生移动。不难发现，如果按照特定规则排对映体 A（样品 A）和对映体 B（样品 B）形成的超表面，其将具有双频偏振相关的图像显示功能。

此外，由相位变化为 2π 的超原子组成的超表面可用于全息或成像，这将促进手性超表面向集成化和多功能化方向发展。图 7-31（a）所示为满足 2π 相位变化的超原子，其中相邻的超原子的相移为 π/4。值得注意的是，透射峰会随着超原子间耦合晶格环境的变化而发生轻微移动。为了利用特定频率下有效非对称透射和特定相位优化，本研究对超原子的几何参数进行了微调，设计了 8 种超原子，见表 7-3。图 7-28（e）中的曲线表示超原子具有双频非对称透射特性，该超原子在 1.2 THz 和 1.6 THz 的圆偏振波入射下的透射结果如图 7-31（b）所示。在 1.2 THz 的圆偏振波入射下，透射圆二色性随旋转角度的变化在 0.35 上下略有波动，进而确保了强非对称透射；在 1.6 THz 的 CP 波入射下，超原子 3 和超原子 7 产生的圆二色性的绝对值小于 0.21，这意味着这些超原子的手性光学响应较弱。因此，进一步分析了超原子在 1.2 THz 的 LCP 波入射下的透射振幅和相移，如图 7-31（c）所示。相移曲线（星线）表明，当超原子的旋转角从 0 到 π 变化时，可以实现 2π 的几何相移。两条振幅曲线（三角线和菱形线）分别代表出射波的 LCP 和 RCP 分量的振幅，可见随着旋转角度的变化，RCP 波的 t_{+-} 在 0.7 上下波动，LCP 波的 t_{--} 小于 0.18，证实了相应的透射率 T_{+-} 远大于 T_{--}。

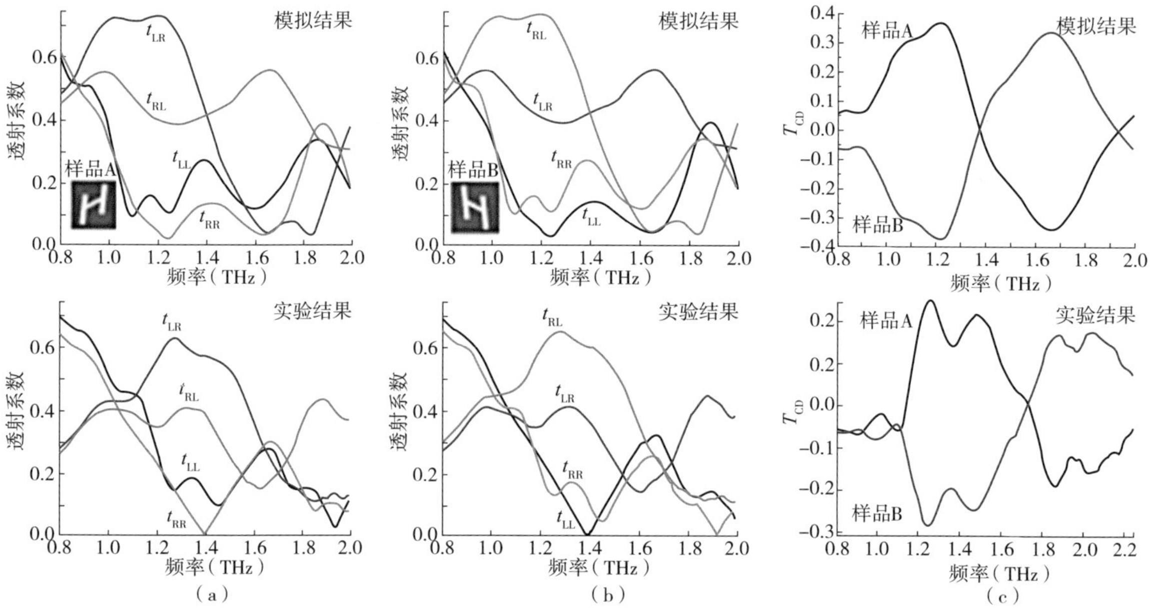

图 7-30　超表面透射系数和透射圆二色性的模拟和实验结果

（a）样品 A 结果；（b）样品 B 结果；（c）样品 A 和 B 的透射圆二色性

表 7-3　8 种超原子的 l_2 参数和旋转角 α

参数	超原子 1	超原子 2	超原子 3	超原子 4	超原子 5	超原子 6	超原子 7	超原子 8
α（°）	27	47	67	90	117	137	157	0
l_2（μm）	90	90	80	80	90	90	80	80

本研究基于图 7-31（a）所示的超原子设计了具有聚焦功能的非对称透射超表面。当基本超原子的相位排列满足以下条件时，可以实现对太赫兹波的聚焦：

$$\varphi = \frac{2\pi}{\lambda}\left(\sqrt{x^2 + y^2 + f^2} - f\right) \tag{7-34}$$

式中：λ 为波长；f 为焦距。

本研究设定 λ=250 μm，f=4.8 mm，超表面的功能如图 7-32（a）所示。当 LCP 波垂直入射到超表面时，它会产生聚焦的 RCP 波。为了更清楚地阐释超表面的聚焦功能，本研究制备了一个如图 7-32（b）所示的样品，并使用太赫兹数字全息成像系统测试其透射结果，如图 7-32（c）所示。在测试系统中，样品被置于离轴抛物面镜（Parabolic Mirror，PM）和 ZnTe 晶体之间，其中 PM 可以准直直径约为 4 cm 的太赫兹波，ZnTe 晶体作为探测器接收太赫兹波。当探测光束被分束器反射到探测器（ZnTe）上后，ZnTe 晶体中的泡克尔效应（Pockel's effect）被太赫兹场激发，探测光束的偏振被调制。最后，偏振调制的探测光束被 CCD 捕获并生成太赫兹图像。

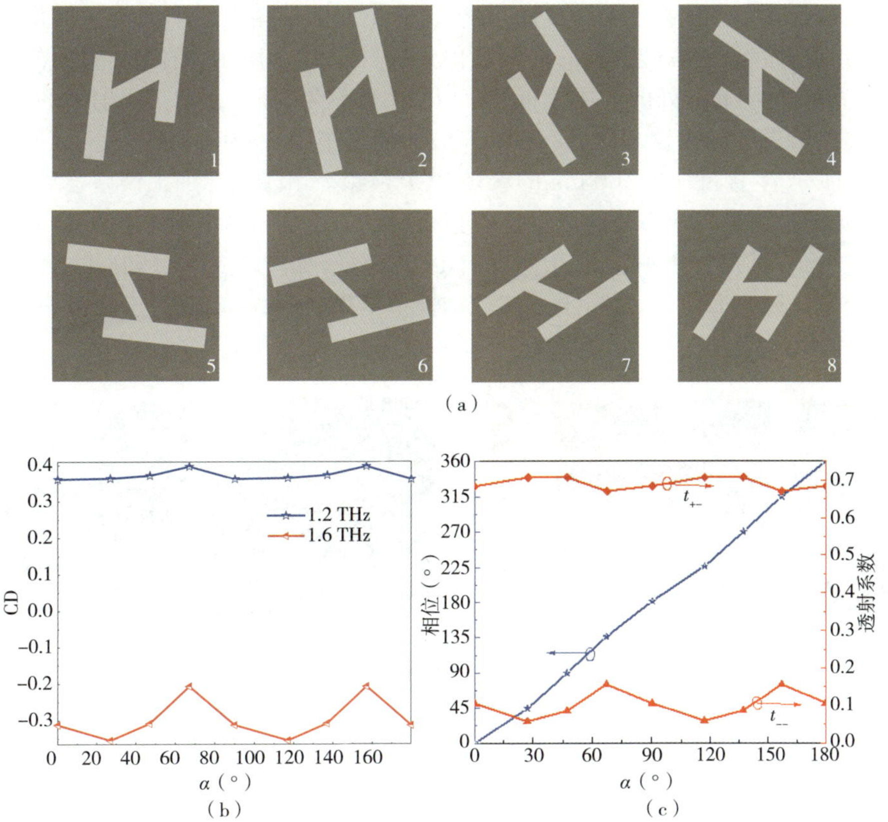

图 7-31　8 种超原子的基本结构和透射特性模拟结果

(a)基本结构;(b)透射圆二色性;(c)相移和透射系数

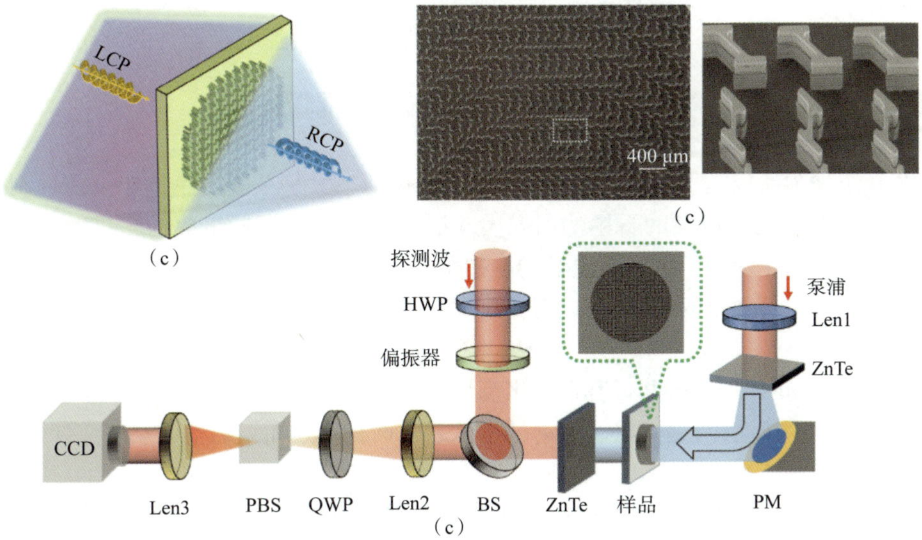

PM—抛物面镜;HWP—半波片;QWP—四分之一波片;PBS—偏振分束器;Len—透镜;BS—分光镜

图 7-32　具有聚焦功能的超表面成像测试

(a)聚焦功能示意;(b)超表面 SEM 图像;(c)太赫兹数字全息成像系统示意

对于图 7-31（a）所示的超原子，透射的共极化分量比圆偏振入射下的交叉极化分量小得多，可以忽略，因此本研究只考虑透射波的交叉极化分量。图 7-33 所示为在 1.2 THz 的 LCP 和 RCP 波入射下，距超表面 4.8 mm 处的电场分布的模拟和实验结果，插图显示了出射波的相位分布。将实验结果与模拟结果进行比较，可以发现 RCP 波的能量集中在空间中某一处，表明在 LCP 波入射下，超表面可以产生直径约为 400 μm 的聚焦 RCP 波束。由于实际加工误差会导致偏振转换效率的降低，因此实验测得的圆心处的能量比模拟得到的能量弱。从实验和模拟结果可以看出，在 1.2 THz 的 RCP 波入射下，出射波中几乎没有 LCP 分量，如图 7-33（c）和（d）所示。这意味着 RCP 波不能透过该超表面。简言之，上述实验和模拟结果表明，超表面对于圆偏振波具有显著的非对称透射和聚焦作用。

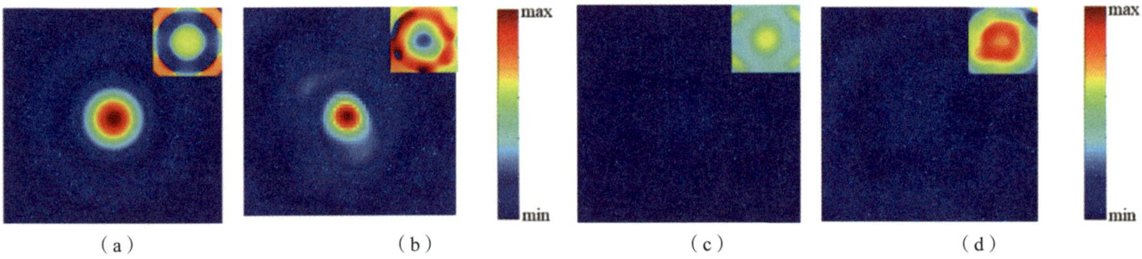

图 7-33　LCP 和 RCP 波入射下偏振转换和聚焦的模拟和实验结果

（a）LCP 波入射模拟；（b）LCP 波入射实验；（c）RCP 波入射模拟；（d）RCP 波入射实验

注：插图是相位分布图

（3）总结

本研究提出了一种全硅手性超表面，它可以在双频段实现相反的手性光学响应。实验和模拟结果表明，在 1.2 THz 和 1.6 THz 附近，由两种镜像对称的超原子组成的超表面具有相反的手性光学响应。通过旋转其中一个超原子，获得了 8 个可以实现 2π 相位变化的超原子，并可在 1.2 THz 处维持非对称透射。本研究通过实验验证了由这些超原子组成的超表面可以实现特定的波前操纵。这种方法为偏振转换超表面的设计提供了一个新的平台，促进了多用途光子器件的应用和发展。

7.2.4　基于手性超表面的电控太赫兹幅度－波前调制器件

本小节介绍一项研究，其提出一种在超表面中进行动态太赫兹圆二色性和波前控制的新方法。该研究通过将图案化和电掺杂的石墨烯引入由双层 C 形开环谐振器组成的超反射镜，可以观察到有效的太赫兹圆二色性调制。由于石墨烯的电掺杂改变了超表面腔的吸收损耗，该结构可实现手性超表面和普通金属镜面之间的切换，可以看作“开”和“关”状态。计算结果表明，该超表面的太赫兹手性响应可在大动态范围内有效调制。此外，本研究还使用新方法设计了两个超表面，用于动态太赫兹波前调制和近场图像显示，两者都显示出高性能的电开关效应。该研究为基于超表面的有源太赫兹器件设计提供了新途径，也促进了太赫兹手性超表面在高速无线通信和动态成像方面的应用。

（1）研究介绍

手性是用来描述自然界中某些分子或宏观物体特殊几何性质的概念。后来，这一概念被引入光学，用来表征光与物质相互作用引起的一些特殊现象，称为物质的手性光学响应。手性光学响应可以直观地理解为由材料的手性引起的左旋圆偏振（LCP）光和右旋圆偏振（RCP）光折射率间的差异。复折射率的实部和虚部之间的差异分别对应两种光学现象：旋光性（Optical Rotatory, OR）和圆二色性（CD），即光的两个圆偏振分量之间的偏振面旋转和吸收率差。光的圆二色性具有广阔的应用范围，如用于确定分子的旋向或区分分析化学和制药工业中的异构体。

然而，天然材料中光的圆二色性通常非常微弱，只能在特定的电磁波段观察到，这限制了其进一步的应用。近年来，超材料电磁吸收体的出现为研究强烈的手性光学响应提供了有力工具。研究者已提出了由自然界中类似的手性物质设计的各种手性超材料，实现了宽光谱范围内的强圆二色性。然而，三维结构通常难以加工。因此，基于超表面的手性结构可能更有利于实际应用，它在电磁波传播方向上具有深亚波长尺度，可以在非常小的界面处实现很强的圆二色性。这些超表面包括近乎完美消光的手性超反射镜、全电介质高效透射型超表面、同时具有线性和非线性响应的手性超表面[9]，其中的一些甚至可以用深度学习算法进行结构设计[10]。此外，手性超表面可用于圆偏振光检测、偏振复用全息、电磁波波前控制等。

有源超表面可以动态控制入射电磁波的幅度、偏振、相位、波前甚至自旋或轨道角动量，有望应用于通信、成像、信息处理等领域。有很多方法可以实现有源超表面，包括光载流子激发、电控、机械驱动、磁光控制等。在太赫兹波段，超表面特别适用于可调谐器件的设计，因为它具有同时作用于光和微波的双重特性，而且调制方法也多种多样。尤其是掺杂石墨烯，该方法是实现有源太赫兹器件的最有效方法之一。电、磁或化学掺杂石墨烯均可以获得大量载流子，且其费米能级可以在很宽的范围内动态调节。此外，太赫兹超表面中的强烈光学手性也可以通过由金属和其他材料（如光泵浦硅）组成的混合结构动态控制。然而，这些操作的调制深度是有限的。基于石墨烯的太赫兹圆二色性调节似乎更有效，但很少有研究报道。

本研究提出一种基于金属 - 石墨烯混合可调谐超表面的太赫兹圆二色性动态控制新方法。通过将中空单层石墨烯引入双层 C 形金属谐振器，并通过电掺杂调节其费米能级，观察到具有大动态范围的可调谐太赫兹圆二色性。本研究系统地研究了超表面的主动圆偏振反射，表明所设计结构具有很高的太赫兹圆二色性调制深度，实现手性结构与普通镜面之间的完美切换。此外，本研究还展示了应用该调制方案的两个示例，介绍了分别设计用于动态太赫兹波前调制和近场成像的超表面。

（2）单元设计与理论模型

当圆偏振太赫兹波入射到平面金属膜（足够厚）等普通反射镜上时，LCP 和 RCP 波的旋向将发生反转且幅度几乎保持不变。然而，反射手性超表面可以吸收其中一个圆偏振分量，同时保持偏振状态。本研究设计的可调手性太赫兹超表面如图 7-34（a）所示，以吸收 LCP 波的结构为例。本研究假设该超表面具有两种不同的状态，即“开启”和“关闭”。当单层石墨烯由于电掺杂而获得高导电性时，超表面处于“开启”状态，可作为手性器件。当石墨烯不掺杂时，超表面可以看作普通的镜子，处于“关闭”状态，LCP 和 RCP 波均被全反射。这个功能可以通过图 7-34（b）所示的结构实现。反射手性单元由两个不同尺寸的 C 形金开口环谐振器（SRR）和作为反射背板的薄金膜组成。两个谐振器的对称轴成 60° 角，打破了镜像对称性和 n 重旋转对称性（$n>2$）。两个 SRR 之间有一层中空石墨烯，作为电可调元件。$+z$ 方向的分量距离为 d_1=4 μm，d_2=6 μm，d_3=40 μm。上谐振器、下谐振器和石墨烯材料的半径分别为 r_1=30 μm、r_2=40 μm 和 r_3=46 μm。谐振器的开口角为 20°，金属条的宽度 w=15 μm，所有金属层的厚度为 200 nm。聚酰亚胺（PI）层用作结构之间的绝缘隔离层，其复介电常数 $\varepsilon=2.9^3+0.13\mathrm{i}$。

该结构应该可以通过实验完成制备，可以使用标准的紫外光刻技术获得金 SRR 和石墨烯的平行电极，聚酰亚胺薄膜可以通过旋涂和固化工艺形成，可通过转移化学气相沉积（CVD）法在铜箔上生长出单层石墨烯,并使用标准紫外(UV)光刻和 ICP 技术加工图案化的镂空阵列。而采用角度分辨太赫兹时域光谱(TDS)系统和太赫兹近场检测系统可对该可调手性超表面样品进行测量。

下面从理论层面分析该可调手性超表面是如何工作的。由于混合结构的整体厚度远小于入射波长,因此在下面的分析中可以忽略不计。根据电磁波的偏振理论,从超反射镜反射的电场可以通过琼斯矩阵与入射电场建立联系。电场的表达式为

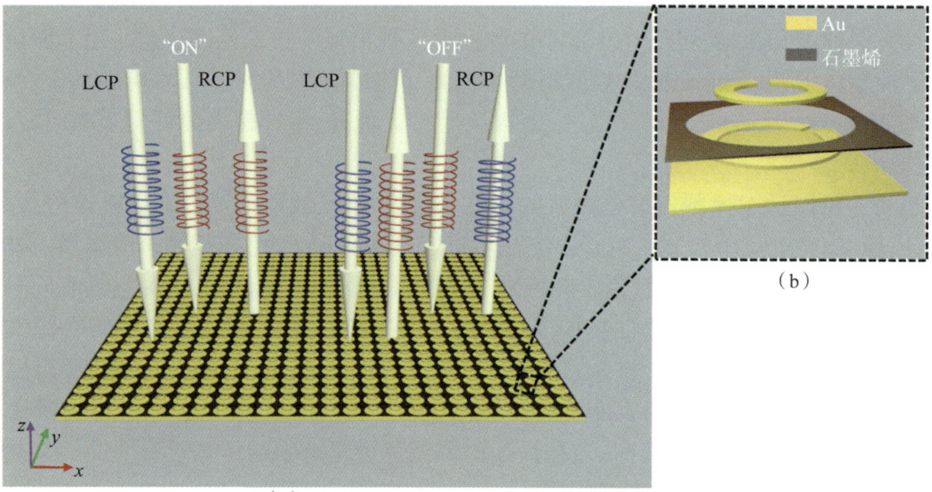

(a) (b)

图 7-34 复合结构可调手性超表面示意

$$\boldsymbol{E}_{\mathrm{i}}(\boldsymbol{r},t)=\begin{pmatrix}E_x^{\mathrm{i}}\\E_y^{\mathrm{i}}\end{pmatrix}\mathrm{e}^{\mathrm{i}(kz-\omega t)} \tag{7-35}$$

$$\boldsymbol{E}_{\mathrm{r}}(\boldsymbol{r},t)=\begin{pmatrix}E_x^{\mathrm{r}}\\E_y^{\mathrm{r}}\end{pmatrix}\mathrm{e}^{\mathrm{i}(kz-\omega t)} \tag{7-36}$$

式中:ω 为角频率;$E_x^{\mathrm{r}}, E_y^{\mathrm{r}}, E_x^{\mathrm{i}}, E_y^{\mathrm{i}}$ 为复振幅,上标 r 和 i 分别表示反射和入射;k 为波矢;$\boldsymbol{r}$ 为反射系数矩阵;t 为时间。

四个复振幅的关系式为

$$\begin{pmatrix}E_x^{\mathrm{r}}\\E_y^{\mathrm{r}}\end{pmatrix}=\begin{pmatrix}r_{xx} & r_{xy}\\r_{yx} & r_{yy}\end{pmatrix}\begin{pmatrix}E_x^{\mathrm{i}}\\E_y^{\mathrm{i}}\end{pmatrix} \tag{7-37}$$

式中:r_{ij}($i,j=x,y$)为反射系数。

结合线偏振和圆偏振分量的关系,可以得到 LCP 和 RCP 太赫兹波的反射系数,其表达式为

$$\begin{pmatrix}r_{++} & r_{+-}\\r_{-+} & r_{--}\end{pmatrix}=\frac{1}{2}\begin{pmatrix}r_{xx}+r_{yy}+\mathrm{i}(r_{xy}-r_{yx}) & r_{xx}-r_{yy}-\mathrm{i}(r_{xy}+r_{yx})\\r_{xx}-r_{yy}+\mathrm{i}(r_{xy}+r_{yx}) & r_{xx}+r_{yy}-\mathrm{i}(r_{xy}-r_{yx})\end{pmatrix} \tag{7-38}$$

式中:下标 + 和 - 表示当沿 $+z$ 方向(RCP 和 LCP 偏振波)观察时,波的电场矢量顺时针或逆时针旋转,对于本研究设计的手性结构,r_{+-} 等于 r_{-+},但 r_{++} 不等于 r_{--}。

作为超表面的可调部分,石墨烯具有可调的表面电导率,可以用著名的 Kubo 模型描述。此外,石墨烯具有良好的稳定性,与高黏度的聚酰亚胺相容。因此,本研究将石墨烯作为活性部分,而不选

择其他层状材料，如用碳纳米管制成的巴基纸。在太赫兹和远红外波段，石墨烯的电导率主要由带内跃迁决定，表达式为

$$\sigma_g \approx \sigma_{intra} = i\frac{e^2\kappa_B T}{\pi\hbar^2(\omega + i\Gamma)}\left[\frac{E_F}{\kappa_B T} + 2\ln\left(\exp\left(-\frac{E_F}{\kappa_B T}\right)+1\right)\right] \tag{7-39}$$

式中：E_F 为费米能级；T 为开尔文温度；Γ 为载流子散射率（弛豫时间 τ 的倒数）；κ_B 为玻尔兹曼常数；ω 为角频率；$\hbar$ 为普朗克常量。

对于弱掺杂石墨烯，$|E_F| \gg \kappa_B T$ 和 $h\omega \gg 2|E_F|$ 满足，式（7-39）可以简化为 Drude 模型：

$$\sigma_g = \frac{iD}{\pi(\omega + i\Gamma)} = \frac{ie^2 E_F}{\pi h^2(\omega + i\Gamma)} \tag{7-40}$$

式中：D 是 Drude 权重，费米能级是载流子浓度的函数。

$$|E_F| = hV_F(\pi|n|)^{1/2} \tag{7-41}$$

显然，石墨烯的费米能级可以通过调节载流子浓度实现控制，常用的方法有掺杂、化学表面改性、电压和静磁场。

另一方面，混合手性超表面可以被视为单端口共振系统。根据耦合模式理论，单端口谐振器的吸光度可以表示为

$$A = 1 - |r|^2 = 1 - \left(\frac{\omega_0 / Q_r}{-i(\omega - \omega_0) + \omega_0 / 2Q_a + \omega_0 / 2Q_r} - 1\right)^2 \tag{7-42}$$

式中：$Q_a = \omega_0\tau_a/2$和$Q_r = \omega_0\tau_r/2$ 是由结构的几何和材料参数决定的吸收和辐射品质因数，其中 τ_a 和 τ_r 是由于结构内部的吸收和辐射到远场的时间，ω_0 是谐振频率。

根据式（7-42），可以发现系统的吸收是由 Q_a 和 Q_r 决定的。特别是，当 Q_a=Q_r 时，会发生完美吸收。对于本研究提出的超表面，其由石墨烯层引起的调制效应实际上是通过改变系统的本征吸收实现的。当通过电掺杂改变石墨烯的电导率时，会引起间隔层对入射太赫兹波的不同固有损耗，从而获得由混合结构引起的不同吸收效应。

（3）超表面可调谐手性响应

首先，本研究通过数值模拟获得图 7-34 所示结构的圆偏振反射。此时，石墨烯的费米能级 E_F=1 eV，超表面处于"开启"状态。图 7-35（a）所示为四个圆偏振分量的反射系数，R_{ij}=$|r_{ij}|^2$，r_{ij}（i，j=R，L）是反射率。该超表面在 0.72 THz 的工作频率附近显示出对 LCP 波的强烈吸收。在 0.6~0.8 THz 范围内，超表面表现出对 RCP 波的有效反射，交叉极化分量仅为 10% 左右。值得一提的是，通过结构的镜像变换（关于 yOz 平面）可以很容易地改变吸收的手性。

为了更直观地显示自旋选择性吸收，本研究计算了两个圆偏振分量的吸收率。超表面对 LCP 和 RCP 波的吸收率分别为 A_L=1−R_{LL}−R_{RL} 和 A_R=1−R_{RR}−R_{LR}。如图 7-35（b）所示，在工作频率附近，超表面对 LCP 和 RCP 波的吸收率分别为 95% 和 25%。图 7-35（b）中的插图所示为超原子处的电场强度，可见入射 LCP 波在超原子结构内部激发了强烈的共振，太赫兹波由于欧姆损耗而被金属吸收；但入射 RCP 波引起的共振非常微弱，大部分能量被反射。此外，由于超平面底部谐振器的谐振频率对入射角不敏感，本研究提出的反射手性超表面在宽角度范围内工作（在 xOz 平面内）。对于法向入射到 50° 或更大的入射角，该反射手性超表面显示出有效的自旋选择性吸收，几乎没有发生

频移。在不同入射角下，该反射手性超表面的吸收率分布如图 7-35(c)和(d)所示。

接下来，研究超表面从“开启”状态变为“关闭”状态时的可调自旋选择性吸收。石墨烯费米能级改变时的四个圆偏振反射系数如图 7-36(a)至(c)所示。当费米能级从 1 eV 逐渐减小到 0.01 eV 时，r_{LL} 在 0.72 THz 附近先增大后减小，而在其他频率处一直减小；r_{RR} 总是在减小。此外，可以发现交叉极化反射系数 r_{RL} 和 r_{LR} 在整个频带内逐渐增大。结果表明，随着石墨烯电掺杂的减弱，手性超表面中的电磁共振发生变化，结构的自旋选择性吸收逐渐降低。

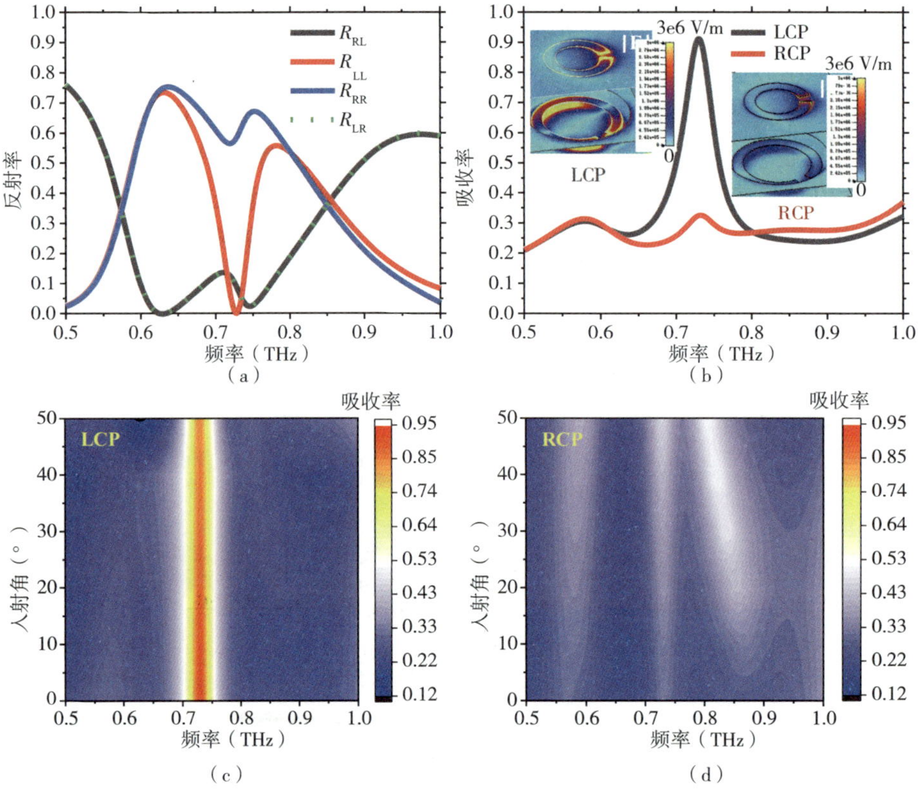

图 7-35　手性超表面的圆偏振反射特性

(a)4 个圆偏振分量的反射率；(b)对 LCP 和 RCP 波的吸收曲线；(c)对 LCP 波的吸收分布；(d)对 RCP 波的吸收分布

为了充分展示基于本研究提出的超表面的太赫兹调制，设定超表面的工作频率为 0.722 THz，观察超表面对 LCP 和 RCP 波的各种反射系数和吸收率。如图 7-36(d)和(e)所示，当石墨烯的费米能级从 0.01 eV 变为 1 eV 时，超表面逐渐显示出自旋选择性吸收；随着费米能级的降低，手性超表面逐渐转变为普通的金属镜面，实现了“开启”到“关闭”状态的转变。

用 A_{CD} 反映超表面的巨大且可调的圆二色性，其表达式为

$$A_{CD}=A_L-A_R \tag{7-43}$$

式中：A_R 和 A_L 为超表面中的圆偏振波的吸收率。

A_R 和 A_L 可由图 7-35(b)获得。图 7-37(a)所示为太赫兹波在 0.5~1 THz 范围内的 A_{CD} 值分布。仍然选择 0.722 THz 作为工作频率，可以看出，当石墨烯费米能级从 0.01 eV 逐渐增大到 1 eV 时，超表面的 A_{CD} 值逐渐加大，呈现出非常规律的变化趋势，仅出现很小的频移。如图 7-37(b)所示，A_{CD} 值可以从 0 调整到 0.6，可在大动态范围内实现线性变化。

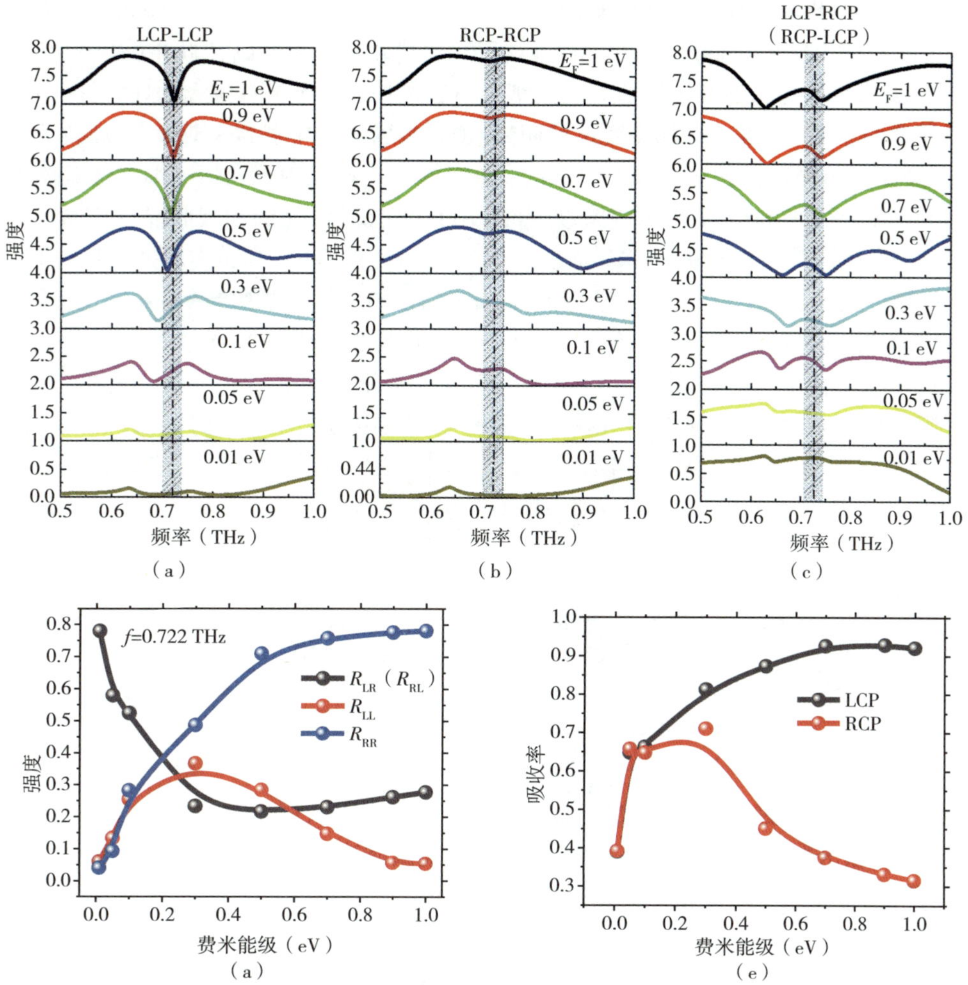

图 7-36　不同石墨烯费米能级的圆偏振反射和吸收

（a）r_{LL}；（b）r_{RR}；（c）r_{LR}（r_{RL}）；（d）反射曲线；（e）吸收曲线

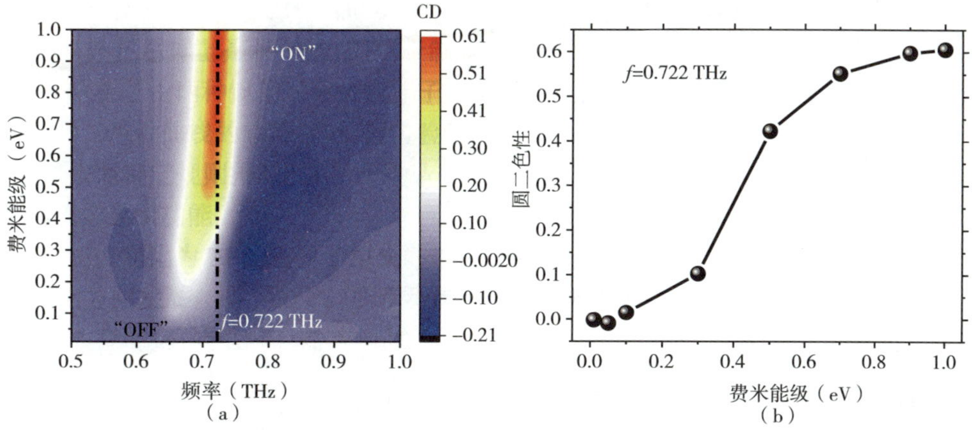

图 7-37　不同石墨烯费米能级条件下的混合结构超表面的可调圆二色性

（a）吸收圆二色性分布；（b）吸收圆二色性的线性变化

为了解释可调手性超表面的物理机制，本研究计算了超原子单元内的电场分布以及不同费米能级下反射 LCP 和 RCP 波的相移。如图 7-38（a）所示，当超表面处于“开启”状态（E_F=1 eV）时，入射太赫兹波激发两个谐振器与石墨烯层之间的强耦合电磁谐振。由于具有巨大的导电性，中空石墨烯层充当上、下金属开口环近场耦合的桥梁。然而，随着石墨烯的电导率的逐渐减小，承载共振的能力下降，直到变为“关闭”状态，如图 7-38（d）所示。这种现象也可以用等效的单端口谐振器模型进行解释。入射波的吸收和相移（反射相位跨度）主要由系统的辐射（Q_r）和吸收品质因数（Q_a）决定。不同费米能级下 RCP 和 LCP 波的相移分别如图 7-38（e）和（f）所示。当超表面处于“开启”状态时，石墨烯的电导率足够大，LCP 波处于完美吸收区附近（Q_a=Q_r）。当费米能级变小时，介质隔层的等效电导率降低，Q_a 值逐渐减小，导致系统对 LCP 波的吸收较弱（Q_a>Q_r）。在整个过程中，RCP 波入射的超表面的反射相位跨度达 360°，而 LCP 波入射的反射相位跨度小于 360°。此外，这里可以使用阻尼（欠阻尼或过阻尼）来描述单端口系统中固有吸收对电磁共振的阻碍（可以确定相位跨度以及 Q_a 和 Q_r 之间的数值关系）。因此，可以认为在“关闭”和“开启”情况下，超表面分别处于欠阻尼和过阻尼状态。

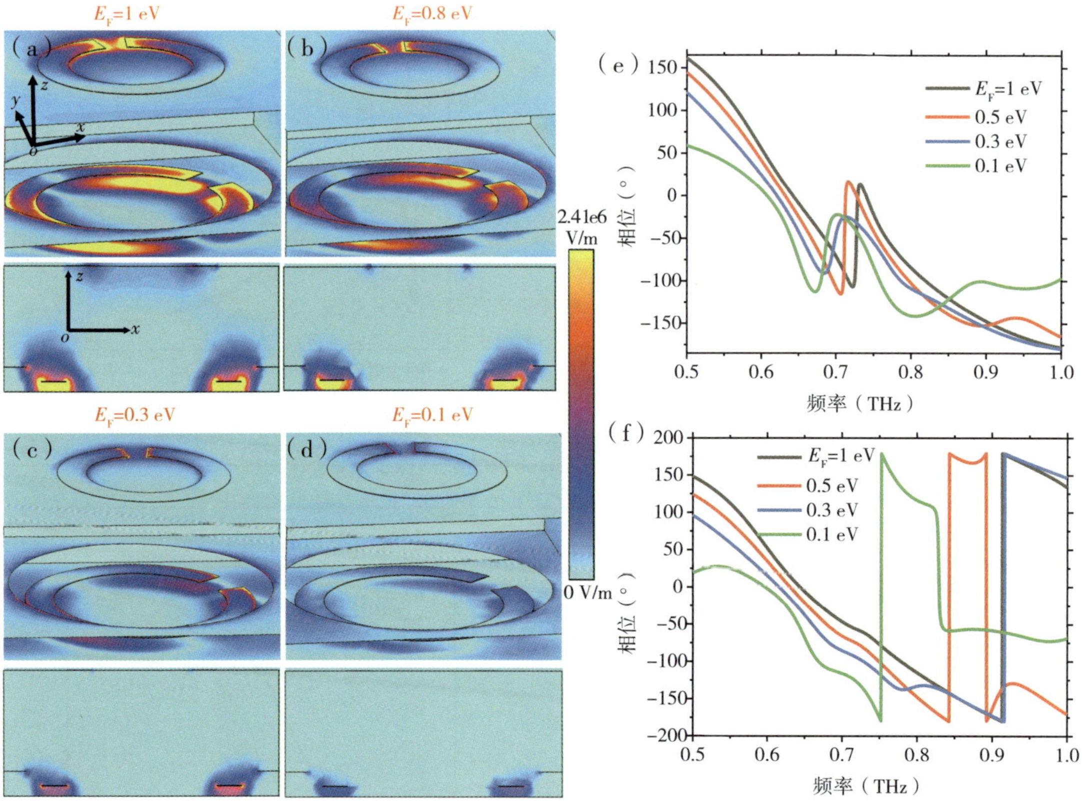

图 7-38　可调谐振机理解释

（4）动态波前调制

现在本研究已经实现了手性超表面的“开启”和“关闭”状态之间的切换，这个有趣的功能有很多潜在的应用。例如，它可用于反射太赫兹波的动态波前控制。按照图 7-34（b）的结构设计超原子单元，超原子 0 的上开口谐振环以 22.5° 的步长逐渐旋转，形成超原子 1~ 超原子 7，如图 7-39（a）所示。根据 P-B 相位原理，相邻超原子单元中的分量将在全频带内发生 45° 的相移。仍然选择 0.722 THz 的工作频率，图 7-39（b）所示为 RCP 分量（共极化）的反射相移和两个圆偏振波在“开启”和“关闭”状态下的反射系数。可以看出，在“开启”状态下，每个单元对入射波保持稳定的自旋选择性吸收，RCP 分量具有完美的线性相移。在“关闭”状态下，LCP 和 RCP 波的共极化分量几乎消失，两者都转变为交叉极化。本研究使用前述单元阵列作为反射式太赫兹动态波前调制器。以超原子 0~超原子 7 为规律重复 5 次，可以得到一个由 40 × 40 个超原子组成的超表面。图 7-39（c）所示为 xOz 平面（笛卡尔坐标系）中计算的电场（线性）远场模式的截面。当石墨烯的费米能级为 1 eV 时，反射圆偏振波的远场呈现出巨大的不对称性，RCP 分量远强于 LCP 分量，如图 7-39（d）所示。随着费米能级逐渐减小，两个圆偏振波减小并趋于相等。当费米能级降低到 0.01 eV 时，入射光束几乎垂直反射，超表面返回“关闭”状态。

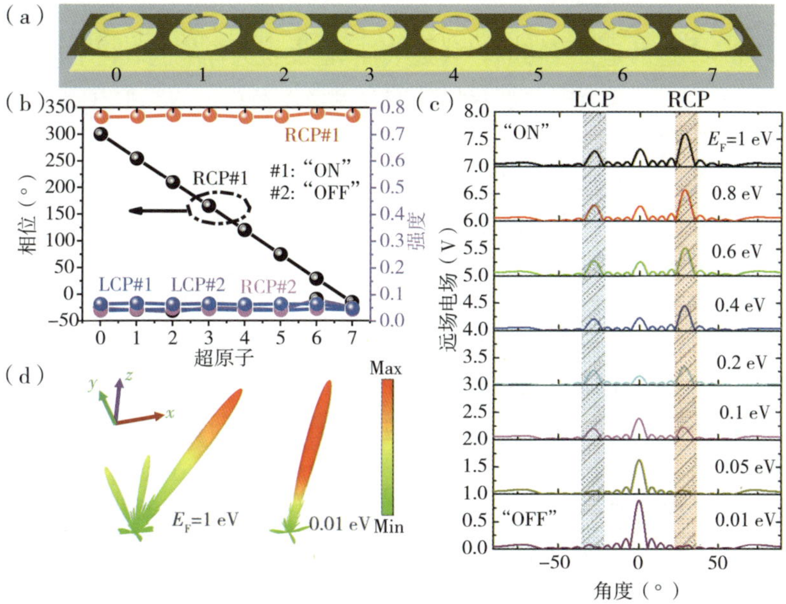

图 7-39　动态太赫兹波前调制

（a）超原子单元设计；（b）不同超原子的反射系数；（c）电场的远场模式截面

此外，本书提出的可切换超表面也在许多其他领域具有应用的可能性，如传感器领域。基于超表面的太赫兹生物传感器已被广泛提出，但可切换的传感设备仍然很少见。例如，利用超表面的开关状态可以分别实现基于圆偏振和线偏振太赫兹波的传感，从而获得可切换的双通道传感。

（5）小结

综上，本研究提出了一种可调手性超表面新策略，它允许超表面在“开启”和“关闭”状态之间切换。通过将石墨烯层引入反射手性结构，实现了有效的太赫兹圆二色性调制。本研究通过电掺杂，调整了石墨烯的电导率和费米能级，并分析了不同费米能级条件下的圆偏振反射率和圆二色性。然后，基于电场分布的变化和等效的单端口谐振器模型，分析了可调谐手性的物理机制。最后，本研究展示了石墨烯 - 金属混合手性超表面在动态太赫兹波前控制和偏振复用成像方面的潜在应用。本研究提出的方法可以扩展到更广泛的范围，用于设计新的有源超表面。

7.2.5 基于手性超表面的光控太赫兹非对称波前调制器件

上一小节介绍的电控波前调制器件实现了对圆偏振反常反射太赫兹波的开关效应，但是电控方式的控制速度难以提高，并且该器件无法实现对两种圆偏振波的非对称调制，本小节介绍一种新的方案以解决上述两个不足。本小节介绍的研究将双开环谐振器（Double Split Ring Resonator，DSRR）与光敏半导体锗（Ge）相结合，提出了一种新型全光有源手性 P-B 相位超表面，用于在太赫兹波段对两种圆偏振波进行超快动态非对称调制；结合卷积运算等信号处理方法，实现了光学有源 P-B 相位超表面对太赫兹波的强效、动态调制。

（1）研究介绍

传统的三维超材料主要利用人工结构的各种电磁共振形成不寻常的等效介电常数或磁导率[6]，从而实现对电磁波的反常响应，如负折射、隐形和近 - 零折射率。然而，大多三维超材料结构复杂，难以加工，且损耗严重。幸运的是，二维超材料（超表面）已在很大程度上取代了传统的三维超材料。大多数超表面由金属超原子或具有深亚波长尺寸的介电谐振器组成。它们在某个界面处引起不连续的相位分布，从而引起光束的反常散射。其中，大部分超表面可以由著名的广义 Snell 定律进行描述。超表面具有非常小的尺寸并且容易加工，它们中的大多数可以实现非常有效的电磁响应，如聚焦、偏振转换、全息和不对称传输。特别是 P-B 相位超表面对自旋偏振电磁波束的调制有特殊贡献。在不改变超原子单元几何形状的情况下，只需将超原子和介电谐振器旋转合适的角度即可获得几何相位。P-B 相位超表面将自旋角动量（Spin Angular Momentum，SAM）转换为光子的轨道角动量（Orbital Angular Momentum，OAM），实现各种功能，如光子自旋霍尔效应、圆二色性、涡旋光束产生、光学非线性效应和用于左右圆偏振（LCP 和 RCP）电磁波的全息术。

然而，设计超表面仍然不容易，通常需要复杂的电磁理论。而且，一旦结构固定，特定功能只能在有限甚至很窄的频带内实现，这阻碍了超表面的实用化进程。幸运的是，编码超表面和可编程超表面可以缓解这种情况。通过数字化单位单元，编码超表面和可编程超表面可以大大简化设计过程并实现各种功能，如反常反射[11]、宽带扩散和可重新编程的全息图。此外，编码超表面还可以与信号处理、机器学习等技术相结合，为超表面的应用开辟了新的空间。在微波波段，可编程超材料可以通过在编码粒子中引入二极管实现，但在太赫兹波段实现可编程超材料是不现实的。因此，迫切需要对太赫兹波进行动态控制的有效方法。例如，太赫兹波段的超表面的电磁响应可以通过电场[12]、温度或光泵浦改变。特别是，光调谐超表面能够实现超快和深度太赫兹调制[13]。

本小节将介绍全光可调 P-B 相位手性超表面调制反射太赫兹波的研究。该研究通过将间接带隙半导体锗（Ge）与双开口环谐振器（DSRR）相结合，分别实现了对 RCP 和 LCP 太赫兹波的不对称和对称调节。

（2）圆偏振太赫兹波非对称调制

首先设计了一个有 40×40 个单元的 P-B 相位超表面，用于对圆偏振太赫兹波进行非对称调制。图 7-40（a）所示为由 8 个双开口环谐振器（DSRR）组成的超表面的一部分。如图 7-40（b）所示，将一条矩形金属条插入由铝材料制成的 DSRR（不在左臂中间）中以打破镜像对称性。这种非对称结构具有二维手性，当不同的圆偏振太赫兹波入射到单元上时，会激发出不同的共振模式。它类似于传统三维手性结构的圆二色性。谐振器的间隙填充有 Ge 作为超快光诱导可调谐的光敏介质，不同的泵浦功率将改变 Ge 的电导率。不对称结构由铝反射层（$\sigma=3.56 \times 10^7$ S/m）和 30 μm 厚的有损聚酰亚胺（$\varepsilon=3.5$，$\tan \delta=0.002\,7$）层作为支撑。反射的 LCP 和 RCP 太赫兹波将保持其入射旋向，在通过 DSRR 两次后会发生高效的选择性吸收。超表面的超原子周期 P=140 μm，谐振器的外半径 R=54 μm、宽度 w=14 μm，铝反射层和锗层的厚度 t=200 nm。定义超原子的局部轴旋转角为 φ。DSRR 可使用结合传统光刻技术与反应离子蚀刻（Reaction Ion Etching，RIE）的方法进行加工，典型的加工方案如下：首先，在绝缘基板上热蒸镀 200 nm 厚的 Ge 层；然后，使用标准光刻和 RIE 技术获得具有光活性的 Ge 结构；最后，在第二轮光刻之后可以形成 DSRR 阵列。

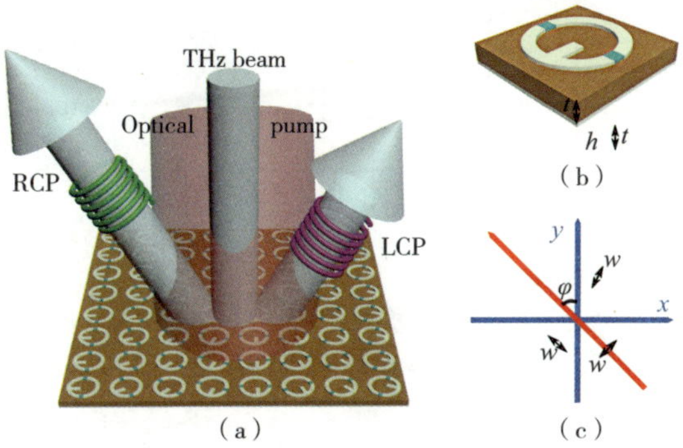

图 7-40　手性超表面结构与功能示意

超原子对垂直入射圆偏振太赫兹波的反射幅度和相位直接决定了整个 P-B 相位超表面的响应，因此本研究首先研究 DSRR 的反射幅度和相位。在超表面中，对于旋转角为 φ 的各向异性超原子，考虑垂直方向入射的圆偏振太赫兹波，反射波中电场的复幅值的计算公式为

$$\begin{bmatrix} E_{xout} \\ E_{yout} \end{bmatrix} = \frac{\boldsymbol{J}_{\varphi}}{\sqrt{2}} \begin{bmatrix} 1 \\ \mathrm{i}\sigma \end{bmatrix} = \frac{1}{2\sqrt{2}} \left\{ (R_u + R_v) \begin{bmatrix} 1 \\ \mathrm{i}\sigma \end{bmatrix} + (R_u - R_v) \mathrm{e}^{2\mathrm{i}\sigma\varphi} \begin{bmatrix} 1 \\ -\mathrm{i}\sigma \end{bmatrix} \right\} \tag{7-44}$$

式中：$\boldsymbol{J}_{\varphi}$ 为超原子的琼斯矩阵；$\sigma=\pm 1$ 为右旋和左旋圆偏振；R_u 和 R_v 为参考坐标中两个主方向（u 和 v）的反射系数。

由式（7-44）可以看出，反射电场不仅包含共极化分量，还包含交叉极化分量，其几何相位为 $2\sigma\varphi$，这意味着 LCP 和 RCP 分量具有相反的几何相位。

通过调整参数，本研究使用 CST Microwave Studio 仿真软件在理论和数值上获得了 DSRR 中的高效和光可调谐圆偏振选择性吸收。图 7-41（a）所示为手性超原子 RCP 和 LCP 分量的反射率 R（$R=|r|^2$，r 是反射系数）。可以看出，反射的 LCP 分量的反射率（R_{RL}）接近于零，而反射的 RCP 分量（R_{RR}）在 1.09 THz 处的反射率接近 90%，这表明手性超原子可以实现高效的选择性吸收。然而，由于 DSRR 的不对称性，超原子在共振峰处的反射幅度会发生显著变化，从而影响整个超表面的反射特性。因此，通过微调宽度 w（不超过 0.2 μm）优化超原子参数，获得 8 种不同超原子并使其对 LCP 波的吸收峰落在 1.09 THz 附近。如图 7-41（b）所示，计算了不同光泵浦功率下每种超原子在 1.09 THz 处的反射幅度，其中 I=0~7，表示超原子对应的旋转角度为 $\varphi=I\times 22.5°$。σ 是 Ge 的电导率，可以表征光泵浦功率。可以发现，泵浦功率对 RCP 波的反射幅度影响不大，其反射率基本保持在 0.7 以上。但当 σ 从 0 S/m 变为 8 000 S/m 时，超原子对 LCP 分量的反射率几乎从 0.1 增大到 0.7（Ge 的本征电导率可以忽略不计）。当 Ge 的电导率为 2 000 S/m 和 8 000 S/m 时，估算的 Ge 泵浦能量密度可能分别为 1.016 mJ/cm^2 和 4.064 mJ/cm^2。为了显示超原子构成的超表面对于潜在应用的稳定性，本研究假设样品加工过程中 DSRR 的宽度出现 2 μm 的偏差。图 7-41（c）所示为宽度改变 2 μm 时，超原子 0 的反射率，可见该超原子对具有频移的圆偏振太赫兹波仍然表现出良好的选择性

吸收。在研究了超原子的反射特性之后,下面将注意力转向相位。而反射率较大的圆偏振分量显然满足标准的几何相位,如图 7-42 所示。

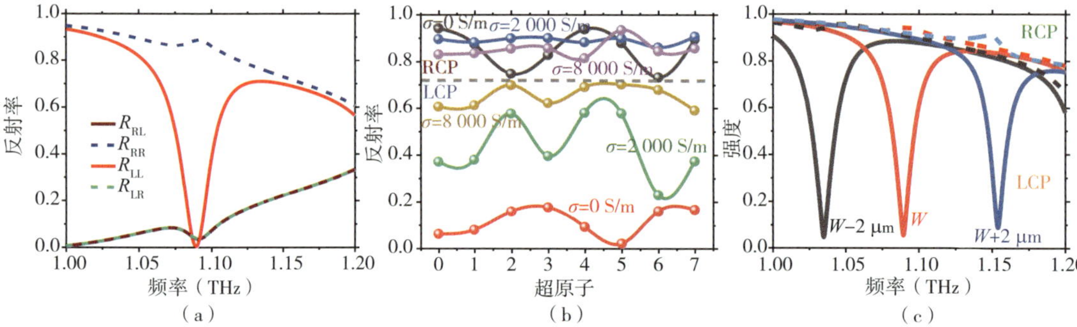

图 7-41　超原子的圆偏振反射

(a)原始反射率;(b)8 种超原子的反射率;(c)调节宽度后 R_{LL} 的变化

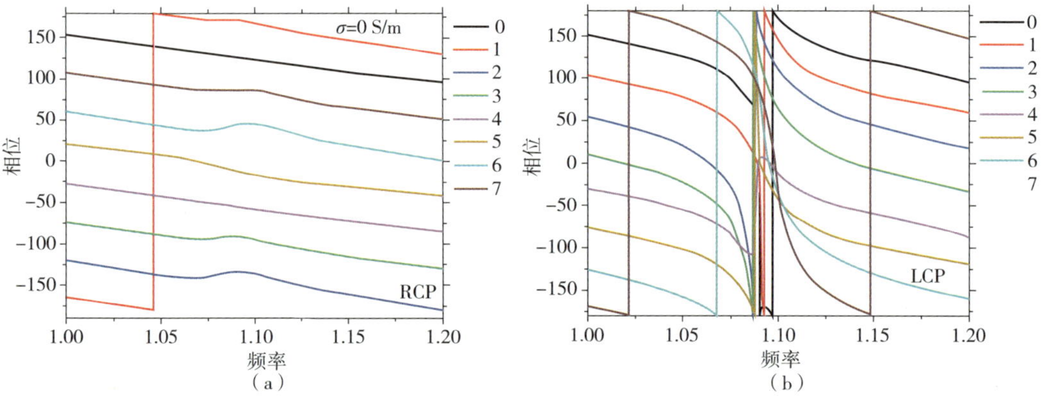

图 7-42　超表面的反射相位

为了进一步了解超原子反射率和相位变化的原因,计算了超原子 0(无旋转)在不同光泵浦功率下的电场强度和表面电流(箭头)分布。如图 7-43(a)所示,当入射波为左旋圆偏振波时,DSRR 的左侧部分会产生强电场,根据表面电流分布,激发两个具有垂直磁场分量的类似于 V 形磁偶极子的谐振模式,使电磁能进入有损聚酰亚胺层,引起介电损耗。因此,介电损耗和金属损耗的组合导致超原子对 RCP 波的强烈吸收。而在 DSRR 的右侧部分,发生了低损耗的电偶极子谐振。当入射波为右旋圆偏振波时,DSRR 的两个部分都会激发电偶极共振,如图 7-43(d)所示。

但是当泵浦功率改变时,这种情况将不再存在。当 S 增大到 8 000 S/m 时,LCP 和 RCP 波激发的共振模式倾向于互换,即图 7-43(c)显示出与图 7-43(d)相似的共振,图 7-43(f)显示出类似于图 7-43(a)的共振。这意味着超原子对 LCP 波的吸收减弱,但对 RCP 波的吸收增强,图 7-41(b)中的反射系数值验证了本书的分析。

为了证明之前的分析,本研究计算了线偏振入射太赫兹波条件下,三维和二维笛卡尔坐标系中编码超表面的远场模式(电场),如图 7-43 所示。超原子的方位角为 22.5°,则反射相位的步长为 45°。根据广义 Snell 定律,圆偏振波的反射角的计算公式为

$$\theta = \arcsin(\lambda / \Gamma) \tag{7-45}$$

式中:λ 和 Γ 分别为相位梯度的自由空间波长和周期。

对于本研究设计的超表面，按频率为 1.09 THz，将 λ 和 Γ 代入式(7-45)，可以得到相对于 z 轴的反射角(绝对值)为 14.085°，这与图 7-43 所示的结果一致。

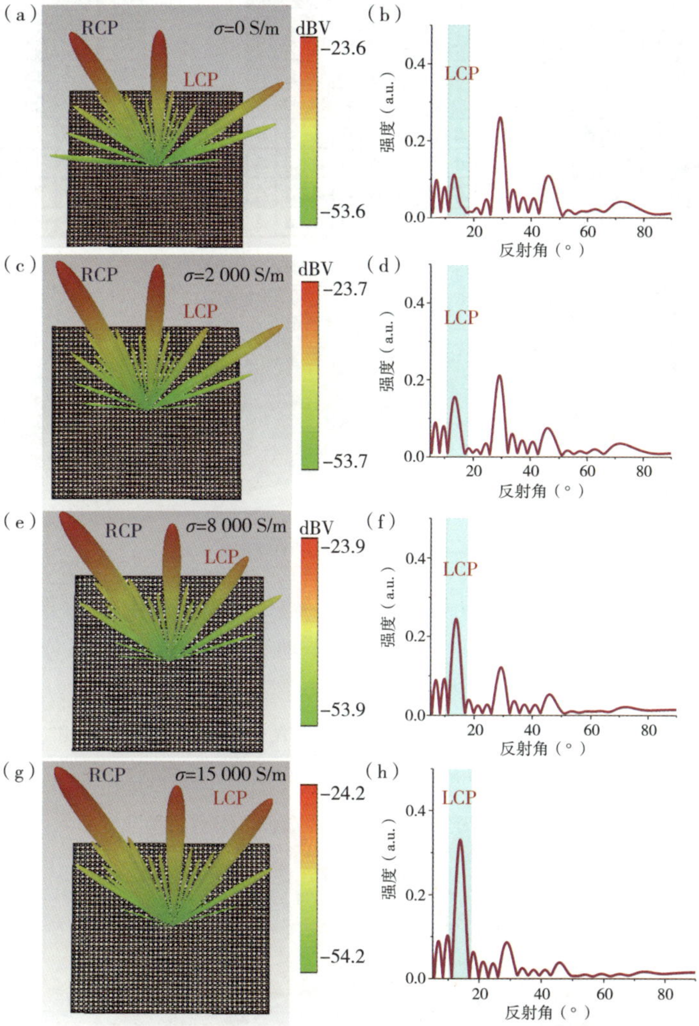

图 7-43　手性波束远场的动态调制

由图 7-41(b)可以发现，谐振器的不对称性会导致反射率发生波动，这将导致入射太赫兹波的反向散射，这意味着线偏振到自旋偏振的转化不完美。此外，图 7-41(a)中的交叉极化反射(r_{RL} 和 r_{LR})不等于 0，这些分量不能形成自旋偏振的分离。这两个因素共同导致远场模式的明显反向散射。由图 7-43 可以发现，一方面，随着光泵浦功率的增强(电导率的增大)，反射 LCP 分量的幅值(无量纲)逐渐增加，这很好地证明了之前的预测；另一方面，反射波中的无序散射分量也在减弱，这是由于两束圆偏振光束的反射相位随着泵浦功率的增强逐渐呈现出均匀的梯度。

除调制在一个平面上分离的两个圆偏振太赫兹波外，超表面上的光泵浦还可以用于调制在多个平面上分离的多个反射波。为了实现这一目标，本研究引入编码超表面时常用的卷积运算。如图 7-44 所示，本研究将上述超表面与另一个尺寸相同的超表面进行卷积，其编码序列为“00004444”，方向为 x 方向。与图 7-43 所示的结果类似，随着光泵浦功率的增强，两个反射 LCP 波逐渐增强。

这些结果表明，由光泵浦引起的多次反射自旋偏振太赫兹波具有良好的调制效果。

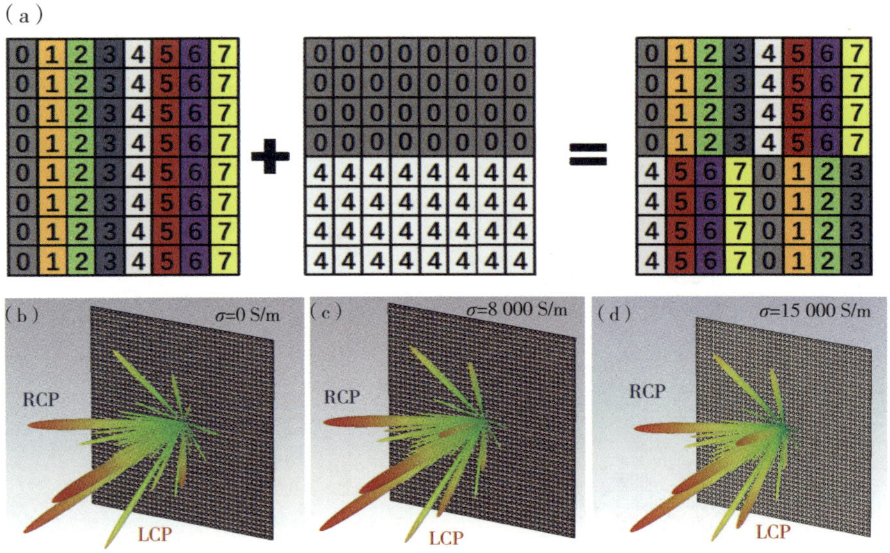

图 7-44　多波束动态调控

在实验中，超表面的动态性能可以使用光泵浦太赫兹探测光谱系统进行验证。来自放大器的脉冲激光束（波长为 800 nm，重复频率为 1 kHz）被相干地分成两部分：一部分用于外部泵浦，另一部分用于太赫兹辐射的产生和检测。

本研究之前研究了由光泵浦调制的不对称单元组成的 P-B 相位超表面。本研究考虑具有对称结构的超表面（整个超表面的规模为 40 × 40 个单元），如图 7-45 所示。

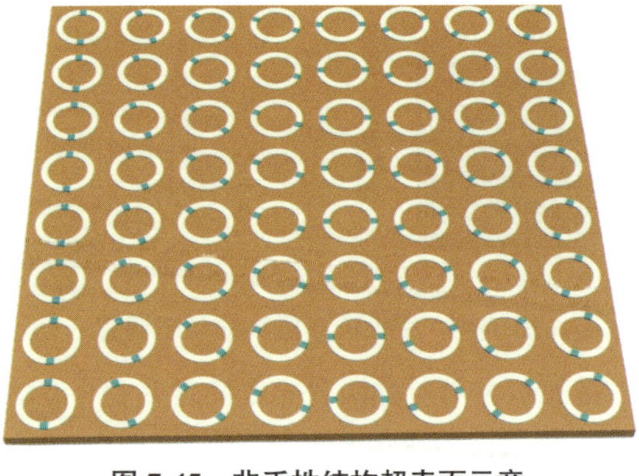

图 7-45　非手性结构超表面示意

对称谐振器不具有圆二色性，这意味着没有圆偏振波的选择性吸收。与针对非对称结构的研究类似，首先计算每个超原子的反射率和相位。如图 7-46 所示，由于光泵浦功率的影响不如不对称结构的情况那么大，只假设 Ge 的电导率 σ 为 0 S/m 和 8 000 S/m 两种情况进行计算。如图 7-46（a）所示，由于结构的对称性，同极化 RCP 和 LCP 分量的反射系数变化一致，当 σ 从 0 S/m 变为 8 000 S/m 时，二者的反射系数都减小；同时，交叉极化分量的反射系数出现了一定的增大。然而，只有同极化波会携带几何相位，在这种反射超表面中形成反常反射，从而降低 RCP 和 LCP 波的幅度。

其次，由图 7-46（b）可以看出，LCP 和 RCP 波在超原子 0 至超原子 7 上的反射相位形成了均匀的线性相位梯度。上述两个因素的组合能够对圆偏振波的反射幅度进行光学调制，如图 7-46（c）和（d）所示。

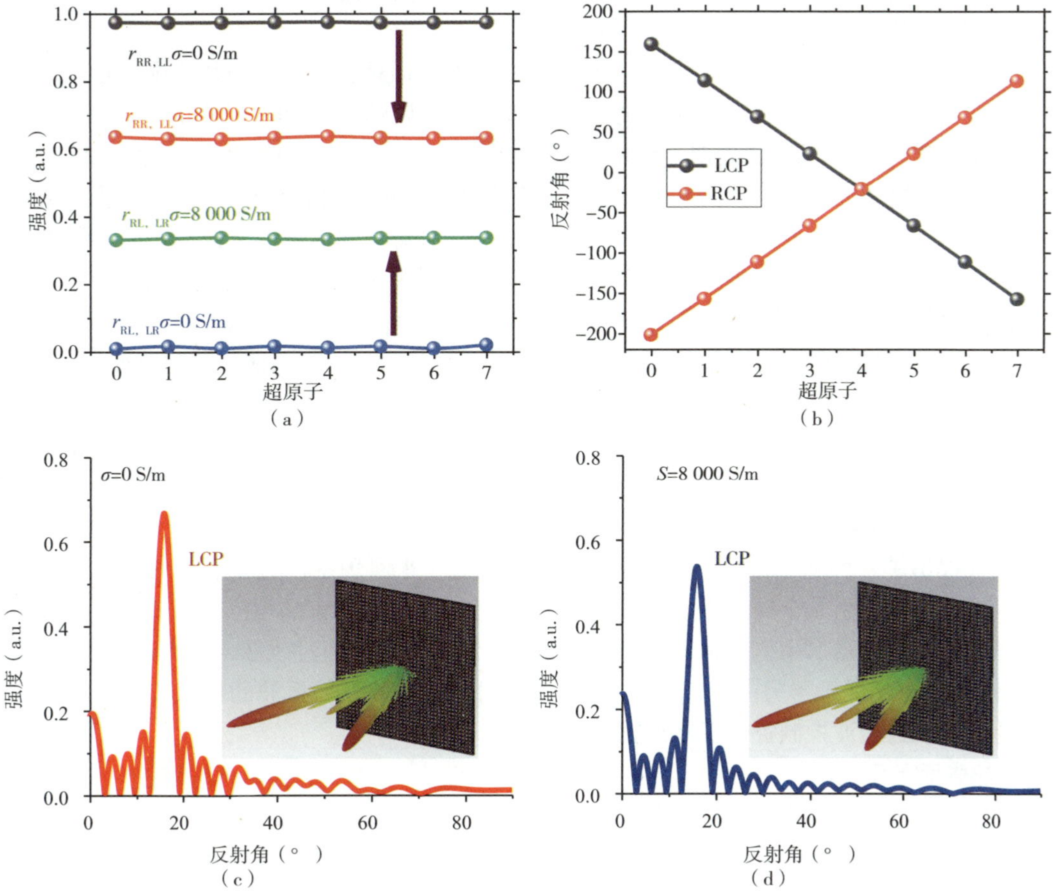

图 7-46　非手性结构的波前控制

（3）小结

综上，可以通过使用全光可调 P-B 编码超表面动态调制反射太赫兹波。本研究设计了非对称 DSRR 作为构成超表面的超原子。结合光敏半导体 Ge，光泵浦 P-B 相位编码超表面显示出对反射圆偏振太赫兹波的有效不对称调制。随着光泵浦功率的变化，不对称 DSRR 中的共振模式发生变化，进而改变超原子的反射幅度和相位，从而影响整个超表面的电磁响应。本研究还通过使用卷积运算实现了自旋相关多波束的波前和幅度调制。该方法具有良好的通用性，可以推广使用到其他类型超表面的线偏振波调制，为太赫兹波段可调谐超表面的设计提供了有效途径。

7.2.6　全硅自旋解耦超表面的太赫兹类手性响应

基于非对称超原子的手性超表面已经实现了人工圆二色性、自旋相关波前控制、全息成像和其他圆偏振相关的电磁控制。本小节介绍一项研究，其提出并通过实验验证了一种利用波前操控实现太赫兹波类圆二色性的新方案。通过在全硅超表面中同时引入几何相位和动力学相位，获得了自旋解耦的透射太赫兹波，对其中一个圆偏振分量使用随机相位分布实现透射光谱中的强圆二色性效应。更重要的是,当改变入射太赫兹波辐照的超表面区域范围时,可以调节其手性效果。此外,本研究还展示了透射太赫兹波的自旋相关任意波前控制,其中一个圆偏振分量被散射,而另一个形成聚焦的涡旋波束。仿真和实验结果表明,该方法为太赫兹波的自旋选择性控制提供了新思路。

(1)研究介绍

手性是自然界中一种特殊的几何不对称性,广泛存在于微观物质和宏观物体中。光学介质的手性结构可能会触发手性光学响应,这可以解释为对左旋和右旋圆偏振光的不同折射率[14]。在复折射率中,折射率实部和虚部的差异表现为旋光性和圆二色性,即两种成分的传播速度或吸收的差异。圆二色性已成为生物大分子、DNA 和许多药物分子的分子构象的重要表现形式之一,广泛应用于生物学、医学、化学等领域。然而,天然材料固有的圆二色性极弱,对其进行观测需要高精度的测试系统。

超材料是由亚波长超原子组成的新型人工结构,实现了多种电磁操纵和新颖的物理现象。超表面是二维超材料,在极小的纵向尺度上实现了有效的电磁控制。超材料和超表面都实现了宽带或巨型手性光学现象,包括圆二色性、手性波前控制、圆偏振成像或检测、可调谐手性响应等[15]。据报道,具有或不具有手性的两种超表面都可以大大增强手性分子的圆二色性。在过去的 20 年中,研究者在超表面中观察到了各种手性现象,包括由不对称超原子引起的内在手性和由倾斜入射条件下的非手性结构引起的外在手性,实现的功能包括自旋选择性吸收或反射、偏振旋转等。然而,这些实现方式都需要精心设计的不对称超原子或入射角,而且大多只能工作在窄频带或无法实现任意波前控制。

本研究提出了一种基于相位操纵而不是不对称超原子来实现手性光学响应的新方法。将几何相位和动态相位同时引入全硅超表面,实现了太赫兹透射波的自旋解耦相位控制。圆偏振组件之一的随机排列的相位在透射中引起强圆二色性效应。圆二色性可以通过改变入射太赫兹波进行控制。不仅如此,本研究还展示了另一种超表面,它实现了对不散射的圆偏振波的任意波前控制。该方案为自旋相关的太赫兹波控制提供了新思路。

(2)超表面单元设计

如图 7-47 所示,所提出的方案实现了基于相位操纵的太赫兹波的自旋选择性传输。例如,超表面对入射 RCP 波显示出随机分布的相位响应,从而产生具有强发散的透射 LCP 波。而对于 LCP 入射波,超表面中的所有超原子都会发生相同的相移,因此生成的 RCP 波将均匀传输而不会产生额外的发散度。

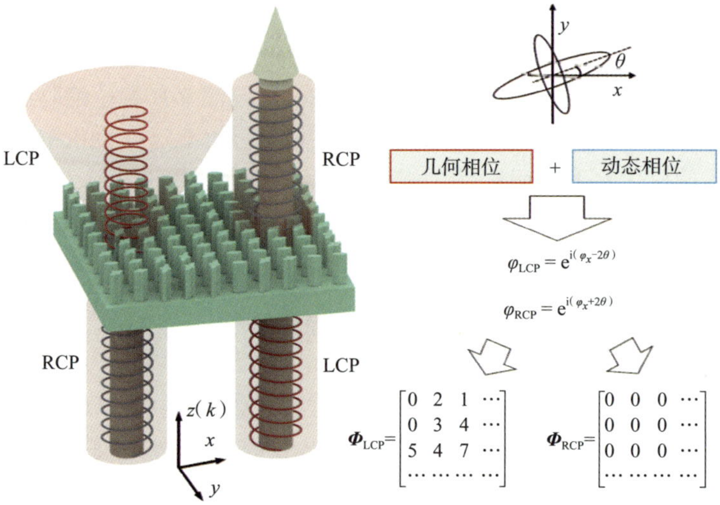

图 7-47　自旋解耦超表面示意

为了实现上述功能,需要设计具有自旋解耦功能的超原子,因此需要同时引入动态相位和几何相位(P-B 相位)。P-B 相位是指圆偏振电磁波由超原子的几何取向决定的附加相位,它出现在各向异性结构中。P-B 相位是自旋相关的,这意味着两个圆偏振分量总是获得相反的相位,而动力学相位由间原子的几何形状决定。假设各向异性元件对于 x 和 y 方向偏振分量的动态相位分别为 φ_x 和 φ_y,则可以通过将元件绕 z 轴旋转 θ 角来获得几何相位。为了实现独立可控的圆偏振相位,超原子的动力学相位和旋转角度需要满足下式:

$$\begin{cases} \varphi_x = (\varphi_{\text{RCP}} + \varphi_{\text{LCP}})/2 \\ \varphi_y = (\varphi_{\text{RCP}} + \varphi_{\text{LCP}})/2 - \pi \\ \theta = (\varphi_{\text{RCP}} - \varphi_{\text{LCP}})/4 \end{cases} \tag{7-46}$$

式中:φ_{RCP} 和 φ_{LCP} 表示超表面单元的圆偏振相位响应。

为了获得具有上述太赫兹响应的超原子,本书使用 CST Microwave Studio 仿真软件的时域有限积分法确定十字形椭圆硅柱的几何参数。在仿真过程中,本征硅的介电常数设置为 11.9,超原子的周期 P=120 μm,高度 H=150 μm,衬底厚度为 350 μm。十字形圆柱由水平(x 方向)椭圆和垂直(y 方向)椭圆组成。两个椭圆柱的短轴长度 D=30 μm,长轴的长度分别用 L_x 和 L_y 表示。工作频率为 1.3 THz,当 L_x 和 L_y 从 30 μm 增大到 110 μm 时,计算得到的传输系数和相移如图 7-48(b)、(c)、(e)和(f)所示。可见,x 和 y 方向偏振分量的相移(φ_x 和 φ_y)覆盖了(−180°, 180°)的计算范围。透射率(T_x 和 T_y)大多超过 0.5,最大值约为 0.7(高阻硅本身的反射损耗约为 0.3)。这样,通过模拟选择的参数可以使每个超原子具有一致的高效传输幅度,并满足 360° 相移。图 7-48(d)和(g)所示为模拟时选取的 64 组 L_x 和 L_y 值,实际传输相位与对应分相点相差小于 10°。

使用上述几何参数,可以设计一个自旋解耦的超表面。在此之前,首先确定圆偏振波在该超表面上的相移,称为相位矩阵。在不失一般性的情况下,希望该超表面对其中一个入射圆偏振分量具有均匀透射的功能,同时对另一个圆偏振分量显示出漫散射的功能。为了实现这个目标,将其中一个相位矩阵中的所有元素设置为 π/4,并将另一个相位矩阵设置为一组随机数(或元素相等的子矩阵),如图 7-49(a)所示。不同相位矩阵对应的相位分布如图 7-49(b)所示。其中,数字 0~7 代表不同的相位取值,取值范围为 [0, 7π/4],取值间隔为 π/4。为了筛选相位矩阵以获得更有效的手性光学响应,首先计算与上述相位矩阵对应的远场模式,计算公式为

$$f(\theta,\varphi) = f_{\text{e}}(\theta,\varphi)\sum_{m=1}^{M}\sum_{n=1}^{N}\exp\{-\text{i}\{\varphi(m,n) + kP\sin\theta[(m-1/2)\cos\varphi + (n-1/2)\sin\varphi]\}\} \tag{7-47}$$

式中:$f_{\text{e}}(\theta, \varphi)$为超表面的排布函数;$P$ 为超原子的周期;M 和 N 分别为相位矩阵的行数和列数(这里 M=N);k 为波数。

图 7-49(c)所示为相位矩阵 $\boldsymbol{\Phi}_0$ 的透射波的远场方向。其中,入射波仅在穿过超表面后发生相移,传输方向几乎没有变化。由图 7-49(d)至(f)可知,入射波经过随机相位矩阵($\boldsymbol{\Phi}_1$, $\boldsymbol{\Phi}_2$, $\boldsymbol{\Phi}_3$)后,透射波几乎向各个方向散射,能量会分散在一个很大的范围内。在远场某一点监测发射波时,只会观察到少量的能量,然后获得传输波的类圆二色性响应。为了获得更高的散射效率,本研究比较了几种不同重复率的相位矩阵的远场图,这些相位矩阵由 1×1、2×2 和 4×4 的相同元素组成。可以发现,重复次数越多,远场散射范围越小,效率越低。可见,$\boldsymbol{\Phi}_0$ 的散射效率最高。

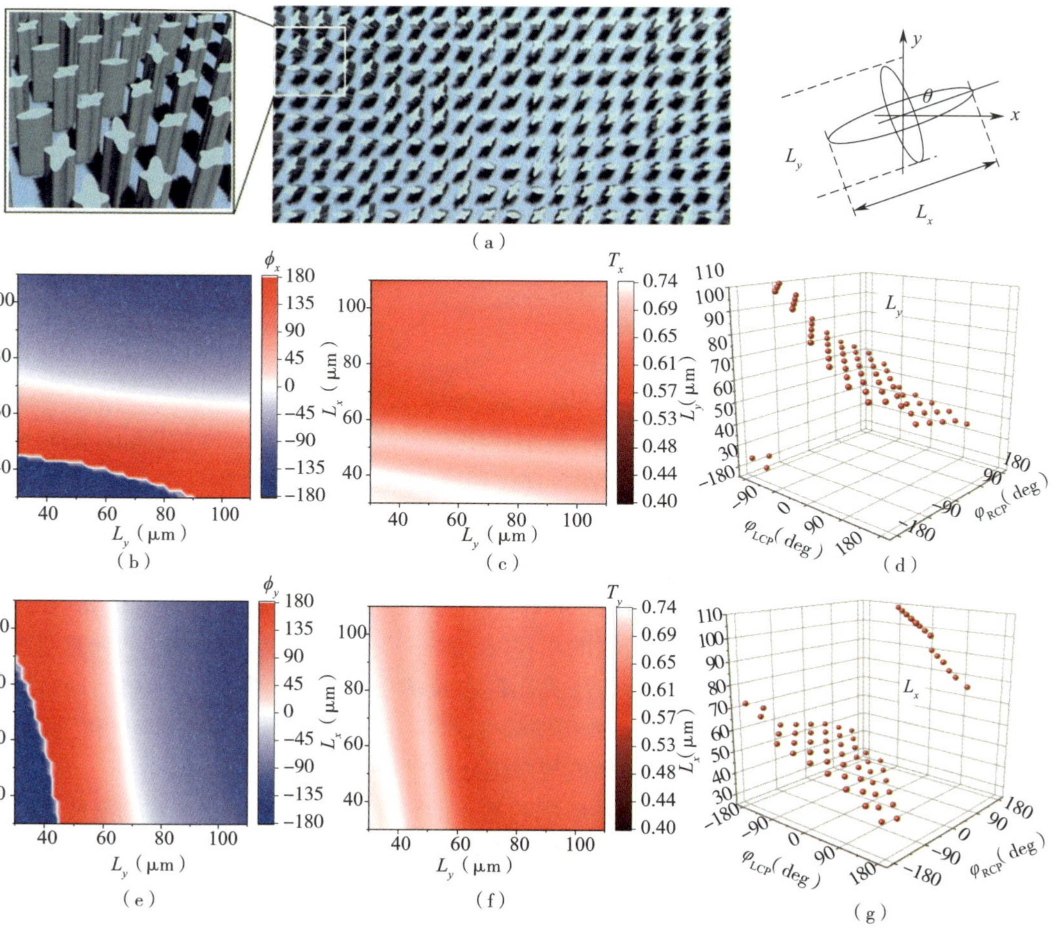

图 7-48　超原子几何参数的模拟和结果选择

(a)超表面设计;(b)φ_x 分布;(c)T_x 分布;(d)不同 L_y 下的相移;(e)φ_y 分布;(f)T_y 分布;(g)不同 L_x 下的相移

(3)全波仿真与测试结果

基于图 7-48 获得的几何参数和相位矩阵 $\boldsymbol{\Phi}_0$ 和 $\boldsymbol{\Phi}_1$,设计并加工了相应的超表面(样品 1),如图 7-50(a)所示。加工时,使用紫外光刻和电感耦合等离子体(ICP)蚀刻技术在 500 μm 厚的高电阻硅上加工超原子阵列。超表面样品的尺寸为 2 cm × 2 cm,蚀刻区面积为 1.68 cm × 1.68 cm。在测试样品 1 的太赫兹透射光谱之前,使用 CST Microwave Studio 仿真软件对该超表面进行全波模拟。首先,得到 xOz 平面内透射波的二维电场和相位分布,如图 7-50(b)所示。可以看出,该超表面发射的 RCP 波沿 $+z$ 方向均匀传播,而 LCP 分量发散并几乎向所有方向传播。

图 7-50(c)所示为用于样品 1 透射频谱测量的实验系统。该系统为典型的太赫兹时域光谱(TDS)测试系统,其中共布置了 4 个线栅偏振器 [15]。其中,偏振器 P_1 和 P_3 分别放置在靠近发射极和接收器的侧面上,以确保在测试期间的发送和接收波的偏振状态保持不变;另外,P_2 和 P_4 对于测量的 x 和 y 坐标轴旋转 ±45°(沿着太赫兹梁的传播方向观察),如图 7-50(c)所示。使用该系统,可以获得用于描述线偏振分量的 4 个透射系数(t_{xx}、t_{yx}、t_{xy} 和 t_{yy})。然后,可以计算圆偏振波的透射矩阵,计算公式为

$$T_{\text{cir}}=\begin{pmatrix} t_{\text{rr}} & t_{\text{rl}} \\ t_{\text{lr}} & t_{\text{ll}} \end{pmatrix}=\frac{1}{2}\begin{pmatrix} t_{xx}+t_{yy}+\text{i}(t_{xy}-t_{yx}) & t_{xx}-t_{yy}-\text{i}(t_{xy}+t_{yx}) \\ t_{xx}-t_{yy}+\text{i}(t_{xy}+t_{yx}) & t_{xx}+t_{yy}-\text{i}(t_{xy}-t_{yx}) \end{pmatrix} \tag{7-48}$$

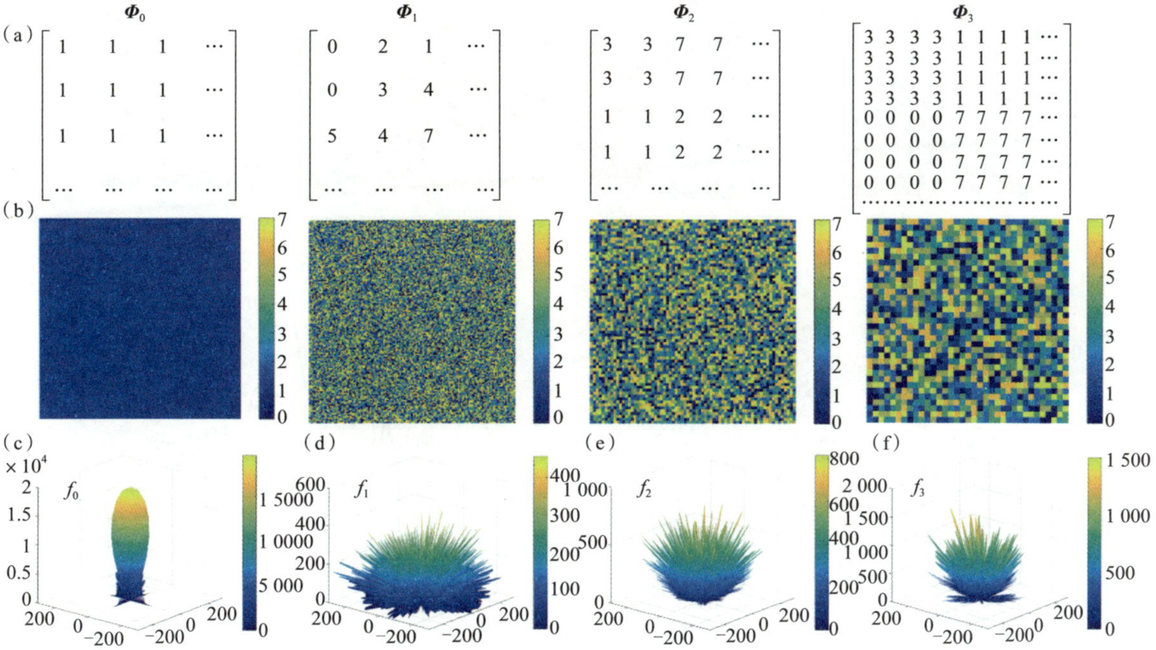

图 7-49　具有类圆二色性效应的超表面的相位设计

本研究将在特定方向测量的两个圆偏振分量的透射差（透射圆二色性）定义为 T_{CD}，计算公式为

$$T_{\text{CD}}=T_{\text{R}}-T_{\text{L}}=(|t_{\text{rr}}|^2+|t_{\text{lr}}|^2)-(|t_{\text{ll}}|^2+|t_{\text{rl}}|^2) \tag{7-49}$$

由于本研究提出的超表面是非周期性结构的，因此不同数量的超原子可以产生不同的圆偏振响应，从而实现可调的圆二色性。为了验证该功能，本研究在测量期间将样品放置在聚焦太赫兹波的不同位置，从而通过太赫兹波辐照不同数量的超原子单元。在此之前，首先用 60×60 和 120×120 的超表面仿真器件的透射系数。

本研究将电场探针直接放置在超表面的中心上方。然后，使用式（7-49）计算 0.5~2.5 THz 范围内的 T_{CD}，如图 7-50（d）所示。可以发现，两种不同尺寸超表面的 T_{CD} 的最大值和峰宽略有不同。120×120 超表面的 T_{CD} 的最大值约为 0.4，峰宽较窄；60×60 超表面的 T_{CD} 的最大值约为 0.3，而峰宽较宽。值得一提的是，由于高阻硅存在反射损耗，最大初始透射率约为 0.7。T_{CD} 的最大值高达 0.4 左右，表示偏振转换效率约为 80%。

为了验证超表面的圆二色性，本研究使用图 7-50（c）所示的光路测量样品 1 的偏振谱。首先，将样品放在离轴抛物镜的焦平面处（位置 A，d=0 cm），测得的线偏振和圆偏振透射谱如图 7-50（e）和（f）所示。由圆偏振透射谱可以看出，两个同极化分量（T_{rr} 和 T_{ll}）相对较小；对于交叉极化分量，T_{rl} 高达约 0.55，但 T_{lr} 接近于零。因此，计算出的 T_{CD} 值在 1.4 THz 附近接近 0.3，如图 7-50（g）所示。然后，沿着入射方向移动样品约 4 cm，在该位置（位置 B）进行类似的测量。由图 7-50（h）和（i）可知，位置 B 处的太赫兹波束直径大于位置 A 处的波束直径，因此会有更多超原子被辐照到。由图 7-50（j）可以发现，T_{CD} 的峰宽更窄，在 1.4 THz 附近可得 T_{CD} 最大值 0.4。该变化规则与图 7-50（d）中的仿真结果一致，获得了可调圆二色性。工作频率的略微偏差可能是由样本的加工偏差引起的。

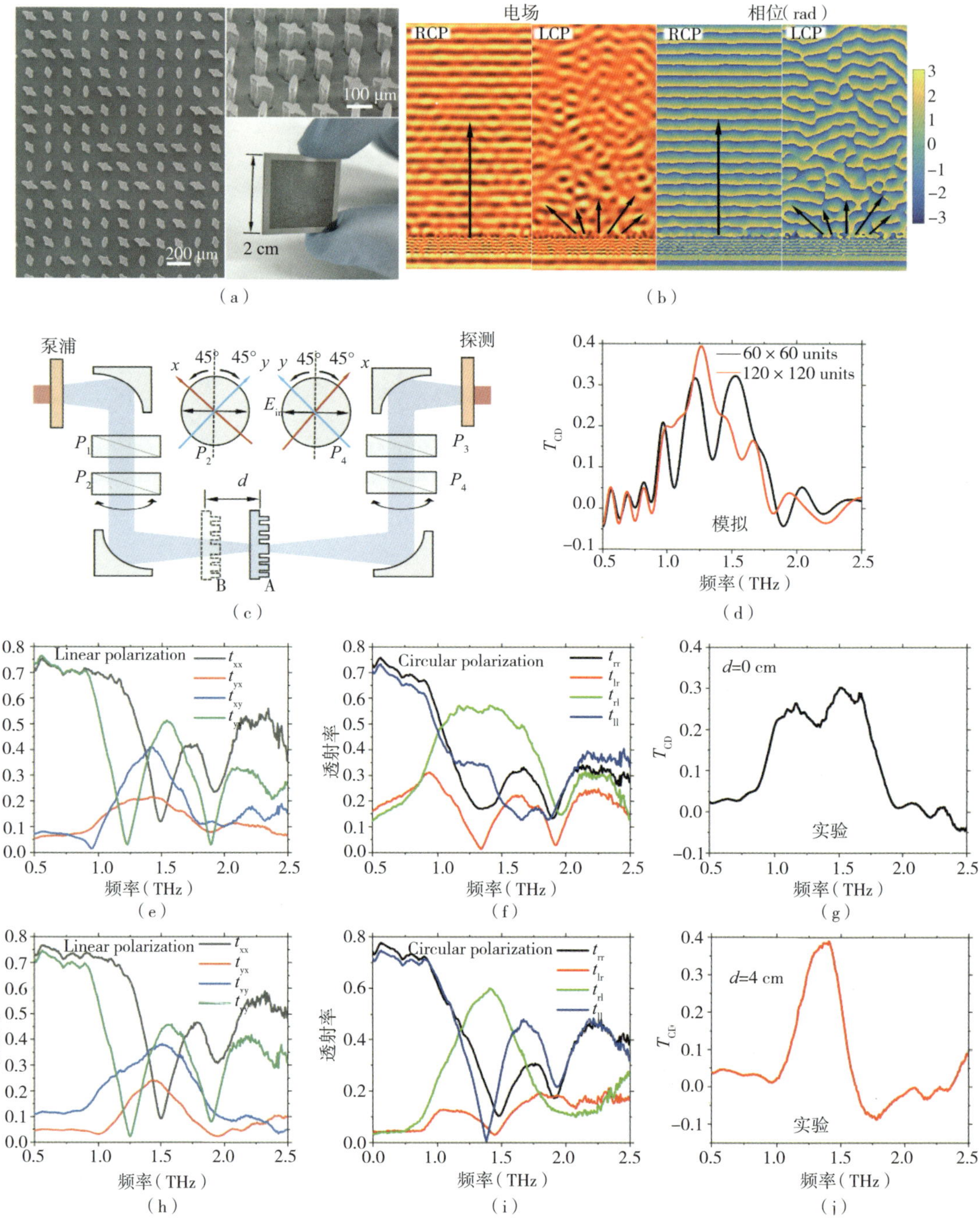

图 7-50　超表面的形貌表征和透射光谱

(a)超表面实物;(b)电场与相位分布;(c)测试光路;(d)模拟透射圆二色性;(e)线偏振透射谱(d=0 cm);(f)圆偏振透射谱(d=0 cm);(g)实验透射圆二色性(d=0 cm);(h)线偏振透射谱(d=4 cm);(i)圆偏振透射谱(d=4 cm);(j)实验透射圆二色性(d=4 cm)

除上述类圆二色性效应,本研究提出的超表面还可以实现太赫兹波的自旋选择性波前控制。因此,设计并制备了样品 2,其实物如图 7-51(a)所示。该超材料样品的尺寸为 1.4 cm × 1.4 cm;蚀刻区域为圆形,直径为 8.4 mm,包含 70 个超原子。本研究将入射 LCP 波设置为聚焦涡旋光束,其相位矩阵由一组随机数组成。

$$\overline{\varphi}_{y_1,y_2}=\frac{2\pi}{\lambda}\sqrt{r^2+f^2}\pm 8\theta \tag{7-50}$$

式中：r 和 θ 为极坐标的极轴和角度；f 为焦距，f=6 000 μm；λ 为波长，对于拓扑电荷，λ=8。

本研究使用图 7-51（b）所示的太赫兹成像系统，测量透射波的电场和相位。其中，放大后的飞秒激光系统输出的光束（脉冲宽度为 50 fs，重复频率为 1 kHz，中心波长为 800 nm）被分成两条路径，分别用作太赫兹成像的泵浦光束和探测光束；左侧的 ZnTe 晶体产生的太赫兹波是垂直（y 方向）极化的；太赫兹波穿过超表面（metasurface）后，太赫兹波辐照在右侧的 ZnTe 晶体上；探测激光束（probe）经历电光调制效应；然后，调制后太赫兹波通过光学成像系统（L_2、QWP、PBS、L_3）将太赫兹电场图像传输到 CCD 相机。在测量过程中，可通过旋转超表面或泵浦端的偏光片（P）和半波片（HWP），改变入射和检测的太赫兹波的偏振，观察 4 个线偏振分量的太赫兹电场（E_{xx}、E_{yx}、E_{yy} 和 E_{xy}），则可以计算出样品 2 的圆偏振太赫兹电场。

在测量样品 2 之前，用商业软件对其电场和相位进行了模拟，结果如图 7-51（c）至（f）所示。可以看出，RCP 分量是涡旋光束，而 LCP 分量是杂乱的散射光场。z=6 000 μm 时的实验结果如图 7-51（g）至（j）所示，实测工作频率为 1.38 THz。可以看出，实测电场和相位与仿真结果基本一致。工作频率的偏差可能是由样品处理的偏差引起的。

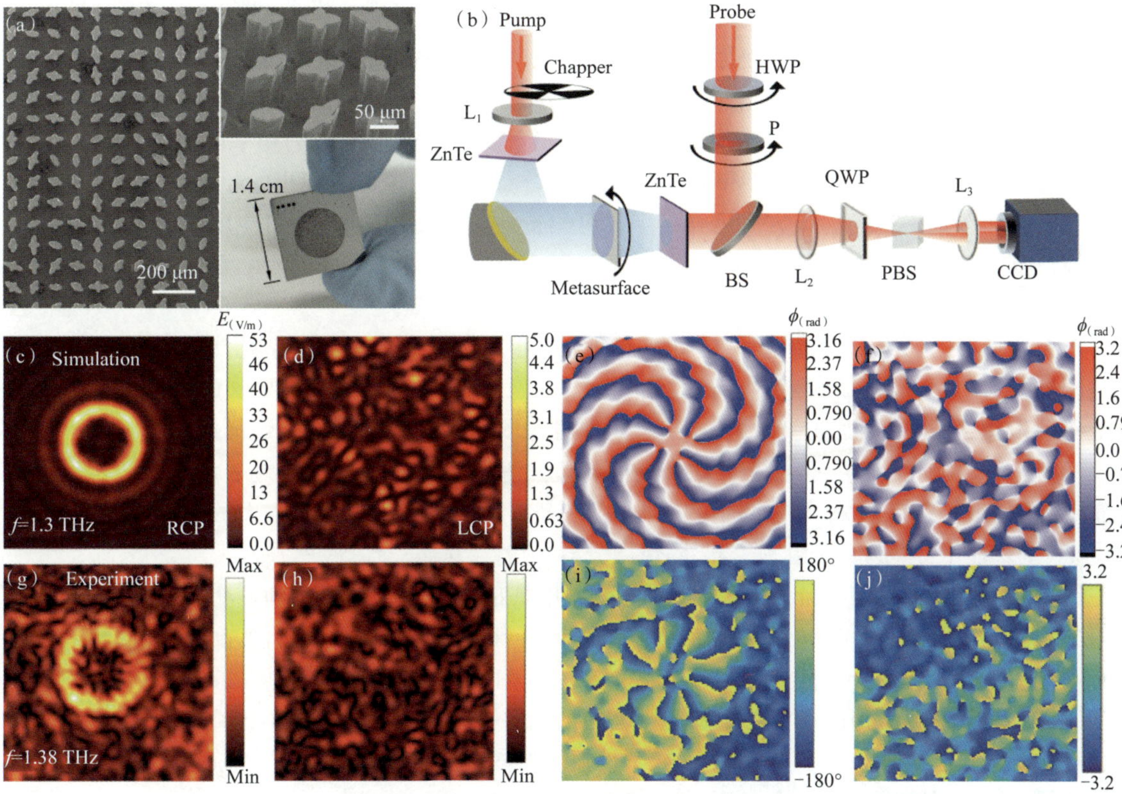

图 7-51 利用超表面实现太赫兹波的自旋选择性波前控制

（a）超表面实物；（b）测试光路；（c）模拟 RCP 分量电场分布；（d）模拟 LCP 分量电场分布；（e）模拟 RCP 分量相位分布；（f）模拟 LCP 分量相位分布；（g）实验 RCP 分量电场分布；（h）实验 LCP 分量电场分布；（i）实验 RCP 分量相位分布；（j）实验 LCP 分量相位分布

(4)小结

综上，本研究提出了一种基于相位控制实现透射太赫兹波的强烈手性响应的新方法。通过同时引入几何相位和动力学相位，设计了一种自旋解耦的全硅太赫兹超表面，可以为 LCP 和 RCP 入射波设置不同的相位矩阵；分析了构成自旋去耦超表面的超原子所需条件，然后模拟并确定了其几何参数。利用等效相位矩阵和随机数相位矩阵，本研究实现了发射太赫兹波的类圆二色性效应。模拟和实测结果表明，所提出的超平面的最大偏振转换效率约为 80%，最大透射圆二色性值为 0.4，且该值可以通过改变聚焦太赫兹波中样品的相对位置进行调整。此外，本研究还展示了用该方法实现与自旋相关的任意波前控制的方法，结果显示，二维太赫兹电场的测量结果与仿真结果一致。该方法不需要复杂的非对称手性超原子，只需要设置超表面的相位矩阵，有望用于太赫兹波新型手性器件的设计。

7.3 太赫兹多模态调控技术与器件

7.3.1 基于全硅超表面的太赫兹相位型复振幅编码

一个具有多功能和精确复调幅调控的复合超表面有利于光子集成。本小节介绍一项研究，其提出一种在两个圆偏振通道中独立复振幅调控的全硅双功能超表面。该超表面集成了传播相位和几何相位，从两个维度编码复振幅信息。本研究主要分为两部分，其中一个偏振切换的切换功率可控的轴向双焦点超透镜直接说明了所提调制方案的可行性；另一个可切换的功率可控的水平/竖直双焦点超透镜表征了该方法的通用性和灵活性。此外，本研究还讨论了所提出的超透镜的宽带性能和光泵浦下的动态聚焦行为。该方法可直接生成可编辑的振幅和相位分布，可应用于动态全息、动态显示等领域。

(1)研究介绍

作为超材料的二维形式，超表面是由人工设计的超原子组成的平面光学元件，由于具有强大的电磁调控能力，其引起了研究者的广泛关注[16]。不同于传统的光学元件需要长的传播距离累计相位变化，超表面可以在界面处引入相位突变，实现对光场的相位调控[16]。操纵散射光的方式可以分为共振相位法、几何相位法、传播相位法和迂回相位法等[17]。本研究提出的超表面是亚波长尺度的平面微结构阵列，具有全 2π 相位调制的能力，在许多有趣的设备中显示出强大的应用潜力，如平面透镜[18]、全息显示[19]、涡旋光束发生器、图像微分器、波片[20]等。

除作为产生某种特定功能的器件外，研究者近期提出了许多多路复用和多功能的超表面，集成了偏振、波长、入射角、时间序列等自由度。具有各向异性响应的超表面为不同光学功能的集成提供了有效途径。旋转各向异性超原子可以为圆偏振引入附加的几何相位，但是左、右旋圆偏振的功能相互锁定。结合了几何相位和传播相位的所谓的自旋解耦方案的提出解决了这种限制，可以在两个独立的圆偏振通道实现完全不同的功能，如圆偏振切换的全息显示，两个独立涡旋拓扑荷的切换等。此外，还可以通过分段式、交错式、多层设计等方法集成多个通道或功能。

要想完全地操控电磁波的传播，除控制偏振和相位外，控制电磁波的强度也是必不可少的。同时，能够调控强度和相位的超表面比只能实现纯相位调控的超表面具有更好的波前成形性能，在高质量全息成像或产生各种复杂光束等方面更有优势。张霜等提出了用 C 形超原子实现太赫兹波段的幅度和相位调制。也有研究者报道了一种工作在双波长的幅度相位调制超表面。许何秀等提出了一种手性辅助超表面，可以进行独立的相位、振幅和偏振调控。然而，这些超表面大都是反射式或采用多层设计，并且是针对某个特定的偏振设计的。

本研究提出了一种全硅的双功能超表面，可以在两个圆偏振通道实现独立的幅度和相位调控。该超表面结合了传播相位和几何相位两个通道，并将复振幅信息编码到这两个通道。作为功能性展示，本研究设计了两种超表面：一是可切换的功率可控的轴向双焦点超透镜；二是可切换的功率可控的水平/竖直双焦点超透镜。通过模拟和实验，研究所提出的超透镜的宽带性能以及光泵浦条件下的动态聚焦行为，为多功能光子器件的发展提供了新的选择。

（2）结果与分析

图 7-52 所示为本研究提出的双功能复振幅调控超表面。对于 LCP 波入射，该超表面产生两个沿 x 方向的振幅比为 3∶2 的 RCP 透射聚焦波束；对于 RCP 波入射，该超表面产生两个沿 y 方向的振幅比为 3∶2 的 LCP 透射聚焦波束。

本研究以具有可控幅度比的双焦点的切换为例，展示两个圆偏振中独立的复振幅调制。偏振相关的双功能设计采用自旋解耦的原理，在传播相位的基础上结合了几何相位的自由度。到目前为止，已经有几篇基于纯相位空间光调制器（Spatial Light Modulator，SLM）的复振幅调控的报道。

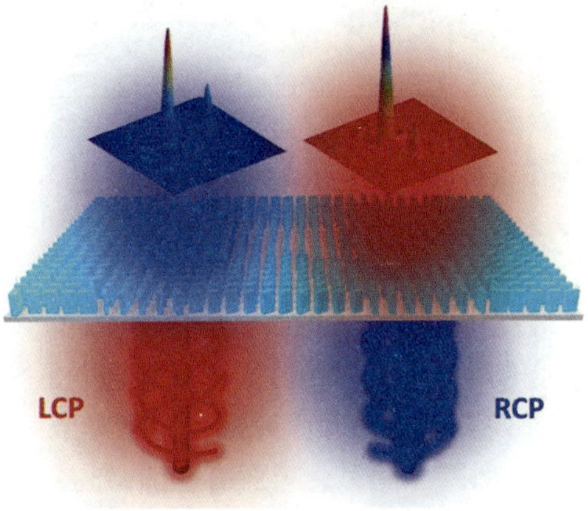

图 7-52　双功能复振幅调控超表面示意

本研究假设所需的复振幅分布表达式为

$$U(x,y)=A(x,y)\exp\left[\mathrm{i}\varphi(x,y)\right] \tag{7-51}$$

式中：$A(x,y)$和 $\varphi(x,y)$分别为振幅和相位信息。为了完全操纵目标场，本研究使用相关文献介绍的一种技术，将所需的振幅和相位信息编码到超表面上。超表面的编码复振幅可表示为

$$T(x,y)=\exp\left[\mathrm{i}\phi(x,y)\right]=\exp\left[\mathrm{i}A(x,y)\varphi(x,y)\right] \tag{7-52}$$

式中：$T(x,y)$为总的透射率函数；$\phi(x,y)$为结合振幅信息 $A(x,y)$和原始相位信息 $\varphi(x,y)$的编码相位。

图 7-53（a）所示为全硅超表面的基本超原子，它是介电常数 ε=11.9，高度 h=200 μm 的矩形柱。通过改变长度 L_1 和宽度 L_2，在 x 和 y 方向偏振入射下，该超原子的相位响应可以覆盖 2π 范围。用 CST Microwave Studio 仿真软件模拟 15 个超原子在 0.9 THz 下的透射率和相移，如图 7-53（b）所示。可以发现，相移的增量为 π/8，x 和 y 方向偏振的相位差为 π，透射率均保持在 0.7 左右，波动很小。图 7-53（c）所示为 4 个超原子（#1、#5、#9 和 #13）在 x 和 y 方向偏振入射下的相位分布的模拟

侧视图（xOz 平面）。这 4 个超原子的几何参数如下：#1 超原子 L_1=98 μm、L_2=38 μm；#5 超原子 L_1=52 μm、L_2=116 μm；#9 超原子 L_1=38 μm、L_2=100 μm；#13 超原子 L_1=110 μm、L_2=52 μm。可以看出，从 #1 到 #13，在 x 和 y 方向偏振入射下，随着结构参数的变化，相移逐渐增大。特别地，#1 和 #9、#5 和 #13 之间的相位差是 π。

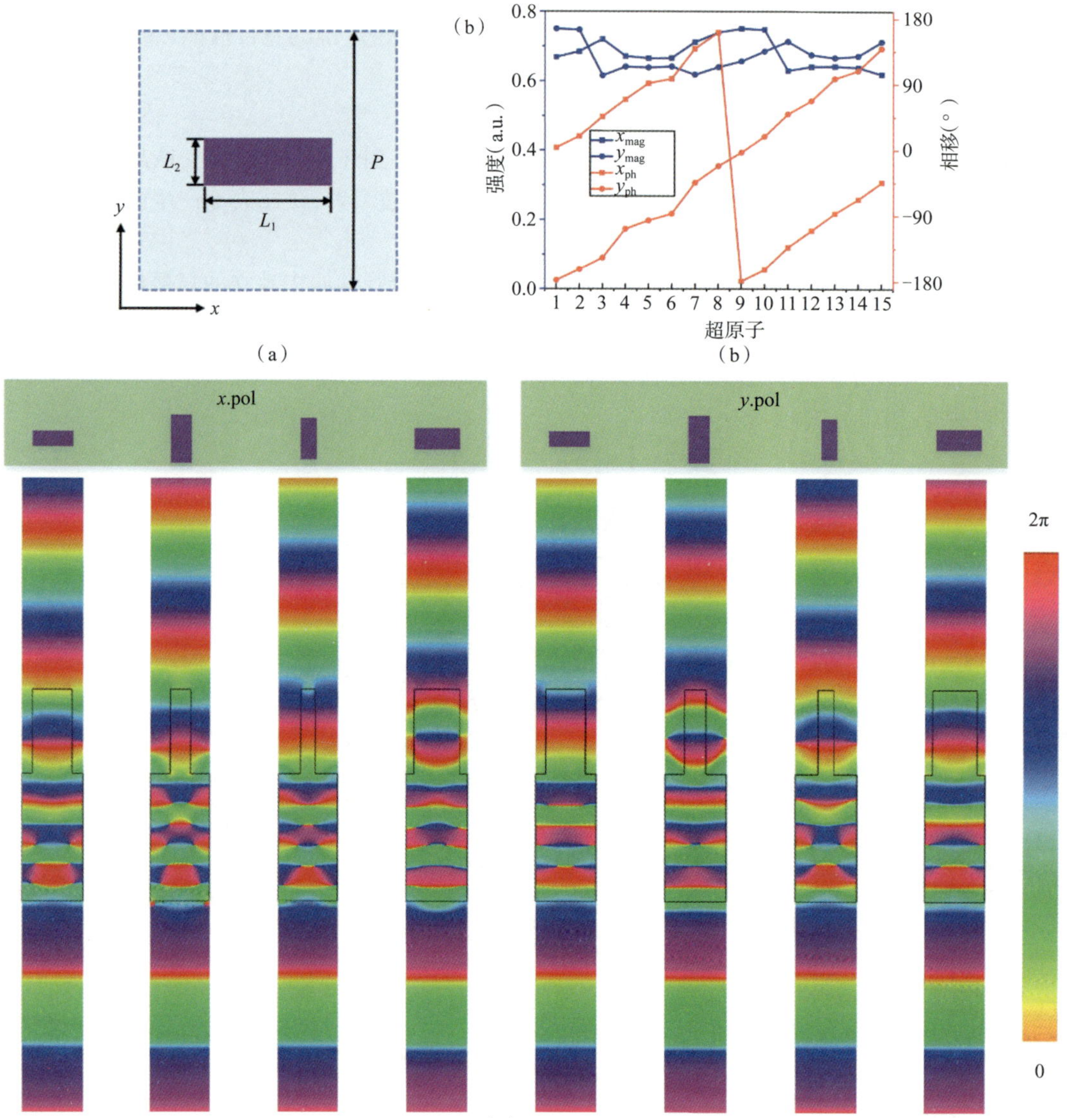

图 7-53　设计的超原子及性能表征

（a）矩形硅柱尺寸参数；（b）15 种超原子在 0.9 THz 下的透射率和相移；（c）四种典型超原子在 0.9 THz 下的相移分布

除通过改变超原子的参数得到传播相位外，还可引入几何相位，即通过将超原子旋转特定角度实现独立可控的圆偏振相位。超原子需要满足的传播相位和旋转角条件为

$$\begin{cases}\varphi_x=(\varphi_{\text{LCP}}+\varphi_{\text{RCP}})/2\\ \varphi_y=(\varphi_{\text{LCP}}+\varphi_{\text{RCP}})/2-\pi\\ \theta=(\varphi_{\text{RCP}}-\varphi_{\text{LCP}})/4\end{cases} \tag{7-53}$$

式中：φ_x,φ_y 分别表示 x、y 方向偏振入射下的相位响应；φ_{LCP}、φ_{RCP} 表示所需的圆偏振相位分布；θ 为超原子的旋转角度。

通过使用这些矩形硅柱(超原子)作为基本构件,所提出的双功能超表面可以实现可切换的幅相调控。接下来,将以功率可控的轴向和水平/竖直双焦点的产生为例,说明该方法的可行性和灵活性。除用作产生可切换的功率可控的双焦点或多焦点波的超透镜外这种方法还可以用于产生复杂的光场、高质量的全息图像以及其他需要完全操纵光场的应用。

(3)概念证明

Ⅰ.可切换的功率可控的轴向双焦点超透镜

首先,利用该方法设计了一种可切换光强比的轴向双焦点超透镜。对于 LCP 波入射,提出的超透镜用目标场的振幅和相位信息进行编码。而对于 RCP 波入射,只对相位信息进行编码。通过这样的对比,不仅可以显示该方法的双功能特性,而且可以表征其复振幅调制的可行性。需要的复振幅分布可以表示为

$$\begin{cases}\varphi_1=\dfrac{2\pi}{\lambda}\left(\sqrt{r^2+f_1^2}-f_1\right)\\ \varphi_2=\dfrac{2\pi}{\lambda}\left(\sqrt{r^2+f_2^2}-f_2\right)\\ E=\alpha_1\exp(\mathrm{i}\varphi_1)+\alpha_2\exp(\mathrm{i}\varphi_2)\\ A=abs(E)\\ \varphi_{\text{RL}}=angle(E)\\ \varphi_{\text{LR}}=abs(E)\times angle(E)\end{cases} \tag{7-54}$$

式中：f_1 和 f_2 为焦距，f_1=3.7 mm，f_2=8 mm；φ_1 和 φ_2 为产生焦距 f_1 和 f_2 的聚焦光束的相位分布；λ 为 0.9 THz 对应的设计波长；α_1 和 α_2 为两个焦点的振幅($\alpha_1:\alpha_2$=1∶1)；E 为设计的复振幅分布；A 为目标场的振幅信息；φ_{RL} 和 φ_{LR} 分别为 RCP 波和 LCP 波入射对应的透射 LCP 分量和 RCP 分量的相位。

图 7-54 所示为轴向双焦点超透镜的设计与表征。首先,讨论 LCP 波入射的情况。模拟的轴向强度(无量纲)分布如图 7-54(d)所示。按照理论设计,在光轴上产生两个焦点。图 7-54(e)和(f)所示分别为 $z=f_1$ 和 $z=f_2$ 处的模拟强度分布。这两个焦平面上的强度分布如图 7-54(j)所示。可以看出,这两个焦点具有相同的峰值强度。第一个焦点的半高全宽小于第二个焦点。其次,讨论 RCP 波入射的情况。作为对比,本研究只对该通道中目标光场的相位信息进行编码。相应的强度分布如图 7-54(g)至(i)所示,两个焦平面上的强度分布如图 7-54(k)所示。可以看出,虽然在设定的位置产生了两个焦点,但它们的峰值强度并不相同。图 7-54(l)所示为 LCP、RCP 波入射下沿光轴的强度分布。可以看出,编码强度和相位信息的通道会同时产生两个强度相等的焦点,而另一个通道也能产生两个焦点,但不能调制目标的强度。这可以直接说明这种复振幅方案的可行性。但是需要注意的是,编码振幅信息会造成一定的能量损失,导致聚焦效率略有下降。

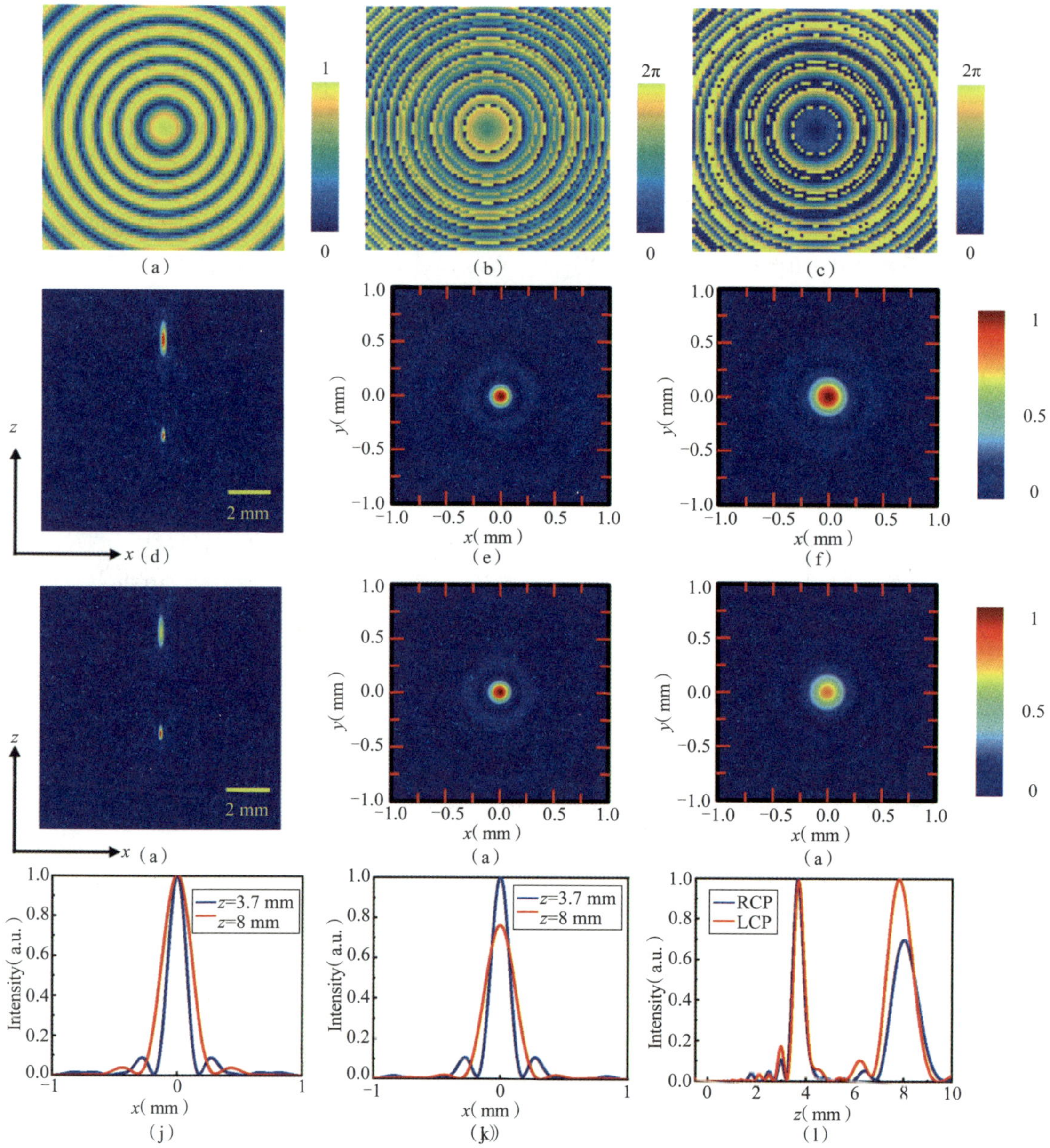

图 7-55　轴向双焦点超透镜的设计与表征

(a)目标场所需的振幅分布;(b)目标场所需的相位分布;(c)编码相位分布;
(d)LCP 波入射时的透射场轴向强度分布;(e)LCP 波入射时第一焦平面上的模拟透射场分布;
(f)LCP 波入射时第二焦平面上的模拟透射场分布;(g)RCP 波入射时的透射场轴向强度分布;
(h)RCP 波入射时第一焦平面上的模拟透射场分布;(i)RCP 波入射时第二焦平面上的模拟透射场分布;
(j)LCP 波入射下两个焦平面上的强度分布;(k)RCP 波入射下两个焦平面上的强度分布;
(l)LCP 和 RCP 波入射下光轴方向强度分布对比

Ⅱ. 可切换的功率可控的水平 / 竖直双焦点超透镜

为了验证该方法的通用性和灵活性,设计了第二种超透镜,用以产生偏振相关的功率可控的多焦点。该超透镜在两个圆偏振通道中设计了两个独立的功能:LCP 波入射下产生 x 方向的强度比为 $\alpha_1 : \alpha_2 = 3 : 2$(能量比 $I_1 : I_2 = 2.25 : 1$)的焦点;RCP 波入射下产生 y 方向的强度比为 $\alpha_3 : \alpha_4 = 2 : 1$

（能量比 $I_3:I_4=4:1$）的焦点。为了实现这种双功能器件，所需要的编码复振幅分布描述为

$$\begin{cases}\varphi_1=\dfrac{2\pi}{\lambda}(\sqrt{(x+\xi)^2+y^2+f^2}-f)\\ \varphi_2=\dfrac{2\pi}{\lambda}(\sqrt{(x-\xi)^2+y^2+f^2}-f)\\ \varphi_3=\dfrac{2\pi}{\lambda}(\sqrt{x^2+(y+\xi)^2+f^2}-f)\\ \varphi_4=\dfrac{2\pi}{\lambda}(\sqrt{x^2+(y-\xi)^2+f^2}-f)\\ E_1=\alpha_1\exp(\mathrm{i}\varphi_1)+\alpha_2\exp(\mathrm{i}\varphi_2)\\ E_2=\alpha_3\exp(\mathrm{i}\varphi_3)+\alpha_4\exp(\mathrm{i}\varphi_4)\\ \varphi_{\mathrm{LR}}=abs(E_1)\times angle(E_1)\\ \varphi_{\mathrm{RL}}=abs(E_2)\times angle(E_2)\end{cases} \tag{7-55}$$

式中：ξ=800 μm 为产生离轴焦点；f=8 mm 为焦距；φ_{LR}、φ_{RL} 分别为 LCP、RCP 波入射时的透射 RCP、LCP 分量的相位分布。

LCP 波入射下透射 RCP 分量的模拟轴向强度分布（xOz）如图 7-55（a）所示，可以看到 2 个焦点，焦平面上的强度分布如图 7-55（e）所示，x 方向的强度分布如图 7-55（g）所示。这两个焦点的强度比约为 2.25：1。RCP 波入射下透射 LCP 分量的模拟轴向强度分布（yOz）如图 7-55（b）所示，可以看到 2 个焦点，焦平面上的强度分布如图 7-55（f）所示，y 方向的强度分布如图 7-55（h）所示。这两个焦点的强度比约为 4：1。

通过比较，可见仿真结果与理论设计结果吻合较好。为了更好地验证本研究所提设计的可行性，制作了一个样品，如图 7-55（c）和（d），并利用太赫兹数字全息成像系统分析样品的光调制特性。样品采用标准紫外光刻和电感耦合等离子体（ICP）刻蚀技术制备。振幅和相位信息可以通过对时域信号进行傅里叶变换得到。LCP 和 RCP 波入射下的强度分布如图 7-55（e）和（f）中的插图所示。测试得到的焦平面上 x、y 方向上的强度分布如图 7-55（g）和（h）所示。可以看出，测试得到的强度分布和强度与模拟结果吻合较好。

（4）超透镜的宽带性能

本研究讨论了两个圆偏振通道的宽带性能，结果如图 7-56 所示。图 7-56（a）所示为 LCP 波入射时的轴向强度分布（xOz），入射波的频率为 0.7~1.1 THz。当入射频率为 0.9 THz 时，在设置的焦距（z=8 mm）处产生两个焦点。可以看出，焦距随着入射频率的增加而增大。图 7-56（b）所示为不同入射频率下产生的两个焦点在 x 方向上的强度比。显然，虽然焦距随入射频率的变化而变化，但两个焦点的强度比逐渐减小，与设计值（$\alpha_1:\alpha_2=3:2$）相比变化不大。对于 RCP 入射波，不同频率的 RCP 波入射下对应的轴向强度分布 yOz 如图 7-56（c）所示。可见焦距随入射频率的变化规律与 LCP 波入射时的情况相同。图 7-56（d）所示为不同入射波频率下 y 方向的强度比，可见两个焦点的强度比变化也较小，在设计值（$\alpha_3:\alpha_4=2:1$）附近。也就是说，虽然所提出的超透镜具有明显的色散，但在较宽的带宽内，光场的可切换复振幅调制仍然有效。

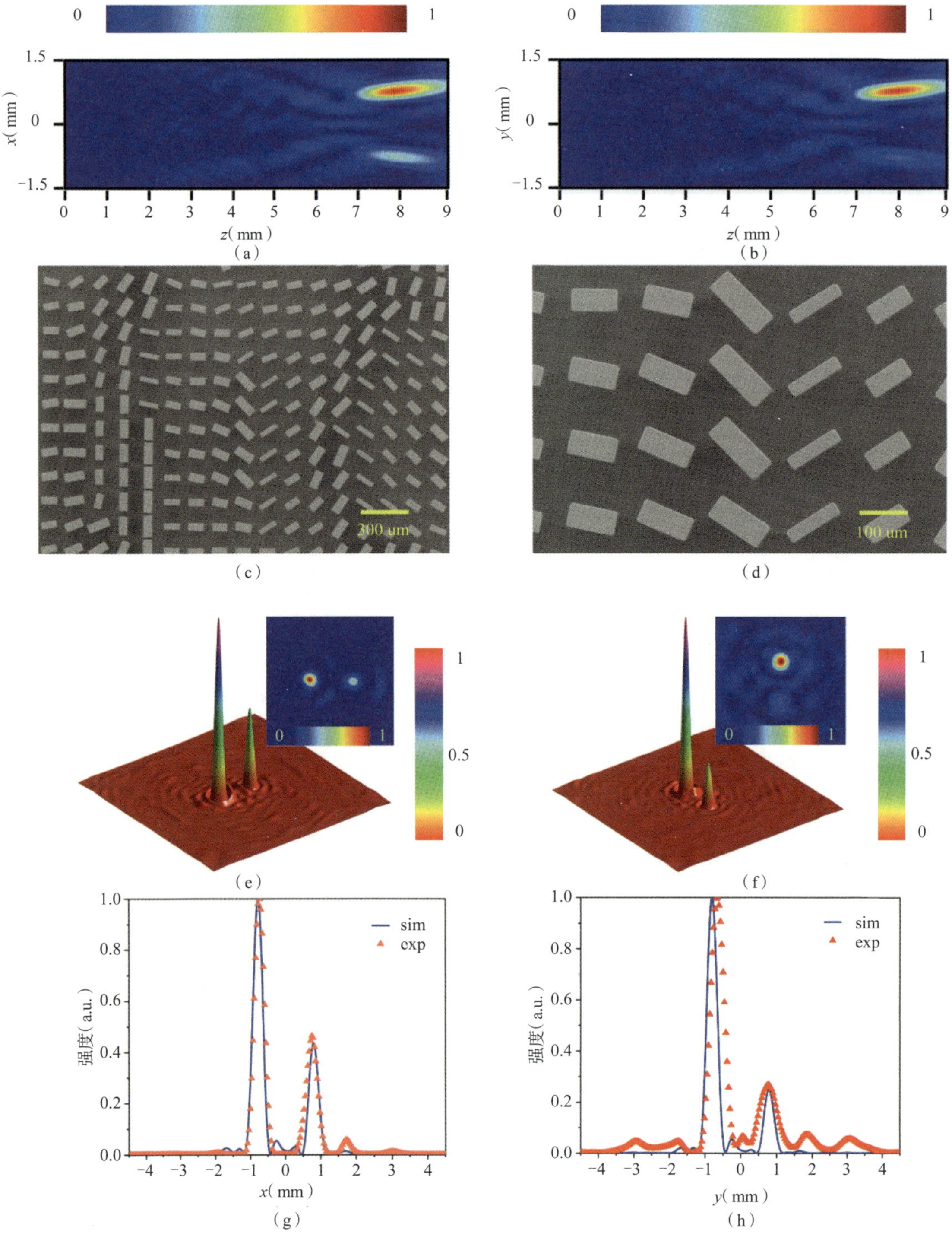

图 7-55　水平 / 竖直双焦点超透镜的性能

(a)LCP 波入射下透射 RCP 分量的轴向强度分布图(*xOz*);(b)RCP 波入射下透射 LCP 分量的轴向强度分布(*yOz*);
(c)样品 SEM 图像;(d)样品超原子细节 SEM 图像;(e)LCP 波入射下焦平面上 RCP 分量的强度分布,插图为测量的强度分布;
(f)RCP 波入射下 LCP 分量的强度分布;(g)LCP 波入射下,模拟和测量的焦平面上 *x* 方向强度分布;
(h)RCP 波入射下,模拟和测量的焦平面上 *y* 方向强度分布

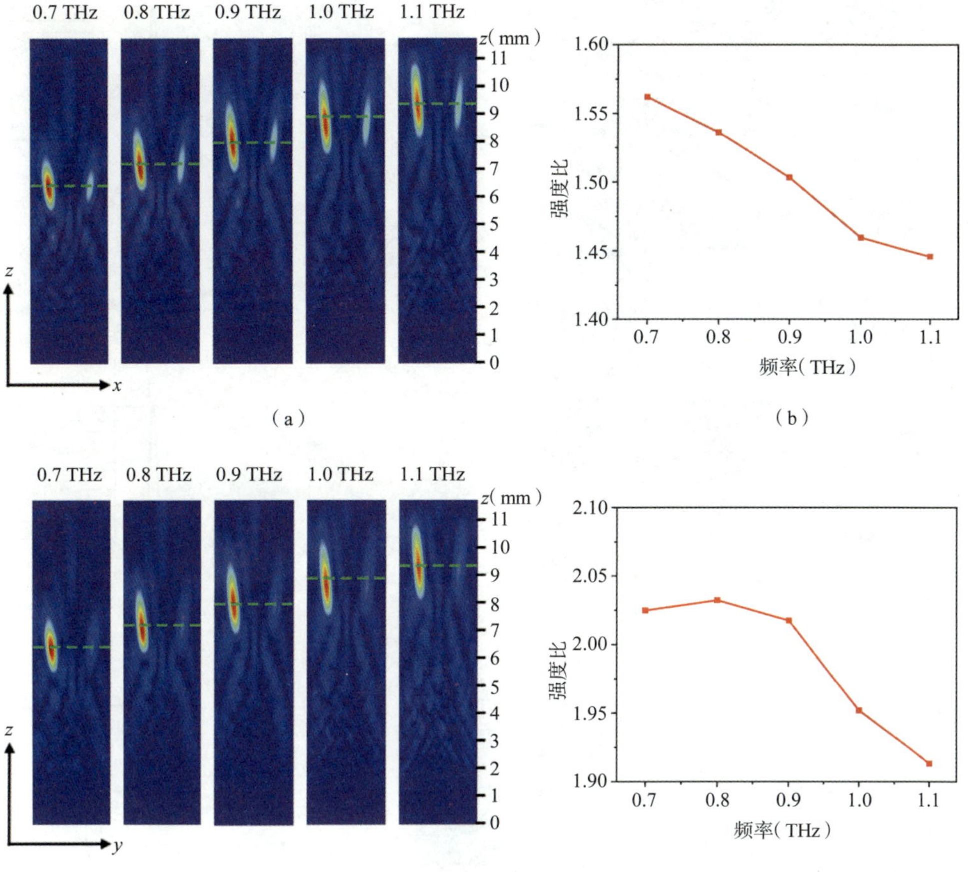

图 7-56 不同入射频率下的超透镜宽带性能

(a)LCP 波入射下的轴向强度分布;(b)两个焦点 x 方向的强度比;
(c)RCP 波入射下的轴向强度分布;(d)两个焦点 y 方向的强度比

(5)超透镜在光泵浦下的动态聚焦行为

下面研究超透镜在光泵浦下的动态聚焦行为。在前述工作中,动态手性行为是在光泵浦(1 064 nm 连续波)作用下产生的。高阻硅中的光生载流子随着泵浦功率的增大而增加,这会降低硅样品的透射率。在 LCP 波入射下,随着硅电导率增加的强度(无量纲)分布如图 7-57(a)所示,所示强度分布用电导率 σ=0 S/m 时的峰值进行了归一化处理。随着硅导电率的增大,焦平面 x 方向的强度分布如图 7-57(c)所示。可以看出,随着电导率从 0 S/m 增大到 40 S/m,两个焦点的强度逐渐降低到 0。在 RCP 波入射下,随着硅电导率增加的强度分布如图 7-57(b)所示。同样,随着电导率的增加,两个焦点在 y 方向的强度也逐渐减小,如图 7-57(d)所示。随着硅电导率的增加,所产生的两个焦点在 x、y 方向的强度比如图 7-57(e)所示。显然,随着硅电导率的增加,水平 / 竖直两个焦点的强度比几乎保持不变。这种动态特性使本研究的方案可以用于动态全息、动态成像、动态显示和其他有趣的领域。

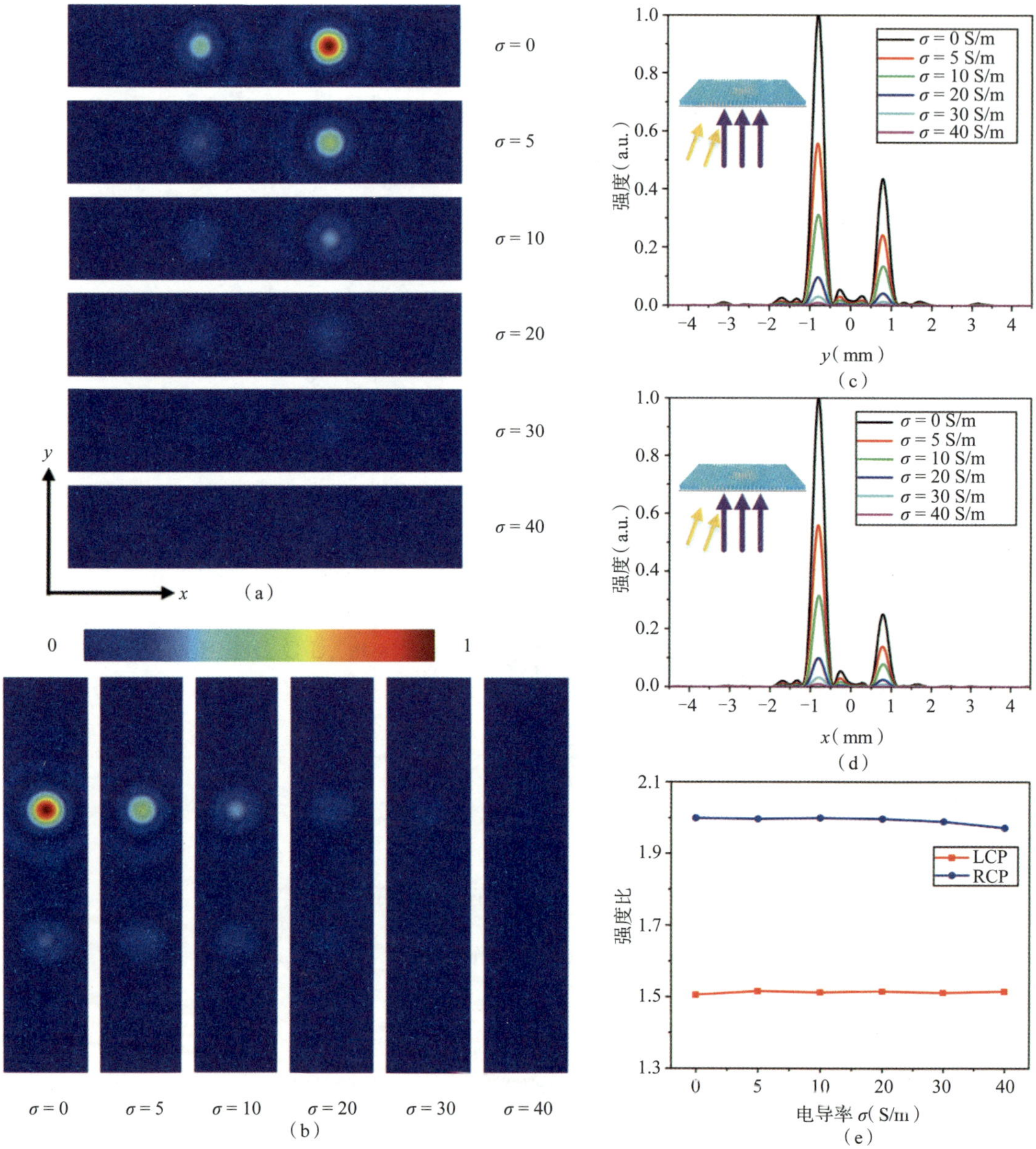

图 7-57　光泵浦引起的动力学行为

(a)LCP 波入射下的模拟强度分布;(b)RCP 波入射下的模拟强度分布;
(c)LCP 波入射下焦平面 x 方向的强度分布;(d)RCP 波入射下焦平面 y 方向的强度分布;(e)两个焦点的强度比

(6)小结

综上,本研究提出了一种全硅的双功能超表面,通过自旋解耦和编码复振幅信息实现太赫兹波段可切换的振幅相位同时调制。对所提出的可切换的功率可控的轴向双焦点超透镜的分析,证实了这种复振幅调制方案的可行性。对所提出的可切换的功率可控的水平 / 竖直双焦点超透镜的分析,证实了该方法的可行性和灵活性。此外,本研究还讨论了光泵浦引起的宽带性能和动态聚焦行为。所提出的可切换的复振幅调制方案在宽频带内有效,可应用于动态全息、动态成像、动态显示等领域。

7.3.2　基于超表面的多通道太赫兹偏振及轨道角动量调控器件

涡旋光束携带轨道角动量（OAM）在粒子操控和数据传输等领域有着广泛的应用。OAM模式的叠加在经典物理和量子科学中具有重要意义。SAM-OAM的灵活控制可以为多功能器件的设计提供更多自由度。本小节介绍一项研究，其提出一种全介质超表面，通过将各向异性和各向同性的超原子进行空间交织排列，构成能够在太赫兹波段产生偏振可调的涡旋叠加态的超表面。结合P-B相位和传播相位实现了任意SAM到OAM的转换。该超表面不仅可以在横向偏振中产生多个OAM叠加态，还可以在纵向偏振中实现两个任意拓扑荷的OAM叠加态。本研究设计了多个超表面来验证该多功能设计，并在实验中验证了理论的可行性。这种多功能设计可以应用于粒子操纵、通信、谐波产生等领域。

（1）研究介绍

涡旋光束因为携带OAM而引起研究者的广泛关注。它具有螺旋形相位分布（$\exp(il\varphi)$）和环状的强度分布，其中l是每个光子的OAM对应的拓扑荷，φ是方位角（相位）。涡旋光束由于其携带OAM的物理特性，被广泛应用于多路复用OAM光通信、光学镊子、量子信息编码等。特别地，OAM叠加态在计量学、量子科学和通信等领域有重要价值。高阶OAM模式的叠加可用于超灵敏的角度测量。在玻色-爱因斯坦（Bose-Einstein）凝聚中，多OAM状态还可以用于生成原子旋转状态的任意叠加。携带OAM的涡旋波在增大通信系统的数据容量方面显示出应用前景，因为它们的多个正交模式可以在单个通信信道中同时以相同的频率传输。

众所周知，光子携带有两种不同的角动量，分别是SAM和OAM。SAM代表光的偏振状态，而OAM与光的空间分布相关。尽管模式转换、全息、螺旋相位板和螺旋波带片等都可以用来产生涡旋光束，但通常不涉及SAM和OAM之间的相互作用。与上述不同的是，几何相位元件可以在SAM和OAM之间建立联系，但只能输出两个共轭的OAM态。2017年，德夫林（Devlin）等提出了一种实现任意SAM-OAM转换的方法，克服了上述的限制。除此之外，当近轴光束被紧聚焦时，在焦点区域会产生强烈的纵向分量。研究表明，通过对入射圆偏振光束进行紧聚焦，可以在电场的纵向分量产生螺旋相位[20]。

超表面由于其在光操纵方面的潜在突破，引起了科学界的广泛关注。超表面已经在超透镜[21]、自旋霍尔效应、全息和涡旋发生器等领域得到了广泛应用。为了进一步满足对大容量扁平电磁设备的需求，将独立的偏振控制集成到单个元件上是至关重要的。这些具有各向异性结构的超表面仅能工作在两个以下的正交线偏振态，这给实际应用造成了严重限制。通过引入几何相位，超表面被用于在左旋圆偏振（LCP）和右旋圆偏振（RCP）下实现偏振复用。然而，LCP和RCP波入射下的功能锁定在一起，这种单调的功能会带来很大的局限性并限制实际应用。最近，通过组合几何相位和传播相位实现了完全的相位和偏振控制，并用来实现光束偏折、聚焦以及涡旋光束的产生等。然而，相关器件大多采用多层或反射式结构设计，这些在太赫兹应用中具有一定的局限性。

本研究采用两种硅柱超原子空间交织的全介质超表面，在入射光的共极化和交叉极化分量中产生多个涡旋态以及任意的涡旋叠加态。通过结合几何相位和传播相位，实现了任意的SAM-OAM的转换。在三个独立的偏振通道实现不同拓扑荷的OAM态，并且可以简单地控制出射光的偏振态操纵OAM的叠加。除此之外，得益于紧聚焦下的SAM-OAM的转换，本研究还在纵向偏振中实现了任意涡旋的叠加。通过调整OAM模式的数量和分布，可以提供更多的OAM态，在一定程度上为太赫兹通信和量子科学等领域提供了更多机会和可能性。

图 7-58 所示为所提出的用于生成多个 OAM 态及其叠加态的多功能超表面。由图 7-58（a）可以看出，各向异性和各向同性的超原子在空间上交错排列。各向异性超原子为 LCP 和 RCP 波入射下的交叉极化分量提供了独立的附加相位，这是通过调整超原子的结构参数和旋转角度实现的；而各向同性超原子则通过改变超原子的大小引入共极化分量的调制相位。利用这种设计，理论上可以任意控制两种圆偏振波入射下透射波的拓扑荷。通过调整入射偏振，可以在 3 个透射偏振态下产生 3 个 OAM 态和 2 个 OAM 叠加态。如图 7-58（b）所示，在不同的圆偏振波入射下，不同的偏振态会显示出不同的模式。例如，在 LCP 波入射下，透射的 RCP 分量携带的拓扑荷 $m=-2$，LCP 分量的拓扑荷 $n=+2$，线偏振（LP）分量可以观察到 m 和 n 的 OAM 态的叠加。对于 RCP 波入射，透射的 RCP 分量携带的拓扑荷 $n=+2$，LCP 分量的拓扑荷 $q=-3$，LP 分量为 n 和 q 的叠加态。

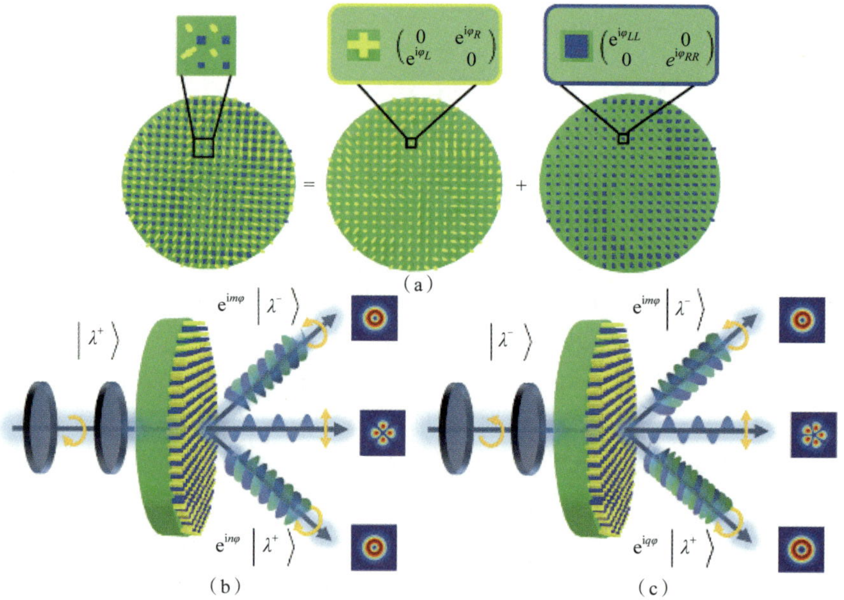

图 7-58　多功能超表面示意

（a）超原子阵列的构成；（b）LCP 波入射情况；（c）RCP 波入射情况

（2）设计与方法

Ⅰ. 自旋解耦和偏振保持的通用方案

下面分别分析自旋解耦和偏振保持的物理机制。先描述在透射模式下实现自旋解耦控制的物理机制。基于线偏振基，琼斯矩阵可以描述为其相位 φ_x、φ_y 和超原子旋转角 α 的函数，其表达式为

$$\boldsymbol{J}(\alpha)=\boldsymbol{M}(\alpha)^{\mathrm{T}}\times\boldsymbol{T}\times\boldsymbol{M}(\alpha)=\boldsymbol{M}(\alpha)^{\mathrm{T}}\times\begin{bmatrix} t_{xx} & 0 \\ 0 & t_{yy} \end{bmatrix}\times\boldsymbol{M}(\alpha) \tag{7-56}$$

式中：$\boldsymbol{M}(\alpha)=\begin{bmatrix} \cos\alpha & -\sin\alpha \\ \sin\alpha & \cos\alpha \end{bmatrix}$为旋转矩阵；$\boldsymbol{T}$ 为超原子的线性透射系数矩阵，其中 $t_{xx}=T_x\mathrm{e}^{\mathrm{i}\varphi_{xx}}$，$t_{yy}=T_y\mathrm{e}^{\mathrm{i}\varphi_{yy}}$。

由于 T_x、T_y 及 φ_{xx}、φ_{yy} 分别表示 x 和 y 方向的透射率和相位。基于此，琼斯矩阵可以表示为

$$\boldsymbol{J}(\alpha)=\begin{bmatrix}\cos\alpha & \sin\alpha\\ -\sin\alpha & \cos\alpha\end{bmatrix}\times\begin{bmatrix}t_{xx} & 0\\ 0 & t_{yy}\end{bmatrix}\times\begin{bmatrix}\cos\alpha & -\sin\alpha\\ \sin\alpha & \cos\alpha\end{bmatrix}$$
$$=\begin{bmatrix}t_{xx}\cdot\cos^2\alpha+t_{yy}\cdot\sin^2\alpha & -t_{xx}\cdot\sin\alpha\cos\alpha+t_{yy}\cdot\sin\alpha\cos\alpha\\ -t_{xx}\cdot\sin\alpha\cos\alpha+t_{yy}\cdot\sin\alpha\cos\alpha & t_{xx}\cdot\sin^2\alpha+t_{yy}\cdot\cos^2\alpha\end{bmatrix} \tag{7-57}$$

如果超原子的透射率在 x 和 y 方向偏振入射下保持不变（$T_x=T_y=1$），并且有 π 的相位差（$\varphi_{xx}=\varphi_{yy}+\pi$），将会有 $t_{yy}=T_y\mathrm{e}^{\mathrm{i}\varphi_{yy}}=-T_x\mathrm{e}^{\mathrm{i}\varphi_{xx}}=-t_{xx}$。当 RCP 波入射时，透射电场为

$$\vec{\boldsymbol{E}}_{\text{out}}=\boldsymbol{J}(\alpha)\vec{\boldsymbol{E}}_{\text{in}}$$
$$=\begin{bmatrix}t_{xx}\cos^2\alpha+t_{yy}\sin^2\alpha & -t_{xx}\sin\alpha\cos\alpha+t_{yy}\sin\alpha\cos\alpha\\ -t_{xx}\sin\alpha\cos\alpha+t_{yy}\sin\alpha\cos\alpha & t_{xx}\sin^2\alpha+t_{yy}\cos^2\alpha\end{bmatrix}\cdot\begin{bmatrix}1\\ \mathrm{i}\end{bmatrix}$$
$$=\begin{bmatrix}t_{xx}\cos^2\alpha+t_{yy}\sin^2\alpha+\mathrm{i}\left(-t_{xx}\sin\alpha\cos\alpha+t_{yy}\sin\alpha\cos\alpha\right)\\ -t_{xx}\sin\alpha\cos\alpha+t_{yy}\sin\alpha\cos\alpha+\mathrm{i}\left(t_{xx}\sin^2\alpha+t_{yy}\cos^2\alpha\right)\end{bmatrix}$$
$$=\begin{bmatrix}t_{xx}\left(\cos^2\alpha-\sin^2\alpha\right)+\mathrm{i}\left(-2t_{xx}\sin\alpha\cos\alpha\right)\\ -2t_{xx}\sin\alpha\cos\alpha+\mathrm{i}t_{xx}\left(\sin^2\alpha-\cos^2\alpha\right)\end{bmatrix}$$
$$=\begin{bmatrix}t_{xx}\cos2\alpha-\mathrm{i}t_{xx}\sin2\alpha\\ -t_{xx}\sin2\alpha-\mathrm{i}t_{xx}\cos2\alpha\end{bmatrix}=\begin{bmatrix}t_{xx}\mathrm{e}^{-\mathrm{i}\cdot2\alpha}\\ -\mathrm{i}t_{xx}\mathrm{e}^{-\mathrm{i}\cdot2\alpha}\end{bmatrix}=t_{xx}\mathrm{e}^{-\mathrm{i}2\alpha}\begin{bmatrix}1\\ -\mathrm{i}\end{bmatrix}=\mathrm{e}^{\mathrm{i}(\varphi_{xx}-2\alpha)}\left|\vec{\boldsymbol{L}}\right\rangle \tag{7-58}$$

当 LCP 波入射时，透射电场为

$$\vec{\boldsymbol{E}}_{\text{out}}=\boldsymbol{J}(\alpha)\vec{\boldsymbol{E}}_{\text{in}}$$
$$=\begin{bmatrix}t_{xx}\cos^2\alpha+t_{yy}\sin^2\alpha & -t_{xx}\sin\alpha\cos\alpha+t_{yy}\sin\alpha\cos\alpha\\ -t_{xx}\sin\alpha\cos\alpha+t_{yy}\sin\alpha\cos\alpha & t_{xx}\sin^2\alpha+t_{yy}\cos^2\alpha\end{bmatrix}\cdot\begin{bmatrix}1\\ -\mathrm{i}\end{bmatrix}$$
$$=t_{xx}\mathrm{e}^{\mathrm{i}2\alpha}\begin{bmatrix}1\\ \mathrm{i}\end{bmatrix}=\mathrm{e}^{\mathrm{i}(\varphi_{xx}+2\alpha)}\left|\vec{\boldsymbol{R}}\right\rangle \tag{7-59}$$

另一方面，对于圆偏振基，透射电场可以用琼斯矩阵表示为

$$\vec{\boldsymbol{E}}_{\text{cir}}=\boldsymbol{T}_{\text{cir}}\cdot\begin{pmatrix}E_{\mathrm{L}}^{\mathrm{i}}\\ E_{\mathrm{R}}^{\mathrm{i}}\end{pmatrix}=\begin{pmatrix}T_{\mathrm{LL}} & T_{\mathrm{LR}}\\ T_{\mathrm{RL}} & T_{\mathrm{RR}}\end{pmatrix}\cdot\begin{pmatrix}E_{\mathrm{L}}^{\mathrm{i}}\\ E_{\mathrm{R}}^{\mathrm{i}}\end{pmatrix} \tag{7-60}$$

式中：$\vec{\boldsymbol{E}}_{\text{cir}}$ 为透射电场；$(E_{\mathrm{L}}^{\mathrm{i}},E_{\mathrm{R}}^{\mathrm{i}})^{\mathrm{T}}$ 为入射波；$\boldsymbol{T}_{\text{cir}}$ 为圆偏振基的透射矩阵；T_{LL}、T_{LR}、T_{RL}、T_{RR} 为透射幅度，第一个下标表示入射波的偏振态，第二个下标表示透射波的偏振态。

结合入射和透射矩阵，得到的圆偏振基的透射矩阵为

$$\boldsymbol{T}_{\text{cir}}=\begin{pmatrix}T_{\mathrm{LL}} & T_{\mathrm{LR}}\\ T_{\mathrm{RL}} & T_{\mathrm{RR}}\end{pmatrix}=\begin{pmatrix}0 & \mathrm{e}^{\mathrm{i}(\varphi_{xx}-2\alpha)}\\ \mathrm{e}^{\mathrm{i}(\varphi_{xx}+2\alpha)} & 0\end{pmatrix} \tag{7-61}$$

透射电场可以改写为

$$\vec{\boldsymbol{E}}_{\text{cir}}=\begin{pmatrix}0 & \mathrm{e}^{\mathrm{i}(\varphi_{xx}-2\alpha)}\\ \mathrm{e}^{\mathrm{i}(\varphi_{xx}+2\alpha)} & 0\end{pmatrix}\cdot\begin{pmatrix}E_{\mathrm{L}}^{\mathrm{i}}\\ E_{\mathrm{R}}^{\mathrm{i}}\end{pmatrix}=\begin{pmatrix}\mathrm{e}^{\mathrm{i}(\varphi_{xx}-2\alpha)}\cdot E_{\mathrm{R}}\\ \mathrm{e}^{\mathrm{i}(\varphi_{xx}+2\alpha)}\cdot E_{\mathrm{L}}\end{pmatrix}=\begin{pmatrix}\mathrm{e}^{\mathrm{i}\varphi_{\mathrm{L}}}\cdot E_{\mathrm{L}}\\ \mathrm{e}^{\mathrm{i}\varphi_{\mathrm{R}}}\cdot E_{\mathrm{R}}\end{pmatrix} \tag{7-62}$$

从式(7-62)可以得出 $\varphi_{\mathrm{L}}=\varphi_{xx}-2\alpha$，$\varphi_{\mathrm{R}}=\varphi_{xx}+2\alpha$，$\alpha=(\varphi_{\mathrm{R}}-\varphi_{\mathrm{L}})/4$。

此外，根据 x 和 y 方向偏振入射下的相位差($\varphi_{xx}=\varphi_{yy}+\pi$)，$x$ 和 y 方向偏振入射下的透射相位可以表示为

$$\begin{cases}\varphi_{xx}=(\varphi_{\mathrm{L}}+\varphi_{\mathrm{R}})/2\\ \varphi_{yy}=(\varphi_{\mathrm{L}}+\varphi_{\mathrm{R}})/2-\pi\end{cases} \tag{7-63}$$

对于偏振保持的物理机制，基于圆偏振基，透射电场可以用琼斯矩阵描述。如果在 x 和 y 方向偏振入射下透射率保持不变($T_x=T_y=1$)且具有相同的相移($\varphi_x=\varphi_y$)，将会有 $t_x=T_x\mathrm{e}^{\mathrm{i}\varphi_x}=T_y\mathrm{e}^{\mathrm{i}\varphi_y}=t_y$。透射矩阵将变为

$$\boldsymbol{T}_{\mathrm{cir}}=\begin{pmatrix}T_{\mathrm{LL}} & T_{\mathrm{LR}}\\ T_{\mathrm{RL}} & T_{\mathrm{RR}}\end{pmatrix}=\begin{pmatrix}\mathrm{e}^{\mathrm{i}\varphi_x} & 0\\ 0 & \mathrm{e}^{\mathrm{i}\varphi_x}\end{pmatrix} \tag{7-64}$$

透射电场可以用琼斯矩阵表示为

$$\begin{pmatrix}E_{\mathrm{L}}^{\mathrm{t}}\\ E_{\mathrm{R}}^{\mathrm{t}}\end{pmatrix}=\begin{pmatrix}\mathrm{e}^{\mathrm{i}\varphi_x} & 0\\ 0 & \mathrm{e}^{\mathrm{i}\varphi_x}\end{pmatrix}\cdot\begin{pmatrix}E_{\mathrm{L}}^{\mathrm{i}}\\ E_{\mathrm{R}}^{\mathrm{i}}\end{pmatrix}=\begin{pmatrix}\mathrm{e}^{\mathrm{i}\varphi_x}\cdot E_{\mathrm{L}}^{\mathrm{i}}\\ \mathrm{e}^{\mathrm{i}\varphi_x}\cdot E_{\mathrm{R}}^{\mathrm{i}}\end{pmatrix}=\begin{pmatrix}\mathrm{e}^{\mathrm{i}\varphi_{\mathrm{LL}}}\cdot E_{\mathrm{L}}^{\mathrm{i}}\\ \mathrm{e}^{\mathrm{i}\varphi_{\mathrm{RR}}}\cdot E_{\mathrm{R}}^{\mathrm{i}}\end{pmatrix} \tag{7-65}$$

从式(7-65)可以得出，$\varphi_{\mathrm{LL}}=\varphi_x$ 和 $\varphi_{\mathrm{RR}}=\varphi_x$。

Ⅱ. 超原子设计

为了实现同时控制同偏振和交叉极化分量，超像素由两个超原子组成，如图 7-59(a)和(b)所示。超原子由硅柱(ε=11.9，柱高 h=150 μm)构成，周期 P=150 μm。图 7-59(a)所示的超原子由两个正交的硅柱构成，两个矩形硅柱的长度分别为 L_1 和 L_2，宽度相同 w=30 μm。图 7-59(b)所示正方形超原子的边长为 L。基于有限积分模拟，在 y 方向偏振波入射下，超原子 y 方向的透射率 T_y 和相移 φ_{yy}，如图 7-59(c)和(d)所示。为了满足自旋解耦的设计原理，在 x 和 y 方向偏振波入射条件下，超原子的透射率几乎相等($T_x=T_y$)，但存在 π 相位差($\varphi_{xx}=\varphi_{yy}+\pi$)。众所周知，为了实现对入射光场的相位调制，相移需要覆盖 2π 的相移。通过优化超原子的参数，如图 7-59(f)所示，选择满足 LCP 和 RCP 波入射下交叉极化分量相位要求的 64 个超原子，该过程结合了传播相位和几何相位。在图 7-59(f)中，从 0 到 7 的 8 个数字表示相移从 0 到 7π/4 的 8 种设计，间隔为 π/4。图 7-59(e)所示为所选 8 个不同长度 L 的硅柱在 1.3 THz 时的模拟相移和透射率。它们的相移以 π/4 的增量覆盖 2π 范围，透射率保持在 0.6 左右，波动很小。通过结合这两种超原子(图 7-58(a))，可以同时控制入射的共极化和交叉极化。

(3)结果

为了验证本研究提出设计的可行性，制作了两个直径为 9 mm 的超表面样品，如图 7-60(a)和(b)所示。这两种超表面可以产生太赫兹涡旋及其叠加态。本研究利用太赫兹数字全息成像系统探究这两种超表面的特性，如图 7-60(c)所示。超表面样品采用深硅刻蚀法制备。在测试时，超表面样品受 y 方向偏振太赫兹波辐照，测量了透射共极化 T_{yy} 和透射交叉极化 T_{xy}；然后，将样品旋转 90°，再次测量透射共极化 T_{yy} 和透射交叉极化 T_{yx}；最后，将测试数据转换为圆偏振基，得到不同圆偏振的场分量，计算公式为

$$\begin{pmatrix}T_{\mathrm{RR}} & T_{\mathrm{RL}}\\ T_{\mathrm{LR}} & T_{\mathrm{LL}}\end{pmatrix}=\frac{1}{2}\begin{pmatrix}T_{xx}+T_{yy}+\mathrm{i}(T_{xy}-T_{yx}) & T_{xx}-T_{yy}-\mathrm{i}(T_{xy}+T_{yx})\\ T_{xx}-T_{yy}+\mathrm{i}(T_{xy}+T_{yx}) & T_{xx}+T_{yy}-\mathrm{i}(T_{xy}-T_{yx})\end{pmatrix} \tag{7-66}$$

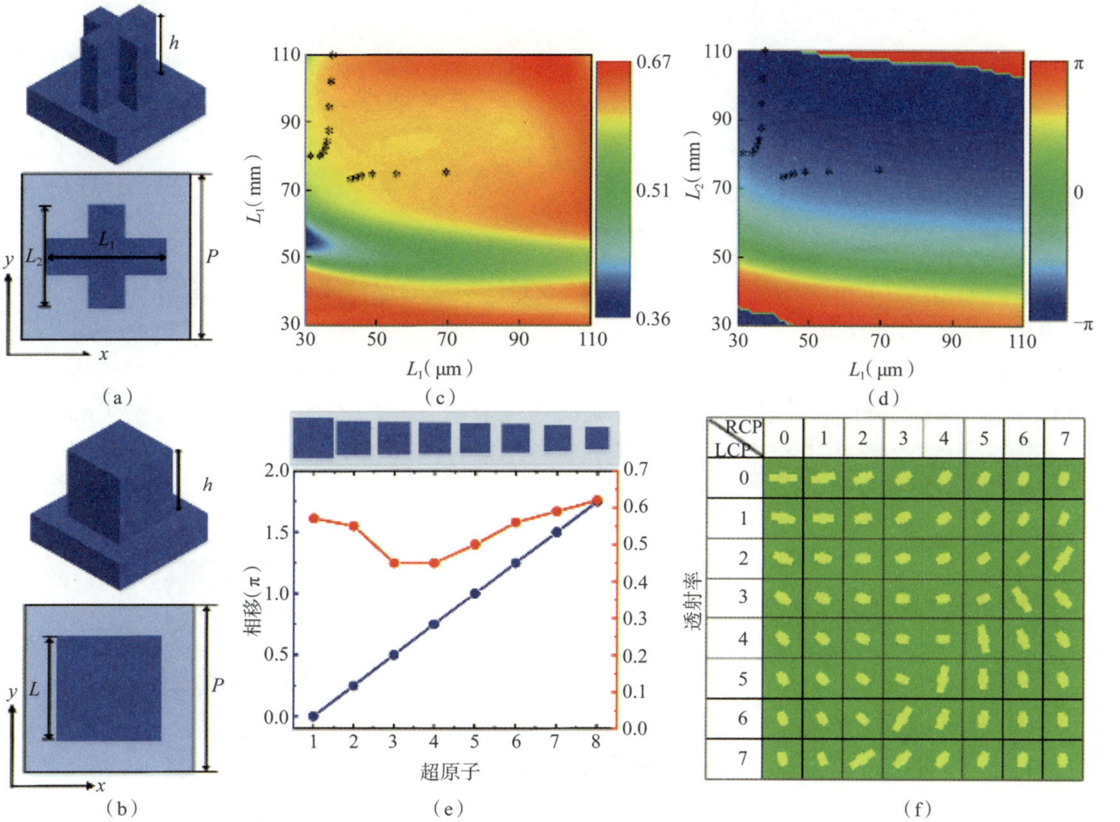

图 7-59 超原子的表征

(a)偏振转换超原子;(b)偏振保持超原子;(c)不同超原子的透射率谱;
(d)不同超原子的相位谱;(e)不同超原子的相移和透射率曲线;(f)实现自旋解耦的偏振转换超原子

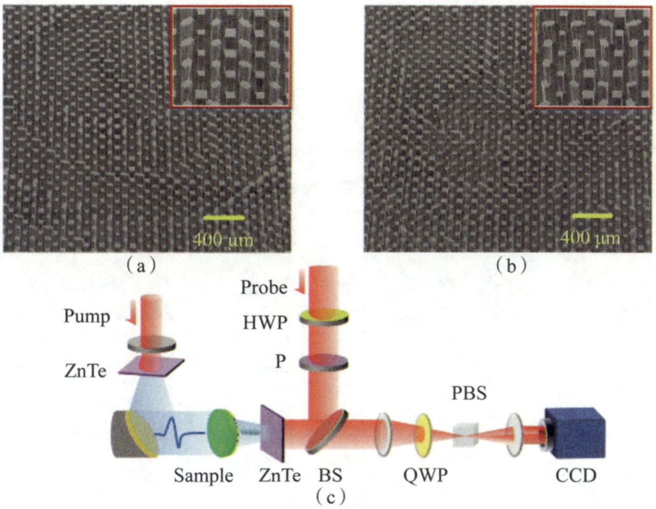

图 7-60 超表面样品及测试装置

(a)样品 1SEM 图像;(b)样品 2SEM 图像;(c)太赫兹数字全息成像系统

Ⅰ. 偏振复用的 OAM 叠加态产生器 1

首先,基于超表面样品 1(图 7-60(a)),研究拓扑荷相反的太赫兹涡旋的产生及两个涡旋的相

干叠加。该器件的设计相位分布表达式为

$$\begin{cases}\varphi_{\mathrm{LR}}=\dfrac{2\pi}{\lambda}(\sqrt{f^2+r^2}-f)-2\theta \\ \varphi_{\mathrm{RL}}=\dfrac{2\pi}{\lambda}(\sqrt{f^2+r^2}-f)-3\theta \\ \varphi_{\mathrm{LL}}=\varphi_{\mathrm{RR}}=\dfrac{2\pi}{\lambda}(\sqrt{f^2+r^2}-f)+2\theta\end{cases} \tag{7-67}$$

式中：f 为焦距，f=7.1 mm；(r,θ)为极坐标；λ 为 1.3 THz 对应的设计波长；φ_{LR} 为透射 RCP 电场分量随 LCP 波入射的相位分布。

用庞加莱（Poincaré）球描述叠加过程，小箭头表示透射偏振，如图 7-61（a）所示。图 7-61（b）所示为 LCP 波入射下仿真的透射 LCP 分量的轴向强度分布，虚线表示焦平面位置（z=7.1 mm）。图 7-61（c）所示为 LCP 和 RCP 波入射下的模拟和实验结果对比，焦平面位置 z=7.1 mm，测量结果由太赫兹数字全息成像系统得到。

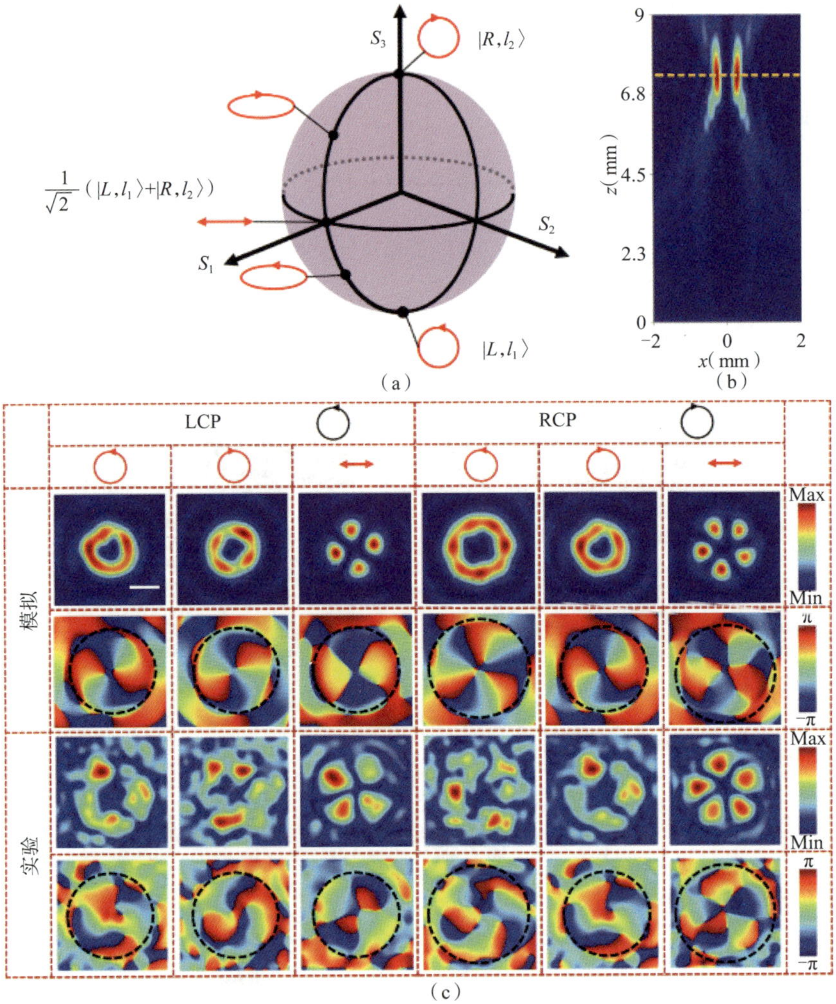

图 7-61　样品 1 的偏振复用 OAM 叠加态

（a）用庞加莱球描述叠加过程；（b）xOz 平面透射分布；（c）LCP 和 RCP 波入射下的模拟和实验结果

为了更清晰地解释OAM叠加的过程，使用高阶庞加莱球进行分析，从透射场中选取3种偏振态，对应LCP分量、水平LP分量和RCP分量，以庞加莱球面上沿子午线轨迹的点为几何表示，如图7-61（a）所示。对于这3个分量，LCP分量和RCP分量是单一的OAM态，即$|L,l_1\rangle$和$|R,l_2\rangle$；水平LP分量是两个OAM态的叠加，可以表示为$(|L,l_1\rangle+|R,l_2\rangle)/\sqrt{2}$。图7-61（c）所示为实验测得的3种偏振态的场分布，该结果是在1.38 THz条件下检测到的。由于硅深蚀刻制备技术存在误差，测试值和理论设计值略有偏差。在LCP波入射的情况下，透射的LCP分量产生的涡旋携带的拓扑荷l=+2，透射的RCP分量产生的涡旋携带的拓扑荷l=−2。对于水平LP态，则为拓扑荷相反的两束涡旋光束的相干叠加（$(|L,-3\rangle+|R,+2\rangle)/\sqrt{2}$）。两个具有相反拓扑荷的涡旋的叠加态是一个漂亮的花瓣图案，花瓣数$N=|l_1|+|l_2|$，其中l_1和l_2分别为两个涡旋的拓扑荷。将入射波转换为RCP波，透射LCP和RCP分量的拓扑荷l分别变为−3和+2。在此条件下检测透射的水平LP态，电场将是另外两个拓扑荷相反的涡旋叠加（$(|L,-3\rangle+|R,+2\rangle)/\sqrt{2}$）。从图7-61（c）可以看出，虽然实验测量到的透射谱分布并不均匀，但从相位谱可以清楚地看出，不同拓扑荷的涡旋确实产生了。上述分析表明，3个独立通道通过切换入射和透射偏振，产生具有3种拓扑荷的太赫兹涡旋。更有趣的是，通过观测透射LP态，可以得到两种OAM叠加态。此外，庞加莱球上的其他偏振对应不同的OAM叠加态。由于这种性质较为独特，OAM叠加态已在许多应用中被发现。这种灵活的OAM态的生成方式为其应用提供了更多机会和可能性。

Ⅱ. 偏振复用的OAM叠加态产生器2

为了展示设计的灵活性和功能性，本研究制造了第2个超表面（样品2），如图7-60（b）所示。该超表面可以在两个方向上生成OAM叠加态和几种OAM态。为了产生离轴的多个OAM态，相位分布可以描述为

$$\begin{cases}\varphi_{\mathrm{LR}}=\dfrac{2\pi}{\lambda}\left(\sqrt{f^2+\left(x^2+(y+\xi)^2\right)}-f\right)-3\theta\\ \varphi_{\mathrm{RL}}=\dfrac{2\pi}{\lambda}\left(\sqrt{f^2+\left(x^2+(y+\xi)^2\right)}-f\right)+3\theta\\ \varphi_{\mathrm{LL}}=\varphi_{\mathrm{RR}}=\dfrac{2\pi}{\lambda}\left(\sqrt{f^2+\left(x^2+(y-\xi)^2\right)}-f\right)-2\theta\end{cases}\tag{7-68}$$

式中：ξ=900 μm产生离轴涡旋；f为焦距，f= 7.1 mm。

图7-62（a）所示为5种OAM态的产生及叠加，其中子图（i）至（iii）为LCP/RCP波入射和LCP/RCP透射产生的OAM态，（iv）和（v）为LCP/RCP波入射和LP透射产生的OAM态，（vi）为LP入射和LP透射产生的OAM态和叠加态。如图7-62（a）的i至iii所示，在LCP/RCP波入射下，透射的交叉极化分量在下方产生的拓扑荷l分别为−3和+3的涡旋；透射的共极化分量在上方会产生拓扑荷l=−2的涡旋。当LCP/RCP波入射并检测LP分量时，会同时产生两个涡旋，在上方产生拓扑荷l=−2的涡旋，在下方产生拓扑荷l=−3/+3的涡旋。最后，当入射波为LP波，检测LP分量时，上方产生拓扑荷l=−2的涡旋，下方产生OAM叠加态（$(|L,+3\rangle+|R,-3\rangle)/\sqrt{2}$）。图7-62（b）所示的前5列为在LCP/RCP波入射下模拟和测量的场强和相位分布，第6列是模拟和测量的LP波入射下透射LP分量的场强和相位分布。比较模拟和测量结果可以看出，测量结果与模拟结果很好地实现了吻合，除由于制造误差导致的场强不均匀。除上面提到的，利用该技术可以设计更多通道，从而产生更多的涡旋和叠加图案，甚至产生涡旋阵列。

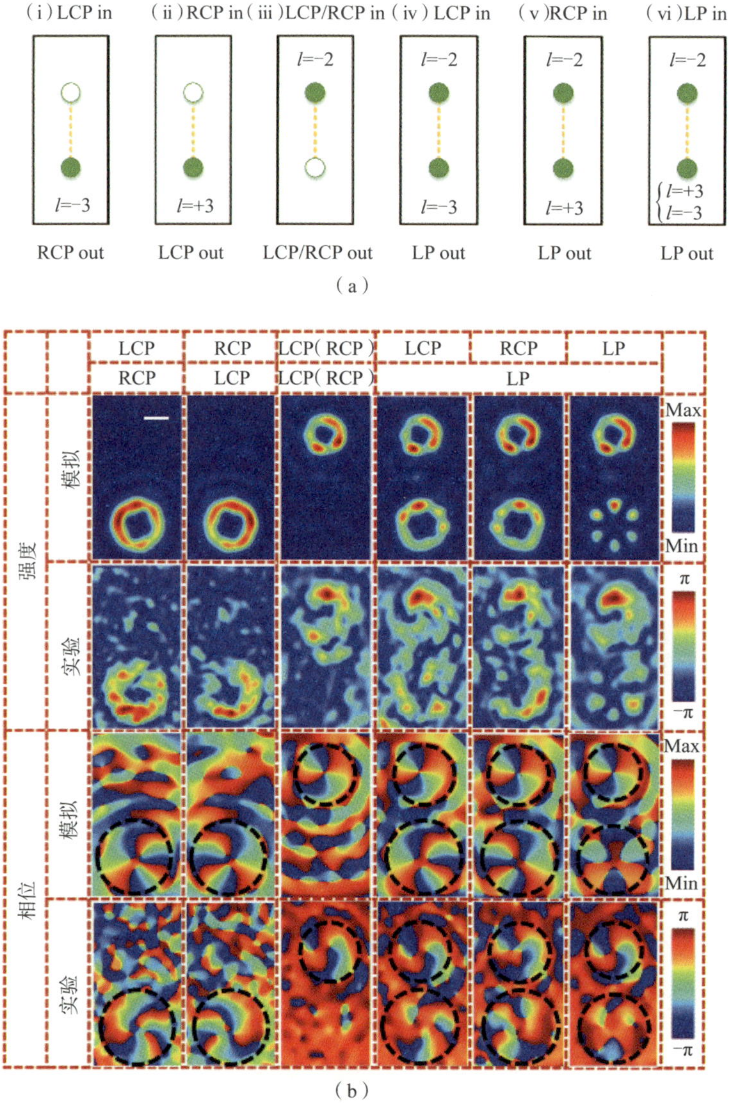

图 7-62　样品 2 的偏振复用 OAM 叠加态

(a)5 种 OAM 态的产生及叠加;(b)LCP/RCP/LP 波入射下的模拟和实验场强和相位分布

Ⅲ. 纵向偏振的 OAM 叠加态

结果表明,在一个紧聚焦的系统中,圆偏振光束可以将入射的 SAM 部分转移到 OAM 中,并在电场的纵向分量中产生具有螺旋相位的涡旋光束 [20]。已有研究者提出了可以实现具有任意独立拓扑荷的纵向偏振涡旋的方法。该方法通过调节入射光束的拓扑荷和附加调制相位的拓扑荷,控制 E_z 分量的拓扑荷。除研究意义外,纵向场还有许多有吸引力的应用领域,如粒子加速 [22] 和谐波产生。上述超表面除可以在垂直于传播方向横向偏振外,还可在纵向偏振,产生涡旋。更令人兴奋的是,它还可以在纵向分量中产生两个 OAM 叠加态。也就是说,针对纵向偏振的 OAM 叠加态的研究不仅可以在横向偏振中产生多个任意拓扑荷的涡旋光束及其叠加态,还可以在纵向偏振中产生两个任意拓扑荷的叠加态。

本研究以前述的样本 1 为例,介绍产生纵向分量的方法,样品 1 的 SEM 图像如图 7-60 所示。

对于样品 1，设计的 φ_{LR}、φ_{RL} 和 φ_{LL}（φ_{RR}）的拓扑荷 l 分别为 −2、−3 和 +2。对于样品 1，在 LCP 波入射下，透射 LCP/RCP 分量的拓扑荷分别为 +2 和 −2；在 RCP 波入射下，透射 LCP/RCP 分量的拓扑荷分别为 −3 和 +2。对于 RCP 和 LCP 的螺旋相位分布，紧聚焦系统将入射偏振的 SAM（$l, \sigma_z=\pm 1$）转换为每个光子的 OAM（$l'=l\pm 1, \sigma_z=0$）。在 LCP 波入射下，纵向分量的拓扑荷从 ±2 变为 ±1（即 +2−1/−2+1），花瓣状图案是两个拓扑荷为 ±1 涡旋的叠加，如图 7-63（a_3）和（b_3）所示；在 RCP 波入射下，纵向分量的拓扑荷从 −3/+2 变为 −4/+3（即 −3−1/+2+1），如图 7-63（c_3）和（d_3）所示。为了更清楚地解释拓扑荷的演化，本研究还比较了只包含样品 1 中用于偏振保持或偏振转换的超原子的超表面的场分布。图 7-65（a_1）、（b_1）及（c_2）和（d_2）所示的超表面只包括用于偏振保持的超原子的纵向分量。很明显，拓扑荷由 +2 变为 +1/+3（+2−1/+2+1）；图 7-63（a_2）、（b_2）及（c_1）和（d_1）所示的超表面只包括用于偏振转换的超原子的场分布。可以看出，拓扑荷由 -2/-3 变为 −1/−4（−2+1/−3−1）。在 LCP/RCP 波入射下，仅包含用于偏振保持的超原子的超表面的总场强（无量纲）和 x、y、z 方向偏振分量的场强如图 7-63（e）和（f）所示。通过比较 z 方向偏振分量的光斑半径，也可以看到拓扑荷的变化。

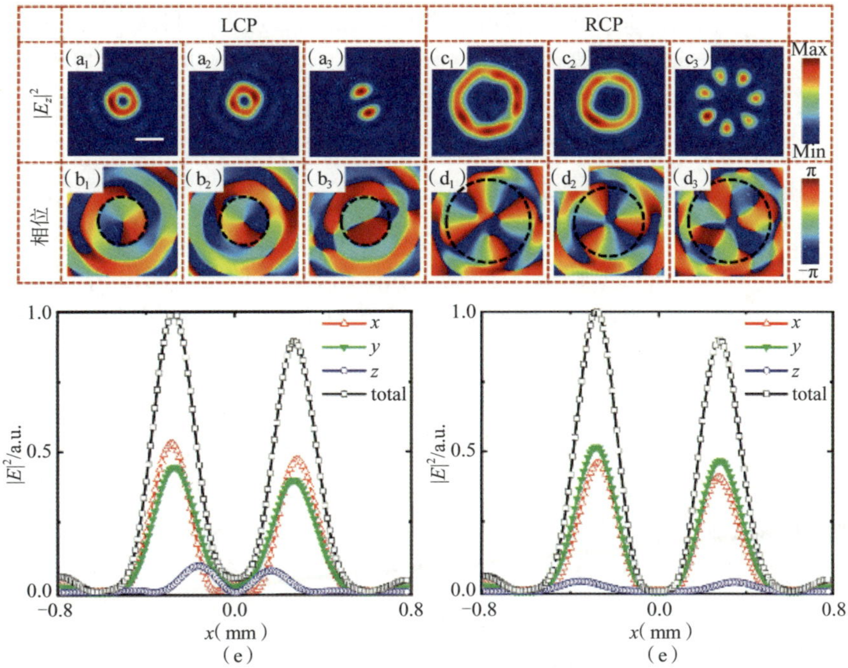

图 7-63　样品 1 纵向偏振 OAM 叠加态

（a）LCP 波入射的纵向场强分布；（b）LCP 波入射的相位分布；（c）RCP 波入射的纵向场强分布；（d）RCP 波入射的相位分布；（e）LCP 波入射时，偏振保持超原子的场强；（f）RCP 波入射时，偏振保持超原子的场强

（4）小结

综上，本研究提出并用实验证明了一种在横向偏振和纵向偏振中产生多重太赫兹 OAM 叠加态的方案。通过将几何相位和传播相位相结合，该方案实现了任意 SAM-OAM 转换。在 3 个独立的偏振通道中产生多个 OAM 态，通过简单地控制透射波的偏振态就可以控制 OAM 态的叠加。设计了多个超表面验证该方案的多功能设计，并在实验中验证了方案的可行性。通过调整 OAM 模式的数量和分布，可以提供更多 OAM 态，这在一定程度上为太赫兹通信、量子科学等提供了更多的机会

和可能。

7.3.3 线偏振复用的独立双通道太赫兹偏振转换器

目前，研究者已在各种频带研究了基于超表面的电磁波偏振操控或偏振复用的波束整形方法。然而，在单个超表面中实现多通道偏振转换的同时进行波束整形是不容易的。本小节介绍一项研究，其提出一种通过全硅超表面进行多通道偏振转换和太赫兹波前整形的新方法，该方法基于空间交织各向异性超原子中的线性形状双折射效应。通过叠加两种超原子的本征和非本征偏振响应，本研究证明了具有两个独立线偏振通道的几种典型偏振转换器实现偏振状态高效转化的可能性。实测在0.9~1.3 THz 范围内偏振转换效率高于 70%，在 1.1 THz 处峰值偏振转换效率为 89.2%。此外，当更多其他偏振态入射时，结合子阵列集成，可以获得更多的偏振转换和波束整形通道。仿真和实验结果验证了本研究所提出方法的可行性。该方法为太赫兹多功能超器件的设计提供了新思路。

(1)研究介绍

偏振是电磁波的一个重要变量，其典型类型包括线偏振、圆偏振和椭圆偏振。从电磁场的角度来看，偏振是电场振动的轨迹；而从光子的角度来看，圆偏振也可以与自旋角动量(SAM)有关[16]。因此，偏振在成像、量子光学等领域得到了广泛的研究和应用，偏振操纵已成为现代光学和光子学的重要研究内容。目前，研究者主要使用基于块状晶体的传统光学器件进行偏振产生或转换，如偏振片和波片。波片是基于光学晶体的线性双折射效应的光学器件，在寻常(o)分量和非寻常(e)分量之间产生适当的相移，然后将它们叠加成新的偏振。偏振片和波片的体积大、加工精度要求高，而针对每个电磁波段只能使用特定材料。更重要的是，这些器件在进行偏振转换的同时，很难实现对其他光学参数(如幅度和相位)的同时控制，这不利于现代光学器件的多功能化、集成化发展。

电磁超表面是由人工设计的亚波长超原子组成的平面功能器件。经过十多年的快速发展，其在信息光学、量子光学、非线性光学和太赫兹光子学等领域取得了重大进展。基于超表面的电磁功能器件设计灵活，有利于集成。它们不仅为新型光学器件的开发提供了新思路，而且为许多基础物理研究提供了有力的工具。特别是超表面还实现了光学线性双折射和偏振转换。与传统光学器件利用的材料双折射不同，超表面中的超原子利用形状双折射。目前，通过使用电介质或金属，已实现从微波到紫外波段的形状双折射。对于形状导致的线性双折射，当入射偏振波与各向异性超原子的对称轴一致时，透射偏振态保持不变，此时入射偏振态称为本征偏振态。当其他线偏振波入射时，其在本征偏振态上的投影会引起偏振变换，可以通过改变结构的几何参数设计器件的输出偏振态。形状双折射的优点是可以设计工作频率，通过偏振转换可以实现其他功能，如非线性效应、波前整形、偏振相关光束能量分配等。例如，研究者通过合理设置超原子的几何尺寸，使其线偏振转换效率达50% 左右，然后控制共极化和交叉极化分量之间的相位差，获得具有设计偏振的波束整形。这种方法类似于四分之一波片的原理，可以实现结构简单的偏振转换，但由于超原子的对称性，转换通道是非独立的，很难实现独立的偏振转换。除基于线偏振的方法外，研究者还探索了基于圆偏振的偏振转换方法，即结合几何相位和动力学相位的自旋解耦的相位操纵方法，而交叉共极化和共极化可以同时控制。但是，每个单元的光学响应需要同时满足几个条件，这意味着相关器件的设计过程很复杂。因此，开发设计简单和具有两个或多个独立通道的用于偏振转换的超器件是非常必要的。

本研究提出了一种具有多个偏振转换通道的太赫兹波整形新方法。两组空间交错各向异性的单元分别用于获得线性共极化和交叉极化分量，它们叠加以获得波束整形中的新偏振态。本研究以聚焦光束为例，提高太赫兹电场测量的信噪比，使用两种样品演示入射偏振和子阵列带来的高效宽带偏振转换和多通道功能。该方法不仅适用于基于线偏振的超表面设计，还可以扩展到基于圆偏振的器件。

（2）结果与分析

本研究提出的具有偏振转换功能的波束整形超表面如图 7-64 所示。本研究以两个正交线偏振态的入射波（如 x 和 y 方向偏振波）为例开展。在透射波中，该超表面可以得到两个独立的偏振态，如不同的线偏振波或圆偏振波。在这里，将与 x 轴成 45° 或 −45° 的偏振态分别定义为偏振 a 或偏振 b。上述功能是由图 7-64（b）所示的由两种超原子空间交错排列形成的超表面实现的，第一类超原子（i）和第二类超原子（ii）的本征极化分别是 x（y）极化、± 45° 极化（偏振 a 和偏振 b）。其中，两种单元在 x 和 y 方向上相差半个周期（$P/2$）。当 x 或 y 方向偏振波入射时，交叉椭圆柱体（i）的透射波保持其偏振状态不变，称为本征偏振。此外，可以独立控制两个偏振态的传输相位。对于图 7-64（b）所示的超原子（ii），椭圆的长轴与 x 轴形成 45° 或 −45°，其本征偏振状态为偏振 a 和偏振 b。当偏振光从 x 或 y 方向入射时，透射波可以有效地转换为交叉极化波。这样就可以控制 3 个偏振分量，将其叠加就可以得到两个独立的偏振通道。此外，其他入射偏振态可以看作具有特定相移的 x 和 y 方向偏振的矢量叠加，因此也可以获得更多的透射偏振态。例如，当偏振 a 或偏振 b 方向的偏振波入射时，透射波将是椭圆偏振的。

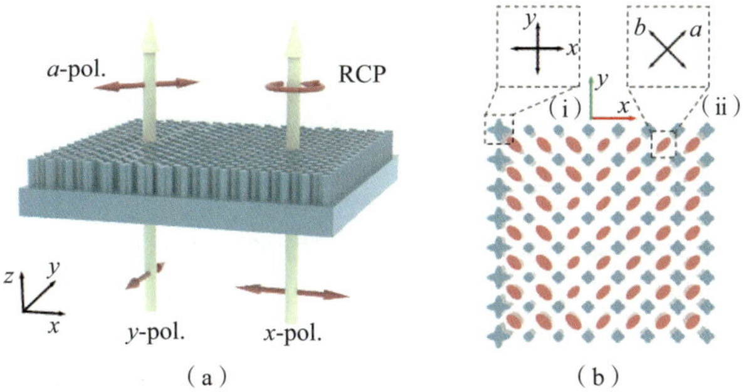

图 7-64　双通道偏振转换波束整形的超表面

（a）正交线偏振太赫兹波的转换；（b）超表面中两种超原子的排列

下面对图 7-64 所示超表面的工作原理进行简要的理论分析。不失一般性，考虑 x 或 y 方向偏振的情形。考虑到该超表面包含两种超原子，其透射电场和入射电场之间的运算关系为

$$\begin{pmatrix} E_x^{\mathrm{t}} \\ E_y^{\mathrm{t}} \end{pmatrix} = \begin{pmatrix} T_{xx} & T_{xy} \\ T_{yx} & T_{yy} \end{pmatrix} \begin{pmatrix} E_x^{\mathrm{i}} \\ E_y^{\mathrm{i}} \end{pmatrix} = \boldsymbol{T} \begin{pmatrix} E_x^{\mathrm{i}} \\ E_y^{\mathrm{i}} \end{pmatrix} \tag{7-69}$$

式中：T_{xx}、T_{yy}、T_{xy} 和 T_{yx} 为透射系数，其组成的矩阵 $\boldsymbol{T}$ 为超原子的透射矩阵。

当超原子（ii）的偏振转换效率足够高时，可以忽略未转换的部分，透射矩阵 $\boldsymbol{T}$ 可以分解为共极化透射矩阵 $\boldsymbol{T}_{\mathrm{co}}$ 和交叉极化透射矩阵 $\boldsymbol{T}_{\mathrm{cross}}$ 之和，表达式为

$$\boldsymbol{T} = \boldsymbol{T}_{\mathrm{co}} + \boldsymbol{T}_{\mathrm{cross}} = \begin{pmatrix} T_{xx} & 0 \\ 0 & T_{yy} \end{pmatrix} + \begin{pmatrix} 0 & T_{xy} \\ T_{yx} & 0 \end{pmatrix} \tag{7-70}$$

透射系数（T_{xx}、T_{yy}、T_{xy} 和 T_{yx}）可以写成它的模和相位的乘积，即

$$\boldsymbol{T}=\boldsymbol{T}_{\mathrm{co}}+\boldsymbol{T}_{\mathrm{cross}}=\begin{pmatrix} t_{xx}\varphi_{xx} & 0 \\ 0 & t_{yy}\varphi_{yy} \end{pmatrix}+\begin{pmatrix} 0 & t_{xy}\varphi_{xy} \\ t_{yx}\varphi_{yx} & 0 \end{pmatrix} \tag{7-71}$$

在超原子(ii)中，椭圆长轴与 x 轴的夹角为 45° 或 −45°，所以 $t_{xy}\cdot\varphi_{xy}=t_{yx}\cdot\varphi_{yx}$，那么这两个系数可以统一为 $t_{\mathrm{cross}}\cdot\varphi_{\mathrm{cross}}$。

当 x 方向的偏振波入射时，透射电场和入射电场之间的运算关系为

$$\begin{pmatrix} E_x^{\mathrm{t}} \\ E_y^{\mathrm{t}} \end{pmatrix}=\begin{pmatrix} T_{xx} & T_{xy} \\ T_{yx} & T_{yy} \end{pmatrix}\begin{pmatrix} E_x^{\mathrm{i}} \\ 0 \end{pmatrix}=\begin{pmatrix} T_{xx}E_x^{\mathrm{i}} \\ T_{yx}E_x^{\mathrm{i}} \end{pmatrix}=\begin{pmatrix} t_{xx}\varphi_{xx}E_x^{\mathrm{i}} \\ t_{\mathrm{cross}}\varphi_{\mathrm{cross}}E_x^{\mathrm{i}} \end{pmatrix} \tag{7-72}$$

假设透射波的 x 和 y 方向偏振分量之间的相位差 $\Delta\varphi_x=\varphi_{\mathrm{co}}-\varphi_{\mathrm{cross}}=\varphi_{xx}-\varphi_{\mathrm{cross}}$，透射幅度为 1，则超原子(i)的总透射电场为

$$\boldsymbol{E}_{(\mathrm{i})}^{\mathrm{t}}=(\varphi_{\mathrm{cross}}+\Delta\varphi_x)E_x^{\mathrm{t}}\cdot\boldsymbol{i}_x+\varphi_{\mathrm{cross}}E_x^{\mathrm{i}}\cdot\boldsymbol{i}_y \tag{7-73}$$

式中：$\boldsymbol{i}_x$ 和 $\boldsymbol{i}_y$ 分别是 x 和 y 方向的单位向量。

类似地，当 y 方向偏振波入射时，透射电场为

$$\boldsymbol{E}_{(\mathrm{ii})}^{\mathrm{t}}=\varphi_{\mathrm{cross}}E_y^{\mathrm{t}}\cdot\boldsymbol{i}_x+(\varphi_{\mathrm{cross}}+\Delta\varphi_y)E_y^{\mathrm{i}}\cdot\boldsymbol{i}_y \tag{7-74}$$

此时，传输的 x 和 y 方向偏振分量的相位差为 $\Delta\varphi_y=\varphi_{\mathrm{co}}-\varphi_{\mathrm{cross}}=\varphi_{yy}-\varphi_{\mathrm{cross}}$，透射幅度为 1，则超原子(ii)的总透射电场为

$$\boldsymbol{E}_{(\mathrm{ii})}^{\mathrm{t}}=\varphi_{\mathrm{cross}}E_y^{\mathrm{t}}\cdot\boldsymbol{i}_x+(\varphi_{\mathrm{cross}}+\Delta\varphi_y)E_y^{\mathrm{i}}\cdot\boldsymbol{i}_y \tag{7-75}$$

由式(7-73)和式(7-75)可以看出，当固定交叉极化相位时，总输出电场由 $\Delta\varphi_y$ 和 $\Delta\varphi_x$ 确定，也就是说，透射偏振状态也由这两个参数确定。

为了获得上述超表面，本研究使用商业数值模拟软件，获得两种超原子的参数集。选择高阻硅作为工作材料，直接在硅片上加工超原子。高阻硅(电阻率 ρ>5 000 Ω · m)对太赫兹波几乎没有吸收。进行模拟时，介电常数 ε=11.9。两种结构如图 7-65(a)所示。其中，周期 P=140 μm，硅柱高度 h=200 μm，衬底厚度为 300 μm。超原子(ii)的椭圆长轴和短轴长度分别为 w_4 和 w_3；超原子椭圆的长轴和短轴长度分别为 w_1 和 w_2，且 $w_1=w_2$=40 μm。

在工作频率 f=1.1 THz 条件下，对由超原子(i)和超原子(ii)构成的超表面进行模拟，得到其参数。当 x 和 y 方向偏振波分别入射时，超原子(ii)产生的 y 方向和 x 方向的偏振输出，且输出波的透射系数相等，因此本研究使用 T_{cross} 统一表示这种交叉极化透射 $T_{\mathrm{cross}}=T_{xy}=T_{yx}$，对应的相位为 φ_{cross}。如图 7-65(b)所示，超表面的相移从 135° 降低到 −180°，相当于以 45° 的步长覆盖 [−180°，180°] 的相移区间；8 种超表面的一阶透射系数都在 0.6 左右。超表面的同极化相位分布如图 7-65(c)和(d)所示；超表面同极化输出电场(无量纲)分布如图 7-65(e)和(f)所示。图 7-65(c)至(f)所展示的结果是通过探测 x 或 y 方向偏振波入射时的同极化输出分量得到的，同时考虑了 x 和 y 方向本征极化的传输相移。可以看出，所选择的相位设计呈现出良好的梯度，步长为 45°，超表面上所有超原子单元的一阶透射系数基本保持在 0.6 以上。超原子(i)和超原子(ii)的透射效率限制主要是由于空气 - 硅界面处的反射。

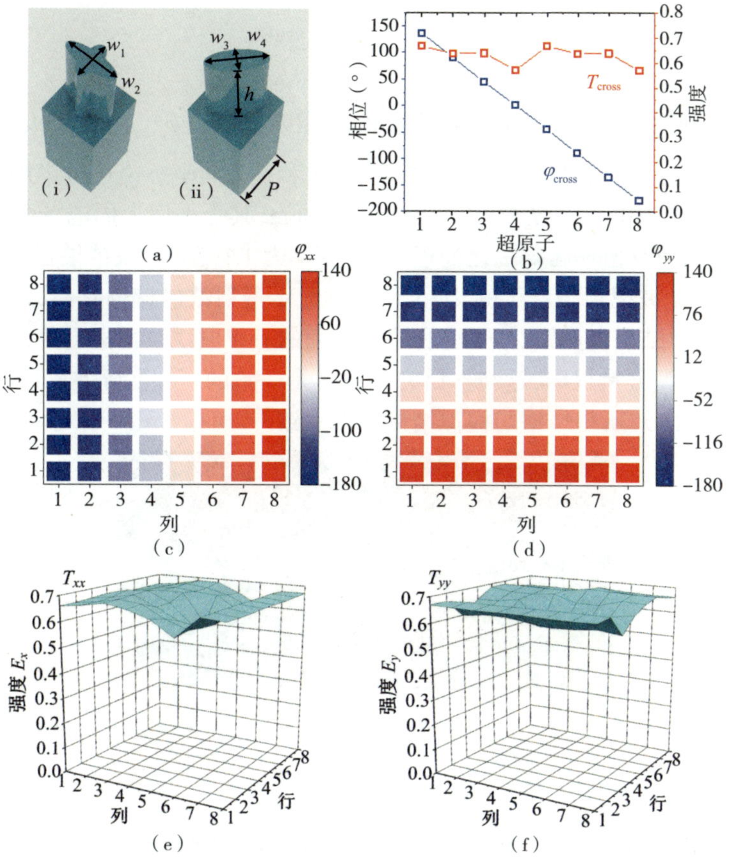

图 7-65　具有选定几何参数的超原子对应的透射波的幅度和相位

（a）超原子（i）和（ii）的几何尺寸；（b）超原子（ii）的透射系数和相位；
（c）超表面 φ_{xx}；（d）超表面 φ_{yy}；（e）超表面 E_x；（f）超表面 E_y

由上述结果，本研究设计了两种超表面（样品 1 和样品 2），验证其偏振转换波束整形功能。这两种超表面由 500 μm 厚的高电阻硅通过电感耦合等离子体（ICP）蚀刻技术加工而成。两种超表面样品均为边长为 1.4 cm 的正方形。样品 1 的 SEM 图像如图 7-66（a）所示，其有效区域是由超原子（i）和（ii）组成的阵列，边长为 1.12 cm。样品 1 有效区域在径向和横向上均有 80 个超原子，可以看出，超原子的侧壁非常陡峭，加工误差不明显。为了直观地说明样品 1 的偏振转换函数，本研究使用庞加莱球描述入射和透射偏振态，设计工作频率为 1.1 THz，结果如图 7-66（b）所示。为了显示两个偏振通道的独立性，本研究希望当 x 和 y 方向偏振波入射时，透射波分别为偏振 a 或 RCP。

此外，本研究将透射波设计为聚焦涡旋形的，以提高测量结果的信噪比（Signal-to-Noise Ratio，SNR）。因此，超表面中三个通道的相位分布的表达式应该是

$$\bar{\varphi}_{xx} = -\left(\frac{2\pi}{\lambda}\sqrt{x^2+y^2+f^2}-f\right)+\arctan\frac{y}{x}-\frac{\pi}{2} \tag{7-76}$$

$$\bar{\varphi}_{yy} = -\left(\frac{2\pi}{\lambda}\sqrt{x^2+y^2+f^2}-f\right)+\arctan\frac{y}{x} \tag{7-77}$$

$$\bar{\varphi}_{\text{cross}} = -\left(\frac{2\pi}{\lambda}\sqrt{\left[x+\frac{P}{2}\right]^2+\left[y-\frac{P}{2}\right]^2+f^2}-f\right)+\arctan\frac{y}{x} \tag{7-78}$$

式中：$\bar{\varphi}_{xx}$ 和 $\bar{\varphi}_{yy}$ 分别为超原子的 x 或 y 方向偏振波的同极化相位；$\bar{\varphi}_{\text{cross}}$ 为交叉极化相位。

为了消除超原子空间位错对相位叠加的影响，对 x 和 y 方向坐标值进行半周期校正。对于样品 1 中，式（7-76）至（7-78）中的焦距 f=7 mm，波长 λ=273 μm，其焦平面上的电场强度的模拟和测量结果如图 7-66（b）所示，所有值均已归一化处理，设计频率为 1.1 THz。该结果是从 x 和 y 方向偏振波辐照下的透射电场的全波模拟中获得的，为了清楚地显示透射波的偏振状态，图 7-66（b）展示了两个正交偏振分量的模拟结果，包括二维强度和中心截面的一维曲线。可以看出，RCP 和偏振 b 分量是主要部分，而正交偏振分量很弱，这与本研究的设计是一致的。在实际实验中，z=6.8 mm 焦平面上的实际频率为 1.08 THz，所得结果与模拟结果基本一致。

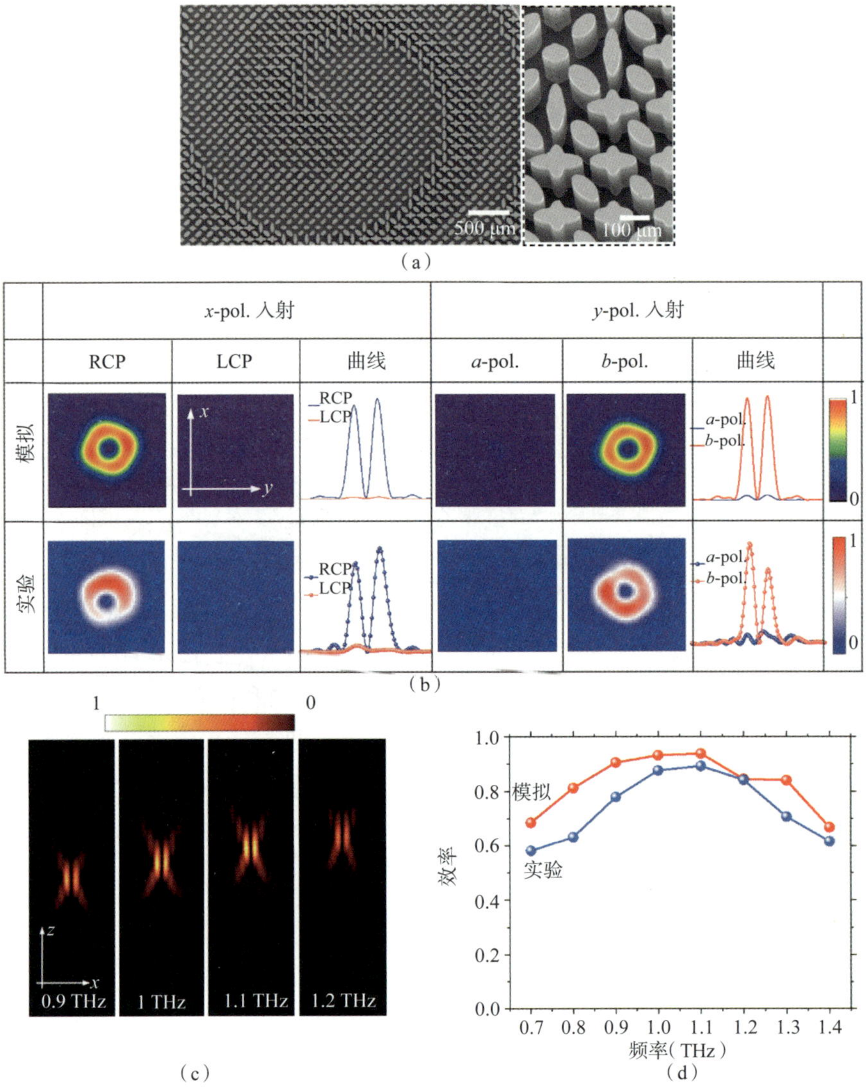

图 7-66　样品 1 产生具有偏振转换的聚焦涡旋的模拟和实验结果

（a）样品 1 的 SEM 图像；（b）双通道偏振转换结果；（c）不同频率下纵向截面的电场分布；（d）焦平面处的偏振转换效率

此外，本研究还考虑了样本 1 的工作带宽，以 x 方向偏振波入射的情况为例。图 7-66（c）所示为工作频率在 1.1 THz 附近时的 xOz 平面内的电场分布，可见频率为 1.1 THz 时的聚焦效率相对较高。由于硅在太赫兹波段的高折射率（$n=3.45$，1 THz），在入射波垂直入射时，空气－硅界面的反射率高达 30%。图 7-66（d）所示为样品 1 在 0.7~1.4 THz 工作频率范围内的偏振转换效率，该结果在焦平面（z=7 mm）处获得。样品的偏振转换效率表达式为

$$\eta=\frac{|E_{\mathrm{RCP}}|^2}{|E_{\mathrm{RCP}}|^2+|E_{\mathrm{LCP}}|^2} \tag{7-79}$$

可以看出，超平面样品 1 在设计频率 1.1 THz 下的转化效率高达 89.2%，且该值在整个勘测频段内都高于 60%。仿真结果表明，在 0.8~1.3 THz 频率范围内，样品 1 的偏振转换效率高于 80%，在 1.1 THz 处的峰值为 93.8%。实测值比模拟值略小，因为在测量结果中，焦平面边缘区域存在一些噪声信号。

事实上，可以通过对样品表面进行区域划分，实现在一个超表面上获得更多通道的效果。这意味着需要在不同区域设计不同的相位分布。简单起见，本研究只考虑将样品的有效区域划分为两个子区域的情况。当 x 或 y 方向偏振波入射时，这两个区域会产生不同的圆偏振波。样品 2 的 SEM 图像如图 7-67（a）所示。样品 2 的焦距 $f=7$ mm，工作波长 $\lambda=273$ μm。图 7-67（b）所示为 x 或 y 方向偏振波入射时模拟和实验测量的透射电场的极化分布，一个输入线偏振态可以产生两个不同位置的圆偏振态输出。除获得透射电场强度和截面曲线外，本研究还使用斯托克斯（Stokes）参数的 S_3 分量（归一化）直观地显示透射波的圆偏振分布。可以看出，样品 2 高效得到了 RCP 和 LCP 透射输出，模拟结果与实验数据一致。

一般来说，在线偏振波入射的情况下，本研究得到的所有偏振态都是由两种超原子透射的正交线偏振分量的叠加得到的。通过不同的相移，可以获得各种状态，如线性、椭圆或圆偏振。特别是当 x 或 y 方向偏振波入射时，两个偏振分量出现在透射偏振波中。假设在传输过程中，x 和 y 方向偏振分量之间的相位差 $\delta=\delta_x-\delta_y$。图 7-68（a）所示为当 δ 取不同值时的偏振态。庞加莱球上的对应位置如图 7-68（b）所示。需要注意的是，当只有 x 或 y 方向偏振波入射时，则永远不会得到纯粹的 x 或 y 方向偏振透射波。然而，如图 7-68（c）所示，当 RCP 或 LCP 波入射样品 2 时，可以得到 x 或 y 方向输出偏振波。这样就实现了对透射波各种典型极化的覆盖。

（3）小结

本研究提出了一种基于全硅超表面的多通道偏振转换太赫兹波整形新方法。在一个超表面上交替排列两种超原子，其特征极化分别为 x、y 或 ±45° 极化。因此，当 x 或 y 方向偏振波入射时，它们将分别产生共极化或交叉极化透射波，同时实现波束整形。这样，在远场干扰后可以得到一个新的传输偏振态，并且有两个独立的信道可用。此外，单个超表面可分为两个甚至更多的子区域，以实现更多通道用于偏振转换或波束整形。因此，本研究设计并加工了两个样本，演示上述功能。样品 1 的模拟和实验结果验证了线偏振入射时的双通道偏振转换。基于样品 2 实现了偏振入射和区域划分控制的多通道偏振转换。本研究使用电场强度、Stokes 参数和庞加莱球分析超表面的工作性能，以证实所提出的方法。结果显示，电场强度的实验结果与模拟结果一致。这种设计方法不仅更容易实现，可以提供独立的偏振转换通道，而且还可以从线偏振基扩展到圆偏振基。所提出的超表面有望应用于偏振复用成像、全息和太赫兹波偏振态的检测。

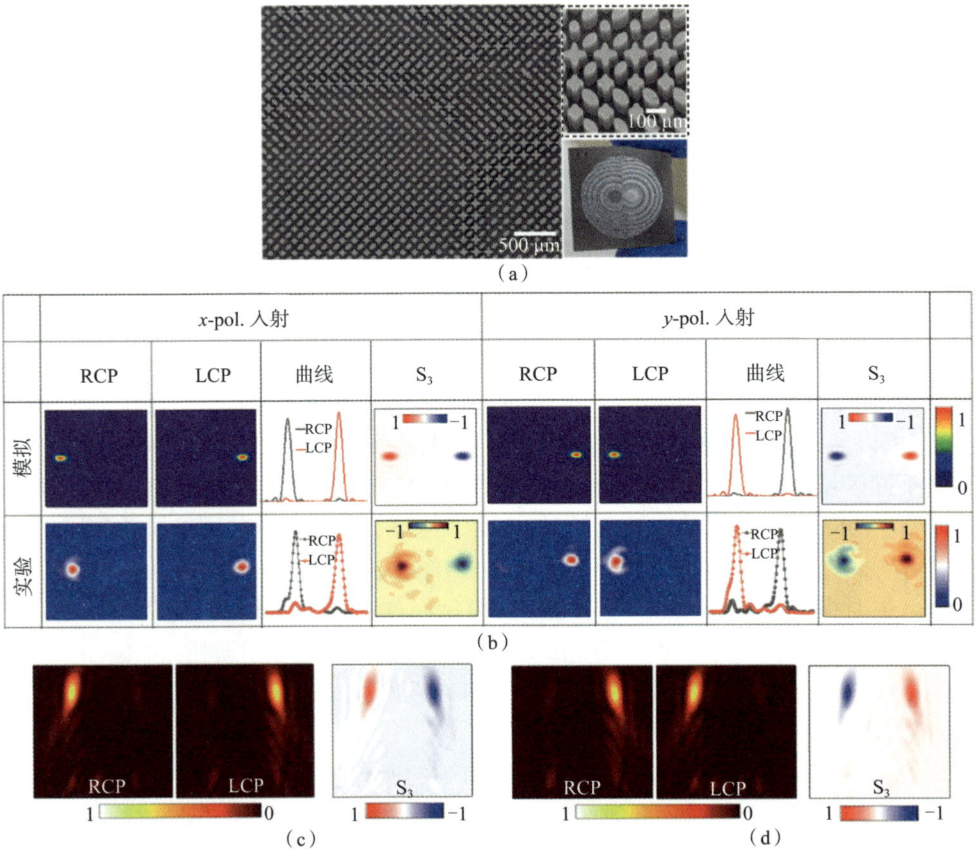

图 7-67　样品 2 产生具有偏振转换的聚焦涡旋的模拟和实验结果

(a)样品 2 的 SEM 和光学图像；(b)双通道偏振转换结果；

(c)x 方向入射时纵向截面的电场分布和 S_3 分量；(d)y 方向入射时纵向截面的电场分布和 S_3 分量

7.3.4　基于全硅超表面的三通道太赫兹圆偏振复振幅调控器件

对电磁波的振幅、相位和偏振进行独立调控是十分必要的，人们迫切需要将多种功能独立地集成到单个设备上。本小节介绍一项研究，其提出一种能将 3 种振幅和相位分布独立编码到单层器件的全硅多功能超表面平台。通过改变入射波和透射波的偏振态，可以得到 3 种复振幅调制功能。为了证明该平台的可行性和灵活性，本研究设计了 3 个示例：一是可生成等强度的多对焦点超表面(超表面 1)；二是生成等强度的多对轴向双焦点超表面(超表面 2)；三是生成任意强度比的多对焦点超表面(超表面 3)。结果显示，实验结果与模拟结果吻合较好，所提出的多功能超表面平台在操纵电磁波的振幅、相位和偏振方面具有强大的能力，可应用于粒子操纵、生物、成像等领域。

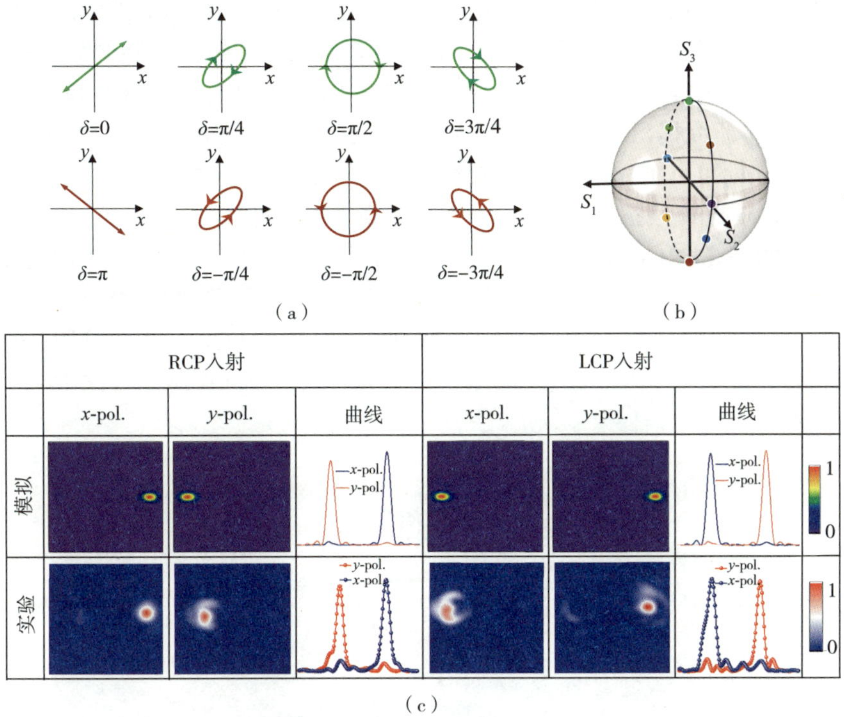

图 7-68　可用极化状态的一般讨论

（a）线偏振波入射时的透射波；（b）庞加莱球分析；（c）圆偏振波入射时的透射电场分布

（1）研究介绍

振幅、相位、偏振等是电磁波的基本属性。传统上，可用相位板、波片、透镜、空间光调制器等控制光场的分布[16]。这些体光学元件通过控制光在传播过程中累积的相位，实现对光场的调控，但它们体积庞大，不利于构建紧凑型光学系统。超表面的出现为高效调控光场提供了新的选择[17]。超表面由人工设计的亚波长超原子构成，能够在亚波长尺度上调控光场的振幅、相位、偏振等。基于超表面出色的操纵电磁波能力，研究者已提出大量功能强大的平板光学元件，如超透镜、超全息[19]、涡旋光束发生器、图像微分器[20]、分束器等。

为了更好地调控电磁波，需要对波的振幅和相位同时进行调控。沙罗夫（Shalaev）等在可见光波段实验验证了超薄的超表面全息，它提供了对振幅和相位的同时调制，并产生了高分辨率的低噪声图像[21]。张华亮等提出了一种可以实现在两个波长下实现完全相位和振幅调制的单层超表面。罗先刚等提出了一种能在 632.8 nm 波长产生等能量多通道涡旋的纳米狭缝超表面。李勇峰等提出了一种可以通过欧姆耗散，同时控制振幅和相位的反射型手性超表面。

此外，随着亚波长光学的发展以及对多功能光子器件需求的增长，相关领域迫切地需要将更多的功能集成到单个器件上。高松等展示了一种全介质三功能超表面，通过控制输入和输出的线偏振态实现了 3 种功能。自旋解耦方案集成了传播相位和几何相位，在 LCP 和 RCP 两个通道上实现独立的波前整形。最近，包燕军等提出了一种超表面设计策略，构建了一个六自由度的琼斯矩阵，实现了多通道复振幅全息。徐挺等提出了一种可独立控制两个正交偏振态的振幅和相位分布的通用全介质超表面。

为了同时实现复振幅调控和多功能，本研究提出了一种全硅多功能超表面。该超表面可以独立调控入射圆偏振波的共极化和交叉极化分量的振幅和相位。该单层超表面工作在正入射条件下，结合了各向同性超原子（圆柱）和各向异性超原子（矩形柱、高效偏振转换的半波片），可以任意独立地将 3 种振幅和相位分布编码至 3 个偏振通道：LCP-LCP（RCP-RCP）、LCP-RCP 和 RCP-LCP。

图 7-69 所示为本研究提出的多功能超表面，其中两个圆偏振态的符号为 $\left|\lambda^{+}\right\rangle$（RCP）（蓝色）和 $\left|\lambda^{-}\right\rangle$（LCP）。该超表面可以独立调控入射圆偏振波的共极化和交叉极化分量的振幅和相位。通过控制入射波和透射波的偏振态，可以实现 3 对独立的振幅和相位。具体而言，对于入射的 LCP（RCP）波，透射波的 LCP（RCP）分量的可调制复振幅函数为 $E_1e^{i\varphi_1}$，其中，E_1 和 φ_1 分别表示附加振幅和相位分布；对于入射的 LCP 波，透射波的 RCP 分量的可调制复振幅函数为 $E_2e^{i\varphi_2}$，其中 E_2 和 φ_2 分别表示附加振幅和相位分布；对于入射的 RCP 波，透射波的 LCP 分量的可调制复振幅函数为 $E_3e^{i\varphi_3}$，其中 E_3 和 φ_3 分别表示附加振幅和相位分布。基于这种波前调制能力，本研究将 3 种完全不同的复振幅函数集成到单个器件上。

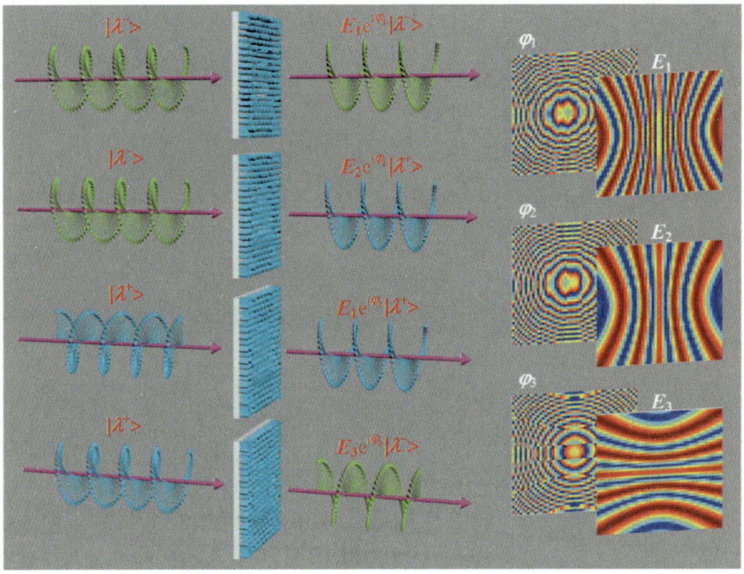

图 7-69　多功能超表面的概念示意

（2）设计和方法

Ⅰ. 实现多功能超表面的基本原理

首先，描述如何设计超原子的琼斯矩阵，实现多功能。本研究着重于圆偏振波的波前整形。对于两个正交的圆偏振态（LCP 和 RCP），其圆偏振态表达式为

$$
\begin{cases}
\left|LCP\right\rangle = \dfrac{1}{\sqrt{2}}[1 \quad -\mathrm{i}]^{\mathrm{T}} \\
\left|RCP\right\rangle = \dfrac{1}{\sqrt{2}}[1 \quad \mathrm{i}]^{\mathrm{T}}
\end{cases}
\tag{7-80}
$$

对于所提出的超表面，可在共极化和交叉极化通道中实现 3 个独立的复振幅分布，该调制过程可以用琼斯矩阵 $\boldsymbol{J}$ 表示为

$$\begin{cases} \boldsymbol{J}|LCP\rangle = E_1\mathrm{e}^{\mathrm{i}\varphi_1}|LCP\rangle + E_2\mathrm{e}^{\mathrm{i}\varphi_2}|RCP\rangle \\ \boldsymbol{J}|RCP\rangle = E_3\mathrm{e}^{\mathrm{i}\varphi_3}|LCP\rangle + E_1\mathrm{e}^{\mathrm{i}\varphi_1}|RCP\rangle \end{cases} \tag{7-81}$$

结合上面两个方程，琼斯矩阵 $\boldsymbol{J}$ 可以表示为

$$\boldsymbol{J} = \begin{bmatrix} E_1\mathrm{e}^{\mathrm{i}\varphi_1} & 0 \\ 0 & E_1\mathrm{e}^{\mathrm{i}\varphi_1} \end{bmatrix} + \frac{1}{2}\begin{bmatrix} E_2\mathrm{e}^{\mathrm{i}\varphi_2} + E_3\mathrm{e}^{\mathrm{i}\varphi_3} & \mathrm{i}(E_2\mathrm{e}^{\mathrm{i}\varphi_2} - E_3\mathrm{e}^{\mathrm{i}\varphi_3}) \\ \mathrm{i}(E_2\mathrm{e}^{\mathrm{i}\varphi_2} - E_3\mathrm{e}^{\mathrm{i}\varphi_3}) & -E_2\mathrm{e}^{\mathrm{i}\varphi_2} - E_3\mathrm{e}^{\mathrm{i}\varphi_3} \end{bmatrix} \tag{7-82}$$

琼斯矩阵 $\boldsymbol{J}$ 可分为两部分，即 $\boldsymbol{J}=\boldsymbol{J}_1+\boldsymbol{J}_2$，其中 $\boldsymbol{J}_1$ 表示对共极化部分的调制，$\boldsymbol{J}_2$ 表示对交叉极化部分的调制。二者的表达式为

$$\begin{cases} \boldsymbol{J}_1 = \begin{bmatrix} E_1\mathrm{e}^{\mathrm{i}\varphi_1} & 0 \\ 0 & E_1\mathrm{e}^{\mathrm{i}\varphi_1} \end{bmatrix} \\ \boldsymbol{J}_2 = \frac{1}{2}\begin{bmatrix} E_2\mathrm{e}^{\mathrm{i}\varphi_2} + E_3\mathrm{e}^{\mathrm{i}\varphi_3} & \mathrm{i}\left(E_2\mathrm{e}^{\mathrm{i}\varphi_2} - E_3\mathrm{e}^{\mathrm{i}\varphi_3}\right) \\ \mathrm{i}\left(E_2\mathrm{e}^{\mathrm{i}\varphi_2} - E_3\mathrm{e}^{\mathrm{i}\varphi_3}\right) & -E_2\mathrm{e}^{\mathrm{i}\varphi_2} - E_3\mathrm{e}^{\mathrm{i}\varphi_3} \end{bmatrix} \end{cases} \tag{7-83}$$

在数学上，复振幅函数 $E_1\mathrm{e}^{\mathrm{i}\varphi_1}$ 可以分解为

$$E_1\mathrm{e}^{\mathrm{i}\varphi_1} = \cos\left(\frac{\varphi_\mathrm{A} - \varphi_\mathrm{B}}{2}\right)\mathrm{e}^{\mathrm{i}(\varphi_\mathrm{A}+\varphi_\mathrm{B})/2} = \frac{\mathrm{e}^{\mathrm{i}\varphi_\mathrm{A}} + \mathrm{e}^{\mathrm{i}\varphi_\mathrm{B}}}{2}$$

式中：$E_1=\cos\left(\frac{\varphi_\mathrm{A} - \varphi_\mathrm{B}}{2}\right)$，$\varphi_1=\left(\varphi_\mathrm{A}+\varphi_\mathrm{B}\right)/2$。

换句话说，$\boldsymbol{J}_1$ 可以分解成两部分，表达式为

$$\boldsymbol{J}_1 = \frac{\boldsymbol{J}_\mathrm{A} + \boldsymbol{J}_\mathrm{B}}{2} = \frac{1}{2}\begin{bmatrix} \mathrm{e}^{\mathrm{i}\varphi_\mathrm{A}} & 0 \\ 0 & \mathrm{e}^{\mathrm{i}\varphi_\mathrm{A}} \end{bmatrix} + \frac{1}{2}\begin{bmatrix} \mathrm{e}^{\mathrm{i}\varphi_\mathrm{B}} & 0 \\ 0 & \mathrm{e}^{\mathrm{i}\varphi_\mathrm{B}} \end{bmatrix} \tag{7-84}$$

式中：$\varphi_\mathrm{A}=\arccos(E_1)+\varphi_1$，$\varphi_\mathrm{B}=\varphi_1-\arccos(E_1)$。根据 $\boldsymbol{J}_\mathrm{A}$ 和 $\boldsymbol{J}_\mathrm{B}$ 的对角线矩阵，可以用两个圆柱分别实现相移 φ_A 和 φ_B。

类似地，$\boldsymbol{J}_2$ 也可以分解成两部分，表达式为

$$\boldsymbol{J}_2 = \frac{\boldsymbol{J}_\mathrm{C} + \boldsymbol{J}_\mathrm{D}}{2} = \frac{1}{2}\begin{bmatrix} E_2\mathrm{e}^{\mathrm{i}\varphi_2} + E_3\mathrm{e}^{\mathrm{i}\varphi_3} & \mathrm{i}(E_2\mathrm{e}^{\mathrm{i}\varphi_2} - E_3\mathrm{e}^{\mathrm{i}\varphi_3}) \\ \mathrm{i}(E_2\mathrm{e}^{\mathrm{i}\varphi_2} - E_3\mathrm{e}^{\mathrm{i}\varphi_3}) & -E_2\mathrm{e}^{\mathrm{i}\varphi_2} - E_3\mathrm{e}^{\mathrm{i}\varphi_3} \end{bmatrix} \tag{7-85}$$

其中

$$\boldsymbol{J}_\mathrm{C} = \frac{1}{2}\begin{bmatrix} \mathrm{e}^{\mathrm{i}\varphi_\mathrm{C}^+} + \mathrm{e}^{\mathrm{i}\varphi_\mathrm{C}^-} & \mathrm{i}(\mathrm{e}^{\mathrm{i}\varphi_\mathrm{C}^+} - \mathrm{e}^{\mathrm{i}\varphi_\mathrm{C}^-}) \\ \mathrm{i}(\mathrm{e}^{\mathrm{i}\varphi_\mathrm{C}^+} - \mathrm{e}^{\mathrm{i}\varphi_\mathrm{C}^-}) & -(\mathrm{e}^{\mathrm{i}\varphi_\mathrm{C}^+} + \mathrm{e}^{\mathrm{i}\varphi_\mathrm{C}^-}) \end{bmatrix}$$

$$\boldsymbol{J}_\mathrm{D} = \frac{1}{2}\begin{bmatrix} \mathrm{e}^{\mathrm{i}\varphi_\mathrm{D}^+} + \mathrm{e}^{\mathrm{i}\varphi_\mathrm{D}^-} & \mathrm{i}(\mathrm{e}^{\mathrm{i}\varphi_\mathrm{D}^+} - \mathrm{e}^{\mathrm{i}\varphi_\mathrm{D}^-}) \\ \mathrm{i}(\mathrm{e}^{\mathrm{i}\varphi_\mathrm{D}^+} - \mathrm{e}^{\mathrm{i}\varphi_\mathrm{D}^-}) & -(\mathrm{e}^{\mathrm{i}\varphi_\mathrm{D}^+} + \mathrm{e}^{\mathrm{i}\varphi_\mathrm{D}^-}) \end{bmatrix}$$

式中：$\varphi_\mathrm{C}^+=\arccos(E_2)+\varphi_2$，$\varphi_\mathrm{C}^-=\arccos(E_3)+\varphi_3$，$\varphi_\mathrm{D}^+=\varphi_2-\arccos(E_2)$和$\varphi_\mathrm{D}^-=\varphi_3-\arccos(E_3)$。

根据幺正性条件（unitarity condition），可以利用 $\boldsymbol{J}_\mathrm{C}$ 和 $\boldsymbol{J}_\mathrm{D}$ 的特征值和特征向量对其进行对角化，表达式为

$$\begin{cases} \boldsymbol{J}_\mathrm{C}=\begin{bmatrix} \cos\theta_\mathrm{C} & \sin\theta_\mathrm{C} \\ -\sin\theta_\mathrm{C} & \cos\theta_\mathrm{C} \end{bmatrix}\begin{bmatrix} \mathrm{e}^{\mathrm{i}\varphi_\mathrm{C}^x} & 0 \\ 0 & \mathrm{e}^{\mathrm{i}\varphi_\mathrm{C}^y} \end{bmatrix}\begin{bmatrix} \cos\theta_\mathrm{C} & \sin\theta_\mathrm{C} \\ -\sin\theta_\mathrm{C} & \cos\theta_\mathrm{C} \end{bmatrix}^{-1} \\ \boldsymbol{J}_\mathrm{D}=\begin{bmatrix} \cos\theta_\mathrm{D} & \sin\theta_\mathrm{D} \\ -\sin\theta_\mathrm{D} & \cos\theta_\mathrm{D} \end{bmatrix}\begin{bmatrix} \mathrm{e}^{\mathrm{i}\varphi_\mathrm{D}^x} & 0 \\ 0 & \mathrm{e}^{\mathrm{i}\varphi_\mathrm{D}^y} \end{bmatrix}\begin{bmatrix} \cos\theta_\mathrm{D} & \sin\theta_\mathrm{D} \\ -\sin\theta_\mathrm{D} & \cos\theta_\mathrm{D} \end{bmatrix}^{-1} \end{cases} \tag{7-86}$$

式中：φ_C^x和φ_D^y分别为x、y方向偏振入射下的相移；θ_C为矩形柱的旋转角度。

这 3 个变量可以表示为

$$\begin{cases} \varphi_\mathrm{C}^x=\left[\arccos(E_2)+\varphi_2+\arccos(E_3)+\varphi_3\right]/2 \\ \varphi_\mathrm{C}^y=\left[\arccos(E_2)+\varphi_2+\arccos(E_3)+\varphi_3\right]/2-\pi \\ \theta_\mathrm{C}=\left(\arccos(E_2)+\varphi_2-\arccos(E_3)-\varphi_3\right)/4 \end{cases} \tag{7-87}$$

式中：φ_C^x和φ_D^x分别为x、y方向偏振入射下的相移；θ_D为矩形柱的旋转角度。

这 3 个变量可以表示为

$$\begin{cases} \varphi_\mathrm{D}^x=\left[\varphi_2-\arccos(E_2)+\varphi_3-\arccos(E_3)\right]/2 \\ \varphi_\mathrm{D}^y=\left[\varphi_2-\arccos(E_2)+\varphi_3-\arccos(E_3)\right]/2-\pi \\ \theta_\mathrm{D}=\left[\varphi_2-\arccos(E_2)-\varphi_3+\arccos(E_3)\right]/4 \end{cases} \tag{7-88}$$

Ⅱ. 超像素和超原子设计

为了实现将 3 对独立的振幅和相位编码到 3 个偏振通道的目标，根据前述理论描述，本研究提出在单个超像素中放置 4 个超原子，如图 7-70（a）所示。每个超原子的周期 P=100 μm，因此超像素的周期为 2P=200 μm，相对于设计频率 1 THz，仍然为亚波长的尺度。该超像素由 4 个超原子（硅柱）组成，包括 2 个圆柱（A、B）和 2 个矩形柱（C、D），高度均为 200 μm。利用 CST Studio Suite 软件模拟了圆柱和矩形柱的透射性能。在 x 和 y 方向应用周期边界条件，在 z 方向应用开放边界条件。对于圆柱，通过改变圆柱的半径 r，模拟了柱体的透射强度（无量纲）和相移。在这里，选择了 8 种超原子，它们在频率为 1 THz 的波入射条件下的透射强度和相移如图 7-70（b）所示。可以看出，透射强度保持在 0.7 左右，其相移以 45° 间隔覆盖 360° 范围。对于矩形柱，通过改变柱的长度和宽度，得到不同的透射强度和相移。根据设计要求，矩形柱需要具有类似半波片的功能。因此，本研究选择了 8 个 x 和 y 方向相位差为 180° 的超原子。它们在频率为 1 THz 的波入射时的透射强度和相移如图 7-70（c）所示。同样地，透射强度保持在 0.7 左右，相移以相同的间隔覆盖 360° 的范围。以这些选定的超原子形成新的超像素作为基本的模块，可以构造多种有趣的多功能超表面，并具有将 3 对独立的振幅和相位分布集成到单个器件的能力。

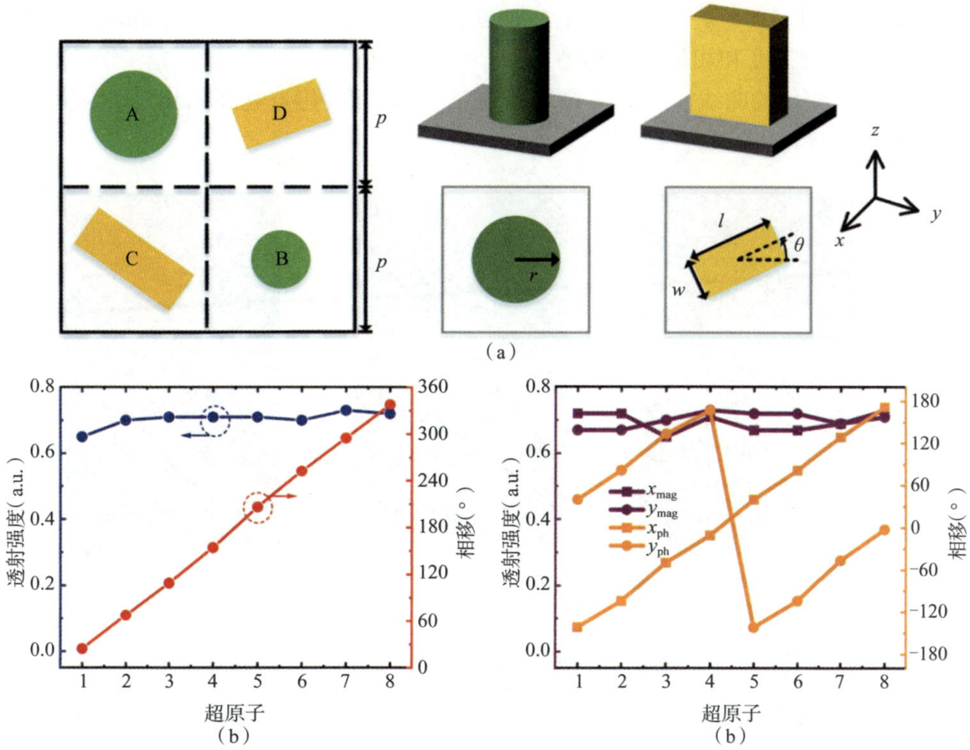

图 7-70　超像素和超原子的表征

(a)超像素和超原子示意图;(b)8 种圆柱体超原子的透射强度和相移;(c)8 种矩形柱超原子的透射强度和相移

(3)结果和讨论

Ⅰ. 超表面 1:产生多对等强度的焦点

为了验证所提出的多功能超表面的可行性和灵活性,本研究首先设计了一个能在 3 个偏振通道中产生 3 对等强度双焦点的超表面。具体来说,这 3 对焦点的方向不同,焦距也不同。为了实现这样的目标场分布,设计的超表面 1 的复振幅需要满足如下关系:

$$\begin{cases} \sigma_1=\alpha_{11}\mathrm{e}^{\mathrm{i}\frac{2\pi}{\lambda}\left(\sqrt{(x-500)^2+y^2+f_1^2}-f_1\right)}+\alpha_{12}\mathrm{e}^{\mathrm{i}\frac{2\pi}{\lambda}\left(\sqrt{(x+500)^2+y^2+f_1^2}-f_1\right)} \\ \sigma_2=\alpha_{21}\mathrm{e}^{\mathrm{i}\frac{2\pi}{\lambda}\left(\sqrt{x^2+(y-500)^2+f_1^2}-f_1\right)}+\alpha_{22}\mathrm{e}^{\mathrm{i}\frac{2\pi}{\lambda}\left(\sqrt{x^2+(y+500)^2+f_1^2}-f_1\right)} \\ \sigma_3=\alpha_{31}\mathrm{e}^{\mathrm{i}\frac{2\pi}{\lambda}\left(\sqrt{(x-500)^2+y^2+f_2^2}-f_2\right)}+\alpha_{32}\mathrm{e}^{\mathrm{i}\frac{2\pi}{\lambda}\left(\sqrt{(x+500)^2+y^2+f_2^2}-f_2\right)} \end{cases} \tag{7-89}$$

式中:σ_1 为 LCP(RCP)波入射时透射 LCP(RCP)分量的复振幅,对应的振幅 $E_1=|\sigma_1|$,相位 $\varphi_1=\arg\sigma_1$;σ_2 为 LCP 波入射时透射 RCP 分量的复振幅,对应的振幅 $E_2=|\sigma_2|$,相位 $\varphi_2=\arg\sigma_2$;σ_3 为入射 RCP 时透射 LCP 分量的复振幅,对应的振幅 $E_3=|\sigma_3|$,相位 $\varphi_3=\arg\sigma_3$;α_{11} 和 α_{12}、α_{21} 和 α_{22}、α_{31} 和 α_{32} 为 3 对焦点的振幅,它们数值相同;f_1 和 f_2 为焦距。

超表面 1 的设计频率为 1 THz,焦距分别为 f_1=3 mm、f_2=3.8 mm。通过在 CST Microwave Studio 软件中添加场监测器,模拟了 LCP 和 RCP 波入射下的透射场。LCP 和 RCP 波入射下,透射 LCP 和 RCP 波的轴向透射强度分布如图 7-71(a)至(c)所示。其中,图 7-71(a)和(c)位于 *xOz* 平面,图 7-71(b)位于 *yOz* 平面。如预期的那样,在 3 个偏振通道中产生了 3 对焦点。可见,在第一个焦平面(z=3 mm)上,分别在 x 和 y 方向上产生 2 对焦点;在第二个焦平面(z=3.8 mm)上产生另一对焦点。焦平面上的透射强度和相位分布如图 7-71(d)至(i)所示。图 7-71(d)至(f)还显示了透射强度随 x 或 y 的函数变化的曲线。由图 7-71 可以更清楚地看到,焦点之间的相对透射强度。显然,实验测得的透射场与理论设计吻合得很好。

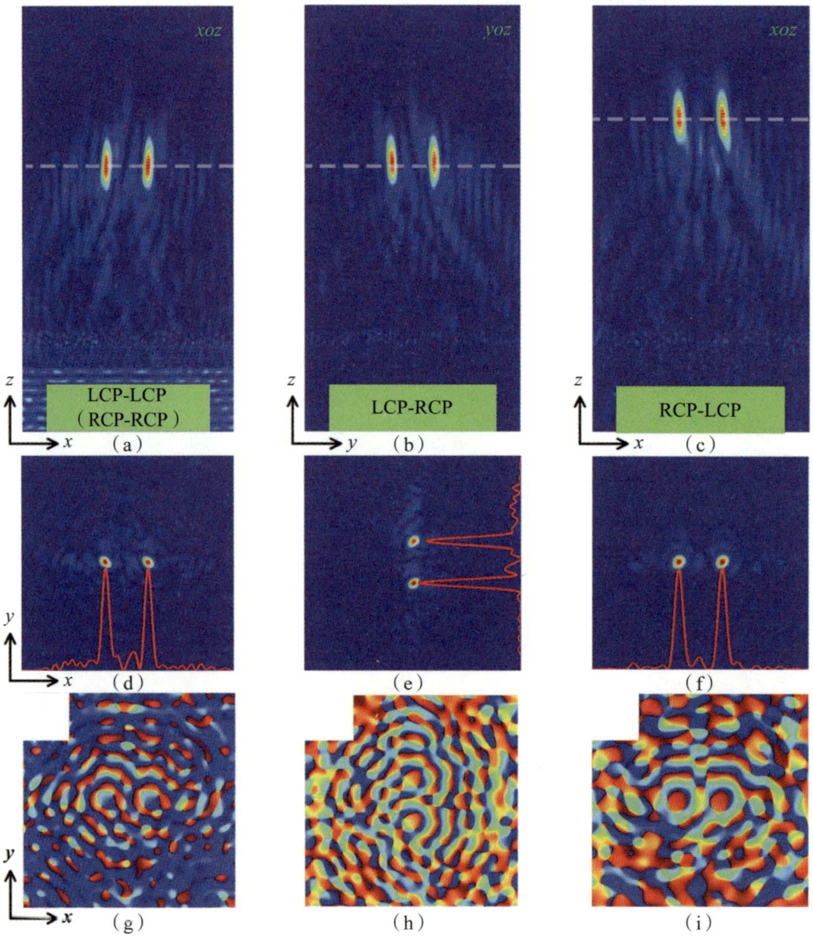

图 7-71 超表面 1 的聚焦性能

(a)LCP-LCP(RCP-RCP)条件下的轴向透射强度分布;(b)LCP-RCP 条件下的轴向透射强度分布;(c)RCP-LCP 条件下的轴向透射强度分布;(d)z=3 mm 处的 x 方向透射强度;(e)z=3 mm 处的 y 方向透射强度;(f)z=3.8 mm 处的透射强度分布;(g)z=3 mm 处的 x 方向相位分布;(h)z=3 mm 处的 y 方向相位分布;(i)z=3.8 mm 处的相位分布

Ⅱ. 超表面 2:产生多对轴向等强度的双焦点

超表面 2 用于产生等强度多对轴向双焦点。通过切换入射波和透射波的偏振状态,超表面 2 能够在 6 个透射强度几乎相同的焦点之间切换。为了实现这种多焦点的器件,所需要的复振幅表达式为

$$\begin{cases}\sigma_1=\alpha_{11}e^{i\frac{2\pi}{\lambda}\left(\sqrt{x^2+y^2+f_1^2}-f_1\right)}+\alpha_{12}e^{i\frac{2\pi}{\lambda}\left(\sqrt{x^2+y^2+f_2^2}-f_2\right)}\\ \sigma_2=\alpha_{21}e^{i\frac{2\pi}{\lambda}\left(\sqrt{x^2+y^2+f_3^2}-f_3\right)}+\alpha_{22}e^{i\frac{2\pi}{\lambda}\left(\sqrt{x^2+y^2+f_4^2}-f_4\right)}\\ \sigma_3=\alpha_{31}e^{i\frac{2\pi}{\lambda}\left(\sqrt{x^2+y^2+f_5^2}-f_5\right)}+\alpha_{32}e^{i\frac{2\pi}{\lambda}\left(\sqrt{x^2+y^2+f_6^2}-f_6\right)}\end{cases}\tag{7-90}$$

式中：α_{11} 和 α_{12}、α_{21} 和 α_{22}、α_{31} 和 α_{32} 分别是 3 对焦点的振幅，它们具有相同的值。

超表面 2 的设计频率为 1 THz，6 个焦点的焦距分别为 f_1=3 mm、f_2=5.7 mm、f_3=3.4 mm、f_4=5.3 mm、f_5=3.8 mm、f_6=4.8 mm。同样，对于这 3 个独立偏振通道，利用复振幅 σ_1、σ_2 和 σ_3 可以分别计算出所设计的透射强度（电场强度）分布 E_1、E_2、E_3 和相位分布 φ_1、φ_2、φ_3。在 LCP 或 RCP 波入射条件下，模拟得到的 LCP 和 RCP 透射波的轴向强度分布如图 7-72（a）至（c）所示。可以看出，通过改变入射场和透射场的偏振状态，分别产生了 3 对焦点。这些焦点有不同的焦距，并在空间上分开。产生的焦点随着偏振的切换而移动。对于 LCP 波入射，透射 LCP 和 RCP 分量的强度随 z 的变化曲线如图 7-72（d）所示，可见 4 个焦点处的透射强度几乎相同。当入射 RCP 波时，透射强度曲线如图 7-72（e）所示，可见 4 个焦点处的透射强度相同，但焦点位置发生了变化。上述结果表明，生成的多个焦点与理论设计相吻合。通过控制超表面的振幅和相位，可以灵活地控制焦点的数量。这种优异的性能在粒子操纵、成像等领域有广泛的应用前景。

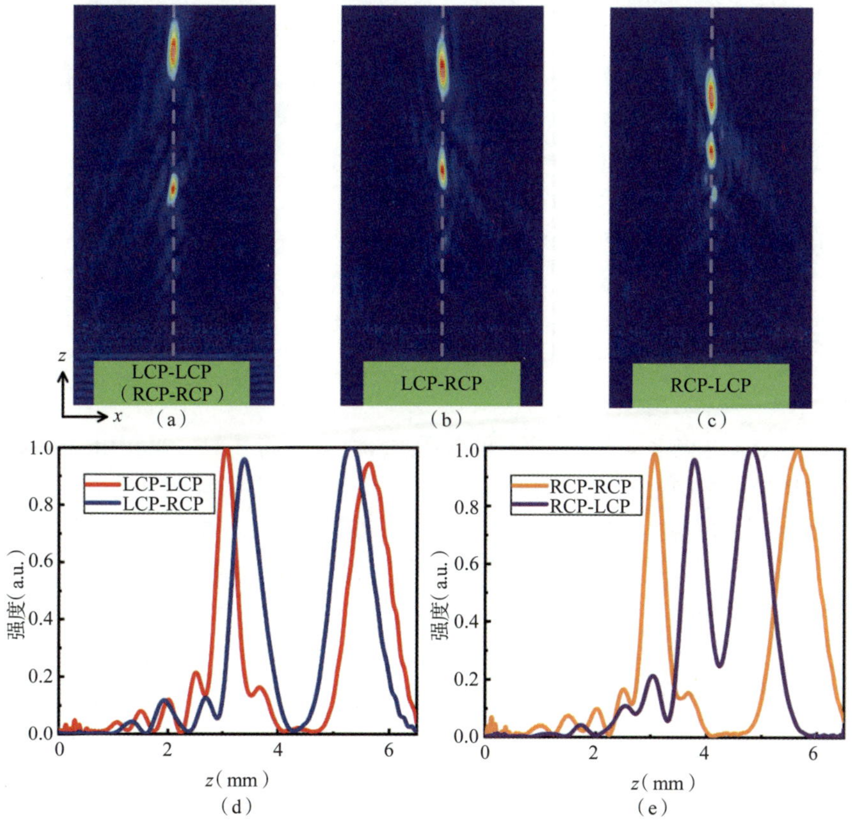

图 7-72　超表面 2 的聚焦性能

（a）LCP-LCP（RCP-RCP）条件下的轴向透射强度分布；（b）LCP-RCP 条件下的轴向透射强度分布；（c）RCP-LCP 条件下的轴向透射强度分布；（d）LCP 波入射时的透射强度曲线；（e）RCP 波入射时的透射强度曲线

Ⅲ. 超表面 3:产生多对任意强度比的焦点

超表面 3 能够产生任意强度比的多对焦点。在这种情况下,对于 LCP 和 RCP 波入射条件下的透射共极化分量,焦平面上出现 2 个沿 x 方向间距为 1.6 mm 的焦点,透射强度比为 2∶1。对于 LCP 波入射下的透射交叉极化分量,焦平面上出现 2 个沿 x 方向间距为 1 mm 的焦点,透射强度比为 2∶1。对于 RCP 波入射下的透射交叉极化分量,焦平面上出现 2 个沿 y 方向间距为 1 mm 的焦点,透射强度比为 1∶1。对于这样的目标光场,所需的复振幅分布为

$$\begin{cases} \sigma_1=\alpha_{11}e^{i\frac{2\pi}{\lambda}\left(\sqrt{(x-800)^2+y^2+f^2}-f\right)}+\alpha_{12}e^{i\frac{2\pi}{\lambda}\left(\sqrt{(x+800)^2+y^2+f^2}-f\right)} \\ \sigma_2=\alpha_{21}e^{i\frac{2\pi}{\lambda}\left(\sqrt{(x-500)^2+y^2+f^2}-f\right)}+\alpha_{22}e^{i\frac{2\pi}{\lambda}\left(\sqrt{(x+500)^2+y^2+f^2}-f\right)} \\ \sigma_3=\alpha_{31}e^{i\frac{2\pi}{\lambda}\left(\sqrt{x^2+(y-500)^2+f^2}-f\right)}+\alpha_{32}e^{i\frac{2\pi}{\lambda}\left(\sqrt{x^2+(y+500)^2+f^2}-f\right)} \end{cases} \tag{7-91}$$

式中:α_{11} 和 α_{12}、α_{21} 和 α_{22}、α_{31} 和 α_{32} 是 3 对焦点的振幅,其中 $\alpha_{11}:\alpha_{12}=1.414:1$、$\alpha_{21}:\alpha_{22}=1.414:1$,$\alpha_{31}:\alpha_{32}=1:1$。

根据 3 对焦点的焦距相同,f=3.8 mm,可以得到所需的振幅和相位分布。超表面 3 由 50×50 个超像素(100×100 超原子)组成,由标准紫外光刻和电感耦合等离子体(ICP)刻蚀法制备。样品的 SEM 图像如图 7-73(a)和(b)所示。使用太赫兹数字全息成像系统表征样品的光学特性。在 LCP 和 RCP 波入射条件下,模拟得到的 LCP 和 RCP 透射波在焦平面 z=3.8 mm 处的透射强度分布,如图 7-73(c)至(e)所示。可以看出,在 LCP 波入射条件下,透射波的共极化分量和交叉极化分量产生了两对间距不同的焦点。RCP 波入射条件下的透射波 LCP 分量会产生一对透射强度相等的焦点,测量结果如图 7-73(f)至(h)所示。实验得到的电场分布与模拟结果一致,在相应的偏振分量中产生了 3 对沿指定方向的焦点。为了更直观地对比模拟结果和实验结果,焦平面上 x 和 y 方向的透射强度曲线如图 7-73(i)和(k)所示。在 LCP 和 RCP 波入射条件下,透射共极化分量产生了两个间距为 1.6 mm 的焦点,透射强度比接近 2∶1。在 LCP 波入射条件下,透射 RCP 分量产生两个焦点的强度比仍然为 2∶1,间距变为 1 mm。在 RCP 波入射条件下,透射 LCP 场分量产生两个强度相等、间距为 1 mm 的焦点。可见,实验结果与模拟结果吻合较好。该结论表明,本研究提出的多功能超表面在功率分配和波前整形方面具有很大潜力。

(4)小结

本研究提出了一个全硅多功能超表面,可以任意和独立地将 3 对振幅和相位分布编码到单个单层器件中。通过切换入射波和透射波的偏振态,可以得到 3 种复振幅调制功能。为了进行验证,设计了 3 种超表面:生成等强度多对焦点的超表面、生成等强度多对轴向双焦点的超表面、生成任意强度比的多对焦点的超表面。结果表明,实验结果与模拟结果吻合较好。得益于本研究提出的多功能超表面平台在功率分配和波前整形方面的强大能力,该方案可以在粒子操纵、生物、成像等领域实现应用。

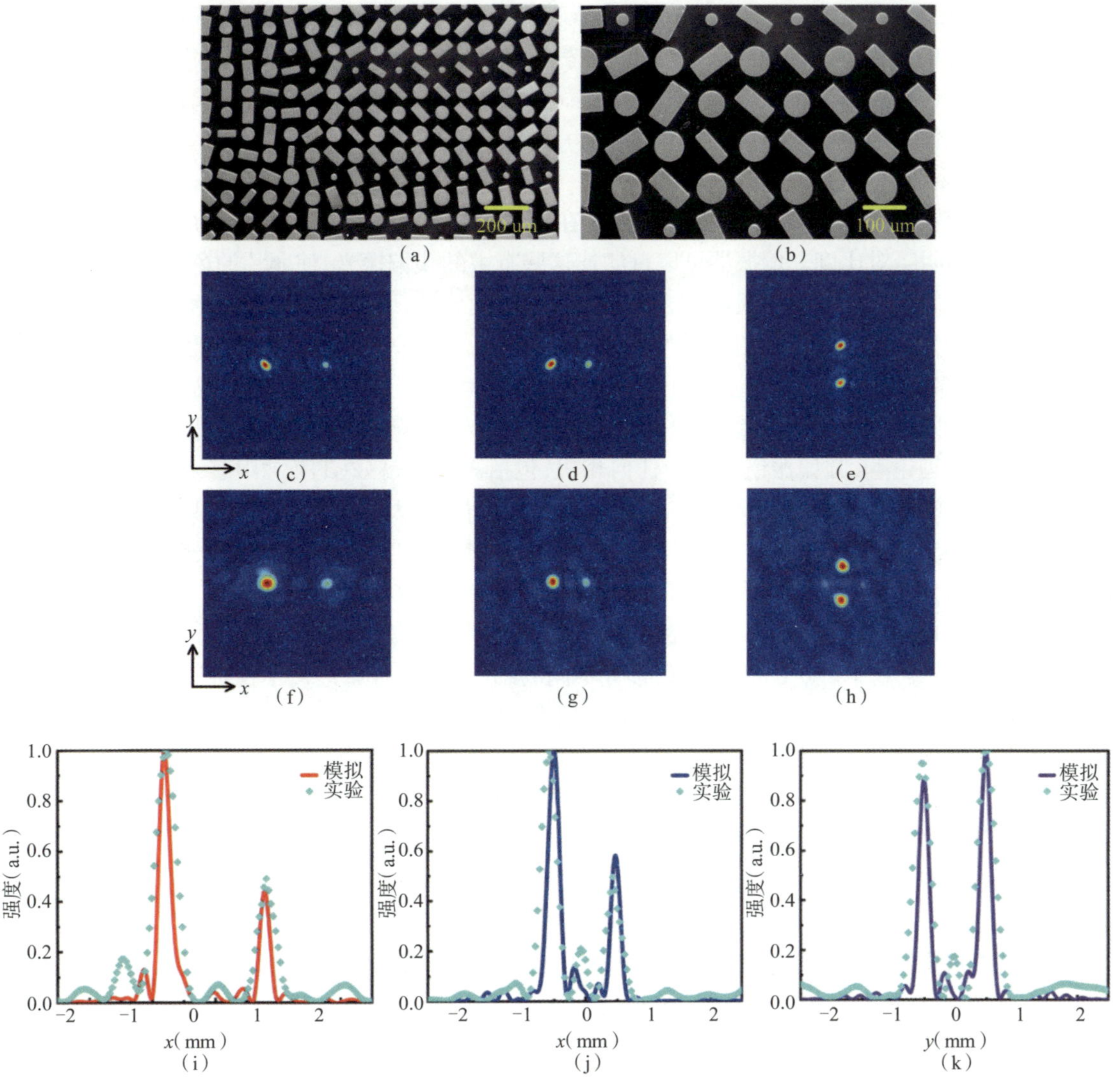

图 7-73　超表面 3 的聚焦性能

(a)超表面 3 的 SEM 图像;(b)超表面 3 超原子的 SEM 图像;(c)LCP-LCP(RCP-RCP)条件下的模拟透射强度分布(z=3.8 mm);(d)LCP-RCP 条件下的模拟透射强度分布(z=3.8 mm);(e)RCP-LCP 条件下的模拟透射强度分布(z=3.8 mm);(f)LCP-LCP(RCP-RCP)条件下的实验透射强度分布(z=3.8 mm);(g)LCP-RCP 条件下的实验透射强度分布(z=3.8 mm);(h)RCP-LCP 条件下的实验透射强度分布(z=3.8 mm);(f)z=3.8 mm 处的 x 方向相位分布;(h)z=3 mm 处的 y 方向相位分布;(i)LCP-LCP(RCP-RCP)条件下的 x 方向透射强度曲线;(j)LCP-RCP 条件下的 x 方向透射强度曲线;(k)RCP-LCP 条件下的 y 方向透射强度曲线

7.3.5　基于全硅超表面的太赫兹波片 - 透镜一体化器件

在太赫兹波段,所报道的超透镜仍然无法获得完美和严格的单一自旋方向的圆偏振,因为这些超透镜是通过 P-B 相位构建的,圆偏振中必然包含不可忽略的左旋和右旋圆偏振分量。本小节介绍一项研究,其使用动力学相位构建硅基太赫兹超透镜,以实现单一自旋方向的圆偏振转换。该太赫兹超透镜可以看作"太赫兹波片 - 透镜"一体化器件,只需要将整个器件旋转一定角度便可控制多种偏振状态的转换,可以简单地操纵入射线偏振太赫兹波在 3 种偏振转换状态下实现聚焦,包括线偏振、左旋圆偏振和右旋圆偏振。此外，这种偏振转换是可逆的，即该太赫兹超透镜不仅可以将线偏振波转换为任意单向自旋的圆偏振波，还可以将左旋和右旋圆偏振波分别转换为两个互相垂直的线偏振波。这种器件有望作为传统圆偏振镜和聚焦透镜组的一个很好的替代品用于先进太赫兹相机，此外其在偏振成像领域也有潜在的应用前景。

（1）研究介绍

自然界中存在大量线偏振光，许多线偏振光在摄影中是有害的，它们会将反射光引入相机，降低照片的清晰度和明暗对比度。偏振器可以过滤掉这些有害的线偏振光，使照片的色彩饱和度更佳、图像更加清晰。普通相机通常使用线偏振透镜并按一定角度旋转，以减少线偏振光的入射。然而，相机内仍有可忽略的线偏振光残留，这仍会导致一些有害结果。在一些具有自动对焦和自动曝光的高级相机中，相机内部的残余线偏振光会使自动对焦失效或自动曝光不准确。在这种情况下，相机必须依赖圆偏振镜，它可以直接将入射的线偏振光转换为圆偏振光。对于大多数光学器件，圆偏振光与非偏振光没有区别。理论上，圆偏振镜可用于任何相机，包括高级太赫兹（THz）相机。然而，传统圆偏振镜的制备仍然依赖于手工抛光和砂磨，存在造价昂贵、产量低，以及体积大、难以集成的问题。

近年来，研究者致力于开发一种成本低、体积小、集成度高、功能多的新型偏振转换器。超材料/超表面为开发这种新型器件提供了良好的解决方案。目前，研究者已经开发出基于超表面的太赫兹圆偏振转换器。此外，为了充分发挥超表面的优势，研究者还研发了与相位操作相结合的波前控制器件，如超透镜[16]。基于一定的相位轮廓布置不同的结构单元，金属透镜不仅可以实现与传统凸透镜类似的聚焦功能，还可以实现偏振转换功能。通常，太赫兹超透镜广泛使用全介质硅材料，以满足实际应用中的低损耗要求。如果太赫兹超透镜也可以实现圆偏振转换，那它们就可以取代传统圆偏振镜和聚焦透镜，并用于先进太赫兹相机，进一步减小相机体积。一个非常重要的性能指标是超透镜必须将入射线偏振光完美地转换为单一自旋方向的圆偏振光，这意味着转换后的圆偏振光不能同时包含不可忽略的 LCP 和 RCP 分量。然而，在传统技术中，超透镜的圆偏振转换总是包含可观的左旋和右旋分量，不可能完全消除一个旋向的圆偏振波而保留相反旋向的圆偏振波。

以基于传统技术设计的超透镜为例，首先设计几个具有不同结构参数的基本结构，以满足 $0\sim\pi$ 的相延；然后基于 P-B 相位的原理，以 90° 旋转这些结构，获得 $\pi\sim2\pi$ 的相延；最终使该超透镜的相延梯度式地覆盖 $0\sim2\pi$。这样的设计存在固有缺陷，假设一个基本结构单元可以实现线偏振到单一自旋方向圆偏振的转换，但由于 P-B 相位的自旋依赖性，在该结构旋转 90° 后，圆偏振的旋向将相反，最终导致整个超透镜的单一旋向圆偏振波的转换和聚焦失败。此外，传统超透镜的偏振转换通常是不可逆的，虽然通过这些器件的线偏振波被转换成其他偏振态并聚焦，但通过这些器件的其他偏振态波不能再被转换成线偏振波并聚焦，这些缺点也在一定程度上限制了太赫兹超透镜的多功能应用。

为了克服上述太赫兹超透镜在偏振转换方面的缺点，并扩展其多功能应用，本研究设计了一种全介质硅基太赫兹超透镜。该器件使用与单元结构参数有关的动力学相位组装技术，完全去除与结构单元旋转有关的 P-B 相位。从功能上看，该器件是一个太赫兹波片-透镜一体化器件，具有一些新的特征：通过超透镜的线偏振太赫兹波将完全转换为单一旋向的圆偏振波并聚焦；只需将该金属环旋转 ±45° 和 ±90° 即可实现线偏振、LCP 和 RCP 之间的任意切换；这种偏振转换是可逆的，当单一旋向的圆偏振太赫兹波通过超透镜时，它将完全转换为线偏振波并聚焦，入射 LCP 和 RCP 波分别对应于两个相互垂直的透射线偏振波。当该特性用于偏振成像时，通过监测像平面中的透射偏振波的偏振态，可以较容易地区分入射 RCP 和 LCP 太赫兹波，这种偏振成像功能有望应用于手性材料研究等领域。

（2）结果与分析

本研究提出的全介质硅基太赫兹超透镜的基本结构是简单的硅矩形条。下面从入射 x 方向偏振太赫兹波通过超透镜转换为 LCP 波并聚焦的特性开始讨论，然后推导其他特性。首先研究硅矩形条的偏振转换特性。入射波通过硅矩形条后，透射电场的一般表达式为

$$\begin{pmatrix} E_x^{\mathrm{t}} \\ E_y^{\mathrm{t}} \end{pmatrix} = \begin{pmatrix} t_{xx} & t_{xy} \\ t_{yx} & t_{yy} \end{pmatrix} \begin{pmatrix} E_x^{\mathrm{i}} \\ E_y^{\mathrm{i}} \end{pmatrix} = \boldsymbol{T} \begin{pmatrix} E_x^{\mathrm{i}} \\ E_y^{\mathrm{i}} \end{pmatrix} \tag{7-92}$$

式中：E_x^{i}、E_y^{i} 分别为 x 和 y 方向偏振的入射电场；E_x^{t}、E_y^{t} 分别为 x 和 y 方向偏振的透射电场；$\boldsymbol{T}$ 为透射系数的传输透射矩阵；txy 为 y 方向偏振波入射下的 x 方向偏振波的透射系数。

为了获得 x 方向偏振波入射下的 LCP 转换，需将硅矩形条的初始位置偏离 x 轴 ±45°，如图 7-74（a）所示，透射 LCP 波的传输矩阵 $\boldsymbol{T}_0$ 和电矢量 $\boldsymbol{E}_0^{\mathrm{t}}$ 分别为

$$\boldsymbol{T}_0 = \beta \begin{pmatrix} 1 & -\mathrm{i} \\ -\mathrm{i} & 1 \end{pmatrix} \tag{7-93}$$

$$\boldsymbol{E}_0^{\mathrm{t}} = \boldsymbol{T}_0 \begin{pmatrix} 1 \\ 0 \end{pmatrix} = \beta \begin{pmatrix} 1 \\ -\mathrm{i} \end{pmatrix} \tag{7-94}$$

式（7-94）中，β 为一个系数。硅衬底厚度 h_1=300 μm，硅矩形条的高度 h_2=200 μm，超原子单元的周期 P=160 μm，透过超原子的 x 方向偏振波将分裂为共极化分量（T_x）和交叉极化分量（T_y），其相位差为 π/2，构成 LCP 波。如果改变硅矩形条的长度和宽度等几何参数，将获得 0~2π 相延。本研究找到了 5 种基本结构，其形状和参数如图 7-74（a）所示，其中 l 和 w 分别为硅矩形条的长度和宽度，I_x 为入射 x 方向的偏振，T_x 为 x 方向的共极化透射，T_y 为 y 方向的交叉极化透射。5 种基本结构的相位（基于 T_x）在 0~2π 变化，如图 7-74（b）所示。此外，如图 7-74（c）所示，使用 5 种基本结构构建的超原子阵列的相位为

$$\varphi = \frac{2\pi}{\lambda}\left(f - \sqrt{x^2 + y^2 + f^2}\right) \tag{7-95}$$

式中：λ 为 0.96 THz 时应的波长；x 和 y 分别为该超透镜上任一点在 x 和 y 方向上的坐标值，原点（0，0）在超透镜的中心；f 为超透镜的焦距，f=8 mm。

同时，为了实现完全和稳定的 LCP 转换，对于 x 和 y 透射分量，5 个基本结构需要几乎相同的透射幅度和稳定的透射分量相位差（π/2），如图 7-74（d）至（f）所示。

由于超原子产生的相延是通过改变硅矩形条的结构参数实现的，不依赖于硅矩形条的旋转操作，这是一种动力学相位组装的超材料器件。接下来，本研究基于 x 方向偏振波到 LCP 波的透射矩阵（式（7-93））推导这种超原子的其他特征。当按照 θ=45°、90°/−90° 和 135°/−45° 整体旋转超透镜时，每个单元相应地旋转，结果如图 7-75 所示。

按 θ=45°、90°/−90° 和 135°/−45° 旋转超原子单元后的透射传输矩阵为

$$\boldsymbol{T}_1 = \sqrt{2}\beta \begin{pmatrix} 1+\mathrm{i} & 0 \\ 0 & 1-\mathrm{i} \end{pmatrix} \quad (\theta = 45^\circ) \tag{7-96}$$

$$\boldsymbol{T}_2 = \beta \begin{pmatrix} 1 & \mathrm{i} \\ \mathrm{i} & 1 \end{pmatrix} \quad (\theta = 90^\circ / -90^\circ) \tag{7-97}$$

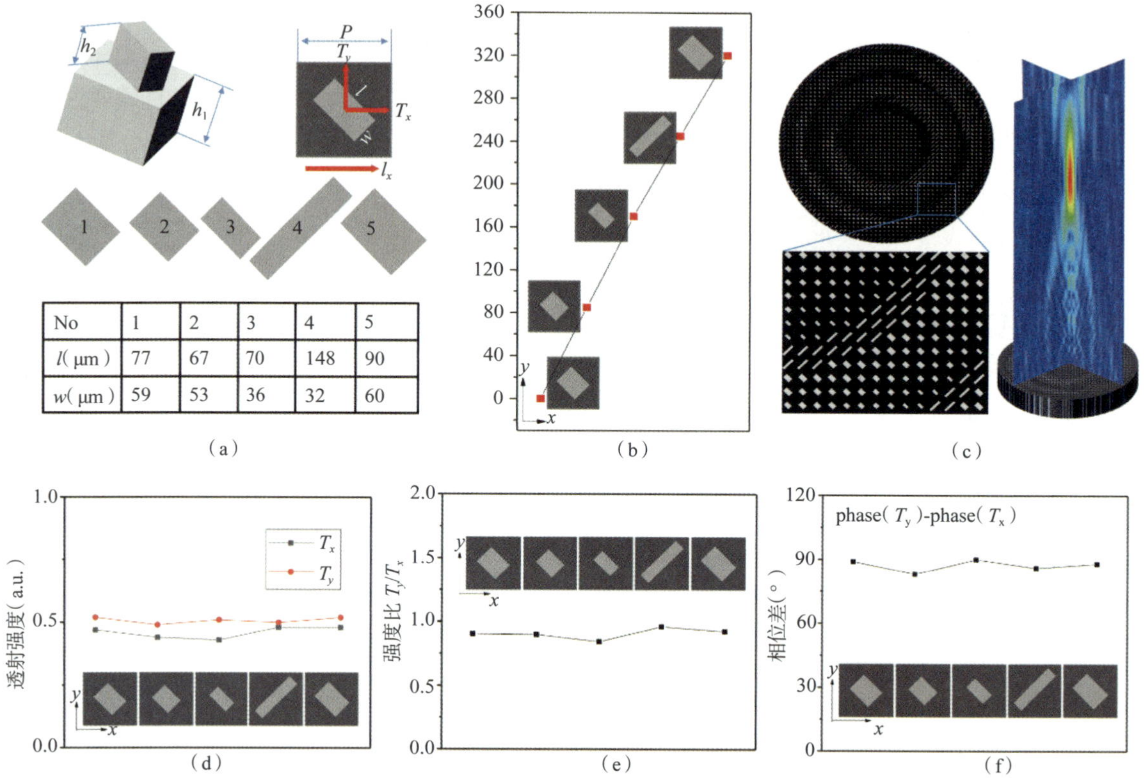

图 7-74　全介质硅基太赫兹超透镜

(a)5 种超原子基本结构;(b)5 种超原子的 T_x 相对相延;(c)超原子阵列和聚焦示意;
(d)入射 x 方向偏振下的透射强度;(e)T_y/T_x;(f)同极化和交叉极化的相位差

$$\boldsymbol{T}_3=\sqrt{2}\beta\begin{pmatrix}1-\mathrm{i} & 0\\ 0 & 1+\mathrm{i}\end{pmatrix}\quad(\theta=135°/-45°) \tag{7-98}$$

对应的透射电场表示为

$$\boldsymbol{E}_1^{\mathrm{t}}=\boldsymbol{T}_1\begin{pmatrix}1\\0\end{pmatrix}-\sqrt{2}\beta(1+\mathrm{i})\begin{pmatrix}1\\0\end{pmatrix}\quad(\theta=45°) \tag{7-99}$$

$$\boldsymbol{E}_2^{\mathrm{t}}=\boldsymbol{T}_2\begin{pmatrix}1\\0\end{pmatrix}=\beta\begin{pmatrix}1\\\mathrm{i}\end{pmatrix}\quad(\theta=90°/-90°) \tag{7-100}$$

$$\boldsymbol{E}_3^{\mathrm{t}}=\boldsymbol{T}_3\begin{pmatrix}1\\0\end{pmatrix}=\sqrt{2}\beta(1-\mathrm{i})\begin{pmatrix}1\\0\end{pmatrix}\quad(\theta=135°/-45°) \tag{7-101}$$

式(7-99)和(7-101)表示,当超透镜以 ±45° 旋转时,透射波仍然是共极化线偏振,没有偏振转换。当超透镜以 ±90° 旋转时,式(7-97)表明透射波将出现 RCP 转换。

图 7-76 所示为超透镜器件的 SEM 图像和该器件在旋转前后的模拟和实验结果。可见,实验结果与模拟结果是一致的。如图 7-76(b)所示,没有任何旋转的超透镜具有将 x 方向线偏振波转换为纯 LCP 波并聚焦的功能;当超透镜以 ±90° 旋转时,可以获得 x 方向线偏振波到纯 RCP 波的转换和聚焦。此外,如果希望在不进行偏振转换的情况下保持 x 方向线偏振波的聚焦,则可以通过按 ±45° 旋转器件来实现,如图 7-76(c)所示。

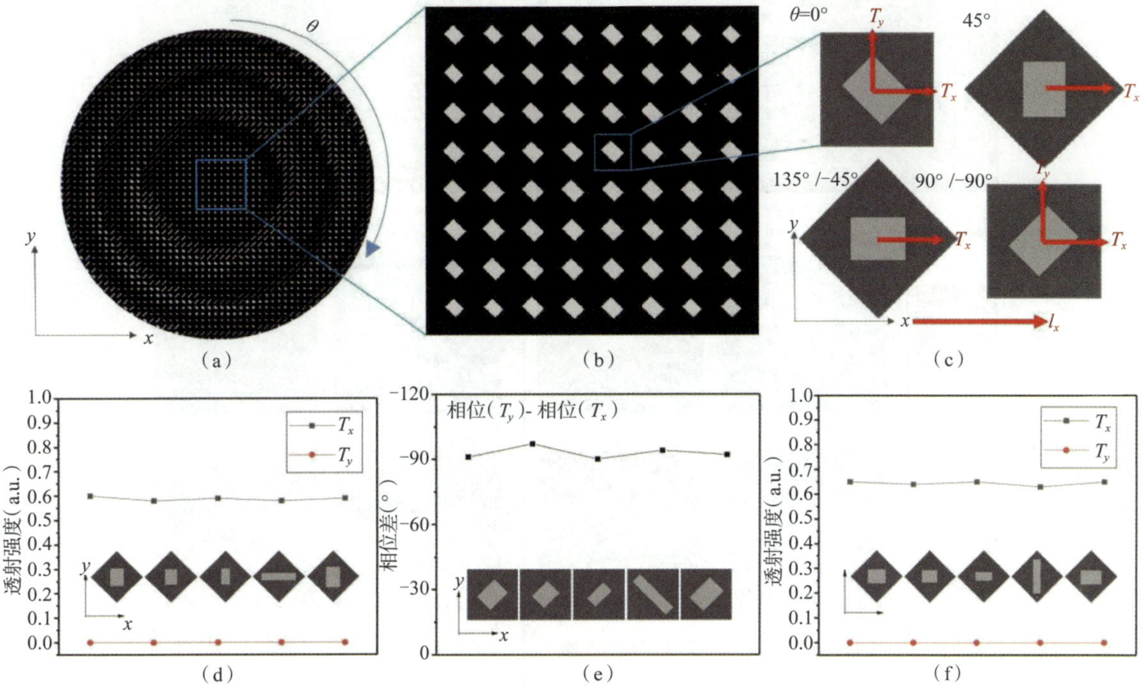

图 7-75　单元旋转后的透射性能和相位差

(a)超原子单元旋转示意;(b)45° 旋转时的透射强度;

(c)90° 旋转时的同极化和交叉极化相位差;(d)135° /-45° 旋转时的同极化和交叉极化相位差

可逆偏振转换是这种器件的另一个有趣特征,即此器件不仅可以将入射的线偏振态转换为单向自旋的圆偏振态,还可以将入射的单向自旋圆偏振态转换为线偏振态。对于旋转前的原始器件,入射 RCP 和 LCP 波按传输矩阵 $\boldsymbol{T}_0$ 传输,透射电场的表达式为

$$\boldsymbol{E}_4^{\mathrm{t}} = \boldsymbol{T}_0 \begin{pmatrix} 1 \\ \mathrm{i} \end{pmatrix} = \beta \begin{pmatrix} 1 & -\mathrm{i} \\ -\mathrm{i} & 1 \end{pmatrix} \begin{pmatrix} 1 \\ \mathrm{i} \end{pmatrix} = 2\beta \begin{pmatrix} 1 \\ 0 \end{pmatrix} \tag{7-102}$$

$$\boldsymbol{E}_5^{\mathrm{t}} = \boldsymbol{T}_0 \begin{pmatrix} 1 \\ -\mathrm{i} \end{pmatrix} = \beta \begin{pmatrix} 1 & -\mathrm{i} \\ -\mathrm{i} & 1 \end{pmatrix} \begin{pmatrix} 1 \\ -\mathrm{i} \end{pmatrix} = -2\beta \begin{pmatrix} 0 \\ 1 \end{pmatrix} \tag{7-103}$$

式(7-102)和式(7-103)表明,通过超透镜的 RCP 波会转换为 x 方向偏振波并聚焦,而通过该超透镜的 LCP 波会转换为 y 方向偏振波并聚焦。

本研究进一步模拟了太赫兹聚焦超透镜的成像结果。只要满足特定的物像关系,就可以在像平面上呈现"TJU"图形。如图 7-77(a)所示,物像关系为 $1/f=1/u+1/v$,其中 f 为焦距,且 f=8 mm,u 和 v 分别为物距和像距,且 $u=v$=16 mm。本研究首先模拟了入射 x 方向偏振波条件下,超透镜的圆偏振成像特性,如图 7-77(b)所示。由于具有 LCP 转换功能,该超透镜具有良好的 LCP 成像功能,而没有 RCP 成像功能。相反,当以 90° 旋转超透镜时,由于 RCP 转换,该超透镜将呈现良好的 RCP 成像特性,而不存在 LCP 成像特性。这些结果表明,这种超透镜可以用于先进的太赫兹相机,作为传统圆偏振转换和聚焦镜头组的一个很好的候补。

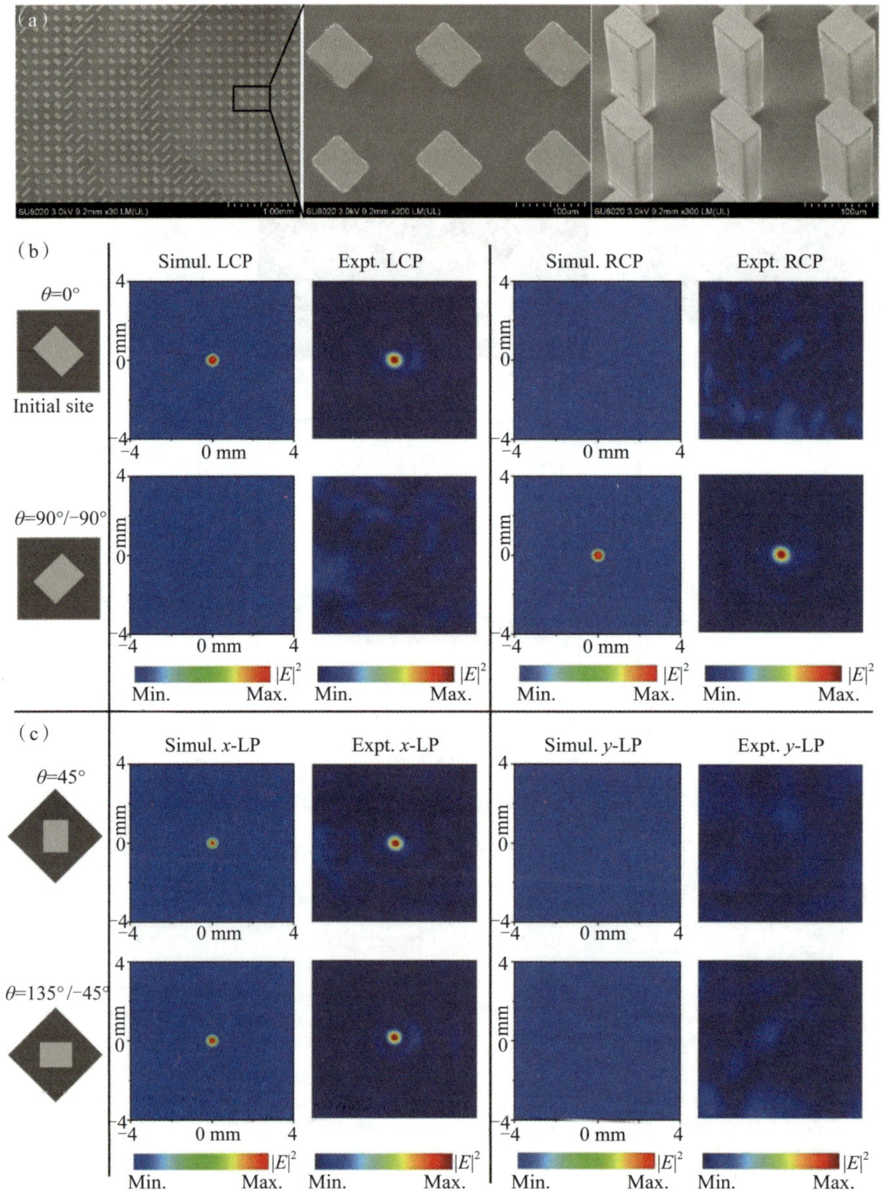

图 7-76　超透镜器件的 SEM 图像和该器件在旋转前后的模拟和实验结果

（a）超透镜器件的 SEM 图像；（b）旋转前和旋转 90° /−90° 时的模拟和实验结果；
（c）旋转 45° 和旋转 135° /−45° 时的模拟和实验结果

在某些领域，有必要区分 RCP 和 LCP。例如，许多天然和人工材料，如手性分子，可以发射 LCP 波（或诱导 LCP 转换），这些材料称为左手材料；反之，也存在右手材料。如果无法检测到材料发出圆偏振波的自旋方向，则无法区分材料的手性性质。本研究为开发区分 LCP 和 RCP 的器件提供了有用的思路。由前述可知，入射 RCP 和 LCP 条件下的两个透射线偏振波始终相互垂直，这意味着这两个透射波没有任何重叠的分量。因此，通过监测不同透射偏振状态，可以完全区分入射 RCP 波和 LCP 波。如图 7-77（c）所示，模拟结果显示，在入射 RCP 波条件下，该超透镜可以很好地进行 x 方向偏振成像，但无 y 方向偏振成像的功能。此外，在入射 LCP 波条件下，该超透镜可以实现 y 方向偏振成像,但无 x 方向偏振成像的功能。这些结果表明,这种超透镜还可以应用于具有 LCP 和 RCP 鉴别的偏振成像领域。

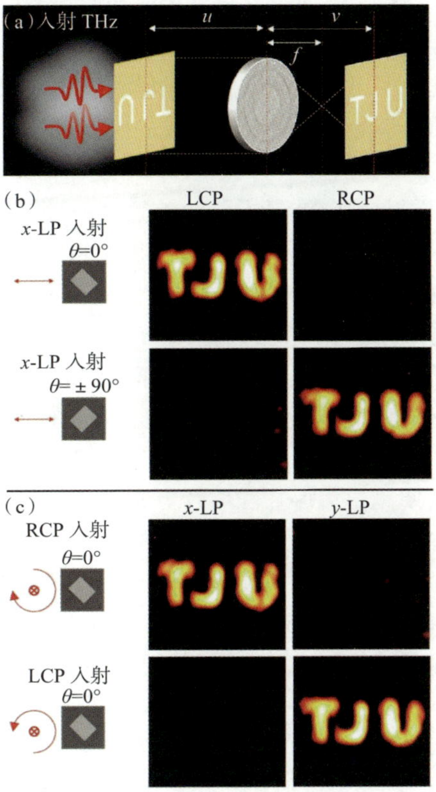

图 7-77　太赫兹聚焦超透镜的成像测试

(a)透镜的物像关系;(b)入射 x 方向偏振波时的太赫兹成像模拟结果;(c)入射 RCP 和 LCP 波下太赫兹成像模拟结果

(3)小结

为了构建集成单向自旋圆偏振转换的超透镜,本研究使用动力学相位设计了一种全介质硅基太赫兹超透镜,其没有任何 P-B 相位,等同于一个太赫兹波片 - 透镜一体化器件。模拟和实验结果表明,通过该超透镜的线偏振太赫兹波可以转换成任意单向自旋的圆偏振太赫兹波并聚焦。固定入射 x 方向偏振波,当该器件以 ±45° 和 ±90° 旋转时,可以获得 3 种透射偏振态切换,包括无转换的 x 方向偏振、LCP 和 RCP。同时,偏振转换是可逆的。通过该超透镜的任意单向自旋圆偏振太赫兹波也可以转换为线偏振太赫兹波并聚焦。通过该超透镜的 RCP 和 LCP 波分别转换为 x 和 y 方向偏振波。无论器件旋转多少度,入射 RCP 和 LCP 波对应的两个透射线偏振波始终相互垂直。此外,还通过模拟验证了该超透镜的太赫兹成像特性。结果表明,该超透镜有望成为先进太赫兹相机中圆偏振镜和聚焦透镜组的一个重要候补。此外,该超透镜可用于需要鉴别 LCP 和 RCP 的偏振成像领域,如手性材料研究,其中通过监测像平面中的透射线偏振状态,可以很容易地区分入射 RCP 波和 LCP 波。

7.3.6　基于全硅太赫兹超表面的纵向演化太赫兹矢量光束产生

矢量光场的产生和操纵对于偏振光学的基础研究和工业应用都具有重要意义。近年来,结构化矢量场的空间域控制逐渐从二维扩展到三维,包括传统光学和超表面光学。本小节介绍一项研究,其提出一种沿传播方向生成和操纵结构化矢量光场的新方法。本研究通过长焦深和多焦点超透镜完成正交圆偏振太赫兹波的相干叠加,并通过路径累积或初始相位设计在传播方向上引入不同的相位差,从而在多个平面上连续变化或独立设计矢量偏振分布。值得一提的是,本研究所提出的方案不仅适用于横向电场分量,而且表现出很强的纵向分量操纵能力。该方案实现了三维空间中三维矢量场的偏振分布操控,为基于元光学的矢量光束的生成和操控提供了新的启示。

(1)研究介绍

偏振与相位、频率、振幅一样,是电磁波最重要的参数之一,也是证明自由空间电磁波是横波的代表性依据,在电磁学、光学等基础研究和应用领域发挥着不可替代的作用。例如,圆偏振意味着光子存在自旋角动量(SAM)[16],它在经典光学和量子光学之间架起了一座桥梁,是手性光学[17]、自旋光子学[18]和拓扑光子学的重要研究对象。光的偏振在光纤通信、3D显示、遥感成像等领域衍生出许多新技术,推动了光学和光子学的技术进步。极化分布均匀的电磁场从极化的角度可以被认为是标量场,主要类型有线性、圆形和椭圆形极化。偏振分布不均匀的光束称为矢量场,如圆柱对称矢量光束。

在传统的偏振光学中,通常使用由偏振片和波片等光学晶体制成的器件进行偏振滤波、转换和分束等操作。这些器件显示出高效率,但通常需要较高的加工精度,并且在执行偏振相关功能时难以控制其他光学参数。复杂的偏振处理往往需要多个器件的级联。此外,矢量光束的生成更加困难。起初,研究者利用激光谐振腔中的模式选择或基模叠加产生矢量场。这种方法通常只产生单一类型的矢量光束,并显示有限的能量效率。后来,研究者使用偏振转换器和空变亚波长光栅等器件。矢量光场的产生也可以通过螺旋相位片和波片的组合实现。近年来,空间光调制器(SLM)和数字微镜器件(Digital Micromirror Device, DMD)等现代光电元件得到更多应用,可以实时产生多种矢量光场[20]。然而,这些方案在调制效率、系统体积和功能集成等方面几乎受到限制。随着超光学的不断发展[21],基于超表面的偏振光学为偏振操纵提供了新的可能。超原子的特殊对称性可以引起正交极化分量的差异化电磁响应,进而同时操纵极化和其他参数。例如,除波片和偏振器外,金属或电介质的各向异性超表面已经实现了正交线性和圆偏振波的独立相位控制,两个超原子的相消或相长干涉显示出任意正交分量的幅度控制。此外,具有几何相位的手性超表面可以进行线性和非线性手性波前控制,以及同时操纵多个电磁参数。此外,基于超表面的矢量光束生成也被广泛报道,其中最重要的是正交圆偏振波的相干叠加。

矢量光场在光存储、激光加工、光学微操作等领域有广泛的应用。矢量场中更多的偏振分量和空间变化的维度意味着更多的控制自由度和应用功能。最初,矢量场的生成和操作集中在平面中的二维偏振分布,包括传统方案和元光学。近年来,基于数字光学系统的矢量光场三维设计被广泛报道,其在传播方向的不同位置产生不同的矢量分布。例如,在多个焦平面上实现独立的矢量光束生成,以及非迭代的焦场整形可以生成具有特定三维轨迹的矢量光束。值得一提的是,不同的非衍射贝塞尔光束可以叠加产生沿传播方向连续变化的圆柱矢量光束,其起源于正交圆偏振分量之间的梯度相位差。这些基于数字光学系统的解决方案一般需要构建复杂的光路,如基于4f系统的空间滤波模块。虽然通过分屏复用的方式可以适当简化光路,但整个系统仍然需要占用很大的空间。超表面光学可以大大减小系统体积,单个器件实现正交偏振分量的相位控制和光束的叠加。然而,基于贝塞尔光束的三维矢量场生成能量利用有限,目前仅报道了对径向(横向)电场分量的操纵,很少考虑轴向(纵向)分量。

本研究提出了一种沿传播方向操纵矢量光场的新方案，该方案可以同时控制轴向和径向电场分量。本研究在太赫兹波段对该方案进行了测试。利用长焦深的元透镜获得拓扑电荷相反的正交圆偏振涡旋光束的相干叠加，通过控制它们的轴向相位差实现径向电场分量在传输方向上的连续变化。基于聚焦圆偏振光场的自旋轨道耦合效应，轴向电场分量也以 OAM 叠加态的形式沿传播方向发生显著变化。此外，本研究使用具有多个焦点的超透镜实现了对不同平面内的 3D 矢量光场的独立控制。该方案基于单个器件在 3 个空间维度上同时控制矢量场的 3 个电场分量，有效地扩展了超材料对矢量电磁场的操控能力。

（2）超表面实现

本研究希望用两种典型的功能验证所提出的方案，即沿传播方向连续变化矢量场生成和独立控制多个焦平面中的偏振分布。如图 7-78（a）所示，本研究使用全硅超表面在太赫兹波段实现上述功能。通过改变超原子的结构尺寸和空间取向，对正交圆偏振波进行独立相位设计，然后引入沿传输方向变化的相位差。图 7-78（b）所示为所提出方案的三维矢量场操作。通过长焦深或多平面聚焦可以同时控制 3 个电场分量，其中纵向分量（E_z）的变化源于自旋轨道耦合效应。两个正交圆偏振分量之间的相位差可以通过两种方式引入，即沿路径累积的传播相位和每个焦点的初始相位，如图 7-78（c）和（d）所示。前者可以认为是连续变化的，后者在不同位置独立取值，这些相位差对应不同偏振分布的三维矢量场。

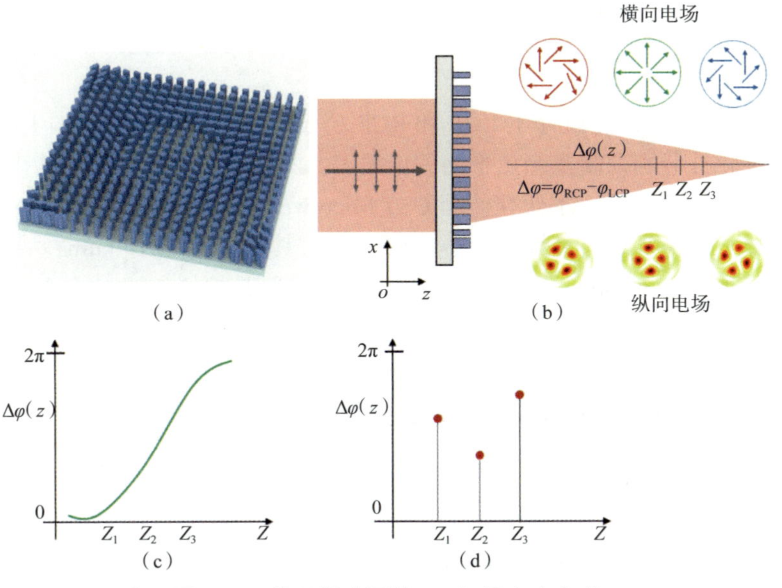

图 7-78　基于超表面的 3D 矢量光束生成

（a）全硅超表面示意；（b）用超透镜操纵横向和纵向电场分量；（c）连续变化的相位差；（d）离散相位差

首先，本研究使用超表面对正交圆偏振分量进行独立相位控制。假设各向异性超原子的线偏振基透射矩阵为

$$\boldsymbol{T}=\begin{bmatrix} t_{xx} & 0 \\ 0 & t_{yy} \end{bmatrix} \tag{7-104}$$

式中：t_{xx}、t_{yy} 分别为 x 和 y 方向偏振波的同极化透射系数。

一方面，超原子在平面内旋转角为 θ 时，圆偏振的交叉极化分量与所需同极化分量之间的相位

关系为

$$\begin{cases}\theta=(\varphi_{\mathrm{RCP}}-\varphi_{\mathrm{LCP}})/4\\ \varphi_{xx}=(\varphi_{\mathrm{RCP}}+\varphi_{\mathrm{LCP}})/2\\ \varphi_{yy}=(\varphi_{\mathrm{RCP}}+\varphi_{\mathrm{LCP}})/2-\pi\end{cases} \tag{7-105}$$

另一方面,横截面具有涡旋型偏振分布的矢量波可以用琼斯矢量表示为

$$\boldsymbol{E}(r,\theta)=A(r)\begin{bmatrix}\cos(p\theta+\theta_0)\\ \sin(p\theta+\theta_0)\end{bmatrix} \tag{7-106}$$

式中:$A(r)$为复振幅;p 为偏振拓扑电荷;θ_0 为初始偏振角。

矢量光束可以通过正交圆偏振涡旋波的相干叠加得到,假设它们之间的相位差为 $\Delta\varphi$,则有

$$\frac{1}{2}\mathrm{e}^{\mathrm{i}l\theta+\Delta\varphi}\begin{bmatrix}1\\ -\mathrm{i}\end{bmatrix}+\frac{1}{2}\mathrm{e}^{-\mathrm{i}l\theta}\begin{bmatrix}1\\ \mathrm{i}\end{bmatrix}=\mathrm{e}^{\frac{1}{2}\mathrm{i}\Delta\varphi}\begin{bmatrix}\cos\left(l\theta+\frac{1}{2}\Delta\varphi\right)\\ \sin\left(l\theta+\frac{1}{2}\Delta\varphi\right)\end{bmatrix} \tag{7-107}$$

这意味着生成的矢量波的初始偏振角 θ_0 由 $\Delta\varphi$ 决定。如果 $\Delta\varphi$ 沿传输方向变化,则偏振角 θ_0 的表达式为

$$\theta_0(z)=\frac{1}{2}\Delta\varphi(z) \tag{7-108}$$

(3)结果与分析

为了实现上述功能,本研究设计了 LCP 和 RCP 超表面(样品 1 和样品 2)生成矢量波,这些波沿传播方向连续变化并分别控制多个焦平面的偏振态。两种超表面的超原子均由高阻硅制成。图 7-79 所示为样品 1 的模拟结果。本研究使用 CST Microwave Studio 软件的时域求解器寻找超原子的结构参数。超原子的主要结构参数如图 7-79(a)所示,其中周期 P=140 μm,基板厚度为 300 μm,柱高 H=200 μm,矩形宽度 w=40 μm,两个方向的长度分别为 L_x 和 L_y。硅的介电常数在模拟过程中为 1.9,没有光损耗。本研究获得了不同维度下 x 和 y 方向偏振分量的透射强度和相位。

为了获得所需的轴向连续变化相位差 $\Delta\varphi(z)$,同时实现对 3 个电场分量的操控,本研究选择焦深较大的聚焦相位设计,并分配不同的焦距和左右圆偏振分量的位置。样本 1 上两个圆偏振分量的设计相位分布为

$$\begin{cases}\varphi(r,\theta)_{\mathrm{RCP}}=(k\cdot r^2)(2+l\theta)/\left[f_1+(\Delta f_1\cdot r^2/R^2)\right]\\ \varphi(r,\theta)_{\mathrm{LCP}}=(k\cdot r^2)(2-l\theta)/\left[f_2+(\Delta f_2\cdot r^2/R^2)\right]\end{cases} \tag{7-109}$$

式中:k 为自由空间中的波矢;R 为超表面的半径;f_1 和 Δf_1 分别为设计的焦距和焦点长度;l 为相位拓扑电荷。

令 RCP 和 LCP 波的相位拓扑荷 l 分别为 +1 和 −1,f_1=6 000 μm,Δf_1=1 500 μm,f_2=40 00 μm,Δf_2=2 000 μm。平均数值孔径可以认为是

$$NA=\sin\{\arctan[R\times 2/(f_1+f_2)]\}=0.783$$

计算得到的 LCP 和 RCP 超表面的设计相位如图 7-79(b)所示。两种超表面的超原子单元数均为 90 × 90。采用全波模拟方法,得到了 x 方向偏振平面波入射时的三维透射光场。xOz 平面中 x 和 y 极化分量的电场分布如图 7-79(c)所示,此时超表面的工作频率为 1 THz。可以发现,x 和 y 方向

偏振分量的焦距被明显拉长。为了进一步观察矢量波沿传播方向的变化，本研究分析了 6 个不同焦平面上的横向电场（E_x，E_y）分布，如图 7-79（d）所示；图中的箭头代表强度方向，实线为参考方向。显然，随着观察点到透镜的距离逐渐增大，E_x 的强度方向发生了旋转，这意味着三维矢量光场的偏振分布在逐渐变化。这是因为本研究设计的超透镜对于 RCP 和 LCP 分量具有不同的焦距和深度，即两个涡旋在传播过程中会沿不同路径累积与 z 坐标相关的相位差。高阶庞加莱球上的矢量场演化如图 7-79（e）所示，其中极化的拓扑电荷为 1。在庞加莱球中，在 z_1 到 z_6 的传播距离内，相位差覆盖了超过 3π/2 的范围，即在该距离内初始偏振角 θ_0 的变化超过 3π/4。

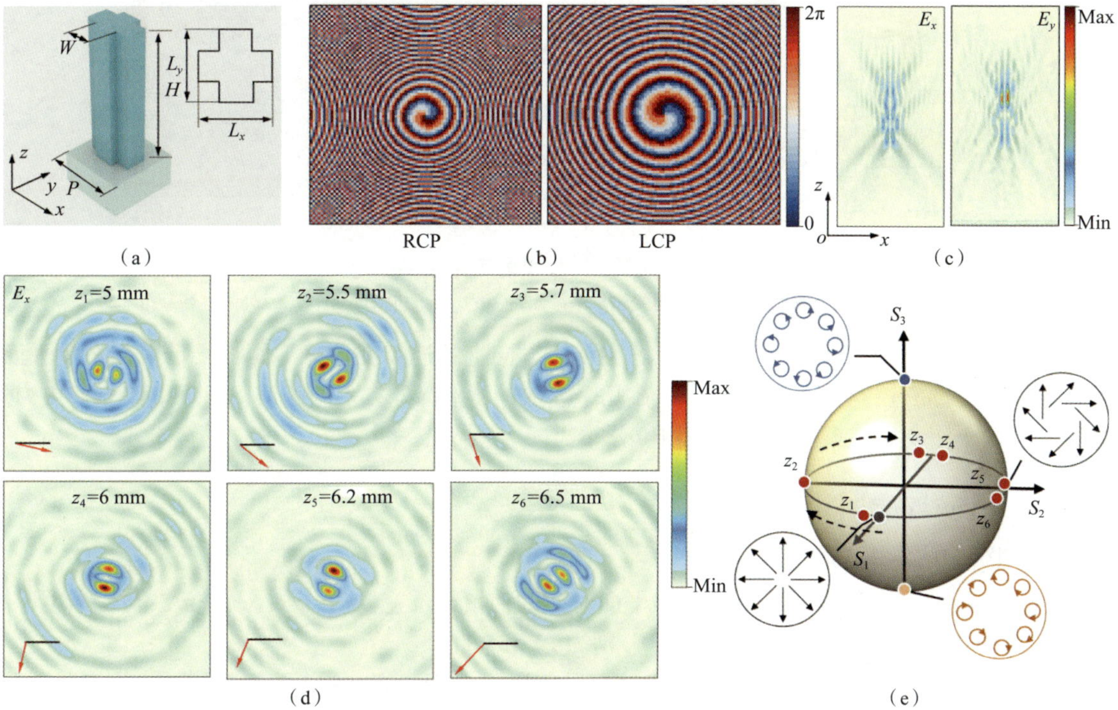

图 7-79　通过超表面生成沿传播方向连续变化的矢量光束

（a）超原子的结构参数；（b）LCP 和 RCP 超表面的相位场分布；（c）LCP 和 RCP 超表面的电场分布；（d）不同焦平面（z 值）上的电场分布；（e）高阶庞加莱球上矢量场的演化

本研究采用 ICP 刻蚀技术对 500 μm 厚的商用高阻硅片进行加工。图 7-80（a）所示为样品 1 的 SEM 图像。本研究使用 2D 电光采样系统对样品 1 的透射太赫兹波进行了测量。如图 7-80（b）所示，该系统由泵浦驱动，探测光束的中心波长为 800 nm，光斑直径为 8 mm，重复频率为 1 kHz，两个 ZnTe 晶体分别用于辐射和检测太赫兹信号，样品（MS）被放置在辐射和检测太赫兹信号之间。太赫兹电场调制的飞秒激光信号通过 4f 系统传输到 CCD 相机，采用四分之一波片（QWP）和偏振分束器（PBS）实现平衡检测。由于样品的工作频率不是系统的最佳频率，焦距过长导致信号强度减弱，本研究只测量了 z_2 和 z_3 位置的共极化分量，相对显示大信噪比（SNR）。实测结果如图 7-80（c）和（d）所示。可见所得结果与图 7-79（d）所示的模拟结果非常吻合。

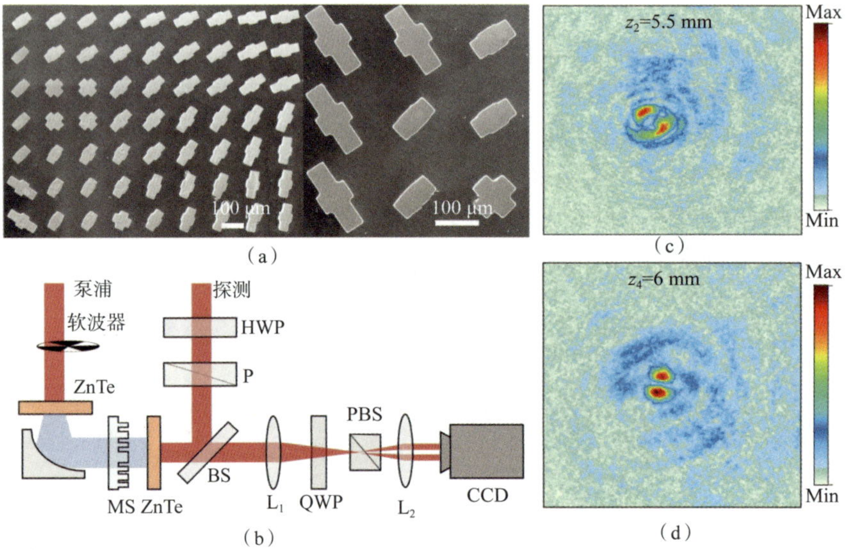

图 7-80　样品 1 的实验结果

(a)样品 1 的 SEM 图像;(b)2D 电光采样系统光路;(c)z_2 处的电场分布;(d)z_4 处的电场分布

前面的研究已经实现了太赫兹矢量场在传输方向上的连续变化。下面将展示对多个焦平面上的偏振分布的独立控制,这意味着 $\Delta\varphi$ 将在几个离散的 z 坐标处有不同的值。以垂直双点聚焦为例,样本 2 上两个正交圆偏振分量的设计相位分布为

$$\begin{cases}\varphi(r,\theta)_{\mathrm{LCP}}=\arg\left(\mathrm{e}^{k\sqrt{r^2+f_3^2}+l\theta+\Delta\varphi_1}+\mathrm{e}^{k\sqrt{r^2+f_4^2}+l\theta+\Delta\varphi_2}\right)\\ \varphi(r,\theta)_{\mathrm{RCP}}=\arg\left(\mathrm{e}^{k\sqrt{r^2+f_3^2}-l\theta}+\mathrm{e}^{k\sqrt{r^2+f_4^2}-l\theta}\right)\end{cases} \tag{7-110}$$

式中:f_3=5 mm;f_4=8.5 mm;$\Delta\varphi$ 为两个焦平面对应的初始相位差,$\Delta\varphi_1=\pi/2$,$\Delta\varphi_2=-\pi/2$;与样本 1 不同,样本 2 的 RCP 和 LCP 波的相位拓扑荷 l 分别为 −1 和 +1。

本研究使用与测试样品 1 类似的方法测试样品 2。样品 2 的 SEM 图像如图 7-81(a)所示。本研究设置 x 平面波入射并模拟样品 2 的透射场。图 7-81(b)所示为由式(7-110)计算的 LCP 和 RCP 分量的相位分布,可见两个通道显示出相反的相位变化方向。透射太赫兹波中 x 分量在两个焦平面(z_1=4.7 mm,z_2=8.1 mm)上的模拟和实验电场分布分别如图 7-81(c)和(e)、(d)和(f)所示。可见,模拟和实验结果是一致的,两个径向矢量电场也显示出相反的偏振分布。为了进一步确认透射场的偏振分布,本研究分析了两个平面内的太赫兹矢量场分布,如图 7-81(g)和(h)所示,可见 z 方向的电场非常弱。

除横向电场分量外,所提出的超表面在操纵传播方向上的纵向电场分量(E_z)方面似乎也非常强大。众所周知,紧密聚焦的波会产生轴向(纵向)电场分量。更有趣的是,圆偏振波的聚焦将在 E_z 分量中表现出自旋轨道耦合效应。文献检索表明,目前鲜有关于在传播路径上操纵轴向电场分量的研究。本研究在针对样本 1 的研究中,解释了 LCP 和 RCP 超表面的设计拓扑电荷分别为 −1 和 +1。根据聚焦光场的自旋轨道耦合原理,两个圆偏振分量引起的纵向和横向拓扑电荷的关系式为

$$l_{\mathrm{Longitudinal}}=l_{\mathrm{Transverse}}+\sigma \tag{7-111}$$

式中:$\sigma=\pm1$ 为自旋角动量;$l_{\mathrm{Longitudinal}}$ 为两个圆偏振分量引起的纵向电场分量的拓扑电荷;$l_{\mathrm{Transverse}}$ 为两个圆偏振分量引起的横向电场分量的拓扑电荷。

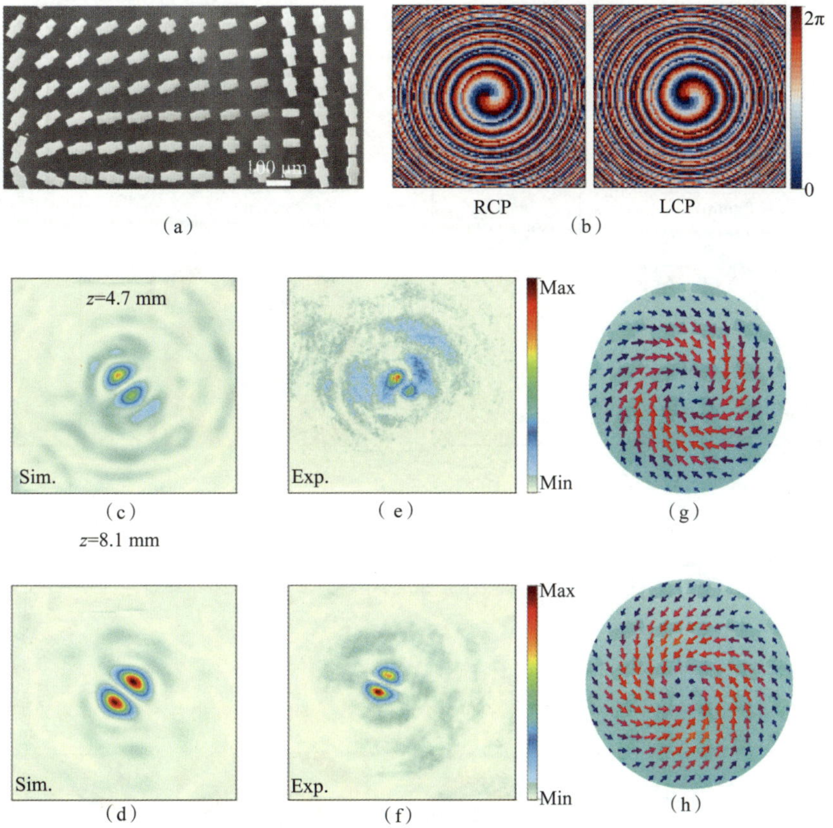

图 7-81 样品 2 在两个焦平面上生成具有独立控制偏振分布的矢量波

(a)样品 2 的 SEM 图像;(b)LCP 和 RCP 超表面的相位场分布;(c)z=4.7 mm 处的模拟电场分布;(d)z=8.1 mm 处的模拟电场分布;(e)z=4.7 mm 处的实验电场分布;(f)z=8.1 mm 处的实验电场分布;(g)z=4.7 mm 处的向量场;(h)z=8.1 mm 处的向量场

因此,两个圆偏振分量引起的纵向电场分量的拓扑电荷分别为 2 和 −2。这意味着会观察到一个逐渐变化的纵向电场分量,作为传播方向上的 OAM 叠加态。

为了验证上述分析,本研究进一步模拟了样品 1,得到了圆偏振平面波和线偏振平面波入射时的透射太赫兹场。样本 1 在 RCP 和 LCP 波入射下透射场中 E_z 分量的横向和纵向分布,如图 7-82(a)至(f)所示。从图 7-82(b)和(e)所示的相位分布可以看出, LCP 和 RCP 分量引起的 E_z 分量的相位拓扑电荷分别为 −2 和 2。透射矢量场中 3 个电场分量的归一化强度关系如图 7-82(g)和(h)所示,可见 E_z 分量的强度约为径向场分量强度的 1/5。通过调整透镜的数值孔径可以提高纵向分量的产生效率。当入射波为线偏振时,可以认为是两个圆偏振分量同时入射。图 7-82(i)至(n)所示为线偏振入射波引起的纵向场分量,表现为二阶涡旋干涉场,强度分布沿传播方向变化,这是由于正交圆偏振波存在相位差。结果显示,样品 2 的 E_z 分量与样品 1 相似。

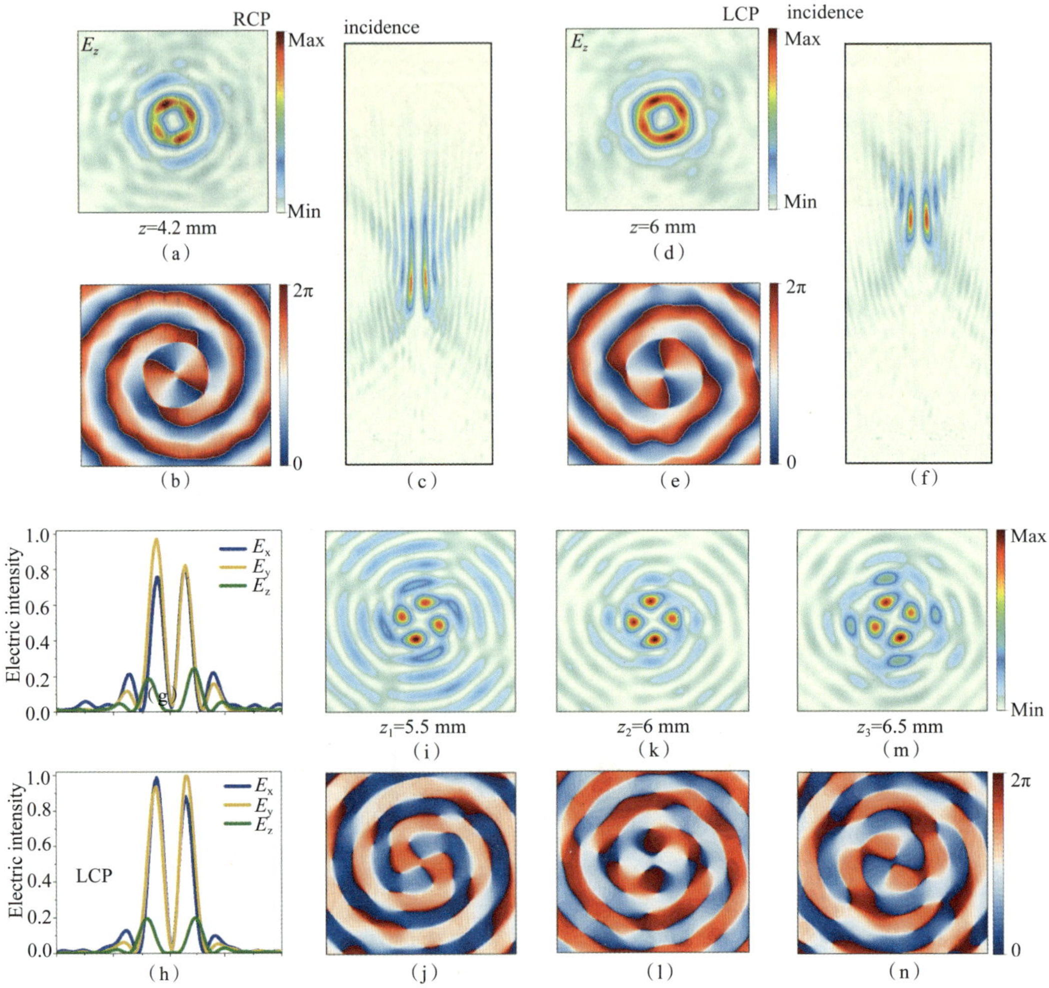

图 7-82　样品 1 的纵向电场分量

(a)至(f)LCP 或 RCP 波入射的 E_z 分量的强度和相位分布;(g)和(h)33 个电场分量的强度比较;
(i)至(n)x 方向偏振波入射时 E_z 分量的强度和相位分布

(4)小结

本研究提出了一种基于全电介质超表面的 3D 矢量光场调节方案。通过引入传播路径累积的相位差以及正交圆偏振分量之间的初始差值,实现了对传播方向矢量场偏振分布的有效控制。本研究在太赫兹波段设计了两个样品进行实验验证,分别使用长焦深和纵向多焦元透镜分析传播路径上矢量光场的连续变化和多平面独立控制。值得一提的是,本研究所提方案不仅可以设计横向电场分量的极化分布,还可以有效地产生和控制纵向分量的波传播。该方案演示了使用单个超表面生成具有三维空间分布变化的三维矢量场,为基于超表面的矢量光场的生成和操纵提供了新的思路。

参考文献

[1] RA'DI Y，SIMOVSKI C Y，TRETYAKOV S A. Thin perfect absorbers for electromagnetic waves：theory，design，and realizations[J]. Physical review applied，2015，3(3)：037001.

[2] HUANG Z，CHEN H，HUANG Y，et al. Ultra-broadband wide-angle terahertz absorption properties of 3D graphene foam[J]. Advanced functional materials，2018，28(2)，1704363.

[3] LANDY N I，SAJUYIGBE S，MOCK J J，et al. Perfect metamaterial absorber[J]. Physical review letter，2008，100，207402.

[4] LI W，COPPENS Z J，BESTEIRO L V，et al. Circularly polarized light detection with hot electrons in chiral plasmonic metamaterials[J]. Nature communications，2015，6：8379.

[5] PENDRY J B. A chiral route to negative refraction[J]. Science，2004，306(5700)：1353-1355 .

[6] CHEN L，ZHENG J，FENG J，et al. Reversible modulation of plasmonic chiral signals of achiral gold nanorods using a chiral supramolecular template[J]. Chemical communications，2019，55 (76)：11378-11381.

[7] WANG Z，CHENG F，WINSOR T，et al. Optical chiral metamaterials：a review of the fundamentals，fabrication methods and applications[J]. Nanotechnology，2016，27(41)：412001.

[8] NEUBRECH F，HENTSCHEL M，LIU N. Reconfigurable plasmonic chirality：fundamentals and applications[J]. Advanced materials，2020，23(41)：1905640.

[9] XU H X，HU G，LI Y，et al. Interference-assisted kaleidoscopic meta-plexer for arbitrary spin-wavefront manipulation[J]. Light：science & applications，2019，8(1)：3.

[10] XU H，HU G，HAN L，et al. Chirality-assisted high-efficiency metasurfaces with independent control of phase，amplitude，and polarization[J]. Advanced optical materials，2019，7(4)：1801479.

[11] MA Z，HANHAM S M，ALBELLA P，et al. Terahertz all-dielectric magnetic mirror metasurfaces[J]. ACS photonics，2016，3(6)：1010-1018.

[12] FAN Q，LIU M，ZHANG C，et al. Independent amplitude control of arbitrary orthogonal states of polarization via dielectric metasurfaces[J]. Physical review letters，2020，125：267402.

[13] HENTSCHEL M，WU L，SCHÄFERLING M，et al. Optical properties of chiral three-dimensional plasmonic oligomers at the onset of charge-transfer plasmons[J]. ACS Nano，2012，6，10355-10365.

[14] WANG Z，JIA H，YAO K，et al. Circular dichroism metamirrors with near-perfect extinction[J]. ACS photonics，2016，3(11)：2096-2101.

[15] YU N，GENEVER P，KATS M A，et al. Light propagation with phase discontinuities：generalized laws of reflection and refraction[J]. Science，2011，334(6054)：333-337.

[16] HUANG L，CHEN X，MÜHLENBERND H. Dispersionless Phase discontinuities for controlling light propagation[J]. Nano letter，2012，12(11)：5750-5755.

[17] CHEN X，CHEN M，MEHMOOD M Q，et al. Longitudinal multifoci metalens for circularly polarized light[J]. Advanced optical materials，2015，3(9)：1201-1206.

[18] WANG B, QUAN B, HE J, et al. Wavelength de-multiplexing metasurface hologram[J]. Scientific reports, 2016, 6: 35657.

[19] CHEN C, GAO S, XIAO X, et al. High efficient metasurface quarter-wave plate with wavefront engineering[J]. Advanced photonics research, 2021, 2(3): 2000154.

[20] MUELLER J P B, RUBIN N A, DEVLIN R C, et al. Metasurface polarization optics: independent phase control of arbitrary orthogonal states of polarization[J]. Physical review letters, 2017, 118(11): 113901.

[21] ZHANG X C, JIANG Z, XU X G. Improvement of terahertz imaging with a dynamic subtraction technique[J]. Applied optics, 2000, 39(17): 2982-2987.

[22] LI J, LI J, YANG Y, et al. Metal-graphene hybrid active chiral metasurfaces for dynamic terahertz wavefront modulation and near field imaging[J]. Carbon, 2020, 163: 34-42.

[23] LI J, ZHANG Y, LI J, et al. Amplitude modulation of anomalously reflected terahertz beams using all-optical active Pancharatnam-Berry coding metasurfaces[J].Nanoscale, 2019, 11(12): 5746-5753.

[24] LI J, ZHENG C, WANG G, et al. Circular dichroism-like response of terahertz wave caused by phase manipulation via all-silicon metasurface[J]. Photonics research, 2021, 9(4): 567-573.

[25] LI J T, LI J, ZHENG C L, et al. Active controllable spin-selective terahertz asy mmetric transmission based on all-silicon metasurfaces[J]. Applied physics letters, 2021, 118(22): 221110.

[26] LI J, WANG G, ZHENG C, et al. All-silicon metasurfaces for polarization multiplexed generation of terahertz photonic orbital angular momentum superposition states[J]. Journal of materials chemistry C, 2021, 9: 5478-5485.

[27] LUO L, LIU X, DUAN S X, et al. Dual channel transformation of scalar and vector terahertz beams along the optical path based on dielectric metasurface[J]. Nanophotonics, 2023, 19: 3839-3848.

[28] XU W, LI J, YAO J Q. Longitudinal evolution from scalar to vector beams assembled from all-dielectric metasurfaces[J].Optics letters, 2023, 48(7): 1606-1609.

第 8 章

太赫兹生物医学成像与传感技术

8.1 太赫兹生物医学成像技术

8.1.1 太赫兹技术在生物医学应用领域的概述

在近年来的生命科学领域,对与太赫兹波相关的生物大分子间弱相互作用(如氢键)、大分子骨架振动、偶极子旋转和振动跃迁、晶体中晶格低频振动吸收的研究引起了广泛关注。在太赫兹波段内,不同物质的吸收峰位置和吸收强度不同,反映了物质的分子结构及相关环境信息。太赫兹技术可非常敏感地探测微小差异和变化,并具有"指纹"特性,因此在分析和研究生物大分子方面具有广阔前景。此外,太赫兹波的能量较低,不会对生物分子产生光致电离,因此太赫兹探测是一种有效的非破坏性探测方法。太赫兹波对生物分子中的水很敏感,可以利用该特点研究生物分子与水的相互作用。目前,国内外研究者已对 DNA、蛋白质、糖类和细菌等生物分子或微生物进行了探索研究,而太赫兹光谱及成像技术在实时生物信息提取、生物组织活体检查、医学成像和医学诊断等领域的应用也成为研究热点。国家科技发展规划明确指出了太赫兹波技术在生物医学应用研究中的重要地位。例如, 2014 年的香山科学会议讨论了太赫兹波在生物医学应用中的科学问题和前沿技术,多位院士参加会议,体现了国家对太赫兹生物医学技术的重视。此次会议明确了我国在太赫兹技术上的发展方向,构建了太赫兹光谱技术与生物医学的交叉平台,提出了应探索太赫兹光谱学和成像技术的新机理和新方法,集中力量开发医学成像领域的太赫兹波新技术和新方法,提升我国在太赫兹光谱学和成像技术中的学术地位,为揭示重大生命现象的本质和医学疾病的诊断提供理论和技术基础,为我国新一代高性能医疗设备及药物监测和生物学等领域的太赫兹光谱技术关键器件及设备研发奠定基础。近年来,第三军医大学、天津大学、中国工程物理研究院、中国科学院重庆绿色智能技术研究院和华中科技大学共同合作开展了国家重点基础研究发展计划("973"计划)项目"活细胞的太赫兹波无标记检测技术基础研究"。此外,天津大学、第三军医大学、中国工程物理研究院、中国科学院重庆绿色智能技术研究院和南开大学合作开展了国家重点研发计划项目"太赫兹波精准脑外科手术在体成像系统的研发",该项目旨在研发基于太赫兹波谱成像技术的精准脑外科手术在体成像系统,以快速辨别肿瘤残余和精准识别肿瘤边界为目标。该项目利用太赫兹波谱成像技术,成功开发了太赫兹波精准脑外科在体成像数字诊疗装备,可在体内准确识别脑胶质瘤。上述项目的开展,拓展了太赫兹波在生物医学领域的应用前景。

太赫兹波在生物医学领域的应用在国际社会上引起了众多国家和地区的关注,相关国家建立了多个专门从事太赫兹波与生物、医学交叉研究的机构,如韩国首尔大学的 THz-Bio 应用系统研究中心(Center for THz-Bio Application System)、美国弗吉尼亚大学的生物材料太赫兹光谱学研究中心(Center for Terahertz Spectroscopy for Biological Materials)、美国加州理工大学的亚毫米波先进技术研究团队、欧洲的 TeraNova 和 StarTiger 研究团队等。其中,韩国的 THz-Bio 应用系统研究中心联合了该国实力最强的十家科研单位,包括高等院校和相关研究所,该中心已经制定了为期十年的太赫兹科学技术发展规划,并为各参与单位每年提供数百万美元的资助。此外,国际上还出现了多个国际性的太赫兹波生物医学合作计划,如 THz-BRIDGE 计划、欧洲组织的"太赫兹生物诊断技术与生物效应研究计划"及 Teravision 计划等。

作为 21 世纪的交叉生物技术,太赫兹生物医学经历了快速的发展。特别是针对多种不同病灶的太赫兹检测成像的实验研究,加速了太赫兹生物医学技术的发展。从发展趋势来看,太赫兹生物医学技术的发展经历了从表层组织检测到深部组织检测,从离体检测到体内检测,从动物组织检测到人体组织检测等过程。从研究内容来看,目前针对太赫兹生物成像技术的研究主要聚焦于癌症病灶和浅表组织病灶成像,以及少量神经外科领域的太赫兹成像。该技术的原理是根据癌症病灶和正常组织在太赫兹波段的折射率和吸收系数的差异进行成像。例如,石蜡包埋的脑胶质瘤组织切片在太赫兹波段的折射率和吸收系数明显高于健康组织。在体外诊断方面,研究者已开展基于太赫兹波的乳腺、皮肤、口腔等浅表器官和胶质瘤等深部病灶的病理组织的检测研究。在脑组织检测方面,研究表明,病变人脑组织与正常人脑组织在太赫兹波的吸收系数上存在差异,脑灰质和白质之间的太赫兹反射波谱也有所不同。此外,通过太赫兹成像技术可以实现脑组织的体内成像,对于颅脑创伤检测应用,太赫兹成像技术已经实现了离体检测和创伤程度识别。然而,太赫兹生物医学技术仍处于不断发展阶段,相关技术仍需要进一步地完善和深入研究。

太赫兹生物医学技术的发展前景非常广阔。随着技术的不断进步和应用领域的不断扩展,太赫兹波在生物、生物医学、环境和先进材料研究中的应用也日益增多。同时,太赫兹生物医学领域的研究也越来越多地涉及与其他研究领域的交叉合作。

通过对太赫兹生物医学技术的深入研究和应用,太赫兹生物医学技术有望成为更精确、非侵入性的病灶检测和诊断手段,为医学诊断和治疗提供更有效的工具。与此同时,太赫兹生物医学技术还有着广阔的应用前景,可以在环境监测、食品安全、化学物质检测以及材料科学等领域做出重要贡献。

未来针对太赫兹生物医学技术的研究需要进一步改进太赫兹波的成像分辨率、深部组织探测能力和成像速度,同时也需要解决与人体生物组织相互作用的问题,确保技术的安全性和可靠性。通过不断地探索和创新,太赫兹生物医学技术有望成为未来医学领域的重要工具,为人类的健康福祉做出重要贡献。

8.1.2 太赫兹波衰减全反射成像技术的理论基础

斯涅耳定律(Snell's Law)是描述太赫兹波在两种介质界面上反射与折射行为的定律。根据斯涅耳定律,光的入射角与反射角位于界面法线两侧且数值相等;同时,入射介质的折射率与入射角的正弦值的乘积等于折射介质的折射率与折射角的正弦值的乘积。当光由光疏介质射向光密介质时,称为外反射情况。在外反射中,折射角小于入射角,因此反射光的强度一定小于入射光的强度。当光由光密介质射向光疏介质时,称为内反射情况。在内反射中,折射角大于入射角。随着入射角的增大,会出现折射角等于90°的上限情况,这就是全反射。本书将恰好使入射光全部返回光密介质的入射角称为临界角。临界角 θ_c 可根据光密介质的折射率(n_1)和光疏介质的折射率(n_2)计算,计算公式为

$$\theta_c = \arcsin\frac{n_2}{n_1}$$

对于太赫兹波从光密介质射向光疏介质的情况,当入射角小于临界角时,发生普通反射;当入射角大于临界角时,发生全反射。若再考虑光疏介质对太赫兹波的吸收,全反射则会变为全内反射,反射光的强度将小于入射光的强度。普通反射和全内反射的原理对比如图 8-1 所示。

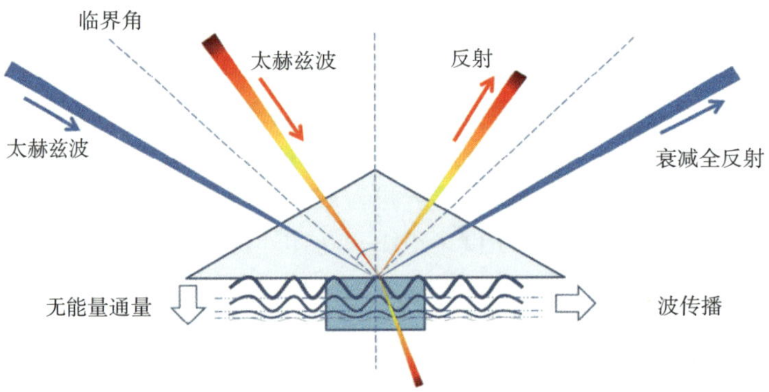

图 8-1　太赫兹波普通反射和全内反射示意图

8.1.3　太赫兹波衰减全反射成像系统

图 8-2 所示为基于三角形棱镜垂直扫描的太赫兹波衰减全反射（Terahertz waves Attenuated Total Reflection，THz-ATR）扫描成像系统的实验装置。该系统采用二氧化碳气体激光泵浦的远红外激光器（FIRL100，英国 Edinburgh Instruments）为辐射源。这款激光器能够输出可离散调谐的单频连续太赫兹波，在频率为 2.52 THz 时的额定功率为 150 mW。探测器选用热敏感性室温运行的高莱盒（Golay cell；GC-1P，俄罗斯 Tydex）。为了满足探测器的响应需求，在出光口处设置了 50 Hz 的切割器（chopper）以调制太赫兹波。在光路中，采用了镀金的平面反射镜对光路进行调整。为了实现分束功能并同时获取透射光和反射光，以降低激光器功率抖动对系统稳定性和成像质量的影响，布置了厚度为 1 mm 的高阻硅片（$n_p = 3.42$，$\alpha = 0.05\ cm^{-1}$）。高阻硅具有高透射性和抗腐蚀性，并在相对宽频率范围内具有较小的色散效应，因此被用于制作 ATR 棱镜。ATR 棱镜（prism）采用道威结构设计，具有两个等腰面，上表面与样品贴合。这种设计确保了入射光和出射光的方向平行，方便对光线进行收集和测量。透镜则采用非球面 Tsurupica 透镜（日本 PHLUXI）。在实验中，太赫兹波经过透镜被聚焦后入射到 ATR 棱镜的等腰面上，然后在其上表面发生全反射或 ATR；反射光从另一个等腰面射出，经过透镜再次聚焦进入探测器进行探测；通过二维移动平台（SHOT-302GS，日本 Sigma Koki）使棱镜在 y-z 平面（垂直面）内运动，实现在 x-y 平面（水平面）内对样品的二维扫描，以获取样品各像素（pixel）的信息，由此计算 ATR 反射率（类似透射系统中的透射率）以及其他相关衍生信息。其中，扫描速度受移动平台的移动速度限制，该系统的扫描速度约为 10 pixel/s。

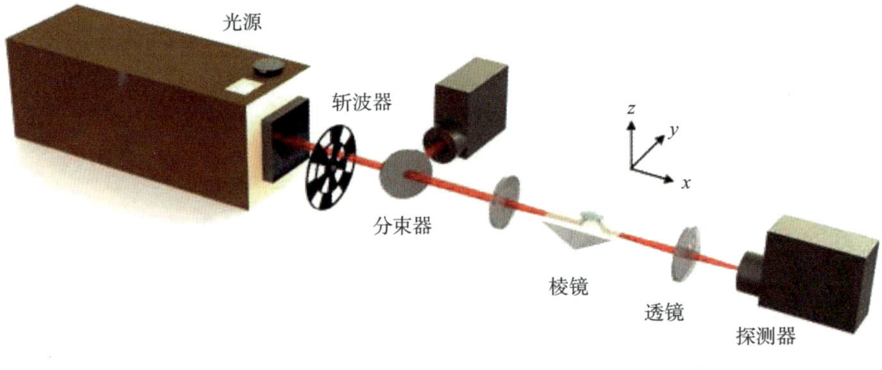

图 8-2　基于三角形棱镜垂直扫描的 THz-ATR 扫描成像系统实验装置

8.1.4　太赫兹波衰减全反射成像的细菌原位检测技术

由于太赫兹波的低光子能量和指纹波谱特性，该波段的光谱成像技术在生物医学检测方面，尤其在细菌检测方面具有广阔的应用前景。下面介绍三类基于太赫兹波的细菌检测技术。

第一类是基于太赫兹波与细菌的相互作用，测量细菌在宽频范围内对太赫兹波的介电响应。当某频率的太赫兹波与细菌转动能级对应的跃迁频率相等时，会引发此频率的谐振现象，使细菌对该频率的太赫兹波表现出较其他频率更大程度的吸收，形成谐振峰。不同种类细菌的特征峰的形状、大小和数目等参数各不相同，因此理论上可以通过光谱中的特征峰来特异性地识别待测细菌。由于细菌含水量较高，这种方法常用于芽孢或脱水样本检测。

第二类是基于超材料结构在太赫兹波的局域增强效应及其对周围环境介电性质的敏感特性。太赫兹波与覆盖和未覆盖细菌的超材料发生相互作用，通过观察共振变化，实现细菌的检测。当细菌覆盖在超材料结构上时，会引起周围介电常数发生变化，从而导致低频共振峰和高频共振峰的频率和振幅等发生变化。利用这些变化，可以分析细菌的种类及其生理特性。基于超材料的生物传感器具有样品用量少、响应速度快、探测简便和灵敏度高等特点。研发这种传感器时，关键是减小衬底对共振的影响，并通过特殊设计增强太赫兹波与细菌的相互作用，提高传感器的灵敏度。

第三类是基于细菌对太赫兹波的吸收差异，区分不同种类的细菌。这种技术可以通过光谱或成像实现。由于其关注的是样本对太赫兹波吸收的差异，而无须提取特征峰，因此适用于对新鲜样本或脱水样本实验结果的解释。传统的透射方法需要制作非常薄的新鲜样本池，以降低太赫兹波与细菌的作用长度，并减小信号衰减。例如，用太赫兹波检测 4 种常见细菌（鲍曼不动杆菌（*A. baumannii*）、铜绿假单胞菌（*P. aeruginosa*）、大肠杆菌（*E.coli*）和金黄色葡萄球菌（*S. aureus*）时，可使用 THz-TDS 系统测量细菌样本的透射谱，比较谱线数据中反映的折射率和吸收系数的差异。

细菌生长与新陈代谢需要从周围环境中摄取营养物质。因此，在实验中使用血琼脂平板培养基为细菌提供必要的营养物质，并通过控制温湿度和周围气体环境等为细菌提供有利的生长条件。环境温度设定为 37 ℃，气体环境为添加 5%（体积分数）CO_2 的空气，培养时间约为 24 h。利用“三线法”将菌液接种到血琼脂平板培养基上，在 3 个区域（A、B 和 C）分别进行分区划线，如图 8-3 所示。随着分区划线，菌液逐渐稀释，确保 C 区培养的菌落为单一菌种，保证样本的纯度，避免杂菌的污染，且实验样本均从 C 区获取。原位检测指从 C 区直接取一块上面附着有菌落的琼脂块，直接倒扣在棱镜表面进行成像，由于菌落和琼脂在实验操作中没有分离，因此能够尽可能地模拟细菌的真实生理特性，如图 8-4（a）所示；非原位检测是指将菌落从 C 区剥离下来，并转移到棱镜上进行成像，可见剥离菌落在琼脂表面上形成的坑洼，如图 8-4（b）所示。

图 8-3　平板划线法细菌培养

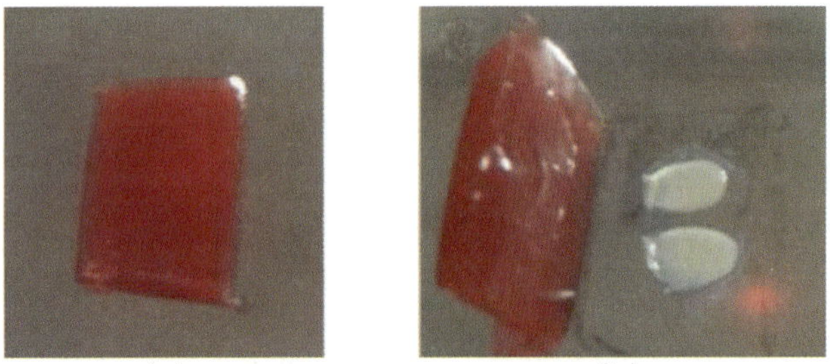

（a）　　　　　　　　（b）

图 8-4　细菌原位检测与非原位检测示意图

（a）细菌原位检测；（b）细菌非原位检测

本研究中分别将鲍曼不动杆菌、大肠杆菌、金黄色葡萄球菌和铜绿假单胞菌等 4 种细菌的菌落从对应的培养基上刮下，并转移到棱镜表面上进行测量，观察 4 种细菌的 ATR 反射率的差异，如图 8-5（a）所示从上到下依次为鲍曼不动杆菌、大肠杆菌、金黄色葡萄球菌和铜绿假单胞菌。实验环境的温度被控制在 23 ℃，相对湿度为 25%。对 THz-ATR 图像进行数字图像处理，优化后的结果如图 8-5（b）所示。假设将细菌菌落相对于空白棱镜背景的衰减程度定义为细菌的吸收程度，那么图像右侧的色柱只是定性反映了细菌菌落的吸收程度，因为真实值已在图像处理中改变。结果显示，这 4 种细菌的菌落对太赫兹波的吸收依次降低，其中鲍曼不动杆菌对太赫兹波的吸收最强，金黄色葡萄球菌的吸收最弱，铜绿假单胞菌和大肠杆菌的吸收介于两者之间且铜绿假单胞菌的平均吸收稍高。进一步对原始图像中的灰度数据进行量化分析，可计算细菌菌落对太赫兹波的吸收。在计算过程中，细菌菌落的灰度值和棱镜的灰度值为取值范围内的平均值，以减小功率波动和响应突变等因素的干扰。

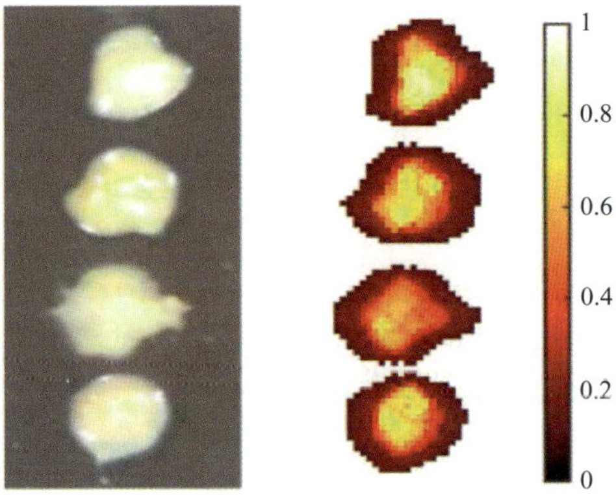

（a）　　　　　　　　（b）

图 8-5　不同种类细菌非原位检测实物图与 THz-ATR 图像

（a）实物图；（b）THz-ATR图像

结果显示，鲍曼不动杆菌、大肠杆菌、金黄色葡萄球菌和铜绿假单胞菌的菌落对太赫兹波的吸收（均值 ± 标准差）分别为 71.37% ± 0.73%、70.27% ± 0.60%、69.57% ± 0.72%、70.53% ± 0.65%，如图 8-6 所示。可见，这 4 种细菌的菌落对太赫兹波的吸收存在差异。这种差异可能源于两方面因素：一是细菌本身对太赫兹波的吸收具有差异；二是外部因素的影响。外部因素会导致的误差包括两方面：从物理学角度考虑，误差可能是由于不同实验中棱镜擦拭时产生轻微偏转或激光器输出太赫兹波的模式发生变化，导致入射角和偏振发生了变化；从生物学角度考虑，误差可能是由于不同实验中菌落刮取量、菌落与ATR棱镜的接触面积、菌落的水分含量存在差异。使用这种非原位检测方法时，细菌菌落直接暴露在空气中而不是封装在三明治夹层中，因此会受到上述外部因素的影响，这也是研究细菌原位检测技术的原因之一。

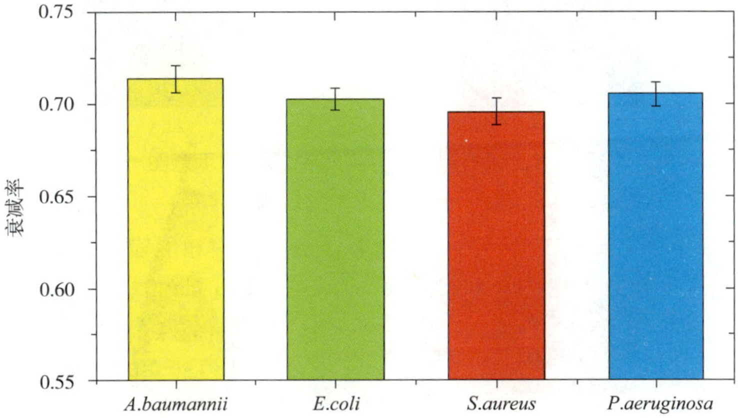

A. baumannii—鲍曼不动杆菌；*P. aeruginosa*—铜绿假单胞菌；*E. coli*—大肠杆菌；*S. aureus*—金黄色葡萄球菌

图 8-6　4 种细菌在非原位检测条件下对太赫兹波的吸收

上述研究验证了THz-ATR成像能够检测出不同细菌对太赫兹波的吸收差异，以及研究原位检测方法的可行性。下面以大肠杆菌为例，研究细菌的太赫兹原位检测方法。实验中，在原位条件下同时测量了两种大肠杆菌的THz-ATR图像，以分析THz-ATR原位检测对同种细菌的检测效果。随后，以鲍曼不动杆菌和大肠杆菌为研究对象，在原位条件下同时采集了这两种细菌的THz-ATR图像，以分析THz-ATR原位检测对异种细菌的检测效果。

(1)两个同种细菌菌落的检测

对两个同种细菌菌落的原位检测实验均重复了13次，典型结果如图8-7所示。图8-7(a)所示为具有菌落的血琼脂平板培养基；图8-7(b)所示为测量结束揭下琼脂后，棱镜表面留下的细菌菌落；图8-7(c)所示为菌落的原位THz-ATR图像；图8-7(d)所示为经过数字图像处理后的菌落原位THz-ATR图像，值得注意的是，原位THz-ATR图像中的色柱有实际意义，而优化图中的色柱没有实际意义。对比发现，优化后的原位测量THz-ATR图像可以显示菌落的位置；在图8-7(c)中，两个菌落之间位置有一个深色区域线，反映了琼脂与棱镜之间受菌落挤压而形成的空腔。通过提取检测区域THz-ATR图像的灰度值，就能进行量化分析。

由于在检测过程中，棱镜可能会发生偏转，激光器的运转模式也可能会发生轻微变化，因此单纯以细菌吸收作为实验结果的重复性不高、可比性较差。因此，本研究定义一个新变量——相对吸收，并将其作为输出结果，其含义为细菌菌落的太赫兹波吸收与琼脂的太赫兹波吸收之比。这样可以排除棱镜的太赫兹波吸收对结果造成的干扰，因为在同一次扫描成像中，细菌和琼脂受到的棱镜影响是相同的。量化分析结果显示，本研究中菌落吸收的结果为70.66% ± 1.07%，而相对吸收的结果为96.50% ± 0.14%，可见标准差值显著减小，不同实验之间棱镜造成的干扰受到了抑制。

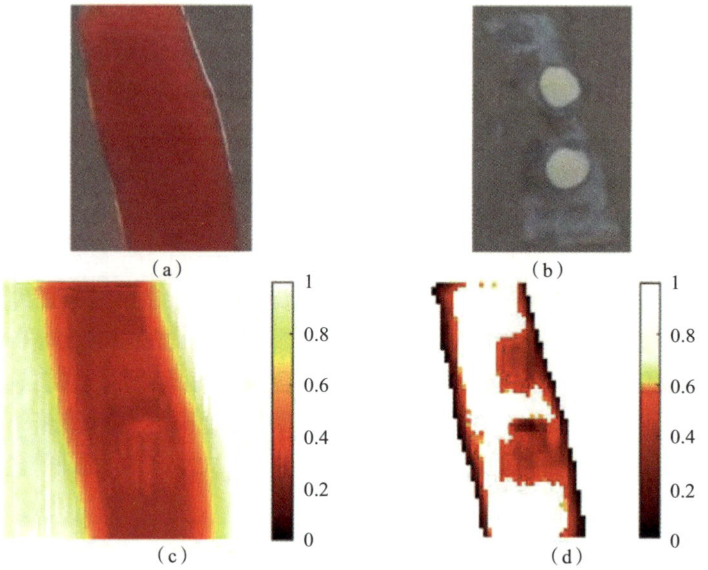

图 8-7　两个同种细菌(大肠杆菌)菌落的原位检测

（a）实物图；（b）菌落图像；（c）THz-ATR图像；（d）优化的THz-ATR图像

(2)两个异种细菌菌落的检测

对两个异种细菌菌落的原位检测实验均重复了 7 次,典型结果如图 8-8 所示。图 8-8(a)所示为具有菌落的血琼脂平板培养基;图 8-8(b)所示为测量结束揭下琼脂后,棱镜表面留下的细菌菌落,上面的菌落对应鲍曼不动杆菌,下面的菌落对应大肠杆菌;图 8-8(c)所示为菌落的原位 THz-ATR 图像;图 8-8(d)所示为经过数字图像处理后的菌落原位 THz-ATR 图像。

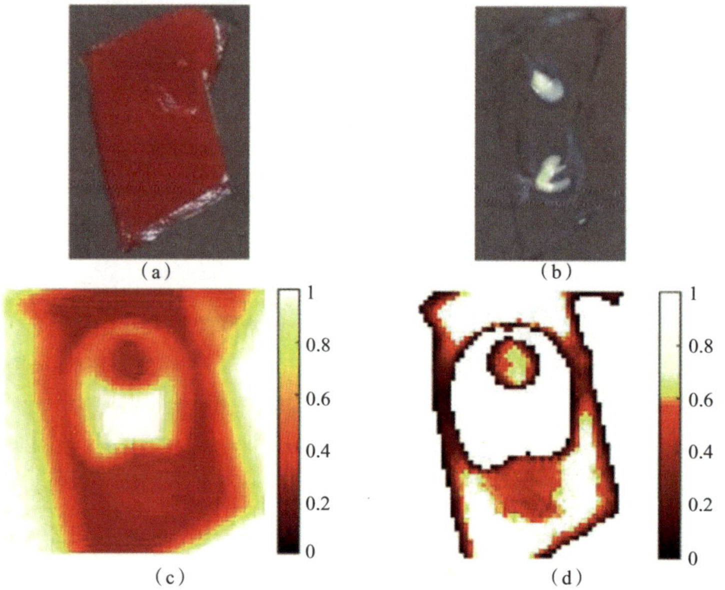

图 8-8　两个异种细菌(鲍曼不动杆菌和大肠杆菌)菌落的原位检测

（a）实物图；（b）菌落图像（由上至下为鲍曼不动杆菌、大肠杆菌）；（c）THz-ATR图像；（d）优化的THz-ATR图像结果显示,可根据优化后的 THz-ATR 图像,有效区分两个异种细菌菌落,便于专业人员和非专业人员进行判断。量化结果显示,鲍曼不动杆菌的菌落吸收为 71.65% ± 0.56%,其对应的相对吸收为 97.89% ± 0.21%;大肠杆菌的菌落吸收为 70.55% ± 0.49%,其对应的相对吸收为 96.48% ± 0.16%。从评价指标的角度来看,对异种细菌的原位检测结果显示,菌落吸收与琼脂吸收之比能够提供更为稳定可靠的评价数据,极大地减小了不同实验之间的测量差异。从细菌种类的角度来看,不论采用何种评价指标,对鲍曼不动杆菌的检测相较于对大肠杆菌的检测显示出更大的标准差,这种差异可能源自这两种细菌在生理特性动态变化程度方面存在差异,如水分挥发速度存在差异等。

8.1.5　太赫兹波衰减全反射成像对猪肉组织的检测

猪肉是太赫兹波生物医学成像研究中最简单、最典型、最常见的样本。猪肉中脂肪组织和肌肉组织的含水量差异显著,因此可通过检测两种组织对太赫兹波吸收的差异,实现对两种组织的区分。当前,国际上关于这方面的研究主要涉及 3 方面的内容。首先是利用 THz-TDS 时域峰值位置或频域信号幅值重构图像,该方法可以提取大量特征参数,但所重构的结果在不同部位上的分辨效果不尽相同。其次是利用基于非线性频率变换原理的太赫兹辐射源,直接获取猪肉的频域信息,尽管此方法提取的特征参数较少,但成像速度大大提高,可以实现对样本特性的快速检测,更符合临床需求。考虑到当前辐射源输出功率和光束质量的限制,相关研究工作多采用最简单的切片样本透射检测模式,以减少太赫兹波在更复杂模型中的传播距离。原则上,利用此方法输出更高频率的太赫兹波有望获得更高分辨率的成像结果。最后是检测不同温度条件下样本对太赫兹波响应的差异,对比样本在常温和冰冻条件下的太赫兹波吸收效果,以提升太赫兹波检测的灵敏度,为后续其他组织的离体太赫兹波检测奠定理论和实验基础。图 8-9 所示为以猪肉为样本进行的太赫兹成像研究结果,顶层为 1~4 号新鲜猪肉样本与棱镜的接触面(待测面)图像,所有猪肉样本的宽度约为 12 mm,图右侧的色柱统一表示 ATR 反射率。采用两种入射条件对样本进行检测,其中太赫兹波入射角为 60°时的检测结果如图 8-9(a)至(d)所示;太赫兹波入射角为 44.7° 时的检测结果如图 8-9(e)至(h)所示。通过对比相同样本基于不同棱镜的成像结果,可以发现肌肉组织因含水量较高而对太赫兹波的吸收较强,而脂肪组织对太赫兹波的吸收较弱。上述结果提示,THz-ATR 成像技术能够明显区分肌肉组织和脂肪组织。未来,如果能进一步提高系统的分辨率,将有望观察到组织中的纹路细节。通过对比相同样本基于不同角度棱镜的成像结果可以发现,太赫兹波的入射角越小,对比度越高,更有利于挖掘样本更深部的信息。由于实验中设定的两种入射角本身存在较大差异,导致图像的对比度存在明显差异,不便于直观观测和比较在不同穿透深度或有效厚度下的成像结果。未来,如果引入红外波段变角 ATR 模块至太赫兹波段并增加可取样的入射角度种类,使之在较小范围内连续变化,将有望实现在对比度接近情况下对猪肉浅表区域的连续深度信息剖析。

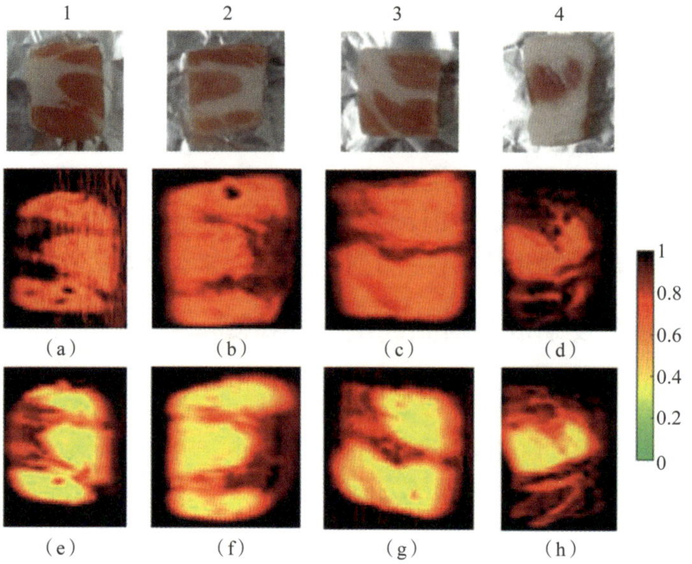

图 8-9 基于不同入射角下的猪肉样本的 THz-ATR 成像结果

(a)样本1、60° 入射；(b)样本2、60° 入射；(c)样本3、60° 入射；(d)样本4、60° 入射；(e)样本1、44.7° 入射；(f)样本2、44.7° 入射；(g)样本3、44.7° 入射；(h)样本4、44.7° 入射

8.1.6 太赫兹波衰减全反射成像对颅脑创伤的检测

颅脑创伤是一种常见且多发的创伤性脑损伤，在重症颅脑创伤中，其致残率和致死率很高。据统计，在我国每年发生的中枢神经系统病例中，交通事故和自然灾害等原因引起的颅脑创伤总量为300~400 万人次，仅次于脑卒中。目前，与颅脑创伤诊断相关的医疗设备和临床治疗方法已经较为成熟，但仍存在术中脑功能区定位不够精准、坏死脑组织难以识别等问题，而且粗放式的清创也会引起致命并发症和脑功能永久损伤等问题。

目前，用于脑功能区定位的方法主要包括脑电图法和脑磁图法。脑电图法是基于脑部自发性电活动的电生理方法。脑磁图法则使用正电子发射断层成像和功能磁共振影像等技术，分析血氧依赖信号，属于代谢 / 血流方法。但是，这些方法的可靠性存在较大差异，原位检测成像的耗时长且分辨率低，设备和检测费用昂贵，难以推广应用。因此，开发可靠、方便、快速、经济和成像精度高的脑功能区定位技术对于提高神经外科中的颅脑创伤手术的质量有重大意义。

太赫兹波成像为解决上述问题提供了一种潜在的路径。目前，太赫兹波生物组织成像主要集中在肿瘤疾病的诊断上，而针对非肿瘤性疾病的研究相对较少。因此，发展基于太赫兹波成像的颅脑创伤检测技术无论在日常生活中还是在战场环境下都具有创新意义和现实意义。目前，研究者已经完成了基于透射式太赫兹波成像的鼠颅脑创伤组织切片样本检测，并通过比较太赫兹波吸收系数与细胞密度、水分含量的变化趋势，揭示了水分含量在太赫兹波与新鲜颅脑创伤组织相互作用中起主导作用。基于这一发现，借助 THz-ATR 成像的优势，实现了无预处理的离体鼠脑组织创伤灶及周围水肿区域的快速检测，并完成了对创伤程度的分级识别。

该研究选择成年雄性斯泼累格·多雷(Sprague Dawley)大鼠为研究对象。首先，用 50 mg/kg 的戊巴比妥钠对大鼠进行腹腔注射麻醉，并将其固定在立体定位仪上。然后，对大鼠的颅脑区域进行碘伏消毒和皮肤准备。之后，使用牙科钻在大鼠的右脑区域开一个适当大小的骨窗，将颅骨下的硬膜完整地暴露出来。最后，使用菲尼（Feeney）自由落体模型装置，建立颅脑创伤模型，该装置使用一个质量为 30 g、直径为 4.5 mm 的击锤，从一定高度自由落体撞击骨窗下的硬膜组织，形成创伤。

根据需要，通过击锤控制自由落体的高度，建立不同颅脑损伤程度的创伤模型。需要注意的是，为确保击锤准确地落在硬膜上，击锤不是直接从空中下落的，而是通过一个金属管下落。在金属管上，每隔 1 cm 开有侧孔，以减小击锤下落时管内空气阻力的影响，因此击锤在金属管内的下落过程可近似认为是自由落体运动。使用常见的 2，3，5- 氯化三苯基四氮唑（2，3，5-Triphenylte-Trazolium Chloride，TTC）染色法和核磁共振成像法对样本进行检测，并与所得到的 THz-ATR 成像结果进行对比。TTC 是一种脂溶性的光敏感复合物，它与正常组织中的脱氢酶反应会产生红色，而创伤会导致组织的脱氢酶活性降低，使其不与 TTC 反应，导致对应位置呈苍白色。不同程度的鼠颅脑创伤模型及 TTC 染色结果如图 8-10 所示。核磁共振成像在神经系统疾病诊断中有重要作用，它基于原子核在外加磁场作用下的自旋运动，获取脑组织冠状面、矢状面、横截面等的体层图像。在采用 T2 加权序列成像时，能够方便且直观地观察图像中的颜色变化，从而识别组织中水分含量的变化。核磁共振成像法具有相对较高的分辨率，且无电离辐射，对生物体的损伤较小。

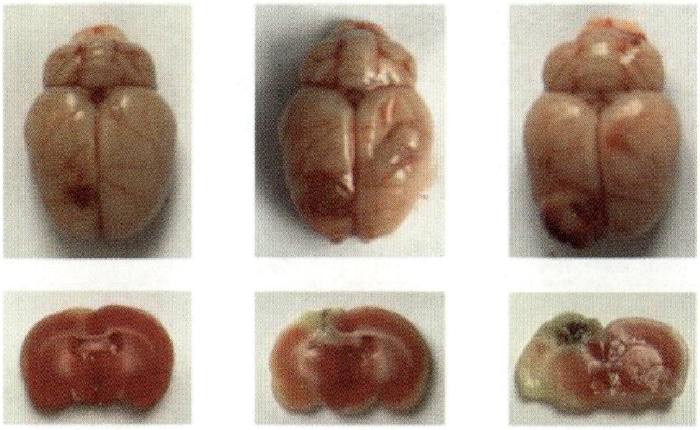

（a）　　　　（b）　　　　（c）

图 8-10　不同程度鼠颅脑创伤模型（上）及 TTC 染色结果（下）

（a）轻度损伤；（b）中度损伤；（c）重度损伤

TTC 染色法和核磁共振成像法只能定性地给出创伤灶的位置，需通过观察图像中特殊颜色的变化，主观判断创伤的严重程度，识别相应的水肿区域。对于太赫兹波成像检测而言，由于颅脑创伤会伴随着不同程度的脑水肿，在创伤灶周围还存在类似脑梗死时出现的“缺血半暗带”特征，会形成“创伤半暗带”。因此，可以利用太赫兹波对水分的敏感性和对生物大分子的指纹谱特性，开展颅脑创伤范围及周围坏死与可逆组织的快速无标记检测和识别工作。由于无须制备切片样本，只需使 THz-ATR 棱镜与颅脑接触，就可以进行检测，有望为太赫兹波成像在人脑临床应用方面提供技术基础。该研究使用三角形棱镜垂直扫描成像装置，太赫兹波通过金属线栅选择平行偏振入射，即光波的电矢量方向与入射面平行。太赫兹波的频率为 2.52 THz，棱镜底角为 30°，使装置达到最佳的成像条件。

（1）可行性研究

首先，对用 THz-ATR 成像技术识别创伤灶和水肿区域进行了可行性研究，结果如图 8-11 所示。其中，图 8-11（b）所示样本切片的左下部区域为创伤灶的血痂，图 8-11（c）所示为样本切片的 THz-

ATR 图像。可见,样本的左下部的损伤较为严重。通过对比可以看出,无法直接用肉眼辨认样本的水肿区域。观察样本的核磁共振图像,可以发现样本左下部呈现灰白色,如图 8-11(a)所示,该区域对应于图 8-11(c)所示 THz-ATR 图像中的箭头指示位置。如图 8-11(c)所示,越靠近创伤灶位置的水肿区域颜色越深、反射率值越低,表明对太赫兹波的吸收程度越高。

为了进一步展示 THz-ATR 成像的定量分析优势,在图 8-11(c)上选择创伤灶和水肿区域,分别对应位置 A 和位置 B,然后在 y 轴方向上绘制直线上的 ATR 反射率变化曲线,结果如图 8-11(d)所示。可见,创伤灶的反射率值与正常组织接近,约为 0.62;水肿区域的反射率较低,约为 0.52,较创伤灶低约 16%,差异较为显著。造成这一现象的原因之一是水肿区域的含水量较高,对太赫兹波有更强的吸收,而创伤灶的水分含量较周围水肿区域较低,并且由于受到击锤的打击,组织结构和细胞密度受到破坏,减弱了对太赫兹波的吸收。

综上所述,THz-ATR 成像法能够对创伤区域和水肿区域进行高灵敏度和高分辨率的检测。

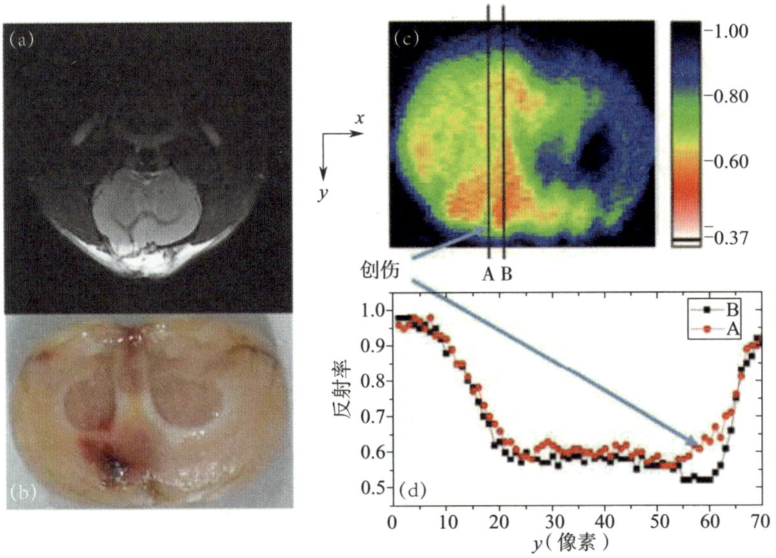

图 8-11 THz-ATR 图像判断创伤灶及水肿区域的可行性研究结果

(a)冠状面核磁共振图像;(b)切片实物图像;(c)THz-ATR图像,(d)水肿组织(A)和正常组织(B)的反射率曲线

(2)有效性研究

对不同切面和不同切取方法获取的颅脑创伤样本进行重复性实验,以验证 THz-ATR 成像检测颅脑创伤的有效性,包括便捷性和高效性。在不同位置与样本获取方法下,THz-ATR 成像的重复性实验结果如图 8-12 所示。其中,左侧为样本实物图像;右侧为 THz-ATR 图像,图中的颜色越白、越亮,说明太赫兹波被吸收的程度越高,对应的 ATR 反射率越低,越有可能是水肿区域。图 8-12(a)和(b)所示为使用切片机得到的同一样品的两个冠状面切片,这两个切片样本在切片机中被轻微修整,以保证待测面的平整,使其与棱镜表面紧密接触。比较这两组实验可以发现,对于不同位置的切片,通过 THz-ATR 图像仍然清晰而高效地辨别出创伤灶和水肿区域。为了进一步简化样本制备流程,尝试使用普通刀片直接切取样本并将切取的样本直接放置在棱镜表面上进行检测,结果如图 8-12(c)所示。这种操作降低了对仪器设备的要求,更便于推广应用。可以观察到,与切片机制备的切片相比,普通切片也获得了类似的检测效果。综上所述,尽管 3 个样本切片存在样本间特性差异,

如切面不同(不同位置的断面)、样品预处理方法不同、创伤程度存在差异等,但在考虑了这些因素后,THz-ATR 图像仍然能够非常明显地显示水肿区域的范围,该测试方法具有相当高的可重复性。

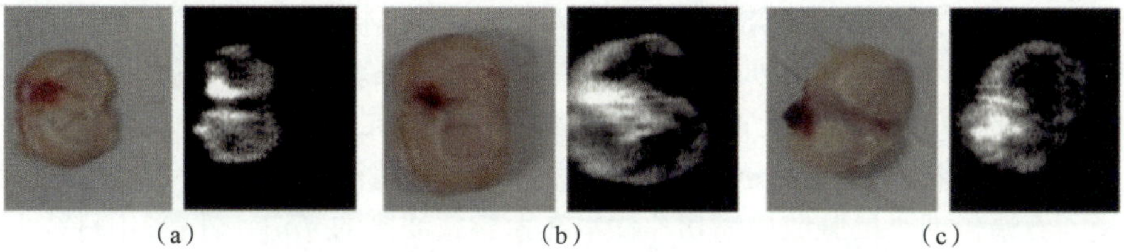

图 8-12　不同切面与样本获取方法下 THz-ATR 成像重复性实验

(a)切片机切片1;(b)切片机切片2;(c)普通切片

对不同创伤程度脑组织的检测结果如图 8-13 所示,包括轻度损伤(mild)、中度损伤(moderate)和重度损伤(severe)。其中,右侧的色柱条所示为 THz-ATR 成像区域的 ATR 反射率。在图 8-13 中,核磁共振图像只能定性反映创伤灶及水肿区域的位置与大小,因为在实际操作中很难始终选取到与待检面完全对应的冠状面的核磁图像。由 THz-ATR 成像结果可以看出,水肿区域随创伤程度的加深而增大,呈现出由创伤灶位置向正常组织延伸的趋势,与实际情况相符。

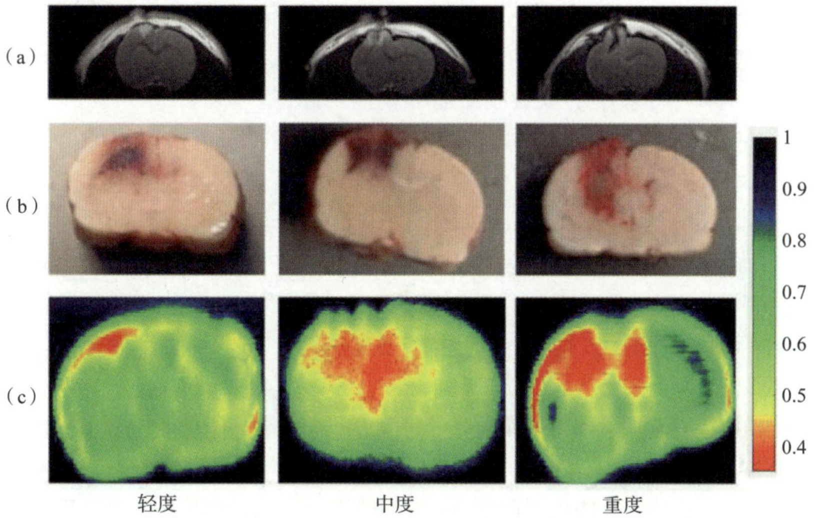

图 8-13　对不同创伤程度脑组织的检测结果

(a)核磁共振图像;(b)样本切片实物图像;(c)THz-ATR成像

8.1.7　太赫兹波衰减全反射成像对脑胶质瘤的检测

脑胶质瘤源于胶质细胞或其前体细胞,是神经系统恶性肿瘤中致残率和致死率最高的类型,具有浸润性生长和易于原位复发的特点。脑胶质瘤在颅腔内生长,通过挤压脑脊液或破坏正常组织获得生长空间。由于脑胶质瘤的肿瘤细胞侵入正常组织,导致恶性组织与正常组织的边界不清晰,因此在手术显微镜下很难直观地区分,严重影响了手术切除的准确性,切除过多可能导致神经功能受损,切除过少可能会导致肿瘤复发。因此,在最大限度地保护脑功能的同时,尽可能地切除肿瘤组织,一直以来都是脑外科手术的难点,相关问题也是研究热点。目前,在国际上针对脑胶质瘤术中定性定位的技术中,最成熟和最先进的方案是“术中核磁共振 + 神经导航 + 术中病理活检”。然而,这种方案存在以下问题:对医院的场地和设备的要求极高;费用很高,增加了患者的经济负担;整个过程非常耗时且步骤复杂;对医生的专业水平和手术经验的要求也非常高。

在生物医学研究中,太赫兹波已被广泛应用于人类和动物不同肿瘤的诊断。相较于现有医学和其他物理方法,太赫兹技术能够对不同生理特性的组织进行快速、无标记的响应,因此在脑胶质瘤诊断领域中得到了初步研究和应用。此前,韩国研究者利用反射式 THz-TDS 系统对新鲜大鼠脑胶质瘤离体样本及石蜡包埋样本进行了分析;中国工程物理研究院流体物理研究所利用透射式 THz-TDS 系统测量了石蜡包埋小鼠脑胶质瘤切片样本在太赫兹波段的光谱特性;华中科技大学与陆军军医大学(原第三军医大学)附属西南医院神经外科利用气体激光器输出连续太赫兹波获取了新鲜小鼠脑胶质瘤冰冻切片样本的透射太赫兹图像,并尝试对肿瘤边界进行基于阈值的精准划分。受益于 ATR 的优势,此方法有望在今后为脑胶质瘤术中病灶及周围正常组织神经结构的原位识别,以及动物实验向人体临床诊断应用提供引导肿瘤切除的思路和技术方案。

本小节介绍一项使用太赫兹波衰减全反射成像对脑胶质瘤进行检测的研究。本研究为了针对不同细胞株进行实验,采用了不同种类的实验鼠。对于鼠源性胶质瘤 GL261 细胞,本研究使用 C57 小鼠建立模型;对于人源性胶质瘤 U87 细胞,本研究使用裸鼠建立异种移植模型。

本研究采用的鼠脑胶质瘤样本由西南医院提供,样本的具体制备流程如下:在固定于立体定位仪的小鼠右脑位置开一个微小的骨窗,仿照之前的颅脑创伤麻醉和钻孔过程,将稀释液中的处于对数生长期的肿瘤细胞接种到骨窗位置;约 14 d 后,胶质瘤形成,再次重复麻醉、钻孔、开颅过程,获取新鲜离体鼠脑胶质瘤样本;将采集的鼠脑胶质瘤样本油封冰冻。

在进行测量之前,先解冻和擦拭样本,然后将其贴在棱镜表面上进行成像。为了与现有的医学诊断结果进行对比,本研究使用苏木精 - 伊红染色对样本进行处理。该染色方法利用组织或细胞不同成分对染液的亲和力差异,使不同组织展示出不同颜色,以区分正常组织和肿瘤组织。该蛸蛇方法的具体操作流程如下:使用冰冻切片机制作厚度为 10 μm 的组织切片;将组织切片附着在玻璃上;对组织切片进行浸泡、染色和风干等。整个染色过程烦琐、试剂复杂,且时间冗长,完整操作约需要 35 min,即使只对肿瘤进行初步判断,也至少需要 8 min。染色完成后,肿瘤区域呈蓝紫色,正常区域呈粉红色。

而用 THz-TDS 成像检测时,由于正常组织和肿瘤组织的水分含量和细胞密度等参数存在差异,导致它们对太赫兹波的响应程度不同,表现为成像结果中不同组织的颜色不同。肿瘤组织的水分含量更高、细胞密度更大,因此对太赫兹波的吸收作用更强;正常组织的水分含量更低、细胞密度更小,对太赫兹波的吸收作用更弱。本研究的优势在于简化了样本制备和测试步骤,方便专业和非专业人士快速学习和应用。本研究中采集单张 THz-TDS 图像的时间为 5~7 min,具体取决于设置的像素点个数和扫描步长。在技术成熟的情况下,这种方法有望应用于实验鼠体内甚至人类脑胶质瘤的诊断。

(1)GL261 细胞的脑胶质瘤模型检测

针对 GL261 细胞构建的脑胶质瘤模型,实验使用小鼠为研究对象,由于小鼠的大脑尺寸较小,本研究使用水平扫描装置以提高分辨率并尽量降低分辨率的退化效应,以便在图像中观察到更多细节。所采用的太赫兹波为水平偏振波,频率为 2.52 THz,棱镜底角为 68°,环境温度为 23 ℃,空气的相对湿度为 25%。图 8-14 所示为样本 1~6 的切片实物图像、染色切片图像和 THz-ATR 成像结果。可以看出,无法通过肉眼准确分辨肿瘤区域,但通过观察染色切片可以确定肿瘤位置和范围,染色切片图像中的肿瘤区域已被圈出。考虑到各个样本之间的水分含量或其他生理特性可能存在差异,本研究引入图像处理技术，将 THz-ATR 成像结果以灰度图表示，其是在原始数据基础上经过数字图像处理优化后得到的。首先，使用 K 均值聚类方法将图像背景的灰度置为 0（黑）；然后以正常组织区域的灰度均值为基准，对整张图像的灰度进行归一化处理，使正常组织的灰度均值为 1（白），而肿瘤组织的灰度均值与正常组织的灰度均值之比不再受样本间差异的影响；最后对图像进行伽马变换以增加图像的对比度，以便更清楚地区分肿瘤组织和正常组织并找到肿瘤的边界。如图 8-14 所示，灰度图中的肿瘤区域已被圈出。

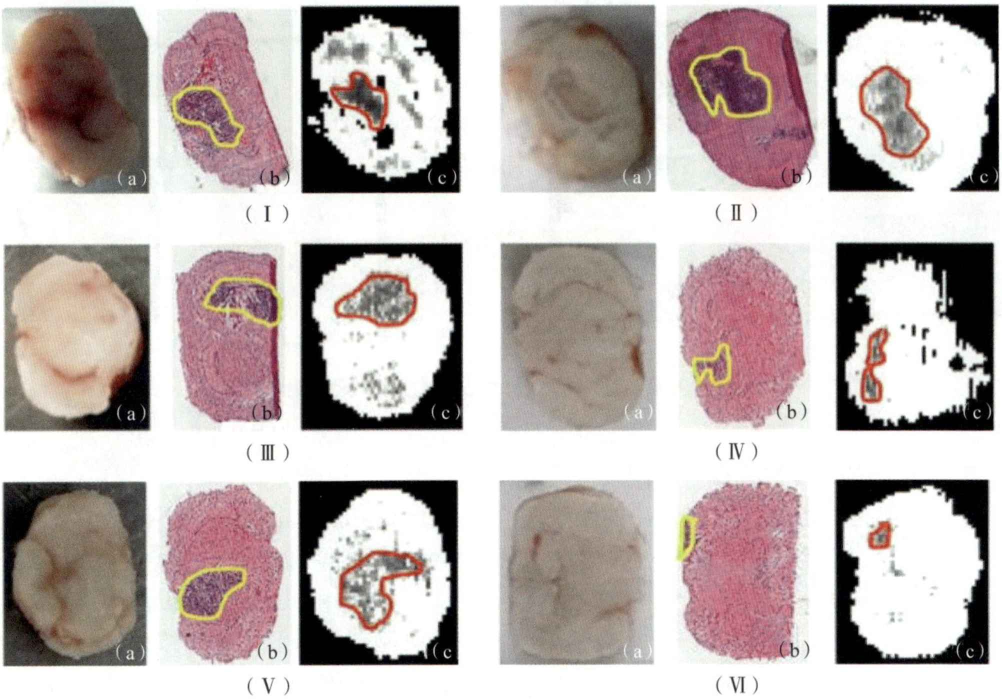

图 8-14　鼠脑 GL261 胶质瘤样本的 THz-ATR 检测结果

（a）实物；（b）染色切片；（c）THz-ATR灰度图像；
（Ⅰ）样本1；（Ⅱ）样本2；（Ⅲ）样本3；（Ⅳ）样本4；（Ⅴ）样本5；（Ⅵ）样本6

使用 ImageJ 图像分析软件计算染色切片图像中的肿瘤区域面积（染色面积）和 THz-ATR 灰度图像中的肿瘤区域面积（灰度面积），结果见表 8-1。可见，在样本 1、2、4 和 6 中，两种面积尺寸值基本接近；在样本 3 中，染色面积较灰度区域面积小，这是因为在制备染色切片时，一部分组织发生了卷曲，导致肿瘤区域过度靠近右边界，产生了面积损失；在样本 5 中，灰度面积较染色面积更大，可能是因为在解冻和擦拭过程中杂质清除不彻底，留下了一些冰晶，灰度肿瘤区域右上角的灰度值较该区域的整体灰度值更小。表 8-1 中还列出了 THz-ATR 成像结果中肿瘤区域和正常区域的 ATR 反射率比值，该值可以理解为对应区域的灰度均值的比值。结果显示，这个比值始终接近 89%，表明肿瘤和正常组织对太赫兹波的 ATR 反射率响应差异约为 10%。今后可以利用这个比值参数进行基于阈值分析的图像优化处理。需要指出的是，虽然针对样本 1 的测试仍然表现出了较好的成像效果，但样本 1 的这个比值与其他样本有显著差异，这是因为对该样本的测量方式与其他样本不同。其他样本采用直接测量的方式，而样本 1 则是在油封冷冻后，在第二天进行测量，由于正常组织与肿瘤组织的生理特性动态变化程度存在差异（如水分挥发速度不同），导致样本 1 的测量结果与其他直接测量的新鲜样本的结果具有差异。

表 8-1　鼠脑 GL261 胶质瘤样本的量化测量结果

样本序号	1	2	3	4	5	6
灰度面积(mm^2)	3.34	11.80	9.54	2.02	7.92	0.98
染色面积(mm^2)	3.90	11.82	7.74	1.84	6.32	0.98
肿瘤区域与正常区域的 ATR 反射率比值(%)	54.47	89.99	88.68	90.28	90.29	87.86

采用与鼠脑 GL261 胶质瘤样本相同的处理方法,对两例正常样本进行了测试,以进一步比较 THz-ATR 成像对肿瘤组织的检测效果。如图 8-15 所示,正常组织的 THz-ATR 图像的各区域的灰度值较为接近,且依稀可见测量面所对应鼠脑冠状面的轮廓。

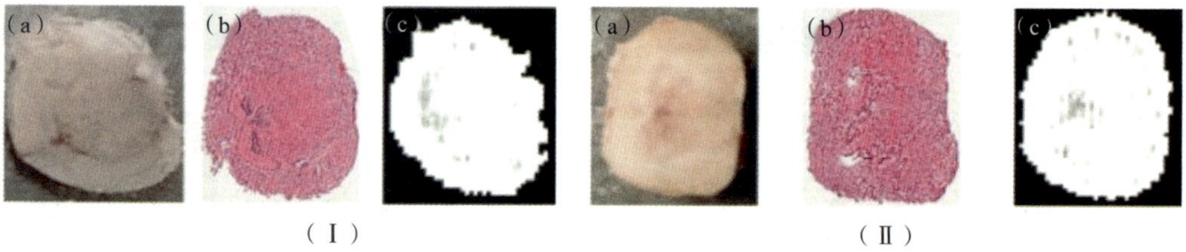

图 8-15　鼠脑正常组织样本的 THz-ATR 检测结果

(a)实物;(b)染色切片;(c)THz-ATR灰度图像;(Ⅰ)正常组织样本1;(Ⅱ)正常组织样本2

(2)U87 细胞的脑胶质瘤模型检测

图 8-16 所示为针对 U87 细胞构建的脑胶质瘤模型的 THz-ATR 检测结果。图 8-16(a)、(b)和(c)所示分别为胶质瘤组织样本的实物图像、表面染色切片图像和未经处理的原始 RGB 格式的 THz-ATR 图像。可以看出, THz-ATR 成像结果与染色切片图像相匹配,可以显示出肿瘤的位置、形状和面积。图 8-16(d)、(e)和(f)所示为利用冰冻切片机制备的脑胶质瘤组织的连续切片样本的 THz-ATR 图像,切片厚度为 100 μm。这些图像是将样品切片放置在磨砂玻璃上后,倒扣在棱镜表面进行成像得到的。由于切片的厚度大于太赫兹波的穿透厚度,可以避免太赫兹波穿透样本并入射到磨砂玻璃上。

图 8-16(d)至(f)为连续取样的 4 个切片的成像结果,可见肿瘤区域面积表现出逐渐增大的趋势。可以想象,如果切片数足够多并连续,就可以显示出肿瘤的立体形状,实现基于 THz-ATR 成像的三维检测。尽管这种方法不能突出 THz-ATR 成像法样本制备较为简单的优势,但这种方法一方面可以有效避免透射测量中利用两片薄片夹持样本时产生的干涉现象,另一方面可以避免透射测量中样本与薄片之间产生气泡,有助于获得更高质量的图像。本研究表明, THz-ATR 图像可以直接用于肿瘤诊断。与针对 GL261 胶质瘤样本检测类似,为了尽量减小不同批次样本之间的测量误差,以及棱镜轻微偏转和激光器模式轻微变化等带来的影响,建议采用前文提到的灰度平均值归一化方法处理正常组织的图像,以便在任何一张图像中肿瘤组织和正常组织都能以均一的对比度直观地进行区分。

此外,在 THz-ATR 成像的基础上,也可以继续分析太赫兹波照射时肿瘤组织与正常组织的 ATR 反射率差异,通过设定阈值或使用其他数字图像处理方法,快速定位肿瘤位置,识别肿瘤区域,并划定肿瘤边界。仿照对 GL261 胶质瘤检测实验的步骤,对样本 1~5 进行检测,结果如图 8-17 所示。其中,染色切片和采用图像处理方法优化后的 THz-ATR 图像中的肿瘤区域已被圈出。

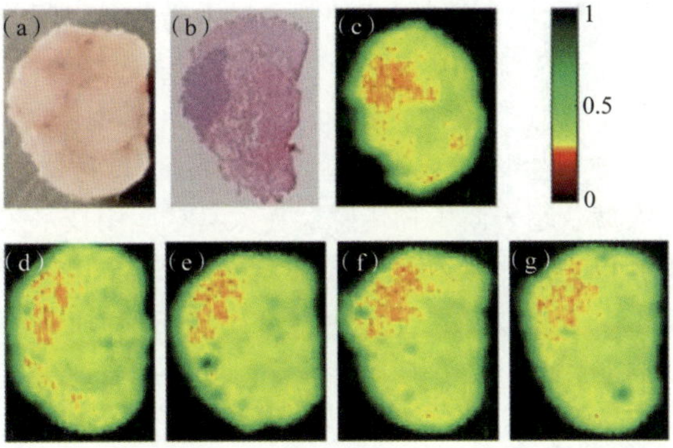

图 8-16　典型鼠脑 U87 胶质瘤样本的 THz-ATR 检测结果

（a）实物；（b）染色切片；（c）RGB格式THz-ATR图像；（d）~（g）100 μm连续切片的THz-ATR图像

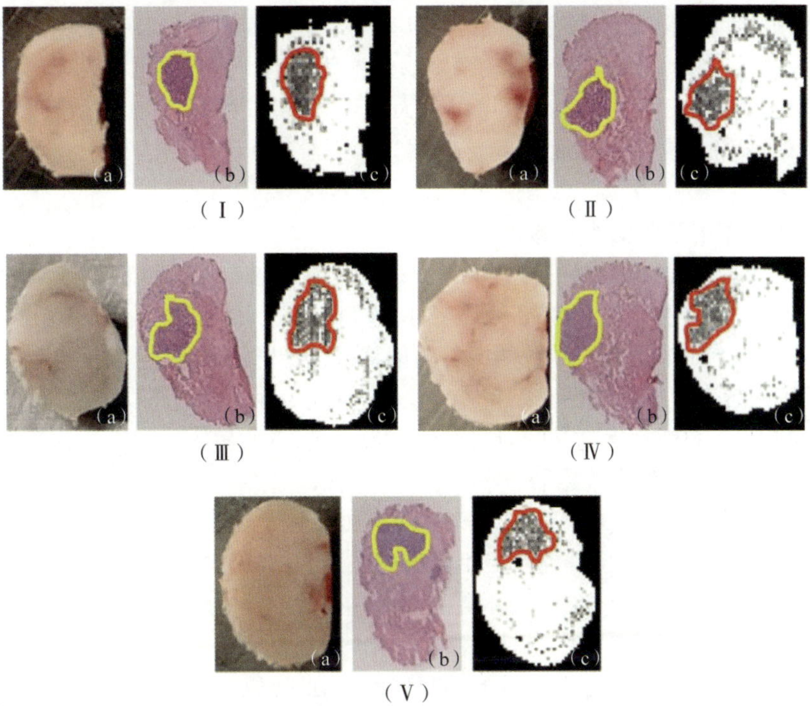

图 8-17　鼠脑 U87 胶质瘤样本的 THz-ATR 检测结果

（a）实物；（b）染色切片；（c）THz-ATR灰度图像；（Ⅰ）样本1；（Ⅱ）样本2；（Ⅲ）样本3；（Ⅳ）样本4；（Ⅴ）样本5；

8.2　太赫兹超表面生物传感技术

8.2.1　太赫兹超表面生物传感器概述

随着太赫兹技术在生物医学应用中的快速发展，太赫兹超表面生物传感器受到广大研究者的关注，相关传感器在生物技术的发展过程中发挥着重要作用。太赫兹超表面生物传感器指借助人为设计的亚波长单元体与太赫兹波进行耦合，利用这种耦合对生物分子引起的介电环境变化非常敏感的特性，实现生物传感检测。相比于传统生物传感器，太赫兹超表面生物传感器具有无标记、检测速度快、成本低、实时动态检测等多项优点。例如，太赫兹超表面能够对生物分子的大小和分子振动进行高灵敏度的传感，而且太赫兹波对生物分子具有指纹谱的特征，即生物分子在太赫兹波频率范围内会出现特征吸收峰。因此，太赫兹超表面生物传感器在太赫兹应用技术领域具有重要地位和独特优势。另外，基于太赫兹波的特殊电磁性质和超表面在太赫兹波段的电磁响应，太赫兹超表面生物传感器具有高灵敏度和安全性，其灵敏度远高于太赫兹波指纹谱的检测技术。此外，太赫兹超表面生物传感器还可以灵敏地检测小分子有机物，其工作原理是利用超表面与太赫兹波耦合产生的强局域电场。与生物小分子有机物的尺寸相比，太赫兹波的波长要长得多，因此太赫兹波能够直接穿过生物小分子有机物，很难与其耦合。然而，在超表面生物传感器的工作过程中，超表面能够与太赫兹波相互耦合，产生许多独特的电磁响应，如法诺（Fano）共振、偶极子共振、电磁诱导透明现象。这些电磁响应通常是伴随着超表面与太赫兹波耦合产生的强局域电场产生的。这种强局部电场对小分子有机物引起的介电环境变化非常敏感，因此能够实现对小分子有机物的高灵敏度检测。基于超表面还能够实现精确的共振频率调制，这使超表面生物传感器在生物传感应用中表现出独特的优势。根据所传感的电磁参数，超表面生物传感器可以分为基于共振频率的超表面传感器、基于振幅的超表面生物传感器以及基于相位的超表面生物传感器。下面对这 3 种类型的超表面生物传感器进行详细介绍。

（1）基于共振频率的超表面传感器

基于共振频率的超表面传感器的传感原理是利用太赫兹波与超表面耦合产生的共振峰或共振谷的偏移实现传感。当待测物放置在超表面上时，超表面单元体周围的介电环境会发生改变，导致共振峰或共振谷偏移。对根据共振峰或共振谷的偏移进行传感测试，就可以反映待测物的性质。目前，针对共振频率的超表面传感器的研究较为广泛。这类超表面生物传感器可以发展成为一种廉价、无标记、实时检测工具，对细胞生物学的研究产生重大影响，对疾病的快速诊断具有重要意义。

（2）基于振幅的超表面生物传感器

在太赫兹波与超表面单元体的耦合过程中，超表面会对太赫兹波产生吸收、透射和反射等电磁现象。这些吸收峰、透射峰和反射峰通常是由具有超强局部电场的电磁共振形成的。当将待测物放置在超表面上后，超表面上的亚波长单元体会引起太赫兹波的吸收峰、透射峰和反射峰的变化，从而可应用于高灵敏度传感器领域。

由于待测物对超表面的太赫兹共振峰有明显影响，因此可以根据共振峰幅值的变化实现高灵敏的生物传感。基于这种原理，基于振幅的超表面传感器可被细分为多种类型：基于吸收峰幅度变化的传感器、基于透射峰幅度变化的传感器和基于反射峰幅度变化的传感器。基于吸收峰变化的传感器主要利用待测物对吸收峰的影响实现传感；基于透射峰变化的传感器利用待测物对透射峰的影响实现传感；基于反射峰变化的传感器利用待测物对反射峰的影响实现传感。

基于振幅的超表面生物传感器通常是基于新型光电材料与超表面结合设计的复合型传感器，如利用石墨烯材料与超表面结合。与基于共振频率的超表面传感器相比，研究者对这种基于振幅变化的传感器的研究相对较少，但是这种传感器在无标记实时检测中已显示出巨大的潜力。

近年来，基于振幅的超表面传感器由于具有高灵敏度而受到广大研究者的关注，使这类传感器的灵敏度逐步提升。一些文献表明，这类传感器可以实现皮克（pg）量级的检测。因此，在传感器的未来发展中，基于振幅的超表面传感器将发挥越来越重要的作用，是新型传感器的发展方向。

（3）基于相位的超表面生物传感器

近年来，基于相位的超表面传感器也受到了研究者的广泛关注。由于相位也会随着电磁共振的出现而发生改变，可作为超表面传感器的传感特征。将特定的相变材料与超表面结合或设计特定的相变敏感超表面生物传感器已成为传感领域的研究热点。目前，虽然关于基于超表面的太赫兹波调制器件和传感器的研究工作已经积累了一定基础，但大部分工作仍处于初始阶段，主要问题是单一光敏材料的固有缺陷导致大多数器件或传感器存在损耗大、调制灵敏度低、调制效果差等。因此，推动超表面生物传感器的发展仍然需要开展大量的基础性研究工作。

8.2.2　太赫兹超表面生物传感器研究方法

（1）太赫兹超表面生物传感器仿真研究方法

太赫兹超表面生物传感器的传感性能可以通过 CST Microwave Studio 商业仿真软件进行仿真分析。具体来说，可通过有限积分时域算法计算出超表面的传感性能。在仿真原理方面，太赫兹波与超表面的耦合作用产生的电磁响应可以通过麦克斯韦方程组计算获得。在 CST Microwave Studio 仿真软件中，时域有限积分算法的基本模型是基于空间离散化方法，该方法由托马斯·魏兰特（Thomas Weilandt）于 2007 年提出，他使用中心差分迭代求解代替了时间求导。空间离散化方法是基于伊（Yee）网格划分进行计算的。在经过上述步骤后，麦克斯韦网格方程可以转化为线性方程求解，从而可以在计算空间中得到电磁空间特征参数。CST Microwave Studio 仿真软件采用有限时域积分算法，首先使用光谱激励信号（如高斯脉冲和带通源）在时域激励模型中进行计算，然后再反演到频域。在 CST Microwave Studio 仿真软件中，可在超表面单元体上添加一层分析物，计算得到 S 参数，从而推算出超表面的各个传感参数。

（2）太赫兹超表面生物传感器实验研究方法

制备好太赫兹超表面样品后，便可在 THz-TDS 系统中进行太赫兹波调制或传感测试。在太赫兹超表面传感测试中，首先针对裸超表面样品（没有在超表面上培养细胞或放置蛋白质）进行透射或反射特征谱测试，获得对照特征谱（对照透射谱或对照反射谱）。利用对照特征谱，就可以在超表面上实现各种待测物的检测。以检测细胞的流程为例，首先将超表面放入体积分数为 75% 的乙醇溶液中进行长时间浸泡，即进行杀菌处理；然后在灭菌的超表面上接种各种类型的贴壁细胞；最后用太赫兹 - 时域光谱（THz-TDS）测试系统记录透射谱或反射谱。

细胞的接种过程如下：

1）在含有体积分数为 10% 的胎牛血清（Fetal Bovine Serum，FBS）、100 U/mL 青霉素和 100 μg/mL 链霉素的杜氏改良伊戈尔培养基（Dulbecco’s Modified Eagle’s Medium，DMEM）中培养人永生化表皮细胞（HaCaT）细胞，并在生物洁净室内进行培养扩增；

2）待细胞培养瓶中的细胞生长覆盖细胞培养瓶底部时，舍去旧培养液，然后用含有体积分数为 0.25% 的胰蛋白酶的乙二胺四乙酸（Ethylene Diamine Tetraacetic Acid，EDTA）从细胞培养瓶壁上分离黏附的细胞后，进行离心处理；

3）将灭菌处理好的超表面置于培养板上，再将消化后的细胞以不同浓度（cells/mL）接种在超表面上；

4）将接种细胞的超表面置于细胞培养箱中进行恒温培养，温度为 37 ℃，CO_2 的体积分数为 5%~10%；

5）细胞贴壁后，先将接种有各种细胞的超表面从培养箱中取出，然后用去离子水或双蒸馏水反

复冲洗,在冲洗过程中,将接种有细胞的超表面竖直放置,以便使培养液自动流走,最后用去离子水轻轻冲洗;

6)样本冲洗完成后,将接种有细胞的超表面放置在常温环境中自然晾干。

可通过比较对照特征谱和检测特征谱检测细胞浓度。在实验中,当衬底厚度为 200~500 μm 时,在测试过程中不可避免地产生二次谐波,影响数据采集的稳定性。因此,在数据处理过程中,只保留二次谐波出现之前的数据,舍去二次谐波出现后的数据并用零代替;然后对测试得到的时域数据进行傅里叶变换,将时域信号转换成频域信号。

8.2.3 超表面生物传感机理模型

超表面生物传感器的传感原理可用微扰理论进行定性解释。根据电磁动力学中与 $E(r)$ 和 $\varepsilon(r)$ 有关的两个旋度方程,电场条件的表达式为

$$\nabla\times\nabla\times E(r)=\left(\frac{\omega}{c}\right)^2\varepsilon(r)E(r) \tag{8-1}$$

通过对式(8-1)进行微扰处理,可得到一个简单的公式。可用该公式描述介电函数 $\Delta\varepsilon$ 的微小扰动引起的频移,表达式为

$$\Delta\omega=-\frac{\omega}{2}\frac{\int d^3r\Delta\varepsilon(r)\left|E(r)\right|^2}{\int d^3r\varepsilon(r)\left|E(r)\right|^2}+O(\Delta\varepsilon^2) \tag{8-2}$$

考虑材料折射率 $n=\sqrt{\varepsilon}$ 的情况,其中折射率在某些区域被一个微小变量 Δn 所扰动。式(8-2)的分子项中体积积分只有来自扰动区域的非零贡献。将介电常数的微扰写为 $\Delta\varepsilon\approx\varepsilon\cdot2\Delta n/n$,并且假设所有扰动区域中 $\Delta n/n$ 都是相同的(可以代到积分之外),可得

$$\frac{\Delta\omega}{\omega}\approx-\frac{\Delta n}{n}P \tag{8-3}$$

在扰动区域中,P 表示 $\int\varepsilon|E|^2$ 的积分函数。可以看出,频率分数的变化等于折射率分数变化乘以扰动区域内电场能量的积分函数。换句话说,如果超表面的近场介电环境由于生物细胞的引入而改变,则共振频率也会在频率范围内产生位移。

8.2.4 太赫兹超表面生物传感器的癌细胞检测

(1)基于类电磁诱导透明超表面对肺癌细胞的检测

等离子体超表面可以实现类电磁感应透明(Electromagnetically Induced Transparency, EIT),引起了研究者的浓厚兴趣,并且相关文献的数量呈现快速增长的趋势。类 EIT 的窗口较窄,其内在机理通常被认为是当宽带的“亮”模式谐振器与窄带的“暗”模式谐振器在空间和频域上接近时,它们之间的耦合作用会形成窄的透明窗口。类 EIT 的窗口改变主要受到外部介电环境的影响,这是由于透明窗口的狭窄特性、强大的局部场以及辐射损耗的抑制。由于微小介电环境扰动即可导致类 EIT 窗口发生明显变化,因此 EIT 超表面成为超灵敏传感器的理想平台。

本小节介绍一项以肺癌细胞 A549 为分析物,分析 EIT 超表面生物传感器传感性能的研究。该

研究的结果如图 8-18 所示。可见，与未负载细胞的 EIT 超表面相比，负载细胞的 EIT 超表面的太赫兹透射谱共振峰呈现红移，如图 8-18（a）所示。不同细胞负载量的 EIT 超表面的太赫兹透射谱共振峰偏移量如图 8-18（b）所示，其中插图为对应 EIT 超表面的显微图像。本研究用构建负载细胞超表面时的细胞液的浓度（细胞浓度）反映细胞负载量，细胞浓度越高，表明超表面上负载的细胞数越多。可见，当肺癌细胞 A549 的浓度从 0.5×10^5 cells/mL 增大到 5×10^5 cells/mL 时，透射谱共振峰的偏移量（共振频率位移）Δf 从 20 GHz 增大到 96 GHz，这表明 EIT 超表面可以高灵敏地传感细胞。

下面进一步研究用共振峰偏移量检测肺癌细胞浓度微小变化的方法。在实验中，定义灵敏度 $S=\Delta f/\Delta c$，其中 Δc 为细胞浓度的变化。最终，计算出每毫升细胞产生的共振峰偏移量为 580 kHz。

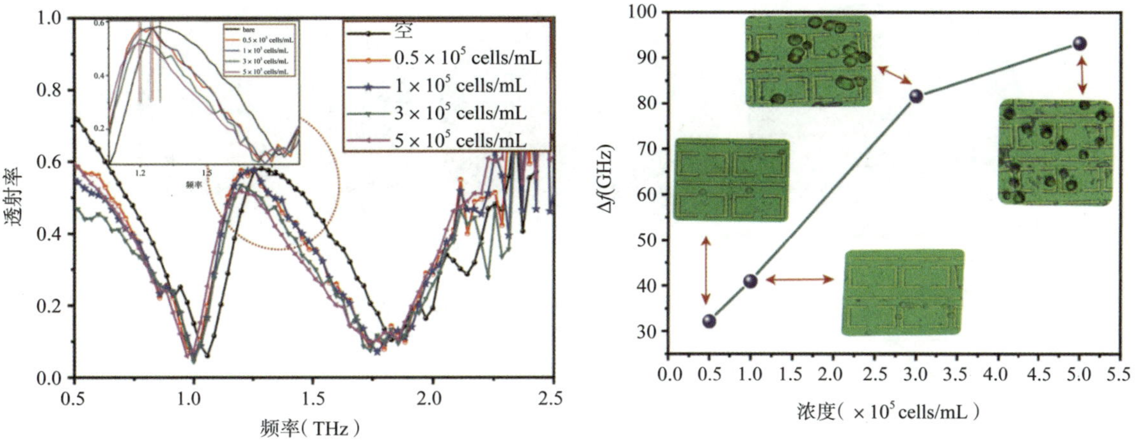

（a） （b）

图 8-18 负载肺癌细胞的 EIT 超表面的透射特性

（a）透射谱；（b）共振峰偏移

（2）高阶 Fano 共振超表面对肺癌细胞的检测

高阶 Fano 共振超表面通常是由太赫兹波激发的四偶极子（Quadrupolar，Q）分别与八偶极子（Octupolar，O）与十六偶极子（Hexadecapolar，H）的高阶 Fano 共振等高阶模式耦合产生的。耦合过程会伴随产生强烈的局域电场，使高阶 Fano 共振超表面具有较高的灵敏度，在无标记生物传感方面具有一定的应用价值。下面介绍高阶 Fano 共振超表面检测肺癌细胞时的传感性能。图 8-19 所示为负载肺癌细胞的高阶 Fano 共振超表面样品的显微图像，当细胞浓度从 1×10^4 cells/mL 增大到 5×10^5 cells/mL 时，超表面样品上的黏附细胞数量逐渐增多；当细胞浓度达到 5×10^5 cells/mL 时，超表面几乎被细胞覆盖。在实验过程中，考虑到加工误差可能会导致每个超表面样品的共振频率不在相同的频谱位置上，如果在实验中仅选择一个高阶 Fano 共振超表面样品作为对照（bare），则很难确定准确的频移。为了解决该问题，在超表面上培养细胞之前，预先测量了每个高阶 Fano 共振超表面样品的透射谱，并分别记录其共振频率 $f_{\mathrm{bare}i}$（$i=1,2,\cdots,6$）。细胞培养完成后，再次测量负载细胞的超表面的透射谱，并分别记录共振频率 $f_{\mathrm{cell}i}$（$i=1,2,\cdots,6$）。定义单个超表面样品的共振频率位移为 $\Delta f=f_{\mathrm{cell}i}-f_{\mathrm{bare}i}$。

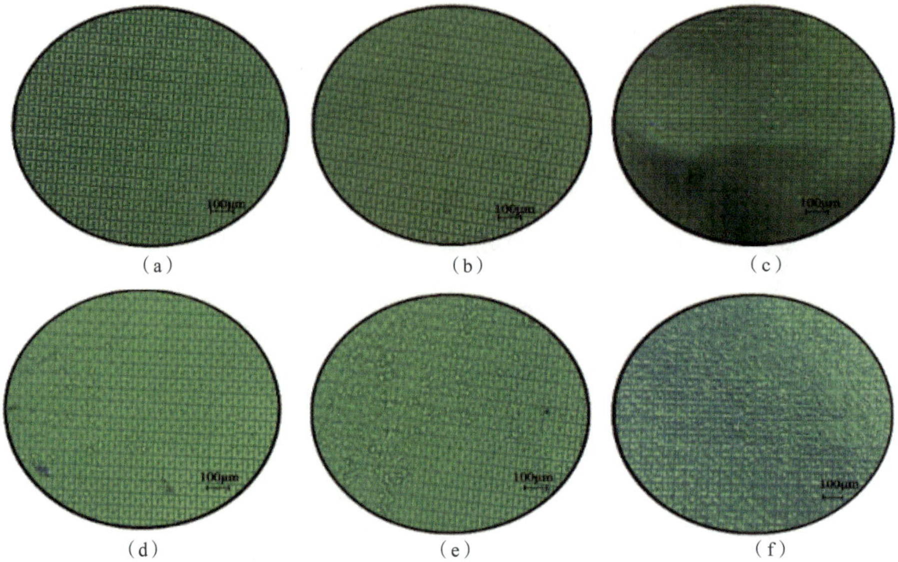

图 8-19　质载肺癌细胞的高阶 Fano 共振超表面的显微图像

(a) 1×10^4 cells/mL；(b) 3×10^4 cells/mL；(c) 5×10^4 cells/mL；
(d) 1×10^5 cells/mL；(e) 3×10^5 cells/mL；(f) 5×10^5 cells/mL

然后，用综合实验测试所得的 x 方向极化的四极（Q_x）、八极（O_x）、六极（H_x）及 y 方向极化的四极（Q_y）、八极（O_y）的共振频率位移（Δf）检测癌症细胞的浓度。使用这种方法，可在生物传感中更加清楚、直观地完成传感检测，使 Fano 共振超表面成为具有多种模式的集成式生物传感器。图 8-20 所示为不同细胞浓度对应的高阶 Fano 共振超表面样品的 Δf 雷达图。可以看出，使用相对共振频率位移 Δf 可以直观地反映不同的细胞浓度。例如，当细胞浓度为 1×10^4 cells/mL 时，对应 Fano 超表面的 Δf 雷达图在不同共振模式下形成的五边形与其他细胞浓度对应的雷达图不同。因此，本研究提出的高阶 Fano 共振超表面为多模式集成生物传感器，具有直观、高灵敏度的传感性能。

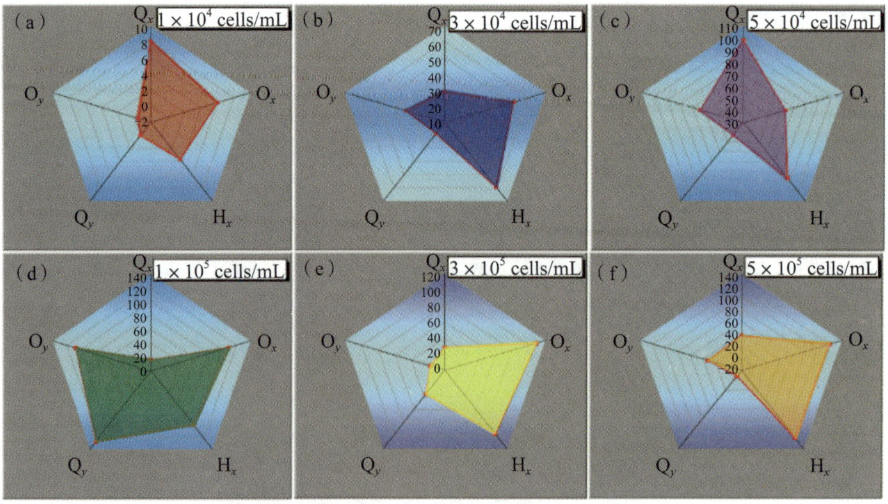

图 8-20　不同细胞浓度对应的高阶 Fano 共振超表面的 Δf 雷达图

(3)太赫兹偏振敏感的各向异性超表面生物传感器的肝癌细胞检测

下面介绍一项基于各向异性共振超表面的非免疫生物传感器的研究。该传感器可用于无抗体识别癌细胞。选择肺癌细胞 A549 和肝癌细胞 HepG2 作为待测细胞,将其培养在各向异性共振超表面上。通过测量太赫兹透射谱,得到共振频率频移(Δf)和拟合相位斜率(Fit Phase Slope, FPS)与制备负载癌细胞传感器时使用的细胞液浓度的关系。在偏振情况下,当 Δf 达最大值时,对应最大细胞浓度为 5×10^5 cells/mL。在 FPS 的偏振雷达图中,HepG2 细胞的封闭图形面积总是大于 A549 细胞的封闭图形面积。这种对细胞浓度不敏感的特征有助于通过雷达图中封闭图形面积的差异,直接区分不同细胞,而无须使用任何抗体和细胞染色。此外,本研究还通过连续小波变换(Continuous Wavelet Transform,CWT)方法,建立一套标准的癌细胞二维消光强度卡。通过将测量到的细胞消光强度图与标准卡进行比对,可以进一步识别和测定无标记的 A549 和 HepG2 细胞。本研究设计的等离子体各向异性共振超表面实现了对 A549 和 HepG2 细胞的快速检测和无抗体识别,这是未来非免疫生物传感技术的一种潜在选择。

在不同偏振角入射条件下,各向异性共振超表面的透射谱如图 8-21 所示。其中,横轴为入射太赫兹波的频率,单位为 THz;纵轴为相对透射强度,无量纲。由图可见,随着偏振角 θ 从 0° 变为 150°,超表面的透射响应发生了变化。图 8-21 清楚地显示出不同偏振角入射时,谐振位置、强度及谐振特性的差异。这种不同的偏振特征表明所设计的各向异性共振超表面具有偏振相关性。例如,当电场沿 y 轴方向作用时,即 $\theta = 0°$ 时,可观察到 3 个明显的共振峰;而当 $\theta = 150°$ 时,只出现 1 个共振峰。同时,还可以发现,虽然模拟结果与实验结果一致性较好,但在透射强度上仍存在一定差异,这可能是样品制备误差和较大的介电损耗引起的。此外,每个共振峰处的电场分布如图 8-21 中的插图所示。可见,随着偏振角的变化,相应的谐振特性也发生变化。这些由不同偏振角引起的特定谐振特性源自太赫兹波入射到谐振结构上的分量。随着偏振方向从 y 轴开始转向,入射到谐振结构上的太赫兹波实际上是沿着 y 轴激发的场的一个分量。这个分量的强度变化会改变结构的谐振特性,从而使超表面在不同偏振角下呈现出各向异性。各个偏振方向上的谐振特性为生物传感器提供了更多参数指标,有助于更准确地检测和识别无标记的癌细胞。

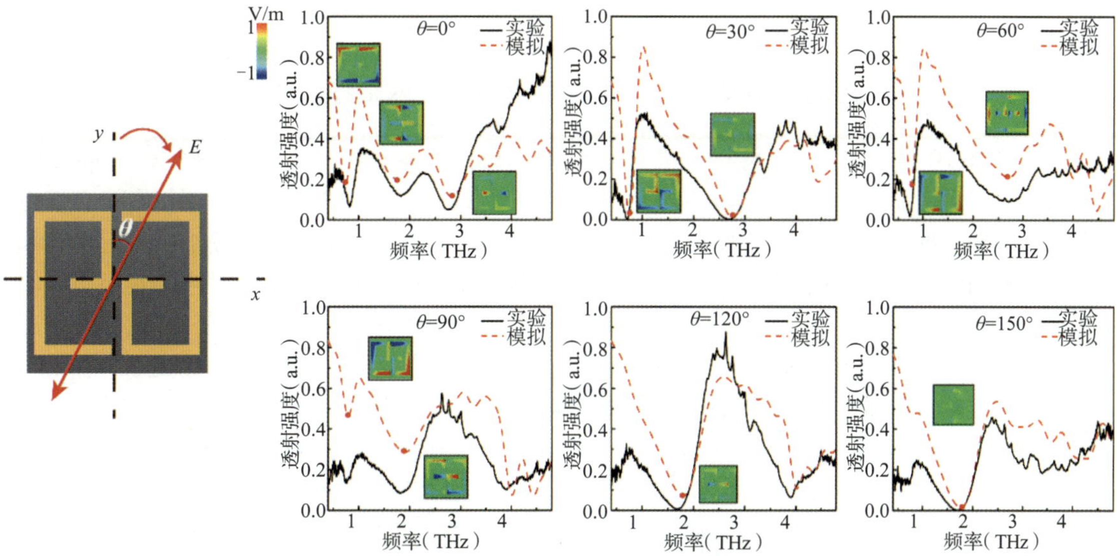

图 8-21 偏振角从 0° 变为 150° 时超表面的透射谱

当细胞浓度不断增大时，太赫兹波的线偏振方向以超表面的法线为轴而旋转，如果将每个偏振方向下测得的 Δf 或 FPS 联系起来并作图，就可以构成反映偏振特征的某种图形，如图 8-22 所示。图 8-22(a)所示为不同细胞浓度下 HepG2 和 A549 细胞的 Δf 雷达图，为了便于比较，将两种细胞对应的六边形绘制在一起。结果清楚地表明，在 5×10^5 cells/mL 浓度下，HepG2 和 A549 细胞的六边形的面积都最大。此外，还可以在六边形的形状中发现 Δf 的分布存在各向异性。例如，当细胞浓度为 3×10^4 cells/mL 时，A549 细胞在 0° 偏振角下产生较大的 Δf；而当细胞浓度增大到 5×10^4 cells/mL 时，最大 Δf 出现在偏振角为 90° 时。本研究表明，可以用雷达图的方法更为直观地表示各向异性共振超表面的偏振特征，即将不同偏振角下的若干 Δf 和细胞浓度的曲线转变为二维形状，从而增强了超表面检测少量生物分析物的有效性。

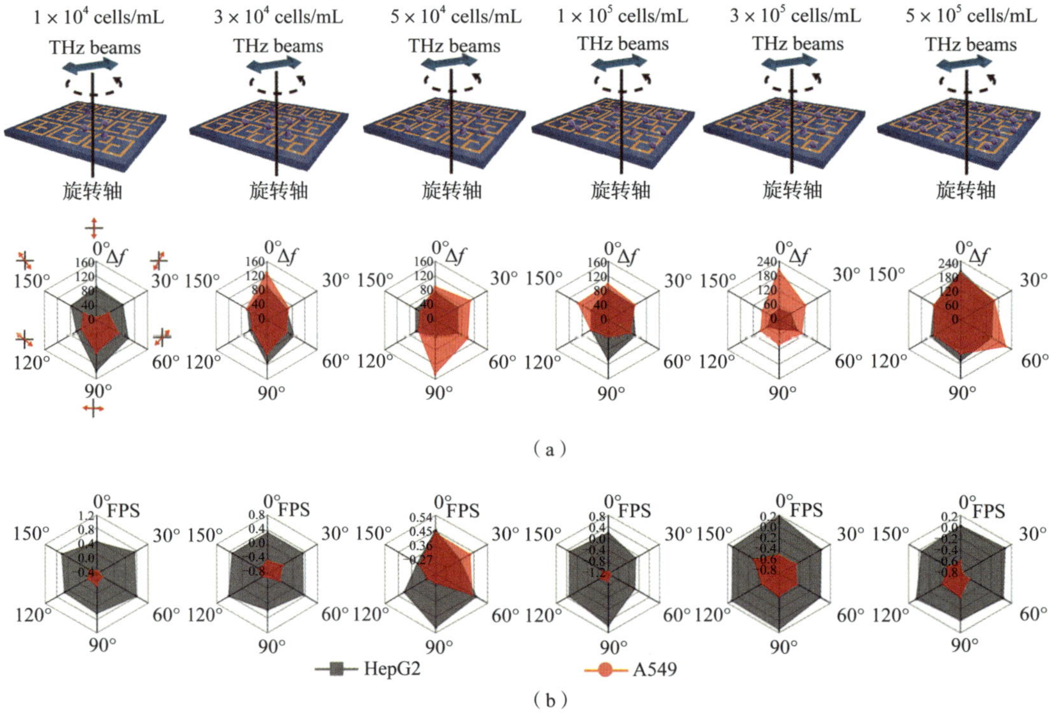

图 8-22　不同细胞浓度下的超表面 Δf 和 FPS 值的雷达图

(a) Δf雷达图；(b) FPS值雷达图

图 8-22(b)还显示出一个有趣的结果。A549 和 HepG2 细胞的 FPS 值雷达图表明，HepG2 细胞对应的封闭图形面积总是大于 A549 细胞对应的封闭图形面积，这意味着研究者可以在没有任何细胞染色过程的情况下，仅根据雷达图中封闭图形面积的差异，对两种无标记的癌细胞进行识别和区分。观察不同细胞浓度对应的 FPS 值雷达图中的封闭图形，发现 HepG2 细胞对应的封闭图形的面积更大，而 A549 细胞对应的封闭图形的面积较小。对于实验中测试的细胞浓度，可见均可通过雷达图实现对 A549 细胞和 HepG2 细胞的识别和区分，可检测的细胞浓度范围为 $1\times10^4\sim5\times10^5$ cells/mL，量级覆盖范围为 10^4~10^5 cells/mL。这种对细胞浓度不敏感的特性，表明各向异性共振超表面能够在不引入任何抗体的情况下快速确定和区分无标记癌细胞，展现了其强大的应用前景，其有望成为一种新的非免疫生物传感技术。本研究从新的角度为癌细胞检测技术提供了强大的助力。基于各向异性共振超表面技术，可以在未来继续检测其他生物细胞。例如，可用分形理论分解表示细胞偏振特征的雷达图，使图形特征与生物细胞形成对应关系并建立数据库就可以实现对多种生物细胞的识别。

通常大多数对太赫兹功能器件的研究主要集中于其频域谐振特性。然而，此类研究多使用快速傅里叶变换（Fast Fourier Transform，FFT）方法提取频率分量，该方法以丢失时域信息为代价。因此，FFT 方法并不适用于工作在太赫兹波段的基于超表面的生物传感器。为了克服这一缺点，并进一步获得更全面的癌细胞的光谱信息，下面介绍一种新的信号处理方法——小波变换法。小波是信号处理领域中广泛应用的数学分支。CWT 方法的双域（时域和频域）特征，决定了它具有多分辨解析的能力。在 CWT 方法中，分析函数小波 $\psi(t)$是基本波函数，通过在时间轴上移动小波距离 b，并在尺度中压缩或拉伸其波形 a 与时间信号 $f(t)$进行比较。本研究选择复莫莱特（Morlet）小波作为基本小波函数，其表示为

$$\psi(t)=\frac{1}{\sqrt{\pi f_{\mathrm{b}}}}\times \mathrm{e}^{\mathrm{j}2\pi f_{\mathrm{c}}t-\frac{t^2}{f_{\mathrm{b}}}} \tag{8-4}$$

式中：f_c 和 f_b 分别是 Morlet 小波的中心频率和带宽，二者均为 3 THz。

在本研究中，样品在时域和频域上映射的消光强度（非归一化、无量纲）是通过经 CWT 处理后将空白样品的消光强度减去负载细胞样品消光强度得到的。本研究通过这种方法对不同偏振角、不同细胞浓度条件下测得的两种癌细胞的信号进行处理，建立了一组癌细胞二维消光图，如图 8-23 所示。这一组反映太赫兹波 - 细胞相互作用的消光图可以作为标准消光图，通过将所测得的负载有细胞的其他样本的消光图和该标准消光图进行匹配，就可区分 A549 和 HepG2 细胞。观察图 8-23（a）和（b），可以发现 A549 和 HepG2 细胞的消光强度时频信号分布完全不同。对于偏振角为 120°、细胞浓度为 1×10^4 cells/mL 的 A549 细胞，强消光主要发生在时域 15.93~18.56 ps 和频域 2.43 ~ 3.71 THz 的区域；而对于相同条件下的 HepG2 细胞，强消光主要发生在时域 15.65 ~ 19.02 ps，而频域分布则分为两个区域，即 2.43 ~ 2.94 THz 和 3.26 ~ 4.22 THz。此外，HepG2 细胞的最大消光强度（约 0.12）也与 A549（约 0.25）不同。更多的区别也可以在其他消光图中找到，如在细胞浓度为 5×10^5 cells/mL 条件下，HepG2 细胞的频域强度分布分裂成多个区域，而 A549 细胞的频域强度分布只有几个区域。标准消光图的成功建立表明，可以通过构建各偏振角、各细胞浓度下的标准消光图序列，并将检测得到的消光图与标准消光图进行比较，识别和确定无标记的癌细胞。

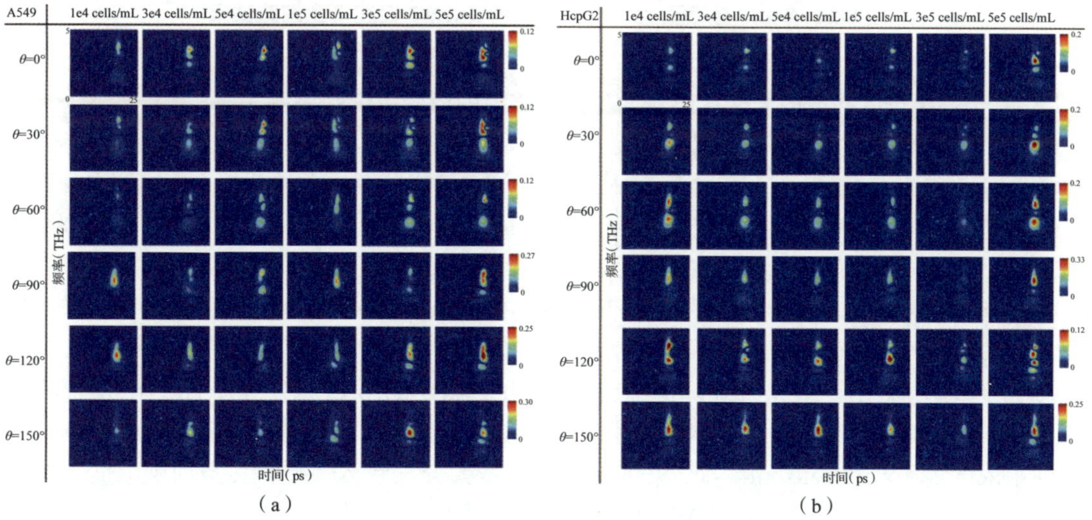

图 8-23　A549 和 HepG2 细胞的消光图

（a）A549细胞；（b）HepG2细胞

（4）共振频率偏移的太赫兹超表面生物传感器的口腔上皮细胞检测

已有研究表明，可用 Fano 共振超表面生物传感器检测口腔上皮细胞 HaCaT，且该检测具有浓度灵敏性，对 HaCaT 细胞浓度的检测限约为 0.2×10^5 cells/mL，这为实现低成本细胞检测提供了一个卓越的平台。下面介绍使用 Fano 共振超表面生物传感器检测口腔上皮细胞 HaCaT 的研究。在本研究中，在超表面上培养了 3 个细胞浓度的口腔上皮细胞 HaCaT。由于细胞浓度过低会导致其不容易在超表面上黏附生长，因此本研究中的最低细胞浓度为 0.2×10^5 cells/mL。为了便于比较，还检测了没有负载细胞的超表面的透射谱，作为对照。在不同细胞浓度下，超表面样本对不同频率的太赫兹波的无量纲透射强度如图 8-24（a）所示；HaCaT 的细胞浓度和 Δf 的关系如图 8-24（b）所示。可见，当细胞浓度为 0.2×10^5 cells/mL 时，共振频率位移 Δf 为 24 GHz；Δf 随着 HaCaT 的细胞浓度的增加而增大，当细胞浓度为 5×10^5 cells/mL 时，共振频率位移 Δf 达 50 GHz。HaCaT 的细胞浓度分别为 0.2×10^5 cells/mL 和 0.5×10^5 cells/mL 时，共振频率位移 Δf 为 24 GHz 和 25 GHz。这说明该基于 Fano 超表面的生物传感器检测灵敏度约为 0.2×10^5 cells/mL。

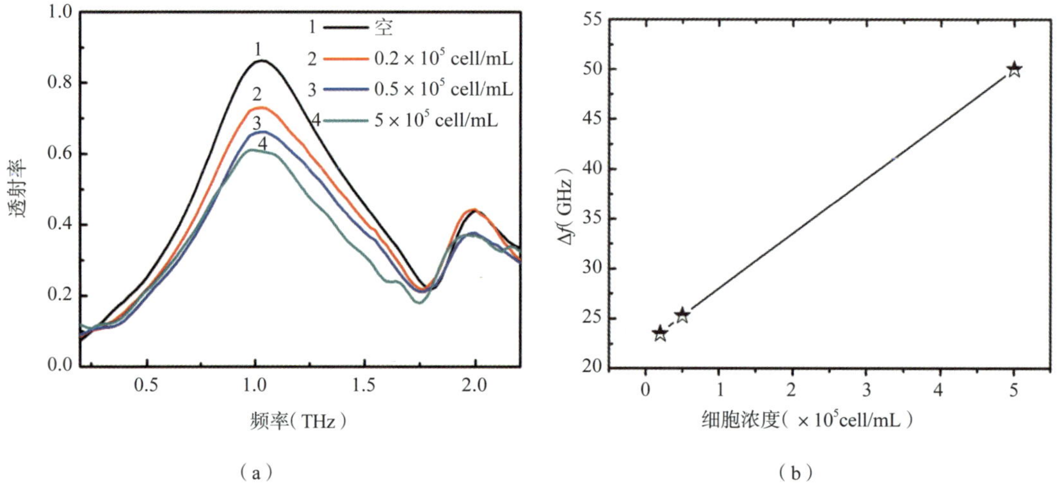

图 8-24　Fano 超表面生物传感器检测 HaCaT 口腔上皮细胞结果

（a）不同细胞浓度下的透射谱；（b）细胞浓度与 Δf 的关系

（5）基于等离子体共振的太赫兹超表面生物传感器的口腔癌细胞检测

由于表面等离子体共振的影响，太赫兹超表面在太赫兹频率范围内会表现出典型的共振波谷和/或波峰，且有较高的灵敏度。下面介绍一项使用基于等离子体共振的太赫兹超表面检测 HSC3 口腔鳞癌细胞的研究。本研究通过在基于等离子体共振的太赫兹超表面上培养 3 种细胞浓度的 HSC3 细胞，制备了 3 种超表面样本，研究该太赫兹超表面生物传感器的传感性能。图 8-25（a）和（b）所示为 3 种细胞浓度对应的超表面样本的透射谱及 Δf 与细胞浓度的关系。为了更好地进行比较，检测了没有负载细胞的超表面的透射谱。可以清楚地看出，当细胞浓度达到 1×10^5 cells/mL 时，共振频率位移 Δf 约为 7.5 GHz。如果继续降低细胞浓度，由于 THz-TDS 仪器分辨率的限制，已检测不到 Δf 的结果（这里没有显示）。因此，本研究中基于等离子体共振的太赫兹超表面生物传感器的最低检测细胞浓度为 1×10^5 cells/mL。此外，细胞浓度的增大会导致 Δf 的增大，当细胞浓度为 3×10^5 cells/mL 时，检测到的共振频率位移 $\Delta f=23$ GHz。

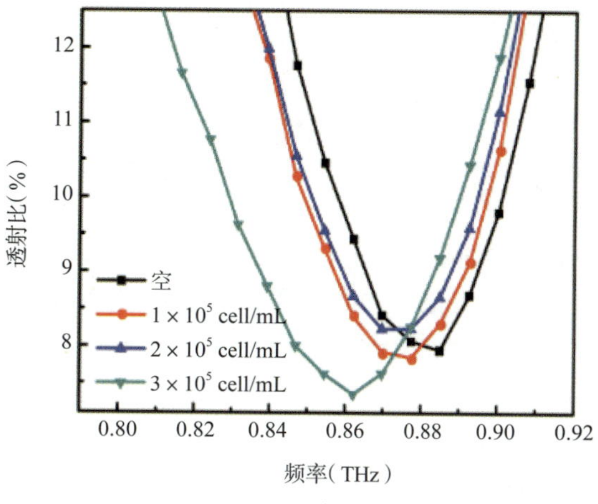

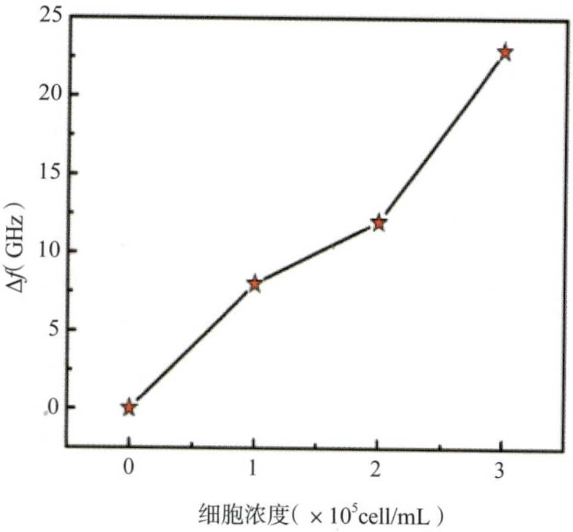

图 8-25　基于等离子体共振的太赫兹超表面检测 HSC3 口腔癌细胞结果

(a)不同细胞浓度下的透射谱；(b)细胞浓度与Δf的关系

由于基于等离子体共振的太赫兹超表面生物传感器对细胞浓度具有敏感性,因此利用这种传感器检测癌细胞在顺铂(一种化疗药物)作用下的凋亡率成为可能。下面深入分析这一过程。本研究所设计的超表面在 0.85 THz 处有一个窄带宽的共振响应,利用这个共振特征,可以分别从药物浓度和药物作用时间两方面研究癌细胞的凋亡率,因为从生物学角度来看,同时考虑这两方面对于细胞凋亡率研究更为合理。为了研究药物浓度的影响,首先将天然生长的细胞浓度为 2×10^6 cells/mL 的 HSC3 细胞分为 3 组,分别用 1、8 和 15 μm 的顺铂药物处理 72 h,诱导癌细胞凋亡。为了研究药物作用时间的影响,同样将天然生长的细胞浓度为 2×10^6 cells/mL 的 HSC3 细胞分为 3 组,然后用 15 μm 的顺铂药物分别作用 24、48 和 72 h。结果表明,在相同细胞浓度条件下,与负载未经过顺铂药物处理的 HSC3 细胞的超表面相比,负载有顺铂药物处理后的 HSC3 细胞的超表面出现了共振频率位移。对于顺铂药物的影响,可以观察到,当药物浓度逐渐增大或药物作用时间逐渐增长时,Δf 值均逐渐增大,表明药物超表面上的癌细胞数量逐渐减少。该结果表明,顺铂药物对 HSC3 细胞具有杀伤作用,其可有效地诱导癌细胞的凋亡。

8.3　本章小结

首先,本章介绍了太赫兹成像技术,分析了其在生物医学领域中的潜在应用价值。对于脑外科术中快速辨别肿瘤残余情况、精准识别肿瘤边界的需求,可采用太赫兹波谱成像技术,研发太赫兹精准脑外科在体成像数字诊疗装备,实现在体脑胶质瘤的原位精确识别。其次,本章介绍了太赫兹波在生物医学应用中的研究趋势。最后,本章介绍了基于类电磁透明、Fano 共振、高阶 Fano 共振以及等离子共振的超表面生物传感器。这些超表面的太赫兹共振响应具有强局域电场等优越的电磁特性。得益于卓越的操控太赫兹波的能力,这些超表面在太赫兹生物传感器中发挥了非常重要的作用,实现了肺癌细胞、肝癌细胞、口腔上皮细胞、口腔鳞癌细胞的高灵敏检测,为研究超灵敏生物传感器提供了理想的平台。

参考文献

[1] SIEGEL P H. Terahertz technology[J]. IEEE transactions on microwave theory and techniques, 2002, 50(3): 910-928.

[2] TONOUCHI M. Cutting-edge terahertz technology[J]. Nature photonics, 2007, 1(2): 97-105.

[3] DRAGOMAN D, DRAGOMAN M. Terahertz fields and applications[J]. Progress in quantum electronics, 2004, 28(1): 1-66

[4] PAWAR A Y, SONAWANE D D, ERANDE K B, et al. Terahertz technology and its applications[J]. Drug invention today, 2013, 5(2): 157-163.

[5] FATTINGER C, GRISCHKOWSKY D. Terahertz beams[J]. Applied physics letters, 1989, 54(6): 490-492.

[6] LEWIS R A. A review of terahertz sources[J]. Journal of physics D, 2014, 47(37): 374001.

[7] GORSHUNOV B, VOLKOV A, SPEKTOR I, et al. Terahertz BWO-spectrosopy[J]. International journal of infrared and millimeter waves, 2005, 26(9): 1217-1240.

[8] MITTLEMAN D M. Perspective: terahertz science and technology[J]. Journal of applied physics, 2017, 122(23): 230 901.

[9] STRINATI E C, BARBAROSSA S, GONZALEZ-JIMENEZ J L, et al. 6G: the next frontier: from holographic messaging to artificial intelligence using subterahertz and visible light communication[J]. IEEE vehicular technology magazine, 2019, 14(3): 42-50.

[10] SIEGEL P H. Terahertz technology in biology and medicine[C]. 2004 IEEE MTT-S international microwave symposium digest. New York: IEEE, 2004: 1575-1578.

第9章

跨空-海界面通信技术

海洋作为人类赖以生存和发展的重要空间，拥有丰富的物质和能量资源，是各国战略利益竞争的焦点。我国拥有约 300 万平方千米的管辖海域面积和 1.8 万千米长的海岸线，拥有广泛的海洋战略安全需求和发展利益。党的十八大提出“建设海洋强国”的重大战略部署，党的十九大进一步明确“坚持陆海统筹，加快建设海洋强国”。这充分说明建设海洋强国已是习近平新时代中国特色社会主义事业的重要组成部分。提高海洋资源开发能力，发展海洋经济，保护海洋生态环境，维护国家海洋权益，对于实施海洋强国战略，扩大对外开放，推进生态文明建设，促进经济持续健康发展具有十分重要的意义。发展海洋经济，实施海洋强国，离不开大力发展与海洋相关的科技。与海洋相关的科技可以分为海洋科学、海洋技术、海洋工程以及海洋事务学。海洋技术主要指与海洋有关的关键技术，如水声通信技术、水下成像技术、水下定位和探测技术、海水淡化技术以及海洋遥感技术等[1-2]。

海洋信息网络是人类用于认知海洋、开发海洋和经略海洋的信息网络，其功能包括海洋信息的获取、传输、融合应用等。海洋信息的获取指通过声、光、电、磁、热等物理手段获取海洋或海洋中各类目标的信息；海洋信息的传输指通过海上通信、水声通信、光通信等技术将获取到的海洋信息传输到海上或陆地上的信息处理中心；海洋信息的融合应用指利用各种先进的信号处理技术、数据库技术、数据挖掘和分析技术对海洋信息进行处理，以获得海洋或海洋中各类目标的资料，并指导相关应用。现阶段，国内外在大力发展各项海洋关键技术的同时，在针对海洋信息的获取、传输、融合应用等方面，已经从研究分立的子系统向研究“空 - 天 - 地 - 海”多网融合互联的信息体系发展。但目前，空 - 海跨介质通信技术仍有许多关键问题亟待解决，给我国“走向海洋”战略的实施带来了极大的挑战。本章系统介绍笔者所在团队在空 - 海跨介质通信方面的研究，总结了各类跨介质通信的技术特点、激光致声效应，以及基于激光致声的空 - 海跨介质下行通信技术，最后对激光致声技术的应用做了综述。

9.1 跨空 - 海界面通信技术概述

跨空 - 海界面通信一直是现代海洋通信中一个较难突破的技术难点。传统的跨空 - 海界面通信主要依靠超长波无线电通信、声呐通信、浮标通信和蓝绿激光水下通信技术等，但是传统手段在传播距离、穿透深度、界面转换及装备复杂度等方面都存在巨大问题。本节针对以上几种通信技术进行概述。

9.1.1 超长波无线电通信技术

无线电波通信技术是较为常用的通信技术之一。一般的无线电波可以在空中传播数千千米，但是到了水下却无法正常传播，所以水下通信需要采用超长波无线电通信技术。超长波无线电通信指利用波长为 10~100 km 的无线电波进行通信。超长波无线电通信技术主要有以下特点。一是传播距离远，超长波在传播过程中衰减小，可实现远距离传播，且其在海水中传播时衰减小，可以实现 80~120 m 深度的通信。二是传播稳定，超长波通信受昼夜、气候、季节等条件的影响较小，超长波信号相位的稳定度较高，特别是在一些恶劣的环境（核爆炸、磁暴等）中，其稳定性是其他无线电通信方式无法比拟的。三是穿透性强，在超低频通信的情况下，超长波可穿透 100 m 深的海水，由于波长较长，超长波受地形影响小。四是成本高，首先超长波信号所需的发射机体积大，天线长达数千米，系统的成本较高；其次小型发射机的最低输出功率也达几十千瓦，大型发射机的输出功率则高达几兆瓦。五是信号传输速度低，超长波的频率很低，所以信号频带较窄，通信容量非常小，传输速度低。六是隐蔽性差，由于超长波通信的波长传输稳定，所以在一些军事方面，由于天线发射信号的覆盖范围很大且发射天线的体积庞大，容易被探测到[3]。

9.1.2　浮标通信技术

浮标通信是一种低仰角的海面移动无线通信技术。浮标通信系统由海面上浮标端天线和岸端天线组成，用于海上监测的无人值守浮标将高清图像传到岸端，通信距离为 5~40 km，浮标与岸间的传输速度不低于 8 Mbit/s。浮标会在海面上晃动，所以要求浮标天线的质量轻，以保证信息传输的可靠性。海平面晃动和海面多径等因素对信号传输具有影响，会产生传输损耗，这一直以来都是浮标通信的难题。浮标通信的传输损耗与浮标天线、岸边天线、传输距离等因素相关[4]。

在采用浮标通信的海上无线电通信过程中，浮标与地面基地基站或水面舰艇进行电波传播。地面基地基站通常建在海岸的高山或海边的高塔上，高度一般为 80~200 m，而水面舰艇的天线高度通常为 10~50 m。当无线电波在海面上传播时，按传播路径主要分为通过空气传播的直达波和经过水面反射的反射波。

下面以 HFB-1A 型海洋气象遥测浮标通信系统为例，介绍浮标通信系统和调试过程。HFB-1A 型浮标通信系统的发射机功率大于或等于 50 W，接收采用一级接收机，发射天线为 10 m 和 6 m 的鞭状天线，接收天线为双 T 形天线；通信机为 XD-D2A 形单边带 15 W 电台。HFB-1A 型浮标通信系统的调试对象主要是其采用的馈线形式，通信实践表明，用明线代替屏蔽线的效果很好[5]。在浮标通信过程中，由于受客观条件的限制，发射机天线的长度小于 $\lambda/4$，而用明线代替屏蔽线可增加天线的长度。

9.1.3　蓝绿激光水下通信技术

1963 年，邓特利（Duntley）和吉尔伯特（Gilbert）在研究光波在海洋中的传播特性时，发现海水对 0.47~0.58 μm 波段的蓝绿激光的衰减比对其他波段光信号的衰减要小很多，证实在海洋中亦存在一个类似于大气中的透光窗口。研究表明，波长为 0.47~0.54 μm 的蓝绿激光在深度为 100 m 的海水中传播时，损耗仅为其他波长光的传输损耗的 1/100；蓝绿激光在海水中的穿透能力可达 600 m 以上，且具有方向性极好、工作频率高、通信频带宽、数据传输能力强、波速宽度窄、不受电磁辐射和核辐射影响的特点；此外，蓝绿激光信号不易被敌人截获，且所需设备较为轻巧，隐蔽性强[6]。

蓝绿激光水下通信技术涉及多种前沿技术，且相关技术主要掌握在日本、俄罗斯、美国等发达国家手中。20 世纪 70 年代，美国海军协同美国国内的多个研究所和知名大学，完成了蓝绿激光水下通信技术的方案设计，并很快用实验的方式验证了方案的可行性，证实在海水中是能够通过蓝绿激光进行通信的。20 世纪 80 年代，美国相关实验室重点突破了“海洋信道”物理模型构建的难题，克服了在蓝绿激光信号的调制和解调等方面的技术难题，并在此期间完成了 3 项试验。其中，第一次是空 - 海试验，即在高空（12 000 m）和海底（300 m）之间进行通信，表明空 - 海长距离通信技术是可行的；第二次是星 - 海试验，即在卫星和海面下 250 m 的潜艇之间进行通信，表明星 - 海长距离通信技术是可行的；第三次是极地试验，即在飞机和冰层下的潜艇之间进行通信，将蓝绿激光通信的应用范围扩大到极地领域。

自 20 世纪 60 年代起，我国就开始跟踪国外海洋通信技术的发展状况，注重突破相关技术瓶颈。

对于蓝绿激光水下通信技术，我国集合了一大批科研院所、高校，集中攻克相关技术难题。1988 年，我国研究者开始针对蓝绿激光的海洋信道进行大量研究工作，打下了若干基础；1990 年，我国研究者独立开展了机载潜艇激光通信（Submarine Laser Communication，SLC）系统的研制工作；1999 年，华中科技大学运用机载蓝绿激光系统首次进行了 150 m 海底通信试验，表明我国掌握了海底通信技术；2000 年，桂林电子科技大学在海南三亚海域成功实现了水下 50 m 深的通信试验；2011 年 8 月，我国第一颗海洋动力环境监测卫星"海洋二号"成功发射，并首次进行了基于激光通信链路的星地通信试验 [7-8]。

蓝绿激光水下通信的特点为穿透性强、传输速率高、保密性好等，其是空中对水下目标通信的主要方式。激光是一种方向性极好的单色相干光。利用激光传输信息称为激光通信，这种方式不仅具有微波通信机动灵活的特点，而且具有通信容量大、波束隐蔽、接收天线小、通信速率高、抗干扰和保密性强等优点，此外激光通信的光纤通信码率高，其误码率比微波通信低。

激光水下通信与陆地通信有较大的区别，主要体现在激光通信信号在水下所受的环境因素影响更大，即传输特征较为明显。这些因素主要有海水的瑞利散射效应、悬浮颗粒的米氏散射效应，以及海水的咸度和温度等，这些因素都会对激光水下通信的质量有较为明显的影响。在实践中，往往还需要考虑长程衍射效应所造成的影响。相对来说，光在水中传播时比在大气中传播时更加不稳定，光束的展宽、抖动、漂移、闪烁等都会对光束的传播造成不利影响。激光通信的原理如下：首先，待传送的信号经过编码器的编码后，会被加载到调制器的激励器上，解调器的激励电压 / 电流就随着信号的变化规律变化；其次，激光器的输出信号经过解调器调制后，相关参数就会按照相应的规律变化；再次，信号经过光学天线变换为发散角很小的已调制光束，并向光学接收机发射出去；最后，接收机接收到已调制的光束信号以后，会先用光检测器将信号转换为电信号，再由解调器解调出信号中的信息。蓝绿激光源是光发射机的核心部件，但不是唯一的元件，要实现蓝绿激光水下通信还需要将输入的电信号加载到光源的发射光束上变成信息光信号，通过媒体介质辐照到光接收机上才能完成通信。光接收机也是激光通信系统的重要组成部分，其作用是通过电 / 光转换将光信号转换为电信号，恢复光载波所携带的原始信息 [9-10]。

从理论上说，激光器输出的脉冲能量越高越好，脉冲宽度越窄越好，即脉冲的峰值功率越大越有利于提高系统的信噪比。但在实际应用中，必须考虑激光器的技术性能和技术水平。目前，用于激光通信的激光器有 XeCl 准分子激光器、Cu 蒸气激光器、Nd：YAG 倍频激光器、XeCl 泵浦激光器、HgBr 激光器、掺钛宝石激光器等，这几类激光器在蓝绿激光水下通信方面都有比较好的研究基础，打下了良好的基础。

9.1.4 激光声通信技术

激光致声技术是一种遥感探测水下目标的技术。脉冲红外激光与自由水表面相互作用能够产生声脉冲。在这种情况下，入射能量的大部分在水表面被吸收，引起水的沸腾及水蒸气团的膨胀、爆裂会对水表面产生反作用，产生水中的声脉冲 [11]。

激光声通信技术的优点包括：一是可以从空中远距离激发水下声波；二是只要激光的能量足够大，就可以产生高声源级的声波；三是激光致声脉冲的宽度很窄、频谱很宽。根据激光脉冲能量的强弱和相互作用区域的能量密度与时空分布，激光激发辐射与水相互作用产生声波的机制可分为热膨胀、汽化沸腾与光击穿。

激光是从液体外部射向液体，激光器未与液面接触，因此激光致声信号的激发方式是非接触式的，设备可以布置在机载平台上，适合恶劣气象条件下的海洋环境探测，且飞机的飞行速度受限小。与传统固体声源相比较，激光声源具有下列独特优点：首先，激光在液体中激发声波，形成的激光声源与液体周围的传声介质完全耦合，通过移动激光束可以使激光声源在液体中快速移动，同时不会在液体中形成湍流；其次，激光是从液体外部射向液体的，声波激发方式是非接触式的，在机载平台上使用时受平台速度影响小；再次，随着激励电压的升高，传统声呐将会在换能器表面或前方形成空化气泡，制约高声强声波的发射，而激光声源的声功率主要与激光能量有关（其声能可以很高）；最后，激光声源的声频谱宽，激光声的频带为几赫兹至几百千赫兹，有利于目标探测和目标识别。

虽然激光致声脉冲具有很多优异的特性，但也存在一些问题：首先，光声转换效率低，导致光声信号的幅度小、传输距离有限，这使得提高光声转换效率成为关键问题；其次，激光致声脉冲的宽度较窄，能量集中在高频阶段，在水中衰减很快，不适合远距离传输，应开展光学调制技术或液体介质特性的研究，改变激光脉冲的波形、能量分布特征，以及作用介质特性，以控制激光致声脉冲的频谱，获得低频光声信号；最后，在实际的海洋环境中，海面波浪的运动会影响光学系统的聚焦并改变回波的出射方向，需要用长焦距系统减小因波浪引起焦斑变化的影响。

海洋信道对声的传输衰减与海水本身的不均匀性、温度有很大关系。海水对频率较低的水声信号衰减较小，对频率较高的水声信号衰减较大。对于水中的激光声信号，由于其频带分布宽，具有很强的保密传输特性，但海水对光声信号的传输存在与频率相关的衰减，因而能作为海洋通信用的激光致声信号主要是其中的低频部分。

9.1.5　激光多普勒测振通信技术

激光测振技术指以激光束为光源，利用光的折射、反射等性质，对物体的振动进行测量的技术。激光多普勒测振技术具有操作方法简单、测量范围大、抗干扰能力强、测量精度高、检测用时短等优点，使用该技术对振动进行测量，不会受到压力、温度、湿度、表面粗糙度等外界因素的影响。

对激光声呐探测技术的研究最早可以追溯到 20 世纪 60 年代中期叶（Yeh）等[12]的工作，研究者依据随液体同步流动的悬浮粒子对入射激光的反射或散射特性，分析激光束的多普勒频移分量以获得悬浮粒子的速度，进而推算出最小可测量的液体纵向流速为 0.007 cm/s。相关研究是多普勒测量技术实际应用的开端。1988 年，李（Lee）等[13]应用激光多普勒技术测量液体表面的振动情况，其利用光电倍增管检测经水面位移幅度调制后的单模连续激光的反射光信号，再进行后续信号处理，即可获得引起水面振动的水下声信号的频率。激光多普勒测量不仅能够测量物体的运动速度，还可以用于其他测量领域。经过数十年的发展，激光多普勒测振技术已经从单光束测量拓展到三维激光测量，测振系统的性能、稳定性和精度都在不断提升[14]。

简单地说，基于多普勒技术的水表面声波探测技术就是用一束激光辐照在被水下声源扰动的水面上，从水表面返回的散射光会产生多普勒频移并载有水下声源的信息，令水面散射光与参考光发生干涉，经过数据采集和处理，就可从干涉信号中解调出水表面声波信息，进而还原出声源信息。这种由水面作为载波介质完成空中和水下的直接探测的方法称为激光 - 声联合探测技术，这种方法可以克服声呐技术的覆盖范围小、蓝绿激光雷达的探测深度低等问题。此外，激光多普勒测量水声振动具有高精度、非接触式测量、高空间分辨率和实时性好等优点，而且利用频率调制对水面环境的要求相对较低。用激光探测水表面波动，可以实现水下和空中的直接通信，且具有实时性好、隐蔽性高的优点。

激光多普勒测振的原理如下：将一束激光辐照在水体表面上，水下声场产生的水表面微扰信号会引起激光频移,通过解调激光频移量得到水声信号信息。带有反射光跟踪系统的激光探声实验装置如图 9-1 所示。使用激光多普勒测振可以实现水声一体化:水下采用声信号通信,因为水下声波传播的衰减相比于电磁波或光波的衰减较小;空气中利用激光通信,充分利用其容量大、实时性好、密性强、经济轻便等优势;两者在水与空气界面处进行信息的传递和转换。激光多普勒测振技术对水下声信号的探测属于激光声呐的一种。目前,针对激光声呐的研究主要分为两类:一类是基于幅度调制的多普勒测量法,包括干涉测量法、衍射测量法、激光三角法等 [15];另一类是基于频率调制的激光多普勒测量法。这两种方法针对不同的测量精度和测量条件需求各有优缺点。激光多普勒测振仪简化了测量系统,其将激光束辐照在被测物体上,由于产生了多普勒效应,反射光与参考光在同一空间位置上发生干涉,两束光的频率差就是所产生的拍频;通过 O/E 转换(O 光和 E 光间的转换),对这束脉冲光进行频率检波,检出物体振动的速度和频率成分,从而构成一种非接触的振动传感器。

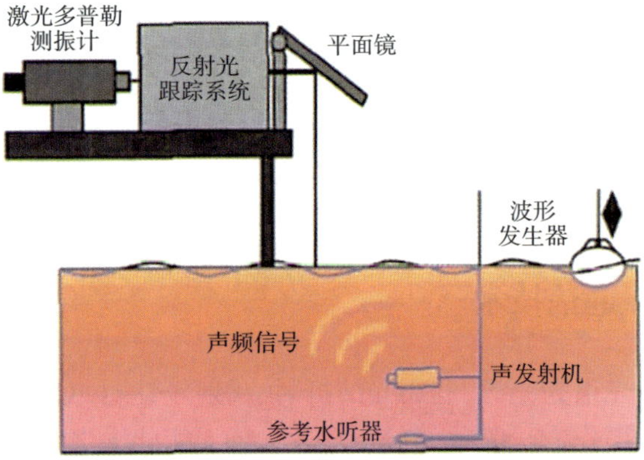

图 9-1　带有反射光跟踪系统的激光探声实验装置

9.1.6　毫米波雷达波上行通信技术

雷达是利用无线电原理制成的一种探测装置,最早是针对防空需求而发明的。雷达的类型很多,结构也各不相同,但基本上都包括发射机、接收机和定向天线。发射机和接收机均通过收发开关和定向天线相连。其中,发射机用于产生无线电波,接收机用于接收无线电波。

雷达波的波长在几毫米到几米之间,属于超短波范畴,可以认为雷达波是沿直线传播的。这是因为波长越短,衍射现象越弱,定向性越好。定向性对于雷达波至关重要,如果雷达波的定向性差,则雷达无法确定目标位置。同时,雷达波的波长越短、天线反射器越小,越能增大雷达的机动性。波长越短,发射脉冲就越强,反射的回波脉冲也越强,可提高探测灵敏度。2018 年,美国麻省理工学院的研究者开发出了一种毫米波雷达通信系统,其可以将数据从水下信号源传输到空中,原理如图 9-2 所示。这种方法被称为平移声学 - 射频通信(Translational Acoustic Radio Frequency, TARF)技术,它混合使用声呐和雷达技术,以克服水和空气对通信的限制。TARF 技术的原理如下:首先,通过声呐装置向水面发送声波信号,从而在水面形成不同频率的微小振动,这些特定的微小振动对应于二进制代码 0 或 1;然后,利用极高频雷达(30~300 GHz)在水面上捕获这些与二进制代码有关的微小振动信号,最终将声呐信号解码并恢复成有意义的信息 [16-17]。

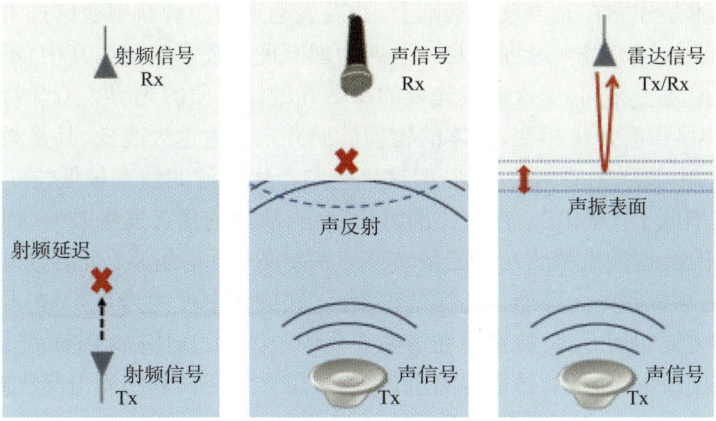

图 9-2　毫米波雷达波上行通信技术原理

9.2　激光致声效应

激光致声技术是一种利用高能脉冲激光照射水并产生声波的技术。利用这种技术可以实现远距离、无接触的声源激发，而且声波具有宽频带、窄脉冲的特点，适用于跨介质的通信和检测。激光声通信就是基于此技术的一种有望实现空中目标对水下目标下行通信的技术方案。激光致声技术利用高能量脉冲激光照射（击打）水面，并与水发生相互作用而产生声波，因此可以将高能脉冲激光器装载在飞机上，构成一个非接触式的空中 - 海洋探测系统。如前所述，根据激光脉冲能量的强弱和相互作用区域的能量密度、时空分布，激光与水发生相互作用并产生声波的机制可分为热膨胀、汽化沸腾与光击穿 3 种，如图 9-3 所示。为了分析整个过程对通信的影响，需要分别分析光声转换机理。

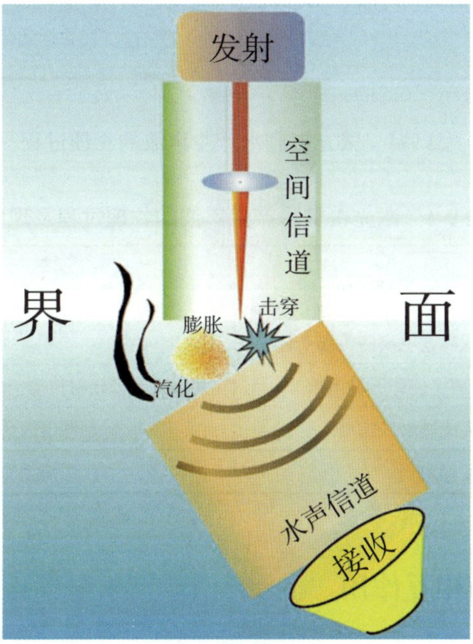

图 9-3　激光致声波激发机制

激光声通信技术是建立在光声效应基础上,并发展起来的一种新型通信技术。从信号发射到信道传输,最后再到信号接收,整个过程涉及一系列物理原理及技术问题。其中,不同光声波的产生机制对光声信号的贡献各不相同,受入射激光束的参数和液体介质的光、热、力学特征参数的影响。在热膨胀机制中,吸热区没有发生相变,液体的物理性质并未发生重大改变,其是激光的能量密度远低于液体汽化阈值时,声波产生的主要机制,但这种机制产生声波的效率很低,在一般情况下,该机制的光声能量转换效率低于 1×10^{-4}。在汽化沸腾机制中,液体的状态发生改变,物理特性发生较大改变,与热膨胀机制相比,这种机制的光声能量转换效率要高得多,约高 2 个数量级。与热膨胀和汽化沸腾机制相比,光击穿机制的光声能量转换效率最高,在液体中可达到 0.3。光击穿机制是高功率激光产生光声效应的主要作用方式,特别是在透明介质中。因此,选用高功率激光器引发光击穿机制,所产生的光声源强度最大,信号的传播距离也最远。本节介绍一项利用光击穿机制产生声波的研究。

将能量为几十毫焦耳或几百毫焦耳单脉冲激光扩束、聚焦并辐照水表面时,聚焦区域的能量密度已经远远大于水的击穿阈值,所以在焦点处会发生非线性击穿,并且伴随产生声、光、热和机械效应等一系列物理效应。光击穿机制的物理过程可以概括为以下 3 个阶段:激光能量的吸收;激光等离子体空泡膨胀冲击波的产生与辐射;空泡冲击波的产生与辐射(空泡溃灭冲击波)[18]。光击穿机制的总体物理过程和在液体中产生的宏观效应如图 9-4 和表 9-1 所示。在图 9-4(a)中,水中的白色点表示等离子体闪光;在图 9-4(b)中,水中的椭圆体表示激光产生的等离子体,其外部的椭圆环表示等离子体膨胀冲击波;在图 9-4(c)中,水中的椭圆环表示传向远处的等离子体膨胀冲击波,椭圆环内部的白色圆点表示空化气泡;在图 9-4(d)中,水中最外侧的 2 个灰色圆环表示衰减为声波的冲击波,深色的圆环表示空化气泡脉动冲击波,2 个白色圆点表示空化气泡溃灭产生的空气泡。

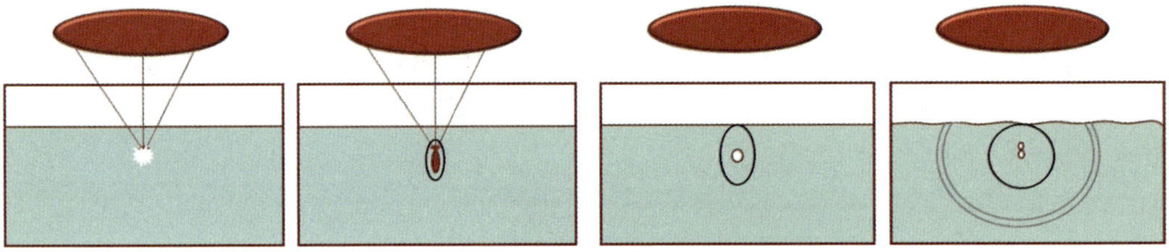

(a)　　(b)　　(c)　　(d)

图 9-4　激光击穿水产生声波的物理过程

表 9-1　激光击穿水产生声波的物理过程及现象

物理过程	现象
激光聚焦辐照水表面,功率密度大于击穿阈值,聚焦区域的水通过共振和逆韧致吸收激光能量,形成高度电离的等离子体	白色强闪光,如图 9-4(a)所示
聚焦区域继续吸收能量,形成等离子体膨胀冲击波	超强冲击波辐射传播一段距离衰减为声波,如图 9-4(b)所示
空化气泡形成,进行脉动并形成脉动冲击波	脉动冲击波传播一段距离也衰减为声波
空化气泡溃灭	形成空气泡,如图 9-4(d)所示

9.2.1　激光与等离子体的相互作用

光击穿产生声信号的理论分析都是从电子密度的速率方程出发的。一方面,对多光子电离、雪崩电离等过程的速率做近似处理，确定介质内部电子密度的变化情况，并确定产生的等离子体对光的吸收情况；另一方面从冲击波力学的角度确定等离子体爆炸时产生的声波特征。

高功率激光聚焦辐照于液体并击穿形成等离子体的机制主要有两种：雪崩电离机制和多光子电离子机制。雪崩电离的发生需要在初期的聚焦区域存在一定量的原初电子充当“种子电子”。种子电子可以由杂质、热激发电子和多光子电离产生。多光子电离过程指液体中原子吸收一个或多个光子，因光电效应而发生电离 [19]。

在含有杂质的介质中，种子电子很容易通过杂质电离得到，但是在纯净的水中，由于电离能较高，水中的一些原子或分子需要通过多光子电离机制产生种子电子。在激光击穿水的过程中，既有多光子电离机制也有雪崩电离机制，这两种过程相互促进，形成等离子体并发生等离子体发光。由于浑水的杂质含量较清水高很多，所以种子电子很容易通过杂质电离得到，这样更容易发生等离子击穿，转化为激光声信号的能量就多。这也是本研究在实验中距声源 1 m 处测得浑水中的声信号强度大于清水中的声信号的原因。

激光在等离子体中传播时，通过各种吸收机制把部分能量转移给等离子体，同时激光的能量也逐渐减弱。等离子体对激光的吸收机制有多种，总的来说可以分为正常吸收（逆韧致吸收）和反常吸收。

由于在激光与物质相互作用时，主要是电场效应起作用。而在正常吸收中，介质中的电子被激光的电场激励发生高频振荡，并且以一定的概率与等离子体发生碰撞，并把能量转交给较重的粒子从而使等离子体温度升高，该过程又可以分为线性吸收和非线性吸收。线性吸收产生的电子速度分布遵循麦克斯韦分布，非线性吸收主要发生在激光电场强度足够高时 [18]。

9.2.2 激光等离子体膨胀冲击波的产生和传播

冲击波辐射是激光击穿水后的一个重要现象，也是激光击穿水产生声波的基础。激光等离子体膨胀冲击波是在时域上产生声波的第一个尖峰的根源。当激光聚焦并辐照水时，如果聚焦区域的激光功率密度达到或超过水的击穿阈值，激光的高能辐射就会产生高温、高压的等离子体，等离子体以超声速向外膨胀，产生高压波前；由于膨胀作用，腔体内的温度会降低，从而使等离子体膨胀速度锐减，高压波前和等离子体腔体分离，此时的高压波前即为激光等离子体膨胀冲击波；等离子体膨胀冲击波经过扩展和膨胀，衰减为声波。

冲击波在宏观上为一个高速运动的高温、高压、高密度曲面，穿过该曲面时，介质的压力、密度、温度等物理量发生急剧变化，即所谓的“突变”。在波阵面上，流体动力学量（如压力、密度、温度）和质点速度都发生阶跃式变化，形成各个物理量有跃变的间断面。各物理量跃变前后的数值满足理想流体方程组的间断面关系式，即质量、动量和能量守恒。利用这三大守恒关系，推导出的相应的表达式为 [18]

$$u_1 - u_0 = \sqrt{(p_1 - p_0)\left(\frac{1}{\rho_0} - \frac{1}{\rho_1}\right)} \tag{9-1}$$

$$D - u_0 = \frac{1}{\rho_0}\sqrt{\frac{p_1 - p_0}{\frac{1}{\rho_0} - \frac{1}{\rho_1}}} \tag{9-2}$$

$$E_1 - E_0 = \frac{1}{2}(p_1 + p_0)\left(\frac{1}{\rho_0} - \frac{1}{\rho_1}\right) \tag{9-3}$$

式中：p_0、ρ_0、E_0、u_0 分别为未扰动时水介质的压力、密度、内能和质点速度；p_1、ρ_1、E_1、u_1 分别为冲击波波阵面后水介质的压力、密度、内能和质点速度；D 为液体中冲击波波阵面的传播速度。

在距离冲击波激发源的某一距离上，冲击波的能量可表示为

$$E = \frac{4\pi R^2}{\rho_0 u_0}\int p^2 \mathrm{d}t \tag{9-4}$$

式中：R 为测量点距离冲击波中心的距离；t 为冲击波从起点到达最大速度的时间，即开始衰减后到探测到冲击波的时间；p 为水介质的压力。

当激光等离子体膨胀冲击波传向远方并逐渐衰减为声波，假设等离子体腔体膨胀过程是近似各向均匀的，因此膨胀过程所产生的声波波阵面也是球面的，辐射的是均匀球面波，如图 9-5 所示，其中 r_0 为光击穿形成的空泡半径。以腔体中心为原点建立球坐标系，因为波阵面是球面，距离腔体 r 处的波阵面的面积为 $S = 4\pi r^2$，腔体对外辐射可视为辐射球源[18]。

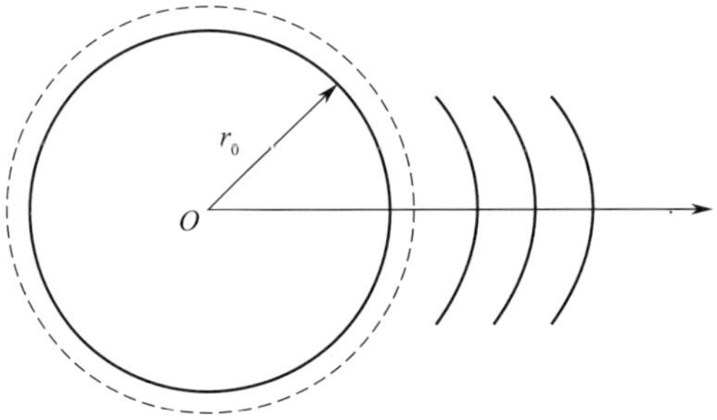

图 9-5　球形腔体辐射声波模型

激光等离子体冲击波辐射球源的波动方程可以表示为

$$\frac{\partial^2 p}{\partial r^2} + \frac{\partial p}{\partial r}\frac{\partial \ln S}{\partial r} = \frac{1}{c_0^2}\frac{\partial^2 p}{\partial t^2} \tag{9-5}$$

式中：c_0 为液体中的声速；p 为声压。

将 S 的值代入波动方程并化简可得

$$\frac{\partial^2 p}{\partial r^2} + \frac{2}{r}\frac{\partial p}{\partial r} = \frac{1}{c_0^2}\frac{\partial^2 p}{\partial t^2} \tag{9-6}$$

此微分方程的解为

$$p = \frac{A}{r}\mathrm{e}^{\mathrm{j}(\omega t - kr)} + \frac{B}{r}\mathrm{e}^{\mathrm{j}(\omega t + kr)} \tag{9-7}$$

式中：k 为波数，$k = \omega/c$，其中 c 为光速；ω 为角频率；r 为观测点到腔体中心的距离。

式（9-7）中的 A 和 B 为常数；右侧的第一项表示腔体向外辐射的球面波，第二项表示向腔体中心会聚的球面波；由于等离子体腔体是对外膨胀的，所以 B 为零。因此，等离子体膨胀冲击波辐射产生的声波作用于远场处的声压为

$$p=\frac{A}{r}\mathrm{e}^{\mathrm{j}(\omega t-kr)} \tag{9-8}$$

式中：A/r 为声压振幅；r 为观测点到腔体中心的距离；

等离子体腔体中质点的径向速度与声压存在如下关系：

$$\rho_0\frac{\partial v_{\mathrm{r}}}{\partial t}=-\frac{\partial p}{\partial r} \tag{9-9}$$

式中：v_{r} 为液体质点的径向速度，可以表示为

$$v_{\mathrm{r}}=\frac{A}{r\rho_0c_0}(1+\frac{1}{\mathrm{j}kr})\mathrm{e}^{\mathrm{j}(\omega t-kr)} \tag{9-10}$$

式中：$\frac{A}{r\rho_0c_0}\left(1+\frac{1}{\mathrm{j}kr}\right)$ 的绝对值为速度的振幅。

对于常数 A，主要取决于辐射球源的膨胀情况。引入球源表面的振动膨胀速度 u，其表达式为

$$u=u_{\mathrm{a}}\mathrm{e}^{\mathrm{j}(\omega t-kr_0)} \tag{9-11}$$

式中：u_{a} 为振幅幅值；$-kr_0$ 为初相位角。

在激光等离子体冲击波辐射球源的表面上，液体质点的径向速度可近似等于辐射球源表面的膨胀速度，所以有

$$(v_{\mathrm{r}})_{r=r_0}=u \tag{9-12}$$

将液体质点的径向速度表达式代入可得

$$\begin{cases}A=\left|\dfrac{\rho_0c_0kr_0^2u_{\mathrm{a}}}{1+(kr_0)^2}\right|\mathrm{e}^{\mathrm{j}\theta}\\ \theta=\arctan\left(\dfrac{1}{kr_0}\right)\end{cases} \tag{9-13}$$

因此，等离子体膨胀冲击波辐射产生的声波在远场处产生的声压为

$$\begin{cases}p(r,t)=\dfrac{|A|}{r}\mathrm{e}^{\mathrm{j}(\omega t-kr+\theta)}\\ A=\dfrac{\rho_0c_0kr_0^2u_{\mathrm{a}}}{1+(kr_0)^2}\end{cases} \tag{9-14}$$

由式（9-14）可以看出，距离激光击穿点形成的辐射球源 r 处，声压幅值的大小不仅与辐射球源的振幅、振速有关，还与辐射声波的频率和光击穿形成的空泡半径有关 [18]。

9.2.3　空泡脉动冲击波的形成和传播

液体空泡指液体在某种扰动作用下，液体中产生空腔的一种特有的流体现象。液体空泡的产生是由于液体局部压力低于该温度下的饱和蒸气压时产生的一种动力学现象。液体空化是激光击穿水的一个重要特征，也是产生声波的第二个尖峰的根源。通常激光击穿产生的空泡在经历一系列膨胀、收缩、反弹并伴随几次的冲击波辐射后，该空泡最终将破碎，破碎产生的小空泡会上浮。

瑞利（Rayleigh）最早对空泡现象进行了研究，其假设无线流体介质中存在一个孤立的球形空

泡,同时忽略液体的压缩性和流体黏性的影响,得出的理想球形空泡运动方程为

$$R\cdot\ddot{R}+\frac{3}{2}\dot{R}^2=\frac{p_R-p_\infty}{\rho} \tag{9-15}$$

式中:R 为空泡壁的半径;p_R 为液体中空泡壁处的压力;p_∞ 为无穷远处的环境压力。

结合理想气体方程和理想球形空泡的动力学方程,可以得到包含黏性、表面张力、空泡含气量等因素在内的空泡动力学方程,过程如下。

根据理想气体状态方程,有

$$p_0V_0^k=p_1V_1^k \tag{9-16}$$

则

$$p_1=p_0\frac{V_0^k}{V_1^k}=p_0\left(\frac{R_0}{R_1}\right)^{3k} \tag{9-17}$$

在考虑空泡含气的情况下,有

$$p_{\text{v}}+p_{\text{g}}=p_0+\left(p_0-p_{\text{v}}+\frac{2\sigma}{R_0}\right)\left(\frac{R_0}{R}\right)^{3k} \tag{9-18}$$

式中:p_{v} 为饱和蒸气压;p_{g} 为空泡内气体分压;p_0 为初始时刻空泡内压力;k 为多方系数,绝热情况对应 $k=1.4$,等温情况对应 $k=1.0$;R_0 为空泡的初始半径;R 为空泡半径。

因此,可得

$$p_R=p_{\text{v}}+\left(p_0-p_{\text{v}}+\frac{2\sigma}{R_0}\right)\left(\frac{R_0}{R}\right)^{3k}-4\mu\frac{\dot{R}}{R}-\frac{2\sigma}{R} \tag{9-19}$$

式中:σ 为液体表面张力系数;μ 为液体的黏滞系数。

将式(9-19)代入式(9-15)可得

$$R\ddot{R}+\frac{3}{2}\dot{R}^2+\frac{1}{\rho_0}\left[p_\infty-p_{\text{v}}-\left(p_0-p_{\text{v}}+\frac{2\sigma}{R_0}\right)\left(\frac{R_0}{R}\right)^{3k}+4\mu\frac{\dot{R}}{R}+\frac{2\sigma}{R}\right]=0 \tag{9-20}$$

式中:ρ_0 为空泡内气体分压的初始值。

为了讨论空泡含气量对脉动特性的影响,令

$$p_0=Ap_\infty \tag{9-21}$$

式中:$0<A<1$。

同时,将式(9-21)代入式(9-20),可得

$$R\ddot{R}+\frac{3}{2}\dot{R}^2+\frac{1}{\rho_0}\left[p_\infty-p_{\text{v}}-\left(Ap_\infty-p_{\text{v}}+\frac{2\sigma}{R_0}\right)\left(\frac{R_0}{R}\right)^{3k}+4\mu\frac{\dot{R}}{R}+\frac{2\sigma}{R}\right]=0 \tag{9-22}$$

式(9-22)即为综合考虑黏性、表面张力、空泡含气量等因素的空泡运动方程。由于空泡膨胀初期和溃灭后期,空泡直径的变化速度较快,来不及和外界进行热交换,因此可以认为是绝热过程($k=1.4$)。随着空泡直径的增大,其尺寸变化速度逐渐减慢,此时泡内气体与周围液体的热交换将不可避免。考虑到空泡内外充分热交换,可将这一过程近似为等温过程($k=1.0$)。在分析中,可以认为从绝热过程变化到等温过程是一个渐变的过程,假设多方系数 k 的表达式为[20]

$$k = 1.4 - 0.4e^{-\dot{R}} \tag{9-23}$$

将式(9-23)代入式(9-22),可得

$$R\ddot{R} + \frac{3}{2}\dot{R}^2 + \frac{1}{\rho_0}\left[p_\infty - p_v - \left(Ap_\infty - p_v + \frac{2\sigma}{R_0}\right)\left(\frac{R_0}{R}\right)^{3(1.4-0.4e^{-\dot{R}})} + 4\mu\frac{\dot{R}}{R} + \frac{2\sigma}{R}\right] = 0 \tag{9-24}$$

式(9-24)为考虑黏性、表面张力、空泡含气量、多方系数 k 等动态变化因素后的空泡运动方程。对该式进行数值计算,可以求出不同参数下空泡直径随时间的变化规律。

对于空泡溃灭声波,可以用莱特希尔(Lighthill)方程结合空泡的运动方程进行描述。Lighthill 方程可以写为

$$\nabla^2 p - \frac{1}{c_0^2}\ddot{p} = -\dot{q} + \nabla f - \frac{\partial \tau_{ij}}{\partial x_i \partial y_j} \tag{9-25}$$

式中:∇^2 为拉普拉斯算子;q 为液体单位体积内质量的脉动速度;$\dot{q}$ 为 q 对时间的一阶微分导数;$\ddot{p}$ 为 p 对时间的二阶微分导数;f 为作用在单位体积流体上的脉动外力;τ_{ij} 为流体应力张量;x_i 和 y_i 为坐标基矢量。

空泡形成以后,声源仅与流体的质量脉动有关。所以,式(9-25)可简化为

$$\nabla^2 p - \frac{1}{c_0^2}\ddot{p} = -\dot{q} \tag{9-26}$$

由于空泡尺寸远小于空泡辐射声波的波长,故式(9-26)的解可表示为

$$p(l,t) = \frac{\dot{Q}(t)}{4\pi l} \tag{9-27}$$

式中:l 为液体介质中的任意一点到空泡中心的距离;Q 为质量变化速率,其表达式为

$$Q = \int_V q\mathrm{d}V = \frac{\mathrm{d}(\rho V)}{\mathrm{d}t} \tag{9-28}$$

式中:ρ 为液体密度;V 为任意时刻空泡的体积。

液体介质密度的起伏可忽略不计,即 $\rho \equiv \rho_0$,其中 ρ_0 为初始时刻液体的密度,所以有

$$p(l,t) = \frac{\rho_0 \ddot{V}}{4\pi l} = \frac{\rho_0 R(R\ddot{R} + 2\dot{R}^2)}{l} \tag{9-29}$$

式中:R 为空泡在时刻 t 时的半径;$\dot{R}$ 和 $\ddot{R}$ 分别为空泡半径对时间的一、二阶导数。

式(9-29)即为空泡脉动情况下远场 l 位置处声压的计算方程。根据式(9-24)计算出空泡半径随时间的变化,再代回式(9-29)即可求得空泡溃灭时辐射的声信号[21]。

9.2.4 光声转换效率

可将强激光击穿水转化为声波时的能量转换效率 η 定义为液体被激光击穿产生的声波的能量与入射到水中的激光脉冲能量的比值,其表达式为[22]

$$\eta = \frac{E_{ac}}{E_L} = \frac{\dfrac{4\pi R^2}{\rho_0 c_0}\displaystyle\int_{-\infty}^{+\infty} p(t)^2\,\mathrm{d}t}{E_L} \tag{9-30}$$

式中：E_{ac} 为声波的能量，既包括激光等离子体膨胀冲击波辐射声波的能量，也包括空泡脉冲辐射声波的能量；E_L 为入射到水中的脉冲激光的能量；R 为测量点至声源的距离；$p(t)$为声波波前处的声压。

由于实验中激光出射口距离水面的距离很近，所以入射到水中的激光能量与在激光出射口的能量相差无几，所以可以用激光出射口的能量代替入射到水中的激光能量。利用能量计即可以很轻松地测得出射口处激光的脉冲能量。对于水中声波的能量，可以利用水听器把测得的声信号转化为电信号再进行计算。

如前所述激光入射到水中时，根据激光能量的大小会出现 3 种不同的物理过程：热膨胀、汽化沸腾、光击穿（等离子体击穿）。其中，热膨胀的光声转换效率低于 0.01%，汽化沸腾的光声转换效率约为 1%，光击穿的光声转换效率可达 10%~30%[23]。

9.3 激光致声效应的下行通信

对水下目标的传统通信方式主要有超低频通信、甚低频通信和蓝绿激光水下通信。前两者的通信速度低、设备体积庞大、成本很高，蓝绿激光水下通信虽然具有较好的海水穿透性，但是由于其在海水较浑浊的区域通信距离只有几米，所以只能用于海水水质较好的区域。在蓝绿激光水下通信过程中，空中设备向水下发射的激光信号经过激光与水的作用，激光能量转化为在水中传播的声能，水下目标接收声信号，从而实现空中 - 水下的通信过程。在整个过程中，空中的部分利用激光，水中的部分利用声波，由于激光和声波分别在空气中和水中具有良好的传输性能，两者相结合的技术优势明显。蓝绿激光水下通信采用光声技术，为空中与水下平台的信息传递提供了新的技术途径，在未来的通信、海洋探测中具有巨大的应用前景。

9.3.1 激光致声研究概述

激光致声的研究范畴属于光声领域，在激光发明之前，相关研究一直没有进展。在激光发明之后，特别是美苏两国研究者分别发现了强激光脉冲可以在浓缩的液体介质中通过光声效应激发出声波后，激光致声研究取得较快发展。但鉴于当时科学技术和理论所限，对这种现象并没有非常明确的物理理论解释，但是当时已经意识到这种效应可以在水声相关的领域有重要的应用前景。之后，美国的相关研究所在提交的激光相关的专利中提出了如何用强激光光束聚焦并在焦点区域形成脉冲激光声源的方法，并且在实验中实现了兆帕级别的声压级。与此同时，苏联研究者进行了激光致声的首次实用性质的研究，并申请了多项专利。

20 世纪 70 年代初，美国开始了激光致声的室外测试，并且第一次在实验中获得了激光声信号的信号特征，包括信号的时域振幅、频域频谱和空间相关的特征，不过相关数据并没有公开。此后，激光致声技术开始被熟练地运用于海洋探测研究。研究者对光声转换的机制、过程以及更加细致的声源特性研究得较为深入，目前使用的很多经验公式都来源于那个时期。

在激光致声领域，真正具有实用价值的技术是从水深探测开始的。美国研究者在布莱顿大坝水库进行了实验，其在实验中将二氧化碳激光（脉冲能量为 5 J）从空中射向水面，并使用微音器接收水底反射的声音信号，准确测出了 20 m 的水深。1981 年，美国研究者使用激光器在大西洋又进行了海深遥感测量实验；1983 年，其又进行了激光致声冰厚度遥测相关的研究和实验；1988 年，美国杜兰大学和美国海洋研究中心提出了一种用激光致声技术进行水下声信号探测的方法，并通过实验验证了该方法的可行性。20 世纪 90 年代前期，俄罗斯的声学研究所在黑海验证了浅海远程海底传感实验。

目前，美国在光声领域的研究一直处于领先地位，其 3 个重要研究机构包括亚特兰大技术学院、得克萨斯州立大学的应用技术研究实验室和西维尔斯普林的海军研究实验室。我国从 1986 年开始将激光致声技术用于水下声音信号的探测。进入 21 世纪，我国对于激光致声技术的研究逐渐增多，西北工业大学、清华大学、国防科技大学、华中科技大学、海军工程大学、天津大学、浙江大学、哈尔滨工业大学、桂林电子科技大学等高校和一些研究所投入大量人员开展研究。其中，海军工程大学系统地研究了激光致声的原理、特点及声信号的特性等，为我国激光致声技术的发展奠定了坚实的基础。

9.3.2 空海激光声通信方案分析

（1）通信方案

空海激光声通信，又称激光声下行通信，指利用机载或空载高能量激光器从空中将激光射入水中，完成光波到声波的转换，从而实现与水中单位进行通信的一种通信方式。由于水上平台机动灵活，而且激光的单向性好、不易被截获，所以整个通信过程具有灵活、机动、隐蔽、安全等优点。如图 9-6 所示，激光声下行通信过程主要分为 3 个部分：大气信道激光信号的传播；空 - 海转换界面的光声转换；海洋信道声信号的传播。激光声下行通信的系统链路如图 9-7 所示。其中，信号源输出要传输的信息；编码和调制系统按照一定的编码方式将信号源的信息编制成二进制代码并通过调制器加载到激光器上；激光器在调制器的调制下发射调制过的激光脉冲；光学镜头系统对出射激光进行整形，压缩发散角并使其聚焦到水面上；激光在空 - 海转换界面（光声转换界面）发生光声转化，将光波能量转化为声波能量；声信号接收设备（如被动声呐等）接收到声波信号后，通过声电转换设备再将声信号转化为电信号；解调和纠错系统把接收到的电信号解调出来并验证是否有误码。这样，一条信息就通过激光声下行通信实现了跨介质传输。

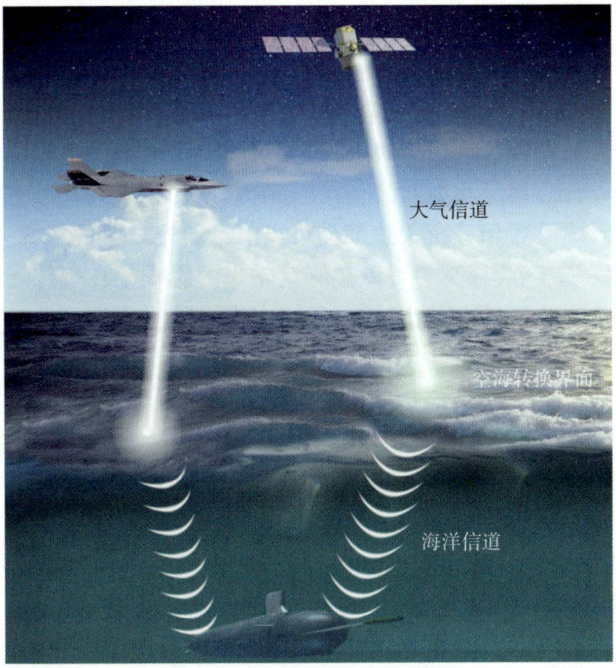

图 9-6 激光声下行通信示意图

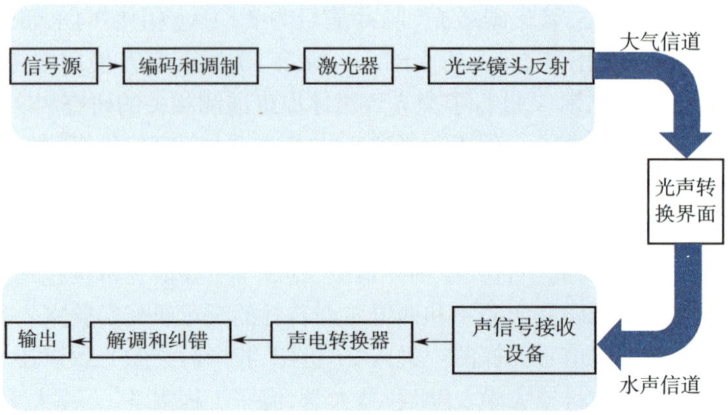

图 9-7　激光声下行通信的系统链路

(2)空中信道特性分析

激光信号在大气中传播时,受到大气中众多随机因素的影响。大气分子的不均匀分布会导致介质折射率的不均匀分布,进而引发大气中传播的激光信号发生折射和散射现象。影响大气中激光传输的因素非常多,大气的物质结构复杂,天气和气候又具有很高的随机性,激光在大气中的传输衰减特性主要受吸收、散射、湍流、雨、雪、雾等因素的影响。研究各种因素对空中信道(大气信道)传输特性的影响有助于提高光声转换效率。

Ⅰ. 大气的光吸收

激光在大气中传播时,会受到大气中的气体分子或微粒的影响,激光能量中的一部分会被吸收,一部分被散射而偏离原始传播方向,致使原方向上的激光能量相对减弱。造成大气信道传输衰减的主要原因是大气分子导致的吸收和气溶胶粒子导致的散射。大气的光吸收系数受多种因素影响,如大气的成分及激光的传输距离、波长、强度等。对于由激光波长、激光强度和大气传输距离大致确定的激光传输系统,其光传输损耗主要取决于大气结构。因此,在空海激光声通信中,必须重视中低空大气成分对光的吸收。此外,大气除气体分子会对光的传输产生吸收外,气溶胶粒子也会产生吸收现象。大气中的气溶胶指悬浮在大气中的微小颗粒,其尺寸为 0.01 ~ 100 μm,常见的气溶胶粒子有灰尘、冰晶、烟雾颗粒等。气溶胶的化学构建、颗粒尺寸和分布状态都会对光信号的衰减造成影响。在可见光和近红外波段,气溶胶对光信号的吸收非常低,计算中可以忽略其带来的影响。在远红外波段的衰减计算中,由于气溶胶颗粒的大小与光波波长具有可比性,必须研究气溶胶对光信号的吸收影响。

Ⅱ. 大气的光散射

对于近、中红外波段的激光,波长处于大气窗口,可忽略大气中气体分子引起的散射和吸收损耗,此时引起激光衰减的主要因素为大气气溶胶粒子。在一般情况下,气溶胶散射系数是气溶胶吸收系数的 10 倍左右。当能见度较低时,波长为 1.06 μm 的激光,在传输一小段距离后,其能量就衰减到原始能量的 1/10;随着能见度增加,短距离内激光的透射率迅速增大;当能见度大于 10 km 时,激光在进行短距离和长距离传输时都有很高的透射率,此时传输 10 km 时的最大能量衰减为 20%。因此,在能见度较好的情况下进行激光信号传输,能保证激光信号到达目标水域时有足够的光强。

Ⅲ. 大气湍流

激光在大气中传输时,必须考虑大气的湍流现象对激光传输的影响。对于不同部位的大气,其物理性质有所差异,加上温度、湿度和风的影响,会造成大气密度随机变化,产生湍流,致使大气折射率随机变化。大气湍流对在大气中传输的激光有随机影响。激光受大气湍流的影响主要可概括为4个方面:①光强闪烁;②光束弯曲和漂移;③光束扩展;④起始相位起伏。

以上这些现象都会使激光在传输过程中发生能量吸收和能量散射,从而使激光能量发生损失。激光在大气中传播时,由于大气作用产生的能量衰减主要来自大气分子的吸收和散射及大气气溶胶的散射。激光在传输过程中的能量衰减可以由朗伯定律表达式表示为

$$T_\lambda = \frac{I}{I_0} = \exp(-\beta_\lambda L) \tag{9-31}$$

式中:I_0 为通过大气前的光强;I 为通过大气后的光强;T_λ 为波长为 λ 的光在大气中传输 L 距离后的透射率;β_λ 为波长为 λ 的光的衰减系数;L 为传输距离。

β_λ 描述了吸收和散射两种独立物理过程对传播光辐射强度的影响,可以表示为[24]

$$\beta_\lambda = K_m + \sigma_m + K_a + \sigma_a \tag{9-32}$$

式中:K_m 和 σ_m 分别为大气分子的吸收和散射系数;K_a 和 σ_a 分别为大气气溶胶的吸收和散射系数。

当传输激光信号时的气象条件为晴朗、霾、雾时,可以认为大气条件是均匀的,只考虑气溶胶造成的衰减,忽略大气分子的吸收和散射,相关衰减的经验公式为

$$\beta_{a\lambda} = \frac{3.91}{V}\left(\frac{0.55}{\lambda}\right)^q \tag{9-33}$$

式中:V 为能见距离(km);λ 为波长(nm);q 为与波长和能见距离相关的常数,对于近红外光,q 的取值为[25]

$$q = \begin{cases} 1.6 & (V > 50\ \text{km}) \\ 1.3 & (6\ \text{km} < V < 50\ \text{km}) \\ 0.58V^{1/3} & (V < 6\ \text{km}) \end{cases} \tag{9-34}$$

同时,由于不同大气分子对不同波段光的吸收能力不一样,有些波段的光则很容易被大气吸收,而大气对有些波段的光的吸收很少,这样就造成了大气窗口。常见的大气窗口包括:0.8 ~ 1.6 μm,8~13 μm。所以,大气中的光通信一般采用 1.064 μm、1.550 μm 等波长的激光。由于激光声通信需要高能量的激光射入水中,所以也需要保证激光信号在空气中传播时的衰减尽可能小。因此,本研究选择 1.064 μm 波长的激光作为载波[26-27]。

(3)海洋信道对水声信号的影响

声呐与雷达作为远程目标的探测和通信设备具有许多共同之处,尤其在波束成形及抗干扰信号处理方面尤其相似,但声呐的探测性能受海洋环境的影响非常严重。海洋信道是一个复杂多变的信道,多径效应、频散效应、水中的不均匀性和边界的不平整性等都会引起不同类型的畸变,从而使水声信号处理工作复杂化,并且降低整个探测和通信设备的性能。一般来说,作为海洋信道的海洋介质具有一个随机起伏的软表面,在表面附近有气泡层。海洋介质还含有分散的或密集的非均匀散射体,如鱼群、浮游生物等[28]。此外,海洋介质中还存在不同尺度的冷暖水团、层流、湍流、内波及涡流。海水介质中的声速具有明显的随深度变化及微弱的水平变化,同时伴有随机起伏。当海洋介质存在密度梯度时,会有显著的内波运动;海水与海底沉积层具有粗糙的分界面,而一般的海底沉积物又具有分层结构和水平变化。可见海洋信道的海洋介质非常多变且具有明显的地区性和季节性。下面分别分析海面、海水中声波的传输,以研究海洋信道的特性。

Ⅰ. 海水中的声速及声吸收衰减

海水中的声速是研究声波在海水中传播的最基本物理量之一,海水中的声速是温度、盐度和静压力的函数,所以海水中的声速具有较明显的深度分布。在海面附近的温度较海底的温度对于时间和空间的变化范围更大,所以随着深度的增加,声速的变化范围越来越小。在海洋表面的声速范围为1 430~1 530 m/s。作为温度 T、盐度 S、静压力(由深度 z 代替)的函数,海水中的声速可表示为[29-30]

$$c = 1\,449.2 + 4.6T - 0.055T^2 + (1.34 - 0.010T)(S - 35) + 0.016z \tag{9-35}$$

式中:c 为声速(m/s);T 为温度(℃);S 为盐度(‰);z 为深度(m)。

海水中的声吸收特性是海洋信道的一个重要特性。海水介质是声波传播的载体,在声波的传输过程中,能量损耗程度是信道有效性的一个重要标志。就目前已知的能量辐射形式而言,声波的损耗最低,光波和电磁波等在介质中传输时均受到严重的衰减,不能作为远距离通信的工具。当声波在海洋中传输时,随着传输距离的增加,声强逐渐减弱,这是由于海水介质不是理想的无损耗介质。造成声强衰减有 4 个原因:①波阵面的几何扩展;②边界损失;③吸收;④散射。一般来说,目前只能测量吸收和散射的综合效果,统称为声衰减。声波在海洋中传播时,声能连续地被吸收并转化为热能,发生这种吸收的主要原因是黏滞吸收。对于频率为 100 kHz 的声波,海水对其吸收的主要原因是离子弛豫。海洋中声波的声强随距离衰减的另一个原因是不同种类物质的非均匀性对声波的散射。前人根据实验总结出了海水对频率为 3~500 kHz 声波的衰减经验公式:

$$\beta = 8\,680\left(\frac{SAf_T f^2}{f_T^2 + f^2} + \frac{Bf^2}{f_T}\right)(1 - 6.54 \times 10^{-4} P) \tag{9-36}$$

式中:A 和 B 为常数,$A = 2.34 \times 10^{-6}$,$B = 3.38 \times 10^{-6}$;S 为盐度;P 为静压力(kg/cm^2);f 为频率(kHz);f_T 为温度为 T 时的弛豫频率,$f_T = 21.9 \times 10^6 - \dfrac{1\,520}{T + 273}$,当温度从 0 ℃升高到 30 ℃时,$f_T$ 近似地从 59 kHz 变为 210 kHz。

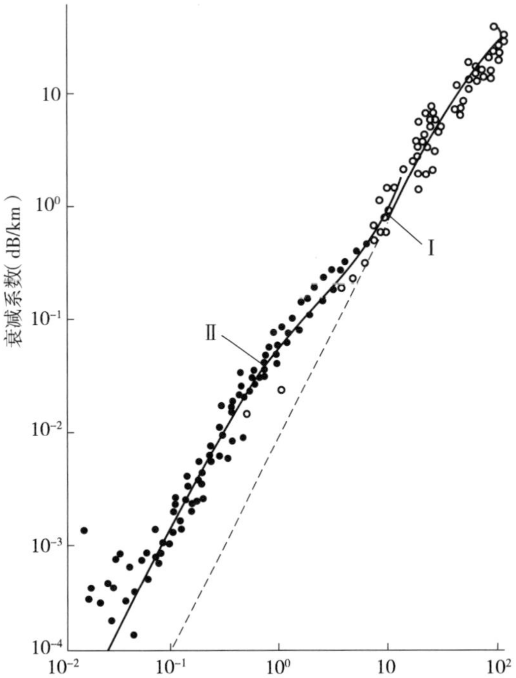

图 9-8　实验测得的水声衰减系数和频率的关系

根据式(9-36),声波在水下的吸收损耗与声频率有关,并随频率的增大而增加。一般频率为 100 kHz 的水声信号只能实现距离 <1 km 的近距离通信;对于距离为 1~2 km 的中距离通信,水声信号的带宽被限制在 >10 kHz;对于距离为 20~2 000 km 的远距离通信,水声信号的带宽被限制在几千赫兹[31]。图 9-6 所示为实验测得的衰减系数和频率的关系。可以看出,频率在 1 Hz 以下的声波在海水中的损耗是极低的,频率在 50 kHz 以下的声波的传输损耗都低于 3 dB/km,因此以 50 kHz 以下的声波作为水下通信的载体,能够实现相当远距离的声信号传输[28]。

Ⅱ. 海洋表面的声学特性

海洋表面几乎是很难平坦的,其最主要的特征就是呈现出复杂的波动性。海洋表面的波浪状况是影响水声信号传播的一个重要环境因素，尤其影响表面声道和均匀传播的情况。海洋表面的空气流动产生风，风的能量向水中转移并产生波浪和流，风动表面波浪通常可分为毛细波和重力波两种，前者是在海水的表面张力制约的情况下产生的，后者是在重力制约下产生的。考虑表面张力和重力联合制约海水的运动时，可以得到毛细波 - 重力波的频率和波长的关系，其表达式为

$$\omega^2 = kg + \frac{\alpha_t k^3}{\rho} \tag{9-37}$$

式中：ω 为角频率，$\omega = 2\pi f$，其中 f 为频率；k 为波数，$k = 2\pi/\lambda$，其中 λ 为波长；g 为重力加速度；α_t 为海水的表面张力，$\alpha_t = 7.4 \times 10^{-2}$ N/m；ρ 为海水的密度。

毛细波 - 重力波的色散关系为

$$c^2 = \frac{g}{k} + \frac{\alpha k}{\rho} = \frac{g\lambda}{2\pi} + \frac{2\pi\alpha}{\rho\lambda} \tag{9-38}$$

根据式(9-38)可以绘制出图 9-9 中的波长和相速度的关系曲线。可以发现，相速度的极小值为 0.023 1 m/s，对应波长为 0.017 m。此参数可以作为毛细波和重力波的分界。当一束声波的波长远大于 0.017 m 时，可认为其是重力波；当其波长远小于 0.017 m 时，可认为是毛细波[29]。

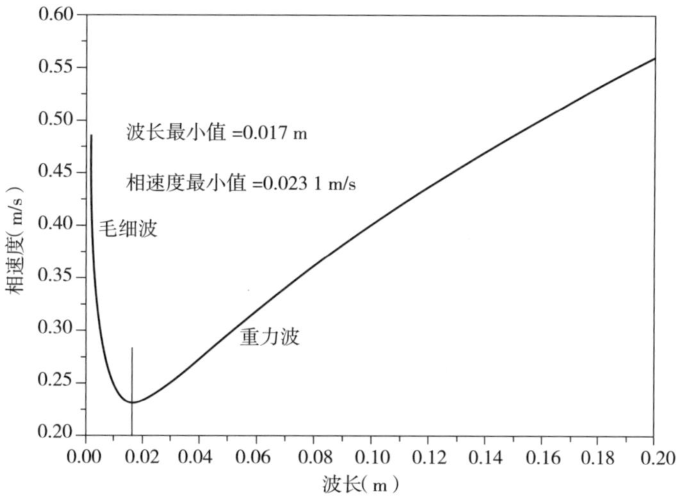

图 9-9 波长和相速度的关系

对于海面的波浪状况，有时也使用较为方便的简单参数对其进行描述，如风浪、波高、海况等，这些参数都与风速有一定关系。海浪是海面由风引起的波动现象，主要包括风浪和涌浪。波级是海面因风力强弱引起波动程度的大小，波浪越高则波级越大。浪高是用波级定义的，将某一时段连续测得的所有波高按大小排列，取总个数中的 1/3 个大波波高的平均值，即为有效波高。根据国际波级表规定，海浪级别按照有效波高进行划分。按照常用的道氏波级，海浪级别包括无浪、微浪、小浪、中浪、大浪、巨浪、狂浪、狂涛、怒涛、暴涛等。目前，已能根据气象等条件，利用波级表，实现海浪的预报。海浪预报是根据风对海浪作用的规律性和当时的风情预报，做出的一定海区在未来一定时间内的波浪情况分析和预报。海浪预报对国防、渔业和航运安全具有重大意义。

海浪对激光声信号的影响主要分为两部分：一部分是影响激光射入水中的能量，另一部分是影响水中声波的传输。首先，海浪对于水下声波的影响主要是在背景噪声方面，其主要影响激光声信

号的信噪比。海浪对激光入射到水中能量的影响较大，其也是影响声信号强弱的主要因素，因为海浪的形状和大小影响激光的透射率和反射率。

Ⅲ. 声呐方程

声呐系统的工作模型如图 9-10 所示。按工作方式，声呐有两种类型：主动式声呐和被动式声呐。在主动式声呐中，发射机发出一个特定波形的声波信号，其在信道介质传播过程中，当辐照到一个目标时，将产生目标反射信号或回波信号，接收机就会接收到叠加有背景干扰的反射信号，对它进行信号处理，就可提取有关被测目标的信息。在主动式声呐工作时，有两种可能的背景干扰：一种是与信号发射本身有关，即信道中的非均匀体或起伏表面（统称为散射体）产生的杂乱散射波的叠加，称为“混响”；另一种是环境噪声。在被动式声呐中，声呐系统不发射声波，只用接收机接收目标辐射出的噪声信号，此时只有一种背景干扰——环境噪声。

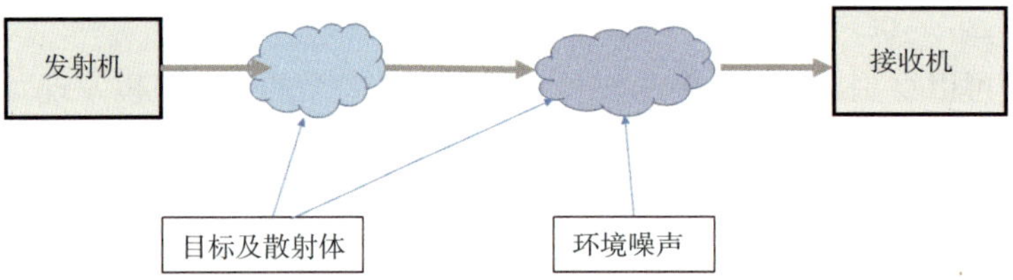

图 9-10　声呐系统工作原理示意图

信道的能量衰减作用可由声呐参数 TL（传输损失）反映；信道对信号波形的畸变与起伏的影响则与系统本身的特性一起反映在声呐参数 DT（检测阈）中；信道的加性干涉则由混响级 RL 和噪声级 TL 反映[29]。

1）表示主动声呐的方程如下。

表示噪声背景掩蔽情况的声呐方程为

$$S/N = SL - 2TL + TS - (NL - DI) = DT \tag{9-39}$$

表示混响背景掩蔽情况的声呐方程为

$$S/R = SL - 2TL + TS - RL = DT \tag{9-40}$$

2）表示被动声呐的方程为

$$S/N = SL - TL - (NL - DI) = DT \tag{9-41}$$

式中：S 为信号；N 为噪声；R 为混响；其他声呐参数的定义及其求解方法见表 9-2。

表 9-2　声呐参数的定义及其求解方法

<table>
<tr><th>声呐参数</th><th>参考位置</th><th colspan="2">定义</th></tr>
<tr><td rowspan="2">声源级 SL</td><td rowspan="2">在声轴上距离声源 1 m 处</td><td rowspan="2">20lg</td><td>声源强度</td></tr>
<tr><td>参考强度</td></tr>
<tr><td rowspan="2">传输损失 TL</td><td rowspan="2">距声源 1 m 处及接收点处</td><td rowspan="2">10lg</td><td>在 1 m 处的信号强度</td></tr>
<tr><td>在接收点上的信号强度</td></tr>
<tr><td rowspan="2">目标强度 TS</td><td rowspan="2">距目标声学中心 1 m 处</td><td rowspan="2">10lg</td><td>距目标 1 m 处的回声强度</td></tr>
<tr><td>入射强度</td></tr>
</table>

续表

声呐参数	参考位置	定义
噪声级 *NL*	在接收水听器处	$10\lg\frac{\text{噪声强度}}{\text{参考强度}}$
接收指向性指数 *DI*	在水听器输出端	$10\lg\frac{\text{等效物指向水听器产生的噪声功率}}{\text{实际水听器产生的噪声功率}}$
混响级 *RL*	在水听器输出端	$10\lg\frac{\text{水听器输出端的混响功率}}{\text{参考强度信号产生的功率}}$
检测阈 *DT*	在水听器输出端	$10\lg\frac{\text{刚好完成特定职能的信号功率}}{\text{在水听器输出端上的噪声功率}}$

声压为有声波时媒介物质中的压力与静压的差值，单位为 Pa。其中，静压为没有声波时媒介物质中的压力。存在声压的空间称为声场，声场中某一瞬时的声压称为瞬时声压；在一定时间间隔内，最大的瞬时声压称为峰值声压；在一定时间间隔内，瞬时声压对时间的均方根值称为有效声压。在声学中，通常习惯于用分贝表示声压级、声强级、灵敏度级、声源级等。声压级是声学计量与测试中经常使用的一个物理量。声场中某点的声压级 PL 可表示为

$$PL = 20\lg\frac{p}{p_r} \tag{9-42}$$

式中：p 为测量点声压的有效值（Pa）；p_r 为作为参考的基准声压值（Pa），水声中采用的基准声压值 $p_r = 1\ \mu\text{Pa}$，因此在某点的升压为 1 Pa 时，该点的声压级 $PL = 120$ dB[32]。

设本研究所用的水听器的灵敏度级 $ML = -200$ dB，信号端采集到的电压有效值用 U_0（V）表示，则声压级 PL 为

$$PL = 20\lg U_0 - ML \tag{9-43}$$

则声压 p 的计算公式为

$$p = 10PL/20 \times p_r \tag{9-44}$$

将声场中某点的声强级 IL 定义为该点的声强 I 与基准声强值 I_r 之比的常用对数乘以 10，则 IL 的表达式为

$$IL = 10\lg\frac{I}{I_r} \tag{9-45}$$

基准声强值 I_r 与基准声压值 p_r 是对应的。在平面波声场中，声强级等于声压级。定义水听器的接收灵敏度级 ML 为其接收灵敏度的有效值与基准灵敏度值之比的常用对数乘以 20，单位为 dB。定义水听器的接收灵敏度或声压灵敏度为接收水听器输出端的开路电压与水听器接收表面上实有声压的比值，单位为 V/Pa。水声学中，基准灵敏度值为 1 V/μPa。定义声源级 SL 为距离声呐发射器有效声中心 1 m 处的轴向表观声强级，单位为 dB，基准值为 1 μPa · m。声强级只限于自由行波的条件，此时声强级与声压级相等。因此，声源级 SL 可表示为

$$SL = PL + 20\lg d \tag{9-46}$$

式中：PL 为在声源中心轴向按球面波扩散的远场中某点所测得的声压级（dB）；d 为测量点至声源

中心的距离(m)[33]。

Ⅳ. 海洋环境噪声

海洋环境噪声是海洋信道中的一种干扰背景场。在声呐作用距离预报和信号处理方案,要求对信噪比做出预报,同时要求充分掌握声场的时空统计特性,因此对噪声的研究和对信号的研究一样具有重要性。在声呐方程中,用噪声级 *NL* 描述海洋环境噪声,它是海洋信道的加性干扰。第二次世界大战后,针对海洋环境噪声的研究取得了大量进展,研究者获得了大量实验数据。海洋环境噪声的分类如图 9-11 所示,各类海洋噪声的噪声级如图 9-12 所示。

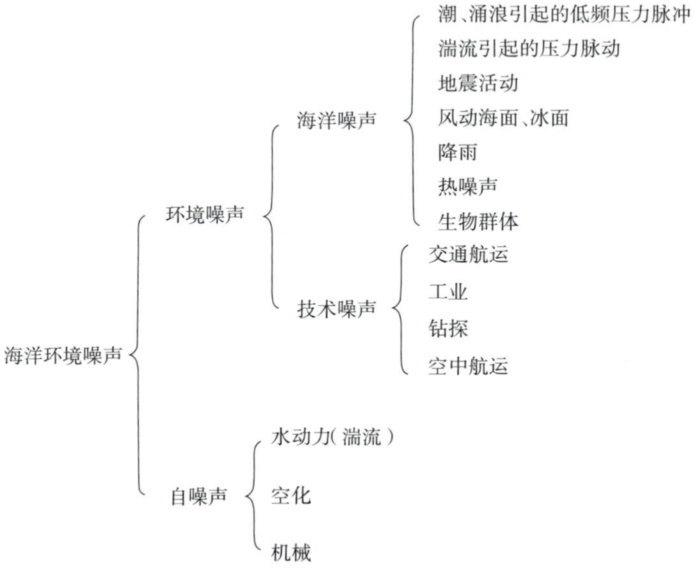

图 9-11　海洋环境噪声的分类

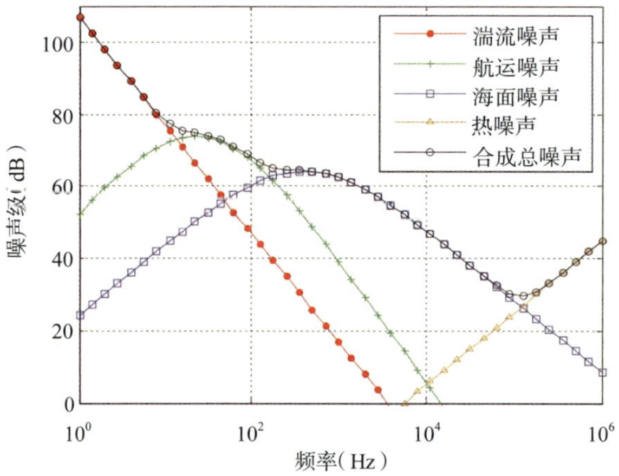

图 9-12　各类海洋噪声的噪声级

根据图 9-11 和图 9-12,可以看出海洋环境噪声的成分复杂,特别是在近海人类活动频繁的区域,同时对应的噪声级也大。但是,在远海区域,海洋环境噪声的成分就简单很多,可以说只有来自海水的噪声。在运用声呐方程计算时,可以只考虑海面噪声,所以根据实验中的数据,结合被动声呐方程、声源级公式和水听器参数即可以计算实验中激光声信号能够传播的距离。

9.3.3 激光声下行通信实验

在实验中,选用 2 台激光器构成激光系统。其中,一台激光器的单脉冲能量为 1 J,重复频率为 1~10 Hz,脉宽为 10 ns;信号调制器为可调的晶体管 - 晶体管逻辑(Transistor-Transistor-Logic, TTL)门电路,输出调制过的频率为 10、20、50、100、200 和 500 Hz 等的方波信号;平面反射镜为 1 064 nm 高反射镜;3 个聚焦透镜的焦距为 50、70 和 150 mm;水听器内加有前置放大器(20 dB 增益),灵敏度为 -200 dB。实验中搭建的激光声下行通信验证系统如图 9-13 所示。

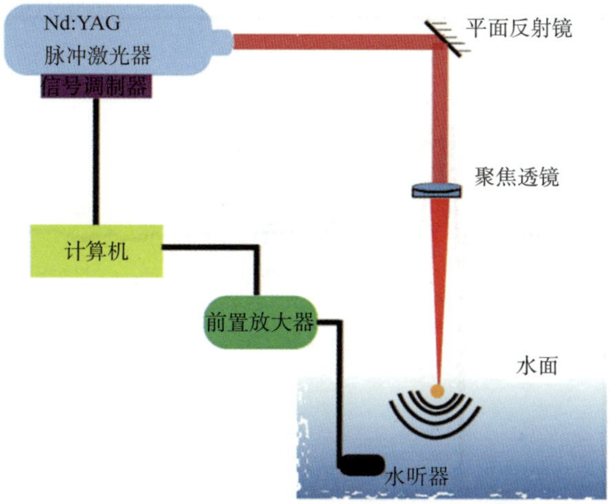

图 9-13 激光声下行通信验证系统示意图

(1)激光声信号传输距离测试与预估

为了使数据更符合远海声场环境,进行自由声场测试实验。为了测试自由声源级和声能量,利用吸声尖劈搭建一个消声水池,该消声水池长 1.5 m、宽 0.6 m、高 0.5 m,如图 9-14 所示。吸声尖劈对于频率高于 20 kHz 的声波能够实现 100% 吸收,对于频率为 10~20 kHz 的声波能够实现 90% 以上的吸收。

图 9-14 吸声尖劈图

用示波器测试水声信号与激光器能量的关系,聚焦透镜焦距为 70 mm,聚焦深度为 50 mm,重复频率为 1 Hz,信号放大倍数为 10 倍。

声源级是距声源 1 m 处的声压级,单位为 dB,它可以反映声源所产生声波的强弱。在激光脉冲能量为 740 mJ,聚焦透镜焦距为 150 mm、聚焦深度为 10 cm 条件下,在距激光击穿点 1 m 处用水听器测量的输出电压信号曲线如图 9-15 所示。针对该信号,在 0.75~0.85 ms 时间范围内,对曲线进行展开，结果如图 9-16 所示。激光击穿获得的声波频谱如图 9-17 所示，插图为放大后的声波频谱。图 9-17 中的第一个大的尖峰是等离子体膨胀冲击波产生的，其后的两个正向的尖峰是空泡脉动冲击波产生的峰值，之后的杂峰则来源于一些空泡的破灭。从激光击穿获得的声波脉冲波形来看，激光等离子体空泡膨胀声波、激光空泡溃灭的持续时间非常短，约为十几微秒，因此水中的激光击穿获得的声波频谱相当宽。分析表明，激光击穿获得的声波频谱从几赫兹至几百千赫兹，声波峰值分别位于 15、80、170 和 400 kHz。激光击穿水介质获得的声脉冲窄、频谱宽，在应用于水下目标探测中具有定位精度高的特点。

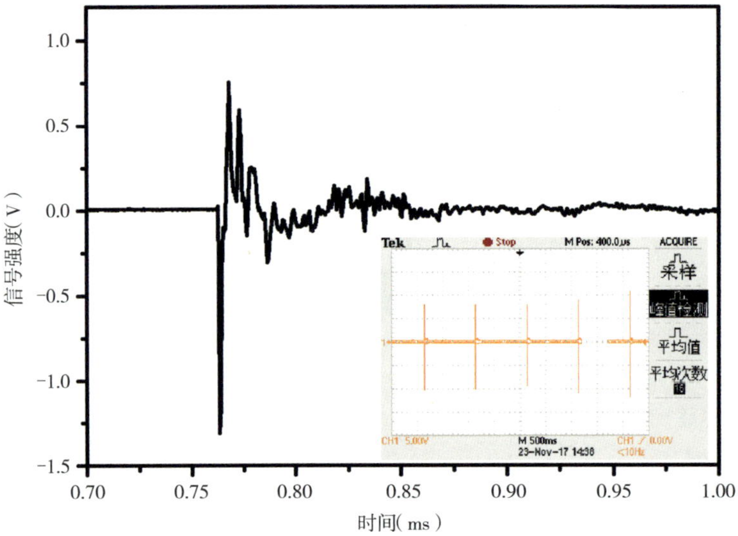

图 9-15　距激光击穿点 1 m 处的声脉冲信号波形

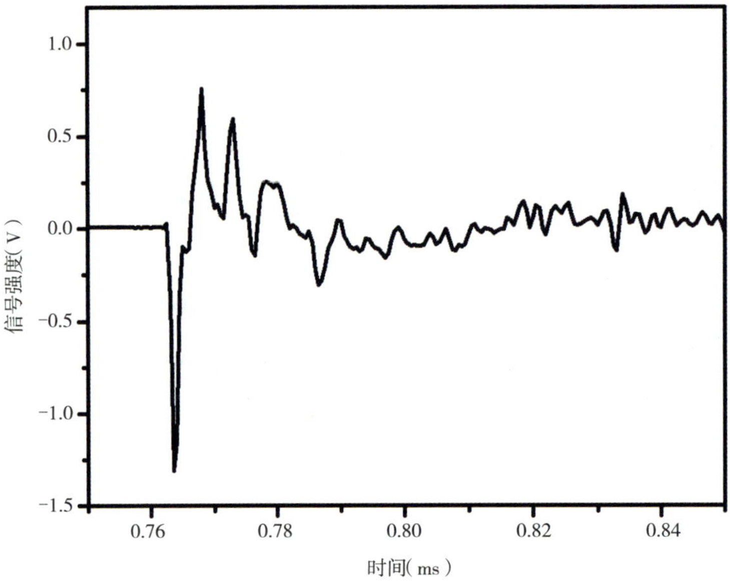

图 9-16　距激光击穿点 1 m 处的声脉冲信号波形展开图

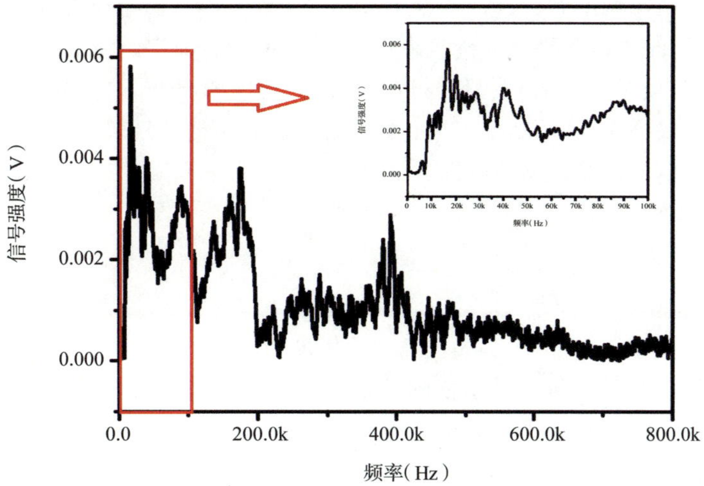

图 9-17　激光击穿获得的声波频谱

此外,本研究测试了距激光击穿点 1 m 处不同激光重复频率下的激光声信号,如图 9-18 所示。

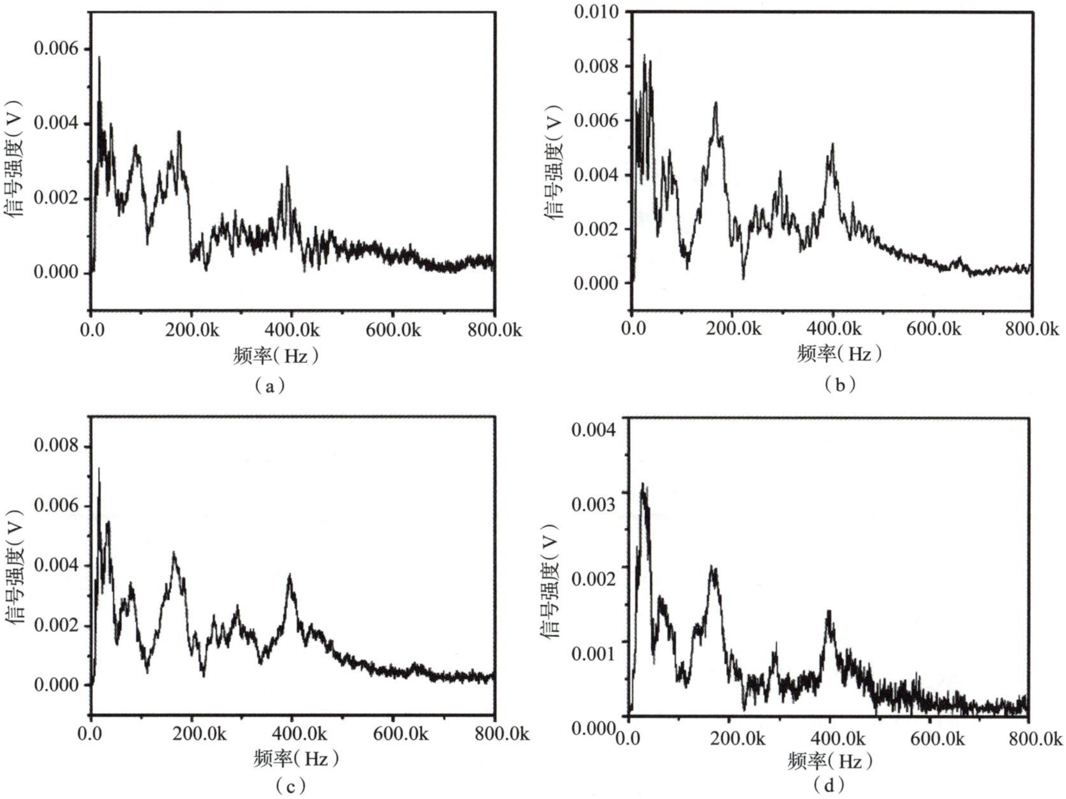

图 9-18　不同重复频率时声波信号的频域波形

(a) 1 Hz; (b) 4 Hz; (c) 7 Hz; (d) 10 Hz

由图 9-18 可以看出,声波的频域分量主要集中在 25、80、175 和 400 kHz 附近;重复频率的变化对声波频率分量的分布影响不大。这种特点非常利于通信应用。通信声呐发射信号时,需要对应的声呐信号接收平台,同时该接收平台也接收来自其他声呐平台的信号。如果通信声呐接收机有先验知识,就可以利用匹配滤波对接收到的信号进行处理。与探测声呐不同,本研究提出的通信用的激光声信号仅有单程传播损失,利用功率不太高的声源级就有可能实现较远的通信距离。

下面说明计算声信号传输距离的过程。

1)计算测量点的声压级。

升压级的计算公式为

$$PL = 20\lg U - ML$$

式中:U 为测试得到的电压幅值;ML 为换能器的灵敏度级(dB)。

根据声源级测试的实验报告,20 kHz 附近水听器测量到信号的电压幅值为 1 mV,实验采用的换能器的灵敏度级为 -200 dB,则可计算出 $PL = 140$ dB。

2)计算测量点的声源级。

声源级的计算公式为

$$SL = PL + 20\lg d$$

式中:PL 为测量点的声压级别;d 为测量点距离声源的距离。

本实验中,$d = 1$ m,则可得 $SL = PL$,测量点的声压级就是声源级,因此声源级为 140 dB。

3)计算距离。

描述被动声呐的方程为

$$S / N = SL - TL - (NL - DI)$$

式中:S 为信号;N 为噪声;SL 为声源级,用以描述发射端声呐所发射声信号的强弱;TL 为传播损失,用以定量描述声波在信道中传播一定距离后声强度的衰减;NL 为环境的噪声级,用以度量水声信道各类环境噪声的强度;DI 为接收端换能器的指向性指数。

由被动声呐方程,传播损失为

$$TL = SL - S / N - NL + DI$$

显然本实验不考虑指向性,所以 $DI = 0$。假设噪声级 $NL = 50$ dB(比较理想),再假设 $S/N = 20$,因此噪声级 $TL = 140 - 50 - 20 = 70$ dB。

对于信号近距离传播的情况,还可将噪声级的估算公式简化为

$$TL = 20\lg r + ar + 60 - k_L$$

在正常情况下,$a = 5$,海水吸收 $k_L = 2.4$ dB(或 2.0 dB),并将 $TL = 70$ dB 代入上式,估算声信号传输距离 r。

$$20\lg r + 5r = 70 - 60 + 2.4 = 12.4\ (k_L = 2.4\ \text{dB})$$

$$20\lg r + 5r = 70 - 60 + 2.0 = 12.4\ (k_L = 2.0\ \text{dB})$$

因此,可计算声信号传输距离 r 约为 1.6 km 和 1.4 km,即 r 的范围为 1.4 ~ 1.6 km。

上述计算过程存在误差,很多计算均采用经验公式和经验值,且没有考虑信号传播过程中的多径效应等,实际计算时需要根据情况做相应的调整。例如,对于本实验,可将总体信号传输距离确定为 <2 km。

(2)通信实验

经过前面的实验分析可知,激光致声脉冲有固定的波形且很有规律,因此很容易识别,这一点对于通信非常有利。将激光声信号的特点和数字信号处理相结合,可以看出如果把有激光声信号的状态设为“1”,没有激光声信号的状态设为“0”,则激光声信号就特别适合用空中和水下之间的数字通信,而且容易编码。

对激光声信号的调制首先是对激光脉冲的相关参数进行调制,用调制后的激光脉冲完成对激光声信号的调制。目前,数字调制技术有幅移键控(Amplitude Shift Keying, ASK)、频移键控(Frequency Shift Keying,FSK)和相移键控(Phase Shift Keying,PSK)以及由此衍生出来的其他调制方式。由于在海况环境恶劣的情况下要保持远距离传输需要很高的激光能量,所以本研究将调制信号加载到激光器的驱动电源上,从而实现在不改变激光的脉冲能量的情况下使重复频率随通信信号的二进制编码而变化。激光声信号与传统通信声呐的信号不同,所以其调制方式一般采用幅移键控。由于水声信号强度有起伏,这会造成多级幅移键控在解调时难以设置适当的检测阈值,因而水声通信中的幅移键控大多使用通断键控(On-Off Keying, OOK)的方式,虽然这是一种简单的幅移键控调制方式,但是由于激光致声过程需要一定的时间,这样就使激光声通信不能使用重复频率很高的激光器。本研究分别采用两种能量和参数不同的激光器进行通信实验,调制器实物如图 9-19 所示,其为可调的 TTL 门电路,输出调制过的方波信号,频率为 10、20、50、100、200、500 和 1 000 Hz 等。实验中,通过输入调制信号区控制激光 Q 开关,在调制信号上升沿处触发激光器并使其发出激光脉冲,再用激光脉冲激发产生声波。

图 9-19　调制器实物

实验中,激光脉冲能量为 740 mJ,重复频率为 10 Hz,聚焦透镜的焦距为 150 mm、聚焦深度为 5 cm,通过水听器测得的调制信号波形(上)和激光声脉冲信号波形(下)的示波器结果截图如图 9-20 所示,其中显示了距声源 1 m 和 15 m 处的测量结果(水听器信号放大 10 倍后的信号)。从图中可以看出,调制器成功在调制信号上升沿处触发激光器并产生了激光声信号,同时声信号随着传输距离的增大逐渐减弱。激光声信号波形和电信号上升沿波形完全对应,这对激光声通信非常有利。本研究中,激光器的重复频率为 10 Hz,虽然通信速率不高,但是激光声信号非常清晰,便于解码。

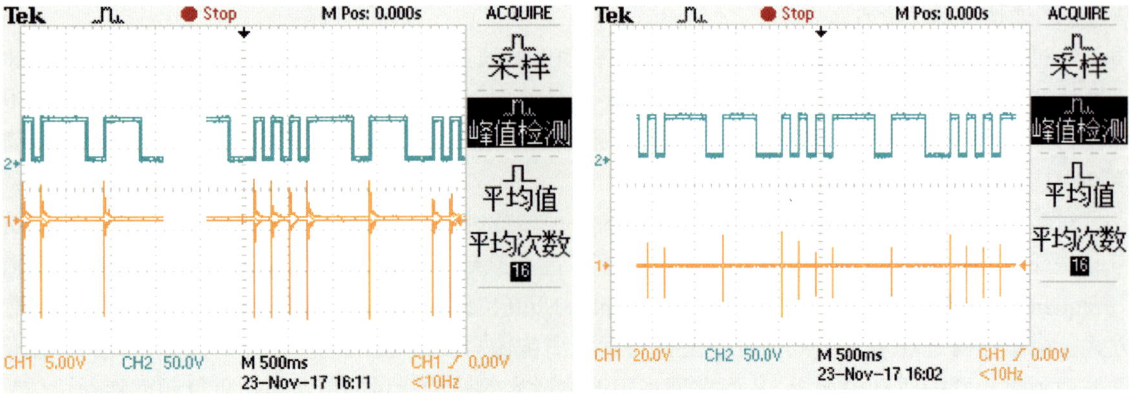

（a）　　　　　　　　（b）

图 9-20　调制信号和激光声信号的波形

（a）1 m；（b）15 m

9.4　总结与展望

随着人类对海洋资源利用程度的提高和海洋活动的日益频繁，水声通信技术已经广泛应用于海洋开发的各个领域。本章阐述了一种具有高保密性质的海洋通信方法，即利用激光致声效应实现空中 - 水下的水声通信。与传统的激光对潜通信相比，激光 - 水声对潜通信具有很多独特优点，可作为实现空中 - 水下通信的一种新技术。

另外，激光声通信技术还可以作为一种唤醒工具。无人作战是未来战争的一种趋势，在海洋作战中也是如此。未来海洋中部署的无人作战单元，如智能水雷、智能鱼雷等，在和平时期会处于休眠状态以节省电能；在战时，可以利用机载激光声通信设备唤醒这些作战单元，让其处于战备值守状态。这样既可以节省这些无人作战单元的电能，又能保证其能够在战时快速进入战斗状态。

参考文献

[1]　姜晓轶，康林冲，符昱，等．海洋信息技术新进展 [J]. 海洋信息，2020，35（1）：1-5.

[2]　高建文，肖双爱，虞志刚，等．面向海洋全方位综合感知的一体化通信网络 [J]. 中国电子科学研究院学报，2020，15（4）：343-349，363.

[3]　吕保维，王贞松．无线电波传播理论及其应用 [M]. 北京：科学出版社，2003.

[4]　孙子奇．基于北斗卫星的大型海洋浮标通信机制探究 [J]. 设备管理与维修，2022（10）：111-113.

[5]　许富祥．HFB-1A 型海洋遥测浮标资料可靠性问题的探讨 [J]. 海洋学报，1988（4）：510-515.

[6]　李亚平，万梓傲，费礼，等．跨介质对潜激光通信后向散射研究 [J]. 舰船科学技术，2022，44（8）：127-130.

[7]　董树珍．蓝绿激光星潜通信编码及调制解调技术的研究 [D]. 哈尔滨：哈尔滨工程大学，2013.

[8]　张涛．基于 IM/DD 激光通信系统中的关键技术研究 [D]. 桂林：桂林电子科技大学，2015.

[9]　王明波．基于蓝绿激光器的激光通信系统研究 [D]. 厦门：厦门大学，2016.

[10] 邹晨曦 . 空间光通信用高性能激光光源的设计与实现 [D]. 天津：南开大学，2016.

[11] 黄灵鹭 . 激光致声下行水下声通信研究 [D]. 桂林：桂林电子科技大学，2014.

[12] YEH H，CUMMINS H Z. Localized fluid flow measurements with a He-Ne laser spectrometer[J]. Applied physics letters，1964，4(10)：176-178.

[13] LEE M S，BOURGEOIS B S，HSIEH S T，et al. A laser sensing scheme for detection of underwater acoustic signals[C]//Southeastcon 1988 IEEE Conference Proceedings. New York：IEEE，1988：253-257.

[14] 张驰，王顺，关向雨，等 . 激光多普勒测振技术应用的新进展 [J]. 激光与光电子学进展，2022，59(19)：75-81.

[15] 尚建华，任立红，徐海芹，等 . 基于双声光移频器的外差式激光多普勒测振计 [J]. 光子学报，2012，41(10)：1149-1155.

[16] TONOLINI F，ADIB F. Networking across boundaries：enabling wireless communication through the water-air interface[C]//Proceedings of the 2018 Conference of the ACM Special Interest Group on Data Communication. New York：ACM，2018：117-131.

[17] LUO Z，GUO R，LIU M. Parameter conditions for phase unwrapping and coherent processing in the TARF communication[C]//Proceedings of the IEEE 5th International Conference on Computer and Communications(ICCC). New York：IEEE，2019：831-836.

[18] 宗思光，王江安，曹水，等 . 激光击穿液体介质的空化与声辐射 [M]. 北京：国防工业出版社，2013.

[19] 张杉杉，刘学龙，王骐 . 强激光场中的原子电离 [J]. 物理，1997，26(6)：339-344

[20] 赵瑞 . 激光等离子体冲击波传输及空泡动力学特性研究 [D]. 南京：南京理工大学，2007.

[21] 黄景泉 . 空泡起始和演灭阶段的噪声 [J]. 应用数学和力学，1990，11(8)：725-730.

[22] 高立民 . 液体中光击穿产生声波效应研究 [D]. 西安：陕西师范大学，2011.

[23] 宗思光，王江安，王雨虹，等 . 激光声源特性研究及海洋应用 [J]. 应用光学，2008，29(3)：408-411.

[24] 白林 . 激光大气传输理论研究及应用 [D]. 北京：北京邮电大学，2008.

[25] AL NABOULSI M C，SIZUN H，DE FORNEL F. Fog attenuation prediction for optical and infrared waves[J]. Optical engineering，2004，43(2)：319-329 .

[26] HARRIS D. The attenuation of electromagnetic waves due to atmospheric fog[J]. International journal of infrared and millimeter waves，1995，16(6)：1091-1108

[27] 杨洋，赵远，乔立杰，等 . 1.06 μm 激光的大气传输特性 [J]. 红外与激光工程，1999(1)：17-21，37.

[28] 布列霍夫斯基赫 . 海洋声学基础 [M]. 朱伯贤，金国亮，译 . 北京：海洋出版社，1985.

[29] 汪德昭，尚尔昌 . 水声学 [M]. 北京：科学出版社，2013.

[30] 惠俊英，生雪莉 . 水下声信道 [M]. 哈尔滨：哈尔滨工程大学出版社，2011.

[31] 何宁，冯太琴，黄灵鹭 . 基频可调激光声水下通信信号传输研究 [J]. 光电子技术，2015，35(1)：19-22.

[32] 杜功焕，朱哲民 . 声学基础 [M]. 南京：南京大学出版社，2012.

[33] 李秋实 . 新型全光纤水声通信激光声源基础研究 [D]. 长沙：国防科技大学，2010.

后记

自2021年出版《追光Ⅰ》之后，不少读者希望我将近期团队的研究成果结集出版，现将团队（即天津大学激光与光电子研究所）近十多年来在激光、光纤、微纳光电子、太赫兹及海洋技术方面的部分研究成果编著成《追光Ⅱ》出版。

本书在编著过程中得到团队师生的大力关注、支持及帮助，他们既是科研的参与者及成果的贡献者，又在本书的内容整理、编著、制图等方面做了大量实际的贡献。他们是丁欣、徐德刚、陆颖、史伟、梁兰菊教授，张雅婷、付士杰副教授，徐航博士后，以及我的博士生李杰、杨茂生、续宗成、宋春宇、杨帆、郑程龙、李继涛、岳震等，在此一并表示衷心的感谢。让我们早日期待《追光Ⅲ》的问世。

最后，以我在纪念《激光与光电子学进展》创刊六十周年时写的一段话作为结尾：

世界的历史、人类的命运、科技的发展正进入崭新的机遇期。让我们全国从事激光-光电子的科技人员，以“激光-光电子”为利器，让“光”照亮世界，照亮人类前进的步伐，为中华民族的伟大复兴再创辉煌。

2024年12月29日